Martin Aupperle

**Programmierhandbuch
Visual C++** Version 1.5

Aus dem Bereich Programmierung

Programmieren mit Visual Basic für DOS
von Frederik Ramm

Das Vieweg-Buch zu Visual Basic für Windows
von Andreas Maslo

Das Vieweg-Buch zu Borland C++
von Axel Kortulla

Programmieren mit C++
von Falko Bause und Wolfgang Tölle

Microsoft C – Programmierhandbuch
von Kris Jamsa

Objektorientiert mit Turbo C++
von Martin Aupperle

Programmierhandbuch Visual C++ Version 1.5
von Martin Aupperle

Windows Power-Programmierung
von Michael Schumann

Systemprogrammierung OS/2 2.x
von Frank Eckgold

Objektorientierte Anwendungsentwicklung
von Klaus Kilberth, Guido Gryczan
und Heinz Züllighoven

Vieweg

Martin Aupperle

Programmierhandbuch
Visual C++ Version 1.5

Objektorientiertes Programmieren
für die professionelle Software-Entwicklung

Additional material to this book can be downloaded from http://extras.springer.com

ISBN 978-3-322-87232-6   ISBN 978-3-322-87231-9 (eBook)
DOI 10.1007/978-3-322-87231-9

Das in diesem Buch enthaltene Programm-Material ist mit keiner Verpflichtung oder Garantie irgendeiner Art verbunden. Der Autor und der Verlag übernehmen infolgedessen keine Verantwortung und werden keine daraus folgende oder sonstige Haftung übernehmen, die auf irgendeine Art aus der Benutzung dieses Programm-Materials oder Teilen davon entsteht.

Alle Rechte vorbehalten
© Springer Fachmedien Wiesbaden 1994
Ursprünglich erschienen bei Friedr. Vieweg & Sohn Verlagsgesellschaft mbH,Braunschweig
/Wiesbaden, 1994
Softcover reprint of the hardcover 1st edition 1994

Das Werk einschließlich aller seiner Teile ist urheberrechtlich geschützt. Jede Verwertung außerhalb der engen Grenzen des Urheberrechtsgesetzes ist ohne Zustimmung des Verlags unzulässig und strafbar. Das gilt insbesondere für Vervielfältigungen, Übersetzungen, Mikroverfilmungen und die Einspeicherung und Verarbeitung in elektronischen Systemen.

Geleitwort

C++ ist eine Programmiersprache, die mit der Verbreitung der PC's einen Siegeszug ohnegleichen erfahren hat. Fast jede Systementwicklung im PC-Bereich wird in dieser Programmiersprache formuliert. Der Grund liegt in der Möglichkeit, durch Klassenbibliotheken eine Abstraktion von dem verwendeten Betriebssystem zu haben, so daß man die Applikation sehr einfach portieren kann.

Allerdings sind die Meinungen über C++ geteilt. Zum einen sind die Programmierer begeistert, weil sie die Möglichkeit haben, sehr elegante Lösungen zu entwerfen. Zum anderen verschreckt diese Programmiersprache wegen ihres hohen Lernaufwandes viele Einsteiger. Wie schafft man es nun, dem Einsteiger in C++ die Eleganz dieser Programmiersprache zu zeigen, ohne ihn durch den hohen Lernaufwand zu frustrieren? Microsoft bietet mit Visual C++ die Möglichkeit, sofort einen kompletten Applikationsrahmen zu erstellen und an diesem Modell die Zusammenhänge zu studieren. Allerdings muß man Grundkenntnisse in C++ bereits beherrschen. Wer aber noch gar nicht weiß, was eine Klasse ist, geschweige denn in der Lage wäre, ein solches Konstrukt syntaktisch richtig zu programmieren, der benötigt Grundlagen.

Dieses Buch vermittelt die Grundlagen, die man zur Programmierung mit C++ braucht, und viel, viel mehr. Dabei vereint das Werk zwei wichtige Merkmale. Zum einen ist es ein gutes Arbeitsbuch. Man kann es der Reihe nach abarbeiten und wird so schnell an die Programmiersprache herangeführt. Durch seine saubere Gliederung ist das Buch aber auch weiterhin als Nachschlagewerk geeignet. Deshalb liegt dieses Buch immer griffbereit an meinem Arbeitsplatz.

Viel Erfolg beim Programmieren.

Ralph Machholz
Marketing Manager
Microsoft GmbH

Für wen sich dieses Buch eignet

Dieses Buch ist vor allem für Programmierer gedacht, die sich ernsthaft mit objektorientierter Programmierung auseinandersetzen wollen (oder müssen). Voraussetzung ist die Beherrschung einer Programmiersprache, optimal wäre C. Programmierer, die von PASCAL auf C++ umsteigen, benötigen evtl. zusätzlich ein C-Referenzbuch. Der Leser sollte in der Lage sein, einfache Problemstellungen selbständig in lauffähige Programme in einer Sprache seiner Wahl umzusetzen. Ebenso ist erforderlich, daß er sein C++-Entwicklungssystem richtig bedienen kann.

Nach dem Studium dieses Buches ist der bereits erfahrene Programmierer in der Lage, auch größere Programmsysteme mit objektorientierten Techniken zu entwickeln. Er kann dabei die in diesem Buch entwickelten und auf der Begleitdiskette im Sourcecode vorhandenen Bausteine direkt verwenden. Neben dem Wissen, wie und für was man OOP einsetzt, wird auch ein Gefühl dafür vorhanden sein, was mit OOP *nicht* erreicht werden kann.

Der Einsteiger erhält mit diesem Buch eine systematische Einführung in die Welt der objektorientierten Programmierung. Wenn auch einige der fortgeschrittenen Themen vielleicht nicht sofort nachvollzogen werden können, so bieten vor allem die Zwischenversionen der Projekte genug Möglichkeiten zur Auseinandersetzung mit C++. Aus diesem Grunde sind auch die Zwischenversionen vollständig auf der beiliegenden Begleitdiskette vorhanden. Nach dem Sammeln von Erfahrungen mit diesen einfacheren Vorhaben kann er dann mit den professionelleren Versionen arbeiten.

Dem Buch liegt eine Diskette mit dem vollständigen Quelltext aller Fallstudien und Projekte inclusive Projektdateien (Makefiles) bei.

Inhaltsverzeichnis

Geleitwort			V
Für wen sich dieses Buch eignet			VI
1	Vorwort		1
2	Warum objektorientierte Programmierung?		7
	2.1	Traditionelle Programmerstellung	7
	2.2	Voraussetzungen industrieller Softwareproduktion	8
	2.3	Die Rolle der objektorientierten Denkweise	9
	2.4	Ein Beispiel	10
	2.5	Objektorientierte Programmierung und C++	11
	2.6	Zwei Fallstudien	11
		2.6.1 Das Problem der Datentypen	12
		2.6.2 Das Problem der Wiederverwendbarkeit von Software	18
	2.7	Bausteine der objektorientierten Programmierung	28
		2.7.1 Kapselung	28
		2.7.2 "Verstecken" von Informationen	28
		2.7.3 Vererbung	29
		2.7.4 Polymorphismus	29
3	Die Unterschiede in Stichworten		31
	3.1	C++ als Obermenge von C	31
	3.2	Die Vorteile von C bleiben in C++ erhalten	31
	3.3	C++ und objektorientierte Programmierung	32
	3.4	Zeilenkommentare	33
	3.5	Klassen	33
	3.6	Konstruktoren und Destruktoren	34
	3.7	Neue Operatoren zur dynamischen Speicherverwaltung	35
	3.8	Überladen von Funktionen	36
	3.9	Überladen von Operatoren	36
	3.10	Inline-Funktionen	37
	3.11	Vorgabewerte für Argumente	37
	3.12	Strenge Typprüfung	38
	3.13	Typsicheres Linken	38
	3.14	Referenzen	39
	3.15	Leere und variable Parameterlisten	39

4	Die Klasse		41
4.1	Definition einer Klasse		41
	4.1.1	Datenelemente	42
	4.1.2	Funktionen	43
4.2	Objekte		44
4.3	Zugriff auf Klassenmitglieder		45
	4.3.1	Zugriffe innerhalb der Klasse	45
	4.3.2	Zugriffe von außen	45
	4.3.3	Zugriffssteuerung	46
4.4	Die Friend-Deklaration		46
	4.4.1	Funktionen als Freunde	46
	4.4.2	Klassen als Freunde	48
	4.4.3	Gegenseitige Freunde	48
	4.4.4	Wann sind Freund-Deklarationen sinnvoll?	49
4.5	Die Bedeutung der Zugriffssteuerung		49
4.6	Konstruktoren und Destruktoren		50
	4.6.1	Die Initialisierungsproblematik	50
	4.6.2	Die Zerstörungsproblematik	52
	4.6.3	Konstruktoren	53
	4.6.4	Konstruktoren mit Argumenten	53
	4.6.5	Der Standard-Konstruktor	55
	4.6.6	Klassen mit mehreren Konstruktoren	57
	4.6.7	Der Kopier-Konstruktor	58
	4.6.8	Destruktoren	59
	4.6.9	Lokale Objekte	59
	4.6.10	Statische Objekte	61
	4.6.11	Globale Objekte	62
	4.6.12	Objekte mit Zeigern	62
	4.6.13	Die Alias-Problematik	63
	4.6.14	Private und protected Konstruktoren	65
4.7	Objekte als Datmitglieder einer Klasse		66
	4.7.1	Initialisierung für einfache Datenmitglieder	67
4.8	Initialisierung und Zuweisung		68
4.9	Felder von Objekten		68
	4.9.1	Standard-Konstruktor	69
	4.9.2	Konstruktor mit einem Argument	69
	4.9.3	Konstruktor mit mehr als einem Argument	70
	4.9.4	Gemischte Initialisiererliste	71
4.10	Dynamische Objekte		71
	4.10.1	Die Operatoren new und delete	72
	4.10.2	Die Bedeutung des Nullzeigers	73

		4.10.3	new und delete für Felder von Objekten	73
		4.10.4	new und delete für einfache Datentypen	74
	4.11	Der this-Zeiger		75
5	Projekt Stringverarbeitung			77
	5.1	Das Problem		77
		5.1.1	C hat keine ausreichenden Sprachelemente für Felder	77
		5.1.2	Statischer Speicher ist meist zu groß	78
		5.1.3	Dynamisch allokierter Speicher ist problematisch	78
	5.2	Die Anforderungen an eine bessere Lösung		79
	5.3	Die Realisierung		80
		5.3.1	Dynamischer Speicher	80
		5.3.2	Die Klassendefinition	80
		5.3.3	Die Konstruktoren	81
		5.3.4	Der Destruktor	82
		5.3.5	Der Zugriff auf die Daten	83
		5.3.6	Beispiel einer Verpackungsfunktion	84
		5.3.7	Die Funktion print	84
		5.3.8	Die Funktion set	85
	5.4	Anwendung "Häufigkeitsliste"		86
		5.4.1	Was wird benötigt?	86
		5.4.2	Die Klasse Element	87
		5.4.3	Die Klasse Field	88
		5.4.4	Das Hauptprogramm	91
	5.5	Anmerkungen zur objektorientierten Vorgehensweise		93
		5.5.1	Umsetzung der Anforderungen in Klassen und Funktionen 93	
		5.5.2	Trennung von Interface und Implementierung	94
	5.6	Einige Verbesserungen		95
		5.6.1	Behandlung von Ausnahmesituationen	95
		5.6.2	Nullzeiger als Argument	98
		5.6.3	Die Konstruktoren und die Funktion set	101
		5.6.4	Prüfung auf Gültigkeit	102
	5.7	Zusammenfassung und Ausblick		103
6	Konstante Daten und Funktionen			105
	6.1	const mit einfachen Typen		105
	6.2	Konstante Objekte		106
	6.3	Konstante Mitgliedsfunktionen		106
	6.4	Konstante Datenmitglieder		108

	6.5	const mit Zeigern und Referenzen	109
	6.6	const bei der Parameterübergabe an Funktionen	110
	6.6.1	Wann sind konstante Parameter sinnvoll?	111
	6.6.2	Einschub: Objektorientiertes Design	112
	6.6.3	Probleme mit älteren Bibliotheken	112
	6.7	const bei der Ergebnisrückgabe von Funktionen	113
	6.8	Initialisierung und Zuweisung	115
	6.9	const und #define	116
	6.10	Konstanten haben externe Bindung	116
7	Referenzen		117
	7.1	Einfache Referenzen	118
	7.2	Referenzen als Funktionsparameter	120
	7.3	Referenzen auf Objekte als Parameter	121
	7.4	Referenzen als Funktionsrückgaben	121
	7.5	Referenzen als Klassenmitglieder	123
	7.6	Referenzen und temporäre Objekte	124
	7.7	Referenzen und Zeiger	125
8	Der Kopier-Konstruktor und die Parameterübergabe		127
	8.1	Der Kopier-Konstruktor	127
	8.1.1	Allgemeine Form des Kopier-Konstruktors	127
	8.1.2	Der Standard-Kopier-Konstruktor	128
	8.1.3	Der Kopier-Konstruktor und die Aliasproblematik	128
	8.1.4	Die Klasse MiniString	129
	8.2	Klassenobjekte als Parameter für Funktionen	131
	8.2.1	Initialisierung durch den Kopier-Konstruktor	131
	8.2.2	Die Alternative: Referenzen	132
	8.2.3	X& oder const X&?	134
	8.3	Klassenobjekte als Rückgabewerte von Funktionen	135
	8.3.1	Ein Beispiel	135
	8.3.2	Zwischenspiel: Portierungsfragen	138
	8.3.3	Grundsätzlicher Ablauf bei der Parameterrückgabe	138
	8.3.4	Die Alternative: Referenzen	139
	8.4	Aufwärtskompatibilität zu C	142
9	Static in C++		145
	9.1	Lokale statische Daten	145
	9.2	Globale statische Daten	145
	9.3	Alternative Lösung mit dem Klassenkonzept	146

9.4		static im Zusammenhang mit Klassen	148
	9.4.1	Statische Datenmitglieder	148
	9.4.2	Statische Mitgliedsfunktionen	150
	9.4.3	Fallbeispiel: Codierung spezieller Werte	151
	9.4.4	Fallbeispiel: Mitrechnen von Resourcen	153
	9.4.5	Fallbeispiel: Anzahl von erzeugbaren Objekten begrenzen	155

10 Operatorfunktionen 157
   10.1   Operatoren im klassischen C 157
   10.2   Operatoren in C++ 157
   10.3   Die Wahl des Rückgabetyps 159
   10.4   Operatoren als Mitgliedsfunktionen einer Klasse 159
   10.5   Rückgabe des eigenen Objekts 161
   10.6   Selbstdefinierbare Operatoren 162
   10.7   Der Zuweisungsoperator = 162
        10.7.1 Standard-Zuweisungsoperator 162
        10.7.2 Ein Zuweisungsoperator für MiniString 163
        10.7.3 Ein Problem: Zuweisung auf sich selbst 164
        10.7.4 Zuweisungsoperator und Kopier-Konstruktor 165
   10.8   Die erweiterten Zuweisungsoperatoren 167
   10.9   Die Vergleichsoperatoren == und != 167
   10.10 Der Negationsoperator ! 169
   10.11 Die Operatoren ++ und -- 170
   10.12 Der Subscript-Operator [] 172
   10.13 Der Funktionsaufruf-Operator () 175
   10.14 Der Zeigerzugriff-Operator -> 178
   10.15 Der Komma-Operator 179
   10.16 Die Operatoren << und >> 180
   10.17 Die Operatoren new und delete 181
        10.17.1 Operatoren new und delete für Klassen 181
        10.17.2 Globale Operatoren new und delete 186

11 Konvertierungen in C++ 187
   11.1   Standardkonvertierungen 188
   11.2   Benutzerdefinierte Konvertierungen 188
        11.2.1 Die klassische Konvertierung 189
        11.2.2 Konvertierung mit Hilfe von Konstruktoren 190
        11.2.3 Konvertierung mit Operatorfunktionen 193
   11.3   Konvertierung über Konstruktor oder Operatorfunktion? 194
   11.4   Der Operator char* 195

		11.4.1	Verwendung für MiniString	195
		11.4.2	Verwendung zur Ausgabe von Objekten	197
	11.5	Der Operator void*		198
	11.6	Eindeutigkeitsforderung		200
	11.7	Temporäre Objekte bei der Typwandlung		201
	11.8	Typwandlung und symmetrische Operatoren		203
12	Überladen von Funktionen und Operatoren			205
	12.1	Die Signatur einer Funktion		205
	12.2	Name mangling		205
	12.3	Wann ist Überladen sinnvoll?		206
	12.4	Zulässige und unzulässige Fälle		207
	12.5	Überladen mit selbstdefinierten Typen		210
	12.6	Überladen von Operatoren		211
13	Verschiedenes			213
	13.1	Spezielle Klassen: structs und unions		213
		13.1.1	structs	213
		13.1.2	unions	215
	13.2	Zeiger auf Klassenmitglieder		216
		13.2.1	Zugriff über klassenunabhängige Zeiger	217
		13.2.2	Klassenbasierte Zeiger	218
		13.2.3	Die Operatoren .* und ->*	218
		13.2.4	Zeiger auf undefinierte Klassen	219
	13.3	Kompatibilität zu C		220
14	Stilfragen			223
	14.1	Header- und Implementierungsdateien		223
	14.2	Schutz vor mehrfachem Includieren		224
	14.3	Kommentare		224
	14.4	Explizite Argumentnamen		225
	14.5	inline-Funktionen		225
	14.6	Klassifikation von Mitgliedsfunktionen		226
	14.7	Öffentliche und nicht-öffentliche Teile		227
	14.8	Klassendefinition		227
	14.9	Aufteilung der Headerdateien		229
		14.9.1	Kopfabschnitt	229
		14.9.2	Abschnitt Definitionsabhängigkeiten	230
		14.9.3	Abschnitt Export	230
		14.9.4	Abschnitt inline Funktionen	230
	14.10	Aufteilung der Implementierungsdateien		231

		14.10.1 Kopfabschnitt	231
		14.10.2 Abschnitt Implementierungsabhängigkeiten	231
		14.10.3 Abschnitt Implementierung	231
	14.11	Namen von Bezeichnern	232
	14.12	Einrückungen und Klammern	233
	14.13	Komplexität von Funktionen	234
	14.14	Das Projekt FractInt	234
15	Projekt: Mehrfach genaues Rechnen		235
	15.1	Das Problem	235
	15.2	Das Konzept der Gültigkeit	236
	15.3	Rechnen mit ungültigen Objekten	238
	15.4	Die Effizienzfrage	239
	15.5	Repräsentation der Ungültigkeit	239
	15.6	Regeln für die Bruchrechnung	240
	15.7	Die Bestimmung des größten gemeinsamen Teilers	240
	15.8	Zuweisungsoperator, Kopierkonstruktor und Destruktor	242
	15.9	Die Operatorfunktionen	242
		15.9.1 Die Rechenoperatoren	243
		15.9.2 Die Vergleichsoperatoren	244
	15.10	Die Zugriffsfunktionen	244
	15.11	Die Konstruktoren	246
	15.12	Die Serialisierung durch Operator const char*	246
	15.13	Die restlichen Rechen- und Vergleichsoperatoren	247
	15.14	Demonstration der Grundrechenarten	249
	15.15	Berechnung von e	251
	15.16	Ausblick auf Templates	252
	15.17	Die Klasse MultiInt	254
		15.17.1 Klassendefinition	254
		15.17.2 Gültigkeit	255
		15.17.3 Normierung	256
		15.17.4 Operatoren	258
		15.17.5 Serialisierung durch Operator const char *	260
		15.17.6 Die Konstruktoren	261
	15.18	Berechnung von e auf 1000 Stellen	262
16	Projekt Stringverarbeitung - Teil II		267
	16.1	Aufgabenstellung	267
	16.2	Der Typ bool	267
		16.2.1 Die Konstanten TRUE und FALSE	270
		16.2.2 Die Headerdatei bool.h	270

16.3	Gültigkeitskonzept		271
	16.3.1	Die Funktionen isValid und invalidate	271
16.4	Ausnahmesituationen		273
	16.4.1	Heapüberlauf	273
	16.4.2	Nullzeiger	274
16.5	Speichermanagement		274
	16.5.1	Der Leerstring	275
	16.5.2	Die Funktionen setEmptyString und isEmptyString	275
	16.5.3	Die Funktionen assureSize, set und invalidate	276
	16.5.4	Mitführen des verbrauchten Speichers	277
	16.5.5	Die Operatoren new und delete	278
16.6	Zuweisungsoperator und Kopier-Konstruktor		279
16.7	Strings und Zahlen		280
	16.7.1	Typwandlung über Konstruktoren	280
	16.7.2	Typwandlung über Operatoren	281
	16.7.3	Das Problem nicht konvertierbarer Strings	282
	16.7.4	Implementierung	284
16.8	Der Operator const char *		286
16.9	Die Bedeutung impliziter Typkonvertierungen		287
16.10	Zugriff auf einzelne Zeichen		289
	16.10.1	Index out of range	290
	16.10.2	Die Funktionen checkIndex und isValidIndex	291
	16.10.3	Die Compilervariable VALIDITYCHECK	292
	16.10.4	Die Funktion getLength	293
16.11	Vergleichen von Strings		293
	16.11.1	Der Vergleichsmodus	293
	16.11.2	Die Funktion compare	294
	16.11.3	Operatoren für den Vergleich von Strings	296
16.12	Suchen von Zeichen und Zeichenketten		299
16.13	Teilstrings extrahieren		300
	16.13.1	Die Standard-Implementierung	300
	16.13.2	Optimierung der Funktionsrückgabe	301
	16.13.3	Entkopplung zwischen Argument und Ergebnis	303
	16.13.4	Warum es trotzdem nicht funktioniert	304
	16.13.5	Der Operator ()	304
16.14	Verkettung		305
	16.14.1	Die Funktion append	306
	16.14.2	Die Operatoren += und <<	306
	16.14.3	Der Operator +	307
16.15	Einfügen: Die Funktion insert		309

	16.16	Auffüllen: die Funktion fillTo	310
	16.17	Einfügen mit Auffüllen: Die Funktion insertWithFill	311
	16.18	Löschen: Die Funktion del	311
	16.19	Abschneiden: Die Funktion trimTo	312
	16.20	In Groß/Kleinbuchstaben umwandeln	313
	16.21	Abschneiden von Leerzeichen	314
	16.22	Ausgeben von Strings	315
	16.23	Einlesen von Strings von der Tastatur	315
	16.24	Beispiele	316
		16.24.1 Test der subString-Funktion	316
		16.24.2 Einlesen von der Taststur und Vergleich	317
	16.25	Noch einmal: Häufigkeiten im Text feststellen	319
		16.25.1 Multi-Modul-Programme	319
		16.25.2 Das Programm hfl	320
	16.25	Ausblick	325

17	Projekt dynamisches Feld		327
	17.1	Die Aufgabenstellung	327
	17.2	Variabel oder nicht?	328
	17.3	Die Klassendefinition	328
		17.3.1 Der Konstruktor IntArry(int i1, ...)	331
		17.3.2 Der operator const char*	332
		17.3.3 Die Funktion assureNENT	334
		17.3.4 Überladene Funktionen	334
	17.4	Die Implementierung	335
	17.5	Vergleich von IntArry und String	342
	17.6	Beispiele mit IntArry	343
		17.6.1 Programm test1: Zählen von Buchstaben	343
	17.7	IntArry als Basis für weitere Klassen	344
	17.8	Vektoren	344
		17.8.1 Die Klasse IntVektor	345
		17.8.2 Implementierung	346
		17.8.3 Die Beziehung zwischen IntArry und IntVektor	351
		17.8.4 Weitere Verbindungen zwischen IntArry und IntVektor	352
		17.8.5 Eine neue Art von Funktionen	353
		17.8.6 Programm test2: Operationen mit Vektoren	354
	17.9	Matrizen	355
		17.9.1 Die Dimension einer Matrix	355
		17.9.2 Definition und Implementierung der Klasse IntMatrix	355

	17.9.3	Der Zugriff auf einzelne Matrixelemente	362
	17.9.4	Der Vergleich von Matrizen	362
	17.9.5	Programm test3: Matrixmultiplikation	363
17.10		Anwendung für graphische Objekte	363
17.11		Zusammenfassung	364

18 Generische Typen und Templates — 367

18.1		Das Problem	367
18.2		Simulation mit Makros	368
	18.2.1	Die Paste-Makros	369
	18.2.2	Grundgerüst einer generischen Klasse	370
	18.2.3	Das Problem mit untypisierten Funktionen	373
	18.2.4	Ein Beispiel	374
	18.2.5	Welche Datentypen kommen in Frage?	374
	18.2.6	Generische Datentypen mit mehr als einem Parameter	375
	18.2.7	Probleme der Lösung mit Makros	376
18.3		Templates	377
	18.3.1	Definition einer Schablonenklasse	377
	18.3.2	Templates mit mehreren Parametern	378
	18.3.3	Templates können Speicherfresser sein	380
18.4		Das Programm templdef	380
	18.4.1	Wirkungsweise von templdef	381
	18.4.2	Bedingte Übersetzung mit templdef	384
	18.4.3	Unterschiede zwischen C7 und VC	385
	18.4.4	Probleme mit templdef	386
18.5		templdef oder Makro-Technik?	389
18.6		Generische Version von Array (Template-Version)	389
18.7		Generische Versionen für Array, Vektor und Matrix (Makro-Version)	390
	18.7.1	Aufbau von Klassen- und Dateinamen	390
	18.7.2	Zugriff auf den Klassennamen von außen	392
	18.7.3	Mehrfaches Includieren	393
	18.7.4	Instantiierung für double	394
18.8		Das AVM-Paket	395
18.9		Das Modul AVM_D	395
18.10		Zusammenfassung	397

19 Projekt Graphikprogramm — 399

19.1	Repräsentation graphischer Objekte im Rechner	399
19.2	Die Klasse Point	400
19.3	Die Klasse Polygon	401

		19.3.1	Dynamisches Feld für Punkte	401
		19.3.2	Gültigkeitskonzept etc.	402
		19.3.3	Konstruktor für Polygon-Objekte	403
		19.3.4	Zeichnen des Polygons	404
	19.4		Transformationen graphischer Objekte	404
		19.4.1	Das Modul AVM_D	405
		19.4.2	Die Anwendung einer Matrix auf ein graphisches Objekt	406
		19.4.3	Die Operatorfunktion * für Polygone	407
	19.5		Programm test1: Verschieben eines Dreiecks	407
	19.6		Programm test2: Drehen eines Objekts	409
	19.7		Programm test3: Drehen mit beliebigem Mittelpunkt	410
	19.8		Programm test4: Optimieren der Transformation	411
	19.9		Weitere Überlegungen	411
	19.10		Zusammenfassung	412
20	Vererbung			415
	20.1		Die Wiederverwendungsproblematik	415
	20.2		Die Grundlagen	416
	20.3		Ein Beispiel	416
	20.4		Neue Mitglieder	417
	20.5		Redefinierte Mitglieder	417
	20.6		Klassenhierarchien	419
	20.7		Erweiterte Zuweisungskompatibilität in Klassenhierarchien	420
	20.8		Zugriffsschutz bei Ableitungen	422
	20.9		Das Schlüsselwort protected	423
	20.10		Ausflug in die Designphase	424
	20.11		Wann sind protected-Mitglieder sinnvoll?	425
	20.12		Alternative: Die Freund-Deklaration	425
	20.13		Öffentliche Ableitungen	426
	20.14		Private Ableitungen	427
	20.15		Redeklaration von Zugriffsberechtigungen	428
		20.15.1	Die traditionelle Methode	428
		20.15.2	Die professionelle Methode	430
	20.16		Freunde bei der Vererbung	430
	20.17		Mehrfachvererbung	431
		20.17.1	Ein Beispiel	432
		20.17.2	Namenskonflikte sind häufig	432
		20.17.3	Überladen und Verdecken	433
		20.17.4	Mehrfach vorhandene Basisklassen	434
		20.17.5	Virtuelle Basisklassen	435

		20.17.6 Zeiger auf Objekte	436
	20.18	Konstruktoren in Klassenhierarchien	438
		20.18.1 Der Standardkonstruktor	440
		20.18.2 Konstruktoren bei Mehrfachvererbung	440
	20.19	Reihenfolgefragen	441
		20.19.1 Aufrufreihenfolge von Konstruktoren	441
		20.19.2 Aufrufreihenfolge von Destruktoren	441
		20.19.3 Zusammenfassendes Beispiel	442
	20.20	Zuweisungsoperatoren in Klassenhierarchien	443
		20.20.1 Der Standard-Zuweisungsoperator	443
		20.20.2 Selbstdefinierter Zuweisungsoperator	444
		20.20.3 Kompatibilitätsfragen	446
	20.21	Wann sind Ableitungen sinnvoll?	447
		20.21.1 Die isA - Beziehung	447
		20.21.2 Die hasA - Beziehung	448
		20.21.3 Der Sonderfall private Ableitung	451
		20.21.4 "Faktorisieren" gemeinsamer Eigenschaften	452
	20.22	Anwendung auf Array, Vektor und Matrix	453
	20.23	IntVektor als Ableitung von IntArry	453
	20.24	Einige Bemerkungen zu IntVektor	456
		20.24.1 In IntVektor deklarierte Funktionen	456
		20.24.2 Von IntArry geerbte Mitglieder	457
		20.24.3 Konstruktoren, Destruktor und Zuweisungsoperator	457
		20.24.4 Aufruf von Operatoren der Basisklasse	458
		20.24.5 Typkonvertierung zur Basisklasse	458
	20.25	Die generischen Versionen	459
21	Virtuelle Funktionen		461
	21.1	Ein Beispiel	462
	21.2	Late binding	463
	21.3	Voraussetzungen	464
		21.3.1 Klassenhierarchien	464
		21.3.2 Gleiche Signatur und Rückgabetyp	464
		21.3.3 Ein häufig gemachter Fehler	465
		21.3.4 Einmal virtuell - immer virtuell	467
	21.4	Die virtual function pointer table	467
	21.5	Abstrakte Funktionen	470
	21.6	Fallstricke	471
		21.6.1 Direkter Zugriff auf Objektdaten	471
		21.6.2 Zeigerarithmetik und Indexzugriff	473
		21.6.3 Virtuelle Destruktoren	474

	21.6.4	Nicht-virtuelle Funktionen		475
	21.6.5	Late binding bei Konstruktoren und Destruktoren		476
	21.6.6	Virtuelle Funktionen müssen definiert werden		479
21.7	Anwendungen des late binding			479
	21.7.1	Programming by exception		480

22 Polymorphismus — 487

22.1	Das Problem	487
22.2	Die Lösung in traditioneller Programmierung	491
22.3	Eigenschaften der traditionellen Lösung	493
22.4	Die Lösung mit objektorientierten Techniken	496
22.5	Eigenschaften der objektorientierten Lösung	498
22.6	Zusamenfassung	501

23 Projekt Heterogener Container — 503

23.1	Die Aufgabe		503
23.2	Zeiger auf Objekte und die Folgen		503
	23.2.1	Destruktoren für verwaltete Objekte	504
	23.2.2	Die Eigentümerfrage	505
	23.2.3	Besonderheiten des Operator []	508
	23.2.4	Repräsentation eines nicht vorhandenen Objekts	515
	23.2.5	Der Operator const char*	518
	23.2.6	Kopieren von Containern	520
	23.2.7	Die Berechnung des verbrauchten Speichers	525
	23.2.8	Das Laufzeit-Typsystem	526
23.3	Die Basisklasse CntBase		529
23.4	Die Klasse String als Ableitung von CntBase		530
23.5	Container in Containern		531
23.6	Die Definition der Klasse PtrArry		532
23.7	Beispiel 1: Speichern von Strings		535
23.8	Beispiel 2: Speichern von Figuren		537
	23.8.1	Die Klassen Ellipse und Rectangle	537
	23.8.2	Das Programm test2	540
	23.8.3	Zeichnen der Figuren	540
	23.8.4	Late binding für draw	541
	23.8.5	Mehrfachvererbung für Figurenklassen?	541
	23.8.6	CntBase als Ableitung von GraphBase?	542
	23.8.7	GraphBase als Ableitung von CntBase	543
	23.8.8	Der Aspekt der Erweiterbarkeit	544

24	Ein spezieller Container für Figuren		545
	24.1	Mehrfachvererbung für GraphPtrArry	545
	24.2	Konsequenzen aus der Mehrfachvererbung	546
		24.2.1 Abstrakte Funktionen	546
		24.2.2 Auflösung von Mehrdeutigkeiten	547
	24.3	GraphBase statt CntBase	549
	24.4	GraphNoData statt NoData	549
	24.5	Die Klassendefinition	551
	24.6	Programm test1	552
25	Streams		555
	25.1	Einführung	555
	25.2	Ein einfaches Beispiel	555
	25.3	Streams sind Objekte	556
	25.4	Die Stream-Bibliothek	557
	25.5	Standard-Streams	558
	25.6	Die Transferoperatoren << und >>	558
	25.7	Formatierungen	560
		25.7.1 Interne Speicherung der Formate	561
		25.7.2 Formatangabe über Mitgliedsfunktionen	561
		25.7.3 Formatangabe über Manipulatoren	563
		25.7.4 Die Manipulatoren endl, ends und flush	565
	25.8	Fehlerbehandlung	566
		25.8.1 Der Streamstatus	566
		25.8.2 Abfragen des Streamstatus	567
		25.8.3 Rücksetzten des Streamstatus	568
	25.9	Weiße Leerzeichen	569
	25.10	Ein/Ausgabe mit Dateien	570
		25.10.1 ofstream und ifstream Konstruktoren	571
		25.10.2 Die Funktionen open und close	574
		25.10.3 Der Open-Modus einer Datei	575
		25.10.4 Die Funktion attach	575
		25.10.5 Positionieren in Dateien	576
	25.11	Ein/Ausgabe mit Speicherbereichen	578
		25.11.1 ostrstream und istrstream Konstruktoren	579
		25.11.2 Speicherverwaltung durch ostrstream	580
		25.11.3 Anonyme Streams	581
	25.12	Überlegungen zur Hierarchie der Streamklassen	582
	25.13	Ein/Ausgabe unformatierter Daten	585
		25.13.1 Die Funktionen get und put	585
		25.13.2 Die Funktionen read und write	587

		25.13.3 Alternative Form von get und die Funktion	
		getline	592
		25.13.4 Die Funktion putback	594
	25.14	Pufferung	596
		25.14.1 Übersicht	596
		25.14.2 Die Basisklasse streambuf	596
		25.14.3 streambuf als abstrakte Basisklasse	599
		25.14.4 Die Ableitungen von streambuf	599
		25.14.5 Explizite Verwendung einer streambuf-Klasse	600
		25.14.6 Flushing	601
		25.14.7 Verbundene Streams	602
	25.15	Prefix- und Postfix-Funktionen	603
		25.15.1 Die Funktionen ipfx() und isfx()	604
		25.15.2 Die Funktionen opfx() und osfx()	604
	25.16	Die Microsoft-Implementierung	605
	25.17	Eigene Erweiterungen	606
26	Stream-E/A eigener Datentypen		607
	26.1	Transferoperatoren für Basisdatentypen	607
	26.2	Transferoperatoren für eigene Datentypen	608
		26.2.1 Deklaration der Transferoperatoren	608
		26.2.2 Transferieren, Serialisieren und Persistenz	609
		26.2.3 Implementierung der Operatoren	609
	26.3	Transferoperatoren für komplexere Klassen	611
		26.3.1 Ableitungen	611
		26.3.2 Klassen mit nicht trivialen-Datenmitgliedern	613
	26.4	Eine Frage des Formats	616
	26.5	Transferoperatoren für Container	617
	26.6	Die Operatoren << und const char*	620
27	Die Microsoft Foundation Classes		623
	27.1	Übersicht	623
	27.2	Grundsätzliches	624
		27.2.1 Separate Bibliothek	624
		27.2.2 Debug- und Release Variante	625
		27.2.3 Voraussetzungen	626
		27.2.4 Erzeugen eigener Varianten	627
		27.2.5 Datentypen	628
	27.3	Exception Handling	629
		27.3.1 Ein Beispiel	629
		27.3.2 Nomenklatur	633

	27.3.3	Speicherlecks	634
	27.3.4	Propagieren von Ausnahmen	635
	27.3.5	Objekte auf dem Stack	637
	27.3.6	Exceptions in Konstruktoren und Destruktoren	638
	27.3.7	Ausnahmen sind Objekte	641
	27.3.8	Die Ausnahmebehandlung ist typisiert	642
	27.3.9	Standard-Ausnahmeklassen und die Funktionen AfxThrow*	642
	27.3.10	Statische Ausnahmeobjekte	643
	27.3.11	Der Operator new	644
	27.3.12	Die Hierarchie der Ausnahmeklassen	644
	27.3.13	Fortgeschrittene Ausnahmebehandlung	646
	27.3.14	Eigene Ausnahmeklassen	650
	27.3.15	Ein Beispiel	650
	27.3.16	Implementierung der Klasse FractIntException	651
	27.3.17	Vorteile des Exception Handling	657
27.4		Ablaufverfolgung	657
	27.4.1	Die Klasse CDumpContext	657
	27.4.2	CDumpKontext und die Streamklassen	659
	27.4.3	Ausgabe von eigenen Objekten	661
	27.4.4	Das Objekt afxDump	665
	27.4.5	Anwendungen von afxDump und anderen DumpKontexten	666
	27.4.6	Einige Verbesserungen	667
	27.4.7	Weitere Dump-Unterstützung	669
27.5		Zusicherungen	672
	27.5.1	Das assert-Makro	672
	27.5.2	Die Makros ASSERT und VERIFY	673
	27.5.3	Zusicherungen mit Objekten	673
	27.5.4	Zusicherungen mit Speicherbereichen	675
	27.5.5	Die Funktion AfxIsValidAddress	675
	27.5.6	Die Funktion AfxIsValidString	676
	27.5.7	Die Funktion AfxIsMemoryBlock	676
	27.5.8	Assertions und das Gültigkeitskonzept	676
	27.5.9	Assertions und exceptions	677
27.6		Die Debug-Speicherverwaltung	677
	27.6.1	Grundsätzliche Wirkungsweise	678
	27.6.2	Der Debug-Speicherblock	679
	27.6.3	Die überladenen Operatoren new und delete	680
	27.6.4	Die Klasse CMemoryState	684
	27.6.5	Intgritätsprüfung der Speicherverwaltung	688
	27.6.6	Steuerung der Debug-Speicherverwaltung	691

	27.6.7	Die Callback-Funktion pfnAllocHook	692
27.7		Das Laufzeit-Typsystem	693
	27.7.1	Die Klasse CRuntimeClass	693
	27.7.2	Die Makros DECLARE_DYNAMIC und IMPLEMENT_DYNAMIC	694
	27.7.3	Sicherung von downcasts mit IsKindOf und RUNTIME_CLASS	695
	27.7.4	Das Makro ASSERT_TYPE	696
	27.7.5	Fortgeschrittene Anwendungen	697
27.8		Virtuelle Konstruktoren	699
	27.8.1	Das Problem	699
	27.8.2	Die Lösung	699
27.9		Persistente Objekte	700
	27.9.1	Was bedeutet Persistenz?	701
	27.9.2	Implementierung in der MFC	701
	27.9.3	Die Klasse CArchive	703
	27.9.4	Die Serialisierung einfacher Datentypen	704
	27.9.5	Die Serialisierung maschinenabhängiger Datentypen	706
	27.9.6	Die Serialisierung von Objekten	710
	27.9.7	Die Hierarchie der Dateiklassen	716
27.10		Die Basisklasse CObject	721
	27.10.1	Standardkonstruktor und Zuweisungsoperator	721
	27.10.2	Ableitungen von CObject	722
27.11		Einfache Klassen	722
	27.11.1	Die Klasse CString	722
	27.11.2	Die Klassen CTime und CTimeSpan	729
27.12		Zusammenfassendes Beispiel	737

28		Die Containerklassen der MFC	739
	28.1	Typen von Containern I	739
		28.1.1 Felder	740
		28.1.2 Lineare Listen	741
		28.1.3 Maps	742
	28.2	Typen von Containern II	744
		28.2.1 Container für einfache Datentypen	744
		28.2.2 Container für Objekte	744
		28.2.3 Container für Zeiger auf Objekte	745
	28.3	Ausgabe auf Dump-Kontexten	746
		28.3.1 Serialisierung	748
	28.4	Eigene Containerklassen	751

		28.4.1	Definition über Templates	752
		28.4.2	Beispiele mit Feldern und Listen	754
		28.4.3	Fallbeispiel mit einer Map	760
		28.4.4	Ableitung	768
Anhang				775
A1	Speichermodelle in C++			775
A1.1	Speichermodelle und Klassen			775
	A1.1.1	Das ambiente Speichermodell		775
	A1.1.2	Bestimmung des ambienten Speichermodells		776
	A1.1.3	Überschreiben des Modells bei der Vererbung		777
	A1.1.4	Überschreiben des Modells für einzelne Objekte		778
	A1.1.5	Überschreiben des Modells für einzelne Funktionen		779
	A1.1.6	Konstruktoren und Destruktoren		779
	A1.1.7	Parameterübergabe und -rückgabe von Objekten		781
	A1.1.8	Die vtbl		782
	A1.1.9	Überladen auf Grund des Adressierungsmodus		784
A1.2	Speichermodelle und Funktionen			785

Sachwortverzeichnis 787

1 Vorwort

Mit der Verfügbarkeit mehrerer preiswerter Entwicklungssysteme für die Sprache C++ steht heute auch dem traditionell in C arbeitenden Softwareentwickler die Welt der objektorientierten Programmierung offen.

Die bei der Erstellung professioneller, größerer Programmsysteme auftretenden Probleme führten schon vor einiger Zeit zur Enticklung von objektorientierten Konzepten, wie sie z.B. in Reinkultur in der Sprache Smalltalk realisiert sind. Die Verbreitung der Sprache blieb jedoch auf Grund von bestimmten Spracheigenschaften im wesentlichen auf den akademischen Bereich beschränkt. Erst die Vorstellung einer objektorientierten Version der Sprache C verhalf der objektorientierten Denkweise auch in der Praxis kommerzieller Softwareentwicklung zum Durchbruch. C++ ist eine *Erweiterung* der Sprache C um Sprachmittel, die unter anderem eine einfache Implementierung von objektorientierten Konstruktionen erlauben. Die meisten C Programme können daher auch mit einem C++ Compiler problemlos übersetzt werden. Diese Aufwärtskompatibilität war ein wesentlicher Grund für die weite Akzeptanz von C++ bei C-Programmierern und damit in der professionellen Programmierung.

Nach anerkannter Lehrmeinung wird in der Zukunft objektorientiertes Denken aus Systementwurf und Programmierung nicht mehr wegzudenken sein, teilweise werden "höhere" Programmiersprachen wie z.B. C bereits als "Assembler der 90er Jahre" bezeichnet - für manche Spezialaufgabe noch erforderlich, ansonsten aber überholt.

C++ ist (bis auf wenige Ausnahmen) eine Obermenge von C. Zusätzlich zu den in C vorhandenen Sprachmitteln bietet C++ vor allem die Möglichkeit, eigene Datentypen mit allem Zubehör wie z.B. Operatoren zu definieren. Im Zusammenhang mit der - ebenfalls neuen - *strengen Typprüfung* sowie der Möglichkeit zum *typsicheren Linken* können schneller fehlerfreie Programme erzeugt werden, da ein sehr großer Teil potentieller Fehler bereits zum Übersetzungszeitpunkt erkannt wird.

In großen Softwaresystemen spielen die Aspekte der Wiederverwendbarkeit und Redundanzfreiheit eine zunehmende Rolle. Ziel dabei ist es, eine logische Teilaufgabe nur einmal durch Software zu implementieren und die so entstehende Programmeinheit an möglichst vielen Stellen einzusetzen. C++ unterstützt diese Forderung durch das *Klassenkonzept* sowie die Möglichkeit zur *Vererbung* in hervorragender Weise.

Nicht zuletzt ist die Kompatibilität zu C erwähnenswert. Dadurch können z.B. bereits in C vorhandene Bibliotheken problemlos in C++ Programme integriert werden. Schleifen, Kontrollstrukturen, Zeigerarithmetik etc. sind in C++ identisch zu C. Der Erstellung sehr effizienter Programme, wie sie z.B. für Betriebssysteme erforderlich sind, steht daher ebenfalls nichts im Wege.

Der Programmierer, der sich mit C++ befassen möchte, braucht keine komplett neue Sprache zu lernen, sondern kann seine Programmierkenntnisse aus der C-Welt weiter verwenden. Der Übergang zu C++ kann langsam und schrittweise erfolgen. Nicht für jede Programmieraufgabe sind bereits alle neuen Sprachmittel unbedingt erforderlich. Der Neuling wird sich zunächst diejenigen heraussuchen, die für sein Problem angemessen erscheinen, im Laufe der Zeit wird er lernen, auch die fortgeschritteneren Techniken anzuwenden. Dieser Aspekt der Sprache ist besonders in großen Entwicklungsteams wichtig: Auf diese Weise können auch C-Programmierer an einer objektorientierten Entwicklung mitwirken.

Das zentrale neue Sprachmittel der Sprache C++ ist die sog. *Klasse*. Klassen sind eigene Datentypen, die sowohl Datenelemente als auch Verarbeitungselemente integrieren und sich somit als Bausteine zur Implementierung abgeschlossener Teilprobleme eignen. Zur Laufzeit des Programms werden aus Klassen *Objekte* gebildet, die die eigentlichen Agitatoren in C++ Programmen sind. Objekte können Verarbeitungsschritte ausführen, sich gegenseitig Nachrichten schicken, etc.

Klassen sind eigene Datentypen, die grundsätzlich nicht zuweisungskompatibel sind. Der Programmierer kann jedoch über spezielle Funktionen definieren, wie ein Typ in einen anderen umgewandelt werden soll. Diese *Wandlungsfunktionen* werden dann automatisch (ohne Zutun des Programmierers) aufgerufen, wenn eine Konvertierung erforderlich ist. Durch geeignete Wahl selbstdefinierter Typwandlungsfunktionen kann man sehr dichten und kompakten - bei falscher Anwendung allerdings auch völlig unleserlichen - Code schreiben.

Ihre volle Mächtigkeit entfalten Klassen in Verbindung mit graphischen Benutzeroberflächen. Oberflächenelemente, wie z.B. Fenster, Boxen, Knöpfe, Scrollbars, aber auch Farbpaletten, Schriften oder geometrische Figuren lassen sich hervorragend mit Hilfe von Klassen implementieren.

Der ernsthafte Programmierer kommt also heute an einer Auseinandersetzung mit objektorientierten Techniken nicht vorbei. Dazu gehören nicht nur die programmtechnischen Aspekte, sondern vor allem auch der *Systementwurf*. Ohne einen objektorientierten Entwurf kann die objektorientierte Programmierung nicht gelingen.

Es stellt sich die Frage, wieviel Wissen man tatsächlich zur Erstellung objektorientierter Programme mit Microsoft C++ benötigt. Es gibt doch die Wizzards, die - glaubt man der Werbung - das Gerüst eines Programms vollständig automatisch erstellen.

Genau hier liegt jedoch das Problem. Möchte man mehr als nur triviale Beispielprogramme entwickeln, benötigt man ein tiefes Verständnis des automatisch generierten Codes. Es reicht eben *nicht*, an den von den Wizzards vorgegebenen Stellen eigene Routinen zu implementieren. Viele Entwickler gehen sogar so weit, daß sie die problemorientierten Teile der Anwendung separat entwickeln und testen und die Windows-Teile erst später hinzufügen. Die Wizzards bieten dann nur Unterstützung für einen kleinen Teil der Programmentwicklung. Die Arbeit steckt nicht in Dialogboxen, Scrollbars oder besonderen custom controls - diese lassen sich heute mit wenig Aufwand nahezu automatisch generieren, sei es durch Codegeneratoren wie die Wizzards oder durch Bibliotheken wie z.B. die MFC. Den Markterfolg machen die darunterliegenden Algorithmen, und die muß der Programmierer immer noch selber entwerfen, implementieren und testen.

Ein weiteres Argument für eine ausführliche Besprechung von Sprachmitteln, Programmiertechniken und Bibliotheken ist die Tatsache, daß mit Visual C++ 1.5 standardmäßig keine technische Dokumentation mehr ausgeliefert wird. Dieses Buch soll die Lücke füllen und in konzentrierter Form die notwendige Information vermitteln.

Inhalt

Dieses Buch beschreibt die Aspekte, die für die erfolgreiche Entwicklung objektorientierter Programme in C++ wichtig sind, und zwar sowohl für das Design als auch für die Implementierung. Als Entwicklungswerkzeug verwenden wir hauptsächlich Microsoft Visual C++ Version 1.5, allerdings sind alle Beispiele und Projekte auch mit Version 1.0 sowie mit C/C++ Version 7 lauffähig. Auf Unterschiede wird jeweils gesondert hingewiesen. Die in diesem Buch entwickelten Module und Programme sind mit den genannten Microsoft-Entwicklungssystemen erstellt und getestet worden. Wir haben uns jedoch bemüht, nach Möglichkeit keine hersteller- oder implementierungsabhängigen Konstruktionen zu verwenden, um den Blick auf das Ziel des Buches, nämlich objektorientierte Programmierung zu beschreiben, nicht zu verstellen. Ausnahmen von der Regel sind dort angebracht, wo herausragende Möglichkeiten des Microsoft-Entwicklungssystems dies rechtfertigen oder eine Funktion rechner- oder betriebssystemspezifisch implementiert werden muß. Dies betrifft vor allem die Graphikprogrammierung und die Programmierung von Windows-Applikationen. Microsoft-spezifisch sind natürlich auch die *Foundation Classes*, die dem Entwicklungssystem als separate Klassenbibliothek beiliegen.

Im Buch wechseln sich theoretische Kapitel mit praktischen Fallstudien ab. In den theoretischen Kapiteln werden die neuen Sprachkonstruktionen vorgestellt, die dann im nachfolgenden Praxiskapitel sofort an konkreten Problemstellungen aus der Praxis angewendet werden.

Als durchgehendes Beispiel wird eine Klasse zur Verarbeitung von Strings betrachtet. Ausgehend von den in C vorhandenen rudimentären Möglichkeiten der Stringverarbeitung erweitern und verbessern wir die Klasse schrittweise bis zu einer Version, die professionellen Ansprüchen genügt. Die auf diesem Weg entstehenden Zwischenversionen der Stringklasse sind vollständig auf der Begleitdiskette zu diesem Buch vorhanden. Der Leser ist aufgefordert, auch mit diesen Zwischenversionen zu experimentieren und sie zu verändern, weil nur so ein Gefühl für die neuen Ausdrucksmöglichkeiten in C++ erworben werden kann. Sicherlich ist es möglich, nur die endgültige Version der Stringroutinen zu verwenden und sie auch in eigenen Programmen sinnvoll einzusetzen. Ohne die Zwischenstufen und Begründungen für gewisse Designentscheidungen wird der C++ Neuling jedoch das Verständnis für objektorientiertes Programmieren nicht erwerben können. OOP ist mehr als Klassen, Vererbung und Polymorphismus! Es ist vor allem das Wissen, *wann* man *welches* der vielen neuen Sprachmittel für *welches Problem* am besten einsetzt. Hält man sich hier nicht an bestimmte Standards, erhält man leicht unverständliche, unwartbare und im schlimmsten Fall sogar fehlerhafte Programme.

Einen weiteren Schwerpunkt des Buches bildet die Technik der dynamischen Speicherverwaltung in C++. Ausgehend von der Problematik fester Speicherplatzzuweisung in C entwickeln wir Klassen, die ihren benötigten Speicherplatz dynamisch selber anfordern und zurückgeben, und zwar ohne Zutun des Nutzers dieser Klassen. Der Anwendungsprogrammierer wird dadurch von den fehleranfälligen malloc und free-Aufrufen vollständig befreit, die berüchtigten Fehler bei der Handhabung dynamischer Datenstrukturen werden somit nahezu ausgeschlossen.

Mit den Mitteln der dynamischen Speicherverwaltung in C++ entwickeln wir ab Kapitel 17 einige sogenannte *Containerklassen*. Sie haben die Aufgabe, in einem Programm eine variable Anzahl von Objekten zu speichern. Der Bezug zur dynamischen Speicherverwaltung besteht darin, daß Containerklassen einerseits beliebig viele Objekte aufnehmen können, andererseits nur möglichst wenig Speicherplatz belegen sollen. Typische Beispiele für Containerklassen sind Klassen für lineare Listen, dynamische Felder und Hash-Tabellen.

C++ ist eine streng typisierte Sprache. Variablen unterschiedlicher Typen sind bis auf bestimmte, absichtlich erlaubte Ausnahmen nicht zuweisungskompatibel. Diese sogenannte *strenge Typisierung* erhöht die Sicherheit beim Programmieren, erschwert jedoch auch die Formulierung von Algorithmen, die ohne Änderung auf unterschiedliche Datentypen angewendet werden können. C++ bietet für die Implementierung sogenannter *generischer Algorithmen* das Sprachmittel der *Templates*. Leider sind Templates in den aktuellen Versionen der Microsoft-Compiler noch nicht implementiert. In Kapitel 18 befassen wir uns ausgiebig mit generischen Algorithmen und deren Implementierung ohne Templates. Konkret werden wir eine generische Containerklasse entwickeln und daraus Container für unterschiedliche Datentypen wie int, double etc. bilden. Aus den Containern werden wir Klassen für Vektoren und Matrizen beliebiger Dimension ableiten. Eine konkrete Anwendung der Matrizenrechnung mit 3x3-Matrizen ist die Transformation von geometrischen Figuren, mit der wir uns im Rahmen des Projekts "Graphikprogramm" in Kapitel 19 befassen.

In C++ kann der Programmierer eigene Operatoren definieren, z.B. um Objekte eigener Klassen miteinander zu verknüpfen. In Kapitel 15 definieren wir eine Klasse zur Darstellung von Zahlen mit beliebiger Genauigkeit und implementieren eigene Operatoren, um mit diesen Zahlen zu rechnen. Konkret werden wir die Zahl e auf 1000 Stellen Genauigkeit berechnen.

Im Teil II des Buches ab Kapitel 20 befassen wir uns mit der Technik der *Ableitung* in C++. Ableitungen werden verwendet, um einmal definierte Eigenschaften einer Klasse auf neue Klassen zu vererben. Damit erhält man ein hervorragendes Mittel, einmal definerte Klassen oder ganze Klassenbibliotheken an eigene Bedürfnisse anzupassen. Damit zusammenhängend ist die

Technik des *factoring*, bei dem gemeinsame Teile mehrerer Klassen identifiziert und zu einer neuen Klasse zusammengefaßt werden. Durch geschickte Anwendung der Vererbungstechnik können Mehrfachentwicklungen gleicher oder ähnlicher Funktionalität in einem Softwaresystem vermieden oder zumindest reduziert werden.

Zum Abschluß des Kapitels werfen wir einen Blick auf das vieldiskutierte Thema der *Mehrfachvererbung* (*multiple inheritance*, oder einfach *MI*). MI ist ein mächtiges Sprachmittel, jedoch nicht ohne Probleme. In Kapitel 24 zeigen wir an Hand eines Anwendungsfalles aus der Praxis, wann MI wirklich sinnvoll ist.

Polymorphismus ist die wohl am schwierigsten zu verstehende neue Technik in der objektorientierten Programmierung. Kapitel 21 befaßt sich mit den sogenannten *virtuellen Funktionen* in C++, mit deren Hilfe Polymorphismus erreicht werden kann. In den Kapiteln 23 und 24 wenden wir Polymorphismus im Rahmen eines Projekts aus der Praxis (Projekt Heterogener Container) an.

Der Teil III des Buches ab Kapitel 25 befaßt sich mit objektorientierten Bibliotheken, die mit C++ allgemein bzw. speziell mit Visual C++ mitgeliefert werden. Dabei handelt es sich um die Streams-Bibliothek zur objektorientierten Ein- und Ausgabe sowie um die Microsoft Foundation Classes.

C++ bietet eine elegante, neue Möglichkeit zur Ein- und Ausgabe von Daten. Während die aus C bekannten Funktionen wie z.B. printf untypisiert sind, ist das neue C++ *Stream*-Konzept vollständig typisiert und darüber hinaus wesentlich flexibler als die Standard-E/A in C. Arbeitsweise und Benutzung der neuen Streams ist Thema des Kapitels 25. In diesem Kapitel werfen wir außerdem einen Blick auf die Problematik der *persistenten Objekte* und geben Beispiele und Hinweise zu deren Implementierung.

Kapitel 27 und 28 schließlich befassen sich mit den Microsoft Foundation Classes. Diese Bibliothek vereinfacht die Windows-Programmierung ganz erheblich, indem sie im wesentlichen das etwas unhandliche Windows-API in Klassen verpackt. Ab Version 2.5 der Bibliothek sind mächtige Funktionen zur Unterstützung des OLE 2.0 Protokolls sowie zur Datenbankanbindung hinzugekommen.

Darüber hinaus enthält die Bibliothek eine Reihe interessanter Klassen, Funktionen und Makros, die Windows-unabhängig sind und deshalb auch von DOS-Programmen eingesetzt werden können.

Schwerpunkt

Der Schwerpunkt dieses Buches liegt auf der objektorientierten Vorgehensweise bei der Softwareentwicklung. Die zentrale Frage lautet

```
wie setze ich eine gegebene Problemstellung in ein objektorientiertes
C++ Program um?
```

Zur Beantwortung dieser Frage muß man einerseits die zur Verfügung stehenden Sprachmittel der Sprache C++ genau kennen, zum andern aber auch die Standard-Vorgehensweisen beherrschen, die bei der Umsetzung eines Problems in ein objektorientiertes Programm Anwendung finden. Vor allem der zweite Punkt wird oft vergessen. Gerade C++ Einsteiger verwenden die neuen Sprachmittel der Sprache viel zu ausgiebig und darüber hinaus (im Sinne objektorientierter Programmierung) oftmals falsch. Die unüberlegte Verwendung von mächtigen C++ Konstruktionen führt dann schnell zu unwartbaren oder sogar fehlerhaften Programmen. Es ist genau dieser Punkt, der bei vielen eingefleischten C-Programmierern, die sich mit C++ versucht haben, im Endeffekt zu Ablehnung führt.

Wir hoffen, in diesem Buch beide Aspekte objektorientierter Softwareentwicklung ausreichend behandelt zu haben.

Was keinen Platz mehr gefunden hat

Aufgrund der Fülle des Materials ist es unmöglich, alle Aspekte der Softwareentwicklung mit C++ in einem einzigen Buch zu behandeln. Wir mußten uns daher entschließen, einige Themen, die nicht unmittelbar mit der Sprache C++ zu tun haben, auf nachfolgende Bücher zu verschieben. Darunter fallen insbesondere der gesamte Komplex der Windows-Programmierung und damit zusammenhängend eine eingehendere Behandlung der Windows-spezifischen Teile der Microsoft Foundation Classes. Mit Visual C++ Version 1.5 ist der gesamte Komplex der Datenbankanbindung hinzugekommen. Auch dieses Thema ist so umfangreich, daß es den Rahmen dieses Buches gesprengt hätte.

Ebenso sind Installation und Bedienung der Benutzeroberfläche sowie die Beschreibung der Bibliotheksfunktionen des Entwicklungssystems keine Themen dieses Buches.

2 Warum objektorientierte Programmierung?

In diesem Kapitel geben wir eine kurze Übersicht über die wichtigsten Konzepte objektorientierter Programmierung. Wir zeigen an Hand von Beispielen aus der C-Praxis, wie einige alltägliche Probleme und Fehlerquellen traditioneller Programmierung mit Hilfe objektorientierter Konzepte gelöst bzw. ganz vermieden werden können.

2.1 Traditionelle Programmerstellung

Zu Beginn der 90er Jahre hinkt die Softwareerzeugung um mindestens zwei Generationen hinter den Möglichkeiten der Hardware hinterher. Es zeigt sich mehr und mehr, daß große Softwarevorhaben mit konventionellen Entwicklungstechniken nicht mehr zu realisieren sind: moderne Prozessoren erlauben größere und komplexere Programmsysteme, mehr und mehr Menschen werden Computer und die dazugehörigen Programme nutzen wollen oder müssen.

Den daraus resultierenden Anforderungen an eine industrielle Softwareerzeugung stehen die meisten Hersteller machtlos gegenüber. Wie vor einer Dekade werden auch heute die meisten Programme neu und von Grund auf mit großer Sorgfalt von Hand gefertigt. Die Programmierer sind mit Künstlern vergleichbar, die jedes Programm als ein einmaliges Kunstwerk verstehen, das für sich alleine steht. Jeder hat seinen eigenen Stil, seine Art der Dokumentation, eine eigene Auffassung, wie die immer wieder gleichen Grundaufgaben der Programmierung zu lösen sind: Gibt man mehreren Programmierern die Aufgabe, eine lineare Liste zu implementieren, werden sich die Implementierungen wahrscheinlich so unterscheiden, daß man nicht sofort entscheiden kann, ob die Programme das gleiche tun oder nicht.

Nachfolger haben es deshalb meist sehr schwer, sich in die Programme ihrer Vorgänger einzuarbeiten. Sie modifizieren sie mit ihrem eigenen Stil, stellen dies und jenes um, implementieren anderes (nach ihrer Ansicht) "geschickter", etc. Leider wird durch die Änderungen die Struktur des Programms immer undurchsichtiger, bis schließlich das Programm völlig unwartbar geworden ist. Bei größeren Systemen tritt dieser Zustand in der Regel nach ca. 10 Jahren ein, Investitionen, oft in Milionenhöhe, sind in diesem kurzen Zeitraum dann wertlos geworden.

2.2 Voraussetzungen industrieller Softwareproduktion

Wie kann man von der künstlerischen Einzelfertigung von Software zu einer Softwareproduktion nach industriellen Maßstäben gelangen?

Die erste und wichtigste Voraussetzung dazu ist das Vorhandensein einer neuen Technik zur Aufteilung einer komplexen Problemstellung in einzelne Teile (sogenannte *decomposition*). Die heute weithin verwendete Methode des Top-Down Entwurfs hat eine Strukturierung des *Programmablaufs* zum Ziel, die dabei verwendeten *Daten* bleiben zunächst unberücksichtigt. Die Suche nach dem "besten Algorithmus" für ein Problem ist ein Relikt aus der Zeit, in der Maschinenzyklen teuer und Programme klein und überschaubar waren. Die konzeptionelle Trennung zwischen Funktion und Daten, auf die die Funktion wirkt, führt zur Notwendigkeit der Parameterübergabe von Daten an Funktionen - einige der daraus entstehenden interessanten Probleme werden wir noch detaillierter untersuchen.

Die zweite Voraussetzung ist die Möglichkeit zur *Wiederverwendung* einmal entwickelter Programmteile in späteren Vorhaben. Wie wir noch sehen werden, sind die heute verwendeten Modulbibliotheken dazu nicht flexibel genug, so daß eben eine lineare Liste erneut programmiert wird, weil eine vorhandene Implementierung aus einer Bibliothek nicht an die speziellen Bedürfnisse des aktuellen Projekts angepaßt werden kann.

Die dritte wesentliche Voraussetzung sind *anerkannte Standards*, die für die zu produzierende Software gelten sollen. So sind z.B. die Anforderungen an die Benutzeroberfläche eines Programms bereits heute nahezu völlig standardisiert. Kaum ein Programm, das unter Windows laufen soll, wird am *Windows Style Guide* vorbeikommen. Für den Benutzer hat dies den Vorteil, daß alle Windows-Programme gleich zu bedienen sind, für den Hersteller, daß die Programmteile für die Benutzeroberfläche nur einmal zu erstellen sind - siehe Voraussetzung 2 weiter oben. Gerade am Beispiel "Windows" kann man die Wichtigkeit von Standards erkennen. Bereits heute gibt es leistungsfähige objektorientierte Bibliotheken, die den Programmierer von der komplizierten Windows-Programmierung nahezu vollständig entlasten, ihm aber trotzdem ausreichend Gestaltungsmöglichkeiten geben.

Leider gibt es aber für die täglichen Aufgaben des Programmierers noch wenig Unterstützung, die ausreichend flexibel ist, um in der Praxis akzeptiert zu werden: Mindestens die Hälfte des neu geschriebenen Codes eines jeden Programms dienen zur Implementierung von Aufgaben, die problemunabhängig sind und auch in anderen Programmen so oder ähnlich wieder auftreten werden.

Neben dem Code für die Benutzeroberfläche betrifft dies vor allem die Datenverwaltung im Hauptspeicher, die Kommunikation mit externen Datenträgern (Festplatte), die Behandlung von Ausnahmesituationen (meist Fehlern) etc.

2.3 Die Rolle der objektorientierten Denkweise

Objektorientiertes Design und objektorientierte Programmierung können die genannten Voraussetzungen erfüllen. In der objektorientierten Welt liegt das Hauptinteresse des Entwicklers nicht mehr auf Prozessen, Funktionen oder Algorithmen, sondern auf *Objekten*. Vereinfacht gesagt ist ein Objekt eine Zusammenfassung von Daten und den auf diesen Daten operierenden Algorithmen. Objekte schicken Nachrichten an andere Objekte, die dort interpretiert werden und zum Aufruf von Funktionen führen. Objekte sind eigenständige, aktive Einheiten eines Programms, die auf Nachrichten reagieren und ihrerseits Nachrichten an andere Objekte senden.

Die Notation "Nachricht senden/empfangen" soll dabei bedeuten, daß Objekte über Schnittstellen miteinander kommunizieren. Dabei ist das Protokoll des Datenaustausches bekannt, die Interna eines Objekts (d.h. *wie* es auf eine Nachricht reagiert) dagegen normalerweise nicht. Objekte eignen sich daher hervorragend dazu, atomare Einheiten eines Programms zu bilden: Sie bieten nach außen Dienstleistungen an, die andere Objekte nutzen können, wie sie die Leistungen jedoch realisieren, bleibt dem Sender einer Nachricht verborgen.

Die zentrale Frage des Softwareentwicklers ist nun nicht mehr

```
wie teile ich mein Problem am besten in Module und Funktionen auf?"
```

sondern

```
wie teile ich mein Problem am besten in Objekte auf?
```

und

```
wie kommunizieren diese Objekte miteinander?
```

Die zweite Frage ist fast wichtiger als die erste, denn durch die Kommunikation der Objekte untereinander werden die Abläufe in einem Programm definiert. Wichtig ist, *welche* Dienstleistungen *wer* von *wem* abfordert, um letztendlich die Gesamtaufgabe des Programms zu realisieren. Wie die Leistungen in den einzelnen Objekten realisiert werden, ist dagegen sekundär und kann in einem zweiten Schritt festgelegt werden. Durch die sorgfältige Trennung von *Interface* und *Implementierung* ist es sogar möglich, die Implementierung später durch eine andere (bessere) zu ersetzen, ohne den Rest des Programms zu beeinträchtigen - vorausgesetzt die Schnittstelle bleibt erhalten.

2.4 Ein Beispiel

Die objektorientierte Vorgehensweise soll an einem Detailproblem in einem Programm zur Literaturrecherche verdeutlicht werden.

Nach Einlesen der Suchparameter vom Benutzer und Absenden des Suchauftrages an die Datenbank erwartet das Programm eine vorher nicht bekannte Anzahl von Treffern in Form von Datensätzen, die vom Datenbanksystem erhalten und zur Anzeige zwischengespeichert werden müssen.

Der traditionelle Entwickler wird zur Speicherung der Treffer eine bestimmte Datenstruktur vorsehen - z.B. eine lineare Liste - und diese fest programmieren, d.h., er wird den Code zum Einsetzen von Datensätzen in die Liste etc. im Klartext in sein Modul aufnehmen. Als Grund wird er nennen, daß die lineare Liste schnell programmiert sei und den Aufwand zur Suche einer geeigneten Bibliothek nicht lohne. Dadurch wird die lineare Liste integraler Teil des Ergebnisdatenspeichers. Nach Fertigstellung des Programms ist es dann ohne Kenntnis der Gesamtzusammenhänge meist nicht mehr möglich, die gewählte Implementierung des Trefferspeichers durch eine andere zu ersetzten- z.B. wenn die Liste bei sehr vielen Treffern nicht mehr in den Speicher paßt oder zu langsam ist.

Wird das Programm dagegen objektorientiert entwickelt, definiert der Entwickler ein eigenes Objekt[1] für die Ergebnisdatenmenge. Er beantwortet dabei zuerst die Frage "welche Leistungen benötige ich von diesem Objekt?" und kommt z.B. zum Ergebnis, daß Funktionen zum Hinzufügen und Löschen einzelner Datensätze sowie vielleicht zum sequentiellen Durchlaufen aller Elemente erforderlich sind. Damit liegen die Nachrichten (Aufträge) an das Objekt "Ergebnisdatenspeicher" fest. Wie das Objekt die geforderten Leistungen erbringen soll, wird später entschieden. Neben der linearen Liste kommen evtl. andere Speicherformen wie z.B. Binärbäume, dynamische Felder oder sogar Hashtabellen in Frage.

Durch die klare Trennung zwischen Interface und Implementierung kann die Implementierung des Ergebnisspeichers (theoretisch) völlig unabhängig von der Definition des Interfaces oder von der Implementierung anderer Objekte

---

1   Genaugenommen definiert er eine Klasse, von der später zur Laufzeit des Programms ein Objekt erzeugt wird. Wir vernachlässigen den Unterschied zunächst an dieser Stelle.

erfolgen. Sie kann von Dritten durchgeführt werden, die außer der Schnittstelle sonst nichts vom restlichen Programm kennen müssen. Und sie kann geändert werden (wenn z.B. Effizienzgründe dies erforderlich machen), ohne daß der Rest des Programm davon betroffen wird.

Die zentrale Frage, nämlich wie man ein gegebenes Problem in Objekte aufteilen und welche Nachrichten diese untereinander austauschen sollen, ist zur Zeit nicht allgemeingültig beantwortet. Hier gibt es verschiedene Schulen, mit unterschiedlichen Vor- und Nachteilen der jeweiligen Methoden. Es ist jedoch eine Erfahrung aus der Praxis, daß große Entwicklungen derzeit nicht mit Schulmethoden in den Griff zu bekommen sind. Hier spielt die Erfahrung der einzelnen Entwickler mit objektorientierten Techniken die wesentliche Rolle.

2.5 Objektorientierte Programmierung und C++

Es ist heute allgemein anerkannt, daß der objektorientierte Entwurf wie im letzten Abschnitt geschildert ein wichtiger Schritt in Richtung industrielle Softwareproduktion ist. Der objektorientierte Entwurf kann mit nahezu jeder prozeduralen Sprache programmiert werden, allerdings bieten traditionelle Sprachen wie C, Pascal oder Ada wenig Hilfen, um z.B. Konstruktionen wie Klassen, Objekte oder Nachrichten zu implementieren.

C++ schließt die Lücke zwischen Entwurf und Implementierung, indem die Sprache Möglichkeiten bereitstellt, die Ergebnisse des objektorientierten Entwurfes direkt in Programme umzusetzen. Dies beinhaltet also vor allem die Fähigkeit, Klassen, Objekte und Nachrichten formulieren zu können. Dazu kommen weitere Sprachmittel, die für eine professionelle objektorientierte Programmierung erforderlich sind, wie z.B. "Bindung zur Laufzeit", "Polymorphismus" etc. Darüber hinaus bietet C++ einige Sprachmittel, die in C sehr vermißt wurden, aber nicht unbedingt etwas mit objektorientierter Programmierung zu tun haben.

2.6 Zwei Fallstudien

Bevor wir im nächsten Kapitel die neuen C++ Sprachmittel im Überblick vorstellen, zeigen wir in diesem Abschnitt einige Probleme traditioneller Softwareentwicklung und die mit objektorientierter Programmierung in C++ möglichen Lösungen.

2.6.1 Das Problem der Datentypen

Es sei die Aufgabe gestellt, den in der Natur vorkommenden Temperaturbereich in die Kategorien "Sommer" und "Winter" einzuteilen. Eine Prozedur, die dies leistet, könnte in C etwa folgendermaßen formuliert werden:

```
#include <stdio.h>

void classifyTemp( int temp ) {
  if ( temp < -10 )
    puts( "wahrscheinlich Winter" );
  else if ( temp > 20 )
    puts( "Wahrscheinlich Sommer" );
  else
    puts( "Keine Aussage sinnvoll" );
}
```

Analog dazu könnte eine Funktion zur Klassifizierung von Einkommen von Angestellten folgendermaßen aussehen:

```
void classifyIncome( int income ) {
  if ( income < 1000 )
    puts( "Sozialfall" );
  else if ( income > 10000 )
    puts( "Unsozialer Fall" );
  else
    puts( "Normalfall" );
}
```

In beiden Fällen wird das jeweilige Datenelement durch ein `int` im Rechner repräsentiert. Neben sinnvollen Anwendungen ist deshalb auch folgende Konstruktion - aus der Sicht des Compilers - eine korrekte Anweisung:

```
int gehalt;
/* gehalt erhält hier irgendwo einen Wert */
classifyTemp( gehalt );
```

Hier wurde die Klassifikationsroutine für Temperaturen offensichtlich auf eine Variable angewendet, die ein Gehalt enthält.

Fehler dieser Art können vom Compiler prinzipiell nicht erkannt werden, da beide Klassifikationsroutinen ein `int` erwarten. Die vom Programmierer konzeptionell noch unterschiedenen Datentypen "Temperatur" und "Einkommen" sind in der Implementierung beide auf den gleichen internen Datentyp "`int`" abgebildet worden. Der Compiler kann Temperaturen und Einkommen nun nicht mehr unterscheiden.

Eine Möglichkeit, das Problem zu entschärfen, ist die Vergabe von geeigneten Variablennamen. Das obige Beispiel zeigt, wie das gemeint ist: niemand wird eine Variable zur Speicherung von Temperaturen "gehalt" nennen. Aus diesem Grunde kann eine Anweisung wie

```
classifyTemp( gehalt );
```

allein durch Hinsehen mit großer Wahrscheinlichkeit als falsch identifiziert werden.

In großen Softwaresystemen sind die Dinge allerdings wesentlich komplizierter. Der Compiler kann Fehler dieser Art nicht bemerken, und kein Programmierer hat die Bedeutung aller Variablen des Systems im Kopf, auch wenn die Namen noch so "deskriptiv" sind.

Was man braucht, ist die Möglichkeit, dem Compiler mitzuteilen, daß Temperaturen und Gehälter unterschiedliche Dinge sind, *obwohl zur Speicherung beidesmal integers verwendet werden sollen*. Worin unterscheiden sich aber Temperaturen und Gehälter, wenn beide als integers abgebildet werden? Etwas Nachdenken zeigt, daß es die *Verarbeitungsschritte* sind, die den Unterschied ausmachen: Gehälter werden durch andere Operationen bearbeitet als Temperaturen. Prozeduren, die ein Gehalt bearbeiten, sind eben für eine Temperatur nicht sinnvoll, und umgekehrt.

Der Begriff des problemorientierten Datentyps

Der Begriff "Gehalt" ist aus der Sicht des Systementwicklers mehr als nur das zur Speicherung verwendete int. Er ist gleichzeitig auch die Vorstellung über die möglichen Verarbeitungsschritte, die mit einem Datenwert für Gehälter möglich sind: Steigerung um einen bestimmten Prozentsatz, Ein-Ausgabe von Disk, Fragen der Formatierung und Anzeige eines Geldbetrages, und nicht zuletzt die Klassifizierung in Gehaltsgruppen fallen hierunter.

Analog sind mit dem logischen Konzept einer "Temperatur" sowohl das Datenelement zu Speicherung als auch die Operationen, die mit Temperaturen möglich sind, gemeint. Hieraus wird schon ersichtlich, daß Datenelemente und die sie bearbeitenden Operationen eine sehr enge Einheit bilden: Ändert sich das eine, muß auch das andere angepaßt (oder zumindest kontrolliert) werden. Soll z.B. die Temperatur nicht mehr in Grad Celsius, sondern in Grad Kelvin angegeben werden, ist zumindest eine Inspektion aller Routinen, die Temperaturen manipulieren, erforderlich. Es wäre daher sicher wünschenswert, Datenelemente für Temperaturen und sie bearbeitende Operationen (d.h. Funktionen) möglichst eng zu koppeln, um Änderungen dieser Art leicht durchführen zu können.

Genau umgekehrt dagegen ist das Verhältnis einer solchen Einheit zu "fremden" Daten und Funktionen: hier soll eine gegenseitige Beeinflussung weitestgehend ausgeschlossen werden, damit eben ein Gehalt nicht von einer (fremden) Temperaturroutine (oder gar einer Routine für File-Deskriptoren, die auch zufällig als ints implementiert sind) verändert werden kann.

Dieser Gedankengang führt zu einer neuen Definition des Datentyps, den wir im folgenden *problemorientierten Datentyp* nennen wollen. Der Unterschied zum gewöhnlichen (oder *maschinenorientierten*) Datentyp besteht darin, daß der problemorientierte Datentyp Daten- *und* Verarbeitungselemente enthält. Dabei werden die Daten des Datentyps ausschließlich von den Funktionen des Datentyps bearbeitet.

Ein "Gehalt" ist ein gutes Beispiel für einen problemorientierten Datentyp. Ein Gehalt besteht einerseits aus einem Datenelement (in unserem Fall einem `int`), zum anderen aus einem Verarbeitungselement, hier der Funktion `classifyIncome`. Beide Elemente des Typs werden als zusammengehörig erklärt, so daß der Compiler später jede Verwendung von `classifyIncome` mit einem anderen als dem verbundenen Datenelement als Fehler erkennen kann.

Lösung mit C++

Unsere beiden problemorientierten Datentypen für Gehälter und Temperaturen können in C++ etwa wie folgt programmiert werden:

```
#include <stdio.h>
//---------------------------------------------------------------
//       class Temp
//
class Temp {
   int temp;
public:
   void classifyTemp();
   };
//---------------------------------------------------------------
//       class Income
//
class Income {
   int income;
public:
   void classifyIncome();
   };
```

2.6 Zwei Fallstudien

```
//---------------------------------------------------------------
//      Temp::classifyTemp
//
void Temp::classifyTemp() {

  if ( temp < -10 )
    puts( "wahrscheinlich Winter" );

  else if ( temp > 20 )
    puts( "Wahrscheinlich Sommer" );

  else
    puts( "Keine Aussage sinnvoll" );
}


//---------------------------------------------------------------
//      Income::classifyIncome
//
void Income::classifyIncome() {

  if ( income < 1000 )
    puts( "Sozialfall" );

  else if ( income > 10000 )
    puts( "Unsozialer Fall" );

  else
    puts( "Normalfall" );
}
```

Die gewünschte Verbindung zwischen Daten- und Verarbeitungselement notiert der Programmierer durch das neue Schlüsselwort `class`. Dadurch wird dem Compiler signalisiert, daß die Funktion `classifyIncome` ausschließlich auf das Datenelement `income` und die Funktion `classifyTemp` ausschließlich auf `temp` anzuwenden ist.

Als Folge ist es nun nicht mehr erforderlich, der Funktion `classifyIncome` die Variable `income` als Parameter zu übergeben, denn `classifyIncome` kann *per definitionem* nur noch auf `income` angewendet werden. Die Funktionen können implizit auf die zugehörigen Datenelemente zugreifen. Analoges gilt für `classifyTemp` und `temp`.

Als erstaunliches Resultat erhält man die Tatsache, daß man unter Verwendung objektorientierter Konstruktionen einen Verwechslungsfehler wie im konventionellen Klassifikationsprogramm dargestellt gar nicht programmieren kann!

Beachten Sie die Implementierung der Funktionen `classifyTemp` und `classifyIncome`: Es wird jeweils der Name der Klasse, gefolgt von zwei Doppelpunkten, vorangestellt:

```
void Temp::classifyTemp()        {...}
void Income::classifyIncome()    {...}
```

Durch die explizite Angabe des Klassennamens kann der Compiler die Funktion der jeweiligen Klasse zuordnen und so den impliziten Zugriff auf die Daten der Klasse ermöglichen.

Als weitere Eigenschaft besitzen Klassen die Möglichkeit, Daten und Funktionen explizit als `private` oder `public` zu definieren. Im obigen Beispiel sind `temp` und `income` `private` (die Voreinstellung bei Klassen). Eine externe Routine kann daher nicht auf `temp` oder `income` zugreifen, z.B. um sie zu verändern. Dies ist konsequent, denn `temp` und `income` sind ja ihrerseits integer, und man hätte das eingangs dargestellte Problem potentiell erneut in einer tieferen Ebene. Wir werden später sehen, wie man den Zugriff auf die Datenelemente einer Klasse in kontrollierter Weise ermöglichen kann.

Von problemorientierten Datentypen werden in gewohnter Weise Variablen erzeugt, über die dann die Funktionen des Datentyps aufgerufen werden können. Betrachten wir dazu den folgenden Ausschnitt aus einem Hauptprogramm, das die beiden neuen problemorientierten Datentypen `Income` und `Temp` verwendet:

```
Temp t;
Income i;
/* hier erhalten die Datenelemente auf noch unbekannte
   Weise einen Wert */
t.classifyTemp();
i.classifyIncome();
```

Im Programmausschnitt wird zunächst jeweils eine Variable der neuen Typen deklariert. Im Mittelteil sollen die Datenelemente Werte erhalten, wie das geschieht, soll uns hier noch nicht interessieren. Wichtig ist zunächst die Syntax des Aufrufes der Funktion `classifyTemp`. Man sieht sofort, daß der Compiler anhand des Typs von `t` (also `Temp`) überprüfen kann, daß der Aufruf von `classifyTemp` in diesem Zusammenhang zulässig ist. Eine Anweisung wie

```
t.classifyIncome()
```

wäre unzulässig, da in `Temp` keine Funktion `classifyIncome` definiert ist.

Man kann sogar noch einen Schritt weitergehen und den beiden Klassifikationsprozeduren sowie den Datenelementen gleiche Namen geben. Das folgende Listing zeigt eine Implementierung des Problems, wie sie in der Praxis objektorientierter Programmierung üblich ist:

```
#include <stdio.h>
//-----------------------------------------------------------
//      class Temp
//
class Temp {
public:
  int value;
  void classify();
};
```

2.6 Zwei Fallstudien

```
//-----------------------------------------------------------------
//        class Income
//
class Income {
public:
  int value;
  void classify();
  };

//-----------------------------------------------------------------
//        Temp::classify
//
void Temp::classify() {
  if ( value < -10 )
    puts( "wahrscheinlich Winter" );
  else if ( value > 20 )
    puts( "Wahrscheinlich Sommer" );
  else
    puts( "Keine Aussage sinnvoll" );
  }

//-----------------------------------------------------------------
//        Income::classify
//
void Income::classify() {
  if ( value < 1000 )
    puts( "Sozialfall" );
  else if ( value > 100000 )
    puts( "Unsozialer Fall" );
  else
    puts( "Normalfall" );
  }
```

Das Hauptprogramm wird entsprechend angepaßt:

```
//-----------------------------------------------------------------
//        main
//
void main() {
  Temp t;
  Income i;
  /* hier erhalten die Datenelemente auf noch unbekannte
     Weise einen Wert */
  t.classify();
  i.classify();
  }
```

Aus diesem Beispiel wird die starke Bindung zwischen den Datenelementen und den zugehörigen Funktionen besonders deutlich. Beachten Sie bitte, daß Variablen der problemorientierten Typen Temp bzw. Income nur zwei (genaugenommen `sizeof(int)`) Byte Speicher benötigen. Die Funktionen des Typs benötigen in den einzelnen Variablen keinen Speicherplatz. Sie sind wie üblich im Codesegment angeordnet. Obwohl zur Implementierung von Gehältern und Temperaturen der gleiche Datentyp (nämlich ein `int`) verwendet wurde, sind `Income` und `Temp` unterschiedliche Typen und *nicht* zuweisungskompatibel. Hier wird der Unterschied zwischen *problemorientierten Typen* wie `Income` und `Temp` und *implementierungsorientierten Typen* wie `int`, `float` oder `char` deutlich. Problemorientierte Typen werden in der objektorientierten Programmierung auch *Klassen (classes)* genannt. Die Tatsache, daß Daten und Funktionen eine Einheit bilden, wird häufig auch als *Kapselung* bezeichnet.

Klassen sind die elementaren Bausteine jedes objektorientierten C++ Programms. Demzufolge ist eine der Hauptaufgaben des Softwareentwicklungsprozesses die Definition "geeigneter" Klassen. Auf die Frage, *wie* man eine Gesamtaufgabe allerdings "geeignet" in Klassen unterteilen soll, erhält man von n Entwicklern mindestens n+1 unterschiedliche Antworten.

Objekt und Nachricht

Es liegt auf der Hand, wie die eingangs erwähnten Begriffe *Objekt* und *Nachricht* aus dem objektorientierten Entwurf in diesen Zusammenhang passen: Unsere problemorientierten Datentypen Gehalt und Temperatur werden direkt durch die C++ *Klassen* `Income` und `Temp` implementiert. Zur Laufzeit des Programms werden zwei Variablen (`t` und `i`) gebildet, sie sind die (einzigen) *Objekte* unseres kurzen Beispielprogramms.

Die Objekte stellen dem restlichen Programm Funktionen zur Verfügung, die bestimmte Leistungen erbringen. Im Beispiel handelt es sich nur um eine Klassifizierung von Daten, die - je nach Klasse des Objekts - unterschiedlich durchgeführt werden muß. Eine Nachricht an ein Objekt wird in C++ durch einen Funktionsaufruf implementiert. Unsere beiden Klassen verstehen die Nachricht "Klassifiziere deine Daten und gebe das Ergebnis auf dem Bildschirm aus!". Will man diese Nachricht an ein Objekt der Klasse "senden", ruft man die Funktion `classify` des jeweiligen Objekts auf. Wichtig ist, daß Objekte je nach Typ (d.h. je nach ihrer Klasse) unterschiedlich auf die gleiche Nachricht reagieren können.

2.6.2 Das Problem der Wiederverwendbarkeit von Software

Nehmen wir an, ein Programmierer hat ein Programm mit einem einfachen Fenstersystem geschrieben. Fenster sind dort rechteckige Bereiche, die durch einen Rahmen vom restlichen Bildschirm abgesetzt sind. Die Routinen des Fenstersystems sind in einem getrennten Modul abgelegt. Zum Zeichnen eines Fensters wird die Routine `openWindow` mit den entsprechenden Koordinaten verwendet. Sie liefert ein *handle* (die Fenster-ID) zurück, das für weitere Opera-

2.6 Zwei Fallstudien

tionen mit dem Fenster verwendet werden muß. Die Routine `closeWindow` soll ein Fenster wieder schließen. Eine Fenster-ID soll von einem (hier nicht weiter interessierenden) Typ *Handle* sein[2]

```
typedef int Handle;

Handle openWindow( int xmin, int ymin, int xmax, int ymax );
void closeWindow( Handle h );
```

Zu einem späteren Zeitpunkt soll ein weiteres Programm geschrieben werden, das ebenfalls Fenster benötigt. Die Fenster sind jedoch teilweise mit Namen zu versehen, um eine bessere Unterscheidung zu ermöglichen. Die entsprechende open-Routine soll folgendermaßen deklariert werden:

```
Handle openNamedWindow( int xmin, int ymin, int xmax, int ymax, char *name );
```

Wir nehmen an, daß zum Schließen des Fensters die bereits vorhandene `close`-Routine verwendet werden kann. Der Programmierer hat nun die folgenden Möglichkeiten:

❑ Er erweitert die Routinen des ursprünglichen Fenstersystems um die erforderliche Funktionalität. Dazu ist aber zumindest ein neuer Parameter (der Name des Fensters) in der Routine `openWindow` erforderlich.

   Daraus folgt, daß alle Anwendungsprogramme, die das Fenstersystem bereits verwenden, korrigiert werden müssen. Das ist eigentlich überflüssig, denn diese Programme verwenden ja weiterhin Fenster ohne Namen.

❑ Er schreibt ein neues Fenstersystem, mit komplett neuen Routinen. In diesem neuen System ist allerdings der größte Teil des Codes identisch zum ursprünglichen System. Erweiterungen, wie z.B. die Implementierung eines neuen Bildschirmadapters, müssen nun bereits an zwei Sourcecodeversionen durchgeführt werden.

❑ Er schreibt ein neues Fenstersystem unter Verwendung der bereits vorhandenen Routinen. Die neue Routine zum Öffnen eines Fensters könnte zunächst die Originalroutine aufrufen und dann den Fensternamen zusätzlich ausgeben.

Die letzte Alternative ist zweifelsohne die interessanteste. Sie ermöglicht die weitestgehende Nutzung bereits vorhandener Funktionalität, denn die Routinen des neuen Fenstersystems implementieren nur noch die neuen Eigenschaften (also hier den Fensternamen), greifen ansonsten aber auf bereits Vorhandenes zurück. Im Idealfall wird jegliche Doppelimplementierung von Funktionalität vermieden.

---

2 In der Praxis werden gerne int, void* etc. verwendet.

Software-Wiederverwendung durch Kopieren

Die Vermeidung mehrfacher Implementierungen läßt sich nur schwer erreichen. In traditionellen Entwicklungsprojekten sieht die Wiederverwendung von einmal Implementiertem meist so aus, daß der Quellcode kopiert und an den erforderlichen Stellen erweitert bzw. verändert wird (Alternative 2 der obigen Liste). Das bekannteste Beispiel dieser Art der Software-Wiederverwendung ist wohl die lineare Liste, die in jedem neuen Programm erneut (und teilweise sogar an mehreren Stellen) vollständig neu ausprogrammiert wird.

Das Problem bei der Software-Wiederverwendung durch Kopieren ist nicht so sehr der notwendige mehrfache Entwicklungsaufwand, sondern vielmehr die Tatsache, daß die verschiedenen Versionen der linearen Liste völlig unabhängig voneinander sind. Wird z.B. in einer Implementierung ein Fehler festgestellt, ist dieser Fehler mit hoher Wahrscheinlichkeit natürlich auch in den anderen Implementierungen vorhanden, denn der Sourcecode wurde ja kopiert. Wird der Fehler in einer Version korrigiert, bleibt er aber in den anderen Versionen trotzdem erhalten, bis er dort später vielleicht einmal auffällt und dann mit erneutem Aufwand korrigiert werden muß.

Was man braucht, ist eine Möglichkeit, eine lineare Liste einmal zu implementieren und dann immer wieder als Basis verwenden zu können, *allerdings zugeschnitten auf die jeweilige Problemstellung*. Genau hier liegt der Unterschied zur klassischen Bereitstellung einer Liste z.B. als Bibliotheksmodul: der Nutzer des Moduls muß die Routinen so nehmen, wie sie im Modul vorhanden sind, er kann keine Änderungen mehr vornehmen. Dieser Mangel an Flexibilität bewirkt im Endeffekt, daß jeder Programmierer dann doch seine eigene Version der Liste nach seinen speziellen Anforderungen erneut programmiert ("dann weiß ich, was passiert..."). Er sucht dazu früher entwickelte Programme nach einer Listenimplementierung ab, kopiert die entsprechenden Stellen und paßt sie an die neue Problemstellung an.

Software-Wiederverwendung durch Vererbung

Alternative 3 im Beispiel der beiden Fenstersysteme weiter oben zeigt einen Ausweg: Ein neues Fenstersystem wird implementiert, indem nur die Unterschiede zum vorhandenen System neu programmiert werden, für alles andere werden Funktionen des bestehenden Systems aufgerufen. Wird nun z.B. das Originalsystem geändert, sind diese Änderungen automatisch auch in allen abgeleiteten Systemen vorhanden. Solche Änderungen brauchen nicht notwendigerweise Fehlerkorrekturen wie in unserem Listenbeispiel zu sein, es können vor allem auch Funktionserweiterungen oder Optimierungen bestehender Abläufe sein, von denen dann alle abgeleiteten Systeme automatisch profitieren. Eine typische solche Änderung für ein Fenstersystem wäre z.B. die Unterstützung eines neuen Graphikadapters.

2.6 Zwei Fallstudien

C++ unterstützt einen solchen hierarchischen Aufbau von Systemen durch die Technik der *Vererbung*. Dabei werden einmal definierte Eigenschaften (also Daten und Funktionen) einer Vater-Klasse bewußt an deren Nachkommen-Klassen vererbt. Die Nachkommen können implizit auf Daten und Funktionen des Vaters zugreifen.

Es soll jedoch nicht verschwiegen werden, daß die Verwendung der Vererbungstechnik alleine nicht ausreicht, um die Wiederverwendbarkeit von Software zu garantieren. Dazu ist vielmehr erforderlich, den Aspekt der Wiederverwendbarkeit schon beim Design zu berücksichtigen.

Diese Zielsetzung steht im Widerspruch zum klassischen Designprozeß. So wird z.B. beim Top-Down-Design die Aufgabenstellung solange verfeinert, bis sie in eine (größere) Zahl Funktionen aufgelöst ist. Ob die dabei entstehenden Funktionen in einem weiteren Projekt wiederverwendbar sind, spielt höchstens eine untergeordnete Rolle.

Demgegenüber steht das objektorientierte Design. Es ist vom Prinzip her eher eine bottom-up Vorgehensweise. Dabei wird das Problem ebenfalls strukturiert, jedoch gibt es zunächst keine Hierarchie, sondern man gruppiert Funktionalität in Klassen, die gleichberechtigt nebeneinander stehen. Aus diesen Teilen wird dann das Gesamtsystem aufgebaut. Es ist klar, daß man bei einer bottom-up Vorgehensweise bessere Möglichkeiten hat, bereits Bestehendes als Bausubstanz zu verwenden.

Anwendung für das Fenstersystem

Wir demonstrieren die Ableitungstechnik kurz an der Eingangsproblematik der beiden Fenstersysteme.

Im folgenden gehen wir davon aus, daß der Programmierer sein ursprüngliches Fenstersystem als Klasse wie folgt deklariert hat:

```
//-------------------------------------------------  ---------
//      class Window
//
class Window {
  /* hier stehen evtl. benötigte Daten der Klasse */
public:
  void open( int xmin, int ymin, int xmax, int ymax );
  void close();
  };
```

Die Implementierung der Prozeduren open und close sowie evtl. in der Klasse benötigte Daten sind hier nicht gezeigt. Um in einem Hauptprogramm ein Fenster (ohne Namen) zu öffnen und wieder zu schließen, kann man z.B. folgende Anweisungen verwenden:

```
Window w1;                 //-- definiert ein Fensterobjekt
w1.open( 1, 1, 20, 10 );   // öffnet das Fenster

/* ... Ausgabe in das Fenster erfolgt hier ... */

w1.close();                //-- schließt das Fenster
```

Um das Fenstersystem um die Möglichkeit zur Anzeige von Namen zu erweitern, definiert man eine neue Klasse NamedWindow als *Ableitung* von Window. NamedWindow besitzt damit automatisch alle Daten und Funktionen von Window, zusätzlich definiert die neue Klasse eine eigene Prozedur open, damit der Fensternamen als Parameter übergeben werden kann.

```
//---------------------------------------------------------------
//       class NamedWindow
//
class NamedWindow : public Window { //-- Ableitung von Window
   /* hier stehen die evtl. von NamedWindow zusätzlich benötigten Daten */
public:
   void open( int xmin, int ymin, int xmax, int ymax, char *name );
};
```

Die neue Prozedur open ersetzt die geerbte Prozedur open des Vaters Window. close dagegen wird übernommen und steht auch in der Ableitung NamedWindow zur Verfügung.

Das folgende Listing zeigt ein Beispiel für die Verwendung der neuen Klasse NamedWindow:

```
NamedWindow w2;            //-- definiert ein Fensterobjekt
w2.open( 1, 1, 20, 10, "Name des Fensters" ); // öffnet das Fenster

/* ... Ausgabe in das Fenster erfolgt hier ... */

w2.close();                //-- schließt das Fenster
```

Beachten Sie hier die Anweisung

```
w2.close();
```

Obwohl NamedWindow keine close-Funktion definiert, ist sie trotzdem in der Klasse vorhanden: sie ist vom Vater Window geerbt vorden.

2.6 Zwei Fallstudien

Selbstverständlich können beide Fensterarten in einem Programm gleichzeitig verwendet werden:

```
Window w3;
NamedWindow w4;

w3.open( 1, 1, 10, 10 );
w4.open( 11, 1, 21, 10, "Fenster rechts" );

/* ... irgendwelche anderen Arbeiten mit w3, w4 ... */

w3.close();
w4.close();
}
```

Anhand des Typs (d.h. der Klasse) von w3 und w4 kann der Compiler die jeweils richtige open- Prozedur identifizieren. Konstruktionen wie

```
w4.open( 5, 6, 7, 8 );
```

werden als Fehler erkannt, da w4 vom Typ NamedWindow ist und die dazugehörige open-Funktion mit einem char* Parameter deklariert ist.

Anpassung an die eigenen Gegebenheiten

Wir haben am Beispiel der linearen Liste gesehen, daß die unveränderliche Festlegung der Funktionalität in einer Modulbibliothek letzten Endes mitverantwortlich dafür ist, daß Software hauptsächlich durch Kopieren und Anpassen des Sourcecodes wiederverwendet wird. Bei Verwendung von Ableitungen hingegen erhält der Programmierer die notwendige Flexibilität: er definiert eine Ableitung der vorhandenen Klasse und implementiert dort genau die zusätzliche erforderliche Funktionalität. Betrachten wir hierzu die open-Prozedur der Klasse NamedWindow etwas genauer. Es soll hier nicht weiter interessieren, wie die open-Prozedur von Window implementiert ist. Wichtig ist, daß open von NamedWindow etwas ganz Ähnliches, aber doch nicht genau das Gleiche macht. Der Unterschied besteht lediglich in der *zusätzlichen Ausgabe des Namens*. In der abgeleiteten Klasse formuliert man diesen Sachverhalt wie folgt.

```
//-----------------------------------------------------------------
//      NamedWindow::open
//
void NamedWindow::open(
    int xmin, int ymin, int xmax, int ymax, char *name ) {

    //-- Wir verwenden die geerbte open-Funktion, um ein Fenster ohne
    //   Namen zu öffnen

    Window::open( xmin, ymin, xmax, ymax );

    //-- Als zweiten Schritt schreiben wir noch den Namen des Fensters
    //   über den Rahmen

    /* ... Code zum Schreiben des Namens ... */

}
```

Die neue open-Prozedur ruft zuerst die geerbte open-Prozedur auf, bevor sie ihre zusätzlich erforderlichen Aktionen durchführt.

Damit die geschilderte Wiederverwendbarkeit durch Ableitung auch in der Praxis funktionieren kann, ist es erforderlich, daß sowohl beim Design der Vaterklasse als auch der Ableitungen bestimmte Regeln eingehalten werden. Wir werden auf diese Dinge detailliert in den Kapiteln 20 (Vererbung) und 21 (virtuelle Funktionen) eingehen.

Das Problem der Erweiterbarkeit

Kommerzielle Softwaresysteme sind normalerweise äußerst langlebig und müssen während ihrer Lebenszeit kontinuierlich an veränderte Anforderungen angepaßt werden. Betrachten wir als Beispiel ein (hypothetisches) CAD-System, das graphische Objekte manipulieren kann. In der Version 1 sind nur einfache graphische Objekte wie z.B. Linien, Kreise und Rechtecke implementiert. Zum Zeichnen bzw. Löschen jedes dieser Objekte ist eine eigene Routine vorhanden. Die Objekte selber seien im Rechner durch *handles* repräsentiert, so daß mehrere von ihnen bequem in einem Feld gespeichert werden können.

Folgendes Listing skizziert eine typische Implementierung der Routine zum Zeichnen aller vorhandenen Objekte (objects ist ein Feld mit den handles der zu zeichnenden Objekte):

```
void drawAll() {
/* Zeichnet alle gerade sichtbaren Objekte auf dem Bildschirm */
    int i;
    for ( i = 0; i < aktObjNbr; i++ ) {
        /* objects ist das Feld mit den aktuell sichtbaren Figuren */
        Handle h = objects[ i ];
        switch ( getType( h ) ) {
            case CIRCLE: drawCircle( h ); break;
            case SQUARE: drawSquare( h ); break;
            /* ... weitere cases für andere Figuren ... */
        } /* case */
    } /* for */
} /* drawAll */
```

Wesentlicher Bestandteil der Routine ist die switch-Anweisung, die für jeden Objekttyp die zugehörige Zeichenroutine aufruft. Solche switch-Anweisungen kommen auch in allen anderen Programmteilen des CAD-Programms vor, die mit mehreren Graphikobjekten arbeiten: Markieren mehrerer Objekte, Verschieben/Kopieren von Objekten, Schreiben der Zeichnung auf Platte, Einlesen von Platte und viele andere mehr.

2.6 Zwei Fallstudien

Betrachten wir als weiteres Beispiel die Routine zum Verschieben eines Objekts auf dem Bildschirm. Verschieben soll realisiert werden durch die Abfolge von Löschen an den alten Koordinaten und Neuzeichen an den neuen:

```
void move( Handle h, int dx, int dy ) {
/* verschiebt Figur h um (dx,dy) auf dem Bildschirm */
/* zuerst an der alten Position löschen */
  switch ( getType( h ) ) {
     case CIRCLE: removeCircle( h ); break;
     case SQUARE: removeSquare( h ); break;
     /* ... weitere cases für andere Figuren ... */
  } /* case */
/* nun die Koordinaten der Figur anpassen */
int x = getXCoordinate( h ) + dx;
int y = getYCoordinate( h ) + dy;
setCoordinates( h, x, y );
/* zuletzt an der neuen Position zeichnen */
  switch ( getType( h ) ) {
     case CIRCLE: drawCircle( h ); break;
     case SQUARE: drawSquare( h ); break;
     /* ... weitere cases für andere Figuren ... */
  } /* case */
} /* move */
```

Auch hier fallen sofort wieder die switch-Anweisungen auf, die für jedes Objekt die richtige Routine zum Löschen und Anzeigen aufrufen.

Ein Problem mit dieser Art der Implementierung tritt spätestens dann auf, wenn ein neuer Objekttyp (z.B. eine Ellipse) zum CAD-Programm hinzugefügt werden soll. Dann nämlich muß ein Programmierer den gesamten vorhandenen Code u.a. nach solchen switch-Anweisungen durchsuchen und einen neuen case-Zweig einbauen. Während dies an unserem CAD-Demonstrationsbeispiel noch recht einfach sein mag, ist es in realen Systemen eine Quelle ernster potentieller Fehler. Wird eine switch-Anweisung in einem selten benötigten Modul vergessen, bemerkt dies evtl. erst ein (wichtiger) Kunde nach der Auslieferung der neuen Version. Wirklich unangenehm für jeden DV-Verantwortlichen ist außerdem die Tatsache, daß die Änderungen gleichmäßig verstreut an bereits getestetem und freigegebenem Code durchgeführt werden, mit der Folge, daß eigentlich das gesamte System einem erneuten Test unterzogen werden müßte.

Lösung mit C++

Wünschenswert wäre eine Lösung dergestalt, daß das *Hinzufügen von Funktionalität* auch ausschließlich durch *Hinzufügen von Code* realisiert werden kann. Vorhandene und getestete Module sollen unverändert bestehen bleiben.

Durch das Hinzufügen einer Ellipse in das CAD-Programm müssen natürlich die Funktionen zum Zeichnen der Ellipse, zum Löschen, zum Schreiben auf Platte etc. implementiert werden. Selbstverständlich werden diese zu einem eigenen Modul zusammengefaßt. Was aber noch fehlt, ist die Integration der Aufrufe dieser Ellipsenfunktionen in die entsprechenden switch-Anweisungen des vorhandenen Programms.

C++ bietet hier eine Lösung in Form von sog. *virtuellen Funktionen*. Mit ihrer Hilfe ist es möglich, im Programm auf die switch-Anweisungen ganz zu verzichten und sofort eine sog. *generische* Bearbeitungsfunktion aufzurufen. Unsere beiden Beispielfunktionen zum Zeichnen des gesamten Bildschirms bzw. zum Verschieben eines Objekts nehmen nun folgende Form an:

```
//-----------------------------------------------------------------
//        drawAll
//
void drawAll() {
/* Zeichnet alle gerade sichtbaren Objekte auf dem Bildschirm */

  int i;
  for ( i = 0; i < aktObjNbr; i++ ) {

    /* objects ist das Feld mit Zeigern auf aktuell sichtbare Figuren */

    Figure *f = objects[ i ];
    f-> draw();

  } /* for */

} /* drawAll */


//-----------------------------------------------------------------
//        move
//
void move( Figure *f, int dx, int dy ) {
/* verschiebt Figur f um (dx,dy) auf dem Bildschirm */

/* zuerst an der alten Position löschen */

  f-> remove();

/* nun die Koordinaten der Figur anpassen */

  f-> x += dx;
  f-> y += dy;

/* zuletzt an der neuen Position zeichnen */

  f-> draw();

} /* move */
```

Das Feld objects speichert nun nicht mehr Handles, sondern Zeiger vom Typ Figure*. Der (noch zu definierende) Datentyp Figure kann sozusagen als "Prototyp" für alle erforderlichen graphischen Objekte angesehen werden.

2.7 Bausteine der objektorientierten Programmierung

Der Vollständigkeit halber zeigt das nächste Listing die Definition dieser Prototyp-Klasse, ohne auf die Details näher einzugehen:

```
//-----------------------------------------------------------------
//         class Figure
//
class Figure {
public:
  //-- Koordinaten
  int x, y;

  virtual void draw() = 0;
  virtual void remove() = 0;

};
```

Selbstverständlich muß auch hier sichergestellt werden, daß im Endeffekt die richtige Bearbeitungsfunktion für das betreffende graphische Objekt aufgerufen wird. Diese Arbeit verlagern wir jedoch auf den Compiler, der nun für uns die switch-Tabellen automatisch aufbaut und verwaltet. Nun wird klar, warum das Hinzufügen eines neuen graphischen Objekts keinen Aufwand für den Programmierer bringt: der Compiler erledigt die Korrektur der switch-Tabellen an allen Stellen automatisch für uns.

Damit die benötigten switch-Tabellen automatisch angelegt und verwaltet werden, sind keine besonderen Schritte durch den Programmierer notwendig, jedoch bedarf es sorgfältiger Planung der verwendeten Klassen und Funktionen. Worauf es in der Praxis ankommt, ist Thema der Kapitel 21 (virtuelle Funktionen) und 22 (Polymorphismus).

2.7 Bausteine der objektorientierten Programmierung

Die Konzepte der objektorientierten Programmierung lassen sich grob in die folgenden Bereiche einteilen:
- *Kapselung* und *information hiding*
- *Vererbung*
- *Polymorphismus*

2.7.1 Kapselung

Unter *Kapselung* versteht man die Verbindung von Datenelementen und Verarbeitungsschritten zu einer Einheit. In der objektorientierten Programmierung nennt man diese problemorientierten Einheiten *Klassen*. Eine Klasse soll alle Daten und Funktionen enthalten, um ein definiertes, genau abgegrenztes Problem zu lösen. Daten und Funktionen einer Klasse sind zunächst *privat*, d.h. die Umwelt (das restliche Programm) hat keinen Zugriff darauf. Um mit der Außenwelt zu kommunizieren, werden spezielle Funktionen verwendet, die in der Klasse explizit als *public* definiert werden müssen. Der Programmierer einer Klasse kann so genau steuern, auf welche Nachrichten die Objekte der Klasse reagieren sollen.

Klassen sind eigene Datentypen, deren Interna vor der Umwelt verborgen werden können. In Klassen sind Daten und Funktionen *gekapselt*. Wir haben Kapselung im Klassifikationsprogramm für Temperaturen und Gehälter verwendet, um die Daten innerhalb der Klassen Temp und Income mit den entsprechenden Verarbeitungsroutinen zu verbinden.

2.7.2 "Verstecken" von Informationen

Eng verbunden mit dem Klassenkonzept ist das Prinzip des Versteckens von Eigenschaften vor unbefugtem Zugriff (*information hiding*): Eine Klasse kann explizit bestimmen, welche ihrer Mitglieder von außen zugreifbar sein sollen und welche nicht.

In unserem Beispielprogramm zur Klassifizierung von Einkommen und Gehältern wurden die tatsächlichen Daten wie in der traditionellen Lösung in C als integers gespeichert. Die Daten waren jedoch als private deklariert (Standardeinstellung für Klassen), so daß sie außerhalb der Klasse nicht sichtbar und somit auch nicht manipulierbar sind. Zur Bearbeitung solcher privaten Daten stehen ausschließlich die Funktionen der Klasse zur Verfügung. Der Implementierer einer Klasse kann so sicherstellen, daß seine Daten nicht irrtümlich von anderer (weit entfernter) Stelle des Programms geändert werden.

Dagegen ist die Routine `classify` explizit als `public` deklariert: sie steht somit den Nutzern der Klasse zur Verfügung.

2.7.3 Vererbung

Unter *Vererbung* versteht man die Tatsache, daß in einer Klassenhierarchie die abgeleiteten Klassen automatisch die Daten und Funktionen der zugrundeliegenden Klassen besitzen. Die Eigenschaften der zugrunde liegenden Klasse werden *vererbt*. Die *abgeleiteten Klassen* bezeichnet man häufig einfach als *Ableitungen*, da sie unter Verwendung bereits existierender Klassen (der *Basisklassen* zu dieser Ableitung) definiert werden. Gelegentlich spricht man auch von einer *Verfeinerung (refinement)* einer Basisklasse, wenn man eine Ableitung meint.

In einer abgeleiteten Klasse können zusätzliche Daten und Funktionen definiert sowie geerbte Funktionen umdefiniert werden.

2.7.4 Polymorphismus

Polymorphos ist griechisch und bedeutet "vielgestaltig". In der objektorientierten Welt wird damit die Tatsache beschrieben, daß die tatsächliche Funktion, die bei einem Funktionsaufruf aktiviert wird, erst zur Laufzeit des Programms bestimmt wird. Damit ist es möglich, generische Funktionen zu definieren, die erst zur Laufzeit des Programms konkreten Funktionen zugeordnet werden. Diese Definition ist reichlich abstrakt, aber Polymorphismus gehört bereits zu den fortgeschrittenen Konzepten der objektorientierten Programmierung und es ist schwer, die Mächtigkeit dieses Sprachmittels an dieser Stelle zu beschreiben. Wir müssen hier auf die Kapitel 21 (virtuelle Funktionen) und 22 (Polymorphismus) verweisen, in denen das Thema ausführlich behandelt wird.

Eine Anwendung des Polymorphismus wurde bereits in unserem hypothetischen CAD-Programm vorgestellt. Dort wurden z.B. beim Verschieben von Objekten auf dem Bildschirm (Routine `move`) die generischen Funktionen `draw` und `remove` verwendet. Welche der physikalisch tatsächlich vorhandenen Funktionen dann aufgerufen wurde, hängt vom Typ des Objekts, auf das f zeigt, ab. Wichtig in unserem Anwendungsfall war weiterhin die Tatsache, daß die Entscheidung für eine Funktion erst zur Laufzeit des Programms getroffen wurde. In unserem CAD-Programm konnte durch Polymorphismus erreicht werden, daß neue graphische Objekte hinzugefügt werden konnten, ohne das vorhandene Programm zu verändern.

3 Die Unterschiede in Stichworten

In diesem Kapitel geben wir eine Übersicht über die neuen Sprachmittel, die C++ zusätzlich zu C besitzt. Wir beschränken uns hier auf diejenigen Neuerungen, die auch bereits in C7 bzw. VC implementiert sind.

3.1 C++ als Obermenge von C

C++ ist (bis auf einige wenige Ausnahmen) sprachlich eine Obermenge von C. Das bedeutet, daß "normale" C-Programme bis auf Sonderfälle auch mit einem C++-Compiler übersetzt werden können, insbesondere sind alle Bibliotheken weiterhin uneingeschränkt verwendbar.

Die Aufwärtskompatibilität zu C war von Anfang an ein Entwurfskriterium für die Sprache. Der Hauptvorteil der Aufwärtskompatibilität liegt darin, daß der Systementwickler entscheiden kann, inwieweit er die neuen Sprachmittel von C++ verwenden möchte. Hier gibt es kein entweder oder, sondern der Programmierer kann einzelne Erweiterungen nutzen, auf andere vielleicht zunächst verzichten, ganz so, wie es die Struktur des Problems oder der individuelle Geschmack bestimmen. Nicht zu unterschätzen ist auch die Tatsache, daß in einem Team auch C-Programmierer an einer C++ Entwicklung mitarbeiten können. So kann C++ auch in bereits laufenden C-Projekten sinnvoll eingesetzt werden. Die Migration zu C++ kann schrittweise in kleineren oder größeren Schritten erfolgen, gerade so, wie Mitarbeiter und Projektanforderungen es zulassen.

3.2 Die Vorteile von C bleiben in C++ erhalten

Die Sprache C hat auch durch die mit C++ eingebrachten Neuerungen nichts von ihren ursprünglichen Vorteilen wie z.B. Schnelligkeit oder Portabilität verloren, so daß sich auch C++ sicherlich einen festen Platz auch in der maschinennahen und Systemprogrammierung erobern wird. Vor allem die Portabilität von in C++ geschriebener Software wird durch die Normung des Sprachumfangs in einem ANSI-Standard ganz wesentlich unterstützt.

Nicht zu unterschätzen ist die Tatsache, daß vorhandene C-Bibliotheken problemlos zu C++ Programmen gelinkt werden können, wenn man einige Punkte beachtet (Kapitel 13). Dies ist insbesondere für mathematische Anwendungen sowie für die Windows-Programmierung von großer Wichtigkeit.

3.3 C++ und objektorientierte Programmierung

Einige der mit C++ eingebrachten Neuerungen zielen direkt auf die objektorientierte Programmierung. Hierunter fallen vor allem die Sprachmittel zur Formulierung von Klassen, von Vererbung und von Polymorphismus. Es ist möglich, auch in C (wie in nahezu jeder anderen Sprache) objektorientiert zu programmieren, jedoch wird der Programmierer dabei nicht durch Sprachmittel unterstützt. So kann z.B. Polymorphismus in C ohne weiteres durch Tabellen von Funktionszeigern simuliert werden, jedoch muß sich der Programmierer explizit um Aufbau und Pflege der Tabellen kümmern - eine fehleranfällige und schwierige Angelegenheit.

Das traditionelle Einsatzspektrum von C wird durch die mit C++ eingeführten Spracherweiterungen zur objektorientierten Programmierung in Richtung problemorientierter Anwendungsprogrammierung erweitert, also genau in den Bereich, für den eigentlich so mächtige und komplizierte Sprachen wie ADA oder PL/I entwickelt wurden. Das soll nicht bedeuten, daß man in C bis jetzt keine Anwendungsprogramme schreiben konnte, sondern nur, daß die Sprache für problemorientierte Programmierung keine so guten Ausdrucksmittel wie neuere objektorientierte Programmiersprachen bietet. Warum trotzdem sehr viele Anwendungsprogramme in C geschrieben werden, hat eher andere Gründe, wie z.B. die gute Verfügbarkeit von Compilern für unterschiedliche Rechner bzw. Betriebssysteme oder die Preiswürdigkeit von C-Entwicklungssystemen. In Zeiten begrenzter Resourcen spielte auch die mögliche Effizienz von C-Programmen eine große Rolle.

Die Erweiterung des Einsatzspektrums ist nahezu ausschließlich durch die neuen Sprachmittel zur objektorientierten Programmierung möglich geworden. Dies ist auch der Grund, warum C++ oft mit objektorientierter Programmierung gleichgesetzt wird.

3.4 Zeilenkommentare

In C++ ist neben den aus C bekannten Kommentaren /*...*/ auch die Kommentierung mit // möglich. Text nach dem doppelten Schrägstrich bis zum Zeilenende wird als Kommentar behandelt.

```
int i; // dies ist ein C++ Zeilenkommentar (bis zum Ende der Zeile)
/*
  Ein traditioneller C-Kommentar
*/
```

In diesem Buch werden wir für Erläuterungen durchweg die neuen Kommentare verwenden. "C-Style" Kommentare dienen dagegen zur Markierung von Auslassungen im Programmtext, der nicht abgedruckt wird.

```
//-------------------------------------------------------------------
//        class Window
//
class Window {

  /* hier stehen evtl. benötigte Daten der Klasse */

public:

  void open( int xmin, int ymin, int xmax, int ymax );
  void close();

};
```

3.5 Klassen

Die grundlegende Spracherweiterung, die C++ gegenüber C bietet, ist die Möglichkeit, *Klassen* zu definieren. Die meisten anderen neuen Sprachelemente stehen in engem Zusammenhang mit dem Klassenkonzept. Einige Neuerungen sind jedoch auch ohne die Verwendung von Klassen sinnvoll einsetzbar.

Klassen können als Verallgemeinerung der C-structs aufgefaßt werden. Im Unterschied zu einem C-struct kann eine Klasse neben Datenelementen jedoch auch Verarbeitungselemente (d.h. Funktionen) beinhalten.

```
//-------------------------------------------------------------------
//        class Complex
//
class Complex {

  float re, im; //-- Real- und Imaginärteil der komplexen Zahl

public:

  void print(); //-- gibt die Zahl auf dem Bildschirm aus

  /* ... weitere Mitglieder von Complex ... */

};
```

In der Software-Entwurfsphase werden Klassen so definiert, daß sie genau umrissene Aufgaben lösen. Zu einer Klasse gehören im allgemeinen Datenelemente und Verarbeitungselemente, die beide Bestandteil der Klasse sind. Man sagt auch, daß Daten und Funktionen in der Klasse *gekapselt* sind. Bestandteile einer Klasse können darüber hinaus dem Zugriff der Umwelt (d.h. dem restlichen Programm) entzogen werden. Der Programmentwickler bestimmt die *Sichtbarkeit* jedes einzelnen Elements, d.h. er legt fest, welche Elemente einer Klasse von außen zugreifbar sein sollen und welche nicht. Dies ist ein weiterer Unterschied zu einem C-struct, dessen Elemente ja alle den gleichen Sichtbarkeitsbereich wie die Struktur selber haben.

Neue Klassen können von bereits bestehenden Klassen abgeleitet werden. Dabei erbt eine abgeleitete Klasse die Eigenschaften (d.h. Daten und Funktionen) der zugrunde liegenden Klasse, normalerweise werden jedoch diese Eigenschaften zumindest teilweise ergänzt oder umdefiniert, um die zusätzliche Funktionalität der neuen Klasse zu implementieren.

Eine besondere Eigenschaft von C++ ist die Möglichkeit, eine generische Funktion erst zur Laufzeit des Programms an eine physikalisch vorhandene Funktion zu binden (*Typbestimmung zur Laufzeit* bzw. *Polymorphismus*). Dadurch können Operationen, die für ganze Gruppen von Objekten gelten, elegant formuliert werden. Ein Beispiel für eine generische Funktion wäre z.B. eine Funktion draw, die etwas zeichnen soll. Alle Objekte, die gezeichnet werden können (also Linien, Kreise etc.), bilden in diesem Fall eine Gruppe, nämlich die Gruppe der zeichenbaren Objekte. In C++ wird eine solche Gruppe ebenfalls durch die Ableitungstechnik definiert.

3.6 Konstruktoren und Destruktoren

Eine Klasse kann mit einem oder mehreren *Konstruktoren* und/oder einem *Destruktor* ausgestattet werden. Beides sind Funktionen, die innerhalb der Klasse spezielle Aufgaben wahrnehmen.

Konstruktoren übernehmen die Aufgabe der Initialisierung der Datenelemente der Klasse. Hierunter fällt auch die Anforderung von dynamischem Speicher, falls das Objekt mit Daten auf dem Heap arbeitet. Auf jeden Fall sollte ein Konstruktor einen Grundzustand des Objekts herstellen, auf dem die anderen Funktionen arbeiten können.

Ein Konstruktor wird bei der Definition eines Objekts einer Klasse automatisch aufgerufen. So wird sichergestellt, daß die Daten des Objekts automatisch bereits bei der Definition initialisiert werden. Die anderen Funktionen der Klasse können daher davon ausgehen, daß das Objekt einen definierten Zustand besitzt. Dies ist insbesondere dann wichtig, wenn das Objekt Zeigervariablen enthält.

Konstruktoren können mit Parametern ausgestattet werden, die zur Initialisierung mit bestimmten Werten verwendet werden können. Eine Klasse kann mehrere unterschiedliche Konstruktoren definieren, so daß eine Initialisierung je nach Situation erfolgen kann.

Destruktoren sind in gewisser Weise das Gegenteil von Konstruktoren: sie übernehmen Restarbeiten, die dann erforderlich werden, wenn das Objekt nicht mehr benötigt wird. Hierunter fällt z.B. die Freigabe von angefordertem dynamischen Speicher, das Schließen von offenen Dateien etc.

Der Destruktor einer Klasse wird vom Compiler automatisch aufgerufen, wenn das Objekt zerstört wird.

3.7 Neue Operatoren zur dynamischen Speicherverwaltung

Im klassischen C stehen zur Anforderung dynamischen Speichers die Funktionen `malloc`, `calloc`, `realloc` und `free` zur Verfügung. C++ ergänzt diese durch die einfacher zu handhabenden Operatoren `new` und `delete`. Statt

```
p = (X*) malloc( sizeof(X) );
/* Verarbeitung mit p */
free( p );
```

schreibt man nun einfacher

```
p = new X;
/* Verarbeitung mit p */
delete p;
```

unter der Annahme, daß x irgendein Datentyp ist.

Wie man sieht, sind die explizite Angabe der Größe des zu reservierenden Speicherbereiches sowie die Typumwandlung des gelieferten Zeigers nicht mehr erforderlich. Ein weiterer Vorteil der Operatoren `new` und `delete` liegt darin, daß evtl. vorhandene Konstruktoren bzw. Destruktoren der Klasse x vom Compiler automatisch aufgerufen werden, wenn new und delete zur Erzeugung bzw. Freigabe von Objekten verwendet werden. Die klassischen Funktionen dagegen reservieren nur einen Speicherbereich der geforderten Größe, führen aber keine Verarbeitungsschritte durch.

Zuletzt sei noch erwähnt, daß `new` und `delete` Operatoren (und keine Funktionen wie `malloc` etc) sind. Sie benötigen daher keine Prototypen und können wie andere Operatoren bei Bedarf überladen werden.

3.8 Überladen von Funktionen

In C++ kann es innerhalb eines Gültigkeitsbereiches mehrere Funktionen gleichen Namens geben. Die Funktionen müssen sich dann aber in Typ und/oder Anzahl der Parameter unterscheiden. Bei einem Funktionsaufruf sucht der Compiler nun nicht nur nach einer deklarierten Funktion mit passendem Namen, sondern nach einer Funktion mit passendem Namen *und* passender Argumentliste.

```
//-- Drei überladene check-Funktionen
void check( int i );
void check( float f );
void check( char *str );
```

3.9 Überladen von Operatoren

In konventionellen prozeduralen Programmiersprachen verwaltet der Compiler den Typ von Variablen. Eine Addition wie z.B. in der Anweisung `i=i+delta` wird anders übersetzt, je nachdem, ob `i` bzw. `delta` ganze Zahlen (z.B. `int`) oder Gleitkommazahlen (z.B. `float`) sind. Der Compiler entscheidet anhand des Typs der Operanden, ob die Additionsroutine für Ganzzahlen oder für Gleitkommazahlen aufgerufen werden muß.

In C++ ist diese bisher nur dem Compiler vorbehaltene Unterscheidungsmöglichkeit auch dem Programmierer zugänglich. In C++ kann nämlich (fast) jeder Operator für benutzerdefinierte Datentypen neu implementiert werden. So könnte z.B. der Operator "+" für komplexe Zahlen, für Vektoren und Matrizen oder für Zeichenketten jeweils anders implementiert werden. Im allgemeinen wird der Programmierer bei der Definition eines Datentyps auch gleich die Operatoren entsprechend definieren.

Im folgenden Listing wird davon ausgegangen, daß `complex` und `string` Klassen sind, für die die Operatoren + und = definiert wurden:

```
Complex c1, c2, c3;
String  s1, s2, s3;

c1 = c2 + c3;      //-- ruft die für Complex definierten Operatoren
s1 = s2 + s3;      //-- ruft die für String definierten Operatoren
```

Ein gutes Beispiel für den Einsatz benutzerdefinierter Operatoren ist die Stream-Bibliothek, die standardmäßig mit allen C++ Entwicklungssystemen ausgeliefert wird (Kapitel 25).

3.10 Inline-Funktionen

In C++ kann eine Funktion als `inline` deklariert werden. Bei der Übersetzung eines Funktionsaufrufes einer solchen Funktion codiert der Compiler keine Variablenübergabe via Stack etc., sondern setzt den Code der Funktion direkt an der Aufrufstelle ein. Dadurch entfällt der beim Standard-Funktionsaufruf erforderliche Overhead der Parameterübergabe, jedoch kann dann der Programmcode der Funktion nun mehrfach im Programm auftreten. Inline-Funktionen sind deshalb meist nur für sehr kurze Unterroutinen angebracht, wie sie z.B. bei den sogenannten `Zugriffsfunktionen` (Kapitel 14) auftreten. Das folgende Listing zeigt eine inline-Funktion, um das bekannte Makro zur Maximumbestimmung zu ersetzen:

```
inline int max( int a, int b ) {
    return a>b ? a : b;
}
```

Der Vorteil der Verwendung von inline-Funktionen gegenüber Makros liegt in der Typprüfung der Argumente, in der Möglichkeit zur schrittweisen Ausführung mit Debuggern, sowie in der Tatsache, daß die Argumente nur einmal ausgewertet werden.

Inline-Funktionen haben mit Makros gemeinsam, daß der Funktionstext bzw. der Makrotext bei jedem Aufruf in das Programm eingebaut wird.

3.11 Vorgabewerte für Argumente

Bei der Definition einer C++-Funktion können den einzelnen Parametern Vorgabewerte zugeordnet werden. Werden beim Aufruf der Funktion dann Teile der Parameterliste weggelassen, erhalten die fehlenden Parameter diese Vorgabewerte. Dabei ist zu beachten, daß Vorgabewerte immer nur am Ende der Parameterliste auftreten dürfen.

In einem Graphiksystem gibt es eine Funktion `cursorTo` mit zwei Parametern, von denen der letzte einen Vorgabewert von -1 hat.

```
void cursorTo( int x, int y = -1 );
```

Die Funktion ist folgendermaßen implementiert:

```
void cursorTo( int x, int y ) {
    if ( y == -1 )
        y = wherey(); // soll die aktuelle Zeile des Cursors liefern
    gotoxy( x, y ); // soll den Cursor auf Zeile y, Spalte x positionieren
}
```

Beim Aufruf von `cursorTo( 15 )` erhält y den Wert -1, der Zeiger wird also in der aktuellen Zeile auf die Spalte 15 positioniert.

3.12 Strenge Typprüfung

Bereits in der Sprache C hat sich die Verwendung von *Prototypen* als Quasi-Standard durchgesetzt. Der mit Prototyping verbundene zusätzliche Aufwand ist gering, verglichen mit dem Nutzen einer vollständigen Typprüfung beim Aufruf von Funktionen.

In C++ *muß* nun jede Funktion deklariert werden, bevor sie aufgerufen werden kann.

```
void check( int i );    //-- Prototyp der Funktion check (Deklaration)
void main() {
  check( 33 );          //-- Aufruf der Funktion check (ohne vorherige
                        //   Deklaration Fehler)
}
```

3.13 Typsicheres Linken

Die strenge Typprüfung ermöglicht dem Compiler, die Übereinstimmung zwischen Deklaration und Definition einer Funktion sicherzustellen. Da jedoch das Binden von C++ Modulen mit dem Standard-Linker des jeweiligen Betriebssystems möglich sein muß[1], ergibt sich ein potentielles Problem, wenn sich Deklaration und Definition in unterschiedlichen Modulen befinden:

Modul 1:

```
//-- Modul 1: Deklaration, aber keine Implementierung von check
void check( int i );
void main() {
  check( 33 );
}
```

Modul 2:

```
//-- Modul 2: Implementierung von check
void check( float f ) {
  /* ... was immer notwendig ist, um check zu implementieren ... */
}
```

Der Compiler kann den Unterschied nicht feststellen, da es sich um zwei getrennte Übersetzungseinheiten handelt. Werden beide Module mit einem C-

---

1 Dies war eine wichtige Forderung beim Design der Sprache.

Compiler übersetzt, bemerkt der Standard-Linker den Fehler ebenfalls nicht, da nur der Symbolname, nicht jedoch die Parameterliste betrachtet wird. C++ Compiler vermeiden das Problem, indem sie Symbolnamen für den Linker erzeugen, die implizit Informationen über Typ und Anzahl der Parameter enthalten (sogenannte *dekorierte* Namen). Ein C++ Compiler erzeugt für `check( int )` und `check( float )` zwei unterschiedliche Symbole, so daß das Problem beim Binden auch von einem Standard-Linker erkannt wird.

3.14 Referenzen

Mit Hilfe von Referenzen hat man die Möglichkeit, Aliasnamen für bereits definierte Variablen zu vereinbaren. Jede Operation mit einer Referenz ist identisch zur Operation mit der referenzierten Variablen.

```
int i;         //-- Eine Variable vom Typ int
int &ri = i;   //   Eine Referenz auf i

i = 2;
ri++;    //-- Die Operation wirkt auf die referenzierte Variable

//-- i hat nun den Wert 3
```

Praktisch können Referenzen Zeiger teilweise ersetzen. Obiges Beispiel kann in der bekannten Weise mit Zeigern geschrieben werden, jedoch ist bei Zeigern die explizite Dereferenzierung erforderlich:

```
int i;         //-- Eine Variable vom Typ int
int *ri = &i;  //   Ein Zeiger auf i

i = 2;
(*ri)++;    //-- explizite Dereferenzierung erforderlich

//-- i hat nun den Wert 3
```

Referenzen sind vor allem im Zusammenhang mit Operatorfunktionen und bei der Parameterübergabe an/von Funktionen nützlich.

3.15 Leere und variable Parameterlisten

In C bedeutet die Deklaration

```
doIt();
```

daß die Funktion `doIt` mit einer beliebigen Anzahl Parameter aufgerufen werden kann. Der Typprüfungsmechanismus für die Parameter wird durch eine solche Deklaration vollständig außer Kraft gesetzt.

In C++ bedeutet die leere Argumentliste dagegen "keine Argumente". Die obige Deklaration ist in C++ identisch zur Deklaration

```
doIt( void );
```

Zur Deklaration einer variablen Argumentliste sollte in C als auch in C++ die Ellipse verwendet werden:

```
//-- Bedeutet sowohl in C als auch in C++ variable Argumentliste
doIt( ... );
```

4 Die Klasse

Die grundlegende Spracherweiterung, die C++ gegenüber C bietet, ist die Möglichkeit, *Klassen* zu bilden. Klassen ähneln den bekannten structs aus C, bieten jedoch weit mehr Möglichkeiten.

In diesem Kapitel wird der Begriff der Klasse definiert und mit Beispielen unterlegt. Wir beschränken uns zunächst auf den Aspekt der *Kapselung* und die damit zusammenhängenden Ausdrucksmöglichkeiten mit Klassen. Bevor ab Kapitel 6 weiterführende Konzepte mit Klassen besprochen werden, beginnen wir in Kapitel 5 das Projekt "Stringverarbeitung", in dem wir eine Aufgabenstellung aus der Praxis mit Hilfe des Klassenkonzepts lösen.

4.1 Definition einer Klasse

Eine Klasse wird in C++ analog zu einer Struktur in C definiert, anstelle des Schlüsselwortes `struct` wird jedoch das Wort `class` verwendet:

```
class Complex {
    float re, im;
public:
    void set( float re_in, float im_in );
    void print();
};
```

Gegenüber einer C-Struktur kann eine Klassendefinition noch Schlüsselworte zur Zugriffssteuerung (*access specifiers*) sowie Funktionsdeklarationen enthalten. In unserem Beispiel enthält die Klasse `Complex` die Datenelemente `re` und `im` sowie Deklarationen für die Funktionen `set` und `print`. Die Datenelemente und Funktionen werden auch als *Mitglieder* der Klasse bezeichnet. Die Funktionen `set` und `print` sind explizit als public definiert. Die Daten `re` und `im` dagegen sind `private`, da dies die Voreinstellung für Klassen ist.

Der Vollständigkeit halber sei bereits hier erwähnt, daß in C++ auch `structs` und `unions` spezielle Formen von Klassen sind. Auf die Eigenschaften dieser speziellen Klassen werden wir in Kapitel 13 eingehen.

4.1.1 Datenelemente

Die Datenelemente der Klasse werden genau wie die Elemente einer Struktur notiert. Ebenso wie bei einer Struktur können die Datenelemente von beliebigem Typ sein. Möglich sind deshalb neben den einfachen Datentypen (wie `int`, `float char`, Zeiger etc) z.B. auch Felder, Strukturen, Unions, Zeiger und Referenzen sowie andere Klassen und sogar Konstanten.

Im folgenden Beispiel ist `FractInt` eine Klasse, die eine Realzahl durch einen Bruch aus zwei ganzen Zahlen repräsentiert.

```
class FractInt {
  int zaehler, nenner;
public:
  void set( int zaehler_in, int nenner_in );
  void print();
};
```

Die folgende Implementierung einer Klasse für komplexe Zahlen verwendet statt der `float`-Werte für `re` und `im` zwei Objekte vom Typ `FractInt`:

```
//-- Die Klasse Complex verwendet Objekte der Klasse FractInt
//    als Datenmitglieder
class Complex {
  FractInt re, im;
public:
  void set( FractInt re_in, FractInt im_in );
  void print();
};
```

Dies ist die bereits von Standard-C her bekannte Möglichkeit, um strukturierte Datentypen höherer Ordnung aufzubauen. Die Syntax ist dabei analog wie bei den bekannten `structs`. In C++ hat man darüber hinaus über die Vererbungstechnik (Kapitel 20) noch einen zusätzlichen Weg, höhere Datentypen aufzubauen.

4.1.2 Funktionen

Die Funktionen der Klasse werden innerhalb der Klassendefinition deklariert und außerhalb der Klasse definiert.

```
class Complex {

float re,im;
  /** ... Daten ... */

public:

  //-- Die Funktionen der Klasse werden innerhalb der Klassendefinition
  //   deklariert

  void set( float re_in, float im_in );
  void print();

  };


#include <stdio.h>

//-- Die Funktionen der Klasse werden außerhalb der Klassendefinition
//   definiert
void Complex::set( float re_in, float im_in ) {
  re = re_in;
  im = im_in;
  }

void Complex::print() {
  printf( "( re : %f, im %f )", re, im );
  }
```

Alternativ kann die Funktionsdefinition gleich bei der Deklaration mit angegeben werden:

```
class Complex {

float re,im;
  /** ... Daten ... */

public:

  void set( float re_in, float im_in ) {  // Definition  bei Deklaration
    re = re_in;
    im = im_in;
    }
  void print();

  };
```

Eine so definierte Funktion ist automatisch *inline* Kapitel 3). In diesem Buch definieren wir Funktionen niemals direkt innerhalb der Klassendefinition, da dies unserer Ansicht nach schlechter Stil ist.

In der Klassendefinition sind Leistungen, die die Klasse einem Benutzer bietet, in Form von *Funktionsdeklarationen* festgelegt. Davon völlig unabhängig sollte die *Implementierung* der Funktion sein. Die Definition sollte vor dem Nutzer der Klasse versteckt werden und deshalb auf gar keinen Fall innerhalb der Schnittstelle angeordnet werden.

Theoretisch kann jede Klasse eine eigene `print`-Funktion deklarieren. Bei der Definition muß dem Compiler deshalb die zugehörige Klasse, für die eine Funktion definiert werden soll, mitgeteilt werden. Dazu wird der Klassenname, gefolgt von zwei Doppelpunkten, dem Funktionsnamen vorangestellt. Genaugenommen gehört zum korrekten Funktionsnamen immer der Klassennamen hinzu, um eben Funktionen verschiedener Klassen unterscheiden zu können. Man spricht dann von einem *vollständig qualifizierten* Namen. Umgangssprachlich läßt man jedoch meist den Klassennamen weg, wenn klar ist, um welche Klasse es sich handelt.

Compilerintern - und auch für den Linker - wird immer der vollständige Klassenname verwendet. Neben der `print`-Funktion für `Complex` kann es daher parallel eine `print`-Funktion z.B. für `FractInt` geben:

```
class FractInt {
  int zaehler, nenner;
public:
  void set( int zaehler_in, int nenner_in );
  void print();

};

#include <stdio.h>
void FractInt::print() {
  printf( "(%i/%i)", zaehler, nenner );
}
```

4.2 Objekte

Variablen einer Klasse werden *Objekte* oder *Instanzen* der Klasse genannt. Sie werden analog zu Strukturvariablen in C erzeugt, also entweder als lokale Variable auf dem Stack wie z.B. mit

```
Complex c1, c2;
```

oder als dynamisches Objekt auf dem Heap mit dem neuen Operator `new`:

```
Complex *pc;
pc = new Complex;
```

Die in C verwendeten Funktionen `malloc`, `free` und `realloc` werden in C++ für Objekte nicht verwendet.

4.3 Zugriff auf Klassenmitglieder

4.3.1 Zugriffe innerhalb der Klasse

Die zu einer Klasse gehörenden Funktionen haben auf alle Klassenmitglieder unbeschränkten Zugriff. Insbesondere stehen einer Klassenfunktion alle Datenelemente der Klasse ohne zusätzliche Deklaration oder explizite Parameterübergabe zur Verfügung. Der voll qualifizierte Name ist bei einem Zugriff innerhalb der Klasse nicht erforderlich:

```
class FractInt {
  int zaehler, nenner;
public:
  void set( int zaehler_in, int nenner_in );
  void print();
};
```

```
#include <stdio.h>
//-- Eine Klassenfunktion kann auf alle Mitglieder einer Klasse frei
//   zugreifen. Der voll qualifizierte Name ist nicht erforderlich
void FractInt::set( int zaehler_in, int nenner_in ) {
  //-- Zugriff auf Daten der Klasse FractInt
  zaehler = zaehler_in;
  nenner = nenner_in;

  //-- Zugriff auf eine andere Funktion der Klasse FractInt
  printf( "Der zugewiesene Wert ist " );
  print();
  printf( "\n" );
}
void FractInt::print() {
  printf( "(%i/%i)", zaehler, nenner );
}
```

4.3.2 Zugriffe von außen

Von außen wird auf die Mitglieder eines Objekts mit den von C-structs bekannten Operatoren . bzw. -> zugegriffen. Neu bei Klassen ist nun, daß nicht nur auf Datenelemente, sondern auch auf Funktionen auf diese Weise zugegriffen wird:

```
//-- Zugriff auf Klassenmitglieder über . Operator
FractInt f;
f.set( 1, 2 );
f.print();

//-- Zugriff auf Klassenmitglieder über -> Operator
FractInt *fp;
fp = new FractInt;
fp-> set( 1, 2 );
fp-> print();
```

Beide Beispiele drucken die Zahl doppelt aus: einmal bei der Zuweisung über `set` und dann über den expliziten Aufruf der `print`-Funktion im Programm.

4.3.3 Zugriffssteuerung

Mit den Schlüsselworten `private`, `protected` und `public` kann der Zugriff von außen auf bestimmte Klassenmitglieder eingeschränkt oder freigegeben werden.

Wir haben bereits gesehen, daß die als public deklarierten Mitglieder unserer Klassen `Complex` und `FractInt` von außen zugreifbar sind, sonst wäre die `print`-Anweisung in

```
FractInt f;
f.print();
```

nicht möglich.

Die mit `private` gekennzeichneten Mitglieder dagegen sind nur innerhalb der Klasse sowie für Freund-Funktionen bzw. Freund-Klassen (s.u.) sichtbar. Das restliche Programm kann auf `private`-Mitglieder nicht zugreifen. Der folgende, direkte Zugriff aus einem Hauptprogramm auf die Mitgliedsvariablen `zaehler` und `nenner` der Klasse `FractInt` ist deshalb nicht möglich, der Compiler signalisiert dies durch eine Fehlermeldung bei der Übersetzung.

```
FractInt f;

f.zaehler = 1;   // <- FALSCH! zaehler ist privat deklariert
f.nenner  = 2;   //    dito!

f.print();       // erlaubt
```

Die mit `protected` gekennzeichneten Mitglieder verhalten sich genau wie private Mitglieder, ein Unterschied ergibt sich erst für abgeleitete Klassen (Kapitel 20).

Ein Schlüsselwort gilt bis zum Antreffen eines neuen Schlüsselwortes (bzw. bis zum Ende der Klassendefinition). Die Standardeinstellung in einer Klasse ist `private`, d.h. nach der öffnenden Klammer der Klasse muß `private` nicht explizit angegeben werden. Die Schlüsselworte zur Zugriffssteuerung können in einer Klasse mehrfach vorkommen.

4.4 Die Friend-Deklaration

4.4.1 Funktionen als Freunde

Eine Klasse kann einzelnen nicht-Klassenfunktionen explizit den Zugriff auf ihre privaten Mitglieder gestatten, indem sie diese als *Freunde* deklariert.

4.4 Die Friend-Deklaration

Im folgenden Beispiel definiert die Klasse `Complex` keine `print`-Funktion als Mitgliedsfunktion. Stattdessen soll eine gewöhnliche -C-Funktion zum Ausdruck des Objekts verwendet werden. Damit die C-Funktion `print` auf die privaten Datenmitglieder `re` und `im` zugreifen darf, muß `complex` den Zugriff explizit gestatten:

```
class Complex {

  //-- Complex definiert keine eigene print-Funktion, sondern
  //   der Ausdruck wird von einer nicht-Klassenfunktion übernommen

  float re, im;
public:

  void set( float re_in, float im_in );

  //-- damit die nicht-Klassenfunktion auf die privaten Mitglieder
  //   zugreifen darf, muß sie von Complex als friend deklariert werden

  friend void print( Complex c );
};
#include <stdio.h>
//-- Diese C-Funktion übernimmt die Ausgabe von Complex-Objekten
void print( Complex c ) {
  printf( "( re : %f, im %f )", c.re, c.im );
}
```

Beachten Sie den Unterschied zwischen der *Mitgliedsfunktion* `print` aus früheren Beispielen und der *C-Funktion* `print`: Die C-Funktion benötigt die explizite Angabe eines Objekts als Parameter, während die Mitgliedsfunktion natürlich auf die Daten des eigenen Objekts zugreift.

Eine Klasse kann beliebige C-Funktionen und sogar Mitgliedsfunktionen anderer Klassen als Freunde deklarieren. Das folgende Listing zeigt die Klassen `A` und `FractInt`, dabei erlaubt `FractInt` der Mitgliedsfunktion `A::doIt` Zugriff auf ihre privaten Daten:

```
class A {
public:
  void doIt();

  /** weitere Daten und Funktionen von A **/

};

class FractInt {

  int zaehler, nenner;
public:

  void set( int zaehler_in, int nenner_in );
  void print();

  friend void A::doIt(); // doIt aus A darf auf private Daten zugreifen
};
```

Eine Implementierung von `A::doIt` könnte folgendermaßen aussehen:

```
void A::doIt() {

    //-- wir dürfen explizit auf private Mitglieder von
    //   FractInt zugreifen

    FractInt f;
    f.zaehler = 1;
    f.nenner = 3;

    //-- auf die public-Mitglieder ist Zugriff sowieso erlaubt
    f.print();

}
```

4.4.2 Klassen als Freunde

Möchte eine Klasse sämtliche Mitgliedsfunktionen einer anderen Klasse den Zugriff auf die eigenen Daten gestatten, kann sie die gesamte andere Klasse als Freund deklarieren.

Die Definition von `FractInt` aus dem letzten Beispiel könnte daher auch so geschrieben werden:

```
class FractInt {

  int zaehler, nenner;
public:

  void set( int zaehler_in, int nenner_in );
  void print();

  //-- alle Funktionen von A dürfen auf unsere privaten
  //   Mitglieder zugreifen

  friend A;
};
```

4.4.3 Gegenseitige Freunde

Um eine Klasse als Freund zu deklarieren, braucht diese Klasse noch nicht definiert zu sein, eine *Deklaration* reicht aus. Folgende Möglichkeiten bestehen:

```
class A {

  /** weitere Daten und Funktionen von A **/

  //-- Klasse B braucht noch nicht definiert zu sein, um als Freund
  //   deklariert zu werden
  friend class B;
};
```

oder alternativ

```
//-- Deklaration der Klasse B hier.
class B;

class A {
  /** weitere Daten und Funktionen von A **/
  friend B;
};
```

Eine solche Klassendeklaration (oftmals auch als *Vorwärtsdeklaration* oder *forward-declaration* bezeichnet) ist z.B. immer dann erforderlich, wenn zwei Klassen gegenseitig als Freunde deklariert werden müssen, wie etwa im folgenden Beispiel:

```
class A {
  /** Daten und Funktionen von A **/
  friend class B;
};

class B {
  /** Daten und Funktionen von B **/
  friend A;
};
```

4.4.4 Wann sind Freund-Deklarationen sinnvoll?

Grundsätzlich sollte man Freund-Deklarationen vermeiden und alle Funktionen, die Daten einer Klasse ändern, als Mitgliedsfunktionen der Klasse ausführen. Es gibt jedoch Fälle, in denen das aus syntaktischen Gründen nicht möglich oder nicht sinnvoll ist, wie z.B. bei manchen Operatorfunktionen (Kapitel 10).

Das Hauptanwendungsgebiet für Freund-Deklarationen sind Funktionen, die auf Daten verschiedener Klassen gleichzeitig zugreifen müssen. Hat man z.B. eine Klasse List für eine lineare Liste und eine weitere Klasse ListElem für die Elemente der Liste definiert, ist es wahrscheinlich, daß Mitglieder von ListElem auch auf private Daten von List zugreifen müssen, wenn sie sich korrekt in die Liste "einhängen" wollen.

4.5 Die Bedeutung der Zugriffssteuerung

Alle Mitglieder einer Klasse sind von Natur aus privat, d.h. ein Zugriff von außen ist nicht möglich. Einzig die Klassenfunktionen (und Freund-Funktionen) können auf private Mitglieder zugreifen. Dadurch erhält der Klassendesigner ein wirkungsvolles Mittel, um die Implementierung einer Klasse vor der Außenwelt zu verbergen. Private Teile einer Klasse können vom Klassendesigner geändert werden, ohne daß Probleme mit Nutzern der Klasse zu befürchten sind. Zu einem guten Klassendesign gehört daher vor allem die sorgfältige Überlegung der öffentlichen Mitglieder, denn diese Schnittstelle kann - zumindest in größeren Vorhaben - im Laufe des Projektfortschritts nur noch schwer und mit großem Abstimmungsaufwand mit anderen Programmierern geändert werden. Das Design privater Mitglieder spielt dagegen zunächst eine untergeordnete Rolle.

Es soll jedoch auch nicht verschwiegen werden, daß die Zugriffssteuerung durch nicht kooperatives Verhalten von Programmierern unterlaufen werden kann. Da die Klassendefinition in Form von öffentlichen Funktionen die Schnittstelle nach außen enthält, wird sie i.a. allen Programmierern zugänglich gemacht, meist in Form einer include-Datei. Man kann nun z.B. einfach alle `private`-Schlüsselwörter durch `public` ersetzen und diese neue include-Datei für seine eigenen Programme verwenden. Allerdings ist nicht sichergestellt, daß alle Variablen dann noch die gleichen Adressen innerhalb der Klasse haben, denn laut Sprachdefinition kann der Compiler private, protected und public-Blöcke beliebig anordnen.

4.6 Konstruktoren und Destruktoren

Konstruktoren und *Destruktoren* sind Klassenfunktionen mit speziellen Aufgaben. Während ein Konstruktor zur Vorbereitung eines Objekts (Initialisierung) dient, wird ein Destruktor dann aufgerufen, wenn das Objekt nicht mehr benötigt wird.

Eine wesentliche Eigenschaft des Klassenkonzepts ist, daß Konstruktor bzw. Destruktor der Klasse vom Compiler automatisch aufgerufen werden, wenn ein Objekt erzeugt bzw. zerstört wird. Daraus folgt zum einen, daß Konstruktoren und Destruktoren für den Compiler speziell gekennzeichnet werden müssen und zum andern, daß Konstruktoren und Destruktoren keine Werte zurückliefern können. Bis auf diese Unterschiede sind Konstruktoren und Destruktoren im wesentlichen identisch zu normalen Klassenfunktionen. Konstruktoren (aber nicht Destruktoren) können *überladen* werden, um in verschiedenen Situationen unterschiedliche Initialisierungen vornehmen zu können (Kapitel 12). Ebenso sind Konstruktoren mit *Vorgabeparametern* möglich.

4.6.1 Die Initialisierungsproblematik

Ein Problem traditioneller Programmierung in C ist die korrekte Initialisierung zusammengesetzter Datenstrukturen. Die richtige Vorbesetzung von Struktur-

4.6 Konstruktoren und Destruktoren

variablen ist insbesondere dann lebensnotwendig, wenn die Struktur Zeigervariablen enthält.

Das folgenden Beispiel zeigt eine Struktur `Person` mit drei Zeigervariablen:

```
struct Person {
  char *name;
  char *vorname;
  char *wohnort;
};
```

Eine Verwendung von Variablen der Struktur ohne Initialisierung er Zeiger führt zu unerwarteten Ergebnissen, da `name`, `vorname` und `wohnort` zufällige Werte erhalten haben.

```
Person prs;
//-- dies führt zu unerwarteten Ergebnissen, da prs noch nicht
//   initialisiert ist
printf( "Name : %s \n Vorname %s \n Wohnort %s",
  prs.name, prs.vorname, prs.wohnort );
```

Jeder C-Programmierer weiß, daß man zuerst den Zeigern geeignete Werte zuweisen muß:

```
Person prs;

prs.name = strdup( "Meier" );
prs.vorname = strdup( "Fritz" );
prs.wohnort = strdup( "Frankfurt" );

printf( "Name : %s \n Vorname %s \n Wohnort %s",
  prs.name, prs.vorname, prs.wohnort );

}
```

Bei dieser Lösung liegt es in der Verantwortug des Benutzers von `Person`, die richtige Initialisierung durchzuführen. Was passiert z.B., wenn in einem 100.000 Zeilen Programm jemand einen weiteren Zeiger zu `Person` hinzufügt? An allen Stellen, an denen `Person`-Variablen erzeugt werden, muß nun dieser weitere Zeiger besetzt werden. Eine einzige vergessene Stelle bedeutet Probleme, die evtl. erst sehr spät entdeckt werden.

Eine weitere Gefahrenquelle liegt in der Art, *wie* die Zeigervariablen initialisiert werden. In unserem Beispiel zeigen sie auf einen eigenen Speicherbereich, der später auch wieder (mit `free`) freigegeben werden muß.

Syntaktisch korrekt, aber wahrscheinlich wenig sinnvoll wäre auch folgende Initialisierung:

```
Person prs;

prs.name = "Meier";
prs.vorname = "Fritz";
prs.wohnort = "Frankfurt";
```

In diesem Fall dürfen die Zeiger auf keinen Fall mit `free` freigegeben werden!

C++ vermeidet diese und ähnliche Probleme, indem die Initialisierung von Objekten dem Klassendesigner übertragen wird und nicht dem Anwender einer Klasse überlassen bleibt. Der Designer einer Klasse weiß am besten, wie die Objekte seiner Klasse zu initialisieren sind.

C++ gibt dem Programmierer die Möglichkeit, den Code zur Initialisierung eines Objekts seiner Klasse in einer speziellen Funktion, dem sog. *Konstruktor*, unterzubringen. Ein wesentlicher Unterschied zu einer normalen Initialisierungsfunktion ist, daß der Compiler den Konstruktor automatisch aufruft, die Intialisierung kann daher nicht mehr vergessen werden. Diese äußerst nützliche Eigenschaft der Sprache C++ wird auch als "garantierte Initialisierung" (*guaranteed initialisation*) bezeichnet.

4.6.2 Die Zerstörungsproblematik

Analoges gilt bei der Zerstörung von Objekten. In unserem C-Beispiel könnte man z.B. in einer Funktion `doSomething` folgendes schreiben:

```
void doSomething( char *name, char *Vorname, char *Wohnort ) {

  Person prs;
  prs.name = strdup( name );
  prs.vorname = strdup( vorname );
  prs.wohnort = strdup( wohnort );

  /** hier irgendwelche Verarbeitungsschritte
      mit prs **/

}
```

Hier wurde nicht bedacht, daß die allokierten Speicherbereiche für die drei Strings auch wieder freigegeben werden müssen, sobald die Variable `prs` nicht mehr gültig ist.

Probleme dieser Art sind deshalb besonders tückisch, da das Programm eine Weile (korrekt) funktioniert, bis des gesamte Heap-Speicher so fragmentiert ist, daß Speicheranforderungen fehlschlagen. Auch hier benötigt man ein Sprachmittel, mit dem man bereits beim Design der Klasse festlegen kann, was beim Ungültigwerden eines Objekts dieser Klasse zu geschehen hat, denn auch diese Aufgabe sollte nicht dem Anwender der Klasse überlassen bleiben. De-Initialisierungsaufgaben übernimmt in C++ der *Destruktor* der Klasse.

Ähnlich wie bei Konstruktoren ist es auch hier von großem Vorteil, daß die De-Initialisierung von Objekten in der Verantwortung des Klassendesigners liegt. Günstigerweise wird man Datenmitglieder, Konstruktoren und Destruktor möglichst zusammen entwerfen.

4.6.3 Konstruktoren

Ein Konstruktor ist dadurch gekennzeichnet, daß er den gleichen Namen wie die Klasse selber trägt und keinen Rückgabewert (auch nicht `void`) definiert.

Die Datenstruktur `Person` formuliert man in C++ folgendermaßen:

```
class Person {
    char *name;
    char *vorname;
    char *wohnort;
public:
    Person( char *name_in, char *vorname_in, char *wohnort_in );
};
```

Der Konstruktor wird wie eine gewöhnliche Mitgliedsfunktion implementiert:

```
Person::Person( char *name_in, char *vorname_in, char *wohnort_in ) {
    name    = strdup( name_in );
    vorname = strdup( vorname_in );
    wohnort = strdup( wohnort_in );
}
```

Hier ist `Person` also sowohl der Klassenname als auch der Name des Konstruktors.

Der Konstruktor wird automatisch aufgerufen, wenn ein Objekt des Typs `Person` definiert wird. Dabei werden die Parameter des Konstruktors mit angegeben, so daß eine Variablendefinition fast wie ein Funktionsaufruf aussieht[2]:

```
Person prs( "Meier", "Fritz", "Frankfurt" );

printf( "Name : %s \n Vorname %s \n Wohnort %s",
    prs.name, prs.vorname, prs.wohnort );
```

Der Konstruktoraufruf wird vom Compiler automatisch als Teil der Definition für `prs` codiert. Konstruktoren eignen sich daher hervorragend dazu, Variablen mit einem bestimmten Anfangswert zu versehen.

Werden Objekte dynamisch auf dem Heap erzeugt, ist ein automatischer Konstruktoraufruf ebenfalls möglich, jedoch nur, wenn die neuen Operatoren `new` und `delete` (s.u.) verwendet werden.

4.6.4 Konstruktoren mit Argumenten

Wie gewöhnliche Funktionen kann ein Konstruktor mit einer Argumentliste und zusätzlich Vorgabewerten deklariert werden.

---

[2] Genaugenommen ist es auch einer, denn die Definition ist nun eine ausführbare Anweisung, während deren Abarbeitung (u.a.) der Konstruktor aufgerufen wird.

Konstruktoren mit Parametern werden dann verwendet, wenn bei der Definition eines Objekts bereits Werte an das Objekt übergeben werden sollen. Für unsere Klasse FractInt bietet sich z.B. folgender Konstruktor an:

```
class FractInt {
  int zaehler, nenner;
public:
  FractInt( int zaehler_in, int nenner_in );
  /* ... weitere Mitglieder von FractInt ... */
};
```

mit der naheliegenden Implementierung:

```
FractInt::FractInt( int zaehler_in, int nenner_in ) {
  zaehler = zaehler_in;
  nenner = nenner_in;
}
```

Bei der Definition eines Objekts der Klasse FractInt *müssen* nun zwei Zahlen angegeben werden:

```
FractInt fr1( 1, 3 );
```

Eine Deklaration ohne Initialisierung mit konkreten Daten ist nun nicht mehr möglich. Die folgende Anweisung wird daher vom Compiler mit einer Fehlermeldung zurückgewiesen:

```
FractInt fr2; // <-- FALSCH!
```

Die Parameter von Konstruktoren können mit Vorgabewerten versehen werden. Für unsere Klasse FractInt bietet sich z.B. ein Konstruktor an, der als Nenner standardmäßig die Zahl 1 vorgibt:

```
class FractInt {
  FractInt( int zaehler_in, int nenner_in = 0 );
  /* ... weitere Mitglieder von FractInt ... */
};
```

Nun sind Initialisierungen sowohl mit einem als auch mit zwei Zahlenwerten möglich:

```
FractInt fr1( 1, 3 );    // Wert 1/3
FractInt fr2( 1 );       // Wert 1
FractInt fr3 = 2;        // Wert 2
```

Beachten Sie bitte, daß Vorgabewerte ausschließlich in der Deklaration, nicht aber bei der Definition einer Funktion angegeben werden können. Die Definition des Konstruktors mit Vorgabewerten unterscheidet sich deshalb nicht von der Version ohne Vorgabewerte.

4.6 Konstruktoren und Destruktoren 55

Wird eine Initialisierung mit mehr als einem Argument gewünscht, kann kein Gleichheitszeichen verwendet werden. Die Anweisung

```
FractInt fr4 = ( 2, 3 );    // Achtung! Wert 3
```

ist zwar syntaktisch korrekt, das Objekt erhält jedoch den Wert 3. Der Grund liegt in der Mehrdeutigkeit des Komma-Operators. Der Ausdruck

```
( 2, 3 )
```

hat in Standard C den Wert 3, da durch Kommata getrennte Ausdrücke - und dazu zählen auch einfache Konstanten - normalerweise nacheinander ausgewertet werden und der Gesamtausdruck den Wert des letzten Ausdrucks erhält. Daran ändern auch die Klammern nichts: Das Ergebnis des Ausdrucks ist die integer-Zahl 3, für die dann der Konstruktor aufgerufen wird.

In der Anweisung

```
FractInt fr5( 1, 3 );
```

dagegen bezeichnen die runden Klammern eine Argumentliste und das Komma dient zur Trennung der einzelnen Argumente. Anhand von Typ und Anzahl der Argumente wird dann der richtige Konstruktor aufgerufen.

Man kann aber das Gleichheitszeichen trotzdem verwenden, wenn man den Konstruktor explizit angibt:

```
FractInt fr6 = FractInt( 1, 3 );
```

4.6.5 Der Standard-Konstruktor

Ein Konstruktor ohne Argumente heißt auch *Standard-Konstruktor*. Für die Klasse FractInt hätte er z.B. die folgende Form:

```
class FractInt {
  FractInt();
  /* ... weitere Mitglieder von FractInt ... */
};
```

Die Implementierung wird den Mitgliedsvariablen des Objekts geeignete Vorgabewerte zuweisen. Für FractInt entscheiden wir, daß die Kombination 0/0 die Bedeutung "nicht initialisiert" haben soll. Ausgabe- und Rechenfunktionen können darauf Rücksicht nehmen, indem sie zunächst auf die Bedingung 0/0 prüfen und dann entsprechend reagieren.

```
FractInt::FractInt() {
  zaehler = 0;
  nenner = 0;
}
```

Für viele Klassen gibt es keine sinnvolle Standard-Initialisierung. In diesen Fällen kann der Klassendesigner immer die Angabe von Werten erzwingen, indem er keinen Standardkonstruktor definiert.

Definiert der Programmierer für eine Klasse überhaupt keinen Konstruktor, ergänzt der Compiler einen Standard-Konstruktor ohne Anweisungen. Dadurch wird es erst möglich, daß von einer Klasse ohne Konstruktoren überhaupt ein Objekt gebildet werden kann.

Für eine Klasse wie z.B.

```
class A {
  int i;
  float f;
public:
  void doIt();

};
```

ist die Definition eines Objekts ohne Initialisierungsliste möglich:

```
//-- möglich, da ein Standardkonstruktor automatisch
//   ergänzt wurde
A a;
```

Wird die Klasse (nachträglich) mit einem Konstruktor ausgestattet, ist die gleiche Definition nicht mehr möglich:

```
class A {
  int i;
  float f;
public:
  A( int i_in, float f_in );   //-- Der Konstruktor wurde hinzugefügt
  void doIt();

};
void main() {
  //-- nicht mehr möglich, da ein Standardkonstruktor
  //   NICHT MEHR automatisch ergänzt wird
  A a;
}
```

Man erhält bei der Übersetzung der Variablendefinition nun eine Fehlermeldung. Durch den explizit definierten Konstruktor mit einem Parameter wurde der Standard-Konstruktor nicht mehr implizit vom Compiler definiert.

Die automatische Definition eines Standard-Konstruktors ist aus Kompatibilitätsgesichtspunkten zu C wichtig (Kapitel 13).

Beachten Sie bitte, daß bei der Definition eines Objekts, das mit dem Standardkonstruktor initialisiert werden soll, keine Klammern verwendet werden dürfen.

4.6 Konstruktoren und Destruktoren

Die Anweisung

```
A a();
```

definiert nicht etwa ein Objekt der Klasse A, sondern deklariert eine Funktion mit dem Namen a, die keine Parameter übernimmt und ein Objekt vom Typ A zurückliefert. Möchte man ein Objekt der Klasse A definieren, muß es

```
A a;
```

heißen.

4.6.6 Klassen mit mehreren Konstruktoren

Konstruktoren können wie normale Funktionen überladen werden, dabei sind die Regeln für das Überladen von Funktionen (Kapitel 12) zu beachten.

Sind mehrere Konstruktoren vorhanden, bestimmt der Compiler anhand der Parameterlisten, welcher Konstruktor in einer bestimmten Situation zu verwenden ist. Die Konstruktoren müssen sich daher in Anzahl und/oder Typ der Parameter (der sogenannten *Signatur*) unterscheiden.

Für unsere Klasse FractInt wären z.B. folgende Konstruktoren denkbar:

```
class FractInt {

  int zaehler, nenner;
public:
  FractInt();                                    // Konstr. #1
  FractInt( int zaehler_in, int nenner_in );     // Konstr. #2
  FractInt( int zaehler_in );                    // Konstr. #3

  void print();
};
```

Damit kann ein Programmierer die folgenden Objektdefinitionen durchführen:

```
FractInt fr1;              // Aufruf #1
FractInt fr2( 1, 3 );      // Aufruf #2
FractInt fr3( 2 );         // Aufruf #3
```

Die Implementierung der Konstruktoren liegt auf der Hand:

```
FractInt::FractInt() {
  zaehler = 0;
  nenner  = 0;
}

FractInt::FractInt( int zaehler_in, int nenner_in ) {
  zaehler = zaehler_in;
  nenner  = nenner_in;
}
```

```
FractInt::FractInt( int zaehler_in ) {
  zaehler = zaehler_in;
  nenner  = 0;
}
```

4.6.7 Der Kopier-Konstruktor

Der Vollständigkeit halber sei bereits hier ein weiterer, spezieller Konstruktortyp erwähnt. Der Kopier-Konstruktor hat die Aufgabe, ein Objekt aus einem bereits bestehenden Objekt der gleichen Klasse zu initialisieren.

Mit einer Klasse mit Kopier-Konstruktor ist folgende Objektdefinition möglich:

```
//-- Mit einem Kopier-Konstruktor wäre folgende
//   Initialisierung möglich
FractInt fr4( fr3 );
```

Allerdings ist die naheliegende Definition des Kopierkonstruktors

```
class FractInt {
public:
  FractInt( FractInt fr );
  /* ... weitere Mitglieder von FractInt ... */
};
```

nicht korrekt und führt unter den meisten Compilern (auch C7 und VC) zu einer Fehlermeldung bei der Übersetzung[3].

Der Compiler läßt diese Konstruktion nicht zu, da sie zur Laufzeit zu einer Endlosschleife mit Stacküberlauf führen würde. Der Grund liegt in den Vorgängen bei der Übergabe von Objekten als Parameter an Funktionen. Dort wird nämlich - wie für normale Variablen auch - eine Kopie des Objekts auf dem Stack angefertigt, und dazu wird wiederum der Kopier-Konstruktor verwendet, etc.

Die Lösung des Problems liegt in der Vermeidung der Kopie bei der Parameterübergabe. Dazu verwendet man den Referenzoperator in Verbindung mit der const-Deklaration. Wir werden auf die Vorgänge beim Kopieren von Objekten in Kapitel 8 noch genauer eingehen und verschieben deshalb die weitere Diskussion des Kopier-Konstruktors bis zu diesem Zeitpunkt.

---

3   Allerdings gibt es leider auch Compiler, die die Konstruktion akzeptieren. Die Ausführung eines solchen Konstruktors führt dann zu einem endlosen rekursiven Aufruf.

4.6.8 Destruktoren

Ein Destruktor ist dadurch gekennzeichnet, daß er den gleichen Namen wie die Klasse selber mit einer vorangestellten Tilde (~) trägt sowie keinen Rückgabewert und keine Parameter definiert. Jede Klasse kann nur einen Destruktor haben.

Im folgenden Beispiel ist die Klasse Person um einen Destruktor erweitert:

```
class Person {
public:
  ~Person();
  /* ... weitere Mitglieder von Person ... */
};
```

Der Destruktor gibt den vorher im Konstruktor zugewiesenen Speicherplatz wieder frei. Dies ist gefahrlos möglich, da für jedes existierende Person-Objekt vorher automatisch der Konstruktor aufgerufen wurde und die Zeiger somit einen gültigen Wert haben (den Spezialfall "kein Speicher mehr" betrachten wir hier zunächst nicht).

Destruktoren werden meist dann gebraucht, wenn ein Objekt dynamisch Speicherplatz angefordert hat, der bei der Zerstörung des Objekts wieder freizugeben ist, oder wenn z.B. noch Dateien offen oder andere Resourcen belegt sind.

Der Destruktor wird automatisch aufgerufen, wenn ein Objekt ungültig wird. Dies ist bei Objekten auf dem Stack dann der Fall, wenn der Gültigkeitsbereich verlassen wird, also im allgemeinen bei der schließenden Klammer des Blocks, in dem das Objekt definiert wurde. Dies wird normalerweise das Ende einer Funktion (hierzu gehört auch main) sein.

```
void main() {
  Person prs( "Meier", "Fritz", "Frankfurt" );
} // <- automatischer Destruktoraufruf
```

4.6.9 Lokale Objekte

Wir demonstrieren den automatischen Aufruf von Konstruktoren und Destruktoren mit Hilfe einer Klasse Test, deren Konstruktoren und Destruktoren nichts weiter tun, als eine Meldung auf dem Bildschirm auszugeben.

Wir definieren einige Objekte der Klasse Test innerhalb von Anweisungsblöcken und können an der Ausgabe erkennen, zu welchem Zeitpunkt Konstruktoren und Destruktoren aufgerufen werden.

```
class Test {

  //-- Klasse benötigt keine Daten

public:

  //-- Konstruktoren und Destruktor geben nur eine Meldung aus
  Test();
  Test( int i );
  ~Test();

};


#include <stdio.h>
Test::Test() {
  printf( "Standardkonstruktor aufgerufen! \n" );
}

Test::Test( int i ) {
  printf( "Konstruktor für int mit Wert %i aufgerufen! \n", i );
}

Test::~Test() {
  printf( "Destruktor aufgerufen! \n" );
}
```

Folgende Funktion doSomething definiert ein lokales Objekt t. Das Objekt ist nur innerhalb von doSomething gültig, es wird ungültig, wenn die Funktion verlassen wird. Demzufolge wird bei der schließenden Klammer (nach der return-Anweisung) der Destruktor von t aufgerufen. Beachten Sie bitte, daß während der Abarbeitung der return-Anweisung das Objekt noch gültig ist. Dies ist z.B. von Bedeutung, wenn man Daten des Objekts aus einer Funktion zurückgeben möchte.

Den Destruktoraufruf kann man sich in der schließenden Klammer der Funktion konzentriert denken. Folgendes Listing zeigt ein Programm zum Aufruf von doSomething und die sich ergebende Ausgabe:

```
void doSomething() {
  printf( "Start von doSomething \n" );
  Test t;

  /** weitere Anweisungen für doSomething **/

  printf( "Ende von doSomething \n" );
} // <-- hier wird automatisch der Destruktor
  // für t aufgerufen

void main() {
  printf( "vor Aufruf von doSomething \n" );
  doSomething();
  printf( "nach Aufruf von doSomething \n" );

}
```

4.6 Konstruktoren und Destruktoren

An der Ausgabe des Programms kann man den automatischen Aufruf von Konstruktoren und Destruktor erkennen.

```
vor Aufruf von doSomething
Start von doSomething
Standardkonstruktor aufgerufen!
Ende von doSomething
Destruktor aufgerufen!
nach Aufruf von doSomething
```

Lokale Objekte können in jedem Anweisungsblock definiert werden, also z.B. auch innerhalb von Schleifen, wie in diesem Programm:

```
for ( int i = 0; i < 3; i++ ) {
  Test t( i );

  /** Rest der Schleife... **/
} // <-- Destruktoraufruf bei jedem Schleifendurchgang
```

An der Ausgabe ist ersichtlich, daß bei jedem Schleifendurchlauf ein neues Test-Objekt definiert und wieder zerstört wird:

```
Konstruktor für int mit Wert 0 aufgerufen!
Destruktor aufgerufen!
Konstruktor für int mit Wert 1 aufgerufen!
Destruktor aufgerufen!
Konstruktor für int mit Wert 2 aufgerufen!
Destruktor aufgerufen!
```

4.6.10 Statische Objekte

In C und C++ wird eine statische Variable in einer Funktion nur beim ersten Betreten der Funktion initialisiert und beim Verlassen der Funktion nicht zerstört. Für C++ bedeutet das, daß Objekte nur beim ersten Betreten der Funktion durch Konstruktoraufruf initialisiert werden. Ist ein Destruktor definiert, wird dieser erst nach Beendigung der Funktion main aufgerufen.

Folgendes Listing zeigt die Schleife aus dem letzten Abschnitt, jedoch wird t in doSomething nun statisch definiert:

```
void doSomething() {
  printf( "Start von doSomething \n" );
  static Test t;   // <- t nun static!

  /** weitere Anweisungen für doSomething **/

  printf( "Ende von doSomething \n" );
}
void main() {
  printf( "Start Hauptprogramm \n" );

  for ( int i = 0; i < 3; i++ ) {
    printf( "vor Aufruf von doSomething \n" );
    doSomething();
    printf( "nach Aufruf von doSomething \n" );
  }

  printf( "Ende Hauptprogramm \n" );
}
```

Die Ausgabe zeigt, daß t nur einmal erzeugt und erst nach Programmende wieder zerstört wird:

```
Start Hauptprogramm
vor Aufruf von doSomething
Start von doSomething
Standardkonstruktor aufgerufen!
Ende von doSomething
nach Aufruf von doSomething
vor Aufruf von doSomething
Start von doSomething
Ende von doSomething
nach Aufruf von doSomething
vor Aufruf von doSomething
Start von doSomething
Ende von doSomething
nach Aufruf von doSomething
Ende Hauptprogramm
Destruktor aufgerufen!
```

4.6.11 Globale Objekte

Globale Objekte werden analog zu globalen Variablen in C definiert. Sie werden beim Programmstart vor Eintritt in die Funktion main initialisiert und nach Verlassen von main zerstört.

```
Test t;   //-- t ist globales Objekt

void main() {
   printf( "Start Hauptprogramm \n" );
   printf( "Ende Hauptprogramm \n" );
}
```

Ausgabe:

```
Standardkonstruktor aufgerufen!
Start Hauptprogramm
Ende Hauptprogramm
Destruktor aufgerufen!
```

Beachten Sie bitte, daß:

- ❑ globale Objekte im Speichermodell tiny nicht erlaubt sind.
- ❑ die Reihenfolge der Initialisierung globaler Objekte durch die Sprache nicht festgelegt ist. Bei Programmen, die mehrere globale Objekte in unterschiedlichen Modulen definieren, kann man sich im Konstruktor eines globalen Objekts nicht darauf verlassen, daß andere globale Objekte schon existieren.

4.6.12 Objekte mit Zeigern

Konstruktoren und Destruktoren eignen sich hervorragend dazu, die zur Arbeit mit einem Objekt erforderlichen "Betriebsmittel" anzufordern und wieder zurückzugeben. Der Standardfall ist die Verwaltung eines oder mehrerer Speicherblöcke als Arbeitsbereiche, z.B. für Strings.

4.6 Konstruktoren und Destruktoren

Ein Gerüst für eine solche Klasse zeigt das folgende Listing:
```
class String {
  char *str;
public:
  String( char *str_in );
  ~String();
};

#include <string.h>
#include <alloc.h>

String::String( char *str_in ) {
  str = strdup( str_in );
}
String::~String() {
  if (str) free( str );
}
```

Im Konstruktor wird der nötige Speicher vom Heap allokiert, hier mit Hilfe der C-Bibliotheksfunktion `strdup`. Der Destruktor gibt den Speicher wieder frei, aber nicht ohne vorher die Gültigkeit von `str` zu prüfen. `str` erhält im Konstruktor den Wert NULL, wenn `strdup` keinen Speicher mehr allokieren konnte.

Objekte der Stringklasse können die meisten dynamischen Strings in einem Programm ersetzten und dabei die typischen Fehler, die bei der Arbeit mit Strings auftreten, vermeiden. Wir werden deshalb im nächsten Kapitel im Rahmen eines Projekts eine praxistaugliche Stringklasse entwickeln.

4.6.13 Die Alias-Problematik

Probleme treten auf, wenn Objekte mit Zeigern auf dynamisch allokierte Speicherbereiche einander zugewiesen werden. Nach der Zuweisung zeigen die Zeiger beider Objekte auf den gleichen Speicherbereich, da bei einer Zuweisung die Datenmitglieder der Objekte einzeln kopiert werden.

Nach den beiden Deklarationen
```
String msg1( "Betriebssystemfehler" );
String msg2( "Benutzerfehler" );
```
sieht die Speicherzuweisung etwa wie folgt aus:

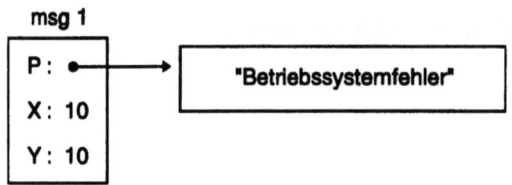
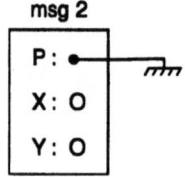

Bild 4.1: Speicherlayout vor der Zuweisung

Nach der Zuweisung

```
msg2 = msg1;
```

hat sich das Speicherlayout folgendermaßen verändert:

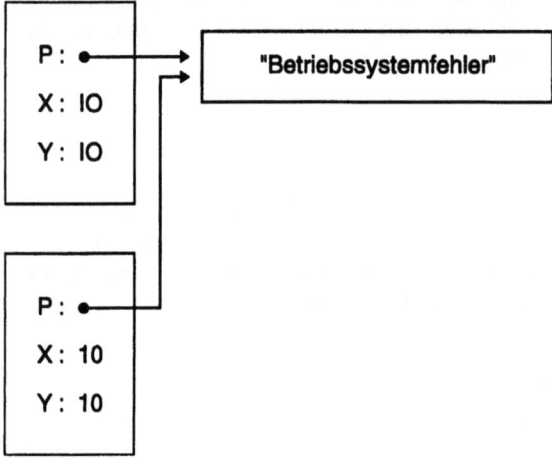

Bild 4.2: Speicherlayout nach der Zuweisung

Die Zeiger in beiden Objekten zeigen nun auf den gleichen String, der eine Zeiger ist ein "Alias" für den anderen. Daher wird der Effekt, der hier beim unbedachten Kopieren eines Objekts aufgetreten ist, auch als *Aliaseffekt* (*aliasing*) bezeichnet.

Als weiteren Effekt stellen wir fest, daß nun kein Zeiger mehr auf die Zeichenkette "Benutzerfehler" zeigt, und dieser Speicherbereich deshalb auch nicht mehr freigegeben werden kann. Durch solche Effekte wird der verfügbare Speicher schnell kleiner, weswegen man anschaulich auch von einem "Speicherleck" (*memory leak*) spricht.

Das Aliasproblem wird manifest, wenn irgendwann die Destruktoren für msg1 und msg2 aufgerufen werden. Da ihre Zeiger auf den gleichen Speicherbereich zeigen, wird dieser mehrfach freigegeben, was sicher irgendwann zu Problemen bis hin zum "Absturz" des Rechners führt.

Um das Aliasproblem bei der Zuweisung zu vermeiden, muß bei einem Kopiervorgang nicht nur der Zeiger, sondern auch der Speicherbereich, auf den der Zeiger zeigt, kopiert werden. Den Code dazu muß der Programmierer selber angeben, und zwar in einem speziellen Zuweisungsoperator, der dann speziell zum Kopieren von string-Objekten verwendet wird. Wie man solche Operatoren definiert, werden wir im Kapitel 10 (Operatorfunktionen) sehen.

4.6.14 Private und protected Konstruktoren

Wie andere Klassenfunktionen auch können Konstruktoren und der Destruktor als private, protected oder public definiert werden. Aus dem Sinn von Konstruktoren und Destruktoren ergibt sich, daß diese Funktionen meist als public definiert werden.

Es gibt jedoch Situationen, in denen Konstruktoren, die private bzw. protected deklariert sind, sinnvoll sind. Betrachten wir dazu die folgende Klasse:

```
class A {
  A( ... );  // privater Konstruktor
  friend class B;
  /* ... weitere Mitglieder von A ... */
};
```

Ein Benutzer kann von A keine Objekte erzeugen, weil der Konstruktor privat und deshalb von außen nicht zugänglich ist. A hat jedoch einer Klasse B durch die Freund-Deklaration den Zugriff auf die privaten Mitglieder erlaubt. Mitgliedsfunktionen von B können daher A-Objekte erzeugen.

Ein Anwendungsfall für eine solche Konstruktion ist z.B. eine lineare Liste. Die Klasse zur Repräsentation der Liste selber entspricht B, während die Listenknoten mit den Zeigern der Klasse A entsprechen. Dadurch wird erreicht, daß ausschließlich die List-Klasse Listenknoten erzeugen kann.

4.7 Objekte als Datenmitglieder einer Klasse

Eine Klasse kann Objekte anderer Klassen als Datenmitglieder enthalten. Betrachten wir hierzu wieder unsere Klasse complex zur Darstellung einer komplexen Zahl aus zwei Elementen vom Typ FractInt.

```
class FractInt {
  int zaehler, nenner;
public:
  void set( int zaehler_in, int nenner_in );
  void print();
};

//-- Die Klasse Complex verwendet Objekte der Klasse FractInt
//   als Datenmitglieder
class Complex {
  FractInt re, im;
public:
  Complex( int re_in_z, int re_in_n,    // Realteil
           int im_in_z, int im_in_n );  // Imaginärteil
  void print();
};
```

Die Initialisierung der Mitglieder re und im ist Aufgabe der complex-Konstruktoren. Sie dürfen jedoch nicht direkt die Datenmitglieder zaehler und nenner von FractInt besetzten, denn die Initialisierung von FractInt-Objekten ist Aufgabe eines FractInt-Konstruktors.

Der complex-Konstruktor muß also einen FractInt-Konstruktor aufrufen, um re bzw. im zu initialisieren. In C++ wird dazu eine spezielle Notation verwendet. Der Aufruf der Konstruktoren für die Mitgliedsvariablen erfolgt noch vor der öffnenden Klammer des complex-Konstruktors selber nach einem Doppelpunkt:

```
Complex::Complex(
  int re_in_z, int re_in_n,
  int im_in_z, int im_in_n )

  : re( re_in_z, re_in_n ),
    im( im_in_z, int im_in_n )

  {}
```

Dadurch wird sichergestellt, daß bei Eintritt in den Anweisungsteil eines Konstruktors bereits alle Konstruktoren für die Mitgliedsobjekte aufgerufen wurden.

4.7 Objekte als Datenmitglieder einer Klasse

Auch hier wird über die Parameterlisten bestimmt, welcher der `FractInt`-Konstruktoren aufgerufen wird. Folgendes Listing zeigt einen weiteren `Complex`-Konstruktor, der nur zwei Parameter hat:

```
class Complex {
  Complex( int re_in, int im_in );   // nur ganze Zahlen
  Complex();                          // Standardkonstruktor

  /* ... weitere Mitglieder von Complex ... */
};

//-- Auch hier bestimmen Anzahl und Typ der Parameter die
//   verwendeten Konstruktoren
Complex::Complex( int re_in, int im_in )
  : re( re_in ), im( im_in ) {}

Complex::Complex() : re(), im() {}
```

Hier werden `FractInt`-Objekte mit ganzen Zahlen (Nenner = 0) initialisiert.

Einen besonderer Fall liegt vor, wenn der Standard-Konstruktor von `FractInt` verwendet werden soll. Statt z.B.

```
Complex::Complex() : re(), im() {}
```

kann man einfacher

```
Complex::Complex() {}
```

schreiben, d.h. der explizite Aufruf der Standard-Konstruktoren für `re` und `im` kann weggelassen werden. Dadurch ergibt sich der Eindruck, als ob der Complex-Konstruktor nur eine leere Funktion ist, die nichts bewirkt. Man darf jedoch nicht vergessen, daß Konstruktoren automatisch die Standard-Konstruktoren für ihre Mitglieder aufrufen, wenn diese nicht explizit initialisiert werden.

Beachten Sie bitte, daß der Anweisungsteil aller `Complex`-Konstruktoren leer ist. Sämtliche notwendige Initialisierungen der Datenmitglieder von `Complex` werden über deren eigene Konstruktoren durchgeführt.

4.7.1 Initialisierung für einfache Datenmitglieder

Die Angabe von Initialisierungen nach einem Doppelpunkt bei der Konstruktordefinition kann auch für "gewöhnliche" Variablen einer Klasse angewendet werden. Diese Form wird in der Praxis manchmal verwendet, um anzuzeigen, daß es sich um eine *Initialisierung* im Gegensatz zu einer *Zuweisung* handelt.

Ein Konstruktor für `FractInt` kann z.B. auch folgendermaßen geschrieben werden:

```
//     Variablen einer Klasse
FractInt::FractInt( int zaehler_in, int nenner_in )
  : zaehler( zaehler_in ), nenner( nenner_in ) {}
```

Für Objekte mit Konstruktoren benötigt eine Initialisierung in der Regel weniger Resourcen als eine Zuweisung. Für "einfache" Variablen ohne Konstruktoren und Destruktoren besteht nur ein theoretischer Unterschied zwischen Initialisierung und Wertzuweisung.

4.8 Initialisierung und Zuweisung

Eine Initialisierung findet grundsätzlich bei der Definition einer Variablen statt, dagegen kann eine Zuweisung jederzeit notiert werden. Für Variablen ohne Konstruktoren besteht kein Unterschied zwischen Initialisieurng und Zuweisung, für Variablen mit Konstruktoren dagegen schon. Hat man etwa einen Konstruktor einer Klasse A als

```
A::A( T tNeu ) {
    t = tNeu;           // Zuweisung an t
}
```

geschrieben, darf man nicht vergessen, daß für das Datenmitglied `t` zuerst der Standardkonstruktor (s.u.) aufgerufen wird, bevor die Zuweisung erfolgt. Ist T also eine (größere) Klasse, definiert man besser einen *Kopierkonstruktor* für T (Kapitel 8) und schreibt

```
A::A( T tNeu ) : t( tNeu ) {} // Initialisierung von t
```

4.9 Felder von Objekten

Wird ein Feld (`array`) von Objekten erzeugt, werden die einzelnen Elemente des Feldes grundsätzlich genauso initialisiert wie bei der Erzeugung einfacher Objekte, d.h. für jedes Feldelement wird der (bzw. ein) Konstruktor der Klasse aufgerufen.

Prinzipiell tritt an die Stelle eines Initialisierungswertes nun eine Liste von Werten. Eine solche *Initialisiererliste* wird wie in Standard-C durch geschweifte Klammern gekennzeichnet. Alternativ ist die Angabe in runden Klammern möglich.

4.9 Felder von Objekten

In den folgenden Abschnitten gehen wir auf einige häufig vorkommende Fälle etwas detaillierter ein.

4.9.1 Standard-Konstruktor

Der einfachste Fall liegt vor, wenn die Klasse einen Standard-Konstruktor definiert. Dann kann die Initialisiererliste komplett wegfallen.

Ein Feld mit fünf Objekten der Klasse `FractInt` kann daher wie folgt definiert werden:

```
//-- Ein Feld mit 5 Objekten, die mit dem Standard-Konstruktor
//   initialisiert werden
FractInt fld[ 5 ];
```

Für jedes `FractInt`-Objekt wird der Standard-Konstruktor aufgerufen. Wir können dies verifizieren, indem wir die Werte der fünf Objekte in einer Schleife ausdrucken:

```
//-- Zugriff auf die Feldelemente mit einer Schleife
for ( int i = 0; i < 5; i++ ) {
  fld[ i ].print();
}
```

Alternativ kann das Feld wie üblich auch mit einem Zeiger durchlaufen werden:

```
//-- Alternative Form der Schleife
FractInt *p = fld;
for ( i = 0; i < 5; i++, p++ ) {
  p-> print();
}
}
```

Die Ausgabe

```
(0/0) (0/0) (0/0) (0/0) (0/0)
```

zeigt in beiden Fällen, daß jedes Objekt den Wert `0/0` erhalten hat.

4.9.2 Konstruktor mit einem Argument

Besitzt eine Klasse einen Konstruktor mit genau einem Argument, kann die Initialisiererliste aus Werten bestehen, die durch Kommata getrennt sind.

Die folgende Anweisung erzeugt ein Feld mit drei FractInt-Objekten. Für jedes Objekt wird der Konstruktor mit einem Argument aufgerufen.

```
//-- Ein Feld mit 3 Objekten mit einer Initialisiererliste
FractInt fld1[ 3 ] = { 1, 2, 3 };
```

Ist eine Initialisiererliste vorhanden, kann die Angabe der Anzahl der Feldelemente entfallen:

```
FractInt fld2[] = { 1, 2, 3 };
```

Auch die in C so beliebten Initialisierungen mit Listen von Stringkonstanten sind mit Konstruktoren möglich. Dazu ist ein Konstruktor mit einem Parameter vom Typ char* erforderlich, wie er z.B. in unserer Stringklasse vorhanden ist:

```
class String {
public:
  String( char *str_in );
  /* ... weitere Mitglieder von String ... */
};
```

Ein Feld von dreio Strings definiert und initialisiert man durch folgende Anweisung:

```
String msg[ 3 ] = {
    "Alles ok",
    "Diskettenschacht offen",
    "Diskette nicht formatiert"
    };
```

4.9.3 Konstruktor mit mehr als einem Argument

Möchte man an einem Konstruktor mehr als einen Wert übergeben, ist zusätzlicher Aufwand in der Initialisiererliste erforderlich, denn die folgende, naheliegende Konstruktion führt nicht zum Erfolg:

```
//-- Diese Konstruktion führt nicht zum Erfolg...
FractInt fld1[ 3 ] = { (1, 2), (1, 3), (1, 4) };
```

Das Problem liegt in der Wirkungsweise des Komma-Operators. Die Ausdrücke einer durch Kommata getrennten Liste werden einzeln und unabhängig voneinander ausgewertet, das Ergebnis ist der Wert des letzten Ausdrucks.

Der Wert von (1, 2) ist somit einfach 2, und für diesen Wert wird der Konstruktor mit einem Argument aufgerufen. Die Initialisierung ist funktional identisch mit folgender Anweisung:

```
FractInt fld1[ 3 ] = { 2, 3, 4 };
```

4.10 Dynamische Objekte

Hier hilft nur die explizite Angabe des Konstruktors in der Initialisiererliste:

```
//-- Konstruktor muss explizit angegeben werden
FractInt fld2[ 3 ] = {
  FractInt( 1, 2 ),
  FractInt( 1, 3 ),
  FractInt( 1, 4 )
};
```

4.9.4 Gemischte Initialisiererliste

Die einzelnen Objekte eines Feldes können mit unterschiedlichen Konstruktoren initialisiert werden. Die Klasse `FractInt` definiert Konstruktoren mit keinem, einem sowie mit zwei Argumenten. Die folgende Anweisung ist daher vollkommen legal:

```
//-- Ein Feld mit 4 Objekten mit einer gemischten Initialisiererliste
FractInt fld[ 4 ] = { FractInt(1, 2), 3 };
```

Wir geben das Feld in einer Schleife aus, um die Initialisierung sichtbar zu machen:

```
for ( int i = 0; i < 4; i++ ) {
  fld[ i ].print();
}
```

Ausgabe:

```
(1/2)(3/0)(0/0)(0/0)
```

Für das erste Feldelement wird der Konstruktor mit zwei Argumenten verwendet, für das zweite Element der Konstruktor mit einem Argument. Die letzten beiden Feldelemente werden mit dem Standardkonstruktor initialisiert, da die Initialisiererliste bereits erschöpft ist.

Ist kein Standard-Konstruktor definiert, muß die Initialisiererliste exakt die richtige Anzahl Mitglieder haben.

4.10 Dynamische Objekte

In der objektorientierten Programmierung werden Objekte häufig dynamisch zur Laufzeit erzeugt und wieder gelöscht. In C++ stehen zwar die Funktionen `malloc`, `realloc` und `free` weiterhin zur Verfügung, sie sind jedoch zur dynamischen Erzeugung bzw. Zerstörung von Objekten ungeeignet.

Eine Anweisung wie z.B.

```
FractInt *p = (FractInt*) malloc( sizeof( FractInt ) );
```

stellt einen Speicherbereich in der Größe eines `FractInt`-Objekts bereit und liefert einen Zeiger darauf zurück. Das Anwendungsprogramm kann diesen unstrukturierten Speicherbereich beliebig interpretieren, in der Anweisung wird er als Objekt vom Typ `FractInt` interpretiert. Diese "Interpretation" wird ausgedrückt durch die Typwandlung des von `malloc` zurückgelieferten unstrukturierten Zeigers in einen Zeiger vom Typ `FractInt`.

Dadurch haben wir aber kein *Objekt erzeugt*, sondern nur einen passenden Speicherbereich *als Objekt interpretiert*. Dies ist ein wesentlicher Unterschied, denn zur Erzeugung eines Objekts gehört in C++ mehr als nur die Bereitstellung eines ausreichend großen Speicherbereiches.

4.10.1 Die Operatoren new und delete

Zum dynamischen Erzeugen und Zerstören von Objekten werden in C++ die Operatoren `new` und `delete` verwendet.

Der Operator `new` erzeugt ein Objekt vom angegebenen Typ auf dem Heap und liefert einen Zeiger darauf zurück. In C++ schreibt man:

```
FractInt *frp1 = new FractInt;
```

um ein Objekt vom Typ `FractInt` auf dem Heap zu erzeugen. Der Operator stellt ausreichend Speicherplatz bereit und ruft dann einen Konstruktor der Klasse auf, um den Speicherbereich zu initialisieren. Schlägt die Speicheranforderung fehl, wird kein Konstruktor aufgerufen und der Wert `NULL` zurückgeliefert.

Analog wie bei der Erzeugung von Objekten auf dem Stack können auch bei dynamischen Objekten Konstruktoren mit Parametern verwendet werden, die Parameter werden ebenfalls in runden Klammern angegeben:

```
FractInt *frp2 = new FractInt( 1, 2 );
FractInt *frp3 = new FractInt( 3 );
```

Die Notation mit dem Gleichheitszeichen ist hier allerdings nicht möglich, eine Anweisung wie

```
FractInt *frp5 = new FractInt = 3;
```

führt zu einem Syntaxfehler bei der Übersetzung.

Beim Aufruf des Standardkonstruktors können die runden Klammern entfallen:

```
FractInt *frp6 = new FractInt();   // Standardkonstruktor
FractInt *frp7 = new FractInt;     // Standardkonstruktor
```

Der Operator `delete` dient zur Zerstörung eines dynamisch erzeugten Objekts. Der Operator ruft zunächst den Destruktor auf (falls vorhanden) und gibt dann den allokierten Speicherbereich wieder frei.

4.10 Dynamische Objekte

Um eines der dynamisch allokierten `FractInt`-Objekte wieder freizugeben, schreibt man in C++ daher:

```
delete frp1;
```

4.10.2 Die Bedeutung des Nullzeigers

In C++ bedeutet der Wert `NULL` für einen Zeiger, daß dieser Zeiger auf kein Objekt zeigt. Der Wert `NULL` ist mit allen Datenzeigertypen kompatibel, d.h. für jeden Typ X ist die Anweisung

```
X* x = NULL;
```

syntaktisch korrekt.

Die Operatoren `new` und `delete` folgen dieser Konvention:
- Kann `new` nicht genügend Speicherplatz erhalten, wird `NULL` geliefert.
- `delete` mit dem Wert `NULL` als Parameter ist explizit zulässig, in diesem Fall führt `delete` keine Operationen aus.

Es ist daher grundsätzlich sinnvoll, nach dem Freigeben eines Objekts den Zeiger explizit auf `NULL` zu setzen:

```
delete frp1;
frp1 = NULL;
```

Dies ist ein Sicherheitsfaktor vor allem in größeren Programmen. Vor Verwendung eines Zeigers kann man z.B. explizit auf `NULL` prüfen:

```
//-- Fehlermeldung, wenn frp1 der Nullzeiger ist
assert( frp1 );

frp1-> print();
```

Beachten Sie bitte, daß der Nullzeiger als Argument für `delete` explizit erlaubt ist. Der Operator führt dann keine Operation durch, d.h. der Aufruf wird einfach ignoriert.

4.10.3 new und delete für Felder von Objekten

Mit `new` und `delete` können ganze Felder von Objekten in einem Schritt erzeugt und wieder gelöscht werden. Es gibt jedoch eine Einschränkung: Zur Initialisierung kann nur der Standard-Konstruktor verwendet werden.

Um ein Feld von drei `FractInt`-Objekten auf dem Heap zu erzeugen, schreibt man

```
FractInt *fld = new FractInt[ 3 ];
```

und um das ganze Feld wieder zu löschen

```
delete [] fld;
```

Beachten Sie die eckigen Klammern nach dem `delete`-Operator: dadurch wird dem Compiler signalisiert, daß das ganze Feld zu löschen ist. Die `delete` Anweisung ohne Klammern löscht nur das erste Element, die anderen vier bleiben (theoretisch) bestehen:

```
//-- löscht nur das erste Element des Feldes!
delete fld;
```

Dieses Verhalten ist durchaus korrekt, denn `fld` ist syntaktisch ein Zeiger auf ein Objekt vom Typ `FractInt`, und die `delete`-Anweisung löscht genau dieses Objekt. Das Problem rührt daher, daß C und C++ (außer bei der Definition) keine spezielle Notation für Felder kennen, sondern Felder werden als Zeiger auf das erste Element geschrieben. Daß evtl. nach diesem Objekt weitere kommen, ist eine logische Vereinbarung unter Programmierern, die aber der Compiler nicht kennt.

Die meisten Compiler haben den Operator `delete` so implementiert, daß zur tatsächlichen Speicherplatzfreigabe die Funktion `free` verwendet wird. Wurde also vorher Platz für ein Feld von Objekten allokiert, wird `free` automatisch immer den gesamten Speicherblock wieder zurückgeben, unabhängig ob `delete` mit oder ohne eckige Klammern aufgerufen wurde.

Werden also die eckigen Klammern vergessen, wird zwar der gesamte allokierte Speicher zurückgegeben, jedoch wird nur der Destruktor für das erste Feldelement aufgerufen.

Es gibt allerdings auch andere Implementierungen der Operatoren `new` und `delete`. So ist z.B. die Technik beliebt, Informationen über das Feld (z.B. die Tatsache, daß es sich um ein Feld handelt, die Anzahl der Feldelemente etc.) *vor* dem eigentlichen Feld zu speichern. Der Operator `new` fordert entsprechend mehr Speicher für das Feld an und gibt eine modifizierte Adresse zurück, der Operator `delete` "weiß", daß vor der übergebenen Adresse noch spezielle Verwaltungsdaten stehen.

Je nach Robustheit des Compilers werden die vergessenen Klammern automatisch erkannt (und korrigiert) oder führen zu Inkonsistenzen auf dem Heap. Man sollte sich daher angewöhnen, beim Löschen ganzer Felder grundsätzlich die eckigen Klammern zu schreiben.

4.10.4 new und delete für einfache Datentypen

`new` und `delete` können nicht nur zur Erzeugung und Zerstörung von Objekten verwendet werden, sondern die Operatoren können auch die "traditionellen" Aufgaben der Speicherplatzvergabe und -rückgabe von `malloc`/`free` übernehmen.

Speicherbereiche werden oft über Zeiger vom Typ `char*` angesprochen, da man so bequem über Zeigerarithmetik auf einzelne Bytes zugreifen kann.

Um z.B. einen Speicherbereich von 512 Bytes zu allokieren, kann man in C++
```
char *str = new char[ 255 ];
```
schreiben. Syntaktisch wird hier ein Feld von 255 chars erzeugt und ein Zeiger auf das erste Zeichen zurückgeliefert. Da es sich um ein Feld handelt, lautet die korrekte Anweisung zur Rückgabe des Speicherplatzes
```
delete [] str;
```
Syntaktisch möglich, jedoch logisch falsch ist die Notation ohne eckige Klammern:
```
delete str;
```
Dies funktioniert hier problemlos, da die "Klasse" char keinen Destruktor definiert und delete somit nur den allokierten Speicherplatz zurückgeben muß. Der Vorteil der Verwendung von new/delete gegenüber malloc/free auch bei einfachen Datentypen liegt in der anderen Behandlung des Nullzeigers, der ja als Argument für delete (im Gegensatz zu free) explizit erlaubt ist.

Die Operatoren new und delete sind nicht kompatibel mit den Funktionen malloc und free (und Verwandten wie calloc etc.). Speicherplatz der mit new angefordert wurde, kann daher nicht mit free zurückgegeben werden, und umgekehrt. In der Praxis funktioniert das Mischen beider Gruppen trotzdem in den meisten Fällen, allerdings wird dafür keine Garantie übernommen. Legt man Wert auf Portabilität, sollte man daher Mischungen vermeiden.

4.11 Der this-Zeiger

Bei der Übersetzung einer Klassendefinition wird vom Compiler noch kein Speicherplatz für die Datenelemente der Klasse zugewiesen. Dies geschieht erst bei der Definition eines Objekts dieser Klasse. Daraus entsteht das Problem, daß bei der Übersetzung einer Klassenfunktion für die Datenelemente noch keine Adressen bekannt sind. Betrachten wir hierzu als Beispiel die Funktion FractInt::print:
```
void FractInt::print() {
  printf( "(%i/%i)", zaehler, nenner );
}
```
Welche Adresse setzt der Compiler bei der Übersetzung für die Variablen zaehler bzw. nenner ein? Konkrete Adressen sind erst bekannt, wenn ein Objekt der Klasse gebildet wird:
```
FractInt f1( 1, 3 );
f1.print();
```

Hier müssen Adressen relativ zum Objekt f1 gebildet werden. Schreibt man dagegen mit einem anderen Objekt f2

```
f2.print();
```

müssen Offsets relativ zu f2 verwendet werden.

Objektorientierte Programmiersprachen lösen dieses Problem mit Hilfe eines Zeigers, der automatisch als zusätzlicher Parameter an eine Klassenfunktion übergeben wird. In C++ hat dieser Zeiger den Namen this und wird vom Compiler automatisch definiert und mit der Adresse der jeweiligen Instanz besetzt.

Auf Systemebene ist die Funktion print daher deklariert als

```
void FractInt::print( FractInt * const this )
```

Beachten Sie bitte, daß this als konstanter Zeiger deklariert ist (nicht zu verwechseln mit einem Zeiger auf ein konstantes Objekt). Dies bedeutet, daß this nicht geändert werden darf (z.B. kann man this nicht die Adresse eines anderen Objektes zuweisen).

Innerhalb der Funktion werden Zugriffe auf Klassenmitglieder der eigenen Klasse über den Zeiger this codiert. Die Anweisung

```
printf( "(%i/%i)", zaehler, nenner );
```

in FractInt::print wird vom Compiler übersetzt als

```
printf( "(%i/%i)", this-> zaehler, this-> nenner );
```

Der Compiler generiert allen erforderlichen Code automatisch, so daß der Programmierer sich darum nicht explizit kümmern muß. Der Zeiger kann jedoch vom Programmierer verwendet werden, falls dies erforderlich sein sollte. Der Standardfall hierfür ist das Zurückliefern einer Referenz auf das eigene Objekt durch eine Mitgliedsfunktion, wie es z.B. bei selbstdefinierten Operatoren (Kapitel 10) die Regel ist.

5 Projekt Stringverarbeitung

In diesem Kapitel befassen wir uns mit der Verarbeitung von Zeichenketten (Strings) in C bzw. C++. Wir entwickeln eine Klasse `string`, die einige der bekannten Probleme der traditionellen Stringverarbeitung in C lösen kann. Wir verwenden dazu die im letzten Kapitel vorgestellten Eigenschaften von Klassen und untersuchen, wie sich diese Eigenschaften kombinieren lassen, um die Verarbeitung von Zeichenketten einfacher, sicherer und komfortabler zu gestalten.

In der hier entwickelten, ersten Version der Klasse `string` verwenden wir ausschließlich die in Kapitel 4 eingeführten Sprachmittel, also vor allem das Klassenkonzept sowie Konstruktoren und Destruktoren. Nachdem wir in späteren Kapiteln weiteres Handwerkszeug der objektorientierten Programmierung vorgestellt haben, verbessern wir die `string`-Klasse weiter bis zu einer professionellen Version.

5.1 Das Problem

Die Behandlung von Zeichenketten (Strings) in C ist in mancher Hinsicht zumindest verbesserungsfähig. Jeder, der schon einmal ein größeres Programm in C geschrieben hat, kennt ausreichend Fälle, in denen überschriebener Speicher, die vergessene Freigabe von Strings auf dem Heap oder die Dereferenzierung von Nullzeigern zu Problemen geführt haben.

5.1.1 C hat keine ausreichenden Sprachelemente für Felder

Das grundsätzliche Problem ist, daß C und C++ keine ausreichenden Sprachmittel zur Formulierung von Feldern besitzen. So findet z.B. der Zugriff auf Feldelemente in C ohne Bereichsprüfung statt. Ein Feld wird in C traditionell als Zeiger auf das erste Element notiert. Schreibt man daher

```
char *str;
```

ist dies syntaktisch gesehen die Definition eines Zeigers auf ein Zeichen. Daß alle nachfolgenden Zeichen im Speicher bis zum Wert `0x00` einschließlich logisch ebenfalls zur Zeichenkette gehören, auf die der Zeiger zeigt, ist eine

Vereinbarung unter Programmierern. Die gesamte Funktionsbibliothek zur Zeichenkettenverarbeitung in C hält sich z.B. an diese Vereinbarung.

Eine Folge daraus ist, daß der Compiler die Grenzen des Strings nicht kennt und Zugriffe außerhalb der Grenzen deshalb nicht als Fehler erkennen kann. So sind z.B. die Anweisungen

```
char *str;
/* ... weitere Anweisungen ... */
char c = str[ 5 ];
```

syntaktisch korrekt, ob der Feldzugriff aber gültig ist, hängt von der (aktuellen) Länge des Strings ab. Eine Überprüfung zur Laufzeit müßte explizit bei jedem Zugriff erfolgen, was natürlich auch explizit programmiert werden muß und deshalb in der Praxis zu oft unterlassen wird.

5.1.2 Statischer Speicher ist meist zu groß

Ein weiteres Problem ist die Wahl der Größe eines Speicherbereiches für Strings. Teilweise verwenden auch professionelle C-Programme ausschließlich Speicherbereiche fester Länge, die bereits zur Übersetzungszeit zugewiesen werden. Als typisches Beispiel können die meisten C-Compiler selbst stehen, die zum Speichern von Bezeichnern meist einen Speicherbereich fester Länge verwenden. Übliche Werte sind z.B. 16 oder 32 Zeichen, längere Variablennamen werden abgeschnitten. Die allermeisten Variablen haben jedoch weit weniger Zeichen, Laufvariablen bestehen oft sogar nur aus einem Buchstaben. Es ist leicht einzusehen, daß in solchen Fällen mit einer statischen Speichervergabe 95% oder mehr des zugewiesenen Speicherplatzes ungenutzt bleibt.

5.1.3 Dynamisch allokierter Speicher ist problematisch

Die Speicherausnutzung kann erhöht werden, indem der Platz für Strings dynamisch zugewiesen wird. Allerdings wird nun das Programm komplizierter, denn die Verwaltung dynamisch zugewiesenen Speichers erfordert erhöhten Aufwand. Zusätzliche Fehlerquellen sind nun u.a. Fehler bei der Freigabe von Speicherbereichen (überhaupt nicht freigegeben, mehrfach freigegeben, falsche Adresse freigegeben) sowie Fehler beim Zugriff auf dynamischen Speicher (Zugriff auf bereits freigegebenen Speicher, Zugriff außerhalb der aktuellen Grenzen, Zugriff über Nullzeiger). In der Praxis hat sich gezeigt, daß sich mindestens 50% aller Fehler in einem Programm mit dynamischer Speicherverwaltung auf diese beiden Typen zurückführen lassen.

5.2 Die Anforderungen an eine bessere Lösung

Bevor wir an die Realisierung gehen, stellen wir zunächst die genauen Anforderungen an eine neue Lösung fest. Wir gehen dabei von den Schwachstellen der traditionellen Stringverarbeitung aus.

Ein neues Konzept zur Bearbeitung von Zeichenketten in C++ muß zumindest die folgenden Eigenschaften besitzen:

- ❑ Die Lösung muß kompatibel mit der herkömmlichen Art der Stringverarbeitung sein. Insbesondere müssen die Bibliotheksfunktionen weiterhin anwendbar sein.
- ❑ Sie muß einfach und intuitiv anzuwenden sein.
- ❑ Sie darf keine wesentlichen Platz-oder Effizienznachteile haben.
- ❑ Sie muß zusätzliche Vorteile gegenüber der traditionellen Lösung bringen.

An Verbesserungen sind vor allem höhere Sicherheit und mehr Komfort wünschenswert:

- ❑ Grundsätzlich dynamische Speicherverwaltung für alle Strings, aber ohne daß der Programmierer damit belastet wird. Die Verwaltung des Speichers muß automatisch erfolgen.
- ❑ Sicherer Ausschluß von unzulässigen Zeigeroperationen, also z.B. Zugriff außerhalb der Grenzen. In einem solchen Fall soll entweder der Speicher automatisch vergrößert oder eine Warnung ausgegeben werden.
- ❑ Sicheres Management des dynamischen Speichers. Sicherstellen von Freigabe einmal allokierten Speichers, Vermeiden von Doppelfreigabe sowie Beherrschung von Fehlersituationen wie z.B. "kein Heapspeicher mehr".
- ❑ Wesentlich verbesserte Funktionalität. Dazu gehört die korrekte Behandlung deutscher Sonderzeichen beim Sortieren, bei der Umwandlung Groß/Kleinschreibung, höhere Vergleichsoperationen, Funktionen zum Einlesen und Ausgeben beliebig langer Strings, Formatierungen etc.
- ❑ Einfachere Schreibweise oft gebrauchter Funktionalität. Z.B. sollte man statt
    ```
    if ( strcmp( a, b ) == 0 ) ...
    ```
    einfacher
    ```
    if ( a == b ) ...
    ```
    schreiben können.

5.3 Die Realisierung

5.3.1 Dynamischer Speicher

Die Aufgabenstellung erfordert die dynamische Verwaltung der Zeichenketten auf dem Heap. Der dazu erforderliche Zeiger sowie die Routinen zur Speichervergabe, -freigabe und -zugriffsprüfung werden am besten in einer Klasse vor dem direkten Zugriff des Benutzers versteckt. Das restliche Programm kommuniziert mit der Klasse nur über problemorientierte Routinen wie z.B. Speichern oder Zurückliefern von Daten.

Da die Anforderung und Rückgabe von Speicher vollständig von Mitgliedsfunktionen der Klasse kontrolliert wird, können diese Funktionen auch die aktuelle Länge des zugewiesenen Speicherbereiches korrekt führen. Die Länge kann u.a. dazu verwendet werden, um Überschreiben nicht zum Objekt gehöriger Speicherbereiche zu verhindern.

Innerhalb der Klasse werden die Zeichenketten in der traditionellen Art (d.h. mit angehängtem 0x00) gespeichert. Dadurch können die bekannten Bibliotheksfunktionen zur Stringbearbeitung weiterhin angewendet werden.

5.3.2 Die Klassendefinition

Die Überlegungen der vorigen Abschnitte führen zur folgenden, vorläufigen Klassendefinition:

```
//------------------------------------------------------------
//       class String
//
//-- vorläufige Definition der Klasse String

class String {
public:
  String();                //-- Standard-Konstruktor
  String( char *str_in );  //-- Konstruktor #2
  ~String();               //-- Destruktor
private:
  char *p;   //-- Zeigt auf Zeichenkette auf Heap oder ist NULL
  int   l;   //-- Länge des Strings oder 0

  };
```

5.3.3 Die Konstruktoren

Die Konstruktoren von `string` haben die Aufgabe, den benötigten Speicher vom Heap zu allokieren und zu initialisieren. Der Standard-Konstruktor initialisiert das neue Objekt mit der leeren Zeichenkette, während der andere Konstruktor den übergebenen C-String in das Objekt kopiert.

Die beiden Konstruktoren sind folgendermaßen implementiert:

```
//-------------------------------------------------------------------
//       String::String()
//
String::String() {

  //-- initialisiert das Objekt zu einem leeren String
  //-- der leere String wird durch einen Zeiger auf NULL abgebildet

  p = new char[ 1 ];

  //-- nur wenn 1 Byte allokiert werden konnte...
  if ( p )
    *p = 0x00;
  l = 0;
}
//-------------------------------------------------------------------
//       String::String( char * )
//
String::String( char *str_in ) {
  //-- initialisiert das Objekt mit der übergebenen Zeichenkette
  //    die Bibliotheksfunktion strdup sollte nicht verwendet werden,
  //    da sie malloc/free verwendet. Wir definieren eine eigene Funktion,
  //    die new/delete verwendet
  p = strdupND( str_in );

  //-- nur wenn ausreichend Speicher allokiert werden konnte...
  if ( p )
    l = strlen( p );
  else
    l = 0;

}
```

Obwohl der Standard-Konstruktor ein "leeres" Objekt erzeugt, allokiert er trotzdem ein Byte vom Heap. Der leere String wird in der Klasse `string` durch ein Nullbyte repräsentiert, und nicht durch einen Zeiger mit dem Wert NULL. Dadurch können alle Bibliotheksfunktionen problemlos auch auf leere Strings angewendet werden.

Beachten Sie bitte, daß man zum Kopieren der übergebenen Zeichenkette nicht die Bibliotheksfunktion `strdup` verwenden sollte, da `strdup` Speicher mit `malloc` allokiert. `malloc/free` und `new/delete` sind nicht kompatibel, d.h. man sollte Speicher, der mit `malloc` allokiert wurde, nicht mit `delete` freigeben.

Wir verwenden deshalb eine eigene strdup-Routine, die wir strdupND (ND soll für *new/delete* stehen) nennen:

```
/************************************************************
 *                                                          *
 * strdupND                                                 *
 *                                                          *
 ************************************************************/
char *strdupND( char *str_in ) {
    //-- strdupND implementiert die gleiche Funktion wie dtrdup, allerdings
    //   werden nicht malloc/free, sondern new/delete verwendet
    if ( !str_in ) return NULL;

    int size = strlen( str_in )+1;
    char *str_out = new char[ size ];
    if ( !str_out ) return NULL;
    memmove( str_out, str_in, size );
    return str_out;
}
```

Nach dem Konstruktoraufruf zeigt p also immer auf einen gültigen Speicherbereich. Eine *Ausnahmesituation* tritt allerdings auf, wenn nicht ausreichend Speicher allokiert werden konnte, p erhält dann (in dieser Lösung) doch den Wert NULL. Dies hätte zur Folge, daß man trotzdem wieder vor jedem Zugriff den Zeiger auf Gültigkeit prüfen müßte. Wir notieren die Tatsache hier nur als potentielles Problem und gehen bis auf weiteres davon aus, daß immer genügend Speicher allokiert werden kann. Wir werden uns in einer weiteren Ausbaustufe der Stringklasse noch detaillierter mit dieser und anderen Ausnahmesituationen befassen.

Mit den beiden Konstruktoren sind z.B. bereits folgende Objektdefinitionen möglich:

```
char *s = "abcd";

String s1;                //-- Standard-Konstruktor
String s2( "xyz" );       //-- Konstruktor #2
String s3( s );           //-- Konstruktor #2
```

5.3.4 Der Destruktor

Der Destruktor hat die Aufgabe, evtl. zugewiesenen Speicherplatz wieder freizugeben.

```
//----------------------------------------------------------
//       String::~String
//
String::~String() {
  delete [] p;
}
```

Beachten Sie bitte, daß eine explizite Abfrage auf den Nullzeiger nicht erforderlich ist. Der operator delete behandelt - im Gegensatz zur traditionellen Funktion free - den Wert NULL als Argument korrekt. Da es sich bei dem allo-

5.3 Die Realisierung

kierten Speicher syntaktisch um ein Feld handelt, sollten die eckigen Klammern notiert werden. Die Anweisung

```
delete p;
```

funktioniert hier zwar ebenfalls, ist aber nicht korrekt.

Eine Anpassung von p und l nach der Freigabe des Speichers ist nicht erforderlich, da nach Beendigung des Destruktors das Objekt nicht mehr existiert.

5.3.5 Der Zugriff auf die Daten

p zeigt (bis auf die Ausnahmesituation "kein Speicher mehr") immer auf einen gültigen, durch 0x00 terminierten Speicherbereich. p könnte daher als public deklariert und direkt als Argument für C-Bibliotheksfunktionen verwendet werden. Darin liegt jedoch ein potentielles Problem, denn die Funktionen könnten p verändern, evtl. sogar einen anderen Speicherbereich zuordnen etc. Zumindest läßt sich das nicht mit Sicherheit ausschließen.

Das folgende Programm zeigt ein Beispiel:

```
String s( "xyz" );
//-- Diese Anweisung zerstört die Konsistenz der objektinternen
//   Daten
s.p = strdup( "Ein anderer String" );
/* ab hier ist s in einem inkonsistenten Zustand ... */
/* ... weitere Anweisungen ... */
}
```

Nach der strdup-Anweisung gibt s.l nicht mehr die korrekte Länge der Zeichenkette in s.p an. Das scheint hier zunächst nicht wichtig zu sein, in komplizierteren Objekten kommt es jedoch wesentlich darauf an, daß Datenbeziehungen innerhalb des Objekts immer konsistent sind, sonst verliert die Kapselung ihren Sinn.

Ein Klassendesigner, der auf die Konsistenz seiner Daten Wert legt, kann daher einen solchen expliziten Zugriff auf Mitgliedsvariablen seines Objekts nicht zulassen. Aus diesem Grunde sind p und l private deklariert und damit dem Zugriff von außen entzogen.

Was kann man dann aber mit dem String machen? Möchte man Funktionen von außen nicht direkt auf die Daten wirken lassen, bleibt nur die Implementierung aller benötigten Funktionen als Mitgliedsfunktionen der Klasse. Oft bestehen diese Mitgliedsfunktionen nur aus einer einzigen Anweisung, nämlich dem Aufruf der eigentlichen Arbeitsfunktion. Wir bezeichnen solche Funktionen daher auch als *Verpackungsfunktionen*. Wir werden die Stringklasse allerdings noch so erweitern, daß Verpackungsfunktionen in der Regel nicht mehr erforderlich sind.

5.3.6 Beispiel einer Verpackungsfunktion

Wir zeigen die Vorgehensweise hier exemplarisch an einer Funktion compare, die das Objekt mit einem anderen String vergleichen soll. Die C-Bibliotheksfunktion strcmp leistet das Gewünschte, so daß compare einfach mit Hilfe von strcmp implementiert wird.

```
//-------------------------------------------------------------------
//          class String
//
class String {
public:
    //-- Verpackungsfunktion für strcmp mit identischer Funktionalität
    int compare( char *str_in );

    /* ... weitere Mitglieder von String ... */
};

//-------------------------------------------------------------------
//          String::compare
//
inline int String::compare( char *str_in ) {
    //-- keine spezielle Rücksicht auf NULL-Pointer (identisch zu strcmp)
    return strcmp( p, str_in );
}
```

Die Anwendung von strcmp auf die Mitgliedsvariable p ist erlaubt, da wir *wissen*, daß strcmp das Argument nicht ändert. Da compare inline definiert ist, entsteht kein Laufzeit- oder Speicherplatznachteil gegenüber der direkten Verwendung von strcmp. Wir haben also durch die Verpackung von strcmp erreicht, daß die volle Funktionalität einer C-Bibliotheksfunktion ohne Nachteile auch für String-Objekte verfügbar ist, ohne jedoch p allgemein zugänglich zu machen. Die Funktion strcmp wird sozusagen von außen nach innen "durchgeschoben" - und genau dies ist die Aufgabe einer Verpackungsfunktion[4].

5.3.7 Die Funktion print

Die Verpackungstechnik funktioniert nicht so einfach für Funktionen wie z.B. printf, da printf eine variable Argumentliste besitzt und mit nahezu beliebigen Typen aufgerufen werden kann. printf kann jedoch ganz einfach verpackt werden, wenn man sich auf ein Argument beschränkt. Der wesentliche Punkt ist, daß der Formatierungsstring unbeschränkt durchgeschoben werden kann und die Stringformatierungen daher weiterhin zur Verfügung stehen.

---

[4] Die durchgeschobene Funktion kann theoretisch sogar ihren Namen behalten. Es gibt dann gleichzeitig die C-Funktion strcmp und die Mitgliedsfunktion strcmp. Mehr dazu in Kapitel 12.

5.3 Die Realisierung

Das folgende Listing zeigt Deklaration und Definition der Verpackungsfunktion print:

```
//----------------------------------------------------------------
//      class String
//
class String {

public:

  //-- gibt das Objekt auf stdout aus. Druckt "Fehler" wenn
  //   das Objekt ungültig ist
  void print( char *format );

  /* ... weitere Mitglieder von String ... */

};


#include <stdio.h>
//----------------------------------------------------------------
//      String::print
//
void String::print( char *format ) {

  if ( p )
    printf( format, p );
  else
    printf( "Fehler\n" );

}
```

5.3.8 Die Funktion set

Bis jetzt haben Stringobjekte "Einmalcharakter": Ihnen kann mit den Konstruktoren ein Wert zugewiesen werden, der dann mit den Mitgliedsfunktionen verändert oder ausgegeben werden kann. Um einem bestehenden string-Objekt einen neuen Wert zuzuweisen, wird eine zusätzliche Funktion benötigt:

```
//----------------------------------------------------------------
//      class String
//
class String {

public:

  //-- kopiert eine neue Zeichenkette ins Objekt
  void set( char *str_in );

  /* ... weitere Mitglieder von String ... */

};
```

```
//-----------------------------------------------------------------
//      String::set
//
void String::set( char *str_in ) {

  delete [] p;

  //-- strdupND: siehe Konstruktor
  p = strdupND( str_in );
  if ( p )
    l = strlen( p ) + 1;
  else
    l = 0;
}
```

set gibt zunächt evtl. bereits allokierten Speicher zurück. Kann `strdupND` nicht genügend Speicher allokieren, erhält `p` wie üblich den Wert `NULL`. Beachten Sie bitte, daß die Anwendung des `delete`-Operators auf einen Nullzeiger explizit erlaubt ist.

5.4 Anwendung "Häufigkeitsliste"

Obwohl die Klasse `string` in ihrer jetzigen Form noch recht rudimentär ist, kann sie bereits sinnvoll angewendet werden.

Das folgende, vollständige Beispiel verwendet `string`, um eine Häufigkeitstabelle von Wörtern in einem Text zu erstellen. Dazu wird der Text eingelesen und in einzelne Wörter aufgeteilt. Jedes neue Wort wird mit den bereits eingelesenen verglichen, wurde das Wort bereits gelesen wird ein Zähler erhöht, andernfalls wird es ans Ende der Tabelle angehängt. Am Ende des Programms wird die Häufigkeitsliste auf dem Bildschirm ausgegeben.

5.4.1 Was wird benötigt?

Aus der Aufgabenbeschreibung lassen sich die Zutaten des Programms einfach ableiten. Wir benötigen:

- ❑ Eine Datenstruktur "Element", die einen String zusammen mit seiner Häufigkeit speichert, sowie Funktionen, um diese Datenstruktur zu besetzen, den Zähler zu erhöhen und sie auf dem Bildschirm auszugeben.
- ❑ Eine Datenstruktur "Field", die eine variable Anzahl von Element-Strukturen aufnehmen kann.
- ❑ Funktionen, um Strings zu besetzten, auf Identität zu vergleichen und wieder auszugeben.
- ❑ Funktionen zur Dateibehandlung.

5.4.2 Die Klasse Element

Die Klasse Element hat die Aufgabe, einen String zusammen mit seiner Häufigkeit zu speichern. Aus der Aufgabenbeschreibung folgt, daß mit einem solchen Element folgende Operationen möglich sein müssen:

- ❏ Initialisieren mit einer Zeichenkette. Der Wert für Häufigkeit wird dabei auf 1 gesetzt.
- ❏ Vergleichen, ob ein String dem in einem Element-Objekt gespeicherten String entspricht. Wenn ja: Zähler um 1 erhöhen und "ok" zurückliefern, andernfalls "nicht ok" zurückliefern.
- ❏ Ausgeben eines Element-Objekts auf dem Bildschirm.

Aus dieser Anforderungsliste wiederum lassen sich sofort Daten und Funktionen der Klasse Element ableiten:

```
/************************************************************************
 *                                                                      *
 * class Element                                                        *
 *                                                                      *
 ************************************************************************/

class Element {
    //-- Element dient zur Speicherung eines Strings zusammen mit
    //   seiner Häufigkeit.
public:
    //-- Konstruktor
    Element( char *str_in );

    //-- liefert 1, wenn str_in dem gespeicherten String entspricht,
    //   ansonsten 0
    int compare( char *str_in );

    //-- gibt Element und Häufigkeit auf dem Bildschirm aus
    void print();
private:
    String str;
    int count;
};
```

Die Implementierung ist klar und läßt wenig Spielräume für Entscheidungen:

```
/************************************************************************
 *                                                                      *
 * Implementierung class Element                                        *
 *                                                                      *
 ************************************************************************/

//-----------------------------------------------------------------
//      Element::Element( char * )
//
Element::Element( char *str_in )
  : str( str_in ) {
  count = 1;
}
```

```
//---------------------------------------------------------------
//         Element::compare
//
int Element::compare( char *str_in ) {

  if ( str.compare( str_in ) == 0 ) {
    //-- die Strings sind gleich
    count++;
    return 1;
  }

  //-- Strings sind nicht gleich
  return 0;
}
//---------------------------------------------------------------
//         Element::print
//
void Element::print() {

  //-- Zuerst Häufigkeit, dann String selber
  printf( "%i  ", count );
  str.print( "%s\n" );
}
```

Beachten Sie, wie im Konstruktor von `Element` der `string`-Konstruktor aufgerufen wird: er steht, vom Funktionskopf durch Doppelpunkt getrennt, vor der öffnenden Klammer des Funktionskörpers. Diese Notation wird in C++ grundsätzlich verwendet, um Objekte, die Mitglieder eines anderen Objekts sind, zu initialisieren.

5.4.3 Die Klasse Field

Analog zum Designvorgang für `Element` stellen wir auch hier zunächst die genauen Anforderungen an die Klasse `Field` fest.

Die Aufgabe von `Field` ist es, eine variable Anzahl von Objekten vom Typ `Element` zu verwalten. Im einzelnen benötigen wir folgende Eigenschaften:

❑ Speichermöglichkeit einer variablen Anzahl von `Element`-Objekten.

❑ Funktion zur Prüfung, ob ein bestimmtes `Element`-Objekt bereits in `Field` enthalten ist. Wenn ja: Erhöhen des zugeordneten Zählers, wenn nein: Hinzufügen zum Feld.

❑ Funktion zur Ausgabe auf dem Bildschirm.

5.4 Anwendung "Häufigkeitsliste"

Daraus läßt sich wieder direkt die Klassendefinition ableiten:

```
/**************************************************************************
 *                                                                        *
 * class Field                                                            *
 *                                                                        *
 **************************************************************************/
class Field {
    //-- Field dient zur Speicherung einer variablen Anzahl
    //   Element-Objekte
public:
    Field();
    ~Field();

    //-- prüft, ob String str_in im Feld enthalten ist. Wenn ja:
    //   Zähler erhöhen, wenn nein: Neues Element hinzufügen
    void process( char *str_in );

    //-- Häufigkeitsliste am Bildschirm ausgeben
    void print();
private:
    Element *p;         //-- Zeiger auf Element-Objekte
    int n;              //-- Anzahl Objekte
};
```

Der erste Punkt der Anforderungsliste bedeutet wiederum eine dynamische Verwaltung von Element-Objekten. Wir simulieren nun eine Situation, wie sie in realen Projekten recht häufig ist: Ein wichtiger Kunde möchte möglichst früh eine erste Version des Programms in Augenschein nehmen. Mit der vorhandenen Entwicklungsmannschaft ist der gewünschte Termin jedoch nicht einzuhalten. Es müssen also Abstriche bei der Funktionalität gemacht werden. Wir entscheiden uns, den Aufwand zur Implementierung des dynamischen Feldes beliebiger Größe zunächst nicht zu investieren und stattdessen eine einfache Version mit fester Obergrenze zu implementieren. Damit kann die Funktion des Programms bereits demonstriert werden, die Optimierung auf ein Feld beliebiger Größe ("Vollversion") kann dann später nachgeholt werden.

Welche Änderungen ergeben sich durch diese Entscheidung für die Klasse Field? Um später eine reibungslose Erweiterung zur Vollversion zu ermöglichen, dürfen die öffentlichen Mitglieder der Klasse durch die Erweiterung nicht mehr verändert werden. Die Operationen mit der Klasse müssen also so formuliert werden, daß sie für beide Versionen unverändert verwendet werden können.

Das Interface der Klasse Field besteht (neben Konstruktor und Destruktor) aus den Funktionen process und print. Diese müssen sowohl in einer Einfach- als auch in der Vollversion implementiert werden. Von der Änderung betroffen sind einzig die Datenelemente, die sowieso privat sind.

Die Einfachversion der Klasse mit statischer Speicherverwaltung wird folgendermaßen definiert:

```
class Field {
  //-- Field dient zur Speicherung von Element-Objekten.
  //   Maximalzahl ist MAXELEMENT. Bei Überschreiten: Meldung und
  //   ignorieren
  //
public:

  Field();
  ~Field();

  //-- prüft, ob String str_in im Feld enthalten ist. Wenn ja:
  //   Zähler erhöhen, wenn nein: hinzufügen

  void process( char *str_in );

  //-- Häufigkeitsliste am Bildschirm ausgeben

  void print();

private:

  #define MAXELEMENT 1000

  Element *p[ MAXELEMENT ];    //-- Feld von Zeigern
  int n;                       //-- Anzahl Objekte
  };
```

In dieser "Einfachversion" der Klasse können nur 1000 Strings gespeichert werden. Weitere Elemente werden einfach ignoriert.

Da wir in dieser Version auf die dynamische Speicherverwaltung verzichtet haben, ist die Implementierung relativ einfach:

```
/************************************************************************
*                                                                       *
* Implementierung class Field                                           *
*                                                                       *
************************************************************************/
//-----------------------------------------------------------------------
//       Field::Field
//

Field::Field() {
  n = 0;
  }
//-----------------------------------------------------------------------
//       Field::~Field
//

Field::~Field() {}
```

```
//-------------------------------------------------------------
//         Field::process
//
void Field::process( char *str_in ) {

  for ( int i = 0; i < n; i++ )
    if ( p[ i ]-> compare( str_in ) )

       //-- Element::compare hat bereits counter erhöht.
       return;

  //-- str_in ist noch nicht im Feld enthalten. Hinzufügen,
  //   falls noch Platz ist.

  if ( n >= MAXELEMENT ) {
    printf( "Vorabversion kann nur %i Elemente!\n", MAXELEMENT );
    return;
  }
  //-- Neues Element-Objekt auf dem Heap erzeugen und in Feld einfügen

  Element *e = new Element( str_in );

  p[ n++ ] = e;
}
//-------------------------------------------------------------
//         Field::print
//
void Field::print() {

  printf( "Häufigkeitsverteilung : \n" );
  for ( int i = 0; i < n; i++ )
    p[ i ]-> print();

  printf( "\n" );
}
```

Beachten Sie bitte, daß in der Vorabversion der Klasse Field eigentlich kein Destruktor benötigt wird - wahrscheinlich aber sehr wohl in der Vollversion. Der Destruktor wird deshalb in der Vorabversion zwar vorgesehen, aber leer implementiert.

5.4.4 Das Hauptprogramm

Da die Klassen String, Element und Field uns die meiste Arbeit abnehmen, reduziert sich das Hauptprogramm auf die Arbeiten zur Dateibehandlung und zum Auftrennen der Zeilen in Worte.

Folgendes Listing zeigt ein Hauptprogramm, das einen Dateinamen aus der Kommandozeile einliest und die Häufigkeitsliste der in der Datei enthaltenen Wörter ausgibt.

```
/************************************************************************
*                                                                        *
* Hauptprogramm                                                          *
*                                                                        *
************************************************************************/
//-- Die maximale Spaltenanzahl einer Zeile
#define MAXCOLUMNS 100

//-- diese Zeichen werden als Trennzeichen zwischen Wörtern interpretiert
char *separators = "- `'~!@#$%^&*()-_=+|[{]};:'\",.*/<>?\\";

#include <stdlib.h>

void main( int argc, char* argv[] ) {
  if ( argc != 2 ) {
    puts( "Kein Dateiname angegeben!" );
    exit( 1 );
  }

  FILE *f;

  if (( f = fopen( argv[ 1 ], "r" )) == 0 ) {
    printf( "Eingabedatei %s kann nicht geöffnet werden\n" );
    exit( 1 );
  }

  //-- f ist nun offen und kann gelesen werden.

  Field fld;

  while ( !feof( f ) ) {
    char buf[ MAXCOLUMNS ];
    fgets( buf, MAXCOLUMNS, f );

    if ( feof( f ) )
      break;

    //-- buf enthält nun eine Zeile, die noch in die einzelnen Worte
    //   zu zerlegen ist, nachdem der anhängende Zeilenvorschub entfernt
    //   wurde
    int l = strlen( buf );
    if ( l )
      //-- Zeile ist nicht leer - letztes Zeichen löschen
      buf[ l-1 ] = 0x00;

    //-- Die Schleife über die einzelnen Worte

    char *word = strtok( buf, separators );
    while ( strlen( word ) ) {
      fld.process( word );
      word = strtok( NULL, separators );
    }
  }

  fld.print();
}
```

Das Gesamtprogramm (incl. Stringklasse) ist der Einfachheit halber in einer einzigen Datei mit dem Namen hf1.cpp im Verzeichnis KAP05 auf der Begleitdiskette untergebracht. Beachten Sie bitte, daß das Programm allein MAXELEMENT-*sizeof(void*) Bytes Stack für das Field-Objekt benötigt. Der Stack sollte deshalb entsprechend groß gewählt werden.

Das folgende Listing zeigt den Beginn der Ausgabe, wenn das Programm auf sich selbst angewendet wird:

```
Häufigkeitsverteilung :

1   Programm
1   hfl
1   cpp
1   Erstellt
2   eine
2   Häufigkeitsliste
3   von
2   Wörtern
24  in
2   einer
1   Datei
4   include
1   string
4   h
1   stdio
2   stdlib
9   class
31  String
3   public
1   Standard
3   Konstruktor
22  char
26  str

... etc. ...
```

5.5 Anmerkungen zur objektorientierten Vorgehensweise

5.5.1 Umsetzung der Anforderungen in Klassen und Funktionen

Das Programmbeispiel zeigt, wie einfach es ist, aus einer (stichwortartigen) Programmbeschreibung die notwendigen Klassen abzuleiten. Oft ist es möglich, für die einzelnen Punkte der Aufzählung dann direkt geeignete Klassenfunktionen zu finden. Diese Funktionen sind öffentlich deklariert und definieren das Interface der Klasse nach außen. Durch sie wird festgelegt, welche Leistungen die Klasse für ihre Umwelt erbringt.

Ein Benutzer der Klasse sieht in der Klassendefinition nach, mit welchen Parametern eine Mitgliedsfunktion aufgerufen werden muß und welche Ergebnisse sie liefert. *Wie* diese Ergebnisse erbracht werden, ist zunächst nicht so wichtig. Demzufolge sollen die öffentlichen Funktionen der Klasse auch in der Klassendefinition und nicht in der Klassenimplementierung dokumentiert werden.

In einem guten Design werden zuerst die Klassen mit ihren öffentlichen Funktionen festgelegt, bevor mit der Implementierung begonnen wird. Dieses Klassendesign wird dann (am besten von einem unabhängigen Team) auf Übereinstimmung mit den Anforderungen untersucht. Erst wenn feststeht, daß das Design die Anforderungen erfüllen kann, beginnt die Implementierung der Klassenfunktionen.

5.5.2 Trennung von Interface und Implementierung

Ein weiterer wichtiger Punkt ist der Vorteil, den die Trennung von Interface und Implementierung im Projektverlauf gebracht hat. Durch ein nicht vorhersehbares Ereignis wurde erforderlich, daß eine Vorabversion des Programms mit vereinfachter Funktionalität schnell verfügbar war. Obwohl die Impementierung der Klasse `Field` dadurch wesentlich betroffen wurde, konnte das Interface gleich bleiben. Zu einem späteren Zeitpunkt kann die Implementierung komplett durch die endgültige Version ersetzt werden.

In der Praxis zeigt sich allerdings, daß die Verbesserung einer bestehenden, funktionierenden Implementierung einer Klasse eine sehr geringe Priorität erhält, denn die ursprünglichen Entwickler sind in der Regel bereits mit neuen Aufgaben betraut. Oft werden damit Programmierer beauftragt, die neu hinzugekommen sind und sich erst in das Gesamtprojekt einarbeiten müssen.

Was muß ein Programmierer, der `Field` implementiert, vom Gesamtprojekt wissen? Genaugenommen recht wenig, denn die Leistungen, die die Klasse `Field` zu erbringen hat, sind mit den öffentlichen Funktionen und deren Dokumentation festgelegt. Hier zeigen sich die Vorteile der Kapselung: Eine Klasse dient zur Lösung einer genau umrissenen Aufgabe. Ist die Aufgabe verstanden - und das sollte sie nach dem Studium der öffentlichen Klassenfunktionen - kann sie ohne Wissen der Umgebung implementiert werden[5].

---

5   So sagt es die Theorie. Zugegebenermaßen sieht die Praxis meist dann doch etwas anders aus.

Das folgende Listing zeigt noch einmal die Klassendefinition von `Field` (endgültige Version):

```
/***********************************************************************
*                                                                      *
* class Field                                                          *
*                                                                      *
***********************************************************************/
class Field {
   //-- Field dient zur Speicherung einer variablen Anzahl
   //   Element-Objekte
public:
   Field();
   ~Field();

   //-- prüft, ob String str_in im Feld enthalten ist. Wenn ja:
   //   Zähler erhöhen, wenn nein: Neues Element hinzufügen
   void process( char *str_in );

   //-- Häufigkeitsliste am Bildschirm ausgeben
   void print();
private:
   Element *p;          //-- Zeiger auf Element-Objekte
   int n;               //-- Anzahl Objekte
};
```

Allein mit diesen Informationen ist ein Programmier im allgemeinen in der Lage, die Funktionen `Field()`, `~Field()`, `process()` und `print()` korrekt zu implementieren.

Ein gutes Design hat die Eigenschaft, daß es keine Implementierung vorwegnimmt. Das Design konzentriert sich allein auf die *Definition* der Leistungen, die die Klasse erbringen soll. Dadurch erhält der Implementierer der Klasse mehr Freiheitsgrade, als wenn das Design bereits auf eine bestimmte Implementierung abzielt. Die simulierten Komplikationen in unserem Beispielprojekt zeigen, wie notwendig eine solche Flexibilität sein kann.

5.6 Einige Verbesserungen

Die Klasse `string` kann noch in mehrfacher Hinsicht verbessert werden. Einige Änderungen, die ohne tiefere Kenntnis von C++ möglich sind, werden in diesem Abschnitt vorgestellt.

5.6.1 Behandlung von Ausnahmesituationen

Da `string` dynamischen Speicher vom Heap anfordert, müssen Vorkehrungen für den Fall getroffen werden, daß nicht genügend oder kein Heapspeicher mehr frei ist. Dies ist kein Fehler, aber eine *Ausnahmesituation*. Andere Ausnahmen sind z.B. in einer späterern Version der Stringklasse das Hinzufügen oder Löschen von Teilstrings außerhalb des zugewiesenen dynamischen Speicherbereiches.

Der Anwender einer Klasse sollte mit der Behandlung von solchen Ausnahmen grundsätzlich nicht befaßt sein, sondern sich auf die Problemlösung konzentrieren können. Ausnahmebehandlung sollte innerhalb der Klasse selbsttätig durchgeführt werden, allerdings sollte der Programmierer auf die Behandlung von Ausnahmen Einfluß nehmen können, falls er das wünscht.

Die einzige Ausnahme, die mit der Klasse im jetzigen Zustand möglich ist, ist ein Heapüberlauf. In einem solchen Fall liefert der Operator new den Wert NULL zurück. In einer sicheren Implementierung wird man daher in jeder Klassenfunktion vorher prüfen, ob p den Wert NULL hat. Folgendes Listing zeigt eine sichere Implementierung unserer Funktion compare, wenn Nullzeiger zugelassen sind:

```
//------------------------------------------------------------------
//      String::compare
//
inline int String::compare( char *str_in ) {

  //-- sichere Implementierung, d.h. Rücksicht auf NULL-Pointer

  if ( p )
    return strcmp( p, str_in )
  else
    //-- Objekt ist ungültig. Wie ist das Ergebnis ?
    //   Wir entscheiden uns, daß ein ungültiges Objekt kleiner als
    //   alle gültigen Objekte sein soll.
    return -1;
}
```

Man muß sich entscheiden, welchen Wert man für den Stringvergleich zurückliefert, wenn einer oder beide Strings fehlerhaft sind. Man kann sich für einen der drei Werte -1, 0 oder 1 entscheiden, alle drei sind in dieser Situation gleich falsch. Wir entscheiden uns dafür, daß ein ungültiger String kleiner als alle gültigen Strings sein soll, und liefern deshalb den Wert -1 zurück.

Nachteilig an dieser Lösung ist, daß man in jeder Funktion (außer dem Destruktor) nun explizit prüfen muß, ob p den Wert NULL hat. Definiert eine Klasse viele Mitgliedsfunktionen, kann der Aufwand beträchtlich sein. Eine Ausnahme bildet nur der Destruktor, denn die Anwendung des delete-Operators auf den Nullzeiger ist explizit erlaubt.

```
    delete NULL;   //-- erlaubt!
```

Als Alternative bietet sich an, p *immer* auf einen gültigen Speicherbereich zeigen zu lassen. Um dies sicherzustellen, benötigt man einen vordefinierten String, auf den man p zeigen lassen kann, wenn eine Speicheranforderung fehlschlägt.

5.6 Einige Verbesserungen

Eine mögliche Implementierung dieser Lösung zeigt das folgende Listing:

```
//----------------------------------------------------------------
//      class String
//
//-- vorläufige Definition der Klasse String,
//   Version 2 : Verbesserte Behandlung des Heapüberlaufes

class String {
  /* ... Die Definition von String bleibt unverändert ... */
  };

//-- p zeigt auf diese Variable, wenn Speicheranforderung fehlschlägt
static char zero = 0x00;
//----------------------------------------------------------------
//      String::String()
//
String::String() {

  //-- initialisiert das Objekt zu einem leeren String
  //   der leere String wird durch einen Zeiger auf NULL abgebildet

  p = new char[1];

  if ( p )
    *p = 0x00;
  else
    //-- Es konnte kein Speicher allokiert werden...
    p = &zero;

  l = 0;
  }
//----------------------------------------------------------------
//      String::String( char * )
//
String::String( char *str_in ) {

  //-- initialisiert das Objekt mit der übergebenen Zeichenkette
  p = strdupND( str_in );

  if ( p )
    l = strlen( p );
  else {
    //-- es konnte nicht ausreichend Speicher allokiert werden...
    p = &zero;
    l = 0;
    }

  }

//----------------------------------------------------------------
//      String::~String
//
String::~String() {

  //-- Speicher darf nur freigegeben werden, wenn auch allokiert wurde...
  if ( p != &zero )
    delete [] p;

  }
```

```
//-----------------------------------------------------------------
//      String::set
//
void String::set( char *str_in ) {

  if ( p != &zero )
    delete [] p;

  p = strdupND( str_in );
  if ( p )
    l = strlen( p );
  else {
    p = &zero;
    l = 0;
    }
}
```

Neu ist die statische Variable `zero`, auf die `p` im Fehlerfall zeigen kann. `zero` hat den Wert `0x00`, d.h. bei dieser Lösung wird davon ausgegangen, daß ein ungültiger String identisch zu einem Leerstring ist, was für die meisten Stringfunktionen wohl auch sinnvoll ist. Von den Änderungen betroffen sind nur die Funktionen zur Verwaltung des Heapspeichers (also Konstruktoren, der Destruktor und die Funktion `set`), alle "Arbeitsfunktionen" bleiben unverändert, wie hier an der Funktion `compare` gezeigt:

```
//-----------------------------------------------------------------
//      String::compare
//
inline int String::compare( char *str_in ) {

  //-- p kann nicht mehr NULL sein
  return strcmp( p, str_in );
}
```

In manchen Fällen kann es interessant sein, bei einem leeren String zwischen gültigem und ungültigem Objekt unterscheiden zu können. Dies kann anhand der Adresse von `p` erfolgen, wie hier an der Implementierung von `print` gezeigt:

```
//-----------------------------------------------------------------
//      String::print
//
void String::print( char *format ) {

  if ( p != &zero )
    printf( format, p );
  else
    printf( "Fehler\n" );
}
```

5.6.2 Nullzeiger als Argument

Eine sichere Implementierung des Konstruktors für `char*` Argumente und der Funktion `set` rechnet damit, daß als Argument ein Nullzeiger erhalten werden kann. Damit nicht offensichtlich unsinnige Daten ins Objekt kopiert werden, ist eine explizite Abfrage erforderlich:

5.6 Einige Verbesserungen

```
//------------------------------------------------------------------
//       class String
//

//-- vorläufige Definition der Klasse String,
//   Version 3 : Behandlung von Nullzeigern bei ctor, set

class String {

  /* ... Die Definition von String bleibt unverändert ... */
  };

//-- p zeigt auf diese Variable, wenn Speicheranforderung fehlschlägt
static char zero = 0x00;

//------------------------------------------------------------------
//       String::String( char * )
//

String::String( char *str_in ) {

  //-- initialisiert das Objekt mit der übergebenen Zeichenkette
  //   explizite Berücksichtigung des Nullzeigers als Argument

  if ( !str_in ) {
    //-- Nullzeiger wurde übergeben. Wir setzen das Objekt auf
    //   ungültig.
    p = &zero;
    l = 0;
    return;
    }

  //-- str_in ist nicht der Nullzeiger. Wir nehmen an, daß str_in
  //   auf gültige Daten zeigt

  p = strdupND( str_in );

  if ( p )
    l = strlen( p );
  else {
    //-- es konnte nicht ausreichend Speicher allokiert werden...
    p = &zero;
    l = 0;
    }

  }
//------------------------------------------------------------------
//       String::set
//

void String::set( char *str_in ) {

  //-- kopiert die übergebene Zeichenkette ins Objekt
  //   explizite Berücksichtigung des Nullzeigers als Argument

  if ( p != &zero )
    delete [] p;

  if ( !str_in ) {
    //-- Nullzeiger wurde übergeben. Wir setzen das Objekt auf
    //   ungültig.
    p = &zero;
    l = 0;
    return;
    }
```

```
//-- str_in ist nicht der Nullzeiger. Wir nehmen an, daß str_in
//    auf gültige Daten zeigt

p = strdupND( str_in );
if ( p )
  l = strlen( p );
else {
  p = &zero;
  l = 0;
}
}
```

Auch hier legen wir im Design fest: Ein Nullzeiger als Argument wird auf einen leeren String abgebildet. Eine andere Möglichkeit wäre z.B. die Ausgabe einer Meldung mit Programmabbruch, wie hier beispielhaft an einem der Konstruktoren gezeigt:

```
//-----------------------------------------------------------------
//       String::String( char * )
//

String::String( char *str_in ) {

  //-- initialisiert das Objekt mit der übergebenen Zeichenkette
  //   explizite Berücksichtigung des Nullzeigers als Argument

  if ( !str_in ) {
    //-- Nullzeiger wurde übergeben. Wir geben eine Meldung aus
    //   und beenden das Programm
    puts( "Nullzeiger an String-Konstruktor übergeben!" );
    exit( 1 );
  }

  //-- str_in ist nicht der Nullzeiger. Wir nehmen an, daß str_in
  //   auf gültige Daten zeigt

  p = strdupND( str_in );
  if ( p )
    l = strlen( p );
  else {
    //-- es konnte nicht ausreichend Speicher alloziert werden...
    p = &zero;
    l = 0;
  }
}
```

Genaugenommen ist eine solche Prüfung auf den Nullzeiger für alle Zeigerargumente erforderlich, also auch für die Argumente von print und compare:

```
//-----------------------------------------------------------------
//       String::print
//

void String::print( char *format ) {

  if ( !format ) {
    puts( "Argument für Formatstring ist NULL" );
    exit( 1 );
  }

  if ( p != &zero )
    printf( format, p );
  else
    puts( "Fehler" );

}
```

```
//------------------------------------------------------------------
//      String::compare
//
int String::compare( char *str_in ) {

  if ( !str_in ) {
    puts( "Vergleichsargument ist NULL" );
    exit( 1 );
  }

  //-- p und str_in können nicht mehr NULL sein
  return strcmp( p, str_in );
}
```

Beachten Sie bitte, daß `compare` nun keine "kleine" Funktion mehr ist, für die sich eine inline-Implementierung lohnt.

5.6.3 Die Konstruktoren und die Funktion set

Bei näherer Betrachtung fällt auf, daß die Funktion `set` ganz ähnliche Aufgaben wie der Konstruktor für `char*` hat. Beide Funktionen kopieren jeweils einen C String von außen in das Objekt. Der Unterschied besteht lediglich darin, daß `set` ein bereits initialisiertes Objekt überschreibt (und deshalb bereits allokierten Speicher freigeben muß), während der Konstruktor ein noch uninitialisiertes Objekt vor sich hat. Es liegt daher nahe, beide Funktionen so weit es geht zusammenzufassen.

Macht man sich die Tatsache zunutze, daß der `delete`-Operator auf Nullzeiger angewendet werden darf, kann man im Konstruktor die Funktionalität von `set` wie folgt verwenden:

```
//------------------------------------------------------------------
//      String::String( char * )
//
String::String( char *str_in ) {

  //-- initialisiert das Objekt mit der übergebenen Zeichenkette
  //   explizite Berücksichtigung des Nullzeigers als Argument
  p = NULL;
  l = 0;
  set( str_in );

}

//------------------------------------------------------------------
//      String::set
//
void String::set( char *str_in ) {

  //-- kopiert die übergebene Zeichenkette ins Objekt
  //   explizite Berücksichtigung des Nullzeigers als Argument
  if ( p != &zero )
    delete [] p;

  if ( !str_in ) {
```

```
//-- Nullzeiger wurde übergeben. Wir setzen das Objekt auf
//   ungültig.
p = &zero;
l = 0;
return;
}

//-- str_in ist nicht der Nullzeiger. Wir nehmen an, daß str_in
//   auf gültige Daten zeigt

p = strdupND( str_in );
if ( p )
  l = strlen( p );
else {
  p = &zero;
  l = 0;
}
}
```

5.6.4 Prüfung auf Gültigkeit

In der jetzigen Form der Klasse spielt der leere String zwei unterschiedliche Rollen. Einmal ist es ein wirklich leeres Objekt, wie es z.B. durch die Anweisung

```
String str;
```

definiert wird, zum andern führen Fehler wie z.B.

```
char *p = NULL;
String str( p );
```

ebenfalls zu einem leeren Objekt. Der Vorteil ist, daß die meisten Funktionen nun auch nach Fehlern weiterarbeiten können, wodurch man dem allergrößten Teil der Anwendungsfälle gerecht wird. In Situationen, in denen man bei einem leeren Objekt zwischen "Fehler" und "nicht Fehler" unterscheiden können muß, kann man prüfen, ob p auf zero zeigt. Dies leistet die Funktion isValid:

```
//-------------------------------------------------------------------
//      class String
//
class String {

public:

  //-- liefert 1, wenn das Objekt gültig ist, 0 sonst
  int isValid();

  /* ... weitere Mitglieder von String ... */

};

//-------------------------------------------------------------------
//      String::isValid
//
inline int String::isValid() {
  return p != &zero;
}
```

Selbstverständlich wird `isvalid` inline deklariert. Die Funktion steht nicht nur dem Programmierer zur Verfügung, sondern soll auch innerhalb der Klasse verwendet werden, wenn zwischen "gültig" und "ungültig" zu unterscheiden ist. Ein sinnvolles Beispiel hierfür bietet die Funktion set:

```
//-----------------------------------------------------------------
//          String::set
//
void String::set( char *str_in ) {

  //-- kopiert die übergebene Zeichenkette ins Objekt
  //   explizite Berücksichtigung des Nullzeigers als Argument
  if ( isValid() )
    delete [] p;

  if ( !str_in ) {
    //-- Nullzeiger wurde übergeben. Wir setzen das Objekt auf
    //   ungültig.
    p = &zero;
    l = 0;
    return;
  }

  p = strdupND( str_in );
  if ( p )
    l = strlen( p );
  else {
    p = &zero;
    l = 0;
  }
}
```

5.7 Zusammenfassung und Ausblick

In diesem Kapitel haben wir das Grundgerüst für die Stringklasse gelegt. Die dynamische Speicherverwaltung ist bereits implementiert, ebenso eine einfache, aber leistungsfähige Form der Behandlung des Heapüberlaufes. Die meisten, aus der C-Bibliothek bekannten Funktionen können mit Hilfe der Verpackungstechnik auch auf Objekte der Stringklasse angewendet werden.

Damit kann die Stringklasse in ihrer jetzigen Form bereits die traditionelle Stringverarbeitung in C zum Großteil ersetzen. In der nächsten Ausbaustufe werden wir weitere Funktionen, insbesondere zur Verarbeitung von Teilstrings, zum Verbinden von Strings sowie zum komfortablen Suchen und Vergleichen von Strings hinzufügen.

Die Klasse `Field` ist ebenfalls einer näheren Betrachtung wert. In unserem Programm zum Zählen von Wörtern wurde sie verwendet, um eine (variable) Anzahl von `Element`-Objekten aufnehmen und ausgeben zu können. Läßt sich die Klasse so verallgemeinern, daß sie eine beliebige Anzahl von *beliebigen* Objekten speichern kann? So etwas würde die Entwicklung z.B. eines Texteditors, der eine variable Anzahl Textzeilen sowie Kopf- und Fußzeilen etc. verwalten können muß, wesentlich erleichtern. Tabellenkalkulationsprogramme mit ihrer variablen Anzahl Zellen wären ein Anwendungsfall für einen *zweidimensionalen* Objektspeicher.

Welche Operationen sind auf den gespeicherten Objekten sinnvoll? Hier bieten sich z.B. Suchen, Hinzufügen und Löschen an. Eine solche *Containerklasse* hat mit der Stringklasse vor allem die dynamische Speicherverwaltung gemein. Während `string` eine beliebige Anzahl Zeichen speichern kann, verwaltet eine Containerklasse eine beliebige Anzahl anderer Objekte. Neben der Stringklasse sind Containerklassen eine weitere Standardanwendung objektorientierter Programmierung, so daß wir ihnen ein eigenes Projekt (ab Kapitel 17) gewidmet haben.

6 Konstante Daten und Funktionen

Das Schlüsselwort const ist für Variablendeklarationen bereits aus ANSI-C bekannt. In C++ kann der const-Typqualifizierer (*type-qualifier*) auch auf Klassenobjekte angewendet werden. Neu in C++ ist, daß Mitgliedsfunktionen von Klassen ebenfalls als const deklariert werden können.

6.1 const mit einfachen Typen

Wird eine Variable als const deklariert, kann sie im Programm nicht verändert werden. Schreibt man also

```
const int i = 1;
```

sind z.B. Anweisungen wie

```
i = 0; // <- falsch!
```

nicht erlaubt.

Konstanten müssen initialisiert werden. Dies kann beim Übersetzen oder beim Linken erfolgen:

```
const int limit = 1024;        //-- Initialisierung beim Übersetzen
extern const int maximum;      //-- Initialisierung beim Linken
```

Wird eine Konstante mit einem Wert initialisiert, der zum Compilezeitpunkt berechnet werden kann, benötigt die Konstante keinen Speicherplatz. Sie kann dann darüber hinaus zur Deklaration von Feldern verwendet werden. Solche Konstanten eignen sich daher gut dazu, die in C so beliebten defines abzulösen. Statt

```
#define BUFLEN 1024
char buf[ BUFLEN ];
```

schreibt man in C++ besser

```
const int bufLen = 1024;
char buf[ bufLen ];
```

6.2 Konstante Objekte

Objekte von Klassen können als Konstanten deklariert werden. Mit unserer Klasse string aus Kapitel 5 definiert man ein konstantes string-Objekt z.B. als

```
const String s1 = "Dies ist ein String";
```

Die Mitgliedsvariablen eines konstanten Objekts dürfen nach der Initialisierung nicht verändert werden.

```
class Test {

public:
  //-- zur Demonstration sind alle Mitglieder public

  int i;
  float f;
  char *p;

  void doIt();

};
```

Anweisungen wie z.B. in

```
const Test t1;
Test t2;

//-- Die Änderung von Mitgliedsvariablen eines konstanten Objekts
//   ist verboten!
t1.f = 3.1415;   // <- FEHLER!
t1 = t2;         // dito
```

werden vom Compiler mit einer Fehlermeldung bedacht.

Konstante Objekte benötigen grundsätzlich Speicherplatz zur Laufzeit, da die Mitgliedsvariablen des Objekts erst im Konstruktor ihre Werte erhalten und daher nicht zum Übersetzungszeitpunkt berechnet werden können.

6.3 Konstante Mitgliedsfunktionen

Folgt man dem Grundsatz der objektorientierten Programmierung, daß Daten einer Klasse grundsätzlich privat deklariert sein sollten, sind die Mitgliedsfunktionen der Klasse die einzigen Kandidaten zur Änderung der Daten. Jede (größere) Klasse wird daher Mitgliedsfunktionen zum Setzen von Datenelementen definieren.

Mit solchen Funktionen könnte das Änderungsverbot für konstante Objekte der Klasse einfach unterlaufen werden. Die Funktion doIt der obigen Klasse Test könnte z.B. folgendermaßen implementiert sein:

```
void Test::doIt() {
  i = 92;
}
```

6.3 Konstante Mitgliedsfunktionen

Selbstverständlich ist

```
Test t1;
t1.doIt();
```

zulässig,

```
const Test t2;
t2.doIt();          // <- FEHLER!
```

jedoch nicht, denn hier würde implizit eine Mitgliedsvariable eines konstanten Objekts geändert. Kann man dann überhaupt Funktionen für konstante Objekte aufrufen? Man kann, jedoch muß man die Funktionen kennzeichnen, daß sie keine Änderungen durchführen. Weiß man z.B. von obiger Funktion doIt, daß sie nur lesend auf Mitgliedsdaten zugreift, kann man die Anweisungen

```
const Test t2;
t2.doIt();          // erlaubt, wenn doIt nichts verändert
```

durchaus erlauben. Für die erforderliche Kennzeichnung der Funktion als "read-only" wird ebenfalls das Schlüsselwort const verwendet, das hier der Funktionsdeklaration nachgestellt wird. Schreibt man z.B.

```
class Test {
public:
    //-- Konstante Mitgliedsfunktion, darf keine Daten ändern
    void doIt2() const;
    /* ... weitere Mitglieder von Test ... */
};
```

darf doIt2 keine Mitgliedsdaten der Klasse ändern. doIt2 wird auch als *konstante Mitgliedsfunktion* bezeichnet.

Der Compiler stellt sicher, daß eine konstante Mitgliedsfunktion keine Mitgliedsdaten ändert. Die folgende Implementierung von doIt2 ist aus diesem Grunde falsch und führt zu einer Fehlermeldung bei der Übersetzung:

```
void Test::doIt2() const {
    //-- falsch! doIt2 is const und darf deshalb keine Mitgliedsdaten
    //   des Objekts ändern!
    i = 0;
}
```

In einem Programm kann die Anwendung einer konstanten Mitgliedsfunktion auf konstante Objekte problemlos erlaubt werden.

Genaugenommen ist für konstante Objekte sogar ausschließlich der Aufruf konstanter Mitgliedsfunktionen zulässig. Hat man also

```
class Test {
public:
  void doIt();
  void doIt2() const;
  /* ... weitere Mitglieder von Test ... */
};
```

definiert, ist

```
const Test t1;
t1.doIt();        // <- FEHLER!
```

verboten,

```
t1.doIt2();       // erlaubt
```

jedoch erlaubt. Auf diese Weise kann effektiv verhindert werden, daß Daten konstanter Objekte über Mitgliedsfunktionen geändert werden.

In C7 und VC wird der Aufruf einer nicht-konstanten Mitgliedsfunktion für ein konstantes Objekt (im Gegensatz zu vielen anderen Compilern) korrekt als Fehler erkannt. So wird die Anweisungsfolge

```
const Test t1;
t1.doIt();        //-- FEHLER!
```

von C7 und VC mit der - allerdings etwas kryptischen - Meldung error C2662: 'doIt' : cannot convert 'this' pointer from 'const class ::Test __near *' to 'class ::Test __near *const 'beantwortet.

6.4 Konstante Datenmitglieder

C++ Klassen können konstante Datenmitglieder definieren:

```
class X {
public:
  X::X( int new_i );
private:
  const int i;
};
```

Genauso wie jede andere Konstante muß auch `i` initialisiert werden. Initialisierung ist Aufgabe des Konstruktors:

```
X::X( int new_i )
  : i( new_i ) {}
```

Beachten Sie bitte, daß es sich hierbei um eine *Initialisierung* und nicht um eine *Zuweisung* handelt. Initialisierungen werden vor der öffnenden Klammer des Konstruktors geschrieben. Folgende Version des Konstruktors ist aus zwei Gründen falsch:

```
X::X( int new_i ) {
  i=new_i;         // <- FEHLER!
}
```

Zum einen wird die Konstante `i` nicht initialisiert, zum andern wird versucht, der Konstanten einen Wert zuzuweisen.

6.5 const mit Zeigern und Referenzen

In der Deklaration

```
const char *message = "eine Fehlermeldung";
```

bezieht sich `const` auf die Zeichenkette "eine Fehlermeldung", nicht auf die Zeigervariable `message` selber. Die Anweisung

```
message[ 0 ] = 'x';    // <- FEHLER!
```

ist daher falsch und führt zu einer Fehlermeldung bei der Übersetzung. Die Variable `message` dagegen darf einen neuen Wert erhalten:

```
//-- dies ist erlaubt, der Zeiger selber ist nicht konstant
message = "eine andere Fehlermeldung";
```

Soll der Zeiger selber konstant sein, deklariert man

```
//-- Hier ist der Zeiger konstant, aber nicht der String
char * const message2 = "noch eine Meldung";
```

Die Kombination ist ebenfalls möglich:

```
//-- ein konstanter Zeiger auf einen konstanten String
const char * const message3 = "die letzte Meldung";
```

Hier ist `message3` ein konstanter Zeiger auf einen konstanten String.

Beachten Sie bitte, daß nach den Anweisungen

```
//-- ein Zeiger auf eine konstante Zeichenkette (uninitialisiert)
const char *p1;

//-- ein "normaler" Zeiger
char *p2 = "xxx";

p1 = p2;   //-- möglich, da p1 selber nicht konstant ist
```

die Variable p1 ein Zeiger auf eine konstante Zeichenkette bleibt. Obwohl die Zeichenkette selber ursprünglich nicht als Konstante definiert wurde, kann sie über p1 nicht geändert werden, sehr wohl aber über p2:

```
p1[ 0 ] = 'y';   //-- nicht möglich, da Zeichenkette, auf die p1 zeigt,
                 //   als konstant betrachtet wird

p2[ 0 ] = 'y';   //-- möglich
```

Die const-Eigenschaft eines Datenobjekts kann durch Zeiger nicht umgangen werden. Deklariert man im umgekehrten Fall etwa

```
//-- ein Zeiger auf eine konstante Zeichenkette
const char *p1 = "yyy";

//-- ein "normaler" Zeiger (uninitialisiert)
char *p2;
```

ist der String "yyy" eine Konstante und darf also nicht verändert werden. Die Anweisung

```
//-- Dies ist nicht zulässig, da die konstante Zeichenkette
//   sonst über p2 geändert werden könnte.
p2 = p1;   //-- NICHT möglich !!!
```

ist unzulässig, da dann später im Programm z.B. über die (legale) Anweisung

```
p2[ 0 ] = 'z';   //-- möglich
```

das konstante Objekt doch modifiziert werden könnte.

Das in diesem Abschnitt Gesagte gilt sinngemäß auch für Referenzen, die wir im nächsten Kapitel behandeln werden.

6.6 const bei der Parameterübergabe an Funktionen

Zeiger (und Referenzen) auf Daten, die von einer Funktion gelesen, aber nicht verändert werden dürfen, sollen mit Hilfe von const-Parametern übergeben werden. Die folgende Deklaration der Funktion clearOrt besagt, daß die Funktion die Struktur, auf die ort zeigt, nicht verändern darf:

```
//-- die Funktion clearOrt darf die als Parameter übergebene Struktur
//   nicht verändern.
void clearOrt( const Ort *ort );
```

Ist die Struktur ort definiert als

```
struct Ort {
  int PLZ;
  char *name;
};
```

ist die folgende Implementierung von clearOrt falsch, da hierbei die Mitglieder eines als konstant deklarierten Objekts verändert würden:

```
void clearOrt( const Ort *ort ) {
  //-- FALSCH! Struktur darf nicht verändert werden!
  ort-> PLZ  = 0;
  ort-> name = NULL;
}
```

Beachten Sie bitte, daß die folgende Implementierung ebenfalls zu einer Fehlermeldung führt:

```
void clearOrt( const Ort *ort ) {
  //-- auch dies nützt nichts. Die Zuweisung ist illegal, da sonst
  //   im folgenden die Änderung des Parameters über p möglich wäre.

  Ort *p = ort; //-- FALSCH !!!

  //-- dies wäre legal, daher wird Initialisierung von p mit ort
  //   bereits unterbunden
  p-> PLZ  = 0;
  p-> name = NULL;
}
```

Der Grund ist, daß die konstante Struktur über p nun doch geändert werden könnte.

6.6.1 Wann sind konstante Parameter sinnvoll?

Eine sinvolle Anwendungsmöglichkeit für konstante Parameter sind z.B. Testfunktionen, die den Zustand eines Objektes (oder Teile davon) auf Gültigkeit überprüfen. Das folgende Listing zeigt die Funktion checkOrt, die ein ort-Objekt prüft:

```
int checkOrt( const Ort *ort ) {
  //-- liefert Wert != 0, wenn Parameter gültigen Ort repräsentiert
  if ( ort-> name == NULL || *( ort-> name ) == 0x00 )
    //-- Ortsname ist nicht gesetzt
    return 0;
  return ort-> PLZ > 0 && ort-> PLZ < 99999;
}
```

Der Sinn konstanter Parameter liegt unter anderem im Sicherheitsaspekt. Ein Programmierer, der die Funktion checkOrt verwenden möchte, kann sicher sein, daß seine Struktur nach dem Funktionsaufruf noch unverändert erhalten ist. Grundsätzlich sollte daher von const-Parametern möglichst oft Gebrauch gemacht werden.

6.6.2 Einschub: Objektorientiertes Design

Aus objektorientierter Sicht ist die gezeigte Implementierung von `Ort` und `checkOrt` nicht optimal. `checkOrt` arbeitet ausschließlich mit Mitgliedsdaten von `Ort` und sollte deshalb als *Mitgliedsfunktion* von `Ort` ausgeführt werden. Folgendes Listing zeigt die bessere Lösung:

```
class Ort {
public:
  //-- liefert Wert != 0, wenn Ort gültig ist
  int checkOrt();
public:
  int PLZ;
  char *name;
};

#include <stdlib.h>

int Ort::checkOrt() {
  if ( name == NULL || *name == 0x00 )
    //-- Ortsname ist nicht gesetzt
    return 0;
  return PLZ > 0 && PLZ < 9999;
}
```

Beachten Sie bitte, wie die Funktion `checkOrt` durch den Wegfall des Zeigers `ort` an Lesbarkeit gewonnen hat. Die Anweisung

```
if ( ort-> name == NULL || *( ort-> name ) == 0x00 ) ...
```

wurde ersetzt durch die einfachere Anweisung

```
if ( name == NULL || *name == 0x00 ) ...
```

6.6.3 Probleme mit älteren Bibliotheken

In der Praxis kann es manchmal Probleme mit älteren C-Bibliotheken geben, die in einer Neuentwicklung weiterhin verwendet werden müssen. In solchen älteren Bibliotheken wurde auf `const`-Deklarationen meist verzichtet, obwohl sie möglich und sinnvoll gewesen wären. Als Beispiel betrachten wir eine Funktion aus einer Bibliothek zur Verarbeitung von Zeichenketten.

Aufgabe von `countLeadingBlanks` soll das Zählen von führenden Leerzeichen sein:

```
#include <stdio.h>

//-- liefert die Anzahl der führenden Leerzeichen in str zurück
int countLeadingBlanks( char *str ) {

  int count = 0;
  while ( str && *str == ' ' ) {
     count++;
     str++;
  }

  return count;
}
```

`countLeadingBlanks` soll nun in einer neu zu erstellenden Routine zum Prüfen von Ortsnamen verwendet werden:

```
int checkName( const char *name ) {

 //-- liefert Wert != 0, wenn Parameter gültigen Ortsnamen repräsentiert
 if ( name == NULL || *name == 0x00 )
    //-- Ortsname ist nicht gesetzt
    return 0;
 if ( countLeadingBlanks( name ) > 0 )
    //-- Ortsname hat führende Leerzeichen
    return 0;

 return 1;
}
```

Zum Aufruf von `countLeadingBlanks` wird ein `char*` benötigt, der Aufruf erfolgt jedoch mit einem `const char*`. Hier hilft nur die explizite Typwandlung, mit der natürlich alles möglich ist:

```
if ( countLeadingBlanks( (char*)name ) > 0 ) ...
```

Selbstverständlich sollte dieses sog. *const cast-away* auf Ausnahmefälle beschränkt bleiben.

Die theoretisch bestehende andere Möglichkeit, nämlich den Parameter für `checkName` nicht `const` zu deklarieren, ist keine Lösung. Denn nun tritt das gleiche Problem eine Ebene höher auf, wenn `checkName` seinerseits irgendwann für einen konstanten String aufgerufen werden soll. Der Effekt zieht immer weitere Kreise, so daß man im Endeffekt überhaupt keinen (String-) Parameter im ganzen Programm mehr als `const` deklarieren kann. Da ist es schon besser, die "Altlast" zu akzeptieren und an möglichst "tiefer" Stelle den const-cast away durchzuführen.

6.7 const bei der Ergebnisrückgabe von Funktionen

Eine logische Konsequenz des Konzepts konstanter Datentypen ist, daß `const` auch im Zusammenhang mit Rückgabewerten von Funktionen gebraucht werden kann. Meist wird ein Zeiger auf ein Objekt zurückgegeben, das durch das aufrufende Programm nicht verändert werden soll.

Im folgenden Beispiel ist `getErrorStr` eine Funktion, die zu einem Zahlenwert den zugehörigen Text aus einem Textfeld zurückliefert. Das aufrufende Programm soll die Fehlermeldungen nicht verändern, sondern nur lesen können.

```
char *errorStrings[] = {
    "Diskettentür offen",
    "Diskette nicht formatiert"
    };
const char *getErrorStr( int nbr ) {

    //-- liefert den zu nbr gehörenden String zurück

    if ( nbr < 0 || nbr >= sizeof( errorStrings ) / sizeof( void* ) )
        return "ungültige Nummer !";

    return errorStrings[ nbr ];
}
```

Der von `getErrorStr` zurückgegebene Wert ist ein Zeiger auf eine konstante Zeichenkette. Der zurückgelieferte String kann z.B. ausgedruckt werden:

```
puts( getErrorStr( 1 ) );
```

Beachten Sie bitte, daß ein `const char*` nicht automatisch in ein `char*` gewandelt werden kann. Die Anweisung

```
char *msg1 = getErrorStr( 0 ); //-- nicht zulässig
```

ist aus diesem Grunde nicht zulässig. Wäre Sie zulässig, könnte die konstante Zeichenkette über `msg1` trotzdem verändert werden:

```
msg1[ 1 ] = 'x'; //-- zulässig
```

Richtig ist, die aufnehmende Variable ebenfalls `const` zu deklarieren:

```
const char *msg2 = getErrorStr( 1 ); //-- zulässig
```

Das Feld `errorStrings` an sich braucht nicht konstant zu sein. Die Strings könnten z.B. ohne weiteres in einem anderen Zusammenhang von einer Datei eingelesen worden sein. Die Deklaration des Rückgabetyps von `getErrorStr` als `const char*` besagt nur, daß das Feld *über den von getErrorStr zurückgelieferten Zeiger* nicht verändert werden darf.

Möchte man Veränderungen an den Daten grundsätzlich ausschließen, muß man `errorStrings` selber als `const` definieren:

```
//-- Feld mit Zeigern auf konstante Strings
const char *errorStrings[] = {
    "Diskettentür offen",
    "Diskette nicht formatiert"
    };
```

Auch hier sind die Zeiger selber nicht konstant, sondern nur die Daten, auf die sie zeigen.

Die Anweisung

```
errorStrings[ 1 ] = "asdf";
```

bleibt weiterhin zulässig. Um auch die Zeiger selber unveränderbar zu machen, müßte man `errorStrings` als

```
//-- Feld mit konstanten Zeigern auf konstante Strings
const char * const errorStrings[] = ...
```

definieren.

6.8 Initialisierung und Zuweisung

Bei der Verwendung von konstanten Datentypen wird der Unterschied zwischen *Initialisierung* und *Zuweisung* in C++ besonders deutlich. Während es in C für einen beliebigen Typ T praktisch keine Rolle spielt, ob man

```
T t = <Wert>
```

oder

```
T t;
t = <Wert>
```

schreibt, kann dies in C++ sehr wohl einen Unterschied machen. Im ersten Fall handelt es sich um eine Initialisierung (d.h. eine Wertzuweisung bei der Definition), im zweiten dagegen um eine Zuweisung. Ein bereits bekannter Unterschied gilt für Klassen: Bei der Initialisierung wird ein Konstruktor aufgerufen, bei der Zuweisung nicht.

Ist T ein konstanter Datentyp, ergibt sich ein weiterer Unterschied: Konstanten *müssen initialisiert* werden, aber sie *dürfen nicht verändert* werden.

```
const int i;    //-- Initialisierung fehlt!
char *const p;  //-- dito

i = 3;          //-- konstante Variable darf nicht verändert werden
p = "asdf";     //-- dito
```

6.9 const und #define

Der Vorteil der Verwendung von Konstanten gegenüber `defines` liegt in der Typsicherheit. Während `define` ein Makro ist, das bereits vom Präprozessor ersetzt wird, sind Konstanten richtige C++ Typen. Für einfache Konstanten, wie sie z.B. zur Deklaration von Feldern gebraucht werden, ist der Unterschied meist nicht wichtig. Statt

```
#define MAX 1024
```

schreibt man nun eben

```
const int max = 1024;
```

Aber bereits Definitionen wie

```
const char * message = "konstanter String";
```

oder unser Feld mit Fehlermeldungen

```
const char * const errorStrings[] = ...
```

können nicht mehr adaequat mit `#define` ausgedrückt werden. Da einfache konstante Datentypen außerdem zur Definition von Feldern verwendet werden können, besteht keine Notwendigkeit mehr, `#define` zur Vereinbarung von Konstanten zu verwenden. Allerdings haben defines - im Gegensatz zu einer häufig gehörten Meinung - in C++ durchaus ihren Platz, z.B. für Makros, die sich nicht als inline-Funktionen formulieren lassen.

6.10 Konstanten haben externe Bindung

Enthält eine Includedatei die (globale) Definition

```
int i;
```

und wird diese in mehreren Modulen eines Programms includiert, erhält man beim Binden eine Fehlermeldung, denn eine globale Variable darf nur einmal definiert werden.

Schreibt man dagegen

```
const int i=3;
```

tritt die Fehlermeldung nicht auf. Der Grund ist, daß die Konstante `i` automatisch extern deklariert ist. Dies ist nützlich, denn gerade in Headerdateien werden oft Konstanten definiert, die für mehrere Programmteile gelten sollen.

7 Referenzen

Ein Manko des klassischen C gegenüber anderen Programmiersprachen war schon immer die Parameterübergabe an Funktionen. In C gibt es bekanntlich nur die Möglichkeit zur Wertübergabe (*call by value*), d.h. nur der Wert, nicht die Variable an sich kann an eine Funktion übergeben werden. Funktionsparameter können in C grundsätzlich keine Werte an das aufrufende Programm zurückgeben, so daß hierfür eine Zeiger-Hilfskonstruktion verwendet werden muß: Dabei übergibt das rufende Programm der Funktion die Adresse eines Speicherbereichs, in dem die Funktion das Ergebnis ablegt, und der vom Programm später ausgewertet werden kann.

Folgendes Programm zeigt das Problem anhand der Addition zweier Zahlen:

```c
//-- in traditionellem C muß call by reference durch
//   Zeiger simuliert werden
#include <stdio.h>
void add( int i1, int i2, int *result ) {
   *result = i1 + i2;
   }

void main() {
   int i = 10, j = 11, k;
   add( i, j, &k );
   printf( "Summe ist %d  ", k );
   }
```

Die Funktion `add` erhält beim Aufruf die Adresse von `k` übergeben, so daß sie `k` über eine Dereferenzierung des Zeigers verändern kann. Auf der Notwendigkeit zur Übergabe von Adressen beruht auch die Tatsache, daß `printf` z.B. normalerweise Variablen als Parameter erhält, `scanf` dagegen grundsätzlich Adressen von Variablen. Ein vergessener &-Operator hat hier schon so manchen C-Studenten zur Verzweiflung gebracht.

7.1 Einfache Referenzen

C++ bietet eine Lösung in Form des Referenztyps. Eine Referenz wird mit Hilfe des *Referenz-Operators* & definiert. Im folgenden Beispiel ist j eine Referenz auf i:

```
//-- j ist während der Laufzeit von main eine Referenz auf i
#include <stdio.h>
void main() {
   int i;
   int &j = i;

   i = 5;
   j++;

   printf( "i hat den Wert %d ", i );
}
```

Alle Operationen, die mit i durchgeführt werden können, führen auch mit j zum gleichen Ergebnis: Obwohl j erhöht wird, wird als Ergebnis 6 ausgegeben. Vereinfacht gesagt sind i und j unterschiedliche Namen für das gleiche Datenobjekt im Rechner.

Hier liegt der wesentliche Unterschied zu Zeigern: In der Konstruktion

```
//-- Vergleich einer Referenz mit einem Zeiger
int k;
int *p = &k;       // p ist ein Zeiger auf ein int

int i;
int &j = i;    // j ist eine Referenz auf ein in
```

ist p ein eigenes Datenobjekt, j dagegen nicht. Der Unterschied wird vor allem bei Zuweisungen deutlich: Während des Programmlaufs kann p einen neuen Wert erhalten, j dagegen nicht.

Eine Zuweisung an j bedeutet eine Zuweisung an i, j selber erhält dadurch keinen neuen Wert: j bleibt eine Referenz auf i. Tatsächlich ist es nicht möglich, die Referenz j in irgendeiner Weise zu verändern: Alle Veränderungen beziehen sich immer auf das referenzierte Programmobjekt, hier also i. Ist eine Referenz einmal eingerichtet, bleibt sie für den Rest ihres Lebens mit "Ihrem" Programmobjekt verbunden. Eine einmal definierte Referenz kann nicht mehr gelöst werden. Eine Referenz ist deshalb keine Variable im eigentlichen Sinne, denn zu einer Variablen gehört immer ein zugeordneter Speicherbereich, für den die Variable einen Typ und einen Namen bereitstellt. Eine Referenz ist nur ein anderer Name für eine bereits bestehende Variable. Es ist deshalb genaugenommen nicht korrekt, von "Referenzvariablen" zu sprechen.

7.1 Einfache Referenzen

Eine Referenz muß (im Gegensatz zu einem Zeiger) *immer* initialisiert werden, d.h. sie muß immer eine Referenz auf eine andere Variable sein. Eine Deklaration wie z.B.

```
//-- nicht zulässig, da eine Referenz immer initialisiert werden muß
int &ri; // FEHLER!
```

wird vom Compiler mit einer Fehlermeldung beantwortet. Ein Vorteil ist, daß Probleme wie mit uninitialisierten Zeigern mit Referenzen nicht auftreten können.

Die Initialisierung einfacher Referenzen wird bei der Übersetzung des Programms vom Compiler durchgeführt. Alternativ kann eine Referenz als `extern` deklariert werden, sie wird dann wie üblich vom Linker aufgelöst. Das folgende Programmsegment zeigt die beiden Möglichkeiten:

```
//-- die immer erforderliche Initialisierung einer Referenz
//   kann beim Compilieren oder beim Linken erfolgen

int i;
int &j = i;       // Initialisierung beim Compilieren

extern int &k;    // Initialisierung beim Linken
```

An anderer Stelle (meist in einem anderen Modul) wird `k` mit einer Variablen vom Typ `int` initialisiert:

```
int l;
int &k = l;
```

Einfache Referenzen kommen in C++ Programmen eher selten vor. Manchmal werden sie zur Schreibvereinfachung verwendet, wie etwa in der folgenden Funktion increase, die alle Zahlen eines Feldes um 15% erhöht:

```
void increase( float* f, int nbr ) {
  //-- erhöht alle Zahlen in f um 15%
  for ( int i = 0; i < nbr; i++ ) {
    float &fr = f[ i ];
    fr += fr * 0.15;
  }
}
```

Hier wird `fr` verwendet, um die mehrfache Berechnung von `f[ i ]` zu vermeiden, wie sie in der Version ohne Referenzen erforderlich gewesen wäre:

```
f[ i ] += f[ i ] * 0.15;
```

Ein optimierender Compiler hätte in diesem Fall die doppelte Berechnung des Index sowieso eliminiert. Außerdem könnte man die Schleife mit Hilfe der Zeigerarithmetik schneller machen. Wird der Indexausdruck jedoch komplizierter, wie z.B. bei mehrdimensionalen Feldern oder komplizierteren Ausdrücken, kann sich der Einsatz von Referenzen an dieser Stelle auch in der Praxis lohnen.

7.2 Referenzen als Funktionsparameter

Ihre volle Mächtigkeit entfalten Referenzen im Zusammenhang mit der Parameterübergabe bzw. -rückgabe an/von Funktionen. Folgendes Listing zeigt eine Routine `inc`, die als Parameter eine Referenz auf ein `int` erhält, sowie ein Hauptprogramm, das `inc` aufruft:

```
//-- Eine Referenz wird zur Parameterübergabe eingesetzt
void inc( int &i ) {
   i++;
}
#include <stdio.h>
void main() {
   int a = 1;
   int b = 10;

   inc( a );
   inc( b );
   inc( b );
   printf( "Werte von a und b : %d %d ", a, b );
}
```

Das Programm gibt als Ergebnis die Zeile

```
Werte von a und b : 2 12
```

aus.

Betrachten wir hier beispielhaft die Anweisung

```
inc( a );
```

aus dem Hauptprogramm. Während des Funktionsaufrufs wird die Referenz `i` an die Variable `a` gebunden, so daß `i` während der Laufzeit von `inc` eine Referenz auf `a` ist. Alle Operationen mit `i` sind somit eigentlich Operationen mit `a`. Ist der Funktionsaufruf abgearbeitet, hört `i` (und damit die Bindung an `a`) auf zu existieren. Bei den weiteren Funktionsaufrufen von `inc` wird eine neue Referenz `i` dann an andere Variablen (hier `b`) gebunden und ist dann ein Alias für diese Variablen.

Parameterkonstruktionen mit Referenztypen können also die in C so schmerzlich vermißte Parameterübergabe von Variablen (*call by reference*) ersetzen. Aus diesem Grunde werden Referenzen oft mit call by reference gleichgesetzt, und viele Programmierer benutzen Referenzen ausschließlich zu diesem Zweck. Referenzen sind jedoch mehr: Sie sind ein eigenständiges Konzept, mit dessen Hilfe man unter anderem auch call by reference erreichen kann.

7.3 Referenzen auf Objekte als Parameter

Bei der Übergabe eines Parameters an eine Funktion wird in C als auch in C++ zuerst eine lokale Kopie des Arguments auf dem Stack angelegt, auf der die Funktion dann operiert. Am Ende der Funktion wird der Speicherplatz der lokalen Kopie wieder freigegeben.

Ist das Argument eine Struktur, wird eine Kopie der gesamten Struktur auf dem Stack angelegt. Größere Strukturen werden daher in C traditionell nicht als Parameter übergeben, sondern man übergibt lediglich einen Zeiger darauf.

In C++ vermeidet man die Verwendung von Adressen und Zeigern durch die Verwendung einer Referenz. Um zwei `Complex`-Objekte zu addieren, implementiert man eine `add`-Funktion wie folgt:

```
//----------------------------------------------------------------
//      class Complex
//
class Complex {
public:
  Complex( float re_in, float im_in );
  /* ... weitere Mitglieder von Complex ... */
private:
  float re, im;

  friend Complex add( const Complex &arg1, const Complex &arg2 );
};


//----------------------------------------------------------------
//      add
//
Complex add( const Complex &arg1, const Complex &arg2 ) {
  Complex buffer( arg1.re + arg2.re, arg1.im + arg2.im );
  return buffer;
}
```

Die beiden Summanden `arg1` und `arg2` werden als Referenz übergeben, um den Overhead lokaler Kopien auf dem Stack zu vermeiden. Da die Funktion `add` die zu addierenden Objekte nicht ändert, werden sie als `const` deklariert.

Beachten Sie bitte, daß `Complex` die Funktion `add` als Freund deklarieren muß, um ihr den Zugriff auf ihre privaten Daten zu gestatten.

7.4 Referenzen als Funktionsrückgaben

Referenzen können wie gewöhnliche Variablen als Ergebnis eines Funktionsaufrufs zurückgeliefert werden. Man muß jedoch beachten, daß nur Referenzen auf globale Daten zurückgeliefert werden sollten - lokale Daten existieren ja nach Beendigung der Funktion nicht mehr.

Im folgenden Beispiel liefert die Funktion doIt eine Referenz auf ein lokales Datenelement zurück.

```
//-- Rückgabe einer Referenz auf lokale Daten ist falsch!
int &doIt() {
   int i = 7;
   return i;
   }
```

Eine solche Situation kann leicht übersehen werden, da man an der Rückgabeanweisung

```
   return i;
```

nicht erkennen kann, ob eine Referenz oder ein Wert zurückgeliefert wird: dies wird in der Funktionsdeklaration von doIt festgelegt. Leider bemerken weder C7 noch VC eine solche gefährliche Situation, die Funktion doIt wird ohne Fehler/Warnungen übersetzt.

Funktionen, die Referenzen zurückgeben, können direkt verwendet werden, um auf das referenzierte Objekt zuzugreifen. Betrachten wir dazu die folgende Funktion integerArray, die ein Feld von maximal 1000 Integern verwaltet. Die Funktion übernimmt einen Index und liefert eine Referenz auf das zugehörige Feldelement zurück.

```
//-- Funktionen, die Referenzen zurückgeben, können als lvalue
//   verwendet werden
#include <stdio.h>
#include <stdlib.h>
//-----------------------------------------------------------
//       integerArray
//
int &integerArray( int nbr ) {
  static const int MAX = 1000;
  static int f[ MAX ];

  //-- liefert eine Referenz auf das Feldelement nbr.
  //   führt vorher eine Prüfung auf Zulässigkeit durch
  if ( nbr < 0 || nbr >= MAX ) {
    printf( "Zugriff außerhalb der Feldgrenzen mit Index %i ", nbr );
    exit( 1 );
    }

  return f[ nbr ];
  }
```

7.5 Referenzen als Klassenmitglieder

Die Funktion `integerArray` kann auf der linken Seite einer Zuweisung vorkommen. Das folgende Programm verwendet diese Möglichkeit, um das Feld von Integern zu beschreiben und wieder zu lesen:

```
void main() {
  //-- Wir füllen die ersten 10 Werte mit den Quadratzahlen
  for ( int i = 0; i < 10; i++ )
    integerArray( i ) = i*i;
  //-- Jetzt geben wir das Feld auf dem Bildschirm aus
  for ( i = 0; i < 10; i++ )
    printf( "Index %i  : Wert : %i\n", i, integerArray( i ) );
}
```

Die Funktion `integerArray` kann von einem Programm wie ein gewöhnliches Feld aus Integern behandelt werden. Die Eleganz dieser Lösung liegt in der Tatsache, daß `integerArray` in Wirklichkeit keine *Variable*, sondern eine *Funktion* ist, und deshalb bei Zugriffen zusätzliche Verarbeitungsschritte ausführen kann. Wir haben diese Möglichkeit hier verwendet, um eine einfache Prüfung der Feldgrenzen zu implementieren.

Nachteilig ist natürlich, daß nur ein einziges Integerfeld möglich ist. Besser wäre es, das Integerfeld weiterhin als Variable zu führen, die Zugriffe aber über eine Funktion zu kanalisieren. Genau hier kommt wieder das Konzept der Klasse ins Spiel. Wir werden in Kapitel 17 sehen, wie man mit Hilfe von Klassen die Vorteile von Variablen und Funktionen verbinden kann, um einen Datentyp "Integerfeld" komfortabel zu implementieren.

7.5 Referenzen als Klassenmitglieder

Eine Referenz kann ein Datenmitglied einer Klasse sein. Zur Initialisierung der Referenz wird die bereits bekannte "Doppelpunktsyntax" im Konstruktor verwendet.

Folgende Klasse `Test` zeigt, wie eine Referenz als Datenmitglied initialisiert wird:

```
class Complex;

class Test {
public:
  //-- Konstruktor erhält eine Referenz auf ein Complex
  Test( Complex &c_in );
private:
  Complex &c;
};

Test::Test( Complex &c_in ) : c( c_in ) {}
```

Argumente für Funktionen, die innerhalb der Funktion nicht verändert werden, sollten const deklariert werden. Warum deklarieren wir den Konstruktor also nicht entsprechend?

```
//-- Konstruktor erhält eine Referenz auf ein Complex
Test( const Complex &c_in );   //-- FALSCH !
```

Der Grund liegt wieder in der strengen Typprüfung von C++. Mit diesem Konstruktor wird vereinbart, daß das übergebene Complex-Objekt nicht verändert werden darf. Durch die Referenz c wäre dies aber trotzdem möglich. Der Compiler lehnt daher die Initialisierung der Referenz Complex &c mit einem const Complex& ab. Genauso wie bei Zeigern gibt es bei Referenzen keine automatische Konvertierung von einem Typ const T& zum Typ T&.

Man kann nun (wie oben gezeigt) entweder im Test-Konstruktor auf const verzichten und damit der Klasse Test explizit erlauben, das übergebene Objekt zu verändern, oder aber c selber als const deklarieren, wie im folgenden Listing:

```
class Complex;

class Test {

public:

    //-- Konstruktor erhält eine Referenz auf ein Complex
    Test( const Complex &c_in );

private:

    const Complex &c;
};

Test::Test( const Complex &c_in ) : c( c_in ) {}
```

7.6 Referenzen und temporäre Objekte

Eine Referenz auf ein konstantes Objekt kann mit einem Datenobjekt initialisiert werden, das nicht genau den gleichen Typ wie die Referenz hat, solange eine Konvertierung in Richtung des Referenztyps möglich ist.

Im folgenden Beispiel soll eine Referenz auf ein float mit einem int initialisiert werden.

```
int i = 3;
const float &f1 = i;   //-- ok, da Ref auf konstantes Objekt
```

Hier erzeugt der Compiler ein temporäres "Zwischenobjekt" vom Typ float, initialisiert es mit dem integer i und bindet die Referenz f1 an dieses Zwischenobjekt. Der erzeugte Code ist vergleichbar mit der Anweisungsfolge

```
const float __temp = i;
const float &f1 = __temp;
```

allerdings hat der Programmierer keinen direkten Zugriff auf das temporäre Datenelement _temp, da es vom Compiler intern verwaltet wird.

Operationen auf f1 wirken nun auf das temporäre Zwischenobjekt und nicht - wie man es auf den ersten Blick erwarten würde - auf i. Dies kann zu schwer erkennbaren Fehlern führen, denn nach der Anweisungsfolge

```
int i = 3;
float &f2 = i;

f2 = 27;    //-- was passiert hier ???
```

würde man normalerweise erwarten, daß i den Wert 27 hat. In Wirklichkeit hat nur das temporäre Zwischenobjekt den Wert 27, i hat weiterhin den Wert 3.

Allgemein gilt: die Modifikation eines Objekts über eine Referenz wird nur dann zugelassen, wenn es sich *nicht* um ein temporäres Objekt handelt. Oder anders ausgedrückt: Eine Referenz kann nur dann mit einem temporären Objekt initialisiert werden, wenn die Referenz als const deklariert ist. Aus diesem Grund ist die obige Definition von f2 nicht korrekt, sehr wohl jedoch die von f1[6].

7.7 Referenzen und Zeiger

Referenzen können einige der Aufgaben übernehmen, für die in C traditionell Zeiger verwendet wurden. Die Möglichkeit, Funktionen auf Objekte anzuwenden ohne immer das ganze Objekt in die Funktion kopieren zu müssen wird durch die Bindung der lokalen Referenzvariable an das (globale) Objekt auf eine natürliche Art und Weise ermöglicht, zusätzlich wird der Code durch die Vermeidung der Adressbildung mit folgender Dereferenzierung leichter lesbar und drückt eher die Intention des Programmierers aus.

Referenzen sollten also immer dann verwendet werden, wenn man einen Zugriff auf ein Objekt benötigt, aber nicht das ganze Objekt selber kopieren möchte. Eine einmal an ein Objekt gebundene Referenz kann während der Lebenszeit der Referenz nicht mehr verändert werden: alle Änderungen beziehen sich auf das referenzierte Objekt. Der typische Anwendungsfall für Referenzen ist die Parameterübergabe an bzw. von Funktionen über call by reference.

Zeiger sollten dagegen immer dann verwendet werden, wenn der Zeiger über Zeigerarithmetik manipuliert werden soll bzw. nur temporär auf ein Objekt zeigt. Ein Zeiger kann während seiner Lebenszeit auf verschiedene Objekte

---

[6] Nicht alle Compiler behandeln den dargestellten Fall gleich: Borland-Compiler sowie die meisten UNIX-Compiler lassen die Definition von f2 zu und geben lediglich eine Warnung aus.

(des gleichen Typs) zeigen. Dies ist möglich, da der Zeiger eine eigene Variable ist und somit unabhängig von dem Objekt, auf das er gerade zeigt, verändert werden kann. Typische Anwendungsfälle für Zeiger sind der Zugriff auf Feldelemente über Index sowie das Durchlaufen (bzw. Absuchen) von Feldern.

8 Der Kopier-Konstruktor und die Parameterübergabe

Allgemein dienen Konstruktoren Initialisierung eines Objekts. Konstruktoren können mit beliebigen Argumentlisten deklariert werden. Eine besondere Rolle in der objektorientierten Programmierung spielen jedoch die beiden folgenden Konstruktortypen: der *Standard-Konstruktor* ohne Argumente, den wir in Kapitel 4 behandelt haben, sowie der *Kopier-Konstruktor*, der Thema dieses Kapitels ist.

Der Übergabe (bzw. Rückgabe) von Objekten an/von Funktionen muß in C++ besondere Aufmerksamkeit gewidmet werden. Falsches oder unglückliches Design in diesem Bereich kann zu erheblichen Effizienzverlusten führen. Die weitverbreitete Meinung, daß "C++ langsamer als C" (gemeint ist der Laufzeitbedarf des übersetzten Programms) ist, rührt nahezu ausschließlich von der Nichtbeachtung der Regeln bei der Parameterübergabe in C++ her.

8.1 Der Kopier-Konstruktor

Wir werden in diesem Abschnitt die bei der Parameterübergabe/Rückgabe von Objekten an/von Funktionen ablaufenden Vorgänge genau analysieren und Hinweise zur effizienten Implementierung geben. Zentrale Rolle spielt dabei der Kopier-Konstruktor, mit dem wir uns als erstes befassen.

8.1.1 Allgemeine Form des Kopier-Konstruktors

Für eine Klasse x heißt ein Konstruktor der Form

```
X::X( const X& )
```

Kopier-Konstruktor. Der Kopier-Konstruktor hat als Argument eine Referenz auf ein Objekt der eigenen Klasse. Der Kopier-Konstruktor wird daher immer dann verwendet, wenn ein Objekt mit einem anderen Objekt der gleichen Klasse initialisiert werden soll. Das Schlüsselwort `const` bedeutet wie üblich, daß der Konstruktor das referenzierte Objekt nicht verändern darf.

Das folgende Listing zeigt die Klasse `Complex`, erweitert um einen Kopier-Konstruktor:

```
class Complex {
public:
  Complex( const Complex &c );          //   Kopier-Konstruktor
  /* ... weitere Mitglieder von Complex ... */
};
```

Die Implementierung des Konstruktors liegt auf der Hand. Er kopiert die Daten des vorhandenen Objekts in das zu initialisierende Objekt:

```
Complex::Complex( const Complex &c ) {
  re = c.re;
  im = c.im;
}
```

Im folgenden Programmsegment wird der Kopier-Konstruktor aufgerufen, um die Objekte `c2` und `c3` aus `c1` zu initialisieren:

```
Complex c1( 1, 2 );

//-- In beiden Fällen wird der Kopier-Konstruktor aufgerufen
Complex c2( c1 );
Complex c3 = c1;
```

8.1.2 Der Standard-Kopier-Konstruktor

Definiert eine Klasse keinen Kopier-Konstruktor, wird vom Compiler automatisch ein *Standard-Kopier-Konstruktor* ergänzt, der alle Datenmitglieder Element für Element kopiert (*elementweise Kopie, memberwise copy*). Der Konstruktor hätte also genau die Implementierung wie unser explizit programmierte Kopier-Konstruktor für `Complex` aus dem letzten Abschnitt.

Die explizite Programmierung eines Kopier-Konstruktors ist daher eigentlich nur dann erforderlich, wenn die elementweise Initialisierung nicht korrekt wäre. Dies ist regelmäßig (aber nicht nur) bei Klassen mit Zeigervariablen der Fall.

8.1.3 Der Kopier-Konstruktor und die Aliasproblematik

Wie in Kapitel 4 ausgeführt, führt die elementweise Kopie bei Klassen mit Zeigervariablen zu Aliasproblemen, d.h. nach dem Kopiervorgang zeigen die Zeiger im Original und in der Kopie auf den gleichen Speicherbereich. Um dies zu vermeiden, darf eben nicht nur die Zeigervariable, sondern muß auch das Objekt, auf das der Zeiger zeigt, mitkopiert werden. Meist handelt es sich dabei um einen Speicherbereich, den das Quellobjekt dynamisch alloziert hat.

8.1 Der Kopier-Konstruktor

Der Kopier-Konstruktor ist eine der beiden Funktionen, mit denen der Programmierer die Funktionalität beim Kopieren von Objekten festlegen kann[7].

8.1.4 Die Klasse MiniString

Als Beispiel betrachten wir eine neue Klasse MiniString, die wir hier ausschließlich zur Demonstration einführen. MiniString definiert keine sinnvollen Arbeitsfunktionen, dagegen sind die vorhandenen Konstruktoren und Destruktoren mit Ausgabeanweisungen versehen, so daß man deren Aufruf auch ohne Debugger verfolgen kann. Die Klasse MiniString soll als Prototyp einer Klasse stehen, die dynamischen Speicher verwaltet und daher der Aliasproblematik unterliegt. Wir werden die hier an MiniString gewonnen Erkenntnisse später in allen Klassen anwenden, die selber dynamischen Speicher verwalten müssen, wie z.B. unsere Stringklasse. Wir nehmen zunächst keine Rücksicht auf Sonderfälle wie z.B. Heapüberlauf, Nullzeiger etc.

MiniString ist wie folgt definiert und implementiert:

```
//-----------------------------------------------------------
//       class MiniString
//
class MiniString {
public:
   //-- erzeugt leeren String
   MiniString();
   ~MiniString();

   MiniString( const char *str );

private:
   char *p; // Zeiger auf den dynamischen Speicherbereich, oder NULL
   int l;   // Länge des allokierten Speichers
   };

#include <string.h>
#include <stdio.h>
//-----------------------------------------------------------
//       MiniString::MiniString
//
MiniString::MiniString() {
   puts( "Standardkonstruktor aufgerufen" );

   p = NULL;
   l = 0;
   };
```

---

[7] Die andere ist der Zuweisungsoperator, auf den wir im Kapitel 10 eingehen werden.

```
//-------------------------------------------------------------
//       MiniString::~MiniString
//
MiniString::~MiniString() {

  puts( "Destruktor aufgerufen!" );

  if ( p )
    free( p );
  }
//-------------------------------------------------------------
//       MiniString::MiniString
//
MiniString::MiniString( const char *str ) {

  puts( "Konstruktor für char * aufgerufen!" );

  p = strdup( str );
  l = strlen( p ) +1;
  }
```

Eine Anweisungsfolge wie z.B.

```
MiniString s1( "Ein String" );

//-- Diese Anweisung führt zur Aliasproblematik
MiniString s2 = s1;
```

führt nun unweigerlich zu den bekannten Aliasproblemen, da `s1.p` und `s2.p` auf den gleichen Heapspeicherblock zeigen.

Das folgende Listing zeigt die Deklaration des Kopier-Konstruktors für die Klasse `MiniString`:

```
class MiniString {

public:

  MiniString( const MiniString &s );

  /* ... weitere Mitglieder von MiniString ... */

  };
```

In der Implementierung wird der Speicherbereich, auf den `p` zeigt, explizit mitkopiert:

```
MiniString::MiniString( const MiniString &s ) {

  puts( "Kopier-Konstruktor aufgerufen!" );

  p = strdup( s.p );
  l = s.l;
  }
```

Schreibt man nun

```
MiniString s1( "Ein String" );

//-- Nun keine Aliasproblematik mehr, da Heapspeicher verdoppelt wird
MiniString s2 = s1;
```

zeigt die Bildschirmausgabe, daß der neue Kopier-Konstruktor aufgerufen und somit die Aliasproblematik sicher vermieden wurde:

```
Konstruktor für char * aufgerufen!
Kopier-Konstruktor aufgerufen!
Destruktor aufgerufen!
Destruktor aufgerufen!
```

Beachten Sie bitte, daß der Kopier-Konstruktor nur bei der Initialisierung von Objekten, nicht jedoch bei Zuweisungen verwendet wird. Im folgenden Beispiel wird der Kopier-Konstruktor deshalb nicht aufgerufen:

```
//-- Hier wird kein Konstruktor aufgerufen, da es sich nicht um eine
//   Initialisierung handelt, sondern um eine Zuweisung
s2 = s1;
```

Dies ist ein weiterer Fall, in dem man in C++ den Unterschied zwischen *Initialisierung* und *Zuweisung* beachten muß. Für Zuweisungen ist in C++ der Zuweisungsoperator zuständig, den wir im Kapitel 10 vorstellen werden. Um auch bei Zuweisungen den Aliaseffekt auszuschließen, muß der Programmierer eine eigene Version des Zuweisungsoperators implementieren.

8.2 Klassenobjekte als Parameter für Funktionen

Bei der Übergabe eines Parameters an eine Funktion wird in C als auch in C++ zuerst eine lokale Kopie des Arguments angefertigt, auf der die Funktion dann operiert. Am Ende der Funktion wird der Speicherplatz der lokalen Kopie wieder freigegeben. Es wird also nicht das Objekt "selber", sondern nur der Wert an die Funktion übertragen, weswegen man diesen Mechanismus auch *call by value* ("Wertübergabe") nennt.

Dies gilt genauso für Objekte von Klassen. Bei der Übergabe eines Objekts an eine Funktion muß eine lokale Kopie des Objekts erzeugt werden. Die Kopie kann aber nicht einfach durch bitweises Kopieren des Speicherbereiches erzeugt werden, denn sonst hätte man einen weiteren Fall von Aliasing.

8.2.1 Initialisierung durch den Kopier-Konstruktor

Zur Erzeugung der lokalen Kopie muß der Kopier-Konstruktor verwendet werden. Die lokale Kopie wird am Ende der Funktion mit Hilfe des Destruktors wieder zerstört.

Das folgende Listing zeigt ein Programm mit einer Funktion `printLength`, die die Länge des übergebenen Strings berechnen und ausdrucken soll.

Wir vergessen für einen Augenblick, daß `printLength` in der Praxis natürlich als Mitgliedsfunktion von `MiniString` ausgeführt würde:

```
void printLength( MiniString s ) {

  if ( !s.p )
    puts( "Objekt ungültig" );
  else
    printf( "Länge : %i\n", s.l-1 );
}
```

Das Argument `s` ist technisch gesehen eine lokale Variable der Funktion `printLength`, die mit dem übergebenen Parameter beim Aufruf initialisiert wird. Die Ausgabe eines kleinen Testprogramms auf dem Bildschirm zeigt, daß für die lokale Variable `s` Kopier-Konstruktor und Destruktor aufgerufen werden.

```
void main() {

  MiniString s1( "Ein String" );
  printLength( s1 );

}

Konstruktor für char * aufgerufen!
Kopier-Konstruktor aufgerufen!
Länge : 10
Destruktor aufgerufen!
Destruktor aufgerufen!
```

Am Rande ist anzumerken, daß `printLength` auf interne Daten von `MiniString` zugreifen muß. MiniString muß printLength diesen Zugriff explizit durch eine Freund-Deklaration gestatten:

```
class MiniString {

  friend void printLength( MiniString s );

  /* ... weitere Mitglieder von MiniString ... */
};
```

8.2.2 Die Alternative: Referenzen

Oft ist die Erzeugung einer lokalen Kopie der Argumente innerhalb einer Funktion weder notwendig noch erwünscht, vor allem dann nicht, wenn das übergebene Objekt größere Datenmengen verwaltet. Um z.B. die Länge eines Strings zu bestimmen, kann man genausogut mit dem Originalobjekt arbeiten, da keine Daten verändert werden. Die Erzeugung einer eigenen Kopie ist hier komplett unnötig. Soll die Funktion Änderungen am Objekt vornehmen, ist ebenfalls der Zugriff auf das Original erforderlich. In der Praxis zeigt sich, daß die Erzeugung eines lokalen Objekts praktisch nie erforderlich ist und deshalb vermieden werden sollte.

Die klassische Methode zur Lösung des Problems ist die Übergabe eines Zeigers auf das Objekt, dadurch hat die Funktion Zugriff auf das Original. Bei der Parameterübergabe wird nur eine Kopie des Zeigers, nicht des Objekts selber erstellt.

8.2 Klassenobjekte als Parameter für Funktionen

Folgendes Listing zeigt die Lösung im C-Stil:

```
void printLength( MiniString *s ) {
  if ( !s-> p )
    puts( "Objekt ungültig" );
  else
    printf( "Länge : %i\n", s-> l-1 );
}
```

Im Falle von printLength wird das Original nicht geändert, das Argument sollte daher als const deklariert werden:

```
void printLength( const MiniString *s ) ...
```

Beachten Sie bitte, daß man beim Aufruf nun explizit die Adresse bilden muß:

```
MiniString s1( "Ein String" );
printLength( &s1 ); //-- explizite Adressbildung
```

Die Adreßbildung verschlechtert die Verständlichkeit von Programmen, denn es ist nicht klar, ob printLength tatsächlich eine Adresse oder eigentlich das Objekt selber benötigt. In unserem Fall ist die Sache klar, denn bereits aus dem Namen der Funktion geht hervor, daß hier wohl eine Operation mit dem Objekt selber stattfinden wird. Die klassische Lösung im C-Stil hat darüber hinaus den Nachteil, daß der Programmierer *wissen* muß, daß die Adresse, und nicht das Objekt selber zu übergeben ist, obwohl das Objekt selber gemeint ist.

Beide Nachteile werden durch die Verwendung einer Referenz anstelle des Zeigers vermieden. In C++ deklariert man printLength daher als

```
void printLength( MiniString &s );
```

bzw. unter Berücksichtigung der Tatsache, daß die Funktion das übergebene Objekt nicht ändert, als

```
void printLength( const MiniString &s );
```

Die Implementierung bleibt wie in der ursprünglichen Version:

```
void printLength( const MiniString &s ) {
  if ( !s.p )
    puts( "Objekt ungültig" );
  else
    printf( "Länge : %i\n", s.l-1 );
}
```

Das Testprogramm zeigt, daß die Bildung des lokalen Objekts nun unterbleibt:

```
void main() {
  MiniString s1( "Ein String" );
  printLength( s1 );
}
```

Ausgabe:

```
Konstruktor für char * aufgerufen!
Länge : 10
Destruktor aufgerufen!
```

Sowohl bei der Übergabe mit Hilfe eines Zeigers als auch mit Hilfe einer Referenz erhält die Funktion Zugriff auf das Originalobjekt. Man bezeichnet diese Art der Parameterübergabe daher auch als *call by reference* ("Referenzübergabe").

Beachten Sie bitte, daß die Entscheidung, ob call by value oder call by reference verwendet werden soll, ausschließlich beim Entwickler von printLength liegt.

In beiden Fällen ist der Aufruf der Funktion identisch, für den Benutzer von printLength ergibt sich kein Unterschied:

```
void printLength1( MiniString s );    //-- call by value
void printLength2( MiniString &s );   //-- call by reference

void main() {
  MiniString s1( "Ein String" );
  printLength1( s1 );
  printLength2( s1 );
}
```

Dies ist ein wesentlicher Unterschied zur traditionellen Lösung im C-Stil, bei der ja call by reference eine explizite Adreßbildung erfordert.

```
void printLength1( MiniString s );    //-- call by value
void printLength2( MiniString *s );   //-- call by reference

void main() {
  MiniString s1( "Ein String" );
  printLength1( s1 );
  printLength2( &s1 );    //-- explizite Adressbildung erforderlich
}
```

8.2.3 X& oder const X&?

Um call by reference zu erreichen, kommen die beiden folgenden Deklarationen für printLength in Frage:

```
void printLength1( MiniString &s );         //-- Version 1
void printLength2( const MiniString &s );   //-- Version 2
```

Die Verwendung von const zeigt auf den ersten Blick keine Vorteile. Dadurch wird jedoch dokumentiert, daß die Funktion das als Referenz übergebene Objekt nicht ändert. So kann z.B. ein Programmierer bereits aus der Deklaration von printLength2 erkennen, daß sein MiniString-Objekt nach einem Aufruf von printLength2 noch unverändert vorhanden sein wird.

Ein weiterer Vorteil liegt in der Tatsache, daß printLength2 auch auf konstante Objekte angewendet werden kann.

```
const MiniString s1( "Ein String" );

printLength1( s1 );    //-- FALSCH!
printLength2( s1 );    //-- ok
}
```

Beachten Sie bitte, daß dies auch für Parameterübergaben gilt. In der folgenden Implementierung von doIt ist str konstant:

```
void doIt( const MiniString &str ) {
  printLength1( str );    //-- FALSCH!
  printLength2( str );    //-- ok
}
```

8.3 Klassenobjekte als Rückgabewerte von Funktionen

In C++ können zusammengesetzte Datenstrukturen von Funktionen zurückgegeben werden. Je nach Konstellation wird bei diesem Vorgang eine unterschiedliche Anzahl von Kopien der lokalen Datenstruktur hergestellt, die wieder mit dem Kopier-Konstruktor initialisiert und durch den Destruktor zerstört werden.

8.3.1 Ein Beispiel

Für das folgende Beispiel verlagern wir unsere Funktion printLength in die Klasse MiniString:

```
class MiniString {

public:

  //-- druckt Länge des Strings aus
  void printLength();

  /* ... weitere Mitglieder von MiniString ... */

};

void MiniString::printLength() {
  if ( !p )
    puts( "Objekt ungültig" );
  else
    printf( "Länge : %i\n", l-1 );
}
```

Betrachten wir als Beispiel eine Funktion createM, die ein MiniString-Objekt erzeugt und an das aufrufende Programm zurückliefert:

```
MiniString createM() {

  puts( "Start createM" );

  MiniString s( "Ein String" );

  puts( "Ende createM" );
  return s;
}
```

Folgendes Hauptprogramm verwendet createM zur Erzeugung eines Objekts, für das sofort die printLength-Funktion aufgerufen wird.

```
void main() {

  createM().printLength();

}
```

Das Programm produziert folgende Ausgabe:

```
Start createM
Konstruktor für char * aufgerufen!
Ende createM
Kopier-Konstruktor aufgerufen!
Destruktor aufgerufen!
Länge : 10
Destruktor aufgerufen!
```

An der Reihenfolge der Anweisungen kann man die Abläufe bei der Rückgabe des MiniString-Objekts nachvollziehen. Die Rückgabe beginnt mit der Ausführung der return-Anweisung (d.h. nach der Ausgabe von "Ende createM"):

❑   Schritt 1: Der Compiler erzeugt ein temporäres MiniString-Objekt und initialisiert es mit Hilfe des Kopier-Konstruktors aus der lokalen Variablen s.

❑   Schritt 2: Die Funktion wird regulär beendet, dies schließt den Aufruf des Destruktors für s ein. Das temporäre Objekt steht nun dem aufrufenden Programm zur Verfügung.

❑   Schritt 3: Im obigen Falle wird das temporäre Objekt verwendet, um die Funktion printLength aufzurufen. Die Funktion gibt als Ergebnis 10 aus.

❑   Schritt 4: Am Ende der Funktion main verliert das temporäre Objekt seine Gültigkeit. Entsprechend wird der Destruktor aufgerufen.

Das gleichen Schritte laufen ab, wenn man eine Referenz (oder einen Zeiger) "zwischenschaltet":

```
MiniString &r = createM();
r.printLength();
```

Die Referenz r wird mit dem temporären Objekt, das createM bereitgestellt hat, initialisiert. Nun wird auch klar, warum das temporäre Objekt erst am Ende der Funktion main zerstört werden darf: Es kann nicht ausgeschlossen werden, daß im augenblicklichen Block noch aktive Referenzen darauf existieren.

Im folgenden Programm wird das temporäre Objekt verwendet, um ein weiteres MiniString-Objekt zu initialisieren:

```
void main() {

  MiniString s = createM();
  s.printLength();

}
```

8.3 Klassenobjekte als Rückgabewerte von Funktionen

Folgendes Listing zeigt die Ausgabe eines "normalen" (nicht optimierenden) Compilers:

```
Start createM
Konstruktor für char * aufgerufen!
Ende createM
Kopier-Konstruktor aufgerufen!
Destruktor aufgerufen!
Kopier-Konstruktor aufgerufen!
Länge : 10
Destruktor aufgerufen!
Destruktor aufgerufen!
```

Man sieht, daß s wiederum mit Hilfe des Kopier-Konstruktors initialisiert wird. Am Ende von main sind nun zwei Objekte zu zerstören: einmal s und zum andern das temporäre Objekt.

Wird ein aus einer Funktion zurückgegebenes Objekt zur *Initialisierung* verwendet, optimiert Microsoft C++ die Erzeugung (und Zerstörung) des temporären Objekts weg.

Das letzte Programm, mit Microsoft-Compilern übersetzt, ergibt folgende Ausgabe:

```
Start createM
Konstruktor für char * aufgerufen!
Ende createM
Kopier-Konstruktor aufgerufen!
Destruktor aufgerufen!
Länge : 10
Destruktor aufgerufen!
```

Die Optimierung ist möglich, weil C7 und VC (wie viele andere Compiler auch) eine automatische Optimierung bei Funktionsrückgaben komplizierter Objekte vornehmen. Dazu wird das Objekt nicht wie gewöhnliche Variable über den Stack, sondern über einen zusätzlichen Parameter zurückgegeben.

Hat man also wie in unserem Falle etwa

```
MiniString createM();
```

deklariert, macht der Compiler intern daraus

```
void createM( MiniString & );
```

Der Aufruf

```
MiniString s = createM();
```

wird intern entsprechend codiert als

```
MiniString s;     // nur Speicherplatz bereitstellen,
                  // kein Konstruktoraufruf
createM( s );
```

wobei diese beiden Anweisungen nur als Pseudocode zu verstehen sind. In der Definition von s wird nur ein ausreichender Speicherbereich auf dem Stack bereitgestellt, es wird kein Konstruktor aufgerufen. Eine Referenz auf das "uninitialisierte" Objekt wird an createM übergeben, dort erst erfolgt die Initialisierung.

8.3.2 Zwischenspiel: Portierungsfragen

An diesem Beispiel kann man gut eines der Hauptprobleme der Sprache C++ erkennen. Der gleiche Sourcecode führt nach Übersetzung mit unterschiedlichen Compilern zu ganz unterschiedlichen Abläufen. Hier ergeben sich große potentielle Probleme bei der Portierung eines C++ Programms von einem Compiler zu einem anderen. Während man bei einem ANSI-C Programm in der Praxis mit großer Sicherheit davon ausgehen kann, daß ein syntaktisch korrektes Programm auch unter verschiedenen ANSI-Compilern das gleiche Ergebnis zeigt, ist dies bei C++ in weit weniger starkem Maße der Fall.

In unserem konkreten Fall der Rückgabe eines MiniString-Objekts hängt die korrekte Funktionsweise des Programms ganz entscheidend von der korrekten Implementierung des Kopier-Konstruktors ab. Der Konstruktor stellt ein identisches, vom Original völlig unabhängiges Objekt her, so daß die zusätzliche Erzeugung (und Zerstörung) eines temporären Objekts bei einem nicht optimierenden Compiler nicht zu Problemen führt. Eine falsche Implementierung des Kopier-Konstruktors für MiniString wird evtl. unter C7 bzw. VC gar nicht bemerkt und führt erst bei der Portierung auf einen nicht optimierenden Compiler zu Problemen. Das Unangenehme dabei ist, daß man (ohne eine gewisse Erfahrung) zunächst sicher nicht den Kopier-Konstruktor für das Problem verantwortlich macht, zumal der Aufruf implizit erfolgt und in der Praxis nicht durch Ausgabeanweisungen sichtbar gemacht wird. Es ist daher für die Praxis von großer Wichtigkeit, daß der Kopier-Konstruktor sorgfältig und korrekt implementiert wird.

Der *implizite*, d.h für den Programmierer unsichtbare Aufruf von Funktionen ist einer der Kritikpunkte, die (hauptsächlich von C-Programmierern) immer wieder gegen C++ ins Feld geführt werden. In der Tat zeigt der letzte Abschnitt, daß dieser Effekt zu Problemen führen kann. Auf der anderen Seite erhält man durch den impliziten Aufruf von Funktionen so mächtige Ausdrucksmittel, daß man in bestimmten Situationen entstehende Nebeneffekte in Kauf nimmt, zumal das in diesem Abschnitt dargestellte Problem nur bei nicht korrekter Programmierung des Kopier-Konstruktors auftritt.

8.3.3 Grundsätzlicher Ablauf bei der Parameterrückgabe

Grundsätzlich ist der Ablauf bei der Rückgabe eines Objekts aus einer Funktion immer der gleiche: Zuerst wird ein temporäres Objekt an einem "neutralen" Ort erzeugt und dann die Funktion beendet. Das aufrufende Programm erhält Zugriff auf das temporäre Objekt und kann z.B. damit andere Objekte initialisieren, Funktionen aufrufen, oder Referenzen daran binden. Der Compiler sorgt automatisch dafür, daß das temporäre Objekt wieder zerstört wird, wenn keine Bezüge mehr darauf existieren.

Der Vorgang der Parameterrückgabe kann relativ aufwendig werden. Obwohl Microsoft C++ teilweise bereits unnötige temporäre Objekte wegoptimiert, kann der Programmierer durch geeignete Gestaltung seiner Funktionen weitere

8.3 Klassenobjekte als Rückgabewerte von Funktionen

Einsparungen erzielen. Das Ziel dabei ist, das in der Regel erforderliche temporäre Objekt zu vermeiden.

8.3.4 Die Alternative: Referenzen

Genauso wie bei der Parameterübergabe an eine Funktion vermeiden wir auch bei der Rückgabe von Daten die Erzeugung von überflüssigen Objekten durch den Einsatz einer Referenz. Dazu bestehen mehrere Möglichkeiten, die jeweils bestimmte Vor- und Nachteile haben.

Lösung über einen zusätzlichen Aufrufparameter

Der erste Ansatzpunkt zur Optimierung ergibt sich bereits beim Design der Klasse. Ist es überhaupt sinnvoll, ein (größeres) Objekt von einer Funktion zurückgeben zu lassen? Oft ist es möglich, eine Referenz auf ein (leeres) Objekt als Parameter an die Funktion zu übergeben. Die Funktion manipuliert dann das Objekt *direkt*. Die Funktion createM könnte z.B. wie folgt definiert werden:

```
//-- createM gibt ein MiniString-Objekt zurück.
//   Ergebnis hier jedoch als zusätzlichen Parameter

void createM( MiniString &erg ) {
  puts( "Start createM" );
  erg.set( "Ein String" );
  puts( "Ende createM" );
}
```

unter der Annahme, daß die Funktion set wie üblich definiert ist:

```
class MiniString {

public:

  //-- kopiert neue Daten ins Objekt
  void set( const char *str );

  /* ... weitere Mitglieder von MiniString ... */

};

void MiniString::set( const char *str ) {

  if ( p )
    free( p );
  p = strdup( str );
  l = strlen( p ) +1;
}
```

Das Hauptprogramm nimmt dann folgende Form an:

```
void main() {

  MiniString s;
  createM( s );
  s.printLength();

}
```

Diese Lösung ist bei weitem die günstigste, da sie die Erzeugung temporärer Objekte in allen Fällen vollständig vermeidet:

```
Standardkonstruktor aufgerufen!
Start createM
Ende createM
Länge : 10
Destruktor aufgerufen!
```

Sie hat darüber hinaus den Vorteil, daß der Rückgabewert der Funktion createM für andere Zwecke verwendet werden kann. Meist wird der Rückgabewert dann dazu verwendet, den Erfolg der Funktion bzw. einen Fehlercode zurückzugeben. Die Lösung über einen zusätzlichen Aufrufparameter sollte daher wenn irgend möglich verwendet werden, auch wenn die Lösung optisch nicht so schön aussieht.

Der Nachteil dieser Vorgehensweise ist, daß sie für bestimmte Funktionstypen nicht brauchbar ist. So müssen z.B. Operatorfunktionen (Kapitel 10) ihre Ergebnisse als Returnparameter zurückgeben, da sie sonst nicht kaskadierbar sind.

Manche Compiler (unter anderem auch C7 und VC) optimieren die Parameterrückgabe von Funktionen von sich aus bereits so, daß sie im Fall der Rückgabe von "komplizierten" Objekten diese nicht über den Stack, sondern als zusätzlichen, für den Programmierer nicht sichtbaren Referenzparameter übergeben (s.o.). Die in diesem Abschnitt beschriebene Optimierung wird also teilweise bereits automatisch durchgeführt. Die manuelle Deklaration des zusätzlichen Parameters hat jedoch den Vorteil, daß der Programmierer den Rückgabetyp der Funktion für andere Zwecke nutzen kann.

Lösung über ein statisches Datenelement

Eine Funktion kann als Ergebnis eine Referenz zurückgeben, jedoch muß die Referenz an ein Datenelement gebunden werden, das auch nach Beendigung der Funktion noch existiert. Lokale Variablen kommen aus diesem Grund nicht in Frage. Oft ist es jedoch möglich, in einer Funktion ein statisches Datenelement zu definieren, auf das dann eine Referenz zurückgegeben werden kann, wie etwa in der folgenden Version der Funktion createM:

```
//-- createM gibt eine Referenz auf ein MiniString-Objekt zurück

MiniString &createM() {

  puts( "Start createM" );

  static MiniString s;
  s.set( "Ein String" );

  puts( "Ende createM" );
  return s;
}
```

8.3 Klassenobjekte als Rückgabewerte von Funktionen

Beachten Sie bitte, daß diese Version der Funktion nicht zum Erfolg führt:

```
//-- createM gibt eine Referenz auf ein MiniString-Objekt zurück
MiniString &createM() {

  puts( "Start createM" );

  //-- falsch, da diese Anweisung nur beim ersten Aufruf von
  //   createM ausgeführt wird
  static MiniString s( "Ein String" );

  puts( "Ende createM" );
  return s;
}
```

Statische Variablen werden in C und C++ nur beim ersten Durchlauf durch eine Funktion initialisiert. Der Konstruktor würde daher nur beim ersten Durchlauf aufgerufen, weitere Aufrufe der Funktion blieben wirkungslos.

Bei Verwendung dieser Form der Funktion createM wird folgendes ausgegeben:

```
Start createM
Standardkonstruktor aufgerufen!
Ende createM
Kopier-Konstruktor aufgerufen!
Länge : 10
Destruktor aufgerufen!
Destruktor aufgerufen!
```

Der Vorteil der Lösung ist, daß ebenfalls keine temporären Objekte erzeugt werden. Außerdem kann das Ergebnis einer Funktion ohne Zwischenvariable direkt als Parameter für die nächste Funktion verwendet werden. Diese Möglichkeit zum Kaskadieren ist insbesondere für Operatorfunktionen (Kapitel 10) wichtig. Nachteilig an dieser Lösung ist die Notwendigkeit einer globalen Puffervariablen. Hier kann es vor allem beim Kaskadieren zu Problemen kommen, weil der Puffer dann gleichzeitig zur Ein- und Ausgabe dient. Das größte Problem ist allerdings, daß bestimmte, ganz normal aussehende Programmanweisungen nun zu unerklärlichen Fehlern führen können. Hat man z.B. eine Funktion doIt deklariert als

```
void doIt( const MiniString &arg1, const MiniString &arg2 );
```

sollte man z.B. folgende Anweisung schreiben können:

```
doIt( createM(), createM() );
```

Hier wird die Funktion createM zweimal ausgeführt, bevor doIt aufgerufen wird. Der zweite Aufruf von createM überschreibt aber die statische Variable s - das Ergebnis des ersten Aufrufs von createM geht verloren. In unserem Beispiel funktioniert es trotzdem, da beide Aufrufe von createM den gleichen String produzieren. Trotzdem ist ein solches Verhalten natürlich eine Quelle potentieller schwer zu findender Fehler und deshalb nicht tragbar. Es wurde hier nur der Vollständigkeit halber erwähnt, und auch weil es in einigen anderen Veröffentlichungen als Lösung des Effizienzproblems gepriesen wird.

Als Empfehlung läßt sich also folgendes festhalten:

> Soll ein Objekt aus einer Funktion zurückgegeben werden, kann die Funktion ganz normal mit einem Rückgabetyp der Klasse deklariert werden. Der Compiler führt dort, wo es möglich ist, eine automatische Optimierung durch. Die explizite Rückgabe einer Referenz lohnt sich im allgemeinen

nicht, wenn man den zusätzlichen Programmieraufwand in Relation zum Gewinn setzt. Die Lösung über ein statisches Pufferobjekt ist die schlechteste Lösung, da sie zu schwer zu findenden Laufzeitfehlern führen kann.

Berücksichtigt man diese Empfehlung, sollte die Funktion createM deshalb "ganz normal" als

```
MiniString createM();
```

deklariert werden.

8.4 Aufwärtskompatibilität zu C

In den letzten Abschnitten haben wir gesehen, daß die Parameterübergabe von Objekten, die Kopier-Konstruktor bzw. Destruktor besitzen, komplizierter als die einfache Parameterübergabe in C ist. Die C-Standard-Parameterübergabe kann jedoch als Sonderfall der C++-Parameterübergabe gesehen werden.

Der Grund ist, daß eine Klasse, die explizit keinen Kopier-Konstruktor definiert, vom Compiler einen Standard-Kopier-Konstruktor erhält, der die Datenelemente der Klasse elementweise kopiert. Sind die Datenmitglieder der Klasse nicht selber Objekte von Klassen mit Konstruktoren/Destruktor, entspricht die elementweise Kopie außerdem einer bitweisen Kopie. Das folgende Listing zeigt die bekannte Klasse Complex, hier als struct[8] ohne Kopier-Konstruktor formuliert:

```
struct Complex {
  Complex( float re_in, float im_in );
  float re, im;
};
```

Der Compiler ergänzt automatisch einen Standard-Kopier-Konstruktor, der die einzelnen Datenelemente kopiert:

```
struct Complex {
  Complex( const Complex &c_in );
  /* ... weitere Mitglieder von Complex ... */
};
Complex::Complex( const Complex &c_in ) {
  re = c_in.re;
  im = c_in.im;
}
```

---

8   In C++ sind auch structs Klassen, d.h sie können neben Daten auch Funktionen besitzen (Kapitel 13).

8.4 Aufwärtskompatibilität zu C

Bei der Übergabe an eine Funktion wird der Standard-Kopier-Konstruktor aufgerufen, so daß das aus C gewohnte Verhalten bei der Übergabe von Strukturen erreicht wird.

Aus theoretischer Sicht kann man auch die einfachen Datentypen int, float etc. als Klassen ansehen, für die der Compiler einen Standard-Kopier-Konstruktor ergänzt hat. Die Parameterübergabe einfacher Datentypen paßt somit ebenfalls in das C++ Schema.

9 Static in C++

In C++ erhält das Schlüsselwort static im Zusammenhang mit Klassen eine weitere Bedeutung, die mit den aus C bekannten static-Deklarationen nichts gemein hat. Bevor wir statische Klassenmitglieder betrachten, gehen wir kurz auf die aus C bekannten Bedeutungen von static ein.

9.1 Lokale statische Daten

Eine lokal-statische Variable einer Funktion ist vergleichbar mit einer globalen Variable, deren Sichtbarkeitsbereich allerdings auf die Funktion, in der sie definiert ist, beschränkt bleibt.

Lokal-statische Variablen werden beim ersten Eintritt in die Funktion initialisiert und behalten ihren Wert zwischen Funktionsaufrufen bei. Lokale statische Daten eignen sich daher besonders, um Werte zwischen mehreren Funktionsaufrufen der gleichen Funktion zu speichern. Ein typischer Anwendungsfall ist das Zählen von Funktionsaufrufen, wie im folgenden Beispiel gezeigt:

```
//-- Die Funktion liefert die Anzahl der
//   Aufrufe zurück
int countCalls() {
  static int i = 0;
  return ++i;
}
```

9.2 Globale statische Daten

Wird eine globale Variable (d.h. eine Variable, die außerhalb jeder Funktion definiert wird) als static deklariert, wird ihr Sichtbarkeitsbereich auf die aktuelle Datei beschränkt.

Ein typischer Anwendungsfall ist die Deklaration einer Variablen, die von allen Funktionen des Moduls gemeinsam verwendet werden, aber außerhalb des Moduls nicht sichtbar sein soll.

Folgendes Beispiel zeigt einen Modul, der einen Zufallszahlengenerator implementiert:

```
static int ranValue = 203;

void randomStart( int i ) {
  ranValue = i;
  }

#include <math.h>

float randomGet() {
  float f = ( ranValue*10001+3 ) % 17417;
  ranValue = floor( f );
  float r = f/17417;
  return r >= 0 ? r : -r;
  }
```

Der Wert von ranValue dient der Erzeugung der jeweils nächsten Zufallszahl und muß deshalb global irgendwo gespeichert werden. Um nicht immer die gleiche Zufallszahlenfolge zu erhalten, kann der Startwert mit Hilfe der Funktion randomStart auf einen Wert ungleich 203 bestimmt werden.

9.3 Alternative Lösung mit dem Klassenkonzept

Die meisten Anwendungen von statischen Daten in C können in C++ besser mit Hilfe von Klassen realisiert werden. Im letzten Beispiel hatte das statische Datenelement ranValue drei spezielle Eigenschaften:

- Es behielt seinen Wert zwischen zwei Funktionsaufrufen von randomGet
- Es war für randomStart und randomGet sichtbar, nicht jedoch für Programmteile außerhalb der Datei
- Es wurde genau einmal (beim Programmstart) initialisiert.

Alle drei Eigenschaften der statischen Variablen lassen sich im allgemeinen besser mit dem Klassenkonzept erreichen. Folgendes Listing zeigt die Klasse Random, die den Modul zur Erzeugung von Zufallszahlen ersetzen kann:

```
//-------------------------------------------------------------
//       class Random
//
class Random {
public:
  Random();         //-- Standardinitialisierung
  Random( int i );  //   alternative Initialisierung mit i

  //-- liefert eine Zufallszahl zwischen 0 und 1
  float get();
```

9.3 Alternative Lösung mit dem Klassenkonzept

```
private:

  int ranValue;
  };

#include <math.h>
//-----------------------------------------------------------------
//        Random::Random
//
Random::Random() {
  ranValue = 203;
  }
//-----------------------------------------------------------------
//        Random::Random
//
Random::Random( int i ) {
  ranValue = i;
  }
//-----------------------------------------------------------------
//        Random::get
//
float Random::get() {

  float f = ( ranValue*10001+3 ) % 17417;
  ranValue = floor( f );
  float r = f/17417;
  return r >= 0 ? r : -r;
  }
```

Der Algorithmus zur Bestimmung der Zufallszahlen wurde unverändert übernommen. Obwohl das Verfahren relativ einfach ist, kann sich die Qualität sehen lassen. Mit dem folgenden Programm werden Zahlen im Bereich 0 bis 99 erzeugt, jedes Vorkommen einer Zufallszahl erhöht den zugeordneten Zähler in einem Feld f:

```
#include <stdio.h>
#include <stdlib.h>
#include <conio.h>

void main() {

  Random r;

  int f[ 200 ];
  for( int i = 0; i < 200; i++ )
    f[ i ] = 0;
  float runs = 0;

  puts( "Ausgabe der momentanen Statistik: Taste drücken" );

  while( 1 ) {
    runs = runs+1;

    int i = abs( r.get()*100 );
    f[ i ]++;

    if ( kbhit() ) {
      printf( "Verteilung nach %f Läufen: \n", runs );
      for( int i = 0; i < 102; i++ )
        printf( " %i", f[ i ] );
      getch();
      }
    }
  }
```

Das Ergebnis nach ca. 20000 Durchläufen könnte etwa so aussehen:

```
Verteilung nach 19086 Läufen
264 182 156 164 188 146 199 168 243 145 213 192 168 254 222 169 167 158 225 171
235 229 210 199 245 202 156 233 276 217 177 187 117 232 263 217 181 123 257 223
235 148 213 201 286 170 201 124 215 210 177 104 248 200 244 243 200 224 270 184
138 251 150 204 258 190 132 334 218 286 187 115 182 177 296 189 221 193 169 168
147 200 236 263 223 210 297 158 112  77 114  70 101  90 144 123  78 113 124  78
```

Man sieht, daß die Häufigkeiten der einzelnen Zahlen "relativ" gleich sind. Ein weiterer Vorteil der Implementierung mit einer Klasse ist die Tatsache, daß von Random nun beliebig viele Objekte erzeugt werden können. Im Falle eines Zufallszahlengenerators ist dies sicher nicht erforderlich, aber in vielen anderen Fällen schon.

9.4 static im Zusammenhang mit Klassen

In C++ gibt es eine weitere Bedeutung des Schlüsselwortes static. Sie kommt zum Tragen, wenn Klassenmitglieder betroffen sind.

9.4.1 Statische Datenmitglieder

Gewöhnliche, nicht-statische Variablen einer Klasse erhalten Speicherplatz zugewiesen, wenn ein Objekt der Klasse definiert wird. Sie werden außerdem zum Objekt-Definitionszeitpunkt durch einen Konstruktor initialisiert. Jedes Objekt einer Klasse hat damit einen eigenen Satz Variablen, der von den Datensätzen der anderen Objekte völlig unabhängig ist.

Anders bei statischen Variablen einer Klasse. Sie erhalten während der Initialisierungsphase *des Programms* einmalig Speicher zugewiesen und können dabei auch gleich initialisiert werden. Sie sind insoweit mit globalen Variablen vergleichbar, ihr Sichtbarkeitsbereich ist jedoch auf die Klasse beschränkt. Statische Variablen einer Klasse haben mit den Objekten der Klasse nichts zu tun. Während normale, nicht-statische Variablen zum Objekt gehören, sind statische Variablen eher der Klasse an sich zuzuordnen. Man bezeichnet die statischen Datenmitglieder einer Klasse daher auch als *Klassendaten (class data)*, während normale, nicht-statische Mitgliedsvariablen als *Objekt-* oder *Instanzdaten (instance data)* bezeichnet werden.

Das folgende Beispiel zeigt eine Klasse Float mit statischen und nicht-statischen Variablen. Die Klasse soll Fließkommazahlen speichern, alle Werte unterhalb einer Grenze jedoch als 0.0 interpretieren:

```
class Float {

public:

    Float( float f_in );

    //-- liefert den Wert des Objekts
    float getValue() const;
```

9.4 static im Zusammenhang mit Klassen

```
private:
   //-- Der Wert des Float-Objekts
   float value;

   //-- Werte, die kleiner als lowLimit sind, werden als 0 betrachtet
   static float lowLimit;
};
```

Für die Initialisierung der nicht-statischen Variablen sind die Konstruktoren zuständig:

```
inline Float::Float( float f_in ) {
  value = f_in < lowLimit ? 0 : f_in;
}
inline float Float::getValue() const {
  return value;
}
```

Die folgende Anweisung *definiert* die statische Variable, d.h. sie allokiert den benötigten Speicherplatz. Gleichzeitig wird lowLimit initialisiert:

```
//-- Definition der statischen Variablen
float Float::lowLimit = 1e-10;
```

Die Initialisierung erfolgt - analog zu gewöhnlichen globalen Variablen in C - automatisch beim Programmstart.

Für statische Variablen gelten die gleichen Zugriffsschutzmechanismen wie für normale Klassenmitglieder. Möchte man den externen Zugriff gestatten, müssen auch statische Datenmitglieder explizit als public definiert werden:

```
class Float {

public:

   //-- statische Mitglieder sind dem Zugriffsschutz unterworfen.
   //   für externen Zugriff müssen sie public sein!
   static float lowLimit;

   /* ... weitere Mitglieder von Float ... */
};
```

Statische Datenmitglieder sind Variablen der *Klasse*. Zum Zugriff reicht der Klassenname aus:

```
//-- zum Zugriff auf ein statisches Datenelement wird kein
//   Objekt benötigt

Float::lowLimit = 1e-20;
```

Dabei ist es unerheblich, ob bereits Objekte von Float definiert sind, oder nicht. Alternativ kann ein Zugriff auch über ein Float-Objekt in der bekannten Schreibweise erfolgen:

```
//-- alternativ kann auf ein statisches Datenelement auch
//   über ein Objekt zugegriffen werden

Float f;
f.lowLimit = 1e-30;
```

9.4.2 Statische Mitgliedsfunktionen

Für statische Daten gilt ebenfalls der Grundsatz, daß sie von außen nicht direkt, sondern nur über Mitgliedsfunktionen verändert werden sollen. Normale Mitgliedsfunktionen einer Klasse können prinzipiell dazu verwendet werden, jedoch können diese nur mit Hilfe eines Objekts der Klasse aufgerufen werden. Statistische Daten haben aber gerade den Vorteil, daß sie *keine* Objekte benötigen.

Die Lösung bieten sog. *statische Mitgliedsfunktionen*. Sie wirken ausschließlich auf statische Mitgliedsdaten, benötigen dafür aber auch kein Objekt, um aufgerufen zu werden. Möchte man z.B. in der Klasse Float den möglichen Wertebereich für lowLimit einschränken, definiert man lowLimit wieder private und verwendet zum Setzen eine statische Zugriffsfunktion:

```
class Float {
public:
    //-- setzt einen Wert für lowLimit und liefert 1 zurück.
    //   Falls der Wert nicht vernünftig ist wird der Originalwert
    //   nicht verändert, und die Funktion liefert 0.
    static int setLowLimit( float lowLimit_in );

private:
    //-- Werte, die kleiner als lowLimit sind, werden als 0 betrachtet
    static float lowLimit;

    /* ... weitere Mitglieder von Float ... */
};
int Float::setLowLimit( float lowLimit_in ) {
    if ( lowLimit_in < 1e-37 || lowLimit_in > 1e-10 )
        return 0;
    lowLimit = lowLimit_in;
    return 1;
}
```

Beachten Sie bitte, daß statische Mitgliedsfunktionen nur auf statische Daten einer Klasse zugreifen dürfen. Folgende Implementierung der Funktion setLowLimit ist daher falsch. Grundgedanke hätte sein sollen, daß bei einer Änderung der unteren Grenze eigentlich alle Float-Objekte untersucht werden müssen, ob sie von der neuen unteren Grenze betroffen sind. Wenn ja, muß ihr Wert auf 0 gesetzt werden:

```
int Float::setLowLimit( float lowLimit_in ) {
    if ( lowLimit_in < 1e-37 || lowLimit_in > 1e-10 )
        return 0;
    lowLimit = lowLimit_in;
    //-- falls Wert nun kleiner als die neue Grenze ist: auf 0 setzen
    if ( value < lowLimit )
        value = 0;
    return 1;
}
```

9.4 static im Zusammenhang mit Klassen

Die Implementierung ist nicht korrekt, denn setLowLimit hat kein Objekt, dessen value-Variable verändert werden könnte. Die Funktion wirkt auf die Klasse Float selber, und kann deshalb nur Klassenvariablen verändern.

Um trotzdem auf eine Änderung der unteren Grenze reagieren zu können, wird die Prüfung verlegt:

```
inline Float::Float( float f_in ) {
  value = f_in;
}
inline float Float::getValue() const {
  return value < lowLimit ? 0 : value;
}
int Float::setLowLimit( float lowLimit_in ) {
  if ( lowLimit_in < 1e-37 || lowLimit_in > 1e-10 )
    return 0;
  lowLimit = lowLimit_in;
  return 1;
}
```

Hier wird die Überprüfung auf Limitunterschreitung nicht mehr im Konstruktor, sondern jedesmal in der get-Funktion durchgeführt, die dann den jeweils aktuellen Wert von lowLimit berücksichtigen kann.

9.4.3 Fallbeispiel: Codierung spezieller Werte

In der objektorientierten Programmierung werden statische Datenmitglieder oft verwendet, um Informationen, die für alle Objekte der Klasse gelten sollen, zu speichern.

Als Beispiel betrachten wir eine neue Funktion search unserer Klasse String, die das Objekt nach einem bestimmten Zeichen absuchen und den Offset der Fundstelle zurückgeben soll. Das Problem entsteht dann, wenn man sich einen Rückgabewert für das Ergebnis "nicht gefunden" oder "nicht gültig" überlegen muß. Der Wert 0 kommt nicht in Frage, denn der steht für die Fundstelle "erstes Zeichen". Eine Möglichkeit wäre der Wert -1, folgendes Listing zeigt die naheliegende Implementierung:

```
class String {

public:

#define NOT_FOUND -1
  int search( char c );

  /* ... weitere Mitglieder von String ... */

};
```

Im Programm fragt man auf den Wert des Makros ab:

```
String s( "abcdefg" );
int result = s.search( 'b' );
if ( result == NOT_FOUND )
  printf( "b kommt nicht vor\n" );
else
  printf( "Position des Zeichens b : %i\n ", result );
}
```

Das Problem dieser Lösung liegt in der Namensvergabe für NOT_FOUND. In einem größeren Programmierprojekt ist die Wahrscheinlichkeit groß, daß ein anderer Programmierer ebenfalls ein Makro mit dem Namen NOT_FOUND verwendet, evtl. vielleicht mit einem ganz anderen Wert. Ein ähnliches Problem tritt auf, wenn unterschiedliche Bibliotheken verwendet werden, die teilweise die gleichen Namen für solche Makros definieren.

Besser wäre es, wenn der Wert für "nicht gefunden" direkt in der Klasse, die einen solchen Wert produzieren kann, auch definiert werden könnte. Da der Wert für *alle* String-Objekte eines Programms gleich sein kann, bietet sich ein statisches Datenmitglied an. Die Klasse String wird also folgendermaßen ergänzt:

```
class String {
public:
  static const int notFound;
  int search( char c );
  /* ... weitere Mitglieder von String ... */
};
```

In einem Hauptprogramm verarbeitet man das von search gelieferte Ergebnis wie folgt:

```
String s( "abcdefg" );
int result = s.search( 'b' );
if ( result == String::notFound )
  printf( "b kommt nicht vor\n" );
else
  printf( "Position des Zeichens b : %i\n ", result );
```

Der Wert der neuen statischen Variablen notFound ist nicht kritisch. Wir verwenden den Wert -1:

```
const int String::notFound = -1;
```

Beachten Sie bitte den Zugriff auf notFound über den Klassennamen:

```
if ( result == String::notFound ) ...
```

9.4 static im Zusammenhang mit Klassen

Andere Klassen können nun ebenfalls ein Datenmitglied mit dem Namen notFound definieren, ohne daß es zu Problemen mit String::notFound kommt.

```
//-- Eine weitere Klasse, die ebenfalls ein Datenmitglied notFound
//   deklariert:
class Another {
public:
  const static int notFound;
  /* ... weitere Mitglieder von Another ... */
};
```

Der Zugriff aus einem Programm erfolgt wieder über den voll qualifizierten Namen:

```
//-- Keine Gefahr eines Namenskonfliktes, da der voll qualifizierte
//   Variablenname verwendet wird
int j = Another::notFound;
```

Auch an der Definition sieht man, daß es sich um zwei getrennte Variablen handelt:

```
const int String::notFound = -1;
const int Another::notFound = -2;
```

notFound wurde hier const definiert, da der Wert während des Programmablaufs nicht verändert zu werden braucht. Die Variable kann deshalb auch public sein, denn eine Veränderung der Konstanten ist nicht möglich. Die Routine search sowie das Beispielprogramm funktionieren jedoch genausogut, wenn notFound vom Programmierer explizit gesetzt werden könnte. Wir werden später statische Datenmitglieder definieren, die man von außen im Programm setzten kann, um das Verhalten aller Objekte einer Klasse zu beeinflussen.

9.4.4 Fallbeispiel: Mitrechnen von Resourcen

Da es pro Klasse nur einen Satz an statischen Variablen gibt, kann man dadurch erreichen, daß alle Objekte einer Klasse auf die gleiche Variable zugreifen können. Wir verwenden dies, um den insgesamt von String-Objekten allokierten Speicherplatz mitzuführen.

Dazu wird zunächst die Mitgliedsvariable l, die die Länge des Strings angegeben hatte, durch eine Variable s für die Größe des allokierten Speicherbereiches ersetzt.

Die Klasse erhält eine statische Variable usedMem sowie eine Zugriffsfunktion getUsedMem:

```
//-----------------------------------------------------------------
//      class String
//
class String {
    //-- liefert den momentan von allen String-Objekten allokierten
    //   Gesamtspeicher
    static long getUsedMem();

    /* ... weitere Mitglieder von String ... */

private:

    char *p;   //-- Zeigt auf Zeichenkette auf Heap oder ist NULL
    int  s;    //-- Größe des zugewiesenen Speicherbereiches

    static long usedMem; // Größe des allokierten Gesamtspeichers

};
//-----------------------------------------------------------------
//      String::getUsedMem
//
inline long String::getUsedMem() {
  return usedMem;
  }
//-----------------------------------------------------------------
//      String statische Variable
//
long String::usedMem = 0;
```

Dynamischer Speicherplatz für die Strings selber wird in der Funktion set sowie im Destruktor verwaltet. Beide Funktionen werden so geändert, daß sie den allokierten bzw. zurückgegebenen Speicher in usedMem mitrechnen:

```
//-----------------------------------------------------------------
//      String::set
//
void String::set( char *str_in ) {
  delete [] p;
  usedMem-= s;

  p = strdupND( str_in );
  if ( p ) {
    s = strlen( p ) + 1;
    usedMem+= s;
    }
  else
    s = 0;

  }
//-----------------------------------------------------------------
//      String::~String
//
String::~String() {
  usedMem-= s;
  delete [] p;
  }
```

9.4 static im Zusammenhang mit Klassen

Das folgenden Hauptprogramm zeigt die Anwendung:

```
void main() {
  String s1( "abcdefg" );
  String s2;
  String *s3 = new String( "noch ein String" );
  printf( "Gesamtverbrauch an Speicher durch Klasse String: %li\n",
    String::getUsedMem() );
}
```

Als Ergebnis wird

```
Gesamtverbrauch an Speicher durch Klasse String: 25
```

ausgegeben.

9.4.5 Fallbeispiel: Anzahl von erzeugbaren Objekten begrenzen

Im letzten Beispiel wurde ein statisches Datenmitglied verwendet, um den von allen Objekten einer Klasse allokierten Speicherplatz mitzuführen. Genauso kann natürlich die Anzahl der vorhandenen Objekte selber gezählt werden.

Das folgende Listing zeigt eine (unvollständige) Klasse MouseInterface, von der man in einem Programm nur eine Instanz erzeugen möchte, da normalerweise nur eine Maus an den Rechner angeschlossen ist:

```
//-- Beispiel einer Klasse, von der nur ein Objekt erzeugt werden kann
//-----------------------------------------------------------------
//      class MouseInterface
//
class MouseInterface {
public:
  MouseInterface();
  ~MouseInterface();
  /* ... weitere Mitglieder von MouseInterface ... */
private:
  static int instances; // Anzahl der existierenden Objekte
  };
#include <stdio.h>
#include <stdlib.h>
//-----------------------------------------------------------------
//      MouseInterface Konstruktor
//
MouseInterface::MouseInterface() {
  if ( instances > 0 ) {
    puts( "Es gibt bereits ein Maus Interface Objekt." );
    exit( 1 );
    }
  instances++;
  /* ... hier kommt die Initialisierung des Objekts */
  }
```

```
//------------------------------------------------------------
//       MouseInterface Destruktor
//
MouseInterface::~MouseInterface() {
  instances--;
  /* ... hier steht eine evtl. notwendige Deinitialisierung */
}
//------------------------------------------------------------
//       MouseInterface statische Variablen
//
int MouseInterface::instances = 0;
//------------------------------------------------------------
//       main
//
void main() {
  MouseInterface m1;
  MouseInterface m2;
}
```

Nach der Erzeugung des Objekts m1 hat instances den Wert 1, jeder weitere Aufruf eines Konstruktors führt zur Meldung "Es gibt bereits ein Maus Interface Objekt."

10 Operatorfunktionen

10.1 Operatoren im klassischen C

Bereits im klassischen C kann ein Operator unterschiedliche Aktionen durchführen, je nachdem, auf welche Datentypen er angewendet wird. So bewirkt z.B. der + Operator für floats den Aufruf der Additionsroutine aus der Fließkommabibliothek, während der gleiche Operator für ints mit wenigen Maschinenbefehlen direkt abgehandelt wird. Der Compiler trifft die Unterscheidung bei der Übersetzung anhand des Typs der Parameter.

10.2 Operatoren in C++

In C++ ist diese Fallunterscheidung nun auch für benutzerdefinierte Typen möglich. Dazu wird eine sogenannte *Operatorfunktion* definiert, mit der der Benutzer die Funktionalität eines Operators für seine eigenen Datentypen festlegen kann.

Als Beispiel wählen wir wieder die Klasse Complex, die für uns wichtigen Teile sind hier erneut angegeben:

```
class Complex {

public:

  Complex();
  Complex( float re_in, float im_in );

  //-- besetzt das Objekt mit neuen Daten
  void set( float re_in, float im_in );

  void print();

private:

  float re, im;
  };
```

Die "klassische" Routine zur Addition zweier komplexer Zahlen sieht folgendermaßen aus:

```
//-- klassische Additionsroutine
Complex add( const Complex &arg1, const Complex &arg2 ) {
  Complex buffer( arg1.re + arg2.re, arg1.im + arg2.im );
  return buffer;
}
```

Beachten Sie bitte, daß die Funktion add in Complex als friend deklariert werden muß, da sie auf interne Daten von Complex zugreift:

```
class Complex {
  friend Complex add( const Complex &arg1, const Complex &arg2 );

  /* ... Mitglieder von Complex ... */

};
```

In C++ übernimmt die Addition der + Operator, den wir analog zur Funktion add wie folgt definieren:

```
//-- Addition mit Hilfe einer Operatorfunktion
Complex operator + ( const Complex &arg1, const Complex &arg2 ) {
  Complex buffer( arg1.re + arg2.re, arg1.im + arg2.im );
  return buffer;
}
```

Auch hier ist eine friend-Deklaration erforderlich:

```
class Complex {
  friend Complex operator + ( const Complex &arg1, const Complex &arg2 );

  /* ... Mitglieder von Complex ... */

};
```

Die Addition zweier komplexer Zahlen schreibt man jetz einfach als

```
Complex c1( 1, 2 ), c2( 3, 4 );

//-- Aufruf der Operatorfunktion
Complex c3 = c1 + c2;
```

Dies ist gleichbedeutend mit

```
//-- Alternative Schreibweise
Complex c3 = operator + ( c1, c2 );
```

Man sieht, daß der Additionsoperator eigentlich eine Funktion ist, die mit den beiden zu addierenden Objekten als Parameter aufgerufen wird. Der Funktionsname ist dabei das Wort "operator", gefolgt vom jeweiligen Operatorzeichen. Im Gegensatz zu gewöhnlichen Funktionsnamen, die ja aus einem einzigen Wort bestehen müssen, dürfen hier Leerzeichen zwischen dem Wort "operator" und dem Operatorzeichen stehen.

Ob die Addition zweier komplexer Zahlen im Sourcecode mit der Funktion add oder mit einem Operator ausgedrückt wird, ist nur ein notationeller Unterschied. Der erzeugte Code ist in beiden Fällen identisch. Der Vorteil der Verwendung von Operatoren liegt in der klareren Ausdrucksweise im Sourcecode, vor allem dann, wenn Kettenrechnungen erforderlich sind. Eine Anweisung wie

```
x3 = 2 * (x1 + x2) + 1;
```

ist sicherlich einfacher zu lesen (und damit zu verstehen) als die gleichwertige Anweisung

```
x3 = add( 1, mult( 2, add( x1, x2 ) ) );
```

vorausgesetzt, die mult-Funktion und der • -Operator wurden ebenfalls definiert.

10.3 Die Wahl des Rückgabetyps

Ein Problem bei der Verwendung von Operatoren kann die Wahl eines geeigneten Rückgabetyps sein. Eine Operatorfunktion gibt normalerweise ein Objekt (bzw. eine Referenz) zurück, damit *Kettenrechnungen* möglich werden. Eine Anweisung wie z.B.

```
Complex c9 = c1 + c2 + c3 + c4;
```

ist nur möglich, weil die Operatorfunktion ein Complex-Objekt zurückgibt, das dann als Parameter für die jeweils nächste Addition (und zuletzt für die Zuweisung) verwendet werden kann. Die hierbei entstehenden temporären Objekte werden vom Compiler automatisch erzeugt und wieder gelöscht.

Die Rückgabe ganzer Objekte über den Stack kann jedoch teuer[9] sein, wenn die Objekte groß sind oder dynamischen Speicher verwalten und entsprechend Kopier-Konstruktoren definiert haben. Eine Möglichkeit, diesen Overhead zu vermeiden, ist die Rückgabe von Referenzen. Dies ist jedoch nur dann ohne Probleme möglich, wenn die Operatoren als Mitgliedsfunktionen von Klassen formuliert werden. Sie können dann eine Referenz auf das eigene Objekt zurückgeben.

10.4 Operatoren als Mitgliedsfunktionen einer Klasse

Eine Operatorfunktion kann eine Mitgliedsfunktion einer Klasse sein. Dabei gilt die Besonderheit, daß eine solche Mitglieds-Operatorfunktion automatisch als erstes Argument einen Parameter vom Typ der Klasse hat.

---

9   im Sinne von rechenzeitintensiv.

Möchte man den Additionsoperator für komplexe Zahlen als Mitgliedsfunktion von Complex schreiben, muß man die Operatorfunktion daher mit nur einem Argument deklarieren:

```
class Complex {

public:

  //-- operator + ist als Mitgliedsfunktion deklariert
  Complex operator + ( const Complex &arg );

  /* ... weitere Mitglieder von Complex ... */

};
//-----------------------------------------------------------------
//       Complex operator +
//
Complex Complex::operator + ( const Complex &arg ) {
  re += arg.re;
  im += arg.im;
  return *this;
}
```

Obwohl operator + in Complex mit nur einem Argument deklariert wurde, wird er im Hauptprogramm wie gewohnt mit zwei Argumenten aufgerufen: Die Anweisung

```
c3 = c1 + c2;
```

ist jetzt identisch mit der Anweisung

```
c3 = c1.operator + (c2);
```

Wie man sieht, wird die eigene Instanz grundsätzlich als zusätzlicher (erster) Parameter der Operatorfunktion interpretiert. Dies ist in vielen Fällen nicht erwünscht oder gar nicht möglich, deshalb führt man Operatorfunktionen oft nicht als Mitgliedsfunktionen, sondern als globale Funktionen aus. Insbesondere symmetrische Operatoren (d.h. Operatoren mit zwei Argumenten vom gleichen Typ) werden grundsätzlich nicht als Mitgliedsfunktionen definiert (Dies hat mit automatischen Typwandlungen zu tun, die wir im nächsten Kapitel näher betrachten werden). Andererseits gibt es einige Operatoren, die als Mitgliedsfunktionen implementiert werden *müssen* (s.u.).

10.5 Rückgabe des eigenen Objekts

Um in Kettenanweisungen verwendet werden zu können, müssen Operatorfunktionen ein Objekt (bzw. eine Referenz auf ein Objekt) zurückgeben. Ist die Operatorfunktion ein Mitglied eines Objekts, gibt man im allgemeinen das eigene Objekt (bzw. eine Referenz darauf) zurück.

In C++ können Mitgliedsfunktionen einer Klasse den vordefinierten Zeiger this verwenden, um auf das eigene Objekt zuzugreifen. Für eine Klasse T wird this automatisch definiert als

```
T const *this;
```

this ist also ein konstanter Zeiger auf das eigene Objekt, *this bezeichnet somit das eigene Objekt. Die typische return-Anweisung einer Operatorfunktion einer Klasse hat deshalb die Form

```
return *this;
```

10.6 Selbstdefinierbare Operatoren

Insgesamt können die folgenden Operatoren neu definiert werden:
C - Operatoren:

```
[]      ()      ->      ++      --
&       *       +       -       ~
!       /       %       <<      >>
<       >       >=      >=      ==
!=      ^       |       &&      ||
=       *=      /=      +=      -=
%=      <<=     >>=     &=      ^=
|=      ,
```

C++ - Operatoren

```
->*     new     delete
```

Diese Operatoren lassen sich nicht redefinieren:

```
.       .*      ::      ?:
```

Allgemein gelten für Operatorfunktionen die folgenden Einschränkungen:

❑ Die Priorität der Operatoren kann nicht geändert werden. Der *-Operator hat also immer eine höhere Priorität als der +-Operator.

❑ die Stelligkeit kann nicht geändert werden. So kann der *-Operator z.B. immer nur mit zwei Argumenten definiert werden. Eine Ausnahme bildet der Funktionsaufruf-Operator (), der mit einer beliebigen Zahl Argumente beliebigen Typs deklariert werden kann.

❑ Werden der Increment- oder Decrementoperator neu definiert, kann nicht mehr zwischen Präfix- und Postfixnotation unteschieden werden. Diese Einschränkung fällt ab Version 3 des C++ Sprachstandards weg.

❑ Die folgenden Operatoren können nur als nicht-statische Mitgliedsfunktionen von Klassen definiert werden:

Zuweisungsoperator	=
Indexoperator	[]
Funktionsaufrufoperator	()
Zeigeroperator	->

❑ Die folgenden Operatoren können nur als statische Mitgliedsfunktionen von Klassen definiert werden:

Operatoren zur dynamischen Speicherverwaltung   new, delete

In den folgenden Abschnitten zeigen wir einige typische Anwendungen für selbstdefinierte Operatoren.

10.7 Der Zuweisungsoperator =

Der "einfache" Zuweisungsoperator = ist wohl der in der Praxis für Klassen am meisten definierte Operator überhaupt. Dies liegt daran, daß bei einer Standard-Zuweisung die Klassenmitglieder einzeln kopiert werden, was für die allermeisten Klassen in der Praxis nicht das gewünschte Verhalten ist. Bei Klassen mit Zeigervariablen führt die Standard-Zuweisung regelmäßig zur Aliasproblematik (Kapitel 4).

10.7.1 Standard-Zuweisungsoperator

Definiert der Programmierer für eine Klasse keinen Zuweisungsoperator, ergänzt der Compiler automatisch einen Standard-Zuweisungsoperator, der die Datenelemente einzeln kopiert. Folgendes Listing zeigt eine Klasse A mit einigen Datenelementen:

```
class A {
  int i;
  float f;
  char *str;

};
```

Hier hat der Compiler automatisch folgenden Standard-Zuweisungsoperator ergänzt:

```
class A {
public:
  A &operator = ( const A &a );
  /* ... weitere Mitglieder von A ... */
};


A &A::operator = ( const A &a ) {
  i   = a.i;
  f   = a.f;
  str = a.str;

  return *this;
}
```

Eine Zuweisung wie z.B. in

```
A a1, a2;
/* ... Operationen mit a1, a2 ... */
a2 = a1;
```

wird technisch also in die Einzelzuweisungen

```
a2.i   = a1.i;
a2.f   = a1.f;
a2.str = a1.str;
```

aufgelöst. Durch das Kopieren des Zeigers str erhält man auch hier wieder einen Fall von Aliasing. Das Verhalten ist vergleichbar mit dem (unter bestimmten Bedingungen) automatisch generierten Standard-Kopier-Konstruktor, der ja ebenfalls die Initialisierung Mitglied für Mitglied durchführt (Kapitel 8).

10.7.2 Ein Zuweisungsoperator für MiniString

In diesem Abschnitt statten wir die Klasse MiniString mit einem Zuweisungsoperator aus. Im letzten Kapitel haben wir Ministring als Prototyp für eine Klasse eingeführt, die dynamischen Speicher verwaltet und daher der Alias-Problematik unterworfen ist. MiniString repräsentiert daher die typische Klasse, für die ein eigener Zuweisungsoperator definiert werden muß.

```
class MiniString {
  //-- Der Zuweisungoperator besetzt das eigene Objekt mit Daten
  //   aus einem bereits existierenden Objekt

  MiniString &operator = ( const MiniString &arg );
  /* ... weitere Mitglieder von Complex ... */
};
```

Die Implementierung ist problemlos: Erst wird evtl. bestehender Speicher freigegeben, dann wird neuer Speicher ausreichender Größe angefordert und schließlich der übergebene String in den erhaltenen Speicherbereich kopiert.

```
MiniString &MiniString::operator = ( const MiniString &arg ) {
  //-- wir nehmen auf Sonderfälle wie ungültiges Objekt etc. hier
  //   zunächst keine Rücksicht

  if ( p )
    free( p );

  if ( arg.l > 0 ) {
    p = strdup( arg.p );
    l = arg.l;
  }
  else
    l = 0;

  return *this;
}
```

Schreibt man nun

```
MiniString s1( "Ein String" );
MiniString s2( "aaabbbccc" );

//-- hier wird der Zuweisungsoperator aufgerufen
s1 = s2;
```

wird der neue Operator = aufgerufen und so der Aliaseffekt sicher vermieden.

Beachten Sie bitte, daß der Operator eine Referenz auf das eigene Objekt zurückgibt, um z.B. Kettenzuweisungen zu ermöglichen:

```
MiniString s3;
s3 = s2 = s1;
```

Der "Wert" der Zuweisung s2 = s1 ist eine Referenz auf s2, die als nächstes für die Zuweisung an s3 verwendet wird.

10.7.3 Ein Problem: Zuweisung auf sich selbst

Was passiert mit der Implementierung des Zuweisungsoperators aus dem letzten Abschnitt bei einer Kopie einer Variablen auf sich selbst?

```
//-- Eine Zuweisung auf sich selbst macht Probleme
s3 = s3;
```

Hier wird zuerst der Speicherbereich von s3 freigegeben, bevor auf den feigegebenen Speicherbereich erneut (über das Argument des Zuweisungsoperators) zugegriffen wird. Ein Zugriff auf einen bereits freigegeben Speicherbereich ist jedoch zu vermeiden, da das Ergebnis (für den Programmierer) undefiniert ist.

Es gibt viele C-Programme, die auf bereits freigegebenen Speicher zugreifen und trotzdem gut funktionieren. Das folgende Beispiel zeigt, warum dies trotzdem unter allen Umständen zu vermeiden ist. Dazu betrachten wir eine andere, jedoch genausogut mögliche Implementierung des Zuweisungsopeators. Der einzige Unterschied zur ersten Version ist die Korrektur der Variablen l

10.7 Der Zuweisungsoperator =

nach Freigabe des Speichers. In dieser Version wird ihr Wert nach der Speicherfreigabe korrekt auf 0 gesetzt:

```
MiniString &MiniString::operator = ( const MiniString &arg ) {

  //-- defensive programming
  if ( p ) {
    free( p );
    p = NULL;
    l = 0;
  }

  if ( arg.l > 0 ) {
    p = strdup( arg.p );
    l = arg.l;
  }

  return *this;
}
```

Nun führt eine Zuweisung auf sich selbst zu einem leeren Objekt! Der Erfolg einer - völlig legalen - Änderung der Implementierung einer Mitgliedsfunktion ist eine globale Änderung im Programmverhalten!

Grundsätzlich sollte man solche unsicheren Zustände in den Daten eines Objekts vermeiden. Zum Glück ist die Lösung im Falle des Zuweisungsoperators einfach. Eine Zuweisung auf sich selber kann vollständig ignoriert werden:

```
MiniString &MiniString::operator = ( const MiniString &arg ) {

  //-- Zuweisung auf sich selbst kann ignoriert werden
  if ( &arg == this )
    return *this;

  //-- defensive programming

  if ( p ) {
    free( p );
    delete p;
    p = NULL;
    l = 0;
  }

  if ( arg.l > 0 ) {
    p = strdup( arg.p );
    l = arg.l;
  }

  return *this;
}
```

Beachten Sie bitte die Verwendung von this: hier werden Adressen (nicht die Objekte selber) miteinander verglichen.

10.7.4 Zuweisungsoperator und Kopier-Konstruktor

Bei näherer Betrachtung fällt auf, daß der Zuweisungsoperator große Ähnlichkeit mit dem bereits bekannten Kopier-Konstruktor hat: Beide Funktionen haben die Aufgabe, einen neuen String ins Objekt zu kopieren. Während der Zuweisungsoperator von einem bereits initialisierten Objekt ausgehen kann, darf der Konstruktor noch keine Annahmen über die Werte der Variablen treffen.

Der Zuweisungsoperator muß vor der Kopieroperation evtl. vorhandene Daten des Objekts löschen, während der Kopier-Konstruktor vor der Kopieraktion einen Grundzustand der Mitgliedsvariablen herstellen muß. Die eigentliche Kopieroperation ist aber in beiden Fällen die gleiche. Man kann daher in den meisten Fällen den Kopier-Konstruktor mit Hilfe des Zuweisungs-Operators formulieren.

Statt

```
MiniString::MiniString( const MiniString &s ) {
    //-- Explizite Formulierung des Kopier-Konstruktors
    p = strdup( s.p );
    l = s.l;
}
```

schreibt man nun eleganter

```
MiniString::MiniString( const MiniString &s ) {
    //-- Grundzustand der Mitgliedsvariablen herstellen
    p = NULL;
    l = 0;

    //-- Zuweisung neuer Daten an die Mitgliedsvariablen
    *this = s;

}
```

Beachten Sie die Verwendung des this-Zeigers:

```
*this = s;
```

this ist syntaktisch ein Zeiger auf ein Ministring-Objekt, *this bezeichnet daher das Objekt selber. Für die Zuweisung an ein Ministring-Objekt kommt aber genau der Operator = der eigenen Klasse in Frage, der deshalb auch zur Zuweisung verwendet wird.

In der Klasse MiniString bringt die Verwendung des Zuweisungsoperators im Kopier-Konstruktor noch keine wesentlichen Vorteile. In größeren Klassen mit vielen Mitgliedsvariablen gewinnt man jedoch oft an Klarheit, wenn man die Kopieroperation nur an einer Stelle implementieren muß.

OOP-Puristen werden nun einwerfen, daß Initialisierung und Zuweisung zwei völlig unterschiedliche Konzepte sind, die nicht in einer Funktion zusammengefaßt werden sollten. In der Praxis zeigt sich jedoch, daß sich die Initialisierung oft aus den beiden Schritten "Grundinitialisierung herstellen" und "Zuweisen" zusammensetzen läßt. Dabei ist "Zuweisen" meist der weitaus kompliziertere Schritt, vor allem wenn dynamische Speicheranforderungen damit verbunden sind, wohingegen der Schritt "Grundinitialisierung herstellen" in der Regel aus Besetzen von Variablen mit Nullzeigern besteht. Es ist daher in der Praxis durchaus üblich, den Schritt "Zuweisen" nur einmal zu implementieren (im gleichnamigen Operator nämlich) und diesen auch zur Initialisierung wenn möglich zu verwenden.

10.8 Die erweiterten Zuweisungsoperatoren

Die Operatoren

```
*=   /=   %=   +=   -=   >>=   <<=   &=   ^=   |=
```

werden als *erweiterte* oder *zusammengesetzte* Zuweisungsoperatoren bezeichnet. Für sie gelten die gleichen Regeln wie für den einfachen Zuweisungsoperator =, allerdings erzeugt der Compiler keine Standard-Versionen dieser Operatoren. Für eine beliebige Klasse A ist also z.B. der Operator += nicht automatisch definiert. Zu beachten ist außerdem, daß eine Klasse, die über die Operatoren = und + verfügt, nicht deshalb automatisch auch einen += Operator besitzt. Die zusammengesetzten Zuweisungsoperatoren sind eigenständige Operatoren und müssen auch als solche implementiert werden.

Da die zusammengesetzten Zuweisungsoperatoren eigenständige Operatoren sind, kann der Programmierer sie prinzipiell mit beliebiger Funktionalität versehen. Man sollte jedoch darauf achten, daß die bekannten Äquivalenzen erhalten bleiben. Hat man für eine beliebige Klasse T z.B. die Operatoren + und = definiert, sollte - falls überhaupt - der Operator += so definiert werden, daß für zwei beliebige Objekte t1 und t2 von T die Anweisung

```
t1 = t1 + t2;
```

identisch ist zu

```
t1 += t2;
```

Die Operatoren *=, /=, %=, +=, und -= werden zusammen mit ihren Pendants *, /, %, + und - oft für Klassen definiert, die mathematische Operationen zulassen. Beispiele sind unsere Klasse FractInt sowie Klassen für Vektor- und Matrizenrechnung.

10.9 Die Vergleichsoperatoren == und !=

Objekte von Klassen können in C++ nicht direkt miteinander verglichen werden. Hat man z.B. eine Klasse Person definiert als

```
class Person {
  char *name;
  char *vorname;
  int  alter;
  /* ... weitere Mitglieder von Person ... */
};
```

ergibt der Vergleich im folgenden Programm einen Syntaxfehler bei der Übersetzung (wir nehmen an, daß Person einen geeigneten Konstruktor definiert, um die drei Mitgliedsvariablen zu besetzen):

```
Person prs1( "Fritz", "Meier", 25 ),
       prs2( "Fritz", "Meier", 25 );

//-- Dies funktioniert NICHT automatisch!
if ( prs1 == prs2 )
    puts( "Die Personen sind gleich" );
```

Dies ist nichts Neues gegenüber C. Oft behilft man sich mit einem bitweisen Vergleich, etwa wie in folgender Anweisung:

```
//-- Dies liefert nicht das korrekte Ergebnis, wenn die Struktur
//   Zeiger enthält!

if ( memcmp( &prs1, &prs2, sizeof( Person ) ) )
    puts( "Die Personen sind gleich" );
```

Diese Schreibweise ist schwer zu lesen und verschleiert außerdem das Wesentliche: wir wollen nicht Speicherbereiche, sondern Objekte miteinander vergleichen. Außerdem ist der bitweise Vergleich für Klassen mit Zeigervariablen in der Regel schlichtweg falsch, denn dabei werden die Zeiger und nicht die Zeichenketten selber verglichen.

Für Klassen mit Zeigern ist es deshalb meist erforderlich, eine eigene Funktion für den Vergleich der Objekte zu programmieren. Die zum Vergleich notwendige Funktionalität wird im Operator == untergebracht, der als symmetrischer Operator als globale Funktion formuliert wird:

```
int operator == ( const Person &, const Person & );
```

Nun ist die natürliche Schreibweise des Vergleichs möglich:

```
//-- Dies funktioniert nun
if ( prs1 == prs2 )
    puts( "Die Personen sind gleich" );
```

Die Implementierung des Operators liegt auf der Hand:

```
int operator == ( const Person &lhs, const Person &rhs ) {
    return strcmp( lhs.name,      rhs.name )    == 0   &&
           strcmp( lhs.vorname,   rhs.vorname ) == 0   &&
           lhs.alter == rhs.alter;
}
```

Normalerweise liefert der Vergleichsoperator eine Größe vom Typ int. Dadurch kann der Vergleichsoperator nicht nur in normalen if-Ausdrücken verwendet, sondern auch negiert werden:

```
if ( !( prs1 == prs2 ) )
    puts( "Die Personen sind NICHT gleich" );
```

Beachten Sie bitte, daß der Vergleich

```
if ( prs1 != prs2 )
  puts( "Die Personen sind NICHT gleich" );
```

nicht automatisch möglich ist. Der Operator != ist ein eigener Operator und muß, falls gewünscht, separat implementiert werden. Man kann den Operator meist ganz einfach mit Hilfe des bestehenden Vergleichsoperators implementieren:

```
inline int operator != ( const Person &lhs, const Person &rhs ) {
  return !( lhs == rhs );
}
```

Auch hier bezeichnet *this wieder das eigene Objekt.

Ist für eine Klasse ein == Operator vorgesehen, ist es meist günstig, den zugeordneten != Operator gleich mitzudefinieren. Dabei sollte man unbedingt darauf achten, daß für zwei Objekte t1 und t2 eines beliebigen Typs T die Anweisung

```
!( t1 == t2 )
```

das gleiche Ergebnis wie

```
t1 != t2
```

liefert.

Beachten Sie bitte, daß die Vergleichsoperatoren symmetrische Operatoren sind und deshalb nicht als Mitgliedsfunktionen, sondern als globale Funktionen implementiert wurden. Damit sie auf die Daten der Klasse Person zugreifen dürfen, müssen sie von Person als Freunde deklariert werden:

```
class Person {
  /* ... weitere Funktionen von Person ... */
  friend int operator == ( const Person &, const Person & );
  friend int operator != ( const Person &, const Person & );
};
```

10.10 Der Negationsoperator !

In Standard-C ist der Operator ! auf integers anwendbar. Er "negiert" sein Argument, d.h. für einen Wert ungleich 0 (logisch WAHR) liefert er 0 (logisch FALSCH), für 0 liefert er 1.

Für *Klassen* wird der Operator dagegen gerne definiert, um die *Gültigkeit* von Objekten festzustellen. Bei komplexeren Klassen hat man oft Situationen, in denen die Mitgliedsvariablen einen Zustand haben können, der eine Arbeit mit einem Objekt der Klasse nicht erlaubt. Alltägliche Situationen sind z.B. das Fehlschlagen von Speicheranforderungen, Probleme beim Öffnen von Dateien etc.

Eine professionelle Implementierung unserer Klasse Person muß z.B. davon ausgehen, daß die Speicheranforderungen für name bzw. vorname fehlschlagen und die Mitgliedsvariablen als Folge den Wert NULL erhalten. Der Operator ! kann hervorragend dazu verwendet werden, um eine solche Situation dem Benutzer mitzuteilen. Eine naheliegende Implementierung zeigt folgendes Listing:

```
class Person {
    //-- liefert 0, wenn das Objekt ok ist
    int operator ! () const;
    /* ... weitere Mitglieder von Person ... */
};
int Person::operator ! () const {
    return name    == NULL   ||
           vorname == NULL;
}
```

Folgendes Listing zeigt beispielhaft, wie sich der Programmierer einer Funktion doSomething, der von außen ein Person-Objekt zur Bearbeitung erhält, über die Gültigkeit des Parameters versichert:

```
//-- Die Funktion bearbeitet den Personalstammsatz mit Verfahren xyz.
//   Return: 1    xyz war ok
//          0    xyz war nicht ok oder Parameter nicht in Ordnung
int doSomething( Person &prs ) {
  if ( !prs ) {
     //-- Parameter nicht ok
     return 0;
  }
  /* ... hier kommt jetzt das Verfahren xzy ... */
}
```

Beachten Sie bitte, daß der Operator in der Regel als konstante Mitgliedsfunktion deklariert wird, da er sein Objekt nicht ändert.

10.11 Die Operatoren ++ und --

Bei der Definition eigener Increment- und Decrementoperatoren ist zu beachten, daß bei den selbstdefinierten Operatoren nicht mehr *ganz* korrekt zwischen Präfix- und Postfixnotation unterschieden wird, sondern es wird immer *zuerst* der Operator angewendet, *dann* wird das Ergebnis weiterverarbeitet.

10.11 Die Operatoren ++ und --

Diese Reihenfolge entspricht der Präfix-Notation der Standard-Operatoren für increment und decrement.
Daraus ergibt sich ein Problem beim Lesen und Verstehen von C++ Quellcode, denn die Bedeutung von Anweisungen wie

```
doIt( temp++ );
```

ist in C++ nicht mehr ohne weiteres klar. Ob zuerst die Parameterübergabe an doIt und dann die Incrementierung von temp stattfindet oder umgekehrt, hängt davon ab, ob für die Klasse von temp ein Incrementoperator definiert wurde oder nicht.

Allerdings kann der Programmierer unterschiedliche Operatorfunktionen für die Post- und Präfixformen deklarieren. Dazu wird ein zusätzlicher Parameter verwendet, dessen Wert keine Bedeutung hat. Das folgende Listing zeigt am Beispiel unserer Klasse FractInt eine typische Implementierung des Increment-Operators, und zwar sowohl als Präfix- als auch als Postfix-operator.

```
class FractInt {

    int zaehler, nenner;
public:

    FractInt();                                    // Konstr. #1
    FractInt( int zaehler_in, int nenner_in );     // Konstr. #2
    FractInt( int zaehler_in );                    // Konstr. #3

    void print();

    FractInt &operator ++ ();        // Increment-Operator, Präfix-Form
    FractInt &operator ++ ( int );   // Increment-Operator, Postfix-Form

};

FractInt &FractInt::operator ++ () {

    puts( "Increment-Operator, Präfix-Form aufgerufen!" );

    zaehler += nenner;
    return *this;
}

FractInt &FractInt::operator ++ ( int ) {

    puts( "Increment-Operator, Postfix-Form aufgerufen!" );

    zaehler += nenner;
    return *this;
}
```

Folgendes Programm zeigt, daß zwar zwischen Präfix- und Postfix-Notation unterschieden wird, es wird jedoch immer zuerst der Operator angewendet, dann wird das (modifizierte) Objekt an die Funktion doIt übergeben.

```
void main() {

    FractInt x1( 1, 3 );
    FractInt x2( 1, 3 );

    doIt( ++x1 );
    doIt( x2++ );
}
```

Die Funktion doIt soll das übergebene Objekt ausdrucken:

```
void doIt( FractInt &fr ) {
  fr.print();
}
```

Als Ergebnis erhält man die Ausgabe

```
Increment-Operator, Präfix-Form aufgerufen!
(4/3)
Increment-Operator, Postfix-Form aufgerufen!
(4/3)
```

Das gleiche Ergebnis wird durch die Anweisungen

```
x1++.print();
(++x2).print();
```

erzielt.

Beachten Sie bitte, daß die Operatorfunktionen eine Referenz auf das eigene Objekt zurückliefern, damit zusammengesetzte Anweisungen wie z.B.

```
x2 = x1++;
```

ausgeführt werden können.

Da man einen "echten" Postfix-Aufruf mit selbstdefinierten Increment- bzw. Decrementoperatoren nicht codieren kann, sind die Postfix-Formen der Operatoren nur von untergeordnetem Nutzen. Meist soll ja die gleiche Operation wie bei der Präfix-Form durchgeführt werden, allerdings zu einem anderen Zeitpunkt. Man implementiert die Postfix-Form eines Operators deshalb in der Regel identisch zur Präfix-Form.

Folgendes Listing zeigt eine solche Impelementierung der Postfix-Form des Incrementoperators für die Klasse FractInt:

```
inline FractInt &FractInt::operator ++ ( int ) {
  return ++(*this); // Aufruf der Präfix-Form
}
```

10.12 Der Subscript-Operator []

Die eckigen Klammern werden in C und in C++ standardmäßig zur Indizierung von Feldern verwendet. Auch wenn es auf den ersten Blick ungewöhnlich erscheint, ist es nichts Besonderes, zur Indizierung von Feldern eine benutzerdefinierte Funktion zu verwenden.

10.12 Der Subscript-Operator []

Die wohl häufigste Anwendung für die Operatorfunktion [] ist wahrscheinlich die Implementierung des Feldzugriffs mit vorausgehender Bereichsprüfung. In C und C++ gibt es ja bekanntlich keine automatische Prüfung auf Zulässigkeit der Indizes.

Mit der Definition

```
int array[ 10 ];
```

kann man z.B. ohne Syntaxfehler auf das Feldelement mit dem Index 20 zugreifen:

```
//-- in C++ kann man genauso wie in C problemlos auf
//   beliebige Speicherbereiche zugreifen
void main() {
  int array[ 10 ];
  array[ 20 ] = 1; // das gehört nicht mehr zum Feld !!!
  }
```

Hier wäre eine Prüfung auf die Zulässigkeit des Feldzugriffs wünschenswert, bevor Schlimmeres passiert. Die Standardlösung in C++ verwendet eine Klasse zur Repräsentation eines Feldes. Die Klasse erhält einen []-Operator, der die Zulässigkeit des Indexzugriffs prüft:

```
//---------------------------------------------------------------
//      class IntArry
//
class IntArry {
  //-- Integer Feld mit Bereichsprüfung
public:
  IntArry( int dim );
  ~IntArry();

  int &operator [] ( int index );
private:
  int *p;     // Zeiger auf Speicherbereich oder NULL
  int nent;   // Anzahl der Elemente des Feldes ("number of entries")
  };

#include <stdio.h>
#include <stdlib.h>

//---------------------------------------------------------------
//      IntArry::IntArry
//
IntArry::IntArry( int dim ) {
  p = new int[ dim ];
  nent = p ? dim : 0;
  }
```

```
//-----------------------------------------------------------------
//        IntArry::~IntArry
//
IntArry::~IntArry() {
  delete p;
  }
//-----------------------------------------------------------------
//        IntArry:: operator []
//
int &IntArry::operator [] ( int index ) {
  if ( index < 0 || index >= nent ) {
    printf( "Index %i außerhalb der Feldgrenzen !\n", index );
    exit( 1 );
    }
  return p[ index ];
  }
```

Beachten Sie bitte, daß die Operatorfunktion eine Referenz auf einen Integerwert zurückliefert. Die Referenz wird innerhalb der Operatorfunktion mit dem korrekten Feldelement initialisiert. Dadurch kann die Operatorfunktion (und damit der Operator selber) sowohl rechts als auch links einer Zuweisung stehen. Es sind sowohl Anweisungen wie

```
IntArry ia( 10 );

ia[ 3 ] = 27;  //-- Zuweisung an ein Feldelement
```

als auch

```
printf( "Feldelement 3 hat den Wert %i ", ia[ 3 ] );
```

korrekt.

Das folgende Hauptprogramm verwendet die Operatorfunktion, um ein Feld mit 10 ints mit Zahlen zu füllen. In der zweiten Schleife zum Lesen des Arrays wurde absichtlich ein Fehler eingebaut, der wohl allen C Programmierern schon einmal unterlaufen ist: Obwohl das Feld 10 Elemente hat, darf der Index nur bis 9 laufen. Die Abbruchbedingung i<=10 ist deshalb falsch, richtig muß es i<10 heißen.

```
//-----------------------------------------------------------------
//        main
//
void main() {
  IntArry ia( 10 );
  //-- Schleife zum Besetzen des Feldes ia
  for ( int i=0; i<10; i++ )
    ia[ i ] = i*i;

  //-- (fehlerhafte) Schleife zum Lesen des Feldes ia
  for ( i=0; i<=10; i++ )
    printf( "Feldwert an Index %i : %i\n", i, ia[ i ] );

  }
```

Die selbstdefinierte Operatorfunktion erkennt diesen Fehler und reagiert entsprechend:

```
Feldwert an Index 0 : 0
Feldwert an Index 1 : 1
Feldwert an Index 2 : 4
Feldwert an Index 3 : 9
Feldwert an Index 4 : 16
Feldwert an Index 5 : 25
Feldwert an Index 6 : 36
Feldwert an Index 7 : 49
Feldwert an Index 8 : 64
Feldwert an Index 9 : 81
Index 10 außerhalb der Feldgrenzen !
```

Beachten Sie bitte, daß als Nebeneffekt das Feld nun quasi-dynamisch ist, d.h. die Größe muß nicht mehr zur Übersetzungszeit bekannt sein, sondern kann z.B. auch vom Nutzer eingelesen werden[10]:

```
int dim;
printf( "Dimension eingeben : " ); scanf( "%i", &dim );
IntArry b( dim );
```

Das obige Beispiel ist ein sinnvolles Beispiel für eine Operatorfunktion, weil die Funktionalität des Operators eigentlich nicht verändert wurde: Der Operator [] wird weiterhin verwendet, um auf Elemente von Feldern zuzugreifen. Der Zugriff wurde lediglich (für die meisten Anwendungen) sicherer und damit besser gestaltet.

Die Verbesserung des in C und C++ nur unzureichend implementierten Feldtyps durch Klassen ist eine der Standardanwendungen objektorientierter Programmierung in C++. Die hier in Ansätzen vorgestellte Klasse IntArry kann mit den fortgeschrittenen Sprachmitteln von C++ noch erheblich verbessert werden. So wäre z.B. denkbar, bei einem Zugriff außerhalb der Grenzen des Feldes das Programm nicht einfach abzubrechen, sondern das Feld automatisch zu vergrößern. Weiterhin benötigt man eine leistungsfähige Fehlererkennung (bzw. -behebung), um auf Fälle wie z.B.

```
IntArry ia( -2 );
```

etc. geeignet reagieren zu können. Wir werden uns im Rahmen eines weiteren Projekts in Kapitel 17 mit Klassen für dynamische Felder befassen.

10.13 Der Funktionsaufruf-Operator ()

Wird der Funktionsaufruf-Operator für eine Klasse definiert, kann man Objekte dieser Klasse wie Funktionen verwenden. Der Vorteil des ()-Operators liegt in der Tatsache, daß die Anzahl und Typ der Parameter (im Gegensatz zu allen anderen Operatoren) nicht festgeschrieben ist.

---

10 Im Gegensatz zu einem *dynamischen Feld*, dessen Größe sich auch nach der Inititialisierung noch ändern kann.

Dadurch eignet sich der Operator z.B. gut zum direkten Zugriff auf Feldelemente von Matrizen. Geht man von den gebräuchlichen zweidimensionalen Matritzen aus, benötigt man zwei Indizes zum Zugriff auf ein Feldelement, so daß der eigentlich dafür vorgesehene Operator [] nicht verwendet werden kann, da für diesen nur ein Argument möglich ist.

Im folgenden Listing wird die Klasse Matrix definiert, die eine zweidimensionale Matrix von ganzen Zahlen durch einen linearen Speicherbereich abbildet. Die Werte für die maximale Zeilen- und Spaltenzahl werden im Konstruktor übergeben, wobei wir auch hier der Einfachheit halber auf die Prüfung der Parameter und ähnliche Sicherheitsvorkehrungen zunächst verzichten:

```
//-----------------------------------------------------------
//      class Matrix
//
class Matrix {

  //-- Integer Feld mit Bereichsprüfung

public:

  Matrix( int dim1, int dim2 );
  ~Matrix();

  int &operator () ( int index1, int index2 );

private:

  int *p;         // Zeiger auf Speicherbereich oder NULL
  int d1, d2;     // Dimensionen
  };

#include <stdio.h>
#include <stdlib.h>


//-----------------------------------------------------------
//      Matrix::Matrix
//
Matrix::Matrix( int dim1, int dim2 ) {
  p = new int[ dim1*dim2 ];
  if ( p ) {
    d1 = dim1;
    d2 = dim2;
    }
  else {
    d1 = 0;
    d2 = 0;
    }
  }
//-----------------------------------------------------------
//      Matrix::~Matrix
//
Matrix::~Matrix() {
  delete p;
  }
```

10.13 Der Funktionsaufruf-Operator ()

```
//-------------------------------------------------------------------
//        Matrix:: operator ()
//
int &Matrix::operator () ( int index1, int index2 ) {
  if ( index1 < 0 || index1 >= d1 ||
       index2 < 0 || index2 >= d2 ) {
    printf( "Indizes (%i, %i) außerhalb der Feldgrenzen !\n",
        index1, index2 );
    exit( 1 );
  }
  return p[ index1*d2 + index2 ];
}
```

Auch hier gibt der Operator eine Referenz auf einen Integerwert zurück, so daß sowohl Abfrage als auch Zuweisung möglich sind:

```
Matrix m( 5, 3 );

m( 1, 1 ) = 30;          //-- Zuweisung an Feldelement
int j = m( 1, 1 );       //-- Zugriff auf Feldelement
```

Im folgenden Hauptprogramm definieren wir ein Feld der Größe 3x5 und verwenden den Operator () zum Besetzen des Feldes sowie zur nachfolgenden Ausgabe.

```
void main() {

  Matrix m( 5, 3 );

  //-- Schleife zum Besetzen der Matrix
  for ( int i=0; i<5; i++ ) {
    m( i, 0 ) = i;
    m( i, 1 ) = i*i;
    m( i, 2 ) = i*i*i;
  }

  //-- Schleife zur Ausgabe der Matrix
  for ( i=0; i<5; i++ )
    printf( "%10i%10i%10i\n", m( i, 0 ), m( i, 1 ), m( i , 2 ) );

}
```

Folgendes Listing zeigt das Ergebnis des Programms:

```
         0         0         0
         1         1         1
         2         4         8
         3         9        27
         4        16        64
```

Auch die Klasse Matrix kann noch verbessert werden. Die aus der Mathematik bekannten Operatoren für Matrixaddition, -multiplikation etc. lassen sich elegant mit Operatorfunktionen implementieren. Schließlich kann die Klasse IntArry auch als Klasse zur Repräsentation von Vektoren betrachtet werden, auf die man Matrixoperationen anwenden kann. Nicht zuletzt kann man ein System linearer Gleichungen mit Hilfe von Matrixoperationen lösen.

10.14 Der Zeigerzugriff-Operator ->

Definiert man einen Zeigerzugriff-Operator für eine Klasse, kann man Objekte dieser Klasse wie Zeigervariablen verwenden. Folgendes Listing zeigt eine Klasse A mit einem Zeigerzugriffsoperator, der einen Zeiger auf ein B-Objekt liefert:

```
//----------------------------------------------------------------
//         class B
//
class B {

public:

    //-- beliebige Daten und Funktionen
    int i;
    char *str;
    float limit;

    void doIt( int x, int y );
    };

//----------------------------------------------------------------
//         class A
//
class A {

    //-- definiert Operator ->
public:
    B *operator -> ();

    /* .. weitere Daten und Funktionen von A */
    };
```

Nun kann man z.B. etwas wie

```
A a;

int ii = a-> i;

a-> doIt( 5, 3 );
```

schreiben. Die Mitglieder i bzw. doIt sind Mitglieder von B, da die Operatorfunktion einen Zeiger auf ein B Objekt liefert.

Meist wird der Operator so implementiert, daß er eine Auswahl aus verschiedenen B-Objekten trifft und einen Zeiger auf ein selektiertes Objekt zurückliefert. *Welches* Objekt selektiert wird, wird dabei aus den Mitgliedsdaten von a bestimmt. Der sinnvolle Effekt beim Überladen des Zeigerzugriffs-Operators ist also die Tatsache, daß man ein Objekt einer Klasse wie einen Zeiger verwenden kann. Wir werden im Projekt "Heterogener Container" in Kapitel 23 eine nützliche Anwendung für einen selbstdefinierten Zeigerzugriff-Operator kennenlernen.

10.15 Der Komma-Operator

Der Komma-Operator gehört zu den exotischeren Operatoren, die in "normalen" C++ Programmen aus der Praxis eher selten von einem Programmierer umdefiniert werden.

In C wird eine durch Kommata getrennte Liste von Ausdrücken von links nach rechts ausgewertet, der Wert der gesamten Liste ist der Wert des letzten Ausdrucks.

Das folgende Listing definiert eine Klasse A mit einem Integer-Datenelement sowie einem Konstruktor zum Besetzen dieses Elements.

```
class A {
  int i;
public:
  A( int n_i );
  A &operator , ( const A& arg );
};
```

Die Operatorfunktion für den Komma-Operator übernimmt eine Referenz auf ein A-Objekt und liefert eine ebensolche zurück. Im Operator geben wir den Datenwert sowohl des eigenen als auch des als Parameter erhaltenen Objekts aus, um so die Reihenfolge der Aufrufe nachverfolgen zu können.

```
A &A::operator , ( const A& arg ) {
  printf( "eigenes Objekt: %i  Parameter: %i\n", i, arg.i );
  return *this;
}
```

In der folgenden Anweisung werden fünf A-Objekte definiert und unterschiedlich initialisiert:

```
A a( 10 ), b( 11 ), c( 12 ), d( 13 ), e( 14 );
```

An der Ausgabe der Anweisung

```
a, b, c, d, e;
```

kann man die Wirkungsweise des Komma-Operators beobachten:

```
eigenes Objekt: 10  Parameter: 11
eigenes Objekt: 10  Parameter: 12
eigenes Objekt: 10  Parameter: 13
eigenes Objekt: 10  Parameter: 14
```

Beachten Sie bitte, daß der Komma-Operator in Parameter- und Initialisiererlisten nicht aufgerufen wird. Dort dient das Komma als Trenner zwischen den einzelnen Parametern bzw. Initialisierern:

```
//-- hier wird der Komma-Operator nicht aufgerufen
calculate( a, b );
```

Eine naheliegende Anwendung für einen überladenen Komma-Operator ist die Abarbeitung einer Liste von Datenwerten. Statt wie gewohnt ein Feld explizit (bzw. in einer Schleife) zu initialisieren, kann man auch eine durch Kommata getrennte Liste verwenden. Wir rüsten dazu die bereits vorgestellte Klasse IntArry zur Darstellung eines Feldes für Integerzahlen mit einem Komma-Operator aus:

```
//---------------------------------------------------------------
//       class IntArry
//

class IntArry {

public:

    IntArry();
    IntArry( int dim );
    ~IntArry();

    IntArry &operator , ( int );

    /* ... weitere Mitglieder von IntArry ... */
};
```

Beachten Sie bitte, daß der Komma-Operator nun mit einem Parameter vom Typ int deklariert wurde. Nun kann man etwa folgendes schreiben:

```
IntArry ia();
ia, 1, 2, 3;
```

und der Komma-Operator für IntArry wird dreimal aufgerufen. Der Operator wird sinnvollerweise so implementiert, daß er sein Argument an das bestehende Feld hinten anhängt. Dazu benötigt man noch eine (hier nicht gezeigte) Routine, die das Feld dynamisch vergrößern kann, um Platz für das neue Datenelement zu schaffen.

Ob eine solche Notation zur Lesbarkeit von Programmen beiträgt, sei dahingestellt. Die Semantik des "Anhängens" wird nach Ansicht des Autors besser durch den Linksschiebeoperator << repräsentiert (s.u.).

10.16 Die Operatoren << und >>

Die Operatoren << und >> werden in Standard C zum Bitschieben verwendet. In der objektorientierten Programmierung wird die Bedeutung des Begriffs "Schieben" erweitert: man versteht darunter nun auch das Schieben von Informationen in ein Objekt hinein (bzw. aus ihm heraus). Die Operatoren werden deshalb gerne verwendet, um Daten in ein Objekt einzufügen bzw. aus diesem zu extrahieren.

Unsere Feldklasse IntArry ist ein Standardbeispiel für die Definition eines eigenen Linksschiebeoperators. Um z.B. Zahlen an das Feld anzuhängen, bietet sich (als Ersatz des Komma-Operators aus dem letzten Abschnitt) die Notation

```
IntArry ia(3);
ia << 1 << 2 << 3;
```

an.

Hier wird auch optisch deutlich, daß die Zahlen 1, 2 und 3 in das Feld "hineinfließen". Der Operator << müßte in der Klasse IntArry folgendermaßen deklariert werden:

```
//------------------------------------------------------------------
//        class IntArry
//
class IntArry {

public:
   IntArry &operator << ( int );

   /* ... weitere Mitglieder von IntArry ... */
   };
```

Wie gesagt, hierzu fehlen uns noch Routinen zum dynamischen Vergrößern des Feldes. Wir kommen im Projekt "Dynamisches Feld" in Kapitel 17 auf dieses Thema zurück.

Eine Standardanwendung für die Operatoren << und >> ist die typsichere Ein/Ausgabe von Daten in C++. Auch hier werden Informationen "in ein Objekt hineingeschoben" bzw. aus einem Objekt extrahiert. Die Objekte formatieren die transferierten Daten und dann die eigentliche E/A mit dem Betriebssystem durch. Diese elegante Verwendung der Schiebeoperatoren behandeln wir detailliert im Kapitel 25.

10.17 Die Operatoren new und delete

10.17.1 Operatoren new und delete für Klassen

Durch Definieren der Operatoren new und delete als Mitgliedsfunktionen kann eine Klasse bestimmen, was beim dynamischen Erzeugen bzw. Löschen von Objekten der Klasse geschehen soll. Hat eine Klasse A den Operator new überladen, wird die zugehörige Operatorfunktion bei einer Anweisung wie z.B.

   A a = new A;

aufgerufen.

Die Operatorfunktion muß einen Speicherbereich bereitstellen, in dem das Objekt residieren kann. Der Standard-new-Operator allokiert den dazu benötigten Speicher von Heap, ein selbstdefinierter Operator könnte z.B. zusätzlich Speicher vom EMS nutzen, wenn der Heap erschöpft ist. Eine Standardanwendung (zumindest unter dem Betriebssystem UNIX) ist die Implementierung eines eigenen Heapmanagers über die Redefinition von new/delete, da die Anforderung bzw. Rückgabe von Speicherblöcken "teuer" (d.h. CPU-intensiv) sein kann. Solche Systeme allokieren einen großen Speicherblock "am Stück" und partitionieren ihn dann für die einzelnen Objekte. Nicht mehr gebrauchte Speicherblöcke werden in einer Liste gehalten, die für spätere Allokationen zur

Verfügung steht. In C7 bzw. VC enthält die Laufzeitbibliothek bereits einen leistungsfähigen Heapmanager, so daß sich eine Redefinition von new und delete aus Effizienzgesichtspunkten im allgemeinen erübrigt.

Die Implementierung eines eigenen Heapmanagers kann sich jedoch auch aus anderen Gründen lohnen. In den *Microsoft Foundation Classes* (MFC) ist z.B ein Heapmanager enthalten, der das Debuggen von Programmen, die dynamischen Speicher verwenden, wesentlich erleichtert. Dieser Heapmanager ist in der Lage, die häufigsten Fehler, wie z.B. Speicherüberschreiber, Speicherlecks, mehrfaches Freigeben von Speicherbereichen etc. zu diagnostizieren. Dies wird durch spezielle Versionen der new- und delete-Operatoren erreicht. Die MFC besprechen wir ab Kapitel 27.

Die Operatorfunktion für new muß als erstes Argument einen Wert vom Typ size_t erhalten, weitere Argumente sind möglich. Die Funktion muß als Ergebnistyp void* liefern. Beachten Sie bitte den Unterschied zu anderen Operatoren: Für new und delete kann der Typ der Parameter nicht vom Programmierer bestimmt werden.

Beim Aufruf von new wird der erste Parameter nicht wie üblich vom aufrufenden Programm angegeben, sondern vom Compiler automatisch mit der Größe des Objekts besetzt. Die Operatorfunktion muß einen Speicherbereich dieser Größe bereitstellen. size_t ist in C7 und VC (aber nicht unbedingt in anderen Compilern, Maschinen oder Betriebssystemen) als unsigned int definiert.

Die Operatorfunktion für delete muß als erstes Argument einen Wert vom Typ void* erhalten, ein weiteres Argument vom Typ size_t ist möglich. Das zweite Argument wird, sofern angegeben, nicht vom Programm, sondern vom Compiler mit der Größe des als ersten Parameter übergebenen Objekts besetzt.

Im folgenden Beispiel sind new und delete für die Klasse MiniString überladen worden. Die Operatorfunktionen drucken jeweils eine Meldung aus und rufen dann malloc bzw. free auf. Die überladenen Versionen der Operatoren führen also keine speziellen Operationen aus, sie dienen hier nur zur Illustration.

```
//----------------------------------------------------------------
//      class MiniString
//
class MiniString {

public:
  void *operator new( size_t s );
  void operator delete( void *p );

  /* ... weitere Mitglieder von MiniString ... */

  };

//----------------------------------------------------------------
//      MiniString::operator new
//
void *MiniString::operator new( size_t s ) {

  puts( "Operator new aufgerufen" );
  return malloc( s );
  }
```

10.17 Die Operatoren new und delete

```
//--------------------------------------------------------------
//       MiniString::operator delete
//
void MiniString::operator delete( void *p ) {

  puts( "Operator delete aufgerufen" );

  if ( p )
    free( p );
}
```

Folgende Anweisungsfolge zeigt, daß der Operator new vor dem Aufruf des Konstruktors aufgerufen wird. Analog wird der Operator delete nach dem Aufruf des Destruktors ausgeführt:

```
MiniString *s1p = new MiniString( "Ein String" );
delete s1p;
```

Ausgabe:

```
Operator new aufgerufen
Konstruktor für char * aufgerufen!
Destruktor aufgerufen!
Operator delete aufgerufen
```

Beachten Sie, daß das Argument "Ein String" nicht an den Operator new übergeben wird, sondern an den nachfolgend aufgerufenen Konstruktor.

Kann new nicht ausreichend Speicher allokieren, muß die Funktion NULL zurückliefern. Der Aufruf des Konstruktors wird dann *nicht* durchgeführt, und der Zeiger im Anwendungsprogramm erhält ebenfalls den Wert NULL.

In der folgenden Version des operators new ist diese Situation simuliert, indem immer NULL zurückgegeben wird:

```
void *MiniString::operator new( size_t s ) {

  puts( "Operator new aufgerufen" );
  return NULL; //-- Simulation "Kein Speicher mehr"
}
```

Die Ausgabe reduziert sich nun auf die Zeile

```
Operator new aufgerufen
```

Eine weitere Besonderheit eines selbstdefinierten new-Operators für eine Klasse ist die Tatsache, daß der Operator bei der Allokation eines Feldes von Objekten nicht verwendet wird. Stattdessen wird der globale Operator new (s.u.) verwendet. Schreibt man also

```
void main () {
  MiniString *s = new MiniString[ 2 ];
  puts( "dazwischen" );
  delete [] s;
  }
```

wird lediglich

```
Standardkonstruktor aufgerufen!
Standardkonstruktor aufgerufen!
dazwischen
Destruktor aufgerufen!
Destruktor aufgerufen!
```

ausgegeben, da der seblstdefinierte new-Operator für MiniString hier nicht verwendet wird.

Beachten Sie bitte, daß die Anwendung von delete auf einen Nullzeiger explizit erlaubt ist. Ein selbstdefinierter Operator wird in einem solchen Falle gar nicht aufgerufen.

Da new vor dem Konstruktor aufgerufen wird, gibt es noch kein Objekt, auf das sich new beziehen könnte. Das gleiche gilt für delete: beim Aufruf von delete wurde das Objekt bereits durch den Destruktor zerstört. Die Operatorfunktionen new und delete können deshalb nur als statische Mitgliedsfunktionen definiert werden. Dabei kann das Schlüsselwort static entfallen.

Zusätzliche Parameter für new

Neben dem vorgeschrieben Parameter vom Typ size_t kann new (aber nicht delete) mit weiteren Parametern deklariert werden. Diese zusätzlichen Parameter können von new beliebig verwendet werden. Als Hauptanwendung für diese Möglichkeit war ursprünglich einmal die Plazierung von Objekten an bestimmten Speicherbereichen vorgesehen. Man könnte z.B. einen zusätzlichen Parameter vom Typ void* vorsehen:

```
//-----------------------------------------------------------------
//       class MiniString
//
class MiniString {
public:
  void *operator new( size_t, void * );

  /* ... weitere Mitglieder von String ... */
};
```

Der Operator wird so implementiert, daß er als Speicherbereich für das neue Objekt einfach den übergebenen Zeiger zurückliefert:

```
//-----------------------------------------------------------------
//       MiniString::operator new
//
void *MiniString::operator new( size_t s, void *p ) {
  puts( "Operator new (Version 2) aufgerufen" );
  return p;
}
```

10.17 Die Operatoren new und delete

Nun ist es z.B. möglich, ein Feld von Objekten "manuell" in einem bestimmten Speicherbereich zu plazieren. Folgendes Beispiel zeigt, wie fünf MiniString-Objekte in einem zusammenhängenden Speicherbereich angeordnet werden:

```
//-- ein Speicherbereich, in dem 5 MiniStrings Platz haben
char* memory = (char*)malloc( 5*sizeof( MiniString ) );
MiniString *p[5];

for ( int i=0; i<5; i++ ) {
  p[i] = new( memory ) MiniString( "Ein String" );
  memory+= sizeof( MiniString );
}
```

Eine andere sinnvolle Anwendung ist die Übergabe von Modulname und Zeilennummer an den new-Operator. Eine spezielle Speicherverwaltung kann diese Informationen speichern und so zu jedem Zeitpunkt genau sagen, wann wo welcher Speicherblock allokiert wurde. Gerade beim Auftreten von Speicherlecks kann es von großer Bedeutung sein, die Stellen im Programm zu kennen, an denen Speicher allokiert wurde.

Ein entsprechender new-Operator könnte z.B. als

```
void *operator new( size_t, const char *module, int line );
```

deklariert werden. Die folgende Implementierung zeigt das Prinzip, indem sie die übergebenen Daten ausdruckt:

```
//-------------------------------------------------------------
//       MiniString::operator new
//
void *MiniString::operator new( size_t s, const char *module, int line ) {

  printf( "Modul %s Zeile %i : %i Bytes für MiniString allokiert \n",
    module, line, s );

  return malloc( s );
}
```

Im Programm schreibt man nun

```
MiniString *s1p = new( __FILE__, __LINE__ ) MiniString( "Ein String" );
```

und erhält als Ausgabe

```
Modul TEST.CPP Zeile 177 : 6 Bytes für MiniString allokiert
Konstruktor für char * aufgerufen!
```

Zweckmäßigerweise definiert man sich noch das Makro NEW als

```
#define NEW new( __FILE__, __LINE__ )
```

und kann nun ganz bequem

```
MiniString *s2p = NEW MiniString( "Ein String" );
```

schreiben.

10.17.2 Globale Operatoren new und delete

Die globalen Operatoren new und delete werden oft überladen, um in der Testphase eines Programms Speicheranforderungen bzw- Freigaben mitprotokollieren zu können. Dazu kann man etwa die Operatoren wie folgt definieren:

```
void *operator new( size_t s ) {
  void *p = malloc( s );
  printf( "geliefert: %i bytes an Adresse %p\n", s, p );
  return p;
}
void operator delete( void *p ) {
  printf( "zurück: Adresse %p\n", p );
  free( (char*)p );
}
```

Folgende Zeilen zeigen den Aufruf:

```
int *ip = new int;
delete ip;
}
```

Die Ausgabe könnte etwa

```
geliefert: 2 bytes an Adresse 1FB0:014C
zurück: Adresse 1FB0:014C
```

lauten.

Auch hier sind für Operator new wieder zusätzliche Parameter möglich.

11 Konvertierungen in C++

Wohl jede typorientierte Sprache bietet Möglichkeiten, Werte eines Typs in einen anderen Typ umzuwandeln. In C kann man z.B. Funktionen, die ein Argument vom Typ float benötigen, genausogut mit einem int aufrufen, und umgekehrt.

```
void doFloat( float f );
void doInt( int i );

void main() {
  int i = 1;
  doFloat( i );  // automatische Konvertierung int -> float

  float f = 1.1415;
  doInt( f );    // automatische Konvertierung float -> int
}
```

Die hier erforderlichen Typwandlungen sind mit Rechenaufwand verbunden. Dies wird sofort klar, wenn man versucht, die Konvertierung einer Fließkommazahl in eine Ganzzahl manuell in C zu programmieren.

Eine solche, "echte" Konvertierung ist zu unterscheiden von der "unechten Konvertierung" über Zeiger, bei der lediglich ein vorhandener Speicherbereich auf bestimmte Weise interpretiert wird.

```
float f = 1.1415;
//-- Der Speicherbereich wird als int interpretiert
int *ip = (int*)&f;
```

Hier findet keine Konvertierung von f statt, sondern nur eine andere Interpretation von f über den Zeiger ip. In diesem Beispiel ist (wie in den allermeisten Fällen in der Praxis) die Interpretation wenig sinnvoll, denn f ist ein float und kein int. Trotzdem findet man diese Art von Interpretation in überraschend vielen C und C++ Programmen. Typisch sind Konstruktionen wie etwa

```
MiniString *p = (MiniString*) getMiniString();
```

Durch die explizite Konvertierung des gelieferten Zeigers wird die beliebige Interpretation des von getMiniString zurückgelieferten Speicherbereiches möglich. Syntaktisch korrekt wäre genausogut

```
FractInt *q = (FractInt*) getMiniString();
```

allerdings wären die Ergebnisse wahrscheinlich nicht befriedigend. Durch die explizite Konvertierung des Zeigers wird eine der größten Vorteile von C++, nämlich das sehr strenge und vollständige Typkonzept, aufgegeben. In der objektorientierten Programmierung arbeitet man mit Objekten, die bestimmte Eigenschaften haben, und nicht mit Speicherbereichen. Daß Objekte Speicher benötigen, um zu existieren, ist Sache des Compilers: seine Aufgabe ist es, die Größe des benötigten Speichers zu bestimmen und das Objekt darin zu plazieren. Unstrukturierte Speicherbereiche sind in der objektorientierten Programmierung kein primäres Objekt des Interesses. Aus diesem Grund findet man in objektorientierten C++ Programmen auch (fast) keine sizeof-Operatoren, denn sizeof sagt etwas über den Speicherbereich eines Objektes aus.

Die obige explizite Interpretation des von einer Funktion zurückgelieferten Speichers ist (zumindest in C) dann unumgänglich, wenn die Funktion Objekte unterschiedlicher Typen zurückliefern kann. Man trifft die Unterscheidung, um welchen Typ es sich konkret handelt, anhand einer Schaltervariablen:

```
void *p = getData();
switch ( schalter ) {
  case 1 :  MiniString *mp = (MiniString*) p;
            /* ... bearbeiten MiniString-Objekt ... */
            break;
  case 2 :  FractInt *fp = (FractInt*) p;
            /* ... bearbeiten FractInt-Objekt ... */
            break;
}
```

In C++ kann man solche Konstruktionen im allgemeinen vollständig vermeiden. Das dazu notwendige Handwerkszeug sind virtuelle Funktionen bzw. Polymorphismus, die wir in Kapitel 21 und 22 besprechen werden.

Im folgenden befassen wir uns nicht weiter mit Interpretationen, sondern mit den "echten" Konvertierungen.

11.1 Standardkonvertierungen

Die Konvertierung der einfachen Datentypen (char, int float etc.) werden auch als *Standardkonvertierungen* bezeichnet. Die dazu notwendigen Regeln sind bereits im Compiler eingebaut. Die zur Konvertierung notwendigen Algorithmen befinden sich in der Standardbibliothek jedes C und C++ Compilers. Standardkonvertierungen laufen *implizit*, d.h. ohne Zutun des Programmierers ab.

11.2 Benutzerdefinierte Konvertierungen

Für eigene Typen (d.h. in C++ also Klassen) gibt es grundsätzlich keine Standardkonvertierungen, jedoch kann der Programmierer über die Angabe spezieller Funktionen eigene Konvertierungsregeln definieren. So ist es prinzipiell möglich, jeden Typ in jeden anderen Typ umzuwandeln, falls der Programmie-

11.2 Benutzerdefinierte Konvertierungen

rer dies für sinnvoll erachtet. Dabei kann genau festgelegt werden, welche Verarbeitungsschritte bei der Wandlung durchzuführen sind.

Wir gehen im folgenden von der Aufgabenstellung aus, ein Objekt einer beliebigen Klasse A in ein MiniString-Objekt umzuwandeln. A sei für dieses Kapitel wie folgt definiert:

```
class A {
  int i;
public:
  //-- Konstruktor zum Besetzen des Datenelements
  A( int n_i );
  /* ... weitere Mitglieder von A ... */
};
```

Die Umwandlung von A nach MiniString soll eine Stringrepräsentation des numerischen Werts i im Ministring-Objekt erzeugen. In C++ kann die Wandlung auf drei verschiedene Weisen angegeben werden: als klassische Konvertierungsroutine im C-Stil, mit Hilfe eines Konstruktors oder mit Hilfe einer Operatorfunktion.

11.2.1 Die klassische Konvertierung

Die klassische Lösung des Konvertierungsproblems verwendet eine explizite Funktion, etwa mit folgender Deklaration:

```
void AtoMiniString( const A &a, MiniString &m );
```

In der Implementierung bestimmt der Programmierer, wie die Umwandlung durchzuführen ist.

```
//-- Die klassische Lösung für das Konvertierungsproblem
//   Version 1
void AtoMiniString(
    const A     &a,      // Originaltyp
    MiniString  &m       // Zieltyp
) {
  char buf[ 8 ];
  sprintf( buf, "%i", a.i );
  m.set( buf );
}
```

Beachten Sie bitte, daß die Konvertierungsfunktion AtoMiniString auf das private Datenelement i der Klasse A zugreifen muß. AtoMinistring muß deshalb als Freund zu A deklariert werden:

```
class A {
  friend void AtoMiniString( const A &a, MiniString &m );
  /* ... Mitglieder von A ... */
};
```

Ein größeres Problem dieses Ansatzes stellt die Erzeugung des Konvertierungsergebnisses dar. Natürlich könnte AtoMiniString ebenfalls von MiniString als Freund deklariert werden und dann die Speicheranforderung und Zuweisung an p und l selber durchführen - etwa wie in dieser Lösung:

```
//-- Die klassische Lösung für das Konvertierungsproblem
//   Version 2
void AtoMiniString(
    const A       &a,    // Originaltyp
    MiniString    &m     // Zieltyp
) {
    //-- wir besetzen die Datenmitglieder von MiniString direkt
    m.p = new char[ 10 ];
    m.l = 11;
    sprintf( m.p, "%i", a.i );
}
```

Die Modifikation von privaten Daten einer Klasse von außen sollte jedoch möglichst vermieden und den Mitgliedsfunktionen der Klasse vorbehalten bleiben. Die daraus entstehende Gefahr wird hier besonders deutlich: In dieser Version von AtoMiniString wurde z.B. vergessen, evtl. bereits von MiniString allokierten Speicher freizugeben.

Die "korrekte" Implementierung der Konvertierungsfunktion stellt deshalb wie in der ersten Version gezeigt, das Ergebnis der Konvertierung in einem Puffer bereit, der dann mit Hilfe der Funktion set an das MiniString-Objekt übergeben wird.

In einem Hauptprogramm bewirkt man eine Konvertierung durch expliziten Aufruf der Konvertierungsfunktion:

```
A a = 23;
MiniString s;

AtoMiniString( a, s );
```

11.2.2 Konvertierung mit Hilfe von Konstruktoren

An der klassischen Lösung mit expliziter Konvertierungsfunktion stört vor allem die Notwendigkeit zur Erzeugung eines Puffers, der dann erst an MiniString übergeben wird. Dieses Problem kann elegant vermieden werden, wenn man zur Konvertierung einen Konstruktor verwendet. Wir rüsten MiniString mit einem weiteren Konstruktor aus, der ein Objekt vom Typ A[11] als Parameter übernimmt:

```
class MiniString {

public:

    //-- Ein weiterer Konstruktor für die Konvertierung
    MiniString( const A& a );

    /* ... weitere Mitglieder von MiniString ... */

};
```

---

11 Genaugenommen eine Referenz auf ein A-Objekt. Wir vernachlässigen den Unterschied hier.

11.2 Benutzerdefinierte Konvertierungen

Nun befindet sich der Code zur Wandlung innerhalb des Konstruktors. Da man sich innerhalb einer Mitgliedsfunktion von MiniString befindet, ist die direkte Manipulation von p und l erlaubt:

```
MiniString::MiniString( const A& a ) {
  p = new char[ 10 ];
  l = 11;
  sprintf( p, "%i", a.i );
}
```

Beachten Sie bitte, daß der neue Konstruktor auf private Daten von A zugreift. Der Konstruktor muß deshalb als Freundfunktion zu A deklariert werden:

```
class A {
  friend MiniString::MiniString( const A &a );
  /* ... Mitglieder von A ... */
};
```

Im Programm kann man nun z.B. folgendes schreiben:

```
A a = 23;
MiniString s = a;
```

Der wesentliche Vorteil der Lösung über Konstruktoren liegt in der Tatsache, daß der *Compiler* nun weiß, wie von A nach MiniString zu konvertieren ist. Die entsprechende Konvertierungsregel wurde dem Compiler zu den standardmäßig vorhandenen Konvertierungsregeln für einfache Datentypen hinzugefügt.

Daraus ergibt sich, daß die Konvertierung implizit durchgeführt werden kann, wenn ein A-Objekt vorhanden, jedoch ein MiniString-Objekt benötigt wird. Das folgende Listing zeigt diese Situation am Fall eines Funktionsaufrufes:

```
void doIt( MiniString m );

void main() {
  /* .... */
  A a = 23;
  // implizite Konvertierung von a zu einem MiniString Objekt
  doIt( a );
}
```

Der Compiler erkennt, daß beim Aufruf von doIt ein A-Objekt vorhanden ist, jedoch ein MiniString-Objekt benötigt wird, und codiert selbständig den Aufruf des Konstruktors zur Wandlung. Man spricht deshalb auch von einer *impliziten* (oder *automatischen*) Konvertierung. Welche Vorgänge dabei genau ablaufen, werden wir noch genauer untersuchen.

Unter diesem Blickwinkel kann eigentlich jeder Konstruktor mit Argumenten (mit Ausnahme des Kopierkonstruktors) als Konvertierungsfunktion angesehen werden.

Betrachten wir noch einmal die Konstruktoren von MiniString:

```
class MiniString {
public:
    //-- erzeugt leeren String
    MiniString();                              // Konstr. #1
    ~MiniString();                             // Konstr. #2

    MiniString( const char *str );             // Konstr. #3
    MiniString( const MiniString &s );         // Konstr. #4

    MiniString( const A& a );                  // Konstr. #5

    /* ... weitere Mitglieder von MiniString ... */
};
```

Der Konstruktor #3 z.B. wandelt ein "Objekt" vom Typ char* in ein Objekt vom Typ MiniString:

```
MiniString s = "Ein String";
```

Genauso können die Konstruktoren der Klasse FractInt interpretiert werden:

```
class FractInt {
public:
    FractInt();                                    // Konstr. #1
    FractInt( int zaehler_in, int nenner_in );     // Konstr. #2
    FractInt( int zaehler_in );                    // Konstr. #3

    /* ... weitere Mitglieder von FractInt ... */
};
```

Konstruktor #2 wandelt zwei Integers in ein FractInt-Objekt, Konstruktor #3 kann als Umwandlungsfunktion für eine Ganzzahl in ein FractInt-Objekt verstanden werden. In diesem Sinne findet in der Anweisung

```
FractInt f;

//-- hier findet eine automatische Typwandlung statt
f = 3;
```

eine Wandlung eines int in ein FractInt statt. Wie man sich (z.B. mit dem Debugger) überzeugen kann, wird hierzu der Konstruktor #3 von FractInt verwendet.

Damit, wie in diesem Beispiel, die Typwandlung *implizit* vorgenommen wird, muß ein Konstruktor, der mit einem Argument aufgerufen werden kann, vorhanden sein. Dazu muß der Konstruktor nicht unbedingt mit einem Parameter deklariert sein. Bei mehreren Parametern müssen jedoch alle bis auf den ersten mit Vorgabewerten versehen sein. Ist dies nicht der Fall, kann der Konstruktor explizit angegeben werden, etwa wie in der folgenden Anweisung:

```
//-- hier muß die "Typwandlung" explizit angegeben werden
f = FractInt( 2, 3 );
}
```

11.2.3 Konvertierung mit Operatorfunktionen

Die dritte Möglichkeit zur Konvertierung von Datentypen hat der Programmierer schließlich mit speziellen Operatorfunktionen. Um ein Objekt vom Typ A in ein MiniString-Objekt zu verwandeln, kann man A mit einer Operatorfunktion ausrüsten:

```
class A {

public:

  //-- Operatorfunktion zur Typwandlung
  operator MiniString() const;

  /* ... weitere Mitglieder von A ... */
};
```

In der Funktion A::operator MiniString wird nun der Code zur Wandlung untergebracht:

```
A::operator MiniString() const {
  char buf[ 8 ];
  sprintf( buf, "%i", i );
  MiniString m = buf;
  return m;
}
```

Auch bei der Wandlung über Operatorfunktion wird die Wandlung zu den implizit möglichen Wandlungen des Compilers hinzugefügt. Genau wie bei der Wandlung über Konstruktoren findet die Konvertierung automatisch statt, wenn ein A vorhanden, jedoch ein MiniString benötigt wird.

```
void doIt( MiniString m );

void main() {
  A a = 23;
  //-- auch hier findet eine implizite Konvertierung statt
  doIt( a );
}
```

Die gezeigte Lösung über die Operatorfunktion hat hier den Nachteil, daß die Konvertierung nicht in einer Mitgliedsfunktion von MiniString stattfindet, und daher die direkte Manipulation von p und l nicht angebracht ist. Wie in der klassischen Lösung benötigen wir einen Puffer, der dann an MiniString übergeben wird. Weiterhin ist zu beachten, daß das erzeugte Objekt als Ergebnis der Operatorfunktion zurückgegeben wird - mit allen in Kapitel 8 dargestellten Konsequenzen. Die Typwandlung über Operatorfunktionen wird deshalb meist für Wandlungen in Richtung eines einfachen Datentyps verwendet.

Damit eine Operatorfunktion eine gültige Konvertierungsfunktion ist, sind einige Punkte zu beachten:

❑ Die Operatorfunktion muß als Mitgliedsfunktion der Klasse des Ausgangstyps deklariert sein.

❑ Die Operatorfunktion hat den gleichen Namen wie der Zieltyp.

❏ Die Operatorfunktion darf keine Parameter und keinen Rückgabetyp deklarieren. Der Rückgabetyp ist identisch zum Namen der Operatorfunktion.

Als Namen von Wandlungs-Operatorfunktionen sind alle gültigen Typen erlaubt, also z.B. auch Zeigertypen, Referenzen auf andere Typen oder konstante Typen.

11.3 Konvertierung über Konstruktor oder Operatorfunktion?

Wir haben gesehen, daß eine implizite Konvertierung von A nach B auf zwei Wegen erreicht werden kann:

❏ durch einen Konstruktor in B oder
❏ durch eine Operatorfunktion in A.

Konvertierung über Konstruktor

Die Lösung über den Konstruktor hat den Vorteil, daß auf das Quellobjekt nur lesend zugegriffen wird. Der entsprechende Konstruktor wird deshalb im allgemeinen als

```
B::B( const A& )
```

deklariert. Dazu kommt, daß das Konvertierungsergebnis im B-Objekt abzulegen ist. Eine Mitgliedsfunktion von B ist dazu das richtige Mittel.

Konvertierung über Operatorfunktion

Probleme treten auf, wenn B ein Datentyp ist, den der Programmierer nicht mit einem Konstruktor ausstatten kann. Meist handelt es sich um Typen aus fremden Bibliotheken oder auch aus der Standardbibliothek des Compilers. Für die elementaren Typen (char, int float etc) können ebenfalls keine Konstruktoren definiert werden.

Operatorfunktionen bieten hier eine Lösung. Sie werden in der Quellklasse definiert, der Zieltyp bleibt unverändert. Eine Operatorfunktion wird im allgemeinen als

```
A::operator B() const;
```

deklariert.

Die Funktion muß ein B-Objekt (bzw eine Referenz darauf) liefern. Dies ist der Hauptnachteil der Wandlung über Operatorfunktionen: die Operatorfunktion muß meist ein Objekt des Zieltyps erzeugen, was eigentlich die Aufgabe eines Konstruktors des Zieltyps ist.

Die Wandlung über Operatorfunktionen wird deshalb im allgemeinen nur dann verwendet, wenn der Zieltyp nicht mit einem entsprechenden Konstruktor ausgestattet werden kann.

11.4 Der Operator char*

11.4.1 Verwendung für MiniString

Für die Klasse MiniString bietet sich z.B. die Konvertierung in ein char* an, um externen Funktionen den Zugriff auf die interne Stringrepräsentation zu gestatten.

```
class MiniString {

public:

  //-- liefert ein char* zurück
  operator char*();

  /* ... weitere Mitglieder von MiniString ... */

};
```

Der Operator liefert die Adresse des internen Speicherblocks zurück:

```
inline MiniString::operator char*() {
  return p;
}
```

Damit können MiniString-Objekte automatisch an allen Stellen verwendet werden, die eigentlich char* - Daten benötigen. Die Implementierung von *Verpackungsfunktionen* (Kapitel 5) wird damit zum größten Teil überflüssig.

Das folgende Listing zeigt z.B. den Aufruf der C-Bibliotheksfunktion strrev, die die übergebene Zeichenfolge umdreht:

```
  MiniString s( "abcdefg" );

  //-- hier findet eine implizite Konvertierung nach char* statt
  strrev( s );
```

Der Operator char* liefert die Adresse des von s verwalteten Speicherblocks zurück. Hier liegt eine potentielle Gefahr, denn der Speicherblock könnte auch in ungültiger Weise von außen verändert werden, wie etwa in diesem Beispiel:

```
  //-- dies ist syntaktisch korrekt, aber falsch.
  char *p = s;
  delete p;
}
```

Hier wurde der Speicherblock ohne "Wissen" von MiniString freigegeben. Die Folge ist, daß der gleiche Speicherblock später erneut vom MiniString-Destruktor freigegeben wird - mit den bekannten Folgen, die bis zum "Absturz" des Rechners reichen können.

Es ist daher besser, den Zugriff auf den internen Speicherbereich von außen nur lesend zu gestatten. Wir erreichen dies durch die Konvertierung zu einem const char*:

```
class MiniString {

public:

  //-- liefert ein char* zurück, der Speicherbereich darf nicht
  //   geändert werden
  operator const char*();

  /* ... weitere Mitglieder von MiniString ... */

};
```

Die Implementierung bleibt identisch:

```
inline MiniString::operator const char*() {
  return p;
}
```

Anweisungen wie z.B.

```
MiniString s( "abcdefg" );

const char *p = s;
p[ 2 ] = 0x00;         // Fehler !
```

bewirken nun einen Syntaxfehler bei der Übersetzung. Die const-Eigenschaft kann auch nicht durch eine "geeignete" Zeigerzuweisung verloren gehen. Die folgende Anweisung führt ebenfalls zu einem Syntaxfehler:

```
//-- Dies ist nicht mehr möglich, da die const-Eigenschaft
//   verloren gehen würde
char *q = s;
```

Im Gegensatz zu einigen anderen Compilern lassen weder C7 noch VC das Zerstören eines konstanten Objekts zu:

```
delete p;   // <- FEHLER!
```

In der folgenden Anweisung soll ein MiniString-Objekt in ein char* gewandelt werden. Es ist jedoch nur eine Wandlung nach const char* definiert, die Anweisung ist daher syntaktisch falsch:

```
strrev( s ); // <- FEHLER!
```

Besondere Vorsicht ist bei untypisierten Funktionen wie z.B. printf gegeben. Im folgenden Aufruf weiß der Compiler nicht, daß das MiniString-Objekt in ein char* (bzw. genaugenommen nun const char*) zu wandeln ist, da printf nicht mit einem zweiten Parameter vom Typ char* deklariert ist. Grundsätzlich gilt, daß Objekte von Klassen mit Konstruktoren nicht als variables Argument übergeben werden dürfen.

11.4 Der Operator char*

Die folgende Anweisung ist daher syntaktisch falsch:

```
//-- hier findet keine automatische Konvertierung statt!
printf( "%s", s );
```

Abhilfe schafft hier der explizite Aufruf des Konvertierungsoperators:

```
//-- Die explizite Konvertierung schafft hier Abhilfe
printf( "%s", (const char*)s );
}
```

11.4.2 Verwendung zur Ausgabe von Objekten

Der Operator char* gehört zu den häufiger definierten Operatoren. Ein wesentlicher Grund dafür ist die Tatsache, daß man die Ausgabe von Objekten dadurch recht elegant lösen kann.

Um z.B. ein FractInt-Objekt auf dem Bildschirm auszugeben, haben wir bis jetzt

```
FractInt f( 2, 3 );
f.print();
```

geschrieben. Die Funktion print erzeugt eine Stringrepräsentation des Objekts und gibt diese an den Ausgabekanal. Allgemeiner ist jedoch der Ansatz, den String nur zu erzeugen, ihn nach außen zu geben und dort weiterzuverwenden - z.B. um ihn auszudrucken.

Das Erzeugen des Strings ist Aufgabe des Operators char*:

```
class FractInt {
public:
  operator char* ();
  /* ... weitere Mitglieder von FractInt ... */
};
```

Die Implementierung gibt einen Zeiger auf eine Zeichenkette zurück. Der dazu verwendete Speicherbereich muß statisch sein, da eine lokale Variable nach Beendigung der Funktion nicht mehr existiert:

```
FractInt::operator char* () {
  static char buffer[ 32 ];
  sprintf( buffer, "(%i/%i)", zaehler, nenner );
  return buffer;
}
```

Nun kann ein FractInt-Objekt implizit an allen Stellen angegeben werden, an denen ein char* benötigt wird - z.B. (aber nicht nur) zum Drucken des Objekts:

```
FractInt f( 2, 3 );
puts( f ); // Implizite Konvertierung
```

Der statische Puffer soll vom aufrufenden Programm nur gelesen, nicht aber verändert werden. Wie im letzten Abschnitt bei der Klasse MiniString unterbinden wir die Änderungsmöglichkeit durch die Deklaration des Operators als const char*:

```
class FractInt {
public:
  operator const char* ();
  /* ... weitere Mitglieder von FractInt ... */
};
```

Bereits hier sei angemerkt, daß die Verwendung von statischen Puffervariablen zu Problemen führen kann. Hat man z.B. eine Funktion f deklariert als

```
void f( const char *, const char * );
```

kann man diese mit zwei FractInt-Objekten aufrufen:

```
FractInt f1( 2, 3 );
FractInt f2( 7, -1 );

f( f1, f2 );
```

Bei diesem Aufruf wird der statische Puffer für die Übergabe beider FractInt-Objekte verwendet. f erhält also zwei identische Werte - ob dies f1 oder f2 ist, hängt von der Auswertungsreihenfolge der Parameter beim Funktionsaufruf ab, die in C und C++ nicht vorgeschrieben ist.

Eine Typwandlung nach char * bzw. const char* wird deshalb in der Praxis nur für solche Klassen implementiert, die ihre Daten bereits als Speicherbereich verwalten (wie z.B. Stringklassen).

11.5 Der Operator void*

Neben der Konvertierung zu char* ist die Konvertierung zu void* eine häufig implementierte Typwandlung. Dabei geht es jedoch weniger um die Verwendung des zurückgelieferten Wertes als Zeiger, sondern um die Möglichkeit zur Verwendung des Objekts in logischen Ausdrücken.

Das folgende Listing zeigt eine Klasse A mit einem Operator void*:

```
class A {
public:
  operator void* ();
  /* ... weitere Mitglieder von A ... */
};
```

11.5 Der Operator void*

Objekte der Klasse A können nun z.B. in if-Anweisungen auftreten:

```
A a;
if ( a ) {
  /* ... */
}
```

Zusammengesetzte logische Ausdrücke sind ebenfalls möglich:

```
int flag;
/* ... */
if ( flag && !a ) {
  /* ... */
}
}
```

In beiden Fällen wird der Operator void* aufgerufen, dessen Ergebnis dann im logischen Ausdruck verwendet wird: Liefert er den Wert NULL, gilt dies als logisch FALSE, alle anderen Werte gelten als TRUE.

Der von operator void* zurückgelieferte Wert ist also nicht als dereferenzierbarer Zeiger zu verstehen. Der Speicherbereich, auf den er verweist wird, darf auf keinen Fall beschrieben werden. Dies wird, wie bereits beim Operator char*, durch die const-Deklaration errreicht:

```
class A {
public:
  operator const void * ();
  /* ... weitere Mitglieder von A ... */
};
```

Die Standardanwendung für den Operator void* ist die Lieferung des *Gültigkeitsstatus* eines Objekts. Bei komplexeren Klassen kommt es häufig vor, daß ein Objekt ungültig werden kann, z.B. wenn benötigte Resourcen nicht zur Verfügung stehen. Wenn z.B. MiniString den erforderlichen Speicherplatz nicht vom Heap allokieren konnte, ist eine Weiterarbeit mit dem Objekt nicht mehr sinnvoll möglich, das Objekt ist *ungültig*.

In MiniString kann eine solche Situation am Wert NULL für p erkannt werden. In einem Hauptprogramm könnte eine typische Anweisungsfolge etwa so aussehen:

```
MiniString s;
/* ... Arbeiten mit s ... */
if ( s ) {
  puts( s );
```

Die Ausgabe des Strings mit puts ist nur sinnvoll, wenn s einen gültigen String repräsentiert - ansonsten liefert der operator const char* den Nullzeiger (es sind auch andere Lösungen denkbar. Wir kommen in Kapitel 16 darauf zurück).

Die automatische Konvertierung innerhalb logischer Ausdrücke funktioniert nur, wenn die Konvertierung eindeutig möglich ist. Dies bedeutet auch, daß z.B. parallel kein Operator int vorhanden sein darf, denn dieser könnte ebenfalls zur Typwandlung verwendet werden:

```
class A {
public:
  operator const void * ();
  operator int();

  /* ... weitere Mitglieder von A ... */
};
```

Die Typwandlung in der folgenden if-Anweisung ist nun mehrdeutig, die Anweisung ist daher falsch:

```
A a;
if ( a ) {         // <- FEHLER!
  /* ... */
}
```

Die theoretisch mögliche explizite Angabe der Typwandlung bringt keine Vorteile mehr, sondern verschlechtert im Gegenteil die Verständlichkeit des Codes:

```
if ( (const void*)a ) {    //-- das ist ok
  /* ... */
}
```

In einem solchen Fall ist es besser, eine explizite Abfragefunktion zu definieren und diese im logischen Ausdruck zu verwenden:

```
//-- Mitgliedsfunktion isOK von A
if ( a.isOK() ) {
  /* ... */
}
```

11.6 Eindeutigkeitsforderung

Damit eine implizite Konvertierung durchgeführt werden kann, darf es nur genau einen Weg vom Ursprungs- zum Zieltyp geben, jedoch darf der Weg über mehrere Stufen führen. Allerdings ist dabei nur eine benutzerdefinierte Konvertierung erlaubt, was die Anzahl der möglichen Stufen im allgemeinen auf zwei begrenzt.

Das folgende Listing zeigt die Klassendefinitionen für zwei Klassen A und B, die jeweils Konstruktoren zur Typwandlung deklarieren.

```
//------------------------------------------------------------------
//      class A
//
class A {
public:
  A( int n_i );           // Konstruktor #1 für A
};
```

```
//-------------------------------------------------------------------
//      class B
//
class B {

public:

   B( char *s );            // Konstruktor #1 für B
   B( const A& a );         // Konstruktor #2 für B
```

Nun sind u.a. folgende Konvertierungen möglich:

```
//-- Konvertierung int -> A mit Konstruktor #1 von A
A a1 = 32;

//-- Konvertierung char* -> B mit Konstruktor #1 von B
B b1 = "Ein String";

//-- Konvertierung A -> B mit Konstruktor #2 von B
B b2 = a1;

//-- Konvertierung int -> A -> B mit Konstruktor #1 von A und
//   Konstruktor #2 von B
B b3 = 10;

}
```

11.7 Temporäre Objekte bei der Typwandlung

Bei der Typwandlung kann die Erzeugung eines temporären Objekts erforderlich werden. Davon ist der Programmierer normalerweise nicht betroffen, da Erzeugung, Verwendung und Zerstörung von temporären Objekten vollständig vom Compiler vorgenommen werden. Es kann jedoch aus Verständnis- bzw. Effizienzgründen notwendig sein, die Abläufe bei der Typwandlung über temporäre Objekte zu kennen.

In den vorigen Abschnitten haben wir bereits gesehen, wie die Typwandlung eines A-Objekts in ein MiniString-Objekt in Anweisungen wie

```
A a( 2 );
MiniString s = a;  // implizite Konvertierung
doIt( a );         // dito
```

vonstatten geht. Dabei wird das Zielobjekt direkt über den passenden MiniString-Konstruktor initialisiert. Anders sieht die Sache jedoch in einer Anweisung wie z.B.

```
MiniString s1;
/* ... */
s1 = a;
```

aus. Hier erkennt der Compiler, daß der Zuweisungsoperator ein MiniString-Objekt benötigt, aber ein A-Objekt vorhanden ist.

Nun laufen folgende Schritte ab:

- ❏ Der Compiler erzeugt ein temporäres MiniString-Objekt und initialisiert es mit a.
- ❏ Das temporäre Objekt (bzw. eine Referenz darauf) wird an den MiniString-Zuweisungsoperator übergeben.
- ❏ Beim Verlassen des aktuellen Blocks wird das temporäre Objekt zerstört.

Dieses Vorgehen ist zwar für den Programmierer bequem, aber ineffizient, da die Verwaltung des temporären Objekts Rechenzeit (und Speicherplatz) kostet. Die Lösung liegt in der Definition eines weiteren Zuweisungsoperators mit einem geeigneten Parameter für MiniString (Dieses sog. *Überladen* von Funktionen ist Thema des nächsten Kapitels):

```
class MiniString {
public:
  MiniString &operator = ( const A &a_in );
  /* ... weitere Mitglieder von MiniString ... */
};
```

Nun ist bei der Anweisung

```
s1 = a;
```

keine Typwandlung mehr erforderlich, da der Parameter genau "paßt".

Wie fast immer in C++ liegt die Entscheidung beim Programmierer: Er muß den Effizienzverlust durch das temporäre Objekt bewerten und abhängig vom Ergebnis einen getrennten Zuweisungsoperator für A-Objekte implementieren oder nicht.

Das Problem der temporären Objekte ist nicht auf den Zuweisungsoperator beschränkt. Es tritt grundsätzlich auf, wenn eine Funktion oder ein Operator eine Referenz auf ein Objekt erwartet, und eine Typkonvertierung hin zu diesem Objekt definiert ist:

```
void doIt( const MiniString &str );

void main() {

  A a( 3 );
  doIt( a );     // temporäres Objekt ist unvermeidlich
}
```

Um das temporäre Objekt zu vermeiden, bleibt auch hier nur die parallele Definition einer weiteren doIt-Funktion mit "passendem" Parameter:

```
void doIt( const A &a );
```

11.8 Typwandlung und symmetrische Operatoren

Im letzten Kapitel haben wir den Additionsoperator für Complex-Objekte versuchsweise als Mitgliedsfunktion von Complex deklariert:

```
class Complex {

public:

    Complex();                                  // Konstruktor #1
    Complex( float re_in );                     // Konstruktor #2
    Complex( float re_in, float im_in );        // Konstruktor #3

    //-- operator + ist als Mitgliedsfunktion deklariert
    Complex operator + ( const Complex &arg );

    /* ... weitere Mitglieder von Complex ... */

};
```

Schreibt man nun z.B.

```
Complex c1, c2, c3;

c3 = c2 + 1;    // implizite Konvertierung zu Complex
```

wird die implizite Konvertierung des integers 1 zu einem temporären Complex-Objekt (mit Hilfe des Complex-Konstruktors #2) korrekt vorgenommen. Das temporäre Objekt wird dann an den Additionsoperator übergeben.

Diese implizite Konvertierung funktioniert nur für die rechte Seite in der Anweisung. Schreibt man

```
c3 = 1 + c2;    // keine implizite Konvertierung zu Complex
```

erhält man einen Syntaxfehler. Um implizite Konvertierungen auch für die linke Seite möglich zu machen, muß der Operator als "normale" C++ Funktion deklariert werden:

```
Complex operator + ( const Complex &arg1, const Complex &arg2 ) {

    Complex buffer( arg1 );
    buffer.re += arg2.re;
    buffer.im += arg2.im;
    return buffer;
}
```

Nun ist auch

```
c3 = 1 + c2;    // nun auch implizite Konvertierung zu Complex
```

syntaktisch korrekt. Der Operator + benötigt Zugriff auf die internen (d.h. privaten) Daten von Complex. Die Operatorfunktion muß deshalb als Freund zu Complex deklariert werden:

```
class Complex {

    /* ... Mitglieder von Complex ... */

    friend Complex operator + ( const Complex &arg1, const Complex &arg2 );

};
```

Es ist also günstiger, den Operator + als Nicht-Mitgliedsfunktion zu implementieren. Das gleiche gilt für alle symmetrischen Operatoren wie *, ==, != etc. Alle diese Operatoren ändern außerdem keines der Argumente, sondern geben das Ergebnis in einem (neuen) Objekt zurück.

Im Gegensatz dazu stehen die Operatoren, die auf ein Objekt wirken und dieses verändern. Zu ihnen gehören z.B. die erweiterten Zuweisungsoperatoren (+=, -= etc), sowie Increment- und Decrementoperator (++ bzw. --). Diese Operatoren werden grundsätzlich als Klassenmitglieder implementiert.

12 Überladen von Funktionen und Operatoren

In C++ kann der gleiche Funktionsname gleichzeitig für unterschiedliche Funktionen verwendet werden. In C++ können z.B., im Gegensatz zu C, die folgenden beiden Funktionen parallel existieren:

```
void print( int i );
void print( char *str );
```

Man sagt hierzu auch, daß die Funktion print *überladen* wurde. Welche der überladenen Funktionen bei einem Funktionsaufruf konkret zu verwenden ist, erkennt der Compiler an den *Parametern* der Funktion. Mit den obigen Deklarationen von print sind z.B. folgende Aufrufe möglich:

```
print( 33 );
print( "Ein String" );
```

In diesem Beispiel hat der Compiler an Hand des Typs des Parameters beim Aufruf eindeutig eine der beiden print-Funktionen identifizieren können.

12.1 Die Signatur einer Funktion

Damit der Compiler eine eindeutige Zuordnung zwischen Funktionsaufruf und aufzurufender Funktion treffen kann, müssen sich Funktionen im gleichen Gültigkeitsbereich durch Typ und/oder Anzahl ihrer Parameter unterscheiden. Anzahl und Typ der Parameter bilden die sog. *Signatur* der Funktion.

Der Rückgabetyp einer Funktion selber gehört nicht zur Signatur, d.h. zwei Funktionen gleichen Namens und identischer Parameterliste, die jedoch unterschiedliche Ergebnistypen haben, haben die gleiche Signatur und können vom Compiler daher nicht unterschieden werden:

```
//-- diese beiden Deklarationen kann der Compiler nicht unterscheiden
int   doIt();
float doIt();
```

12.2 Name mangling

Eine Forderung bei der Entwicklung der Sprache C++ war, daß zum Binden von Programmen der Standardlinker des jeweiligen Betriebssystems verwendbar sein muß. Ein C++ Compiler muß daher für alle überladenen Funktionen unterschiedliche Symbolnamen für den Linker generieren. Diese Aufgabe übernimmt das sogenannte *name mangling*, das aus der Signatur einer Funktion einen eindeutigen String errechnet und diesen an den eigentlichen Funktionsnamen anhängt. Unsere beiden print-Funktionen werden vom Microsoft C++ name mangling Mechanismus in folgende Symbole für den Linker umgesetzt[12]:

```
_print_Fi        entspricht    print( int )
_print_FPc       entspricht    print( char *)
```

Glücklicherweise hat der Programmierer mit den "gemangelten" Namen meist nichts zu tun, denn die Entwicklungswerkzeuge (Debugger etc.) setzen die kryptischen Namen zur Anzeige automatisch wieder in ihre "Normalform" um. Folgende Punkte müssen jedoch beachtet werden:

- ❑ Es gibt (noch) keinen Standard für das name mangling. Jeder Compilerhersteller kann einen anderen Algorithmus zur Verschlüsselung verwenden, was oft zur Folge hat, daß man Module, die mit C++ Compilern unterschiedlicher Hersteller übersetzt wurden, nicht notwendigerweise zusammenbinden kann. Dies ist mit ein Grund, warum C++ Bibliotheken (Toolboxen) immer mit Quellcode ausgeliefert werden sollten. Es hat sich jedoch ein gewisser Quasi-Standard eingebürgert, an den sich auch C7 und VC halten.

- ❑ Das Binden von C++ Modulen mit Modulen anderer Programmiersprachen, die kein name mangling verwenden, ist wegen der kryptischen Namen extrem schwierig. Es gibt daher eine Möglichkeit, das name mangling durch eine spezielle Deklaration zu unterdrücken (vgl. Kapitel 13). Dadurch erst kann man z.B. C-Bibliotheken zu C++ Programmen binden, verliert aber die Möglichkeit, mehrere Funktionen gleichen Namens im gleichen Gültigkeitsbereich zu deklarieren.

12.3 Wann ist Überladen sinnvoll?

Prinzipiell kann jede überladene Funktion völlig anders implementiert werden. Damit man nicht völlig den Überblick verliert, sollte man sich an folgende Regel halten:

Das Überladen von Funktionen ist meist nur dann sinnvoll, wenn die überladenen Funktionen vergleichbare Funktionalität implementieren.

Ein sinnvolles Beispiel für Überladen ist die weiter oben deklarierte Funktion print: Sie implementiert die Funktionalität "Ausgabe des übergebenen Parameters" für unterschiedliche Datentypen.

---

12 Diese Namen enthalten die Typinformation der Parameter und werden deshalb auch als *dekorierte* Namen bezeichnet.

Ein weiteres gutes Beispiel ist die Bereitstellung von Funktionalität für den gleichen Datentyp, jedoch mit unterschiedlichem Komfort.

```
void print( char *str );           //-- Ausgabe des Strings
void print( char *str, int x, int y );   //   dito, jedoch mit Positionierung
```

Beide print-Funktionen geben eine Zeichenkette aus, die zweite Version erlaubt jedoch zusätzlich eine Positionierung auf dem Bildschirm über die (hier als vorhanden vorausgesetzte) Funktion positionTo. Beachten Sie bitte, wie in der folgenden Implementierung die zweite print-Funktion die erste aufruft:

```
inline void print( char *str ) {
  puts( str );
}

void print( char *str, int x, int y ) {
  positionTo( x, y );   // fiktive Funktion zur Cursorpositionierung,
                        // hier nicht weiter erläutert

  print( str );
}
```

12.4 Zulässige und unzulässige Fälle

Funktionen können beliebig oft überladen werden, solange die Signaturen unterschiedlich sind und eine eindeutige Zuordnung möglich ist. Folgende Abschnitte zeigen einige zulässige und unzulässige Fälle.

Eindeutigkeitsforderung

Geht man von der Deklaration

```
void doSomething( int i );
void doSomething( int i, int j = 0 );
```

aus, ist z.B. der Aufruf

```
doSomething( 1 ); // <- FEHLER!
```

nicht erlaubt, da syntaktisch eine eindeutige Zuordnung zu einer der beiden doSomething-Funktionen nicht möglich ist. Beachten Sie bitte, daß die *Deklaration* der beiden Funktionen in der gezeigten Weise durchaus erlaubt ist. Der Fehler liegt erst im nicht eindeutigen Aufruf, eine Anweisung wie z.B.

```
doSomething( 3, 4 );   // ok
```

ist durchaus korrekt.

Genauso verhält es sich im folgenden Fall. Die Deklaration der beiden calculate-Funktionen ist korrekt, jedoch beinhaltet der nachfolgende Aufruf eine Mehrdeutigkeit:

```
void calculate( long l );
void calculate( float f );

/* ... */

//-- dies kann nicht eindeutig aufgelöst werden
calculate( i );
```

Das im Funktionsaufruf angebotene int kann sowohl in ein long als auch in ein float konvertiert werden. Die Mehrdeutigkeit kann durch eine explizite Konvertierung in einen der beiden Typen vermieden werden:

```
//-- eine Lösung verwendet die explizite exakte Konvertierung
//     zu einem der beiden Typen
calculate( (long)i );
```

Der Rückgabetyp gehört nicht zur Signatur

Eine beliebte Fehlerquelle bildet die Tatsache, daß der Rückgabetyp einer Funktion (aus compilertechnischen Gründen) nicht in die Signatur einfließt. Die folgenden beiden Funktionen haben deshalb die gleiche Signatur, hier meldet der Compiler bereits bei der Deklaration einen Fehler:

```
//-- diese beiden Deklarationen kann der Compiler nicht unterscheiden
int   doIt();
float doIt();
```

typedef und #define bilden keine neuen Typen

Durch eine typedef-Anweisung wird (entgegen der oft gehörten Meinung) *kein* neuer Typ erzeugt, sondern es wird nur ein anderer Name für einen bereits definierten Typ vereinbart. Folgende beiden Funktionen haben daher die gleiche Signatur:

```
typedef int XYZ;

//-- Dies sind Definitionen!
void doSomething( int i ) { }
void doSomething( XYZ i ) { }
```

Beachten Sie bitte, daß das Problem erst bei der Definition der Funktionen doSomething sichtbar wird. Es ist durchaus zulässig, eine Funktion in einem Programm mehrfach identisch zu deklarieren:

```
//-- mehrfache, identische (!) Deklaration einer Funktion ist
//    nicht verboten

void doSomething( int i );

  /* ... */

void doSomething( int i );
```

12.4 Zulässige und unzulässige Fälle

Deshalb sind natürlich auch die Deklarationen

```
void doSomething( int i );
void doSomething( XYZ i );
```

zulässig, denn xyz *ist* ein int. Hier handelt es sich also nicht um einen Fall von Überladen, sondern von (identischer) Mehrfachdeklaration.

Selbstverständlich können auch durch #define keine neuen Typen definiert werden. Folgendes Beispiel ist völlig analog zum letzten Beispiel mit typedef:

```
#define XYZ int

//-- Mehrfachdeklaration ist erlaubt

void doSomething( int i );
void doSomething( XYZ i );

//-- Mehrfachdefinition dagegen nicht

void doSomething( int i ) {}
void doSomething( XYZ i ) {}        // FEHLER!
```

T und const T sind nicht unterscheidbar

Für jeden Typ T sind T und const T keine unterschiedlichen Typen im Sinne dieses Kapitels. Die folgende Deklaration führt deshalb zu einem Syntaxfehler:

```
void doIt( int i );
void doIt( const int i );    // FEHLER!
```

T und T& sind nicht unterscheidbar

Für jeden Typ T sind T und T& keine unterschiedlichen Typen im Sinne dieses Kapitels.

```
void manipulate( float f );
void manipulate( float &f );    // FEHLER!
```

T* und const T* sowie T& und const T& sind unterscheidbar

Die folgenden Deklarationen sind dagegen völlig korrekt:

```
void doIt( MiniString *mp );
void doIt( const MiniString *mp );    // ok!

void manipulate( MiniString &mr );
void manipulate( const MiniString &mr );    // ok!
```

Funktionen in unterschiedlichen Gültigkeitsbereichen

Funktionen aus unterschiedlichen Gültigkeitsbereichen können nicht überladen werden. Folgendes Listing zeigt zwei Klassendefinitionen mit je einer doSomething-Funktion:

```
//----------------------------------------------------------------
//          class C1
//
class C1 {

public:
  void doSomething();

};
//----------------------------------------------------------------
//          class C2
//
class C2 {

public:
  void doSomething();

};
```

Diese beiden doSomething-Funktionen überladen sich nicht, denn sie befinden sich in unterschiedlichen Klassen, die jeweils einen eigenen Gültigkeitsbereich bilden. Es spielt daher auch keine Rolle, daß beide Funktionen die gleiche Signatur haben. Der Compiler trifft die Entscheidung, welche Funktion zu verwenden ist, hier nicht an Hand der *Signatur*, sondern an Hand des *Gültigkeitsbereiches*:

```
C1 c1;
C2 c2;

//-- hier erfolgt die Unterscheidung an Hand des Gültigkeitsbereiches

c1-> doSomething();    // Gültigkeitsbereich C1
c2-> doSomething();    // Gültigkeitsbereich C2
```

12.5 Überladen mit selbstdefinierten Typen

Funktionen können für selbstdefinierte Typen überladen werden, dabei gelten die gleichen Regeln wie für die einfachen Typen. Für unsere Klasse FractInt könnte man z.B. eine weitere print-Funktion den beiden bereits existierenden hinzufügen:

```
void print( long l );
void print( char *str );
void print( FractInt b );
```

Für evtl. notwendige Konvertierungen beim Aufruf gelten ähnliche Regeln wie für einfache Datentypen: Es muß prinzipiell einen *eindeutigen* Weg vom Aufruftyp zum deklarierten Typ geben, wobei jedoch Standardkonvertierungen den benutzedefinierten Konvertierungen vorgezogen werden. Hat man z.B. die obigen Deklarationen von print, bewirkt die Anweisung

```
int i = 3;

//-- Zwei Konvertierungen des int möglich:
//    - nach long und Aufruf print( long )
//    - über FractInt-Konstruktor und Aufruf print( FractInt )

print( i ); // keine Mehrdeutigkeit !
```

keine Mehrdeutigkeit, obwohl das int sowohl in ein long als auch in ein FractInt-Objekt gewandelt werden könnte - die Standardkonvertierung nach long erhält hier den Vorrang.

Anders sieht es im folgenden Beispiel aus:

```
void print( char *str );
void print( FractInt f );
void print( Complex c );

void main() {
  int i = 3;
  //-- Zwei Konvertierungen des int möglich:
  //    - über FractInt-Konstruktor und Aufruf print( FractInt )
  //    - Über Complex-Konstruktor und Aufruf print( Complex )
  print( i ); // Syntaxfehler wegen Mehrdeutigkeit !
}
```

Sowohl FractInt als auch Complex deklarieren einen Konstruktor für int (bzw. float). Beide mögliche Wege (über temporäres FractInt- bzw. Complex-Objekt) enthalten eine benutzerdefinierte Umwandlung und sind deshalb gleichberechtigt. Der Compiler kann nicht entscheiden, welcher der beiden Wege "besser" ist und meldet deshalb einen Syntaxfehler.

12.6 Überladen von Operatoren

In C++ sind Operatoren nichts anderes als Funktionen mit einer etwas anderen Schreibweise und Aufrufsyntax. Es ist daher möglich, auch alle selbstdefinierbaren Operatoren zu überladen, dabei gelten exakt die gleichen Regeln wie für das Überladen von Funktionen.

In Kapitel 11 haben wir zur Addition von zwei Complex-Objekten den Operator + wie folgt definiert:

```
Complex operator + ( const Complex &arg1, const Complex &arg2 );
```

Parallel dazu kann man z.B. einen weiteren Additionsoperator für MiniString definieren:

```
MiniString operator + ( const MiniString &arg1, const MiniString &arg2 );
```

Der Operator soll die beiden Argumente miteinander verbinden und das Ergebnis zurückliefern:

```
MiniString operator + ( const MiniString &arg1, const MiniString &arg2 ) {

  MiniString buf;

  buf.l = arg1.l + arg2.l - 1;
  buf.p = (char*)malloc( buf.l );
  strcpy( buf.p, arg1.p );
  strcpy( buf.p + arg1.l -1, arg2.p );

  return buf;
}
```

Folgendes Listing zeigt (unter Berücksichtigung der möglichen Typwandlungen) einige Aufrufe:

```
MiniString s1( "asd" ), s2( "123" ), s3;

//-- Die folgenden drei Anweisungen zeigen den Aufruf des Operators
//   im Zusammenwirken mit Typwandlungen

puts( s1 + s2 );
puts( s1 + "xxx" );
puts( "yyy" + s1 );

//-- Ein etwas komplizierterer Ausdruck

s3 = "Angfang " + s1 + s1 + "111" + "222" + "333" + s1 + " Ende";
puts( s3 );
```

Die Additionsoperatoren für Complex und MiniString können in einem Programm gleichzeitig vorhanden sein, da sie sich in ihrer Signatur unterscheiden.

Das gleiche gilt für Mitgliedsoperatoren einer Klasse. Sie können ebenfalls innerhalb ihrer Klasse beliebig oft überladen werden, solange sich die Signatur unterscheidet. In Kapitel 11 haben wir eine Effizienzbetrachtung bei der Implementierung des Zuweisungsoperators für MiniString angestellt. Um das temporäre Objekt bei Zuweisungen zu vermeiden, haben wir einen weiteren, "maßgeschneiderten" Zuweisungsoperator deklariert. Folgendes Listing zeigt die Klasse MiniString mit drei Zuweisungsoperatoren:

```
class MiniString {

public:

  MiniString &operator = ( const MiniString &str_in );
  MiniString &operator = ( const char *str_in );
  MiniString &operator = ( const A &a_in );

  /* ... weitere Mitglieder von MiniString ... */

};
```

Bei Zuweisungen wie z.B.

```
MiniString s1, s2;
A a;

//-- Bei diesen Ausdrücken werden keine temporären Objekte mehr benötigt

s1 = s2;
s1 = "ein String";
s1 = a;
```

werden nun keine temporären Objekte mehr erzeugt.

13 Verschiedenes

In diesem Kapitel fassen wir einige Punkte zusammen, für die sich ein eigenes Kapitel nicht lohnt.

13.1 Spezielle Klassen: structs und unions

In C++ sind structs und unions ebenfalls Klassen - jedoch mit einigen besonderen Eigenschaften, die vor allem aus der gewünschten Kompatibilität zu C herrühren. Ein Designkriterium für C++ war ja, daß die Sprache eine Erweiterung zu C sein soll. Alle ANSI-C-Programme sollten auch mit einem C++ Compiler übersetzt werden können. Die aus C bekannten structs und unions dürfen daher in C++ keine andere Semantik als in C haben - allerdings sind natürlich *Zusätze* möglich.

13.1.1 structs

Eine Deklaration wie z.B.

```
struct Person1 {
  char *name;
  char *vorname;
  int  alter;
};
```

ist formal eine Klasse, auch wenn wie hier keine Mitgliedsfunktionen oder Schlüsselworte zur Zugriffssteuerung vorhanden sind. Um C++ structs aufwärtskompatibel zu C structs zu machen, ist die Voreinstellung aller struct-Mitglieder public.

Structs *können* jedoch Mitgliedsfunktionen und Zugriffsrestriktionen enthalten. Eine für C++ typischere Definition der Struktur Person zeigt folgendes Listing:

```
struct Person2 {
  Person2( const char * n_name,
           const char * n_vorname,
           int          n_alter );
private:
  char *name;
  char *vorname;
  int  alter;
};
```

In C kann eine Struktur durch Angabe einer Werteliste initialisiert werden.

```
Person1 prs = { "Fritz", "Müller", 35 };
```

In C++ ist diese Art der Initialisierung ebenfalls möglich, solange die Klasse nur public-Elemente und keine Konstruktoren enthält. Außerdem darf die Klasse nicht abgeleitet sein (Kapitel 20). Für unsere Klasse Person1 ist die gezeige Initialisierung über Werteliste also syntaktisch erlaubt.

In C++ verwendet man jedoch zur Initialisierung besser Konstruktoren, da sie unter anderem die folgenden Vorteile haben:

- Speicher kann dynamisch allokiert werden, die Aliasproblematik wird vermieden.
- Eine Gültigkeitsprüfung der übergebenen Argumente kann durchgeführt werden
- Dynamisch (mit new) erzeugte Objekte können ebenfalls initialisiert werden.

Folgendes Listing zeigt einen ausführlich programmierten Konstruktor, der die Vorteile des C++ Initialisierungskonzeptes nutzt:

```
Person2::Person2( const char * n_name,
                  const char * n_vorname,
                  int          n_alter ) {

  //-- Eigener dynamischer Speicher für die Mitgliedsvariablen
  //   und Gültigkeitsprüfung der Parameter
  if ( !n_name || !n_vorname ) {
    puts( "Parameter für name/vorname ist NullLzeiger!" );
    exit( 1 );
  }

  if ( n_alter < 0 || n_alter > 100 ) {
    printf( "Parameter für Alter nicht plausibel : %i\n", n_alter );
    exit( 1 );
  }

  //-- jetzt erst Besetzen der Datenmitglieder
  name    = strdup( n_name );
  vorname = strdup( n_vorname );
  alter   = n_alter;

  //-- Speicherplatzmangel ?
  if ( !name || !vorname ) {
    puts( "nicht mehr ausreichend Speicher !" );
    exit( 1 );
  }
}
```

Ein oft vergessener Vorteil der Initialisierung über Konstruktor ist die Möglichkeit der Initialisierung dynamisch erzeugter Objekte. Während mit der Klasse Person2 eine Anweisung wie

```
Person2 *prsp = new Person2( "Hans", "Meier", 24 );
```

möglich ist, muß eine traditionell erzeugte dynamische Struktur manuell initialisiert werden:

```
//-- die Initialisierung einer dynamischen Struktur muß manuell erfolgen
Person1 *prsp = (Person1*)malloc( sizeof( Person1 ) );

/* ... hier Initialisierung Person1-Datenmitglieder ... */
```

13.1.2 unions

Unions sind Klassen, für die die Beschränkung gilt, daß eine union keine statischen Mitglieder oder Mitglieder, für die ein Konstruktor oder Destruktor definiert wurde, enthalten darf. Die union selber darf jedoch Konstruktoren und Destruktoren enthalten.

Das folgende Beispiel zeigt die union ScreenValue, die zur Aufnahme von Zeichen mit einem Attribut ("Farbe") verwendet werden kann.

```
union ScreenValue {

  int value;
  struct {
    char character;
    char attribute;
    } buf;

  //-- der am meisten verwendete Konstruktor. Erlaubt getrennte
  //   Angabe von Zeichen und Attribut.
  ScreenValue(
    char n_char = 0x20,    // Leerzeichen
    char n_attr = 0x7      // Standard-Attribut
    );

  //-- Kompatibilität zur traditionellen C-Darstellung
  ScreenValue( int arg );
  operator int() const;

  //-- liefert das Zeichen ohne Attribut
  operator char() const;
  operator unsigned char() const;
  };

inline ScreenValue::ScreenValue(
  char n_char,    // Leerzeichen
  char n_attr     // Standard-Attribut
  ) {

  buf.character = n_char;
  buf.attribute = n_attr;
  }
```

Über die Darstellung des Wertes als zwei chars kann man bequem das Zeichen selber sowie getrennt die Farbe ansprechen, die Darstellung als int eignet sich besser für Zuweisungen, Zeigerarithmetik etc.

Die Klasse ist mit Konstruktoren ausgestattet, die die bequeme Initialisierung ermöglichen, die Konvertierung von und nach ints erlaubt die Verwendung der Klasse auch zusammen mit C-Routinen, die ja Bildschirmzeichen meist als ints verwalten. Der operator char liefert nur das Zeichen, nicht das Attribut zurück.

Sämtliche Routinen sind ihrer Einfachheit halber sowie aus Effizienzgesichtspunkten inline implementiert:

```
inline ScreenValue::ScreenValue( int arg ) {
  value = arg;
  }
inline ScreenValue::operator int() const {
  return value;
  }
```

```
inline ScreenValue::operator char() const {
  return buf.character;
}

inline ScreenValue::operator unsigned char() const {
  return (unsigned char)buf.character;
}
```

Beachten Sie bitte, daß die Datenmitglieder hier public sind, um bewußt einen direkten Zugriff von außen zu ermöglichen.

Folgendes Programm zeigt, wie man die union verwenden kann, um unter Umgehung von DOS und BIOS direkt den Bildschirmspeicher zu manipulieren. Das Programm schreibt fortlaufend Zeichen mit verschiedenen Attributen auf den Bildschirm:

```
void main() {
  ScreenValue __far *p = (ScreenValue far *)0x0b8000000L;
  p += 10*80+30; // Zeile 10, Spalte 30
  char c = 0;
  while ( 1 ) {
    p -> buf.character = c++;
    p -> buf.attribute = c;
  }
}
```

13.2 Zeiger auf Klassenmitglieder

In C ist die Arbeit mit Zeigern auf Funktionen gängige Praxis. Insbesondere Toolboxen für graphische Oberflächen (X/Motif, Windows) machen von Funktionszeigern ausgiebigen Gebrauch. In reinen C++ Programmen kann man Funktionszeiger durch ein wohlüberlegtes Design mit virtuellen Funktionen (Kapitel 21) meist vermeiden.

Muß man jedoch weiterhin mit Funktionszeigern arbeiten (z.B. weil bestehende Toolboxen verwendet werden müssen), entsteht der Wunsch, Zeiger auf Mitglieder von Klassen bilden zu können. Neben den "normalen", aus C bekannten Zeigern stellt C++ zwei spezielle Zeigertypen zur Verfügung, die nur auf Klassenmitglieder zeigen können.

Im folgenden gehen wir von dieser Klassenhierarchie aus:

```
//-------------------------------------------------------------
//        A
//
class A {
public:
  int i;
  void f1();
  void f2();
};
```

13.2 Zeiger auf Klassenmitglieder

```
//-----------------------------------------------------------------
//         B
//
class B {

public:
  float x, y;
  int k, l, max;
  void f1();
  };
```

13.2.1 Zugriff über klassenunabhängige Zeiger

Von Datenmitgliedern einer Klasse kann wie aus C gewohnt die Adresse festgestellt und diese in einer Zeigervariablen gespeichert werden. Folgendes Beispiel zeigt dies an Hand einiger integer-Variablen:

```
A a1, a2;
B b1, b2;
int i, j;

int *ip;        // Zeiger auf ein gewöhnliches integer

ip = &i;
ip = &a1.i;
ip = &a2.i;
ip = &b1.max;
```

Auf jeden in dieser über ip adressierten integers kann in der gewohnten Weise zugegriffen werden:

```
*ip = 3;
```

Der Zeiger ip kann auf jedes beliebige int in jedem Objekt jeder beliebigen Klasse zeigen. ip ist ein *klassenunabhängiger Zeiger*.

Mit Adressen von Funktionen ist dies nicht möglich. Hier muß man sich bereits bei der Deklaration der Zeigervariablen auf eine Klasse festlegen. Obwohl sowohl A als auch B je eine Funktion void f1() deklarieren, ist es nicht möglich, einen Zeiger zu deklarieren, der auf beide Funktionen zeigen kann. Zunächst versuchen wir es mit einem Standard-C Zeiger:

```
void fTest();    // Deklaration einer C-Funktion

void main() {

  //-- fp ist ein Zeiger auf eine Funktion vom Typ void f();

  void (*fp)();

  fp = fTest;      // ok

  fp = A::f1;      // Fehler !
  fp = a1.f2;      // Fehler !

  }
```

Die beiden letzten Zuweisungen funktionieren nicht. Dies wird klar, wenn man den dann möglichen Funktionsaufruf

```
(*fp)();
```

betrachtet. fp enthielte zwar die Anfangsadresse einer Funktion, aber für welches Objekt soll diese Funktion aufgerufen werden? Aus dieser Überlegung folgt, daß beim Aufruf einer Mitgliedsfunktion über Zeiger noch ein Objekt mitgeliefert werden muß, auf das die Funktion angewendet werden soll. Genau dies leistet aber die normale C-Syntax für Zeiger nicht.

13.2.2 Klassenbasierte Zeiger

Aus diesem Grunde stellt C++ besondere klassenbasierte Zeiger zur Verfügung, über die nicht nur die Mitgliedsfunktion, sondern auch das zu bearbeitende Objekt angegeben werden können. Folgendes Beispiel zeigt den Unterschied:

```
void (*fp)();        //-- Zeiger auf eine Funktion vom Typ void f()
fp = fTest;          // ok

void (A::*fap)();    //-- Zeiger auf eine Mitgliedsfunktion von A vom
                     //   Typ void f();

fap = A::f1;         // ok
fap = A::f2;         // ok

fap = B::f1;         // nicht ok, fap kann nur auf Funktionen von
                     // a zeigen
```

Die beiden Zeiger fp und fap sind völlig unterschiedliche Arten von Zeigern, obwohl über beide eine Funktion ohne Argumente und ohne Rückgabewert aufgerufen wird - allerdings eben mit dem Unterschied, daß fap auf eine Mitgliedsfunktion einer Klasse zeigt, die ein Objekt bearbeitet, während fp auf eine "gewöhnliche" C Funktion zeigt.

Die beiden Arten von Zeigern können nicht ineinander gewandelt werden. Dies bedeutet auch, daß ein klassenbasierter Zeiger nicht zu void * gewandelt werden kann. Die Anweisung

```
void *p = fap;   // FEHLER!
```

ist unzulässig, ebenso wie

```
fap = p;  // FEHLER!
```

Allerdings sind Zuweisung und Vergleich mit NULL explizit erlaubt:

```
if ( fap == NULL ) ...    // erlaubt
fap = NULL;               // erlaubt
```

13.2.3 Die Operatoren .* und ->*

Zum Zugriff auf Klassenmitglieder über klassenbasierte Zeiger stehen in C++ die Operatoren .* und ->* zur Verfügung.

13.2 Zeiger auf Klassenmitglieder

Folgendes Programmsegment zeigt einige Aufrufmöglichkeiten:

```
A a1, a2;

fap = A::f1;
(a1.*fap)();          //-- Aufruf von a1.f1()

fap = A::f2;
(a1.*fap)();          //   nun Aufruf von a1.f2()

(a2.*fap)();          //   Aufruf von a2.f21()
```

Hier wird deutlich, daß fap eher eine Art "Offset" in die Klasse A ist, über den eine der Mitgliedsfunktionen ausgewählt wird. Gleiches gilt für dynamische Objekte:

```
//-- Zugriff bei dynamischen Objekten
A *a1p = new A;
A *a2p = new A;

fap = A::f1;

(a1p->*fap)();        // Aufruf von a1p-> f1()
(a2p->*fap)();        // Aufruf von a2p-> f1()
```

Die Verwendung klassenbasierter Zeiger ist auch für Datenmitglieder von Klassen möglich. Folgendes Programm stellt den Zugriff über Standard-C-Zeiger dem Zugriff über die Operatoren .* und ->* gegenüber:

```
B b1, b2;

//-- Über ip ist Zugriff auf ein bestimmtes integer eines
//   bestimmten Objekts möglich.
//   Zum Besetzen von ip muß daher bereits ein Objekt
//   angegeben werden.
int *ip = &b1.k;      // Variable k im Objekt b1

//-- Über iap ist Zugriff auf ein bestimmtes integer in einem noch
//   nicht näher bestimmten Objekt der Klasse B möglich.
//   Zum Besetzen von iap muß noch kein konkretes Objekt
//   angegeben werden.
int B::*iap = &B::k;  // Variable k in einem beliebigen B-Objekt

b1.*iap = 33;         // entspricht b1.k = 33
```

13.2.4 Zeiger auf undefinierte Klassen

Die Repräsentation von klassenbasierten Zeigern im Rechner kann auf unterschiedliche Weisen erfolgen. Je nach Klassenhierarchie und Ableitungsstruktur kann auch die Größe des Zeigers schwanken.

Es ist möglich, klassenbasierte Zeiger auf noch undefinierte Klassen zu bilden. Im folgenden Programmsegment ist fap ein Zeiger, der auf eine Mitgliedsfunktion von A zeigen kann, die keinen Parameter übernimmt und nichts zurückliefert:

```
class A;

void (A::*fap)();     //-- Zeiger auf eine Mitgliedsfunktion von A vom
                      //   Typ  void f()
```

Der Zeiger hat zwar noch keinen Wert, damit er aber überhaupt definiert werden kann, muß die Klasse A schon deklariert (aber nicht definiert) sein.

Zu einem späteren Zeitpunkt kann A definiert werden. Insbesondere kann A von anderen Klassen abgeleitet sein, virtuelle Funktionen oder virtuelle Basisklassen besitzen etc. (siehe nachfolgende Kapitel). Von diesen Gegebenheiten hängt jedoch die Repräsentation des Zeigers fap im Speicher ab. Da der Compiler die Umstände der späteren Definition der Klasse nicht kennt, muß er für fap den allgemeinsten Fall annehmen, der auftreten kann. Die daraus resultierende Repräsentation ist in den allermeisten Fällen unnötig uneffizient.

Mit den Standardeinstellungen übersetzen weder VC noch C7 obiges Programmsegment, da die Standardeinstellung davon ausgeht, daß die Klasse definiert ist. Ist dies der Fall, kann der Compiler die für die Klasse effizienteste Repräsentation für fap wählen, da er die Ableitungsmodalitäten der Klasse bereits kennt. Der beste Weg ist daher immer, die Definition einer Klasse vor der Definition von klassenbezogenen Zeigern anzuordnen.

Ist dies nicht möglich, muß man im Dialog "C/C++ Compiler Options" im Feld "Representation Method" den Eintrag "General purpose always" wählen. Im Dialogfeld "General purpose representation" darunter muß nun noch angegeben werden, ob die Klasse:

- ❑ Nicht abgeleitet ist oder nur mit einfacher Ableitung gebildet wurde (einfachster Fall, Auswahl "Point to single inheritance classes").

- ❑ Die Klasse (oder eine ihrer Basisklasse(n)) mehrfach abgeleitet ist (mittelschwerer Fall, Auswahl "Point to multiple inheritance classes").

- ❑ Die Klasse virtuelle Basisklassen hat (schwerster, aber auch allgemeinster Fall, Auswahl "Point to any class").

Die gewählte Einstellung gilt für alle Klassen.

13.3 Kompatibilität zu C

Zum Binden von Modulen eines C++ Programms wird grundsätzlich der Standardlinker des Betriebssystems verwendet. Diese Forderung ist vor allem für den UNIX-Bereich wichtig, da dort C-Compiler, Linker etc. zur Ausstattung des Betriebssystems gehören. Dadurch wird sichergestellt, daß prinzipiell auch Module anderer Programmiersprachen oder Module, die von Compilern unterschiedlicher Hersteller erzeugt wurden, gebunden werden können.

Unter DOS gibt es keinen Standardbinder und demzufolge praktisch auch kein Objektformat, das zwischen verschiedenen Herstellern kompatibel wäre. Jedes Produkt bringt seinen eigenen Linker mit. Allerdings gehört zu jedem bekannten C++ Entwicklungssystem auch ein (separater) C-Compiler, der das Objektformat des Herstellers unterstützt. Möchte man C-Teile zu einem C++-Programm binden, muß man diesen Compiler verwenden.

Bei der Übersetzung von C++-Funktionen werden die Funktionsnamen *gemangelt*, um das Überladen von Funktionen zu ermöglichen. Die an den Linker übergebenen Funktionsnamen sind deshalb nicht identisch mit denen aus dem Quellprogramm.

Name für den Linker	Originalname
_print__Fi	print(int)
_print__FPc	print(char *)

Ist nun z.B. print eine Funktion, die in einem C-Modul definiert ist, muß man in C++ das name-mangling für diese Funktion explizit abschalten. Dies wird durch eine Deklaration als extern "C" erreicht:

```
extern "C" void print( int );
```

Für diese Deklaration wird das Symbol _print für den Linker erzeugt.

Die allgemeine Form dieser Deklaration lautet

```
extern "<String>" <Funktion>;
```

wobei C7 und VC für <String> derzeit nur "C" erlauben. Spätere Erweiterungen könnten z.B "PASCAL" oder "FORTRAN"-Konventionen implementieren.

Die Deklaration als extern "<String>" beeinflußt nicht nur die Generierung von Symbolen für den Linker, sondern auch die Übergabe von Parametern auf dem Stack. Hier spielen Reihenfolge und die Bitrepräsentationen von Typen eine Rolle.

Bei einer als extern "C" deklarierten Funktion werden die Parameter nach C-Konventionen repräsentiert und übergeben.

Dies ist (aus historischen Gründen bedingt) nicht so effizient wie der Funktionsaufrufmechanismus in Sprachen wie PASCAL, der normalerweise in C7 und VC für C++ Funktionen mit nicht-variabler Parameterliste verwendet wird.

Dadurch, daß extern "C" Funktionsnamen nicht gemangelt sind, können solche Funktionen nicht überladen werden. Die Deklarationen

```
extern "C" void print( int );
extern "C" void print( char * );   // < FEHLER!
```

sind nicht zulässig, da beide das gleiche Symbol für den Linker erzeugen würden. Es kann jedoch beliebig viele überladene Funktionen und zusätzlich *eine* C-Funktion gleichen Namens geben.

```
print( int );
print( float );
print( char * );
extern "C" print( char * );   // ok
```

Zum Abschluß folgt ein kleines Beispielprogramm aus einem C- und einem C++ Modul. Das C-Modul enthält zwei Funktionen, die aus dem C++ Hauptprogramm aufgerufen werden.

C-Modul:

```
/*
  Modul m1.c:   Funktionen plus, minus
*/
int plus( int arg1, int arg2 ) {
  return arg1 + arg2;
  }

int minus( int arg1, int arg2 ) {
  return arg1 - arg2;
  }
```

C++-Modul

```
//-- C++ Modul m2.cpp

extern "C" int plus( int arg1, int arg2 );
extern "C" int minus( int arg1, int arg2 );

void main() {

  int x1 = plus( 2, 3 );
  int x2 = minus( x1, 1 );
  }
```

C7 als auch VC bestimmen die Sprache anhand der Namenerweiterung der Quelldatei. *.c Dateien werden automatisch mit dem C-Compiler, *.cpp Dateien mit dem C++ Compiler übersetzt.

14 Stilfragen

In diesem Buch ist es explizites Anliegen, einen bestimmten Stil bei der optischen Gestaltung unserer Beispiele und Projekte einzuhalten. Wie sollen die Mitglieder einer Klasse gruppiert werden? Zuerst die privaten, dann die öffentlichen, oder umgekehrt? Wo stehen die Konstruktoren, wo der Destruktor? Welche Form der Dokumentation ist angebracht? Sollen inline-Funktionen direkt in der Klassendefinition implementiert werden, oder ist die Auslagerung in eine eigene Datei sinnvoller?

Es ist bekannt, daß n Programmierer auf diese Fragen mindestens n+1 unterschiedliche Antworten bereit haben. Jeder Programmierer hat seinen eigenen Stil, so daß man oft sofort den Autor erkennen kann. Dies ist tragbar, solange der gleiche Stil zumindest durchgehalten wird.

Für den Aufbau von Klassen gibt es erst wenige anerkannte Aussagen zu Stil- und Designfragen. In den folgenden Abschnitten stellen wir einige Grundsätze vor, die sich in der Praxis bewährt haben. Sie werden Ihnen helfen, bessere und lesbarere Programme zu schreiben.

14.1 Header- und Implementierungsdateien

Bereits in C wurden Funktionsdeklarationen in sog. *Headerdateien* untergebracht. Programme, die eine Funktion verwenden wollen, includieren die Headerdatei mit der zugehörigen Funktionsdeklaration vor dem ersten Funktionsaufruf.

Das gleiche Prinzip gilt für Klassen: Die Klassendefinition steht in der Headerdatei, die Implementierung der Mitgliedsfunktionen befindet sich in einer Implementierungsdatei. Bis auf wenige Ausnahmen wird man pro Klasse je eine Header- und eine Implementierungsdatei anlegen. In C haben Headerdateien traditionell die Erweiterung .h, während Implementierungsdateien in der Regel mit .c enden. Für C++ Quelldateien gibt es keinen Standard, oft werden die Endungen .hpp und .cpp verwendet. Unter UNIX verwendet man dagegen fast ausschließlich die Endungen .h und .C[13]. In diesem Buch verwenden wir die Endungen .h und .cpp.

---

13 Bei UNIX-Dateinamen ist die Groß-Kleinschreibung signifikant.

14.2 Schutz vor mehrfachem Includieren

Headerdateien benötigen oft andere Headerdateien etc, so daß durch das Includieren einer Datei effektiv mehrere Dateien eingefügt werden können. Um das (versehentliche) Mehrfacheinfügen zu vermeiden, wird jede Headerdatei durch eine Compilervariable geschützt:

```
#ifndef __COMPLEX_H
#define __COMPLEX_H

class Complex {
   /* ... Mitglieder von Complex ... */
};

#endif
```

Die Variable hat den gleichen Namen wie die Datei, jedoch werden zwei Unterstriche vorangestellt.

14.3 Kommentare

Für Beschreibungen verwenden wir grundsätzlich die C++ Zeilenkommentare //, jeder Absatz wird darüber hinaus durch zwei Bindestriche abgetrennt. Die Zeichenfolge //-- ist optisch gut zu erkennen und bietet so eine Markierung für das Auge, wo Informationen zu suchen sind.

Es müssen zwei Arten von Kommentaren unterschieden werden:

❑ Kommentare für den Klassennutzer beschreiben die öffentlichen Mitglieder der Klasse. Hier werden Funktion, Parameter und Rückgabeparameter der Mitgliedsfunktionen erläutert. Der Nutzer einer Klasse ist an der Leistung der Klasse interessiert (am *was*), weniger, *wie* die Leistung erbracht wird.

❑ Kommentare in der Implementierung beschreiben dagegen das *wie* und *warum* der Implementierung, jedoch nicht mehr die Funktion.

Folgendes Beispiel zeigt die Deklaration einer Mitgliedsfunktion append mit der zugehörigen Dokumentation:

```
//-- append hängt den als Parameter angegebenen String an die
//   eigene Instanz an. Ist arg oder die eigene Instanz ungültig,
//   wird keine Operation ausgeführt, die eigene Instanz wird
//   ungültig.
//   Konnte der String angehängt werden, wird TRUE geliefert.

bool append( const String &arg );
```

Kommentare sind grundsätzlich deutsch.

14.4 Explizite Argumentnamen

In C++ können in Funktionsdeklaration und -definition die Argumentnamen weggelassen werden - allein der Typ ist wichtig. Wie ist z.B. der Konstruktor der folgenden Klasse Date aufzurufen?

```
class Date {
public:
  Date( int, int, int );
  /* weitere Mitglieder von Date */
};
```

Die Deklaration des Konstruktors besagt, daß drei ints notwendig sind. Sie sagt jedoch *nicht*, welche Bedeutung die Parameter haben. Ist die Reihenfolge Tag/Monat/Jahr oder - wie im anglo-amerikanischen - Monat/Tag/Jahr gemeint? Die explizite Angabe der Argumentnamen schafft hier Abhilfe:

```
  Date( int day, int month, int year );
```

In solchen Zweifelsfällen sollte man daher *immer* die Argumentnamen angeben sowie "sprechende" Namen verwenden. Ist dagegen die Bedeutung klar, kann auf den Argumentnamen ohne weiteres verzichtet werden:

```
class Date {
public:
  Date &operator = ( const Date & );
  /* weitere Mitglieder von Date */
};
```

Hier ist klar, daß das Argument des Zuweisungsoperators zum Kopieren der Daten in die eigene Instanz verwendet werden soll.

14.5 inline-Funktionen

Eine inline-Funktion kann sowohl bereits bei der Klassendefinition oder erst später im Programmtext außerhalb der Klasse angegeben werden. Das folgende Listing zeigt beide Möglichkeiten:

```
class FractInt {
  int zaehler, nenner;
public:
  //-- Die beiden folgenden Konstruktoren werden deklariert und gleich
  //   definiert. Sie sind automatisch inline
  FractInt() { zaehler = 0; nenner = 1; }
  FractInt( int zaehler_in ) { zaehler = zaehler_in; nenner = 1; }
```

```
//-- Dieser Konstruktor wird nur deklariert
FractInt( int zaehler_in, int nenner_in );
/* ... weitere Mitglieder ...*/
};

//-- Implementierung des dritten Konstruktors. Explizit inline!
inline FractInt::FractInt( int zaehler_in, int nenner_in ) {
  zaehler = zaehler_in;
  nenner = nenner_in;
}
```

Aus der Sicht objektorientierter Programmierung ist die Trennung von Deklaration und Definition eindeutig vorzuziehen. Die Implementierung einer Funktion gehört nicht mehr zur Definition der Schnittstelle zum Benutzer und sollte deshalb außerhalb der Klasse erfolgen.

Zu beachten ist allerdings, daß inline-Funktionen nicht in einem separaten Modul untergebracht werden können, sondern in jedem Modul, in dem sie verwendet werden sollen, erneut definiert werden müssen. Dies wird klar, wenn man sich vergegenwärtigt, daß der Text einer inline-Funktion an der Aufrufstelle eingesetzt wird. Dies ist in etwa vergleichbar mit dem Ersetzen einer Makro-Definition durch den Makro-Namen. Die Makro-Ersetzung wird allerdings rein textuell durchgeführt, während die Parameter einer inline-Funktion vollständig der Typprüfung unterliegen.

Wir ordnen inline-Funktionen einer Klasse grundsätzlich wie oben gezeigt nach der zugehörigen Klassendefinition in einem separaten Abschnitt der Headerdatei an. Eine andere Möglichkeit wäre z.B. die Anordnung in einer eigenen Includedatei, die nach der Klassendefinition includiert wird. Dadurch werden Deklaration und Implementierung wenigstens optisch getrennt.

14.6 Klassifikation von Mitgliedsfunktionen

Die Mitgliedsfunktionen einer Klasse lassen sich im allgemeinen in vier Gruppen teilen:

- *Arbeitsfunktionen.* Sie stellen die Schnittstelle der Klasse zur Außenwelt dar. Über sie kann der Programmierer die Leistungen der Klasse abfordern. Die Arbeitsfunktionen implementieren die problemorientierte Funktionalität der Klasse. Arbeitsfunktionen sind naturgemäß public.

- *Managementfunktionen.* Sie dienen zum Erzeugen, Initialisieren, Kopieren und Zerstören von Objekten einer Klasse. Konstruktoren und Destruktoren, die Operatoren new und delete sowie der Zuweisungsoperator fallen unter diese Gruppe. Die Managementfunktionen sind bis auf spezielle Ausnahmen ebenfalls public.

- *Zugriffsfunktionen.* Sie erlauben einem Benutzer der Klasse den kontrollierten Zugriff auf Datenmitglieder der Klasse. Zugriffsfunktionen führen keine Operationen aus, sondern besetzen ein Datenmitglied oder liefern seinen Wert zurück. Möglich sind jedoch z.B. Gültigkeitsprüfungen der übergebenen Werte, bevor ein Datenmitglied verändert wird. Zugriffsfunktionen sind meist öffentlich und bestehen nur aus wenigen Anweisungen. Sie sind häufig inline.

❑ *Hilfsfunktionen.* Sie dienen der Strukturierung größerer Aufgaben oder der Ausgliederung von Teilaufgaben, die von mehreren Funktionen gemeinsam benutzt werden können. Hilfsfunktionen werden ausschließlich von anderen Funktionen der Klasse zur Erfüllung ihrer Aufgaben herangezogen und sind deshalb immer private.

Manche Funktionen können in mehrere Gruppen klassifiziert werden. So kann z.B. ein Konstruktor mit einem Argument zur Typwandlung verwendet werden. Der Konstruktor kann deshalb sowohl als Arbeitsfunktion als auch als Managementfunktion betrachtet werden. Ähnliches gilt für den Destruktor. In diesem Buch ordnen wir Konstruktoren und Destruktoren den Managementfunktionen zu.

14.7 Öffentliche und nicht-öffentliche Teile

Die öffentlichen Mitglieder einer Klasse bilden die Schnittstelle, über die ein Benutzer der Klasse die Leistungen der Klasse abfordern kann. Sie sind der für den Anwender interessante Teil der Klasse und sollten deshalb besonders gut dokumentiert sein.

Leider kann eine Klassendefinition in C++ nicht in mehrere unabhängige Einheiten aufgeteilt werden, so daß die privaten Teile zusammen mit den öffentlichen Teilen an einem Stück (meist in einer Datei) stehen müssen. Dadurch erhält der Benutzer einer Klasse auch Einblick in die privaten Teile. Diese können zwar nicht verändert werden, es widerspricht jedoch der klaren konzeptionellen Trennung zwischen *Interface* und *Implementation,* wenn Implementierungsdetails - und dazu gehören eindeutig die privaten Daten - im Interfaceteil sichtbar sind.

14.8 Klassendefinition

Es ist günstig, die Mitglieder einer Klasse innerhalb der Klassendefinition nach einem bestimmten Schema anzuordnen. Verschiedene Schemata sind denkbar, einige Regeln, die sich in der Praxis bewährt haben, sind im folgenden angegeben:

❑ Die öffentlichen Mitglieder sind die für den Benutzer interessanten Teile der Klasse. Sie sollten am Anfang der Klasse plaziert werden. Die nicht-öffentlichen Mitglieder folgen danach.

- Die Klassenmitglieder sollen nach ihrer Logik gruppiert werden. So könnten z.B. alle arithmetischen Operatoren der Klasse Complex einen eigenen Abschnitt bilden.

- Die Managementfunktionen bilden eine eigene Gruppe, die an den Anfang der Klassendefinition plaziert wird. Innerhalb der Gruppe nehmen Kopierkonstruktor, Zuweisungsoperator sowie Destruktor eine Sonderstellung ein. Diese Funktionen sind normalerweise für das Speichermanagement innerhalb der Klasse zuständig. Wegen dieser Aufgaben sind sie in nahezu jeder nicht-trivialen Klasse erforderlich. Benötigt eine Klasse eine dieser Funktionen *nicht*, sollte in einem Kommentar explizit darauf hingewiesen werden - der Benutzer könnte sonst annehmen, daß die Funktion vergessen wurde und sein Programm aus diesem Grunde nicht funktioniert.

- Zugriffsfunktionen, Hilfsfunktionen und Arbeitsfunktionen können jeweils zu einer eigenen Gruppe zusammengefaßt werden, wenn die Abgrenzung zu anderen Teilen der Klasse eindeutig genug ist.

- Die Mitgliedsdaten sollten zu einer Gruppe zusammengefaßt werden und am Ende der Klassendefinition stehen.

- Freund-Deklarationen stehen am Ende der Klasse. Es spielt keine Rolle, ob sie im öffentlichen oder nicht-öffentlichen Teil angeordnet sind.

- Wenn möglich, sollten die einzelnen Abschnitte einer Klassendefinition optisch kenntlich gemacht werden.

Die Regeln widersprechen sich zum Teil. So ist es im allgemeinen nicht möglich, nach logischen Gesichtspunkten zu gruppieren und gleichzeitig alle privaten Mitglieder am Ende der Klasse zusammenzufassen. Hier muß man Prioritäten setzen.

Folgendes Listing zeigt eine mögliche Anordnung der Mitglieder der Klasse FractInt:

```
class FractInt {
public:

    //--------------------- management ------------------------------
    //
    FractInt();
    FractInt( int zaehler_in );
    FractInt( int zaehler_in, int nenner_in );

    //-- Kopierkonstruktor, Zuweisungsoperator, Destruktor werden nicht
    //   benötigt.

    //--------------------- Operatoren zur Manipulation --------------
    //
    FractInt &operator += ( const FractInt & );
    FractInt &operator -= ( const FractInt & );
    FractInt &operator *= ( const FractInt & );
    FractInt &operator /= ( const FractInt & );

    friend FractInt operator / ( const FractInt &, const FractInt & );
    friend FractInt operator - ( const FractInt &, const FractInt & );
    friend FractInt operator * ( const FractInt &, const FractInt & );
    friend FractInt operator / ( const FractInt &, const FractInt & );
```

```
//-------------------- Zugriffsfunktionen ----------------------
//

//-- liefern die Werte für Zähler und Nenner

int getZaehler() const;
int getNenner() const;

//-- übernimmt neue Werte ins Objekt

void setZaehler( int );
void setNenner( int );
void set( int zaehler_in, int nenner_in );

//-------------------- Hilfsfunktionen ------------------------
//
private:

//--- Berechnet den größten gemeinsamen Teiler (ggT) der Argumente

int ggT( long, long );

//-- kürzt das Argument soweit wie möglich und besetzt
//   Mitgliedsvariablen neu

void normalize( long z, long n );

//-------------------- Daten ----------------------------------
//

int zaehler, nenner;
}; // FractInt
```

14.9 Aufteilung der Headerdateien

Headerdateien für Klassen können je nach Bedarf bis zu vier Abschnitte mit unterschiedlichen Aufgaben besitzen, auf die wir im folgenden einzeln eingehen.

14.9.1 Kopfabschnitt

Der Kopf jeder Headerdatei enthält Angaben zum Zweck der Datei, Revisionsstand, Dokumentation von Änderungen sowie vorneweg die Compilervariable zum Schutz vor mehrfachem Includieren.

Das folgende Listing zeigt einen typischen Kopfabschnitt für die Klasse FractInt:

```
#ifndef __FRACTINT_H
#define __FRACTINT_H

//===================== Kopf =====================================
//
// Die Klasse FractInt dient zur Darstellung einer Realzahl als
// Bruch. Die Klasse definiert die üblichen arithmetischen Operationen
// +, -, *, / sowie +=, -=, *=, /=
//
// 92.08.01 : Version 1 (Au)
//
```

14.9.2 Abschnitt Definitionsabhängigkeiten

Zur Übersetzung einer Klassendefinition sind oft andere Klassendefinitionen oder Headerdateien erforderlich. Alle diese Abhängigkeiten werden als *Definitionsabhängigkeiten* bezeichnet. Im gleichnamigen Abschnitt werden die entsprechenden Headerdateien includiert, und zwar alle. Dabei wird nicht berücksichtigt, ob Headerdateien evtl. an anderer Stelle bereits includiert wurden. Ziel ist, daß die aktuelle Klassendefinition als eigene Übersetzungseinheit übersetzt werden kann. Es ist daher wichtig, daß alle Includedateien gegen mehrfaches includieren geschützt werden (s.o.).

Beachten Sie bitte, daß in diesen Abschnitt keine Includedateien gehören, die für die *Implementierung* der Klassenfunktionen benötigt werden. In unserem Beispiel der Klasse FractInt ist der Abschnitt Definitionsabhängigkeiten daher leer.

```
//======================= Definitionsabhängigkeiten ===============
// keine
```

14.9.3 Abschnitt Export

Hier stehen Deklarationen und Definitionen, die für die Umwelt zur Verfügung gestellt werden. Neben der eigentlichen Klassendefinition können hier auch andere Programmelemente wie z.B. Konstanten oder normale C-Funktionsdeklarationen stehen. Die Elemente in diesem Abschnitt sind nach logischen Gesichtspunkten geordnet, d.h. logisch zusammengehörige oder ähnliche Funktionen werden auch zusammen deklariert.

Im Beispiel für FractInt stehen hier neben der Klassendefinition auch die Deklarationen der Operatoren, die nicht als Mitgliedsfunktionen ausgeführt werden:

```
//======================= Export ===================================
//-----------------------------------------------------------------
//      class FractInt
//
class FractInt {
  /* ... MItglieder von FractInt ... */
  }; // FractInt
//-----------------------------------------------------------------
//      Operatoren für FractInt-Objekte
//
FractInt operator / ( const FractInt &, const FractInt & );
FractInt operator - ( const FractInt &, const FractInt & );
FractInt operator * ( const FractInt &, const FractInt & );
FractInt operator / ( const FractInt &, const FractInt & );
```

14.9.4 Abschnitt inline Funktionen

Falls in der Klasse Funktionen deklariert sind, die inline implementiert werden sollen, steht die Implementierung in diesem Abschnitt. Die Reihenfolge der

Implemementierung entspricht der Reihenfolge der Deklaration im Abschnitt Export.

```
//======================== Inlines ================================
inline FractInt &FractInt::operator *= ( const FractInt &arg ) {
  zaehler*= arg.zaehler;
  nenner *= arg.nenner;

  return *this;
  } // operator *=

/* ... weitere inlines ... */
```

14.10 Aufteilung der Implementierungsdateien

Implementierungsdateien enthalten die Implementierung der in der zugehörigen Headerdatei exportierten Teile. Hauptsächlich handelt es sich dabei um die Definitionen von Mitgliedsfunktionen. Allgemein können folgende Abschnitte unterschieden werden:

14.10.1 Kopfabschnitt

Der Kopfabschnitt enthält wieder eine kurze Inhaltsangabe sowie Revisionsstand der Implementierung, Autoren etc.

```
//======================== Kopf ==================================
//
//
// 92.08.01 : Version 1 (Au)
//
```

14.10.2 Abschnitt Implementierungsabhängigkeiten

Hier stehen alle Abhängigkeiten, die zur Übersetzung des Implementierungsteils notwendig sind. Dabei handelt es sich meist um Includedateien, jedoch gehören auch z.B. extern-Deklarationen oder lokale statische Daten dazu. Die zu diesem Modul gehörige Headerdatei (hier also fractint.h) gehört immer dazu.

```
//======================== Implementierungsabhängigkeiten ==========
#include <fractint.h>
#include <stdlib.h>
```

14.10.3 Abschnitt Implementierung

In diesem Abschnitt sind die in der zugehörigen Headerdatei exportierten Teile definiert. Dabei handelt es sich meist um Mitgliedsfunktionen von Klassen bzw. "normale" Funktionsdefinitionen. Jede Funktionsdefinition ist durch einen Kommentar von der vorigen Funktion abgeteilt, so daß das Auffinden einer Funktion erleichtert wird.

Enthält die Klasse statische Mitglieder, sind sie hier definiert und evtl. initialisiert. Es ist anzustreben, daß die Reihenfolge der Implementierung der Reihenfolge der Deklaration im Abschnitt Export in der zugehörigen Headerdatei entspricht.

```
//========================= Implementierung =========================
//-------------------------------------------------------------------
//        FractInt:: operator +=
//
FractInt &FractInt::operator += ( const FractInt &arg ) {
    //-- Zwei Brüche können nur addiert werden, wenn sie den gleichen
    //   Nenner haben. Daher "kreuzweise multiplizieren".
    //   Da Bereichsüberlauf auftreten kann werden für die
    //   Zwischenergebnisse longs verwendet
    long z = zaehler * arg.nenner + nenner * arg.zaehler;
    long n = nenner * arg.nenner;
    normalize( z, n );

    return *this;
} // operator +=
```

14.11 Namen von Bezeichnern

Traditionell werden in C alle Namen klein geschrieben. Um Namen etwas zu strukturieren, werden gerne Unterstriche verwendet:

```
calc_int_value(x_max_ref_value,max_delta_allowed);
```

Das Problem bei dieser Schreibweise sind die Unterstriche, die (insbesondere bei etwas älteren Druckern) fast wie Leerzeichen aussehen. Man muß sich konzentrieren, um zu erkennen, daß die Funktion mit zwei Parametern (und nicht mit sieben) aufgerufen wird. Verschärft wird das Problem noch dadurch, daß umgekehrt an den Stellen, an denen Leerzeichen hilfreich wären, keine verwendet wurden.

In diesem Buch verwenden wir daher möglichst keine Unterstriche innerhalb Bezeichnern. "Sprechende" Namen erreichen wir durch eine Mischung aus Klein- ud Großschreibung:

```
calcIntValue( xMaxRefValue, maxDeltaAllowed );
```

Darüber hinaus verwenden wir auch innerhalb von Anweisungen Leerzeichen, um die einzelnen Teile der Anweisung optisch gut voneinander abzutrennen.

Typbezeichner (dazu gehören vor allem Klassennamen) beginnen grundsätzlich mit einem Großbuchstaben, Variablenbezeichner dagegen mit einem Kleinbuchstaben. Funktionsbezeichner beginnen mit einem Kleinbuchstaben. Für Makrobezeichner werden weiterhin ausschließlich Großbuchstaben verwendet. Inline-Funktionen dagegen unterliegen den gleichen Regeln wie "normale" Funktionsbezeichner. Grundsätzlich werden Makros nur noch dann verwendet, wenn sich das gewünschte Verhalten nicht durch eine Konstante oder eine inline-Funktion realisieren läßt.

Für Bezeichner haben wir (bis auf Ausnahmen) englische Begriffe verwendet, um Probleme mit Umlauten in Bezeichnern zu vermeiden, Kommentare dagegen sind grundsätzlich deutsch.

14.12 Einrückungen und Klammern

Die Frage, wie Quellcode optimal zu formatieren ist, kann nicht allgemeingültig entschieden werden. Mehrere Stile sind denkbar, die alle bestimmte Vor- und Nachteile haben. Wir verwenden in diesem Buch den sogenannten *dichten Klammerungsstil* (*dense style*), bei dem die öffnende geschweifte Klammer eines Blockes am Ende der darüberliegenden Zeile steht:

```
if ( <Bedingung> ) {
  a1;
  a2;
  a3;
}
```

Dieser Stil betont die Einheit zwischen Bedingungsanweisung und zugehörigem Anweisungsblock. Der nächste Block wird durch die (nahezu leere) Zeile mit der schließenden Klammer optisch abgetrennt.

Als zweite Wahl kommt evtl. noch der *ausgerichtete Stil* (*aligned style*) in Frage:

```
if ( <Bedingung> )
{
  a1;
  a2;
  a3;
}
```

oder

```
if ( <Bedingung> )
  {
  a1;
  a2;
  a3;
  }
```

Dieser Stil betont den Blockcharakter der Anweisungen, da öffnende und schließende Klammer in der gleichen Spalte untereinander stehen. Von manchen Programmierern wird dies als Vorteil gesehen, da man sich bei vielen geschachtelten Blöcken besser zurechtfinden könne. Wir sind jedoch der Ansicht, daß ein Programm, bei dem man Spalten vergleichen muß, um die Logik von geschachtelten if/else-Blöcken zu verstehen, schlecht entworfen ist. Meist läßt sich die Anzahl von Schachtelungsebenen durch Umformulierungen von if/else Bedingungen vereinfachen (s.u.).

Die Einrückungstiefe beträgt grundsätzlich zwei Spalten. Manche Programmierer bevorzugen vier Spalten, jedoch bekommt man dann schnell Probleme mit den 80 Zeichen Bildschirmbreite der meisten Monitore. Zur optischen Abtrennung eines Blocks reichen zwei Spalten durchaus aus.

Verwendet man zur Einrückung Tabulatoren, kann man die optische Einrückungstiefe eines Programms für jeden Programmierer individuell einstellen. Ein Nachteil ergibt sich beim Drucken, denn die meisten Drucker haben voreingestellte Tabulatorsprünge von 4 oder gar 8 Zeichen. Zum Drucken müßte man die Tabulatoren wieder in Leerzeichen konvertieren. Bei der Bearbeitung der Programme mit anderen Texteditoren (z.B. unter UNIX) ergibt sich oft ein unschönes Bild. Aus diesen Gründen sind alle Programme auf der Begleitdiskette ohne Tabulatoren erstellt.

14.13 Komplexität von Funktionen

Die Anzahl von Schachtelungsebenen in einer Funktion ist ein recht gutes Maß für die Probleme, die ein Programmierer hat, die Logik der Funktion zu verstehen. Im Sinne wartungsfreundlicher Software sollte man die Komplexität, die durch Blockbildung entsteht, möglichst gering halten.

Folgende Funktion zeigt das Prinzip: Statt

```
int doIt() {
  if ( <Bedingung> ) {
    a1;
    a2;
    a3;
    return 1; // alles ok!
  }
  return 0; // nicht ok.
}
```

sollte man besser

```
int doIt() {
  if ( !<Bedingung> )
    return 0; // nicht ok
  a1;
  a2;
  a3;
  return 1; // alles ok!
}
```

schreiben. Für die Anweisungen a1, a2 und a3 der Funktion konnte die Schachtelungstiefe um eine Ebene reduziert werden.

14.14 Das Projekt FractInt

Wir haben in diesem Kapitel die bisher nur zu Demonstrationszwecken geeignete Klasse FractInt mit einigen praktisch nutzbaren Eigenschaften ausgestattet. Insbesondere die Operatoren zur Arithmetik machen die Klasse für die Praxis attraktiv. Grund genug, dem Bruchrechnen ein eigenes Projekt zu widmen, das wir gleich im nächsten Kapitel beginnen.

15 Projekt: Mehrfach genaues Rechnen

15.1 Das Problem

Das Rechnen mit Zahlen in einem Computer bringt zwangsläufig Rundungsfehler mit sich. Beachtet man bei der Formulierung von Algorithmen einige Regeln, können die Auswirkungen von Rundungen normalerweise vernachlässigt werden. Es darf jedoch nicht vergessen werden, daß z.B. Zahlen wie 1/3 in der normalen Zahldarstellung (float bzw. double) nicht exakt repräsentiert werden können. In diesem Kapitel suchen wir nach Wegen, um das Problem des Genauigkeitsverlustes durch Rundung zu entschärfen.

Zur Lösung bietet sich an, zur Repräsentation einer rationalen Zahl einen Bruch zu verwenden. Wie man aus der Schule weiß, kann jede rationale Zahl als Bruch zweier ganzer Zahlen dargestellt werden. Ebenfalls sollte bekannt sein, daß man mit Brüchen wie mit "normalen" ganzen Zahlen rechnen kann. Die Implementierung der vier Grundrechenarten Addition, Subtraktion, Multiplikation und Division für Brüche kann auf die Rechnung mit ganzen Zahlen zurückgeführt werden.

Dem steht der Nachteil gegenüber, daß es in C und C++ keinen Datentyp zur Repräsentation von Brüchen gibt. In diesem Kapitel werden wir einen solchen Datentyp definieren sowie die vier Grundrechenarten für Brüche implementieren. Wir gehen dabei von der bereits vorgestellten Klasse FractInt aus, die wir um geeignete Operatoren für die vier Grundrechenarten erweitern. Als Anwendung des neuen Datentyps werden wir versuchen, die Zahl e mit Hilfe von Brüchen darzustellen. e ist eine irrationale Zahl und kann deshalb auch durch einen Bruch nicht exakt repräsentiert werden. Wir werden jedoch möglichst viele Stellen von e berechnen.

Leider wird sich herausstellen, daß die Bruchdarstellung einer Realzahl keinen Ersatz für die Darstellung als float bzw. double sein kann. Für die effiziente und genaue Berechnung von e sind double-Zahlen trotz Rundungsfehler den Brüchen überlegen. Der Grund liegt natürlich in der Reihenentwicklung bei der Berechnung von e, in der immer kleinere Summanden aufaddiert werden. Immer kleinere Zahlen bedeuten aber in Bruchdarstellung immer größere Nenner, so daß irgendwann ein Überlauf auftritt. Trotzdem ist die Definition einer Klasse zur Repräsentation von Brüchen lehrreich, da wir an dieser einfachen Klasse einige Konzepte einführen werden, die wir in der nächsten Generation unseres Stringprojekts (im nächsten Kapitel) ebenfalls benötigen.

Zum Schluß des Kapitels werfen wir noch einen kurzen Blick auf eine andere Repräsentationsmöglichkeit für mehrfachgenaue Zahlen. Wir werden eine Klasse MultiInt definieren, die die einzelnen Ziffern einer Zahl in einem Feld speichert. Je nach Größe des Feldes kann eine prinzipiell beliebige Genauigkeit der Zahldarstellung erreicht werden. Rundungsfehler können so zwar nicht ganz vermieden, jedoch unterhalb einer frei wählbaren, nur durch den zur Verfügung stehenden Speicherplatz begrenzten Grenze gehalten werden. Rechenoperationen mit dieser Zahldarstellung aus Einzelziffern lassen sich wieder auf die Schulmathematik zurückführen: Wir haben dort z.B. gelernt, wie man auf dem Papier zwei beliebig große Zahlen multiplizieren kann, indem man die Einzelziffern multipliziert und die Zwischensummen addiert. Es sollte daher möglich sein, die Multiplikation von zwei beliebig langen Zahlen auf fortgesetztes Multiplizieren und Addieren von integers zu reduzieren. In diesem Kapitel werden wir die Technik verwenden, um die Zahl e auf 1000 Stellen Genauigkeit zu berechnen.

15.2 Das Konzept der Gültigkeit

Bei der Arbeit mit komplexeren Objekten muß damit gerechnet werden, daß eine Operation auf dem Objekt nicht durchgeführt werden kann, weil eine unerwartete Situation eingetreten ist. So ist es z.B. nicht sinnvoll, mit einem Bruch weiterzurechnen, dessen Nenner im Zuge einer Rechnung einmal 0 geworden ist. Ein ähnlicher Fall liegt vor, wenn bei einer Rechenoperation der darstellbare Zahlenbereich überschritten wurde.

Die Klasse FractInt muß deshalb mit einer Eigenschaft ausgestattet werden, um zwischen "gültigen" und "ungültigen" Objekten unterscheiden zu können. *Wie* zwischen beiden unterschieden wird (d.h. wie Ungültigkeit für FractInt implementiert wird), ist eine Implementierungsfrage und interessiert uns in diesem Abschnitt nicht. Wichtig ist jedoch, daß man die Gültigkeit eines Objekts jederzeit abfragen kann. Wir deklarieren zur Abfrage der Gültigkeit die Funktion isValid: sie soll 1 (TRUE) liefern, wenn das Objekt den Status "gültig" hat, ansonsten 0 (FALSE):

```
class FractInt {
public:
    //---------------------- Gültigkeit ----------------------------
    //
    //-- liefert 1, wenn das Objekt gültig ist, sonst 0
    int isValid() const;

    /* ... weitere Mitglieder von FractInt ... */
};
```

15.2 Das Konzept der Gültigkeit

In Kapitel 10 haben wir als Standardanwendung für die Operatoren void* und ! die Lieferung des Gültigkeitsstatus eines Objekts vorgestellt. Wir wenden diese Technik nun für FractInt an und deklarieren die beiden Operatoren als Mitglieder wie folgt:

```
class FractInt {

public:

   //-- einfachere Notation zur Abfrage der Gültigkeit.
   //   void* liefert Wert <> 0 wenn gültig, 0 sonst
   //   !     liefert Wert <> 0 wenn ungültig, 0 sonst

   operator const void*() const;
   operator !() const;
/* ... weitere Mitglieder von FractInt ... */
```

In einem Programm sind nun z.B. Anweisungen wie

```
FractInt f1( 7, 3 );

/* ... Rechnungen mit f1 ... */

if ( !f1 ) {
  /* ... Fehlerbehandlung ... */
  }
```

möglich.

Die Implementierung der beiden Operatoren liegt auf der Hand:

```
inline FractInt::operator const void*() const {
  return isValid() ? this : NULL;
  }
inline FractInt::operator !() const {
  return !isValid();
  }
```

Operator void* gibt den Zeiger this zurück, wenn das Objekt in Ordnung ist. Statt this könnte hier jeder von NULL verschiedene Zeiger verwendet werden, also z.B. auch (void*)1. Die Verwendung von this hat historische Gründe. In früheren Versionen der Sprache war eine Zuweisung an this üblich, um ein Objekt in einem bestimmten Speicherbereich zu plazieren. Konnte kein Speicherplatz allokiert werden, wurde this auf NULL gesetzt. In einem solchen Fall gibt der hier definierte Operator void* ebenfalls "ungültig" zurück. Die Aufgabe der Speicherplatzzuweisung für ein dynamisches Objekt wird heute durch den Operator new durchgeführt.

Manchmal kann es erforderlich sein, ein Objekt explizit auf ungültig zu setzen. Dazu dient die Funktion invalidate, die wie folgt deklariert wird:

```
class FractInt {

public:

   //-- versetzt ein Objekt in Zustand ungültig

   void invalidate();
   /* ... weitere Mitglieder von FractInt ... */
   };
```

Der umgekehrte Fall, nämlich ein ungültiges Objekt explizit wieder gültig zu machen, kommt nicht vor. Implizit kann dies jedoch z.B. bei einer Zuweisung mit einem gültigen Objekt erfolgen:

```
FractInt f1( 3, 0 ); // f1 ist ungültig
FractInt f2( 1, 2 );

f1 = f2; // f1 wird wieder gültig
```

Eine Funktion zum expliziten Gültigmachen wird deshalb nicht benötigt.

15.3 Rechnen mit ungültigen Objekten

FractInt-Objekte werden oft in Kettenanweisungen verwendet. Tritt während der Abarbeitung einer solchen Anweisung ein Fehler auf (z.B. Division durch 0), werden mit dem ungültig gewordenen Objekt evtl. noch weitere Teilrechnungen durchgeführt, bevor der Fehler abgefangen werden kann. Folgende Anweisung zeigt ein Beispiel:

```
FractInt result = f1*f2 - f1/f2;
```

Der Gesamtausdruck muß berechenbar sein, auch wenn eines (oder mehrere) der beteiligten Objekte ungültig sind. Darüber hinaus muß für den Fall vorgesorgt werden, daß f2 den Wert 0 hat. Das Ergebnis der Division f1/f2 muß auch in diesem Fall einen Wert ergeben, der in der Subtraktion verwendet werden kann.

Es ist daher unumgänglich, daß alle Mitgliedsfunktionen von FractInt auch mit ungültigen Objekten zurechtkommen müssen. Wir legen deshalb fest:

> Funktionen (insbesondere Operatorfunktionen) können grundsätzlich auch auf ungültige Objekte angewendet werden, führen dann aber keine Aktion aus, sondern liefern sofort 0 (FALSE) zurück.

Ein ähnliches Problem liegt vor, wenn das eigene Objekt zwar gültig, aber ein ungültiges Objekt als Parameter an eine Mitgliedsfunktion übergeben wird. In diesem Fall ist es in der Regel sinnvoll, das eigene Objekt ebenfalls ungültig zu machen. Als zweiten Grundsatz legen wir deshalb fest:

> Ein als Parameter für eine Mitgliedsfunktion erhaltenes Objekt kann grundsätzlich ungültig sein. Die Funktion führt dann keine Aktionen aus. Darüber hinaus kann das eigene Objekt ebenfalls ungültig werden.

15.4 Die Effizienzfrage

Um das in den letzten Abschnitten dargestellte Konzept der Gültigkeit zu implementieren, sind in den Mitgliedsfunktionen an vielen Stellen Sicherheitsabfragen etc. erforderlich: im allgemeinen wird sich eine Mitgliedsfunktion

15.5 Repräsentation der Ungültigkeit

sofort beenden, wenn sie für ein ungültiges Objekt aufgerufen wird, wie hier an einer beliebigen Funktion doIt für FractInt demonstriert:

```
void FractInt::doIt() {
  if ( !*this )
    return;
  /* ... eigentliche Funktion doIt ... */
}
```

Beachten Sie bitte hier, daß this ein Zeiger auf das eigene Objekt ist, *this somit das eigene Objekt repräsentiert. Der Ausdruck

```
!*this
```

wendet also den ! - Operator auf das eigene Objekt an und ist deshalb identisch zu dem Ausdruck

```
!isValid()
```

Während der durch die Gültigkeitsprüfungen gewonnene Zuwachs an Sicherheit die Effizienzeinbuße rechtefertigt, sind Anwendungen denkbar, bei denen keine ungültigen Objekte auftreten können und/oder die besondere Anforderungen an die Effizienz haben. Um beiden Anwendungstypen Rechnung zu tragen, führen wir die Compilervariable VALIDITYCHECK ein. Ist sie definiert, wird der Code für die Gültigkeitsprüfung mitcompiliert, ansonsten nicht.

```
void FractInt::doIt() {
#ifdef VALIDITYCHECK
  if ( !*this )
    return;
#endif
  /* ... eigentliche Funktion doIt ... */
}
```

15.5 Repräsentation der Ungültigkeit

Die bis jetzt durchgeführten Überlegungen zur Gültigkeit/Ungültigkeit können für alle größeren Klassen angewendet werden. Jetzt legen wir eine konkrete Implementierung dieses Prinzips für die Klasse FractInt fest.

Hierzu bietet sich der Wert 0 für den Nenner an, denn der Nenner eines gültigen Bruches darf niemals 0 werden. Wir legen also fest:

> Die Ungültigkeit eines FractInt-Objektes wird durch den Wert 0 für den Nenner codiert.

Dadurch ist die Implementierung der beiden FractInt-Funktionen für den Gültigkeitsstatus klar:

```
inline int FractInt::isValid() const {
  return n != 0;
}
inline void FractInt::invalidate() {
  n = 0;
}
```

15.6 Regeln für die Bruchrechnung

Vom Sonderfall "Ungültiges Objekt" einmal abgesehen, ist die Bruchrechnung einfach zu implementieren. Die dabei angewendeten Rechenregeln können in jedem Schulbuch nachgelesen werden. Beim Addieren und Subtrahieren ist es z.B. erforderlich, zunächst die beiden Brüche so zu erweitern, daß sie gleiche Nenner haben. Dann erst können die Zähler addiert werden. Faßt man beide Schritte zusammen, erhält man z.B. für die Addition zweier Brüche a und b:

```
ergebnis.z = a.z * b.n + a.n * b.z
ergebnis.n = a.n * b.n;
```

Ähnliches gilt für die anderen Grundrechenarten. Ein Problem dabei ist, daß bei fortgesetzten Rechnungen die beteiligten Zahlen immer größer werden. Man benötigt daher eine Methode, die Brüche wieder möglichst weit zu "kürzen". Dazu sucht man eine Zahl, durch die sowohl Zähler als auch Nenner teilbar sind - denn durch eine solche Operation mit Zähler und Nenner bleibt der Wert des Bruches unverändert. Natürlich sollte die Zahl möglichst groß sein, um maximale Kürzung zu erreichen. Die größte Zahl, durch die sowohl Zähler als auch Nenner eines Bruches teilbar sind, heißt "größter gemeinsamer Teiler", oder kurz *ggT* dieses Bruches.

15.7 Die Bestimmung des größten gemeinsamen Teilers

Der Berechnung des ggT kommt eine wichtige Bedeutung zu, da das Kürzen eines Bruches nach jedem Rechenschritt durchgeführt werden sollte, um Überläufe möglichst zu vermeiden. Die Berechnung sollte daher effizient sein und für nicht kürzbare Brüche möglichst keine zusätzliche Rechenzeit benötigen.

Beide Bedingungen werden durch den *Euklid'schen Algorithmus* in guter Weise erfüllt. Dieses Verfahren zur Bestimmung des ggT ist überraschend einfach und läßt sich im wesentlichen auf wiederholte Modulusbildung und Vergleich zurückführen. Folgendes Listing zeigt eine Implementierung:

```
long ggT( long a, long b ){
  //-- wir verwenden einen etwas optimierten Euklidschen Algorithmus
  a = abs( a );
  b = abs( b );
  long temp;
  if ( !a || !b ) {
    a = 1;
    b = 1;
  }
  for ( temp=a%b; temp; temp=a%b ) {
    a = b;
    b = temp;
  }
  return b;
}
```

15.7 Die Bestimmung des größten gemeinsamen Teilers

Für die Zahlen 490 und 364 berechnet die Funktion den ggT korrekt zu 14. Beachten Sie bitte, daß die Parameter longs sind, da bei Zwischenrechnungen der Wertebereich eines int überschritten werden kann. Die Funktion ggT ist unabhängig von FractInt einsetzbar und wird deshalb nicht als Mitgliedsfunktion, sondern als normale C-Funktion implementiert.

Die Operatoren von FractInt erhalten als Ergebnis oft zwei longs, die noch entsprechend gekürzt und dann als Zähler bzw. Nenner für die eigene Instanz verwendet werden müssen. Dies leistet die Funktion normalize. Eine zweite Version der Funktion normalisiert Zähler und Nenner des eigenen Objekts:

```
class FractInt {

public:

   //-- interpretiert die Argumente als Bruch und kürzt soweit wie
   //   möglich. Besetzt die Mitgliedsvariablen neu

   void normalize( long z_in, long n_in );

   //-- Kürzt die eigene Instanz soweit wie möglich

   void normalize();

   /* ... weitere Mitglieder von FractInt ... */
};
```

Die Implementierung ist ebenfalls trivial:
```
//----------------------------------------------------------------
//        FractInt:: normalize
//
void FractInt::normalize( long z_in, long n_in ) {

#ifdef VALIDITYCHECK
   if ( n_in == 0 ) {
     invalidate();
     return;
   }
#endif

   long g = ggT( z_in, n_in );
   long lz = z_in / g;
   long ln = n_in / g;

#ifdef VALIDITYCHECK
   if ( lz > INT_MAX || lz < INT_MIN ) {
     printf( "Überlauf im Zähler: %ld ist zu groß\n", lz );
     invalidate();
     return;
   }

   if ( ln > INT_MAX || ln < INT_MIN ) {
     printf( "Überlauf im Nenner: %ld ist zu groß\n", ln );
     invalidate();
     return;
   }
#endif

   z = (int)lz;
   n = (int)ln;
   return;
}
//----------------------------------------------------------------
//        FractInt:: normalize
//
inline void FractInt::normalize() {
   normalize( z, n );
}
```

Die Konstanten INT_MAX bzw INT_MIN geben die größte (resp. kleinste) als integer darstellbare Zahl an. Da normalize mit longs arbeitet, kann das Ergebnis der Kürzung größer INT_MAX (bzw. analog kleiner INT_MIN) sein. Ist die Gültigkeitsprüfung eingeschaltet, wird in einem solchen Fall das Objekt ungültig.

15.8 Zuweisungsoperator, Kopierkonstruktor und Destruktor

Die Klasse FractInt verwaltet keinen eigenen dynamischen Speicher, die Aliasproblematik kann daher nicht auftreten. Zum Kopieren eines FractInt-Objekts reicht es aus, die Datenmitglieder einzeln zu kopieren. Dies erledigen die automatisch generierten Standard-Versionen des Kopier-Konstruktors bzw. des Zuweisungsoperators, so daß diese Funktionen nicht durch den Programmierer implementiert werden müssen. Trotzdem ist es ratsam, diese Tatsache in einer Notiz in der Klassendefinition zu vermerken, damit ein Benutzer der Klasse weiß, daß die Funktionen absichtlich nicht deklariert wurden.

```
class FractInt {
public:

    //--------------------- management ------------------------------
    //
    FractInt();
    FractInt( int z_in );
    FractInt( int z_in, int n_in );

    //-- Kopierkonstruktor, Zuweisungsoperator, Destruktor werden nicht
    //   benötigt.
    /* ... weitere Mitglieder von FractInt ... */
};
```

Das gleiche gilt für den Destruktor: Bei der Zerstörung eines FractInt-Objekts sind keine besonderen Schritte notwendig. Der automatisch generierte Standard-Destruktor reicht völlig aus.

15.9 Die Operatorfunktionen

Das Wichtigste an FractInt sind wohl die Operatorfunktionen. Dabei sind drei Arten zu unterscheiden:

- ❑ Rechenoperatoren, die auf das eigene Objekt wirken, wie z.B += etc.
- ❑ Symmetrische Rechenoperatoren, die zwei Objekte verknüpfen, wie z.B. + etc.
- ❑ Vergleichsoperatoren (relationale Operatoren) wie ==, < etc.

15.9.1 Die Rechenoperatoren

Wie in Kapitel 10 (Operatorfunktionen) erläutert, wird die erste Gruppe als Mitgliedsfunktionen, die zweite und dritte Gruppe dagegen als normale C-Funktionen ausgeführt. Die Wirkungsweise der Rechenoperatoren beider Gruppen ist ähnlich, so daß man versucht, die eine Gruppe zur Definition der anderen zu verwenden.

Bewährt hat sich dabei, die Mitgliedsfunktionen explizit zu implementieren, und die symmetrischen Operatoren daraus abzuleiten. Hat man z.B. den Operator += bereits implementiert, kann ihn zur Implementierung des Operators + wie folgt verwenden[14]

```
inline FractInt operator + ( const FractInt &lhs, const FractInt &rhs ) {
   FractInt buf( lhs );
   buf += rhs;
   return buf;
}
```

Dies gilt ebenso für die restlichen symmetrischen Operatoren -, * und /. Beachten Sie bitte, daß Operator + keine Abfrage auf den Gültigkeitsstatus von lhs oder rhs durchführen muß: die im Operator += implementierte Funktionalität reicht bereits aus, um die Regeln für das Rechnen mit ungültigen Objekten (s.o.) zu erfüllen.

Die Operatoren müssen in der Klassendefinition entsprechend deklariert werden:

```
class FractInt {

public:

   //--------------------- Operatoren zur Manipulation ----  -------
   //
   FractInt &operator += ( const FractInt & );
   FractInt &operator -= ( const FractInt & );
   FractInt &operator *= ( const FractInt & );
   FractInt &operator /= ( const FractInt & );

   friend FractInt operator + ( const FractInt &, const FractInt & );
   friend FractInt operator - ( const FractInt &, const FractInt & );
   friend FractInt operator * ( const FractInt &, const FractInt & );
   friend FractInt operator / ( const FractInt &, const FractInt & );

   /* ... weitere Mitglieder von FractInt ... */

};
```

Beachten Sie bitte, daß in den Deklarationen die Argumentnamen weggelassen wurden, da die Bedeutung der Parameter implizit klar ist.

---

14 lhs bedeutet "left hand side", rhs "right hand side". Damit werden traditionell linke bzw. rechte Seite eines symmetrischen Operators bezeichnet.

15.9.2 Die Vergleichsoperatoren

Die Vergleichsoperatoren sind alle symmetrisch und werden deshalb als C-Funktionen implementiert. Auch hier reicht es aus, die Identität und die kleiner-Relation tatsächlich zu implementieren, die anderen Operatoren können daraus abgeleitet werden. Hat man die Operatoren == und < bereits implementiert, können die anderen logischen Operatoren wie folgt formuliert werden:

```
//----------------------------------------------------------------
//        FractInt:: Vergleichsoperatoren
//
inline int operator != ( const FractInt &lhs, const FractInt &rhs ) {
  return ! ( lhs == rhs );
}

inline int operator <= ( const FractInt &lhs, const FractInt &rhs ) {
  return lhs == rhs || lhs < rhs;
}

inline int operator >  ( const FractInt &lhs, const FractInt &rhs ) {
  return rhs < lhs;
}

inline int operator >= ( const FractInt &lhs, const FractInt &rhs ) {
  return lhs == rhs || lhs > rhs;
}
```

In der Praxis geht man oft noch einen Schritt weiter und definiert für die Basisvergleiche zwei Mitgliedsfunktionen (z.B. isEqual und isSmaller) und formuliert alle sechs relationalen Operatoren inline mit Hilfe dieser beiden Funktionen.

Die Formulierung der möglichen Vergleichsoperatoren mit Hilfe von nur zwei Basisfunktionen ist elegant, jedoch oft mit Effizienzeinbußen verbunden. So müssen z.B. bei Aufruf des Operators <= evtl. zwei Vergleiche der Argumente durchgeführt werden. Jeder Vergleich kostet zwei normalize-Operationen sowie einige Multiplikationen.

15.10 Die Zugriffsfunktionen

Neben den Zugriffsfunktionen für den Gültigkeitsstatus (isValid und invalidate) sind Zugriffsfunktionen für Zähler und Nenner vorhanden. Sie sind unter Beachtung der Situation "Nenner ist 0" (d.h. ungültiges Objekt) wie folgt implementiert:

```
class FractInt {

public:

  //---------------------- Zugriffsfunktionen ----------------------
  //
  //-- liefern die Werte für Zähler und Nenner

  int getZ() const;
  int getN() const;
```

15.10 Die Zugriffsfunktionen

```
    //-- liefert eine Repräsentation des Bruchs als double

    operator double() const;

    //-- übernimmt neue Werte ins Objekt

    void setZ( int );
    void setN( int );
    void set( int z_in, int n_in );

    /* ... weitere Mitglieder von FractInt ... */

  };


//---------------------------------------------------------------------
//      FractInt:: get* - Routinen
//

inline int FractInt::getZ() const { return z; }

inline int FractInt::getN() const {

#ifdef VALIDITYCHECK
  //-- Beim Zugriff auf ein ungültiges Objekt geben wir eine Warnung aus
  if ( !*this )
    puts( "Zugriff auf ungültiges FractInt - Objekt" );
#endif

  return n;
  }
//---------------------------------------------------------------------
//      operator double
//

inline FractInt::operator double() const {

  if ( !*this )
    return 0;

  return (double)z / (double)n;
  }
//---------------------------------------------------------------------
//      FractInt:: set* - Routinen
//

inline void FractInt::setZ( int z_in ) { z = z_in; }

inline void FractInt::setN( int n_in ) {

#ifdef VALIDITYCHECK
  //-- Beim Nenner = 0 geben wir eine Warnung aus
  if ( n_in == 0 )
    puts( "FractInt::setNenner : Wert ist 0" );
#endif

  n = n_in;
  }
inline void FractInt::set( int z_in, int n_in ) {
  setZ( z_in );
  setN( n_in );
  }
```

15.11 Die Konstruktoren

FractInt erhält die üblichen drei Konstruktoren:

```
class FractInt {

public:

  FractInt();
  FractInt( int z_in );
  FractInt( int z_in, int n_in );

  /* ... weitere Mitglieder von FractInt ... */

}
```

Sie sind mit Hilfe der set-Zugriffsfunktionen implementiert:

```
//-------------------------------------------------------------
//       FractInt:: Konstruktoren
//

inline FractInt::FractInt() {
  invalidate();
}

inline FractInt::FractInt( int z_in ) {
  setZ( z_in );
  setN( 1 );
}

inline FractInt::FractInt( int z_in, int n_in ) {

  //-- Damit bei Nenner == 0 eine Meldung ausgegeben wird, verwenden
  //   wir set (und damit setN)
  set( z_in, n_in );
}
```

Beachten Sie bitte, daß der Standard-Konstruktor ein ungültiges Objekt erzeugt.

15.12 Die Serialisierung durch Operator const char*

Jede in der Praxis verwendete Klasse sollte eine Möglichkeit bieten, Objekte der Klasse in lesbarer Form auszugeben. Wir haben dazu früher die Funktion print implementiert, allgemeiner verwendbar ist jedoch der Ansatz über den Operator const char*, der einen Zeiger auf einen (statischen) Pufferbereich mit der Stringrepräsentation des Objekts ausgibt:

```
class FractInt {

public:

  //--------------------- Serialisierung --------------------------
  //
  operator const char *() const;

private:

  //-- Puffer für die Serialisierung
  static char serBuf[ 20 ];

};
```

15.13 Die restlichen Rechen- und Vergleichsoperatoren

```
//----------------------------------------------------------------
//       operator FractInt:: const char *
//
FractInt::operator const char *() const {

#ifdef VALIDITYCHECK
  if ( !*this )
     return " ***ungültig*** ";
#endif

  sprintf( serBuf, "(%5d,%5d)", z, n );
  return serBuf;
  }
```

15.13 Die restlichen Rechen- und Vergleichsoperatoren

Es bleiben noch die Operatoren +=, -=, *= und /= sowie die Operatoren == und <. Sie sind sozusagen die "Basisoperatoren", die zur Definition der anderen ("abgeleiteten") Operatoren verwendet werden.

```
//----------------------------------------------------------------
//       FractInt:: operator +=
//
FractInt &FractInt::operator += ( const FractInt &arg ) {

  //-- Zwei Brüche können nur addiert werden, wenn sie den gleichen
  //   Nenner haben. Daher "kreuzweise multiplizieren".
  //   Da Bereichsüberlauf auftreten kann werden für die
  //   Zwischenergebnisse longs verwendet
#ifdef VALIDITYCHECK
  if ( !*this || !arg ) {
     invalidate();
     return *this;
     }
#endif

  long lz = (long)z * arg.n + (long)n * arg.z;
  long ln = (long)n * arg.n;
  normalize( lz, ln );

  return *this;
  } // operator +=
//----------------------------------------------------------------
//       FractInt:: operator -=
//
FractInt &FractInt::operator -= ( const FractInt &arg ) {

#ifdef VALIDITYCHECK
  if ( !*this || !arg ) {
     invalidate();
     return *this;
     }
#endif

  long lz = (long)z * arg.n - (long)n * arg.z;
  long ln = (long)n * arg.n;
  normalize( lz, ln );

  return *this;
  } // operator -=
```

```
//-------------------------------------------------------------
//      FractInt:: operator *=
//

FractInt &FractInt::operator *= ( const FractInt &arg ) {

#ifdef VALIDITYCHECK
  if ( !*this || !arg ) {
     invalidate();
     return *this;
     }
#endif

  long lz = (long)z * arg.z;
  long ln = (long)n * arg.n;
  normalize( lz, ln );

  return *this;
  } // operator *=
//-------------------------------------------------------------
//      FractInt:: operator /=
//

FractInt &FractInt::operator /= ( const FractInt &arg ) {

#ifdef VALIDITYCHECK
  if ( !*this || !arg ) {
     invalidate();
     return *this;
     }
#endif

  long lz = (long)z * arg.n;
  long ln = (long)n * arg.z;
  normalize( lz, ln );

  return *this;
  } // operator /=

//-------------------------------------------------------------
//      operator == für FractInts
//

int operator == ( const FractInt &lhs, const FractInt &rhs ) {

#ifdef VALIDITYCHECK
  if ( !lhs || !rhs ) {
     return 0;
     }
#endif

  //-- Um Brüche zu vergleichen, müssen die Nenner gleich sein.
  //   wir kürzen maximal und vergleichen dann. Alternativ könnte
  //   man auch geeignet erweitern, jedoch dann mit der Gefahr des Überlaufs

  FractInt lhsBuf = lhs;
  FractInt rhsBuf = rhs;

  lhsBuf.normalize();
  rhsBuf.normalize();

  return lhsBuf.z == rhsBuf.z && lhsBuf.n == rhsBuf.n;
  }

//-------------------------------------------------------------
//      operator <  für FractInts
//

int operator < ( const FractInt &lhs, const FractInt &rhs ) {

#ifdef VALIDITYCHECK
  if ( !lhs || !rhs ) {
     return 0;
     }
#endif
```

```
    //-- Hier müssen wir erweitern, da bei Grösser/Kleinervergleichen
    //   der Nenner gleich sein muß.
    FractInt lhsBuf = lhs;
    FractInt rhsBuf = rhs;

    lhsBuf.normalize();
    rhsBuf.normalize();

    //-- Beim Erweitern kann ein Überlauf auftreten - Verwenden von longs
    //   Da wir nur die Zähler vergleichen, kann man auf das Erweitern der
    //   Nenner verzichten - Wir wissen, daß die Nenner nach dem Erweitern
    //   identisch sind.
    long lhsZ = (long)lhsBuf.z * rhsBuf.n;
    long rhsZ = (long)rhsBuf.z * lhsBuf.n;

    return lhsZ < rhsZ;
}
```

Damit hätten wir die wichtigsten Teile der Klasse FractInt besprochen. Aus Platzgründen werden vollständige Klassendefinition und Implementierung hier nicht mehr abgedruckt. Der Leser sei auf die Dateien fractint.h bzw. fractint.cpp im Verzeichniss KAP15 auf der Begleitdiskette verwiesen.

15.14 Demonstration der Grundrechenarten

Folgendes kleines Programm liest vier (ganze) Zahlen ein, die als Zähler bzw. Nenner von zwei Brüchen interpretiert werden. Das Programm berechnet Summe, Differenz, Produkt und Quotienten der beiden Brüche.

```
//======================= Kopf ======================================
//
// Testprogramm für FractInt.
// Das Programm liest zwei Brüche ein und druckt Summe, Differenz,
// Produkt und Quotient der beiden Argumente.
// Das Programm läuft in einer Endlosschleife. Beenden durch Eingabe
// von ^C
//
// 92.08.01 : Version 1 (Au)
//
//======================= Abhängigkeiten ============================
//

#include "fractint.h"
#include "fractint.cpp"   // alles in einem Modul

#include <stdio.h>

//======================= Implementierung ===========================
//

//-------------------------------------------------------------------
//       main
//
void main() {
  while ( 1 ) {
    int z, n;
```

```
        printf( "Bitte Zähler, Nenner des ersten Bruches eingeben : " );
        scanf( "%i,%i", &z, &n );
        FractInt f1( z, n );

        printf( "Bitte Zähler, Nenner des zweiten Bruches eingeben : " );
        scanf( "%i,%i", &z, &n );
        FractInt f2( z, n );
        printf( "\n" );

        printf( "Bruch 1 : %s \n", (char*)f1 );
        printf( "Bruch 2 : %s \n", (char*)f2 );
        printf( "\n" );

        printf( "Summe              %s\n", (char*)( f1 + f2 ) );
        printf( "Differenz          %s\n", (char*)( f1 - f2 ) );
        printf( "Produkt            %s\n", (char*)( f1 * f2 ) );
        printf( "Quotient           %s\n", (char*)( f1 / f2 ) );
        printf( "\n" );
     }
   } // main
```

Folgendes Listing zeigt die Ausgabe eines Programmlaufs:

```
Bitte Zähler, Nenner des ersten Bruches eingeben : 1, 2
Bitte Zähler, Nenner des zweiten Bruches eingeben : 3, 4

Bruch 1 : (     1,    2)
Bruch 2 : (     3,    4)

Summe               (    5,    4)
Differenz           (   -1,    4)
Produkt             (    3,    8)
Quotient            (    2,    3)
```

Interessant ist die Reaktion auf ungültige Objekte. Wir gehen davon aus, daß die Gültigkeitsprüfung mitcompiliert wurde und geben für den Nenner eines der Objekte die Zahl 0 ein:

```
Bitte Zähler, Nenner des ersten Bruches eingeben : 1, 0
FractInt::setNenner : Wert ist 0
Bitte Zähler, Nenner des zweiten Bruches eingeben : 3, 4

Bruch 1 :   ***ungültig***
Bruch 2 : (    3,    4)

Summe               ***ungültig***
Differenz           ***ungültig***
Produkt             ***ungültig***
Quotient            ***ungültig***
```

Man sieht, daß alle Operationen mit einem ungültigen Objekt das Ergebnis ebenfalls ungültig machen.

15.15 Berechnung von e

Die Zahl e kann durch die folgende Reihenentwicklung berechnet werden:

$$e = \sum_k \frac{1}{k!}$$

Bild 15.1: Reihenentwicklung von e

Übersetzt man diesen Algorithmus in eine Prozedur, erhält man etwa folgendes:

```
//----------------------------------------------------------------
//       f1
//
void f1( int iter ) {

  //-- Berechnung e mit double-Größen

  double s = 2, a = 1;
  int k = 1;

  for ( int i = 0; i < iter; i++ ) {

    k++;
    a/= k;
    s += a;

    printf( "Summe : %25.18f \n", s );
  }

} // f1
```

Da man nicht unendlich aufsummieren kann, geben wir der Routine die Anzahl der Iterationen vor[15]. Die Routine druckt in jeder Iteration das bisher erreichte Zwischenergebnis.

Läßt man 10 Iterationen ablaufen, erhält man als Ergebnis folgende Ausgabe:

```
Summe :      2.500000000000000000
Summe :      2.666666666666666520
Summe :      2.708333333333333040
Summe :      2.716666666666666340
Summe :      2.718055555555555450
Summe :      2.718253968253968370
Summe :      2.718278769841270040
Summe :      2.718281525573192250
Summe :      2.718281801146384510
Summe :      2.718281826198492900
```

Nach insgesamt 17 Iterationen wird die mit double-Zahlen maximal mögliche Genauigkeit erreicht. Dies erkennt man daran, daß sich der Wert für s von einer Iteration zur nächsten nicht mehr ändert. Als Ergebnis wird ein Wert von

---

15 Ein anderer Ansatz wäre die Vorgabe einer Genauigkeitsgrenze.

2.718281828459046 für e berechnet. Den Einfluß der Rundungsfehler kann man gut erkennen, wenn man die Rechnung mit long doubles anstelle von doubles durchführt. Jetzt wird die maximal mögliche Genauigkeit nach 20 Iterationen erreicht, der berechnete Wert ist 2.718281828459045235430. Im Vergleich zur Rechnung mit doubles ist dies immerhin eine Differenz von 2.3e-16.

Wir ersetzen nun die double-Variablen s und a durch FractInt-Objekte und lassen wiederum 10 Iterationen rechnen.

```
//-----------------------------------------------------------------
//          f1
//
oid f2( int iter ) {

  //-- Berechnung e mit FractInt

  FractInt s = 2, a = 1;
  int k = 1;

  for ( int i = 0; i < iter; i++ ) {

    k++;
    a/= k;
    s += a;

    //-- da printf-Parameter nicht typisiert sind, ist eine
    //   explizite Konvertierung nach char* bzw. double erforderlich

    //printf( "Summe : %f \n", s );
    printf( "Summe : %s Wert : %25.18f \n", (const char*)s, (double)s );
  }

} // f2
```

Das Ergebnis ist enttäuschend:

```
Summe : (    5,    2) Wert :      2.500000000000000000
Summe : (    8,    3) Wert :      2.666666666666666520
Summe : (   65,   24) Wert :      2.708333333333333480
Summe : (  163,   60) Wert :      2.716666666666666790
Summe : ( 1957,  720) Wert :      2.718055555555555450
Summe : (  685,  252) Wert :      2.718253968253968370
Überlauf im Nenner: 40320 ist zu groß
Summe : ***ungültig***  Wert :      0.000000000000000000
Summe : ***ungültig***  Wert :      0.000000000000000000
Summe : ***ungültig***  Wert :      0.000000000000000000
Summe : ***ungültig***  Wert :      0.000000000000000000
```

Bereits nach sechs Iterationen wird die Zwischensumme s ungültig! Der Grund liegt in den immer kleiner werdenden Summanden, die schnell zu immer größeren Nennern führen. Die Zwischenrechnungen werden zwar mit long-Zahlen ausgeführt, aber trotzdem ist das Ergebnis nach Kürzen immer noch größer als die größte in einem integer darstellbare Zahl INT_MAX.

15.16 Ausblick auf Templates

Im letzten Beispiel ist nicht so sehr das (unbefriedigende) Ergebnis unserer Bruchrechnung interessant, sondern vielmehr die Formulierung der Funktion f. Sie wurde einmal unter Verwendung von doubles (Version f1) und das andere

15.16 Ausblick auf Templates

Mal mit Hilfe von FractInts (Version f2) implementiert. In beiden Versionen sind die *Rechenschritte jedoch völlig identisch.* Der Anweisungsfolge

```
for ( int i = 0; i < iter; i++ ) {
  k++;
  a/= k;
  s += a;
}
```

kann man nicht ansehen, welche Datentypen für a, s und k verwendet wurden. Wichtig ist nur, daß die Operatoren ++, /= bzw. += für die jeweiligen Typen vorhanden sind.

Unterschiedlich ist lediglich die Ausgabe über printf. Da die Parameter für printf nicht typisiert sind, muß man im Formatstring den unterschiedlichen Typ berücksichtigen. Dies spielt aber für den Algorithmus keine Rolle.

Diese Beobachtung führt zu dem allgemeinen Wunsch, eine Funktion ohne konkrete Angabe des Datentyps schreiben zu können. Wenn z.B. T ein Platzhalter für einen beliebigen Datentyp ist, könnte man f etwa wie folgt formulieren:

```
//-----------------------------------------------------------------
//       f
//
void f( int iter ) {
  //-- Berechnung e mit beliebigem Typ T
  T s = 2, a = 1;
  int k = 1;
  for ( int i = 0; i < iter; i++ ) {
    k++;
    a/= k;
    s += a;
    /* ... printf-Ausdruck ... */
  }
} // f
```

Der Typ T könnte z.B. vor der Übersetzung dieses Programmstückes mit einer typedef-Anweisung festgelegt werden.

Schwierigkeiten macht wiederum als einziges die Funktion printf. Da man T beim Entwickeln von f noch nicht kennt, kann man auch keinen geeigneten Formatstring angeben. Wir müssen daher zunächst auf eine Ausgabe verzichten. In der Tat ist eines der größten Mankos der Ausgabe in C die fehlende Typsicherheit. In Kapitel 25 lernen wir mit den *Streams* einen Ausweg aus dieser Situation kennen.

In C++ gibt es über die sogenannten *Templates* eine Möglichkeit, Funktionsschablonen wie im obigen Listing angedeutet zu definieren. Zu einem späteren Zeitpunkt im Programm kann man dann konkret angeben, mit welchem Typ die Funktion tatsächlich arbeiten soll.

Man möchte etwa folgendes schreiben können:

```
T = double;
f( 10 );        // Berechnung erfolgt mit doubles

T = long double;
f( 10 );        // Berechnung erfolgt mit long doubles

T = FractInt;
f( 10 );        // Berechnung erfolgt mit FractInt-Objekten
```

Die korrekte Syntax mit Templates ist geringfügig anders, das Beispiel soll nur zur Demonstration der Möglichkeiten dienen.

Leider sind Templates noch nicht in allen C++ Implementierungen verfügbar. Auch C7 und VC ermöglichen noch keine Templates. Allerdings gibt es Möglichkeiten, diesen Mangel zumindest zum Teil auszugleichen. Wir werden uns im Kapitel 18 (generische Typen) und im Rahmen des Projekts Graphikprogramm (Kapitel 19) noch einmal ausführlich mit Templates befassen.

15.17 Die Klasse MultiInt

Die letzen Abschnitte haben gezeigt, daß Brüche keine geeignete Darstellung für die in der Reihenentwicklung für e vorkommenden Zahlen sind. Als Alternative können wir versuchen, die Genauigkeit einer Rechenoperation durch Erhöhung der Anzahl der beteiligten Dezimalstellen zu verbessern. Dazu stellen wir die einzelnen Ziffern einer Zahl jeweils in einem eigenen int dar. Die Zahl selber besteht dann aus zwei Feldern von integers: Einem Feld für die Vorkommastellen und eines für die Nachkommastellen. Die maximale Anzahl der Vor- bzw. Nachkommastellen definieren wir statisch durch zwei Konstanten.

15.17.1 Klassendefinition

Daraus ergibt sich bereits eine erste Defintion der Klasse MultiInt:

```
#ifndef __MULTIINT_H
#define __MULTIINT_H

//========================= Kopf =====================================
//
// Die Klasse MultiInt dient zur Darstellung einer Realzahl als
// Liste von Ziffern. Die Klasse definiert die üblichen
// arithmetischen Operationen +, -, *, / sowie +=, -=, *=, /=
//
//
// 92.08.01 : Version 1 (Au)
//
```

15.17 Die Klasse MultiInt

```
//======================== Definitionsabhängigkeiten ===============
//
// keine

//======================== Export ==================================

//-----------------------------------------------------------------
//       class MultiInt
//
//-- Maximalzahl der Stellen eines Multi-Integers, getrennt nach Vorkomma
//    und Nachkommastellen
const maxPosV = 1;   // Stellen vor dem Komma
const maxPosN = 50;  // Stellen nach dem Komma

class MultiInt {

public:

    //---------------------- management ------------------------------
    //
    MultiInt();
    MultiInt( int i_in );

    //-- Kopierkonstruktor, Zuweisungsoperator, Destruktor werden nicht
    //   benötigt.
    //---------------------- Daten -----------------------------------
    //
    int vFeld[ maxPosV ]; // Feld für Vorkommastellen
    int nFeld[ maxPosN ]; // Feld für Nachkommastellen

    int vMax, nMax;    // erste Position, die nicht-Null ist.

}; // MultiInt
```

Die beiden Mitgliedsvariablen vMax und nMax dienen der Optimierung: Sie geben die erste Position im Feld vFeld bzw. nFeld an, die nicht Null ist. Besteht ein Feld nur aus Nullen, hat die zuständige Variable den Wert -1. Die Variablen definieren also diejenigen Punkte in den Feldern, ab denen nicht mehr weitergerechnet zu werden braucht. Natürlich müssen die Grenzen nach jeder Rechenoperation angepaßt werden.

15.17.2 Gültigkeit

MultiInt-Objekte können genauso wie FractInt-Objekte ungültig werden (z.B. bei einer Division durch 0). Die Technik zur Implementierung ist die gleiche wie bei FractInt: wir verwenden wieder die Funktionen isValid bzw. invalidate.

Ein ungültiges MultiInt-Objekt repräsentieren wir durch den Wert -2 für vMax, so daß sich die Funktionen folgendermaßen darstellen:

```
class MultiInt {

public:

    //--------------------- Gültigkeit -------------------------------
    //
    //-- liefert 1, wenn das Objekt gültig ist, sonst 0

    int isValid() const;

    //-- einfachere Notation zur Abfrage der Gültigkeit.
    //    void* liefert Wert <> 0 wenn gültig, 0 sonst
    //    !     liefert Wert <> 0 wenn ungültig, 0 sonst
    operator const void*() const;
    operator !() const;
    //-- versetzt ein Objekt in Zustand ungültig
    void invalidate();

    /* ... weitere Mitglieder von MultitInt ... */

}; // MultiInt


//-----------------------------------------------------------------
//       MultiInt::isValid, operatoren void* und !
//
inline int MultiInt::isValid() const { return vMax != -2; }

inline MultiInt::operator const void*() const {
  return isValid() ? this : NULL;
}

inline MultiInt::operator !() const {
  return !isValid();
}

inline void MultiInt::invalidate() { vMax = -2; }
```

15.17.3 Normierung

Bei der Rechnung mit einzelnen Ziffern können "Ziffern" entstehen, die größer als 10 sind. MultiInt benötigt daher ebenfalls eine Routine zur Normierung der Felder.

```
class MultiInt {

    //--------------------- Hilfsfunktionen -------------------------
    //
private:

    //-- Normiert die "Ziffern", so dass jede "Ziffer" im Bereich 0..9 ist

    void normalize();

    /* ... weitere Mitglieder von MultitInt ... */

};
```

15.17 Die Klasse MultiInt

Die Vorgehensweise ist wie bei der Übertragsrechnung der Schulmathematik:

```
//-----------------------------------------------------------------
//         MultiInt:: normalize
//
void MultiInt::normalize() {

  int i;

  //-- Das Feld rechts vom Dezimalpunkt

  for ( i = maxPosN-1; i > 0; i-- )
    while( nFeld[i] >= 10 ) {
      nFeld[i] -= 10;
      nFeld[i-1]++;
    }

  //-- erste Stelle rechts vom Punkt manuell nach links übertragen

  while ( nFeld[0] >= 10 ) {
    nFeld[0] -= 10;
    vFeld[0]++;
  }

  //-- Das Feld links vom Dezimalpunkt

  for ( i = 0; i < maxPosV-1; i++ )
    while( vFeld[i] >= 10 ) {
      vFeld[i] -= 10;
      vFeld[i+1]++;
    }

  //-- wenn die größte Stelle nicht normalisiert werden konnte, liegt
  //   ein Überlauf vor.
#ifdef VALIDITYCHECK
  if ( vFeld[ maxPosV-1 ] > 9 ) {
    puts( "Überlauf !" );
    invalidate();
    return;
  }
#endif

  //-- Neubestimmen der ersten / letzten nicht-verschwindenden Stelle

  for( vMax = maxPosV-1; vMax >= 0; vMax-- )
    if ( vFeld[ vMax ] )
      break;

  for( nMax = maxPosN-1; nMax >= 0; nMax-- )
    if ( nFeld[ nMax ] )
      break;

} // normalize
```

Beachten Sie bitte, daß die Normierung der Ziffern für das korrekte Rechnen nicht erforderlich ist. Alle Operatoren arbeiten auch korrekt mit nicht-normierten Feldern. Es ist daher zu überlegen, ob man nach jeder Rechenoperation normieren sollte oder nicht. Man muß jedoch bedenken, daß die Wahrscheinlichkeit eines Überlaufes in einer Ziffer steigt, wenn man nicht sofort normiert. Wir entscheiden uns deshalb für die sofortige Normierung nach jeder Rechnung.

15.17.4 Operatoren

Als Mitgliedsfunktionen implementieren wir hier nur die für die Berechnung von e notwendigen Operatoren. Dies sind die Addition von zwei MultiInts sowie die Division eines MultiInts durch eine ganze Zahl:

```
class MultiInt (

public:

    //---------------------- Operatoren zur Manipulation --------------
    //
    //-- wir beschränken uns auf die zur Berechnung von e notwendigen
    //   Operatoren
    MultiInt &operator += ( const MultiInt & );
    MultiInt &operator /= ( int );

    friend MultiInt operator / ( const MultiInt &, int );

    /* ... weitere Mitglieder von MultitInt ... */

}; // MultiInt
```

Bei der Implementierung der Operatoren greifen wir wieder auf die Schulmathematik zur Addition bzw. Division von großen Zahlen zurück. Für MultiInt ist es einfacher, den Operator / zu implementieren und den Operator /= daraus abzuleiten.

Folgendes Listing zeigt eine Implementierung der drei Operatoren:

```
//-----------------------------------------------------------------
//       MultiInt:: operator +=
//
MultiInt &MultiInt::operator += ( const MultiInt &arg ) {

#ifdef VALIDITYCHECK
    if ( !*this || !arg ) (
       invalidate();
       return *this;
       }
#endif

    int i;

    //-- m gibt die Position an, bis zu der gerechnet werden muß
    //   falls beide Zahlen keine Nachkommastellen haben, wird m zu -1
    //   und es wird keine Rechnung durchgeführt, was korrekt ist.
    int m = max( nMax, arg.nMax );

    for ( i = 0; i <= m; i++ )
      nFeld[i] += arg.nFeld[i];

    //-- nun die Stellen vor dem Komma in gleicher Weise
    m = max( vMax, arg.vMax );

    for ( i = 0; i <= m; i++ )
      vFeld[i] += arg.vFeld[i];

    //-- Zum Schluß normalisieren, wie immer.
    normalize();
    return *this;
    }
```

15.17 Die Klasse MultiInt

```cpp
//-------------------------------------------------------------------
//       operator / für MultiInt
//
MultiInt operator / ( const MultiInt &lhs, int rhs ) {

  MultiInt result;      // Das Ergebnis der Teilung

#ifdef VALIDITYCHECK
  if ( !lhs || !rhs ) {
    result.invalidate();
    return result;
    }
#endif

  //-- wir gehen vor wie beim Dividieren in der Schule.

  int rav[ maxPosV ];  // Ergebnispuffer für Vorkommateil

  int i, j;

  int w = 0;            // "Rest" bei den Teilungen
  int e;                // Ergebnisziffer

  if ( lhs.vMax != -1 ) {

    //-- Die Zahl hat einen ganzzahligen Anteil

    w = lhs.vFeld[ lhs.vMax ];

    for ( i = lhs.vMax-1, j = 0; i >=0; i--, j++ ) {

      w *= 10;
      w += lhs.vFeld[ i ];
      e = w / rhs;
      w -= e * rhs;

      rav[ j ] = e;
      }
    //-- j ist um 1 zu groß, da am Ende der Schleife incrementiert
    //    -> korrigieren
    j--;

    //-- Der ganzzahlige Teil ist fertig. j ist die letzte nicht-
    //   verschwindende Position. Die Ziffern sind in der falschen
    //   Reihenfolge und müssen umgedreht werden.

    for ( i = 0; i <= j; i++ )
      result.vFeld[ i ] = rav[ j-i ];
    result.vMax = j;

    } // vMax != -1


  //-- wir übernehmen den Arbeitsspeicher w nach rechts vom Komma
  //    Abbruchkriterium ist hier die maximale Länge des Integerfeldes.
  //    (tritt z.B. bei Berechnung von 1/3 etc. auf.)

  for( i = 0, j = 0;
       i < maxPosN-1;
       i++, j++ ) {

    w *= 10;
    w += lhs.nFeld[ i ];

    e = w / rhs;
    w -= e * rhs;

    result.nFeld[ j ] = e;
    }
  result.nMax = j;
  result.normalize();
  return result;
  }
```

```
//-----------------------------------------------------------------
//        MultiInt:: operator /=
//
inline MultiInt &MultiInt::operator /= ( int rhs ) {

  *this = *this / rhs;
  return *this;
  }
```

Die Deklaration und Implementierung der restlichen Operatoren wird dem Leser überlassen.

15.17.5 Serialisierung durch Operator const char *

Genau wie bei FractInt erzeugt der Operator const char* eine Stringrepräsentation in einem statischen Speicherbereich und liefert einen Zeiger darauf zurück.

```
class MultiInt {

public:

  //--------------------- Serialisierung -------------------------
  //
  //-- operator führt Normalisierung durch, daher nicht const

  operator const char *();

  /* ... weitere Mitglieder von MultitInt ... */

  }; // MultiInt


//-----------------------------------------------------------------
//        operator MultitInt:: const char *
//
MultiInt::operator const char *() {

#ifdef VALIDITYCHECK

  if ( !*this )
    return " ***ungültig*** ";

#endif

  normalize();

  int i;

  int pos = 0; // offset in serBuf für die Ausgabe der einzelnen Ziffern

  //-- zuerst den Teil vor dem Dezimalpunkt. Falls alle Stellen 0 sind:
  //   trotzdem eine 0 ausgeben

  if ( vMax == -1 )
    serBuf[ pos++ ] = '0';
  else
    for ( i = vMax; i >= 0; i-- )
      serBuf[ pos++ ] = vFeld[i] + '0';
```

```
//-- Dezimalpunkt und Nachkommateil,
//   jedoch nur dann, wenn ein Nachkommateil existiert
if ( nMax != -1 ) {
  serBuf[ pos++ ] = '.';
  for ( i = 0; i <= nMax; i++ )
    serBuf[ pos++ ] = nFeld[i] + '0';
}

return serBuf;
} // operator const char *
```

Damit die beiden Felder korrekt ausgegeben werden können, darf der Wert der einzelnen Ziffern nicht größer als 9 sein. Vor Ausgabe wird daher sicherheitshalber eine Normalisierung durchgeführt.

15.17.6 Die Konstruktoren

Wir beschränken uns hier (neben dem obligatorischen Standard-Konstruktor, der das Objekt auf ungültig setzt) auf einen Konstruktor zur Übernahme einer ganzen Zahl.

```
class MultiInt {

public:

    //--------------------- management ------------------------------
    //
    MultiInt();
    MultiInt( int i_in );

    //-- Kopierkonstruktor, Zuweisungsoperator, Destruktor werden nicht
    //   benötigt.
    /* ... weitere Mitglieder von MultitInt ... */

}; // MultiInt


//----------------------------------------------------------------
//       MultiInt:: Konstruktoren
//
MultiInt::MultiInt( int i_in ) {
  clear();
  vFeld[ 0 ] = i_in;
  vMax = 0;

  normalize();
}
```

Die Implementierung ist überraschend einfach: wir besetzten einfach die erste Ziffer vor dem Komma mit dem Argument und führen eine Normalisierung durch. Im Zuge der Normalisierung werden dann die Ziffern auf die einzelnen Stellen verteilt.

Bei großen Zahlen ist dieses Vorgehen natürlich äußerst uneffizient, da die Normalisierung ja durch fortgesetztes Subtrahieren und Addieren vor sich geht. Rechnet man damit, daß MultiInt-Objekte mit *wirklich* großen Zahlen initialisiert werden, sollte man sich hier eine effizientere Lösung überlegen. Man kann z.B. den numerischen Wert erst in einen String wandeln (z.B. mit sprintf) und dann die Zeichen dieses Strings einzeln in das Feld vFeld übertragen. Da wir MultiInt-Objekte nur mit kleinen Zahlen initialisieren, können wir uns diesen Aufwand sparen.

15.18 Berechnung von e auf 1000 Stellen

Die Funktion zur Berechnung von e bleibt die gleiche wie in den vorigen Abschnitten - lediglich als Datentyp für s und a verwenden wir die Klasse MultiInt. Bei der Berechnung von e sind vor allem die Nachkommastellen von Interesse. Um z.B. maximal 50 Stellen von e berechnen zu können, bietet sich folgende Dimensionierung der Felder an:

```
//-- Maximalzahl der Stellen eines Multi-Integers, getrennt nach Vorkomma
//   und Nachkommastellen

const maxPosV = 1;  // Stellen vor dem Komma
const maxPosN = 50; // Stellen nach dem Komma
```

Das folgende kleine Hauptprogramm führt wiederum 10 Iterationsschritte aus:

```
//======================== Kopf ========================
//
// Testprogramm für MultiInt
// Das Programm berechnet e mit Hilfe der bekannten Reihenentwicklung
// mit MultiInt-Objekten. Die Anzahl der Iterationen kann vorgegeben
// werden
//
// 92.08.01 : Version 1 (Au)
//
//======================== Abhängigkeiten ========================
//

#include "multiint.h"
#include "multiint.cpp"   // alles in einem Modul

#include <stdio.h>

//-----------------------------------------------------------------
//      f1
//

void f1( int iter ) {

  //-- Berechnung e mit MultiInt

  MultiInt s = 2, a = 1;
  int k = 1;

  for ( int i = 0; i < iter; i++ ) {

    k++;
    a/= k;
    s+= a;
```

15.18 Berechnung von e auf 1000 Stellen

```
    //-- da printf-Parameter nicht typisiert sind, ist eine
    //   explizite Konvertierung nach char* erforderlich

    printf( "Summe : %s \n", (const char*)s );
  }
} // f

//---------------------------------------------------------------
//      main
//
void main() {

  puts( "**** Start Berechnung e mit MultiInt (50 Stellen) ****" );
  f1( 10 );
}
```

Das Programm gibt die Folge

```
*** Start Berechnung e mit MultiInt (50 Stellen) ***
Summe : 2.5
Summe : 2.66666666666666666666666666666666666666666666666666
Summe : 2.70833333333333333333333333333333333333333333333332
Summe : 2.71666666666666666666666666666666666666666666666665
Summe : 2.71805555555555555555555555555555555555555555555553
Summe : 2.7182539682539682539682539682539682539682539682537
Summe : 2.71827876984126984126984126984126984126984126984417
Summe : 2.71828152557319223985890652557319223985890652555729
Summe : 2.71828180114638447971781305114638447971781305511469
Summe : 2.71828182619849286515953182619849286515953182611981
```

aus.

Man kann die Iteration so lange fortsetzen, bis eine bestimmte Genauigkeit erreicht ist. Ein einfaches Abbruchkriterium liefert z.B. der Vergleich der Iterationssummen: ändert sich das Ergebnis durch einen weiteren Iterationsschritt nicht mehr, ist offensichtlich die maximale Genauigkeit erreicht.

Mit unserer Dimension des Nachkommabereiches von MultiInt-Objekten auf 50 Stellen kann man somit e auf 50 Stellen berechnen. Um eine Änderung des Ergebnisses in einem Iterationsschritt feststellen zu können, sind zusätzlich Vergleichsoperatoren für MultiInt-Objekte erforderlich:

```
    int operator == ( const MultiInt &, const MultiInt & );
    int operator != ( const MultiInt &, const MultiInt & );
//---------------------------------------------------------------
//      operator == für MultiInts
//
int operator == ( const MultiInt &lhs, const MultiInt &rhs ) {

#ifdef VALIDITYCHECK
  if ( !lhs || !rhs )
     return 0;
#endif

  //-- wir vergleichen einfach die einzelnen Ziffern. Dazu
  //   müssen die Zahlen normalisiert sein.

  MultiInt lhsBuf = lhs;
  MultiInt rhsBuf = rhs;

  lhsBuf.normalize();
  rhsBuf.normalize();
```

```
    if ( lhsBuf.vMax != rhsBuf.vMax || lhsBuf.nMax != rhsBuf.nMax )
      return 0;

    int i;
    for( i = 0; i < lhs.vMax; i++ )
      if ( lhs.vFeld[ i ] != rhs.vFeld[ i ] )
        return 0;

    for( i = 0; i < lhs.nMax; i++ )
      if ( lhs.nFeld[ i ] != rhs.nFeld[ i ] )
        return 0;

    return 1;
    }
//-------------------------------------------------------------
//      MultiInt:: operator !=
//
inline int operator != ( const MultiInt &lhs, const MultiInt &rhs ) {

    return !( lhs == rhs );
    }
```

Wie man aus der Implementierung des Operators -- entnehmen kann, muß der Operator auf interne Daten von MultiInt zugreifen können. Der Operator muß deshalb als Freund deklariert werden:

```
class MultiInt {

public:

    friend int operator == ( const MultiInt &, const MultiInt & );

    }; // MultiInt
```

Die Routine zur Berechnung von e wird etwas abgeändert, um das neue Abbruchkriterium zu implementieren:

```
//======================== Kopf =======================================
//
// Testprogramm für MultiInt
// Das Programm berechnet e mit Hilfe der bekannten Reihenentwicklung
// mit MultiInt-Objekten. Die Iteration wird so lange fortgesetzt, bis
// die maximale Genauigkeit (hier: 50 Stellen) erreicht ist.
//
// 92.08.01 : Version 1 (Au)
//
//======================== Abhängigkeiten =======================
//

#include "Multiint.h"
#include "multiint.cpp"   // alles in einem Modul

#include <stdio.h>

//-------------------------------------------------------------
//      f2
//
void f2() {
```

15.18 Berechnung von e auf 1000 Stellen

```
//-- Berechnung e mit MultiInt bis zur Genauigkeitsgrenze
MultiInt s = 2, sn = 0, a = 1;
int k = 1;

while( s != sn ) {

  sn = s;
  k++;
  a /= k;
  s += a;

  //-- da printf-Parameter nicht typisiert sind, ist eine
  //   explizite Konvertierung nach char* erforderlich
  printf( "Durchlauf : %i Summe : %s \n", k, (const char*)s );
  }
} // f2
//-------------------------------------------------------------------
//       main
//
void main() {
  puts( "*** Start Berechnung e mit MultiInt (50 Stellen) ****" );
  f2();
}
```

Als Ergebnis erhält man (nach erstaunlich kurzer Rechenzeit) nun nach Durchlauf 41 den auf 50 Stellen genauen Wert

2.71828182845904523536028747135266249775724709 36984

für e. Um den Laufzeitbedarf der hier vorgestellten (sicherlich nicht laufzeitoptimalen) Implementierung von MultiInt abschätzen zu können, kann man e z.B. auf 1000 Stellen Genauigkeit berechnen lassen. Das Programm liefert auf einem gewöhnlichen 80386 nach ca. 4 Sekunden (ohne Bildschirmausgabe) eine Lösung - sicherlich kein allzu schlechtes Ergebnis.

Die Programme dieses Kapitels befinden sich auf der Begleitdiskette im Verzeichnis KAP15, und zwar:

- ftest1   Grundrechenarten mit Brüchen.
- ftest2   Berechnung von e mit FractInt.
- mtest1   Berechnung von e mit beliebig vielen Iterationen mit MultiInt.
- mtest1   Berechnung von e mit beliebiger Geanuigkeit mit MultiInt.

16 Projekt Stringverarbeitung - Teil II

Bereits in Kapitel 5 haben wir uns mit dem Thema "Stringverarbeitung in C" befaßt. Die dort vorgestellte Klasse String war den Funktionen der Standard-C Bibliothek bereits überlegen, vor allem wegen der Möglichkeit zur automatischen dynamischen Verwaltung des String-Speichers sowie dem Vermeiden von Speicherüberschreibern.

In diesem Kapitel werden wir die Klasse um einige nützliche Eigenschaften erweitern. Unser besonderes Augenmerk liegt dabei auf der Erhöhung des Komforts für den Benutzer der Klasse. Der gesamte Sourcecode des Projekts befindet sich zusammen mit den erforderlichen Projektdateien für C7 bzw. VC (s.u.) im Verzeichnis KAP16 auf der Begleitdiskette.

16.1 Aufgabenstellung

Wir werden in dieser Fortsetzung des Projekts Stringverarbeitung die in den letzten Kapiteln vorgestellten neuen C++ Sprachmittel an einer Klasse aus der Praxis anwenden. Im einzelnen werden wir:

- ❑ Die Funktionalität der Klasse durch weitere Funktionen ganz wesentlich erhöhen.

- ❑ Operatorfunktionen für die häufigsten Stringoperationen definieren: + für die Verbindung zweier Strings, == und != für den Vergleich, = für die Zuweisung, += und << für das Anhängen von Strings sowie Operatoren für die Typwandlung.

- ❑ Automatische Typwandlungen und temporäre Objekte verwenden, um die Flexibilität in der Anwendung zu erhöhen.

- ❑ Konstruktoren für die in der Praxis am häufigsten vorkommenden Typwandlungen definieren.

- ❑ Einige nützliche Hilfsmittel einführen, die auch außerhalb des aktuellen Projekts sinnvoll eingesetzt werden können.

16.2 Der Typ bool

C und C++ haben (z.B. im Gegensatz zu PASCAL) keinen Standard-Datentyp für Wahrheitswerte. Man behilft sich mit dem Datentyp int und vereinbart, daß der Wert 0 FALSE und jeder andere Wert TRUE bedeuten soll. Traditionell definiert man in C dafür die Konstanten TRUE und FALSE mit #define:

```
//-- Traditionelle Definition von Wahrheitswerten

#define FALSE 0
#define TRUE  1
```

und codiert in einer Funktion z.B.

```
int doIt() {

  /* .. Verarbeitungsteil ..*/

  return TRUE;
}
```

Für den Compiler sind TRUE und FALSE Integerkonstanten, die Funktion wird deshalb auch mit einem Rückgabetyp int deklariert. Nach klassischem Muster bedeutet aber nicht nur der Wert 1, sondern jeder Wert ungleich 0 den Wahrheitswert "wahr". Dies wird z.B. in Funktionen wie

```
int isEmpty( const char *p ) {

  if ( !p )
    return FALSE;

  return strlen( p );
}
```

deutlich. Die Funktion gibt genau dann einen Wert ungleich 0 zurück, wenn p auf einen nicht leeren String zeigt.

Diese Konvention kann allerdings zu Problemen führen. Die folgende Funktion same soll genau dann "wahr" liefern, wenn beide Strings entweder leer oder beide nicht leer sind:

```
int same( const char *p1, const char *p2 ) {
  return isEmpty( p1 ) == isEmpty( p2 );
}
```

Es ist klar, daß die Funktion nicht das gewünschte Ergebnis liefert - denn der Vergleich ergibt nur dann "wahr", wenn beide Strings die gleiche Länge haben.

Um Wahrheitswerte zu vergleichen, benötigt man deshalb eine Normierung auf die Werte 0 und 1. Folgendes Listing zeigt eine korrekte Implementierung der Funktion same:

```
int same( const char *p1, const char *p2 ) {

  int e1 = isEmpty( p1 ) ? TRUE : FALSE;
  int e2 = isEmpty( p2 ) ? TRUE : FALSE;
  return e1 == e2;
}
```

Das Problem trat auf, weil der Benutzer von isEmpty angenommen hat, daß der Wahrheitswert "wahr" immer durch den numerischen Integerwert 1 repräsentiert wird. Er könnte z.B. nur die Deklaration von isEmpty gesehen haben:

```
//-- Die Funktion isEmpty liefert TRUE, wenn das Argument auf
//   einen nicht-leeren String zeigt

int isEmpty( const char * );
```

weil sich die Implementierung in einer Bibliothek befindet.

16.2 Der Typ bool

In C++ kann die Normierung auf 0 bzw. 1 elegant durch eine spezielle Klasse gelöst werden, die Konvertierungen von und nach int implementiert.

```
class bool {
public:
  bool( int );
  operator int() const;
private:
  int value;
}; // bool
```

Schreibt man also z.B.

```
bool isEmpty( const char *p ) {
  /* ... */
  return strlen( p );
}
```

wird im return-Statement ein temporäres bool-Objekt erzeugt und mit dem int-Wert initialisiert. Die Funktion gibt das temporäre Objekt an den Aufrufer zurück.

Im Konstruktor der Klasse bool wird nun die Normierung auf 0 bzw. 1 durchgeführt:

```
inline bool::bool( int i ) {
  value = i ? 1 : 0;
}
```

Es wird dadurch sichergestellt, daß die Variable value immer den Wert 0 oder 1 hat.

Die Typwandlung zurück zu einem int wird benötigt, um bool-Objekte direkt in logischen Ausdrücken verwenden zu können. So findet z.B. in

```
if ( isEmpty( p ) ) ...
```

formal eine Typwandlung des von isEmpty gelieferten bool-Objektes zu einem int statt. Beachten Sie bitte, daß auch in der Anweisung

```
if ( isEmpty( p1 ) == isEmpty( p2 ) ) ...
```

formal zuerst die bool-Objekte in ints gewandelt werden, bevor diese dann verglichen werden. Man könnte die Typwandlungen sparen, indem man z.B. explizit einen Vergleichsoperator für bool-Werte implementiert:

```
bool operator == ( bool lhs, bool rhs );
```

Nun sind jedoch Parameterübergaben an die Funktion notwendig, außerdem muß in manchen Ausdrücken das Ergebnis wieder in ein int gewandelt werden. Da die Typwandlung zu int keine Rechenoperationen erfordert, verzichten wir auf explizite Vergleichsoperatoren für bool.

16.2.1 Die Konstanten TRUE und FALSE

TRUE und FALSE könnten weiterhin z.B. als

```
#define FALSE  0
#define TRUE   1
```

bzw. in C++ besser als

```
const int FALSE = 0;
const int TRUE  = 1;
```

vereinbart werden. In einer return-Anweisung wie in

```
bool isEmpty( const char *p ) {
  if ( !p )
    return FALSE;
  /* ... */
}
```

wird dann automatisch ein bool Objekt erzeugt. TRUE und FALSE sind jedoch keine ints, sondern Wahrheitswerte. Typgerechter schreibt man deshalb

```
const bool FALSE( 0 );
const bool TRUE( 1 );
```

Beachten Sie bitte, daß durch die mögliche Typwandlung nach int alle Operatoren, die für ints definiert sind, nun auch für bools anwendbar sind. Insbesondere gelten alle relationalen Operatoren in der gewohnten Weise:

```
FALSE == FALSE      // wahr
FALSE != TRUE       // wahr
FALSE <  FALSE      // falsch
FALSE <= FALSE      // wahr
FALSE <  TRUE       // wahr   (evtl. wichtig)
FALSE <= TRUE       // wahr

...
```

16.2.2 Die Headerdatei bool.h

Der Typ bool ist nicht nur für das Stringprojekt von Interesse, sondern kann wohl in den meisten Programmen sinnvoll eingesetzt werden. Wir haben die Definition des Typs deshalb in eine eigene Headerdatei bool.h ausgelagert:

```
#ifndef __BOOL_H
#define __BOOL_H

//========================= Kopf ======================================
//
// Der Typ bool dient zur Darstellung von Wahrheitswerten.
//
// 92.08.01 : Version 1 (Au)
//
//========================= Definitionsabhängigkeiten ===============
// keine
```

```
//========================== Export ===================================
//---------------------------------------------------------------------
//         class bool
//
class bool {

public:
  bool( int );
  operator int() const;

private:
  int value;
  }; // bool
//========================== Inlines ==================================
inline bool::bool( int i ) {
  value = i ? 1 : 0;
  }

inline bool::operator int() const {
  return value;
  }
//========================== Konstanten ===============================
const bool FALSE( 0 );
const bool TRUE( 1 );

#endif
```

16.3 Gültigkeitskonzept

Wie bereits im Projekt "Mehrfach genaues Rechnen" in Kapitel 15 dargestellt, sollte jede Klasse in der Lage sein, den Zustand "ungültig" repräsentieren zu können. Ein ungültiges String-Objekt kann z.B. entstehen, wenn:

❑ Eine Speicheranforderung nicht befriedigt werden kann, weil nicht mehr ausreichend Heapspeicher vorhanden ist.

❑ Im Konstruktor ein Nullzeiger übergeben wird.

Als Grundsatz haben wir festgelegt, daß mit ungültigen Objekten genauso "gerechnet" werden kann wie mit gültigen, insbesondere ist die Anwendung aller Mitgliedsfunktionen und Operatoren auf ungültige Objekte explizit erlaubt.

16.3.1 Die Funktionen isValid und invalidate

Zur Implementierung des Gültigkeitskonzepts definieren wir wieder die Funktionen isValid und invalidate:

```
class String {

public:
   //-- liefert TRUE, wenn das Objekt gültig ist
   bool isValid() const;

private:
   //-- versetzt das Objekt in den Zustand "ungültig". Evtl. allokierter
   //   Speicher wird freigegeben.
   void invalidate();

   /* ... weitere Mitglieder von String ... */
   };
```

Die Ungültigkeit ist so implementiert, daß p auch für ungültige Objekte nicht der Nullzeiger ist, sondern auf das speziell dafür vorgesehene statische Datenelement noData zeigt:

```
//------------------------------------------------------------------
//         String:: isValid
//
bool String::isValid() const {
  return p != &noData;
} // isValid

//------------------------------------------------------------------
//         String:: invalidate
//
void String::invalidate() {
  if ( !isValid() )
    return;

  if ( !isEmptyString() ) {
    assert( p );
    free( p );
    usedMem-= size;
  }

  p = &noData;
  size = 0;
} // invalidate
```

invalidate gibt evtl. allokierten Speicher frei. Dabei ist die optimierte Implementierung des Leerstrings (Funktionen isEmptyString und setEmptyString, s.u.) zu berücksichtigen.

In Kapitel 10 haben wir als Standardanwendung für den Operator void* die Lieferung des Gültigkeitsstatus eines Objekts vorgestellt. Der Operator void* könnte diesen Dienst auch für die Klasse String versehen und z.B. folgendermaßen deklariert werden:

```
class String {

public:

  operator const void *() const;

  /* ... weitere Mitglieder von String ... */

};
```

Wir werden String jedoch mit Operatoren int, long und float zur Wandlung einer Zeichenkette in eine Zahl ausstatten. In einer Anweisungsfolge wie

```
String s1;
/* ... Bearbeitung von s1 ... */
if (s1) ....
```

würde dann sowohl eine Wandlung nach void* als auch z.B. nach int möglich sein, die if-Anweisung wäre deshalb wegen Mehrdeutigkeit nicht zulässig.

Wir verzichten daher auf den Operator void* und verlangen vom Benutzer der Klasse String, daß er Abfragen auf Gültigkeit explizit durch Aufruf von isValid notiert:

```
if ( s1.isValid() )  ...
```

Beachten Sie bitte, daß alle Mitgliedsfunktionen von String auch mit ungültigen Objekten zurechtkommen müssen. Dies ist insbesondere für Operatorfunktionen wichtig, die in Kettenanweisungen aufgerufen werden können. Eine Anweisung wie z.B.

```
String s1, s2;
s2 = s1 + "ein String" + "abc";
```

soll mehrere Strings verbinden und das Ergebnis an ein weiteres Stringobjekt übergeben. Zur Durchführung dieser einen C++ Anweisung sind mehrere Funktionsaufrufe erforderlich, die alle potentiell "schiefgehen" können. Trotzdem muß der Rest der Anweisung ausgeführt werden können, ohne das Programm in einen unsicheren Zustand zu bringen.

16.4 Ausnahmesituationen

16.4.1 Heapüberlauf

Bei der Arbeit mit Strings muß vor allem mit der Situation "Kein Heapspeicher mehr" gerechnet werden. Ein solcher *Speicherüberlauf* tritt dann auf, wenn eine Speicheranforderung vom C++ Heapmanager nicht mehr befriedigt werden kann. Dies heißt nicht unbedingt, daß überhaupt kein Heapspeicher mehr frei ist, sondern nur, daß kein ausreichend großer, zusammenhängender Speicherblock mehr allokiert werden konnte.

Die Reaktion ist klar: Bei Fehlschlagen einer Speicheranforderung muß das Objekt ungültig werden. Wir erreichen dies durch Aufruf der Funktion invalidate, wie hier exemplarisch in einer Funktion gezeigt, die newSize Bytes allokieren soll.

```
char *q = (char*)malloc( newSize );
if ( !q ) {
    //-- nicht mehr genügend Speicher!
    printf( "String: kann keine %i Bytes allokieren\n", newSize );
    invalidate();
    return FALSE;
}
/* ... etc. ...*/
}
```

16.4.2 Nullzeiger

Ein weiteres Problem stellen Nullzeiger als Argumente für Funktionen dar. Ein Nullzeiger im Konstruktor für char* bewirkt die Konstruktion eines ungültigen Objekts:

```
class String {
  String( const char * );
  /* ... weitere Mitglieder von String ... */
};
```

```
//-------------------------------------------------------------
//      String Konstruktor
//
String::String( const char *str_in ) {
  if ( !str_in ) {
    invalidate();
    return;
  }
  /* ... hier Kopieren von str_in ins Objekt ... */
} // ctor
```

Ein Nullzeiger z.B. für Formatstrings ist weniger kritisch. Wir verwenden einfach eine Standard-Voreinstellung für den betreffenden Parameter, wie hier an einem weiteren Konstruktor gezeigt:

```
//-------------------------------------------------------------
//      String Konstruktor
//
String::String( int value, const char *fmt ) {
  init();

  const char *f = fmt ? fmt : "%d";
  char buf[ 23 ];
  sprintf( buf, f, value );
  /* ... etc. ... */
} // ctor
```

16.5 Speichermanagement

Zur internen Speicherung der Zeichenkette verwenden wir weiterhin einen Zeiger p und führen die Größe des allokierten Speichers in der Variablen size. Die Länge der Zeichenkette wird nicht explizit gespeichert:

```
class String {
  char *p;   //-- Zeigt auf Zeichenkette auf Heap oder ist NULL
  int size;  //-- Grösse des zugewiesenen Speicherbereiches

  /* ... weitere Mitglieder von String ... */

};
```

16.5.1 Der Leerstring

Eine leere Zeichenkette wird nicht durch einen Nullzeiger, sondern durch einen Zeiger auf 0x00 repräsentiert. Es ist also sichergestellt, daß p immer auf einen gültigen Speicherbereich zeigt. Dadurch ergeben sich Vorteile, wenn man p direkt als Argument für Funktionen verwenden möchte.

Für Leerstrings muß normalerweise ein Byte vom Heap allokiert werden. Dies ist nicht so sehr wegen des Speicherverbrauchs als vielmehr wegen der Zersplitterung (*Fragmentation*) des Heap ungünstig. Besser ist es, für den Leerstring kein Byte zu allokieren und stattdessen vielmehr eine feste Variable zu definieren, auf die p zeigen kann.

16.5.2 Die Funktionen setEmptyString und isEmptyString

Diese Mechanik kapseln wir in zwei Funktionen. setEmptyString stellt einen leeren String her, isEmptyString prüft, ob der String leer ist:

```
class String {
  //-- aus Effizienzgesichtspunkten wird der leere String ohne allokiertes
  //   Byte implementiert.
  bool isEmptyString() const;
  void setEmptyString();

  static char emptyBuf;

  /* ... weitere Mitglieder von String ... */
};
```

Beide Funktionen gehen davon aus, daß das Objekt bereits initialisiert ist. Der Aufruf von invalidate (s.u.) bewirkt, daß evtl. allokierter Speicher freigegeben wird.

```
//------------------------------------------------------------------
//      String:: isEmptyString
//
inline bool String::isEmptyString() const {
  return p == &emptyBuf;
} // isEmptyString

//------------------------------------------------------------------
//      String:: setEmptyString
//
inline void String::setEmptyString() {
  invalidate(); // evtl. vorher allokierten Speicher löschen
  p = &emptyBuf;
  size = 1;
} // setEmptyString
```

Die Variable emptyBuf ist statisch und wird mit 0x00 initialisiert:

```
char String::emptyBuf            = 0x00;
```

16.5.3 Die Funktionen assureSize, set und invalidate

Konstruktoren, Destruktor und Zuweisungsoperatoren müssen Speicher anfordern und zurückgeben. Damit der gleiche Code nicht in mehreren Funktionen erscheint, sind die Funktionen assureSize, set und invalidate vorgesehen. Alle drei Funktionen sind Hilfsfunktionen, d.h. sie werden nur intern verwendet und sind deshalb private.

```
//-- assureSize stellt sicher, daß mindestens newSize bytes allokiert sind.
//   Vergrößert Speicherbereich, fall notwendig.
//   Im Fehlerfall (kein Speicher mehr) wird Objekt ungültig.

bool assureSize( int newSize );

//-- set kopiert einen neuen String ins Objekt. Prüft Parameter auf
//   Gültigkeit. Ist Parameter NULL, wird Objekt ungültig

bool set( const char *newStr );

//-- versetzt das Objekt in den Zustand "ungültig". Evtl. allokierter
//   Speicher wird freigegeben.

void invalidate();
```

Alle drei Funktionen müssen mit Ausnahmesituationen zurechtkommem können und Sonderfälle beachten, wie z.B.:

❏ Die Anforderung von Speicher vom Heap schlägt fehl, weil nicht mehr ausreichend Heapspeicher vorhanden ist.

❏ Als Argument wird der Nullzeiger übergeben.

❏ p ist zwar nicht NULL, zeigt aber auch nicht auf einen allokierten Speicherbereich (im Falle eines leeren oder ungültigen Strings).

Folgendes Listing zeigt die Implementierung von assureSize und set, die Funktion invalidate wurde schon im Abschnitt 3 (Gültigkeitskonzept) weiter oben angegeben:

```
//----------------------------------------------------------------
//       String:: assureSize
//

bool String::assureSize( int newSize ) {

  if ( size == newSize )
    return TRUE;

  if ( newSize == 1 ) {
    //-- das Objekt soll der Leerstring werden.
    setEmptyString();
    return TRUE;
  }
  assert( newSize > 0 );

  char *q = (char*)malloc( newSize );
  if ( !q ) {
```

16.5 Speichermanagement

```
    //-- nicht mehr genügend Speicher!
    printf( "String: kann keine %i Bytes allokieren\n", newSize );
    invalidate();
    return FALSE;
    }

  usedMem+= newSize;
  int copyNbr = newSize > size ? size : newSize;
  memcpy( q, p, copyNbr );

  invalidate(); // evtl. allokierten Speicher freigeben

  p = q;
  size = newSize;
  return TRUE;
  } // assureSize
//-------------------------------------------------------------
//       String:: set
//
bool String::set( const char *str_in ) {

  //-- Nullzeiger bewirkt ungültiges Objekt

  if ( !str_in) {
    invalidate();
    return FALSE;
    }

  //-- set kann ein ungültiges Objekt gültig machen

  if ( !isValid() )
    setEmptyString();

  int l = strlen( str_in );
  if ( !assureSize( l+1 ) )
    return FALSE;

  strcpy( p, str_in );
  return TRUE;
  } // set
```

16.5.4 Mitführen des verbrauchten Speichers

Der insgesamt für Strings beanspruchte dynamische Speicher wird in der statischen Variablen usedMem mitgerechnet. Jede Speicheranforderung (in assureSize) erhöht diesen Wert, jede Speicherfreigabe (in invalidate) erniedrigt ihn. Die Variable selber ist private, um sie vor äußeren Änderungen zu schützen. Zum Lesen wird die Funktion getUsedMem implementiert:

```
class String:

public:

  //-- liefert den durch String-Objekte verbrauchten Speicherplatz
  static long getUsedMem();

private:
  static long usedMem; //-- Durch Stringobjekte verbrauchter Heapspeicher

  /* ... weitere Mitglieder von String ... */

  };
```

```
//----------------------------------------------------------
//          String:: getUsedMem
//

inline long String::getUsedMem() {

  return usedMem;
} // getUsedMem
```

16.5.5 Die Operatoren new und delete

Wird ein String-Objekt auf dem Heap angelegt, muß auch der von der Objektvariablen selber benötigte Speicherplatz in usedMem berücksichtigt werden. Für jedes Objekt werden dabei zusätzlich sizeof(String) Bytes benötigt. Die genaue Größe hängt vom verwendeten Speichermodell ab und kann deshalb nicht explizit angegeben werden. Kommen später weitere Datenmitglieder zur Klasse hinzu, bleibt der Ausdruck sizeof(String) trotzdem richtig. Der Bestimmung mit sizeof sollte deshalb grundsätzlich der Vorzug gegenüber einer expliziten Größenabgabe gegeben werden.

Die Operatoren new und delete werden zur Erzeugung bzw. Zerstörung von dynamischen Objekten verwendet. Wir deklarieren für unsere Klasse String eigene Versionen dieser Operatoren, in denen die Anpassung von usedMem vorgenommen wird.

```
class String {

public:

  //-- Eigene Versionen der Operatoren rechnen den allokierten
  //   Speicherplatz mit

  void *operator new( size_t );
  void operator delete( void *, size_t );

  /* ... weitere Mitglieder von String ... */

};

//----------------------------------------------------------
//          String:: operator new
//

void *String::operator new( size_t s ) {

  void *addr = malloc( s );
  if ( addr )
    usedMem+= s;

  return addr;
} // op new
//----------------------------------------------------------
//          String:: operator delete
//

void String::operator delete( void *addr, size_t s ) {

  free( addr );
  usedMem-= s;
} // op del
```

Beachten Sie bitte, daß der Parameter s für new und delete automatisch die Größe des Objekts erhält. Der Programmierer braucht keine eigenen Rechnungen durchzuführen.

16.6 Zuweisungsoperator und Kopier-Konstruktor

Um die Aliasproblematik zu vermeiden, muß die Stringklasse zwingend einen Kopier-Konstruktor und einen eigenen Zuweisungsoperator erhalten, die beide neben den Objektvariablen auch den Heapspeicherblock mitkopieren:

```
class String {
public:
  String            ( const String & );
  String &operator = ( const String & );
  /* ... weitere Mitglieder von String ... */
};
```

Bei der Übernahme eines anderen String-Objekts sind einige Sonderfälle zu beachten:

❑ Das übergebene Objekt ist ungültig. Als Ergebnis wird auch das eigene Objekt auf ungültig gesetzt.

❑ Das übergebene Objekt ist gültig, aber die eigene Instanz ist ungültig. In diesem Falle wird die Kopieroperation normal durchgeführt, und das eigene Objekt wird wieder gültig. Die Zuweisung ist die einzige Operation, die ein ungültiges Objekt mit gültigen Daten überschreiben kann. Alle anderen Operationen mit einem ungültigen Objekt belassen dieses im Zustand ungültig.

❑ Das übergebene Objekt ist die eigene Instanz. Dies tritt z.B. bei Anweisungen wie

```
String s1;
s1 = s1;
```

auf. Ist dies der Fall, kann die Operation komplett ignoriert werden.

❑ Der übergebene String oder die eigene Instanz ist der Leerstring. Durch die besondere Repräsentation des Leerstrings (ohne Heap-Allokation) ist hier eine Sonderbehandlung notwendig.

Insgesamt ergibt sich die folgende Implementierung für den Zuweisungsoperator:

```
//------------------------------------------------------------------
//      String:: Zuweisungsoperator
//
String &String::operator = ( const String &arg ) {

  //-- Kopie auf sich selber kann in allen Fällen ignoriert werden
  if ( this == &arg )
    return *this;
```

```
//-- ist das Argument ungültig, wird es auch das eigene Objekt
if ( !arg.isValid() ) {
  invalidate();
  return *this;
}
//-- Ist das Argument leer, wird eigenes Objekt natürlich auch leer.
//   (Sonderfall Optimierung)

if ( arg.isEmptyString() ) {
  setEmptyString();
  return *this;
}

set( arg.p );
return *this;
} // op =
```

In C++ ist die Definition von Kopier-Konstruktor bzw. Zuweisungsoperator nicht zwingend vorgeschrieben. Definiert der Programmierer keine eigenen Versionen dieser Funktionen, ergänzt der Compiler Standardversionen, in denen die Datenmitglieder elementweise kopiert werden. Gerade - aber nicht nur - bei Klassen mit eigenem Speichermanagement führt dies zur Aliasproblematik (Kapitel 4). Es ist deshalb erforderlich, solche Klassen von vornherein mit Kopier-Konstruktor und Zuweisungsoperator auszurüsten, auch wenn diese Funktionen im Augenblick (noch) nicht benötigt werden. Eine Ausnahme bilden Klassen, von denen man definitiv weiß, daß die Standard-Versionen von Kopier-Konstruktor und Zuweisungsoperator ausreichen. Allerdings sollte diese Tatsache durch einen Kommentar in der Klasse vermerkt werden.

16.7 Strings und Zahlen

Die Umwandlung von Zahlen in die Stringrepräsentation bzw. umgekehrt ist eine häufige Aufgabe aus der Praxis. Eine professionelle Implementierung einer Klasse für Zeichenketten sollte Mechanismen beinhalten, um diese Umwandlungen flexibel und effizient durchführen zu können. Das Handwerkszeug für solche Konvertierungen sind:

❑ *Konstruktoren* für die Typwandlung in Richtung der Klasse.

❑ *Operatorfunktionen* für die Typwandlung von der Klasse in andere Datentypen.

16.7.1 Typwandlung über Konstruktoren

Zur Typwandlung der Typen int, long, float etc. in den Stringtyp wird die Klasse String mit den folgenden Konstruktoren ausgerüstet:

```
class String {

public:

  //-- Diese Konstruktoren wandeln eine Zahl in einen String
  //   Der Formatstring ist optional. Ist er nicht angegeben oder
  //   NULL, wird die Standardkonvertierung durchgeführt.
  //
```

16.7 Strings und Zahlen

```
//   value: die zu konvertierende Zahl
//   fmt  : optionaler Formatstring
String( int value,      const char *fmt = NULL );
String( long value,     const char *fmt = NULL );
String( float value,    const char *fmt = NULL );
String( double value,   const char *fmt = NULL );

/* ... weitere Mitglieder von String ... */
};
```

Beachten Sie den optionalen zweiten Parameter dieser Konstruktoren: Über ihn kann das Format ähnlich wie bei printf bestimmt werden. Ist der zweite Parameter nicht angegeben, wird eine dem Datentyp angemessene Standardkonvertierung verwendet.

Folgendes Listing zeigt beispielhaft die Implementierung eines dieser Konstruktoren:

```
//----------------------------------------------------------------
//      String:: Konstruktor
//
String::String( int value, const char *fmt ) {
  init();

  const char *f = fmt ? fmt : "%d";
  char buf[ 23 ];
  sprintf( buf, f, value );
  set( buf );
} // ctor
```

Für implizite Konvertierungen ist ein Konstruktor mit genau einem Argument (oder ein Konstruktor, bei dem alle Argumente bis auf das erste Vorgabewerte haben) erforderlich. Spezielle Formate können bei impliziten Konvertierungen nicht berücksichtigt werden, dazu ist eine *explizite Konvertierung* notwendig:

```
String s1, s2;
int i = 23;

s1 = i;                              // implizite Wandlung
s2 = String( i, "Wert ist %i" );     // explizite Wandlung
```

16.7.2 Typwandlung über Operatoren

Die Umwandlung von der Stringrepräsentation zurück in numerische Werte wird durch die Operatorfunktionen long und double durchgeführt.

```
class String {

public:

  //-- Wandeln das Objekt in eine Zahl. Falls nicht möglich:
  //   liefern die Werte strnaL, strnaD zurück.

  operator long() const;
  operator double() const;

  /* ... weitere Mitglieder von String ... */
};
```

Beachten Sie bitte, daß eine automatische Typwandlung nach int, etwa wie in folgendem Programmsegment, wegen Mehrdeutigkeiten nicht möglich ist.

```
String s1;
int i = s1;   // Fehler!
```

Stattdessen muß s1 explizit in ein long, und dieses dann (implizit) in ein int gewandelt werden:

```
int i = (long)s1;
```

Zur Vermeidung des Schreibaufwands kann man z.B. einen zusätzlichen Operator int deklarieren:

```
class String {
public:
  operator int() const;
  /* ... weitere Mitglieder von String ... */
};
```

Zur Implementierung der Konvertierungsoperatoren werden wir die C-Bibliotheksfunktionen strtod ("string to double") und strtol ("string to long") verwenden (s.u.). Für die Konvertierung zu int gibt es keine entsprechende Funktion, so daß der operator int unter Zuhilfenahme des operator long implementiert werden muß:

```
inline String::operator int() const {
  return (long)*this;
}
```

Die Wandlung von long nach int erfolgt nun in der return-Anweisung. Jetzt ist

```
int i = s1;
```

zwar möglich, jedoch bemerkt der Programmierer nicht, daß hier evtl. ein Verlust an Genauigkeit in Kauf genommen werden muß. Da ist es schon besser, den Operator int nicht zu deklarieren und den Programmierer zu zwingen, die Konvertierung von long nach int in *seiner* Verantwortung durchzuführen.

```
int i = (long)s1;
```

16.7.3 Das Problem nicht konvertierbarer Strings

Bei der Umwandlung eines Strings in eine numerische Repräsentation kann es vorkommen, daß der String ungültig ist oder aber gültig ist, aber keine gültige Zahl darstellt. Der Klassendesigner muß sich überlegen, welchen Wert die Operatorfunktionen in einem solchen Fall zurückliefern sollen.

16.7 Strings und Zahlen

Ein gängiger Wert ist 0, so daß ein typischer Codeabschnitt etwa so aussehen könnte:

```
String s1;
/* ... Arbeit mit s1 ... */

long l = s1;
if ( l==0 )
  puts( "Es ist keine Zahl" );
else
  printf( "Der Wert ist : %l\n", l );
```

Dieser Ansatz hat das Problem, daß man bei einem Konvertierungsergebnis von 0 nicht entscheiden kann, ob der String tatsächlich die Zahl 0 repräsentiert oder ob er einfach nicht in eine numerische Darstellung überführt werden kann. Für manche Anwendungen ist der Wert 0 für "keine Zahl" schlichtweg nicht geeignet, so daß man den dafür verwendeten Wert lieber allgemein halten möchte.

Ein besserer Ansatz verwendet deshalb statische Datenmitglieder zur Repräsentation der Rückgabewerte bei nicht möglicher Konvertierung:

```
class String {

public:

  //-- Diese Werte werden von den Konvertierungsoperatoren
  //   zurückgeliefert, wenn der String nicht konvertiert werden kann

  static long strnaL;    // str not a long
  static float strnaD;   // str not a double

  /* ... weitere Mitglieder von String ... */
};
```

Unser typischer Codeabschnitt nimmt nun folgende Form an:

```
String s1;
/* ... Arbeit mit s1 ... */

long l = s1;
if ( l == String::strnaL )
  puts( "Es ist keine Zahl" );
else
  printf( "Der Wert ist : %l\n", l );
```

Der Vorteil liegt hier nicht so sehr in der Tatsache, daß der Programmierer den Wert für "String ist keine Zahl" den Bedürfnissen seiner Applikation anpassen kann, sondern vielmehr in der erhöhten Lesbarkeit des Codes. In der Abfrage

```
if ( l == String::strnaL ) ...
```

wird die Intention des Programmierers sicherlich deutlicher als in der Zeile

```
if ( l == 0 ) ...
```

Trotzdem ist die Lösung unbefriedigend. *Jeder* für strnaL und strnaD gewählte Wert könnte prinzipiell vorkommen. Man benötigt deshalb zusätzliche Funktionen, um festzustellen, ob der String eine gültige Zahl darstellt. Zu diesem Zweck sind die Funktionen isNumeric und isInteger vorgesehen:

```
//-- liefern TRUE, wenn Objekt zu einer Zahl (isNumeric)
//   bzw. zu einer Ganzzahl (isInteger) konvertiert werden kann.

bool isNumeric() const;
bool isInteger() const;
```

Die Funktionen liefern TRUE, wenn das Objekt eine Zahl (isNumeric) bzw. eine ganze Zahl (isInteger) darstellt. Ist das Objekt ungültig, liefern die Funktionen natürlich ebenfalls FALSE.

Oft ist es erforderlich, das erste, nicht konvertierbare Zeichen im String zu bestimmen. Ein Anwendungsfall wäre z.B. eine Routine, die eine Zahl vom Bildschirm einliest. Hat der Benutzer einen Fehler gemacht, soll der Cursor auf das erste falsche Zeichen positioniert werden.

Die folgenden beiden Routinen leisten dies: Sie liefern im Fehlerfall den offset im String im Parameter ofs zurück:

```
//-- liefern TRUE, wenn Objekt zu einer Zahl konvertiert
//   werden kann.
//   value: Konvertierte Zahl, falls Konvertierung möglich, sonst undef.
//   pos  : offset des ersten nicht mehr konvertierten Zeichens

bool toDouble( double &value, int &pos ) const;
bool toLong  ( long   &value, int &pos ) const;
```

16.7.4 Implementierung

Folgendes Listing zeigt die Implementierung der Funktionen der Konvertierungsgruppe:

```
//---------------------------------------------------------------
//          String:: operator long
//

String::operator long() const {
  long value;
  int pos;
  bool result = toLong( value, pos );

  return result ? value : strnaL;
} // op long


//---------------------------------------------------------------
//          String:: operator double
//

String::operator double() const {
  double value;
  int pos;
  bool result = toDouble( value, pos );

  return result ? value : strnaD;
} // op double
```

16.7 Strings und Zahlen

```
//-------------------------------------------------------------------
//      String:: isNumeric
//
bool String::isNumeric() const {

  double value;
  int pos;
  return toDouble( value, pos );
  } // isNumeric
//-------------------------------------------------------------------
//      String:: isInteger
//
bool String::isInteger() const {

  long value;
  int pos;
  return toLong( value, pos );
  } // isInteger
//-------------------------------------------------------------------
//      String:: toDouble
//
bool String::toDouble( double &value, int &pos ) const {

  if ( !isValid() )
    return FALSE;

  char *endptr;
  value = strtod( p, &endptr );

  //-- endptr zeigt auf das letzte konvertierte Zeichen.
  //   Wenn der String eine Zahl ist, dürfen jetzt nur noch
  //   whitespace kommen.

  pos = endptr - p;
  while( isspace(*endptr) )
    endptr++ ;  // whitespace ignorieren

  //-- Jetzt müssen wir am Ende des Strs sein, sonst Fehler!
  return !(*endptr);
  } // toDouble
//-------------------------------------------------------------------
//      String:: toLong
//
bool String::toLong( long   &value, int &pos ) const {

  if ( !isValid() )
    return FALSE;

  char *endptr;
  value = strtol( p, &endptr, 10 ); // Konvertierung zur Basis 10

  //-- endptr zeigt auf das letzte konvertierte Zeichen.
  //   Wenn der String eine Zahl ist, dürfen jetzt nur noch
  //   whitespace kommen.

  pos = endptr - p;
  while( isspace(*endptr) )
    endptr++;  // whitespace ignorieren

  //-- Jetzt müssen wir am Ende des Strs sein, sonst Fehler!
  return !(*endptr);
  } // toLong
```

16.8 Der Operator const char *

Der Operator const char* liefert einen Zeiger auf eine konstante Zeichenkette. Somit kann ein String-Objekt in allen Kontexten verwendet werden, an denen der Typ const char* vorgeschrieben ist. Die Konvertierung liefert einfach einen Zeiger auf die interne Darstellung des Strings. Für ungültige Strings wird der spezielle Wert "*** invalid ***" zurückgegeben.

```
class String {

public:
   //-- ermöglicht lesenden Zugriff auf interne Stringdarstellung
   operator const char *() const;

private:
   //-- Zeichenkette, die operator char* bei ungültigem Objekt liefert
   static const char *invalidString;

   /* ... weitere Mitglieder von String ... */
};
//----------------------------------------------------------------
//       String:: operator const char *
//
String::operator const char *() const {

   if ( isValid() )
     return p;

   return invalidString;
} // op const char *
const char *String::invalidString    = "*** invalid ***";
```

Die häufigste Anwendung des Operators wird wohl die Ausgabe von Strings mit puts oder printf sein.

```
   String s1;
   /* ... Arbeit mit s1 ... */

   puts( s1 );                                    // automatische Konvertierung
   printf( "String : %s", (const char*)s1 );      // explizite Konvertierung
```

Wie bei allen Konvertierungsfunktionen ist auch bei diesem Operator prinzipiell die Frage zu klären, was der Operator liefern soll, wenn die Konvertierung nicht durchführbar ist. Eine Konvertierung nach char* ist jedoch *immer* durchführbar, da wir festgelegt haben, daß der interne Zeiger p auch für leere oder sogar ungültige Objekte auf eine korrekte Zeichenkette zeigen soll. Der operator const char* bildet eine Ausnahme von der Regel, daß für ein ungültiges Objekt alle Funktionen FALSE (oder zumindest einen nicht weiterzuverwendenden Wert) zurückliefern sollen.

Beachten Sie bitte den Unterschied zwischen einer Konvertierung nach const char* und der nach char*: Eine Konvertierung nach char* ist nicht definiert, so daß z.B. die folgende Anweisunge nicht möglich ist:

```
   strrev( s1 );
```

16.9 Die Bedeutung impliziter Typkonvertierungen

String definiert fünf Konstruktoren, die mit einem Parameter aufgerufen werden können und damit für Typwandlungen verfügbar sind. Sie realisieren folgende Konvertierungen:

char	->	String
char*	->	String
int	->	String
long	->	String
float	->	String

Hat man also z.B. eine Funktion

```
void doIt( const String & );
```

deklariert, sind unter anderem Aufrufe wie

```
doIt( 'a' );
doIt( "ein String" );
doIt( 33 );
```

aber auch

```
char *q = NULL;
doIt( q );
```

möglich. Dabei wird das Argument jedesmal in ein temporäres String-Objekt gewandelt. Eine Referenz auf dieses String-Objekt wird dann an doIt übergeben.

Ohne die Möglichkeit zur automatischen Typwandlung über String-Konstruktoren müßte zur Erreichung der gleichen Funktionalität die Funktion doIt mehrfach überladen werden:

```
void doIt( const String & );
void doIt( char );
void doIt( const char* );
void doIt( int );
```

Dies gilt analog für *alle* Funktionen, die mit einem String aufgerufen werden - ein ziemlicher Aufwand. Zudem müßte jede dieser Funktionen ihre Parameter auf Gültigkeit prüfen. So wäre z.B die Prüfung auf den Nullzeiger für alle Funktionen der Art

```
void f( const char* );
```

notwendig.

Die bessere Lösung ist eindeutig, nur eine Funktion doIt als

```
void doIt( const String & );
```

zu deklarieren, und die notwendigen Konvertierungen automatisch durch die Stringkonstruktoren erledigen zu lassen. Gültigkeitsprüfungen externer Argumente, Probleme mit Nullzeigern werden damit auf diese Konstruktoren beschränkt.

Es soll jedoch nicht verschwiegen werden, daß die durch implizite Typkonvertierungen gewonnene Flexibilität ihren Preis hat. So muß z.B. bei dem Aufruf

```
doIt( 'a' );
```

zunächst ein temporäres String-Objekt gebildet werden. Dazu sind u.a Speicheranforderungen vom Heap notwendig, die z.B. unter UNIX recht "teuer" sein können. Für bestimmte Funktionen kann es sich daher lohnen, auf die automatische Konvertierung der Argumente zu verzichten und stattdessen die Funktion zu überladen.

Das klassische Beispiel, für das sich dieses Vorgehen lohnt, ist der Zuweisungsoperator. Für String haben wir den Zuweisungsoperator standardmäßig wie folgt deklariert:

```
String &operator = ( const String & );
```

In Programmen sind nun Zuweisungen wie z.B. in

```
String s1;
/* ... Arbeit mit s1 ... */
s1 = "ein anderer String";
```

relativ häufig und werden mit der Standardversion des Zuweisungsoperators auch vollkommen korrekt durchgeführt. Allerdings ist der Vorgang in dieser Form uneffizient, denn

- ❏ die Zeichenkette wird erst in ein temporäres Stringobjekt gewandelt,
- ❏ dann wird eine Referenz darauf an den Zuweisungsoperator übergeben,
- ❏ dieser kopiert die Daten ins eigene Objekt (hier s1),
- ❏ schließlich wird das temporäre Objekt wieder zerstört.

Das temporäre Objekt wird eigentlich umsonst aufgebaut: genausogut könnte der Zuweisungsoperator das eigene Objekt *direkt* aus dem Argument besetzen. Dies erreichen wir durch einen weiteren Zuweisungsoperator der Form

```
String &operator = ( const char * );
```

Die Implementierung ist besonders einfach, da die Aufgabe komplett durch die
Funktion set erledigt wird:

```
//-------------------------------------------------------------------
//        String:: Zuweisungsoperator
//
inline String &String::operator = ( const char *arg ) {

  //-- Prüfung auf Nullzeiger etc. wird von set selbständig durchgeführt
  set( arg );
  return *this;
}
```

Hier rechtfertigt also das Verhältnis von Implementierungsaufwand zu Effizienzgewinn die Implementierung der zusätzlichen Funktion.

Für alle anderen Datentypen ist der Effizienzverlust für das temporäre Objekt zu vernachlässigen.

16.10 Zugriff auf einzelne Zeichen

In C kann der Programmierer auf einzelne Zeichen einer Zeichenkette über zwei gleichwertige Notationen zugreifen:

```
char *str = "asdf";
int i = 1;

char c = str[ i ];
c = *( str+i );
```

In beiden Fällen wird keine Prüfung auf die aktuelle Länge der Zeichenkette durchgeführt, dafür ist die Operation sehr schnell. Dem Vorteil der Geschwindigkeit steht der Nachteil potentieller Fehler gegenüber, wenn i nicht im zulässigen Bereich liegt.

Für unsere Klasse String implementieren wir ebenfalls den Zugriff auf einzelne Zeichen, und zwar über den Operator []. Wie im C-Beispiel soll dabei sowohl Lesen als auch Schreiben des Zeichens möglich sein[16]. Die Operatorfunktion [] liefert deshalb eine Referenz auf ein char zurück.

```
//-- Operator [] liefert Referenz auf Zeichen an pos ofs (oder Referenz
//   auf noData) falls Objekt oder ofs ungültig. Erlaubt schreibenden
//   und lesenden Zugriff. Prüft Gültigkeit von ofs nur, wenn
//   VALIDITYCHECK definiert ist.

char &operator [] ( int ofs );
```

Nun sind Zugriffe wie z.B. in

```
String s1 = "1234567890";
s1[ 2 ] = 'c';              // schreibender Zugriff
char x = s1[ 1 ];           // lesender Zugriff
```

möglich.

---

16   D.h. technisch gesehen muß die Funktion sowohl als *lvalue* als auch als *rvalue* auftreten können.

Ein Problem tritt nun allerdings mit konstanten String-Objekten auf. Hat man etwa

```
const String s2 = "007";
```

definiert, ist die Anweisung

```
char x = s2[ 1 ];
```

nicht zulässig, obwohl über den Operator hier nur lesend auf den String zugegriffen wird. Der Grund ist, daß operator [] keine konstante Mitgliedsfunktion ist und deshalb auf konstante Objekte nicht angewendet werden darf. Besonders unangenehm macht sich dieser Effekt in Funktionen mit einem Argument vom Typ const String& bemerkbar:

```
int countZeros( const String &arg ) {
  int l = arg.getLength();
  int count = 0;

  for ( int i=0; i<l; i++ )
    if ( arg[i] == '0' )        // Fehler!
      count++;

  return count;
}
```

Um dieses Problem zu umgehen, definieren wir einen weiteren Operator, diesmal jedoch als const:

```
//-- Operator [] liefert Zeichen an Position ofs (oder noData
//   falls Objekt oder ofs ungültig. Erlaubt jedoch
//   nur lesenden Zugriff, um Operator [] für konstante Objekte verwenden
//   zu können. Prüft Gültigkeit von ofs nur, wenn
//   VALIDITYCHECK definiert ist.

char operator [] ( int ofs ) const;
```

Beachten Sie bitte, daß hier ein char und nicht ein char& zurückgeliefert wird. Es ist somit sichergestellt, daß dieser Operator die Zeichenkette nicht ändern kann.

Die Unterscheidung, welcher Operator verwendet wird, hängt davon ab, ob das Objekt, auf das er angewendet wird, konstant ist, oder nicht. Im Falle unserer Funktion countZeros wird die const-Variante angewendet, die Anweisung

```
if ( arg[i] == '0' ) ...
```

ist nun zulässig.

16.10.1 Index out of range

Selbstverständlich implementieren beide -Operatoren eine Bereichsprüfung des Arguments. Es soll nur dann ein Zeichen des Strings (bzw. eine Referenz darauf) zurückgeliefert werden, wenn das Objekt gültig ist und ofs einen gültigen Wert hat.

Ein Problem tritt auf, wenn ofs keinen gültigen Wert hat (oder das Objekt selber ungültig ist). Die Operatoren müssen trotzdem ein char& (bzw. ein char) liefern. Wir definieren zu diesem Zweck das statische Datenmitglied noData, das in einem solchen Fall zurückgegeben wird.

```
class String {

public:
    //-- Für ungültiges Objekt oder ungültiges ofs in operator [] wird
    //   Referenz auf einen Puffer mit diesem Wert geliefert.
    //   Puffer wird jedesmal neu mit noData initialisiert

    static char noData;

    /* ... weitere Mitglieder von String ... */

};
```

Damit ist die Implementierung beider Operatoren klar:

```
//----------------------------------------------------------------
//      String:: operator []
//
#ifdef VALIDITYCHECK

char &String::operator [] ( int ofs ) {

    if ( !checkIndex( ofs ) ) {
        static char buf;
        buf = noData;
        return buf;
    }

    return p[ ofs ];
} // op []
//----------------------------------------------------------------
//      String:: operator []
//
char String::operator [] ( int ofs ) const {

    if ( !checkIndex( ofs ) )
        return noData;

    return p[ ofs ];
} // op []

#endif
```

Beachten Sie bitte, daß die erste Version des Operators eine Änderung des eigenen Objekts ermöglicht. Im Falle "ungültig" wird deshalb nicht noData direkt, sondern eine Referenz auf einen Puffer zurückgegeben, der jedesmal mit noData besetzt wird. Dadurch behält noData auch bei Änderungsversuchen seinen Wert.

16.10.2 Die Funktionen checkIndex und isValidIndex

Die eigentliche Prüfung der Indizes wird in die Funktion checkIndex ausgelagert. Sie gibt bei einem unzulässigen Zugriff eine Meldung aus und liefert FALSE. Über die Funktion isValidIndex kann der Benutzer selber prüfen, ob ein Index gültig ist:

```
class String {

public:
    //-- liefert TRUE, wenn ofs gültig ist (d.h. String[ ofs ] ein
    //   echtes Stringzeichen referenziert)
    bool isValidIndex( int ofs ) const;
```

```
private:
    //-- checkIndex prüft den Index ofs auf Gültigkeit. Gibt Meldung
    //   aus, wenn Objekt ungültig oder ofs zu groß/klein
    bool checkIndex( int ofs ) const;

    /* ... weitere Mitglieder von String ... */
};

//--------------------------------------------------------------------
//         String:: isValidIndex
//
inline bool String::isValidIndex( int ofs ) const {
    return isValid() && ofs >= 0 && ofs < size-1;
} // isValidIndex

//--------------------------------------------------------------------
//         String:: checkIndex
//
bool String::checkIndex( int ofs ) const {
    if ( isValidIndex( ofs ) )
        return TRUE;

    if ( !isValid() )
        printf( "Zugriff auf ungültiges Objekt mit offset %i \n", ofs );
    else
        printf( "Zugriff auf String %s außerhalb der Grenzen. Offset : %i\n",
            p, ofs );

    return FALSE;
} // checkIndex
```

Eine Alternative für zu große Indizes wäre die automatische Verlängerung des Strings. Die einzufügenden Zeichen könnten ebenfalls durch ein statisches Datenmitglied definiert werden. Für negative Werte von ofs bleibt das Problem jedoch bestehen: Die Vergrößerung des Strings ist in einem solchen Fall nicht sinnvoll. Wir liefern deshalb für *alle* ungültigen Indizes noData zurück.

16.10.3 Die Compilervariable VALIDITYCHECK

Die Argumentprüfung wird nur durchgeführt, wenn die Compilervariable VALIDITYCHECK definiert ist. Ist VALIDITYCHECK nicht definiert, wird die C-Version des Zugriffs ohne Prüfungen verwendet. Zusätzlich sind die Operatoren dann inline implementiert. Diese "schnelle" Version ist deshalb genauso effizient wie die direkte C-Notation, bietet aber auch entsprechend keine Sicherheit. Sie sollte daher nur im Ausnahmefall angewendet werden.

```
#ifndef VALIDITYCHECK

inline char &String::operator [] ( int ofs ) {
    return p[ ofs ];
} // op []

inline char String::operator [] ( int ofs ) const {
    return p[ ofs ];
} // op []

#endif
```

16.10.4 Die Funktion getLength

Die Funktion getLength liefert die aktuelle Länge der Zeichenkette oder 0 für ein ungültiges Objekt.

```
class String {

public:

  //-- liefert die aktuelle Länge des Strings. Für ungültiges Objekt
  //   wird 0 geliefert.
  int getLength() const;

  /* ... weitere Mitglieder von String ... */

};
//---------------------------------------------------------------
//       String:: getLength
//

int String::getLength() const {

  if ( !isValid() ) {
    return 0;
  }
  return size-1;
} // getLength
```

Der maximal für die []-Operatoren zulässige Index ist also getLength()-1, ein gültiges Objekt vorausgesetzt.

16.11 Vergleichen von Strings

Zum Vergleich von Zeichenketten verwendet der C-Programmierer Funktionen wie strcmp, strncmp oder strcoll etc, die die Zeichenketten einfach byteweise vergleichen. Oft benötigt man jedoch auch "höhere" Vergleichsoperationen, wie z.B. den Vergleich ohne führende oder anhängende Leerzeichen oder den Vergleich ohne Beachtung der Groß/Kleinschreibung.

16.11.1 Der Vergleichsmodus

Um auch solche höheren Vegleiche zu leisten, wird String um eine Modusvariable ergänzt, die die Art des Vergleichs angibt. Prinzipiell wäre ein int möglich, besser ist jedoch die Definition eines eigenen Typs für den Vergleichsmodus.

Der Typ CmpMode hat nur im Zusammenhang mit der Klasse String eine Bedeutung und wird deshalb lokal zur Klasse definiert:

```
class String {
    //-- Der Vergleichsmodus bestimmt, wie der Vergleich zweier Strings
    //   durchgeführt wird. Da mehrere Optionen gleichzeitig möglich sind,
    //   werden sie als Bits in einem int angegeben

    enum CmpMode {
        cmpStandard    = 0x00,      // Normaler Vergleich
        cmpNoCase      = 0x01,      // ignorieren Groß-Kleinschreibung
        cmpNoLeading   = 0x02,      // ignorieren führende Leerzeichen
        cmpNoTrailing  = 0x04,      // ignorieren anhängende Leerzeichen

        cmpNoBlanks    = cmpNoLeading + cmpNoTrailing,
        cmpNothing     = cmpNoBlanks + cmpNoCase
    };

    //-- diese Variable bestimmt den aktuellen Vergleichsmodus
    //   gilt für alle Strings im Programm, da static.

    static CmpMode cmpMode;

    /* ... weitere Mitglieder von String ... */

};
```

String erhält eine statische Variable cmpMode, die den Vergleichsmodus angibt. Normalerweise sind Mitgliedsvariablen private, um eine direkte Veränderung durch Nicht-Klassenfunktionen auszuschließen. Hier machen wir jedoch eine Ausnahme, da die möglichen Werte von cmpMode bereits durch den Typ CmpMode festgelegt sind und deshalb keine "ungültigen" Daten möglich sind. Wir sparen uns die Zugriffsfunktionen und erlauben dem Benutzer den direkten Zugriff auf cmpMode.

16.11.2 Die Funktion compare

Der eigentliche Vergleich der Strings wird von der Funktion compare durchgeführt. Sie übernimmt die Aufgabe der Bibliotheksfunktion strcoll, beachtet dabei jedoch den gesetzten Vergleichsmodus, evtl. ungültige Parameter etc. Wir verwenden strcoll und nicht strcmp, um Strings mit länderspezifischen Sonderzeichen (z.B. mit deutschen Umlauten) korrekt vergleichen zu können. Leider unterstützten C7 und VC (im Gegensatz zu z.B. den meisten UNIX-Compilern) noch keine länderspezifischen Informationen. Die Funktion strcoll ist in C7 und VC identisch zu strcmp. Es bleibt zu hoffen, daß sich dies in Zukunft noch ändern wird.

Zur Erhöhung des Komforts definieren wir eine weitere compare-Funktion, die als zweiten Parametear den gewünschten Vergleichsmodus übernimmt:

```
class String {

public:

    //-- compare vergleicht den Parameter mit dem eigenen Objekt,
    //   beachtet Vergleichsmodus. Optional kann Vergleichsmodus
    //   mit angegeben werden. Ergebnis wie Bibliotheksfunktion strcmp.
    //   ist ein Objekt ungültig oder kann Vergleich nicht durchgeführt
    //   werden: notValid zurück.
```

16.11 Vergleichen von Strings

```
    int compare( const String & ) const;
    int compare( const String &, CmpMode ) const;

    //-- dieser Wert wird von compare zurückgegeben, wenn Vergleich
    //   nicht möglich war.

    static int notValid;

    /* ... weitere Mitglieder von String ... */
};
```

Der Vergleichsmodus bleibt bis zur nächsten Änderung für alle folgenden Vergleiche gesetzt. Durch die bei höheren Vergleichsmodi notwendigen Rechnungen kann es vorkommen, daß ein Vergleich nicht durchgeführt werden kann (z.B. weil nicht mehr ausreichend Heapspeicher für lokale Kopien zur Verfügung steht). compare liefert dann notValid zurück:

```
    int String::notValid = -2;
```

Die Implementierung von compare verwendet für den Stringvergleich intern die Funktion strcoll. Ist einer der erweiterten Vergleiche gewünscht, müssen Kopien der Strings hergestellt und entsprechend modifiziert werden:

```
//---------------------------------------------------------------
//      String:: compare
//
int String::compare( const String &arg ) const {
  if ( !isValid() || !arg.isValid() )
    return notValid;

  //-- wenn Vergleichsmodus Standard ist, kann strcmp/strcoll verwendet
  //   werden. Für alle anderen Fälle sind Hilfsstrings
  //   erforderlich

  if ( cmpMode == cmpStandard )
      return strcoll( p, arg.p );

  String arg1( *this );
  String arg2( arg );

  //-- Je nach eingeschaltetem Bit die Hilfsstrings manipulieren

  if ( cmpMode & cmpNoCase ) {
    arg1.convertToUpperCase();
    arg2.convertToUpperCase();
  }

  if ( cmpMode & cmpNoLeading ) {
    arg1.trimLeadingBlanks();
    arg2.trimLeadingBlanks();
  }

  if ( cmpMode & cmpNoTrailing ) {
    arg1.trimTrailingBlanks();
    arg2.trimTrailingBlanks();
  }

  //-- Trat zwischendurch ein Fehler auf (kein Speicher) ?

  if ( !arg1.isValid()  || !arg2.isValid() )
    return notValid;

  return strcoll( arg1.p, arg2.p );
} // compare
```

16.11.3 Operatoren für den Vergleich von Strings

Das Ergebnis der compare-Funktion gibt an, ob der übergebene String kleiner, gleich oder größer als die eigene Instanz ist, oder ob der Vergleich nicht durchgeführt werden konnte - allerdings sind die Zahlenwerte nicht besonders intuitiv: <0 für kleiner, =0 für gleich und >0 für größer. Wir schaffen Klarheit durch explizite Vergleichsfunktionen, die wir hier gleich als Operatoren implementieren wollen.

Operatoren als Mitgliedsfunktionen

In einem ersten Versuch könnte man z.B. den Operator == als Mitgliedsfunktion der Klasse etwa wie folgt formulieren:

```
class String {
public:
  bool operator == ( const String & );
  /* ... weitere Mitglieder von String ... */
};
```

Diese Lösung ist nicht besonders glücklich, denn es können zwar Vergleiche wie in

```
String s1 = "123";
if ( s1 == "234" ) ....
```

durchgeführt werden, der Vergleich

```
if ( "234" == s1 ) ....
```

scheitert jedoch. Der Grund liegt in der Asymetrie der Operatorfunktion, wenn sie als Klassenfunktion ausgeführt wird. Operatoren als Klassenmitglieder haben immer einen impliziten ersten Parameter vom Typ der Klasse. Während beim zweiten Parameter eine automatische Typkonvertierung stattfinden kann, ist dies beim ersten Parameter nicht der Fall.

Operatoren als globale Funktionen

Die bessere Lösung verwendet für symmetrische Operationen deshalb keine Mitgliedsfunktionen, sondern globale Operatoren:

```
bool operator == ( const String &, const String & );
```

Nun sind Vergleiche wie

```
if ( "234" == s1 ) ....
```

ebenfalls möglich, da für den ersten Parameter eine (automatische) Typkonvertierung stattfinden kann.

16.11 Vergleichen von Strings

Für String sind die folgenden symmetrischen Vergleichsoperatoren deklariert:

```
//-- Diese Operatoren vergleichen zwei Strings und beachten dabei
//   den Vergleichsmodus

bool operator == ( const String &, const String & );
bool operator != ( const String &, const String & );
bool operator <  ( const String &, const String & );
bool operator <= ( const String &, const String & );
bool operator >  ( const String &, const String & );
bool operator >= ( const String &, const String & );
```

Die Operatoren verwenden die Funktion compare zur Durchführung des eigentlichen Vergleichs. Sie berücksichtigen den Fall, daß ein Vergleich nicht durchgeführt werden konnte (z.B. weil nicht mehr ausreichend Speicher verfügbar war) und liefern dann grundsätzlich FALSE zurück.

```
//-----------------------------------------------------------------
//      operatoren  für Strings
//

inline bool operator == ( const String &lhs, const String &rhs ) {
  int result = lhs.compare( rhs );
  return result == String::notValid ? FALSE : bool( result == 0 );
} // op ==

inline bool operator != ( const String &lhs, const String &rhs ) {
  int result = lhs.compare( rhs );
  return result == String::notValid ? FALSE : bool( result != 0 );
} // op !=

inline bool operator < ( const String &lhs, const String &rhs ) {
  int result = lhs.compare( rhs );
  return result == String::notValid ? FALSE : bool( result < 0 );
} // op <

inline bool operator <= ( const String &lhs, const String &rhs ) {
  int result = lhs.compare( rhs );
  return result == String::notValid ? FALSE : bool( result <= 0 );
} // op <=

inline bool operator > ( const String &lhs, const String &rhs ) {
  int result = lhs.compare( rhs );
  return result == String::notValid ? FALSE : bool( result > 0 );
} // op >

inline bool operator >= ( const String &lhs, const String &rhs ) {
  int result = lhs.compare( rhs );
  return result == String::notValid ? FALSE : bool( result >= 0 );
} // op >=
```

Die Operatoren sind wegen ihres geringen Umfanges alle inline implementiert.

Typwandlungen in der ?-Anweisung

Die Operatoren verwenden in offensichtlicher Weise das Ergebnis der Funktion compare, wie z.B hier im Operator <:

```
int result = lhs.compare( rhs );
return result == String::notValid ? FALSE :  bool( result < 0 );
```

Zu beachten ist hier, daß bei manchen Compilern in einer ?-Anweisung

```
r = e1 ? e2 : e3
```

die Ausdrücke e2 und e3 vom gleichen Typ sein müssen. So bricht z.B. C7 bei der Übersetzung der Anweisung

```
return result == String::notValid ? FALSE : result < 0;
```

mit einem internen Compilerfehler ab, da FALSE vom Typ bool, der Ausdruck

```
result < 0
```

jedoch vom Typ int ist. Zur Umgehung des Problems muß man in den ?-Ausdrücken das int explizit in ein bool wandeln:

```
bool( result < 0 )
```

Formulierung von "inversen" Operatoren

Beachten Sie bitte die Implementierung der "inversen" Operatoren wie z.B. Operator !=. Warum wird != nicht in der naheliegenden Weise als

```
inline bool operator != ( const String &lhs, const String &rhs ) {
  return !( lhs == rhs );
} // op !=
```

formuliert?. Zwei Objekte sind doch genau dann ungleich, wenn sie nicht gleich sind. Normalerweise ja - allerdings muß der Sonderfall "ungültiges Objekt" beachtet werden. Ist z.B. im Vergleich

```
a == b
```

das Objekt a ungültig, liefert der Vergleich immer FALSE. Der Ausdruck

```
!( a == b )
```

würde dann TRUE liefern - auch wenn a und b identisch sind. Dieses Verhalten ist unerwünscht - ein Vergleich, bei dem eines der beiden (oder beide) Argumente ungültig sind, soll grundsätzlich FALSE liefern.

Formulierung von "zusammengesetzten" Operatoren

Könnte man aber nicht wenigstens zusammengesetzte Operatoren, wie z.B. Operator <= in der naheliegenden Weise etwa als

```
inline bool operator <= ( const String &lhs, const String &rhs ) {
  return lhs < rhs || lhs == rhs;
} // op <=
```

formulieren? Man kann, aber diese Implementierung wäre laufzeitmäßig ungünstig, da dann die Funktion compare zweimal aufgerufen würde: einmal von Operator < und dann noch einmal von Operator ==.

Es zeigt sich also, daß es günstig ist, alle relationalen Operatoren mit Hilfe von compare zu implementieren.

16.12 Suchen von Zeichen und Zeichenketten

Oft muß ein String daraufhin untersucht werden, ob er ein bestimmtes Zeichen oder eine bestimmte Zeichenkette enthält. Wenn eine Übereinstimmung gefunden wird, soll der Offset des ersten passenden Zeichens im String zurückgeliefert werden, andernfalls ein Wert für "ungültig".

```
class String {

public:
    //-- pos liefert den offset des Suchstrings im eigenen Objekt.
    //    falls nicht gefunden: notFound zurück
    //    falls Objekt(e) fehlerhaft oder Suche nicht möglich: notValid zurück
    //    Beachtet Vergleichsmodus. Optional kann der Vergleichsmodus
    //    angegeben werden
    int pos( const String & ) const;
    int pos( const String &, CmpMode ) const;

    /* ... weitere Mitglieder von String ... */
};
```

Die Suchfunktion beachtet den gesetzten Vergleichsmodus sowie ein evtl. ungültiges Argument. Schreibt man also z.B.

```
String s1 = "Ein String";
String s2( (char*)NULL );       // s2 ist ungültig

int result1 = s1.pos( s2 );
int result2 = s2.pos( s1 );
```

erhalten beide result-Variablen den Wert notValid. Die eigentliche Suche wird durch die C-Bibliotheksfunktion strstr durchgeführt. Je nach Vergleichsmodus müssen auch hier wieder Kopien hergestellt werden:

```
//----------------------------------------------------------------
//      String:: pos
//
int String::pos( const String &arg ) const {
    if ( !isValid() || !arg.isValid() )
        return notValid;

    //-- wenn Vergleichsmodus Standard ist, kann strstr verwendet
    //   werden. Für alle anderen Fälle sind Hilfsstrings
    //   erforderlich

    char *q;

    if ( cmpMode == cmpStandard ) {
        q = strstr( p, arg.p );
        if (q)
            return q-p;
        else
            return notFound;
    }

    String arg1( *this );
    String arg2( arg );
```

```
//-- Je nach eingeschaltetem Bit die Hilfsstrings manipulieren

if ( cmpMode & cmpNoCase ) {
  arg1.convertToUpperCase();
  arg2.convertToUpperCase();
}

if ( cmpMode & cmpNoLeading ) {
  arg1.trimLeadingBlanks();
  arg2.trimLeadingBlanks();
}

if ( cmpMode & cmpNoTrailing ) {
  arg1.trimTrailingBlanks();
  arg2.trimTrailingBlanks();
}

//-- Trat zwischendurch ein Fehler auf (kein Speicher) ?
if ( !arg1.isValid() || !arg2.isValid() )
  return notValid;

q = strstr( arg1.p, arg2.p );
if (q)
  return q-arg1.p;
else
  return notFound;

} // pos

//-------------------------------------------------------------------
//       String:: pos
//
inline int String::pos( const String &arg, CmpMode nCmpMode ) const {

  cmpMode = nCmpMode;
  return pos( arg );
} // pos
```

16.13 Teilstrings extrahieren

Um einen Teilstring aus einem String zu extrahieren, benötigt man den Offset und die Länge des zu kopierenden Teilstrings. Als Ergebnis soll wiederum ein String-Objekt geliefert werden.

16.13.1 Die Standard-Implementierung

Die "natürliche" Deklaration der Funktion subString sieht also so aus:

```
class String {

public:

  //-- subString extrahiert einen Teilstring der Länge l ab Position
  //   ofs im eigenen Objekt. ofs, l können außerhalb der Grenzen
  //   liegen, Ergebnis ist dann der Leerstring.
  //   Die Länge des extrahierten Strings kann kleiner als l sein.

  String subString( int ofs, int l ) const;

  /* ... weitere Mitglieder von String ... */
};
```

16.13 Teilstrings extrahieren

Die Funktion subString führt eine Prüfung der Argumente durch. Sind ofs bzw. l zu groß, wird l automatisch auf den maximal möglichen Wert reduziert. Ein zu großer Wert für die Argumente wird also nicht als Ausnahmesituation betrachtet. Das zurückgegebene String-Objekt ist dann evtl. leer, aber auf jeden Fall gültig. Ist das eigene Objekt vor der Anwendung der subString-Funktion bereits ungültig, ist auch der zurückgegebene String ungültig.

Die Implementierung der Funktion ist nicht besonders schwierig:

```
//-------------------------------------------------------------
//        String:: subString
//
String String::subString( int ofs, int l ) const {
  String result;
  result.invalidate();

  if ( !isValid() )
    return result;

  //-- Vereinbarung: Bei Zugriff außerhalb der Grenzen etc. wird
  //   der leere String geliefert.

  result.setEmptyString();

  //-- Prüfung der Argumente auf Zulässigkeit

  if ( !isValidIndex( ofs ) )

    //-- die Parameter spezifizieren einen Teilstring außerhalb
    //   der Grenzen. Leeren Puffer zurück.
    return result;

  if ( l > size - ofs )

    //-- Das Ende des Teilstrings reicht über die rechte Grenze hinaus.
    //   Länge des Teilstrings anpassen.
    l = size - ofs -1;

  if ( l < 1 )
    return result; // Ergebnis ist hier leer

  //-- length und ofs haben jetzt gültige Werte.

  if ( !result.assureSize( l+1 ) )
    return result; // Ergebnis ist nun ungültig

  strncpy( result.p, p+ofs, l );
  result.p[ l ] = 0x00;
  return result;

} // subString
```

Das Ergebnis wird in der lokalen Variablen result aufgebaut, die dann an den Aufrufer zurückgegeben wird. An dieser Standard-Implementierung ist unbefriedigend, daß zur Rückgabe des Ergebnisstrings oft ein temporäres Objekt erzeugt werden muß. Das Problem wäre gelöst, wenn man erreichen könnte, daß subString nur eine Referenz anstelle eines Objekts zurückgibt.

16.13.2 Optimierung der Funktionsrückgabe

Möchte man eine Referenz aus einer Funktion zurückgeben, benötigt man ein Objekt, auf das die Referenz gebildet werden kann. Dabei muß beachtet werden, daß das Objekt auch nach Verlassen der Funktion noch existiert, sonst zeigt die Referenz nach Beendigung der Funktion ins Leere. Insbesondere kommt also z.B. keine automatische Variable auf dem Stack (wie z.B. result in der Standard-Implementierung) in Frage.

Als Lösung kann man ein statisches Pufferobjekt in der Klasse selber verwenden:

```
class String {

public:

    //-- subString extrahiert einen Teilstring der Länge l ab Position
    //   ofs im eigenen Objekt. ofs, l können außerhalb der Grenzen
    //   liegen, Ergebnis ist dann der Leerstring.
    //   Die Länge des extrahierten Strings kann kleiner als l sein.
    //   Ergebnis wird in einem statischen Puffer bereitgestellt,
    //   d.h. abholen, bevor Puffer erneut verwendet wird

    String &subString( int ofs, int l ) const;

private:

    //-- Puffer für subString etc.
    //   Funktionen erzeugen Ergebnis in buffer und geben
    //   Referenz darauf zurück. Kann von allen Mitgliedsfunktionen
    //   frei verwendet werden

    static String buffer;

    /* ... weitere Mitglieder von String ... */
};
```

In der Implementierung wird das Ergebnis der Funktion nun im statischen Puffer buffer aufgebaut und eine Referenz auf diesen zurückgeliefert:

```
//----------------------------------------------------------------
//      String:: subString
//

String &String::subString( int ofs, int l ) const {

    //-- das eigene Objekt muß von buffer entkoppelt werden, d.h
    //   es ist eine Kopie erforderlich, wenn subString auf buffer selber
    //   angewendet wird.

    if ( this == &buffer ) {
       String buf = buffer;
       return buf.subString( ofs, l );
    }

    buffer.invalidate();

    if ( !isValid() )
      return buffer;

    //-- Vereinbarung: Bei Zugriff außerhalb der Grenzen etc. wird
    //   der leere String geliefert.

    buffer.setEmptyString();
```

16.13 Teilstrings extrahieren

```
    //-- Prüfung der Argumente auf Zulässigkeit
    if ( !isValidIndex( ofs ) )

       //-- die Parameter spezifizieren einen Teilstring außerhalb
       //   der Grenzen. Leeren Puffer zurück.
       return buffer;

    if ( l > size - ofs )

       //-- Das Ende des Teilstrings reicht über die rechte Grenze hinaus.
       //   Länge des Teilstrings anpassen.
       l = size - ofs -1;

    if ( l < 1 )
      return buffer; // buffer ist hier leer

    //-- length und ofs haben jetzt gültige Werte.
    if ( !buffer.assureSize( l+1 ) )
      return buffer; // buffer ist nun ungültig

    strncpy( buffer.p, p+ofs, l );
    buffer.p[ l ] = 0x00;
    return buffer;

  } // subString
```

Besondere Aufmerksamkeit muß nun allerdings geschachtelten Funktionsaufrufen gewidmet werden. So wird z.B. in der (legalen) Anweisung

```
String s1 = "Ein String";
String s2 = s1.subString( 3, 5 ).subString( 1, 3 );
```

die Funktion subString auf das Pufferobjekt *selber* angewendet. Ebenso verhält es sich bei den Anweisungen

```
String &sr = s1.subString( 0, 5 );
s2 = sr.subString( 2, 2 );
```

16.13.3 Entkopplung zwischen Argument und Ergebnis

Da hier durch den Aufbau des Ergebnisses im Puffer auch das Argument zerstört wird, muß der Fall explizit behandelt werden. Man kommt in diesem Spezialfall meist um die Erzeugung einer Kopie zur "Entkopplung" zwischen Argument und Ergebnis nicht herum.

Folgender Programmausschnitt zeigt eine elegante Implementierung:

```
String &String::subString( int ofs, int l ) const {

   //-- das eigene Objekt muß von buffer entkoppelt werden, d.h
   //   es ist eine Kopie erforderlich, wenn subString auf buffer selber
   //   angewendet wird.
   if ( this == &buffer ) {
      String buf = buffer;
      return buf.subString( ofs, l );
      }
   /** ... hier die eigentliche Implementierung von subString ... **/
```

Es wird also eine explizite Kopie erzeugt und die gleiche Funktion auf die Kopie erneut angewendet.

16.13.4 Warum es trotzdem nicht funktioniert

Auf den ersten Blick scheint die Lösung mit dem statischen Pufferobjekt alle Effizienzprobleme zu beseitigen: eine (temporäre) Kopie ist nur noch in Ausnahmefällen erforderlich, z.B. wenn die subString-Funktion auf den Buffer selber angewendet wird. Eine solche Situation kann z.B. bei Kettenanweisungen auftreten.

Bei näherem Hinsehen zeigen sich jedoch unlösbare Probleme. Was passiert z.B. bei einem Aufruf wie

```
doIt( s1.subString( 0, 3 ), s2.subString( 2, 4 ) );
```
wobei doIt als

```
void doIt( const String &, const String & );
```
deklariert sein soll.

Hier wird die Funktion subString zweimal aufgerufen, bevor die Ergebnisse an doIt übergeben werden. Leider überschreibt der zweite Aufruf von subString das Ergebnis des ersten Aufrufs, denn beide Aufrufe legen ja ihr Ergebnis in buffer ab. Das Ergebnis ist, daß beide Parameter immer den gleichen Wert (und zwar den des letzten Aufrufs von subString) erhalten.

Das Unangenehme dabei ist, daß Fehler dieser Art äußerst schwer zu finden sind. Der Aufruf von doIt ist syntaktisch völlig korrekt, und auch beim "Durchgehen" mit dem Debugger wird man zunächst nichts finden: die Werte für beide Parameter werden noch korrekt berechnet. Nur innerhalb der Funktion ist der erste Parameter auf einmal verschwunden....

Die mit der hier dargestellten Puffertechnik verbundenen Probleme können prinzipiell nicht befriedigend gelöst werden. Egal wie ausgefeilt die Puffer verwaltet werden: es gibt potentiell immer eine Anweisung, die den Fehler produziert. Vor der Anwendung der Puffertechnik kann daher nicht deutlich genug gewarnt werden. Was nützt ein Programm, das zwar schnell lief, nach einer Softwareänderung aber gar nicht mehr läuft?

Hier ist es eindeutig besser, in den sauren Apfel zu beißen und den Effizienzverlust durch die temporären Objekte (zunächst) zu akzeptieren. Wir bleiben daher für unsere Klasse String bei der Standard-Implementierung, zumindest in diesem Buch[17].

16.13.5 Der Operator ()

Es ist eine Frage des persönlichen Geschmacks, ob man für die Extraktion von Zeichenketten eine Operatorfunktion definieren möchte. Hier gehen die Meinungen auseinander. Zudem gibt es nur einen einzigen selbstdefinierbaren

---

17 Es gibt eine Lösung des Problems, die allerdings den Rahmen dieses Buches sprengt. Wir werden die Technik der sog. *deferred evaluation* zur Vermeidung unnötiger Kopien in einem weiteren Buch vorstellen.

Operator, der als Mitgliedsfunktion mit zwei Parametern deklariert werden kann, nämlich den Funktionsaufrufoperator ().

```
class String {
public:
    //-- operator () ist ein alias für subString
    String operator () ( int ofs, int l ) const;
    /* ... weitere Mitglieder von String ... */
};
```

Die Implementierung ruft wie gewöhnlich die eigentliche Arbeitsfunktion auf:

```
//-------------------------------------------------------------------
//         String:: operator ()
//
String String::operator () ( int ofs, int l ) const {
    return subString( ofs, l );
} // op ()
```

Folgende Anweisungen zeigen den Aufruf:

```
String s1 = "0123456789";
String s2 = s1( 3, 5 );
```

s2 erhält den Wert "34567".

Kann man wenigstens operator () eine Referenz anstelle des Strings zurückgeben lassen? Auch das geht leider nicht. Definiert man etwa

```
//-- Testweise mit einem Rückgabetyp von String &
String &String::operator () ( int ofs, int l ) const {
    return subString( ofs, l );
} // op ()
```

gibt man eine Referenz auf das von subString gelieferte temporäre Objekt auf dem Stack zurück. Dieses wird aber bei Beendigung des Operators () zerstört, da der Gültigkeitsbereich, in dem es erzeugt wurde, verlassen wird. Man hätte also wiederum eine Referenz auf ein nicht mehr existierendes Objekt.

16.14 Verkettung

Bei der Verkettung von Strings soll ein String an das Ende eines anderen Strings angefügt werden. Dazu definieren wir wieder eine Funktion, die die eigentliche Arbeit ausführt, sowie einige Operatoren zur Schreibvereinfachung.

16.14.1 Die Funktion append

Die Funktion append hängt den als Argument übergebenen String an die eigene Instanz an. Sie liefert TRUE, wenn die Verkettung durchgeführt werden konnte und weder das eigene Objekt noch das Argument ungültig sind.

```
class String {

public:

    //-- append hängt das Argument an die eigene Instanz an.
    //   liefert TRUE wenn Operation erfolgreich war, FALSE wenn nicht
    //   bzw. ungültige Objekte

    bool append( const String & );

    /* ... weitere Mitglieder von String ... */

};
```

Die Implementierung nimmt auf die Sonderfälle "ungültiges/leeres Objekt" und "ungültiges/leeres Argument" Rücksicht. Der Fall "Anhängen der eigenen Instanz" bedarf spezieller Beachtung: Hier ist eine Entkopplung durch einen Zwischenspeicher erforderlich, da Quelle und Ziel der Operation der gleiche String ist. Diese Situation wird erkannt, indem die Adresse des Arguments mit der des eigenen Objekts verglichen wird.

```
//----------------------------------------------------------------------
//       String:: append
//
bool String::append( const String &arg ) {
  if ( !isValid() )
    return FALSE;

  if ( !arg.isValid() ) {

    //-- Regel 2 für Rechnen mit ungültigen Objekten.
    invalidate();
    return FALSE;
  }

  //-- falls das anzuhängende Objekt wir selber sind, müssen
  //   wir vorher eine Kopie machen, da ja sonst arg durch
  //   assureSize zerstört würde.
  if ( this == &arg ) {
    String buffer = arg;
    return append( buffer );
  }

  int origSize = size;
  if ( !assureSize( size + arg.size -1 ) )
    return FALSE;

  strcpy( p+origSize-1, arg.p );
  return TRUE;
} // append
```

16.14.2 Die Operatoren += und <<

Zum Anhängen eines Objektes an die eigene Instanz haben sich die Operatoren += und << eingebürgert. Während dies bei += (von C her) noch einsichtig ist, ist die Verwendung eines Bit-Schiebeoperators wie << für die Funktionalität von append nicht direkt verständlich. Nimmt man jedoch "links schieben" im erweiterten Sinne, kann man eine Anweisung wie in

```
String s1;
s1 << "xyz";
```

auch als "schieben der Zeichenkette xyz von rechts her in das Objekt s1" interpretieren. Ganz allgemein verwendet man den Operator << gerne, um Daten in ein Objekt "hineinfließen" zu lassen. Die Standardanwendung hierfür sind Streams, die wir in Kapitel 25 besprechen werden.

Insbesondere bei Kettenanweisungen hat die Verwendung des Operators << deutliche notationelle Vorteile. Da der Operator << von links nach rechts ausgewertet wird, kann man elegant z.B.

```
s1 << " dies" << " wird" << " hinten" << " angehängt";
```

schreiben. Die Operatoren sind folgendermaßen deklariert und implementiert:

```
class String {

public:

  //-- Operatoren += und << hängen Argument an die eigene Instanz an.
  //   liefern eigene Instanz zurück

  String &operator += ( const String & );
  String &operator << ( const String & );

  /* ... weitere Mitglieder von String ... */

};
//---------------------------------------------------------------
//      String:: operator +=
//
inline String &String::operator += ( const String &arg ) {

  append( arg );
  return *this;
} // op +=
//---------------------------------------------------------------
//      String:: operator <<
//
inline String &String::operator << ( const String &arg ) {

  append( arg );
  return *this;
} // op <<
```

16.14.3 Der Operator +

Der Operator + verbindet die als Parameter übergebenen Strings (d.h. er hängt den zweiten Parameter an den ersten an) und liefert das Ergebnis zurück. Der Operator ist ein symmetrischer Operator und wird deshalb nicht als Mitgliedsfunktion, sondern als globaler Operator deklariert:

```
//-- Operator + hängt arg2 an arg1 an und liefert Ergebnis zurück.
String operator + ( const String &, const String & );
```

Die Implementierung verwendet eine Puffervariable, in der das Ergebnis aufgebaut wird:

```
//-------------------------------------------------------------------
//       operator + für String
//
String operator + ( const String &lhs, const String &rhs ) {

  String result( lhs );
  result << rhs;
  return result;
} // op +
```

Beachten Sie bitte, daß für die Argumente von Operator + eine automatische Typkonvertierung im allgemeinen *nicht* möglich ist. Eine Anweisung wie z.B.

```
String s2 = s1 + 33;
```

ist mehrdeutig, da folgende Konvertierungen möglich sind:

- ❑ Die Zahl 33 wird in einen String gewandelt, Operator + verbindet beide Strings.
- ❑ s1 wird über die Operatorfunktion long in eine Zahl gewandelt und zu 33 addiert.
- ❑ s1 wird über die Operatorfunktion double in eine Zahl gewandelt und zu 33 addiert.
- ❑ s1 wird in ein const char* gewandelt, die Addition bedeutet dann Zeigerarithmetik.

Dies sind insgesamt vier Möglichkeiten, die Fehlermeldung bei der Übersetzung der obigen Anweisung lautet entsprechend:

```
'+' : 4 overloads have similar conversions
```

Hier hilft nur die explizite Angabe, welche der Konvertierungen gewünscht ist, also etwa

```
s1 + String( 33 );
(long)s1 + 33;
(double)s1 + 33;
(const char*)s1 + 33;
```

Wem der Schreibaufwand zur Herstellung der Eindeutigkeit[18] zu viel ist, hat nur die Möglichkeit, auf die Operatoren long, double und const char* zu verzichten und die Anweisung

```
String s2 = s1 + 33;
```

auf diese Weise eindeutig zu machen.

---

18 im anglo-amerikanischen kürzer und treffender als *disambiguating* bezeichnet

16.15 Einfügen: Die Funktion insert

Die Funktion insert setzt einen Argumentstring an einer beliebigen Stelle in das eigene Objekt ein. Sie liefert TRUE, wenn das Einfügen erfolgreich war. Liegt der Einfügepunkt links oder rechts außerhalb des Strings, wird nichts eingefügt, ebenso natürlich, wenn das Argument oder die eigene Instanz ungültig ist.

```
class String {
public:
  //-- insert fügt das Argument an position ofs ein.
  //   Falls ofs außerhalb der Stringgrenzen: FALSE zurück.
  bool insert( int ofs, const String & );

  /* ... weitere Mitglieder von String ... */
};
```

Die Implementierung schafft Platz für den einzufügenden String, schiebt evtl. rechts vom Einfügepunkt befindliche Daten nach rechts und kopiert dann das Argument in die Lücke. Auch hier ist wieder eine Entkopplung zwischen Argument und eigener Instanz notwendig, wenn das Objekt in sich selber eingesetzt werden soll.

```
//-------------------------------------------------------------------
//       String:: insert
//
bool String::insert( int ofs, const String &arg ) {
  if ( !isValid() )
    return FALSE;
  if ( !isValid() || !arg.isValid() ) {
    invalidate();
    return FALSE;
  }

  //-- Einfügen eine Stelle hinter rechtem Rand ist explizit erlaubt.
  //   isValidOffset meldet das als Fehler -> daher vorher
  if ( ofs == size-1 )
    return append( arg );

  if ( !isValidIndex( ofs ) ) {
    invalidate();
    return FALSE;
  }

  //-- falls das einzusetzende Objekt wir selber sind, müssen
  //   wir zuerst eine Kopie machen. Grund: siehe append.
  if ( this == &arg ) {
    String buffer = arg;
    return insert( ofs, buffer );
  }

  //-- Platz machen für ausreichend Zeichen
  int count = arg.size-1;
  int oldSize = size;
  if ( !assureSize( size + count ) )
    return FALSE;
```

```
//-- da sich Quell- und Zielspeicher überlappen:
//   manuelle Schleife

char *src = p + oldSize -1;
char *tgt = src + count;

for ( int i = oldSize-ofs-1; i >= 0; i-- )
  *tgt-- = *src--;

memcpy( p+ofs, arg.p, count );
return TRUE;
} // insert
```

16.16 Auffüllen: die Funktion fillTo

Die Funktion fillTo ergänzt die eigene Instanz auf die im Argument angegebene Mindestlänge. Ist der String bereits länger, wird keine Aktion durchgeführt. Zum Auffüllen wird standardmäßig das Leerzeichen verwendet:

```
class String {

public:

    //-- fillTo erzeugt einen String mit minnimal der Länge l,
    //   indem der String mit char aufgefüllt wird, wenn er zu kurz ist.
    //   Zu lange Strings bleiben wie sie sind.
    bool fillTo( int l, char = ' ' );

    /* ... weitere Mitglieder von String ... */

};
//----------------------------------------------------------------
//      String:: fillTo
//
bool String::fillTo( int ofs, char c ) {
    if ( !isValid() )
        return FALSE;

    if ( ofs <= size-1 )

        //-- String ist bereits lang genug. TRUE zurück, da kein Fehler
        return TRUE;

    int oldSize = size;
    if ( !assureSize( ofs+1 ) )
        return FALSE;

    memset( p+oldSize-1, c, ofs-oldSize+1 );
    p[ size-1 ] = 0x00;
    return TRUE;
} // fillTo
```

16.17 Einfügen mit Auffüllen: Die Funktion insertWithFill

Liegt der Einfügepunkt rechts vom Stringende, kann die Funktion insertWithFill verwendet werden, die einfach die Funktionalität von insert mit der von fillTo kombiniert:

```
class String {

public:

    //-- wie insert, jedoch wird bei einem Einfügen rechts vom Rand
    //   der String zuerst auf die erforderliche Länge gebracht.
    //   Einfügen links vom Rand ist nicht erlaubt

    bool insertWithFill( int ofs, const String &, char = ' ' );

    /* ... weitere Mitglieder von String ... */
};
//---------------------------------------------------------------
//        String:: insertWithFill
//

inline bool String::insertWithFill( int ofs, const String &arg, char c ) {

    return  fillTo( ofs, c ) && insert( ofs, arg );
} // insertWithFill
```

16.18 Löschen: Die Funktion del

Die Funktion del löscht Teilstrings aus der eigenen Instanz. Der Löschpunkt muß innerhalb des Strings liegen, ansonsten wird nichts gelöscht. l dagegen darf zu groß sein, der Wert wird dann entsprechend angepaßt.

```
class String {

public:

    //-- del löscht l Zeichen ab Position ofs,
    //   l wird evtl. angepaßt, wenn ofs/l zu groß ist.
    //   bei ungültigem ofs (außerhalb der Grenzen) wird nichts gelöscht,
    //   aber trotzdem TRUE zurück

    bool del( int ofs, int l );

    /* ... weitere Mitglieder von String ... */
};
```

```
//-----------------------------------------------------------------
//        String:: del
//
bool String::del( int ofs, int l ) {

  if ( !isValid() )
    return FALSE;

  if ( !isValidIndex( ofs ) )

    //-- Löschen außerhalb der Grenzen bewirkt zwar nichts, ist aber auch
    //   nicht verboten
    return TRUE;

  if ( l >= size - ofs )
    l = size - ofs -1;

  //-- Ist l nun <=0, gibt es nichts zu löschen (wahrscheinlich
  //   ist eigene Instanz leer)
  if ( l <= 0 )
    return TRUE;

  assert( !isEmptyString() );

  int copyNbr = size - ofs -1;

  int i = 0;
  char *tgt = p + ofs;
  char *src = tgt + l;

  for ( ; i < copyNbr; i++ )
    *tgt++ = *src++;

  return assureSize( size-l );

} // del
```

16.19 Abschneiden: Die Funktion trimTo

trimTo stellt sicher, daß die Stringlänge einen bestimmten Wert nicht überschreitet. Längere Strings werden abgeschnitten, kürzere Strings bleiben unverändert:

```
class String {

public:

  //-- trimTo erzeugt einen String mit maximal der Länge l,
  //   indem der String hinten abgeschnitten wird, wenn er zu lang ist.
  //   Zu kurze Strings bleiben wie sie sind.
  bool trimTo( int l );

   /* ... weitere Mitglieder von String ... */

};
```

```
//----------------------------------------------------------------
//      String:: trimTo
//
bool String::trimTo( int l ) {

  if ( !isValid() )
    return FALSE;

  if ( size <= l )
    return TRUE;

  return del( l, INT_MAX );

  } // trimTo
```

16.20 In Groß/Kleinbuchstaben umwandeln

Um den gesamten String in Groß- bzw. Kleinschreibweise umzuwandeln, stehen die Funktionen convertToUpperCase und convertToLowerCase zur Verfügung.

```
class String {

public:

  //-- Konvertiert alle Zeichen in Groß/Kleinbuchstaben

  bool convertToUpperCase();
  bool convertToLowerCase();

  /* ... weitere Mitglieder von String ... */

  };
//----------------------------------------------------------------
//      String:: convertToUpperCase
//
bool String::convertToUpperCase() {

  if ( !isValid() )
    return FALSE;

  for ( char *q = p; *q; q++ )
    switch ((unsigned char)*q) {
      case 132  : *q = 142;   break;   // ä
      case 148  : *q = 153;   break;   // ö
      case 129  : *q = 154;   break;   // ü

      default   : if ( islower( *q ) )
                    *q = toupper( *q );
      }

  return TRUE;
  } // convertToUpperCase
```

```
//----------------------------------------------------------------
//          String:: convertToLowerCase
//
bool String::convertToLowerCase() {

  if ( !isValid() )
    return FALSE;

  for ( char *q = p; *q; q++ )
    switch ((unsigned char)*q) {
       case 142  : *q = 132; break;    // Ä
       case 153  : *q = 148; break;    // Ö
       case 154  : *q = 129; break;    // Ü

       default   : if ( isupper( *q ) )
                     *q = tolower( *q );
    }

  return TRUE;
} // convertToLowerCase
```

Die Funktionen beachten die deutschen Umlaute und Sonderzeichen korrekt.

16.21 Abschneiden von Leerzeichen

Oft ist man nur an den "Netto"-Zeichen eines Strings interessiert, d.h. bei einer Operation sollen Leerzeichen ignoriert werden. Die Funktionen trimLeadingBlanks und TrimTrailingBlanks ermöglichen dies, indem sie führende bzw. anhängende Leerzeichen abschneiden. Besteht ein String nur aus Leerzeichen, ist das Ergebnis der Leerstring.

```
class String {

public:

  //-- Löscht führende bzw. anhängende Leerzeichen

  bool trimLeadingBlanks();
  bool trimTrailingBlanks();

  /* ... weitere Mitglieder von String ... */

};


//----------------------------------------------------------------
//          String:: trimLeadingBlanks
//
bool String::trimLeadingBlanks() {

  if ( !isValid() )
    return FALSE;

  if ( isEmptyString() )
    return TRUE;

  //-- Zählen der Leerzeichen am Anfang

  int i = 0;
  char *q = p;

  for ( ; *q++==0x20; i++  ) ;

  return del( 0, i );
} // trimLeadingBlanks
```

```
//---------------------------------------------------------------
//        String:: trimTrailingBlanks
//
bool String::trimTrailingBlanks() {

  if ( !isValid() )
    return FALSE;

  if ( isEmptyString() )
    return TRUE;

  //-- Zählen der Leerzeichen am Ende
  char *q = p+size-2;
  int i = 0;

  for( ; i<=size-2 && *q--==0x20; i++ );

  if ( i > 0 )
    return del( size-i-1, i );

  return TRUE;
} // trimTrailingBlanks
```

16.22 Ausgeben von Strings

Zur Ausgabe von Strings kann man wie gewohnt die Funktion puts verwenden:

```
String s1 = "2468";
puts( s1 );
```

Die Konvertierung des Arguments zu einem const char* wird implizit durchgeführt. Benötigt man eine Ausgabe mit printf, muß explizit gewandelt werden:

```
printf( "Einige gerade Zahlen : %s", (const char*)s1 );
```

16.23 Einlesen von Strings von der Tastatur

Da die traditionelle Stringverarbeitung in C mit statischen Speicherbereichen arbeitet, erwarten auch die Funktionen der Standardbibliothek zum Einlesen von Strings vom Bildschirm bzw. aus einer Datei einen Zahlenwert, der die Anzahl der maximal einzulesenden Zeichen angibt. Da String Zeichenketten beliebiger Länge speichern kann, sollte auch eine Eingabefunktion für String diese Flexibilität aufweisen.

Die Funktion read wird dieser Forderung gerecht, indem sie Zeichen für Zeichen einliest und einzeln an den String anhängt. Dieses Vorgehen ist nicht ganz optimal, da bei jedem Zeichen der gesamte String umgespeichert werden muß, um Platz für ein weiteres Zeichen zu erhalten. Die Rechenzeit fällt jedoch nicht ins Gewicht, da der Rechner zwischen zwei Tastendrucken sowieso warten muß. Für das Einlesen von Strings von Datei ist dieses Vorgehen sicher nicht geeignet.

Eingegebene Zeichen werden gleichzeitig auf dem Bildschirm angzeigt. Die Eingabe wird wie üblich durch ENTER abgeschlossen. Die Einsatzbreite der read-

Funktion wird durch einen wahlweise anzugebenden Prompt-String, der vor der Eingabe ausgegeben wird, erweitert.

```
class String {
public:
   //-- Einlesen der Instanz von der Tastatur
   //   Der Prompt ist optional. Ist er angegeben, wird er vor dem
   //   Einlesen ausgegeben
   void read( const char *prompt = NULL );

   /* ... weitere Mitglieder von String ... */
};
//-----------------------------------------------------------------
//        String:: read
//
void String::read( const char *prompt ) {
  setEmptyString();

  if( prompt )
    printf( prompt );

  //-- Schleife zum Einlesen von Zeichen bis RETURN gedrückt wird
  char ch;

  while (TRUE) {
    ch = getchar();
    if ( ch == '\n' )
      break;
    append( ch );
  }
} // read
```

16.24 Beispiele

Die von String bereitgestellte Funktionalität ist viel zu mächtig, um im Rahmen dieses Buches extensiv getestet zu werden. Für die Entwicklungsphase einer solchen Klasse sollte man jedoch sehr wohl Testroutinen entwickeln, die eine bestimmte Eigenschaft möglichst vollständig testen. Wir geben im folgenden zwei Beispiele solcher Testroutinen.

16.24.1 Test der subString-Funktion

In diesem Programm wird zunächst ein String mit einer Zeichenkette vorbesetzt. In der nachfolgenden Schleife wird die subString-Funktion mit unterschiedlichen Offsets durchgeführt, das Ergebnis wird jedesmal ausgedruckt:

16.24 Beispiele

```
//========================= Kopf =============================
//
//   test1: Testet die subString-Funktion
//
//
// 92.08.01 : Version 1 (Au)
//
//========================= Abhängigkeiten ===================
//
#include <str.h>
#include <stdio.h>

void main() {

  puts( "--- Testen subString ----------------------" );

  String s1 = "1234567890";

  printf( "Ausgangsstring : %s\n\n", (const char*)s1 );

  for ( int i = -3; i < 12; i++ )
    printf( "ofs : %i   length : 3   result : %s \n",
         i, (const char*)s1( i, 3 ) );
}

//-- Alle Programmteile in einem Modul
#include <str.cpp>
```

Der Ausdruck des Programms zeigt, daß die unterschiedlichen Werte für ofs korrekt behandelt werden:

```
--- Testen subString ----------------------

Ausgangsstring : 1234567890

ofs : -3   length : 3   result :
ofs : -2   length : 3   result :
ofs : -1   length : 3   result :
ofs :  0   length : 3   result : 123
ofs :  1   length : 3   result : 234
ofs :  2   length : 3   result : 345
ofs :  3   length : 3   result : 456
ofs :  4   length : 3   result : 567
ofs :  5   length : 3   result : 678
ofs :  6   length : 3   result : 789
ofs :  7   length : 3   result : 890
ofs :  8   length : 3   result : 90
ofs :  9   length : 3   result : 0
ofs : 10   length : 3   result :
ofs : 11   length : 3   result :
```

16.24.2 Einlesen von der Taststur und Vergleich

Hier werden in einer Schleife so lange Strings eingelesen und miteinander verglichen, bis der Benutzer x eingibt.

```
//========================= Kopf =============================
//
//   test2: Testet die Funktion read und die Vergleichsoperatoren
//
//
// 92.08.01 : Version 1 (Au)
//
```

```
//========================= Abhängigkeiten =========================
//
#include <str.h>
#include <stdio.h>

void main() {

  puts( "--- Testen der relationalen Operationen  ---" );

  String s1, s2;

  while ( TRUE ) {
    s1.read( "Bitte String 1 eingeben : " );

    if ( s1 == String( "x" ) )
      break;

    s2.read( "Bitte String 2 eingeben : " );

    printf( "s1 : %s \ns2 : %s \n\n",
      (const char*)s1, (const char*)s2 );

    puts( "----- Vergleichsmodus cmpStandard ------------- " );
    String::cmpMode = String::cmpStandard;

    printf( "s1 == s2 : %i \n",    s1 == s2 );
    printf( "s1 <  s2 : %i \n",    s1 <  s2 );
    printf( "s1 <= s2 : %i \n",    s1 <= s2 );
    printf( "s1 >  s2 : %i \n",    s1 >  s2 );
    printf( "s1 >= s2 : %i \n\n", s1 >= s2 );

    puts( "----- Vergleichsmodus cmpNoCase --------------- " );
    String::cmpMode = String::cmpNoCase;

    printf( "s1 == s2 : %i \n",    s1 == s2 );
    printf( "s1 <  s2 : %i \n",    s1 <  s2 );
    printf( "s1 <= s2 : %i \n",    s1 <= s2 );
    printf( "s1 >  s2 : %i \n",    s1 >  s2 );
    printf( "s1 >= s2 : %i \n\n", s1 >= s2 );

    puts( "----- Vergleichsmodus cmpNoLeading ------------ " );
    String::cmpMode = String::cmpNoLeading;

    printf( "s1 == s2 : %i \n",    s1 == s2 );
    printf( "s1 <  s2 : %i \n",    s1 <  s2 );
    printf( "s1 <= s2 : %i \n",    s1 <= s2 );
    printf( "s1 >  s2 : %i \n",    s1 >  s2 );
    printf( "s1 >= s2 : %i \n\n", s1 >= s2 );

    puts( "----- Vergleichsmodus cmpNoTrailing ---------- " );
    String::cmpMode = String::cmpNoTrailing;

    printf( "s1 == s2 : %i \n",    s1 == s2 );
    printf( "s1 <  s2 : %i \n",    s1 <  s2 );
    printf( "s1 <= s2 : %i \n",    s1 <= s2 );
    printf( "s1 >  s2 : %i \n",    s1 >  s2 );
    printf( "s1 >= s2 : %i \n\n", s1 >= s2 );

  }

}

//-- Alle Programmteile in einem Modul
#include <str.cpp>
```

Ein Programmlauf könnte etwa so aussehen:

```
--- Testen der relationalen Operationen ---
Bitte String 1 eingeben : Bitte String 2 eingeben : s1 : a
s2 : b
----- Vergleichsmodus cmpStandard -------------
s1 == s2 : 0
s1 <  s2 : 1
s1 <= s2 : 1
s1 >  s2 : 0
s1 >= s2 : 0

----- Vergleichsmodus cmpNoCase ---------------
s1 == s2 : 0
s1 <  s2 : 1
s1 <= s2 : 1
s1 >  s2 : 0
s1 >= s2 : 0

----- Vergleichsmodus cmpNoLeading ------------
s1 == s2 : 0
s1 <  s2 : 1
s1 <= s2 : 1
s1 >  s2 : 0
s1 >= s2 : 0

----- Vergleichsmodus cmpNoTrailing -----------
s1 == s2 : 0
s1 <  s2 : 1
s1 <= s2 : 1
s1 >  s2 : 0
s1 >= s2 : 0

Bitte String 1 eingeben : x
```

Der Sourcecode der Testprogramme befindet sich in den Dateien test1.cpp bzw. test2.cpp im Verzeichnis KAP16 auf der Begleitdiskette.

16.25 Noch einmal: Häufigkeiten im Text feststellen

16.25.1 Multi-Modul-Programme

Im Programm hfl aus diesem Kapitel erstellen wir zum erstenmal ein Multi-Modul-Programm. Bis jetzt wurden alle Programmquellen (auch aus verschiedenen Quelldateien) mit einem einzigen Aufruf des Compilers übersetzt. Bei größeren Programmen empfiehlt sich die Aufteilung in getrennt übersetzbare Module, damit bei kleineren Änderungen nicht das gesamte System neu übersetzt werden muß.

Auf der Begleitdiskette befinden sich dazu jeweils die notwendigen Projektdateien (auch Make-Files genannt), und zwar sowohl für VC als auch für C7. Grundsätzlich heißen die Projektdateien so wie das jeweilige Hauptprogramm, werden jedoch um einige Buchstaben ergänzt, um C7 und VC unterscheiden zu können. Die Projektdateien für ein Programm test1 heißen z.B. test1_C7.mak bzw. test1_VC.mak, je nachdem, ob C7 oder VC verwendet werden soll. Die VC-Projektdateien sind sowohl für Version 1.0 als auch für Version 1.5 gleichermaßen geeignet.

Die meisten Projekte benötigen Module bzw. Include-Dateien aus anderen Verzeichnissen. Aus welchen Verzeichnissen etwas verwendet wird, kann aus den entsprechenden Dialogboxen in der Workbench (bzw. aus der Projektdatei selber) ersehen werden.

Folgendes Listing zeigt einen Auszug aus einer Projektdatei:

```
CXXFLAGS_G = /W2 /DVALIDITYCHECK /I. /BATCH
FILES   = FLD.CPP HFL.CPP STR.CPP
OBJS    = FLD.obj HFL.obj STR.obj
```

Diese Zeilen besagen (unter anderem), daß die Compilervariable VALIDITYCHECK definiert ist, daß Includedateien zuerst im aktuellen Verzeichnis gesucht werden sollen und daß die Module fld, hfl und str zum Programm gehören. In der Datei readme auf der Begleitdiskette befinden sich weitere Informationen zu den Projekten, zur Installation der Diskette etc.

16.25.2 Das Programm hfl

Wir wenden die neue Stringklasse auf das Programm hfl aus Kapitel 5 an. Gleichzeitig verbessern wir einige Punkte:

❑ Das Programm wird nun in drei Module aufgeteilt:

Modul str	Klasse String
Modul fld	Klassen Element und Field
Modul hfl	Hauptprogramm

Dabei werden die Richtlinien aus Kapitel 14 zum Aufbau von Quellcodedateien berücksichtigt.

❑ Der neue Typ bool wird verwendet.

❑ Operatoren (z.B. --, ++) werden verwendet.

❑ die const-Deklaration wird verwendet.

Datei fld.h

```
#ifndef __FLD_H
#define __FLD_H

//========================= Kopf ====================================
//
//   Klassen Element und Field
//
//
// 92.08.01 : Version 2 (Au)
//

//========================= Definitionsabhängigkeiten ===============
//
#include <stdio.h>
#include <str.h>
#include <bool.h>

//========================= Export ==================================

//-- Anzahl der Element-Objekte, die ein Field-Objekt aufnehmen kann
```

16.25 Noch einmal: Häufigkeiten im Text feststellen

```
  const int maxElement = 1000;
//-------------------------------------------------------------------
//        class Element
//
class Element {
  //-- Element dient zur Speicherung eines Strings zusammen mit
  //   seiner Häufigkeit.
  public:
    //-- Konstruktor
    Element( const char *str_in );

    //-- liefert TRUE, wenn str_test dem gespeicherten String entspricht,
    //   ansonsten FALSE
    bool operator == ( const char *str_in ) const;

    //-- erhöht Zähler um 1  (note: postfix-Form)
    Element &operator ++ ( int );

    //-- gibt Element und Häufigkeit auf dem Bildschirm aus
    void print() const;

  private:
    String str;
    int count;
};
//-------------------------------------------------------------------
//        class Field
//
class Field {
  //-- Field dient zur Speicherung von Element-Objekten.
  //   Maximalzahl ist maxElement. Bei Überschreiten: Meldung und
  //   ignorieren
  //
  public:
    Field();
    ~Field();

    //-- prüft, ob String str_in im Feld enthalten ist. Wenn ja:
    //   Zähler erhöhen, wenn nein: hinzufügen
    void process( const char *str_in );

    //-- Häufigkeitsliste am Bildschirm ausgeben
    void print() const;

  private:
    Element *p[ maxElement ];   //-- Feld von Zeigern
    int n;                      //-- Anzahl Objekte
};
#endif
```

Beachten Sie hier bitte die Deklaration und Implementierung des Incrementoperators ++ für Element. Der Operator ist mit einem Argument vom Typ int deklariert, obwohl dieses Argument gar nicht verwendet wird. Wie in Kapitel 10 dargestellt, wird dadurch ein Postfix-Operator notiert. Der entsprechende Präfix-Operator wird ohne Argument deklariert. Folgendes Listing zeigt noch einmal die Unterschiede:

```
class Element {

public:

  Element &operator ++ ( int );     //-- Postfix-Form
  Element &operator ++ ();          //-- Präfix-Form

  /* ... weitere Mitglieder Element ...*/
  };


  Element e( "ein String" );
  e++;     //-- Aufruf Postfix-Operator
  ++e;     //-- Aufruf Präfix-Operator
```

Datei fld.cpp

```
//========================= Kopf =====================================
//
//
//
// 92.08.01 : Version 2 (Au)
//

//========================= Implementierungsabhängigkeiten ==========

#include <fld.h>

//========================= Implementierung =========================
//-------------------------------------------------------------------
//       Element::Element( const char * )
//
Element::Element( const char *str_in )
  : str( str_in ) {
  count = 1;
  }
//-------------------------------------------------------------------
//       Element::operator ==
//
bool Element::operator == ( const char *str_in ) const {
  return str == String( str_in );
  }
//-------------------------------------------------------------------
//       Element::operator ++
//
Element &Element::operator ++ ( int ) {
  count++;
  return *this;
  }


//-------------------------------------------------------------------
//       Element::print
//
void Element::print() const {

  //-- Zuerst Häufigkeit, dann String selber
  printf( "%i  ", count );
  puts( str );
  }
```

```
//------------------------------------------------------------------------
//       Field::Field
//

Field::Field() {

  n = 0;
  }
//------------------------------------------------------------------------
//       Field::~Field
//

Field::~Field() {

  for ( int i=0; i<n; i++ )
    delete p[i];

  }


//------------------------------------------------------------------------
//       Field::process
//

void Field::process( const char *str_in ) {

  for ( int i = 0; i < n; i++ )
    if ( *p[ i ] == str_in ) {

      //-- Wenn der String schon gespeichert ist: counter erhöhen
      (*p[ i ])++;
      return;
      }

  //-- str_in ist noch nicht im Feld enthalten. Hinzufügen,
  //   falls noch Platz ist.

  if ( n >= maxElement ) {
    printf( "Vorabversion kann nur %i Elemente!\n", maxElement );
    return;
    }

  //-- Neues Element-Objekt auf dem Heap erzeugen und in Feld einfügen

  Element *e = new Element( str_in );
  p[ n++ ] = e;
  }
//------------------------------------------------------------------------
//       Field::print
//

void Field::print() const {

  printf( "Häufigkeitsverteilung : \n" );
  for ( int i = 0; i < n; i++ )
    p[ i ]-> print();

  printf( "\n" );
  }
```

Datei hfl.cpp

```
//========================= Kopf =====================================
//
//   Programm hfl: Häufigkeiten von Wörtern in einem Text feststellen
//
//
// 92.08.01 : Version 1 (Au)
//
```

```c
//========================= Programmabhängigkeiten ==================
//
#include <string.h>
#include <stdlib.h>
#include <stdio.h>
#include <str.h>
#include <fld.h>

//========================= Programm ============================

//-- Die maximale Spaltenanzahl einer Zeile
#define MAXCOLUMNS 100

//-- diese Zeichen werden als Trennzeichen zwischen Wörtern interpretiert
char *separators = "- `'~!@#$%^&*()-_=+|[{]};:'\",.*/<>?\\";

//-------------------------------------------------------------------
//       main
//
void main( int argc, char* argv[] ) {

  if ( argc != 2 ) {
    puts( "Kein Dateiname angegeben!" );
    exit( 1 );
  }

  FILE *f;

  if (( f = fopen( argv[ 1 ], "r" )) == 0 ) {
    printf( "Eingabedatei %s kann nicht geöffnet werden\n", argv[ 1 ] );
    exit( 1 );
  }

  //-- f ist nun offen und kann gelesen werden.

  Field fld;

  while ( !feof( f ) ) {
    char buf[ MAXCOLUMNS ];
    fgets( buf, MAXCOLUMNS, f );

    if ( feof( f ) )
      break;

    //-- buf enthält nun eine Zeile, die noch in die einzelnen Worte
    //   zu zerlegen ist, nachdem der anhängende Zeilenvorschub entfernt
    //   wurde
    int l = strlen( buf );
    if ( l )
      //-- Zeile ist nicht leer - letztes Zeichen löschen
      buf[ l-1 ] = 0x00;

    //-- Die Schleife über die einzelnen Worte

    char *word = strtok( buf, separators );
    while ( word ) {
      fld.process( word );
      word = strtok( NULL, separators );
    }
  }

  fld.print();
}
```

16.25 Ausblick

Mit diesem Kapitel ist die Entwicklung der Stringklasse im wesentlichen abgeschlossen. Wir werden Strings jedoch in unseren folgenden Projekten weiterhin verwenden.

Die Klasse Field, die wir in diesem Kapitel zur Speicherung von Element-Objekten verwendet haben, ist einer näheren Betrachtung wert. Die Klasse leistet bereits jetzt - zumindest in Ansätzen - die Verwaltung einer variablen Anzahl von Element-Objekten. Dies ist eine Leistung, die man allgemein in vielen Programmen gut verwenden kann. Natürlich muß die Klasse noch flexibler werden: sie soll nicht auf die Speicherung von Objekten des Typs "Element" beschränkt sein, sondern soll prinzipiell Objekte beliebigen Typs speichern können. Natürlich soll die Speicherung dynamisch erfolgen, um nicht unnötig Heapspeicher zu verbrauchen.

Welche Funktionen benötigt eine solche allgemeine Speicherklasse? Sicherlich zumindest Funktionen zum Hinzufügen von Objekten, sowie zum Suchen und Löschen von gespeicherten Objekten. Weitere Funktionen können Objekte sortieren, doppelte Objekte finden (und optional löschen) etc. Ganz allgemein lassen sich viele Datenhaltungsaufgaben, bei denen es auf Dynamik ankommt, mit solchen sogenannten *Containerobjekten* elegant lösen - Grund genug, ihnen ein eigenes Projekt zu widmen, das wir gleich im nächsten Kapitel beginnen wollen.

17 Projekt dynamisches Feld

Die Stringklasse aus dem letzten Kapitel ist ein gutes Beispiel für eine Klasse, die ein aus C bekanntes Sprachmittel in C++ komfortabler und für den Benutzer bequemer bereitstellt. Schlüssel hierzu ist die dynamische Speicherverwaltung, die jedes Stringobjekt selbständig durchführt. Der Benutzer wird so von den Implementierungsdetails von Zeichenketten (wie z.B. benötigter Speicherplatz, Freigabe nicht mehr benötigten Speichers, Einhaltung von Indexgrenzen etc.) befreit und kann sich auf die problemorientierte Arbeit mit Strings konzentrieren.

Ein wichtiges Element für die Benutzerfreundlichkeit der Stringklasse sind die Operatoren, die eine "intuitive" Notation der meisten Operationen mit Zeichenketten erlauben. Die Integration der Standard-Bibliothek für Zeichenkettenfunktionen (str* - Funktionen) über den Operator const char* rundet die Funktionalität der Klasse String ab.

Die an Hand der Stringklasse erarbeiteten Prinzipien lassen sich auch auf andere Problemstellungen anwenden. Wir werden sehen, daß Dinge wie

- Konzept der Gültigkeit/Ungültigkeit
- Kaskadierbarkeit von Operatoren
- Aufrufbarkeit aller Funktionen auch für ungültige Objekte
- Rechenregeln für ungültige Objekte
- Funktionalität von init, clear, assureSize etc.
- Zulässigkeitsprüfungen, z.B. bei Indexzugriffen
- Kopier-Konstruktor, Zuweisungsoperator, Destruktor
- Mitrechnen von von Klassenobjekten verbrauchtem Speicher

für nahezu alle praktisch verwendbaren Klassen große Bedeutung haben. Daraus ergibt sich eine Grundstruktur, die für alle Klassen (nahezu) identisch ist. Um diese "organisatorische" Grundstruktur herum werden die problemorientierten Eigenschaften der Klasse aufgebaut.

Wir wollen diese Gedanken anhand einer weiteren Problemstellung vertiefen.

17.1 Die Aufgabenstellung

Die Stringklasse aus dem letzten Kapitel ist in der Lage, eine variable und beliebige Anzahl von zusammenhängenden Zeichen (auch "Zeichenkette" genannt) zu verwalten. Ersetzt man "Zeichen" durch "Zahl", erhält man eine Klasse, die eine variable und beliebige Anzahl von Zahlen speichern kann. Mit einer solchen Klasse ist es einfach, Datenstrukturen wie z.B. ein Feld von Zahlen oder eine Zahlenmatrix zu implementieren. Durch geeignete Definition der Operatoren für Felder bzw. Matrizen kann man die in der Mathematik sehr bedeutsame Rechnung mit diesen Datenstrukturen intuitiv notieren. Im Prinzip benötigt man ähnliche Funktionen wie bei der Stringklasse: Konstruktoren, mit denen das Feld aufgebaut wird, Routinen zum Hinzufügen bzw. Löschen von Feldelementen sowie den Operator [] zum Zugriff auf einzelne Elemente. Die bei Strings wichtigen Funktionen zum Suchen oder Extrahieren haben für Zahlenfelder weniger Bedeutung.

17.2 Variabel oder nicht?

Für Rechnungen mit Vektoren und Matrizen ist es nicht erforderlich, daß ein Feld während der Laufzeit vergrößert bzw. verkleinert werden kann. Diese z.B. für Strings extrem wichtige Eigenschaft hat für Felder nur eine untergeordnete Bedeutung. Die Größe (oder Dimension) eines Feldes sollte zwar nicht statisch sein, nach der Erzeugung eines Objekts wird sie sich für dieses Objekt aber nicht mehr ändern.

Andererseits sind natürlich Anwendungen denkbar, die sehr wohl eine Änderung der Dimension während der Laufzeit benötigen könnten. Dieser Ansatz ist natürlich flexibler, so daß wir uns darauf konzentrieren wollen. Ganz allgemein entwerfen wir eine Klasse für Felder möglichst allgemeingültig und ohne Blick auf eine spezielle Anwendung. Die Frage ist: "Welche Operationen sind mit einem Feld von Zahlen überhaupt möglich bzw. sinnvoll?" Aus der Antwort ergeben sich dann die öffentlichen Mitgliedsfunktionen. Im zweiten Teil des Projekts stellen wir dann Methoden vor, die allgemeine Feldklasse für spezielle Aufgaben "maßzuschneidern". Konkret werden wir eine Klasse für Vektoren und eine für Matrizen mit Hilfe der Klasse für Felder implementieren.

Sämtliche Quelldateien sowie Projektdateien für C7 und VC befinden sich auf der Begleitdiskette im Verzeichnis KAP17.

17.3 Die Klassendefinition

Nach dem bisher Gesagten sollte die Definition der Feld-Klasse keine größeren Schwierigkeiten mehr bereiten. Wir entscheiden uns, als Datentyp für das Feld zunächst integer zu verwenden, und nennen die Klasse daher IntArry (für *Integer Array*).

17.3 Die Klassendefinition

```
//----------------------------------------------------------------
//        class IntArry
//

class IntArry {

public:

  IntArry(); // erzeugt leeres Feld
  ~IntArry();

  //-- erwartet eine beliebige Anzahl integers, die dann in das Feld
  //   eingetragen werden.  Die Liste muß durch noData abgeschlossen
  //   werden.

  IntArry( int arg1, ... );

  IntArry             ( const IntArry & );
  IntArry &operator = ( const IntArry & );

  //-- Eigene Versionen der Operatoren rechnen den allokierten
  //   Speicherplatz mit

  void *operator new( size_t s );
  void operator delete( void *addr, size_t s );

  //-- erzeugt eine Stringdarstellung des Feldes in statischem Puffer

  operator const char *() const;


  //-- liefert TRUE, wenn ofs gültig ist (d.h. IntArry[ ofs ] ein
  //   echtes Feldelement referenziert)

  bool isValidIndex( int ofs ) const;

  //-- liefert die Anzahl der Feldelemente. Für ungültiges Objekt
  //   wird 0 geliefert. (NENT == Number of ENTries)

  int getNENT() const;

  //-- stellt sicher, daß Feld mindestens die Größe nent hat.
  //   Vergrössert, falls erforderlich. Leere Stellen werden mit
  //   noData aufgefüllt.

  bool assureNENT( int nent );


  //-- Für ungültiges Objekt oder ungültiges ofs in operator [] wird
  //   Referenz auf einen Puffer mit diesem Wert geliefert.
  //   Puffer wird jedesmal neu mit noData initialisiert
  //   noData selber sollte deshalb nicht im Feld gespeichert werden
  //   dient außerdem zur Begrenzung einer Liste von integers
  //   im Konstruktor.

  static int noData;

  //-- Operator [] liefert Referenz auf Feldelement ofs (oder Referenz
  //   auf noData) falls Objekt oder ofs ungültig. Erlaubt schreibenden
  //   und lesenden Zugriff. Prüft Gültigkeit von ofs nur, wenn
  //   VALIDITYCHECK definiert ist.

  int &operator [] ( int ofs );

  //-- Operator [] liefert Feldelement an Position ofs (oder noData
  //   falls Objekt oder ofs ungültig). Erlaubt jedoch
  //   nur lesenden Zugriff, um Operator [] für konstante Objekte verwenden
  //   zu können. Prüft Gültigkeit von ofs nur, wenn
  //   VALIDITYCHECK definiert ist.

  int operator [] ( int ofs ) const;
```

```
//-- compare vergleicht den Parameter mit dem eigenen Objekt, und
//   liefert -1 (kleiner), 0 (gleich) oder 1 (größer) zurück.
//   ist ein Objekt ungültig oder kann Vergleich nicht durchgeführt
//   werden: notValid zurück.

int compare( const IntArry & ) const;

//-- dieser Wert wird von compare zurückgegeben, wenn Vergleich
//   nicht möglich war.

static int notValid;

//-- pos liefert den index des Feldelementes mit dem Wert arg.
//   falls nicht gefunden: notFound zurück
//   falls Objekt fehlerhaft oder Suche nicht möglich: notValid zurück

int pos( int ) const;

//-- Der Wert dieser Variablen wird zurückgegeben, wenn nichts
//   gefunden wird. (Note: Falls pos fehlschlägt, weil Objekte
//   ungültig sind oder nicht durchgeführt werden kann: notValid)

static int notFound;

//-- append hängt das Argument an die eigene Instanz an.
//   liefert TRUE wenn Operation erfolgreich war, FALSE wenn nicht
//   bzw. ungültige Objekte

bool append( int );
bool append( const IntArry & );

//-- Operatoren += und << hängen Argument an die eigene Instanz an.
//   liefern eigene Instanz zurück

IntArry &operator += ( int );
IntArry &operator += ( const IntArry & );

IntArry &operator << ( int );
IntArry &operator << ( const IntArry & );

//-- liefert den durch IntArry-Objekte verbrauchten Speicherplatz

static long getUsedMem();

//-- liefert TRUE, wenn das Objekt gültig ist

bool isValid() const;

//-- versetzt das Objekt in den Zustand "ungültig". Evtl. allokierter
//   Speicher wird freigegeben.

void invalidate();

private:

//-- Verwaltungsfunktionen ----------------------------------------

//-- init erzeugt den Grundzustand aus dem Zusatand "uninitialisiert"
//   wird ausschließlich in den Konstruktoren verwendet

void init();

//-- Die folgenden Funktionen gehen alle von initialisiertem Objekt aus.
//   Objekt kann jedoch ungültig sein.

//-- assureSize stellt sicher, daß mindestens newSize bytes allokiert sind.
//   Vergrößert Speicherbereich, fall notwendig.
//   Im Fehlerfall (kein Speicher mehr) wird Objekt ungültig.

bool assureSize( int newSize );
```

17.3 Die Klassendefinition

```
//-- checkIndex prüft den Index ofs auf Gültigkeit. Gibt Meldung
//   aus, wenn Objekt ungültig oder ofs zu groß/klein

bool checkIndex( int ofs ) const;

int *p;    //-- Zeigt auf Speicherbereich auf Heap oder ist NULL
int size;  //-- Größe des zugewiesenen Speicherbereiches
           //   NICHT identisch mit Anzahl der Feldelemente

static long usedMem;  //-- Durch IntArry verbrauchter Heapspeicher

//-- Zeichenkette zur Repräsentation eines ungültigen Objekts
//   bzw. eines nicht besetzten Feldelementes

static const char *invalidStr;
static const char *noDataStr;

//-- Puffer für Serialisierung

static String serBuf;

friend class IntMatrix;
};

//---------------------------------------------------------------
//       Operatoren für IntArry
//

bool operator == ( const IntArry &, const IntArry & );
bool operator != ( const IntArry &, const IntArry & );
bool operator <  ( const IntArry &, const IntArry & );
bool operator <= ( const IntArry &, const IntArry & );
bool operator >  ( const IntArry &, const IntArry & );
bool operator >= ( const IntArry &, const IntArry & );

//-- operator + hängt arg2 an arg1 an und liefert das Ergebnis zurück

IntArry operator + ( const IntArry &, const IntArry & );
```

Dies ist das nun schon vertraute Bild einer Klasse, die dynamischen Speicher verwaltet. Für das Management haben wir wieder die Funktionen init, set, invalidate und isValid, auch die Operatoren const char* und [] sind bereits aus der Stringklasse bekannt. Einige Dinge sind jedoch neu hinzugekommen, auf die wir im folgenden kurz eingehen.

17.3.1 Der Konstruktor IntArry(int i1, ...)

Neu hinzugekommen ist ein Konstruktor für variable Argumentlisten. Während bei Strings das Ende einer (variabel langen) Zeichenkette durch 0x00 markiert wird, gibt es eine solche Vereinbarung für "Zahlenketten" nicht.

Um trotzdem eine variable Anzahl von Elementen an eine Funktion übergeben zu können, kann man in C als auch in C++ variable Argumentlisten verwenden. Die Funktion (hier der Konstruktor) ist selber für die Abarbeitung der Parameterliste verantwortlich. Es gibt prinzipiell zwei Möglichkeiten, den Umfang einer variablen Parameterliste zu spezifizieren: Entweder durch die (vorneweg gestellte) Anzahl der Elemente oder durch Markierung des Endes durch einen speziellen Wert.

Gerade bei größeren Listen kann man sich bei der ersten Lösung schon mal verzählen. Die zweite Lösung hat dafür den Nachteil, daß ein bestimmter Wert als Endemarkierung bestimmt werden muß, der dann nicht mehr im Feld vorkommen kann. Über eine statische Variable kann man diesen Wert jedoch flexibel halten, so daß wir uns für die zweite Lösung entscheiden. Für den Begrenzer wird standardmäßig der Wert INT_MAX vorgesehen.

Folgendes Listing zeigt eine typische Anwendung des Konstruktors:

```
IntArry ia( 1, 2, 3, 4, IntArry::noData);
```

Hier wird ein Feld mit vier Elementen erzeugt. Die Implementierung verwendet die sogenannten *va-Makros*:

```
//-------------------------------------------------------------
//       IntArry::IntArry
//
IntArry::IntArry( int arg1, ... ) {
  init();

  va_list argp;
  int data;

  if ( arg1 == noData )
    return;

  append( arg1 );

  va_start( argp, arg1 );
  while( (data = va_arg( argp, int ) ) != noData )
    append( data );

  va_end( argp );
} // ctor
```

17.3.2 Der operator const char*

Der Operator const char* hat (wie in allen anderen Klassen auch) die Aufgabe, ein Objekt der Klasse IntArry in eine lesbare Form zu wandeln. Während dies bei String durch die interne Darstellung der Zeichenkette als char* automatisch gegeben war, muß für IntArry eine lesbare Darstellung erst erzeugt werden. Da ein IntArry-Objekt prinzipiell beliebig viele Zahlen speichern kann, muß auch der Puffer zur Aufnahme der lesbaren Darstellung beliebig groß sein können. *Günstigerweise verwendet man deshalb als Puffer ein* String-*Objekt*, das wir für diese und alle folgenden Klassen, deren Objekte in dieser Weise *serialisiert*[19] werden sollen, serBuf nennen wollen.

Problematisch ist, daß serBuf eine Variable sein muß, die auch nach Beendigung der Operatorfunktion noch existiert, denn operator const char* gibt ja einen Zeiger auf einen von serBuf verwalteten Speicherbereich zurück. Es kommen also nur zwei Möglichkeiten in Betracht: serBuf wird als normale oder als statische Mitgliedsvariable von IntArry ausgeführt. Die Formulierung als normales (nicht-statisches) Datenmitglied hat den Nachteil, daß jedes IntArry-Objekt dann ein String-Objekt als Datenmitglied besitzt. Für die Serialisierung ist das ein unangemessen hoher Speicherplatzverbrauch.

---

19 Der Begriff *Serialisierung* veranschaulicht, daß hier eine Datenstruktur (d.h. ein Objekt einer Klasse) in eine lineare Form gebracht wird. Dabei wird ein *Bytestrom* erzeugt, der sich nicht nur ausdrucken, sondern z.B. auch gut in einer Datei speichern läßt.

17.3 Die Klassendefinition

Bleibt ein statisches Datenmitglied:

```
class IntArry {
  //-- Puffer für Serialisierung
  static String serBuf;
  /* ... weitere Mitglieder von IntArry ... */
};
```

Damit hat man aber automatisch wieder die bekannten Probleme, wenn der Puffer durch mehrere Objekte "gleichzeitig" verwendet wird. So führt z.B. der folgende Aufruf der Funktion doIt nicht zum gewünschten Ergebnis:

```
IntArry i1( 1, 2, 3, IntArry::noData );
IntArry i2( 10, 11, 12, IntArry::noData );

doIt( i1, i2 );
```

wobei doIt als

```
void doIt( const char *, const char * );
```

deklariert sein soll. Beim Aufruf von doIt wird die Operatorfunktion const char* für zwei unterschiedliche Objekte aufgerufen, d.h. der zweite Aufruf überschreibt serBuf mit neuen Daten. Dann erst wird der Puffer an doIt übergeben, und zwar für alle beide Parameter. Beide Parameter erhalten deshalb den gleichen Wert[20].

Leider läßt sich das Problem mit den uns derzeit zur Verfügung stehenden Mitteln nicht lösen. In Kapitel 25 über Streams werden wir bessere Techniken zur Serialisierung kennenlernen. Bis dahin müssen wir den Effekt in Kauf nehmen, wenn wir Objekte in Zeichenketten verwandeln wollen.

Folgendes Listing zeigt die Implementierung des Operators:

```
//----------------------------------------------------------------
//      IntArry:: operator const char *
//
IntArry::operator const char *() const {
  serBuf = "[ ";
  if ( isValid() )
    for ( int i = 0; i < getNENT(); i++ ) {
      int value = (*this)[ i ];
      if ( value == noData )
        serBuf << noDataStr << " ";
      else
        serBuf << String( value ) << " ";
    }
  else
    serBuf << invalidStr;

  serBuf << " ]";

  return serBuf;
} // op const char *
```

Beachten Sie bitte, daß man sich hierbei nicht mehr um Speicherverwaltung etc. des Puffers kümmern muß - dies alles wird von der Stringklasse übernom-

---

20 Welcher das ist, hängt von der Auswertungsreihenfolge der Argumentliste ab, die in C und C++ nicht festgelegt ist.

men. Auch wenn während des Aufbaus des Puffers der Speicherplatz ausgehen sollte, kann höchstens der Puffer ungültig werden, das Anhängen weiterer Daten bleibt zumindest eine erlaubte Operation auch für ungültige Objekte.

17.3.3 Die Funktion assureNENT

Die Funktion assureNENT stellt sicher, daß das Feld eine bestimmte Mindestgröße hat. Muß das Feld vergrößert werden, werden die Feldelemente mit noData besetzt.

```
//---------------------------------------------------------
//      IntArry:: assureNENT
//
bool IntArry::assureNENT( int nent ) {
  if ( !isValid() || nent <= 0 ) {
    return FALSE;
    }

  int oldNENT = getNENT();
  if ( !assureSize( nent * sizeof( int ) ) )
    return FALSE;

  //-- die neu hinzugekommenen Feldelemente mit noData füllen

  int count = getNENT() - oldNENT;
  if ( count <= 0 )
    return TRUE;

  int *q = p + oldNENT;
  for ( int i=0; i<count; i++, q++ )
    *q = noData;

  return TRUE;
  } // assureNENT
```

17.3.4 Überladene Funktionen

Einige Funktionen (z.B. append, operator +=, operator <<) sind mehrfach vorhanden:

```
class IntArry {

public:
  //-- append hängt das Argument an die eigene Instanz an.
  //   liefert TRUE wenn Operation erfolgreich war, FALSE wenn nicht
  //   bzw. ungültige Objekte

  bool append( int );
  bool append( const IntArry & );

  /* ... weitere Mitglieder von IntArry ... */
  }
```

Die Funktion append kann sowohl einzelne Zahlen als auch ganze Felder an die eigene Instanz anhängen. Normalerweise versucht man, eine solche mehrfache Implementierung zu vermeiden, indem man eine automatische Typwandlung von int nach IntArry vorsieht. Man kann sich dann auf eine Funktion mit einem Argument vom Typ IntArry & beschränken.

Für IntArry bedeutet dies, daß ein Konstruktor vorhanden sein müßte, der mit genau einem integer-Argument aufgerufen werden kann.

Mit dem vorhandenen Konstruktor

```
//-- erwartet eine beliebige Anzahl integers, die dann in das Feld
//   eingetragen werden. Die Liste muß durch noData abgeschlossen
//   werden.

IntArry( int arg1, ... );
```

wäre dies möglich, jedoch erwartet die Implementierung des Konstruktors ein noData-Argument, um das Ende der variablen Argumentliste abzuschließen.

Der Konstruktor ist daher zur Typwandlung nicht geeignet. Als Folge müssen Funktionen wie append etc. mehrfach vorhanden sein.

17.4 Die Implementierung

Die Implementierung der gegenüber String neu hinzugekommenen Mitgliedsfunktionen wurde bereits in den letzten Abschnitten vorgestellt. Die restlichen Mitgliedsfunktionen sind mehr oder weniger identisch zu den entsprechenden Mitgliedsfunktionen der Klasse String.
Einige Funktionen sind wegen ihrer Kürze inline implementiert:

```
//======================== Inlines ===============================
//
//----------------------------------------------------------------
//      IntArry::IntArry
//

inline IntArry::IntArry() {

  //-- initialisiert das Objekt zu einem leeren Feld
  //   p, l müssen nicht initialisiert sein

  init();
  } // ctor
//----------------------------------------------------------------
//      IntArry:: ~IntArry
//
inline IntArry::~IntArry() {
  invalidate();
  } // dtor
//----------------------------------------------------------------
//      IntArry:: Kopier-Konstruktor
//
inline IntArry::IntArry( const IntArry &arg ) {
  init();
  *this = arg;
  } // ctor
//----------------------------------------------------------------
//      IntArry:: isValidIndex
//
inline bool IntArry::isValidIndex( int ofs ) const {
  return isValid() &&  ofs >= 0 && ofs < getNENT();
  } // isValidIndex

#ifndef VALIDITYCHECK
```

```
//-----------------------------------------------------------
//        IntArry:: operator []
//
inline int &IntArry::operator [] ( int ofs ) {
  return p[ ofs ];
  } // op []
//-----------------------------------------------------------
//        IntArry:: operator []
//
inline int IntArry::operator [] ( int ofs ) const {
  return p[ ofs ];
  } // op []

#endif
//-----------------------------------------------------------
//        IntArry:: operator +=
//
inline IntArry &IntArry::operator += ( int arg ) {
  append( arg );
  return *this;
  } // op +=
//-----------------------------------------------------------
//        IntArry:: operator +=
//
inline IntArry &IntArry::operator += ( const IntArry &arg ) {
  append( arg );
  return *this;
  } // op +=
//-----------------------------------------------------------
//        IntArry:: operator <<
//
inline IntArry &IntArry::operator << ( int arg ) {
  append( arg );
  return *this;
  } // op <<
//-----------------------------------------------------------
//        IntArry:: operator <<
//
inline IntArry &IntArry::operator << ( const IntArry &arg ) {
  append( arg );
  return *this;
  } // op <<
//-----------------------------------------------------------
//        IntArry:: getUsedMem
//
inline long IntArry::getUsedMem() {
  return usedMem;
  } // getUsedMem
```

17.4 Die Implementierung

```cpp
//----------------------------------------------------------------
//      operatoren  für IntArrys
//

inline bool operator == ( const IntArry &lhs, const IntArry &rhs ) {
  int result = lhs.compare( rhs );
  return result == IntArry::notValid ? FALSE : bool( result == 0 );
  } // op ==

inline bool operator != ( const IntArry &lhs, const IntArry &rhs ) {
  int result = lhs.compare( rhs );
  return result == IntArry::notValid ? FALSE : bool( result != 0 );
  } // op !=

inline bool operator < ( const IntArry &lhs, const IntArry &rhs ) {
  int result = lhs.compare( rhs );
  return result == IntArry::notValid ? FALSE : bool( result < 0 );
  } // op <

inline bool operator <= ( const IntArry &lhs, const IntArry &rhs ) {
  int result = lhs.compare( rhs );
  return result == IntArry::notValid ? FALSE : bool( result <= 0 );
  } // op <=

inline bool operator > ( const IntArry &lhs, const IntArry &rhs ) {
  int result = lhs.compare( rhs );
  return result == IntArry::notValid ? FALSE : bool( result > 0 );
  } // op >

inline bool operator >= ( const IntArry &lhs, const IntArry &rhs ) {
  int result = lhs.compare( rhs );
  return result == IntArry::notValid ? FALSE : bool( result >= 0 );
  } // op >=



//======================= Implementierung =========================


//----------------------------------------------------------------
//      IntArry:: Zuweisungsoperator
//

IntArry &IntArry::operator = ( const IntArry &arg ) {

  //-- Kopie auf sich selber kann in allen Fällen ignoriert werden

  if ( this == &arg )
    return *this;

  //-- ist das Argument ungültig, wird es auch das eigene Objekt

  if ( !arg.isValid() ) {
    invalidate();
    return *this;
    }

  //-- jetzt wissen wir, daß arg gültig ist. Auf jeden Fall eigenen
  //   Speicher freigeben.
  //   Muß auch möglich sein, wenn eigenes Objekt ungültig ist

  invalidate();

  //-- arg ist gültig Ausreichend Speicher beschaffen
  //   und Daten kopieren

  if ( !assureSize( arg.size ) )
    return *this;

  memcpy( p, arg.p, size );
  return *this;
  } // op =
```

```
//----------------------------------------------------------------
//      IntArry:: operator new
//
void *IntArry::operator new( size_t s ) {

  void *addr = malloc( s );
  if ( addr )
    usedMem+= s;

  return addr;
  } // op new
//----------------------------------------------------------------
//      IntArry:: operator delete
//
void IntArry::operator delete( void *addr, size_t s ) {

  free( addr );
  usedMem-= s;
  } // op delete


//----------------------------------------------------------------
//      IntArry:: getNENT
//
int IntArry::getNENT() const {

  if ( !isValid() ) {
    return 0;
    }
  return size / sizeof( int );
  } // getNENT

#ifdef VALIDITYCHECK

//----------------------------------------------------------------
//      IntArry:: operator []
//
int &IntArry::operator [] ( int ofs ) {

  if ( !checkIndex( ofs ) ) {
    static int buf;
    buf = noData;
    return buf;
    }

  return p[ ofs ];
  } // op []
//----------------------------------------------------------------
//      IntArry:: operator []
//
int IntArry::operator [] ( int ofs ) const {

  if ( !checkIndex( ofs ) )
    return noData;

  return p[ ofs ];
  } // op []

#endif
```

17.4 Die Implementierung

```
//----------------------------------------------------------------
//      IntArry:: compare
//
int IntArry::compare( const IntArry &arg ) const {

  if ( !isValid() || !arg.isValid() )
    return notValid;

  //-- Der Vergleich von Feldern wird ähnlich dem Vergleich von
  //   Zeichenketten durchgeführt, nur treten an Stelle der chars nun
  //   ints. Da es für Integerfelder keine Vergleichsfunktion gibt,
  //   müssen wir sie selber implementieren.

  //-- Das Feld mit mehr Elementen ist automatisch das Größere

  if ( size > arg.size ) return -1;
  if ( size < arg.size ) return 1;

  //-- Beide Felder haben gleichviele Elemente. Einzelvergleich
  //   erforderlich

  int i = getNENT();
  int *p1 = p;
  int *p2 = arg.p;

  for ( ; i; i--, p1++, p2++ ) {

    if ( *p1 == *p2 )
      continue;

    if ( *p1 < *p2 ) return -1;
    if ( *p1 > *p2 ) return 1;

  }

  //-- Die Felder sind gleich
  return 0;

} // compare


//----------------------------------------------------------------
//      IntArry:: pos
//
int IntArry::pos( int arg ) const {

  if ( !isValid() )
    return notValid;

  int i = 0;
  int max = getNENT() -1;
  int *p1 = p;

  for ( ; i <= max; i++, p1++ )
    if ( *p1 == arg )
      return i;

  return notFound;

} // pos
```

```
//-----------------------------------------------------------------
//          IntArry:: append
//
bool IntArry::append( int arg ) {

  if ( !isValid() )
    return FALSE;

  int insertPos = getNENT();
  if ( !assureSize( size + sizeof( int ) ) )
    return FALSE;

  p[ insertPos ] = arg;
  return TRUE;
  } // append

//-----------------------------------------------------------------
//          IntArry:: append
//
bool IntArry::append( const IntArry &arg ) {

  if ( !isValid() )
    return FALSE;

  if ( !arg.isValid() ) {

    //-- Regel 2 für Rechnen mit ungültigen Objekten.
    invalidate();
    return FALSE;
    }

  //-- falls das anzuhängende Objekt wir selber sind, müssen
  //   wir vorher eine Kopie machen, da ja sonst arg durch
  //   assureSize zerstört würde.

  if ( this == &arg ) {
    IntArry buffer( arg );
    return append( buffer );
    }

  int origNENT = getNENT();
  if ( !assureSize( size + arg.size ) )
    return FALSE;

  memcpy( p+origNENT, arg.p, arg.size );
  return TRUE;
  } // append

//-----------------------------------------------------------------
//          IntArry:: assureSize
//
bool IntArry::assureSize( int newSize ) {

  if ( size == newSize )
    return TRUE;

  assert( newSize >= 0 );

  //-- malloc(0) funktioniert nicht auf allen Maschinen. Daher
  //   manuell abfragen

  char *q = NULL;

  if ( newSize > 0 ) {

    q = (char*)malloc( newSize );
    if ( !q ) {
```

17.4 Die Implementierung

```
        //-- nicht mehr genügend Speicher!
        printf( "IntArry: kann keine %i Bytes allokieren\n", newSize );
        invalidate();
        return FALSE;
        }

    }

  usedMem+= newSize;
  int copyNbr = newSize > size ? size : newSize;

  if ( copyNbr > 0  )  // auch für den Fall == -1
    memcpy( q, p, copyNbr );

  invalidate(); // evtl. allokierten Speicher freigeben

  p = (int*)q;
  size = newSize;
  return TRUE;
  } // assureSize


//----------------------------------------------------------------
//        IntArry:: invalidate
//
void IntArry::invalidate() {

  if ( !isValid() )
    return;

  if ( p )
    free( p );
  p = NULL;
  usedMem -= size;
  size = -1;

  } // invalidate

//----------------------------------------------------------------
//        IntArry:: checkIndex
//
bool IntArry::checkIndex( int ofs ) const {

  if ( isValidIndex( ofs ) )
    return TRUE;

  if ( !isValid() )
    printf( "Zugriff auf ungültiges Objekt mit offset %i \n", ofs );
  else
    printf( "Zugriff auf Feld außerhalb der Grenzen. Offset : %i\n",
      ofs );

  return FALSE;
  } // checkIndex


//----------------------------------------------------------------
//        IntArry statische Variablen
//
int IntArry::noData                = INT_MAX;

int IntArry::notValid              = -2;
int IntArry::notFound              = -1;
long IntArry::usedMem              = 0;
const char *IntArry::invalidStr    = "*** invalid ***";
const char *IntArry::noDataStr     = "(noData)";

String  IntArry::serBuf;
```

```
//-----------------------------------------------------------
//      operatoren   für IntArrys
//

IntArry operator + ( const IntArry &lhs, const IntArry &rhs ) {

  IntArry result( lhs );
  lhs << rhs;
  return result;
} // op +
```

17.5 Vergleich von IntArry und String

Wie man aus Klassendefinition und implementierung entnehmen kann, ist IntArry sehr ähnlich zu String aufgebaut. Nicht nur, daß nahezu alle Managementfunktionen aus String auch für IntArry vorhanden sind, die Funktionen sind auch für beide Klassen ähnlich implementiert. Dies liegt daran, daß eine der Hauptaufgaben beider Klassen die Verwaltung von Speicherblöcken variabler Größe ist.

Die Übereinstimmung zwischen den Managementfunktionen von String und IntArry hat also einen leicht einzusehenden technischen Hintergrund. Nicht ganz so offensichtlich liegt der Fall z.B bei den relationalen Operatoren, hier am Beispiel des Operators == für IntArry bzw String gezeigt:

```
inline bool operator == ( const IntArry &lhs, const IntArry &rhs ) {
  int result = lhs.compare( rhs );
  return result == IntArry::notValid ? FALSE : bool( result == 0 );
} // op ==
```

Der einzige Unterschied zum gleichnamigen Operator der Klasse String ist der verwendete Datentyp:

```
inline bool operator == ( const String &lhs, const String &rhs ) {
  int result = lhs.compare( rhs );
  return result == String::notValid ? FALSE : bool( result == 0 );
} // op <=
```

Die identische Formulierung resultiert in diesem Fall aus der Tatsache, daß zum eigentlichen Vergleich der Objekte die Funktion compare verwendet wird - und die ist natürlich in beiden Klassen ganz unterschiedlich implementiert.

Es ist sicher eine gute Idee, Objekte über Operatoren miteinander vergleichen zu können. Allerdings müssen für jede Klasse alle Operatoren neu hingeschrieben werden, obwohl sie sich vom Quellcode her nicht von der Implementierung bereits bestehender Vergleichsoperatoren unterscheiden, wie die obige Gegenüberstellung des Operators == für IntArry und String zeigt.

Es gibt Möglichkeiten, die identische Wiederholung von Funktionen, die sich nur durch ihre Datentypen unterscheiden, zu vermeiden. Wir werden in den folgenden Kapiteln zwei unterschiedliche Konzepte dazu vorstellen: Einmal *Templates* (bzw. genauer: generische Datentypen) in Kapitel 18 sowie *virtuelle Funktionen* und *Polymorphismus* in den Kapiteln 21 und 22. Darüber hinaus gibt es in C++ elegante Möglichkeiten, die doch sehr ähnliche Implementierung der Managementfunktionen für IntArry und String zu generalisieren und so zusammenzufassen, daß sie von IntArry und String (und von allen anderen Klassen, die dynamische Speicherbereiche verwalten müssen) gemeinsam verwendet werden können. Das Ziel dabei ist, eine bestimmte Funktionalität (hier also die Verwaltung von memory-Blöcken) nur *einmal zu implementieren* und dann *möglichst oft zu verwenden*. C++ stellt unter anderem zu diesem Zweck die *Ableitungstechnik* zur Verfügung, die das Hauptthema des zweiten Teils des Buches (ab Kapitel 20) bildet.

17.6 Beispiele mit IntArry

17.6.1 Programm test1: Zählen von Buchstaben

Als Beispiel zur Verwendung von IntArry schreiben wir ein kleines Programm, das die Häufigkeit der Buchstaben in einem Text feststellen soll. Die zu untersuchende Datei wird als Argument beim Programmaufruf übergeben. Das Programm test1 befindet sich auf der Begleitdiskette im Verzeichnis KAP17 und sollte keiner weiteren Erklärung bedürfen.

```
//======================= Kopf =======================
//
// Programm zum Berechnen der Häufigkeitsverteilung von Buchstaben
// in einem Text
//
//
// 92.08.01 : Version 1 (Au)
//

//======================= Abhängigkeiten =======================
//
#include <intarry.h>
#include <stdio.h>
#include <stdlib.h>

//======================= Programm =======================


//------------------------------------------------------------------
//      main
//
void main( int argc, char* argv[] ) {

  if ( argc != 2 ) {
    puts( "Kein Dateiname angegeben!" );
    exit( 1 );
    }

  FILE *f;

  if (( f = fopen( argv[ 1 ], "r" )) == 0 ) {
    printf( "Eingabedatei %s kann nicht geöffnet werden\n" );
    exit( 1 );
    }
```

```
//-- f ist nun offen und kann gelesen werden.

IntArry::noData = 0; // neue bzw. "leere" Feldelemente
                     // erhalten Wert 0

IntArry fld;
fld.assureNENT( 255 );

while ( !feof( f ) ) {
  int c = fgetc( f );

  if ( feof( f ) )
    break;

  fld[ c ]++;
}

puts( fld ); // Serialisierung mit operator const char *
}
```

Beachten Sie bitte, daß die 255 Feldelemente nicht explizit mit 0 initialisiert werden müssen. Dies erledigt die Routine assureNENT, da der für diesen Zweck vorgesehene Wert von noData vorher auf 0 gesetzt wurde.

Folgendes Listing zeigt den Anfang der Ausgabe, wenn das Programm auf die Datei intary.h selber angewendet wird.

```
[ (noData) (noData) (noData) (noData) (noData) (noData) (noData) (noData)
(noData) 1 365 (noData) (noData) (noData) (noData) (noData) (noData) (noData)
(noData) (noData) (noData) (noData) (noData) (noData) (noData) (noData)
(noData) (noData) (noData) (noData) (noData) (noData) 1611 5 4 8 (noData) (noData)
50 (noData) 84 84 11 11 33 1127 49 297 12 7 2 (noData) (noData) (noData) (noData)
...]
```

Man sieht an den vielen noData-Einträgen, daß viele ASCII-Werte in der Datei gar nicht vorkommen.

17.7 IntArry als Basis für weitere Klassen

Die Klasse IntArry läßt sich gut zur Implementierung von Vektoren und Matrizen verwenden. Wir werden in den folgenden Abschnitten sehen, wie die Funktionalität der generellen Klasse IntArry *beschnitten* wird, um speziellere Klasse wie z.B. einen Vektor mit fester Dimension zu implementieren.

17.8 Vektoren

Unsere Klasse IntArry könnte theoretisch bereits als Vektor gelten. Der einzige Unterschied ist, daß ein Vektor eine feste Dimension hat, das Feld jedoch dynamisch ist. Der Vektor benötigt deshalb z.B. keine Funktion append zum Anhängen neuer Elemente. Alle Zahlen müssen bereits im Konstruktor übergeben werden.

Um die Klasse IntArry als Vektor verwenden zu können, muß also die Generalität der Klasse beschnitten werden. IntArry hat Funktionen, die für Vektoren nicht angebracht oder sogar unzulässig sind. Trotzdem möchte man natürlich eine

17.8.1 Die Klasse IntVektor

Man löst dieses Problem, indem man eine Klasse definiert, die als Datenelement ein IntArry-Objekt hat. Die Mitgliedsfunktionen von IntVektor rufen dann die entsprechenden Mitgliedsfunktionen des IntArry-Objekts auf.

Eine Vektorklasse könnte also z.B. folgendermaßen definiert werden:

```
//-------------------------------------------------------------------
//        class IntVektor
//

class IntVektor {

public:

  //-- erzeugt ungültiges Objekt

  IntVektor();

  //-- erzeugt "leeren" Vektor der Dimension nDim.
  //   Nach der Initialisierung kann die Dimension NICHT mehr geändert
  //   werden!

  IntVektor( int nDim );

  //-- erzeugt einen Vektor der Dimension nDim und füllt ihn mit
  //   den Parametern

  IntVektor( int nDim, int data1, ... );

  //-- Destruktor nicht erforderlich

  IntVektor           ( const IntVektor & );
  IntVektor &operator = ( const IntVektor & );

  //-- erzeugt eine Stringdarstellung des Vektors in statischem Puffer

  operator const char *() const;

  //-- liefert TRUE, wenn ofs gültig ist (d.h. im Bereich 0..dimension-1
  //   liegt

  bool isValidIndex( int ofs ) const;

  //-- liefert die Dimension. Für ungültiges Objekt
  //   wird 0 geliefert.

  int getDim() const;

  //-- Operator [] liefert Referenz auf Feldelement ofs (oder Referenz
  //   auf noData) falls Objekt oder ofs ungültig. Erlaubt schreibenden
  //   und lesenden Zugriff. Prüft Gültigkeit von ofs nur, wenn
  //   VALIDITYCHECK definiert ist.

  int &operator [] ( int ofs );

  //-- Operator [] liefert Feldelement an Position ofs (oder noData
  //   falls Objekt oder ofs ungültig). Erlaubt jedoch
  //   nur lesenden Zugriff, um Operator [] für konstante Objekte verwenden
  //   zu können. Prüft Gültigkeit von ofs nur, wenn
  //   VALIDITYCHECK definiert ist.

  int operator [] ( int ofs ) const;
```

```
//-- compareSize vergleicht die Länge des Parameters mit der
//   Länge des eigenen Objekts und liefert
//   -1 (kleiner), 0 (gleich) oder 1 (größer) zurück.
//   Ist ein Objekt ungültig oder kann Vergleich nicht durchgeführt
//   werden: notValid zurück.

int compareSize( const IntVektor & ) const;

//-- liefert TRUE, wenn das Objekt gültig ist

bool isValid() const;

//-- versetzt das Objekt in den Zustand "ungültig". Evtl. allokierter
//   Speicher wird freigegeben.

void invalidate();

//-- liefert die Länge des Vektors, oder 0 falls ungültig

double getLength() const;

private:

//-- Verwaltungsfunktionen ----------------------------------------
// keine

//-- Daten --------------------------------------------------------

IntArry data;

//-- friends ------------------------------------------------------

friend bool operator == ( const IntVektor &, const IntVektor & );
friend bool operator != ( const IntVektor &, const IntVektor & );

friend IntVektor operator + ( const IntVektor &, const IntVektor & );
friend IntVektor operator - ( const IntVektor &, const IntVektor & );
friend long      operator * ( const IntVektor &, const IntVektor & );
friend IntVektor operator * ( const IntVektor &, int );

friend class IntMatrix;
};

//-----------------------------------------------------------------
//        IntVektor Vergleichs- und Rechenoperatoren
//
bool operator == ( const IntVektor &, const IntVektor & );
bool operator != ( const IntVektor &, const IntVektor & );
bool operator <  ( const IntVektor &, const IntVektor & );
bool operator <= ( const IntVektor &, const IntVektor & );
bool operator >  ( const IntVektor &, const IntVektor & );
bool operator >= ( const IntVektor &, const IntVektor & );

IntVektor operator + ( const IntVektor &, const IntVektor & );
IntVektor operator - ( const IntVektor &, const IntVektor & );

//-- liefert das Skalarprodukt
long operator * ( const IntVektor &, const IntVektor & );

//-- Multiplikation mit Skalar
IntVektor operator * ( const IntVektor &, int );
```

17.8.2 Implementierung

Die meisten Funktionen von IntVektor lassen sich direkt auf Funktionen von IntArry abbilden. Hier zeigt sich der Wert von inline-Funktionen:

17.8 Vektoren

```
//======================= Inlines ===============================
//
//---------------------------------------------------------------
//       IntVektor:: invalidate
//

//-- invalidate als erstes, da von anderen inlines verwendet

inline   void IntVektor::invalidate() {
  data.invalidate();
  } // invalidate
//---------------------------------------------------------------
//       IntVektor:: ctor
//

inline  IntVektor::IntVektor() {
  invalidate();
  } // dtor
//---------------------------------------------------------------
//       IntVektor:: Kopierkonstruktor
//

inline  IntVektor::IntVektor( const IntVektor &arg )
  : data( arg.data ) {} // ctor
//---------------------------------------------------------------
//       IntVektor:: operator =
//

inline  IntVektor &IntVektor::operator = ( const IntVektor &arg ) {
  data = arg.data;
  return *this;
  } // op =
//---------------------------------------------------------------
//       IntVektor:: operator const char *
//

inline  IntVektor::operator const char *() const {
  return (const char*)data;
  } // op const char *
//---------------------------------------------------------------
//       IntVektor::isValidIndex
//

inline  bool IntVektor::isValidIndex( int ofs ) const {
  return data.isValidIndex( ofs );
  } // isValidIndex
//---------------------------------------------------------------
//       IntVektor::getDim
//

inline  int IntVektor::getDim() const {
  return data.getNENT();
  } // getDim
//---------------------------------------------------------------
//       IntVektor:: operator []
//

inline int &IntVektor::operator [] ( int ofs ) {
  return data[ ofs ];
  } // op []

inline   int IntVektor::operator [] ( int ofs ) const {
  return data[ ofs ];
  } // op []
```

```
//----------------------------------------------------------------
//          IntVektor:: isValid
//

inline   bool IntVektor::isValid() const {
  return data.isValid();
  } // isValid

//----------------------------------------------------------------
//          IntVektor:: getLength
//

inline double IntVektor::getLength() const {

  //-- Die Länge ist die Wurzel des Skalarproduktes eines Vektors mit
  //   sich selber.
  //   Note: Skalarprodukt ungültiger Vektoren ergibt 0, damit ist
  //   sqrt immer erlaubt.

  return sqrt( (*this) *  (*this) );
  } // getLength

//----------------------------------------------------------------
//        operatoren   für IntVektors
//

inline bool operator == ( const IntVektor &lhs, const IntVektor &rhs ) {
  return lhs.data == rhs.data;
  } // op ==

inline bool operator != ( const IntVektor &lhs, const IntVektor &rhs ) {
  return lhs.data != rhs.data;
  } // op !=

inline bool operator < ( const IntVektor &lhs, const IntVektor &rhs ) {
  int result = lhs.compareSize( rhs );
  return result == IntArry::notValid ? FALSE : bool( result < 0 );
  } // op <

inline bool operator <= ( const IntVektor &lhs, const IntVektor &rhs ) {
  int result = lhs.compareSize( rhs );
  return result == IntArry::notValid ? FALSE : bool( result <= 0 );
  } // op <=

inline bool operator > ( const IntVektor &lhs, const IntVektor &rhs ) {
  int result = lhs.compareSize( rhs );
  return result == IntArry::notValid ? FALSE : bool( result > 0 );
  } // op >

inline bool operator >= ( const IntVektor &lhs, const IntVektor &rhs ) {
  int result = lhs.compareSize( rhs );
  return result == IntArry::notValid ? FALSE : bool( result >= 0 );
  } // op >=
```

17.8 Vektoren

Einige wenige Funktionen übersteigen zwei Zeilen und werden deshalb nicht inline implementiert:

```
//----------------------------------------------------------------
//        IntVektor::IntVektor
//
IntVektor::IntVektor( int nDim ) {

  if ( nDim <= 0 ) {
    invalidate();
    return;
    }

  //-- da wir die Dimension bereits kennen, können wir
  //   ausreichend Speicher im Vorraus allokieren

  if ( !data.assureNENT( nDim ) )
    return;

  for ( int i=0; i<nDim; i++ )
    data[ i ] = IntArry::noData;

  } // ctor
//----------------------------------------------------------------
//        IntVektor::IntVektor
//
IntVektor::IntVektor( int nDim, int data1, ... ) {

  if ( nDim <= 0 ) {
    invalidate();
    return;
    }

  //-- da wir die Dimension bereits kennen, können wir
  //   ausreichend Speicher im Vorraus allokieren

    if ( !data.assureNENT( nDim ) )
       return;

  va_list argp;
  va_start( argp, nDim );

  for ( int i=0; i<nDim; i++ )
    data[ i ] = va_arg( argp, int );

  va_end( argp );

  } // ctor
//----------------------------------------------------------------
//        IntVektor::compareSize
//
int IntVektor::compareSize( const IntVektor &arg ) const {

  if ( !isValid() || !arg.isValid() || getDim() != arg.getDim() )
    return IntArry::notValid;
```

```cpp
  //-- wir vergleichen die Längen der Vektoren. Da es sich um einen
  //   Vergleich handelt, können wir genausogut die Quadrate der Längen
  //   vergleichen und die sqrt-Operationen sparen.

  long l1 = (*this) * (*this);
  long l2 = arg * arg;

  if ( l1 == l2 )
    return 0;
  else if ( l1 < l2 )
    return -1;
  return 1;
} // compareSize
//------------------------------------------------------------------
//       IntVektor statische Variablen
//
//keine
//------------------------------------------------------------------
//       operator + für IntVektor
//
IntVektor operator + ( const IntVektor &lhs, const IntVektor &rhs ) {

  IntVektor result( lhs );

  if ( !lhs.isValid() || !rhs.isValid() ||
       lhs.getDim() != rhs.getDim() ) {

    result.invalidate();
    return result;
  }

  for ( int i = 0; i < lhs.getDim(); i++ )
    result[i] += rhs[i];

  return result;
} // op +

//------------------------------------------------------------------
//       operator - für IntVektor
//
IntVektor operator - ( const IntVektor &lhs, const IntVektor &rhs ) {

  IntVektor result( lhs );

  if ( !lhs.isValid() || !rhs.isValid() ||
       lhs.getDim() != rhs.getDim() ) {

    result.invalidate();
    return result;
  }

  for ( int i = 0; i < lhs.getDim(); i++ )
    result[i] -= rhs[i];

  return result;
} // op -

//------------------------------------------------------------------
//       operator * für IntVektor
//
long operator * ( const IntVektor &lhs, const IntVektor &rhs ) {

  if ( !lhs.isValid() || !rhs.isValid() ||
       lhs.getDim() != rhs.getDim() )

    return 0.0;

  long sum = 0;

  for ( int i = 0; i < lhs.getDim(); i++ )
    sum+= lhs[i] * rhs[i];

  return sum;
} // op *
```

17.8 Vektoren

```
//---------------------------------------------------------------
//        operator * für IntVektor und Skalar
//
IntVektor operator * ( const IntVektor &lhs, int rhs ) {

  IntVektor result( lhs );

  if ( !lhs.isValid() ) {
    result.invalidate();
    return result;
  }

  for ( int i = 0; i < lhs.getDim(); i++ )
    result[i] *= rhs;

  return result;
} // op *
```

17.8.3 Die Beziehung zwischen IntArry und IntVektor

Die Implementierung der Mitgliedsfunktionen der Vektorklasse ist in zweierlei Hinsicht beachtenswert:

❑ Die meisten Mitgliedsfunktionen von IntVektor können direkt auf die entsprechenden Funktionen von IntArry abgebildet werden. Ein typisches Beispiel hierfür sind die Managementfunktionen für die Gültigkeit, isValid und invalidate. Für einen Vektor kann die Behandlung der Gültigkeit identisch wie für ein IntArry erfolgen. Die Funktionen isValid uund invalidate aus IntVektor rufen deshalb nur die gleichnamigen Funktionen aus IntArry auf, wie hier am Beispiel von isValid gezeigt:

```
inline  bool IntVektor::isValid() const {
  return data.isValid();
} // isValid
```

Durch die Formulierung als inline-Funktionen entsteht hierdurch kein Laufzeit- oder Speicherplatznachteil.

❑ Einige Mitgliedsfunktionen von IntVektor sind anders implementiert als in IntArry. Ein typisches Beispiel hierfür ist der Additionsoperator: Die "Addition" zweier Felder sollte bedeuten, daß das zweite Argument an das erste angehängt wird:

```
IntArry operator + ( const IntArry &lhs, const IntArry &rhs ) {

  IntArry result( lhs );
  lhs << rhs;
  return result;
} // op +
```

Die Addition zweier Vektoren soll dagegen bedeuten, daß die Elemente der Vektoren einzeln addiert werden.

Der +-Operator für Vektoren kann also nicht von IntArry übernommen, sondern muß speziell für IntVektor neu programmiert werden:

```
IntVektor operator + ( const IntVektor &lhs, const IntVektor &rhs ) {

  IntVektor result( lhs );

  if ( !lhs.isValid() || !rhs.isValid() ||
       lhs.getDim() != rhs.getDim() ) {
    result.invalidate();
    return result;
  }

  for ( int i = 0; i < lhs.getDim(); i++ )
    result[i] += rhs[i];

  return result;
} // op +
```

Betrachtet man diese beiden Arten von Funktionen im Zusammenhang, kann man folgendes Ergebnis formulieren:

> Die Implementierung von IntVektor verwendet, wo immer möglich die bereits vorhandene Funktionalität von IntArry[21]. Nur die *Unterschiede* zwischen IntArry und IntVektor müssen in IntVektor noch codiert werden.

Die Klassen IntArry und IntVektor stehen also in einem besonderen Zusammenhang. Die "Basisklasse" IntArry stellt Funktionalität bereit, die von IntVektor teilweise übernommen und durch neue Funktionalität ergänzt wird. Man kann daher sagen, daß die Klasse IntArry *wiederverwendet* wird, und zwar um eine neue Klasse IntVektor zu implementieren. Dieser Gedanke der Wiederverwendbarkeit einmal entwickelter Klassen ist so zentral, daß die Sprache C++ mit den sogenannten *Ableitungen* sogar ein eigenes Sprachmittel bereitstellt, um genau solche Beziehungen zwischen Klassen zu formulieren. Mit Ableitungen befassen wir uns im zweiten Teil des Buches ab Kapitel 20.

17.8.4 Weitere Verbindungen zwischen IntArry und IntVektor

Nicht nur Funktionen, sondern auch Daten aus IntArry können von IntVektor wiederverwendet werden. IntVektor benötigt z.B. keinen eigenen Serialisierungspuffer, kein noData, keinen invalidStr oder noDataStr. Diese Variablen sind in IntArry public deklariert und stehen deshalb Benutzern außerhalb der Klasse IntArry zur Verfügung. Allerdings muß außerhalb des Gültigkeitsbereiches von IntArry der voll qualifizierte Name verwendet werden, wie hier am Beispiel der Variablen notValid gezeigt:

---

21 Allerdings müssen nicht alle Funktionen von IntArry verwendet werden: die Funktionalität kann *beschnitten* werden.

17.8 Vektoren

```
int IntVektor::compareSize( const IntVektor &arg ) const {
  if ( !isValid() || !arg.isValid() || getDim() != arg.getDim() )
    return IntArry::notValid;
```

Interessant ist außerdem, daß IntVektor für den Operator [] keine Versionen mit und ohne Bereichsprüfung benötigt. Für den Zugriff auf Vektorelemente wird der Operator [] aus IntArry verwendet: *Dort* ist entweder die Version mit- oder die ohne Bereichsprüfung implementiert.

Beachten Sie bitte, daß auch für IntVektor wieder alle sechs relationalen Operatoren vollständig hingeschrieben werden müssen. Für Vektoren ist allerdings zwischen Identitätsvergleichen und relationalen Vergleichen zu unterscheiden: Während die Operatoren == und != die einzelnen Elemente auf Identität prüfen, vergleichen die Operatoren <, <=, > und >= die Längen der Vektoren.

Die Operatoren == und != können wieder die Funktionalität von IntArry nutzen:

```
inline bool operator == ( const IntVektor &lhs, const IntVektor &rhs ) {
  return lhs.data == rhs.data;
} // op ==
inline bool operator != ( const IntVektor &lhs, const IntVektor &rhs ) {
  return lhs.data != rhs.data;
} // op !=
```

Die anderen Operatoren verwenden auch hier eine Vergleichsfunktion, die hier allerdings zur Verdeutlichung compareSize heißt:

```
inline bool operator <  ( const IntVektor &lhs, const IntVektor &rhs ) {
  int result = lhs.compareSize( rhs );
  return result == IntArry::notValid ? FALSE : bool( result < 0 );
} // op <

/* ... die anderen realationalen Operatoren in der gleichen Weise ... */
```

17.8.5 Eine neue Art von Funktionen

Beachten Sie bitte, daß data in IntVektor privat ist. Ein Benutzer von IntVektor kann die mächtigen Mitgliedsfunktionen von IntArry deshalb nicht direkt aufrufen. Die für uns brauchbaren IntArry-Funktionen haben wir über die entsprechenden Vektor-Funktionen zugreifbar gemacht, wie hier noch einmal an der Funktion isValid demonstriert:

```
inline   bool IntVektor::isValid() const {
  return data.isValid();
} // isValid
```

Die Funktion isValid implementiert keine eigene Funktionalität, sondern macht lediglich Teile der (bereits vorhandenen) Funktionalität von IntArry auch für IntVektor verfügbar. Hier dient eine Funktion also nicht mehr so sehr der *Implementierung eines Algorithmus*, sondern vielmehr der *Steuerung der Zugreifbarkeit* anderer Funktionen. Dies ist eine neue Verwendung von Funktionen in der objektorientierten Programmierung, die es in der traditionellen prozeduro-rientierten Denkweise nicht gibt. In der prozeduralen Programmierung interessiert ausschließlich die Funktionalität einer Routine.

17.8.6 Programm test2: Operationen mit Vektoren

Vektoren gleicher Dimension lassen sich z.B. addieren und subtrahieren. Folgendes Listing zeigt noch einmal die Deklaration der entsprechenden Operatoren:

```
IntVektor operator + ( const IntVektor &, const IntVektor & );
IntVektor operator - ( const IntVektor &, const IntVektor & );

//-- liefert das Skalarprodukt
long operator * ( const IntVektor &, const IntVektor & );

//-- Multiplikation mit Skalar
IntVektor operator * ( const IntVektor &, int );
```

Beachten Sie bitte, daß die Operatoren nicht auf IntArry-Objekte angewendet werden können. Obwohl ein IntVektor *technisch* gesehen im wesentlichen nichts anderes als ein IntArry ist, bestehen doch *konzeptionelle* Unterschiede. Wir drücken dies durch die Bildung einer eigenen Klasse für IntVektor aus.

Das Programm test2 (auf der Begleitdiskette im Verzeichnis KAP17) zeigt, wie mit Vektoren gerechnet werden kann:

```
//========================= Kopf =========================
//
// Programm zur Demonstration der Vektorrechnung
//
//
// 92.08.01 : Version 1 (Au)
//
//========================= Abhängigkeiten =========================
//
#include <intvekt.h>
#include <stdio.h>
#include <stdlib.h>

//========================= Programm =========================
void main() {

  IntVektor iv1( 2,    1, 2 );
  IntVektor iv2( 2,    3, 4 );

  printf( "iv1 : %s\n", (const char*)iv1 );
  printf( "iv2 : %s\n", (const char*)iv2 );

  printf( "Summe   : %s\n", (const char*)(iv1+iv2) );

  printf( "Produkt : %li\n", iv1*iv2 );
  printf( "gleich  : %i\n",  int(iv1==iv2) );

}
```

Als Ausgabe erhält man

```
iv1 : [ 1 2 ]
iv2 : [ 3 4 ]
Summe   : [ 4 6 ]
Produkt : 11
gleich  : 0
```

Beachten Sie, wie einfach im Programm die Ausgabe von Vektoren durch den Operator const char * geworden ist!

17.9 Matrizen

Dynamische Felder lassen sich gut zur Implementierung von zweidimensionalen Strukturen (Matrizen) verwenden. Zur Repräsentation einer Matrix mit den Dimensionen n und m benötigt man ein Feld der Größe n*m.

17.9.1 Die Dimension einer Matrix

Während ein IntArry-Objekt aus der Anzahl der bei der Initialisierung übergebenen Zahlen die Dimension selber berechnen kann, ist dies bei Matrizen nicht möglich. Bei 16 Zahlen wären z.B. eine 4x4 als auch eine 2x8 oder 8x2 Matrix möglich. Aus diesem Grund muß eine Information über die gewünschten Dimensionen bei der Initialisierung eines Matrix-Objekts angegeben werden. Obwohl theoretisch eine Dimension ausreichen würde (die andere kann wiederum aus der Anzahl der angebotenen Zahlen berechnet werden) verlangen wir aus optischen Gründen die Angabe beider Dimensionen.

Die Matrix-Konstruktoren nehmen damit folgende Form an:

```
class IntMatrix {

public:

   //-- erzeugt "leere" Matrix der Dimension nDim1 x nDim2.
   //   Nach der Initialisierung kann die Dimension NICHT mehr geändert
   //   werden!
   IntMatrix( int nDim1, int nDim2 );

   //-- erzeugt eine Matrix der Dimension nDim1 x nDim2 und füllt sie mit
   //   den Parametern
   IntMatrix( int nDim1, int nDim2, int data1, ... );

   /* ... weitere Funktionen von IntMatrix ... */
};
```

17.9.2 Definition und Implementierung der Klasse IntMatrix

Zur Implementierung der Matrixklasse verwenden wir das bereits für IntVektor bewährte Konzept: Ein Objekt der Klasse IntArry wird als Datenelement verwendet, und die Mitgliedsfunktionen von IntMatrix werden im wesentlichen auf die von IntArry abgebildet. Die Abbildung ist allerdings etwas komplizierter als die für IntVektor, da hier die Umsetzung der zwei Dimensionen einer Matrix auf ein lineares Feld erfolgen muß. Folgendes Listing zeigt die Klassendefinition:

```
//-----------------------------------------------------------------
//      class IntMatrix
//
class IntMatrix {

public:

  //-- erzeugt ungültiges Objekt

  IntMatrix();
```

```
//-- erzeugt "leere" Matrix der Dimension nDim1 x nDim2.
//   Nach der Initialisierung kann die Dimension NICHT mehr geändert
//   werden!

IntMatrix( int nDim1, int nDim2 );
//-- erzeugt eine Matrix der Dimension nDim1 x nDim2 und füllt sie mit
//   den Parametern

IntMatrix( int nDim1, int nDim2, int data1, ... );
//-- Destruktor nicht erforderlich

IntMatrix              ( const IntMatrix & );
IntMatrix &operator = ( const IntMatrix & );
//-- erzeugt eine Stringdarstellung der Matrix in statischem Puffer

operator const char *() const;
//-- liefert TRUE, wenn (ofs1,ofs2) gültig ist
//    (d.h. 0 <= ofs1 <= dim1 und 0 <= ofs2 <= dim2 )

bool isValidIndex( int ofs1, int ofs2 ) const;
//-- liefert die Dimensionen. Für ungültiges Objekt
//   wird 0 geliefert.

int getDim1() const;
int getDim2() const;
//-- Operator () liefert Referenz auf Matrixelement (ofs1, ofs2)
//   (oder Referenz auf noData) falls Objekt oder ofs ungültig.
//   Erlaubt schreibenden und lesenden Zugriff.
//   Prüft Gültigkeit von ofs nur, wenn VALIDITYCHECK definiert ist.

int &operator () ( int ofs1, int ofs2 );
//-- Operator () liefert  Matrixelement (ofs1, ofs2)
//   oder noData  falls Objekt oder ofs ungültig.
//   Erlaubt jedoch nur lesenden Zugriff, um Operator ()
//   für konstante Objekte verwenden zu können.
//   Prüft Gültigkeit von ofs nur, wenn VALIDITYCHECK definiert ist.

int operator () ( int ofs1, int ofs2 ) const;
//-- liefert TRUE, wenn das Objekt gültig ist

bool isValid() const;

//-- versetzt das Objekt in den Zustand "ungültig". Evtl. allokierter
//   Speicher wird freigegeben.

void invalidate();

private:

//-- Verwaltungsfunktionen ----------------------------------------
//keine
//-- Daten -------------------------------------------------------

IntArry data;

int dim1, dim2;   // die Dimensionen der nxm - Matrix

//-- friends -----------------------------------------------------

friend bool operator == ( const IntMatrix &, const IntMatrix & );
friend bool operator != ( const IntMatrix &, const IntMatrix & );

friend IntMatrix operator + ( const IntMatrix &, const IntMatrix & );
friend IntMatrix operator - ( const IntMatrix &, const IntMatrix & );
friend IntMatrix operator * ( const IntMatrix &, const IntMatrix & );

friend IntVektor operator * ( const IntMatrix &, const IntVektor & );
};
```

17.9 Matrizen

```
//---------------------------------------------------------------
//        IntMatrix Vergleichs- und Rechenoperatoren
//

bool operator == ( const IntMatrix &, const IntMatrix & );
bool operator != ( const IntMatrix &, const IntMatrix & );

IntMatrix operator + ( const IntMatrix &, const IntMatrix & );
IntMatrix operator - ( const IntMatrix &, const IntMatrix & );
IntMatrix operator * ( const IntMatrix &, const IntMatrix & );

IntVektor operator * ( const IntMatrix &, const IntVektor & );
```

An der Implementierung sieht man, daß Mitgliedsfunktionen hauptsächlich die Umrechnung der zweidimensionalen auf eine lineare Struktur leisten.

```
//======================= Inlines ===============================
//
//---------------------------------------------------------------
//    IntMatrix:: invalidate
//

//-- diese als erstes, da von anderen inlines verwendet

inline   void IntMatrix::invalidate() {

  dim1 = 0;
  dim2 = 0;
  data.invalidate();
  } // invalidate

//---------------------------------------------------------------
//   IntMatrix:: Konstruktor
//
inline IntMatrix::IntMatrix() {
  invalidate();
  } // ctor

//---------------------------------------------------------------
//    IntMatrix:: Konstruktor
//

inline  IntMatrix::IntMatrix( const IntMatrix &arg )   {
  *this = arg;
  } // ctor

//---------------------------------------------------------------
//    IntMatrix:: operator ()
//

#ifndef VALIDITYCHECK

inline int &IntMatrix::operator () ( int ofs1, int ofs2 ) {
  return data[ ofs1*dim1 + ofs2 ];
  } // op ()

inline int IntMatrix::operator () ( int ofs1, int ofs2 ) const {
  return data[ ofs1*dim1 + ofs2 ];
  } // op ()
#endif
//---------------------------------------------------------------
//    IntMatrix:: isValidIndex
//

inline  bool IntMatrix::isValidIndex( int ofs1, int ofs2 ) const {
  return ofs1 >= 0 && ofs1 < dim1 && ofs2 >= 0 && ofs2 < dim2;
  } // isValidIndex
```

```
//-----------------------------------------------------------------
//    IntMatrix:: getDim1, getDim2
//

inline  int IntMatrix::getDim1() const {
  return dim1;
  } // getDim1

inline  int IntMatrix::getDim2() const {
  return dim2;
  } // getDim2
//-----------------------------------------------------------------
//    IntMatrix:: isValid
//

inline  bool IntMatrix::isValid() const {
  return data.isValid();
  } // isValid
//-----------------------------------------------------------------
//    IntMatrix:: operatoren
//

inline bool operator == ( const IntMatrix &lhs, const IntMatrix &rhs ) {
  return lhs.data == rhs.data;
  } // op ==

inline bool operator != ( const IntMatrix &lhs, const IntMatrix &rhs ) {
  return lhs.data != rhs.data;
  } // op !=

#endif
```

Folgendes Listing zeigt die Implementierung der nicht-inline-Funktionen:

```
//========================= Implementierung =========================
//-----------------------------------------------------------------
//      IntMatrix::IntMatrix
//

IntMatrix::IntMatrix( int nDim1, int nDim2 ) {

  //-- unsinnige Werte resultieren in ungültigem Objekt

  if ( nDim1 <= 0 || nDim2 <= 0 ) {
    invalidate();
    return;
    }

  dim1 = nDim1;
  dim2 = nDim2;

  //-- da wir die Dimension bereits kennen, können wir
  //   ausreichend Speicher im Vorraus allokieren

  int nent = dim1*dim2;

  if ( !data.assureNENT( nent ) )
    return;

  for ( int i=0; i<nent; i++ )
       data[ i ] = IntArry::noData;

  } // ctor
```

17.9 Matrizen

```
//---------------------------------------------------------------
//        IntMatrix::IntMatrix
//

IntMatrix::IntMatrix( int nDim1, int nDim2, int data1, ... ) {

  if ( nDim1 <= 0 || nDim2 <= 0 ) {
    invalidate();
    return;
    }

  dim1 = nDim1;
  dim2 = nDim2;

  //-- da wir die Dimension bereits kennen, können wir
  //   ausreichend Speicher im Vorraus allokieren

  int nent = dim1*dim2;

  if ( !data.assureNENT( nent ) )
    return;

  va_list argp;
  va_start( argp, nDim2);

  for ( int i=0; i<nent; i++ )
    data[ i ] = va_arg( argp, int );

  va_end( argp );
  } // ctor


//---------------------------------------------------------------
//        IntMatrix:: operator =
//

IntMatrix &IntMatrix::operator = ( const IntMatrix &arg ) {
  data = arg.data;
  dim1 = arg.dim1;
  dim2 = arg.dim2;
  return *this;
  } // op =

//---------------------------------------------------------------
//        IntMatrix:: operator const char *
//

IntMatrix::operator const char *() const {

  //-- zweidimensionale Anordnung

  IntArry::serBuf = "[ ";

  if ( isValid() )

    for ( int i1=0; i1<dim1; i1++ ) {
      for ( int i2=0; i2<dim1; i2++ )
        IntArry::serBuf << (String)(*this)( i1, i2 ) << " ";

      if ( i1<dim1-1 )
        IntArry::serBuf << "\n ";
      }
  else
    IntArry::serBuf << IntArry::invalidStr;

  IntArry::serBuf << " ]";

  return IntArry::serBuf;
  } // op const char *

#ifdef VALIDITYCHECK
```

```
//-----------------------------------------------------------------
//        IntMatrix:: operator ()
//

int &IntMatrix::operator () ( int ofs1, int ofs2 ) {

  if ( !isValidIndex( ofs1, ofs2 ) ) {
    static int buf;
    buf = IntArry::noData;
    return buf;
  }

  return data[ ofs1*dim1 + ofs2 ];
} // op ()
//-----------------------------------------------------------------
//        IntMatrix:: operator ()
//

int IntMatrix::operator () ( int ofs1, int ofs2 ) const {

  if ( !isValidIndex( ofs1, ofs2 ) ) {
    return IntArry::noData;
  }

  return data[ ofs1*dim1 + ofs2 ];
} // op ()

#endif
//-----------------------------------------------------------------
//        IntMatrix:: statische Daten
//
//keine
//-----------------------------------------------------------------
//        operator + für IntMatrix
//

IntMatrix operator + ( const IntMatrix &lhs, const IntMatrix &rhs ) {

  IntMatrix result( lhs );

  if ( !lhs.isValid() || !rhs.isValid() ||
       lhs.dim1       != rhs.dim1       ||
       lhs.dim2       != rhs.dim2 ) {

    result.invalidate();
    return result;
  }

  for ( int i1=0; i1<lhs.dim1; i1++ )
    for( int i2=0; i2<lhs.dim2; i2++ )
      result( i1, i2 ) += rhs( i1, i2 );

  return result;
} // op +
//-----------------------------------------------------------------
//        operator - für IntMatrix
//

IntMatrix operator - ( const IntMatrix &lhs, const IntMatrix &rhs ) {

  IntMatrix result( lhs );

  if ( !lhs.isValid() || !rhs.isValid() ||
       lhs.dim1 != rhs.dim1             ||
       lhs.dim1 != rhs.dim2 ) {

    result.invalidate();
    return result;
  }

  for ( int i1=0; i1<lhs.dim1; i1++ )
    for( int i2=0; i2<lhs.dim2; i2++ )
      result( i1, i2 ) -= rhs( i1, i2 );

  return result;
} // op -
```

17.9 Matrizen

```
//--------------------------------------------------------------------
//        operator * für IntMatrix
//

IntMatrix operator * ( const IntMatrix &lhs, const IntMatrix &rhs ) {

  IntMatrix result( lhs.dim1, lhs.dim2 );

  if ( !lhs.isValid() || !rhs.isValid() ||
       lhs.dim1 != rhs.dim2
       lhs.dim2 != rhs.dim1 ) {

    result.invalidate();
    return result;
    }

  for ( int i1=0; i1<lhs.dim1; i1++ )
    for( int i2=0; i2<lhs.dim2; i2++ ) {

      int sum = lhs( i1, 0 ) * rhs( 0, i2 );

      for ( int j=1; j<lhs.dim2; j++ )
          sum+= lhs( i1, j ) * rhs( j, i2 );

      result( i1, i2 ) = sum;
      }

  return result;
  } // op *
//--------------------------------------------------------------------
//        operator * für IntMatrix
//

IntVektor operator * ( const IntMatrix &lhs, const IntVektor &rhs ) {

  IntVektor result( lhs.dim2 );

  if ( !lhs.isValid() || !rhs.isValid() ||
       lhs.dim1 != rhs.getDim() ) {

    result.invalidate();
    return result;
    }

  for ( int i=0; i<lhs.dim2; i++ ) {

    int sum = lhs( i, 0 ) * rhs[ 0 ];

    for ( int j=1; j<lhs.dim1; j++ )
      sum += lhs( i, j ) * rhs[ j ];

    result[ i ] = sum;
    }

  return result;
  } // op *
```

17.9.3 Der Zugriff auf einzelne Matrixelemente

Für IntMatrix ist kein Operator [] vorgesehen, da dieser Operator mit nur einem Argument deklariert werden kann. An seine Stelle tritt der Operator () mit zwei Argumenten[22]

Der Operator ist wie üblich in zweifacher Ausführung vorhanden:

```
class IntMatrix {

public:

//-- Operator () liefert Referenz auf Matrixelement (ofs1, ofs2)
//   (oder Referenz auf noData) falls Objekt oder ofs ungültig.
//   Erlaubt schreibenden und lesenden Zugriff.
//   Prüft Gültigkeit von ofs nur, wenn VALIDITYCHECK definiert ist.

int &operator () ( int ofs1, int ofs2 );

//-- Operator () liefert  Matrixelement (ofs1, ofs2)
//   oder noData  falls Objekt oder ofs ungültig.
//   Erlaubt jedoch nur lesenden Zugriff, um Operator ()
//   für konstante Objekte verwenden zu können.
//   Prüft Gültigkeit von ofs nur, wenn VALIDITYCHECK definiert ist.

int operator () ( int ofs1, int ofs2 ) const;

/* ... weitere Mitglieder von IntMatrix ... */

};
```

17.9.4 Der Vergleich von Matrizen

Für die bisher vorgestellten Klassen String, IntArry und IntVektor waren sowohl Vergleiche auf Identität als auch auf die größer/kleiner-Relation möglich. Für Matrizen gilt dies nicht mehr: Wann soll eine Matrix kleiner als eine andere sein? Für die Klasse IntMatrix sind deshalb nur Vergleiche auf Identität zulässig. Die dazu notwendige Funktionalität zum Vergleich der Matrixelemente ist bereits in IntArry vorhanden und kann deshalb von IntMatrix verwendet werden.

Man darf jedoch nicht vergessen, auch die Dimensionen zu vergleichen:

```
inline bool operator == ( const IntMatrix &lhs, const IntMatrix &rhs ) {
  return lhs.dim1 == rhs.dim1 && lhs.data == rhs.data;
} // op ==

inline bool operator != ( const IntMatrix &lhs, const IntMatrix &rhs ) {
  return lhs.dim1 != rhs.dim1 || lhs.data != rhs.data;
} // op !=
```

---

[22] Der Operator () ist der einzige Operator, den der Programmierer mit einer beliebigen Anzahl Parameter deklarieren kann (Kapitel 10). Dies hat nichts mit variablen Argumentlisten zu tun, sondern der Programmierer kann bei der Deklaration eine bestimmte, aber beliebige Anzahl Parameter festlegen.

17.9.5 Programm test3: Matrixmultiplikation

Folgendes Programm test3 (auf der Begleitdiskette im Verzeichnis KAP17) zeigt die Anwendung der Operatoren auf Matrizen und Vektoren.

```
//======================= Kopf =============================
//
// Programm zur Demonstration der Operatoren für IntMatrix
//
//
// 92.08.01 : Version 1 (Au)
//

//======================= Abhängigkeiten ===================
//
#include <intvekt.h>
#include <intmat.h>
#include <stdio.h>
#include <stdlib.h>

//======================= Programm =========================

//----------------------------------------------------------
//        main
//
void main() {
    //-- Definition und Ausgabe der "Einheitsmatrix"
    const IntMatrix I( 2, 2, 1,0,0,1 );
    printf( "I : \n%s\n", (const char*)I );

    //-- Definition und Ausgabe eines Vektors und einer Matrix
    IntVektor iv1( 2,    1,2 );
    IntMatrix im1( 2, 2, 1,2,3,4 );
    printf( "iv1 : \n%s\n\n", (const char*)iv1 );
    printf( "im1 : \n%s\n\n", (const char*)im1 );

    //-- Multiplikation
    printf( "I*I       : \n%s\n\n", (const char*)(I*I) );
    printf( "im1*im1   : \n%s\n\n", (const char*)(im1*im1) );
    printf( "I*im1     : \n%s\n\n", (const char*)(I*im1) );
    printf( "I*I*im1*I : \n%s\n\n", (const char*)(I*I*im1*I) );
    printf( "im1*iv1   : \n%s\n\n", (const char*)(im1*iv1) );
}
```

Die (hier nicht abgedruckte) Ausgabe zeigt u.a, daß die Multiplikation einer Matrix mit der Einheitsmatrix wieder die Ausgangsmatrix ergibt. Allgemein gilt für beliebige Matrizen A:

```
A * I = A
```

wobei I die Einheitsmatrix ist.

17.10 Anwendung für graphische Objekte

Die Matrizenrechnung eignet sich hervorragend, um graphische Objekte zu manipulieren. Man kann Objekte auf dem Bildschirm verschieben, drehen, spiegeln, skalieren etc., indem man geeignete Matrizen auf die Koordinaten des graphischen Objekts anwendet. Die Feldelemente in diesen Transformationsmatrizen sind allerdings keine ganzen Zahlen, sondern zum Teil Gleitkommawerte. IntVektor und IntMatrix eignen sich daher noch nicht, um ein entsprechendes Beispielprogramm zu formulieren. Zuerst benötigen wir Gleitkommaversionen von unseren Klassen IntArry, IntVektor und IntMatrix, die wir entsprechend DoubleArry, DoubleVektor und DoubleMatrix nennen könnten. Die Versionen für double unterscheiden sich von ihren Integer-Verwandten nur wenig: Alle Mitgliedsfunktionen sind gleich deklariert und sogar identisch implementiert, nur der Datentyp ist eben unterschiedlich. Man könnte also den Sourcecode der Int-Versionen kopieren, an einigen Stellen int durch double ersetzen und hätte die neuen Klassen fertig.

Dies ist der typische Fall von *Software-Wiederverwendung durch Kopieren*, den wir bereits am Anfang des Buches angesprochen haben. Besonders lästig ist dabei, daß die verwendeten Algorithmen völlig identisch sind, aber trotzdem der Sourcecode für einen anderen Datentyp noch einmal komplett vorhanden sein muß.

Im nächsten Kapitel befassen wir uns mit Techniken, wie man solche nahezu identischen Versionen ansonsten gleicher Klassen durch *Parametrisierung* vermeiden kann. Die "Erfinder" der Sprache C++ haben dieses Problem bereits erkannt und stellen mit den sogenannten *Templates* eine elegante Lösung bereit, auf die wir ebenfalls im nächsten Kapitel eingehen werden. Am Ende des Kapitels stehen dann Klassen für Feld, Vektor und Matrix, die unabhängig von einem bestimmten Datentyp formuliert sind. In Kapitel 19 werden wir dann unser Graphikprogramm mit Hilfe von Double-Versionen dieser Klassen schreiben können.

17.11 Zusammenfassung

Mit der Klasse IntArry haben wir ein leistungsfähiges Instrument zur Verwaltung beliebiger Zahlenmengen vorgestellt. Es wurde deutlich, daß IntArry sehr ähnlich zur Klasse String ist, da es auch dort um dynamische Strukturen geht. Es ist daher nicht verwunderlich, daß beide Klassen ähnliche Mitgliedsfunktionen haben, die darüber hinaus auch noch ähnlich oder sogar identisch implementiert sind.

Hier zeigt sich ein Grundgerüst für Klassen mit dynamischer Speicherverwaltung: Wir haben nun bereits Lösungen für die Initialisierung (Konstruktoren mit variablen Argumentlisten), Zugriffsoperatoren (die beiden Versionen des Operators []), sowie Funktionen wie append, assureSize etc. zur dynamischen Veränderung der Größe der verwalteten Daten. Der Leser kann die Strukturen als Prototyp für eigene Klassen mit dynamischer Speicherverwaltung verwenden.

Im zweiten Teil des Projekts haben wir uns mit zwei *Spezialisierungen* von IntArry befaßt. Wir haben gesehen, wie man eine "Basisklasse" zur Implementierung weiterer Klassen heranziehen kann. Diese neu definierten Klassen verwenden zur Implementierung ihrer Funktionalität hauptsächlich bereits vorhandene Funktionalität der "Basisklasse". Diese Technik ist (etwas verfeinert) der Schlüssel zur einem hohen Grad an Wiederverwendbarkeit einmal entwik-

17.11 Zusammenfassung

kelter Software. Sie ist sogar so wichtig, daß C++ ein eigenes Sprachmittel zur Formulierung von Klassen, die auf einer "Basisklasse" aufsetzen, besitzt. Diese sogenannten *Ableitungen* sind Thema des zweiten Teils des Buches, das mit Kapitel 20 beginnt.

Nicht zuletzt zeigt das Projekt in diesem Kapitel die generelle Verwendbarkeit des Gültigkeitskonzepts sowie die Technik zur Erzeugung einer lesbaren Darstellung des Objekts (Serialisierung) mit Hilfe des Operators const char* und der Stringklasse. Alle diese Dinge lassen sich für nahezu alle größeren Klassen sinnvoll einsetzen. Der Leser sollte deshalb die Quellen der hier vorgestellten Klassen IntArry, IntVektor und IntMatrix genau studieren.

Der Leser kann IntArry zur Bildung weiterer Klassen nutzen. In der Praxis oft gebraucht wird z.B. eine Klasse für Mengen sowie die zugehörigen Operatoren zur Bildung von Vereinigung, Durchschnitt etc.. Mengenklasse und Operatoren lassen sich hervorragend mit den in diesem Projekt verwendeten Techniken realisieren.

18 Generische Typen und Templates

Im letzten Kapitel haben wir die an sich schon recht leistungsfähigen Klassen IntArry, IntVektor und IntMatrix vorgestellt. Allerdings hat die Implementierung noch einen schwerwiegenden Haken, der die Verwendbarkeit der Klassen in der Praxis sehr einschränkt: Als Datenelemente können nur Integers verwendet werden. Der Grund ist, daß man zur Übersetzungszeit der Klassen den Datentyp bereits kennen muß, damit der Compiler den richtigen Code für Operationen mit dem Datentyp codieren kann.

In wissenschaftlichen Rechnungen sind aber sicherlich Fließkommazahlen erforderlich. Die einfachste Möglichkeit ist, manuell den Quellcode zu duplizieren und daraus die Klassen DoubleArry, DoubleVektor und DoubleMatrix zu erstellen. Dabei sind Klassendefinition und Implementierung völlig identisch zu IntArry, IntVektor und IntMatrix - nur der Datentyp hat sich geändert. Das Problem dieses Ansatzes ist unter anderem die mangelnde Wartbarkeit des so entstehenden Codes, die durch die Multiplikation nahezu identischer Programmquellen resultiert.

Es wurde deshalb schon früh nach Möglichkeiten gesucht, z.B. die Funktionalität der Matrizenrechnung ganz allgemein, ohne Festlegung auf einen Datentyp, zu formulieren. In einem konkreten Anwendungsfall wird dann ein bestimmter Datentyp "hinzugefügt", und man erhält eine spezialisierte, lauffähige Matriximplementierung, die mit diesem Datentyp arbeitet.

18.1 Das Problem

Natürlich kann man das Verfahren verallgemeinern. Gesucht ist eine Möglichkeit, Algorithmen (d.h. in einer Programmiersprache: Funktionen) programmieren zu können, ohne sich bereits auf einen Datentyp festlegen zu müssen. Das hauptsächliche Problem ist, daß man bei der Formulierung einer Funktion Variablen benötigt, deren Typ man noch nicht kennt.

Eine Lösung dieses Problems besteht in der Einführung von sogenannten "Typ-Variablen". Das folgende Pseudo-Programm vereinbart eine Datentyp-Variable T und verwendet sie bei der Definition einer allgemeinen Funktion range, die prüfen soll, ob der erste Parameter zwischen den beiden anderen liegt.

```
Type T;
bool range( T value, T min, T max ) {
  return value >= min && value <= max;
  }
```

Nun möchte man etwa folgendes schreiben können:

```
T = int;
bool result = range( 5, 1, 10 );
```

oder

```
T = float;
bool result = range( 2.1415, 0.0, 3.0 );
```

oder aber

```
T = String;
bool result = range( "Montag", "Dienstag", "Mittwoch" );
```

Während die ersten beiden Beispiele eher trivial sind, zeigt das letzte Beispiel einen etwas komplizierteren Fall. Hier müssen nämlich die Argumente erst in den passenden Typ gewandelt werden. Natürlich fordern wir, daß der entsprechende String-Konstruktor automatisch aufgerufen wird.

Die Wirkung der Funktion range hängt von der Wirkung der Operatoren <= und >= auf den jeweiligen Datentyp ab. Das bedeutet, daß diese Operatoren für ints, doubles und die Klasse String vorhanden sein müssen. Allgemein läßt sich sagen, daß range mit allen denjenigen Typen und Klassen arbeiten kann, für die die Operatoren <= und >= definiert sind.

In diesem Kapitel befassen wir uns mit den verschiedenen Möglichkeiten, mit Datentyp-Variablen zu programmieren. Leider gibt es in der Version 2.1 der Sprache C++ keine Möglichkeit, Datentyp-Variablen direkt zu vereinbaren und damit Funktionen wie range wie oben gezeigt typunabhängig zu formulieren. Diese Möglichkeit gibt es erst ab Version 3 des Sprachstandards mit den sogenannten *Templates*. Leider ist die Syntax der Templates in bestimmten Situationen mehrdeutig und teilweise noch gar nicht exakt definiert. Es gibt daher derzeit nur wenige Hersteller, deren Compiler Templates unterstützen. Dazu gehören unter anderem auf der DOS-Seite Symantec und Borland und auf der UNIX-Seite unter anderem IBM, Silicon-Graphics und SUN.

18.2 Simulation mit Makros

Um eine Version der Feld-, Vektor- und Matrixklassen für double-Zahlen zu erzeugen, kann man den vorhandenen Sourcecode der Version für integers kopieren und folgende zwei Veränderungen vornehmen:

❑   Die Deklaration des Datentyps wird von int auf double geändert. Dies betrifft auch Parameter und Rückgabetyp von Funktionen und Operatoren.

❑   Die Namen aller Klassen und Mitgliedsfunktionen werden von Int... auf Double... geändert.

Alles andere kann gleich bleiben. Der zweite Punkt scheint auf den ersten Blick nicht so wichtig zu sein, man könnte z.B. ja auch einen ganz allgemeinen Namen für Feld, Vektor und Matrixklasse wählen und nur den Datentyp än-

18.2 Simulation mit Makros

dern. Es ist jedoch dann nicht mehr möglich, in einem Programm gleichzeitig z.B. eine Matrix von integers und eine von Complex-Datentypen zu verwenden. Da ist es schon besser, den Datentyp gleich in den Klassennamen mit einfließen zu lassen.

Natürlich kann man Kopie und Änderung des Sourcecodes manuell durchführen, geschickter ist jedoch die Definition einer allgemeinen, typ-losen (sogenannten *generischen*) Version, aus der mit Hilfe von Präprozessor-Makros die typisierten Versionen abgeleitet werden.

Folgendes Listing zeigt, wie das gemeint ist:

```
#define TYPE int
#include "complex.h"
#undef   TYPE

#define TYPE double
#include "complex.h"
#undef   TYPE
```

Die Includedatei complex.h enthält eine generische Version der Klassendefinition für komplexe Zahlen. Sie verwendet die Präprozessorkonstante TYPE zur Bildung geeigneter Namen für die Klasse und den verwalteten Datentyp. Die Bildung konkreter Klassen aus den generischen Vorlagen nennt man auch *Instantiierung*. In obigem Beispiel werden Complex-Klassen für int und double instantiiert. Die konkreten Klassen für int und double bezeichnet man auch manchmal als *Instanzen* der generischen Complex-Klasse (Die Begriffe *Instantiieren* und *Instanz* werden hier mehrdeutig verwendet. Unter "Instanz" versteht man auch ein Objekt einer Klasse, "Instantiieren" bedeutet auch das Erzeugen eines Objektes einer Klasse). Die Datentypen int und double selber wollen wir im folgenden *Basisdatentypen* nennen.

Um weiterhin die Regel einzuhalten, daß Typbezeichner mit einem großen Buchstaben beginnen, stellen wir den Datentyp hinten an und fügen außerdem zur besseren Lesbarkeit (ausnahmsweise) einen Unterstrich hinzu. Im Endeffekt sollen also aus dem obigen Beispiel die Klassen Complex_int und Complex_double resultieren. Dieser Mechanismus zur Namensbildung soll natürlich für beliebige Datentypen funktionieren. Für einen Typ Abc soll die resultierende Klasse dann entsprechend Complex_Abc heißen. Insbesondere wenn Abc selber ein komplizierterer (selbstdefinierter) Datentyp ist, hat diese Notation Vorteile.

18.2.1 Die Paste-Makros

Zur Bildung des Klassennamens müssen (zur Übersetzungszeit) zwei Strings verschmolzen werden: einmal der Typ, zum anderen der generische Klassenname.

Typ	generischer Name	Klassenname
int	Complex	Complex_int
double	Complex	Complex_double
Abc	Xyz	Xyz_Abc

Für diese Verschmelzung ist die Präprozessor-Anweisung ## vorgesehen. Die meisten Compiler (nicht jedoch Microsoft) definieren einige Makros (die sogenannten "Paste-Makros"), um die Verschmelzung systemunabhängig zu gestalten. Hier eine Version dieser Makros aus einem UNIX-System:

```
// token-pasting macros; ANSI requires an extra level of indirection
#define _Paste2(z, y)          _Paste2_x(z, y)
#define _Paste2_x(z, y)        z##y
```

Diese Makros sind mit anderen in der Regel in einer Datei mit dem Namen generic.h untergebracht. Da Microsoft diese Datei nicht mitliefert, definieren wir uns eine eigene:

```
#ifndef __GENERIC_H
#define __GENERIC_H

//======================= Kopf =====================================
//
//   generic.h enthält Makros, die bei der Definition
//   generischer Datentypen gebraucht werden.
//   Alle Makros sind zweistufig, damit auch Makros in Makros korrekt
//   expandiert werden. Dies fordert außerdem der ANSI-Standard
//
// 92.08.01 : Version 1 (Au)
//

//======================= Definitionsabhängigkeiten ===============
//keine

//======================= Export ===================================

//-- wandelt das Argument in eine Zeichenkette. Aus _Str( asd ) wird "asd"
//   falls asd ein anderes Makro ist, wird dieses VORHER expandiert.

#define _Str( x )              _StrIntern( x )
#define _StrIntern( x )        #x

//-- verbindet beide Argumente. Aus _Paste2( asd, xyz ) wird asdxyz
//   Falls x oder y ein anderes Makro ist, wird dieses VORHER expandiert

#define _Paste2( x, y )        _Paste2Intern( x, y )
#define _Paste2Intern( x, y )  x##y

//-- Das gleiche für drei Argumente

#define _Paste3( x, y, z )     _Paste3Intern( x, y, z )
#define _Paste3Intern( x, y, z ) x##y##z

#endif
```

Neben der Verkettung von zwei Argumenten benötigen wir später auch noch eine Verkettung mit drei Argumenten, dazu dient das Makro _Paste3. Das Makro _Str verwandelt sein Argument in eine Zeichenkette, indem Anführungszeichen hinzugefügt werden. Wir benötigen es, um generische Namen auszugeben.

18.2.2 Grundgerüst einer generischen Klasse

Nun haben wir das Handwerkszeug zusammen, um generische Versionen jeder Klasse bilden zu können. Wir demonstrieren die Technik zunächst an einer einfachen Klasse Complex, bevor wir die generischen Versionen der Klassen für Feld, Vektor und Matrix angeben.

18.2 Simulation mit Makros

Das folgende Listing zeigt eine Includedatei mit der bekannten Definition einer Klasse für komplexe ganze Zahlen:

```
#ifndef __INTCOMPLEX_H
#define __INTCOMPLEX_H

//======================== Kopf ===================================
//
// intComplex ist eine Klasse zur Darstellung von komplexen ganzen Zahlen
//
// 92.08.01 : Version 1 (Au)
//
//======================== Definitionsabhängigkeiten ===============

#include <stdio.h>

//======================== Export =================================

class intComplex {

public:

  intComplex( int nRe, int nIm = 0 );
  void print();

  //-- Beispiel einer längeren Routine
  void doIt();

private:

  int re, im;
  };


//======================== inlines ================================

inline intComplex::intComplex( int nRe, int nIm ) {
  re = nRe;
  im = nIm;
  }

inline void intComplex::print() {
  printf( "(%i,%i)", re, im );
  }

#endif
```

Um den Real- und Imaginärteil (und damit die ganze Klasse) generisch zu machen, wird die Klasse folgendermaßen formuliert (Datei complex.hg):

```
//======================== Kopf ===================================
//
// ComplexXXX ist eine generische Klasse zur Darstellung von
// komplexen Zahlen
//
// 92.08.01 : Version 1 (Au)
//
//======================== Definitionsabhängigkeiten ===============
//
// Makro TYPE muß definiert sein

#include <generic.h>
#include <stdio.h>
```

```
//======================= Export ===================================
#define _CLASSNAME    _Paste2( Complex_, TYPE )

//----------------------------------------------------------------------
//        Complex_XXX
//
class  _CLASSNAME {

public:

  _CLASSNAME( TYPE nRe, TYPE nIm = 0 );
  void print();

  //-- Beispiel einer längeren Routine
  void doIt();

private:

  TYPE re, im;
  };

//======================= inlines ===================================
inline _CLASSNAME::_CLASSNAME( TYPE nRe, TYPE nIm ) {
  re = nRe;
  im = nIm;
  } // ctor

inline void _CLASSNAME::print() {

  //-- Problem: %i ist nur richtig, wenn es sich um integers handelt
  //    mit printf ist keine generische Lösung möglich!
  //printf( "(%i,%i)", re, im );
  printf( "%s::print ist nicht implementiert\n", _Str( _CLASSNAME ) );
  } // print

#undef _CLASSNAME
```

Die Klasse deklariert eine Funktion doIt, die nicht inline implementiert werden soll. Die generische Form wird wie folgt implementiert (Datei complex.cpg):

```
//======================= Kopf ===================================
//
// Implementiert die Mitgliedsfunktionen zur generischen Complex-Klasse
//
// 92.08.01 : Version 1 (Au)
//

//======================= Implementierungsabhängigkeiten ==========
//
// Makro TYPE muß definiert sein
//

#include <complex.hg>

//======================= Implementierung =========================

#define _CLASSNAME    _Paste2( Complex_, TYPE )

//----------------------------------------------------------------------
//        Complex_XXX::doIt
//

void _CLASSNAME::doIt() {

  //-- hier kommt die Implementierung von doIt

  /* ... */

  } // doIt

#undef _CLASSNAME
```

18.2 Simulation mit Makros

Insgesamt kann man folgende Unterschiede erkennen:

- Der Name der Klasse wird mit Hilfe des Paste-Makros gebildet. Der einfacheren Schreibweise wegen wurde der zusätzliche Bezeichner _CLASSNAME eingeführt. Der Bezeichner wird hier am Ende der Datei (mit #undef) wieder gelöscht, da er bei der nächsten Inclusion mit einem anderen Wert von TYPE ebenfalls einen anderen Wert erhält.

- In der Dokumentation bedeuten die nachgestellten Buchstaben xxx bei Bezeichnern, daß es sich um eine generischen Namen (meist einen Klassennamen) handelt.

- Include- und Implementierungsdateien für generische Klassen haben den Buchstaben g in der Dateinamenerweiterung.

- Der Schutz vor mehrfachem Includieren ist nicht mehr möglich, da mehrfaches Includieren -allerdings mit unterschiedlichen Werten für TYPE- ja gerade gewünscht ist. Leider kann man auch nicht mehr ausschließen, daß die Datei mit dem *gleichen* Wert für TYPE mehrfach includiert wird.

18.2.3 Das Problem mit untypisierten Funktionen

Ein besonderes Problem stellt die Funktion print dar. In der Version der Klasse für Integers konnte als Format für re und im problemlos %i verwendet werden, da beide Variablen ints sind. In der generischen Version ist dies nicht mehr möglich: re und im können beliebige Typen sein. Es gibt keinen sinnvollen Weg, das Format für printf für beliebige Datentypen allgemein zu formulieren (außer vielleicht über ein weiteres Makro). Das Problem liegt in der Tatsache, daß die Argumente für printf nicht typisiert sind.

Man sieht, daß man (zusätzlich zur untypisierten Ausgabe mit printf) eine Möglichkeit zur typisierten Ausgabe benötigt. Wenn man z.B. annimmt, daß eine Funktion printData für alle in Frage kommenden Datentypen überladen wurde, könnte man print wie folgt implementieren:

```
void Complex::print() {
  printf( "(" );
  printData( re );
  printf( "," );
  printData( im );
  printf( ")" );
}
```

Bei der Übersetzung für einen konkreten Datentyp sucht sich der Compiler die passende printData Funktion *anhand des Typs* von re und im aus.

Natürlich ist die hier gezeigte Schreibweise mit fünf einzelnen Funktionsaufrufen umständlich und nicht besonders intuitiv. Wir werden in Kapitel 25 mit den sogenannten *Streams* Möglichkeiten kennenlernen, um dieses Problem elegant zu lösen. Im Augenblick müssen wir auf die Ausgabe (bzw. allgemeiner auf die Serialisierung mit dem operator const char*) bei generischen Klassen verzichten.

18.2.4 Ein Beispiel

Folgendes Listing verwendet die generische Version von Complex, um zwei konkrete Complex-Klassen zu bilden: Eine für integer und eine für doubles.

```
#define TYPE int
#include <complex.cpg>
#undef TYPE
#define TYPE double
#include <complex.cpg>

void main() {

    Complex_int    ci( 3, 5 );
    Complex_double cd( 3.0, 5.0 );

    ci.print();
    cd.print();
}
```

Das Programm gibt als Ergebnis die Zeilen

```
Complex_int::print ist nicht implementiert
Complex_double::print ist nicht implementiert
```

aus.

18.2.5 Welche Datentypen kommen in Frage?

Welche Datentypen können als Basisdatentypen für Complex-Klassen verwendet werden? Die Antwort ergibt sich aus den Operationen, die mit re und im innerhalb der Mitgliedsfunktionen durchgeführt werden. In unserem kleinen Beispiel ist es nur die Zuweisung aus dem Konstruktor:

```
inline _CLASSNAME::_CLASSNAME( TYPE nRe, TYPE nIm ) {
    re = nRe;
    im = nIm;
}
```

Für alle in Frage kommenden Basisdatentypen muß also die Zuweisung sinnvoll definiert sein. In größeren Klassen kann es entsprechend mehr Operationen geben, die für einen Basisdatentyp definiert sein müssen - ansonsten sind von der Syntax keine weiteren Einschränkungen zu beachten.

Es gibt jedoch noch einige andere Kriterien, die eine Rolle spielen können. Eines der wichtigsten ist die Frage der Parameterübergabe (und -rückgabe) von Objekten des Basisdatentyps. Die Übergabe kann entweder als Wert oder als Referenz erfolgen. Folgendes Listing zeigt einige Möglichkeiten (T sei ein beliebiger Basisdatentyp):

```
doIt( T arg);              // Übergabe als Wert
doIt( T& arg);             // Übergabe als Referenz
doIt( const T& arg);       // Übergabe als Referenz
```

Im ersten Fall erhält doIt eine eigene Kopie, in den beiden anderen Fällen nicht. Bei einer Klasse wie Complex wird man int, double etc. als Basisdatentyp verwenden. Diese Typen sind klein genug, um sie direkt als Wert zu übergeben. Größere Objekte, für die die Erstellung einer Kopie aufwendig ist, übergibt man

18.2 Simulation mit Makros

besser als Referenz. Hat man z.B. eine Klasse für eine lineare Liste, die Strings speichern soll, übergibt man String-Objekte besser als Referenz.

Beim Entwurf einer generischen Klasse muß man also abwägen, ob eher "kleine" oder eher "große" Basisdatentypen verwendet werden sollen, und danach den Parameterübergabemechanismus wählen.

18.2.6 Generische Datentypen mit mehr als einem Parameter

Die generische Klasse Complex ist nur über eine Größe (nämlich den Datentyp für re und im) parametrisierbar. Dementsprechend gibt es auch nur ein Makro, nämlich TYPE. Durch eine einfache Erweiterung der gezeigten Technik sind auch mehrere Parameter möglich. Betrachten wir hierzu eine (hypothetische) generische Klasse Store, die ein Feld von Daten bereitstellen soll. Sowohl der Basisdatentyp als auch die Größe des Feldes sollen parametrisierbar sein.

Zur Lösung verwendet man einfach ein weiteres Makro zur Darstellung der Feldgröße. Folgendes Listing zeigt, wie das gemeint ist:

```
#define TYPE int
#define SIZE 100
#include <store.cpg>
#undef TYPE
#undef SIZE

#define TYPE double
#define SIZE 20
#include <store.cpg>
#undef TYPE
#undef SIZE
```

In den Namen der Klasse müssen nun drei Teile eingehen: Der Basisnamen sowie die zwei Parameter. Dementsprechend wird zur Bildung des Klassennamens nun das Makro _Paste3 verwendet.

Die generische Klasse selber könnte etwa folgende Form haben:

```
//========================= Kopf =====================================
//
// StoreXXX ist eine generische Klasse zur Speicherung eines Feldes
// von beliebigen Daten
//
// 92.08.01 : Version 1 (Au)
//

//========================= Definitionsabhängigkeiten ===============
//
// Makros TYPE, SIZE müssen definiert sein
//
//    TYPE    Basisdatentyp
//    SIZE    Feldgröße
//

#include <generic.h>
#include <stdio.h>
#include <stdlib.h>
```

```
//======================= Export ==================================
#define _CLASSNAME    _Paste3( Store_, TYPE, SIZE )

//-----------------------------------------------------------------
//       Store_XXX
//
class _CLASSNAME {
public:

  _CLASSNAME();

  //-- gibt das gesamte Feld auf stdout aus
  void print();

  //-- Zugriff mit Überprüfung der Indexgrenzen
  TYPE &operator [] ( int index );
  TYPE  operator [] ( int index ) const;

private:

  TYPE field[ SIZE ];
  };

//--- Implementierung (hier gleich mit dabei)
TYPE &_CLASSNAME::operator [] ( int index ) {

  if ( index < 0 || index >= SIZE ) {
    printf( "index %i außerhalb der Grenzen 0, %i\n", index, SIZE );
    abort();
    }

  return field[ index ];
  } // op []

#undef _CLASSNAME
```

Im Anwendungsprogramm schreibt man nun

```
#define TYPE int
#define SIZE 100
#include <store.cpg>
#undef TYPE
#undef SIZE
#define TYPE double
#define SIZE 20
#include <store.cpg>

void main() {

  Store_int100      s1;
  Store_double20    s2;

  s1[ 10 ] = 2;
  s2[ 10 ] = 3.1415;

  }
```

18.2.7 Probleme der Lösung mit Makros

Obwohl die Makrotechnik die gestellte Aufgabe lösen kann, ist die Anwendung mit Aufwand verbunden bzw. zumindest unschön. Insgesamt stören folgende Punkte:

❑   Beim Durchgehen eines Programms mit dem Debugger sieht man nur die instanziierten Klassen, nicht die im Quellcode vorhandenen generischen

Typen. Der Grund ist, daß Makros im Debugger nicht gesehen werden können, sie werden ja *vor* der Übersetzung durch ihren Wert ersetzt.

❑ Die ganze Technik ist umständlich und fehleranfällig. Alle Makro-Symbole müssen korrekt definiert werden, danach müssen sie wieder undefiniert werden.

❑ Es ist kein Schutz vor mehrfachem Includieren möglich.

❑ Sind Deklaration und Implementierung in getrennten Dateien untergebracht, müssen alle Makro-Symbole in allen Dateien exakt identisch sein. Dafür muß der Programmierer sorgen. Vergißt er dies, wird das Problem nicht beim Übersetzen, sondern erst beim Linken bemerkt.

18.3 Templates

Templates (deutsch etwa "Schablonen") bieten ein Sprachmittel, um (unter anderem) generische Klassen ohne den Umweg über Makros implementieren zu können. Templates werden vom C++ Compiler, nicht vom Präprozessor bearbeitet. Die im letzten Abschnitt genannten Nachteile können daher vollständig vermieden werden. Bei der Definition einer generischen Klasse mit Templates ("Schablonenklasse") wird noch kein Code für die Mitgliedsfunktionen erzeugt, sondern der Compiler merkt sich lediglich die Schablone intern für spätere Instantiierungen. Erst bei der Bildung einer konkreten Instanz wird Code erzeugt.

18.3.1 Definition einer Schablonenklasse

Bei der Lösung mit Makros aus dem letzten Abschnitt haben wir die parametrisierbaren Elemente durch Makro-Symbole ausgedrückt. Bei der Formulierung mit Templates werden parametrisierbare Elemente in spitze Klammern eingeschlossen. Die Klassendefinition der generischen Klasse Complex (s.o.) schreibt man mit Templates folgendermaßen:

```
//----------------------------------------------------------------
//      Complex_XXX
//
template< class BaseType > class  Complex {
public:
  Complex( BaseType nRe, BaseType nIm = 0 );
  void print();

  //-- Beispiel einer längeren Routine
  void doIt();
private:

  BaseType re, im;
  };
```

Bei der Implementierung der Mitgliedsfunktionen müssen die Parameter in genau der gleichen Weise angegeben werden:

```
//======================= inlines ================================
inline template< class BaseType >
Complex< BaseType >::Complex( BaseType nRe, BaseType nIm ) {
  re = nRe;
  im = nIm;
  } // ctor

inline template< class BaseType >
void Complex< BaseType >::print() {
  printf( "%s::print nicht implementiert!\n",
    _Str( template< class BaseType > Complex ) );
  } // print


//======================= Implementierung ========================

//---------------------------------------------------------------
//      Complex_XXX::doIt
//
template< class BaseType > void Complex< Basetype >::doIt() {

  //-- hier kommt die Implementierung von doIt

  /* ... */

  } // doIt
```

Bei der Instantiierung muß man nun einen konkreten Datentyp für Basetype angeben:

```
Complex<int>     ci( 2, 3 );       // Instanz für int
Complex<double>  cd( 2.0, 3.0 );   // Instanz für double
```

Benötigt man die instantiierte Klasse mehr als einmal, vereinbart man am besten einen Namen mit typedef:

```
typedef Complex<int>    ComplexInt;
```

Nun kann man

```
ComplexInt ci( 2, 3 );    // Instanz für int
```

schreiben.

18.3.2 Templates mit mehreren Parametern

Genau wie bei der Lösung über Makros können Schablonenklassen über mehrere Größen parametrisiert werden. Dabei ist man in der Wahl der Parameter frei: Nicht nur Datentypen, sondern auch z.B. Konstanten können Parameter sein. Folgendes Listing zeigt die generische Klasse Store (s.o.), diesmal mit Templates formuliert:

```
//-------------------------------------------------------------------
//        Store_XXX
//

template< class BaseType, int size > class Store  {

public:

  Store();

  //-- gibt das gesamte Feld auf stdout aus
  void print();

  //-- Zugriff mit Überprüfung der Indexgrenzen

  BaseType &operator [] ( int index );
  BaseType  operator [] ( int index ) const;

private:

  BaseType field[ size ];
  };


//--- Implementierung (hier gleich mit dabei)

template< class BaseType, int size >
BaseType &Store< BaseType, size>::operator [] ( int index ) {

  if ( index < 0 || index >= size ) {
    printf( "index %i außerhalb der Grenzen 0, %i\n", index, size );
    abort();
    }

  return field[ index ];
  } // op []
```

Zur Instantiierung schreibt man nun z.B.

```
Store<int,20>      myStore1;
```

Ebenso möglich wäre

```
Store<String,100>    myStore2;
```

18.3.3 Templates können Speicherfresser sein

Auch bei der Verwendung von Templates läßt es sich nicht vermeiden, daß für jede Instanz einer Schablonenklasse der gesamte Code der Mitgliedsfunktionen neu erzeugt wird. Schreibt man z.B.

```
Complex< int >     ci;
Complex< double > cd;
```

hat man bereits zweimal den kompletten Code aller Complex-Mitgliedsfunktionen im Programm. Wirklich fragwürdig wird es in Fällen wie

```
Complex< int >      ci;
Complex< unsigned > cd;
```

Dies wird leicht vergessen und führt oft zu einer ungewollten Aufblähung des Codes. Der Programmierer merkt von der Codevervielfältigung nichts, da sie (im Gegensatz zu der Lösung mit Makros) vollautomatisch abläuft. Insbesondere wenn Complex eine größere Klasse aus einer zugelieferten Klassenbibliothek mit vielen Mitgliedsfunktionen ist, kann der Effekt der Codevervielfältigung bei unbedachter Instantiierung schnell die Grenzen jedes Rechners sprengen.

Allerdings kann ein guter Compiler einen erheblichen Beitrag zur Codereduzierung leisten. So erkennen alle Compiler z.B. die mehrfache identische Instantiierung einer Schablonenklasse. Mehrere Instantiierungen von Complex mit double, etwa wie in

```
Complex< double > d1;
Complex< double > d2;
```

bewirken nicht die Erzeugung einer weiteren Instanz, sondern der Compiler verwendet die bereits bestehende Instanz für double. Ebenso ist es nicht erforderlich, grundsätzlich alle Mitgliedsfunktionen einer instantiierten Klasse auch zu instantiieren - es reicht aus, die tatsächlich benötigten Funktionen zu instantiieren und in den Code aufzunehmen. Prinzipiell hat ein Compiler diese Information, so daß einer "intelligenten" Instantiierungsstrategie nichts im Wege steht. Dies ist ein weiterer Vorteil der Lösung mit Templates gegenüber Makros. Trotzdem gibt es wohl derzeit noch keinen Compiler, der eine wirklich befriedigende Handhabung von Templates gestattet.

18.4 Das Programm templdef

C7 und VC erlauben noch keine Templates als Teil der Sprache. Es gibt jedoch einen speziellen Präprozessor, der Sourcecode mit (sehr einfachen) Templates in "gewöhnlichen" Sourcecode verwandelt, der dann in einem zweiten Schritt normal compiliert werden kann.

In unserer Lösung mit Makros dagegen wurden die Schablonenklasse ComplexXXX sozusagen während des Compilierens jedesmal in die gewünschten Instanzenklassen expandiert. Die Instanzenklassen Complex_int und Complex_double hatten dabei keine Repräsentation in einer Datei. Sie existieren nur während des Übersetzungsvorganges.

Der Template-Expander wird für VC 1.5 bereits einsatzfähig im Verzeichnis <Base>\BIN installiert, wobei <Base> hier das Installationsverzeichnis des Compilers bezeichnet (also z.B. \MSVC für VC bzw. \MSC700 für C7). Für C7 und VC 1.0 liegt er im Sourcecede vor und muß erst erzeugt werden. Dazu reicht es aus, im Verzeichnis <Base>\MFC\SAMPLES\TEMPLDEF den Befehl nmake zu geben. Das nmake-Programm (in <Base>\BIN) verwendet standardmäßig die Datei makefile, die die Anweisungen zur Erzeugung des templdef-Programms enthält. Alternativ kann das Programm auch mit der integrierten Entwicklungsumgebung erzeugt werden, indem das Projekt templdef (im gleichen Verzeichnis) geöffnet wird. Nach erfolgreicher Erzeugung des Programms sollte man templdef.exe in ein Verzeichnis kopieren, das sich im Suchpfad für ausführbare Programme (also z.B. <Base>\BIN) befindet.

18.4.1 Wirkungsweise von templdef

Wird eine Schablonenklasse mit templdef instantiiert, wird das Ergebnis in einer Datei abgelegt, die dann normal compiliert wird. Beim Aufruf müssen die Quelldatei mit der Schablonenklasse, die Template-Parameter (also z.B. der Basisdatentyp) und die Ergebnisdatei angegeben werden. Dabei müssen allerdings Definition und Implementierung der Schablonenklasse in einer Datei angeordnet und durch die speziellen Präprozessoranweisungen $DECLARE_TEMPLATE und $IMPLEMENT_TEMPLATE (und bei VC zusätzlich noch $IMPLEMENT_TEMPLATE_INLINES, s.u.) kenntlich gemacht werden. Dateien mit Schablonenklassen müssen bei Microsoft mit .ctt enden.

Folgendes Listing zeigt die nach dieser Konvention aufgebaute Datei complex.ctt für unsere Schablonenklasse Complex:

```
//========================= Kopf =================================
//
// ComplexXXX ist eine generische Klasse zur Darstellung von
// komplexen Zahlen
// hier in einer Version, mit der mit Hilfe des templdef-Präprozessors
// konkrete Instanzenklassen gebildet werden können
//
// 92.08.01 : Version 1 (Au)
//

//$DECLARE_TEMPLATE

//========================= Definitionsabhängigkeiten ==============
//

#include "generic.h"
#include "stdio.h"

//========================= Export =================================

//-----------------------------------------------------------------
//      Complex_XXX
//

template< class BaseType > class  Complex {

public:

  Complex( BaseType nRe, BaseType nIm = 0 );
  void print();

  //-- Beispiel einer längeren Routine
  void doIt();

private:

  BaseType re, im;
  };

//========================= inlines =================================
inline template< class BaseType >
Complex< BaseType >::Complex( BaseType nRe, BaseType nIm ) {
  re = nRe;
  im = nIm;
  } // ctor

inline template< class BaseType >
void Complex< BaseType >::print() {

  printf( "%s::print nicht implementiert!\n",
    _Str( template< class BaseType > Complex ) );
  } // printf
#endif
```

```
/* Der Präprozessor ist für Visual C++ weiterentwickelt worden. Für VC++
   werden die inline-Funktionen in einer getrennten Datei angeordnet.
   Alles was nach Implement_Template_Inlines kommt, geht in die .inl Datei.
   MSC7 hat keine getrennte inline-Sektion, daher hier in Kommentaren
   Bei uns stehen inline-Funktionen grundsätzlich mit in der Headerdatei

//IMPLEMENT_TEMPLATE_INLINES

   //... hier stehen vei VC++ diejenigen Teile, die in die .inl Datei gehen

*/

//$IMPLEMENT_TEMPLATE

//========================= Implementierungsabhängigkeiten ==========
//
// NOTE: die zugehörige Headerdatei muß manuell mit aufgenommen werden.
// Im Prinzip könnte templdef diese kennen (muß ja beim Expansionslauf
// angegeben werden), wird aber leider nicht berücksichtigt!

//========================= Implementierung =========================

//-------------------------------------------------------------------
//       Complex_XXX::doIt
//
template< class BaseType > void Complex< Basetype >::doIt() {

   //-- hier kommt die Implementierung von doIt

   /* ... */

} // doIt
```

In C7 instantiiert man daraus nun eine Complex-Klasse für integers mit der Anweisung[23]

```
templdef "Complex<int> ComplexInt" complex.cct cmplint.h cmplint.cpp
```

Dadurch wird eine neue Klasse ComplexInt generiert. Die Klassendefinition (genauer: Alles was nach der Template-Expander-Direktive $DECLARE_TEMPLATE steht) wurde in der Datei cmplint.h plaziert, die Implementierung der Mitgliedsfunktionen (alles, was nach $IMPLEMENT_TEMPLATE steht) in der Datei cmplint.cpp.

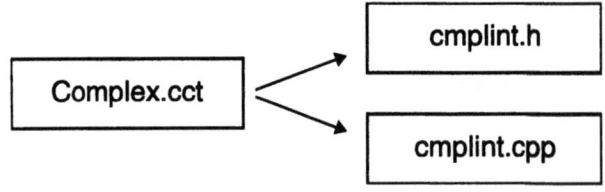

Bild 18.1: Expansion der Schablonenklasse Complex

Folgendes Listing der erzeugten Datei cmplint.h zeigt das Ergebnis:

```
//========================= Definitionsabhängigkeiten ===============
//

#include "generic.h"
#include "stdio.h"
```

---

23 Auf den Unterschied zu VC gehen wir gleich ein.

18.4 Das Programm templdef

```
//======================= Export ===================================
//------------------------------------------------------------------
//         Complex_XXX
//
  class ComplexInt {
public:

  ComplexInt( int nRe, int nIm = 0 );
  void print();

  //-- Beispiel einer längeren Routine
  void doIt();

private:

  int re, im;
  };
//======================= inlines ===================================
inline
ComplexInt::ComplexInt ( int nRe, int nIm ) {
  re = nRe;
  im = nIm;
  } // ctor

inline
void ComplexInt::print() {

  printf( "%s::print nicht implementiert!\n",
    _Str(    ComplexInt ) );
  } // print


#endif

/* Der Präprozessor ist für Visual C++ weiterentwickelt worden. Für VC++
   werden die inline-Funktionen in einer getrennten Datei angeordnet.
   Alles was nach Implement_Template_Inlines kommt, geht in die .inl Datei.
   MSC7 hat keine getrennte inline-Sektion, daher hier in Kommentaren
   Bei uns stehen inline-Funktionen grundsätzlich mit in der Headerdatei

//IMPLEMENT_TEMPLATE_INLINES

   //... hier stehen vei VC++ diejenigen Teile, die in die .inl Datei gehen

*/
```

Wie man sieht, wurde BaseType durch int und der generische Name Complex<BaseType> durch ComplexInt ersetzt.

Analog kann man z.B. eine Version für doubles erzeugen:

```
templdef "Complex<double> ComplexDbl" complex.ctt cmpldbl.h cmpldbl.cpp
```

Nun heißt die generierte Klasse ComplexDbl, sie steht in den Dateien cmpldbl.h und cmpldbl.cpp.

Beachten Sie bitte, daß es auch mit Templates nicht möglich ist, eine generische printf-Funktion zu programmieren. Die Funktion print gibt deshalb - genau wie in der Lösung mit Makros - eine entsprechende Meldung aus. Um den Namen der instanziierten Klasse *als String* zu erhalten, benötigen wir weiterhin das Makro _Str aus generic.h.

18.4.2 Bedingte Übersetzung mit templdef

Argumente für Templates können neben Datentypen auch Konstanten sein. Damit können z.B. Obergrenzen von nicht-dynamischen Feldern parametrisiert werden, etc.

Eine andere Anwendung von Konstanten ist die Steuerung von bedingter Expansion von Sourcecode. Zur Demonstration erweitern wir die generische Klasse Complex um einen weiteren Template-Parameter, über den die Generierung von Debugging-Code gesteuert werden soll:

```
inline template< class BaseType, int DBUG >
Complex< BaseType, int DBUG >::Complex( BaseType nRe, BaseType nIm ) {

#if DBUG
  printf( "Konstruktor %s aufgerufen\n",
    _Str( template< class BaseType, int DBUG > Complex ) );
#else
  //no debug version
#endif

  re = nRe;
  im = nIm;
} // ctor
```

Die Expansion mit dem Kommando

```
templdef "Complex<int,1> IntComplexD" complex.ctt cmplintd.h cmplintd.cxx
```

liefert für den Konstruktor IntComplexD den Code

```
inline
IntComplexD::IntComplexD ( int nRe, int nIm ) {

  printf( "Konstruktor %s aufgerufen\n",
    _Str(    IntComplexD ) );

  re = nRe;
  im = nIm;
} // ctor
```

während die Expansion

```
templdef "Complex<int,0> IntComplex" complex.ctt cmplint.h cmplint.cxx
```

entsprechend den Code

```
inline
IntComplex::IntComplex ( int nRe, int nIm ) {

  //no debug version

  re = nRe;
  im = nIm;
} // ctor
```

liefert.

Man sieht, daß der Template-Expander den zwischen #if und #else (bzw. #endif) stehenden Code nur dann in die Zieldatei übernimmt, wenn der entsprechende Template-Parameter 1 ist. Der Template-Expander übernimmt also hier einen Teil der Aufgaben des C++-Präprozessors.

18.4 Das Programm templdef

Damit diese "bedingte Expansion" funktioniert, müssen bestimmte Voraussetzungen gegeben sein:

- Es muß #if verwendet werden, #ifdef etc. funktioniert nicht.
- Der Parameter muß genau 0 oder 1 sein. Andere Werte oder symbolische Konstanten (z.B. TRUE, FALSE) funktionieren nicht.
- Nach dem #-Zeichen darf kein Leerzeichen stehen, # muß in Spalte 1 der Zeile stehen.
- Geschachtelte #if-Direktiven sind nicht erlaubt.

Wird eine dieser Bedingungen nicht erfüllt, übernimmt der Expander den Code unverändert in die Zieldatei. Template-Parameter werden natürlich ersetzt. Expandiert man etwa mit

```
templdef "Complex<int,DBGFLAG> IntComplex" complex.ctt cmplint.h cmplint.cxx
```

erhält man als Ergebnis

```
inline
IntComplex::IntComplex ( int nRe, int nIm ) {
#if DBGFLAG
   printf( "Konstruktor %s aufgerufen\n",
     _Str(    IntComplex ) );
#else
   //no debug version
#endif

   re = nRe;
   im = nIm;
   } // ctor
```

18.4.3 Unterschiede zwischen C7 und VC

Für VC wurde der Template-Expander geändert. Die Template-Definition muß nun zusätzlich eine getrennte Sektion für inline-Funktionen enthalten. Die Sektion wird durch $TEMPLATE_IMPLEMENT_INLINES eingeleitet und kann nicht weggelassen werden. Allerdings kann die Sektion leer sein. In unserer obigen Datei complex.ctt ist die Sektion in Kommentarklammern gesetzt, da wir inline-Funktionen in diesem Buch grundsätzlich in den zugehörigen h-Files anordnen. Den Template-Expander für C7 stört die zusätzliche Direktive nicht, zudem wird das Ergebnis sowieso nicht mitcompiliert, da es in Kommentaren steht.

Um mit VC Instanzen der generischen Klasse Complex für int und double zu erzeugen, verwendet man folgende Aufrufe:

```
templdef "Complex<int>    ComplexInt" complex.ctt cmplint.h cmplint.inl cmplint.cpp
templdef "Complex<double> ComplexDbl" complex.ctt cmpldbl.h cmpldbl.int cmpldbl.cpp
```

Der Unterschied zur Version für C7 ist, daß nun eine getrennte Datei für inline-Funktionen erzeugt wird. In diese Datei wird alles nach der Direktive $IMPLEMENT_TEMPLATE_INLINES steht.

18.4.4 Probleme mit templdef

Spitze Klammern

Der Template-Expander scheint nicht immer korrekt zu arbeiten. Oft werden Anweisungen, die spitze Klammern enthalten, irrtümlich in Zusammenhang mit Template-Definitionen gebracht und falsch bearbeitet. Das beste Beispiel ist die Anweisung

```
#include <stdio.h>
```

in der Template-Datei complex.ctt. Der Template-Expander macht daraus fälschlicherweise

```
#include
```

Es ist deshalb anzuraten, spitze Klammern so weit wie möglich zu vermeiden. Man kann z.B.

```
#include "stdio.h"
```

schreiben.

Behandlung von Zahlen

Zahlen als Template-Parameter werden vom C7-templdef nicht korrekt verarbeitet. Bei Zahlen mit mehreren Stellen werden Leerzeichen zwischen Ziffern eingefügt. Instantiiert man z.B.

```
Store<int,100>
```

erhält man beispielsweise etwas wie

```
int field[ 1 0 0 ];
```

Korrekt muß es natürlich

```
int field[ 100 ];
```

heißen. Dieser Fehler tritt beim VC-templdef nicht auf.

Generierte Namen für Include-Dateien

Die Dateinamen für die generierten Klassen müssen beim Expanderlauf angegeben werden und sind deshalb prinzipiell beliebig. Zur korrekten Übersetzung einer Implementierungsdatei muß aber die zugehörige Headerdatei includiert werden. In der Datei cmplint.cpp sollte also die Präprozessoranweisung #include <cmplint.h> stehen.

Wird als Dateiname nicht cmplint.*, sondern etwa intcmpl.* gewählt, muß die Anweisung in intcmpl.cpp natürlich #include <intcmpl.h> heißen. Werden bei VC zusätzlich

Include-Dateien für inlines generiert, müssen diese ebenfalls mit korrektem Namen includiert werden.

Obwohl der Expander die Ziel-Dateinamen kennt (er muß die Dateien ja erzeugen), werden die notwendigen #include-Anweisungen in der cpp-Datei nicht automatisch generiert. Dadurch ist grundsätzlich eine manuelle Nacharbeit der generierten Dateien erforderlich. Da nach jedem Expansionslauf alle Dateien neu erzeugt werden, muß die Nachkorrektur jedesmal erneut erfolgen.

Eine funktionierende, allerdings unbefriedigende Lösung ist die Verwendung anderer Dateinamen und Zusammenfassung der notwendigen Includes zu einer neuen Datei. Die Implementierungsdatei endet nun nicht mehr mit .cpp, sondern mit .cxx, wie in diesem Aufruf (hier für VC) gezeigt:

```
templdef "Complex<int> ComplexInt" complex.ctt cmplint.h cmplint.inl cmplint.cxx
```

Die (manuell mit dem Editor erzeugte) Datei cmplint.cpp hat folgenden Inhalt:

```
//-- Datei cmplint.cpp
#include "cmplint.h"
#include "cmplint.inl"
#include "cmplint.cxx"
```

Für die C7-Version fällt die .inl-Datei weg. Mit dieser Technik kann man gut mehrere Instanzen einer Schablonenklasse zu einer Objektdatei zusammenfassen. Weiß man z.B., daß man in einem Programm immer Complex-Instanzen für int und double benötigt, kann man eine Datei cmplall.cpp wie folgt verwenden (hier in der Version ohne inlines für C7 gezeigt):

```
//-- Datei cmplall.cpp. Erzeugt Objektdatei für Instanzenklassen
//   für int und double (C7-Version)
#include "cmplint.h"
#include "cmplint.cxx"
#include "cmpldbl.h"
#include "cmpldbl.cxx"
```

Die Datei cmplall.cpp kann nun als gewöhnliche Quelldatei zu einem Projekt hinzugefügt werden. Beachten Sie bitte, daß templdef als Dateinamen für die Moduldatei nur .cpp oder .cxx zuläßt.

Klassenabhängigkeiten

Am schwersten wiegt jedoch das Problem, daß Abhängigkeiten, wie sie z.B. zwischen Feld- Vektor- und Matrixklasse existieren, mit templdef nur schwer formuliert werden können. Dies liegt grundsätzlich daran, daß die Namen der expandierten Klasse sowie die Dateinamen prinzipiell beliebig sein können. Eine "spätere" Klasse, die eine instanziierte andere Klasse benötigt, kann deshalb keine Annahmen über den Namen dieser instantiierten Klasse machen.

Betrachten wir hierzu ein Beispiel. Die drei Klassen Array, Vektor und Matrix sollen für den Datentyp int instantiiert werden. Für Array ist dies noch kein Problem: Ein Expanderaufruf wie z.B.

```
templdef "Array<int> ArryInt"    arry.ctt iarry.h iarry.cpp
```

leistet das Gewünschte.

Das Problem tritt nun auf, wenn z.B. Vektor in der gleichen Weise instantiiert werden soll. VektorInt benötigt ein Objekt vom Typ ArryInt als Datenmitglied. Nun ist aber leider der Bezeichner ArryInt nicht von vornherein festgelegt, sondern hängt von obigem Expanderaufruf ab. Hätte man stattdessen z.B.

```
templdef "Array<int> AI"    arry.ctt iarry.h iarry.cpp
```

geschrieben, müßte in Vektor nun AI anstelle ArryInt verwendet werden. Dadurch, daß eine Vektor-Instanzenklasse von einer Array-Instanzenklasse *abhängig* ist, muß der Name der korrekten Array-Instanzenklasse für Vektor bekanntgemacht werden. Da diese aber (abhängig vom Expanderaufruf) prinzipiell einen beliebigen Namen haben kann, bleibt nur übrig, den Namen als weiteren Template-Parameter zu übergeben.

Doch damit nicht genug: In Vektor gibt es einen Bezug auf Matrix, denn die zugehörige Matrixklasse wird in der Vektorklasse als Freund deklariert. Konkret muß VektorInt MatrixInt als Freund deklarieren, VektorDouble jedoch MatrixDouble. Wiederum muß für die Instantiierung von Vektor der Namen einer weiteren Klasse bekannt sein, so daß wir nun schon zwei Abhängigkeiten haben.

Darüber hinaus gibt es noch das Problem der Include-Dateinamen: Da sie beim Expanderaufruf ebenfalls beliebig sein können, können sie nicht fest in einer include-Anweisung stehen. In ivekt.h kann man also z.B. nicht einfach #include "iarry.h" schreiben, da der Benutzer ja auch z.B.

```
templdef "Array<int> AI"    arry.ctt ia.h ia.cpp
```

expandieren könnte.

Diese Schwierigkeiten treten mit den "richtigen" Templates des Sprachstandards ab Version 3.0 nicht auf. Sie resultieren einzig aus der Notwendigkeit (bzw. Möglichkeit), beim Expanderaufruf den Namen der instantiierten Klasse sowie die Dateinamen explizit angeben zu können.

Projektabhängigkeiten

Grundsätzlich haben alle Präprozessoren das Problem, daß nur die generierten Dateien in der Liste der Sourcefiles für ein Projekt erscheinen, denn nur die generierten Dateien werden ja compiliert. Die Originaldateien stehen nicht automatisch in den Projektabhängigkeiten. Die von der PWB automatisch generierten Makefiles enthalten keine entsprechenden Regeln.

Die Folge ist, daß eine Änderung einer Template-Definition nicht automatisch zu einer Neu-Expansion aller Instanzen führt. Dieser Schritt muß durch den Programmierer manuell durchgeführt werden. Wenn man davon ausgeht, daß Schablonenklassen eher grundlegende Klassen sind, die einmal entwickelt, ausgetestet und dann ausgeliefert werden, fällt das Problem allerdings nicht so sehr ins Gewicht.

18.5 templdef oder Makro-Technik?

Die Frage, ob generische Datentypen mit Hilfe der Makrotechnik oder besser unter Verwendung eines Template-Expanders implementiert werden, kann nicht generell beantwortet werden. Beide Methoden haben ihre Vor- und Nachteile.

Der wesentliche Vorteil von tmpldef ist wohl die Möglichkeit, Schablonenklassen bereits angenähert so zu notieren, wie sie die Syntax ab Version 3 des Sprachstandards vorschreibt. Die Umstellung auf spätere Versionen des Compilers gestaltet sich entsprechend einfach. Ebenso kann Software (was Templates angeht) ohne größeren Umstellungsaufwand auf Rechner portiert werden, auf denen bereits ein Version 3 Compiler läuft. Außerdem kann sich der Programmierer bereits jetzt mit dem Sprachmittel der Templates auseinandersetzen und die Syntax lernen. Demgegenüber steht die teilweise fehlerhafte Implementierung des Template-Expanders sowie die Notwendigkeit, Dateinamen für die generierten Dateien selber anzugeben. Daraus wiederum folgen Nachteile für Klassen, die aufeinander Bezug nehmen, wie es z.B. bei Array, Vektor und Matrix der Fall ist.

Der Vorteil der Implementierung über die Makro-Technik liegt eindeutig in der Portierbarkeit der Programme auf andere Maschinen. Jeder C++ Compiler hat einen Präprozessor, der Makros beherrscht. Alle größeren Compiler implementieren heute (mindestens) den Sprachstandard Version 2.1, so daß die über Makro-Technik entwickelte Software (was Templates angeht) problemlos portiert werden kann.

Welcher Technik man also den Vorzug gibt, hängt von der konkreten Aufgabenstellung ab. Wir entscheiden uns für unsere Feld-, Vektor- und Matrixklassen für die Makrotechnik, da sich die dargestellten Probleme bei abhängigen Klassen mit tmpldef kaum lösen lassen. Für einzelne Klassen ohne "Querbezüge" zu anderen Template-Klassen kann die Expandertechnik jedoch durchaus verwendet werden.

18.6 Generische Version von Array (Template-Version)

Auf der Begleitdiskette befindet sich in der Datei arry.ctt (Verzeichnis KAP18) zu Übungszwecken eine Version von Array, die eine Template-Notation verwendet, wie sie der Expander verstehen kann. Die Klasse ist über zwei Parameter parametrisiert: Neben dem eigentlichen Datentyp muß auch der Wert für noData variabel gehalten werden. Um unsere bereits bekannte Version für integers daraus zu generieren, ist z.B. der Expanderaufruf

```
templdef "Arry<int,INT_MAX>  ArryInt"   arry.ctt iarry.h iarry.cpp
```

möglich. Bei Verwendung von VC heißt der Aufruf

```
templdef "Arry<int,INT_MAX>  ArryInt"   arry.ctt iarry.h iarry.inl iarry.cpp
```

Es gibt einige Stellen, an denen die fehlerhafte Implementierung des Expanders Schwierigkeiten macht. Im Sourcecode befinden sich entsprechende Kommentare und Umgehungen.

18.7 Generische Versionen für Array, Vektor und Matrix
(Makro-Version)

Mit Hilfe der Makro-Technik lassen sich die Abhängigkeiten zwischen den drei Klassen relativ einfach in den Griff bekommen. Wir nutzen dabei die Tatsache aus, daß wir die Namen der instantiierten Klassen nach einer festen Regel selber aus mehreren Einzelteilen zusammensetzen. In der Klasse Vektor wissen wir deshalb z.B. genau, wie die zugehörige Array-Klasse heißt.

18.7.1 Aufbau von Klassen- und Dateinamen

Der Klassenname setzt sich aus drei Teilen zusammen: Dem Basisnamen, dem Datentyp sowie dem Wert für NODATA. Zum Zusammenfügen muß daher das Makro _Paste3 (aus generic.h) verwendet werden. Auf die Verwendung von NODATA im Klassennamen könnte man auch verzichten, der wichtigere Teil ist auf jeden Fall der Datentyp. Andererseits muß NODATA parametrisiert werden, da z.B. für eine Instanziierung mit double ein anderer Wert als für eine Instanziierung mit int sinnvoll ist. Im Sinne von Templates ist es korrekt, einen solchen Parameter mit in die Namensbildung der Klasse einfließen zu lassen.

Dateinamen, in denen generische Klassen definiert (bzw. implementiert) sind, haben den Buchstaben g als letzten Buchstaben der Erweiterung. Dadurch unterscheiden sie sich von den normalerweise in C++ Programmen verwendeten Dateinamenerweiterungen .h und .cpp. Man sieht sofort, daß es sich nicht um "normale" Dateien handelt. .hg- und .cpg-Dateien müssen immer includiert werden, nachdem die zu Parametrisierung notwendigen Makros (hier TYPE und NODATA) definiert sind.

Die Dateinamen unserer drei Klassen ergeben sich daher wie folgt:

```
        arry.hg,  arry.cpg      Definition und Implementierung Array
        vekt.hg,  vekt.cpg      Definition und Implementierung Vektor
        mat.hg,   mat.cpg Definition und Implementierung Matrix
```

Folgendes Listing zeigt einen Teil der Datei arry.hg:

```
//======================== Kopf =====================================
//
//    Die Klasse ArrayXXX implementiert ein generisches dynamisches Feld
//    Das Feld wird über zwei Makros parametrisiert:
//       TYPE       : Datentyp, den das Feld verwalten soll
//       NODATA     : Eine Instanz des Datentyps, der "kein Element"
//                    repräsentiert
//
//    Die Klasse ArrayXXX ist eine Schablonenklasse. Es wird die
//    Makrotechnik verwendet.
//
//    92.08.01 : Version 1 (Au)
//
```

18.7 Generische Versionen für Array, Vektor und Matrix

```
//======================= Definitionsabhängigkeiten ===============
//
// Makros TYPE, NODATA müssen definiert sein
//
#include <stdio.h>
#include <bool.h>
#include <str.h>
#include <generic.h>

//======================= Export ==================================
#ifdef _CLASSNAME
#undef _CLASSNAME
#endif

#define _CLASSNAME    _Paste3( Array_, TYPE, NODATA )

//-- Array benötigt die Namen der Vektor- und Matrixklassen, um sie
//     als friend deklarieren zu können.
//     Daher werden diese hier auch bereitgestellt

#define _CLASSNAME_VEKTOR    _Paste3( Vektor_, TYPE, NODATA )
#define _CLASSNAME_MATRIX    _Paste3( Matrix_, TYPE, NODATA )


//-----------------------------------------------------------------
//      class ArrayXXX
//

class _CLASSNAME {

public:

  _CLASSNAME();  // erzeugt leeres Feld
  ~_CLASSNAME();

  //-- erwartet eine beliebige Anzahl von TYPE-Objekten, die dann
  //     in das Feld eingetragen werden.
  //     Die Liste muß durch NODATA abgeschlossen werden

  _CLASSNAME( TYPE arg1, ... );

  _CLASSNAME              ( const _CLASSNAME & );
  _CLASSNAME &operator =  ( const _CLASSNAME & );

  /* ... weitere Mitglieder von Array ...*/
};
/* ... globale Operatoren, Funktionen etc. ... */
/* ... inlines ... */
#undef _CLASSNAME_VEKTOR
#undef _CLASSNAME_MATRIX
```

Sowohl der Klassenname der Feldklasse (_CLASSNAME) als auch die Klassennamen der beiden anderen Klassen (_CLASSNAME_VEKTOR und _CLASSNAME_MATRIX) werden bereits hier bestimmt. Wir benötigen sie, um die Klassen als Freunde deklarieren zu können:

```
class _CLASSNAME {

  /* ... weitere Mitglieder von Array ...*/

  //-- Die Klassen für Vektoren und Matrizen können die gleichen Puffer,
  //    invalidString, noDataString etc. verwenden. Da diese private sind,
  //    deklarieren wir die Vektor- und Matrixklassen hier als friends

  friend class _CLASSNAME_VEKTOR;
  friend class _CLASSNAME_MATRIX;

};
```

Als Freunde können die Vektor- und Matrixklassen auf private Daten der Feldklasse zugreifen und so z.B. den Serialisierungspuffer serBuf gemeinsam nutzen.

18.7.2 Zugriff auf den Klassennamen von außen

Beachten Sie bitte, daß das Makro _CLASSNAME nicht am Ende der Includedatei arry.hg mit #undef wieder gelöscht wird. Ein Anwendungsprogramm, das die Datei arry.hg includiert, hat deshalb Zugriff auf das Symbol _CLASSNAME. Dieses kann man verwenden, um den (evtl. etwas kryptischen) automatisch generierten Klassennamen mit typedef "umzubenennen". Schreibt man also z.B.

```
#define TYPE        int
#define NODATA      INT_MAX

#include <arry.hg>

typedef _CLASSNAME IntegerArray;
```

kann man die Feldklasse ab sofort auch unter dem Namen IntegerArray ansprechen. Der automatisch generierte Name (d.h. der momentane Wert von _CLASSNAME) wäre in diesem Fall Array_int32767, was sicher nicht so gut lesbar ist. Beachten Sie bitte, daß durch typedef *kein* neuer Typ vereinbart wird. In unserem Beispiel sind Array_int32767 und IntegerArray identische Typen. Mit der typedef-Anweisung wird lediglich ein neuer Name für einen bereits existierenden Typ vereinbart. Nur deshalb ist es möglich, z.B.

```
IntegerArray a();
```

zu definieren und dann z.B.

```
a.append( 3 );
```

aufzurufen. Wären IntegerArray und Array_int32767 unterschiedliche Typen, könnte man append nicht für ein IntegerArray aufrufen, denn append wäre nur für Array_int32767 definiert.

Beachten Sie bitte, daß _CLASSNAME nur bis zur Includierung der nächsten Datei mit generischen Definitionen Bestand hat. Für jede generische Klasse ist natürlich ein anderer Wert für _CLASSNAME erforderlich, so daß das Symbol am Anfang einer Datei mit generischen Definitionen mit #undef gelöscht und dann neu gesetzt wird. Die typedef-Anweisung in einem Programm sollte deshalb sofort nach der Includierung der entsprechenden Datei erfolgen.

Zum Aufbau der Headerdatei ist sonst nicht viel zu sagen, sie hat sich gegenüber der letzten Version nur durch die Verwendung der Präprozessorsymbole für Klassennamen, Basisdatentyp und noData geändert. So schreibt man jetzt statt

```
IntArry( const IntArry & );
```

eben

```
_CLASSNAME ( const _CLASSNAME & );
```

Genauso verhält es sich mit der Implementierung: Der Code hat sich funktional nicht geändert, es wurden lediglich Namen durch Präprozessorsymbole ersetzt, wie hier an einem der Konstruktoren gut sichtbar:

```
//---------------------------------------------------------------
//        IntArry::IntArry
//
IntArry::IntArry( int arg1, ... ) {

  init();

  va_list argp;
  int data;

  if ( arg1 == noData )
    return;

  append( arg1 );

  va_start( argp, arg1 );
  while( (data = va_arg( argp, int ) ) != noData )
    append( data );

  va_end( argp );
} // ctor
```

Version mit Makros:

```
//---------------------------------------------------------------
//        ArrayXXX::ArrayXXX
//
_CLASSNAME::_CLASSNAME( TYPE arg1, ... ) {

  init();

  va_list argp;
  TYPE data;

  if ( arg1 == NODATA )
    return;

  append( arg1 );

  va_start( argp, arg1 );
  while( (data = va_arg( argp, TYPE ) ) != NODATA )
    append( data );

  va_end( argp );
} // ctor
```

18.7.3 Mehrfaches Includieren

Es ist leider nicht möglich, die einzelnen Dateien mit generischen Definitionen korrekt gegen mehrfaches Includieren zu schützen. Es ist deshalb ungünstig, z.B. in der Datei vekt.hg die Datei arry.hg zu includieren, obwohl array zur Definition von vektor benötigt wird. Das Problem wird deutlich, wenn der Benutzer in seinem Programm sowohl Felder als auch Vektoren benötigt und deshalb

```
#include <arry.hg>
#include <vekt.hg>      /* Fehler ! */
```

schreibt. vekt.hg includiert wiederum arry.hg, so daß die Feldklasse zweimal übersetzt würde, was natürlich einen Syntaxfehler ergibt.

Solche Situationen können beliebig komplex werden und viel Zeit kosten, bis man schließlich die richtige Reihenfolge der includes gefunden hat. Die sauberste Lösung ist, in Dateien, die nicht gegen mehrfaches Includieren geschützt werden können, keine weiteren Dateien dieser Art zu includieren. Allerdings muß dann der Programmierer auf der obersten Ebene alle benötigten Dateien manuell includieren.

Ein typischer Programmabschnitt aus einem Programm, das Integerversionen der drei Klassen benötigt, sieht deshalb folgendermaßen aus:

```
#define TYPE        int
#define NODATA      INT_MAX

#include <arry.hg>
typedef _CLASSNAME IntegerArray;

#include <vekt.hg>
typedef _CLASSNAME IntegerVektor;

#include <mat.hg>
typedef _CLASSNAME IntegerMatrix;
```

18.7.4 Instantiierung für double

Für unser Graphikprojekt (nächstes Kapitel) benötigen wir double-Instanzen der drei Klassen. Hier ergibt sich das Problem der Wahl eines Wertes für NODATA. Es gibt zwar analog zu INT_MAX (in der Datei float.h) auch eine Größe DBL_MAX, dieses Makro besteht jedoch teilweise aus Zeichen, die für Programmbezeichner nicht zulässig sindf[24]. Zur Abhilfe könnte man eine Konstante statt dem Makro NODATA verwenden:

```
#define TYPE        double
const double NODATA = DBL_MAX;
```

Dadurch erhält die Klasse den Namen Array_DBL_MAX, als *Wert* von NODATA wird jedoch weiterhin der Wert von DBL_MAX verwendet. Man muß sich jedoch im klaren sein, daß man nun NODATA nicht mehr undefinieren kann, wenn man bei einer Instantiierung für einen anderen Datentyp einen anderen Wert benötigt. Wir verwenden deshalb diese Lösung besser nicht. Anstelle des nicht möglichen Makros DBL_MAX verwenden wir den für unsere Zwecke genausoguten Wert 1e100.

```
#define NODATA       1e100
```

---

[24] Die Konstante hat den Wert 1.7976931348623158e+308. Das Plus-Zeichen vor dem Exponent kann nicht in Programmbezeichnern vorkommen.

18.8 Das AVM-Paket

Die Klassen Matrix und Vektor werden meist im Zusammenhang benötigt, d.h. ein Programm, das mit Matrizen arbeitet, benötigt in der Regel auch Vektoren, und umgekehrt. Der Grund ist, daß Matrizen hauptsächlich auf Vektoren angewendet werden. Es ist deshalb sinnvoll, die Klassen für Vektoren und Matrizen sowie die Operatorfunktionen zu ihrer Verknüpfung zu einer Einheit zusammenzufassen. Da sowohl Vektor- als auch Matrixklasse auf der Feldklasse aufbauen, nehmen wir das Feld noch mit in die Einheit auf und nennen diese Einheit im folgenden *AVM-Paket*. Die Buchstaben AVM stehen dabei für die Anfangsbuchstaben der Klassen Array, Vektor bzw. Matrix.

18.9 Das Modul AVM_D

Beachten Sie bitte, daß es sich bei dem Paket nicht um einen "Modul" im klassischen Sinne handelt. Ein Modul ist eine getrennt übersetzbare Einheit, mehrere Objektmodule werden durch den Linker zu einem lauffähigen Programm gebunden. Das AVM-Paket an sich ist jedoch nicht übersetzbar, denn dazu fehlen noch Datentyp und NODATA. Erst eine Instantiierung für einen bestimmten Datentyp ist (z.B. als Modul) übersetzbar.

In unserer Graphikprojekt, das wir im nächsten Kapitel beginnen werden, benötigen wir eine Instanz des Paketes für double-Werte. Diese Instanz werden wir in das Modul AVM_D (das "D" soll für "double" stehen) übersetzen.

Die folgenden beiden Listings zeigen der Vollständigkeit halber bereits hier Deklarations- und Implementierungsdatei des Moduls, so wie wir es im nächsten Kapitel verwenden werden.

Datei avm_d.h

```
#ifndef __AVM_D_H
#define __AVM_D_H
//========================= Kopf =======================================
//
// Includedatei für die parametrisierten Versionen von Array, Vektor
// und Matrix.
//
//========================= Definitionsabhängigkeiten ===============
//
//keine
```

```
//======================== Export =================================
//-- hier wird festgelegt, für welchen Datentyp die drei Klassen
//   instantiiert werden sollen.

#define TYPE           double
#define NODATA         1e100

#include <arry.hg>
typedef _CLASSNAME     DblArry;

#include <vekt.hg>
typedef _CLASSNAME     DblVekt;

#include <mat.hg>
typedef _CLASSNAME     DblMat;

#undef TYPE
#undef NODATA

#endif
```

Datei avm_d.cpp

```
//======================== Kopf ====================================
//
// Die Datei parametriesiert die Klassen für Array, Vektor und Matrix
//   für den Datentyp double.
//
//-- avm_d steht für "Array, Vektor, Matrix für double"
//
//
// 92.08.01 : Version 1 (Au)
//

//======================== Implementierungsabhängigkeiten ==========
//

//-- hier wird festgelegt, für welchen Datentyp die drei Klassen
//   instantiiert werden sollen.
//

#include <avm_d.h>

//======================== Implementierung =========================

#define TYPE           double
#define NODATA         1e100

#include <arry.cpg>
#include <vekt.cpg>
#include <mat.cpg>
```

Beachten Sie bitte, daß für das Modul AVM_D die üblichen Dateinamenerweiterungen .h und .cpp verwendet werden, da es sich bei AVM_D nicht mehr um generische Deklarationen bzw. Definitionen handelt.

18.10 Zusammenfassung

Die Implementierung generischer Datentypen ist bereits eines der fortgeschritteneren Themen in der objektorientierten Programmierung mit C++. Der "offizielle" Weg über Templates steht leider mit den Compilern C7 bzw. VC noch nicht zur Verfügung. Die beiden in diesem Kapitel vorgestellten Simulationstechniken über den Template-Expander bzw. über Makros sind für die Praxis nur bedingt tauglich. Auf der anderen Seite ist eine professionelle Programmierung in C++ ohne generische Datentypen wiederum praktisch nicht denkbar. Man muß daher mit den Unzulänglichkeiten leider noch eine Weile leben.

Nachdem wir in diesem Kapitel mehr die theoretischen Aspekte generischer Typen abgehandelt haben, befassen wir uns im nächsten Kapitel mit einer konkreten Anwendung.

19 Projekt Graphikprogramm

In diesem Projekt befassen wir uns mit graphischen Darstellungen auf dem Bildschirm sowie deren Manipulation. Wir untersuchen zunächst, wie sich graphische Objekte im Rechner darstellen lassen. Als zweiten Schritt wenden wir verschiedene Transformationen wie z.B. Verschiebungen, Drehungen, Spiegelungen oder Skalierungen auf die graphischen Objekte an. Die Ergebnisse werden jeweils auf dem Bildschirm angezeigt.

19.1 Repräsentation graphischer Objekte im Rechner

Die in diesem Projekt betrachteten graphischen Objekte besitzen als wesentliches Merkmal einen Satz an Punkten. Dies ist erforderlich, da wir das graphische Objekt manipulieren, indem wir seine Punkte nach bestimmten Regeln transformieren.

Die sichtbare Figur auf dem Bildschirm entsteht, indem die Punkte miteinander verbunden werden. Hierzu hat man verschiedene Möglichkeiten:

- ❑ Die Punkte werden durch gerade Linien verbunden. Die Linien können Eigenschaften wie z.B. Dicke oder Farbe besitzen. Die so erhaltenen Figuren werden auch *Polygone* genannt.

- ❑ Die Punkte werden durch Bögen miteinander verbunden. Die einfachste Möglichkeit sind Kreisbögen. Da man zwei Punkte mit beliebig vielen Kreisen verbinden kann, benötigt man noch einen Parameter, der den Durchmesser eindeutig festlegt. Dies kann z.B. ein (unsichtbarer) Hilfspunkt sein. Die Darstellung mit dem Hilfspunkt hat den Vorteil, daß der Hilfspunkt auf einfache Weise mit der Figur mittransformiert werden kann.

- ❑ Die Punkte werden durch beliebige Linienformen miteinander verbunden. Es gibt Möglichkeiten, nahezu beliebige Linienformen durch Hilfspunkte und besondere Algorithmen auszudrücken.

In der hier vorgestellten ersten Version des Projekts betrachten wir der Einfachheit halber nur Polygone, die aus "normalen" Linien bestehen.

19.2 Die Klasse Point

Alle hier betrachteten Figuren bestehen aus einer Menge an zweidimensionalen Punkten, die auf bestimmte Weise miteinander verbunden sind. Eine Datenstruktur zur Darstellung eines Punktes ist deshalb ein zentrales Element jeder Figur. Folgendes Listing aus der Datei point.h zeigt eine Klasse Point, die zur Repräsentation eines solchen Punktes verwendet werden kann:

```
//------------------------------------------------------------------
//        class Point
//
struct Point {

  //-- Entspricht den bei eigentlich allen Compilern irgendwie vorhandenen
  //   Structs für zweidimensionale Punkte. Die hier implementierte
  //   Klasse hat jedoch auch noch Mitgliedsfunktionen, die die Handhabung
  //   von Koordinaten erleichtern

  Point();
  Point( short xn, short yn );

  //-- erzeugt eine Stringdarstellung des Punktes in statischem Puffer
  operator const char *() const;

  short x, y;
private:

  static String serBuf; // Puffer für Serialisierung
};
```

Die wesentlichen Bestandteile der Klasse sind natürlich die Koordinaten x und y. Neben dem Konstruktor besitzt die Klasse wie üblich einen Operator const char*, der die Ausgabe der Koordinaten auf dem Bildschirm erleichtert.

Die Implementierung der Klasse liegt auf der Hand (Dateien point.h und point.cpp):

```
//------------------------------------------------------------------
//        Point - inlines
//
inline Point::Point( short xn, short yn ) {

  x = xn;
  y = yn;
} // ctor

inline Point::Point() {

  x = 0;
  y = 0;
} // ctor
//------------------------------------------------------------------
//        Point::operator const char *
//
Point::operator const char *() const {

  serBuf = "( ";
  serBuf << String( x ) << "/" << String( y ) << " )";

  return serBuf;
} // op const char *
//------------------------------------------------------------------
//        Point::statische Variable
//
String Point::serBuf;
```

19.3 Die Klasse Polygon

Ein Polygon ist eine Menge von Punkten, die durch gerade Linien miteinander verbunden sind. Eine Klasse zur Repräsentation einer solchen Figur benötigt daher ein Feld, um Punke aufnehmen zu können, sowie eine Funktion zum Zeichnen auf dem Bildschirm.

Die Anzahl der Punkte eines Polygons kann in realistischen Graphikanwendungen von drei bis mehreren tausend reichen. Es ist klar, daß zur Speicherung deshalb ein dynamisches Feld verwendet werden muß. Im letzten Kapitel haben wir die Grundlagen generischer Datentypen sowie drei oft gebrauchte generische Datenstrukturen (Feld, Vektor und Matrix) vorgestellt.

19.3.1 Dynamisches Feld für Punkte

Konkret benötigen wir hier ein dynamisches Feld von Point-Objekten. Folgendes Listing zeigt die Parametrisierung des generischen Feldes für den Datentyp Point aus der Datei poly.h:

```
extern Point noPoint;
#define TYPE      Point
#define NODATA    noPoint

#include <arry.hg>
typedef _CLASSNAME PointArry;

#undef TYPE
#undef NODATA
```

Die Implementierung läuft analog (Datei poly.cpp):

```
//-------------------------------------------------------------------
//    Feld von Point-Objekten
//

#define TYPE    Point
#define NODATA noPoint
#include <arry.cpg>
#undef   TYPE
#undef   NODATA
```

Interessant ist die Bestimmung eines Wertes für NODATA. Im letzten Kapitel wurden die generischen Klassen für einfache Datentypen wie int oder double instanziiert. Als Wert für NODATA konnte man sich dort einen beliebigen "selten gebrauchten" Wert aus dem entsprechenden Wertebereich aussuchen. Bei der Instanziierung für eine Klasse muß man entsprechend ein "selten gebrauchtes" Objekt dieser Klasse definieren. Wir definieren zu diesem Zweck in poly.cpp ein statisches Point-Objekt mit dem Namen noPoint und den Koordinaten (255, 255).

```
static Point noPoint( 255, 255 );
```

19.3.2 Gültigkeitskonzept etc.

Polygon ist eine Klasse, die als Datenmitglied ein dynamisches Feld besitzt, das (z.B. bei nicht mehr ausreichendem Heapspeicher) ungültig werden kann. Damit ist natürlich das betreffende Polygonobjekt ebenfalls nicht mehr zu gebrauchen. Es ist daher sinnvoll, das nunmehr bekannte Gültigkeitskonzept auch für Polygone zu implementieren. Folgendes Listing zeigt die notwendigen Deklarationen:

```
class Polygon {

public:

    //-- die üblichen Funktionen...

    int getNENT() const;
    bool assureNENT( int );
    bool isValid() const;
    void invalidate();

    /* ... weitere Mitglieder von Polygon ... */
};
```

Auf die Bedeutung der einzelnen Funktionen gehen wir hier nicht mehr ein.

Glücklicherweise kann man bei der Implementierung völlig auf die entsprechenden Routinen des Punktfeldes zurückgreifen, denn ein Polygon ist genau dann gültig, wenn es das "darunterliegende" Feld ist, und umgekehrt:

```
//-----------------------------------------------------------------
//      Polygon:: getNENT
//

inline int Polygon::getNENT() const {
  return data.getNENT();
} // getNENT

//-----------------------------------------------------------------
//      Polygon:: assureNENT
//

inline bool Polygon::assureNENT( int nent ) {
  return data.assureNENT( nent );
} // assureNENT

//-----------------------------------------------------------------
//      Polygon:: isValid
//

inline bool Polygon::isValid() const {
  return data.isValid();
} // isValid

//-----------------------------------------------------------------
//      Polygon:: invalidate
//

inline void Polygon::invalidate() {
  data.invalidate();
} // invalidate
```

19.3.3 Konstruktor für Polygon-Objekte

Ein Polygon muß mit einer variablen Anzahl von Point-Objekten initialisiert werden können. Wir verwenden dazu die bereits bekannte Technik mit variablen Argumentlisten:

```
class Polygon {

public:

  //-- Das Polygon wird definiert als eine Folge von (x,y) Koordinaten.
  //   Standardkonstruktor erzeugt "leeres" Polygon

  Polygon();
  Polygon( int nbr, Point arg1, ... );

  /* ... weitere Funktionen von Polygon ...*/

};
//-----------------------------------------------------------------
//        Polygon::Polygon
//

Polygon::Polygon( int nbr, Point arg1, ... ) {

  if ( nbr <= 0 ) {
    invalidate();
    return;
    }

  //-- da wir die Anzahl der übergebenen Point-Objekte kennen,
  //   können wir den gesamten benötigten Speicher auf einmal allokieren

  if ( !data.assureNENT( nbr ) ) {
    invalidate();
    return;
    }

  va_list argp;
  va_start( argp, nbr );

  for ( int i=0; i<nbr; i++ )
    data[ i ] = va_arg( argp, Point );

  va_end( argp );
  } // ctor
```

Um z.B. ein geschlossenes Dreieck zu definieren, kann man mit dem obigen Konstruktor etwas wie

```
//-- Dreieck
Polygon p( 4,

   Point( 100, 100 ),
   Point(  60, 140 ),
   Point( 140, 140 ),
   Point( 100, 100 ) );
```

schreiben.

19.3.4 Zeichnen des Polygons

Die Routine draw ist generell für das Zeichnen von Figuren zuständig. Im Falle der Klasse Polygon brauchen nur die Punkte miteinander verbunden zu werden:

```
//-------------------------------------------------------------
//         Polygon::draw
//

void Polygon::draw() const {

  if ( !getNENT() || !isValid() )
    return;

  _moveto( data[0].x, data[0].y );

  for ( int i=1; i<getNENT(); i++ )
    _lineto( data[i].x, data[i].y );

} // draw
```

Wir gehen dabei davon aus, daß sich das System bereits im Graphikmodus befindet. Die Prototypen für _moveto und _lineto befinden sich in der System.Includedatei graph.h.

19.4 Transformationen graphischer Objekte

In gängigen Geometriebüchern läßt sich nachlesen, daß sich Transformationen wie Verschiebung, Drehung, Spiegelung oder Skalierung eines zweidimensionalen graphischen Objekts durch eine 3x3-Matrix repräsentieren lassen. Das Objekt wird transformiert, indem die Koordinaten seiner Punkte einzeln transformiert werden, danach müssen die Punkte wieder miteinander verbunden werden. Ein Punkt wird transformiert, indem seine Koordinaten mit der betreffenden Matrix multipliziert werden.

Die genannten Transformationen lassen sich durch die folgenden Matrizen ausdrücken:

Translation um die Strecken dx, dy:

$$\begin{pmatrix} 1 & 0 & dx \\ 0 & 1 & dy \\ 0 & 0 & 1 \end{pmatrix}$$

Drehung um den Winkel w:

$$\begin{pmatrix} \cos w & -\sin w & 0 \\ \sin w & \cos w & 0 \\ 0 & 0 & 1 \end{pmatrix}$$

Skalierung um die Faktoren sx, sy:

$$\begin{pmatrix} Sx & 0 & 0 \\ 0 & Sy & 0 \\ 0 & 0 & 1 \end{pmatrix}$$

19.4.1 Das Modul AVM_D

Hier haben wir den ersten Anwendungsfall für unser AVM-Paket aus dem letzten Kapitel. Bis auf die Drehung kommen in den Matrizen nur Ganzzahlen vor, von daher würde eine Instantiierung des Paketes für integer ausreichen. Sollen graphische Objekte auch gedreht werden, kommt man (ohne Tricks) an Fließkommazahlen nicht vorbei.

Wir verwenden also für die Matrixoperationen eine Instantiierung des AVM-Paketes für doubles. Das entstehende Modul heißt AVM_D (das "D" soll für "double" stehen). Folgendes Listing zeigt die zugehörigen Dateien:

Datein avm_d.h

```
#ifndef __AVM_D_H
#define __AVM_D_H

//========================= Kopf =====================================
//
// Includedatei für die parametrisierten Versionen von Array, Vektor
// und Matrix.
//
//========================= Definitionsabhängigkeiten ===============
//
//keine
```

```
//======================== Export ===================================
//-- hier wird festgelegt, für welchen Datentyp die drei Klassen
//   instantiiert werden sollen.

#define TYPE            double
#define NODATA          1e100

#include <arry.hg>
typedef _CLASSNAME      DblArry;

#include <vekt.hg>
typedef _CLASSNAME      DblVekt;

#include <mat.hg>
typedef _CLASSNAME      DblMat;

#undef TYPE
#undef NODATA

#endif
```

Datei avm_d.cpp

```
//======================== Kopf ======================================
//
//  Die Datei parametriesiert die Klassen für Array, Vektor und Matrix
//  für den Datentyp double.
//
//-- avm_d steht für "Array, Vektor, Matrix für double"
//
//
//  92.08.01 : Version 1 (Au)
//

//======================== Implementierungsabhängigkeiten ==========
//

//-- hier wird festgelegt, für welchen Datentyp die drei Klassen
//   instantiiert werden sollen.
//

#include <avm_d.h>

//======================== Implementierung ========================
#define TYPE            double
#define NODATA          1e100

#include <arry.cpg>
#include <vekt.cpg>
#include <mat.cpg>
```

Beachten Sie bitte, daß alle Dateien includiert werden. Sowohl die .hg als auch die .cpg-Dateien befinden sich auf der Begleitdiskette im Verzeichnis KAP18. In den Projekten dieses Kapitels ist deshalb der Includepfad ..\KAP18 gesetzt.

19.4.2 Die Anwendung einer Matrix auf ein graphisches Objekt

Wie bereits dargestellt, wird ein graphisches Objekt transformiert, indem die Einzelpunkte transformiert werden. Das AVM-Paket enthält bereits einen Multiplikationsoperator, mit dem Matrizen auf Vektoren angewendet werden können.

Ein Problem dabei ist, daß die Punkte unserer Graphikobjekte Objekte der Klasse Point und keine double-Vektoren sind. Möchte man also die mit AVM bereitgestellten Operatoren nutzen, muß man sich einen "Zwischenvektor" erzeugen, und mit diesem multiplizieren. Da die Transformationsmatrizen dreidimensional sind, muß es auch der Zwischenvektor sein. Unsere Point-Objekte haben jedoch nur zwei Dimensionen. Die dritte wird nicht verwendet und wird immer auf den Wert 1 gesetzt.

Aus diesen Überlegungen ergeben sich nun die Schritte, die zur Anwendung einer Matrix auf ein ganzes Polygon erforderlich sind. Um später eine einfache Schreibweise zu ermöglichen, formulieren wir den Algorithmus als Operatorfunktion.

19.4.3 Die Operatorfunktion * für Polygone

Als Operator für die Anwendung einer Matrix auf ein Polygon verwenden wir (in Anlehnung an die Matrix/Vektormultiplikation) den Operator *. Die Funktion übernimmt Referenzen auf eine Matrix und ein Polygon, berechnet daraus ein neues Polygon und liefert es zurück.

```
//-----------------------------------------------------------------
//         Operatoren für Polygon
//

Polygon operator * ( const DblMat &lhs, const Polygon &rhs ) {
  //-- Da die einzelnen Koordinaten des Polygons als Point-Objekte
  //   vorliegen, müssen wir sie zwecks Matrixmultiplikation in
  //   einen Vektor wandeln

  Polygon result( rhs );

  for ( int i=0; i<rhs.getNENT(); i++ ) {

    DblVekt v( 3, (double)rhs.data[i].x, (double)rhs.data[i].y, 1.0 );
    DblVekt rv = lhs*v;

    if ( !rv.isValid() ) {

      //-- Während der Berechnungen was schief gegangen?
      //   dann auf jeden Fall invalid zurück!
      result.invalidate();
      return result;
    }

    //-- ok. result ist gültig. Auf integer runden
    result.data[i].x = int( rv[0] +0.5 );
    result.data[i].y = int( rv[1] +0.5 );
  }

  return result;
} // op *
```

19.5 Programm test1: Verschieben eines Dreiecks

In diesem Projekt werden im wesentlichen die Grundlagen für eigene Arbeiten mit graphischen Objekten gelegt. Die folgenden Beispielprogramme greifen jeweils einen Aspekt aus den vielen Möglichkeiten heraus und zeigen dessen Anwendung. Die Programme aus diesem Projekt bestehen alle zumindest aus den Modulen avm_d.cpp, point.cpp, poly.cpp und (aus Kapitel 16) str.cpp sowie dem eigentlichen Testprogramm. Die Programme, Includedateien, Projektdateien für C7 sowie VC etc. stehen im Verzeichnis KAP19 auf der Begleitdiskette.

Im ersten Programm definieren wir ein Polygon in Dreiecksform, stellen es auf dem Bildschirm dar und verschieben es mehrfach durch Anwendung einer geeigneten Transformationsmatrix:

```
//========================= Kopf ====================================
//
// Programm zur Verschiebung eines Dreiecks
//
//
// 92.08.01 : Version 1 (Au)
//

//========================= Abhängigkeiten ==========================
//

#include <graph.h>
#include <stdlib.h>
#include <stdio.h>
#include <conio.h>

#include <point.h>
#include <poly.h>
#include <avm_d.h>

//========================= Programm ================================

void main() {

  //-- Dreieck
  Polygon p( 4,

    Point( 100, 100 ),
    Point(  60, 140 ),
    Point( 140, 140 ),
    Point( 100, 100 ) );

  //-- Translation um ( 20, 5 )

  double dx = 20.0;
  double dy =  5.0;

  DblMat translation( 3, 3,

    1.0,   0.0,   dx,
    0.0,   1.0,   dy,
    0.0,   0.0,   1.0

  );

  if ( !_setvideomode( _MAXRESMODE ) ) {
    puts( "kann nicht in Graphikmodus schalten" );
    exit( 1 );
  }

  p.draw();

  for ( int i=0; i<10; i++ ){
    p = translation*p;
    p.draw();
  }

  getch();
  _setvideomode( _DEFAULTMODE );
}
```

Beachten Sie, wie natürlich und elegant die einzelnen Schritte formuliert sind: Von der Definition des Polygons p und der Matrix move bis zur einfachen Notation der Anwendung von move auf p: alles ist leicht lesbar und intuitiv verständlich.

19.6 Programm test2: Drehen eines Objekts

In diesem Programm definieren wir den Buchstaben F als Polygonzug aus 10 Punkten. Der Buchstabe soll anschließend mehrfach um 10 Grad gedreht werden. Folgendes Listing zeigt den betreffenden Ausschnitt aus der Datei test2.cpp:

```
/* ... */
//-- Buchstabe F
Polygon p( 11,

  Point( 100, 100 ),
  Point( 150, 100 ),
  Point( 150, 120 ),
  Point( 130, 120 ),
  Point( 130, 140 ),
  Point( 150, 140 ),
  Point( 150, 160 ),
  Point( 130, 160 ),
  Point( 130, 200 ),
  Point( 100, 200 ),
  Point( 100, 100 ) );
//-- Drehung um 10 Grad. Die sin-Funktion benötigt den Winkel
//   in Radians, nicht in Grad. Daher Umrechnung erforderlich

double angle = 10.0; // Drehwinkel in Grad

double deg2rad = 2*3.1415926535/360;

double sinValue = sin( angle*deg2rad );
double cosValue = cos( angle*deg2rad );

DblMat turn( 3, 3,

  cosValue, -sinValue,    0.0,
  sinValue,  cosValue,    0.0,
  0.0,       0.0,         1.0

);
/* ... */
for ( int i=0; i<10; i++ ){
  p = turn*p;
  p.draw();
}
/* ... */
```

Die Ausgabe läßt zu wünschen übrig: Teile des entstehenden Bildes befinden sich außerhalb des Bildschirmes.

Das Problem bei der Drehung ist, daß das Objekt grundsätzlich um den Ursprung gedreht wird, d.h. das Objekt beschreibt einen Kreis, dessen Mittelpunkt bei den Koordinaten (0,0) liegt. Das nächste Programm zeigt, wie man das Problem lösen kann.

19.7 Programm test3: Drehen mit beliebigem Mittelpunkt

Man kann den Mittelpunkt des Drehkreises auf beliebige Koordinaten (x,y) legen, wenn man das Objekt zunächst um (-x,-y) verschiebt, dann dreht und zuletzt wieder um (x,y) auf seinen alten Platz verschiebt.

Im folgenden Programm wird der Mittelpunkt des Drehkreises auf die Koordinaten (170, 170), d.h. etwas rechts unterhalb der Figur gelegt. Neben der Matrix turn zum Drehen definieren wir noch zwei zusätzliche Matrizen translateTo und translateBack, die die notwendigen Verschiebungen realisieren:

```
//-- Translation um ( -170, -170 )

double dx = -170.0;
double dy = -170.0;

DblMat translationTo( 3, 3,

    1.0,    0.0,    dx,
    0.0,    1.0,    dy,
    0.0,    0.0,    1.0

);

//-- Translation um ( 170, 170 )

dx = 170.0;
dy = 170.0;

DblMat translationBack( 3, 3,

    1.0,    0.0,    dx,
    0.0,    1.0,    dy,
    0.0,    0.0,    1.0

);
```

In der Zeichenschleife muß nun jeder Punkt des Polygons dreimal transformiert werden, bevor er an der endgültigen Stelle landet.

```
for ( int i=0; i<10; i++ ){
   p = translationTo * p;     //-- Translation in Richtung Nullpunkt
   p = turn * p;              //   Drehung
   p = translationBack *p;    //   Translation rückgängig machen
   p.draw();
}
```

Dafür entspricht das Ergebnis nun unseren Erwartungen.

19.8 Programm test4: Optimieren der Transformation

Der Rechenaufwand zur Berechnung der transformierten Punkte kann gesenkt werden, indem man die drei Transformationen zu einer zusammenfaßt. Dies erfolgt durch Multiplikation der drei Matrizen, und zwar in umgekehrter Reihenfolge. Allgemein gilt: Sind m_1, m_2 und m_3 Matrizen und v ein Vektor, ist

```
m3*(m2*(m1*v)))
```

identisch zu

```
(m3*m2*m1)v
```

Im Programm schlägt sich dies folgendermaßen nieder:

```
//-- Anstatt das jeden Polynompunkt einzeln zu verschieben,
//   zu drehen und dann wieder zurückzuverschieben, rechnen
//   wir die drei Operationen zu einer Matrix zusammen.

DblMat all = translationBack * turn * translationTo;
```

Auch hier sieht man wieder, wie elegant man mathematische Zusammenhänge in C++ ausdrücken kann, wenn man die benötigten Operatoren korrekt implementiert hat.

In der Transformationsschleife kommt man nun wieder mit einer Vektormultiplikation pro Punkt aus:

```
for ( int i=0; i<10; i++ ){
  p = all * p;
  p.draw();
}
```

Das Ergebnis ist identisch zum Programm test3, nur wird das Ergebnis nun wesentlich schneller berechnet. Der Zeitgewinn ist um so größer, je mehr Punkte die Figur besitzt.

19.9 Weitere Überlegungen

Die letzten vier Beispiele zeigen, wie einfach man Transformationen auf Polygone anwenden kann, wenn man die richtigen Operatoren definiert hat. Trotzdem sind noch einige Verbesserungen denkbar. So ist z.B. der Aufbau der Transformationsmatrizen noch unbefriedigend. Je nach gewünschter Transformation müssen die Matrixelemente korrekt gesetzt werden. Diese Funktionalität sollte man praktischerweise in Funktionen auslagern, so daß man etwas wie

```
DblMat translateTo = makeTranslate( -170, -170 );
```

schreiben könnte.

Komplexere Transformationen wie z.B. die Drehung um einen Kreis mit beliebigen Koordinaten ließen sich durch Kombination der Funktionen erreichen:

```
DblMat makeTurn( int angle, short cx, short cy ) {

   return makeTranslate( -cx, -cy ) *
          makeTurn     ( angle )    *
          makeTranslate( cx, cy );
}
```

Auch bei den graphischen Objekten sind noch Erweiterungen denkbar. So könnte man z.B. mit einfachen Mitteln Art und Farbe der Linien verändern oder die Figur mit einem Muster füllen, falls sie geschlossen ist. Schwieriger wird es schon, wenn man die Polygonpunkte (evtl. nur teilweise) durch Kreisbögen verbinden möchte. Den Gestaltungsmöglichkeiten sind hier keine Grenzen gesetzt. Schließlich könnte man das Erzeugen von Polygonzügen sowie deren Manipulation interaktiv mit der Maus durchführen - also ein weites Feld von Betätigungsmöglichkeiten!

19.10 Zusammenfassung

Das Projekt hat überdeutlich gezeigt, daß generische Datenstrukturen für eine ernsthafte Programmierung unerläßlich sind. Die Klasse Polygon benötigt unabdingbar eine dynamische Anzahl von Point-Objekten.

Auf der anderen Seite kann der Programmierer eines dynamischen Feldes oder einer linearen Liste unmöglich wissen, welche Daten mit seinem Feld bzw. seiner Liste verwaltet werden sollen. In diesem Projekt wurden Point-Objekte verwaltet - im nächsten sind es vielleicht Strings oder xyz-Objekte.

Beachten Sie, wie einfach die Implementierung der Klasse Poygon durch das Vorhandensein der generischen Feldklasse geworden ist. Das sieht auf den ersten Blick nicht so aus: Die Anzahl der Point-Objekte ist bereits im Konstruktor bekannt, man könnte genausogut auf die Feldklasse verzichten und den Speicher "manuell" mit malloc allokieren. Was passiert aber, wenn Polygone in einer späteren Version des Programms interaktiv durch den Benutzer erzeugt werden? Das Hinzufügen bzw. Entfernen von Punkten muß dann dynamisch möglich sein. Es ist daher wichtig, bereits zu Beginn einer Entwicklung spätere Erweiterungsmöglichkeiten zu berücksichtigen und sich nicht durch das Argument "das brauchen wir doch jetzt gar nicht" von einem wesentlich flexibleren Ansatz abbringen zu lassen.

Diese Notwendigkeit wurde bereits relativ früh erkannt und führte zu Klassenbibliotheken, die vor allem Klassen zur Verwaltung einer dynamischen Anzahl von Objekten bereitstellten. Darunter fallen z.B. Klassen für dynamische Felder, lineare Listen, Bäume, Hash-Tabellen und viele andere mehr. Die Allgemeinverwendbarkeit dieser Klassenbibliotheken ist jedoch durch die fehlende Parametrisierbarkeit eingeschränkt. So ist es z.B. meist nicht möglich, eine lineare Liste mit Point-Objekten zu erzeugen. Man behilft sich dadurch, daß man nicht die Objekte selber, sondern nur noch Zeiger speichert. Diese haben

19.10 Zusammenfassung

- unabhängig vom Objekt, auf das sie zeigen - immer die gleiche Größe und können so fest codiert werden. Der Programmierer der Felder, Listen oder Tabellen vermeidet so das Problem der generischen Datentypen, den Preis dafür bezahlt der Benutzer einer solchen Bibliothek: Er muß nämlich nun alle Objekte dynamisch halten, d.h. er muß sich mit einer weiteren Komplexitätsdimension befassen, obwohl sein eigentliches Problem dies evtl. gar nicht erfordert - ein fragwürdiger Ansatz. Die Anbieter solcher Bibliotheken setzten dem noch die Krone auf, indem sie den Mangel als besonderes Feature verkaufen.

Es bleibt zu hoffen, daß möglichst viele Compilerhersteller baldmöglichst den Sprachstandard Version 3 mit Templates implementieren.

Ein weiterer wichtiger Punkt wird am Einsatz des AVM-Paketes deutlich. In diesem Paket sind Operatoren zur Matrix- bzw. Vektormultiplikation vorhanden. Dies war ein wichtiger Grund, das Paket für das vorliegende Projekt zu verwenden. Auf der anderen Seite wird die vollständige Multiplikation gar nicht benötigt: Ein Drittel des Ergebnisses (und damit der aufgewendeten Rechenzeit) war umsonst: Die dritte Koordinate der Ausgangs- bzw. Ergebnsivektoren wurde gar nicht verwendet und hatte immer den Wert 1. Durch eine auf diesen Sonderfall hin optimierte Multiplikationsroutine kann man deshalb 33% der Rechenzeit sparen!

Hier wird ein Problem deutlich, das sich allgemein bei der Verwendung externer Bibliotheken stellt: Die Bibliothek implementiert Funktionalität, die nicht 100% auf das vorliegende Problem paßt. Man muß sich deshalb immer überlegen: Wiegen die Anpassungsprobleme der eigenen Datenstrukturen an die Erfordernisse der Bibliothek die Vorteile der Benutzung der Bibliothek nicht wieder auf? Hier kann man keine allgemeingültige Antwort geben.

Ein generelles Problem sind die unvermeidlichen temporären Objekte, die bei der Rückgabe von Daten aus Operatorfunktionen (aber nicht nur dort) entstehen. In den meisten Fällen sind sie völlig überflüssig, jedoch können sie aus technischen Gründen (Rückgabe über den Stack) nicht generell unterdrückt werden. Werden *wirklich* große Datenstrukturen bearbeitet, kann (neben der verschwendeten Rechenzeit) der durch die temporären Objekte belegte Speicherplatz ein ernstes Problem darstellen. Zur Ehrenrettung von C++ sei gesagt, daß es natürlich auch für dieses Problem eine Lösung gibt, die allerdings den Rahmen dieses Buches sprengt und deshalb einem weiteren Buch vorbehalten bleiben muß.

20 Vererbung

Objektorientierte Programmierung ist unter anderem mit dem Ziel angetreten, die Software-Wiederverwendung zu fördern bzw. einfacher zu machen. Da die Wiederverwendung von Bestehendem zum Aufbau von Neuem eine ganz wesentliche Rolle spielt, besitzen alle objektorientierten Sprachen spezielle Spracheigenschaften, um diesen Vorgang der Wiederverwendung explizit formulieren zu können. Ganz konkret spricht man von *Vererbung* und meint damit, daß Klassen ihre Funktionalität anderen, neu zu implementierenden Klassen zur Verfügung stellen können.

Wir werden uns in diesem zweiten Teil des Buches nahezu ausschließlich mit Fragen der Vererbung befassen. Bis jetzt haben wir in den zurückliegenden 19 Kapiteln die meisten Sprachmittel von C++, die nichts mit Vererbung zu tun haben, vorgestellt. Wie die Projekte über Strings, dynamische Felder und generische Datentypen gezeigt haben, kann man mit C++ auch ohne Vererbung sehr leistungsfähige und elegante Lösungen implementieren. Vererbung ist zwar eine der wesentlichen neuen Eigenschaften, die C++ von C unterscheidet, jedoch wird sie in der Praxis und leider oft auch in der Literatur viel zu unspezifiziert angewendet. Wie alle mächtigen Sprachmittel kann Vererbung, unsachgemäß eingesetzt, mehr schaden als nutzen. Im zweiten Teil dieses Kapitels geben wir einige Regeln an, wie und wann Vererbung korrekt verwendet werden soll.

20.1 Die Wiederverwendungsproblematik

Im Kapitel 17 haben wir die Klasse IntArry verwendet, um die Klassen IntVektor und IntMatrix zu implementieren. Diese Implementierung war relativ einfach, da die meisten Mitgliedsfunktionen von IntVektor bzw. IntMatrix nahezu direkt auf bereits vorhandene Mitgliedsfunktionen von IntArry abgebildet werden konnten. Es war sogar notwendig, einige Funktionen von IntArry z.B. für IntVektor explizit zu verbieten, weil sie für Vektoren nicht sinnvoll anwendbar sind. Man sagt auch, daß IntVektor und IntMatrix *Spezialisierungen* von IntArry sind.

Wir haben hier einen klassischen Fall von Software-Wiederverwendung. Neue Strukturen müssen nicht von Grund auf und immer wieder neu implementiert werden, sondern können die Funktionalität bereits vorhandener Strukturen nutzen. Im wesentlichen handelt es sich dabei um Klassen: Neue Klassen werden möglichst weitgehend mit Hilfe bereits bestehender Klassen formuliert. Computer werden immer leistungsfähiger, und damit werden die möglichen Programme immer größer. Es ist klar, daß man mehr und mehr auf einmal entwickelte Dinge zurückgreifen muß, wenn man ein Produkt in realistischer Zeit fertigstellen will. Dazu ist es aber nicht nur erforderlich, daß eine Sprache die notwendigen Sprachmittel zur eleganten Formulierung von Techniken zur Wiederverwendung besitzt, sondern der Programmierer muß auch die grundlegenden Klassen, die wiederverwendet werden sollen, entsprechend (d.h. "wiederverwendungsfreundlich") formulieren.

20.2 Die Grundlagen

Wir befassen uns im folgenden mit der Aufgabenstellung, eine vorhandene Klasse mit Hilfe der Vererbungstechnik zur Definition einer neuen Klasse zu verwenden. Die Klasse, die zur Definition verwendet wird, heißt *Basisklasse*, die neue Klasse wird *abgeleitete Klasse* oder einfach *Ableitung* genannt.

Wir demonstrieren die Möglichkeiten, die der Programmierer mit der Vererbungstechnik hat, zunächst an hypothetischen Klassen A, B, C etc, bevor wir das neu erworbene Wissen zur Verbesserung der Klassen in unseren Projekten verwenden.

20.3 Ein Beispiel

Im folgenden Beispiel ist B eine Ableitung der Klasse A.

```
//------------------------------------------------------------
//      A
//
class A {
public:
    int i, j, k;

    void doIt();
    int doSomething();

    };
//------------------------------------------------------------
//      B
//
//-- B ist als Ableitung von A definiert
class B : public A {
public:
    float x, y;

    void calculate( float arg1, int arg2 );

    };
```

Die abgeleitete Klasse B referenziert ihre Basisklasse A nach einem Doppelpunkt vor der öffnenden Klammer der Klassendefinition. Auf die Bedeutung des Schlüsselwortes public kommen wir später zu sprechen.

Die Ableitung B besitzt automatisch alle Mitglieder (Mit Ausnahme von Konstruktoren und Zuweisungsoperator, s.u.) der Basisklasse A. Es ist deshalb z.B. korrekt, in einem Programm die Anweisungen

```
B b;
//-- Obwohl i und doIt in B nicht deklariert sind,
//   kann von B aus zugegriffen werden, da von A geerbt
b.i = 4;
b.doIt();
```

zu schreiben.

20.4 Neue Mitglieder

Eine abgeleitete Klasse kann zusätzlich zu den geerbten Mitgliedern weitere, eigene Mitglieder deklarieren. Im letzten Beispiel hat B zusätzlich zu den geerbten Mitgliedern i, j, k und doIt eigene Mitglieder x, y und calculate deklariert.

Beim Zugriff auf Objekte von B macht es keinen Unterschied, ob man geerbte oder neu deklarierte Mitglieder anspricht:

```
B b;

b.i = 4;        //  i aus A
b.doIt();       //  doIt aus A
b.y = b.k;      //  y aus B, k aus A
}
```

20.5 Redefinierte Mitglieder

Ein Mitglied in B kann den gleichen Namen wie ein geerbtes Mitglied aus der Basisklasse A haben. Dadurch wird das geerbte Mitglied *verdeckt*. Obwohl dies theoretisch für Daten und Funktionen gilt, macht man in der Praxis im allgemeinen nur bei Funktionen davon Gebrauch.

Im folgenden Programm werden das Datenelement i und die Funktion doIt aus A durch die Deklaration gleichnamiger Mitglieder in B verdeckt. Im Hauptprogramm stehen die verdeckten Daten und Funktionen nicht mehr ohne weiteres zur Verfügung.

```
//----------------------------------------------------------------
//      A
//
class A {

public:

    int i, j, k;

    void doIt();
    int doSomething();

    };

//----------------------------------------------------------------
//      B
//
//-- B ist als Ableitung von A definiert

class B : public A {

public:

    float x, y;
    int i;

    void calculate( float arg1, int arg2 );
    void doIt( char *str );

    };

//----------------------------------------------------------------
//      main
//
void main() {

    B b;

    b.i = 4;           // i aus B, da B ein eigenes i definiert
    b.doIt( "abc" );   // ebenso doIt

    b.A::doIt();       // doIt aus A, da über Scope-Operator adressiert

    b.doIt();          // doIt aus B, aber mit falscher Parameterliste!
                       // Das geht nicht, da der Compiler nicht wie
                       // beim Überladen von Funktionen die richtige
                       // Funktion an Hand der Parameterlisten auswählt.

    }
```

Beachten Sie an diesem Beispiel, daß die neu definierten Mitglieder gleichen Namens nicht unbedingt identisch definiert werden müssen: so hat z.B. doIt in B eine andere Parameterliste als doIt in A.

Auf verdeckte Mitglieder kann durch die Verwendung des sogenannten *Scope-Operators* :: zugegriffen werden. Meint man also die Funktion doIt aus A, muß man im letzten Beispiel

```
    b.A::doIt();       // doIt aus A, da über Scope-Operator adressiert
```

schreiben.

Der explizite Zugriff aus einem Hauptprogramm auf verdeckte Funktionen der Basisklasse kommt nur in Ausnahmefällen vor. Man kann außerdem durch Schlüsselworte diesen Zugriff verbieten (s.u.).

Beachten Sie bitte, daß ein Objekt vom Typ B im obigen Beispiel zwei Variablen mit dem Namen i enthält (eine vom Typ int aus A und eine vom Typ long). Ohne Verwendung des Scope-Operators wird zwar immer auf B::i zugegriffen, die geerbte Variable ist aber trotzdem vorhanden, aber eben verdeckt. Diese Tatsache ist z.B. bei Rechnungen mit der Größe von Objekten zu beachten.

Analog verhält es sich mit verdeckten Funktionen: Auch sie sind natürlich im Codesegment des Programms vorhanden, werden aber unter Umständen nie aufgerufen.

Beachten Sie bitte, daß mit den Klassen A und B aus dem letzten Beispiel eine Anweisung wie

```
b.doIt();
//-- Das geht nicht, da der Compiler nicht wie beim Überladen
//   von Funktionen die richtige Funktion auswählt. Ohne
//   explizite Verwendung des Scope-Operators kann auf A::doIt
//   nicht zugegriffen werden.
```

syntaktisch falsch ist. Obwohl in B eine passende doIt-Funktion ohne Parameter vorhanden ist (nämlich die von A geerbte), wird sie hier nicht automatisch verwendet. Beim Aufruf einer Mitgliedsfunktion über ein Objekt wird immer die "aktuellste" Version verwendet: Ist in B eine doIt-Funktion deklariert, wird diese auch genommen. Ist in B keine doIt-Funktion deklariert, wird die aus A geerbte verwendet - dann erst werden die Parameter geprüft.

Im obigen Beispiel kann der Programmierer über den Scope-Operator trotzdem die verdeckte doIt-Funktion aus A ansprechen:

```
b.A::doIt();
```

20.6 Klassenhierarchien

Von einer Klasse können mehrere andere Klassen abgeleitet werden. Eine Ableitung kann außerdem wiederum für mehrere weitere Ableitungen verwendet werden. Zeichnet man diese Abhängigkeiten graphisch auf, erhält man Bäume, deren Äste sich immer weiter verzweigen. Die Blätter eines solchen Baumes bilden diejenigen Klassen, von denen keine weiteren Ableitungen gebildet werden.

Die folgende Klasse C ist von B abgeleitet und kann daher auf alle Daten und Funktionen von B (auch auf die von A geerbten) zugreifen. Mit der Definition

```
//-----------------------------------------------------------------
//       C
//
class C : public B {

public:

  int z;
  float doIt( int a, int b, int c );

  };
```

von c sind daher z.B. folgende Zugriffe möglich:

```
C c;

c.doIt( 1, 2, 3 );          // C::doIt()
c.B::doIt( "String" );      // B::doIt()
c.calculate( 2.0, 1.7 );    // B::calculate()
c.doSomething();            // A::doSomething()
```

Beachten Sie bitte, daß c natürlich auch Funktionen von A redefinieren kann, die B selber noch nicht redefiniert hat.

In größeren Klassenbibliotheken sind Ableitungen über fünf Stufen und mehr keine Seltenheit. Eine wesentliche Aufgabe in der Entwurfsphase eines großen objektorientierten Programms ist deshalb die Entwicklung eines "geeigneten" Klassenbaumes. Dies führt direkt zu der Frage, wann Ableitungen sinnvoll sind. Wir werden einige Hinweise dazu am Ende dieses Kapitels geben.

20.7 Erweiterte Zuweisungskompatibilität in Klassenhierarchien

In Klassenhierarchien gilt, daß Objekte von Nachfolgern einer Klasse auch an Klassenvariablen zugewiesen werden können, nicht aber umgekehrt[25]. Wir gehen von der Klassenhierarchie der Klassen A, B und C aus dem letzten Abschnitt aus.

Hat man die Objekte a und b definiert als

```
A a;
B b;
```

ist die Zuweisung

```
a = b;
```

zulässig, der umgekehrte Fall

```
b = a;   // Fehler!
```

dagegen nicht. Welchen Wert sollen die Mitglieder x und y aus B in diesem Fall auch erhalten? Die Klasse A deklariert diese Mitglieder nicht, und sie müßten uninitialisiert bleiben. Um die Möglichkeit nicht initialisierter Datenelemente zu vermeiden, wird die Zuweisung abgelehnt.

Analoges gilt für Zeiger und Referenzen: ein Zeiger vom Typ einer Klasse kann auch auf Instanzen aller Nachfolger, nicht aber auf Instanzen von Vorgängern zeigen. Mit den Definitionen:

```
A *ap = new A;
B *bp = new B;
```

---

25 Genaugenommen gilt dies nur, wenn es sich um eine öffentliche Ableitung handelt, s.u.

20.7 Erweiterte Zuweisungskompatibilität in Klassenhierarchien

ist die folgende Zuweisung erlaubt:

```
ap = bp;
```

Der umgekehrte Fall wiederum ist nicht zulässig:

```
bp = ap;    // Fehler!
```

Der Grund ist der gleiche wie bei der direkten Zuweisung. Welchen Wert hätte z.B.

```
bp-> x;
```

wenn die Zuweisung legal wäre? bp zeigt ja dann auf ein Objekt vom Typ A, das kein Datenmitglied x besitzt. B wird im allgemeinen größer als A sein, so daß obiger Zugriff auf x evtl. eine Adresse außerhalb des Objekts referenziert.

Die Zuweisung

```
ap = bp;
```

dagegen ist absolut sicher. Da B alle Mitglieder von A enthält, kann ap auf nichts zeigen, was nicht auch in B vorhanden wäre.

Ganz allgemein kann man sagen, daß ein Zeiger vom Typ einer Klasse auch auf Objekte aller Nachfolger dieser Klasse zeigen kann. Ein Zeiger vom Typ A* kann z.B. auf A-, B- und C-Objekte zeigen, ein Zeiger vom Typ B* auf B- und C-Objekte.

Diese sogenannte *erweiterte Zuweisungskompatibilität* gilt nur in Klassenhierarchien. Sie durchbricht in gewisser Weise die starke Typprüfung von C++, bietet aber die Möglichkeit, daß ein Zeiger *in kontrollierter Weise* auf Objekte verschiedener Klassen zeigen kann - solange diese die gleiche Basisklasse haben.

Beachten Sie bitte, daß die erweiterte Zuweisungskompatibilität nichts mit *Typwandlung* oder *Interpretation* (Kapitel 11) zu tun hat. Selbstverständlich ist es möglich, einen Zeiger auf einen Typ X explizit in einen Zeiger auf jeden beliebigen Typ Y zu wandeln:

```
class Y {
public:
  int i;
  /* ... weitere Mitglieder von Y ... */
  };

void main() {
  B *bp = new B;
  Y *yp;

  bp-> i = 33;
  yp = (Y*)bp;

  printf( "%i", yp-> i );

  }
```

Was hier passiert liegt jedoch vollständig im Verantwortungsbereich des Programmierers und hat - wie in diesem Fall - unangenehme Folgen: Obwohl der Compiler noch nicht einmal eine Warnung ausgibt, funktioniert das Programm wohl nicht wie gewünscht.

20.8 Zugriffsschutz bei Ableitungen

Für eine abgeleitete Klasse gelten (mit einer Ausnahme, s.u.) die gleichen Zugriffsrechte auf die Mitglieder der Basisklasse wie vom restlichen Programm. Beide dürfen auf öffentliche Mitglieder zugreifen, aber nicht auf die privaten. Folgendes Listing zeigt die bereits bekannten Klassen A und B, hier jedoch mit einigen privaten Datenelementen:

```
//-----------------------------------------------------------------
//        A
//
class A {
    int i, j, k;

public:

    void doIt();
    int doSomething();

    };
//-----------------------------------------------------------------
//        B
//
class B : public A {
    float x, y;
    int i;
public:
    void calculate( float arg1, int arg2 );
    void doIt( char *str );

    };
```

Die Mitglieder i, j und k sind in A private, d.h. auf sie darf nicht außerhalb der Klasse A zugegriffen werden. Dies gilt auch für die Ableitung B. Die folgende Implementierung von B::doIt ist aus diesem Grunde falsch:

```
void B::doIt( char *str ) {

    i = 1;    // zulässig, da B::i gemeint ist

    k = 2;    // nicht zulässig, da A::k gemeint ist und dieses in A
              // privat ist.

    A::doIt(); // selbstverständlich zulässig

    doSomething(); // zulässig, da doSomething in A public ist

    }
```

B erbt zwar das Mitglied i von A, darf aber nicht darauf zugreifen. Genauso verhält es sich außerhalb der Klassenhierarchie, z.B. in einer beliebigen Funktion.

20.9 Das Schlüsselwort protected

Eine Ableitung steht aber zur Basisklasse in einem näheren Verhältnis als das restliche Programm. Oft möchte man deshalb einer Ableitung den Zugriff auf Klassenmitglieder erlauben, dem restlichen Programm jedoch verbieten.

Genau dies ist durch die protected-Deklaration möglich. Mitglieder einer Klasse, die als protected deklariert sind, sind in Ableitungen der Klasse, nicht aber außerhalb der Klassenhierarchie sichtbar.

Im folgenden Listing sind j und doIt protected:

```
//----------------------------------------------------------------
//        A
//
class A {
   int i, j;
protected:
   int k;
   void doIt();
public:
   int doSomething();
   };
//----------------------------------------------------------------
//        B
//
class B : public A {
    float x, y;
    int i;
public:
    void calculate( float arg1, int arg2 );
    void doIt( char *str );
    };
```

Beide A-Mitglieder können nun innerhalb einer Mitgliedsfunktion von B verwendet werden:

```
void B::doIt( char *str ) {
  i = 1;    // zulässig, da B::i gemeint ist
  k = 2;    // zulässig, da A::k gemeint ist und dieses in A
            // protected ist.
  A::doIt(); // zulässig, da doIt in A protected ist
  doSomething(); // zulässig, da doSomething in A public ist
  }
```

Weiterhin nicht möglich bleibt der Zugriff außerhalb des Gültigkeitsbereiches von B:

```
void f() {
  B b;
  b.i = 1;   // nicht zulässig, da B::i privat ist
  b.k = 2;   // nicht zulässig, da A::k protected ist
  b.A::doIt(); // nicht zulässig, da doIt in A protected ist
  b.doSomething(); // zulässig, da doSomething in A public ist
}
```

20.10 Ausflug in die Designphase

Bis jetzt haben wir Klassen entworfen, um daraus Objekte bilden zu können. Die Funktionalität einer Klasse wurde über ein Objekt dieser Klasse direkt dem Programm zur Verfügung gestellt. Über Operatorfunktionen macht man dem Nutzer die Funktionalität in bequemer Weise verfügbar. Die Klasse String ist ein typisches Beispiel für diese Vorgehensweise. Beim Entwurf einer Klasse wie String steht die Frage "was möchte ein Benutzer mit Zeichenketten tun" im Mittelpunkt. Natürlich kann man Ableitungen von String bilden, aber dies wird wohl auf Sonderfälle beschränkt bleiben. Im allgemeinen werden von String Objekte gebildet, die die Zeichenketten eines Programms repräsentieren sollen.

Eine gänzlich andere Anwendung von Klassen hat mit Vererbung zu tun. Manchmal ist es sinnvoll, Klassen ausschließlich zum Zwecke der Vererbung zu entwerfen. Denkbar wäre z.B. eine generelle Klasse zur dynamischen Speicherverwaltung, die zwar für sich nur beschränkt einsatzfähig wäre, von der aber dann die "richtigen" Klassen abgeleitet werden. Den Ansatz, den wir mit unserer Klasse IntArry verfolgt haben, geht in diese Richtung. Ein dynamisches Feld von Integern *an sich* wird eher selten gebraucht, allerdings lassen sich Klassen wie Vektoren und Matrizen beliebiger Dimension leicht mit Hilfe von IntArry implementieren. IntArry ist ein (mehr oder weniger) typisches Beispiel für eine *Basisklasse*[26].

An dieser zweiten, neuen Anwendung des Klassenkonzepts wird der Aspekt der *Wiederverwendbarkeit* besonders deutlich. Wird eine Klasse hauptsächlich (oder sogar ausschließlich) zum Zweck der Bildung von Ableitungen entworfen, spricht man deshalb auch von einem *design for reusability*. Dieser Begriff läßt sich schwer ins deutsche übertragen. Sinngemäß ist damit eben gemeint, daß die Klasse zum Zweck der Wiederverwendbarkeit zur Definition neuer Klassen entworfen wird.

---

26 Der Begriff *Basisklasse* wird hier nicht ganz konsistent gebraucht. Allgemein ist eine Basisklasse diejenige Klasse, von der eine Ableitung gebildet wird, im Gegensatz zu einer sogenannten *Instanzenklasse* wie String, von der Objekte gebildet werden.

20.11 Wann sind protected-Mitglieder sinnvoll?

Die Deklaration von Mitgliedern als protected ist meist dann sinnvoll, wenn die Klasse eine typische Basisklasse im Sinne des letzten Kapitels ist, d.h. wenn sie bereits mit Hinblick auf mögliche Ableitungen entworfen wird. Oft werden Hilfs- und Steuerungsfunktionen, mit denen man die Funktionalität einer Klasse "konfigurieren" kann, als protected-Mitglieder ausgeführt.

Einen besonderen Fall stellen nicht-öffentliche Konstruktoren dar. Damit kann wirkungsvoll verhindert werden, daß von einem Programm Objekte der Klasse gebildet werden können. Solche Klassen können ausschließlich als Basisklassen für Ableitungen verwendet werden, wenn man von befreundeten Klassen bzw. Funktionen einmal absieht. Beachten Sie bitte, daß nicht-öffentliche Konstruktoren meist protected sind, damit Konstruktoren der Ableitung die nicht-öffentlichen Basisklassenkonstruktoren aufrufen können (s.u.).

20.12 Alternative: Die Freund-Deklaration

Eine Alternative zur Deklaration von Mitgliedern als protected könnte evtl. die Deklaration einer Ableitung als Freund sein. Auch damit kann der Ableitung Zugriff auf die Basisklassenmitglieder gewährt werden. Vor Einführung des Schlüsselwortes protected war die Freund-Deklaration in der Tat die einzige Möglichkeit, einen selektiven Zugriffsschutz zu implementieren. Die Freund-Deklaration hat jedoch eine Reihe von Eigenschaften, die man sich beim Klassenentwurf unter Wiederverwendbarkeitsgesichtspunkten nicht wünscht:

- Bereits bei der Programmierung der Basisklasse muß man die Namen der Ableitung(en) kennen, damit man die zugehörigen Freund-Deklarationen in die Klassendefinition aufnehmen kann. Gerade bei kommerziellen Klassenbibliotheken ist dieses Vorgehen nicht möglich, da ein Hersteller einer Klassenbibliothek unmöglich auf die diesbezüglichen Wünsche aller Anwender der Bibliothek eingehen kann. Auf der anderen Seite sollte der Benutzer die Klassendefinition nicht eigenmächtig ändern - dies sollte dem Klassendesigner vorbehalten bleiben.

- Die als Freund deklarierte Klasse muß später nicht unbedingt auch als Ableitung ausgebildet werden: Nach der Syntax kann jede Klasse (nicht nur eine Ableitung) als Freund deklariert werden.

- Die Freund-Klasse hat Zugriff auf *alle* Mitglieder der Basisklasse. Dadurch werden alle, auch die privaten Mitglieder, nach außen offengelegt. Geht man davon aus, daß Basisklasse und Ableitung von zwei unterschiedlichen Personen zu unterschiedlichen Zeiten programmiert werden[27], ist dies sicherlich nicht wünschenswert.

---

27 Dieser Fall liegt z.B. vor, wenn von einer Klasse einer externen Klassenbibliothek abgeleitet werden soll.

Die Freund-Deklaration ist also kein gutes Mittel, den Zugriff von Ableitungen auf Mitglieder der Basisklasse zu steuern. Freunde sind immer dann sinnvoll, wenn beide Teile eine logische Einheit bilden, wie z.B. eine Klasse für die Elemente in einer linearen Liste und die Klasse für die Liste selber. Grundsätzlich werden befreundete Klassen zur gleichen Zeit (und meist auch von der gleichen Person) entwickelt.

Eine weitere Berechtigung haben Freunde auch für Funktionen, die auf Grund der Sprachsyntax nicht als Mitgliedsfunktionen ausgebildet werden können oder sollen, obwohl sie von der Logik her solche sind. Alle symmetrischen Operatorfunktionen gehören z.B. zu dieser Gruppe.

20.13 Öffentliche Ableitungen

Bis jetzt haben wir ausschließlich öffentliche Ableitungen gebildet. Dabei werden mit den Mitgliedern einer Basisklasse auch deren Zugriffsberechtigungen vererbt: Ist ein Datenelement oder eine Funktion in der Basisklasse private, protected bzw. public, ist es auch in der abgeleiteten Klasse private, protected bzw. public.

Das folgende Listing zeigt noch einmal die Basisklasse A und die öffentliche Ableitung B:

```
//------------------------------------------------------------
//      A
//
class A {
   int i, j;
protected:
   int k;
   void doIt();
public:
   int doSomething();

   };
//------------------------------------------------------------
//      B
//
class B : public A {
   float x, y;
   int i;
public:
   void calculate( float arg1, int arg2 );
   void doIt( char *str );

   };
```

B erbt nicht nur die Mitglieder von A, sondern auch deren Zugriffsberechtigung. Das Mitglied j ist deshalb in B private, k ist protected. Die Funktion doIt aus A ist verdeckt, die neue Funktion doIt aus B tritt (inclusive Zugriffsberechtigung) an ihre Stelle.

In einem Hauptprogramm sind die Anweisungen

```
B b;
b.doIt( "Ein String" );    // zulässig, B::doIt ist public
```

deshalb zulässig, die Anweisung

```
b.A::doIt();               // nicht zulässig, A::doIt ist protected
```

dagegen aber nicht.

20.14 Private Ableitungen

In einer privaten Ableitung erhalten alle geerbten Klassenmitglieder den Status private. Außerhalb der Klasse (z.B. im Hauptprogramm) kann auf diese Mitglieder nicht mehr zugegriffen werden:

```
//-------------------------------------------------------------------
//       A
//
class A {
    int i, j;
protected:
  int k;
  void doIt();
public:
   int doSomething();

   };

//-------------------------------------------------------------------
//       B
//
class B : private A {
   float x, y;
   int i;
public:
   void calculate( float arg1, int arg2 );
   void doIt( char *str );

   };
//-------------------------------------------------------------------
//       f
//
void f() {
  B b;

  b.doSomething(); // nicht mehr zulässig, da B eine private
                   // Ableitung von A ist.

  }
```

Innerhalb der Klasse (also im wesentlichen in der Definition der Mitgliedsfunktionen von B) stehen die public- und protected-Mitglieder aus A weiterhin unverändert zur Verfügung.

```
void B::doIt( char *str ) {
    //-- diese Anweisungen bleiben weiterhin zulässig
    i = 1;
    k = 2;
    A::doIt();
}
```

Die weiter oben beschriebene erweiterte Zuweisungskompatibilität gilt bei privaten Ableitungen nur eingeschränkt. Es ist nicht möglich, einen Zeiger auf eine Ableitung implizit zu einem Zeiger auf die Basisklasse zu konvertieren, wenn es sich um eine private Basisklasse handelt. Eine explizite Konvertierung ist jedoch möglich.

Folgendes Beispiel zeigt den Unterschied:

```
class A { ... };
class B : private A { ... };

B b;
A *ap1 = &b;         // implizite Konvertierung: nicht zulässig
A *ap2 = (A*)&b;     // explizite Konvertierung: nur Warnung
```

Gleiches gilt für Referenzen:

```
A &ar1 = b;          // nicht zulässig
A &ar2 = (A&)b;      // nur Warnung
```

Verzichtet man auf die explizite Angabe der Zugriffsberechigung bei der Ableitung, wird private angenommen. Die beiden folgenden Deklarationen sind deshalb identisch:

```
class B : private A { ... };

class B : A { ... };
```

20.15 Redeklaration von Zugriffsberechtigungen

20.15.1 Die traditionelle Methode

In privaten Ableitungen sind alle geerbten Mitglieder der Basisklasse private und können deshalb von einem Nutzer der Klasse nicht mehr verwendet werden. Meist ist es aber so, daß einzelne Funktionen der Basisklasse auch für den Nutzer der Ableitung verfügbar gemacht werden müssen. Eine Möglichkeit zur Realisierung dieser Forderung besteht in der Verwendung einer speziellen (inline)-Funktion.

20.15 Redeklaration von Zugriffsberechtigungen

Im folgenden Beispiel steht die Funktion doSomething aus A auch dem Nutzer von B zur Verfügung, obwohl B eine private Ableitung ist:

```
//-----------------------------------------------------------------
//       B
//
class B : private A {
public:
  void doSomething();
  /* ... weitere Mitglieder von B ... */
};
inline void B::doSomething() {
  A::doSomething();
}
```

Die Verwendung einer inline-Funktion kostet keinen zusätzlichen Speicherplatz im Programm, da der Compiler (ähnlich wie bei einem Makro) jeden Funktionsaufruf von doSomething durch A::doSomething ersetzt:

```
B b;
//-- Der Aufruf wird vom Compiler als b.A::doSomething() codiert,
//   da doSomething inline ist.
b.doSomething();
```

Nimmt man zusätzliche Klammern in Kauf, kann das Verfahren auch für Variablen angewendet werden, wie das folgende Beispiel zeigt:

```
class B : private A {
public:
   int &k();
  /* ... weitere Mitglieder von B ... */
};
inline int& B::k() {
  return A::k;
}
```

Die Funktion B::k() liefert eine Referenz auf die Variable A::k. Dadurch wird die Zuweisung an die Funktion identisch zur Zuweisung an die Variable.

```
//-- Die Zuweisung an k bewirkt Zueisung an A::k
b.k() = 15;
```

Beachten Sie bitte, daß mit der dargestellten Technik auch als protected deklarierte Mitglieder der Basisklasse als public "redeklariert" werden können. Nutzer der Ableitung können dann auf Mitglieder der Basisklasse zugreifen, für die der Entwickler der Basisklasse den Zugriff von außen eigentlich verboten hatte.

20.15.2 Die professionelle Methode

Die Verwendung von inline-Funktionen zur Redeklaration findet man oft in der Praxis, C++ stellt jedoch ein direktes (und offensichtlich weithin unbekanntes) Sprachmittel zur direkten Umdeklaration der Zugriffsberechtigung bereit.

Im folgenden Beispiel werden die Funktion A::doSomething und die Variable A::k in B wieder als public bzw. protected redefiniert:

```
//-------------------------------------------------------------
//       B
//
class B : private A {

public:

   //-- Umdeklaration der Zugriffsberechtigungen für doSomething und k

   A::doSomething;

protected:

   A::k;

   /* ... weitere Mitglieder von B ... */
};
```

Zur Umdeklaration reicht es aus, die Bezeichner in der Ableitung unter dem entsprechenden Schlüsselwort (hier public bzw. protected) erneut aufzuführen.

Beachten Sie bitte, daß:

- Funktionen hier ohne Argumentliste, Klammern und Ergebnistyp (also wie Variablen) angegeben werden.

- Der voll qualifizierte Name angegeben werden muß (also z.B. A::doSomething anstelle von doSomething).

- Die Redeklaration nur auf die ursprüngliche Deklaration zurückgestellt werden kann. Es ist also z.B. nicht möglich, ein in der Basisklasse als protected deklariertes Mitglied (in unserem Beispiel die Variable k) in der Ableitung etwa als public zu redefinieren.

20.16 Freunde bei der Vererbung

Die Freund-Eigenschaft wird nicht vererbt. Deklariert eine Klasse A eine Funktion f als friend, ist f nicht automatisch auch ein Freund der Ableitungen von A.

```
//-------------------------------------------------------------
//       A
//
class A {
  int i, j;
```

```
protected:

  int k;
  void doIt();

public:

  int doSomething();

  friend void f();
  }
//------------------------------------------------------------------
//      B
//
class B : private A {

   float x, y;
   int i;
public:
   void calculate( float arg1, int arg2 );
   void doIt( char *str );

   };
//------------------------------------------------------------------
//      f
//
void f() {

  B b;

  b.j = 0;   // zulässig. j ist private in A, aber f ist friend von A
  b.x = 0;   // nicht zulässig. x ist private in B, und f ist nicht
             // friend von B

}
```

Möchte B den Zugriff auf seine privaten Mitglieder gestatten, muß B eine eigene Freund-Deklaration erhalten:

```
class B : private A {
  /* ... weitere Mitglieder von A ... */
  friend void f();
  };
```

20.17 Mehrfachvererbung

Eine Klasse kann mehrere direkte Basisklassen haben, d.h. eine Klasse kann von mehreren Basisklassen gleichzeitig abgeleitet sein. Man spricht dann von *Mehrfachvererbung* (engl. *multiple inheritance*). Die Mehrfachvererbung ist eine logische Erweiterung der einfachen Vererbung: Die Ableitung erbt nun eben die Mitglieder von mehr als einer Basisklasse.

20.17.1 Ein Beispiel

Im folgenden Beispiel ist die Klasse[28] C direkt von A und B abgeleitet:

```
struct A {
  int i;
};
struct B {
  float f;
};
struct C : public A, public B {
  char *str;
};
```

C besitzt nun alle Mitglieder von A und B. Damit sind z.B. folgende Aufrufe möglich:

```
C c;
c.i = 1;
c.f = 0.0;
c.str = "alpha";
```

20.17.2 Namenskonflikte sind häufig

Bei Mehrfachvererbung kann es zu Namenskonflikten kommen, wenn mehrere Basisklassen Mitglieder gleichen Namens haben, wie etwa in dieser Klassenhierarchie:

```
struct A {
  int i;
};
struct B {
  float i;
};
struct C : public A, public B {
  char *str;
};
```

Ein Zugriff auf i wie in

```
C c;
c.i = 1;   // nicht zulässig, da mehrdeutig
```

ist nun standardmäßig nicht mehr eindeutig auflösbar, und der Compiler meldet bei der Übersetzung einen Syntaxfehler. Die Klasse C hat nun zwei gleichberechtigte Datenmitglieder gleichen Namens - ein Fall, der mit Einfachvererbung nicht auftreten kann. Dort ist es zwar ebenfalls möglich, daß eine Klasse mehrere Mitglieder gleichen Namens hat, jedoch hat das in der Ableitungsfolge am spätesten deklarierte Mitglied immer Vorrang.

---

28 Auch structs sind Klassen mit dem Unterschied, daß die Voreinstellung für alle Mitglieder public ist.

Beachten Sie bitte, daß es durchaus erlaubt ist, c von A und B abzuleiten. Das Problem tritt erst beim Zugriff auf i auf. Hier hilft nur die explizite Angabe, welches Element gemeint ist:

```
C c;
c.A::i = 0;  // zulässig, eindeutige Zuordnung zu einem i möglich
}
```

Die Mehrdeutigkeit tritt auch auf, wenn z.B. Funktionen unterschiedliche Signatur haben, wie z.B. in folgender Hierarchie:

```
struct A {
  void f( int i );
};

struct B {
  void f( char *p );
};

struct C : public A, public B {
  char *str;
};
```

Obwohl f(int) und f(char*) unterschiedliche Signatur haben, ist folgender Zugriff nicht möglich:

```
C c;
c.f( 33 );   // nicht zulässig, da mehrdeutig
}
```

sondern man muß auch hier die gewünschte Funktion explizit angeben

```
C c;
c.A::f( 33 );      // zulässig, eindeutige Zuordnung möglich
c.B::f( "beta" );  // dito
}
```

20.17.3 Überladen und Verdecken

Dies ist ein wesentlicher Unterschied zum *Überladen* von Funktionen, wo ja der Compiler gerade anhand der Signatur selbständig die richtige Funktion herausfindet. Bei Vererbung findet ein anderer Mechanismus statt: Deklariert eine Ableitung ein Mitglied, werden alle Mitglieder gleichen Namens in der/den Basisklasse(n) *verdeckt*, d.h. sie sind (außer durch vollständige Qualifizierung) nicht mehr erreichbar.

Dieser Effekt kann zu unerwarteten Fehlermeldungen führen. Im folgenden Beispiel deklariert eine Klasse A zwei Funktionen f, die sich wie gewöhnlich überladen.

```
struct A {
  void f( int );
  void f( A& );
};
```

Anweisungen wie z.B.

```
A a;
a.f( 2 );
a.f( a );
```

sind wie üblich zulässig.

Eine Ableitung B implementiert eine eigene Funktion f und verdeckt somit *beide* Versionen der aus A geerbten Funktion f:

```
struct B : public A {
  void f( int );
};
```

Die Anweisungsfolge

```
B b;
b.f( a );   // Fehler !
```

ist daher syntaktisch falsch, obwohl es in der Basisklasse eine passende Funktion geben würde.

Die Signatur von B::f spielt dabei überhaupt keine Rolle. Es kommt lediglich darauf an, daß überhaupt eine f-Funktion in B vorhanden ist.

20.17.4 Mehrfach vorhandene Basisklassen

Das Mehrdeutigkeitsproblem tritt grundsätzlich immer auf, wenn eine gemeinsame Basisklasse in einer Ableitung mehrfach vorhanden ist, wie etwa in dieser Klassenhierarchie:

```
struct A {
  int i;
  void f();
};
struct B1 : public A {
  double a, b, c;
};
struct B2 : public A {
  double b, c, d;
};
struct C : public B1, public B2 {
  int x, y;
};
```

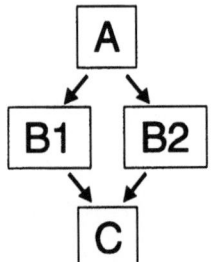

Bild 20.1: C enthält A doppelt

Hier enthält die Klasse C den Datensatz von A in doppelter Ausfertigung. Wie zu erwarten ist ein unqualifizierter Zugriff auf i nicht möglich:

```
C c;
c.i = 0;    // nicht zulässig, da mehrdeutig
```

Jedoch funktioniert die explizite Auflösung der Mehrdeutigkeit auch hier:

```
c.B1::i = 1;    // zulässig, eindeutige Zuordnung möglich
c.B2::i = 2;    // dito
```

Auf den ersten Blick unverständlich ist, daß die Mehrdeutigkeit auch mit Funktionen auftritt. Die Anweisung

```
c.f();    // Fehler!
```

ist nämlich ebenfalls nicht erlaubt, obwohl die Funktion f natürlich nur einmal im Codesegment vorhanden ist. Der Bezeichner f ist daher auch innerhalb von C eindeutig, nicht jedoch das Objekt, auf das er wirkt. Betrachten wir dazu eine mögliche Implementierung von f:

```
void A::f() {
  i = 99;
}
```

Die Funktion greift auf eine Mitgliedsvariable von A zu. Schreibt man nun

```
c.f();
```

ist wiederum nicht klar, welcher A-Datensatz (d.h. welches i) gemeint ist. Die Auflösung der Mehrdeutigkeit kann wieder wie oben gezeigt durch vollständige Qualifizierung erfolgen.

20.17.5 Virtuelle Basisklassen

In den meisten Fällen ist die mehrfache Aufnahme einer Basisklasse nicht erwünscht. Man kann dies vermeiden, indem man sogenannte *virtuelle Ableitungen* bildet. Dazu wird das Schlüsselwort virtual verwendet:

```
struct A {
  int i;
  void f();
  };
struct B1 : virtual public A {    // virtuelle Ableitung
  double a, b, c;
  };
struct B2 : virtual public A {    // virtuelle Ableitung
  double b, c, d;
  };
struct C : public B1, public B2 {
  int x, y;
  };
```

Man bezeichnet A auch als *virtuelle Basisklasse*. Dieser Begriff hat sich durchgesetzt, obwohl der Effekt nicht so sehr mit der Basisklasse, sondern vielmehr mit dem Vorgang des Ableitens zu tun hat. Bei der Ableitung der Klasse C muß der Compiler dafür Sorge tragen, daß nur ein Datensatz der

Basisklasse A an C vererbt, der andere aber ignoriert wird. Diese für den praktischen Einsatz äußerst nützliche Eingeschaft ist gleichzeitig diejenige, die den Compilerbauer vor die größten Probleme stellt. Wir wollen die mit virtuellen Basisklassen verbundenen technischen Probleme hier nicht weiter analysieren (sie gehören eher zu den technischen Details einer konkreten Sprachimplementierung) sondern nur bemerken, daß die Verwendung virtueller Basisklassen unvermeidlich gewisse Laufzeiteinbußen mit sich bringt. Glücklicherweise sind diese nicht so gravierend, als daß sie in einer normalen Anwendung ins Gewicht fallen.

20.17.6 Zeiger auf Objekte

Wie bereits dargestellt, kann ein Zeiger auf ein Objekt einer Basisklasse ohne Typprobleme auch auf Objekte von Ableitungen dieser Klasse zeigen. Dieser Effekt macht z.B. Anweisungen wie

```
struct A                         ( int i; );
struct B                         ( int j; );
struct C : public A, public B ( int k; );

void main() {
    C c;
    C *cp = &c;
    B *bp = &c;
    A *ap = &c;
```

möglich. Obwohl alle drei Zeiger unterschiedliche Typen sind, können sie auf das gleiche Objekt zeigen.

Man sollte nun meinen, daß deshalb auch alle drei Zeiger den gleichen Wert haben - dies ist aber nicht so. Folgende Anweisungen bestätigen das:

```
    if ( (void*)cp == (void*)ap )
        puts( "void* : cp und ap sind gleich" );

    if ( (void*)cp == (void*)bp )
        puts( "void* : cp und bp sind gleich" );

    if ( (void*)ap == (void*)bp )
        puts( "void* : ap und bp sind gleich" );
```

Als Ergebnis erhält man die Ausgabe

```
    cp und ap sind gleich
```

Dieses auf den ersten Blick erstaunliche Ergebnis wird verständlicher, wenn man den Aufbau eines C-Objekts betrachtet: Als erster "Block" kommt der von A geerbte Teil, dann der von B geerbte Datensatz und schließlich die eigenen Daten.

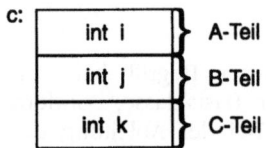

Bild 20.2: Aufbau eines Objekts bei Mehrfachvererbung

Der Anfang des A-Teils stimmt daher mit der Startadresse von c überein, die Zeiger ap und cp können daher auf die gleiche Adresse zeigen. Der Zeiger bp dagegen muß ja auf die B-Anteile in c zeigen und damit einen von der Anfangsadresse von c unterschiedlichen Wert haben. Warum kann bp nicht wie ap und cp auf den Anfang des Objekts zeigen? Die Antwort ergibt sich aus der Betrachtung einer Anweisung wie z.B.

```
doIt( bp ),
```

wobei doIt als

```
void doIt( B* );
```

deklariert sein soll. Selbstverständlich erwartet doIt einen Zeiger auf ein B-Objekt, bp muß deshalb auf ein solches zeigen, und zwar unabhängig davon, ob das B-Objekt, wie in unserem Falle, Teil eines größeren Objektes ist.

Bei Einfachvererbung ist eine Wertkorrektur von Zeigern nicht notwendig, wenn man eine Speicheranordnung verwendet, bei der die Basisklasse immer an den Anfang der Ableitung positioniert wird. Bei Mehrfachvererbung ohne virtuelle Basisklassen beschränkt sich die Korrektur auf einen festen Offset, der zur Übersetzungszeit berechnet werden kann. Der schwierigste Fall liegt bei Mehrfachvererbung mit virtuellen Basisklassen vor. Hier ist der Offset zusätzlich dynamisch und muß zur Laufzeit berechnet werden. Dazu wird für jede Klasse eine gesonderte Tabelle angelegt, aus der der Offset berechnet werden kann. Die Wertkorrektur bei Typwandlungen von Klassenzeigern ist mit ein Grund, warum Mehrfachvererbung mit virtuellen Basisklassen der Alptraum jedes Compilerbauers ist. Die zusätzlichen Kosten zur Laufzeit eines Programms können dagegen meist vernachlässigt werden.

Wir haben die drei Zeiger vor dem Vergleich in den Typ void* gewandelt, um reine "netto" Adressen zu erhalten. Vergleicht man nämlich die Zeiger direkt miteinander, erhält man das Ergebnis "identisch":

```
if ( cp == ap )
  puts( "cp und ap sind gleich" );
if ( cp == bp )
  puts( "cp und bp sind gleich" );
```

Hier wird

```
cp und ap sind gleich
cp und bp sind gleich
```

ausgegeben. Der Grund liegt in den unterschiedlichen Typen der Operanden, die in C++ im Unterschied zu C so nicht direkt vergleichbar sind. Vielmehr wandelt der Compiler vor dem Vergleich den Zeiger cp vom Typ C* in den Typ B* (bzw. A*) um. Bei der Typwandlung nach B* wird dabei die Korrektur der Adresse durchgeführt, so daß der Vergleich "wahr" ergibt.

Die Konvertierung eines Zeigers auf ein Objekt hin zum Typ einer Basisklasse läuft wie alle impliziten Konvertierungen automatisch ohne Zutun des Programmierers ab.

Wie das Beispiel zeigt ist dadurch gewährleistet, daß auch in Klassenhierarchien mit ihrer erweiterten Zuweisungskompatibilität eindeutig (und zwar durch direkten Zeigervergleich) festgestellt werden kann, ob zwei Zeiger unterschiedlicher Typen auf das gleiche Objekt zeigen, oder nicht.

Beachten Sie bitte, daß der Vergleich

```
if ( ap == bp ) ...
```

nicht möglich ist, obwohl es sich um zwei Zeiger handelt. Die Typen A* und B* sind nicht zuweisungskompatibel und damit auch nicht ineinander konvertierbar.

20.18 Konstruktoren in Klassenhierarchien

Konstruktoren werden grundsätzlich nicht vererbt. Im folgenden Beispiel besitzt B deshalb keinen Konstruktor für integers:

```
//----------------------------------------------------------------
//       A
//
class A {
public:
  A();
  A( int ni );
private:
  int i;
  /* ... weitere Mitglieder von A ...*/
};
//----------------------------------------------------------------
//       B
//
class B : public A {
private:
  float f;
  /* ... weitere Mitglieder von B ... */
};
```

Das Erzeugen von Objekten von B ist so nicht möglich.

```
B b( 1 );   // Syntaxfehler. Der Konstruktor A::A( int ) wird
            // nicht vererbt.
```

Beachten Sie jedoch, daß B sehr wohl einen *Standardkonstruktor* besitzt. Da der Programmierer für B überhaupt keinen Konstruktor deklariert hat, wurde der Standardkonstruktor vom Compiler automatisch ergänzt.

Dieses Verhalten ist durchaus beabsichtigt. Würde der Konstruktor vererbt, könnte ein B Objekt mit einem A-Konstruktor initialisiert werden. Der A-Konstruktor initialisiert aber nur die Mitglieder von A, die neuen Mitglieder von

20.18 Konstruktoren in Klassenhierarchien

B blieben uninitialisiert. In unserem Beispiel hätte die Variable f aus B einen undefinierten Wert.

Als Folge muß der Programmierer für jede Klasse eigene Konstruktoren angeben. Er *kann* (und sollte) aber zur Initialisierung der Basisklasse den Basisklassenkonstruktor *aufrufen*. Dazu wird die bereits bekannte "Doppelpunktsyntax" verwendet:

```
//----------------------------------------------------------------
//         B
//
class B : public A {
public:
  //-- B benötigt eigene Konstruktoren

  B();
  B( int ni );
private:
  float f;
  /* ... weitere Mitglieder von B ... */
};

B::B( int ni ) : A( ni ) {
  f = 0;
}
```

Hier werden die Datenmitglieder von A (hier nur i) durch einen entsprechenden A-Konstruktor initialisiert. Der B-Konstruktor initialisiert die in B neu hinzugekommen Mitglieder (hier f).

In manchen Programmen sieht man eine "Initialisierung"[29] der Basisklassenvariablen durch Konstruktoren der Ableitung, etwa wie in diesem Beispiel:

```
B::B( int ni ) {
  i = 0;   // dies ist A::i
  f = 0;
}
```

Dies ist schlechter Stil. Für die Manipulation von Daten der Basisklasse (und dazu gehört auch die Initialisierung) sind ausschließlich die Mitgliedsfunktionen der entsprechenden Klasse zuständig. Anstelle der direkten Manipulation von Variablen der Basisklasse sollte man besser die entsprechenden Funktionen in die Basisklasse verlegen.

---

29 Genaugenommen ist es keine Initialisierung, sondern eine Zuweisung.

20.18.1 Der Standardkonstruktor

Der Standardkonstruktor nimmt eine Sonderstellung ein. Soll die Basisklasse durch den Standardkonstruktor initialisiert werden, braucht er nicht explizit angegeben zu werden:

```
B::B( int ni ) {
   /* ... Implementierung der Konstruktors ...*/
}
```

Hier wird die Basisklasse A durch den Standardkonstruktor A::A() initialisiert. Beachten Sie bitte, daß die Basisklasse einen Standardkonstruktor besitzen *muß*, auch wenn der Aufruf hier nicht explizit codiert ist. Dies wird oft vergessen: Die Abwesenheit eines expliziten Konstruktoraufrufes heißt *nicht*, daß kein Konstruktor aufgerufen werden soll, sondern daß der Standardkonstruktor zu verwenden ist.

20.18.2 Konstruktoren bei Mehrfachvererbung

Ein Konstruktor einer Ableitung muß alle direkten Basisklassen initialisieren. Bei Mehrfachableitung sind deshalb mehrere Konstruktoraufrufe notwendig:

```
struct A {
  A();
  A( int ni );
  int i;
  };
struct B {
  B( float nf );
  float f;
  };
struct C : public A, public B {
  C( int ni, float nf, char *nstr );
  char *str;
  };
```

Die Implementierung des C-Konstruktors zeigt, wie die beiden Basisklassen initialisiert werden:

```
C::C( int ni, float nf, char *nstr ) : A( ni ), B( nf ) {
   str = strdup( nstr );
}
```

Auch hier kann wie üblich ein expliziter Konstruktoraufruf weggelassen werden, wenn der Standardkonstruktor gemeint ist:

```
C::C( int ni, float nf, char *nstr ) : B( nf ) {
   //-- A wurde durch den Standardkonstruktor initialisiert
   str = strdup( nstr );
}
```

20.19 Reihenfolgefragen

20.19.1 Aufrufreihenfolge von Konstruktoren

Der Aufruf der Basisklassenkonstruktoren steht *vor* der öffnenden Klammer des Konstruktors. Bei Eintritt in die Funktion sind die Basisklassen deshalb bereits vollständig initialisiert. Ist eine Basisklasse selber wiederum eine Ableitung, werden auch deren Basisklassen zuerst initialisiert.

Innerhalb eines Konstruktors kann man sich deshalb darauf verlassen, daß die Datenmitglieder aller Basisklassen in der Ableitungshierarchie bereits definierte Werte erhalten haben. In einem Konstruktor kann man deshalb gefahrlos auf Datenmitglieder der Basisklassen zugreifen, wie hier an einen Implementierung des c-Konstruktors aus dem letzten Beispiel gezeigt:

```
C::C( int ni, float nf, char *nstr ) : A( ni ), B( nf ) {
  str = (char*)malloc( strlen( nstr ) + 40 );
  //-- im Konstruktor der Ableitung sind die Basisklassen bereits
  //   initialisiert, d.h. i und f haben bereits ihre Werte
  sprintf( str, nstr, i, f );
}
```

Bei Mehrfachableitung werden die Basisklassen in der Reihenfolge der Deklaration bei der Ableitung initialisiert. Eine Ausnahme bilden virtuelle Basisklassen, diese werden (unabhängig von der Reihenfolge bei der Deklaration) vor den nicht-virtuellen Basisklassen initialisiert (Beispiel siehe übernächster Abschnitt).

20.19.2 Aufrufreihenfolge von Destruktoren

In einer Klassenhierarchie werden die Destruktoren grundsätzlich in umgekehrter Reihenfolge wie die Konstruktoren aufgerufen. Es wird also *zuerst* der Destruktor der eigenen Instanz aufgerufen und *dann* die Destruktoren der Basisklasse(n). Destruktoren virtueller Basisklassen werden zuletzt aufgerufen. Auch im Destruktor kann man sich also darauf verlassen, daß die Datenmitglieder der Basisklasse(n) noch definierte Werte haben.

Im Gegensatz zu Konstruktoren werden Destruktoren vererbt. Außerdem ruft ein Destruktor automatisch den Destruktor der Basisklasse auf. Ist die Basisklasse selber eine Ableitung, wird auch deren Konstruktor automatisch aufgerufen.

20.19.3 Zusammenfassendes Beispiel

In folgender Klassenhierarchie sind Konstruktoren und Destruktoren mit Ausgabeanweisungen versehen, um Reihenfolge und Automatik zu verdeutlichen:

```
//-------------------------------------------------------------
//      A
//
class A {

public:

  A();
  A( int ni );
  ~A();

private:

  int i;

  /* ... weitere Mitglieder von A ...*/

};
//-------------------------------------------------------------
//      B
//
class B : public A {

public:

  B();
  B( int ni );
  ~B();

private:

  float f;

  /* ... Mitglieder von B ... */

};
```

Folgendes Listing zeigt beispielhaft einen Konstruktor von A:

```
A::A( int ni ) {
  puts( "Konstruktor A::A( int ) aufgerufen" );

  i = ni;
}
```

Die anderen Konstruktoren und Destruktoren sind analog aufgebaut und deshalb hier nicht abgdruckt. Bei der Erzeugung und Zerstörung eines B-Objekts kann man nun die Reihenfolge der Konstruktor- bzw. Destruktoraufrufe verfolgen. Das Programm

```
void main() {

  B b( 1 );
}
```

erzeugt die Ausgabe

```
    Konstruktor A::A( int ) aufgerufen
    Konstruktor B::B( int ) aufgerufen
    Destruktor B aufgerufen
    Destruktor A aufgerufen
```

20.20 Zuweisungsoperatoren in Klassenhierarchien

Der Zuweisungsoperator ist (neben den Konstruktoren) die zweite Funktion, die nicht vererbt wird. Der Grund ist der gleiche wie bei den Konstruktoren: Der geerbte Zuweisungsoperator der Basisklasse kopiert natürlich nur die Datenelemente der Basisklasse und *nicht* die der Ableitung. Es macht daher überhaupt keinen Sinn, den Zuweisungsoperator zu vererben.

20.20.1 Der Standard-Zuweisungsoperator

Deklariert der Programmierer in der Ableitung keinen eigenen Zuweisungsoperator, ergänzt der Compiler einen Standard-Zuweisungsoperator, der die Datenmitglieder einzeln kopiert. Neu in Klassenhierarchien ist, daß dieser Standard-Zuweisungsoperator zuvor die Zuweisungsoperatoren aller Basisklassen aufruft. Folgendes Beispiel verdeutlicht den Sachverhalt:

```
//-----------------------------------------------------------------
//      A
//
struct A {
  A();
  A( int ni );
  A &operator = ( const A& );
  int i;
  };
//-----------------------------------------------------------------
//      B
//
struct B : public A {
  B( int ni, char *nstr );
  char *str;
  };
```

Als einzige Mitgliedsfunktion wird hier der Zuweisungsoperator von A gezeigt. Alle anderen Funktionen (Konstruktoren und Destruktoren) sind in der offensichtlichen Weise implementiert.

```
//-----------------------------------------------------------------
//      A::operator =
//
A &A::operator = ( const A& arg ) {
  puts( "operator = für A aufgerufen" );

  i = arg.i;
  return *this;
  }
```

Die Ableitung B deklariert keinen eigenen Zuweisungsoperator. Der Compiler hat daher einen Standard-Zuweisungsoperator generiert, der (unter anderem) den Zuweisungsoperator von A aufruft. Schreibt man also

```
B b1( 1, "Ein String" );
B b2( 2, "Ein anderer String" );

b2 = b1;
```

kann man den automatischen Aufruf des Zuweisungsoperators für A an der Bildschirmausgabe erkennen:

```
operator = für A aufgerufen
```

Der vom Compiler generierte Standard-Zuweisungsoperator hat in etwa die folgende Form:

```
B &B::operator = ( const B& arg ) {
    //-- Standard-Kopierkonstruktor, wie er vom Compiler automatisch
    //   generiert wird

    //-- Zuerst die Kopierkonstruktoren der Basisklassen (hier nur A)
    //   aufrufen
    A::operator = ( arg );

    //-- dann die eigenen Datenmitglieder kopieren
    str = arg.str;

    //-- Referenz auf eigene Instanz zurückgeben
    return *this;
}
```

Hier sind zwei Dinge besonders interessant:

- Vom Destruktor (und in gewisser Weise den Konstruktoren) abgesehen ist der automatisch generierte Standard-Zuweisungsoperator die einzige Funktion, die automatisch (ohne Zutun des Programmierers) eine Funktion aus der Basisklasse aufruft.

- Der Zuweisungsoperator für A ist mit einem Argument vom Typ const A& deklariert. Aufgerufen wird er jedoch mit einem Parameter vom Typ const B&. Dies ist auf Grund der erweiterten Zuweisungskompatibilität in Klassenhierarchien (s.o.) ohne Typprobleme möglich.

20.20.2 Selbstdefinierter Zuweisungsoperator

Der für B automatisch generierte Standard-Zuweisungsoperator ist nicht geeignet, B-Objekte zu kopieren. Die Klasse B enthält einen Zeiger als Datenelement. Der automatisch generierte Standard-Zuweisungsoperator kopiert nur den Zeiger, nicht jedoch den Speicherbereich, auf den dieser zeigt. Dadurch würde wieder die *Aliasproblematik* (Kapitel 4) entstehen.

Es ist daher erforderlich, für B einen eigenen Zuweisungsoperator zu implementieren, der den Speicherbereich korrekt dupliziert. Nicht vergessen werden darf, evtl. vorher allokierten Speicher wieder freizugeben.

```
B &B::operator = ( const B& arg ) {
  puts( "operator = für B aufgerufen" );

    //-- zuerst die Daten der Basisklasse kopieren, dann die eigenen
    A::operator = ( arg );

    //-- Zur Vermeidung der Alias-Problematik muß eine Kopie des
    //   Strings gemacht werden
    if( str )
       free( str );
    str = strdup( arg.str );
    return *this;
}
```

20.20 Zuweisungsoperatoren in Klassenhierarchien

Beachten Sie bitte, daß nun der automatische Aufruf der Zuweisungsoperatoren für die Basisklasse(n) entfällt: Der Zuweisungsoperator der Ableitung B ist für die korrekte Kopie aller Datenelemente (auch die der Basisklasse(n)) selber verantwortlich.

Der typische Zuweisungsoperator einer abgeleiteten Klasse besteht daher aus mindestens zwei getrennten Teilen:

- Teil 1 kopiert die Datenelemente aller Basisklassen. Dazu verwendet er natürlich die Zuweisungsoperatoren der Basisklassen. In unserem Beispiel besteht dieser Teil aus der Anweisung

    ```
    A::operator = ( arg );
    ```

- Teil 2 kopiert die "eigenen" Datenelemente. In unserem Beispiel ist der String str zu kopieren:

    ```
    if( str )
        free( str );
    str = strdup( arg.str );
    ```

Der Operator gibt wie üblich eine Referenz auf das eigene Objekt zurück, um Kaskadierungen zu ermöglichen:

```
return *this;
```

Der Aufruf

```
A::operator = ( arg );
```

zum Kopieren der Datenelemente der Basisklasse A ist einer näheren Betrachtung wert:

- Der Operator wird nicht in der üblichen Weise (also in der Notation x=y), sondern explizit (also in der Notation operator = (y)) aufgerufen.

- Der Operator wird voll qualifiziert. Wir wollen explizit den Operator der Klasse A. Die Qualifizierung ist notwendig, da sonst der Operator aus B verwendet wird, was zur Laufzeit zu einer Endlosschleife führt.

- Das Argument arg ist vom Typ const B& (Referenz auf ein konstantes B). Der Operator benötigt jedoch ein Argument vom Typ const A&. Da A eine Basisklasse von B ist, ist die Konvertierung problemlos möglich.

Ist die Klasse von mehreren Basisklassen abgeleitet, muß man entsprechend mehrere Kopieroperatoren aufrufen:

```
class A { ... };
class B { ... };
class C : public A, public B { ... };

C &C::operator = ( const C& arg ) {
  A::operator = ( arg );
  B::operator = ( arg );
  /* ... hier die Daten aus C kopieren ... */
  return *this;
}
```

20.20.3 Kompatibilitätsfragen

Ein Sonderfall liegt vor, wenn die Basisklasse A keinen eigenen Kopieroperator definiert, etwa wie in diesem Beispiel:

```
struct A {
  A();
  A( int ni );
  int i;
};
```

Die Ableitung B soll weiterhin einen eigenen Zuweisungsoperator definieren:

```
struct B : public A {
  B( int ni, char *nstr );
  B &operator = ( const B& );
  char *str;
};
```

Eine solche Definition von A und B scheint sinnvoll zu sein, denn für A reicht die Funktionalität des automatisch generierten Standard-Zuweisungsoperators völlig aus. Nicht jedoch für B: Der eigene Zuweisungsoperator ist erforderlich, um die Aliasproblematik zu vermeiden.

Die Frage ist nun, ob in der Implementierung des B-Operators die Anweisung

```
A::operator = ( arg );
```

weiterhin gültig ist, denn die Klasse A deklariert ja keinen Operator = mehr. Überraschenderweise ist in die Anweisung sowohl für VC als auch für C7 syntaktisch korrekt. Der Grund liegt wiederum im automatisch generierten Zuweisungsoperator für A. Der Compiler hat nämlich nicht nur die Implementierung dieses Operators automatisch generiert, sondern auch den zugehörigen Prototypen.

Andere Compilerhersteller sehen die Sache anders. So führt die Anweisung z.B. bei allen Borland-Compilern zu einer Fehlermeldung, die besagt, daß A keinen Operator = besitzt, und der Aufruf deshalb illegal ist. Die gleiche Fehlermeldung liefert auch AT&Ts cfront, das die Basis für nahezu alle C++ Compiler unter UNIX ist. Bei diesen Compilern wird zwar automatisch eine Implementierung des Standard-Zuweisungsoperators generiert, nicht jedoch der zugehörige Prototyp.

Muß man portable Programme schreiben, sollte man auf diese und ähnliche Gegebenheiten Rücksicht nehmen. C++ ist (im Verhältnis zu C) eine noch relativ junge Sprache, und man kann durchaus verschiedener Meinung sein, wie bestimmte Spracheigenschaften zu implementieren sind. Es bleibt zu hoffen, daß sich die verschiedenen Compiler der unterschiedlichen Hersteller im Laufe der Zeit weiter angleichen.

Bis dahin muß man sich behelfen. Die beste Lösung ist zweifelsohne, die Klasse A explizit mit einem Zuweisungsoperator auszustatten, selbst wenn dieser funktional identisch zum Standard-Zuweisungsoperator ist. Man geht damit allen Problemen bei Ableitungen aus dem Weg.

Hat man A nicht selbst geschrieben und kann den Quellcode auch nicht modifizieren (z.B. weil die Klasse Teil einer Bibliothek ist und dem Entwickler das

Problem nicht bewußt war), kann man den Zuweisungsoperator in B immer noch wie folgt implementieren:

```
B &B::operator = ( const B& arg ) {
  puts( "operator = für B aufgerufen" );

  //-- zuerst die Daten der Basisklasse kopieren, dann die eigenen
  A *ap = this;
  *ap = arg;

  /* ... restliche Teil des Operators ... */
```

Die (vordefinierte) Variable this ist vom Typ B* const und zeigt immer auf das eigene Objekt. Bei der Zuweisung an ap muß eine Typwandlung stattfinden, denn ap ist vom Typ A*. Der Compiler stellt (evtl. über eine Adrreßkorrektur, s.o.) sicher, daß ap tatsächlich auf den A-Anteil im B-Objekt zeigt. Die folgende Anweisung

```
*ap = arg;
```

überschreibt daher den A-Anteil mit dem Wert von arg. Diese Lösung des Problems ist notationell nicht so schön wie z.B.

```
A::operator = ( arg );
```

leistet jedoch das gleiche.

20.21 Wann sind Ableitungen sinnvoll?

In der Praxis wird die Ableitungstechnik viel zu häufig verwendet. Das Sprachmittel der Vererbung ist - vor allem für Programmierer, die von C her kommen - so neu und verlockend, daß man es unbedingt einsetzen möchte - auch wenn sich das zugrunde liegende Problem vielleicht gar nicht dazu eignet. Um die Frage "Ableitung oder nicht" richtig entscheiden zu können, braucht man viel Erfahrung und Praxis. Nur so bekommt man das notwendige Gefühl, wann welche Konstruktion einzusetzen ist.

Es gibt allerdings eine ganz einfache Daumenregel, mit der man grob bestimmen kann, ob eine Ableitung sinnvoll sein könnte.

20.21.1 Die isA - Beziehung

Das Wort "isA" kommt vom amerikanischen *is a*, zu deutsch etwa "ist ein". Die Regel besagt nun, daß B genau dann eine öffentliche Ableitung von A sein soll, wenn man sagen kann: "B ist ein A". Nur dann nämlich sind die öffentlichen Funktionen von A auch für einen Benutzer von B interessant.

Betrachten wir dazu ein Beispiel. Gegeben sei eine Klasse Fahrzeug, die Daten und Funktionen enthält, die für alle in Frage kommenden Fahrzeuge wichtig sind. Darunter fallen z.B. Mitgliedsvariablen für Gewicht, Preis, oder Anzahl der Räder. Benötigt man nun eine Klasse zur Beschreibung eines LKW, sollte man diese von Fahrzeug ableiten, denn "ein LKW ist ein Fahrzeug". Alle Daten und

Funktionen, die die Klasse Fahrzeug bereitstellt, können auch für LKWs verwendet werden. Die Betonung liegt auf *alle*. Würde es z.B. einige Funktionen von Fahrzeug geben, die für einen LKW nicht sinnvoll wären, sollte man LKW nicht von Fahrzeug ableiten.

Analog kann man weitere Ableitungen bilden, wie z.B. Fahrrad, PKW etc.

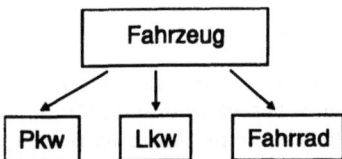

Bild 20.3: is-a-Beziehungen in einer Klassenhierarchie

20.21.2 Die hasA - Beziehung

Das Wort "hasA" kommt vom amerikanischen *has a*, zu deutsch etwa "hat ein". Kann man von zwei Klassen A und B sagen "B hat ein A", sollte B nicht als öffentliche Ableitung von A formuliert werden. Vielmehr sollte B ein Datenmitglied vom Typ A erhalten. Statt

```
class B : public A {
  /* ... Mitglieder von B ... */
};
```

schreibt man dann besser

```
class B {
  A a;
  /* ... Mitglieder von B ... */
};
```

Beispiel 1: Klassen Fahrzeug und Rad

Wir verdeutlichen den Sachverhalt wiederum an einem Beispiel. Hat man etwa eine Klasse Rad definiert, sollte man z.B. Fahrzeug nicht von Rad ableiten. Zumindest einige der Mitgliedsdaten von Rad (wie vielleicht durchmesser) sind für Fahrzeuge nicht anwendbar. Sie sollten deshalb auch einem Benutzer von Fahrzeug nicht allgemein zugänglich sein. Genau dies wäre aber bei einer öffentlichen Ableitung der Fall: Alle von Rad geerbten Daten und Funktionen wären ja für die Ableitung ebenfalls vorhanden.

Das Beispiel ist zugegebenermaßen trivial. Es ist schon deshalb falsch, weil ein Fahrzeug mehrere Räder haben kann und deshalb die Realisierung als Ableitung sowieso nicht in Frage kommt.

Beispiel 2: Klassen Point und Circle

Schwieriger ist bereits folgender Fall: In der Literatur werden als Beispiel für die Anwendung der Vererbungstechnik gerne Klassen wie Point und Circle verwendet. Die Klasse Point soll einen Punkt in der Ebene beschreiben, die Klasse Circle einen Kreis. Nun hat ein Kreis natürlich einen Mittelpunkt, für den man ein Punkt-Objekt verwenden kann. Daraus wird dann gefolgert, daß Circle als Ableitung von Point zu formulieren ist:

```
//-------------------------------------------------------------------
//      class Point
//
class Point {
  int x, y;
public:
  Point( int nx, int ny );
  /* ... weitere Mitgliedsfunktionen von Point ... */
};
//-------------------------------------------------------------------
//      class Circle
//
class Circle : public Point {
  int radius;
public:
  Circle( int nx, int ny, int nRadius );
};
```

Der Konstruktor von Circle ruft den Point-Konstruktor zur Initialisierung der Koordinaten auf:

```
//-------------------------------------------------------------------
//      Circle::Circle
//
Circle::Circle( int nx, int ny, int nRadius )
  : Point( nx, ny ) {
  radius = nRadius;
}
```

Die Formulierung von Circle als Ableitung von Point sieht auf den ersten Blick elegant aus und scheint auf der Hand zu liegen. Sie ist aber aus objektorientierter Sicht trotzdem *falsch*. Ein Kreis ist kein Punkt, sondern ein Kreis *hat einen* (Mittel-)punkt (und einen Radius). Es liegt also keine is-a, sondern eine has-a Beziehung zwischen den beiden Klassen vor. Die Datenstrukturen für den Mittelpunkt und den Radius sind daher als Mitgliedsvariablen auszuführen:

```
//------------------------------------------------------------
//      class Circle
//
class Circle {

  Point mitte;   // der Mittelpunkt des Kreises
  int radius;    // der Radius des Kreises

public:

  Circle( int nx, int ny, int nRadius );
};
```

Beachten Sie bitte, daß der Konstruktor für Circle dadurch im wesentlichen unverändert bleibt: Die Mitgliedsvariable mitte wird ebenfalls über die Doppelpunkt-Notation initialisiert:

```
//------------------------------------------------------------
//      Circle::Circle
//
Circle::Circle( int nx, int ny, int nRadius )

  : mitte( nx, ny ) {

  radius = nRadius;
}
```

Warum ist der Unterschied zwischen Ableitung und Inclusion so wichtig? Der Grund liegt in der besseren Abbildung der realen Welt[30] in einer Programmstruktur. Die has-a Beziehung trifft das Verhältnis zwischen einem Kreis und einem Punkt einfach besser als die is-a Beziehung.

Der Unterschied wird vor allem in größeren Klassenhierarchien im Laufe der Zeit deutlich. Hat man keine reine is-a Beziehung zwischen den Klassen der Hierarchie, tritt gerne der Fall auf, daß man die Basisklasse um eine Funktion erweitern möchte, die jedoch für einige der Ableitungen nicht anwendbar ist. Eine solche Situation war vielleicht zum Zeitpunkt des Designs der Klassenhierarchie noch nicht absehbar. Nun sind die Strukturen bereits zementiert und nicht mehr ohne größeren finanziellen Aufwand (Redesign) änderbar.

Es ist deshalb eigentlich nicht sinnvoll, die neue Funktion in die Basisklasse mit aufzunehmen. In der Praxis wird es oft trotzdem gemacht, die Ableitungen enthalten dann manchmal Kommentare, daß bestimmte Funktionen nicht aufgerufen werden dürfen. Dies führt natürlich zu einem erhöhten Fehlerrisiko bei der Benutzung der Klassenhierarchie, insbesondere wenn neue Mitarbeiter zum Projekt hinzukommen.

Beispiel 3: Feld, Vektor und Matrix

Die Klassen für Vektoren und Matrizen aus den letzten Kapiteln verwenden zur Implementierung ihrer Funktionalität eine Feldklasse. Es stellt sich deshalb auch hier die Frage, ob man nicht Vektor- und Matrixklasse von der Feldklasse

---

30 Der gerade interessierende Ausschnitt aus der realen Welt wird auch als *problem domain* (deutsch etwa Problembereich) bezeichnet.

ableiten sollte. Dazu muß wieder die Frage beantwortet werden, ob ein Vektor ein (dynamisches) Feld *ist*. Die Frage läßt sich klar mit "nein" beantworten. Dies drückt sich u.a. in der Tatsache aus, daß nicht alle Eigenschaften eines dynamischen Feldes auch für Vektoren sinnvoll sind. So ist z.B. eine der wichtigsten Eigenschaften des dynamischen Feldes, nämlich seine dynamische Vergrößerbarkeit, für Vektoren überhaupt nicht wichtig. Dem entspricht auch die Tatsache, daß z.B. die Funktion assureNENT aus der Feldklasse für die Vektorklasse nicht anwendbar und sogar gefährlich ist. Also: Keine öffentliche Ableitung! Die gleichen Gründe führen auch für die Matrixklasse zu dem Ergebnis, daß die Klasse nicht als Ableitung zu formulieren ist.

20.21.3 Der Sonderfall private Ableitung

Die in Kapitel 17 gewählte Implementierung der Vektor- und Matrixklassen nicht als Ableitung, sondern mit einem Array-Datenmitglied ist also korrekt. Trotzdem ist es unschön, daß der größte Teil der Funktionen der Feldklasse explizit durch inline-Funktionen für Vektor verfügbar gemacht werden muß, nur weil einige (wenige) Funktionen für Vektoren *nicht* brauchbar sind. Für die Matrixklasse gilt das gleiche Argument in abgeschwächter Form.

Zur Lösung dieses Problems sind private Ableitungen vorgesehen. Ist die Klasse B privat von A abgeleitet, kann ein Nutzer von B zunächst nicht auf die Mitglieder von A zugreifen - B kann jedoch einzelne Mitglieder selektiv zugreifbar machen:

```
//------------------------------------------------------------
//      class A
//
class A {
public:
  void f();
  void doIt();
  /* ... weitere Mitgleider von A ... */
  };
//------------------------------------------------------------
//      class B
//
class B : private A {
public:
  A::f;  // Redeklaration des geerbten Mitgliedes f
  /* ... weitere Mitgleider von B ... */
  };

void main() {
  B b;
  b.f();
  b.doIt();   // Fehler!
  }
```

Hier kann ein Nutzer von B auf das von A geerbte f zugreifen, nicht jedoch auf doIt. B hat damit einen Teil der von A geerbten Funktionalität öffentlich verfügbar gemacht, einen anderen Teil dagegen nicht. Dies ist genau der Anwendungsfall, in dem private Ableitungen sinnvoll sind. Die Klassen für Felder, Vektoren und Matrizen sind ein Paradebeispiel für private Ableitungen (s.u.).

20.21.4 "Faktorisieren" gemeinsamer Eigenschaften

Man kann die Klassenhierarchie aus Array, Vektor und Matrix auch aus einem anderen Blickwinkel betrachten. In der Praxis wird es z.B. oft so sein, daß Klassen wie Vektor und Matrix zunächst getrennt entworfen werden. Hat man alle in einem Programm benötigten Klassen grob festgelegt, kann man sich fragen "welche Eigenschaften haben die Klassen X und Y gemeinsam?" Für die Klassen Vektor und Matrix wird man vielleicht finden, daß beide eine variable (aber nicht dynamische) Anzahl von Elementen verwalten können müssen.

Haben zwei oder mehrere Klassen viele Gemeinsamkeiten, lohnt sich die Überlegung, ob man die gemeinsame Funktionalität nicht in einer getrennten Klasse zusammenfaßt. Dadurch wird die mehrfache Implementierung von Funktionalität vermieden.

Dieser Prozeß wird auch als *Faktorisieren* (engl. *factoring out*) bezeichnet. Man geht dabei davon aus, daß die Gesamtfunktionalität einer Klasse in (unabhängige) Faktoren zerlegt werden kann. Kommen einige Faktoren in mehreren Klassen vor, werden diese "herausdividiert" und in eigenständige Klassen verlagert. Der Prozeß ist vielleicht in gewisser Weise vergleichbar mit der Primfaktorzerlegung von Zahlen und der Bildung des größten gemeinsamen Teilers in der Mathematik. Das Bild zeigt, wie die Funktionseinheit a, die sowohl in X als auch in Y vorkommt, in eine neue Klasse Z verlagert wird.

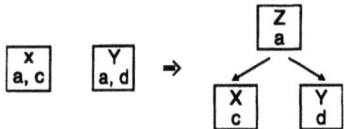

Bild 20.4: Faktorisierung von Funktionalität

In einem zweiten Schritt muß man sich noch überlegen, wie die Funktionalität der neuen Klassen Z zur Implementierung der "eigentlichen" Klassen X und Y verwendet wird. Prinzipiell hat man dazu drei Möglichkeiten:

- ❏ Durch öffentliche Ableitung. X und Y werden dabei von Z abgeleitet. Dieser Weg ist dann sinnvoll, wenn *alle* Funktionseinheiten aus Z sowohl für X als auch für Y-Objekte sinnvoll sind (in unserem Beispiel ist das der Fall, denn Z hat nur die Funktionseinheit a).

- ❏ Durch private Ableitung. Auch hier werden X und Y von Z abgeleitet. Die private Ableitung ist dann erforderlich, wenn Z Faktoren enthält, die für X bzw. Y nicht sinnvoll sind. Eine solche Situation tritt meist dann auf, wenn Z zwar wie oben durch Faktorisierung entstanden ist, jedoch später mit

weiteren Eigenschaften ausgestattet wurde, um die Klasse allgemeiner verwendbar zu machen.
❑ Durch Deklaration von Mitgliedsvariablen. Diese Möglichkeit wird meist dann verwendet, wenn zur Implementierung z.B. von x mehrere z-Objekte erforderlich sind. So hat z.B. ein Fahrrad zwei Räder.

20.22 Anwendung auf Array, Vektor und Matrix

Aus dem bisher Dargestellten wird deutlich, daß die Vektor- und Matrixklassen am besten durch private Ableitung von der Feldklasse implementiert werden. Wir betrachten der Einfachheit halber zunächst die Klassen für integer aus Kapitel 17. In nächsten Abschnitt wenden wir die Technik auch für die generischen Versionen der Feld- Vektor und Matrixklassen an. Der Sourcecode beider Versionen befindet sich - inclusive Testbeispielen und Projektdateien - in den Verzeichnissen KAP20A (bzw. KAP20B für die Template-Versionen) auf der Begleitdiskette.

20.23 IntVektor als Ableitung von IntArry

Folgendes Listing zeigt Definition und Implementierung der Klasse IntVektor, wenn diese als private Ableitung von IntArry formuliert wird:

```
//---------------------------------------------------------------
//      class IntVektor
//
class IntVektor : private IntArry {

public:

   //-- erzeugt ungültiges Objekt

   IntVektor();

   //-- erzeugt "leeren" Vektor der Dimension nDim.
   //   Nach der Initialisierung kann die Dimension NICHT mehr geändert
   //   werden!

   IntVektor( int nDim );

   //-- erzeugt einen Vektor der Dimension nDim und füllt ihn mit
   //   den Parametern

   IntVektor( int nDim, int data1, ... );

   //-- Destruktor nicht erforderlich

   IntVektor            ( const IntVektor & );
   IntVektor &operator = ( const IntVektor & );

   //-- liefert die Dimension. Für ungültiges Objekt
   //   wird 0 geliefert.

   int getDim() const;
```

```
    //-- compareSize vergleicht die Länge des Parameters mit der
    //   Länge des eigenen Objekts und liefert
    //   -1 (kleiner), 0 (gleich) oder 1 (größer) zurück.
    //   Ist ein Objekt ungültig oder kann Vergleich nicht durchgeführt
    //   werden: notValid zurück.

    int compareSize( const IntVektor & ) const;

    //-- liefert die Länge des Vektors, oder 0 falls ungültig

    double getLength() const;

    //-- von IntArry geerbte und hier public redeklarierte Mitglieder

    IntArry::operator const char *;
    IntArry::isValidIndex;
    IntArry::operator [];
    IntArry::isValid;
    IntArry::invalidate;

private:

    //-- Verwaltungsfunktionen ----------------------------------------
    // keine

    //-- Daten --------------------------------------------------------
    //keine

    //-- friends ------------------------------------------------------

    friend IntVektor operator + ( const IntVektor &, const IntVektor & );
    friend IntVektor operator - ( const IntVektor &, const IntVektor & );
    friend long      operator * ( const IntVektor &, const IntVektor & );
    friend IntVektor operator * ( const IntVektor &, int );

    friend class IntMatrix;
    };

//-------------------------------------------------------------------
//      IntVektor Vergleichs- und Rechenoperatoren
//

//-- Vergleichen die Identität der Argumente
bool operator == ( const IntVektor &, const IntVektor & );
bool operator != ( const IntVektor &, const IntVektor & );

//-- Vergleichen die Längen der Argumente
bool operator <  ( const IntVektor &, const IntVektor & );
bool operator <= ( const IntVektor &, const IntVektor & );
bool operator >  ( const IntVektor &, const IntVektor & );
bool operator >= ( const IntVektor &, const IntVektor & );

IntVektor operator + ( const IntVektor &, const IntVektor & );
IntVektor operator - ( const IntVektor &, const IntVektor & );

//-- liefert das Skalarprodukt
long operator * ( const IntVektor &, const IntVektor & );

//-- Multiplikation mit Skalar
IntVektor operator * ( const IntVektor &, int );

//========================== Inlines ==============================
//

//-------------------------------------------------------------------
//      IntVektor:: ctor
//

inline  IntVektor::IntVektor() {} // ctor
```

20.23 IntVektor als Ableitung von IntArry

```cpp
//------------------------------------------------------------------
//      IntVektor:: Kopierkonstruktor
//
inline  IntVektor::IntVektor( const IntVektor &arg )
  : IntArry( arg ) {} // ctor

//------------------------------------------------------------------
//      IntVektor:: operator =
//
inline  IntVektor &IntVektor::operator = ( const IntVektor &arg ) {
  IntArry::operator = ( arg );
  return *this;
  } // op =

//------------------------------------------------------------------
//      IntVektor::getDim
//
inline  int IntVektor::getDim() const {
  return getNENT();
  } // getDim

//------------------------------------------------------------------
//      IntVektor:: getLength
//
inline double IntVektor::getLength() const {

  //-- Die Länge ist die Wurzel des Skalarproduktes eines Vektors mit
  //   sich selber.
  //   Note: Skalarprodukt ungültiger Vektoren ergibt 0, damit ist
  //   sqrt immer erlaubt.

  return sqrt( (*this) * (*this) );
  } // getLength

//------------------------------------------------------------------
//      operatoren   für IntVektors
//

inline bool operator == ( const IntVektor &lhs, const IntVektor &rhs ) {
  return (const IntArry&)lhs == (const IntArry&)rhs;
  } // op ==

inline bool operator != ( const IntVektor &lhs, const IntVektor &rhs ) {
  return (const IntArry&)lhs != (const IntArry&)rhs;
  } // op !=

inline bool operator <  ( const IntVektor &lhs, const IntVektor &rhs ) {
  int result = lhs.compareSize( rhs );
  return result == IntArry::notValid ? FALSE : bool( result < 0 );
  } // op <

inline bool operator <= ( const IntVektor &lhs, const IntVektor &rhs ) {
  int result = lhs.compareSize( rhs );
  return result == IntArry::notValid ? FALSE : bool( result <= 0 );
  } // op <=

inline bool operator >  ( const IntVektor &lhs, const IntVektor &rhs ) {
  int result = lhs.compareSize( rhs );
  return result == IntArry::notValid ? FALSE : bool( result > 0 );
  } // op >

inline bool operator >= ( const IntVektor &lhs, const IntVektor &rhs ) {
  int result = lhs.compareSize( rhs );
  return result == IntArry::notValid ? FALSE : bool( result >= 0 );
  } // op >=
```

20.24 Einige Bemerkungen zu IntVektor

Die Formulierung von IntVektor als Ableitung von IntArry birgt einige Unterschiede zur Originalversion der Klasse aus Kapitel 17, die einer näheren Betrachtung lohnen.

20.24.1 In IntVektor deklarierte Funktionen

Auf den ersten Blick fällt auf, daß IntVektor wesentlich weniger Mitgliedsfunktionen deklariert als in der ursprünglichen Version. Es handelt sich bei den deklarierten Funktionen um genau diejenigen, die in IntVektor *unterschiedlich* zu IntArry *implementiert* oder *neu hinzugekommen* sind:

```
class IntVektor : private IntArry {

public:

    //-- liefert die Dimension. Für ungültiges Objekt
    //   wird 0 geliefert.

    int getDim() const;

    //-- compareSize vergleicht die Länge des Parameters mit der
    //   Länge des eigenen Objekts und liefert
    //   -1 (kleiner), 0 (gleich) oder 1 (größer) zurück.
    //   Ist ein Objekt ungültig oder kann Vergleich nicht durchgeführt
    //   werden: notValid zurück.

    int compareSize( const IntVektor & ) const;

    //-- liefert die Länge des Vektors, oder 0 falls ungültig

    double getLength() const;

    /* ... weitere Mitglieder von IntVektor ... */
};
```

Darüber hinaus sind natürlich Konstruktoren und Zuweisungsoperator deklariert, denn diese Funktionen werden niemals vererbt und müssen deshalb in der Ableitung erneut deklariert (und implementiert) werden.

```
class IntVektor : private IntArry {

public:

    //-- erzeugt ungültiges Objekt

    IntVektor();

    //-- erzeugt "leeren" Vektor der Dimension nDim.
    //   Nach der Initialisierung kann die Dimension NICHT mehr geändert
    //   werden!

    IntVektor( int nDim );
```

20.24 Einige Bemerkungen zu IntVektor

```
//-- erzeugt einen Vektor der Dimension nDim und füllt ihn mit
//   den Parametern
IntVektor( int nDim, int data1, ... );

//-- Destruktor nicht erforderlich

IntVektor                ( const IntVektor & );
IntVektor &operator = ( const IntVektor & );

/* ... weitere Mitglieder von IntVektor ... */
};
```

20.24.2 Von IntArry geerbte Mitglieder

Die von IntArry geerbten Daten und Funktionen sind in IntVektor zunächst privat. Einige von Ihnen werden wieder als öffentlich redeklariert:

```
class IntVektor : private IntArry {

public:

    //-- von IntArry geerbte und hier public redeklarierte Mitglieder

    IntArry::operator const char *;
    IntArry::isValidIndex;
    IntArry::operator [];
    IntArry::isValid;
    IntArry::invalidate;

    /* ... weitere Mitglieder von IntVektor ... */
};
```

Beachten Sie bitte, daß die zu redeklarierenden Funktionen mit voll qualifiziertem Namen (IntArry::...), aber ohne Parameterlisten angegeben werden. Überladene Funktionen (wie z.B. operator [], von dem es ja in IntArry zwei Versionen gibt) werden nur einmal angegeben.

20.24.3 Konstruktoren, Destruktor und Zuweisungsoperator

Konstruktoren und der Operator - werden niemals vererbt. Eine Ableitung muß also grundsätzlich eigene Versionen dieser Funktionen implementieren, auch wenn diese nichts anderes tun, als die entsprechenden Basisklassenfunktionen aufzurufen:

```
//----------------------------------------------------------------
//          IntVektor:: ctor
//

inline  IntVektor::IntVektor() {} // ctor

//----------------------------------------------------------------
//          IntVektor:: Kopierkonstruktor
//

inline  IntVektor::IntVektor( const IntVektor &arg )
    : IntArry( arg ) {} // ctor
```

```
//-----------------------------------------------------------
//        IntVektor:: operator =
//
inline  IntVektor &IntVektor::operator = ( const IntVektor &arg ) {
  IntArry::operator = ( arg );
  return *this;
  } // op =
```

Alle drei Funktionen rufen ausschließlich die gleichnamige Funktion der Basisklasse IntArry auf und übergeben ein evtl. vorhandenes Argument.

Auf den ersten Blick scheint dies für den Standardkonstruktor nicht zu gelten. Der Konstruktor ruft nichts auf und hat auch keine Anweisungen:

```
inline  IntVektor::IntVektor() {} // ctor
```

Trotzdem wird hier der Standardkonstruktor der Basisklasse gerufen. Dieser Aufruf des Basisklassenkonstruktors wird immer dann vom Compiler automatisch generiert, wenn die Basisklasse wie in diesem Beispiel nicht explizit initialisiert wird.

Obwohl der Konstruktor leer ist, kann er nicht weggelassen werden. Da IntVektor noch weitere Konstruktoren deklariert, würde ein fehlender Standardkonstruktor nicht automatisch hinzugefügt.

Beachten Sie bitte, daß IntVektor weder einen Destruktor deklariert, noch einen evtl. geerbten Destruktor auf public redefiniert. Trotzdem besitzt IntVektor einen Destruktor: Der Compiler hat automatisch einen (öffentlichen) Standard-Destruktor hinzugefügt, der (als einzige Aktion) den IntArry-Destruktor aufruft.

20.24.4 Aufruf von Operatoren der Basisklasse

In der ursprünglichen Version von IntVektor gab es die Mitgliedsvariable data vom Typ IntArry. Man konnte daher (wie hier im Konstruktor gezeigt) in einer Schleife etwas wie

```
for ( int i=0; i<nDim; i++ )
   data[ i ] = va_arg( argp, int );
```

schreiben. In der neuen Version muß man dagegen den Operator [] der Basisklasse *direkt* aufrufen:

```
for ( int i=0; i<nDim; i++ )
   (*this)[ i ] = va_arg( argp, int );
```

Beachten Sie bitte, daß *this vom Typ IntVektor ist und deshalb eigentlich der operator [] der Klasse IntVektor aufgerufen wird. Der Operator wird jedoch unverändert von IntArry geerbt, so daß im Endeffekt IntArry::operator [] verwendet wird.

20.24.5 Typkonvertierung zur Basisklasse

Da IntArry eine private Basisklasse von IntVektor ist, kann ein Zeiger (bzw. eine Referenz) auf IntVektor nicht implizit zu einem Zeiger (bzw. einer Referenz) auf IntArry gewandelt werden. Die explizite Wandlung ist dagegen möglich:

```
IntVektor iv;
IntArry  &r1 =            iv;  // implizite Wandlung: Fehler!
IntArry  &r2 = (IntArry&) iv;  // explizite Wandlung: Warnung
```

Aus diesem Grunde sind Funktionsaufrufe, bei denen eine solche Wandlung vorkommt, problematisch. Betrachten wir dazu die Vergleichsoperatoren für IntArry:

```
bool operator == ( const IntArry &, const IntArry & );
bool operator != ( const IntArry &, const IntArry & );
```

Prinzipiell wären diese Operatoren auch für IntVektor brauchbar, denn der Vergleich von Vektoren ist logisch identisch zum Vergleich von Feldern. Trotzdem führt die Vergleichsanweisung in

```
IntVektor iv1( .... );
IntVektor iv2( .... );

/* ... Arbeit mit iv1 und iv2 ...*/

if ( iv1 == iv2 ) ....    // FEHLER!
```

zu einem Syntaxfehler. Der Grund liegt in der (impliziten) Typwandlung der Referenzen auf iv1 und iv2 zu Referenzen auf IntArry-Objekte.

Das Problem kann durch eine explizite Typwandlung vermieden werden:

```
if ( (const IntArry&)iv1 == (const IntArry&)iv2 ) ....
```

Möchte man einem Anwender der Vektorklasse nicht zumuten, die expliziten Konvertierungen ständig erneut hinzuschreiben, deklariert man zusätzliche Vergleichsoperatoren mit Vektor-Argumenten, in denen die Konvertierung verpackt wird:

```
inline bool operator == ( const IntVektor &lhs, const IntVektor &rhs ) {
  return (const IntArry&)lhs == (const IntArry&)rhs;
} // op ==
inline bool operator != ( const IntVektor &lhs, const IntVektor &rhs ) {
  return (const IntArry&)lhs != (const IntArry&)rhs;
} // op !=
```

Gleiches gilt für alle anderen (zukünftigen) Funktionen, die IntArry&-Parameter erwarten, jedoch auch mit einem Objekt vom Typ IntVektor aufgerufen werden sollen.

20.25 Die generischen Versionen

Die generischen Versionen der Vektor- und Matrixklassen lassen sich in analoger Weise von der generischen Feldklasse ableiten. Man muß nur wieder die CLASSNAME-Makros anstelle der festen Klassenanmen IntArry, IntVektor bzw. IntMatrix verwenden. Auf der Begleitdiskette befindet sich im Verzeichnis KAP20B eine Kopie der generischen Programme aus Kapitel 18, nur sind hier Vektor- und Matrixklasse als Ableitung der Feldklasse formuliert.

21 Virtuelle Funktionen

Im letzten Kapitel haben wir zwei Anwendungsbereiche für die Vererbungstechnik vorgestellt. Vererbung kann man verwenden, um eine vorhandene Klasse zu verfeinern (*refinement*) oder um gemeinsame Teile mehrerer Klassen in einer gemeinsamen Basisklasse zusammenzufassen. Bei näherer Betrachtung verschwimmen beide Anwendungsbereiche. So können z.B. die Klassen PKW und LKW als Verfeinerung einer allgemeineren Klasse Fahrzeug aufgefaßt werden. Diese Sichtweise bietet sich meist dann an, wenn die Basisklasse bereits vorliegt und man daraus speziellere Klassen erzeugen möchte. Typischerweise kommt dann die Basisklasse aus einer zugekauften Bibliothek. Die andere Sichtweise, aus der man die Klassen PKW, LKW und Fahrzeug betrachten kann, geht davon aus, daß man PKW und LKW bereits entworfen hat, weil man sie in einem konkreten Programm benötigt. Nun untersucht man die Klassen auf Gemeinsamkeiten, und faßt diese in einer neuen Basisklasse Fahrzeug zusammen.

Die beiden Sichtweisen unterscheiden sich daher in der zeitlichen Abfolge der Entstehung der Klassen: Zuerst die Basisklasse und dann die Ableitungen oder umgekehrt. Der zentrale Gedanke beider Sichten ist jedoch das Ziel, Funktionalität möglichst nicht doppelt zu implementieren, sondern wiederzuverwenden.

Es gibt darüber hinaus noch eine ganz wichtige, dritte Anwendung der Vererbungstechnik. Dabei geht es weniger um die Wiederverwendbarkeitsproblematik, sondern um die Eigenschaft des *Polymorphismus*[31]. In diesem und dem folgenden Kapitel befassen wir uns mit dieser besonderen Eigenschaft aller objektorientierten Programmiersprachen. Wir werden sehen, daß Polymorphismus zwar kaum kurz und trotzdem verständlich beschrieben werden kann, jedoch äußerst elegante Lösungen für eine bestimmte Klasse von Programmierungsaufgaben ermöglicht.

Es handelt sich dabei um eine der fortgeschritteneren Techniken der objektorientierten Programmierung, die man am einfachsten durch Fallbeispiele begreifen kann. Bevor wir im nächsten Kapitel Beispiele für Polymorphismus vorstellen werden, gehen wir zunächst auf die Sprachmittel ein, die die Implementierung der Technik in C++ ermöglichen.

---

31 Polymorphos: griechisch für vielgestaltig.

21.1 Ein Beispiel

Betrachten wir zur Einführung ein einfaches Beispiel. Im folgenden Listing wird eine Klassenhierarchie aus den Klassen A und B gebildet:

```
//----------------------------------------------------------------
//      A
//
struct A {
  void doIt();
  };


//----------------------------------------------------------------
//      B
//
struct B : public A {
  void doIt();
  };
```

Die beiden Mitgliedsfunktionen geben nur eine Meldung über ihren Aufruf aus:

```
void A::doIt() {
  puts( "A::doIt aufgerufen" );
  }
void B::doIt() {
  puts( "B::doIt aufgerufen" );
  }
```

Schreibt man nun z.B.

```
    B *b = new B;

    A* a = b;         // a zeigt nun auf B-Objekt
    a -> doIt();
```

wird wie erwartet

```
    A::doIt aufgerufen
```

ausgegeben. Anders sieht die Sache aus, wenn doIt als *virtuelle Funktion* deklariert wird:

```
//----------------------------------------------------------------
//      A
//
struct A {
  virtual void doIt();
  };


//----------------------------------------------------------------
//      B
//
struct B : public A {
  virtual void doIt();
  };
```

Implementierung und Aufruf der Funktionen bleiben identisch. Nun wird stattdessen

```
B::doIt aufgerufen
```

ausgegeben. Offensichtlich wurde bei der Ausgabeanweisung B::doIt aufgerufen, obwohl die Variable a vom Typ "Zeiger auf A" ist. Der Schlüssel zu diesem Verhalten liegt in der vorausgegangenen Zuweisung. Salopp gesprochen wurde nicht nur der Wert, sondern auch der Typ kopiert. Vergleichen wir die beiden Beispiele:

1. Im ersten Beispiel bestimmt der *Typ der Zeigervariablen*, welche Funktion aufgerufen wird. Da a vom Typ "Zeiger auf A" ist, bewirkt die Anweisung a -> doIt(); also immer den Aufruf von A::doIt. Es spielt keine Rolle, ob a zur Laufzeit auch tatsächlich auf eine Instanz von A zeigt.

2. Im zweiten Beispiel bestimmt der *Typ des Objekts, auf den a zeigt*, welche Funktion aufgerufen wird. Der Typ von a selber spielt eine untergeordnete Rolle. Zeigt a während der Laufzeit des Programms auf eine Instanz von A, wird A::doIt aufgerufen; zeigt a gerade auf eine Instanz von B, wird B::doIt aufgerufen.

21.2 Late binding

Bei näherer Betrachtung stellt sich die Frage, welche Adresse der Compiler bei der Übersetzung einer Anweisung wie a -> doIt() für die Funktion doIt einsetzt. Zum Zeitpunkt der Übersetzung ist nicht bekannt, welche doIt-Prozedur im Endeffekt tatsächlich aufgerufen werden muß. Diese Entscheidung kann erst zur Laufzeit des Programms getroffen werden.

Ist eine Funktion virtuell deklariert, wird die Zuordnung zwischen Funktionsaufruf und aufgerufener Funktion tatsächlich erst zur Laufzeit des Programms hergestellt. Diese Verbindungstechnik nennt man *late binding* (manchmal auch als *dynamic binding* bezeichnet). Im Gegensatz dazu bedeutet early (bzw. *static*) *binding*, daß die Zuordnung bereits zur Übersetzungszeit fest vorgenommen wird.

Technisch gesehen bedeutet early binding, daß der Compiler bei der Übersetzung eines Funktionsaufrufs sofort einen Sprung zum Eintrittspunkt der Funktion codiert. Bei late binding dagegen wird ein Sprung zu einer generellen Verteilerfunktion codiert, die als Parameter eine Tabelle mit Adressen aller in Frage kommender Funktionen erhält. Die Verteilerfunktion bestimmt zur Laufzeit einen offset in der Tabelle und verzweigt dann erst zur eigentlichen Bearbeitungsprozedur.

Early binding ist das aus konventionellen Programmiersprachen her bekannte Verfahren. Auch beim "normalen" Funktionsaufruf (d.h. ohne virtuelle Prozeduren) wird early binding verwendet. Late binding kostet etwas mehr Rechenzeit bei der Ausführung des Programms, ermöglicht aber ungleich flexiblere

Programmierung. Welcher Overhead mit dem Aufruf virtueller Funktionen verbunden ist, hängt vom verwendeten Prozessor ab. Durchschnittlich handelt es sich um 3-5 Maschinenanweisungen pro Funktionsaufruf, ein Wert also, den man wohl in allen Anwendungen vernachlässigen kann.

21.3 Voraussetzungen

Damit late binding funktionieren kann, sind einige Regeln zu beachten.

21.3.1 Klassenhierarchien

Was passiert, wenn a gerade auf ein Objekt zeigt, für das überhaupt keine doIt-Prozedur deklariert ist? Es ist klar, daß ein solcher Fall mit Sicherheit ausgeschlossen sein muß. Man erreicht dies, indem man a nur auf Objekte zeigen läßt, von denen man sicher weiß, daß sie eine doIt-Funktion besitzen.

Konkret sind das Objekte von A oder Ableitungen von A. Ebenso wie bei "normalen" Klassen ohne virtuelle Funktionen gilt, daß ein Zeiger auf ein Objekt einer Klasse ohne Typprobleme auch auf Objekte aller Ableitungen der Klasse zeigen kann. Diese sog. *erweiterte Zuweisungskompatibilität in Klassenhierarchien* ist problemlos, da alle Ableitungen einer Klasse X auch alle Daten und Funktionen von X selber besitzen.

Durch diese Regel kann der Compiler bereits bei der Übersetzung eines Programms entscheiden, ob eine Anweisung wie z.B. in

```
A* a = b;       // a zeigt nun auf B-Objekt
a -> doIt();
```

zulässig ist, oder nicht. Sie ist genau dann erlaubt, wenn B eine öffentliche direkte oder indirekte Ableitung von A ist, denn genau dann ist sichergestellt, daß B eine doIt-Funktion enthält, und diese auch aufrufbar (also nicht privat vererbt) ist.

21.3.2 Gleiche Signatur und Rückgabetyp

Soll late binding funktionieren, muß die virtuelle Funktion in der Ableitung mit exakt den gleichen Parametern[32] und gleichem Rückgabetyp wie in der Basisklasse deklariert werden. Hat man also die Klasse A wie oben definiert, und möchte man für doIt late binding verwenden, muß man doIt in B *absolut identisch* wie in A deklarieren. Dies leuchtet ein, denn bei der Übersetzung einer Anweisung wie

```
a -> doIt();
```

---

32 Der Name der Funktion bildet zusammen mit den Typen der Parameter die *Signatur* einer Funktion, vgl. Kapitel 12.

21.3 Voraussetzungen

ist ja noch nicht klar, welche doIt-Funktion welcher Klasse zur Laufzeit aufgerufen wird. Daher müssen *alle* in Frage kommenden doIt-Funktionen als

```
void doIt();
```

deklariert werden, sonst könnte es zur Laufzeit Probleme (z.B. mit unterschiedlichen Parameterlisten auf dem Stack) geben.

In C++ ist es trotzdem möglich, in B eine doIt-Funktion mit anderen Parametern zu deklarieren. Dadurch wird zwar auch die geerbte doIt-Funktion redeklariert, jedoch funktioniert late binding dann nicht. Dagegen ist es ausdrücklich *nicht* erlaubt, zwar gleiche Parameter, aber einen anderen Rückgabetyp zu verwenden.

Deklariert man in B die Funktion doIt z.B. etwa als

```
//-------------------------------------------------------------
//        B
//
struct B : public A {
  virtual int doIt();    // Fehler!
  };
```

erhält man bei der Übersetzung der Klasse B einen Syntaxfehler.

21.3.3 Ein häufig gemachter Fehler

Es ist jedoch durchaus erlaubt, in einer Ableitung eine Funktion doIt *mit anderen Parametern* zu deklarieren. Wird doIt in der Ableitung jedoch nicht *exakt* wie A::doIt deklariert, verliert man die Möglichkeit zum late binding.

Folgendes Listing zeigt das Problem:

```
//-------------------------------------------------------------
//        B
//
struct B : public A {
  virtual void doIt( int ); // korrekt, aber wahrscheinlich
                            // so nicht gemeint
  };
```

Hier entspricht die Signatur von B::doIt nicht der von A::doIt. Schreibt man also wieder wie oben

```
B *b = new B;
A *a = b;
a -> doIt();
```

wird - wahrscheinlich im Gegensatz zu den Erwartungen - nicht

```
B::doIt aufgerufen
```

sondern

```
A::doIt aufgerufen
```

ausgegeben. In den allermeisten Fällen handelt es sich hier um einen Fehler. Mit nahezu an Sicherheit grenzender Wahrscheinlichkeit wollte der Programmierer late binding verwenden - wieso sollte er sonst die Funktion doIt sowohl in A als auch in B virtuell deklariert haben? In der Praxis liegt nahezu immer einer der beiden folgenden Fälle vor:

1. Der Programmierer möchte ganz normal eine Funktion aus der Basisklasse redeklarieren, vielleicht auch mit einer anderen Parameterliste. Dann aber deklariert er die betreffende Funktion weder in der Basisklasse noch in der Ableitung als virtuell.
2. Der Programmierer möchte late binding verwenden. Er hat dazu die betreffende Funktion in der Basisklasse als virtuell deklariert. In diesem Fall macht es logisch keinen Sinn, in der Ableitung die gleiche Funktion mit anderer Parameterliste zu redeklarieren.

Der Fall, daß eine virtuelle Funktion mit anderer Signatur redeklariert wird, sollte deshalb syntaktisch ausgeschlossen werden. Auf der anderen Seite würde ein solches Verbot mit den anderen Ableitungsregeln in Konflikt geraten.

Leider ist diese Art Fehler in der Praxis sehr schwer zu finden, vor allem auch deshalb, weil weder C7 noch VC (im Gegensatz zu den meisten anderen Compilern) eine Warnung bei der Redeklaration einer virtuellen Funktion mit anderen Parametern ausgeben, obwohl es sich mit an Sicherheit grenzender Wahrscheinlichkeit dabei um einen Fehler handelt. Möchte man late binding verwenden, ist der Programmierer deshalb gut beraten, peinlich genau auf die Deklarationen der Funktion in den verschiedenen Klassen zu achten.

Dies gilt insbesondere bei "kleineren" Änderung in der Signatur einer solchen Funktion. Ändert man z.B.

```
virtual void doIt();
```

in einer großen Klassenhierarchie mit mehreren hundert Klassen etwa in

```
virtual void doIt() const;
```

und vergißt dabei nur eine einzige Klasse, kann man Stunden mit der Fehlerbehebung verbringen.

Solange C7 und VC noch nicht einmal eine Warnung bringen, kann man mit Hilfe von Makros die Konsistenz sicherstellen. So könnte man z.B. für die Deklaration von doIt folgendes Makro schreiben:

```
#define DECLARE_DOIT virtual void doIt();
```

In den Klassen A und B schreibt man nun einfach

```
//-------------------------------------------------------------------
//      A
//
struct A {
  DECLARE_DOIT
  };


//-------------------------------------------------------------------
//      B
//
struct B : public A {
  DECLARE_DOIT
  };
```

Ändert sich nun die Deklaration von doIt, ändert man nur noch das Makro sowie die Implementierung der verschiedenen doIt-Funktionen und übersetzt das gesamte System neu.

21.3.4 Einmal virtuell - immer virtuell

Wird eine virtuelle Funktion für late binding redeklariert, kann das Schlüsselwort virtual weggelassen werden. Die redeklarierte Funktion ist automatisch virtuell:

```
//-------------------------------------------------------------------
//      B
//
struct B : public A {
  void doIt(); // virtual kann in der Ableitung weggelassen werden
  };
```

21.4 Die virtual function pointer table

Bestimmt man die Größe eines Objekts mit virtuellen Funktionen mit sizeof, erhält man einen größeren Wert als ohne virtuelle Funktionen. Das folgende Programm liefert z.B. als Größe von a den Wert 6 Byte:

```
//-------------------------------------------------------------------
//      A
//
struct A {
  int i, j, k;
  void doIt();
  };
```

```
//----------------------------------------------------------------
//          main
//
void main() {

  A a;
  printf( "Die Größe von a ist : %i\n", sizeof( a ) );
}
```

Macht man d0lt virtuell, erhält man dagegen den Wert 8 in den kleinen und 10 in den großen Speichermodellen. Der Unterschied rührt von einer zusätzlichen Zeigervariablen her, die der Compiler intern zum Management der virtuellen Funktionen der Klasse anlegt.

Der Zeiger zeigt auf die sogenannte *virtual function pointer table (vtbl)*, die die für das late binding erforderlichen Funktionsadressen enthält. Der Programmierer muß sich um dieses zusätzliche Datenmitglied normalerweise nicht kümmern. Er kann - im Gegensatz z.B. zum this-Zeiger - mit normalen Mitteln auch gar nicht darauf zugreifen, da es keinen expliziten Variablennamen dafür gibt.

Für jede Klasse mit virtuellen Funktionen wird zur Laufzeit eine solche vtbl geführt. Sie enthält für jede virtuelle Funktion der Klasse die korrekte Einsprungadresse. Betrachten wir hierzu folgende Klassenhierarchie:

```
//----------------------------------------------------------------
//          A
//
struct A {

  int i;

  virtual void f1();
  virtual void f2();

  /* ... weitere Mitglieder von A ... */
};
//----------------------------------------------------------------
//          B
//
struct B : public A {

  float f;

  virtual void f1();

  /* ... weitere Mitglieder von B ... */
};
//----------------------------------------------------------------
//          C
//
struct C : public B {

  double d;

  virtual void f1();
  virtual void f2();

  /* ... weitere Mitglieder von C ... */
};
```

21.4 Die virtual function pointer table

Die zugehörigen vtbls haben etwa folgendes Aussehen:

Bild 21.1: vtbls der Klassen A, B und C

Beachten Sie bitte, daß B die Funktion f2 von A erbt. Im entsprechenden Feld der vtbl von B steht daher die gleiche Adresse wie bei A, nämlich A::f2.

Erzeugt man nun ein Objekt von B, erhält man folgendes Speicherlayout:

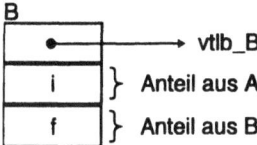

Bild 21.2: Speicherlayout für ein Objekt der Klasse B

Es ist in der Sprachdefinition nicht vorgeschrieben, wo der Zeiger auf die vtbl untergebracht werden muß. Wir haben ihn beispielsweise am Anfang des Objekts plaziert. Andere Layouts sind ebenso möglich.

Ein Objekt der Klasse C dagegen erhält folgendes Layout:

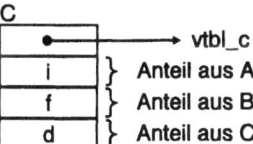

Bild 21.3: Speicherlayout für ein Objekt der Klasse C

Nun ist klar, wie late binding technisch funktioniert. In der Anweisung

```
p-> f1();
```

spielt der Typ des Zeigers p keine Rolle mehr für den Aufruf von f1: Jedes Objekt, auf das p zeigen kann, besitzt einen vtbl-Zeiger an der gleichen relativen Stelle im Objekt (bei uns an Offset 0). Aus der zugehörigen vtbl wird die Adresse von f1 ermittelt und dann die Funktion aufgerufen.

21.5 Abstrakte Funktionen

In der professionellen objektorientierten Programmierung verwendet man oft Klassen mit "leeren" Funktionen. Von diesen Klassen sollen keine Instanzen erzeugt werden, sondern sie sollen nur zur Definition von Ableitungen verwendet werden. Die "leeren" Funktionen sind virtuell. Man möchte damit erreichen, daß Ableitungen diese Funktionen mit genau der gleichen Parameterliste implementieren müssen, um late binding zu ermöglichen. Wir werden diesem auf den ersten Blick seltsamen Vorgehen einen wesentlichen Teil des folgenden Kapitels widmen.

Eine virtuelle Funktion ohne Funktionalität nennt man auch *abstrakte Funktion (pure function)*. Eine Klasse mit einer oder mehreren abstrakten Funktionen heißt auch *abstrakte Klasse*. In C++ notiert man eine abstrakte Funktion durch den Zusatz "=0" in der Funktionsdeklaration. Im folgenden Beispiel ist f eine abstrakte Funktion und A eine abstrakte Klasse:

```
//----------------------------------------------------------------
//        A
//
struct A {
  virtual void f() = 0;
  /* ... weitere Mitglieder von A ... */
};
```

Von abstrakten Klassen können keine Objekte gebildet werden:

```
A a;   // Fehler! A ist abstrakte Klasse
```

Sie dienen lediglich als Basisklassen für Ableitungen. Es dürfen jedoch Zeiger und Referenzen auf abstrakte Klasse deklariert werden, und dies ist sogar sehr häufig, wie wir im nächsten Kapitel sehen werden.

Eine Ableitung einer abstrakten Klasse kann abstrakte Funktionen ganz normal erben. Sie sind dann in der Ableitung ebenfalls abstrakt. Im folgenden Listing erbt B die abstrakte Funktion f aus A:

```
//----------------------------------------------------------------
//        B
//
struct B : public A {
  void doIt();
  /* ... weitere Mitglieder von B ... */
};
```

Dies hat zur Folge, daß B ebenfalls zur abstrakten Klasse wird. Von B können deshalb ebenfalls keine Objekte gebildet werden:

```
B b;   // Fehler! B ist ebenfalls abstrakt
```

Weithin unbekannt ist, daß abstrakte Funktionen durchaus implementiert werden können. Mit obiger Klassendefinition von A kann man z.B.

```
void A::f() {
  puts( "abstrakte Funktion" );
}
```

schreiben. Die abstrakte Funktion f kann auch aufgerufen werden. Dies ist allerdings nur aus Ableitungen möglich, da man von abstrakten Klassen keine Objekte bilden kann. Hat man z.B. eine Klasse C als

```
//-----------------------------------------------------------------
//        C
//
struct C : public A {

  void f();
  };
```

definiert, könnte man

```
//-----------------------------------------------------------------
//        C::f
//
void C::f() {
  A::f();  // expliziter Aufruf abstrakte Funktion
}
```

schreiben. Ebenso möglich wäre

```
C c;
c.A::f();  // expliziter Aufruf abstrakte Funktion
```

21.6 Fallstricke

Late binding ermöglicht einige interessante Programmiertechniken, die wir in Kürze vorstellen werden. Es gibt jedoch auch Fallstricke, die selbst erfahrenen C++ Programmierern noch Aha-Erlebnisse bescheren können. Einige werden in den nächsten Abschnitten vorgestellt.

21.6.1 Direkter Zugriff auf Objektdaten

Es kommt manchmal vor, daß ein gesamtes Objekt mit einer Operation kopiert werden soll. Typischer Fall ist das Speichern eines Objekts in einer Datei. Folgendes Listing zeigt den ersten Ansatz einer Routine zum Speichern eines B-Objekts:

```
//----------------------------------------------------------------
//        A
//
struct A {

  int i;

  virtual void f1();
  virtual void f2();

  /* ... weitere Mitglieder von A ... */
};


//----------------------------------------------------------------
//        B
//
struct B : public A {

  float f;

  //-- schreibt das Objekt in die Datei fName. Liefert 0 wenn ok,
  //   DOS-Errorcode sonst.

  int writeToDisk( const char *fName ) const;

  virtual void f1();

  /* ... weitere Mitglieder von B ... */
};


//----------------------------------------------------------------
//        B:: writeToDisk
//
int B::writeToDisk( const char *fName ) const {

  int handle = _open( fName, _O_BINARY | _O_WRONLY | _O_CREAT | _O_TRUNC );

  if ( handle == -1 )
    //-- Datei fName konnte nicht geöffnet werden
    return errno;

  int count = _write( handle, this, sizeof(B) );

  if ( count < sizeof(B) )
    //-- Objekt konnte nicht vollständig geschrieben werden
    return errno;

  return 0;
}
```

Die Routine writeToDisk speichert jedoch nicht nur die Variablen i und f, sondern auch den Zeiger auf die vtbl in der Datei. Liest man das Objekt in einer ähnlichen Routine mit der gleichen Technik wieder ein, wird auch der vtbl-Zeiger mit eingelesen:

```
  int count = _read( handle, this, sizeof(B) );
```

vtbls werden jedoch dynamisch erzeugt, und es ist keineswegs sichergestellt, daß in jedem Programm, das die Klasse B verwendet, die vtbl von B die gleiche Adresse hat (sonst bräuchte man den Zeiger im Objekt nicht). Beim Einlesen von der Platte wird daher der vtbl-Zeiger mit an Sicherheit grenzender Wahrscheinlichkeit einen falschen Wert haben - beim ersten Aufruf einer virtuellen Funktion stürzt das Programm ab.

21.6 Fallstricke

Fazit: Der Zugriff auf ein Objekt als Ganzes kann unangenehme Überraschungen bringen, wenn die Klasse bzw. einer ihrer Vorgänger virtuelle Funktionen definiert hat.

Als Lösung für unsere Lese-und Schreibroutinen bleibt nur die Möglichkeit, die Variablen einzeln zu schreiben und zu lesen, etwa wie in diesem Ausschnitt aus der Funktion writeToDisk zu sehen:

```
//-- Die Mitgliedsvariablen werden einzeln geschrieben
int count =  _write( handle, &i, sizeof(i) );
count+=     _write( handle, &f, sizeof(f) );

if ( count < sizeof(i) + sizeof(f) )
  //-- Objekt konnte nicht vollständig geschrieben werden
  return errno;
```

Beachten Sie bitte, daß dieser Ansatz zwar korrekt funktioniert, jedoch aus objektorientierter Sicht nicht optimal ist. Die Routine writeToDisk aus B sollte nicht die Daten von A selber in die Datei schreiben, sondern dazu eine Routine aus A aufrufen. Wir gehen auf die Gründe hier nicht näher ein, sondern verweisen auf Kapitel 25, in dem wir uns ausführlicher mit dem Schreiben und Lesen von Objekten in bzw. aus Dateien befassen werden.

21.6.2 Zeigerarithmetik und Indexzugriff

Zeiger können zwar auf Objekte unterschiedlicher Klassen einer Hierarchie zeigen, jedoch wird für Zeigerarithmetik immer der Typ des Zeigers und nicht (wie man vieleicht vermuten würde) der Typ des Objekts, auf den der Zeiger zeigt, verwendet.

In diesem Programm wird ein Feld von B-Objekten erzeugt und über Zeigerarithmetik bearbeitet.

```
B bFeld[ 10 ];

B* bp = bFeld;
int i = 0;
for ( ; i<10; i++, bp++ )
  bp-> f = i*i;
```

Die Zeigerarithmetik funktioniert korrekt, da der Zeiger bp jedesmal um sizeof(B) Bytes weitergeschaltet wird. Wie üblich kann man B-Objekte auch über A-Zeiger ansprechen:

```
for ( ; i<10; i++, bp++ )
  bp-> f = i*i;

  A *ap = bp;
  ap-> f1();    // ruft wegen late binding B::f1
  }
```

Man hat zwar nur Zugriff auf die A-Teile des Objekts, der Zugriff ist jedoch korrekt und liefert das gewünschte Ergebnis, d.h. es wird wegen late binding die Funktion B::f1 gerufen.

Zeigerarithemtik mit ap funktioniert jedoch nicht wie gewünscht, das folgende Programm führt in der Regel zum Absturz des Rechners:

```
A* ap = bFeld;      // zulässig
int i = 0;

//-- diese Schleife führt zum Absturz!
for ( ; i<10; i++, ap++ ) {
  ap-> i = i*i;
  ap-> f1();
  }
}
```

Der Grund ist, daß der Zeiger ap um sizeof(A) Bytes anstelle von sizeof(B) Bytes weitergeschaltet wird.

21.6.3 Virtuelle Destruktoren

In der objektorientierten Programmierung ist es durchaus üblich, daß Basisklassenzeiger auf Objekte von Ableitungen zeigen, etwa wie in diesem Beispiel skizziert:

```
A* ap = new B;

/* ... Arbeit mit B-Objekt über A-Zeiger... */
ap-> f1();
```

ap zeigt nun auf die A-Anteile von B. Über ap kann auf alle Daten und Funktionen des A-Anteils zugegriffen werden. Wird über ap der Destruktor aufgerufen, wird demzufolge der Destruktor von A verwendet, der auch den A-Teil des Objekts korrekt zerstört. Der restliche Teil bleibt weiter bestehen.

```
    delete ap; // Fehler! Zerstört nur A-Teil des Objekts
```

Zur Lösung muß man den Destruktor virtuell machen. Dazu reicht es aus, den Destruktor der Basisklasse (hier A) als virtuell zu deklarieren.

```
//-----------------------------------------------------------
//       A
//
struct A {

  virtual ~A();

  /* ... weitere Mitglieder von A ... */

  };
```

Dies ist auch dann erforderlich, wenn eigentlich gar kein Destruktor notwendig wäre. Der A-Destruktor ist deshalb leer:

```
//-----------------------------------------------------------
//       A::~A
//
A::~A() {}
```

Hier kommt es nicht so sehr auf die Anweisungen im Destruktor an, sondern darauf, daß der Destruktor virtuell ist (und deshalb ein Eintrag in der vtbl vorgesehen wird). Die Möglichkeit, das Schlüsselwort virtual in Ableitungen weglassen zu dürfen, zeigt sich hier als sehr vorteilhaft: Die Klasse B kommt deshalb weiterhin ohne explizit deklarierten Destruktor aus: Der vom Compiler generierte Standard-Destruktor ist automatisch virtuell, weil der Basisklassenkonstruktor virtuell ist.

Schreibt man nun

```
A* ap = new B;
/* ... Arbeit mit B-Objekt über A-Zeiger... */
delete ap;  // Aufruf des virtuellen Destruktors
```

wird für den Destruktor late binding verwendet, d.h. es wird der B-Destruktor verwendet, der das Gesamtobjekt und nicht nur den A-Anteil zerstört.

Möchte man die erweiterte Zuweisungskompatibilität in Klassenhierarchien verwenden, ist man daher gut beraten, die Basisklasse grundsätzlich mit einem virtuellen Destruktor auszustatten.

21.6.4 Nicht-virtuelle Funktionen

Late binding funktioniert nur mit virtuellen Funktionen eines Objekts. Für alle anderen Funtionen wird die normale, statische Bindung verwendet. Dies wird gerade mit dem sizeof-Operator gerne übersehen.

```
B* bp = new B;
A* ap = new A;
printf( "Größe 1 : %i\n", sizeof( *ap ) );
ap = bp; // ap zeigt nun auf B-Objekt
printf( "Größe 2 : %i\n", sizeof( *ap ) );
```

Das Progrgamm gibt beidesmal den Wert 4 in den kleinen bzw. 6 in den großen Speichermodellen aus. Obwohl ap nach der Zuweisung auf ein B-Objekt zeigt, wird nicht die Größe des B-Objekts ausgegeben. Der Ausdruck

```
sizeof( *ap )
```

wird zur Übersetzungszeit berechnet und hat einen festen Wert, nämlich die Größe eines A-Objekts.

Um die Größe des Objekts zu erhalten, auf das ap tatsächlich zeigt, muß man late binding verwenden. Dies erreicht man durch eine virtuelle Funktion, die sowohl in A als auch in B implementiert wird:

```
//-------------------------------------------------------------
//          A
//
struct A {
  virtual int getSize() const;
  /* ... weitere Mitglieder von A ... */
};
```

```
//---------------------------------------------------------------
//       B
//
struct B : public A {
  virtual int getSize() const;

  /* ... weitere Mitglieder von B ... */
  };
//---------------------------------------------------------------
//       getSize-Funktionen
//
int A::getSize() const {
  return sizeof( A );
  }

int B::getSize() const {
  return sizeof( B );
  }
```

Schreibt man nun

```
B* bp = new B;
A* ap = new A;

printf( "Größe 1 : %i\n", ap-> getSize() );

ap = bp; // ap zeigt nun auf B-Objekt

printf( "Größe 2 : %i\n", ap-> getSize() );
```

erhält man die gewünschte Ausgabe:

```
Größe 1 : 4
Größe 2 : 8
```

21.6.5 Late binding bei Konstruktoren und Destruktoren

Konstruktoren und Destruktoren einer Klasse können selbstverständlich virtuelle Funktionen aufrufen. Man muß jedoch beachten, daß beim Aufruf aus Konstruktoren bzw. Destruktoren *immer* die vtbl der eigenen Klasse verwendet wird, auch wenn es sich um ein Objekt einer Ableitung handelt.

Folgendes Beispiel verdeutlicht diesen schwierigen Sachverhalt. Wir gehen von der Klassenhierarchie

```
//---------------------------------------------------------------
//       A
//
struct A {
  A();
  virtual void f();

  /* ... weitere Mitglieder von A ... */
  };
```

21.6 Fallstricke

```
//-------------------------------------------------------------------
//      B
//
struct B : public A {

  virtual void f();

  /* ... weitere Mitglieder von B ... */
};
```

aus. Die virtuellen Mitgliedsfunktionen f geben nur eine Nachricht über ihren Aufruf auf dem Bildschirm aus:

```
//-------------------------------------------------------------------
//      f
//
void A::f() {
  puts( "A::f gerufen" );
}

void B::f() {
  puts( "B::f gerufen" );
}
```

Interessant ist nun der A-Konstruktor, der die virtuelle Funktion f aufruft.

```
//-------------------------------------------------------------------
//      A::A
//
A::A() {

  f();
}
```

Schreibt man nun

```
A a;
```

wird ganz normal A::f aufgerufen, das Programm gibt daher

```
A::f gerufen
```

aus. Erzeugt man ein B-Objekt, etwa wie in

```
B b;
```

wird zuerst der (automatisch generierte) Standardkonstruktor von B gerufen, der selbständig den A-Standardkonstruktor und dieser wiederum f ruft. Man könnte daher annehmen, daß B::f verwendet wird, da es sich ja um ein B-Objekt handelt und für f late binding verwendet werden sollte.

Dies ist aber nicht der Fall, sondern es wird ebenfalls

```
A::f gerufen
```

ausgegeben. Der Grund ist, daß der A-Konstruktor natürlich ein korrektes und vollständiges A-Objekt konstruiert. Dazu gehört auch, daß der vtbl-Zeiger auf die vtbl der Klasse A zeigt. Dort steht als Adresse von f aber A::f.

Der Aufruf von f aus dem A-Konstruktor bewirkt also die Verwendung von A::f. Der Konstruktor weiß nicht, daß das A-Objekt, das er konstruieren soll, nur ein Teil eines weiteren Objekts ist. Nachdem der A-Konstruktor beendet ist und das A-Objekt konstruiert wurde, korrigiert der B-Konstruktor den vtbl-Zeiger. Von

diesem Zeitpunkt an wird die vtbl der Klasse B verwendet. Ein Aufruf von f
würde nun B::f verwenden.

Für ein Objekt einer Klasse x liegt der Zeitpunkt der Korrektur also nach Beendigung der Konstruktoren aller Basisklassen von x, jedoch *vor* dem Eintritt in den Anweisungsteil des eigenen x-Konstruktors. In einem Konstruktor kann man folgerichtig davon ausgehen, daß alle Basisklassen initialisiert und der vtbl-Zeiger bereits auf die vtbl der eigenen Klasse zeigt. Man kann *nicht* wissen, ob das eigene Objekt nur ein Teil eines größeren Objekts ist und daher der vtbl-Zeiger später noch einmal umgesetzt werden wird.

Der gleiche Mechanismus gilt für Destruktoren. Ruft man im Destruktor der Basisklasse eine virtuelle Funktion auf, wird wieder die vtbl der eigenen Klasse verwendet:

```
//----------------------------------------------------------------
//       A
//
struct A {

  ~A();

  /* ... weitere Mitglieder von A ... */

};
//----------------------------------------------------------------
//        A::~A
//
A::~A() {

  f();
}
```

Wird ein B-Objekt zerstört, wird zunächst der (automatisch generierte) Destruktor von B und dann der von A aufgerufen. Der B-Destruktor hat jedoch vorher den vtbl-Zeiger von b wieder auf die vtbl von A zurückgesetzt, so daß der A-Destruktor wieder ein korrektes A-Objekt vorfindet. Innerhalb des A-Destruktors wird für den Aufruf von f nun wieder A::f verwendet.

Besonders unangenehm wird es, wenn f in der eigenen Klasse abstrakt ist, wie in diesem Beispiel:

```
//----------------------------------------------------------------
//       A
//
struct A {

  A();

  virtual void f() = 0;

  /* ... weitere Mitglieder von A ... */

};
```

Das obige Beispiel führt weiterhin zum Aufruf von A::f. f ist jedoch abstrakt, d.h. der Eintrag für f in der vtbl ist undefiniert. Der Aufruf von A::f führt daher zumindest bei C7 und VC ohne Warnung zum Absturz des Rechners. Einige andere Compiler tragen in dieser Situation in die vtbl zumindest die Adresse einer

Auffangfunktion ein, die eine Meldung ausgibt. Obiges Programm, mit einem Borland Compiler übersetzt, gibt z.B. den Text pure virtual Funktion called auf dem Bildschirm aus.

Programme, die virtuelle Funktionen in Konstruktoren oder Destruktoren verwenden, können daher ein unerwartetes Verhalten zeigen. Besonders bei größeren Programmen können die dadurch hervorgerufenen Fehler sehr schwer zu lokalisieren sein, insbesondere weil das Programm fehlerfrei übersetzt wird. Ist defensiver Programmierstil gefragt, sollte man in der Praxis vom Aufruf virtueller Funktionen in Konstruktoren und Destruktoren grundsätzlich Abstand nehmen, auch wenn man glaubt, die Vorgänge "im Griff" zu haben. Erschwerend kommt hinzu, daß diese Art Probleme erst bei der Bildung von Ableitungen auftritt.

21.6.6 Virtuelle Funktionen müssen definiert werden

Bei late binding findet die Zuordnung von Funktionsaufruf zu aufgerufener Funktion erst zur Laufzeit des Programms statt. Der Compiler kann deshalb nicht entscheiden, ob eine virtuelle Funktion tatsächlich einmal aufgerufen werden wird, oder nicht. Potentiell können alle virtuellen Funktionen gerufen werden, auch wenn kein direkter Funktionsaufruf im Programm steht.

C++ verlangt daher, daß alle deklarierten virtuellen Funktionen auch definiert werden. Dies ist außerdem eine technische Notwendigkeit, denn zum Aufbau der vtbls sind die Adressen der virtuellen Funktionen erforderlich. Durch die Adreßbildung wird bereits ein Referenz auf die Funktion in die Objektdatei eingetragen, die der Linker später als "unresolved" moniert, wenn die Definition fehlt.

21.7 Anwendungen des late binding

Virtuelle Funktionen und late binding sind die Grundlage für Polymorphismus. Poymorphe Programme machen normalerweise ausgiebigen Gebrauch von abstrakten Basisklassen, virtuellen Destruktoren, Zeigern in Klassenhierarchien etc. Mit Polymorphismus kann man eine bestimmte Klasse von Problemstellungen elegant lösen. Man muß jedoch das gesamte Programm bereits vom Design her auf Polymorphismus "trimmen". Polymorphische Programme unterscheiden sich deshalb von Aufbau und Struktur von den "normalen" Programmen, die wir bis jetzt behandelt haben. Bevor wir auf diese Technik im nächsten Kapitel detailliert eingehen, zeigen wir hier eine weitere kleinere, aber nicht weniger wichtige Anwendung virtueller Funktionen.

21.7.1 Programming by exception

Klassen aus der Praxis haben oft eine große Funktionalität und definieren eine entsprechend große Anzahl an Mitgliedsfunktionen. Oft müssen solche Klassen *konfiguriert* werden können, d.h. die Funktionalität muß auf die Wünsche des Klassennutzers angepaßt werden können.

Als Beispiel betrachten wir die Aufgabe, die Behandlung von Ausnahmesituationen in einer Klassenbibliothek flexibel zu gestalten. Der Klassendesigner kann nicht wissen, wie der Benutzer seiner Bibliothek auf Ausnahmen reagieren möchte. Die einfache Ausgabe einer Meldung auf dem Bildschirm ist z.B. dann unangebracht, wenn das Programm unter einer graphischen Benutzeroberfläche wie z.B. Windows läuft. Evtl. muß der Text dort in einer Meldungsbox ausgegeben werden. Wieder eine andere Anwendung verlangt, daß zusätzlich ein Protokoll in einer Systemfehlerdatei auf der Festplatte erzeugt wird.

Wie kann der Designer die notwendige Flexibilität in seine Bibliothek einbringen? Im folgenden Beispiel beschränken wir uns auf einen Fall, nämlich die Übergabe des Wertes 0 für einen Parameter, der unter keinen Umständen 0 werden darf (wie z.B. der Nenner eines Bruches). Andere Ausnahmesituationen können in gleicher Weise behandelt werden.

Die traditionelle Lösung

Mit traditionellen Mitteln erreicht man die notwendige Flexibilität durch die Installation einer benutzerspezifizierten Funktion. Dazu wird eine Zeigervariable deklariert, die die Adresse der gewünschten Funktion aufnimmt. Im Ausnahmefall wird die "installierte" Funktion gerufen. Als Parameter wird ein Wert aus dem Aufzählungstyp Reason übergeben, an dem die Behandlungsroutine die Art der Ausnahme erkennen kann. Folgendes Listing zeigt diesen Ansatz:

```
//------------------------------------------------------------------
//      Reason
//
enum Reason {
  test,          // Testaufruf
  zeroArg        // Ein Argument hat den Wert 0
};
//------------------------------------------------------------------
//      A
//
typedef void (*HdlF)( Reason );

class A {
public:

  //-- Argument darf nicht 0 sein!
  void doIt( int );

  //-- installiert eine Behandlungsfunktion für Ausnahmen
  //   NULL: keine benutzerdefinierte Behandlungsfunktion gewünscht
  static void setHdl( HdlF );
```

21.7 Anwendungen des late binding

```
private:
  static HdlF hdl;
  /* ... weitere Mitglieder von A ... */
};
```

Die Variable hdl ist eine Zeigervariable, über die eine Funktion aufgerufen werden soll. Bei der Arbeit mit Zeigern ist grundsätzlich größte Vorsicht geboten: Hat der Zeiger einen falschen Wert, führt der Funktionsaufruf nahezu in allen Fällen zu unerwarteten Reaktionen[33]. Es sollte daher beim Besetzten der Zeigervariablen bereits sichergestellt werden, daß nur die korrekte Adresse einer Behandlungsfunktion verwendet wird. Dies wird zum allergrößten Teil bereits von C++ sichergestellt. Die Variable hdl ist als

```
void (*hdl)( Reason );
```

deklariert. Andere Zeigertypen sind dazu inkompatibel, d.h. man kann an hdl nur die Adresse von Funktionen vom Typ

```
void f( Reason );
```

zuweisen. So führt z.B. die Zuweisung in der Anweisungsfolge

```
void f( void );
A::setHdl( f );      // Fehler!
```

aus diesem Grunde zu einem Syntaxfehler bei der Übersetzung. Um auch noch den letzten Rest an Unsicherheit auszuschließen, kann man einen Testaufruf der Behandlungsroutine verwenden. Wenn dieser korrekt durchläuft, kann man von einer problemlosen Funktion der Routine ausgehen.

Selbstverständlich überlassen wir die Verantwortung für den Testaufruf nicht dem Benutzer der Klasse A, sondern führen ihn automatisch durch. Dazu wird die Variable hdl privat deklariert und eine Funktion setHdl zum Setzen der Variablen eingeführt. Die Funktion setHdl führt den Testaufruf durch: Nur wenn dieser erfolgreich verläuft, wird die Adresse übernommen.

```
//-------------------------------------------------------------
//       A::setHdl
//
void A::setHdl( HdlF newHdl ) {
  //-- Testaufruf. Wenn dieser zurückkommt, ist newHdl mit großer
  //   Wahrscheinlichkeit korrekter Funktionszeiger
  if ( newHdl )
    newHdl( test );

  hdl = newHdl;
}
```

hdl ist eine statische Variable und kann somit beim Programmstart initialisiert werden.

---

33 Unter MSDOS wird im allgemeinen der Rechner abstürzen. Bei Betriebssystemen, die über Speicherschutzmechanismen verfügen (Windows, UNIX...), wird lediglich das Programm beendet.

```
//----------------------------------------------------------------
//        A::statische Variable
//

HdlF A::hdl = NULL;
```

Der Wert NULL bewirkt, daß standardmäßig keine nutzerspezifische Ausnahmebehandlung durchgeführt wird.

Folgendes Listing zeigt, wie die Mitgliedsfunktion doIt auf das Vorliegen einer Ausnahme prüft:

```
//----------------------------------------------------------------
//        A::doIt
//

void A::doIt( int arg ) {
  if ( arg == 0 ) {
    //-- Fehler! Argument darf nicht 0 sein.
    //   Ausnahmebehandlungsroutine aufrufen.
    if ( hdl )
      hdl( zeroArg );
    return;
  }
  /* ... hier beginnt die eigentliche Funktion doIt ... */
}
```

Nun kann die Klasse A an Kunden ausgeliefert werden. Möchte ein Kunde eine spezifische Ausnahmebehandlung installieren, muß er eine entsprechende Routine schreiben und in A installieren:

```
//----------------------------------------------------------------
//        Benutzerdefinierte Behandlungsfunktion myHdl
//

void myHdl( Reason r ) {
  switch ( r ) {
    case test    : break; // ignorieren
    case zeroArg : puts( "Argument mit Wert 0 übergeben! " );
                   break;
    default      : puts( "Unbekannte Ausnahme!" );
  }
}
```

Beachten Sie bitte, daß die Routine den Testaufruf mit dem Argument test, der bei der Installation geschickt wird, ignoriert.

Im Hauptprogramm wird myHdl durch die Anweisung

```
//-- Installieren Behandlungsfunktion
A::setHdl( myHdl );
```

installiert. Schreibt man nun z.B.

```
A a;
a.doIt( 0 ); // dies löst eine Ausnahme aus
```

wird der Text Argument mit Wert 0 übergeben! ausgegeben.

Was haben wir erreicht? Wir haben eine Technik vorgestellt, die es einem Klassendesigner erlaubt, bestimmte Funktionen zu verwenden, die erst später von einem Benutzer der Bibliothek bereitgestellt werden. Der Klassendesigner legt dabei nur die *Schnittstelle* dieser Funktionen fest, während er die *Implementierung* dem späteren Anwender überläßt.

Die gezeigte Technik funktioniert zwar, ist aber wegen des verwendeten Funktionszeigers problematisch. Das strenge Typkonzept der Sprache, die Sicherung durch die Zugriffsroutine setHdl sowie den Testaufruf der Behandlungsroutine machen jedoch Fehler weniger wahrscheinlich. Trotzdem darf der Anwender nicht vergessen, den Funktionszeiger in der richtigen Weise zu besetzen.

Die Lösung mit virtuellen Funktionen

Die Nachteile der traditionellen Lösung mit Funktionszeigern können durch die Verwendung von late binding vermieden werden. Dazu deklariert man in A eine Behandlungsfunktion, die jedoch nicht implementiert wird und deshalb abstrakt ist:

```
//----------------------------------------------------------
//       A
//
class A {

public:

  //-- Argument darf nicht 0 sein!
  void doIt( int );

private:

  //-- Behandlungsfunktion für Ausnahmen
  virtual void hdl( Reason ) = 0;

  /* ... weitere Mitglieder von A ... */
};
```

Tritt in der Klasse A eine Ausnahme auf, wird wie üblich die Behandlungsfunktion gerufen:

```
//----------------------------------------------------------
//       A::doIt
//
void A::doIt( int arg ) {
  if ( arg == 0 ) {
    //-- Fehler! Argument darf nicht 0 sein.
    //   Ausnahmebehandlungsroutine aufrufen.
    hdl( zeroArg );
    return;
  }
}
```

Beachten Sie bitte, daß hdl hier nun kein Funktionszeiger mehr, sondern eine Funktion ist.

Ein Benutzer der Klassenbibliothek installiert seine eigene Behandlungsfunktion, indem er eine Ableitung von A bildet und dort die Funktion hdl implementiert:

```
//---------------------------------------------------------------
//         A_Spezial
//
class A_Spezial : public A {
  virtual void hdl( Reason );
  };
//---------------------------------------------------------------
//         A_Spezial::hdl
//
void A_Spezial::hdl( Reason r ) {

  switch ( r ) {

    case zeroArg : puts( "Argument mit Wert 0 übergeben! " );
                   break;

    default      : puts( "Unbekannte Ausnahme!" );
    }
  }
```

Statt A verwendet der Benutzer die Klasse A_Spezial in seinem Programm:

```
A_Spezial a;
a.doIt( 0 );  // dies löst eine Ausnahme aus
```

In diesem Beispiel wird aus doIt die Funktion A_Spezial::hdl aufgerufen, die wie gewünscht den Text Argument mit Wert 0 übergeben! ausgibt.

Eigenschaften der Lösung

Die wichtigste Eigenschaft der Lösung mit der virtuellen Funktion ist die Tatsache, daß der Klassendesigner wieder die Schnittstellenbeschreibung festlegt, während ein späterer Benutzer eine passende Implementierung hinzufügt.

Die Funktion A::hdl legt nur fest, mit welchen Parametern die Behandlungsfunktion aufzurufen ist. Die Funktion ist abstrakt, d.h. es gibt in A keine Implementierung. Im Gegensatz dazu hat man in der Ableitung A_Spezial keine Möglichkeit mehr, die Deklaration von hdl zu verändern: Damit late binding funktionieren kann, muß die Funktion identisch wie in der Basisklasse A deklariert werden. Man hat jedoch die Möglichkeit, eine beliebige Implementierung hinzuzufügen.

Beachten Sie bitte, daß A nun eine abstrakte Klasse ist. Ein Benutzer der Bibliothek kann von A keine Objekte erzeugen. Dies ist verständlich, da in A ja noch die Funktionalität von hdl fehlt. Erst wenn in einer Ableitung alle abstrakten Funktionen definiert sind (d.h. erst wenn die gesamte noch fehlende Funktionalität implementiert ist) kann ein Objekt gebildet werden.

In unserem Beispiel haben wir die Situation gewählt, daß der Klassendesigner eine Funktion verwenden möchte, die erst durch einen späteren Klassenbenutzer implementiert werden kann. Der Designer ist zu dem Ergebnis gekommen, daß für hdl sinnvoll keine Funktionalität festgelegt werden kann, und hat die Funktion deshalb abstrakt deklariert. In anderen Fällen kann es durchaus sinn-

voll sein, wenn die Basisklasse eine Standardfunktionalität bereitstellt, die
durch eine Ableitung dann ersetzt wird.

Führt man diese Idee weiter, erhält man Klassen, die eine große Zahl virtueller
Funktionen deklarieren und mit einer Standardfunktionalität implementieren.
Ein Benutzer dieser Klassen kann die Gesamtfunktionalität an seine eigenen
Bedürfnisse anpassen, indem er einzelne (oder alle) dieser virtuellen Funktionen in seiner Ableitung redeklariert und mit der für ihn passenden Funktionalität implementiert. Man spricht deshalb auch von Programming by Exception: Der Programmierer implementiert nur diejenigen Eigenschaften, die der Klassendesigner noch offen gelassen oder nicht nach seinen Wünschen gestaltet hat.

Eine Klassenbibliothek zur Fensterprogrammierung wird sich z.B. mit Problemen, die sich durch teilweise gegenseitig verdeckende Fenster ergeben, befassen müssen. Die dazu verwendeten Algorithmen sind unabhängig von der
verwendeten Bildschirmtechnologie (z.B. direkter Speicherzugriff oder serielles
Terminal), dagegen hängen die Routinen zur Cursorpositionierung, zur Ausgabe von Text und Graphik durchaus von der Bildschirmtechnologie ab. Positionierungs- und Ausgaberoutinen der Bibliothek sind daher Kandidaten für
late binding - eine Standardimplementierung (z.B. für "normale" PC-Bildschirme) wird mitgeliefert, der Benutzer kann jedoch eigene Routinen für seinen exotischen Bildschirm implementieren.

Ein weiterer Vorteil der Lösung ist der Verzicht auf Zeiger. Die Routine setHdl
zum Besetzen des Zeigers sowie der Testaufruf können vollständig entfallen.

Die Verwendung einer Ableitung hat jedoch auch Eigenschaften, die in manchen Fällen nicht besonders günstig für Programming by Exception sind:

❏ Der Aufruf virtueller Funktionen aus Konstruktoren bzw. dem Destruktor
einer Klasse sollte grundsätzlich vermieden werden. Konkret werden virtuelle Funktionen, die erst in einer Ableitung definiert werden, *nicht* aufgerufen (s.o.). Diese Eigenschaft bewirkt, daß Programming by Exception
mit Hilfe von Ableitungen nicht verwendet werden kann, wenn die betreffenden virtuellen Funktionen in Konstruktoren/Destruktoren aufgerufen
werden sollen.

❏ Da Konstruktoren nicht vererbt werden, muß die Ableitung nicht nur die
virtuellen Funktionen, die sie eigentlich implementieren möchte deklarieren, sondern auch alle Konstruktoren[34]. Bei Klassen mit vielen
Konstruktoren kann dies erheblichen Schreibaufwand bedeuten. Da die
Konstruktoren nur "durchgeschoben" werden, sind sie leer definiert. Hat
z.B. die Klasse A einen Konstruktor der Form

---

34 Genaugenommen muß sie nicht alle Konstruktoren deklarieren, sondern nur
diejenigen, die für die konkrete Anwendung notwendig sind. Da man jedoch
normalerweise nicht ein Teil der Funktionalität der Basisklasse verlieren möchte,
nur weil man eine virtuelle Funktion implementiert hat, muß man normalerweise
alle Konstruktoren der Basisklasse auch in der Ableitung deklarieren und
implementieren.

```
//-------------------------------------------------------------
//      A
//
class A {
public:
  A( const char * );
  /* ... weitere Mitglieder von A ... */
  };
```

muß man diesen auch in der Ableitung A_Spezial deklarieren:

```
//-------------------------------------------------------------
//      A_Spezial
//
class A_Spezial : public A {
public:
  A_Spezial( const char * );
  /* ... weitere Mitglieder von A_Spezial ... */
  };
```

und implementieren:

```
//-------------------------------------------------------------
//      A_Spezial::ctor
//
A_Spezial::A_Spezial( const char *arg ) : A( arg ) {}
```

❑ Daraus folgt ein weiterer Nachteil: Wird ein neuer Konstruktor zu A hinzugefügt, müssen alle Ableitungen ebenfalls geändert werden. Bei "normalen" Mitgliedsfunktionen ist dies nicht der Fall: Diese werden automatisch an alle Ableitungen vererbt.

Die genannten Nachteile machen es schwer, für die Praxis eine generelle Empfehlung für programming by exception mit Hilfe von late binding auszusprechen, auch wenn dies in den meisten Standardwerken zur objektorientierten Programmierung vertreten wird. Gerade bei Klassen, die viele Konstruktoren deklarieren oder später zu definierende Funktionen aus Konstruktoren oder dem Destruktor aufrufen, kann der Ansatz über Funktionszeiger der geeignetere sein.

22 Polymorphismus

Kein Begriff wird wohl mehr mit objektorientierter Programmierung in Verbindung gebracht wie Polymorphismus. Was man allerdings genau darunter zu verstehen hat, bleibt meist im dunkeln. Der Begriff an sich ist einfach zu definieren, die sich daraus ergebenden Möglichkeiten für die Programmierung sind jedoch sehr umfangreich. Programme, die Polymorphismus nutzen, unterscheiden sich in Aufbau und Ablauf von "normalen" Programmen. Um die mit Polymorphismus möglichen Vorteile nutzen zu können, muß bereits das Programmdesign im Hinblick auf diese Technik durchgeführt werden. Polymorphismus eignet sich außerdem nicht für alle Problemstellungen. Wann und wie man Polymorphismus in der Praxis kontrolliert einsetzt, ist eine Sache, die große Erfahrung in der objektorientierten Denkweise erfordert. Diese Erfahrung erwirbt man sich am besten, wenn man konkrete Fallstudien zum Thema durchführt.

In diesem Kapitel zeigen wir anhand von unterschiedlichen Anwendungen die Möglichkeiten, die der Programmierer mit Polymorphismus in C++ hat. Im nächsten Kapitel verwenden wir die vorgestellten Techniken, um ein vollständig ausgearbeitetes polymorphes Programm zu entwickeln.

22.1 Das Problem

In vielen Anwendungen hat man es mit Objekten unterschiedlicher Klassen zu tun, die jedoch einige Funktionen gleich deklarieren. So könnte man sich z.B. vorstellen, daß jede Klasse eine Funktion print implementiert, die die Aufgabe hat, Objekte der Klasse auf dem Bildschirm auszugeben. Eine solche print-Funktion erweist sich z.B. beim Testen eines Programms als sehr hilfreich.

In jeder Klasse wird die Funktion identisch deklariert, aber sicherlich unterschiedlich implementiert werden. Folgendes Listing zeigt zwei Klassen A und B mit einer solchen print-Funktion:

```
//------------------------------------------------------------------
//       class A
//
class A {
public:
  void print();
private:
  int i, j, k;
  };
```

```
//----------------------------------------------------------------
//          class B
//
class B {

public:

  void print();

private:

  char *name;
  int alter;
  };
```

Betrachten wir nun die Aufgabe, in einem Feld eine variable Anzahl von A- und/oder B-Objekten zu speichern, und zwar auch gemischt. Das Feld soll also A- und B-Objekte gleichzeitig enthalten können.

Da A und B unterschiedliche Größe haben, kann man nicht die Objekte selber im Feld speichern, sondern nur Zeiger[35].

Eine Klasse zur Verwaltung eines Zeigerfeldes fester Größe könnte etwa folgende Form haben:

```
//----------------------------------------------------------------
//          class Feld
//

class Feld {

public:

  Feld( int n ); // Ein Feld mit n Einträgen
  ~Feld();

  //-- liefert Referenz auf Feldelement
  void *&operator [](int );

  //-- gibt das Feld auf dem Bildschirm aus
  void printArry() const;

private:

  void **p;
  int  nent;
  };
```

Die Mitgliedsfunktionen sind entsprechend definiert:

```
//----------------------------------------------------------------
//          Feld Konstruktor, Destruktor
//
Feld::Feld( int n ) {

  p = new void* [ n ];
  nent = p ? n : 0;
  }

Feld::~Feld() {

  delete []p;
  }
//----------------------------------------------------------------
```

---

35 Hier können keine Referenzen verwendet werden, da es Felder von Referenzen nicht gibt.

22.1 Das Problem

```
//          Feld Operator []
//
void *&Feld::operator[]( int index ) {

  if ( index < 0  ||  index >= nent ) {
    printf( "Index %i außerhalb des zulässigen Bereichs 0..%i\n",
      index, nent );
    exit( 1 );
  }
  return p[ index ];
}
```

Ein Feld mit A- und B-Objekten kann man etwa wie folgt erzeugen:

```
Feld f( 10 );

for ( int i=0; i<10; i++ )
  if ( rand() < RAND_MAX/2 )
    f[ i ] = new A;
  else
    f[ i ] = new B;
}
```

Wie kann man nun in einer Routine das ganze Feld ausdrucken? Dies kann z.B. wichtig sein, wenn ein solches Feld an eine Bearbeitungsfunktion übergeben wird, und man in der Entwicklungsphase alle Parameter ausdrukken möchte:

```
void doIt( Feld &f ) {
#ifdef PRINTPARAMS
  f.printArry()
#endif

  /* ... hier beginnt die eigentliche doIt-Routine ... */

}
```

Ist die Compilervariable PRINTPARAMS gesetzt, sollen grundsätzlich alle Parameter einer Funktion auf dem Bildschirm ausgegeben werden. Interessant ist hier die Funktion Feld::printArry: Sie muß das Feld ausgeben. Das Problem ist nun, daß printArry nicht sinnvoll formuliert werden kann. Schreibt man z.B.

```
void Feld::printArry() const {
  for ( int i=0; i<nent; i++ )
    p[ i ]-> print();       // Falsch!  Operator [] liefert void*
}
```

kann dies nicht funktionieren, da das Ergebnis von p[i] vom Typ void* ist. Über diesen Zeigertyp können natürlich keine Mitgliedsfunktionen einer Klasse aufgerufen werden. Was man braucht, sind Zeiger auf A bzw. B. Man könnte Typwandlungen verwenden, also etwa

```
    ((A*)p[ i ]) -> print();
```

bzw.

```
    ((B*)p[ i ]) -> print();
```

Das ist syntaktisch korrekt, woher weiß man aber, ob z.B. der Zeiger auf ein A- oder ein B-Objekt zeigt? Schließlich wurden die Objekte zufällig erzeugt.

Wir haben hier nun die Situation, daß sowohl die Klasse A als auch die Klasse B eine print-Funktion definieren, diese aber von einer "übergeordneten" print-Funktion (hier also printArry) nicht aufgerufen werden können. Die benötigten Einzelteile sind also vorhanden, nur können sie nicht zu einem Ganzen zusammengefügt werden.

Diese Art von Problemen ist in der Praxis häufig anzutreffen. Man muß nur von den Klassen A und B sowie von den Funktionen print und printArry abstrahieren. Folgende Aufstellung enthält einige Fälle aus der Praxis:

- ❏ In einem Textverarbeitungssystem kann man z.B eine Klasse für Textzeilen (entspricht A) und eine andere für Kopf/Fußzeilen (entspricht B) definieren. Beide Klassen haben eine show-Funktion, die eine Textzeile bzw. eine Kopf/Fußzeile auf dem Bildschirm darstellt. Der gesamte Text eines Dokuments ist als dynamisches Feld von Textzeilen- und Kopf/Fußzeilenobjekten implementiert. Es gibt wieder eine Funktion showArray, die das gesamte Feld (d.h. hier den zu bearbeitenden Text) auf dem Bildschirm darstellen soll, indem sie die show-Funktionen der gespeicherten Objekte aufruft. Details wie Bildschirmgröße, Cursor, Einfügepunkt etc. betrachten wir in diesem Zusammenhang nicht.

- ❏ In einem Zeichenprogramm gibt es Klassen für Linie, Kreis, Rechteck etc (entspricht wieder unseren Klassen A, B etc). Jede dieser Klassen hat eine eigene show-Routine, die ein Objekt der Klasse auf dem Bildschirm darstellen kann. Die zu einer Zeichnung gehörenden Objekte werden wieder in einem dynamischen Feld gespeichert. Um die Zeichnung anzuzeigen, wird die Routine showArray gerufen, die ihrerseits die show-Routinen aller gespeicherten Objekte aufruft.

- ❏ In einem System für graphische Benutzeroberflächen (wie z.B. Windows) gibt es unterschiedliche Arten von Oberflächenobjekten, z.B. Knöpfe, Listen oder Texteingabefelder. Alle diese Objekte haben eine show-Funktion, die das Objekt auf dem Bildschirm anzeigt. Darüber hinaus ist jedes Oberflächenobjekt Teil eines Fensters. Hat man für Fenster eine Klasse definiert, möchte man über eine Mitgliedsfunktion show alle von diesem Fenster verwalteten Oberflächenobjekte anzeigen, indem man deren show-Routinen aufruft.

Alle diese Beispiele haben zwei Dinge gemeinsam:

- ❏ Es gibt eine Datenstruktur, die eine Anzahl anderer Objekte verwaltet. Dabei ist wesentlich, daß die verwalteten Objekte unterschiedlichen Klassen angehören hönnen. In unserem Beispiel haben wir ein Feld fester Dimension verwendet. In der Praxis häufiger sind allerdings Felder dynamischer Größe, die ähnlich wie unsere Feldklasse aus Kapitel 17 implementiert werden. Eine solche Klasse speichert eine dynamische Anzahl von Zeigern auf andere Objekte und wird deshalb auch als *Container-*

klasse bezeichnet. Kann die Containerklasse Objekte unterschiedlicher Typen verwalten, spricht man von einem *heterogenen Container*[36].

❑ Es besteht die Notwendigkeit, eine Funktion auf alle Objekte des Containers anzuwenden. Dabei soll jedoch der Programmierer nicht die verwalteten Objekte einzeln ansprechen, sondern er soll dazu nur eine einzige Funktion der Containerklasse aufrufen müssen, die ihrerseits die gleiche Funktion für die verwalteten Objekte aufruft. In unserem ersten Beispiel war dies die Funktion printArry, die die print-Funktionen aller Mitglieder des Containers aufrufen sollte.

Oft nennt man die Funktion der Containerklasse genauso wie die Funktion in den verwalteten Objekten. Man möchte z.B.

```
Containerklasse cnt();   // ein Objekt einer Containerklasse
/* ... Hinzufügen von Objekten zum Container ... */
cnt.f(...);              // soll f für alle verwalteten Objekte rufen
```

schreiben können, cnt.f() soll dann die Funktion f für alle von diesem Container verwalteten Objekte aufrufen, natürlich sollen dabei die Parameter übergeben werden können.

22.2 Die Lösung in traditioneller Programmierung

Die Hauptschwierigkeit ist die Frage, wie der Typ eines verwalteten Objekts bestimmt werden kann. Die Funktion printArry aus dem Beispiel muß z.B. unterscheiden können, ob ein void*-Zeiger auf ein A- oder B-Objekt zeigt, um die korrekte Typwandlung durchführen zu können, wie dieses Beispiel im Pseudocode zeigt:

```
if ( feld[ i ] zeigt auf ein A-Objekt )
   ((A*)feld[ i ]) -> print();
else
   ((B*)feld[ i ]) -> print();
```

In der traditionellen Programmierung verwendet man zur Lösung eine Variable, die in allen in Frage kommenden Objekten an der gleichen Stelle steht (meist am Anfang) und die die notwendige Typinformationen enthält. Eine solchen Variable wird auch als *tag* bezeichnet, weil sie so etwas wie ein Schild mit einer Typinformation ist.

---

36 Man könnte auf die Idee kommen, die generische Feldklasse einfach für den Datentyp void* zu instantiieren. Leider dunktioniert dies nicht wie gewünscht. Hier macht sich der Unterschied zwischen einem *Objekt* und einem *Zeiger auf ein Objekt* bemerkbar. Containerklassen für Zeigertypen müssen etwas anders aufgebaut werden. Mehr dazu im nächsten Kapitel.

Folgendes Beispiel zeigt die Klassen A und B mit einem tag-Feld:

```
//----------------------------------------------------------------
//         Types
//
enum Types {

   typeA,
   typeB
   };
//----------------------------------------------------------------
//         class A
//
class A {

public:

   A();
   void print();

private:

   int tag; // Typvariable, muß an erster Stelle stehen

   int i, j, k;
   };


//----------------------------------------------------------------
//         class B
//
class B {

public:

   B();
   void print();

private:

   int tag; // Typvariable, muß an erster Stelle stehen

   char *name;
   int alter;
   };
```

Die Funktion printArry kann nun den tag auswerten und die korrekte print-Funktion für A oder B- Objekte aufrufen:

```
for ( i=0; i<10; i++ ) {
  switch( *(int*)p[ i ] ) {

     case typeA    : ((A*)p[ i ]) -> print();   break;
     case typeB    : ((B*)p[ i ]) -> print();   break;

     default       : puts( "Falsches Tag-Feld!" );
     }
   }
```

Beachten Sie bitte die Verwendung der unterschiedlichen Interpretationen der in p gespeicherten Zeiger: Im Ausdruck

```
      switch( *(int*)p[ i ] ) ...
```

werden sie als Zeiger auf int, in

```
         case typeA    : ((A*)p[ i ]) -> print();
```

als Zeiger auf A-Objekte und schließlich in

```
case typeB    : ((B*)p[ i ]) -> print();
```

als Zeiger auf B-Objekte interpretiert.

Vor allem C-Programmierern wird diese Lösung sicherlich bekannt vorkommen, obwohl es sich um C++ Code handelt. In der C-Version gibt es keine Mitgliedsfunktionen. Standardmäßig definiert man entsprechende C Funktionen etwa als

```
void printA( A* );
void printB( B* );
```

und schreibt die switch-Anweisung

```
for ( int i=0; i<10; i++ ) {
  switch( *(int*)p[ i ] ) {

    case typeA    : printA( (A*)p[ i ] ); break;
    case typeB    : printB( (B*)p[ i ] ); break;

    default       : puts( "Falsches Tag-Feld!" );
    }
  }
```

Dies sind jedoch nur notationelle Unterschiede, die an der Lösungsidee nichts ändern.

22.3 Eigenschaften der traditionellen Lösung

Die hier aufgezeigte Lösung zeigt bereits polymorphe Züge. Ziel war es ja, für alle gespeicherten Objekte die Funktion print aufzurufen. Alle Objekte besitzen eine Funktion dieses Namens, nur ist sie für jedes Objekt unterschiedlich implementiert. Genau dies versteht man unter Polymorphismus: *Ein* Funktionsaufruf, jedoch je nach Typ unterschiedliche Reaktion.

Die traditionelle Lösung hat allerdings einige gravierende Nachteile.

Das tag-Feld muß an definierter Stelle stehen

Die Lösung kann nur funktionieren, wenn jedes im Container gespeicherte Objekt auch tatsächlich an der festgelegten Stelle (hier die erste Variable am Anfang des Objekts) ein tag-Feld hat.

So könnte z.B. ein Programmierer eine Klasse C etwa wie folgt definieren:

```
//-------------------------------------------------------------------
//        class C
//
class C {

public:

  C();
  void print();

private:

  //-- 0 wenn Objekt noch nicht gespeichert, 1 sonst
  int alreadyStored;

  float f1, f2;

  int tag; // Typvariable, muß an erster Stelle stehen   <- FALSCH!
};
```

C-Objekte können problemlos ebenfalls in das Feld eingefügt werden:

```
f[ 4 ] = new C;
```

Wird nun f.printArry() aufgerufen, wird das C-Objekt je nach Stand der Variablen alreadyStored entweder als A- oder B-Objekt interpretiert, mit den entsprechenden unerwarteten Ergebnissen!

C-Programmierer werden sagen, daß es sich dabei um einen Programmierfehler handelt: Der Programmierer hätte aus der (meist nicht vorhandenen) Dokumentation entnehmen müssen, wie Objekte, die von Containern verwaltet werden sollen, aufgebaut sein müssen. Leider unterstützt der Compiler den Programmierer in dieser Hinsicht überhaupt nicht: Das Programm bleibt syntaktisch korrekt, auch wenn fälschlicherweise ein C-Objekt zum Container hinzugefügt wird.

Die bessere Lösung wäre, wenn der Compiler das Einfügen eines C-Objekts in den Container *von vornherein* als Fehler erkennen und zurückweisen könnte. Wir werden sehen, wie genau dies in C++ möglich ist. Der wesentliche Punkt dabei ist, wie man formulieren kann, daß das Einfügen von A- und B-Objekten erlaubt, das Einfügen von C-Objekten dagegen verboten ist.

Das tag-Feld muß den richtigen Wert haben

Eine weitere Quelle von Problemen ist der korrekte Wert des tag-Feldes. Für alle A-Objekte muß der Wert typeA, für alle B-Objekte der Wert typeB sein. Es liegt in der Verantwortung des Programmierers, bei der Erzeugung eines Objekts das tag-Feld mit dem richtigen Wert zu besetzen. Dieser Schritt wird sinnvollerweise in den Konstruktoren durchgeführt, trotzdem darf man ihn auf keinen Fall vergessen. Ein vorhandenes, aber falsch besetztes tag-Feld hat den gleichen Effekt wie ein nicht vorhandenes Feld - siehe vorigen Abschnitt. Auch bei diesem Problem gibt der Compiler keine Unterstützung: Aus seiner Sicht ist das tag-Feld eine ganz normale Variable, die syntaktisch korrekt mit jedem beliebigen Wert (oder auch gar nicht) initialisiert werden kann.

22.3 Eigenschaften der traditionellen Lösung

Programmierer mit traditioneller Ausbildung werden wieder sagen: "An gewisse Sachen muß man eben denken". Die bessere Lösung wäre allerdings auch hier, wenn der Compiler das tag-Feld automatisch und selbständig korrekt besetzen würde. Noch besser wäre es, wenn der Programmierer überhaupt kein explizites tag-Feld deklarieren müßte, sondern der Compiler Deklaration und korrekte Verwaltung automatisch übernehmen würde. Wir werden sehen, daß genau dies mit C++ möglich ist.

Das Hinzufügen weiterer Klassen ist schwierig

In einer Containerfunktion wie z.B. printArry erfolgt die Unterscheidung der Objekttypen an Hand des Typfeldes. Für jeden vorhandenen Typ ist ein eigener case-Zweig vorhanden:

```
for ( i=0; i<10; i++ ) {
  switch( *(int*)p[ i ] ) {

    case typeA   : ((A*)p[ i ]) -> print();   break;
    case typeB   : ((B*)p[ i ]) -> print();   break;

    default      : puts( "Falsches Tag-Feld!" );
    }
 }
```

Eine Containerklasse mit einer solchen printArry-Funktion kann ausschließlich Objekte vom Typ A oder B verwalten. Probleme treten auf, wenn später zusätzlich Objekte einer weiteren Klasse verwaltet werden sollen. Dieser Fall tritt häufig bei der Weiterentwicklung von Software auf. Eventuell möchte man z.B. in einer Version 2 des Graphikprogramms komplexere Objekte wie Polygone o.ä. bearbeiten können. Die einzige Lösung ist, in die switch-Anweisung einen weiteren case-Zweig einzubauen:

```
for ( i=0; i<10; i++ ) {
  switch( *(int*)p[ i ] ) {

    case typeA   : ((A*)p[ i ]) -> print();   break;
    case typeB   : ((B*)p[ i ]) -> print();   break;
    case typeX   : ((X*)p[ i ]) -> print();   break;

    default      : puts( "Falsches Tag-Feld!" );
    }
 }
```

Dieses Vorgehen bringt in der Praxis drei wesentliche Probleme:

❑ In einem großen Programm gibt es in der Regel sehr viele solcher switch-Anweisungen. Um die Korrektheit des Programms zu erhalten, darf man keine einzige vergessen. Auch für dieses Problem bringt der Compiler keine Unterstützung: Das Programm ist auch dann syntaktisch korrekt, wenn in einer switch-Anweisung ein case-Zweig vergessen wurde.

❑ Das Hinzufügen von case-Zweigen erfolgt an vielen unterschiedlichen Stellen, die in der Regel (gleichmäßig) über sämtliche Module des Programms verteilt sind. Die Veränderung ansonsten funktionierender Programmteile bringt jedem DV-Verantwortlichen schlaflose Nächte, denn alle geänderten Module müssen erneut getestet werden.

❏   Die Programmierung wiederverwendbarer Bibliotheken ist schwierig, wenn nicht unmöglich. Ein Entwickler einer allgemeinen Containerklasse kann unmöglich wissen, welche Objekte ein späterer Nutzer mit seinem Container verwalten möchte. Er kann daher auch keine switch-Anweisung in der printArry-Funktion vorsehen. Als Lösung bleibt vielleicht, die Mitgliedsfunktion printArry im Quellcode mitzuliefern, so daß ein Benutzer die notwendigen Änderungen selber durchführen kann.

Die wünschenswerte Lösung für die genannten Probleme ist die gänzliche Vermeidung der switch-Anweisung. Um die DV-Manager zufriedenzustellen, soll das Hinzufügen neuer Klassen erfolgen können, ohne bereits existierenden, getesteten und funktionierenden Code verändern zu müssen. Nicht zuletzt die Entwickler von Klassenbibliotheken werden es begrüßen, wenn sie sich nicht von vornherein auf die zu verwaltenden Klassen festlegen müssen. Dies ist zweifelsohne die härteste Forderung, die jedoch auch mit C++ Mitteln eigentlich ganz einfach realisiert werden kann.

Zusammenfassung

Die Schwierigkeiten, die die traditionelle Lösung des Problems aufwirft, kommen letztendlich aus den folgenden beiden Punkten:

❏   Der Entwickler der Containerklasse muß eine Annahme darüber treffen, wo sich das tag-Feld in den zu verwaltenden Objekten befindet. Dies ist keine syntaktische Eigenschaft der Sprachen C oder C++, sondern eine (meist ungeschriebene) Vereinbarung mit dem Nutzer der Containerklasse: Der Nutzer muß nämlich seinen Teil der Vereinbarung erfüllen und sicherstellen, daß sich das tag-Feld auch wirklich an der korrekten Stelle befindet und darüber hinaus den richtigen Wert hat. *Der Compiler kann ihn bei diesen Aufgaben in keiner Weise unterstützen.*

❏   Der Entwickler der Containerklasse muß explizite Typwandlungen verwenden, um die void* - Zeiger in die korrekten Typen zu wandeln. Die Verwendung von Typwandlungen setzt die strenge Typprüfung des Compilers außer Kraft und ist deshalb grundsätzlich zu vermeiden. Die Verantwortung für die richtige Typwandlung liegt nun ausschließlich beim Programmierer.

22.4 Die Lösung mit objektorientierten Techniken

Wie kann man nun die genannten Probleme vermeiden? Dazu kombinieren wir die in den letzten Kapiteln vorgestellten Sprachmittel, nämlich virtuelle Funktionen, abstrakte Funktionen und -Klassen sowie die erweiterte Zuweisungskompatibilität in Klassenhierarchien.

22.4 Die Lösung mit objektorientierten Techniken

Wir definieren eine Basisklasse Base, von der A und B abgeleitet werden. Base deklariert nur die abstrakte Funktion print:

```
//------------------------------------------------------------------
//        class Base
//
class Base {

//-- abstrakte Basisklasse für alle Klassen, die eine print-Funktion haben
public:

  virtual void print() = 0;
  };
```

A und B werden als Ableitungen formuliert, und zwar so, daß für print late binding verwendet wird:

```
//------------------------------------------------------------------
//        class A
//
class A : public Base {

public:

  virtual void print();

private:

  int i, j, k;
  };
//------------------------------------------------------------------
//        class B
//
class B : public Base {

public:

  virtual void print();

private:

  char *name;
  int alter;
  };
```

Die Feldklasse verwaltet nun nicht mehr void* - Zeiger, sondern Zeiger auf Base:

```
//==================================================================
//        class Feld
//
class Feld {

public:

  Feld( int n ); // Ein Feld mit n Einträgen
  ~Feld();

  //-- liefert Referenz auf Feldelement
  Base *&operator []( int );

  //-- gibt das Feld auf dem Bildschirm aus
  void printArry() const;

private:

  Base **p;
  int  nent;
  };
```

Besonders interessant ist natürlich die Funktion printArry. Sie gestaltet sich überraschend einfach:

```
//-----------------------------------------------------------------
//        printArry
//
void Feld::printArry() const {
  for ( int i=0; i<nent; i++ )
    p[ i ]-> print();        // late binding für print
}
```

Die anderen Funktionen bleiben bis auf die Änderung des Datentyps von void* auf Base* identisch.

Im Hauptprogramm kann man nun wie gehabt

```
Feld f( 10 );
for ( int i=0; i<10; i++ )
  if ( rand() < RAND_MAX/2 )
    f[ i ] = new A;
  else
    f[ i ] = new B;
```

schreiben. Der Aufruf

```
f.printArry();
```

wird die richtigen print-Funktionen der verwalteten A- bzw. B-Objekte aufrufen.

22.5 Eigenschaften der objektorientierten Lösung

Die objektorientierte Lösung vermeidet sämtliche Nachteile, die in der traditionellen Lösung unvermeidlich sind.

Als erstes notieren wir, daß die Lösung wesentlich einfacher geworden ist: Das tag-Feld ist nicht mehr erforderlich, somit entfällt auch die Verantwortung zur richtigen Besetzung beim Programmierer. Der Aufzählungstyp Types ist nicht mehr notwendig. Besonders auffällig ist die Veränderung der Funktion printArry: Das gesamte switch-Statement mit seinen expliziten Typwandlungen konnte entfallen.

Das tag-Feld wird automatisch geführt

Es ist offensichtlich, daß die Lösung mit late binding einfacher, sicherer und eleganter ist als die Programmierung mit traditionellen Methoden. Trotzdem sind beide Lösungen funktional ähnlich. Der wesentliche Punkt dabei ist, daß auch in der zweiten Lösung irgendwie zwischen A- und B-Objekten unterschieden werden muß. In der zweiten Lösung haben wir den dazu nötigen Aufwand auf den Compiler verlagert: Die Aufgabe des tag-Feldes übernimmt hier der Zeiger auf die vtbl. Der Unterschied ist nur, daß vtbl sowie die in jedem Objekt vorhandenen Zeiger darauf automatisch ohne Zutun des Programmierers verwaltet werden.

22.5 Eigenschaften der objektorientierten Lösung

Die Sicherheit gegen unbeabsichtigte Fehler ist größer

In erster Linie wird die Sicherheit bei der Programmentwicklung durch die beiden bereits genannten Punkte ganz wesentlich erhöht:

- Die explizite Verwaltung eines tag-Feldes durch den Programmierer entfällt.
- Die gefürchteten Typwandlungen von Zeigertypen entfallen vollständig.

Welche Fehler kann der Programmierer trotzdem noch machen? Es bleibt evtl. die Möglichkeit übrig, einen Fehler bei der Klassendefinition von A oder B zu machen. So ist es z.B unabdingbar erforderlich, daß für die Funktion print late binding verwendet wird. Was passiert, wenn der Programmierer dies nicht beachtet?

Damit late binding funktionieren kann, muß die Funktion in der Ableitung identisch wie in der Basisklasse deklariert werden. Ist dies nicht der Fall, wird die Funktion der Basisklasse einfach vererbt (Kapitel 21). Ist die Funktion in der Basisklasse abstrakt, wird damit auch die Ableitung abstrakt und es kann kein Objekt der Ableitung erzeugt werden. Als Ergebnis ist also festzuhalten, daß Objekte einer Ableitung von Base nur dann erzeugt werden können, wenn in der Ableitung eine vorschriftsmäßige print-Funktion deklariert ist.

Der Zwang zur Deklaration einer korrekten print-Funktion entsteht durch die Ableitung von der Klasse Base. Was passiert, wenn man einfach nicht von Base ableitet? Dann kann man zwar Objekte erzeugen, aber nicht in das Feld einfügen. Das Einfügen läuft auf eine Zuweisung der Art

```
Base *bp = new C;
```

hinaus. Der von new gelieferte Zeiger muß in ein Base* gewandelt werden. Dies ist nur möglich, wenn Base eine Basisklasse von C ist.

Damit erhalten wir insgesamt folgendes Ergebnis:

Damit Objekte einer Klasse X im Feld verwaltet werden können, muß die Klasse zwingend von Base abgeleitet werden. Dadurch wiederum muß X eine print-Funktion deklarieren, Parameter und Rückgabetyp der Funktion werden von Base bestimmt. Insgesamt ist sichergestellt, daß zwar Objekte beliebiger Klassen mit dem Feld verwaltet werden können, *jedoch nur dann, wenn sie die vorgeschriebene print-Funktion korrekt deklarieren.*

Das Programm ist einfacher erweiterbar

Betrachten wir nun die Schritte, die notwendig sind, um eine neue Klasse C zum System hinzuzufügen. Dazu muß der Programmierer lediglich die Klasse korrekt als Ableitung definieren und die virtuelle print-Funktion implementieren. Weitere Schritte sind nicht erforderlich. Schreibt man nun im Hauptprogramm

```
f[ 1 ] = new C;
```

wird printArry für das zweite Feldelement korrekt die print-Funktion der Klasse C aufrufen.

Wichtig dabei ist, daß bereits getesteter und funktionierender Code nicht verändert zu werden braucht. Neue Teile werden hinzugefügt, ohne bereits vorhandene Teile verändern zu müssen. Durch sorgfältige Planung kann man so Aufwand und Risiko bei Wartungsaufgaben erheblich reduzieren. So kann z.B. die Version 1 eines Graphikprogramms nur einfache Formen wie Kreise und Rechtecke behandeln. In der Version 2 sollen nun komplexere graphische Objekte hinzukommen. Wenn das System von Anfang an auf Polymorphismus hin ausgelegt war, reduziert sich der Änderungsaufwand auf Definition und Implementierung der neuen Klassen für die neuen Graphikobjekte. Weitere Änderungen sind nicht erforderlich[37].

Bibliotheken können flexibler gestaltet werden

In diesem Abschnitt betrachten wir die Vorgänge beim Hinzufügen einer Klasse zu einem bestehenden System aus einem anderen Blickwinkel. Wir gehen nun von einer Situation aus, in der eine Bibliothek mit Containerklassen entwickelt werden muß. Irgendwann im Entwicklungsprozeß muß man sich überlegen, welche Datentypen mit den Containern verwaltet werden sollen.

In den letzten Abschnitten haben wir gesehen, daß man zu diesem Zweck eine eigene Basisklasse ohne eigene Funktionalität definiert. Die Klasse Base *deklarierte* lediglich eine print-Funktion, *implementiert* wurde sie hier nicht. Der Container kann nun Zeiger vom Typ Base* speichern. Die einzige Aufgabe von Base ist es, Vorgaben für Ableitungen von Base festzulegen. Solche Ableitungen müssen alle in Base abstrakten Funktionen implementieren, damit Objekte erzeugt werden können. Der Entwickler der Bibliothek kann auf diese Weise festlegen, welche Funktionalität er bei Objekten, die in seinem Container verwaltet werden sollen, voraussetzt. Er kann diese Vorgaben treffen, ohne sich auf eine bestimmte Klasse festlegen zu müssen. In unserem (einfachen) Beispiel hat der Entwickler festgelegt, daß alle in Frage kommenden Klassen eine print-Funktion deklarieren müssen.

Die Klasse Base gehört daher eigentlich zur Bibliothek mit Containerklassen hinzu, denn sie legt die Anforderungen fest, die Klassen erfüllen müssen, wenn ihre Objekte mit den Containern verwaltet werden wollen. Es ist daher nicht selten, daß zu einer Containerklasse (bzw. einer Bibliothek von Containerklassen) die notwendige Basisklasse mitgeliefert wird.

---

[37] Das stimmt nicht ganz. Irgendwo im System müssen Objekte der neuen Klassen erzeugt werden, und dies kann nicht über virtuelle Funktionen geschehen, da Konstruktoren nicht virtuell sein können. Sind die Objekte jedoch einmal erzeugt, braucht man sich im Idealfall nicht weiter um sie zu kümmern.

Daraus ergeben sich zwei Fragen:
1. Was ist zu tun, wenn zwei oder mehrere Bibliotheken verwendet werden sollen, die jeweils ihre eigenen Basisklassen mitbringen?
2. Kann man nicht unsere generische Feldklasse Arry für den Datentyp Base* instantiieren? Damit hätte man bereits einen Container, der Objekte unterschiedlicher Klassen speichern könnte, fertig.

Mehrere Bibliotheken in einem Programm

Objekte, die mit mehreren Bibliotheken verwaltet werden sollen, müssen dann von den entsprechenden Basisklassen gleichzeitig abgeleitet werden. Dies ist der wahre Grund, warum Mehrfachvererbung in C++ unabdingbar erforderlich ist, wenn man Polymorphismus wirklich mit allen Konsequenzen ermöglichen will.

Instantiierung von Arry für Base*

Prinzipiell kann unsere generische Containerklasse für jeden beliebigen Datentyp instantiiert werden. Eine Instantiierung für Base* wäre theoretisch möglich, aber nicht brauchbar.

Der Grund ist, daß Arry zur Speicherung von Objekten (und nicht zum Speichern von Zeigern auf Objekte) entworfen wurde. Schreibt man z.B.

```
arry[ 3 ] = new A;
```

muß man sich überlegen, was passieren soll, falls an Index 3 bereits ein Zeiger auf ein Objekt gespeichert ist. Einfaches Überschreiben des Zeigers mit dem neuen Wert ist keine Lösung, denn das ursprüngliche Objekt kann dann nicht mehr referenziert werden. Wir kommen im nächsten Kapitel detailliert auf die Unterschiede zwischen dem *Speichern von Objekten* und dem *Speichern von Zeigern auf Objekte* zurück.

22.6 Zusamenfassung

In diesem Kapitel haben wir eines der mächtigsten Sprachmittel objektorientierter Sprachen vorgestellt. Wie immer muß man sich auch hier vorher gut überlegen, für welche Zwecke man es sinnvoll einsetzt. Poymorphismus, falsch eingesetzt, führt sehr schnell zu unverständlichen Programmen, deren Funktion niemand mehr nachvollziehen kann.

Wir haben Polymorphismus konkret für die Lösung eines Teilproblems bei heterogenen Containern verwendet. Generell kann man sagen, daß sich Polymorphismus immer dann eignet, wenn mehrere Klassen dem gleichen Protokoll unterworfen sind, d.h. wenn sie die gleiche Schnittstelle nach außen haben. Alle Objekte dieser Klassen werden gleich behandelt, d.h. es werden immer die gleichen Funktionen aufgerufen, obwohl diese Funktionen für jede Klasse unterschiedlich implementiert sein können. Weitere Beispiele hierfür sind ein Graphikprogramm, das unterschiedliche Figuren bearbeitet, ein Mailboxsystem, das unterschiedliche Nachrichten bearbeitet, oder ein Programm für eine graphische Benutzeroberfläche, das unterschiedliche Anzeigeelemente verwaltet[38].

Heterogene Container werden zur Lösung vieler Aufgabenstellungen benötigt. Im nächsten Kapitel stellen wir eine professionelle Implementierung einer solchen Klasse vor.

---

38 Wenn Sie jetzt an Windows denken, liegen Sie nicht falsch. Windows selber ist objektorientiert entworfen, jedoch steht nur eine konventionelle C-Schnittstelle zur Verfügung. Es gibt Bibliotheken, die Klassen für die Windows-Objekte definieren und damit einen wirklich objektorientierte Windows-Programmierung erlauben. Die Programmierung eines bestimmten Systems (wie z.B. Windows) ist jedoch nicht Gegenstand dieses Buches.

23 Projekt Heterogener Container

23.1 Die Aufgabe

In diesem Kapitel befassen wir uns mit einer Klasse, die Objekte unterschiedlicher Klassen verwalten kann. Container, die wie unsere generische Feldklasse nur Objekte eines einzigen (aber beliebigen) Datentyps speichern können, sind für polymorphe Programme in der Regel nicht geeignet, da ja polymorphe Programme gerade mit Objekten unterschiedlichen Klassen arbeiten.

Wie für "normale" Container sind auch für heterogene Container unterschiedliche Implementierungen möglich. Die beiden bekanntesten sind das dynamische Feld und die lineare Liste. In der Praxis hat sich gezeigt, daß dynamische Felder linearen Listen in allen Bereichen überlegen sind[39]. Wir verwenden deshalb auch für unseren heterogenen Container als Implementierungsdatenstruktur ein dynamisches Feld[40].

23.2 Zeiger auf Objekte und die Folgen

Eine zentrale Eigenschaft unseres heterogenen Containers ist, daß er nicht die Objekte selber, sondern Zeiger auf Objekte speichert. Die Objekte selber können nicht direkt gespeichert werden, da sie potentiell unterschiedliche Größen haben, ein Feld jedoch definitionsgemäß eine Anzahl gleicher Strukturen ist. Man verwendet deshalb den "kleinsten gemeinsamen Nenner", also Zeiger, die ja für jeden Datentyp die gleiche Größe haben.

---

39 Dies ändert sich bei *sehr* großen Containern, zumindest unter MSDOS. Dort macht sich der Effekt bemerkbar, daß für das Feld ein zusammenhängender Speicherblock benötigt wird. Bei vielen Einträgen wird der Block entsprechend groß. Problematisch kann dann außerdem das Einfügen oder Entfernen eines neuen Eintrages sein, da der gesamte Block umgespeichert werden muß. Dies ist nicht wegen der Rechenzeit (memmoves sind schnell), sondern wegen der Tatsache, daß kurzfristig der doppelte Speicherplatz gebraucht wird, ungünstig. Lineare Listen haben dieses Problem nicht, da sie vom Prinzip her fragmentiert sind.

40 Man sagt auch, daß das dynamische Feld die *Implementierungsdatenstruktur* für den Container ist.

Wir definieren eine Basisklasse CntBase, von der die Klassen der zu verwalteten Objekte abgeleitet werden müssen. Als Datenstruktur für unser Feld verwenden wir nicht void*, sondern Zeiger auf CntBase. Dies ist erforderlich, da wir für einige Funktionen late binding benötigen, diese Funktionen werden in CntBase dann abstrakt deklariert.

Die Tatsache, daß die neue Containerklasse Zeiger auf Objekte und nicht die Objekte selber speichert, hat einige Konsequenzen.

23.2.1 Destruktoren für verwaltete Objekte

Bild 23.1 zeigt einen Container mit einem A- und zwei B-Objekten.

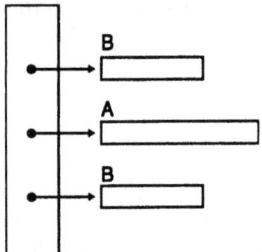

Bild 23.1: Container und verwaltete Objekte

Was soll passieren, wenn das Containerobjekt (im folgenden einfach "Container" genannt) zerstört wird?

Im folgenden Beispiel soll Container eine Containerklasse sein:

```
void f() {
  Container cnt;
  /* ... Arbeit mit dem Container ... */
}
```

Der Container cnt ist eine lokale Variable und verliert daher bei Beendigung der Funktion f seine Gültigkeit, d.h. der Speicherplatz des Feldes wird wieder freigegeben. Nun gibt es aber keine Zeiger auf die verwalteten Objekte mehr - sie können nicht mehr freigegeben werden und bleiben als Speicherleichen übrig[41]. Passiert so etwas öfter, hat man schnell keinen freien Speicher mehr.

Die Lösung ist klar: Der Destruktor der Containerklasse darf nicht nur den Speicher des dynamischen Feldes zurückgeben, sondern muß vorher alle verwalteten Objekte zerstören. Folgendes Programmsegment ist typisch für den Destruktor einer Containerklasse:

```
//---------------------------------------------------------------
//      Container Destruktor
//
```

---

[41] Im anglo-amerikanischen spricht man treffend von einem *memory leak* (deutsch etwa "undichter Speicher" oder "Speicherloch").

23.2 Zeiger auf Objekte und die Folgen

```
Container::~Container() {
  int nent = getNENT(); // Anzahl der Objekte im Container
  //-- zuerst die verwalteten Objekte
  for ( int i=0; i<nent; i++ )
    delete p[ i ];
  //-- dann das Feld selber
  delete p;
}
```

Beachten Sie bitte, daß für den Destruktor der verwalteten Objekte late binding verwendet werden *muß*.

Man erreicht dies, indem man in der Basisklasse CntBase einen virtuellen Destruktor vorsieht.

```
class CntBase {
public:
  //-- Destruktor kann nicht abstrakt deklariert werden, da er
  //   von Destruktoren der Ableitungen automatisch aufgerufen wird.
  //   Destruktor ist aber leer.
  virtual ~CntBase();

  /* ... weitere Mitglieder CntBase ... */
};
```

Der Destruktor ist also die erste Funktion, für die eine Vorgabe in der Basisklasse CntBase gemacht werden muß. Beachten Sie bitte, daß der Destruktor niemals abstrakt sein kann, da er ja von den Ableitungen von CntBase automatisch aufgerufen wird. Er muß auf jeden Fall in der Basisklasse implementiert werden, obwohl er in der Basisklasse noch leer ist:

```
//-- Destruktor muß implementiert werden (kann nicht abstrakt sein)
inline CntBase::~CntBase() {}
```

Wichtig ist hierbei ausschließlich, daß der Destruktor virtuell deklariert wird, denn damit sind auch automatisch die Destruktoren aller Ableitungen virtuell.

23.2.2 Die Eigentümerfrage

Wird ein Container zerstört, müssen automatisch die verwalteten Objekte mit zerstört werden. Dies kann zu Problemen führen, wenn außerhalb des Containers weitere Zeiger auf verwaltete Objekte existieren.

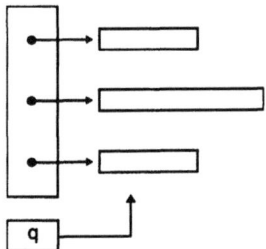

Bild 23.2: Ein weiterer Zeiger auf ein verwaltetes Objekt

Zwei Situationen sind häufig:

❑ Das A-Objekt wird über Zeiger q explizit zerstört, ohne daß der Container davon benachrichtigt wird. Wird später der Destruktor des Containers aufgerufen, wird für das bereits zerstörte Objekt erneut der Destruktor aufgerufen. Dies führt zu in der Regel zu unerwarteten Ergebnissen bis hin zum Programmabsturz. Die mehrfache Anwendung des delete-Operators auf einen Zeiger ist in C++ nicht zulässig.

❑ Das über q referenzierte Objekt wird zerstört, weil der Container selber zerstört wird. Das Anwendungsprogramm greift jedoch über q weiterhin zu. Der Zugriff auf ein mittels Destruktor zerstörtes Objekt ist jedoch unzulässig und führt zu unvorhersehbaren Ergebnissen.

Die einfachste Lösung für beide Probleme besteht in der Einführung eines *Eigentümerverhältnisses*, das sich in den folgenden drei Regeln ausdrückt[42]:

❑ Zu jeder Zeit gibt es genau einen Eigentümer eines Objekts.

❑ Das Eigentum kann von einer Programminstanz an eine andere übertragen werden.

❑ Der Eigentümer eines Objekts ist zuständig für die Integrität des Objekts. Darunter fällt auch die Verantwortung zur Zerstörung, um Speicherleichen zu vermeiden.

Es ist weiterhin nicht verboten, daß mehrere Zeiger auf das gleiche Objekt verweisen, jedoch kann nur über einen die Eigentümerfunktion ausgeübt werden.

---

42 Eine andere Möglichkeit, das Problem in den Griff zu bekommen, ist das sogenannte *Reference Counting*. Dabei wird in jedem Objekt ein Zähler mitgeführt, der die Anzahl der gerade auf dieses Objekt verweisenden Zeiger enthält. Ein Objekt darf erst gelöscht werden, wenn alle Zeiger darauf abgebaut wurden. Die korrekte Führung des Zählers ist für das Funktionieren dieser Technik essentiell. Die manuelle Führung des Zählers ist nicht akzeptabel, weil zu fehleranfällig. Es gibt jedoch fortgeschrittene Programmiertechniken, die den Referenzzähler vollautomatisch korrekt halten und darüber hinaus ein Objekt automatisch zerstören, wenn kein Zeiger mehr darauf verweist. Diese uns andere Techniken der Speicherverwaltung in C++ müssen einem Nachfolgebuch vorbehalten bleiben.

23.2 Zeiger auf Objekte und die Folgen

Die Eigentumsregeln im Zusammenhang mit Containern liegen auf der Hand: Wird ein Objekt in einen Container eingefügt, geht das Eigentum vom Programm an den Container über. Das Programm darf das Objekt nun nicht mehr zerstören oder verändern. Erst wenn das Objekt wieder aus dem Container entfernt wird, geht die Verantwortung wieder auf das Programm über.

Diese Zeitpunkte des Eigentumübergangs sind besonders wichtig. Funktionen der Containerklasse, in denen ein solcher Übergang stattfindet, sollten entsprechend dokumentiert werden:

```
class Container {

public:

  //-- append fügt das übergebene Objekt als letztes in den Container ein.
  //   Das Feld wird um einen Eintrag vergrößert. Das Eigentum geht an den
  //   Container über

  bool append( CntBase * );

  //-- remove entfernt das Objekt mit Index i aus dem Container und liefert
  //   einen Zeiger darauf zurück. Das Feld wird um einen Eintrag
  //   verkleinert. Das Eigentum geht an den Aufrufer zurück

  CntBase *remove( int i );

  //-- operator [] liefert einen Zeiger auf das bezeichnete Objekt.
  //   Der Container bleibt Eigentümer

  const CntBase *&operator[] ( int ) const;

  /* ... weitere Mitglieder von Container ... */
};
```

Ein Container kann Zeiger auf die Objekte in seinem Eigentumsbereich an das Anwendungsprogramm liefern. Das Programm kann über diese Verweise Informationen über die gespeicherten Objekte erhalten, verändern darf es die Objekte jedoch nicht. Man erreicht dies durch eine const-Deklaration:

```
  //-- operator [] liefert einen Zeiger auf das bezeichnete Objekt.
  //   Der Container bleibt Eigentümer

  const CntBase *&operator[] ( int ) const;
```

In diesem Beispiel gibt operator [] Zeiger auf verwaltete Objekte zurück. Durch die const-Deklaration sind die Verwendungsmöglichkeiten allerdings beschränkt: So können z.B. (öffentliche) Mitgliedsvariablen nur gelesen, nicht aber verändert werden, und es dürfen nur konstante Mitgliedsfunktionen aufgerufen werden.

Die Zuweisung des gelieferten Zeigers an einen nicht-konstanten Zeiger ist nicht erlaubt:

```
Container cnt;
/* ... Besetzen von cnt ... */
const CntBase* cp = cnt[ 2 ];    // erlaubt
      CntBase *p  = cnt[ 3 ];    // <- FEHLER!/.
}
```

Die const-Deklaration ist also ein gutes Mittel, die Einhaltung der Eigentümerregelung zu gewährleisten.

23.2.3 Besonderheiten des Operator []

Wie üblich sollen Elemente des Feldes durch operator[] auch besetzt werden können, d.h. der Operator soll auch als lvalue[43] auftreten können.

```
Container cnt;
/* ... Arbeit mit cnt ... */

cnt[ 3 ] = new A;
```

In dieser Anweisung soll ein Objekt an Position 3 im Feld gespeichert werden. Man muß sich nun überlegen, was mit dem vorher an dieser Position befindlichen Objekt geschehen soll. Die Antwort folgt aus den Eigentümerregeln: Da der Container der Eigentümer ist, muß er das Objekt zerstören. Offensichtlich soll seine Stelle durch ein neues Objekt eingenommen werden. Die Implementierung des Operators müßte daher etwa folgendermaßen aussehen:

```
//----------------------------------------------------------------
//         Container :: operator []
//
const CntBase *&Container::operator[] ( int index ) const {

   //-- Implementierung des Operators [], wenn dieser als lvalue
   //   verwendet wird

   //-- Schritt 1 : Gültigkeitsprüfung index

   if ( !isValidIndex( index ) ) {
      static CntBase *buf = NULL;
      return buf;
   }

   //-- Schritt 2 : Freigeben Objekt an Position index (falls vorhanden)

   delete p[ index ];

   //-- Schritt 3 : Zurückliefern einer Referenz auf Feldelement index

   return p[ index ];
}
```

Leider ist die Sache nicht ganz so einfach. Tritt der Operator nämlich als rvalue[44] auf, darf das Objekt natürlich nicht zerstört werden:

```
CntBase *p = cnt[ 3 ];
```

Hier soll operator[] nur einen Zeiger auf das Objekt an Position 3 liefern. Die entsprechende Implementierung müßte etwa folgendermaßen aussehen:

```
//----------------------------------------------------------------
//         Container :: operator []
//
const CntBase *&Container::operator[] ( int index ) const {

   //-- Implementierung des Operators [], wenn dieser als rvalue
   //   verwendet wird
```

---

43   D.h. vereinfacht auf der linken Seite einer Zuweisung.
44   D.h. vereinfacht auf der rechten Seite einer Zuweisung.

23.2 Zeiger auf Objekte und die Folgen

```
//-- Schritt 1 : Gültigkeitsprüfung index
if ( !isValidIndex( index ) ) {
   static CntBase *buf = NULL;
   return buf;
}
//-- Schritt 3 : Zurückliefern einer Referenz auf Feldelement index
return p[ index ];
}
```

Was man also braucht, ist eine Möglichkeit, beim Aufruf eines Operators zwischen rvalue und lvalue unterscheiden zu können. Je nach dem, ob der Operator auf der linken oder rechten Seite einer Zuweisung auftritt, sollen unterschiedliche Operatorfunktionen aufgerufen werden. Leider läßt dies die C++ Syntax nicht zu. Man kann sich jedoch mit einem eleganten Trick behelfen, über den man dennoch zum gewünschten Ergebnis kommt.

Die Stellvertretertechnik

Die Stellvertretertechnik ist ein Mittel, um die Ausführung einer Operation so lange zu verzögern, bis der Kontext feststeht. Die Technik wird deswegen auch *deferred evaluation* (deutsch etwa "verzögerte Abarbeitung") genannt. In unserem Fall ist die Operation der Feldzugriff, und dieser wird verzögert, bis der Aufrufkontext (also rvalue oder lvalue) feststeht. Die Bestimmung des Kontexts (und damit auch der eigentliche Feldzugriff) erfolgt in einem Objekt einer Zwischenklasse.

Die Klasse Access

Man definiert z.B. eine Zwischenklasse Access wie folgt:

```
class Access {
public:
   operator const CntBase*() const;
   CntBase* &operator = ( const CntBase* & );
};
```

Wichtig sind hier die beiden Operatorfunktionen const CntBase* und operator =. Ist a ein Access-Objekt, wird in der Anweisung

```
const CntBase *p = a;
```

der Operator CntBase* der Klasse Access verwendet, schreibt man dagegen

```
a = p;
```

wird der Zuweisungsoperator aufgerufen.

Man deklariert nun operator [] der Containerklasse so, daß er ein Access-Objekt zurückliefert.

```
class Container {

public:

    //-- operator [] liefert eine Referenz auf Objektzeiger an Index.
    //   Kontextunterscheidung mit Mittlerobjekt:
    //     rvalue: Der Container bleibt Eigentümer. Für ein leeres
    //       Element wird Referenz auf NoData-Objektzeiger geliefert.
    //     lvalue: Vorher gespeichertes Objekt wird zerstört, bevor
    //       neues Objekt dort gespeichert wird.

    Access operator[] ( int );

    /* ... weitere Mitglieder Container ... */

};
```

Ist cnt ein Container-Objekt, wird in der Anweisung
```
    const CntBase *p = cnt[ 1 ];
```

für das von operator [] gelieferte Access-Objekt der Operator CntBase* aufgerufen, während in der Anweisung

```
    cnt[ 1 ] = p;
```
für Access der Zuweisungsoperator gerufen wird.

Beachten Sie bitte, daß der von operator [] in einem rvalue-Kontext zurückgelieferte Zeiger als const CntBase* deklariert ist, d.h. über diesen Zeiger kann das referenzierte Objekt nicht verändert werden. Eine Anweisung wie

```
    CntBase *p = cnt[ 1 ];   // <- FEHLER!
```

ist verboten.

Nun hat man eine Unterscheidungsmöglichkeit zwischen einem Aufruf des operator [] als lvalue oder als rvalue, allerdings nicht im Operator selber, sondern in der Hilfsklasse Access. Das gelieferte Access-Objekt muß daher alle notwendigen Daten erhalten, um die Aufgaben, die sonst der Operator [] durchführen müßte, zu erledigen.

Wir speichern im Access-Objekt deshalb eine Referenz auf den Container sowie den gewünschten Index:

```
class Access {

public:

    //-- Konstruktor erhält Referenz auf den Container und Index.
    Access( Container&, int );

    /* ... Operatorfunktionen const CntBase* und = ... */

private:

    Container &c;
    int i;

};
```

23.2 Zeiger auf Objekte und die Folgen

Der Konstruktor ist trivial:

```
Access::Access( Container &cIn, int iIn )
  : c( cIn ), i( iIn ) {}
```

Der Operator [] der Containerklasse führt nun keine eigenen Aktionen mehr aus, sondern delegiert die notwendigen Arbeiten an Access:

```
Access Container::operator[] ( int index ) {
  return Access( *this, index );
}
```

Nun kommen wir zum interessanten Teil der Mittlertechnik. Fall 1: Operator = wird in einem lvalue-Kontext aufgerufen. In diesem Fall muß das Objekt an Position index zuerst gelöscht werden, bevor die Referenz zurückgegeben wird:

```
Access &Access::operator = ( CntBase* &arg ) {
  if ( !c.isValidIndex( i ) )
    return *this;

  delete c.p[ i ];
  c.p[ i ] = arg;
  return *this;
}
```

Fall 2: Operator CntBase* wird in einem rvalue-Kontext aufgerufen. Hier ist (außer der Indexprüfung) nichts weiter zu tun:

```
Access::operator const CntBase*() const {

  if ( !c.isValidIndex( i ) )
    return Container::noDataPtr;

  return c.p[ i ];
}
```

Beachten Sie bitte, daß Operator = zwar eine Prüfung des Index' durchführt, den Aufrufer jedoch von einem ungültigen Index nicht in Kenntnis setzen kann. Die Operation wird dann einfach ignoriert. Operator const CntBase* liefert dagegen eine Referenz auf einen Zeiger auf ein NoData-Objekt (s.u.).

Ein Problem ist noch die Verwendung des Operators [] in einem *Dereferenzierungskontext*, etwa wie in der folgenden Anweisung:

```
CntBase* q = cnt[ 1 ]-> clone();
```

Diese Anweisung produziert eine Fehlermeldung, weil das von Operator [] gelieferte Access-Objekt nicht zur Dereferenzierung verwendet werden kann. Die automatische Wandlung von Access zu CntBase* findet in einem Dereferenzierungskontext nicht statt. Man kann die Wandlung explizit notieren, etwa wie in dieser Anweisung:

```
CntBase* q = ((const CntBase*)cnt[ 1 ])-> clone();
```

Die bessere Lösung ist jedoch die Verlagerung der Typwandlung in den Operator ->. Man möchte ja erreichen, daß für den Operator [] in einem Dereferenzierungskontext die Wandlung zu einem CntBase* stattfindet.

Also implementieren wir den Operator -> der Klasse Access entsprechend:

```
const CntBase* Access::operator -> () {
  return (const CntBase*)c[i];
}
```

Damit ist auch dieses Problem gelöst.

Der Operator [] für konstante Objekte

Wird der Operator [] auf ein konstantes Objekt angewendet, kann er nur als rvalue auftreten:

```
void f( const Container &cnt ) {
  const CntBase *p = cnt[ 3 ]; // Verwendung der const-Version
}
```

Die Unterscheidung des Aufrufkontextes ist daher für die const-Version nicht erforderlich. Die const-Version des Operators [] kann direkt eine Referenz auf ein CntBase* zurückgeben:

```
class Container {

public:

  //-- Version für konstante Objekte, die ja nur als rvalue
  //   auftreten können. Umweg über Mittlerobjekt deshalb
  //   nicht erforderlich. Für ein leeres Objekt wird Referenz
  //   auf NoData-Objektzeiger geliefert.
  const CntBase *&operator[] ( int ) const;

  /* ... weitere Mitglieder Container ... */

};
```

Die Implementierung ist trivial:

```
const CntBase *&Container::operator[] ( int index ) const {

  if ( !isValidIndex( index ) )
    return noDataPtr;

  return p[ index ];
}
```

Access als lokale Klasse

Objekte der Klasse Access werden ausschließlich von Mitgliedsfunktionen der Containerklasse verwendet. Access ist keine Klasse, von der ein Benutzer Objekte erzeugen soll.

23.2 Zeiger auf Objekte und die Folgen

Wir verhindern die unerwünschte Erzeugung von Access-Objekten durch die Deklaration des Konstruktors als privat in Verbindung mit einer Freund-Deklaration:

```
class Access {
public:
   /* ... Operatorfunktionen const CntBase* und = ... */
private:
   //-- Konstruktor erhält Referenz auf den Container und Index.
   Access( Container&, int );
   /* ... weitere Mitglieder Access ... */
   //-- Nur Container darf Access-Objekte erzeugen
   friend Container;
};
```

Nun kann ausschließlich die Containerklasse Access-Objekte erzeugen.

Ein Problem in größeren Programmen ist die Wahl von globalen Namen, wozu auch die Namen von Klassen gehören. Bezeichner wie "Access" könnten z.B. für mehrere Klassen, die Mittlerobjekte benötigen, definiert worden sein. Insbesondere wenn man mehrere Bibliotheken unterschiedlicher Hersteller in einem Programm verwenden möchte, steigt die Wahrscheinlichkeit für Namenskonflike.

Die einfachste Möglichkeit, das Problem zu vermeiden, ist die Wahl geeigneter (langer) Namen. Jeder kennt die daraus resultierenden Wortungetüme in C. In C++ hat man dazu eine Alternative: Man kann sogenannte *lokale Klassen* definieren. Dabei wird innerhalb einer Klasse eine weitere Klasse definiert. Da eine Klasse ein eigener Gültigkeitsbereich ist, bleibt der Gültigkeitsbereich der inneren Klasse auf den Gültigkeitsbereich der äußeren Klasse beschränkt. Dies ist in etwa vergleichbar mit lokalen Variablen in Funktionen: ihr Gültigkeitsbereich ist die umschließende Funktion.

Im folgenden Listing ist Access als lokale Klasse zu Container definiert.

```
class Container {
   class Access {
     /* ... Mitglieder von Access ... */
   };
   /* ... Mitglieder von Container ... */
};
```

Ein Benutzer kann kein Access-Objekt erzeugen, da der Name "Access" außerhalb von Container nicht definiert ist.

Geschachtelte Klassendefinitionen haben allerdings einen großen Nachteil: Leider gibt es von Compiler zu Compiler einige Unterschiede, was geschachtelte Deklarationen anbetrifft, obwohl die Syntax eigentlich genau definiert ist. Möchte man portable Software schreiben, die auch noch auf älteren Compilrn übersetzt werden soll, sollte man (derzeit zumindest) auf geschachtelte Deklarationen verzichten.

Bewertung

Die Stellvertretertechnik ist eine elegante Möglichkeit, den Operator [] auch für heterogene Container so zu implementieren, daß er in seiner Bedeutung dem aus C bekannten Indexoperator möglichst nahe kommt. Die zentrale Eigenschaft hierbei ist wie gesagt, daß der Operator sowohl als lvalue- als auch als rvalue sowie in Dereferenzierungskontexten auftreten kann.

Allerdings hat diese Bequemlichkeit ihren Preis. Dieser liegt nicht so sehr im zusätzlichen Laufzeitbedarf, der durch die Erzeugung und Zerstörung des Mittlerobjekts bedingt ist, sondern vielmehr in der Beschränkung der Anwendungsmöglichkeiten. Man kann Operator [] nur noch in den drei genannten Kontexten (lvalue, rvalue und Dereferenzierung) anwenden, denn nur dafür sind in Access Operatorfunktionen deklariert.

Hat man in einem Container z.B. nur X-Objekte gespeichert, möchte man etwas wie

```
for ( int i=0; i<cnt.getNENT(); i++ )
   ((X*)cnt[i]) -> f();    // <- FEHLER!
```

schreiben können. Die Typwandlung zu X* ist jedoch unzulässig, da Access kein Zeigertyp ist und auch keine Operatorfunktion X* vorhanden ist. Gerade dieser sogenannte *downcast* von der Basisklasse in Richtung der Originalklasse kommt jedoch bei der Arbeit mit Containern häufig vor (s.u.). Es wäre eine zu große Beschränkung, wenn der downcast nicht möglich wäre[45].

Hinzu kommt die Tatsache, daß man eine automatische Kontextunterscheidung in der Praxis eigentlich nie braucht. Ein Programmierer weiß immer, ob einen Ausdruck als lvalue oder als rvalue verwenden möchte. Es ist daher nicht erforderlich, diese Unterscheidung zur Laufzeit des Programms zu berechnen.

Effizienter und für den Progrgammierer zumutbar ist die Verwendung maßgeschneiderter Funktionen, die wir getObjektAt und storeObjectAt nennen wollen.

```
//-----------------------------------------------------------------
//        class Container
//
class Container {
```

---

[45] Selbstverständlich kann man zuerst in ein CntBase* und dann in ein String* wandeln, etwa wie in (String*)(CntBase*)cnt[i], jedoch ist diese Notation sehr umständlich.

23.2 Zeiger auf Objekte und die Folgen

```
public:

  //-- liefert Zeiger auf Objekt an Index. Container bleibt Eigentümer
  //   Ungültiger Index, ungültiges Objekt: Zeiger auf NoData-Objekt

  const CntBase *getObjectAt( int ) const;

  //-- speichert Zeiger auf Objekt an Index. Vorher an dieser Stelle
  //   befindliches Objekt wird gelöscht. Container wird Eigentümer
  //   Nullzeiger als Argument: noData wird gespeichert.
  //   Ungültiger Index, ungültiges Objekt: keine Aktion, FALSE zurück

  bool storeObjectAt( int, CntBase * );

  /* ... weitere Mitglieder Container ... */
};


//-------------------------------------------------------------------
//       Container:: getObjectAt
//
const CntBase *Container::getObjectAt( int index ) const {

  if ( !isValidIndex( index ) )
    return noDataPtr;

  return p[ index ];
}
//-------------------------------------------------------------------
//       Container:: getObjectAt
//
bool Container::storeObjectAt( int index, CntBase *arg ) {

  if ( !isValidIndex( index ) )
    return FALSE;

  delete p[ index ];
  p[ index ] = arg;
  return TRUE;
}
```

Auf die Bedeutung der Klasse NoData sowie die Mitgliedsvariablen noData und noDataPtr gehen wir im nächsten Abschnitt ein. Obige Schleife formuliert man:

```
for ( int i=0; i<cnt.getNENT(); i++ )
  ((X*)getObjectAt(i)) -> f();   // OK!
```

Aus Bequemlichkeitsgesichtspunkten belassen wir zusätzlich den Operator [] in seiner jetzigen Form in der Containerklasse.

23.2.4 Repräsentation eines nicht vorhandenen Objekts

Im Gegensatz z.B. zum Datentyp integer gibt es bei Zeigern einen definierten Wert, der "ungültig" repräsentiert, nämlich den Wert des Makros NULL. Grundsätzlich soll ein Zeiger, der einen Wert ungleich NULL hat, auf ein gültiges Objekt zeigen. Mit anderen Worten: Eine Anweisung wie

```
if ( p )
  p-> f( ... );
```

muß immer erlaubt sein (sofern das Objekt eine Mitgliedsfunktion f deklariert).

Umgekehrt bedeutet der Wert NULL, daß der Zeiger gerade nicht auf ein Objekt zeigt. Die Dereferenzierung eines Nullzeigers wird von C++ nicht verhindert, sondern der Programmierer muß explizit im Programm auf den Wert NULL abfragen.

Der Wert NULL eignet sich deshalb gut, um ein "leeres" Feldelement in unserem heterogenen Container zu repräsentieren. Allerdings muß man nun bei (nahezu) jeder Operation mit Feldelementen zusätzlich auf NULL prüfen, bevor man den Zeiger dereferenziert.

Die Sache wird zusätzlich kompliziert, wenn man mit Referenzen auf Feldelemente (in unserer Containerkasse ist dies nur Operator []) arbeitet. Welche Referenz soll Operator [] zurückgeben, wenn z.B. der Index ungültig ist? Man benötigt für solche Fälle eine spezielle CntBase* Variable, auf die eine Referenz zurückgegeben werden kann.

Die Klasse NoData

Eine solche Variable könnte z.B. als

```
class Container {
public:
   static CntBase* noDataPtr;
   /* ... weitere Mitglieder Container ... */
};
CntBase *Container::noDataPtr  = NULL;
```

deklariert und definiert werden. Folgendes Listing zeigt eine passende Implementierung des Access-Operators const CntBase*:

```
Access::operator const CntBase*() const {
  if ( !c.isValidIndex( i ) )
    return Container::noDataPtr;
  return c.p[ i ];
}
```

Probleme entstehen allerdings, wenn ein Anwender den Nullzeiger dereferenziert, etwa wie in dieser Anweisung:

```
cnt[ 1000 ]-> f();
```

vorausgesetzt, cnt hat keine 1000 Elemente.

Das Problem kann vermieden werden, wenn noDataPtr auf ein geeignetes Objekt zeigt. In diesem Fall würde die obige Anweisung zumindest keinen Programmabsturz bewirken.

Welche Klasse soll ein solches NoData-Objekt haben? CntBase selber kann nicht verwendet werden, da CntBase abstrakt ist und deshalb keine Objekte bilden kann. Man benötigt also eine Ableitung. Um nicht mit den "eigentlichen" zu speichernden Objekten in Konflikt zu geraten, definiert man eine eigene Klasse, von der nur die neuen noData-Objekte gebildet werden:

23.2 Zeiger auf Objekte und die Folgen

```
class NoData : public CntBase {
  //-- NoData-Objekte werden immer dann verwendet, wenn kein Nutzerobjekt
  //   zur Verfügung steht, jedoch eine Referenz auf ein Objekt benötigt
  //   wird. Beispiel: Operator []
  /* ... Mitglieder von NoData ... */
};
```

Die Containerklasse erhält ein statisches NoData Objekt sowie einen Zeiger darauf:

```
class Container {

public:

  //-- Das NoData-Objekt und die zugehörige Zeigervariable, auf
  //   die eine Referenz zurückgegeben wird

   static NoData noData;
   static CntBase* noDataPtr;

  /* ... weitere Mitglieder Container ... */

};

NoData Container::noData;
CntBase* Container::noDataPtr = &noData;
```

Vorsicht bei der Anwendung

Die Definition eines gesonderten Objekts mit der Bedeutung "keine/ungültige Daten" löst das Problem, wenn man eine Referenz auf ein Objekt zurückgeben muß, jedoch kein Objekt aus dem Container in Frage kommt. In den meisten Fällen wird dadurch die Programmierung sicherer, weil die Notwendigkeit von Nullzeigern entfallen kann. Man muß nun jedoch bei der Benutzung des Containers beachten, daß man nicht unbedingt das Objekt zurückerhält, das man vermeintlich gespeichert hat.

Folgendes Listing zeigt die Problematik:

```
cnt[ 1000 ] = new A;

A *a = (A*) cnt[ 1000 ];   // <- kann problematisch sein
```

Enthält cnt weniger als 1000 Elemente, erhält man statt des erwarteten A-Objekts ein NoData-Objekt zurück. Dies ist dann problematisch, wenn man den Zeiger auf A* zurückwandeln möchte. Eine solche Konstruktion führt in der Regel zum Absturz des Programms. Wir werden später mit dem *Run Time Type System* eine Lösung für dieses Problems vorstellen.

Leere Feldelemente

NoData-Objekte eignen sich hervorragend zur Repräsentation "leerer" Feldelemente. Ist es z.B. erforderlich, aus einem Container einzelne Objekte zu löschen, kann man die entstehenden Lücken entweder sofort zusammenschieben oder aber zunächst mit einem Füllobjekt besetzen. Die zweite Lösung hat den Vorteil, daß die relativen Positionen aller anderen Objekte erhalten bleiben, wenn ein Objekt aus dem Container entfernt wird.

Folgendes Bild zeigt das gewünschte Ergebnis, wenn das zweite Feldelement aus cnt entfernt wird:

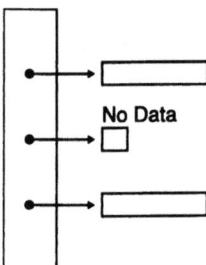

Bild 23.3: Container nach Entfernen des zweiten Elements

Folgendes Listing zeigt eine Funktion remove, die ein Feldelement entfernt:

```
class Container {

public:

    //-- remove entfernt das Objekt index aus dem Container und liefert
    //   einen Zeiger darauf zurück. Das Feld wird nicht verkleinert,
    //   sondern das Element bleibt leer. Ist Element bereits leer,
    //   wird ein noData-Objekt geliefert
    //   Das Eigentum geht an den Aufrufer zurück

    CntBase *remove( int index );

    /* ... weitere Mitglieder Container ... */

};
//---------------------------------------------------------------------
//      Container :: remove
//
CntBase *Container::remove( int index ) {
    if ( !isValidIndex( index ) )
        return new NoData;

    CntBase *q = p[ index ];
    p[ index ] = new NoData;
    return q;
}
```

Beachten Sie bitte, daß ein zurückgeliefertes Objekt in das Eigentum des Aufrufers übergeht, d.h. der Aufrufer wird ein solches Objekt irgendwann zerstören. Wenn ein NoData-Objekt geliefert werden muß, ist daher eine neue Instanz erforderlich.

23.2.5 Der Operator const char*

Der Operator const char* muß eine Stringrepräsentation des Containers erzeugen. Dazu müssen Stringrepräsentationen aller verwalteten Objekte erzeugt und zu einem einzigen String verkettet werden. Der Operator wird also in etwa folgendermaßen formuliert:

```
class Container {
public:
  //-- liefert eine Stringdarstellung des Feldes (d.h. alle Objekte)
  //   in einem statischen Puffer
  operator const char *() const;
  /* ... weitere Mitglieder Container ... */
};
//-----------------------------------------------------------------
//        Container :: operator const char *
//
Container::operator const char* () const {
  static String serBuf;
  serBuf = "[ ";

  for ( int i=0; i<nent; i++ )
    serBuf << (C7CONST char*)p[i] << " ";

  serBuf << " ]";
  return serBuf;
}
```

Die wichtigste Anweisung ist hier der Aufruf des Operators const char* für die verwalteten Objekte. Hier haben wir (nach dem Destruktor) einen weiteren Fall, für den late binding notwendig ist: Alle verwalteten Objekte besitzen einen Operator const char*, jedoch wird er in jeder Klasse anders implementiert sein.

Wir erreichen late binding auf dem üblichen Wege: Der Operator wird in der Basisklasse abstrakt deklariert:

```
class CntBase {
public:
  //-- Operator muß eine Darstellung des Objekts in einem
  //   nullterminierten Speicherbereich (String) erstellen.
  virtual operator C7CONST char*() const = 0;
  /* ... weitere Mitglieder CntBase ... */
};
```

Hier ist eine Kuriosität bei C7 zu beachten. Dort kann nämlich der Operator nicht wie eigentlich notwendig deklariert werden. Der Compiler akzeptiert die Konstruktionen

```
virtual operator char* ();
```

bzw.

```
operator const char* ();
```

nicht jedoch

```
virtual operator const char* ();
```

obwohl dies laut Sprachdefinition eindeutig zulässig ist.

Da die Deklaration als virtuell unbedingt erforderlich ist, müssen wir bei C7 auf das const verzichten. Um die Unterscheidung bequem treffen zu können, wird das Symbol C7CONST an zentraler Stelle definiert, wenn nicht unter C7 übersetzt wird. Das Symbol C7 wird explizit in allen Projektdateien dieses Buches für C7 gesetzt.

```
//-- C7 hat einen Compilerfehler. Bei Operatorfunktionen ist
//   const nicht zusammen mit virtual möglich! Daher bei C7 ohne const.
#ifdef C7
#define C7CONST
#else
#define C7CONST const
#endif
```

23.2.6 Kopieren von Containern

In professionellen Programmen kommt es oft vor, daß man einen Container kopieren muß. Eine solche Duplizierung kann sowohl bei der Zuweisung als auch bei der Initialisierung eines Containers vorkommen. Folgendes Listing zeigt zwei Beispiele:

```
Container cnt;

/* ... Besetzen von cnt ... */

Container cnt2 = cnt;  // Kopie des Containers cnt herstellen

/* ... Arbeit mit cnt2 ...*/

Container cnt3;
cnt3 = cnt2;           // dito
```

Zuweisungsoperator und Kopierkonstruktor sind daher die beiden Funktionen, in denen die Kopieroperation implementiert werden muß.

Tiefe und flache Kopie

Aus den Eigentümerregeln folgt, daß ein Objekt nicht von mehreren Containern gleichzeitig verwaltet werden kann. Es ist daher erforderlich, daß der neue Container Kopien der Objekte erhält. Allgemein spricht man von einer *tiefen Kopie* (*deep copy*), wenn bei der Kopie eines Objekts auch alle von ihm verwalteten anderen Objekte[46] kopiert werden. Werden dagegen die abhängigen Objekte nicht ebenfalls dupliziert, spricht man von einer *flachen Kopie* (*shallow copy*).

Folgende Bilder zeigen einen Container nach einer tiefen bzw. flachen Kopie:

---

[46] Im weiteren Sinne ist in diesem Zusammenhang auch ein Speicherbereich ein Objekt. Um den Aliaseffekt z.B. beim Duplizieren eines String-Objekts zu vermeiden, haben wir eine tiefe Kopie erzeugt, d.h. den verwalteten Speicher ebenfalls kopiert.

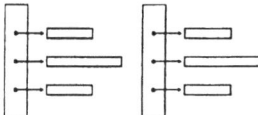

Bild 23.4: Tiefe Kopie eines Containers

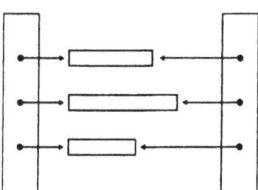

Bild 23.5: Flache Kopie eines Containers

Aus den Eigentümerregeln folgt, daß bei Containern eigentlich immer eine tiefe Kopie erforderlich ist. Wie kann der Container nun eine Kopie der von ihm verwalteten Objekte erzeugen, wenn er deren Typ nicht kennt? Im Prinzip ist dies genau die Aufgabenstellung, zu deren Lösung normalerweise bate binding verwendet wird.

Das Problem der virtuellen Konstruktoren

Man müßte also die Konstruktoren virtuell machen, einen abstrakten Konstruktor in der Basisklasse CntBase vorsehen etc. Leider funktioniert dies nicht, denn Konstruktoren können in C++ nicht virtuell sein. Dies ist einsichtig, wenn man sich klar macht, daß bei late binding ja der Typ eines Objekts zur Unterscheidung von Funktionen verwendet wird. Ein Objekt muß aber irgendwann einmal in seiner Existenz einen Typ erhalten, und das ist in C++ bereits im Konstruktor. Daraus folgen drei Punkte:

- ❏ In C++ gibt es keine Objekte ohne wohldefinierten Typ.
- ❏ Der Typ eines Objekts kann in C++ nicht während der Laufzeit geändert werden (denn für ein existierendes Objekt kann kein Konstruktor mehr aufgerufen werden).
- ❏ In C++ können Konstruktoren nicht virtuell sein (da es vor ihrem Aufruf noch kein Objekt und somit noch keine Typinformation für late binding gibt).

Die Funktion clone

Man kann jedoch late binding für den Kopierkonstruktor (und um den geht es hier ausschließlich) über eine Zwischenfunktion erreichen. Traditionell heißt diese Zwischenfunktion clone und hat die Aufgabe, eine Kopie des eigenen Objekts auf dem Heap zu erstellen und einen Zeiger darauf zurückzuliefern.

Für eine beliebige Klasse x könnte clone als

```
class X {
public:
   X( const X & );    // Kopierkonstruktor
   X *clone() const;
   /* ... weitere Mitglieder von X ... */
};
```

deklariert und als

```
inline X *X::clone() const {
   return new X( *this );
}
```

implementiert werden, vorausgesetzt die Klasse x besitzt einen Kopierkonstruktor.

Wir benötigen allerdings late binding, so daß eine abstrakte Funktion clone in CntBase deklariert werden muß:

```
class CntBase {
public:
   //-- clone muß eine Kopie des eigenen Objekts auf dem Heap erzeugen
   //   und einen Zeiger darauf zurückliefern.
   virtual CntBase *clone() const = 0;
   /* ... weitere Mitglieder CntBase ... */
};
```

Die Ableitungen müssen natürlich clone ebenfalls exakt so deklarieren, weswegen clone grundsätzlich mit einem Ergebnisdatentyp "Zeiger auf Basisklasse" deklariert wird. In diesem Kapitel muß clone also für alle Klassen, die von CntBase abgeleitet werden, als

```
virtual CntBase *clone() const;
```

deklariert werden.

Kopierkonstruktor und Zuweisungsoperator

Mit Hilfe von clone wird das vollständige Kopieren eines Containers nun relativ einfach. Folgendes Listing zeigt die prinzipielle Lösung am Beispiel des Kopierkonstruktors:

23.2 Zeiger auf Objekte und die Folgen

```
//-------------------------------------------------------------
//      Container :: Kopierkonstruktor
//
Container::Container( const Container &arg ) {

  //-- von jedem der von arg verwalteten Objekte muß eine Kopie
  //   erzeugt werden

  if ( !assureNENT( arg.getNENT() ) )

    //-- nicht ausreichend Speicher für alle Elemente von arg.
    return;

  for ( int i=0; i<nent; i++ )
    p[i] = arg.p[i]-> clone();
}
```

Wie in allen Beispielen bis jetzt lassen wir auch hier zunächst die Frage der Gültigkeit von Objekten unberücksichtigt.

Bei der Implementierung des Zuweisungsoperators muß man beachten, daß das Feld, in das kopiert werden soll, evtl. bereits Objekte verwaltet. Diese müssen vorher korrekt zerstört werden. Man erreicht dies in einfacher Weise durch den Operator [] auf der linken Seite der Zuweisung:

```
//-------------------------------------------------------------
//      Container :: operator []
//
Container &Container::operator = ( const Container &arg ) {

  if ( this == &arg )
    //-- Kopie auf sich selber kann ignoriert werden
    return *this;

  //-- von jedem der von arg verwalteten Objekte muß eine Kopie
  //   erzeugt werden

  if ( !assureNENT( arg.getNENT() ) )
    //-- nicht ausreichend Speicher für nent Elemente
    return *this;

  for ( int i=0; i<nent; i++ )

    //-- operator [] auf der linken Seite einer Zuweisung zerstört
    //   vor der Zuweisung ein evtl. an i befindliches Objekt.
    (*this)[i] = arg.p[i]-> clone();

  return *this;
}
```

Diese Lösung wird jedoch bei der Zuweisung von Feldern ungleicher Größe kompliziert und ist darüber hinaus unnötig ineffizient, da im Operator [] zur Laufzeit die Unterscheidung nach dem Aufrufkontext (also rvalue oder lvalue) getroffen werden muß, die hier gar nicht notwendig ist.

Geeigneter ist daher folgende Implementierung:

```
//----------------------------------------------------------------
//         Container :: operator =
//
Container &Container::operator = ( const Container &arg ) {

   /* ... */

   //-- Evtl. gespeicherte Objekte löschen

   for ( int i=0; i<nent; i++ )
      delete p[i];

   //-- von jedem der von arg verwalteten Objekte muß eine Kopie
   //   erzeugt werden

   if ( !assureNENT( arg.getNENT() ) )
      //-- nicht ausreichend Speicher für nent Elemente
      return *this;

   for ( i=0; i<nent; i++ )
      p[i] = arg.p[i]-> clone();

   return *this;
}
```

Zwei Verbesserungen

Das vollständige Freigeben eines Containers (inclusive aller verwalteten Objekte) wird sowohl im Zuweisungsoperator als auch im Destruktor benötigt. Diese Funktionalität wird deshalb in eine eigene Funktion clear "faktorisiert":

```
class Container {

public:

   //-- clear löscht den gesamten Container incl. aller Objekte

   void clear();

   /* ... weitere Mitglieder Container ... */

};
//----------------------------------------------------------------
//         Container :: clear
//
void Container::clear() {

   //-- erst alle verwalteten Objekte löschen

   for ( int i=0; i<nent; i++ )
      delete p[i];

   //-- dann den Speicher des Containers selber

   delete p;
   p = NULL;
   nent = 0;
}
```

23.2 *Zeiger auf Objekte und die Folgen*

Wie in vielen anderen Klassen kann auch für die Containerklasse der Kopierkonstruktor effizient mit Hilfe des Zuweisungsoperators implementiert werden. Folgendes Listing zeigt die endgültige Implementierung beider Funktionen, wie sie in Containerklassen typisch ist:

```
//-------------------------------------------------------------------
//      Container :: operator =
//
Container &Container::operator = ( const Container &arg ) {

  if ( this == &arg )

    //-- Kopie auf sich selber kann ignoriert werden
    return *this;

  //-- Evtl. gespeicherte Objekte löschen

  clear();

  //-- von jedem der von arg verwalteten Objekte muß eine Kopie
  //   erzeugt werden
  if ( !assureNENT( arg.getNENT() ) )
    //-- nicht ausreichend Speicher für nent Elemente
    return *this;

  for ( int i=0; i<nent; i++ )
    p[i] = arg.p[i]-> clone();

  return *this;
  }
//----------------------------------------------------------- ------
//      Container :: Kopierkonstruktor
//
Container::Container( const Container &arg ) {

  p = NULL;
  nent = NULL;
  *this = arg;
  }
```

23.2.7 Die Berechnung des verbrauchten Speichers

Auch in dieser Feldklasse wollen wir Informationen darüber erhalten, wieviel Speicher vom Feld und den verwalteten Objekten belegt wird. Der Unterschied zu den Feldklassen aus Kapitel 17 und 18 besteht darin, daß man die verwalteten Objekte explizit nach dem allokierten Speicher fragen muß. Eine Bestimmung mit sizeof ist nicht korrekt, da nicht die Größe des dynamischen, sondern die des statischen Typs geliefert würde (in unserem Fall also sizeof(CntBase)). Dazu kommt, daß die verwalteten Objekte selber wieder Speicherbereiche allokiert haben können, die natürlich mitgerechnet werden müssen.

Es bleibt also wieder eine virtuelle Funktion, die wir in Anlehnung an frühere Beispiele getUsedMem nennen wollen. Damit late binding funktioniert, wird die Funktion in CntBase abstrakt deklariert:

```
class CntBase {

public:
   //-- getUsedMem muß den vom Objekt insgesamt verbrauchten Speicher
   //   liefern

   virtual long getUsedMem() const = 0;

   /* ... weitere Mitglieder CntBase ... */

};
```

Der verbrauchte Speicher soll pro Container gerechnet werden. Im Gegensatz zu früher soll der verbrauchte Speicher jedoch nur auf Anfrage berechnet werden. Die Containerklasse selber erhält deshalb ebenfalls eine Funktion getUsedMem:

```
class Container {

public:
   //-- getUsedMem liefert den vom Container incl. aller verwalteten
   //   Objekte benötigten Speicher zurück

   long getUsedMem() const;

   /* ... weitere Mitglieder Container ... */

};
```

Die Implementierung ist klar:

```
//---------------------------------------------------------------
//         Container::getUsedMem
//

long Container::getUsedMem() const {

   //-- Der Speicher für die Felddatenstruktur
   long count = nent * sizeof( CntBase* );

   //-- Der Speicher für die einzelnen Objekte
   for ( int i=0; i<nent; i++ )
      if ( p[i] )
         count += p[i]-> getUsedMem();

   return count;
}
```

23.2.8 Das Laufzeit-Typsystem

Oft müssen alle Objekte eines Containers "durchlaufen" werden. Schleifen wie die folgende sind deshalb häufig:

```
void doIt( CntBase* p );   // beliebige Funktion

void main() {

   Container cnt;

   /* ... Füllen des Containers ... */

   int nent = cnt.getNENT();
   for ( int i=0; i<nent; i++ )
      doIt( cnt.getObjectAt( i )-> clone() );

}
```

23.2 Zeiger auf Objekte und die Folgen

Hier wird für alle gespeicherten Objekte die Funktion clone aufgerufen, das kopierte Objekt wird an eine Funktion doIt zur weiteren Bearbeitung übergeben.

Dies kann nur funktionieren, wenn die Basisklasse CntBase bereits eine (abstrakte) Funktion clone vorsieht und damit alle Ableitungen zwingt, ebenfalls eine Funktion clone zu deklarieren. Wir haben von dieser Technik in den letzten Abschnitten ausgiebig Gebrauch gemacht.

Das Problem

Ein Problem tritt auf, wenn man auf Mitglieder von gespeicherten Objekten zugreifen will, die in der Basisklasse noch nicht deklariert sind, etwa wie in der folgenden Schleife:

```
for ( int i=0; i<nent; i++ )
   ((String*)cnt.getObjectAt( i )) -> convertToUpperCase();
```

Hier sollen offensichtlich alle gespeicherten Strings in Großbuchstaben umgewandelt werden.

Der wesentliche Unterschied zum vorigen Beispiel ist die explizite Typwandlung des Zeigers: Zum Zugriff auf convertToUpperCase wird ein Zeiger vom Typ String* benötigt, getObjectAt liefert jedoch ein CntBase*. Die Typwandlung muß explizit notiert werden, denn von einer Basisklasse hin zur Ableitung kann es keine automatische Wandlung geben - diese Richtung ist gefährlich, wie wir gleich sehen werden, und wird deshalb nicht implizit durchgeführt.

Die explizite Wandlung zu einem String* aus dem letzten Listing kann nur funktionieren, wenn sichergestellt ist, daß getObjectAt nur Zeiger auf String-Objekte liefern kann. In der Praxis ist dies oft nicht so, denn:

❑ Für ein leeres Feldelement wird ein NoData-Objekt geliefert.

❑ Bei einem Zugriff außerhalb der Grenzen des Feldes wird ebenfalls ein NoData-Objekt geliefert.

❑ In einer Anwendung, in der der Container zur Verwaltung von Objekten unterschiedlicher Typen verwendet wird, werden natürlich auch unterschiedliche Typen zurückgeliefert.

Die Analyse

Das Problem liegt (wie eigentlich immer) in der expliziten Typwandlung (hier von CntBase* zu String*). Dadurch hat der Programmierer explizit angegeben, daß es sich bei dem referenzierten Objekt um ein Objekt vom Typ String handelt - was nicht immer sichergestellt ist.

Wie immer bei Typwandlungen von Zeigern sollte man zuerst versuchen, die Wandlung zu vermeiden. Typwandlungen von Zeigern sind in der Regel Designfehler, die bei sauberem Entwurf vermeidbar sind. Sie setzen die strenge Typprüfung des Compilers außer Kraft und führen bei unbedachter Anwendung (so wie in unserem Fall) regelmäßig zu Problemen.

Auf der anderen Seite ist es ja gerade die besondere Eigenschaft von Polymorphismus, daß Zeiger auf Objekte unterschiedlicher Typen zeigen können. Dazu benötigt man den "kleinsten gemeinsamen Nenner" aller dieser Klassen und bildet von dieser Basisklasse die Zeiger. Braucht man wieder den "Originaltyp", ist eine Typwandlung von der Basisklasse zur ursprünglichen Klasse unvermeidbar[47]. Dazu muß man aber feststellen können, um welche Klasse es sich handelt. Konkret: Man muß feststellen können, ob ein CntBase-Zeiger gerade auf ein A-Objekt oder auf ein String-Objekt zeigt.

Je nach Ausgang dieser Frage darf man den Zeiger in ein String-Objekt wandeln, oder nicht.

```
/* Pseudocode */

for ( int i=0; i<nent; i++ ) {
  const CntBase *p = cnt.getObjectAt( i );
  if ( p zeigt auf ein String-Objekt )
    ((String*)p) -> convertToUpperCase();
  }
```

Die Lösung

Leider bietet C++ kein Sprachmittel, um den Typ des Objekts, auf den ein Zeiger gerade zeigt, festzustellen. Benötigt man diesen sogenannten *dynamischen Typ*, muß man sich die Information durch explizite Programmierung selber beschaffen. Wir rüsten dazu die in Frage kommenden Klassen mit einer Informationsfunktion aus, für die wieder late binding verwendet wird:

```
class CntBase {

public:
  //-- getObjectId muß ein integer liefern, das die Klasse des Objekts
  //   eindeutig identifiziert
  virtual int getObjectId() const = 0;
  /* ... weitere Mitglieder CntBase ... */
};
```

Die Implementierung ist einfach, wie hier an der Klasse String demonstriert:

```
inline int String::getObjectId() {
  return 2;
  }
```

Die Wahl von 2 als Id für String-Objekte ist willkürlich. Wichtig ist lediglich, daß getObjectId für jede Klasse eine andere Zahl liefert. In jedem nicht-trivialen Programm wird man deshalb nicht die Zahlen direkt verwenden, sondern Konstanten, die man in einer zentralen Datei führt. Damit hat man den Überblick über bereits vergebene Klassenids.

---

47 Diese Notwendigkeit zur expliziten Typwandlung wird von vielen Programmierern als Schwäche der Sprache C++ gesehen.

Die Schleife zum Umwandeln aller Strings eines Containers in Großbuchstaben wird jetzt folgendermaßen formuliert:

```
for ( int i=0; i<nent; i++ ) {
  const CntBase *p = cnt.getObjectAt( i );
  if ( p-> getObjectId() == 2 )
    ((String*)p) -> convertToUpperCase();
}
```

Die explizite Typwandlung wird hier durch eine vorherige Prüfung des dynamischen Typs gesichert. Was im Falle eines nicht passenden Typs passieren soll, hängt vom Design ab: In unserem Beispiel ignorieren wir einfach das Objekt, da eine Konvertierung in Großbuchstaben nur für Strings definiert ist.

Die Funktion getObjectId ist ein erster Schritt in Richtung eines sogenannten *Laufzeit-Typsystems (Run Time Type System, RTTS)*. Eine professionelle Version eines solchen Systems liefert nicht nur die Klassen-Identifikation, sondern z.B. auch andere klassenbezogenen Informationen, die zur Laufzeit von Interesse sein können, wie z.B. Informationen, ob eine Klasse eine Ableitung einer anderen Klasse ist, etc.

23.3 Die Basisklasse CntBase

Aus den letzten Abschnitten ist deutlich geworden, daß der Container gewisse Anforderungen an die Objekte stellt, die mit ihm verwaltet werden sollen. So müssen die Objekte z.B. eine Funktion clone bereitstellen. Um die Erfüllung der Anforderungen sicherzustellen, werden die entsprechenden Funktionen als abstrakte Funktionen in einer Basisklasse deklariert.

Folgendes Listing zeigt noch einmal die vollständige Basisklasse CntBase:

```
//-------------------------------------------------------------------
//      class CntBase
//

class CntBase {
public:
  //-- Destruktor kann nicht abstrakt deklariert werden, da er
  //   von Destruktoren der Ableitungen automatisch aufgerufen wird.
  //   Destruktor ist aber leer.
  virtual ~CntBase();

  //-- Operator muß eine Darstellung des Objekts in einem
  //   nullterminierten Speicherbereich (String) erstellen.

  virtual operator C7CONST char*() const = 0;

  //-- clone muß eine Kopie des eigenen Objekts auf dem Heap erzeugen
  //   und einen Zeiger darauf zurückliefern.

  virtual CntBase *clone() const = 0;
```

```
//-- getUsedMem muß den vom Objekt insgesamt verbrauchten Speicher
//    liefern

virtual long getUsedMem() const = 0;

//-- getObjectId muß ein integer liefern, das die Klasse des Objekts
//    eindeutig identifiziert

virtual int getObjectId() const = 0;
};
```

Beachten Sie bitte die Namensgebung: Der Name der Basisklasse ist global. Da es in einem großen Programm mehrere solcher Basisklassen parallel geben kann, ist die Namenswahl wichtig: man sollte sie nicht "Base" oder "Object" etc. nennen, da die Gefahr eines Namenskonfliktes dadurch steigt.

23.4 Die Klasse String als Ableitung von CntBase

Damit String-Objekte mit der Containerklasse verwaltet werden können, muß String als Ableitung von CntBase definiert werden. Folgendes Listing zeigt Deklaration und Implementierung der Funktionen aus CntBase für String:

```
//------------------------------------------------------------------
//       class String
//

class String : public CntBase {

public:

   /* ... Arbeitsfunktionen ... */

   //-- Funktionen aus CntBase ------------------------------------

   virtual operator C7CONST char*() const;

   virtual CntBase *clone() const;
   virtual long getUsedMem() const;
   virtual int getObjectId() const;

   //-- Zeichenkette zur Repräsentation eines ungültigen Objekts

   static C7CONST char *invalidString;

   /* ... weitere Mitglieder von String ... */
};
//------------------------------------------------------------------
//       String:: clone
//

inline CntBase* String::clone() const {

   return new String( *this );
} // clone
```

```
//---------------------------------------------------------------
//       String:: getUsedMem
//

inline long String::getUsedMem() const {

  if ( isValid() )
    return sizeof( String ) + size;
  else
    //-- wir nehmen (nicht ganz korrekt) an, daß ein ungültiges Objekt
    //    auch keinen Speicher braucht
    return 0;

} // getUsedMem
//---------------------------------------------------------------
//       String:: getObjectId
//

inline int String::getObjectId() const {
  return 2;
} // getObjectId
```

Man sieht daran, daß die Implementierung für eine konkrete Klasse wie z.B. String relativ einfach und problemlos ist.

Diese Version der Stringklasse unterscheidet sich von ihrer Vorgängerversion aus Kapitel 16 hauptsächlich durch die Erfordernisse, die aus der Ableitung von CntBase resultieren. So wird z.B. der verbrauchte Speicherplatz nicht mehr global für alle Stringobjekte automatisch in einer statischen Variablen mitgeführt, sondern nun auf Anforderung (d.h. durch Aufruf von getUsedMem) berechnet. Dadurch können unter anderem eigene Operatoren new und delete für String wieder entfallen.

23.5 Container in Containern

Es ist möglich, ein dynamisches Feld als Objekt eines anderen dynamischen Feldes zu speichern. Dazu ist lediglich erforderlich, die Containerklasse ebenfalls von CntBase abzuleiten. Folgendes Listing zeigt die Deklaration der von CntBase geerbten Funktionen:

```
class Container {

public:

  //-- Funktionen aus CntBase  -------------------------------------

  //-- liefert eine Stringdarstellung des Feldes (d.h. alle Objekte)
  //    in einem statischen Puffer

  virtual operator C7CONST char*() const;

  virtual CntBase *clone() const;
  virtual long getUsedMem() const;
  virtual int getObjectId() const;

  /* ... weitere Mitglieder Container ... */

};
```

Bis auf getObjectId und clone sind alle Funktionen bereits vorhanden. Sie mußten nur virtuell deklariert werden. Als Id für die Containerklasse wählen wir 3:

```
inline int Container::getObjectId() const {
  return 3;
} // getObjectId
```

Die Funktion clone verwendet wie üblich den (hoffentlich in jeder Klasse vorhandenen) Kopierkonstruktor und ist deshalb auch nicht der Rede wert:

```
inline CntBase* Container::clone() const {
  return new PtrArry( *this );
} // clone
```

Wann könnte die Notwendigkeit bestehen, ein Feld als Element eines anderen Feldes zu verwalten? Diese Frage ist falsch gestellt. Man sieht an der Implementierung, daß es (fast) keinen Aufwand macht, einem Anwender von PtrArry diese zusätzliche Möglichkeit zur Verfügung zu stellen. In der objektorientierten Denkweise spielt der Gedanke der Wiederverwendbarkeit eine viel größere Rolle als in der traditionellen Programmierung. Man sollte daher versuchen, gerade so grundlegende Klassen wie eine Containerklasse so allgemein verwendbar wie möglich zu machen. Ist eine Erhöhung der Flexibilität zudem durch so geringen Aufwand möglich, sollte man die zusätzliche Funktionalität implementieren, auch wenn dies im Hinblick auf eine konkrete Anwendung evtl. nicht erforderlich scheint.

Insgesamt erhalten wir nun folgende Klassenhierarchie:

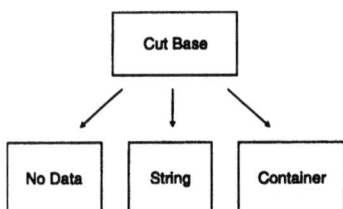

Bild 23.6: Klassenhierarchie bei Containerklassen

Hier wird noch einmal deutlich, daß die Containerklasse und NoData ableitungstechnisch auf der gleichen Ebene wie die eigentlich zu speichernden Klassen (wie z.B. String) stehen. Containerobjekte (und natürlich NoData-Objekte) können wie andere Objekte auch in Containern verwaltet werden.

23.6 Die Definition der Klasse PtrArry

Wir setzen nun die Einzelteile zusammen und erhalten folgende Klassendefinition für die Containerklasse PtrArry:

23.6 Die Definition der Klasse PtrArry

```cpp
//-----------------------------------------------------------------
//      class PtrArry
//

class PtrArry : public CntBase {

public:

  PtrArry();    // erzeugt leeres Feld
  ~PtrArry();

  //-- Kopierkonstruktor und Zuweisungsoperator erzeugen eine tiefe Kopie
  PtrArry            ( const PtrArry & );
  PtrArry &operator = ( const PtrArry & );

  //-- liefert eine Stringdarstellung des Feldes (d.h. alle Objekte)
  //   in einem statischen Puffer

  virtual operator C7CONST char*() const;

  //-- liefert TRUE, wenn ofs gültig ist (d.h. PtrArry[ ofs ] ein
  //   echtes Feldelement referenziert)

  bool isValidIndex( int ofs ) const;

  //-- liefert die Anzahl der Feldelemente. Für ungültiges Objekt
  //   wird 0 geliefert. (NENT == Number of ENTries)

  int getNENT() const;

  //-- stellt sicher, daß Feld mindestens die Größe nent hat.
  //   Vergrössert, falls erforderlich. Leere Stellen werden mit
  //   NoData-Objekten aufgefüllt.

  bool assureNENT( int nent );

  //-- liefert Zeiger auf Objekt an Index. Container bleibt Eigentümer
  //   Ungültiger Index, ungültiges Objekt: Zeiger auf NoData-Objekt

  const CntBase *getObjectAt( int ) const;

  //-- speichert Zeiger auf Objekt an Index. Vorher an dieser Stelle
  //   befindliches Objekt wird gelöscht. Container wird Eigentümer
  //   Nullzeiger als Argument: noData wird gespeichert.
  //   Ungültiger Index, ungültiges Objekt: keine Aktion, FALSE zurück

  bool storeObjectAt( int, CntBase * );

  //-- operator [] liefert eine Referenz auf Objektzeiger an Index.
  //   Kontextunterscheidung mit Mittlerobjekt:
  //   rvalue: Der Container bleibt Eigentümer. Für ein leeres
  //     Element wird Referenz auf NoData-Objektzeiger geliefert.
  //   lvalue: Vorher gespeichertes Objekt wird zerstört, bevor
  //     neues Objekt dort gespeichert wird.

  Access operator[] ( int );

  //-- Version für konstante Objekte, die ja nur als rvalue
  //   auftreten können. Umweg über Mittlerobjekt deshalb
  //   nicht erforderlich. Für ein leeres Objekt wird Referenz
  //   auf NoData-Objektzeiger geliefert.

  const CntBase *&operator[] ( int ) const;

  //-- append fügt das übergebene Objekt als letztes in den Container ein.
  //   Das Feld wird um einen Eintrag vergrößert. Das Eigentum geht an den
  //   Container über

  bool append( CntBase * );

  //-- operator +=, << sind Alias für append

  PtrArry *operator += ( CntBase * );
  PtrArry *operator << ( CntBase * );
```

```
//-- remove entfernt das Objekt mit Index i aus dem Container und liefert
//   einen Zeiger darauf zurück. Das Feld wird nicht verkleinert,
//   sondern das Element bleibt leer.  Ist Element bereits leer,
//   wird ein NoData-Objekt geliefert
//   Das Eigentum geht an den Aufrufer zurück

CntBase *remove( int i );

//-- liefert TRUE, wenn das Objekt gültig ist

bool isValid() const;

//-- versetzt das Objekt in den Zustand "ungültig". Evtl. allokierter
//   Speicher wird freigegeben.

void invalidate();

//-- clear löscht den gesamten Container incl. aller Objekte

void clear();

//-- Funktionen aus CntBase ---------------------------------------

virtual CntBase *clone() const;
virtual long getUsedMem() const;
virtual int getObjectId() const;

private:

//-- Verwaltungsfunktionen ----------------------------------------

//-- init erzeugt den Grundzustand aus dem Zusatand "uninitialisiert"
//   wird ausschließlich in den Konstruktoren verwendet

void init();

//-- Die folgenden Funktionen gehen alle von initialisiertem Objekt aus.
//   Objekt kann jedoch ungültig sein.

//-- checkIndex prüft den Index ofs auf Gültigkeit. Gibt Meldung
//   aus, wenn Objekt ungültig oder ofs zu groß/klein

bool checkIndex( int ofs ) const;

CntBase **p; //-- Zeigt auf Speicherbereich auf Heap oder ist NULL
int nent;    //   Anzahl der Feldelemente oder 0

//-- Das NoData-Objekt und die zugehörige Zeigervariable, auf
//   die eine Referenz zurückgegeben wird
static NoData noData;
static CntBase* noDataPtr;

//-- Zeichenkette zur Repräsentation eines ungültigen Objekts

static const char *invalidStr;

//-- Puffer für Serialisierung

static String serBuf;

friend Access;
};
```

Die Klassendefinition befindet sich zusammen mit der von Access in der Datei ptrarry.h im Verzeichnis KAP23 der Begleitdiskette. Das Verzeichnis enthält unter anderem die folgenden Dateien, die im Zusammenhang mit PtrArry gebraucht werden:

cntbase.h	Basisklasse CntBase
nodata.h, nodata.cpp	Klasse NoData
ptrarry.h, ptrarry.cpp	Klassen Access, PtrArry

Die Implementierung der Mitgliedsfunktionen der Klassen wird hier aus Platzgründen nicht mehr abgedruckt. Die wesentlichen Eigenschaften dieser Funktionen wurden weiter oben bereits detailliert dargestellt.

23.7 Beispiel 1: Speichern von Strings

Eine häufige Aufgabe aus der Praxis ist die Speicherung einer variablen Anzahl Strings. Die Strings könnten z.B. Zeilen in einem Editor sein - je mehr Text ein Benutzer eingibt, desto mehr Zeilen müssen verwaltet werden. Zeilen können außerdem nicht nur am Ende des Textes, sondern auch in der Mitte eingefügt oder gelöscht werden. Ein Texteditor ist daher ein Beispiel, das nahezu die gesamte Funktionalität der Containerklasse PtrArry benötigt.

Andererseits benötigt ein Texteditor keinen *heterogenen* Container, denn es werden nur Objekte einer einzigen Klasse, nämlich Strings, gespeichert. Man könnte deswegen z.B. auch das generische Feld aus Kapitel 18 für die Klasse String parametrisieren, oder (noch besser) Templates[48] verwenden.

PtrArry kann jedoch ebenfalls verwendet werden. Folgendes Listing (Datei test1.cpp im Verzeichnis KAP23 auf der Begleitdiskette) zeigt ein Testbeispiel, um eine variable Anzahl von Strings in einem Container zu speichern:

```
//======================= Kopf =========================------=======
//
// Programm Test1 zum Test des heterogenen Feldes
//
//
// 92.08.01 : Version 1 (Au)
//
//======================= Abhängigkeiten =========================
//

#include <ptrarry.h>
#include <bool.h>
#include <str.h>
```

---

48 Leider werden Templates weder von C7 noch von VC unterstützt.

```
//========================= Programm ================================
void main() {

  PtrArry cnt;

  bool done = FALSE;
  while ( !done ) {

    String *str = new String;
    str-> read();

    if ( *str == String( "x" ) )
      done = TRUE;
    else
      cnt.append( str );

  }

  //-- Ausgabe des gesamten Containers incl. aller Objekte mit
  //   einer einzigen Anweisung

  puts( cnt );
}
```

Das Programm liest so lange Strings von der Tastatur ein und speichert sie im Container, bis ein "X" eingegeben wird. Danach wird der Container ausgedruckt.

Folgendes Listing zeigt einen Beispiellauf:

Eingabe:

Andreas

Thomas

Maria

X

Ausgabe:

[Andreas Thomas Maria]

Beachten Sie bitte folgende Punkte, die typisch für die Arbeit mit PtrArry sind:

❑ Die Strings werden grundsätzlich dynamisch erzeugt und über Zeiger angesprochen.

❑ Der Benutzer kann *beliebig lange* Strings eingeben - die lästige Definition von Puffern einer bestimmten Maximalgröße entfällt. Die ständige Abfrage auf einen Pufferüberlauf kann entfallen. Das Programm ist sowohl für kleine als auch für große Strings gleich effizient. Dies wird durch die dynmische Speicherverwaltung in String erreicht.

❑ Der Benutzer kann *beliebig viele* Strings eingeben - die Festlegung auf ein Feld mit einer bestimmten Maximalgröße entfällt. Damit ist auch eine Überprüfung auf Überschreiten der Feldgröße durch den Benutzer nicht mehr nötig.

❑ Beim Zerstören des Containers (hier implizit am Ende des Programms) werden automatisch alle Stringobjekte wieder freigegeben.

23.8 Beispiel 2: Speichern von Figuren

In Kapitel 19 haben wir ein Graphikprogramm vorgestellt, das Polygonzüge manipuliert. Ein Polygon ist ein Beispiel für eine *Figur*, andere Figuren sind z.B. Kreise oder Vierecke[49]. In diesem Beispielprogramm werden wir Klassen für Ellipsen und Rechtecke definieren sowie eine Anzahl dieser graphischen Objekte erzeugen und in einem PtrArry-Objekt speichern. Als zusätzliche Funktionalität sollen die Figuren auch auf dem Bildschirm gezeichnet werden können.

Für diese Aufgabenstellung ist tatsächlich ein heterogener Container erforderlich, denn es müssen Objekte unterschiedlicher Klassen gespeichert werden können.

23.8.1 Die Klassen Ellipse und Rectangle

Bei Microsoft werden Kreise und Ellipsen durch das umschließende Rechteck definiert. Eine Klasse zur Repräsentation einer Ellipse wird als Datenmitglieder deshalb zwei Punkte erhalten, die die linke obere und die rechte untere Ecke des umschließenden Rechtecks definieren. Damit Ellipse-Objekte mit PtrArry verwaltet werden können, muß Ellipse von CntBase abgeleitet werden.

Folgendes Listing zeigt die sich daraus ergebende Klassendefinition für Ellipse:

```
const int EllipseId = 101;

//-------------------------------------------------------------
//       class Ellipse
//

class Ellipse : public GraphBase {

public:

  //-- Repräsentation durch die Eckpunkte des umschließenden Rechtecks
  Ellipse( Point an, Point bn );

  //-- Zeichnet die Figur auf dem Bildschirm.
  void draw() const;
```

---

[49] Diese lassen sich prinzipiell durch Polygone nachbilden, d.h. man braucht genaugenommen nur Polygone, um beliebige Figuren bilden zu können. Allerdings ist die Darstellung als Polygon für manche Figuren ungeeignet, so braucht z.B. ein Kreis in Polygondarstellung unrealistisch viele Punkte.

```
//-- Funktionen aus CntBase --------------------------------
    virtual operator C7CONST char*() const;
    virtual CntBase *clone() const;
    virtual long getUsedMem() const;
    virtual int getObjectId() const;

private:

    Point a, b;   //-- Eckpunkte des umschließenden Rechtecks

    static String serBuf;

    }; // Ellipse
```

Die Klasse enthält neben den von CntBase vorgegebenen (und natürlich dem klassenspezifischen Konstruktor) nur eine einzige zusätzliche Funktion: draw soll die Figur im Graphikmodus auf dem Bildschirm zeichnen. Das System soll sich dabei bereits im Graphikmodus befinden.

Analog dazu wird die Klasse Rectangle definiert:

```
const int RectangleId = 102;

//------------------------------------------------------------------
//         class Rectangle
//

class Rectangle : public GraphBase {

public:

    //-- Repräsentation durch die Eckpunkte
    Rectangle( Point an, Point bn );

    //-- Zeichnet die Figur auf dem Bildschirm
    void draw() const;

    //-- Funktionen aus CntBase --------------------------------
    virtual operator C7CONST char*() const;
    virtual CntBase *clone() const;
    virtual long getUsedMem() const;
    virtual int getObjectId() const;

private:

    Point a, b;   //-- Eckpunkte

    static String serBuf;

    }; // Rectangle
```

Als Ids für Klassen für graphische Objekte haben wir die Zahlen im Bereich zwischen 100 und 200 vorgesehen. Zur leichteren Handhabung der Zahlen verwenden wir Konstanten, die am Anfang der jeweiligen Dateien definiert werden. Die beiden Eckpunkte der umschließenden Rechtecke werden jeweils durch zwei Point-Objekte repräsentiert, die zugehörige Klassendefinition/Implementierung übernehmen wir aus dem Graphikprojekt in Kapitel 19:

```
//------------------------------------------------------------------
//         class Point
//

struct Point {

    Point();
    Point( short xn, short yn );
```

23.8 Beispiel 2: Speichern von Figuren

```
    //-- erzeugt eine Stringdarstellung des Punktes in statischem Puffer
    operator const char *() const;

    short x, y;
private:
    static String serBuf; // Puffer für Serialisierung
    }; // Point

//========================= Implementierung =========================
//------------------------------------------------------------------
//      Point::operator const char *
//
Point::operator const char *() const {

  serBuf = "( ";
  serBuf << String( x ) << "/" << String( y ) << " )";

  return serBuf;
  } // op const char *
//------------------------------------------------------------------
//      Point statische Variable
//
String Point::serBuf;
```

Folgendes Listing zeigt die Implementierung der Mitgliedsfunktionen für Ellipse.

```
//========================= Implementierung =========================
//------------------------------------------------------------------
//      Ellipse::operator const char *
//
Ellipse::operator C7CONST char*() const {

  serBuf = "[ Ellipse:   ";
  serBuf << "a: " << (const char*)a << " b: " << (const char *)b;
  serBuf << " ]";

  return serBuf;
  } // op const char *
//------------------------------------------------------------------
//      Ellipse::draw
//
void Ellipse::draw() const {

  _ellipse( _GBORDER, a.x, a.y, b.x, b.y );

  }
//------------------------------------------------------------------
//      Ellipse statische Variable
//
String Ellipse::serBuf;
```

Die Definition der Mitgliedsfunktionen sollte nun keine Verständnisschwierigkeiten mehr bereiten. Die Implementierung der Mitgliedsfunktionen für Rectangle ist analog, sie werden deshalb hier nicht abgedruckt.

23.8.2 Das Programm test2

Im folgenden Programmsegment werden je ein Ellipse- bzw. Rectangle-Objekt erzeugt und in einem Container gespeichert. Der Container wird anschließend auf dem Bildschirm ausgegeben.

```
void main() {

  PtrArry cnt;

  Point a( 100, 100 ); // linker oberer Eckpunkt
  Point b( 200, 200 ); // rechter unterer Eckpunkt

  //-- wir verwenden eine kürzere und kompaktere Schreibweise zum
  //   Einfügen von Objekten in das Feld mit Hilfe des << Operators

  cnt << new Ellipse   ( a, b )
      << new Rectangle( a, b );

  //-- Ausgabe des gesamten Containers incl. aller Objekte mit
  //   einer einzigen Anweisung

  puts( cnt );
```

Die Koordinaten sind so gewählt, daß die Ellipse zum Kreis und das Rechteck zum Quadrat degenerieren. Die Ausgabe lautet

```
[
[ Ellipse:    a: ( 100/100 ) b: ( 200/200 ) ]
[ Rectangle:  a: ( 100/100 ) b: ( 200/200 ) ]
]
```

23.8.3 Zeichnen der Figuren

Soweit ist alles Standard und bereits mehrfach in diesem Kapitel vorgeführt. Interessant wird es wieder, wenn die Figuren eines Containers gezeichnet werden sollen. Da sich im Container Objekte unterschiedlicher Klassen befinden, muß vor Aufruf der draw-Routine die korrekte Typwandlung durchgeführt werden, etwa wie in dieser Schleife:

```
  //-- Zeichnen der Figuren mit einer expliziten Schleife

  if ( !_setvideomode( _MAXRESMODE ) ) {
     puts( "kann nicht in Graphikmodus schalten" );
     exit( 1 );
  }
  for ( int i=0; i<cnt.getNENT(); i++ ) {

    const CntBase *p = cnt.getObjectAt( i );
    switch ( p-> getObjectId() ) {

      case EllipseId    : ((Ellipse*)p)-> draw();
      case RectangleId  : ((Rectangle*)p)-> draw();

    }
  }
  getch();
  _setvideomode( _DEFAULTMODE );

}
```

23.8.4 Late binding für draw

Die explizite Typwandlung in den korrekten Typ des von getObjectAt zurückgelieferten Zeigers ist lästig, vor allem wenn man bedenkt, daß in einem großen System sehr viele solche switch-Anweisungen notwendig sein können. Möchte man z.B. später weitere Klassen für Figuren hinzufügen, muß man alle switch-Anweisungen um einen weiteren case-Zweig erweitern.

Wir haben in den letzten beiden Kapiteln late binding als Lösung für genau dieses Problem vorgestellt. Damit late binding funktionieren kann, benötigen wir wieder eine Basisklasse, in der draw abstrakt deklariert wird. Klassen für Figuren müssen von dieser Basisklasse abgeleitet werden und die Funktion draw implementieren.

Mit diesen Vorgaben ergibt sich die Klasse GraphBase als

```
//------------------------------------------------------------
//        class GraphBase
//
class GraphBase {
public:
  //-- draw muß das Objekt auf dem Bildschirm zeichnen.
  //   Das System befindet sich bereits im Graphikmodus.
  virtual void draw() const = 0;
};
```

23.8.5 Mehrfachvererbung für Figurenklassen?

An die Klassen für Figuren sind nun bereits zwei Ableitungsforderungen zu stellen:

- ❑ Damit eine Figur in einem Container gespeichert werden kann, muß die zugehörige Klasse von CntBase abgeleitet sein.
- ❑ Damit für die Funktion draw late binding verwendet werden kann, muß die Klasse von GraphBase abgeleitet sein.

Die auf den ersten Blick elegante Möglichkeit der Mehrfachvererbung für Figurenklassen funktioniert leider nicht. Schreibt man etwa

```
class Ellipse : public CntBase, public GraphBase {
  /* ... Mitgleider von Ellipse ... */
};
```

kann man zwar Ellipse-Objekte im Container speichern, die gewünschte Anweisung

```
((GraphBase*)getObjectAt( i ))-> draw();
```

funktioniert jedoch nicht, sondern führt zu unvorhersehbaren Ergebnissen bis hin zum Absturz des Rechners.

Der Grund liegt in der falschen Klassenhierachie. In der Anweisung

```
((GraphBase*)getObjectAt( i ))-> draw();
```

erhält man vom Container einen Zeiger vom Typ CntBase, der auf ein Ellipse- oder Rectangle-Objekt zeigt. Der Zeiger kann nicht sinnvoll in ein GraphBase* gewandelt werden, da GraphBase keine Basisklasse von CntBase ist, bzw. umgekehrt.

23.8.6 CntBase als Ableitung von GraphBase?

Der letzte Satz enthält auch gleich einen Hinweis auf eine möglich Lösung: CntBase wird als Ableitung von GraphBase formuliert, also etwa

```
//----------------------------------------------------------------
//       class CntBase
//
class CntBase : public GraphBase {

    //-- Funktionen aus GraphBase ---------------------------------
    //   hier ebenfalls noch abstrakt

    virtual void draw() const = 0;
public:
    //-- Destruktor kann nicht abstrakt deklariert werden, da er
    //   von Destruktoren der Ableitungen automatisch aufgerufen wird.
    //   Destruktor ist aber leer.
    virtual ~CntBase();

    //-- Operator muß eine Darstellung des Objekts in einem
    //   nullterminierten Speicherbereich (String) erstellen.
    virtual operator C7CONST char*() const = 0;

    //-- clone muß eine Kopie des eigenen Objekts auf dem Heap erzeugen
    //   und einen Zeiger darauf zurückliefern.
    virtual CntBase *clone() const = 0;

    //-- getUsedMem muß den vom Objekt insgesamt verbrauchten Speicher
    //   liefern
    virtual long getUsedMem() const = 0;

    //-- getObjectId muß ein integer liefern, das die Klasse des Objekts
    //   eindeutig identifiziert
    virtual int getObjectId() const = 0;

};
```

Beachten Sie bitte, daß draw in CntBase ebenfalls noch abstrakt ist.

Man kann die Schleife

```
((GraphBase*)getObjectAt( i ))-> draw();
```

ohne Probleme ausführen, denn die Typwandlung von CntBase* zu GraphBase* ist nun sinnvoll möglich. Man kann sogar auf die explizite Typwandlung verzichten. Da GraphBase eine direkte Bsisklasse von CntBase ist, wird die Wandlung automatisch durchgeführt:

```
getObjectAt( i ) -> draw();    // funktioniert ebenfalls
```

Die Lösung hat allerdings einen Haken, der sie für die Praxis gänzlich untauglich macht. CntBase besitzt nun die abstrakte Funktion draw. Dies bedeutet, daß Klassen, deren Objekte im Container gespeichert werden sollen, eine draw-Funktion implementieren müssen - sicherlich keine besonders sinnvolle Forderung. Wir haben CntBase ja als Basisklasse für Klassen, deren Objekte in Container speicherbar sein sollen, definiert, und dazu ist eine Funktion wie draw sicherlich nicht erforderlich.

Hinzu kommt das Problem, daß die Lösung das Prinzip der *lokalen Kosten* (engl. *localized cost*) verletzt. Darunter versteht man die Anforderung, daß die Kosten eines Leistungsmerkmals nur von demjenigen zu tragen sind, der die Leistung auch verwendet. Die Kosten sind in unserem Beispiel die Aufwände zur Defintion der draw-Routinen, obwohl Klassen diese überhaupt nicht benötigen, damit ihre Objekte in Container gespeichert werden können. Nur weil *ein* Programmteil Objekte speichern möchte, die eine draw-Routine benötigen, wird diese Last *allen anderen* speicherbaren Klassen ebenfalls aufgebürdet.

23.8.7 GraphBase als Ableitung von CntBase

Als Lösung bleibt die Umkehrung der Hierarchie: GraphBase wird von CntBase abgeleitet. Für die weiteren Ableitungen wie Ellipse etc. ist dieser Schritt völlig bedeutungslos, sie müssen weiterhin die von beiden Basisklassen vorgeschriebenen Funktionen implementieren. Die Lösung ist jedoch schon deshalb besser, weil sie nur lokale Kosten verursacht: Durch die Bildung einer (weiteren) Ableitung von CntBase bleiben die bereits vorhandenen Ableitungen der Klasse unberührt. Es handelt sich also tatsächlich um ein reines *Hinzufügen* von Funktionalität.

Die Klasse GraphBase wird wie folgt formuliert:

```
//-----------------------------------------------------------------
//      class GraphBase
//

class GraphBase : public CntBase {
public:

  //-- draw muß das Objekt auf dem Bildschirm zeichnen.
  //   Das System befindet sich bereits im Graphikmodus.

  virtual void draw() const = 0;

  //-- Funktionen aus CntBase -----------------------------------
  //   hier ebenfalls noch abstrakt

  virtual operator C7CONST char*() const = 0;
  virtual CntBase *clone() const   = 0;
  virtual long getUsedMem() const  = 0;
  virtual int  getObjectId() const = 0;

};
```

Die von CntBase vorgeschriebenen Funktionen bleiben in GraphBase abstrakt, sie werden erst in Ableitungen wie Ellipse etc. implementiert. In der Schleife zum Zeichnen aller in einem Container gespeicherten Objekte schreibt man nun

```
for ( int i=0; i<cnt.getNENT(); i++ ) {
  GraphBase *g = (GraphBase*)cnt.getObjectAt( i );
  g-> draw();
  }
```

In dieser Form befindet sich die Schleife als Programm test2 im Verzeichnis KAP23 auf der Begleitdiskette.

23.8.8 Der Aspekt der Erweiterbarkeit

In der Praxis kommt es oft vor, daß ein Programm wie test2 um weitere Klassen für Figuren erweitert werden muß. Weiß man dies im vorraus, kann man bereits beim Design des Programms Vorkehrungen für eine leichte Erweiterbarkeit um weitere Figurenklassen treffen. Betrachtet man die Erweiterungsmöglichkeit um zusätzliche Funktionalität als explizites Designkriterium, spricht man auch von *Design for Change* (deutsch etwa "Entwurf mit dem Ziel leichter Veränderbarkeit").

Das Design des Programms test2 entspricht dieser Forderung in hohem Maße. Es ist gelungen, die Funktionalität des Programms ohne Bezug auf eine konkrete Figurenklasse zu formulieren. Dabei tut es keinen Abbruch, daß sich die Funktionalität in der Aufgabe "Zeichnen aller Figuren" erschöpft, schließlich handelt es sich nur um ein Demonstrationsbeispiel.

Das Vorgehen ist vergleichbar mit den Designüberlegungen beim Entwurf der Containerklasse PtrArry. Auch dort war die Aufgabe gestellt, die Funktionalität des Containers unabhängig von den zu verwaltenden Objekten zu formulieren. Dort wurde das Ziel genau wie hier durch Definition einer Basisklasse mit abstrakten Funktionen erreicht, von denen die eigentlichen Klassen abgeleitet werden müssen. Die Tragfähigkeit dieses Konzepts hat sich im aktuellen Beispiel dieses Abschnitts (test2) bestätigt: Beim Design der Containerklasse war noch nicht bekannt, daß später einmal Ellipse- bzw. Rectangle-Objekte verwaltet werden müssen.

Besonders angenehm ist, daß sich das Hinzufügen von Funktionalität im Idealfall ausschließlich durch das Hinzufügen von Code realisieren läßt. *Bestehender, getesteter, funktionierender und ausgelieferter Code braucht in keiner Weise verändert zu werden.* Gerade diese Eigenschaft polymorpher Programme ist für DV-Verantwortliche großer Systeme besonders wichtig.

Man darf allerdings die Worte "im Idealfall" nicht vergessen. Zum einen muß es (mindestens) eine Stelle im Programm geben, in dem Objekte der neu hinzugekommenen Klasse erzeugt werden. Hat man z.B eine Klasse Triangle zusätzlich definiert, muß man explizit mindestens irgendwo einmal ein solches Objekt erzeugen:

```
cnt.append( new Triangle( ... ) );
```

Alle anderen Programmteile bleiben allerdings tatsächlich unberührt. Man sollte deshalb versuchen, die Erzeugung von solchen Objekten an wenigen Stellen zu konzentrieren[50].

---

50 Im anglo-amerikanischen nennt man einen solchen Programmteil, der polymorphe Objekte erzeugt, oft auch *object factory*.

24 Ein spezieller Container für Figuren

Zum Abschluß dieses Buchteils über Vererbung, virtuelle Funktionen und Polymorphismus befassen wir uns mit einer Verfeinerung der Klasse PtrArry, in der noch einmal alle vorgestellten Sprachmittel und Techniken incl. Mehrfachvererbung zum Einsatz kommen. Dieser Abschnitt zeigt, wie man eine Spezialisierung der heterogenen Containerklasse PtrArry für einen konkreten Anwendungsfall durchführt.

Es ist oft notwendig, Operationen auf *allen* in einem Container gespeicherten Objekten ausführen zu können. In unserem Fall könnte eine solche Operation z.B. "Zeichnen aller Figuren" sein. Die Containerklasse soll eine Routine draw erhalten, die ihrerseits die Funktion draw von allen gespeicherten Objekten aufruft. Man möchte also z.B. etwas wie

```
Container cnt;
/* ... Füllen des Containers mit Graphikobjekten ... */
cnt.draw(); // Zeichnet alle gespeicherten Figuren
```

schreiben können.

In erster Näherung könnte man PtrArry um eine weitere Mitgliedsfunktion draw ergänzen, in der mit einer Schleife die draw-Routinen aller verwalteten Objekte aufgerufen werden. Diese Lösung verstößt allerdings wieder gegen das Prinzip der lokalen Kosten, denn nun müssen *alle* Benutzer von PtrArry den Code für draw in ihr Programm aufnehmen. Macht man dies öfter, enthält PtrArry schnell eine Menge Routinen, die mit der originären Aufgabe von PtrArry, nämlich der Verwaltung von Objekten, nichts zu tun haben.

Man löst das Problem wie üblich mit Hilfe der Ableitungstechnik. Dabei wird eine neue Klasse von PtrArry abgeleitet. Die neue Klasse GraphPtrArry hat alle Eigenschaften von PtrArry, besitzt zusätzlich jedoch noch eine draw-Routine.

Die Verwendung einer Ableitung ist hier korrekt, denn zwischen GraphPtrArry und PtrArry liegt ein *is-a* Beziehung vor (Kapitel 20): Ein Feld zur Speicherung von Graphikobjekten *ist ein* Feld (jedoch mit zusätzlichen Eigenschaften).

24.1 Mehrfachvererbung für GraphPtrArry

Zusätzlich ist auch hier wieder zu fordern, daß Objekte der Klasse GraphPtrArry ihrerseits wieder in einem GraphPtrArry gespeichert werden können. Mehrere Einzelfiguren aus einem evtl. größeren Bild können so zusammen gruppiert werden. Dies ist nützlich, wenn man diese Gruppe als Ganzes verschieben, löschen oder sonstwie manipulieren möchte.

Dazu ist es erforderlich, GraphPtrArry von GraphBase abzuleiten. An disem Beispiel wird ganz klar, daß es Aufgabenstellungen gibt, für die Mehrfachvererbung nahezu unentbehrlich ist. Die oft gehörte Meinung, daß Mehrfachvererbung *prinzipiell* falsch sei, ist hierdurch widerlegt.

Beachten Sie bitte, daß es nicht darum geht, ob man GraphPtrArry auch ohne Mehrfachvererbung formulieren *kann*. Dies ist sicherlich möglich. Nahezu jedes nicht vorhande Spachmittel kann irgendwie simuliert werden. Die Frage ist vielmehr, ob sich ein Problem mit Hilfe vom Mehrfachvererbung natürlicher (und damit einfacher) schreiben läßt. Wir haben festgestellt, daß sowohl zwischen GraphPtrArry und PtrArry als auch zwischen GraphPtrArry und GraphBase eine is-a Beziehung vorliegt. Möchte man diese Beziehung auch in der Programmstruktur ausdrücken, kommt man an der Mehrfachvererbung nicht vorbei[51].

24.2 Konsequenzen aus der Mehrfachvererbung

Die Ableitung von GraphPtrArry von mehreren Basisklassen hat einige Konsequenzen, die man bei der Programmierung beachten muß.

24.2.1 Abstrakte Funktionen

Die Klasse PtrArry ist von CntBase abgeleitet, die von CntBase vorgegebenen Funktionen (wie z.B. getUsedMem) werden in PtrArry implementiert. Die Ableitung GraphPtrArry kann diese Implementierung verwenden, da die Funktionalität für beide Klassen gleich ist.

Normalerweise würde GraphPtrArry die Funktion getUsedMem einfach erben. Dies geht hier jedoch nicht, da GraphPtrArry gleichzeitig eine Ableitung von GraphBase ist und die Funktion getUsedMem dort noch abstrakt ist. Die Ableitung GraphPtrArry *muß* daher eine Funktion getUsedMem implementieren, selbst dann, wenn eine andere Ableitung eine passende Implementierung bereitstellt.

---

[51] Der Autor ist offen für Vorschläge, wie man hier auf Mehrfachvererbung verzichten könnte, ohne schwerwiegende andere Nachteile (Verletzung des localized-cost Prinzips, Erhöhung der Komplexität, Verschlechterung der Lesbarkeit/Wartbarkeit etc.) in Kauf nehmen zu müssen.

24.2 Konsequenzen aus der Mehrfachvererbung

Man löst das Problem durch die explizite Angabe, daß die getUsedMem-Funktion von PtrArry zu verwenden ist:

```
//---------------------------------------------------------------
//      class GraphPtrArry
//
class GraphPtrArry : public PtrArry, public GraphBase {

public:

  //-- Funktionen aus GraphBase ------------------------------

  virtual long getUsedMem() const;

  /* ... weitere Mitglieder von GraphPtrArry ... */
  };
//---------------------------------------------------------------
//      GraphPtrArry:: getUsedMem
//
inline long GraphPtrArry::getUsedMem() const {
  return PtrArry::getUsedMem();
  }
```

Das gleiche gilt für den Operator const char*.

24.2.2 Auflösung von Mehrdeutigkeiten

Der Fall der Funktion getUsedMem ist ein Sonderfall eines Mehrdeutigkeitsproblems, das bei Mehrfachvererbung auftreten kann. Diese Art Mehrdeutigkeit liegt immer dann vor, wenn zwei (oder sogar mehr) Basisklassen eine Funktion gleichen Namens deklarieren. Für die Ableitung ist dann nicht klar, welche der möglichen Funktionen vererbt werden soll. Man kann die Mehrdeutigkeit nur auflösen, indem man explizit angibt, welche Funktion gemeint ist.

Folgendes Listing zeigt zwei Basisklassen A und B, die jeweils eine Funktion f deklarieren:

```
//---------------------------------------------------------------
//      A
//
class A {

public:

  void f();
  };
//---------------------------------------------------------------
//      B
//
class B {

public:

  void f();
  };
```

Leitet man eine Klasse C ab als

```
class C : public A, public B {};
```

ist der Aufruf von f in

```
C c;
c.f(); // <- FEHLER!
```

mehrdeutig, da nicht klar ist, ob A::f oder B::f zu verwenden ist.

Man löst die Mehrdeutigkeit explizit auf:

```
class C : public A, public B {

public:

  void f();
};
inline void C::f() {
  A::f();  // Die Funktion aus A soll "vererbt" werden
}
```

Ein weiterer Fall von Mehrdeutigkeiten kann bei der Typwandlung von Zeigern in Richtung der Basisklasse(n) auftreten. Es ist nun z.B. nicht mehr möglich, einen Zeiger auf ein GraphPtrArry implizit in einen Zeiger der Basisklasse CntBase zu wandeln. Folgendes Programmsegment produziert deshalb einen Fehler bei der Übersetzung:

```
GraphPtrArry *a;

CntBase *p = a; // <- FEHLER!
```

Der Grund ist, daß es zwei Wege für die Wandlung gibt: Entweder über PtrArry oder über GraphBase. Auch hier muß man die Mehrdeutigkeit explizit auflösen:

```
CntBase *p = (GraphBase*)a;
CntBase *p = (PtrArry*)a;
```

Beachten Sie bitte, daß es nicht erforderlich ist, den vollständigen Weg der Typwandlung explizit zu notieren, etwa wie in der Anweisung

```
CntBase *p = (CntBase*)(PtrArry*)a;  // nicht erforderlich
```

sondern es reicht aus, die Mehrdeutigkeit zu beseitigen.

In der Klasse GraphPtrArry tritt ein solches Problem z.B. bei der Funktion clone auf. Die Funktion muß ja ein CntBase* zurückliefern, es ist jedoch ein GraphPtrArry* vorhanden:

```
inline CntBase* GraphPtrArry::clone() const {
  return (PtrArry*)new GraphPtrArry( *this );
} // clone
```

24.3 GraphBase statt CntBase

GraphPtrArry verwaltet per Definitionem nur Objekte, deren Klassen von GraphBase abgeleitet sind. Die Funktionen zum Speichern und Zurückgeben von Objekten sollten deshalb nicht mit Argumenten vom Typ CntBase*, sondern mit GraphBase* deklariert werden:

```
class GraphPtrArry : public PtrArry, public GraphBase {
public:
  bool storeObjectAt( int, GraphBase * );
  /* ... weitere Mitglieder von GraphPtrArry ... */
};
```

Die Implementierung dagegen bleibt unverändert und kann von PtrArry geerbt werden:

```
inline bool GraphPtrArry::storeObjectAt( int index, GraphBase *arg ) {
  return PtrArry::storeObjectAt( index, arg );
  } // storeObjectAt
```

Beachten Sie bitte, daß keine explizite Konvertierung des Arguments notwendig ist: Da CntBase eine direkte Basisklasse von GraphBase ist, wird die Konvertierung implizit durchgeführt.

Anders sieht die Sache in der umgekehrten Richtung aus:

```
inline const GraphBase *GraphPtrArry::getObjectAt( int index ) const {
  return (const GraphBase*)PtrArry( index );;
  } // getObjectAt
```

Hier ist die explizite Angabe der Konvertierung notwendig. Wie immer bei expliziten Typwandlungen muß man sich gut überlegen, ob die Wandlung zu einem GraphBase* in allen Fällen korrekt ist. Hier ist dies der Fall, denn die Routine storeObjectAt zum Speichern von Objekten übernimmt ja gerade GraphBase* -Werte.

24.4 GraphNoData statt NoData

Es gibt allerdings eine Ausnahme. In einer *Ausnahmesituation* (z.B. ungültiger Index oder ungültiges Objekt) wird von PtrArry ein NoData-Objekt geliefert. Für dieses Objekt wäre die Interpretation als ein GraphBase-Objekt nicht korrekt, da NoData keine Ableitung von GraphBase ist.

Die einfachste Lösung des Problems ist die Einführung einer NoData-Klasse, die speziell für GraphPtrArry zugeschnitten ist. Eine solche GraphNoData-Klasse muß vor allem von GraphBase abgeleitet sein, damit Objekte der Klasse von Routinen wie getObjectAt etc. zurückgeliefert werden können. Andererseits handelt es sich um eine spezielle Art NoData-Klasse, daher ist zusätzlich auch die Ableitung von NoData angezeigt.

Hier ist also wieder Mehrfachvererbung erforderlich. Folgendes Listing zeigt die sich ergebende Definition der Klasse GraphNoData:

```
//---------------------------------------------------------------
//      class GraphNoData
//
class GraphNoData : public NoData, public GraphBase {

public:

  virtual operator C7CONST char*() const;

  virtual CntBase *clone() const;
  virtual long getUsedMem() const;
  virtual int getObjectId() const;

  virtual void draw() const;
  };
```

Die meisten Funktionen können direkt von NoData geerbt werden, jedoch muß man wieder die Mehrdeutigkeit von operator const char* und getUsedMem explizit auflösen.

```
inline GraphNoData::operator C7CONST char*() const {
  return NoData::operator C7CONST char*();
  }

inline long GraphNoData::getUsedMem() const {
  return NoData::getUsedMem();
  }
```

Hinzu kommen die Funktionen, die für jede Klasse anders zu implementieren sind:

```
inline CntBase *GraphNoData::clone() const {
  return (NoData*)new GraphNoData;
  }
inline int GraphNoData::getObjectId() const {
  return 198;
  }
```

Gegenüber NoData ist die Funktion draw neu hinzugekommen. Bei der Implementierung muß man festlegen, wie ein logisch "nicht vorhandenes" Objekt gezeichnet werden soll. Wir entscheiden uns, überhaupt nichts zu zeichnen:

```
inline void GraphNoData::draw() const {}
```

Durch die Einführung einer auf GraphPtrArry zugeschnittenen Version der NoData-Klasse müssen nun auch alle diejenigen Routinen aus GraphPtrArry angepaßt werden, die mit NoData-Objekten zu tun haben, wie etwa die Routine getObjectAt:

```
//---------------------------------------------------------------
//      GraphPtrArry:: getObjectAt
//
const GraphBase *GraphPtrArry::getObjectAt( int index ) const {

  if ( !isValidIndex( index ) )
    return graphNoDataPtr;

  return (const GraphBase*)p[ index ];
  } // getObjectAt
```

24.5 Die Klassendefinition

Die Überlegungen der letzten Abschnitte führen zu folgender Klassendefinition für GraphPtrArry:

```
//-------------------------------------------------------------------
//         class GraphPtrArry
//
class GraphPtrArry : public PtrArry, public GraphBase {

public:

  GraphPtrArry();   // erzeugt leeres Feld

  //-- Kopierkonstruktor und Zuweisungsoperator erzeugen eine tiefe Kopie
  GraphPtrArry              ( const GraphPtrArry & );
  GraphPtrArry &operator =  ( const GraphPtrArry & );

  //-- neue Funktionen gegenüber PtrArry ----------------------------
  //   (aus GraphBase)

  virtual void draw() const;

  //-- redefinierte Funktionen gegenüber PtrArry --------------------

  //-- liefert Zeiger auf Objekt an Index. Container bleibt Eigentümer
  //   Ungültiger Index, ungültiges Objekt: Zeiger auf GraphNoData-Objekt

  const GraphBase *getObjectAt( int ) const;

  //-- speichert Zeiger auf Objekt an Index. Vorher an dieser Stelle
  //   befindliches Objekt wird gelöscht. Container wird Eigentümer
  //   Nullzeiger als Argument: graphNoData wird gespeichert.
  //   Ungültiger Index, ungültiges Objekt: keine Aktion, FALSE zurück

  bool storeObjectAt( int, GraphBase * );

  //-- append fügt das übergebene Objekt als letztes in den Container ein.
  //   Das Feld wird um einen Eintrag vergrößert. Das Eigentum geht an den
  //   Container über

  bool append( GraphBase * );

  //-- operator +=, << sind Alias für append

  GraphPtrArry &operator += ( GraphBase * );
  GraphPtrArry &operator << ( GraphBase * );

  //-- remove entfernt das Objekt mit Index i aus dem Container und liefert
  //   einen Zeiger darauf zurück. Das Feld wird nicht verkleinert,
  //   sondern das Element bleibt leer. Ist Element bereits leer,
  //   wird ein GraphNoData-Objekt geliefert
  //   Das Eigentum geht an den Aufrufer zurück

  GraphBase *remove( int i );

  //-- Funktionen aus CntBase ---------------------------------------

  virtual CntBase *clone() const;
  virtual int getObjectId() const;
```

```
//-- Funktionen aus GraphBase ------------------------------------
  virtual operator C7CONST char*() const;
  virtual long getUsedMem() const;

private:
  //-- Das GraphNoData-Objekt und die zugehörige Zeigervariable, auf
  //   die eine Referenz zurückgegeben wird
  static GraphNoData  graphNoData;
  static GraphBase*   graphNoDataPtr;

};
```

Man sieht, daß die meisten Funktionen von der Basisklasse PtrArry geerbt werden. Die in GraphPtrArry deklarierten Funktionen können in folgende Gruppen eingeteilt werden:

- ❑ Konstruktoren und Zuweisungsoperator. Diese Funktionen werden niemals vererbt und müssen deshalb in der Ableitung erneut angegeben werden, auch wenn sie lediglich die entsprechenden Funktionen der Basisklasse(n) aufrufen.

- ❑ Funktionen, die für die Ableitung anders implementiert werden müssen. Hierzu gehören z.B. getObjectId und clone.

- ❑ Funktionen, die zwar funktional identisch zu denen in PtrArry sind, jedoch mit anderen Typen (GraphBase* anstelle CntBase*) arbeiten. Die Implementierung kann sich meist auf eine implizite oder explizite Typwandlung beschränken. Funktionen wie getObjectAt und storeObjectAt sind Mitglieder dieser Gruppe.

- ❑ Funktionen, die in einer der Basisklassen noch abstrakt sind und deshalb in der Ableitung implementiert werden müssen. Oft kann für die Implementierung auf eine bereits vorhandene Funktion aus einer anderen Basisklasse zurückgegriffen werden. Funktionen wie getUsedMem und operator const char* gehören zu dieser Gruppe.

- ❑ Funktionen, die gegenüber der Basisklasse neu hinzugekommen sind. In unserem Beispiel gehört nur die Funktion draw zu dieser Gruppe.

Die Implementierung der Mitgliedsfunktionen von GraphPtrArry enthält gegenüber PtrArry nichts Neues. Im wesentlichen handelt es sich um inline-Funktionen, die Typwandlungen realisieren. Hinzugekommen ist die Funktion draw, die mit der üblichen Schleife realisiert wird. Die Implementierung wird deshalb hier nicht abgedruckt.

24.6 Programm test1

Auf der Begleitdiskette befindet sich im Verzeichnis KAP24 ein kleines Testprogramm, das die neuen "Features" der speziellen Containerklasse GraphPtrArry testet. Da es sich dabei lediglich um die Funktion draw handelt, ist das Programm recht kurz:

24.6 Programm test1

```
//========================= Kopf =====================================
//
// Programm Test2 zum Test des heterogenen Feldes
//
//
// 92.08.01 : Version 1 (Au)
//
//========================= Abhängigkeiten ===========================
//
#include <gptrarry.h>
#include <bool.h>
#include <str.h>
#include <point.h>
#include <ellipse.h>
#include <rect.h>
#include <conio.h>
#include <graph.h>
#include <stdlib.h>

//========================= Programm =================================

void main() {

  GraphPtrArry cnt;

  Point a( 100, 100 ); // linker oberer Eckpunkt
  Point b( 200, 200 ); // rechter unterer Eckpunkt

  //-- wir verwenden eine kürzere und kompaktere Schreibweise zum
  //   Einfügen von Objekten in das Feld

  cnt << new Ellipse  ( a, b )
      << new Rectangle( a, b );

  //-- Zeichnen der Figuren mit einer einzigen Anweisung

  if ( !_setvideomode( _MAXRESMODE ) ) {
    puts( "kann nicht in Graphikmodus schalten" );
    exit( 1 );
  }

  cnt.draw();

  getch();
  _setvideomode( _DEFAULTMODE );
}
```

Die Containerklasse GraphPtrArry, die Figurenklassen Ellipse und Rectangle sowie das Testprogramm test1 sind eher als Ausgangspunkt für eigene Überlegungen und Erweiterungen gedacht. Die bestehende Softwarebasis könnte z.B. zunächst um leistungsfähigere Figurenklassen erweitert werden. Eine einfache Aufgabe für den Anfang wäre die Portierung der Polygonklasse aus Kapitel 19, so daß Polygonobjekte mit GraphPtrArry verwaltet werden könnten. In eine andere Richtung geht die Überlegung, welche Operationen auf Figuren und damit auch auf GraphPtrArry-Objekte anwendbar sein sollen. Zunächst sollte die Routine zum Zeichnen (draw) um eine komplementäre Routine zum Löschen von Objekten vom Bildschirm (hide) ergänzt werden. Desweiteren könnte man die Operationen Verschieben, Drehen und Skalieren aus Kapitel 19 für alle Graphikobjekte implementieren. In eine dritte Richtung schließlich gehen Überlegungen, wie man eine Benutzeroberfläche für die Manipulationsmöglichkeiten implementieren könnte. Optimal wäre hier natürlich die Steuerung durch eine Maus im Zusammenhang mit pop-up bzw. pull-down-Menüs. Auf jeden Fall sind der freien Entfaltung keine Grenzen gesetzt.

25 Streams

25.1 Einführung

In traditionellem C stehen zur Ein- und Ausgabe von Daten Funktionen wie printf und scanf bereit. Je nach gewünschter Funktionalität werden Abwandlungen wie z.B. cprintf, fprintf, sprintf, vfprintf, vprintf oder vsprintf verwendet. C++ erweitert diese traditionellen Methoden der Ein- und Ausgabe um ein neues Konzept, in dessen Mittelpunkt sogenannte *Streams* stehen.

Allgemein ist ein Stream ein sequentieller Fluß von Objekten, die von einer Datenquelle zu einer Datensenke fließen. Allerdings bezeichnet man im allgemeinen Sprachgebrauch nicht den Fluß von Objekten, sondern - nicht ganz korrekt - die Datenquellen bzw. -senken als Streams.

Quellen und Senken sind z.B. Dateien, serielle Schnittstellen oder auch Programmvariablen. Je nach Wahl von Quelle und Senke kann man unter Verwendung eines Streams z.B. Daten von der Tastatur in eine Variable einlesen, eine Variable auf dem Drucker ausgeben und vieles mehr.

25.2 Ein einfaches Beispiel

Wohl jede Einführung in die Ein-Ausgabe unter C beginnt mit dem unvermeidlichen "Hello-World" Programm. Unter Verwendung eines Streams nimmt es in C++ folgende Form an:

```
//-- Hello World mit Streams
#include <iostream.h>

void main() {
    cout << "good bye, world...";
    }
```

cout ist der Standard-Ausgabestrom, vergleichbar mit stdout in C. Der Linksschiebeoperator << führt die eigentliche Datenausgabe durch, die Daten "fließen" vom Programm in Richtung Ausgabekanal. Hier ist eine Programmkonstante die Quelle und die Standardausgabe die Senke für den Strom.

Analog kann eine Eingabeoperation durchgeführt werden:

```
//-- Eingabe eines integers mit Streams
#include <iostream.h>
void main() {
   cout << "Bitte einen Wert für i eingeben : ";
   int i;
   cin >> i;
}
```

cin ist der Standard-Eingabestrom, der normalerweise mit der Tastatur verbunden ist. Der >> Operator läßt die Daten vom Eingabekanal in die Variable i fließen. Hier ist die Standardeingabe die Quelle und eine Programmvariable die Senke.

Das Programm zeigt den Text "Bitte Wert für i eingeben" und wartet auf eine Eingabe des Benutzers. Die Eingabe der Zahl wird durch ENTER abgeschlossen.

25.3 Streams sind Objekte

Das letzte Beispiel läßt bereits vermuten, wie der Transport von Daten mit Hilfe von Streams grundsätzlich funktioniert: cout und cin sind Objekte von Klassen für die die Operatoren << bzw. >> geeignet mehrfach überladen wurden. Folgendes Listing zeigt z.B. einen Operator >>, wie er zur Übernahme eines int gebraucht wird:

```
class istream : ... {
public:
  istream& operator >> ( int & );   // Übernahme eines Integers

  /* ... weitere Mitglieder von istream ... */
};
```

Die Includedatei iostream.h[52] definiert (unter anderem) die Klasse ostream, die Ausgabeaufgaben übernimmt. Analog ist die Klasse istream allgemein für Eingaben zuständig. Davon abgeleitet sind die Klassen ostream_withassign sowie istream_withassign, die zusätzlich Zuweisungsoperatoren deklarieren. Sowohl istream als auch ostream sind Ableitungen der Klasse ios, die allgemein für die Formatierung der Daten zuständig ist.

---

52 Genaugenommen ist die Klasse ostream bei der Microsoft-Implementierung der Streamklassen nicht in der Datei iostream.h, sondern in ostream.h definiert. iostream.h includiert jedoch ostream.h. Ähnliches gilt für die Definition von istream und die Datei istream.h.

25.4 Die Stream-Bibliothek

Weiterhin ist noch die Klasse iostream vorhanden, die über Mehrfachvererbung von istream und ostream abgeleitet ist und deshalb sowohl zur Eingabe als auch zur Ausgabe verwendet werden kann. Auch hier gibt es eine Ableitung iostream_withassign. In der Praxis haben iostream und iostream_withassign allerdings fast keine Bedeutung.

Folgendes Bild zeigt einen Ausschnitt aus der Klassenhierarchie:

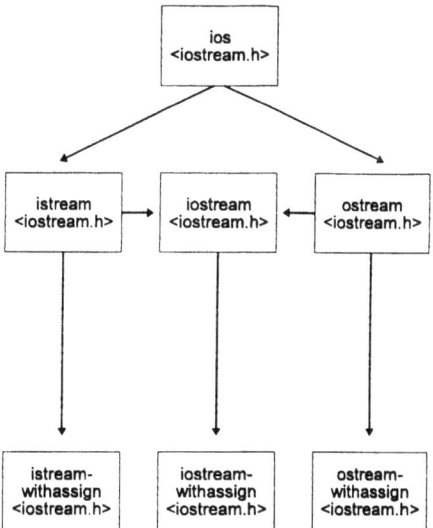

Bild 25.1: Klassenhierarchie der Streamklassen (teilweise)

Der Standard-Eingabestrom cin ist ein statisches Objekt der Klasse istream_withassign, das bei der Initialisierung mit dem Standard-Eingabekanal (meist die Tastatur) verbunden wird. Analog ist cout eine Instanz von ostream_withassign. cout wird automatisch mit dem Standard-Ausgabekanal (meist dem Bildschirm) verbunden.

25.4 Die Stream-Bibliothek

Die Leistungen des Stream-Systems werden also durch das Klassenkonzept im Zusammenhang mit dem Überladen von Operatoren erreicht. Streams gehören deshalb nicht zum Sprachumfang von C++, sondern sie sind eine Anwendung, die mit Hilfe von C++ realisiert ist. Die zum Stream-System gehörenden Klassen, Objekte etc. werden jedoch nicht als separate Bibliothek ausgeliefert, sondern sind in die Standard-Bibliotheken der Compiler integriert. Um mit Streams arbeiten zu können, müssen beim Linken deshalb keine besonderen Bibliotheken angegeben werden. Allerdings müssen für eine erfolgreiche Übersetzung eigener Programme natürlich Klassendefinitionen der Stream-Klassen, Funktionsprototypen etc. vorhanden sein.

Der Programmierer muß dazu je nach Aufgabenstellung die folgenden Includedateien in seine Programme aufnehmen:

iostream.h	Grundlegende Deklarationen
iomanip.h	Deklarationen für Manipulatoren
fstream.h	Deklarationen zur E/A mit Dateien
strstrea.h	Deklarationen zur E/A mit Strings

Diese Stream-Headerdateien sind im Gegensatz zu der traditionell eher spartanischen Dokumentation von C Programmen recht gut dokumentiert, so daß sich das Studium auf jeden Fall lohnt.

25.5 Standard-Streams

Das Stream-System stellt die folgenden sogenannten *Standard-Streams* bereit:

cin	Standard-Eingabe (Tastatur)
cout	Standard-Ausgabe (Bildschirm)
cerr	Standard-Fehlerausgabe (Bildschirm)
clog	Standard-Protokoll (Bildschirm)

Es handelt sich dabei um Objekte der Klassen istream_withassign bzw. ostream_withassign, die während der Initialisierung mit der Standard-Ausgabe bzw. Standard-Eingabe verbunden werden. Die Objekte sind statisch deklariert, d.h. die Standard-Streams werden automatisch vor dem Start der Funktion main initialisiert. Standard-Streams können also ohne weitere Deklaration oder Initialisierung sofort verwendet werden, wenn der Benutzer die Datei iostream.h includiert hat. Der Unterschied zwischen den Standardströmen cout, cerr und clog liegt in der internen Arbeitsweise. So ist z.B. cerr für die Ausgabe von Nachrichten in Fehlersituationen gedacht. Dabei ist sichergestellt, daß bei einer Ausgabe über cerr kein Speicher vom Heap angefordert wird, so daß cerr auch bei einem Heapüberlauf noch verwendet werden kann. cerr und clog sind außerdem ungepuffert, d.h. ausgegebene Daten werden ohne Zwischenspeicherung sofort an das eigentliche Ziel weitergegeben. Dadurch eignet sich clog vor allem für Protokollausgaben in Debugsituationen.

25.6 Die Transferoperatoren << und >>

Grundsätzlich werden der Linksschiebeoperator << zur Ausgabe und der Rechtsschiebeoperator >> zur Eingabe von Daten verwendet. *Ausgabe* soll dabei "In ein Streamobjekt hinein" und *Eingabe* "aus einem Streamobjekt heraus" bedeuten. In der Anweisung

```
a << b;
```

fließen Daten also in a hinein.

25.6 Die Transferoperatoren << und >>

Man spricht trotzdem von einer *Ausgabe*, da die Daten *aus dem Programm heraus* zu einer Datensenke hin (meist repräsentiert das Streamobjekt eine Datei etc.) fließen.

Was das Streamobjekt a mit diesen Daten macht, hängt von der Realisierung des «-Operators für a ab. Streamobjekte können Daten formatieren, konvertieren, puffern, in Dateien oder Speicherbereichen ablegen, etc. Ähnliche Funktionalität ist in den >>-Operatoren für die Eingabe realisiert.

Die Operatoren << und >> sorgen für den Transfer der Daten in die bzw. aus den Streamobjekten und werden deshalb auch als *Übergabe- bzw. Übernahmeoperatoren* bezeichnet. Manchmal findet man für << auch die Bezeichnung *Einfügeoperator* (*insertion operator*, Objekte werden in den Strom eingefügt) und für >> die Bezeichnung *Extraktionsoperator* (*extraction operator*, Objekte werden aus dem Strom entnommen). Die Operatoren beider Gruppen werden auch als *Transferoperatoren* bezeichnet.

Für die einfachen Datentypen char, short, int, long, float, double, long double sowie sinnvolle Kombinationen mit unsigned, * und & sowie für Zeiger sind bereits Transferoperatoren in den Klassen istream und ostream deklariert. Ist allgemein T ein solcher einfacher Datentyp, ist z.B. in ostream die Deklaration

```
ostream& operator << ( T );
```

sowie in der Klasse istream die Deklaration

```
istream& operator >> ( T& );
```

vorhanden. Beachten Sie bitte, daß Operatoren für die Eingabe nur für istream, Operatoren für die Ausgaben dagegen nur für ostream deklariert werden.

Das folgende Beispiel verwendet einige der überladenen <<-Operatoren für die Ausgabe:

```
//-- Ausgabe unterschiedlicher Datentypen mit <<
#include <iostream.h>
void main() {
    char* s = "Ein String";
    int   i = 1;
    float f = 3.1415;
    void* p = &i;

    cout << '\n'; cout << "string    : "; cout << s;
    cout << '\n'; cout << "integer   : "; cout << i;
    cout << '\n'; cout << "float     : "; cout << f;
    cout << '\n'; cout << "Zeiger    : "; cout << p;
}
```

Das Programm gibt die Zeilen

```
string    : Ein String
integer   : 1
float     : 3.1415
Zeiger    : 0x1e67fff4
```

aus. Beachten Sie, daß '\n' eine Konstante vom Typ char ist.

Eine wichtige Eigenschaft der Transferoperatoren ist, daß sie eine Referenz auf den eigenen Stream zurückgeben. Dadurch können die Operatoren kaskadiert werden. Die Ausgabeanweisungen aus dem letzten Beispiel können deshalb eleganter wie folgt formuliert werden:

```
cout << '\n' << "string    : " << s
     << '\n' << "integer   : " << i
     << '\n' << "float     : " << f
     << '\n' << "Zeiger    : " << p;
```

Die Priorität eines Operators wird beim Überladen nicht geändert.

Im folgenden Fall sind die Klammern um die Addition nicht erforderlich, schaden aber auch nicht:

```
//-- Die Klammern sind hier nicht erforderlich
   int i = 1;
   cout << ( i+2 );
```

Hat man die Prioritätsregeln für Operatoren nicht genau im Kopf, sollte man die Klammern jedoch grundsätzlich verwenden. In der Anweisung

```
   int i = 10000;
   int j = 0xff;

   cout << (i&j);    // Klammerung erforderlich!
```

z.B. sind Klammern um den Operator & erforderlich, da << eine höhere Priorität als der binäre UND-Operator hat.

In Kaskaden werden die Übergabeoperatoren von links nach rechts ausgewertet, was der intuitiven Erwartung für eine Ausgabe entspricht.

25.7 Formatierungen

Eine wesentliche Forderung an ein leistungsfähiges E/A Konzept ist die Forderung nach Formatierbarkeit der Daten. In Standard-C wird dies durch einen Formatstring erreicht, der als erstes Argument an printf/scanf bzw. Verwandte übergeben wird. Mit Streams sind die gleichen Formatierungen möglich, also im wesentlichen die Angabe von

- ❏ Feldbreite
- ❏ Bündigkeit (rechts, links)
- ❏ Füllzeichen
- ❏ Zahlenformat, Vorzeichen, Nachkommastellen.

Streams ermöglichen darüber hinaus das Ignorieren bzw. Beachten von sogenannten *weißen Leerzeichen* (*whitespace*) bei der Eingabe. Einige Formatangaben (wie z.B. Feldbreite) werden nach jeder Ausgabe wieder auf einen Standardwert zurückgesetzt, andere bleiben bis zu einer erneuten Veränderung gesetzt.

25.7.1 Interne Speicherung der Formate

Die für eine E/A Operation zu verwendenden Formatierungen werden als Variablen im Streamobjekt gespeichert. Diese *Formatvariablen* müssen vor einer Ein/Ausgabeoperation entsprechend gesetzt werden. Sie sind in der Klasse ios deklariert, die eine Basisklasse von istream und ostream ist.

```
int  x_width;        // Feldbreite für die Ausgabe
int  x_fill;         // Füllzeichen für die Ausgabe
int  x_precision;    // Genauigkeit für Fließkommaausgabe

long x_flags;        // einzelne Bits
```

Für die einzelnen Bits in x_flags ist in der Klasse ios ein Aufzählungstyp wie folgt definiert:

```
//-- Konstanten für x_flags in iostream.h

enum {
    skipws     = 0x0001,   // skip whitespace on input
    left       = 0x0002,   // left-adjust output
    right      = 0x0004,   // right-adjust output
    internal   = 0x0008,   // padding after sign or base indicator
    dec        = 0x0010,   // decimal conversion
    oct        = 0x0020,   // octal conversion
    hex        = 0x0040,   // hexidecimal conversion
    showbase   = 0x0080,   // use base indicator on output
    showpoint  = 0x0100,   // force decimal point (floating output
    uppercase  = 0x0200,   // upper-case hex output
    showpos    = 0x0400,   // add '+' to positive integers
    scientific = 0x0800,   // use 1.2345E2 floating notation
    fixed      = 0x1000,   // use 123.45 floating notation
    unitbuf    = 0x2000,   // flush all streams after insertion
    stdio      = 0x4000    // flush stdout, stderr after insertion
};
```

Die Formatvariablen sind protected und können deshalb nicht direkt gelesen oder verändert werden. Für diesen Zweck stehen Mitgliedsfunktionen und sogenannte *Manipulatoren* zur Verfügung.

25.7.2 Formatangabe über Mitgliedsfunktionen

Istream und ostream haben von ios eine Reihe von Mitgliedsfunktionen geerbt, über die die Formatvariablen gelesen und besetzt werden können.

Feldbreite, Füllzeichen und Anzahl der Nachkommastellen können direkt über die Mitgliedsfunktionen width, fill und precision gesetzt und auch abgefragt werden.

```
int width() const;         // liefert aktuelle Feldbreite
int width( int );          // setzt neue Feldbreite

char fill() const;         // liefert Füllzeichen
char fill( char );         // setzt neues Füllzeichen

int precision() const;     // liefert Genauigkeit für Gleitkommazahlen
int precision(int);        // setzt Genauigkeit
```

Für die in x_flags codierten Formate stehen die Mitgliedsfunktionen

```
long flags() const;
long flags( long );

long setf( long, long );
long setf( long );
long unsetf( long );
```

zur Verfügung.

Das folgende Beispiel demonstriert die Formatangabe über Mitgliedsfunktionen:

```
//-- Verwendung von Mitgliedsfunktionen zur Formatierung

  //-- Ausgabe eines Betrags mit Hilfe von Füllzeichen in einem
  //   Feld der Breite 10

  int amount = 355;

  cout << '\n' << "Sie erhalten heute DM ";
  cout.width( 10 );
  cout.fill( '*' );
  cout << amount << '\n';
}
```

Die Ausgabe der Variablen amount erfolgt rechtsbündig (Standardeinstellung) in einem Feld der Breite 10 Zeichen. Nicht benötigte Feldpositionen werden mit Sternchen ausgefüllt:

```
Sie erhalten heute DM *******355
```

Das folgende Programm zeigt, wie die Möglichkeit zur Ausgabe in verschiedenen Zahlensystemen zur Erstellung einer Konvertierungstabelle verwendet wird:

```
//-- Ausgabe einer Umrechnungstabelle dezimal/hex/oktal

  cout << '\n';
  cout.width( 12 ); cout << "dezimal";
  cout.width( 12 ); cout << "oktal";
  cout.width( 12 ); cout << "hexadezimal";
  cout << '\n';

  for ( int i = 0; i <= 16; i++ ) {

     cout << '\n';
     cout.width( 12 ); cout.unsetf( ios::oct | ios::hex );
     cout.setf( ios::dec );   cout << i;

     cout.width( 12 ); cout.unsetf( ios::dec | ios::hex );
     cout.setf( ios::oct );   cout << i;

     cout.width( 12 ); cout.unsetf( ios::dec | ios::oct );
     cout.setf( ios::hex );   cout << i;
  }

  cout << '\n';
```

Von den drei Bits dec, oct und hex sollte jeweils nur eines gesetzt sein. Standardmäßig ist kein Bit gesetzt, diese Einstellung ist identisch zu dec, d.h. die Ausgabe erfolgt dezimal. Nach einer Ausgabe in oct oder hex müssen diese Bits wieder manuell zurückgesetzt werden, um eine dezimale Ausgabe zu erhalten.

25.7 Formatierungen

Der Aufzählungstyp mit den Konstanten dec, oct und hex ist in der Klasse ios definiert. Außerhalb dieser Klasse muß deshalb der voll qualifizierte Name verwendet werden.

Das Programm produziert folgende Ausgabe:

```
dezimal         oktal hexadezimal
      0             0           0
      1             1           1
      2             2           2
      3             3           3
      4             4           4
      5             5           5
      6             6           6
      7             7           7
      8            10           8
      9            11           9
     10            12           a
     11            13           b
     12            14           c
     13            15           d
     14            16           e
     15            17           f
     16            20          10
```

25.7.3 Formatangabe über Manipulatoren

In den Beispielen im letzten Abschnitt stört, daß für eine logisch zusammengehörige Ausgabe mehrere Anweisungen erforderlich sind. Besser wäre es, wenn man die Formate direkt mit den Ausgaben in der gleichen Anweisung angeben könnte.

Genau dies wird durch sogenannte *Manipulatoren* erreicht. Ein Manipulator ist eine spezielle Mitgliedsfunktion, die Formatierungsdaten im Stream ändert, aber wie eine Variable in Ausgabeanweisungen erscheint.

Das folgende Beispiel zeigt, wie die Manipulatoren setw und setfill zum Setzen der Feldbreite und des Füllzeichens verwendet werden:

```
//-- Verwendung der Manipulatoren setw und setfill

#include <iostream.h>
#include <iomanip.h>

void main() {

    //-- Ausgabe eines Betrags mit Hilfe von Füllzeichen in einem
    //   Feld der Breite 10

    int amount = 355;

    cout << '\n' << "Sie erhalten heute DM "
         << setw( 10 ) << setfill( '*' ) << amount << '\n';
}
```

Für viele der verfügbaren Formate sind Manipulatoren definiert. Die folgende Tabelle zeigt einen Überblick:

ws	whitespace bei der Eingabe ignorieren
dec	Zahl in dezimaler Form ausgeben
oct	Zahl in oktaler Form ausgeben
hex	Zahl in hexadezimaler Form ausgeben

setbase(int)	Basis (0,8,10 oder 16) setzen
setfill(int)	Füllzeichen setzten
setw(int)	Feldbreite setzten
setprecision(int)	Genauigkeit für Fließkomma-E/A setzen

setiosflag(long)	entspricht setf(long)
resetiosflag(long)	entspricht unsetf(long)

Für die Feldbreite, Füllzeichen und Anzahl der Nachkommastellen sind eigene Manipulatoren vorhanden, ebenso für einige der in x_flags vorhandenen Bits. Zum Setzen bzw. Löschen der anderen Bits stehen die allgemeinen Manipulatoren setiosflag und resetiosflag zur Verfügung.

Die Konvertierungstabelle läßt sich unter Verwendung von Manipulatoren eleganter wie folgt schreiben:

```
//-- Ausgabe einer Umrechnungstabelle dezimal/hex/oktal
cout << '\n' << setw( 12 ) << "dezimal"
             << setw( 12 ) << "oktal"
             << setw( 12 ) << "hexadezimal" << '\n';
for ( int i = 0; i <= 16; i++ )
   cout << '\n' << setw( 12 ) << dec << i
                << setw( 12 ) << oct << i
                << setw( 12 ) << hex << i;

cout << '\n';
```

Die Formatangabe über Manipulatoren hat gegenüber der Angabe über Mitgliedsfunktionen nicht nur optische Vorteile. So setzt z.B. der Manipulator dec() nicht nur das Bit ios::dec, sondern setzt gleichzeitig die evtl. gesetzten Bits ios::oct und ios::hex zurück, denn diese Formatierungen schließen sich gegenseitig aus. Beim Setzen der Bits über Mitgliedsfunktionen muß der Programmierer selber sicherstellen, daß sich ausschließende Formatierungen vermieden werden.

Die Deklarationen für ws, dec, oct und hex befinden sich in iostream.h, die für die restlichen Manipulatoren in iomanip.h.

25.7.4 Die Manipulatoren endl, ends und flush

Die Tatsache, daß Manipulatoren in E/A-Kaskaden eingestreut werden können, kann man nicht nur zur Angabe der Formatierung gut verwenden. Besondere Zeichen wie z.B. '\n' für Zeilenschaltung oder oft gebrauchte Funktionen können vorteilhaft als Manipulatoren definiert werden.

Die folgende Tabelle zeigt die drei wichtigsten Manipulatoren dieser Sorte:

endl	Neue Zeile beginnen
ends	Stringendezeichen anhängen
flush	Ausgabepuffer leeren

In traditionellem C gibt man in MS-DOS das Zeichen \n aus, um Ausgaben in einer neuen Zeile beginnen zu lassen. In UNIX-Systemen muß man dagegen \n\r schreiben, da der "Wagenrücklauf" dort nicht automatisch durchgeführt wird: \n bewegt den Zeiger nur in die nächste Zeile, läßt aber die Spaltenposition unverändert. Der Manipulator endl entlastet den Programmierer von solchen implementierungsabhängigen Feinheiten: Er stellt die Funktionalität "nächste Ausgabe in einer neuen Zeile beginnen" betriebssystemunabhängig bereit.

Der Vorteil dabei ist, daß für endl je nach Bedarf verschiedene Implementierungen möglich sind. Unter MS-DOS fügt der Manipulator ein \n in den Zeichenstrom ein. Der Bildschirmtreiber im BIOS muß dieses wieder herausfiltern und die Positionierung durchführen. Diese Vorgehensweise ist mit ein Grund, warum die normale Bildschirmausgabe relativ langsam ist. Für andere E/A-Systeme sind effizientere Implementierungen denkbar. Möchte man z.B. Daten direkt in den Bildschirmspeicher schreiben, ist der Umweg über \n nicht erforderlich. Stattdessen könnte der Manipulator gleich die aktuellen Schreibkoordinaten im Bildschirmspeicher für die nächste Ausgabe anpassen. Das spart Rechenzeit, denn der Stream muß nun nicht mehr jedes ausgegebene Zeichen auf besondere Bedeutungen überprüfen.

Im Beispiel zur Ausgabe des Geldbetrages schreibt man die Ausgabeanweisung deshalb besser folgendermaßen:

```
//-- Verwendung des Manipulators endl

    //-- Ausgabe eines Betrags mit Hilfe von Füllzeichen in einem
    //   Feld der Breite 10

    int amount = 355;

    cout << endl << "Sie erhalten heute DM "
         << setw( 10 ) << setfill( '*' ) << amount << endl;
```

Auch das Ende einer Zeichenkette wird unabhängig von der Bedeutung bestimmter Zeichen durch den Manipulator ends markiert. Normalerweise ist das Ende eines Strings einheitlich durch das Zeichen \0 markiert, so daß hier das Argument der Portabilität in den Hintergrund tritt. Sowohl endl als auch ends können jedoch noch zusätzliche Funktionen ausführen, wie z.B flush. Auch aus diesem Grunde sind die Manipulatoren den Sonderzeichen vorzuziehen.

Streams können gepuffert sein (s.u.). Bei der Ausgabe bedeutet dies z.B., daß der Stream so lange Daten aufnimmt, bis ein interner Puffer voll ist. Dann erst wird der gesamt Puffer an die Datensenke (meist eine Datei) übergeben. Der Manipulator flush leert den streaminternen Puffer, so daß sichergestellt ist, daß alle an das Streamobjekt übergebenen Zeichen an die Senke weitergegeben wurden. Auf die Pufferung von Streams kommen wir in einem späteren Abschnitt noch einmal genauer zu sprechen.

Die Deklarationen für endl, ends und flush befinden sich in iostream.h.

25.8 Fehlerbehandlung

Streams bieten im Gegensatz zur Standard-C-E/A eine komfortable Behandlung von Fehlern. Ein Grundprinzip ist, daß mit einem Stream nur dann Operationen möglich sind, wenn sich der Stream nicht in einem Fehlerzustand befindet. Ist einmal ein Fehler aufgetreten, bleibt dieser Zustand solange bestehen, bis er mit einer speziellen Stream-Funktion zurückgesetzt wird. Während dieser Zeit sind keine Ein- oder Ausgaben möglich. Alle Operatoren und Mitgliedsfunktionen können zwar weiterhin aufgerufen werden, führen aber keine Aktionen mehr aus. Der Programmierer muß deshalb nicht mehr nach jeder E/A-Operation den Erfolg testen, sondern kann die Abfrage auf strategische Punkte im Programm beschränken.

25.8.1 Der Streamstatus

Der Zustand eines Stream wird in im Datenmitglied state der Klasse ios festgehalten. Für state sind die folgenden Bits definiert:

```
//-- stream status bits

enum io_state          {
   goodbit  = 0x00,
   eofbit   = 0x01,
   failbit  = 0x02,
   badbit   = 0x04
   };
```

Die Konstante goodbit ist eigentlich kein Bit, sondern repräsentiert die Abwesenheit der anderen Fehlerbits. Nur wenn state == goodbit ist, sind E/A-Operationen mit dem Stream möglich.

Die Bits haben folgende Bedeutung:

goodbit	Alles ok
eofbit	Quelle erschöpft, weiteres Lesen nicht mehr möglich (i.a. Dateiende). Positionieren des Lesezeigers ist jedoch weiterhin möglich.

25.8 Fehlerbehandlung

failbit	Die letzte Operation konnte nicht ausgeführt werden, weitere Operationen sind möglich, wenn der Streamstatus (z.B. mit der Funktion clear, s.u.) zurückgesetzt wird
badbit	Wie fail, darüber hinaus wurden jedoch Zeichen verloren.

25.8.2 Abfragen des Streamstatus

In ios sind Funktionen deklariert, über die die einzelnen Zustände abgefragt werden können:

int rdstate();	liefert den gesamten Streamstate

int good();	liefert !=0 wenn kein Bit gesetzt ist
int eof();	liefert !=0 wenn eofbit gesetzt ist
int fail();	liefert !=0 wenn failbit oder badbit gesetzt sind
int bad();	liefert !=0 wenn badbit gesetzt ist

Für Streams ist der Operator void* deklariert, der den Gültigkeitsstatus des Streams liefert. Dabei ist zu beachten, daß das Erreichen der eof-Marke nicht als Fehler betrachtet wird, der zu einem ungültigen Stream führt. Im Regelfall wird das Ende der Eingabedaten nicht zu einer Fehlerbehandlung führen, sondern lediglich die Eingabeschleife beenden.

Das folgende Programmsegment ist deshalb typisch für eine Schleife, die so lange Werte einliest, bis ein Fehler oder das Ende der Eingabedaten auftritt. Konkret soll die Funktion calcMean den Mittelwert der von einem Stream zu lesenden Daten berechnen:

```
double calcMean( istream &istr ) {
  int value;
  int sum = 0;
  int count = 0;
  while ( istr >> value ) {
    if ( istr.eof() )
      return (double)sum/count;
    sum += value;
    count++;
  }
  //-- istr ist ungültig geworden
  //   Hier könnte optional Fehlerbehandlung erfolgen
  return 0;
}
```

Ein kleines Programm, das Zahlen vom Bildschirm einliest und den Mittelwert ausgibt, könnte folgendermaßen aussehen:

```
void main() {
  cout << "Bitte Zahlen eingeben: ";
  double m = calcMean( cin );

  if ( cin )
    cout << "Der Mittelwert ist " << m << endl;
  else
    cerr << "Eingabedaten ungültig!" << endl;
```

Beachten Sie bitte, daß das Dateiende beim Einlesen von Tastatur durch ein ^Z signalisiert wird.

Für Streams ist außerdem der Operator ! definiert, der das Ergebnis von operator void* negiert. Operator ! liefert also genau dann einen Wert ungleich 0, wenn der Stream in einem Fehlerzustand ist. Die Fehlerabfrage aus dem obigen Programm kann deshalb auch als

```
if ( !cin )
  cerr << "Eingabedaten ungültig!" << endl;
else
  cout << "Der Mittelwert ist " << m << endl;
```

formuliert werden.

25.8.3 Rücksetzten des Streamstatus

Zum Rücksetzten des Status wird die Funktion clear verwendet. Handelt es sich um einen temporären Fehler (wie z.B. Platte voll bei der Ausgabe, Datei durch anderen Prozeß gesperrt bei der Eingabe etc.) kann man versuchen, die Operation nach Beheben des Fehlers zu wiederholen.

Tritt im folgenden Programm ein Fehler bei der Ausgabe auf, kann der Versuch wiederholt werden, nachdem der Streamstatus auf good zurückgesetzt wurde.

```
float f1 = 1.23456,
      f2 = 2.34567;

ofstream s( "dump.dta" );   // Ausgabe auf Datei

while ( ! (s << f1 << f2) ) {
  char result;
  cout << "n: neuer Versuch, sonst Abbruch" << endl;
  cin >> result;
  if ( result == 'n' ) {
    s.clear();
    continue;
  }
  /* ... Fehlerbehandlung ... */
}
}
```

clear kann optional auch mit einem int-Parameter aufgerufen werden, der den zu setzenden Streamstatus angibt. Von dieser Möglichkeit wird manchmal Gebrauch gemacht, um einzelne Bits im Statuswort zurückzusetzen. Die folgende

Anweisung setzt z.B. in einem Stream s nur das badbit zurück und läßt alle anderen Bits unbeeinflußt:

```
s.clear( s.rdstate() | ios::badbit );
```

25.9 Weiße Leerzeichen

Sogenannte "weiße" Leerzeichen (*whitespace*) sind alle Zeichen, für die die Funktion isspace (in ctype.h) einen Wert ungleich 0 liefert. Dies sind:

' '	Leerzeichen
'\t'	Tabulator (tab)
'\n'	Zeilenschaltung (new line)
'\r'	Wagenrücklauf (carriage return)
'\f'	Seitenvorschub (form feed)
'\v'	vertikaler Tabulator (vertical tab)

Bei der Eingabe von Daten mit dem Übernahmeoperator « werden weiße Leerzeichen standardmäßig überlesen. Dies gilt auch für Strings. Das folgende Programm zeigt dieses Verhalten des Eingabeoperators, indem so lange Worte eingelesen werden, bis das Ende der Eingabe erreicht ist.

```
void main() {
  const int MAXBUF = 80;
  char buf[ MAXBUF ];

  cout << "Bitte einige Worte eingeben :";
  while ( cin.good() ) {
    cin >> setw( MAXBUF ) >> buf;
    cout << '.' << buf << '.' << endl;
  }
}
```

Wird auf die Eingabeaufforderung z.B. der String

```
   Dies ist ein Satz
```

eingegeben, druckt das Programm als Ergebnis die Zeilen

```
.Dies.
.ist.
.ein.
.Satz.
```

aus. Ob whitespace ignoriert wird oder nicht, wird durch das Bit skipws im Formatwort ios::x_flags bestimmt. Möchte man die Leerzeichen als Teil der Eingabe mit einlesen, schaltet man das Bit mit der Streamfunktion unsetf aus:

```
//-- whitespace-skipping für cin ausschalten
cin.unsetf( ios::skipws );

const int MAXBUF = 80;
char buf[ MAXBUF ];

cout << "Bitte einige Worte eingeben :";
while ( cin.good() ) {
  int count = 0; // Zählt die whitespace-Zeichen
  char c;
```

```
    //-- whitespace muß nun manuell überlesen werden
    while ( isspace( c = cin.get() ) )
      count++;

    //-- das letzte gelesene Zeichen war kein whitespace
    cin.putback( c );

    cin >> setw( MAXBUF ) >> buf;
    cout << "whitespace : " << count << " ." << buf << '.' << endl;
  }
```

Die gleiche Eingabe für das Programm produziert nun die Ausgabe

```
    spaces : 0 .Dies.
    spaces : 1 .ist.
    spaces : 1 .ein.
    spaces : 1 .Satz.
```

Es ist jedoch zu beachten, daß die Standard-Übernahmeoperatoren bei Antreffen eines whitespace-Zeichens die Übernahme beenden: whitespace wird grundsätzlich als Trennzeichen zwischen Eingaben interpretiert. Beginnt der Datenstrom daher bereits mit whitespace, wird überhaupt nichts eingelesen, wenn skipws nicht gesetzt ist. Der Benutzer muß dafür sorgen, daß der Lesezeiger vor Aufruf eines Übernahmeoperators nicht auf einem whitespace steht, d.h. man wird die Leerzeichen manuell in einer Schleife ignorieren.

Normalerweise überläßt man das Überlesen weißer Leerzeichen deshalb besser dem Stream. Ausnahmen sind dort angebracht, in denen die Leerzeichen *selber* von Interesse sind. Im letzten Programm haben wir z.B. die whitespace-Zeichen gezählt. Eine anderes Programm, für das whitespace-Zeichen von Interesse sind, könnte z.B. Tabulatoren in Leerzeichen umwandeln oder umgekehrt.

Beachten Sie bitte, daß die Angabe einer Feldbreite auch für Eingabeströme zulässig ist. Setzt man z.B. wie im letzten Programm die Feldbreite auf MAXBUF, werden in die nachfolgende Variable höchstens MAXBUF Zeichen eingelesen:

```
    cin >> setw( MAXBUF ) >> buf; // buf erhält maximal MAXBUF Zeichen
```

Dies ist hauptsächlich bei der Eingabe von Zeichenketten wichtig.

25.10 Ein/Ausgabe mit Dateien

Zur Arbeit mit Dateien werden die Streamklassen ofstream und ifstream verwendet. Sie sind unter anderem von ostream bzw. istream abgeleitet und definieren zusätzlich einige spezielle Daten und Funktionen, die zur Behandlung von Dateien gebraucht werden. Übergabeoperatoren, Manipulatoren etc. werden von den Basisklassen geerbt, so daß z.B. alle Formatierungen auch bei E/A mit Dateien möglich sind. Gleichzeitige Ein- und Ausgabe mit einer Datei ist mit Hilfe der Klasse fstream möglich, die zu diesem Zweck von iostream abgeleitet ist.

Die Klassen ofstream, ifstream und fstream sind in fstream.h definiert.

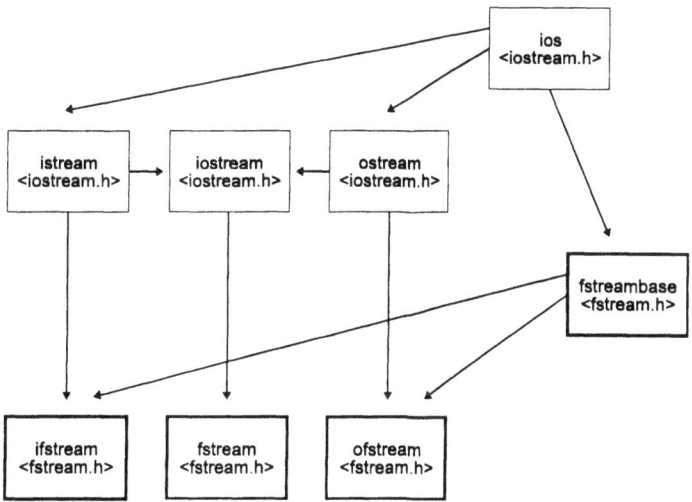

Bild 25.2: Klassenhierarchie zur E/A mit Dateien

25.10.1 ofstream und ifstream Konstruktoren

ofstream und ifstream besitzen einen Konstruktor, der einen Dateinamen akzeptiert. Der Konstruktor versucht, die angegebene Datei zu öffnen, der Streamstatus wird entsprechend gesetzt. War das Öffnen erfolgreich, steht der Stream nun für Eingabe- bzw. Ausgabeoperationen zur Verfügung.

Im folgenden Programm test1 wurde die Klasse Complex um Funktionen read und print erweitert, die eine komplexe Zahl aus einem Eingabestrom lesen bzw. auf einen Ausgabestrom schreiben. Im Hauptprogramm werden print und read getestet, indem eine komplexe Zahl erzeugt, in die Datei test.dat geschrieben und wieder eingelesen wird. Die ursprüngliche und die gelesene Zahl werden zur Kontrolle angezeigt.

```
//========================= Kopf ====================================
//
// Programm test1 zur Demonstration der EA mit Streams
//
//
// 92.08.01 : Version 1 (Au)
//

//========================= Abhängigkeiten ==========================
//

#include <bool.h>
#include <stdlib.h>
#include <iostream.h>
#include <fstream.h>
#include <iomanip.h>
```

```
//======================= Programm =================================

//-------------------------------------------------------------------
//      class Complex
//
struct Complex {

   int re, im;    // Realteil und Imaginärteil der komplexen Zahl

   Complex();
   Complex( int, int );

   bool print( ostream &ostr ) const;   // schreibt Objekt auf ostr
   bool read ( istream &istr );         // liest Objekt von istr
   };
//-------------------------------------------------------------------
//      Complex:: ctor
//
inline Complex::Complex() {
  re = im = 0;
  }
inline Complex::Complex( int reIn, int imIn )
  : re( reIn ), im( imIn ) {}
//-------------------------------------------------------------------
//      Complex::print
//
bool Complex::print( ostream &ostr ) const {

   ostr << " Realteil : "         << setw( 10 ) << re
        << " Imaginärteil : "     << setw( 10 ) << im << endl;

   return ostr.good();
   }
//-------------------------------------------------------------------
//      Complex::read
//
bool Complex::read( istream &istr ) {

   //-- Puffer zum Übergehen nicht gebrauchter Teile der Eingabe

   const int max  = 80;
   static char dummy[ max ];

   istr >> setw( max ) >> dummy >> setw( max ) >> dummy >> setw( 10 ) >> re
        >> setw( max ) >> dummy >> setw( max ) >> dummy >> setw( 10 ) >> im;

   return istr.good();
   }
//-------------------------------------------------------------------
//      main
//
void main() {

  Complex c1( 1, 2 ),
          c2;
```

25.10 Ein/Ausgabe mit Dateien

```
//-- Datei für Ausgabe öffnen und Zahl ausgeben, Datei schließen

ofstream outf( "test.dat" );

if ( !c1.print( outf ) ) {
  cerr << endl << "Schreiben fehlgeschlagen" << endl;
  exit( 1 );
  }

outf.close();

//-- Datei für Eingabe öffnen und Zahl einlesen, Datei schließen

ifstream inf( "test.dat" );
if ( !c2.read( inf ) ) {
  cerr << endl << "Lesen fehlgeschlagen" << endl;
  exit( 1 );
  }

inf.close();

//-- Originalzahl und eingelesene Zahl auf Bildschirm zeigen

cout << "Original : ";
c1.print( cout );

cout << "Gelesen  : ";
c2.print( cout );

}
```

Als Ausgabe werden wie erwartet die Zeilen

```
Original : Realteil :      1 Imaginärteil :      2
Gelesen  : Realteil :      1 Imaginärteil :      2
```

ausgegeben.

An diesem Programm sind folgende Punkte interessant:

❏ Die Ausgabe des Objekts durch print ist unabhängig vom Stream, auf den die Ausgabe stattfindet. Im Hauptprogramm wird print sowohl zur Ausgabe in die Datei test.dat als auch zur Ausgabe auf den Bildschirm verwendet. Innerhalb der Implementierung von print spielt es keine Rolle, mit welcher Senke der Stream verbunden ist. Gleiches gilt für read.

❏ read muß die nicht informativen Teile des Datenstromes überlesen. Die Strings "Realteil :" und "Imaginärteil :" enthalten keine Information für read. Dabei ist zu beachten, daß der Übernahmevorgang für eine char* Variable beendet wird, wenn ein whitespace-Zeichen erkannt wird. Wegen der abgesetzten Doppelpunkte sind insgesamt vier dieser Übernahmen erforderlich, um die nicht informativen Teile zu überlesen. Beachten Sie bitte, daß whitespace-Zeichen bei der Eingabe standardmäßig ignoriert werden.

❏ Vor der Übernahme von Daten in eine char* Variable wird grundsätzlich mit dem Manipulator setw die Feldbreite gesetzt. Der Übernahmeoperator bricht den Transfer auf jeden Fall ab, wenn diese Maximalzahl von Zeichen übernommen worden ist. Dadurch wird vermieden, daß bei einer fehlerhaften Datei (mit z.B. sehr langen Strings) mehr als 80 Zeichen eingelesen werden.

❏ Es wird nicht nach jeder E/A Operation eine Fehlerabfrage durchgeführt, sondern nur an "strategischen" Stellen des Programms. Dieses Vorgehen ist möglich, da mit einem Stream auch nach Auftreten eines Fehlers gefahrlos weitergearbeitet werden kann. Der Stream ignoriert zwar sämtliche Operationen, das Programm bleibt aber immer in einem kontrollierten Zustand.

❏ Die Fehlerabfrage verwendet explizit die Funktion good. Eine einfache Abfrage des Streamstatus über einen der Operatoren void* oder !, etwa wie in der Anweisung

```
return !!istr;
```

kann zu Problemen führen, da das Erreichen des Dateiendes von diesen Operatoren nicht gemeldet wird. Die obige if-Anweisung liefert nur dann einen Wert ungleich Null, wenn failbit oder badbit gesetzt sind. Eine eof-Situation wird nicht als Fehler gewertet.

ifstream und ofstream definieren zusätzlich je einen Standardkonstruktor, der es ermöglicht, einen Stream ohne Angabe eines Dateinamens zu definieren und den Dateinamen erst zu einem späteren Zeitpunkt anzugeben. Diese Möglichkeit wird vor allem dann verwendet, wenn ein Stream nacheinander mehrere Dateien bearbeiten soll, wie im Beispiel im nächsten Abschnitt.

25.10.2 Die Funktionen open und close

Zum expliziten Öffnen bzw. Schließen einer Datei (genaugenommen einer mit dem jeweiligen Stream verbundenen Datei) dienen die Funktionen open bzw. close. Im folgenden Beispiel wird der Stream ostr nacheinander mit den in der Kommandozeile angegebenen Dateien verbunden. In jede dieser Dateien wird der Wert des Complex-Objekts ausgegeben.

```
void main( int, char** argv ) {
  Complex c1( 1, 2 );
  ofstream ostr;
  for ( char** f = &argv[ 1 ]; *f; ++f ) {
    ostr.open( *f );
    c1.print( ostr );
    ostr.close();
    }
```

Dieses Beispiel dient nur zur Demonstration der Funktionen open und close.

In der Praxis haben diese beiden Funktionen dagegen weniger Bedeutung, da man das gleiche Ergebnis einfacher durch eine lokale Definition der Streamvariablen ostr erreichen kann:

```
for ( char** f = &argv[ 1 ]; *f; ++f ) {
  ofstream ostr( *f );        // implizites open
  c1.print( ostr );
  }                           // implizites close
}
```

Hier macht man sich die Tatsache zunutze, daß der Stream-Konstruktor mit einem Dateinamen implizit open aufruft. Selbstverständlich schließt der ofstream-Destruktor eine evtl. noch offene Datei.

25.10.3 Der Open-Modus einer Datei

Beim Öffnen der Datei kann der aus C bekannte "Open-Modus" als zweiter Parameter angegeben werden, und zwar sowohl im Konstruktor als auch bei der Funktion open.

Das folgende Listing zeigt die Angabe des Modus im Stream-Konstruktor, um Daten an das Ende der Datei test.dat anzuhängen:

```
//-- Verwendung der in ios definierten Modi für das Öffnen einer Datei
    ofstream ostr( "test.dat", ios::app );
```

Das gleiche Ergebnis wird mit den folgenden beiden Anweisungen erzielt:

```
    ofstream ostr;
    ostr.open( "test.dat", ios::app );
```

Die für den Open-Modus möglichen Konstanten sind als Aufzählung in der Klasse ios (Datei ios.h) definiert:

```
enum open_mode {
    in        = 0x01,    // Datei für Eingabe öffnen
    out       = 0x02,    // Datei für Ausgabe öffnen
    ate       = 0x04,    // nach Öffnen auf Dateiende positionieren
    app       = 0x08,    // Ausgabe nur am Dateiende
    trunc     = 0x10,    // löscht Datei wenn out, nicht aber ate
                         //     oder app angegeben ist
    nocreate  = 0x20,    // erzeugt Fehler, wenn Datei nicht existiert
    noreplace = 0x40,    // erzeugt Fehler, wenn Datei bereits existiert
    binary    = 0x80     // Binärmodus
};
```

Der Vorgabewert für ofstream Streams ist ios::out, der für ifstream Streams ist ios::in. Diese beiden Bits brauchen deshalb normalerweise nicht angegeben werden.

25.10.4 Die Funktion attach

Mit attach wird ein Stream mit einem bereits existierenden Standard-C-Filehandle verbunden. Im folgenden Programm wird c1 auf dem Bildschirm ausgegeben, wenn in der Kommandozeile kein Dateinamen angegeben ist.

```
//-------------------------------------------------------------
//       main
//
void main( int argc, char** argv ) {
  ofstream ostr;
  if ( argc < 2 )
     ostr.attach( 1 ); // filehandle 1 ist stdout
  else
     ostr.open( argv[ 1 ], ios::app );

  Complex c1( 1, 2 );
  c1.print( ostr );
}
```

Beachten Sie bitte, daß close (bzw. der Destruktor) eine Datei nur dann schließen, wenn die Datei mit open (bzw. beim Konstruktoraufruf mit einem Dateinamen) geöffnet wurde. Mit attach verbundene Dateien werden nicht geschlossen!

25.10.5 Positionieren in Dateien

ifstream und ofstream Streams besitzen je einen (logischen) Zeiger in die Datei, an dem die nächste Lese- bzw. Schreiboperation stattfindet ("cp", *current pointer*). Dieser Zeiger kann vom Programmierer sowohl abgefragt als auch gesetzt werden:

```
//-- Streamfunktionen zum Setzen und Lesen des
//   current pointer (cp) einer Datei

   //-- Lesen und Setzen des Lesezeigers

   streampos tellg();
   istream &seekg( streampos );

   //-- Lesen und Setzen des Schreibzeigers

   streampos tellp();
   ostream &seekp( streampos );
```

Der Zeiger ist vom Typ streampos. Der Typ ist in den meisten Implementierungen als long definiert, muß man portablen Code schreiben, sollte man sich darauf jedoch nicht verlassen. streampos-Werte sollen nur für die o.a. Funktionen verwendet werden, alle anderen Operationen mit streampos-Daten sind nicht definiert. Insbesondere kann man nicht davon ausgehen, daß bestimmte Werte eine bestimmte Bedeutung haben (auch wenn das in MSDOS- und UNIX-Implementierungen wohl meist der Fall sein dürfte). Eine Anweisung wie z.B.

```
//-- falsch, da nicht unbedingt davon ausgegangen werden kann, daß
//   der Dateianfang durch 0 repräsentiert wird.

   istr.seekg( 0 );
```

ist nicht korrekt, da man nicht voraussetzten sollte, daß der Dateianfang mit 0 erreicht wird.

Arithmetik mit streampos-Werten ist aber über eine spezielle Form der seekg- bzw. seekp- Funktionen möglich. Ist ein zweiter Parameter für diese Funktionen angegeben, wird der erste Parameter als (numerischer) offset von einem Ausgangspunkt gerechnet und der zweite Parameter gibt den Ausgangspunkt an:

```
//-- Streamfunktionen zum RELATIVEN Setzen des
//   current pointer (cp) einer Datei

  istream &seekg( streamoff, seek_dir );  // Lesezeiger
  ostream &seekp( streamoff, seek_dir );  // Schreibzeiger
```

Die für seek_dir möglichen Konstanten sind als Aufzählung in der Klasse ios definiert:

25.10 Ein/Ausgabe mit Dateien

```
//-- Definition des Aufzählungstyps seek_dir in der Klasse ios

    enum seek_dir {
        beg   = 0,    // Offset vom Beginn der Datei rechnen
        cur   = 1,    //        von augenblicklichem cp rechnen
        end   = 2     //        vom Ende der Datei rechnen
    };
```

Um den Dateizeiger auf den Anfang der Datei zu setzten, verwendet man also die folgende Anweisung:

```
//-- richtig, da hier der relative offset (als numerischer Wert)
//     von einem Punkt aus angegeben wird.

istr.seekg( 0, ios::beg );
```

Das Zurücksetzten des Schreib- bzw. Lesezeigers auf eine vorher gespeicherte Position wird oft verwendet, um bei Auftreten eines Fehlers auf dem letzten fehlerfreien Punkt wieder aufzusetzen. In der folgenden Implementierung der Funktion Complex::read wird diese Technik verwendet, um bei Fehlschlagen des Einlesens eines Complex-Objekts den Stream an den Punkt vor diesem Lesevorgang zurückzusetzen. Dadurch werden nachfolgende Programmteile in die Lage versetzt, den nicht-lesbaren Teil erneut einzulesen und evtl. anders zu interpretieren.

```
//-------------------------------------------------------------
//          Complex::read
//
bool Complex::read( istream &istr ) {

  //-- Puffer zum Übergehen nicht gebrauchter Teile der Eingabe

  const int max   = 80;
  static char dummy[ max ];

  streampos pos = istr.tellg(); // momentane Position des Streamzeigers

  istr >> setw( max ) >> dummy >> setw( max ) >> dummy >> setw( 10 ) >> re
       >> setw( max ) >> dummy >> setw( max ) >> dummy >> setw( 10 ) >> im;
  if ( istr.good() )
    return TRUE;
  //-- Fehler! istr zurücksetzen
  istr.clear();
  istr.seekg( pos );
  return FALSE;
}
```

Aus dem gleichen Grunde sollte man auch die Ausgabefunktion print entsprechend modifizieren, obwohl Fehler bei der Ausgabe nur selten vorkommen. Geht während der Ausgabe eines Objekts etwas schief, sollte der Zustand vor dem Beginn des Schreibens wiederhergestellt werden.

Dadurch wird ein wichtiges Prinzip implementiert: Ein Objekt wird entweder ganz oder gar nicht ausgegeben.

```
//------------------------------------------------------------------
//          Complex::print
//
bool Complex::print( ostream &ostr ) const {
   streampos pos = ostr.tellp(); // momentane Position des Streamzeigers
   ostr << " Realteil : "       << setw( 10 ) << re
        << " Imaginärteil : "   << setw( 10 ) << im << endl;
   if ( ostr.good() )
     return TRUE;
   //-- Fehler! ostr zurücksetzen
   ostr.clear();
   ostr.seekp( pos );
   return FALSE;
}
```

25.11 Ein/Ausgabe mit Speicherbereichen

Datenquellen bzw. -senken von Streams können auch Speicherbereiche sein. Das bedeutet, daß man char* Felder in gewisser Weise wie Dateien behandeln kann: Man kann sie beschreiben, von ihnen lesen, Schreib- und Lesezeiger manipulieren und vieles mehr. Insbesondere kann man den Speicherbereich als C-String verwenden, indem man das Nullzeichen als Markierung des Stringendes korrekt interpretiert.

Durch die weiter oben dargestellten Möglichkeiten zur Formatierung und Fehlerbehandlung eignen sich Streams hervorragend für Konvertierungsaufgaben zwischen Strings und den anderen Datentypen.

Zur E/A mit Speicherbereichen werden die Streamklassen ostrstream und istrstream verwendet. Sie sind von ostream bzw. istream abgeleitet und definieren im wesentlichen besondere Konstruktoren zur Angabe des Speicherbereiches und seiner Länge. Zusätzlich gibt es auch hier wieder eine Klasse strstream, die zur gleichzeitigen Ein- und Ausgabe von/in einen Speicherbereich verwendet werden kann.

Die Klassen ostrstream, istrstream und strstream sind in strstrea.h definiert.

25.11 Ein/Ausgabe mit Speicherbereichen

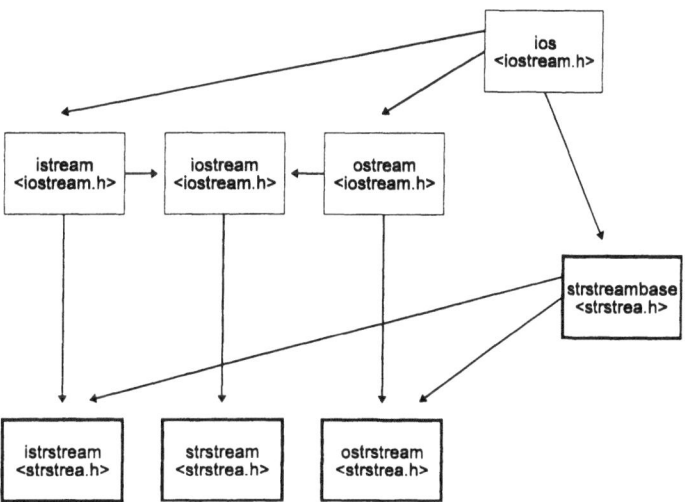

Bild 25.3: Klassenhierarchie zur E/A mit Speicherbereichen

25.11.1 ostrstream und istrstream Konstruktoren

Der istrstream-Konstruktor erwartet als Argument einen Speicherbereich, mit dem der Stream verbunden werden soll. Nachfolgende Leseoperationen lesen aus diesem Speicherbereich. Das Antreffen eines \0-Zeichens wird als eof interpretiert.

Im folgenden Programmsegment wird ein Stream verwendet, um einen C-String in einen Integer umzuwandeln:

```
#include <strstrea.h>

void main() {
  char *s = "   a5";
  int i;

  istrstream istr( s );
  istr >> i;

  /* ... Weiterverabeitung von i ... */
}
```

Die Variable i enthält den gewandelten Wert. Konnte die Wandlung nicht durchgeführt werden, wird der Stream ungültig:

```
if ( !istr.good() )
   cout << s << " ist keine Zahl!" << endl;

cout << i << endl;
```

Der analoge ostrstream-Konstruktor erwartet ebenfalls einen Speicherbereich, mit dem der ostr verbunden werden soll. Folgende Ausgabeoperationen beschreiben dann den Speicherbereich. Möchte man einen C-String erzeugen, muß die Ausgabe durch ein \0-Zeichen abgeschlossen werden. Man erreicht dies durch den Manipulator ends (s.u.).

Im ostrstream-Konstruktor muß zusätzlich die Länge des für Ausgaben zur Verfügung stehenden Speicherbereiches angegeben werden. Der Stream stellt dann sicher, daß keine Daten außerhalb der Grenzen gespeichert werden: Im Gegensatz zu Dateien kann der vorgegebene Speicherbereich nicht erweitert werden.

Um einen Integer in einen String umzuwandeln, verwendet man einen ostrstream folgendermaßen:

```
#include <strstrea.h>

void main() {
  int i = 10;

  const int maxSize = 80;
  char buf[ maxSize ];

  ostrstream ostr( buf, maxSize );
  ostr << i << ends;

  /* ... Weiterverarbeitung von buf ... */
}
```

buf enthält nun den gewandelten Wert. Konnte die Wandlung nicht durchgeführt werden (z.B. weil der Puffer zu klein ist), wird ostr ungültig. Man sollte deshalb auch bei Typwandlungen in dieser Richtung immer den Gültigkeitsstatus abfragen, bevor das Ergebnis verwendet wird.

```
if ( !ostr.good() )
  cout << "Konvertierung fehlgeschlagen!" << endl;

cout << buf << endl;
```

Beachten Sie bitte, daß bei der Ausgabe von Daten nicht automatisch ein \0 am Ende hinzugefügt wird. Soll der beschriebene Speicherbereich als C-String verwendet werden, muß der Programmierer das Byte manuell (z.B. durch den Manipulator ends) anhängen.

Eine Eigenschaft des bis jetzt verwendeten ostrstream-Konstruktors ist, daß der als Senke verwendete Speicherbereich vom Stream nicht dynamisch verlängert werden kann. Diese Form des Konstruktors ist deshalb nur dann sinnvoll, wenn man die maximale Länge der auszugebenden Daten kennt, wie es z.B. meist bei Typkonvertierungen der Fall ist.

25.11.2 Speicherverwaltung durch ostrstream

Als Alternative bietet die ostrstream-Klasse die Möglichkeit, den Ausgabespeicherbereich von ostrstream selber verwalten zu lassen. Der Speicher wird dynamisch verlängert, je mehr Ausgaben vorgenommen werden. Durch die Funktion str wird der Speicherbereich an den Benutzer übergeben und kann dann von ostrstream nicht mehr bearbeitet werden.

25.11 Ein/Ausgabe mit Speicherbereichen

Das Konvertierungsbeispiel aus dem letzten Abschnitt nimmt nun folgende Form an:

```
int i = 10;

ostrstream ostr;
ostr << i << ends;

if ( !ostr.good() ) {
  cout << "Konvertierung fehlgeschlagen!" << endl;
  exit( 1 );
  }
char *s = ostr.str();
cout << s << endl;

}
```

Hier gibt es also wieder eine ganz klare Eigentümerregelung. Wird die Speicherverwaltung an ostrstream übertragen, hat ostrstream zunächst die vollständige Kontrolle über den Ausgabespeicherbereich: Das Streamobjekt ist der Eigentümer des Speichers. Das bedeutet auch, daß ostrstream den bereits allokierten Speicherplatz im Destruktor zurückgibt, sollte der Destruktor vor der Übergabe an den Benutzer aufgerufen werden. Der Benutzer hat in dieser Phase keine Zugriffsmöglichkeit auf den Ausgabespeicher.

Die Übergabe an den Benutzer wird durch die Funktion str durchgeführt. Nun ist ostrstream aller Verantwortung enthoben, der Speicher "gehört" ab jetzt dem Benutzer und ostrstream kann nun keine Ausgaben mehr in den Speicherbereich durchführen.

25.11.3 Anonyme Streams

strstreams werden in der Praxis oft zur Konvertierung von Daten in Strings bzw. umgekehrt verwendet. Beispiele dazu haben wir in den letzten Abschnitten vorgestellt.

Allerdings kann die Notation noch optimiert werden, indem man auf die explizite Definition der Streamvariablen verzichtet. Dies ist möglich, da wir am Stream selber nicht interessiert sind, er dient lediglich als Zwischenglied bei der Konvertierung.

Das folgende Beispiel demonstriert diese Technik. Es soll wieder eine Zahl in einen String gewandelt werden. Dazu wird durch den Konstruktor ein namenloses ostrstream-Objekt erzeugt, auf das die nachfolgenden Übergabeoperatoren wirken. Man spricht daher auch von einem *anonymen Objekt*.

```
//-- Wandlung Zahl in String

int i = 10;

const int maxSize = 80;
char buf[ maxSize ];

ostrstream( buf, maxSize ) << i << ends;

cout << "Ergebnis : " << buf << endl;
```

Die Verwendung eines anonymen Streams ist auch für die Konvertierung in die andere Richtung möglich:

```
//-- Wandlung String in Zahl
char *str = "    4";
int j;

istrstream( str ) >> j;

cout << "Ergebnis : " << j << endl;
```

Beachten Sie bitte, daß anonyme Objekte nichts streamspezifisches sind. Die Technik kann mit allen Klassen, die Konstruktoren deklarieren, verwendet werden.

25.12 Überlegungen zur Hierarchie der Streamklassen

Eine der besonderen Eigenschaften der E/A mit Streams ist die Möglichkeit zur Formulierung von E/A-Operationen, Formatierungen, Fehlerbehandlungen etc. ohne Kenntnis der konkreten Quelle bzw. des konkreten Ziels der Daten. Betrachten wir hierzu noch einmal den eigentlichen Ausgabeteil der Funktion print unserer Beispielklasse Complex:

```
//-----------------------------------------------------------------
//         Complex::print
//
bool Complex::print( ostream &ostr ) const {
    /* ... */
    ostr << " Realteil : "      << setw( 10 ) << re
         << " Imaginärteil : "  << setw( 10 ) << im << endl;
    /* ... */
}
```

Diese Implementierung legt fest, *wie* die Daten ausgegeben und formatiert werden sollen. Sie macht keine Annahmen darüber, wo die Daten endgültig einmal landen werden.

Folgendes Beispiel verdeutlicht dies, indem ein Complex-Objekt auf dem Bildschirm, auf eine Datei sowie in einen Speicherbereich ausgegeben wird.

```
Complex c( 1, 1 );

//-- Ausgabe auf Bildschirm
c.print( cout );

//-- Ausgabe auf Datei
ofstream ofs( "test.dat" );
c.print( ofs );

//-- Ausgabe in Speicherbereich
ostrstream oss;
c.print( oss );
```

25.12 Überlegungen zur Hierarchie der Streamklassen

Diese Flexibilität wird durch den gezielten Einsatz einer Klassenhierarchie erreicht. Sowohl ofstream als auch ostrstream sind Ableitungen von ostream. Die Funktion Complex::print ist mit einem Parameter "Referenz auf ein ostream-Objekt" deklariert und kann deshalb auch mit Objekten von Ableitungen von ostream aufgerufen werden. Die Hierarchie der Streamklassen ist ein hervorragendes Beispiel für den Einsatz von Klassenhierarchien in der Praxis.

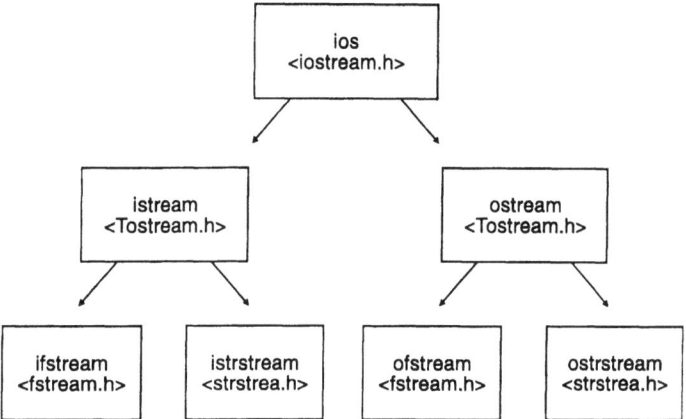

Bild 25.4: Ableitungen von istream/ostream

Ein eingefleischter C-Programmierer wird einwenden, daß dies nichts Besonderes sei. Schließlich kann man auch mit den C-Streamfunktionen sowohl auf den Bildschirm als auch in eine Datei schreiben. Die Funktionen read und print der Complex-Klasse erhalten dazu einen Parameter vom Typ FILE*, wie hier an der Funktion print gezeigt:

```
//-------------------------------------------------------------
//      class Complex
//
struct Complex {

  bool print( FILE *f );  // schreibt Objekt auf C-Stream f
  bool read ( FILE *f );  // liest Objekt von C-Stream f

  /* ... weitere Mitgleider von Complex ... */
  };
//-------------------------------------------------------------
//      Complex::print
//
bool Complex::print( FILE *f ) {

  fpos_t pos;
  if ( fgetpos( f, &pos ) )
    return FALSE;

  if ( fprintf( f, " Realteil : %10d Imaginärteil : %10d\n",
    re, im ) != EOF )
    return TRUE;

  fsetpos( f, &pos );
  return FALSE;
  }
```

Auch das Feststellen bzw. Zurücksetzen der Dateiposition sowie die Fehlerabfrage sind mit C-Streams möglich, wenn auch der Code nicht so übersichtlich wie in der C++ - Version ist. Folgendes Programmsegment zeigt die Verwendung der alternativen print-Funktion:

```
Complex c( 1, 1 );

//-- Ausgabe auf Bildschirm

FILE *f1 = fdopen( 0, "w" );
c.print( f1 );

//-- Ausgabe auf Datei

FILE *f2 = fopen( "test.dat", "w" );
c.print( f2 );
```

Bei der Ausgabe in einen Speicherbereich hört jedoch die Vergleichbarkeit auf. Dies ist mit C-Streams nicht möglich, sondern dazu müssen die speziellen Funktionen sprintf bzw. vsprintf verwendet werden. Dies ist jedoch nur der Anfang. Die wirkliche Überlegenheit der C++ Implementierung mit einer Klassenhierarchie von Stream-Klassen wird deutlich, wenn man den Faktor der Erweiterbarkeit betrachtet. Es könnte z.B. sein, daß ein Hardwarehersteller mit einer neuen Bildschirmhardware auch gleichzeitig Routinen zur besonders schnellen Datenausgabe mitliefert. Um den Umstellungsaufwand gering zu halten, sind solche Routinen in der Regel kompatibel zur printf-Familie, heißen aber geringfügig anders. Der Softwareentwickler muß sich bei der Entwicklung von Routinen wie Complex::print nun entscheiden, ob er auf die neuen Routinen umstellen will - dann muß im allgemeinen das ganze System geändert werden. Wichtig ist, daß ein Parallelbetrieb oder das Umschalten zwischen beiden Funktionsgruppen zur Laufzeit ohne explizite Programmierung nicht möglich ist.

Ganz anders sieht die Sache aus, wenn der Hardwarehersteller seine spezielle Ausgabefunktionalität in einer Klasse als Ableitung von ostream realisiert hat, also z.B:

```
class XYZSuperFastScreenOutput : public ostream {
    /*   spezielle Funktionalität für Hardware XYZ*/
};
```

Um eine solche Klasse in ein bestehendes System zu integrieren, ist es lediglich erforderlich, anstelle von cout ein Objekt der neuen Klasse zu verwenden. Anstelle von

```
//-- Ausgabe über Standard-Ausgabe
ostream &screenOut = cout;

//-- Beispiel eines Programmteils für Ausgabe auf Bildschirm

screenOut << "Hier haben wir eine komplexe Zahl ....    ";
Complex c( 1, 1 );
c.print( screenOut );
```

schreibt man nun eben

```
/** 93.08.19: Verwendung des neuen Streams für XYZ-Bildschirm
  //-- Ausgabe über Standard-Ausgabe
  ostream &screenOut = cout;
**/

XYZSuperFastScreenOutput screenOut;

//-- Beispiel eines Programmteils für Ausgabe auf Bildschirm

screenOut << "Hier haben wir eine komplexe Zahl ....   ";
Complex c( 1, 1 );
c.print( screenOut );
```

Beachten Sie bitte, daß der Entwickler dieses Programms durch die Verwendung der Referenz screenOut bereits *von vornherein* vorgesehen hat, daß später evtl. einmal ein anderer Stream für die Bildschirmausgabe verwendet werden *könnte*. Dazu ist lediglich erforderlich, die Referenz in der Initialisierungsphase an ein anderes Streamobjekt zu binden.

25.13 Ein/Ausgabe unformatierter Daten

Die Transferoperatoren >> und << stellen eine komfortable Möglichkeit zur Datenein- und ausgabe bereit. Sie implementieren vor allem Formatierungs- und Wandlungsaufgaben für die unterschiedlichen einfachen Datentypen. So wird z.B. bei der Ausgabe einer Zahl diese grundsätzlich zuerst in einen String gewandelt, der dann an die Datensenke übergeben wird. Dadurch wird sichergestellt, daß die Ausgabe lesbar ist, was bei einer einfachen Übertragung des Bitmusters eines integers nicht der Fall wäre. Hinzu kommen optionale Formatierungen über Vorzeichen, Füllzeichen, Feldbreiten etc. Die Übergabeoperatoren stellen außerdem sicher, daß keine Operationen mit einem Stream durchgeführt werden, dessen Status nicht good ist.

Zur Durchführung der "eigentlichen" Ein- und Ausgabe von Daten bedienen sich die Übergabeoperatoren spezieller Transferroutinen, die ebenfalls als Mitgliedsfunktionen von istream bzw. ostream ausgeführt sind. Damit ist es möglich, Daten ohne Interpretation oder Formatierung direkt an Senken zu übertragen bzw. von Quellen zu holen.

25.13.1 Die Funktionen get und put

Um einzelne Zeichen einzulesen (bzw. auszugeben), sind die Funktionen get bzw. put wie folgt deklariert:

```
istream &istream::get( signed char& );
istream &istream::get( unsigned char& );

ostream &ostream::put( char c );
```

Im folgenden Programm werden get und put verwendet, um eine Datei zu kopieren. Quell- und der Zieldateiname werden von der Kommandozeile gelesen:

```
//======================= Kopf =======================
//
// Programm test2 zum Kopieren einer Datei mit get/put
//
//
// 92.08.01 : Version 1 (Au)
//

//======================= Abhängigkeiten =======================
//

#include <stdlib.h>      // wg. exit
#include <dos.h>         // wg. argv, argc
#include <iostream.h>
#include <fstream.h>

//======================= Programm =======================
void main( int argc, char* argv[] ) {

  //-- Anzahl der Kommandozeilenparameter überprüfen

  if ( argc != 3 ) {
    cout << endl
    << "Aufruf des Programms : copy <Quelldatei> <Zieldatei>" <<  endl;
    exit( 1 );
  }

  //-- Eingabedatei öffnen

  ifstream istr( argv[ 1 ], ios::in | ios::binary );
  if (!istr) {
    cout << endl
    << "Quelldatei " << argv[ 1 ] << " nicht vorhanden" << endl;
    exit( 1 );
  }

  //-- Ausgabedatei öffnen

  ofstream ostr( argv[ 2 ], ios::out | ios::binary );
  if (!ostr) {
    cout << endl
    << "Zieldatei " << argv[ 2 ] << " kann nicht geöffnet werden" << endl;
    exit( 1 );
  }

  //-- nun sind Quell- und Zieldatei offen. Kopierschleife kopiert
  //   einzelne Zeichen

  char c;
  while ( istr.get( c ) )

    if ( !ostr.put( c ) ) {
        cout << endl << "Fehler beim Schreiben der Ausgabedatei "
             << argv[ 2 ] << endl;
        exit( 1 );
    }
}
```

Das Programm befindet sich zu Übungszwecken unter dem Namen test2 auf der Begleitdiskette im Verzeichnis KAP25.

Während des Kopierens werden sowohl der Eingabestrom als auch der Ausgabestrom ständig auf Fehler geprüft. Tritt bei der Eingabe ein Fehler auf, wird das Einlesen abgebrochen, da das Dateiende erreicht ist. Kritische Fehler (DOS critical errors) wie z.B. "bad sector" etc. werden nicht an den Stream weitergegeben, sondern vom Betriebssystem behandelt, da es sich um betriebssystemspezifische Fehlersituationen handelt.

Bei der Ausgabe bedeutet das Auftreten eines Fehlers, daß das Medium keine Daten mehr aufnehmen kann, meist weil der Datenträger voll ist. Diese Situation wird dem Benutzer angezeigt und das Programm wird abgebrochen.

Beachten Sie bitte, daß die Dateien im Modus binary geöffnet werden. In diesem Modus werden die Zeichen ohne Interpretation kopiert. Im Textmodus dagegen wird z.B das Zeichen 0x1A als Dateiende interpretiert, so daß der Kopiervorgang bei Antreffen dieses Zeichens beendet würde. Es könnten dann z.B. keine Programmdateien kopiert werden.

Die put- und get-Funktionen liefern eine Referenz auf den Eingabestrom zurück, so daß z.B. sofort der Streamstatus abgefragt werden kann. Eine alternative Form der get-Funktion liefert das gelesene Zeichen selber:

```
    int istream::get();
```

Um ein Zeichen von einem Eingabe- auf einen Ausgabestrom zu kopieren, wird deshalb oft folgende Anweisung verwendet:

```
//-- Verwendung der Funktionen get und put zum Kopieren einer Datei
//   alternative Form von get

    if ( !ostr.put( istr.get() ) ) {
       /* ... Fehlerbehandlung ... */
       }
```

Dabei ist jedoch zu beachten, daß ein Fehler bei der Eingabe nicht sofort, sondern erst nach dem Schreiben in den Ausgabestrom erkannt werden kann. Der Ausgabestrom wird in diesem Fall ein undefiniertes Zeichen erhalten. Obwohl man diese und ähnliche Konstruktionen oft sogar in professionellen Programmen findet, werden wir stets die explizite Form verwenden, in der zuerst geprüft wird, ob das erhaltene Zeichen gültig ist, bevor das Zeichen ausgegeben wird.

25.13.2 Die Funktionen read und write

Größere Datenblöcke werden mit read bzw. write übertragen:

```
    ostream &ostream::write( const   signed char*, int );
    ostream &ostream::write( const unsigned char*, int );

    istream &istream::read(   signed char*, int );
    istream &istream::read( unsigned char*, int );
```

Die Anzahl der zu übertragenden Bytes wird im zweiten Parameter angegeben. Bei der Eingabe muß der Programmierer sicherstellen, daß die aufnehmende Variable groß genug dimensioniert ist.

Wir rüsten die Klasse Complex mit einer weiteren read- bzw. print-Funktion aus, um den Objektinhalt in binärer Form zu übertragen.

```
//---------------------------------------------------------------
//         class Complex
//

struct Complex {

  // schreibt Objekt binär auf ostr
  bool printBin( ostream &ostr ) const;

  // liest Objekt binär von istr
  bool readBin ( istream &istr );

  /* ... weitere Mitglieder von Complex ... */
  };

//---------------------------------------------------------------
//         Complex::printBin
//

bool Complex::printBin( ostream &ostr ) const {

  if ( !ostr.good() )

    //-- keine Ausgabe auf fehlerhaften Strom!
    return FALSE;

  streampos pos = ostr.tellp(); // momentane Position des Streamzeigers

  ostr.write( (char*)this, sizeof( *this ) );

  if ( ostr.good() )
    return TRUE;

  //-- Fehler! ostr zurücksetzen
  ostr.clear();
  ostr.seekp( pos );
  return FALSE;
  }

//---------------------------------------------------------------
//         Complex::readBin
//

bool Complex::readBin( istream &istr ) {

  if ( !istr.good() )

    //-- keine Eingabe von fehlerhaftem Strom!
    return FALSE;

  streampos pos = istr.tellg(); // momentane Position des Streamzeigers

  istr.read( (char*)this, sizeof( *this ) );

  if ( istr.good() )
    return TRUE;

  //-- Fehler! istr zurücksetzen
  istr.clear();
  istr.seekg( pos );
  return FALSE;
  }
```

Die eigentliche Aus- bzw. Eingabe erfolgt in den Anweisungen

```
ostr.write( (char*)this, sizeof( *this ) );
```

bzw.

```
istr.read( (char*)this, sizeof( *this ) );
```

25.13 Ein/Ausgabe unformatierter Daten

Da read und write einen char* Zeiger auf die Daten erwarten, muß der Zeiger this explizit gewandelt werden. Hier wird eine binäre Repräsentation des Objekts geschrieben bzw. gelesen. Zur Erinnerung: Die Transferoperatoren >> bzw. << schreiben bzw. lesen eine ASCII-Repräsentation:

```
ostr << " Realteil : "      << setw( 10 ) << re
     << " Imaginärteil : " << setw( 10 ) << im << endl;
```

bzw.

```
istr >> setw( max ) >> dummy >> setw( max ) >> dummy >> setw( 10 ) >> re
     >> setw( max ) >> dummy >> setw( max ) >> dummy >> setw( 10 ) >> im;
```

Im folgenden Programmsegment werden die beiden neuen Routinen verwendet, um ein Complex-Objekt unformatiert auf einen Stream zu schreiben und danach wieder einzulesen:

```
Complex c1( 2, 3 );

//-- Objekt in Binärform in Datei test.dat schreiben

ofstream outf( "test.dat" );
c1.printBin( outf );
if (!outf.good()) {
   cerr << endl << "Schreiben der Ausgabedatei fehlgeschlagen" ;
   exit( 1 );
   }
outf.close();

//-- Objekt in Binärform aus Datei test.dat lesen

Complex c2;
ifstream inf( "test.dat" );
c2.readBin( inf );
if (!inf.good()) {
   cerr << endl << "Lesen der Eingabedatei fehlgeschlagen" ;
   exit( 1 );
   }
inf.close();

//-- Originalzahl und eingelesene Zahl auf Bildschirm zeigen

c1.print( cout );
c2.print( cout );
}
```

Bachten Sie bitte, daß die Daten in Binärform geschrieben und gelesen werden. Zur Erzeugung einer lesbaren Ausgabe auf dem Bildschirm kann man deshalb nicht

```
c1.printBin( cout );
```

schreiben, sondern man muß die print-Funktion aus dem letzten Abschnitt verwenden, die die Daten in ASCII-Form ausgibt:

```
c1.print( cout );
```

In der Lösung aus dem letzten Beispiel wird angenommen, daß ein Complex-Objekt im Rechner durch einen zusammenhängenden Speicherbereich repräsentiert wird, der ausschließlich aus den beiden Mitgliedsvariablen re und im besteht. Davon kann jedoch nur dann ausgangen werden, wenn die zugehörige Klasse keine vtbl besitzt (Kapitel 21), d.h. wenn keine virtuellen Funktionen vorhanden sind. Andernfalls enthält jedes Objekt der Klasse einen versteckten

Zeiger auf die vtbl, der dann mitgespeichert und vor allem wieder aus der Datei geladen wird. Da die vtbl eine von Compiler automatisch geführte Datenstruktur ist, können über die jeweilige Lage in einem Programm keinerlei Annahmen gemacht werden. Hat man etwa Complex deklariert als

```
class Complex {
  virtual ~Complex();
  /* ... weitere Mitglieder von Complex ... */
};
```

führt obiges Beispielprogramm nur deswegen nicht zum Absturz, weil Ausgeben und Einlesen im gleichen Programm stattfinden, und die Adresse der Complex-vtbl deshalb zwischen beiden Operationen unverändert bleibt. Ein vtbl-Zeiger sollte grundsätzlich *niemals* kopiert, verändert, in Dateien geschrieben oder aus Dateien gelesen werden.

Zur Vermeidung des Problems gibt es zwei Möglichkeiten.

Einzelbehandlung aller Mitgliedsvariablen

Man kann z.B. alle Mitgliedsvariablen einzeln schreiben bzw. lesen, wie in dieser Lösung gezeigt:

```
//--------------------------------------------------------------
//       Complex::printBin
//
bool Complex::printBin( ostream &ostr ) {
  /* ... */
  ostr.write( (char*)&re, sizeof( re ) );
  ostr.write( (char*)&im, sizeof( im ) );
  /* ... */
}
//--------------------------------------------------------------
//       Complex::readBin
//
bool Complex::readBin( istream &istr ) {
  /* ... */
  istr.read( (char*)&re, sizeof( re ) );
  istr.read( (char*)&im, sizeof( im ) );
  /* ... */
}
```

Für alle einfachen Datentypen (mit Ausnahme von Zeigern) sind die passenden write- bzw. read-Anweisungen identisch aufgebaut. Folgende Makros bieten sich an:

```
#define WRITE( ostr, x ) ostr.write( (char*)&x, sizeof( x ) )
#define READ(  istr, x ) istr.read ( (char*)&x, sizeof( x ) )
```

25.13 Ein/Ausgabe unformatierter Daten

Damit schreibt man nun einfacher

```
WRITE( ostr, re );
WRITE( ostr, im );
```

bzw.

```
READ( istr, re );
READ( istr, im );
```

Die Makros lassen sich natürlich auch für andere Datentypen, wie z.B. doubles, verwenden:

```
ofstream ostr( "test.dat" );

double d = 1.234;
WRITE( ostr, d );
```

Verwendung einer lokalen Klasse

Die zweite Lösung nutzt die Tatsache, daß Klassen ohne Zeigervariablen (und dazu rechnen wir auch den vtbl-Zeiger) durchaus als Ganzes gelesen und geschrieben werden können. Dazu werden die Mitgliedsvariablen einer Klasse in eine lokale Klasse gruppiert:

```
//--------------------------------------------------------------------
//        class Complex
//
struct Complex {
  struct {
    int re, im;     // Realteil und Imaginärteil der komplexen Zahl
  } data;
  /* ... weitere Mitglieder von Complex ... */
};
```

Complex erhält durch diese Definition eine anonyme lokale Klasse (ohne expliziten Namen). Gleichzeitig wird ein Datenmitglied dieser Klasse mit Namen data deklariert, das nun als Ganzes geschrieben und gelesen werden kann:

```
//--------------------------------------------------------------------
//        Complex::printBin
//
bool Complex::printBin( ostream &ostr ) {
  /* ... */
  WRITE( ostr, data );
  /* ... */
}
//--------------------------------------------------------------------
//        Complex::readBin
//
bool Complex::readBin( istream &istr ) {
  /* ... */
  READ( istr, data );
  /* ... */
```

Der Nachteil dieser Lösung ist der erhöhte Schreibaufwand, der nun an allen Stellen zum Zugriff auf re und im notwendig ist:

```
Complex::Complex() {
  data.re = 0;
  data.im = 0;
}
```

anstelle von

```
Complex::Complex() {
  re = 0;
  im = 0;
}
```

Codegröße und Laufzeitverhalten werden dagegen nicht negativ beeinflußt.

25.13.3 Alternative Form von get und die Funktion getline

Beim Einlesen unformatierter Daten ist noch eine weitere Variante möglich. Mit get bzw. getline kann bis zum Erreichen eines bestimmten Zeichens (Terminator) bzw. bis zum eof gelesen werden. Der Terminator ist standardmäßig mit '\n' vorbesetzt.

```
istream &istream::get(   signed char*, int, char = '\n' );
istream &istream::get( unsigned char*, int, char = '\n' );

istream &istream::getline(   signed char*, int, char = '\n' );
istream &istream::getline( unsigned char*, int, char = '\n' );
```

Der zweite Parameter gibt die maximal zu lesende Zahl von Zeichen an, nach der der Einlesevorgang auf jeden Fall beendet wird. Dieser Maximalwert sollte immer angegeben werden, damit z.B. bei fehlerhaften Eingabedaten nicht zuviel gelesen wird. Der Unterschied zwischen get und getline ist, daß get das Terminatorzeichen nicht einliest, während es bei getline als Teil der Daten angesehen und deshalb mit eingelesen wird.

Das folgende Listing zeigt eine Funktion, wie sie z.B. in einem Texteditor verwendet werden könnte: Es wird eine "Zeile" aus einer Datei eingelesen, Zeilen sind dabei mit \n abgeschlossen und maximal 80 Zeichen lang. In dieser Version der Routine wird das Terminatorzeichen \n mit in die Zeilen eingelesen.

```
//-------------------------------------------------------------
//      readTextLine
//
char *readTextLine( istream &istr ) {
    //-- liest eine Zeile aus dem Eingabestrom, allokiert Speicher
    //   und liefert Zeiger darauf zurück

    if ( !istr.good() )
      return NULL; //-- Stream ist nicht ok

    const int maxbuf = 80;      // maximale Länge einer Zeile
    static char buf[ maxbuf ]; // Puffer für eine Zeile
```

25.13 Ein/Ausgabe unformatierter Daten

```
  if ( !istr.getline( buf, maxbuf ) )
    return NULL; //-- Problem beim Einlesen. eof?

  int l = strlen( buf ) + 1;
  char *p = new char[ l ];
  if (!p)
    return NULL; //-- nicht mehr genug Speicherplatz
  strcpy( p, buf );
  return p;

}
```

Zum Ausdrucken einer Datei auf dem Bildschirm verwendet das folgende Programm eine einfache Schleife, die abbricht, wenn readTextLine den Wert NULL zurückliefert:

```
//----------------------------------------------------------------
//      main
//
void main( int, char *argv[] ) {

  ifstream istr( argv[ 1 ] );
  char *text = readTextLine( istr );
  while ( text ) {
    cout << text << endl;
    text = readTextLine( istr );
  }

}
```

Da getline das abschließende \n einer jeden eingelesenen Textzeile mit einliest, erscheinen die Textzeilen bei der Ausgabe mit doppeltem Zeilenabstand. Das Terminatorzeichen gehört eigentlich nicht zu den Daten, sondern dient nur der Strukturierung der Datei. Man kann es manuell aus den Zeilen entfernen oder besser gar nicht erst einlesen, indem man get anstelle von getline verwendet. get beläßt allerdings das Terminatorzeichen im Stream. Damit das Einlesen der nächsten Zeile korrekt beginnen kann, muß das Zeichen nun durch eine weitere get-Anweisung explizit entfernt werden:

```
//----------------------------------------------------------------
//      readTextLine
//
char *readTextLine( istream &istr ) {

  //-- liest eine Zeile aus dem Eingabestrom, allokiert Speicher
  //   und liefert Zeiger darauf zurück

  if ( !istr.good() )
    return NULL; //-- Stream ist nicht ok

  const int maxbuf = 80;     // maximale Länge einer Zeile
  static char buf[ maxbuf ]; // Puffer für eine Zeile

  if ( !istr.get( buf, maxbuf ) )
    return NULL; //-- Problem beim Einlesen. eof?

  //-- Manuelles Überspringen des Terminatorzeichens
  char c = istr.get();

  int l = strlen( buf ) + 1;
  char *p = new char[ l ];
  if (!p)
    return NULL; //-- nicht mehr genug Speicherplatz
  strcpy( p, buf );
  return p;

}
```

```
//---------------------------------------------------------------
//      main
//
void main( int, char *argv[] ) {

  ifstream istr( argv[ 1 ] );
  char *text;

  while ( text = readTextLine( istr ) )
    cout << text << endl;

}
```

25.13.4 Die Funktion putback

Die Funktion putback ist für istreams definiert und stellt ein Zeichen in den Eingabestrom zurück. Der Stream stellt sicher, daß nach einer Leseoperation das Zurückstellen eines einzelnen Zeichens möglich ist.

putback wird oft im Zusammenhang mit dem Abprüfen von Endebedingungen verwendet. Die folgende Funktion liest ein Wort aus einem Eingabestrom und speichert es in einer statischen Variablen ab. Ein "Wort" ist definiert als eine Zeichenfolge ohne weiße Leerzeichen, die von weißen Leerzeichen umgeben ist.

```
//---------------------------------------------------------------
//      readWord
//
char *readWord( istream &istr ) {

  //-- liest ein Wort aus dem Eingabestrom, gibt Zeiger auf
  //   statischen Speicher zurück

  const int maxbuf= 1000;         // maximale Länge eines Wortes
  static char buf[ maxbuf ]; // Puffer für ein Wort

  char *s = buf;
  unsigned char c = 0x00;
  istr >> c;        //-- Einlesen des ersten Zeichens, ignorieren whitespace
  while( !isspace( c ) ) {
    *s++ = c;
    if ( ( c = istr.get() ) == (unsigned char)EOF )
      return NULL;

    if ( !istr.good() ) {
      cout << "*** eof?" << endl;
      exit(1);
    }

  }

  if ( istr.good() )      //-- nur zurück, wenn nicht eof
    istr.putback( c );

  *s = 0x00; //-- Wort abschließen
  return buf;
}
```

Das Wortende wird erkannt, wenn ein weißes Leerzeichen gelesen wurde. Die Funktion isspace liefert dann einen Wert ungleich 0. Das Leerzeichen ist nicht Teil des Wortes und sollte deshalb eigentlich im Stream verbleiben. Da es nun aber schon einmal eingelesen wurde, wird es mit putback wieder zurückgestellt. Der Hintergedanke dabei ist, daß man nicht immer davon ausgehen sollte, daß

25.13 Ein/Ausgabe unformatierter Daten

nachfolgende Lesevorgänge vom Stream ebenfalls kein Interesse an Leerzeichen haben. Betrachten wir dazu die Einleseschleife eines C-Compilers, die gerade einen Variablennamen einliest. Das Ende des Bezeichners wird durch ein Trennzeichen erkannt, das nicht mehr zur Variablen gehört. Nachfolgende Einleseteile sind aber an diesem Trennzeichen interessiert, um z.B. den Beginn einer Argumentliste in jedem Fall korrekt (an der öffnenden Klammer) erkennen zu können.

Beachten Sie bitte, daß die Variable c vom Typ unsigned char sein muß, damit die deutschen Sonderzeichen richtig bearbeitet werden.

Folgendes Listing zeigt ein Rahmenprogramm zum Test der Funktion readWord sowie die Ausgabe, wenn das Programm auf die eigene main-Funktion angewendet wird:

```
//-------------------------------------------------------------
//      main
//
void main( int, char *argv[] ) {

  ifstream istr( argv[ 1 ] );
  char *word;

  while ( word = readWord( istr ) )
    cout << "." << word << "." << endl;
}
```

Ausgabe:

```
.//-------------------------------------------------------------.
.//.
.main.
.//.
.void.
.main(.
.int,.
.char.
.*argv[].
.).
.{.
.ifstream.
.istr(.
.argv[.
.1.
.].
.);.
.char.
.*word;.
.while.
.(.
.word.
.=.
.readWord(.
.istr.
.).
.).
.cout.
.<<.
.".".
.<<.
.word.
.<<.
.".".
.<<.
.endl;.
.}.
```

25.14 Pufferung

25.14.1 Übersicht

Streams sind gepuffert, d.h. Zeichen werden nicht einzeln von der Quelle geholt bzw. an die Senke übertragen, sondern aus Performancegründen in größeren Einheiten. Diese Einheiten müssen innerhalb der Streams zwischengespeichert werden. Bei Eintreten bestimmter Bedingungen (bei der Ausgabe z.B. Überlauf des Puffers) wird der gesamte Puffer an die eigentliche Senke übertragen bzw. ein neuer Puffer von der Quelle angefordert.

Die Aufgabe der Verwaltung von diesen Puffer-Datenblöcken wird von Ableitungen der Klasse streambuf übernommen. Für jeden Typ Quelle/Senke (also Bildschirm, Datei, Memory-Block) gibt es eine eigene Pufferklasse. Dies ist erforderlich, da eine Pufferklasse die Übertragung des Pufferinhalts in die Senke bzw. von der Quelle durchführen muß, und diese Übertragung für jeden Typ Quelle/Senke unterschiedlich implementiert werden muß.

Gemeinsame Funktionalität aller Pufferklassen ist in der abstrakten Basisklasse streambuf implementiert, während in den Ableitungen nur noch die Quelle/Senke-spezifischen Teile untergebracht sind. Insgesamt erhält man folgende Klassenhierarchie von Pufferklassen:

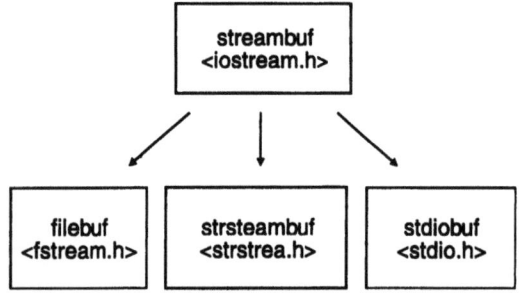

Bild 25.5: Hierarchie der Pufferklassen

25.14.2 Die Basisklasse streambuf

Die Klasse streambuf stellt einige Zeiger bereit, die Positionen innerhalb eines Puffers bezeichnen. So gibt es z.B. einen Einfügezeiger, der auf die Stelle zeigt, an der das nächste Zeichen in den Puffer eingefügt werden soll. Nach einer Einfügeoperation wird der Zeiger entsprechend weitergeschaltet. streambuf implementiert Routinen zum Einfügen einzelner Zeichen sowie größerer Speicherblöcke. Parallel dazu gibt es einen Lesezeiger sowie Routinen zum Lesen einzelner Zeichen bzw. größerer Datenblöcke.

streambuf betrachtet den Puffer nicht als Ringpuffer, d.h. wenn einer der Zeiger das Ende des Pufferbereiches erreicht, muß der Puffer geleert bzw. neu gefüllt werden. Die streambuf-Routinen rufen zu diesem Zweck die Routinen overflow bzw. underflow auf. overflow/underflow müssen je nach Typ der Quelle/Senke unterschiedlich implementiert werden, sie sind daher in streambuf abstrakt deklariert und müssen von den Ableitungen implementiert werden.

Beachten Sie bitte, daß streambuf nicht automatisch einen Speicherbereich für den Puffer definiert. Dies müssen die Ableitungen in eigener Regie durchführen, allerdings stellt streambuf die Routinen allocate und setbuf zur Verfügung, die das Einrichten eines Speicherbereiches für den Puffer erleichtern (s.u.).

Die Streamfunktion rdbuf

Ein Zeiger auf das mit einem Stream verbundene Pufferobjekt wird mit der Streamfunktion rdbuf erhalten. Im folgenden Listing zeigen inb auf den Puffer des Stromes inf und outb auf den Puffer der Standard-Ausgabe.

```
ifstream inf( "test.dat" );
streambuf *inb  = inf.rdbuf();   //-- Puffer des Stromes inf
streambuf *outb = cout.rdbuf();  //   Puffer der Standard-Ausgabe
```

Der direkte Zugriff auf ein Pufferobjekt ist z.B. dann sinnvoll, wenn man unter Umgehung der Streamobjekte Daten direkt in den Puffer eintragen oder von dort lesen möchte (s.u.).

Die Funktionen sbumpc und sputc

sbumpc und sputc sind wohl die wichtigsten Pufferfunktionen. sbumpc holt das nächste Zeichen aus dem Puffer und setzt den Lesezeiger ein Zeichen weiter. Sind keine Zeichen mehr vorhanden, ruft sbumpc die Funktion underflow auf. Kann underflow neue Daten besorgen, liest sbumpc aus dem neuen Puffer, ansonsten liefert die Funktion EOF zurück.

sputc gibt ein Zeichen aus und setzt den Schreibzeiger ein Zeichen weiter. Ist der Puffer voll, ruft sputc die Funktion overflow auf. Kann overflow den Puffer leeren, schreibt sputc in den nun leeren Puffer, ansonsten liefert die Funktion EOF zurück.

Das folgende Programm zeigt die Verwendung von sbumpc und sputc, um eine beim Programmaufruf angegebene Datei zeichenweise auf dem Bildschirm auszugeben:

```
void main( int, char* argv[] ) {

  ifstream inf( argv[ 1 ] ); // Dateiname

  streambuf *inb  = inf.rdbuf();   //-- Puffer des Stromes inf
  streambuf *outb = cout.rdbuf();  //   Puffer der Standard-Ausgabe
```

```
//-- Schleife kopiert einzelne Zeichen zwischen den Puffern
int c;
while (( c = inb-> sbumpc()) != EOF )
  if ( outb-> sputc( c ) == EOF ) {
    cerr << endl << "Ausgabefehler!" << endl;
    exit( 1 );
    }
}
```

Auf die Abfrage des Ergebnisses von sputc könnte hier verzichtet werden, denn die Standardausgabe kann normalerweise immer Zeichen aufnehmen. Möchte man aber z.B von Datei zu Datei kopieren, ist die Abfrage wichtig.

Beachten Sie bitte, daß c hier als int deklariert wird, um Probleme mit deutschen Sonderzeichen und dem Wert EOF zu vermeiden.

Die Funktionen sgetn und sputn

sgetn(b, n) versucht, n Bytes aus dem Puffer zu lesen und in den Speicherbereich b zu schreiben. sputn(b, n) versucht n Bytes von b in den Puffer zu schreiben. Beide Funktionen behandeln underflow- und overflow-Situationen korrekt, beide liefern die Anzahl der übertragenen Bytes als Ergebnis zurück.

Das Schleife aus dem letzten Programm könnte unter Verwendung von sgetn und sputn auch so geschrieben werden:

```
//-- Schleife kopiert Blöcke der Größe 32 zwischen den Puffern

const int MAXBUF = 32;
char buf[ MAXBUF ];
int nr; //-- Anzahl gelesener Zeichen

while (( nr = inb-> sgetn( buf, MAXBUF )) > 0 )
  if ( outb-> sputn( buf, nr ) != nr ) {
    cerr << endl << "Ausgabefehler!" << endl;
    exit( 1 );
    }
}
```

Die Funktionen allocate und rdbuf

Die Klasse streambuf stellt nicht automatisch einen Speicherbereich für den Puffer bereit, sondern dies ist Aufgabe der Ableitungen. streambuf definiert allerdings zwei Funktionen, die zum Einrichten des Speicherbereiches verwendet werden können.

Die Funktion allocate fordert mit new 512 Byte vom Heap an und verwendet diesen Speicherbereich als Puffer.

```
int allocate();
```

Das Pufferobjekt ist der Besitzer eines mit allocate angeforderten Speicherbereiches. Dies bedeutet, daß ein evtl. vorher mit allocate allokierter Puffer freigegeben wird, bevor allocate einen neuen Puffer installiert. Ebenso gibt der Destruktor den Speicher frei.

allocate ist die Standardmethode zur Installation eines Pufferspeichers, und wird in der Regel von Ableitungen verwendet. Darüber hinaus gibt es die Funktion

25.14 Pufferung

setbuf, mit der explizit ein bereits vorhandener Speicherbereich für den Puffer angegeben werden kann.

```
virtual streambuf* setbuf( char* buf, int len );
```

Der Aufrufer bleibt Eigentümer des Speicherbereiches, d.h. ein mit setbuf installierter Speicher wird vom Pufferobjekt niemals freigegeben.

Die Konstruktoren

Die Klasse streambuf definiert zwei Konstruktoren:

```
streambuf();
streambuf( char* buf, int len );
```

Der Standard-Konstruktor allokiert keinen Pufferspeicherbereich, d.h. die Zuweisung eines Puffers muß zu einem späteren Zeitpunkt (mit allocate oder setbuf) erfolgen. Der zweite Konstruktor verwendet den durch buf bezeichneten Speicherbereich der Länge len als Puffer für das Objekt.

25.14.3 streambuf als abstrakte Basisklasse

Die Klasse streambuf ist abstrakt, d.h. von ihr werden keine Objekte gebildet. Sie dient lediglich als Basisklasse für Ableitungen. streambuf hat - wie die meisten abstrakten Basisklassen - die folgenden zwei Aufgaben:

- ❑ Sie deklariert abstrakte Funktionen, die die Ableitungen implementieren müssen (in unserem Fall sind dies overflow und underflow).
- ❑ Sie implementiert Funktionalität, die von allen Ableitungen benötigt wird. Dazu gehören hier vor allem die Funktionen zum Lesen bzw. Schreiben von Daten unter Berücksichtigung eines Überlaufs sowie Funktionen zum Einrichten des Pufferspeicherbereiches.

Damit sind auch bereits die Anforderungen an eigene Implementierungen von Pufferklassen festgelegt: Sie müssen von streambuf abgeleitet werden und die Funktionen overflow und underflow implementieren. Ein Grund für die Entwicklung einer eigenen Pufferklasse könnte z.B. in einem Betriebssystem die Anforderung für einen Ringpuffer für die Interprozesskommunikation (IPC) sein.

25.14.4 Die Ableitungen von streambuf

In der vorhandenen Implementierung der Streambibliothek sind insgesamt bereits drei Ableitungsgruppen von streambuf mit den folgenden Aufgaben vorhanden:

- Die Pufferklasse fstreambuf wird bei der E/A mit Dateien benötigt. Bei einem Unterlauf muß ein neuer Pufferinhalt von Datei gelesen werden, analog wird bei einem Überlauf der gesamte Puffer in die Datei geschrieben. Die Funktionen underflow bzw. overflow sind entsprechend implementiert. fstreambuf stellt außerdem die Verbindung zum Filehandle des Betriebssystems her. ifstream, ofstream und fstream allokieren automatisch ein Pufferobjekt vom Typ fstreambuf.

- Bei der E/A mit Speicherbereichen sorgt die Pufferklasse strstreambuf dafür, daß nichts außerhalb des angegebenen Speicherbereiches gelesen oder geschrieben werden kann. underflow/overflow bewirken demzufolge das Auslösen eines Fehlers, wenn das Ende des Speicherbereiches erreicht wird. Eine Ausnahme gilt, wenn strstreambuf den Speicherbereich für die Ausgabe selber angelegt hat (s.o.): der Speicherbereich wird bei Auftreten eines Überlaufs dann dynamisch vergrößert. istrstream, ostrstream und strstream allokieren automatisch ein Objekt vom Typ strstreambuf.

- Eine Besonderheit stellt die Klasse stdiobuf dar. Sie implementiert die effiziente E/A mit Tastatur und Bildschirm und wird von den Standard-Streams cin, cout, cerr und clog verwendet.

25.14.5 Explizite Verwendung einer streambuf-Klasse

Normalerweise sorgen Streams selber für die notwendigen Puffer, d.h. im Konstruktor der Streamklassen wird jeweils ein eigenes Pufferobjekt allokiert. In manchen Situationen kann es allerdings sinnvoll sein, Streams explizit mit bestimmten Puffern zu verbinden, z.B. um besondere Funktionen bei der Pufferung zu implementieren. Von diesem Weg wird oft Gebrauch gemacht, um besondere Datenquellen- bzw- senken effizient implementieren zu können. Der Programmierer muß dazu eine eigene Klasse von streambuf ableiten und zumindest die Funktionen underflow und overflow nach seinen Wünschen neu implementieren.

Wir beschränken uns hier auf eine einfachere Anwendung, nämlich die Teilung eines Puffers zwischen zwei Streams. Damit kann ein Stream Daten schreiben, die der andere Stream wieder lesen kann, und zwar ohne daß explizit eine Datei o.ä. dazwischen geschaltet werden muß. Der Puffer dient dabei als Zwischenspeicher, der die Schreiboperationen von den Leseoperationen entkoppelt. Da die geschriebenen Daten in der gleichen Reihenfolge wieder gelesen werden, spricht man auch von einer Schlange (`queue`), im Gegensatz zu einem Kellerspeicher (`stack`), bei dem die Daten in umgekehrter Reihenfolge des Schreibens gelesen werden.

Eine queue kann z.B. hervorragend dazu eingesetzt werden, asynchron arbeitende Programme[53] datenmäßig miteinander zu verbinden. Das erste Programm kann in den Puffer schreiben, völlig unabhängig davon kann das zweite Programm die Daten dort abholen. Eine Synchronisation beider Programme ist nicht erforderlich.

---

53 bzw. Threads, Tasks etc.

Im folgenden Beispiel verwenden wir ein strstreambuf-Objekt, um einen Kommunikationsspeicher (KS) dynamischer Größe in Form einer Schlange (queue) bereitzustellen:

```
strstreambuf strb;
int value;

ostream ostr( &strb );
istream istr( &strb );  // Verwenden den gleichen Buffer

//-- drei Zahlen in Stringrepräsentation in die Queue schreiben

ostr << " 1 2 3 ";

//-- Queue lesen, bis sie leer ist, Inhalt auf Bildschirm ausgeben

while ( 1 ) {
  istr >> value;
  if ( !istr.good() ) break;
  cout << " Wert : " << value << endl;
}

cout << "*** eof ***" << endl;

//-- Neue Daten in die Queue schreiben

ostr << 10 << " " << 20;

//-- istr-EOF Status zurücksetzen, wiederum Daten lesen,
//   bis Queue leer ist, Inhalt auf Bildschirm ausgeben

istr.clear();
while ( 1 ) {
  istr >> value;
  if ( !istr.good() ) break;
  cout << " Wert : " << value << endl;
}

cout << "*** eof ***" << endl;

}
```

Im ersten Schritt werden drei Zahlen in den Speicher geschrieben, die dann wieder ausgelesen und auf dem Bildschirm angezeigt werden. Das Ende der verfügbaren Daten wird am eof-Status des Streams istr erkannt. Nachdem neue Daten eingetragen wurden, kann wieder gelesen werden. Allerdings muß der Streamstatus vorher durch einen Aufruf von clear explizit wieder auf good gesetzt werden.

25.14.6 Flushing

Ein Puffer wird spätestens dann geleert, wenn er voll ist und die overflow-Bedingung eintritt. Soll der Puffer früher geleert werden, muß der Programmierer das explizit veranlassen. Nur wenn der Ausgabepuffer leer ist, ist sichergestellt, daß alle an einen Stream übergebenen Zeichen auch an der Senke (also z.B. auf der Festplatte) angekommen sind. Bei einem Programmabsturz sind alle noch im Puffer befindlichen Daten verloren.

Ein explizites Entleeren (flushen) des Ausgabepuffers wird durch die Mitgliedsfunktion flush oder den gleichnamigen Manipulator erreicht:

```
//-- explizites flushen eines Stromes

   ofstream outf( "test.dat" );

   //-- durch die Mitgliedsfunktion flush ...
   outf << "Der Wert von data ist : " << data;
   outf.flush();

   //-- durch den Manipulator flush ...
     outf << "Der Wert von data ist : " << data << flush;
```

Möchte man den Strom nach jeder einzelnen Übergabe flushen, wird das Formatbit unitbuf eingeschaltet. Alle in ostream vordefinierten Übergabeoperatoren flushen dann den Stream nach erfolgter Ausgabe.

Um unitbuf einzuschalten, kann z.B. die Streamfunktion setf verwendet werden:

```
//-- explizites flushen eines Stromes bei jeder Übergabe

   ofstream outf( "test.dat" );
   outf.setf( ios::unitbuf );
   outf << "Der Wert von data ist : " << data;
```

Durch das gesetzte unitbuf-Flag ist die Ausgabeanweisung identisch zu

```
   outf << "Der Wert von data ist : " << flush << data << flush;
```

Das flushen nach jeder Übergabe kann z.B. dann sinnvoll sein, wenn eigene Übergabeoperatoren definiert sind, die evtl. noch fehlerhaft sind und zum Programmabsturz führen. Am Ausgabestand in der Datei kann man dann erkennen, welche Übergabe noch korrekt durchgeführt wurde.

25.14.7 Verbundene Streams

Ein Stream a kann mit einem beliebigen Ausgabestrom b *verbunden* (tied) werden. Jede Datenübernahme aus a bewirkt dann zuerst einen flush von b. Dieses Verhalten ist z.B. dann sinnvoll, wenn ein Programm über b einen Eingabeanforderungsstring (*prompt*) auf dem Bildschirm ausgibt und dann über a Daten einliest. Folgendes Programm zeigt das Problem:

```
   ofstream b( 0 ); // stdout
   ifstream a( 1 ); // stdin

   int i;

   b << endl << "Bitte eine Zahl eingeben : ";
   a >> i;
   b << "Die Zahl ist : " << i << endl;
```

Wird das Programm gestartet, bleibt der Bildschirm leer: Der Text "Bitte eine Zahl eingeben" steht noch im Puffer von b, wenn a bereits auf Daten von der Tastatur wartet. Erst am Ende des Programms (im Destruktor von b) wird der Puffer auf den Bildschirm ausgegeben.

Man kann den Puffer natürlich jederzeit explizit leeren, wie in diesen Anweisungen:

```
b << endl << "Bitte eine Zahl eingeben : " << flush;
a >> i;
```

Eine *tie* zwischen a und b macht nicht nur das explizite flushen unnötig, sondern leert den Puffer von b nur dann, wenn es wirklich nötig ist, nämlich kurz vor der Anforderung einer Eingabe. Die Verbindung wird durch die Streamfunktion

```
ostream* tie( ostream* );
```

hergestellt. tie liefert einen Zeiger auf den vorher verbundenen ostream zurück (oder NULL, wenn keine Verbindung bestand). Eine bestehende Verbindung wird durch ein NULL Argument aufgelöst.

Ein verbundener Stream wird durch tie ohne Parameter geliefert:

```
ostream* tie();
```

In unserem Beispiel schreibt man also

```
a.tie( &b ); // tie zwischen a und b herstellen
```

um einen "tie" zwischen a und b herzustellen. Nun steht nach der Zeile

```
b << endl << "Bitte eine Zahl eingeben : ";
```

der Text zwar weiterhin im Puffer von b, der Puffer wird jedoch durch

```
a >> i;
```

geleert, so daß der Prompt wie gewünscht vor der Eingabeanforderung auf dem Bildschirm steht.

Das beste Beispiel für verbundene Streams sind die Standardstreams cin und cout. Durch die Verbindung wird sichergestellt, daß alle an cout übergebenen Zeichen auch tatsächlich auf dem Bildschirm sichtbar sind, bevor eine Eingabe über cin durchgeführt wird.

25.15 Prefix- und Postfix-Funktionen

Vor und nach dem eigentlichen Datentransfer ruft jeder Übergabeoperator spezielle Funktionen auf, die Vor- bzw. Nachbearbeitungsarbeiten durchführen. Eine typische solche Vorbereitungsarbeit ist die Fehlerprüfung: Ist eines der Fehlerbits im Statuswort des Streams gesetzt, darf keine E/A durchgeführt werden, sondern die Übergabeoperation muß sofort beendet werden. Eine typische Aktion der Nachbearbeitungsfunktion eines Ausgabestroms ist das flushen des Streams, wenn das unitbuf-Flag (s.o.) gesetzt ist.

Ein Übergabeoperator ruft die sogenannte *Prefix-Funktion* auf, bevor er seine eigentlichen Arbeiten durchführt. Vor der Rückkehr ins aufrufende Programm wird die *Postfix-Funktion* aufgerufen. Je nach Eingabe oder Ausgabe unterscheidet man Input-Prefix- bzw. Postfix-Funktionen und Output-Prefix- bzw. Postfix-Funktionen.

25.15.1 Die Funktionen ipfx() und isfx()

Die Eingabe-Prefix-Funktion ist in der Klasse istream folgendermaßen deklariert:

```
int ipfx( int need = 0 );
```

Das Argument need gibt die Anzahl der Zeichen an, die voraussichtlich vom Stream eingelesen werden sollen. Kann der Aufrufer die Anzahl nicht bestimmen, wird 0 verwendet.

ipfx führt folgende Funktionen aus:

- ❑ Falls der Fehlerstatus ungleich 0 ist, liefert die Funktion sofort 0 zurück.
- ❑ Wenn ein verbundener Stream vorhanden und need größer als die Anzahl der im Puffer befindlichen Zeichen ist, wird der verbundene Stream geflusht.
- ❑ Wenn das Formatflag skipws gesetzt und need gleich 0 ist, werden so lange weiße Leerzeichen gelesen, bis ein anderes Zeichen gelesen oder eof erreicht wird. Im Falle eines Fehlers während dieses Lesevorganges liefert ipfx 0 zurück.
- ❑ Wenn alle Schritte fehlerfrei durchgeführt wurden, liefert die Funktion 1 zurück.

ipfx wird von allen Übernahmeoperatoren aufgerufen. Die Operatoren beginnen nur dann mit ihrer eigentlichen Arbeit, wenn ipfx einen Wert ungleich 0 zurückliefert.

Die Eingabe-Postfix-Funktion isfx wird momentan in keiner Streamimplementierung verwendet. Sie ist jedoch in den meisten Bibliotheken aus Kompatibilitätsgründen deklariert, aber leer implementiert:

```
void isfx() { }
```

25.15.2 Die Funktionen opfx() und osfx()

Die Ausgabe-Prefix-Funktion opfx() erledigt folgende Aufgaben:

- ❑ Falls der Fehlerstatus ungleich 0 ist, liefert die Funktion sofort 0 zurück.
- ❑ Wenn ein verbundener Stream vorhanden ist, wird er geflusht.
- ❑ Wenn alle Schritte fehlerfrei durchgeführt wurden, liefert die Funktion 1 zurück, ansonsten 0.

Die Ausgabe-Suffix-Funktion osfx() erledigt folgende Aufgaben:

- ❑ Wenn das Formatflag unitbuf gesetzt ist, wird der Puffer geflusht.
- ❑ Wenn das Formatflag stdio gesetzt ist, werden die Streams cout und cerr geflusht.

osfx wird von allen Übergabeoperatoren aufgerufen. Die Operatoren kehren ohne weitere Aktionen sofort an den Aufrufer zurück, wenn osfx 0 liefert.

Wie immer, kann man die Funktionalität der Prefix- und Postfix-Funktionen an die eigenen Bedürfnisse anpassen, indem man Ableitungen der Streamklassen bildet und die Funktionen dort überlädt.

25.16 Die Microsoft-Implementierung

Obwohl Aufbau und Funktionalität der Streamklassen (noch) nicht genormt sind, unterscheiden sich die Implementierungen der meisten Compilerhersteller inhaltlich nur marginal voneinander. Man kann also davon ausgehen, daß die Funktionalität der Microsoft-Implementierung auch bei anderen Compilerherstellern vorhanden ist und umgekehrt. Muß man portable Software schreiben, sollte man trotzdem sicherheitshalber vorher die Klassendefinitionen studieren bzw. (vor allem unter UNIX) einige Tests machen[54].

Folgende Liste zeigt, wie Microsoft die Klassendefinitionen auf Includedateien verteilt hat.

ios.h	Klasse ios
istream.h	Klasse istream, Manipulatoren ohne Parameter (dec, hex, oct), Standardstrom cin
ostream.h	Klasse ostream, Manipulatoren ohne Parameter (dec, hex, oct, flush, endl, ends), Standardströme cout, cerr, clog
iostream.h	Klasse iostream
fstream.h	Klassen filebuf, ifstream, ofstream, fstream
strstrea.h	Klassen strstreambuf, istrstream, ostrstream, strstream
stdiostr.h	Klasse stdiobuf
streamb.h	Klasse streambuf
iomanip.h	Makros, Deklarationen und Definitionen für Manipulatoren mit Parametern, Implementierung der Manipulatoren setiosflags, resetiosflags, setfill, setprecision, setw

---

[54] So gibt es z.B. bei einigen UNIX-Implementierungen die Unterscheidung zwischen Text- und Binärmodus und damit auch z.B. die Manipulatoren binary und text nicht.

25.17 Eigene Erweiterungen

In der Streambibliothek sind bereits Übergabe- und Übernahmeoperatoren für die einfachen Datentypen wie char, int, float etc. vorhanden. Im nächsten Kapitel befassen wir uns mit Möglichkeiten, die vorliegende Stream-Bibliothek für eigene Erweiterungen zu nutzen um so unter anderem Übergabe- und Übernahmeoperatoren auch für eigene Datentypen (d.h. Klassen) zu implementieren.

26 Stream-E/A eigener Datentypen

26.1 Transferoperatoren für Basisdatentypen

Die Klassen istream und ostream deklarieren Transferoperatoren für die Basisdatentypen int, float, double etc., jeweils für signed und unsigned Variationen sowie für einige Zeigertypen (wie z.B. char*). Dadurch können E/A-Vorgänge mit diesen Typen einfach und elegant notiert werden. Die Anweisung

```
int i = 3;
cout << "Der Wert von i ist " << i << endl;
```

zeigt das Prinzip. Um solche kaskadierten Anweisungen notieren zu können, ist in ostream der Operator << für alle in Frage kommenden einfachen Datentypen T wie folgt überladen:

```
class ostream ..... {
public:
  ostream &operator << ( const T );
/* ... weitere Mitglieder von ostream ... */
};
```

Dabei kann T für die Typen int, float etc stehen.

Man möchte nun die Ausgabemöglichkeiten, die man für die einfachen Datentypen hat, auch für eigene Klassen bereitstellen. Hat man also z.B. eine Klasse Complex definiert, möchte man

```
Complex c( 1, 2 );
cout << "Der Wert von c ist " << c << endl;
```

schreiben können. Beachten Sie bitte, daß es sich dabei "lediglich" um eine notationelle Vereinfachung handelt, denn die Ausgabe eines Complex-Objektes auf einem Stream ist bereits jetzt möglich, allerdings nur über die (unbefriedigende) Notation

```
cout << "Der Wert von c ist "
c.print( cout );
cout << endl;
```

26.2 Transferoperatoren für eigene Datentypen

Die naheliegendste Lösung zur Implementierung der gewünschten Vereinfachung wäre die Erweiterung der Klassen ostream bzw. istream um einen weiteren Transferoperator. Diese Lösung funktioniert, hat jedoch den Nachteil, daß Includedateien des Compilers modifiziert werden müßten, was das Prinzip der lokalen Kosten (*localized cost*, Kapitel 23) verletzt: Nun deklarieren *alle* Programme, die Streams verwenden, automatisch den neuen Operator mit. Es ist klar, daß dies keine saubere Lösung ist.

Als Alternative könnte man versuchen, die Transferoperatoren als Mitglieder von Complex selber zu deklarieren, also z.B.

```
struct Complex {
  ostream &operator << ( ... ) const;
  istream &operator >> ( ... );
  /* ... weitere Mitglieder von Complex ... */
};
```

Diese Lösung ist nicht möglich, da Operatoren als Mitgliedsfunktionen implizit ein Argument vom Typ der eigenen Klasse erhalten. Um die Kaskadierbarkeit zu ermöglichen, muß das erste Argument jedoch vom Typ der Streamklasse (also ostream bzw istream) sein.

26.2.1 Deklaration der Transferoperatoren

Als Lösung bleibt, die Transferoperatoren für eigene Klassen als globale Operatoren auszuführen. Hier ist man in der Wahl der Argumente völlig frei, und kann deshalb für die Klasse Complex die Operatoren als

```
ostream &operator << ( ostream &, const Complex );
istream &operator >> ( istream &, Complex & );
```

deklarieren.

Der (einzige) Nachteil an der Verwendung globaler Operatoren ist, daß die Operatoren auf alle Mitgliedsvariablen der Klasse Complex zugreifen müssen und deshalb eigentlich unbedingt als Mitgliedsfunktionen von Complex deklariert werden sollten - nur leider stehen eben technische Gründe dagegen.

Ganz allgemein kann man also für einen beliebigen, selbstdefinierten Typ T die Transferoperatoren als

```
ostream &operator << ( ostream &, const T );
istream &operator >> ( istream &, T & );
```

deklarieren. In der Praxis deklariert man den Übergabeoperator allerdings eher als

```
ostream &operator << ( ostream &, const T & );
```

um die Erzeugung einer lokalen Kopie des Objekts im Operator zu vermeiden.

26.2.2 Transferieren, Serialisieren und Persistenz

Wir bezeichnen im folgenden eine Klasse, für die Übergabe- und Übernahmeoperator vorhanden sind, als *transferierbar*[55]. Das gleiche meint der Begriff *serialisierbar*, denn die Operatoren überführen ja das strukturierte Objekt in eine lineare, d.h. serielle Form bzw. stellen das strukturierte C++-Objekt aus der seriellen Form wieder her.

Die serielle Repräsentation eines Objekts hat deswegen eine besondere Bedeutung, weil es nur in dieser Form in einer Datei oder in einem Speicherbereich abgelegt werden kann. Um Objekte zwischen Programmen auszutauschen oder Objekte in Dateien zu speichern, benötigt man die lineare Form. Objekte in Dateien werden auch *persistente Objekte* genannt, weil sie das Ende des Programms, das sie erzeugt hat, überleben. Persistente Objekte können wieder eingelesen (d.h. deserialisiert) und weiterverarbeitet werden. Die Serialisierbarkeit ist also eine notwendige Voraussetzung für die Persistenz, allerdings gehören noch einige Dinge mehr dazu, auf die wir im nächsten Kapitel genauer eingehen werden.

Der Prozeß der Überführung in die lineare Form wird auch als Serialisierung (serialization), der umgekehrte Weg als Deserialisierung (deserialization) bezeichnet.

26.2.3 Implementierung der Operatoren

Man kann die Transferoperatoren "direkt" implementieren, d.h. die Anweisungen zur E/A der Mitgliedsvariablen werden in der Implementierung der Operatorfunktion untergebracht. Folgendes Listing zeigt diesen Ansatz an Hand des Übergabeoperators für die Klasse Complex:

```
//--------------------------------------------------------------
//      Übergabeoperator für Complex
//
ostream &operator << ( ostream &ostr, const Complex c ) {

  ostr << " Realteil : "       << setw( 10 ) << c.re
       << " Imaginärteil : "   << setw( 10 ) << c.im << endl;

  return ostr;
}
```

Damit die Transferoperatoren auf die Datenmitglieder re und im zugreifen dürfen, müssen die Operatoren von Complex als Freunde deklariert werden:

```
//--------------------------------------------------------------
//      class Complex
//
struct Complex {

  /* ... weitere Mitglieder von Complex ... */

  friend ostream &operator << ( ostream &, const Complex );
  friend istream &operator >> ( istream &, Complex & );
};
```

---

[55] Genaugenommen ist die Transferierbarkeit keine Eigenschaft der Klasse, sondern der Objekte der Klasse, denn es werden ja Objekte transferiert, und nicht Klassen.

Eine Alternative hierzu ist die Auslagerung der eigentlichen E/A-Funktionalität in Mitgliedsfunktionen von Complex, die dann durch die Operatoren nur noch aufgerufen werden. Die dazu notwendigen Funktionen wurden bereits im letzten Kapitel entwickelt, allerdings nennen wir sie ab jetzt nicht mehr print und read, sondern besser toStream und fromStream.

Folgendes Listing zeigt noch einmal Deklaration und Implementierung der Übergabefunktion toStream:

```
//----------------------------------------------------------------
//         class Complex
//
struct Complex {
  bool toStream( ostream &ostr ) const;  // schreibt Objekt auf ostr

  /* ... weitere Mitglieder von Complex ... */
};
//----------------------------------------------------------------
//         Complex::toStream
//
bool Complex::toStream( ostream &ostr ) const {
  ostr << " Realteil     : "   << setw( 10 ) << re
       << " Imaginärteil : "   << setw( 10 ) << im << endl;

  return ostr.good();
}
```

Der Übergabeoperator kann mit Hilfe von toStream nun ganz einfach als

```
//----------------------------------------------------------------
//         Übergabeoperator für Complex
//
inline ostream &operator << ( ostream &ostr, const Complex c ) {
  c.toStream( ostr );
  return ostr;
}
```

implementiert werden. Beachten Sie bitte, daß der Rückgabewert von toStream nicht verwendet wird. Hier wird von der Tatsache Gebrauch gemacht, daß Operationen mit einem ungültigen Stream weiterhin erlaubt sind. Tritt z.B. in der Ausgabekaskade

```
ostr << "Der Wert von c ist " << c << endl;
```

bereits bei der Ausgabe der Zeichenkette ein Fehler auf, führt die nachfolgende Ausgabe von c trotzdem nicht zu Problemen, sondern wird ignoriert. Der Benutzer kann jederzeit den Erfolg der Gesamtoperation durch eine Abfrage des Streamstatus erfahren:

```
if ( !ostr.good() ) ...
```

Die Implementierung der Operatoren über zwei "Hilfsfunktionen" hat die folgenden Vorteile:

- Es sind keine friend-Deklarationen mehr notwendig. Der Zugriff von klassenfremden Funktionen auf die Daten der Klasse ist nicht mehr erforderlich.
- Die Transferoperatoren werden auf das reduziert, was sie sind, nämlich Schreibvereinfachungen für bereits bestehende Funktionalität.
- Ein Benutzer kann anstelle der Operatoren auch die Mitgliedsfunktionen direkt aufrufen, um z.B. den Rückgabewert zu verwenden.

26.3 Transferoperatoren für komplexere Klassen

Der Transferoperator für die Klasse Complex wurde im Endeffekt mit Hilfe der Transferoperatoren für die Datenmitglieder von Complex implementiert. Im Falle von Complex handelt es sich bei den Mitgliedern bereits um Variablen von Basisdatentypen, für die entsprechende Transferoperatoren schon in der Streambibliothek deklariert sind.

Dieses Zurückführen einer komplexen E/A-Operation auf einfachere, bereits definierte Operationen läßt sich besonders gut bei Klassen anwenden, die abgeleitet sind oder nicht-triviale Mitglieder haben.

26.3.1 Ableitungen

Bildet man eine Ableitung einer Klasse, für die bereits Transferoperationen deklariert sind, sollte man diese zur Implementierung der Ableitung auch verwenden.

Im folgenden Beispiel wird eine Ableitung von Complex gebildet, die die Klasse um ein Gültigkeitsflag erweitert.

```
//--------------------------------------------------------------
//      class Complex2
//
class Complex2 : public Complex {

public:

  Complex2();
  Complex2( int, int );

  bool isValid() const;

  bool toStream( ostream &ostr ) const;
  bool fromStream( istream &istr );

private:

  void invalidate();

  int valid;
  };
```

Interessant ist hier die Implementierung der Transferfunktionen toStream und fromStream:

```
//-------------------------------------------------------------------
//        Complex2::toStream
//
bool Complex2::toStream( ostream &ostr ) const {

  ostr << "Gültigkeit :  " << valid;
  if ( valid )
    Complex::toStream( ostr );

  return ostr.good();
  }
//-------------------------------------------------------------------
//        Complex2::fromStream
//
bool Complex2::fromStream( istream &istr ) {

  const int max = 80;
  char dummy[ max ];

  istr >> setw( max ) >> dummy >> setw( max ) >> dummy >> setw( 10 ) >> valid;

  if ( valid )
    Complex::fromStream( istr );

  return istr.good();
  }
```

Folgende Punkte sind bemerkenswert:

- ❑ Die Funktionen sind so implementiert, daß sie nur dann die Zahlenwerte transferieren, wenn diese auch eine Bedeutung haben, d.h. wenn das Objekt nicht ungültig ist. Dies ist eine Vereinbarung über das *Format* der E/A, das sowohl bei der Ausgabe als auch bei der Eingabe zu beachten ist. Im Hinblick auf evtl. notwendige Änderungen (z.B. im Zuge von Wartungsmaßnahmen) empfiehlt es sich deshalb, toStream und fromStream physikalisch immer nahe zusammen in einem Modul zu halten.

- ❑ Die Funktionen verwenden zur E/A der Daten der Basisklasse auch die Transferfunktionen der Basisklasse. Complex2::toStream gibt die geerbten Datenelemente re und im nicht selber aus, sondern verwendet dazu die Basisklassenfunktion Complex::toStream.

- ❑ Die Funktionen transferieren *zuerst* die Daten der eigenen Klasse, *dann* die Daten der Basisklasse. Diese Reihenfolge ist erforderlich, da die Basisklassendaten in Abhängigkeit von valid evtl. gar nicht transferiert werden. Die in der Literatur oft anzutreffende Meinung, daß grundsätzlich zuerst die Basisklassen und dann die eigenen Daten transferiert werden sollen, ist also nicht haltbar.

26.3 Transferoperatoren für komplexere Klassen

Beachten Sie bitte, daß für die Ableitung Complex2 eigene Transferoperatoren notwendig sind:

```
//----------------------------------------------------------------
//      Transferoperatoren für Complex2
//
inline ostream &operator << ( ostream &ostr, const Complex2 c ) {
  c.toStream( ostr );
  return ostr;
}
inline istream &operator >> ( istream &istr, Complex2 &c ) {
  c.fromStream( istr );
  return istr;
}
```

Wir werden später eine Möglichkeit vorstellen, wie man mit einem Satz Transferoperatoren (nämlich für die Basisklasse) auskommt.

26.3.2 Klassen mit nicht trivialen-Datenmitgliedern

Folgendes Listing zeigt eine Klasse FractInt, wie wir sie in Kapitel 15 (Mehrfach genaues Rechnen) zur Implementierung von Brüchen verwendet haben, hier allerdings erweitert um Transferfunktionen und -operatoren:

```
//----------------------------------------------------------------
//      class FractInt
//
class FractInt {

public:

  FractInt();
  FractInt( int z_in );
  FractInt( int z_in, int n_in );

  int isValid() const;

  void invalidate();

  bool toStream( ostream &ostr ) const;
  bool fromStream( istream &istr );

  int z, n;
};
```

Die Implementierung der Transferfunktionen und -operatoren folgt dem bereits am Beispiel der Klasse Complex gezeigten Schema:

```
//----------------------------------------------------------------
//      FractInt::toStream
//
bool FractInt::toStream( ostream &ostr ) const {

  ostr << z << " / " << n << flush;
  return ostr.good();
}
```

```
//-----------------------------------------------------------------
//      FractInt::fromStream
//

bool FractInt::fromStream( istream &istr ) {

  //-- Puffer zum Übergehen nicht gebrauchter Teile der Eingabe

  const int max = 10;
  char dummy[ max ];

  istr >> z >> setw( max ) >> dummy >> n;
  return istr.good();
}
//-----------------------------------------------------------------
//      Transferoperatoren für FractInt
//

inline ostream &operator << ( ostream &ostr, const FractInt f ) {
  f.toStream( ostr );
  return ostr;
}
inline istream &operator >> ( istream &istr, FractInt &f ) {
  f.fromStream( istr );
  return istr;
}
```

Insoweit also nichts Neues. Betrachten wir nun eine Version der Klasse Complex, die als Datenmitglieder zwei Objekte vom Typ FractInt besitzt:

```
//-----------------------------------------------------------------
//      class Complex
//
struct Complex {

  FractInt re, im;

  Complex();
  Complex( FractInt, FractInt );

  bool toStream( ostream &ostr ) const;
  bool fromStream( istream &istr );

};
```

Um ein solches Complex-Objekt auszugeben, müssen nun die beiden FractInt-Objekte auf den Stream geschrieben werden. Die dazu erforderliche Ausgabeanweisung in toStream ist unverändert

```
//-----------------------------------------------------------------
//      Complex::toStream
//
bool Complex::toStream( ostream &ostr ) const {

  ostr << " Realteil : "       << re
       << " Imaginärteil : "   << im << endl;

  return ostr.good();
}
```

Für re und im werden nun die Übergabeoperatoren von FractInt verwendet. Analog ist fromStream für die Eingabe aufgebaut:

26.3 Transferoperatoren für komplexere Klassen

```
//----------------------------------------------------------------
//      Complex::fromStream
//
bool Complex::fromStream( istream &istr ) {

  //-- Puffer zum Übergehen nicht gebrauchter Teile der Eingabe

  const int max = 80;
  char dummy[ max ];

  istr >> setw( max ) >> dummy >> setw( max ) >> dummy >> re
       >> setw( max ) >> dummy >> setw( max ) >> dummy >> im;

  return istr.good();
  }
```

Auch hier ist das Prinzip ähnlich wie bei der Stream-E/A von Ableitungen: Die Transferfunktionen sind zuständig für die E/A der Mitgliedsdaten ihrer Klasse, und mehr nicht. Sind diese Datenmitglieder selber wieder Objekte, müssen sie selber entsprechende Transferfunktionen und -operatoren bereitstellen.

Nun fehlen noch die Transferoperatoren, die wie immer implementiert sind:

```
//----------------------------------------------------------------
//      Transferoperatoren für Complex
//
inline ostream &operator << ( ostream &ostr, const Complex c ) {
  c.toStream( ostr );
  return ostr;
  }
inline istream &operator >> ( istream &istr, Complex &c ) {
  c.fromStream( istr );
  return istr;
  }
```

Folgendes Beispiel demonstriert die Wirkungsweise der geschachtelten E/A-Operationen. Dazu wird ein Complex-Objekt erzeugt, in eine Datei geschrieben und von dort wieder gelesen.

```
//----------------------------------------------------------------
//      main
//
void main() {

  Complex c( FractInt( 1, 2 ), FractInt( 2, 3 ) );

  ofstream ofstr( "test.dat" );
  ofstr << c;
  ofstr.close();

  Complex c1;
  ifstream ifstr( "test.dat" );
  ifstr >> c1;

  cout << c1 << endl;

  }
```

Die Ausgabe

```
Realteil : 1 / 2 Imaginärteil : 2 / 3
```

zeigt, daß der Datentransfer richtig funktioniert.

Als Resümee ist festzuhalten, daß jede Klasse, die potentiell als Basisklasse oder als Datenelement einer anderen Klasse vorkommen kann (also im Prinzip *jede* Klasse), Transferfunktionen und -operatoren nach dem gezeigten Schema implementieren sollte.

26.4 Eine Frage des Formats

Die Serialisierung von Objekten hatte bis jetzt zwei Anforderungen zu erfüllen:

- ❏ Das Format mußte lesbar sein.
- ❏ Ein Objekt mußte aus der seriellen Form wiederherstellbar sein.

Beide Forderungen widersprechen sich zum Teil. Ein Ausgabeformat, das bequem lesbar ist, zeigt die Objektdaten in einer übersichtlichen, strukturierten Weise. Ein solches Ausgabeformat wird hauptsächlich zu Debug-Zwecken verwendet, wenn man den internen Zustand eines Objekts mit einem Blick erfassen möchte. Es ist allerdings unwahrscheinlich, daß ein solchermaßen ausgegebenes Objekt jemals wieder eingelesen werden soll.

Auf der anderen Seite steht die Forderung nach Persistenz. Das bedeutet, daß Objekte serialisiert werden, um sie zu einem späteren Zeitpunkt (oder durch einen anderen Prozeß) wieder einzulesen und weiterzuverwenden. Dabei kommt es nicht darauf an, daß Objektdaten auch gelesen und verstanden werden, sondern daß die serielle Form möglichst wenig Speicher benötigt. Steht die Persistenz im Vordergrund, ist ein binäres Format ohne Kommentare angebrachter.

Es handelt sich daher genaugenommen um zwei ganz unterschiedliche Anforderungen, die auch durch unterschiedliche Transferfunktionen und -operatoren realisiert werden müssen. Während für die E/A im ASCII-Format in der Regel die Stream-Operatoren « und » verwendet werden, wird die binäre E/A meist mit Hilfe von Stream-Funktionen wie get, read oder write implementiert.

Wir haben diesen Unterschied bereits im letzten Kapitel kennengelernt, indem wir für Complex zwei Gruppen von Transferfunktionen implementiert haben:

```
//-----------------------------------------------------------------
//      class Complex
//
struct Complex {

  bool printBin( ostream &ostr ) const;    // schreibt Objekt binär auf ostr
  bool readBin ( istream &istr );          // liest Objekt binär von istr

  bool print( ostream &ostr ) const;       // schreibt Objekt auf ostr
  bool read ( istream &istr );             // liest Objekt von istr

  /* ... weitere Mitglieder von Complex ...*/
};
```

Wir werden uns im Rest dieses Kapitels auf die Ausgabe im ASCII-Format beschränken. Das Thema Persistenz und die Vielzahl der damit zusammenhängenden Fragen werden wir im nächsten Kapitel behandeln.

26.5 Transferoperatoren für Container

Möchte man den Inhalt eines Containers transferieren, muß man die einzelnen gespeicherten Objekte transferieren. Folgendes Listing zeigt eine Implementierung der Funktion toStream, wie sie für die Klasse IntArry möglich wäre:

```
//------------------------------------------------------------------
//      class IntArry
//
class IntArry {
public:
  bool toStream( ostream &ostr ) const;
  /* ... weitere Mitglieder von IntArry ... */
  };
//------------------------------------------------------------------
//      IntArry::toStream
//
bool IntArry::toStream( ostream &ostr ) const {

  ostr << "[ ";

  if ( isValid() )
    for ( int i=0; i<getNENT(); i++ ) {
      int value = (*this)[ i ];
      if ( value == noData )
        ostr << noDataStr << " ";
      else
        ostr << value << " ";
      }
  else
    ostr << invalidStr;

  ostr << " ]" << flush;

  return ostr.good();
  }
```

Beachten Sie bitte, daß das Feld nur dann ausgegeben wird, wenn es gültig ist.

Da ein dynamisches Feld eine beliebige Anzahl von Elementen haben kann, sollte das Ausgabeformat zusätzlich Informationen über den Beginn und das Ende der Ausgabe enthalten, um den Container als zusammenhängende Einheit identifizieren zu können. In der vorliegenden Implementierung wird dies erreicht, indem der Inhalt in eckige Klammern eingeschlossen wird.

Folgendes Programmsegment zeigt die Anwendung:

```
IntArry ia;
ia << 1 << 2 << 3 << 4;

cout << ia;
```

Die Ausgabe entspricht den Erwartungen:

```
[ 1 2 3 4 ]
```

Etwas komplizierter wird es, wenn es sich um einen heterogenen Container wie z.B. PtrArry handelt. Die besondere Eigenschaft eines heterogenen Containers ist ja, daß er gleichzeitig Objekte unterschiedlicher Klassen verwalten kann. Die Objekte werden über Zeiger vom Typ der gemeinsamen Basisklasse angesprochen, late binding stellt sicher, daß die korrekten Funktionen aufgerufen werden (vgl. Kapitel 22, Polymorphismus und Kapitel 23, heterogener Container).

Ein heterogener Container wird serialisiert, indem jedes einzelne Objekt serialisiert wird. Dazu muß für toStream late binding verwendet werden, d.h. toStream muß in CntBase als abstrakte Funktion deklariert werden.

```
//-----------------------------------------------------------
//        class CntBase
//
class CntBase {
public:
   //-- toStream muß das Objekt nach ostr serialisieren
   virtual bool toStream( ostream & ) const = 0;
   /* ... weitere Mitglieder von CntBase ... */
};
```

Gleichzeitig implementieren wir einen Übergabeoperator für CntBase wie folgt:

```
inline ostream &operator << ( ostream &ostr, const CntBase &obj ) {
  obj.toStream( ostr );
  return ostr;
}
```

Durch die Verwendung von late binding für toStream reicht dieser eine Übergabeoperator aus, um auch Objekte aller Nachfolger von CntBase ausgeben zu können.

Nun kann PtrArry::toStream unter Verwendung des Übergabeoperators einfach als

```
//-----------------------------------------------------------
//        PtrArry :: toStream
//
bool PtrArry::toStream( ostream &ostr ) const {
   ostr << "[" << endl;
   if ( isValid() )
      for ( int i = 0; i < nent; i++ )
         ostr << *p[i] << endl;
   else
      ostr << invalidStr;

   ostr << "]" << endl;
   return ostr.good();
} // toStream
```

implementiert werden, denn *p[i] ist formal vom Typ CntBase.

26.5 Transferoperatoren für Container

Die Vorgehensweise ist ähnlich zum Operator const char*, der ja genauso den gleichnamigen Operator für die gespeicherten Objekte aufgerufen hat. Auch für Operator const char* wurde late binding verwendet. Hier ist zum Vergleich noch einmal die Implementierung:

```
//-----------------------------------------------------------------
//       PtrArry :: operator const char *
//
PtrArry::operator C7CONST char* () const {

  serBuf = "[\n";
  if ( isValid() )
    for ( int i = 0; i < nent; i++ )
      serBuf << (C7CONST char*) *p[i] << " " << "\n";

  else
    serBuf << invalidStr;

  serBuf << "]";
  return serBuf;
} // op const char *
```

Die Basisklasse CntBase hat nun eine abstrakte Funktion mehr erhalten, die von allen Ableitungen implementiert werden muß. Wir haben ja bereits gesehen, daß es günstig ist, wenn *jede* Klasse die Transferfunktionen toStream und fromStream implementiert - nur jetzt ist toStream eben virtuell. fromStream ist für ASCII-Formate nicht sinnvoll und wird deshalb nicht implementiert.

Folgendes Listing zeigt eine geeignete Implementierung für unsere Stringklasse:

```
//-----------------------------------------------------------------
//       class String
//
class String : public CntBase {

public:

  virtual bool toStream( ostream & ) const;

  /* ... weitere Mitglieder von String ... */
};
//-----------------------------------------------------------------
//       String:: toStream
//
bool String::toStream( ostream &ostr ) const {

  if ( isValid() )
    ostr << p;
  else
    ostr << invalidString;

  return ostr.good();
} // toStream
```

Es ist nicht mehr erforderlich, für Ableitungen von CntBase einen eigenen Übergabeoperator zu implementieren - da für toStream late binding verwendet wird, reicht die Implementierung eines Operators für die Basisklasse aus.

Warum ist die Ersparnis einer (zumal noch sehr kleinen) Funktion so wichtig? Es kostet doch nicht viel, einen Übergabeoperator auch für String zu implementieren, zumal der Operator nur aus zwei Zeilen besteht.

In diesem einfachen Beispiel geht es weniger um die tatsächlich gesparte Schreibarbeit, sondern vielmehr um das zugrunde liegende Prinzip. Professionelle Bibliotheken wie z.B. die Microsoft Foundation Classes (MFC) verwenden ausgiebig solche Techniken. Wenn man nicht wirklich versteht, was in unserem Beispiel bei der Ausgabe eines String-Objektes passiert, wird man auch die MFC nicht verstehen, sondern nur verwenden können.

Es ist sicherlich sinnvoll, die einzelnen Schritte bei der Ausgabe eines heterogenen Containers einmal mit dem Debugger nachzuverfolgen. Aus diesem Grund befinden sich die Klassen CntBase, PtrArry und String sowie ein kleines Testprogramm im Verzeichnis KAP26 auf der Begleitdiskette. Weiterhin vorhanden ist die Klasse NoData, die als Ableitung von CntBase ebenfalls eine toStream-Funktion erhalten muß.

Im Testprogramm werden drei Stringobjekte erzeugt und in einen Container eingefügt. Der Container wird dann auf dem Standard-Ausgabestrom ausgegeben:

```
void main() {
  PtrArry cnt;
  cnt.append( new String( "String 1" ) );
  cnt.append( new String( "String 2" ) );
  cnt.append( new String( "String 3" ) );

  //-- Ausgabe des gesamten Containers incl. aller Objekte mit
  //   einer einzigen Anweisung

  cout << "Dies ist der Container : " << cnt;
}
```

Die Ausgabe entspricht den Erwartungen:

```
Dies ist der Container : [
String 1
String 2
String 3
]
```

26.6 Die Operatoren << und const char*

Bis zu diesem Kapitel haben wir alle wichtigen Klassen mit einem Operator const char* ausgerüstet, dessen Aufgabe es war, eine Stringrepräsentation seines Objekts zu erzeugen und an den Aufrufer zurückzuliefern. Die Implementierung für String war einfach, da die Klasse String nur einen Zeiger auf einen internen Speicherbereich zurückliefern mußte. Für andere Klassen mußte eine solche Repräsentation erst mit Hilfe eines gesonderten String-Objekts erzeugt werden.

Die dabei entstehenden Probleme können vermieden werden, wenn der Operator const char* durch die Transferfunktionen bzw. -operatoren ersetzt werden. Der Zweck, nämlich eine bequeme Ausgabemöglichkeit objektinterner Daten zu erhalten, kann nun besser mit den Möglichkeiten, die Streams bieten, erreicht werden.

26.6 Die Operatoren << und const char*

Für eine beliebige Klasse T haben wir den Operator const char* implementiert als

```
class T {
public:
  operator const char* () const;
  /* ... weitere Mitglieder von T ... */
};
```

Um ein Objekt vom Typ T auf dem Bildschirm auszugeben, konnte man mit Hilfe des Operators z.B.

```
T t;
puts( t );   // implizite Wandlung nach const char*
```

oder für eine besser kommentierte Ausgabe

```
printf( "Das T-Objekt : %s\n", (const char*)t );
```

schreiben.

Mit Hilfe der Transferfunktion toStream und des Transferoperators << für T läßt sich die gleiche Wirkung eleganter durch die Anweisung

```
T t;
cout << t << endl;
```

oder für die kommentierte Version durch die Anweisung

```
cout << "Das T Objekt : " << t << endl;
```

erreichen. Allgemein werden Übergabefunktion und -operator für T wie folgt deklariert:

```
class T {
public:
  //-- Übergabefunktion
  virtual void toStream( ostream & ) const;
  /* ... weitere Mitglieder von T ... */
};

//-- Übergabeoperator
ostream &operator << ( ostream &, const T& );
```

Dabei ist noch anzumerken, daß der Übergabeoperator grundsätzlich für alle Klassen nur die zugehörige Übergabefunktion aufruft:

```
//-- Implementierung ist für alle Klassen identisch
inline ostream &operator << ( ostream &ostr, const T& t ) {
  t.toStream( ostr );
  return ostr;
}
```

27 Die Microsoft Foundation Classes

Microsoft liefert mit C7 und VC eine Klassenbibliothek hauptsächlich zur Unterstützung der Windows-Programmierung mit. Die Bibliothek enthält jedoch auch einige Klassen, die Windows-unabhängig sind und sich deshalb auch für DOS-Programme sinnvoll einsetzen lassen. Dieser Windows-unabhängige Teil der Bibliothek ist Thema dieses und des nächsten Kapitels. Wir werden uns dabei auf Fragen konzentrieren, die mit Objektorientierung zu tun haben. Die beiden Kapitel sind keine Bedienungsanleitung für die MFC und sollen das Referenzhandbuch, in dem die Gesamtfunktionalität ausreichend beschrieben ist, nicht ersetzen. Aus objektorientierter Sicht gibt es jedoch einiges zu entdekken, so vergleichen wir z.B. einige Klassen der MFC mit den Klassen, die in diesem Buch entwickelt wurden und stellen die jeweiligen Vor- und Nachteile heraus.

Mit C7 wird die Version 1 der Microsoft Foundation Classes (MFC) ausgeliefert. Für VC 1.0 wurde die Bibliothek erweitert und verbessert und liegt nun für VC 1.5 in der aktuellen Version 2.5 vor. Die Änderungen gegenüber der Version 1 betreffen hauptsächlich die Windows Programmierung, jedoch sind auch einige kleinere Änderungen im allgemeinen Teil vorgenommen worden. Die Version 2.5 enthält vor allem verbesserte OLE-Fähigkeiten sowie einige Möglichkeiten zur Anbindung an Datenbanken.

Wir konzentrieren uns in diesem Buch auf die Version 2.5 der Bibliothek. An Stellen, an denen wichtige Änderungen gegenüber den Versionen 2.0 bzw. 1 vorhanden sind, wird darauf gesondert hingewiesen.

Auf der Begleitdiskette befindet sich unter Kapitel 27 ein Beispiel, das die in diesem Kapitel vorgestellten Leistungen der MFC nutzt. Darüber hinaus entwickeln wir im Laufe des Kapitels einige Verbesserungen zur MFC, die in den Dateien afxadd.h und afxadd.cpp im Verzeichnis AFXADD zu finden sind.

27.1 Übersicht

Die Leistungen, die der allgemeine Teil der MFC für den Programmierer zur Verfügung stellt, lassen sich grob in die folgenden Teile untergliedern:

- ❑ Simulation des Exception Handling
- ❑ Unterstützung der Ablaufverfolgung von Programmen
- ❑ Zusicherungen
- ❑ Spezielle Speicherverwaltung zur Unterstützung der Fehlersuche

- Laufzeit-Typsystem
- Virtuelle Konstruktoren
- Persistenz
- Einfache Unterstützungsklassen (Strings, Datum)
- verschiedene Containerklassen.

Die Teile sind eng miteinander verwoben. So verwenden z.B. die Containerklassen auch die Debug-Möglichkeiten, die Ausnahmebehandlung etc. Die einzelnen Teile sind also immer im Zusammenhang zu sehen, auch wenn sie im Buch naturgemäß nacheinander behandelt werden müssen.

In diesem Kapitel werden alle Punkte mit Ausnahme der Containerklassen behandelt. Container sind Thema des nächsten Kapitels.

27.2 Grundsätzliches

27.2.1 Separate Bibliothek

Die MFC ist als separate Bibliothek vorhanden, die Funktionalität ist also nicht wie z.B. die Streambibliothek bereits in den Standardbibliotheken des Compilers mit enthalten. Dies bedeutet, daß man beim Linken die MFC-Bibliothek explizit berücksichtigen muß. Genaugenommen sind es mehrere Bibliotheken, denn es gibt natürlich für jedes Speichermodell eine separate Bibliothek. Darüber hinaus gibt es einen unterschiedlichen Satz Bibliotheken für die Debug- und Release Variante eines Programms, sowie unterschiedliche Varianten für Windows- und DOS-Programme.

Diese Vielzahl von Bibliotheksdateien ist nicht automatisch nach der Installation des Compilers vorhanden, sondern der Programmierer muß sich die für ihn notwenige(n) Variante(n) durch einen Make-Lauf erzeugen (s.u.).

Die verschiedenen Varianten der MFC-Bibliothek unterscheiden sich durch den Dateinamen, der nach folgendem Schema gebildet wird:

```
mAFXcwd.LIB
```

Die kleinen Buchstaben sind Variablen, die für die folgenden Möglichkeiten stehen:

m	Speichermodell. Werte S, M, C oder L für small, medium, compact oder large
c	Werte C oder D für EXE-Programm oder DLL
w	Werte R oder W für (real mode) DOS oder Windows
d	D für Debug, kein Wert für Release-Variante.

Der Bibliotheksdateiname MAFXCR.LIB steht also für die Release-Variante der Bibliothek für das Speichermodell medium für DOS-EXE-Programme.

Um den korrekten Dateinamen braucht sich der Programmierer nicht zu kümmern, wenn er die integrierte Entwicklungsumgebung verwendet. Wird dort "use MFC" spezifiziert, wird automatisch die richtige Bibliothek dazugebunden. Dabei wird der Dateiname der Bibliothek aus dem gewählten Speichermodell, aus der Angabe für das Zielsystem (DOS, Windows...) sowie dem Debug/Release Schalter von der IDE berechnet.

27.2.2 Debug- und Release Variante

Die Microsoft-Entwicklungsumgebungen besitzen einen Schalter, mit dem man bestimmen kann, ob eine Testversion (Debug-Variante) oder die endgültige Version (Release-Variante) des Programms erzeugt werden soll. Für jede Stellung dieses Debug/Release Schalters kann ein getrennter Satz an Compiler- bzw. Linkeroptionen, Defines etc. angegeben werden. Normalerweise setzt man die Optionen so, daß in der Debug-Variante Informationen für den Debugger erzeugt werden, dagegen sind Optimierungen gänzlich ausgeschaltet. Optional kann man noch die Stacküberlaufprüfung sowie die Prüfung auf Nullzeiger einschalten. In der Stellung des Schalters für die Release-Variante wird man dagegen mehr Wert auf Optimierung als auf schnelle Übersetzung legen.

Die MFC verwendet die Philosophie der zwei Versionen, um differenzierte Funktionalität anzubieten. Einige Dinge sind z.B. nur in der Debug-Variante der Bibliothek vorhanden, so z.B. eine spezielle Heapspeicherverwaltung, die Speicheranforderungen und -rückgaben mitführt. So kann man bei Problemen mit der Speicherverwaltung einen ausführlichen Bericht über den Zustand des Heap erhalten. In der Release-Variante ist diese spezielle Verwaltung nicht vorhanden, Aufrufe zur Speicherplatzanforderung bzw. -rückgabe werden direkt auf malloc bzw. free abgebildet. In diesem Fall kann der Sourcecode des Anwendungsprogramms für beide Varianten identisch sein, der Unterschied liegt lediglich in der Implementierung der Funktionen in der MFC.

In anderen Fällen muß man im Programm unterscheiden, ob für die Debug- oder Release-Variante übersetzt wird, denn einige Variablen und Funktionen sind nur in der Debug-Variante vorhanden. Versucht man den Zugriff auf diese Namen in der Release-Variante, erhält man einen Syntax-Fehler.

Um die Unterscheidung vornehmen zu können, definiert die integrierte Entwicklungsumgebung die Compilervariable _DEBUG, wenn der Debug/Release Schalter auf "Debug" steht.

Folgendes Codesegment aus einem Anwendungsprogramm ist z.B. typisch:

```
#ifdef _DEBUG
afxDump << "vor Aufruf von xyz...\n";
#endif
```

27.2.3 Voraussetzungen

Includedateien

Um die allgemeinen Teile der MFC in eigenen Programmen nutzen zu können, muß grundsätzlich die Headerdatei afx.h includiert werden, die sich im Pfad <Base>\MFC\INCLUDE befindet. Werden Containerklassen benötigt, ist zusätzlich die Datei afxcoll.h zu includieren. <Base> steht dabei für das Installationsverzeichnis des Compilers, also normalerweise \MSVC für VC bzw. \MSC700 für C7. Bei der Installation der MFC wurde dieser Pfad automatisch zur Liste der Includepfade hinzugefügt, so daß sich der Programmierer normalerweise nicht darum kümmern muß. Meldet der Compiler bei der Übersetzung, daß afx.h oder afxcoll.h nicht gefunden wurde, kann man den Pfad manuell in der integrierten Entwicklungsumgebung zum Projekt hinzufügen[56] oder die Umgebungsvariable INCLUDE (meist in der autoexec.bat) korrigieren.

Wir werden in diesem Kapitel einige Erweiterungen zur MFC vorstellen. Um diese in eigenen Projekten nutzen zu können, muß die Datei afxadd.h aus dem Verzeichnis AFXADD der Begleitdiskette includiert werden. In unseren Projekten gehen wir davon aus, daß sich das Verzeichnis AFXADD parallel zum aktuellen Projektverzeichnis befindet. Die Projekte auf der Begleitdiskette enthalten daher ..\AFXADD als Teil des Includepfades.

Defines

Damit afx.h korrekt übersetzt werden kann, muß man sich entscheiden, ob man ein Windows- oder DOS-Target erzeugen möchte. Dazu dienen die Compilervariablen _DOS und _WINDOWS, von denen genau eine gesetzt sein muß.

_DOS wird von der integrierten Entwicklungsumgebung automatisch definiert, wenn als Projekttyp DOS exe, com etc. angegeben wird[57]. _WINDOWS dagegen wird nicht automatisch von der IDE gesetzt, wenn ein Windows-Target angegeben ist, sondern muß manuell in der IDE oder im Programm definiert werden. Allerdings includieren wohl alle Windows-Programme afxwin.h, in der _WINDOWS dann definiert wird. Wir befassen uns in diesem Kapitel ausschließlich mit den allgemeinen (Windows-unabhängigen) Teilen der MFC und erzeugen nur DOS-Programme.

---

56 Für VC im Menü Options/Directories/Include Files Path, für C7 im Menü Options/Language Options/C++/Global Options/Additional Global Options/Additional Include Paths.

57 Allerdings leider nicht von C7 - dort muß die Variable manuell gesetzt werden.

27.2 Grundsätzliches

Eine weitere, wichtige Compilervariable ist _DEBUG. Ist sie definiert, soll die Debug-Variante des Programms erzeugt werden. In afx.h werden dann einige Deklarationen zusätzlich aufgenommen bzw. einige Dinge anders deklariert. Es ist wichtig, daß dann zum Programm auch die Debug-Variante der MFC hinzugebunden wird.

Bibliotheken

Die verschiedenen Varianten der Bibliothek befinden sich im Verzeichnis <Base>\MFC\LIB. Bei der Installation der MFC wurde dieser Pfad automatisch zur Liste der Bibliothekspfade hinzugefügt, so daß sich der Programmierer normalerweise nicht darum kümmern muß. Meldet der Binder, daß die Bibliothek nicht gefunden wurde, liegt es meistens daran, daß die benötigte Variante nicht existiert. Sie muß dann erst erzeugt werden (s.u.). Hat man sich überzeugt, daß die Bibliothek vorhanden ist, muß man den Pfad manuell in der integrierten Entwicklungsumgebung zum Projekt hinzufügen[58] oder die Umgebungsvariable LIB (meist in der autoexec.bat) korrigieren.

Um den Dateinamen der Bibliothek braucht man sich nicht zu kümmern, wenn man im Projekt "Use MFC" angegeben hat. Der korrekte Name wird dann von der IDE aus den Projektdaten (Speichermodell etc.) berechnet.

Im Prinzip sind alle Kombinationen aus Speichermodell, Debug/Release-Schalter, Windows/DOS-Target etc. möglich, jedoch gibt es in den Datenmodellen mit "kleinen" Daten Probleme mit der Debug-Variante der Bibliothek. Dort ist das Datensegment in der Regel zu klein. Man sollte zumindest das medium-Modell verwenden.

Die in diesem Kapitel vorgestellten Erweiterungen zur MFC sollten zweckmäßigerweise nicht in die MFC-Bibliotheken aufgenommen werden. Für die Projekte in diesem Buch binden wir die Erweiterungen als separaten Modul ein. Der Quellcode wird dabei im Verzeichnis AFXADD parallel zum aktuellen Projektverzeichnis erwartet.

27.2.4 Erzeugen eigener Varianten

Bei der Installation der Entwicklungsumgebung werden standardmäßig diejenigen Bibliotheksvarianten, die für die Beispielprogramme im Verzeichnis <Base>\MFC\SAMPLES erforderlich sind, erzeugt. Dabei handelt es sich um die Windows-Versionen für die Speichermodelle medium und large. Benötigt man weitere Varianten, muß man sich diese explizit erzeugen. Für die Beispiele in diesem Buch benötigen wir die Variante für DOS-EXE-Programme. Als Speichermodell verwenden wir grundsätzlich medium, andere Speichermodelle sind natürlich ebenfalls möglich.

---

58 Für VC im Menü Options/Directories/Library Files Path, für C7 ist die Angabe in der IDE *nicht* möglich. Hier bleibt nur die Angabe über die Umgebungsvariable LIB.

Zur Erzeugung eigener Varianten der MFC ist im Pfad <Base>\MFC\SRC ein sogenanntes *Makefile* vorhanden, das nur mit Hilfe des nmake-Programms ausgeführt werden muß. Dabei können Parameter übergeben werden, die die zu erzeugende Variante bestimmen.

Folgende Parameter sind für uns interesssant:

- MODEL: Bestimmt ds Speichermodell. Mögliche Werte sind S,M,C,L für small, medium, compact oder large. Standardeinstellung ist M. Wir verwenden grundsätzlich M.
- TARGET: Bestimmt das Betriebssystem. Mögliche Werte sind W,R für Windows oder DOS Real Mode. Standardeinstellung ist W, wir verwenden in diesem Buch nur R.
- DEBUG: Bestimmt den Debug/Release-Schalter. Mögliche Werte sind 0 oder 1 für Release oder Debug-Variante. Standardeinstellung ist 1. Wir verwenden beide Varianten.
- CODEVIEW: Bestimmt die Module, für die Codeview-Informationen erzeugt werden. Mögliche Werte sind 0, 1 oder 2, für "keine Information", "Information für alle Module" oder "Information für bestimmte Module". Standardeinstellung ist 2, die auch wir verwenden.

Da wir in diesem Buch grundsätzlich das Speichermodell medium verwenden, sind für uns vor allem folgende "Builds" interessant:

```
nmake "TARGET=R"
```

erzeugt die Debug-Variante für das Speichermodell medium, während

```
nmake "TARGET=R" "DEBUG=0"
```

die Release-Variante erzeugt. Die entsprechenden Bibliotheken heißen mafxcr.lib und mafxcrd.lib und stehen nach einem erfolgreichen "Build" im Verzeichnis <Base>\MFC\LIB.

27.2.5 Datentypen

Auch im allgemeinen Teil der MFC bemerkt man die Nähe zu Windows. Die meisten Klassen und Funktionen des allgemeinen Teils arbeiten mit den Windows-Standard-Datentypen (Basisdatentypen). So gibt es z.B. Containerklassen für UINT oder DWORD-Daten. Auch wenn man nicht unbedingt Windows-Programme erstellen möchte, sollte man also diese Datentypen kennen.

In der MFC werden folgende Basisdatentypen verwendet:

```
typedef unsigned char     BYTE;    // 8-bit unsigned allgemein
typedef unsigned short    WORD;    // 16-bit unsigned Zahl
typedef unsigned int      UINT;    // unsigned Zahl, maschinenabhängig
typedef long              LONG;    // 32-bit signed Zahl
typedef unsigned long     DWORD;   // 32-bit unsigned Zahl
typedef int               BOOL;    // BOOLean (0 oder !=0)
```

Ab der Version 2 (also bei VC) sind zusätzlich noch

```
typedef char FAR*       LPSTR;  // far pointer auf einen String
typedef const char FAR* LPCSTR; // far pointer auf einen konstanten String
```

deklariert.

Zu beachten ist die Definition des Typs BOOL, der in Windows (und damit auch in der MFC) traditionell als int implementiert ist. Dies ist ein Relikt aus der C-Programmierung, das man in C++ nicht hätte übernehmen müssen. Zumindest wäre es möglich gewesen, in der MFC zusätzlich einen C++ Typ bool wie wir ihn in Kapitel 16 implementiert haben, aufzunehmen.

Entsprechend der Definition von BOOL sind auch die Konstanten TRUE und FALSE implementiert:

```
#define FALSE 0
#define TRUE  1
```

27.3 Exception Handling

Das *Exception Handling* ist Teil des neuesten C++ Sprachstandards (C++ Version 3). Dabei wird die Sprache um Mittel erweitert, sogenannte *Exceptions* (deutsch etwa "Ausnahmen") zu definieren, zu erzeugen und zu behandeln. In C++ Version 3 stehen dazu die Schlüsselworte try, catch und throw zur Verfügung. Allerdings ist das exception handling weder in C7 noch in VC als Teil der Sprache implementiert, es gibt jedoch in der MFC unter anderem die Makros TRY, CATCH und THROW, mit denen eine einfache Ausnahmebehandlung simuliert wird[59].

27.3.1 Ein Beispiel

Die prinzipielle Arbeitsweise läßt sich am einfachsten an Hand eines Beispiels erläutern. Betrachten wir dazu eine Funktion f, die ihrerseits eine Funktion g aufruft. In g soll Speicher vom Heap allokiert werden.

```
//-----------------------------------------------------------------
//       g
//
char *g() {
  char *p = new char[ 100 ];

  //-- Falls kein Speicher mehr allokiert werden konnte: NULL zurück
  return p;
}
```

---

59 Von Microsoft ist zu hören, daß der nächste "größere Release" des Compilers sowohl Templates als auch Exceptions unterstützen wird. Dies ist wahrscheinlich, da einige Konkurrenzprodukte bereits über diese Sprachmittel verfügen.

Die Frage ist nun, wie man die Situation "kein Speicher mehr" in den Griff bekommt. In g bemerkt man diese Ausnahmesituation daran, daß new einen Nullzeiger zurückgeliefert hat. In der Standardlösung meldet g den Fehler an f zurück (in unserem Beispiel durch Rückgabe des Nullzeigers). Dies hat zur Folge, daß nach jedem Aufruf von g eine Fehlerabfrage stattfinden muß.

Folgendes Listing zeigt eine typische Konstruktion:

```
//-----------------------------------------------------------------
//       f
//
BOOL f() {
  char *p = g();

  //-- Prüfung auf Speicherüberlauf ...
  if ( !p )
    return FALSE;  // Arbeit nicht erfolgreich beendet

  /* ... Arbeit mit Speicherblock p ... */

  delete p;

  return TRUE;  // Arbeit erfolgreich beendet
}
```

Das gleiche gilt auch für f, denn auch der Aufrufer von f muß wissen, daß f nicht korrekt durchgeführt werden konnte:

```
/* ... */
if ( !f() ) {
    //-- Beispiel der Behandlung eines Fehlers
    cerr << "Konnte f nicht korrekt durchführen!" << endl;
    exit( 1 );
}
/* ... Arbeit mit den Ergebnissen von f ... */
```

Allgemein muß nach dem Aufruf *jeder* Funktion, in der Probleme auftreten können, auf solche Fehlersituationen hin geprüft werden. Es ist deshalb nicht selten, daß sich bis zu 50% der Programmzeilen eines Moduls mit Fehlerprüfungen etc. befassen. Dabei geschieht dort meist nicht viel mehr, als daß auf eine Fehlersituation geprüft und im Bedarfsfall die Funktion beendet wird.

Genau hier setzt das C++ exception handling an. Wird in g die Situation "kein Speicher mehr" erkannt, signalisiert g eine *Ausnahme*. Das Programm wird dann nicht mit der nächsten Anweisung fortgesetzt, sondern es wird zu einer passenden *Ausnahmebehandlungsroutine (exception handler)* gesprungen. Ist im aktuellen Block kein passender Handler definiert, wird der umschließende Block betrachtet. Ist auch dort kein passender Handler vorhanden, wird wiederum der umschließende Block betrachtet, etc. Wird auf diese Weise überhaupt kein passender Handler gefunden, tritt ein interner Handler in Kraft, der das Programm über die MFC-Funktionen AfxTerminate und AfxAbort beendet.

27.3 Exception Handling

Unser Beispiel nimmt nun folgende Form an:

```
//-----------------------------------------------------------------
//        g
//
char *g() {

  char *p = new char[ 100 ];

  //-- Falls kein Speicher mehr allokiert werden konnte:
  //   Memory-exception auslösen

  if ( !p )
    THROW( new CMemoryException );

  return p;
  }
//-----------------------------------------------------------------
//        f
//
void f() {

  char *p = g();

  /* ... Arbeit mit Speicherblock p ... */

  delete p;
  }
//-----------------------------------------------------------------
//        main
//
void main() {

  /* ... */

  TRY {
    f();

    /* ... */
    }
  CATCH( CMemoryException, me ) {
    cerr << "irgendwo ist der Speicher ausgegangen" << endl;
    exit( 1 );
    }
  END_CATCH

  cout << "f korrekt ausgeführt" << endl;
  }
```

Die Ausnahme, um die es sich hier handelt, ist ein Heapüberlauf. Für diese Ausnahme ist in den MFC bereits die Ausnahmeklasse CMemoryException definiert. Tritt die Ausnahmesituation auf, wird ein Objekt der Ausnahmeklasse erzeugt und an das Makro THROW übergeben.

```
//-- Falls kein Speicher mehr allokiert werden konnte:
//   Memory-exception auslösen

if ( !p )
  THROW( new CMemoryException );
```

Dadurch verzweigt das Programm zum nächsten passenden Handler, der sich in unserem Beispiel erst in der Funktion main befindet.

Damit für f (und damit automatisch für alle Funktionen, die f aufruft), exceptions mit einem Handler behandelt werden können, muß sich der Aufruf von f in einem *TRY-Block* befinden:

```
TRY {
  f();
  /* ... */
}
```

Sofort im Anschluß an den TRY-Block müssen ein oder mehrere Handler folgen, die die Ausnahmen, die evtl. im TRY-Block ausgelöst wurden, behandeln sollen. In der MFC-Simulation wird ein Handler durch einen *CATCH-Block* implementiert.

```
CATCH( CMemoryException, me ) {
  cerr << "irgendwo ist der Speicher ausgegangen" << endl;
  exit( 1 );
}
```

Dieser CATCH-Block wird (ausschließlich) durch eine CMemoryException-Ausnahme aktiviert. Der zweite Parameter (hier me) zeigt auf das an THROW übergebene Ausnahmeobjekt. Im Endeffekt wurde also ein Objekt (hier von der Klasse CMemoryException) vom THROW-Makro zu einem CATCH-Makro übertragen. Prinzipiell können Objekte beliebiger Klassen übertragen werden, insbesondere können solche Ausnahmeobjekte auch Datenmitglieder besitzen. Damit ist es möglich, z.B. nähere Informationen über Art und Umstände einer Ausnahme an einen Handler zu übertragen.

In dem einfachen Handler aus dem letzten Listing wird jedoch nur von der Tatsache Gebrauch gemacht, *daß* eine Ausnahme aufgetreten ist, auf das Ausnahmeobjekt selber wird nicht zugegriffen.

Zwischen dem Ende des TRY-Blockes und dem Beginn des ersten exception handlers dürfen keine Anweisungen stehen. Ebenso darf ein TRY-Block nicht ohne CATCH-Block bzw. umgekehrt notiert werden. TRY und CATCH gehören also immer zusammen. Das Ende der Liste der CATCH-Blöcke wird durch END_CATCH abgeschlossen:

```
END_CATCH
```

Der Effekt der Umstellung des Programms auf exception handling zeigt sich nun in der Funktion f. Dort ist es nicht mehr notwendig, den Rückgabewert von g zu prüfen:

```
//--------------------------------------------------------------
//       f
//
void f() {
  char *p = g();
  /* ... Arbeit mit Speicherblock p ... */
  delete p;
}
```

27.3 Exception Handling

Erreicht das Programm nämlich die nächste Anweisung in f nach dem Aufruf von g, ist in g keine Ausnahme aufgetreten, d.h. der Rückgabewert ist gültig. Hat man viele Funktionsaufrufe von dieser Art, wird erheblicher Programmieraufwand eingespart.

Die Ausführung des Programms zeigt im Normalfall die erwartete Ausgabe:

```
f korrekt ausgeführt
```

f wird normal beendet, und der (darauf folgende) exception handler wird übersprungen.

Im nächsten Beispiel simulieren wir einen Speicherüberlauf, indem der Zeiger p manuell auf NULL gesetzt wird:

```
//-------------------------------------------------------------
//      g
//
char *g() {

  char *p = NULL; // Simulation: new liefert NULL zurück

  //-- Falls kein Speicher mehr allokiert werden konnte:
  //   Memory-exception auslösen

  if ( !p )
    THROW( new CMemoryException );

  return p;
}
```

Nun wird als Ergebnis des Programmlaufes

```
Irgendwo ist der Speicher ausgegangen
```

ausgegeben. In der Debug-Variante der MFC wird zusätzlich die Warnung

```
Warning: Throwing an Exception of Type CMemoryException
```

ausgegeben, die von der exception handling Simulation der MFC automatisch generiert wird. Wen die Meldung stört, kann die Ausgabeanweisung in der Datei except.cpp entfernen.

Beim Auslösen einer Ausnahme "springt" das Programm also direkt in den zugehörigen Handler. Der Vorgang ist vergleichbar mit einem goto innerhalb des Makros THROW auf die erste Anweisung des betreffenden CATCH-Blocks. Der Handler kann im gleichen oder in einem der umschließenden Blöcke angeordnet sein. In unserem Beispiel wird die Ausnahme in der Funktion g ausgelöst, der passende Handler befindet sich jedoch erst in der Funktion main.

27.3.2 Nomenklatur

Im Original heißt das Auslösen einer Ausnahme "*to throw an exception*". Wörtlich übersetzt bedeutet das etwa "eine Ausnahme *werfen*". Daher kommt auch der Name der throw-Anweisung (bzw. in der MFC des Makros THROW). Ähnlich verhält es sich mit catch: Im Englischen spricht man von "*to catch an exception*", was soviel wie "eine Ausnahme *fangen*" bedeutet. Durch diese Begriffswahl wird die Wirkungsweise des Mechanismus gut deutlich. Wir bleiben in diesem Buch bei den geeigneteren Begriffen *Auslösen* und *Behandeln* von Ausnahmen.

27.3.3 Speicherlecks

Der direkte Sprung von einer THROW zu einer CATCH-Anweisung[60] hat zur Folge, daß Code, der im Normalfall ausgeführt wird, im Falle einer Ausnahme übersprungen wird. Wird in g eine Ausnahme ausgelöst, die erst in main behandelt wird, wird in f alles, was nach dem Aufruf von g steht, nicht ausgeführt:

```
//-----------------------------------------------------------------
//           f
//
void f() {
  char *p = g();
  /*
    die hier stehenden Anweisungen werden im Falle einer Ausnahme
    in g NICHT ausgeführt ! */
  /* ... Arbeit mit Speicherblock p ... */
  delete p;
}
```

Dies kann zu Speicherproblemen führen. Betrachten wir dazu die folgende Version der Funktion f:

```
//-----------------------------------------------------------------
//           f
//
void f2() {
  char *p1 = g();
  char *p2 = g();
  /* ... Arbeit mit Speicherblöcken p1 und p2 ... */
  delete p1;
  delete p2;
}
```

Hier werden mit Hilfe von g zwei Speicherblöcke allokiert, die im Normalfall in f auch wieder freigegeben werden. Geht die zweite Speicheranforderung schief, wird in g eine Ausnahme ausgelöst, die in main behandelt wird. p1 zeigt auf einen korrekt allokierten Speicherbereich, der niemals wieder freigegeben wird.

Das Problem ist nicht auf Speicherbereiche beschränkt, sondern gilt für alle Resourcen, die explizit angefordert und zurückgegeben werden müssen. Darunter fallen z.B. auch Dateisperren (*locks*), wie sie in Multi-User-Systemen möglich sind, offene Dateien etc.

Um solche Probleme zu vermeiden, müssen allokierte Resourcen auch im Falle einer Ausnahme wieder freigegeben werden. In unserem Beispiel bedeutet

---

60 Genaugenommen handelt es sich bei THROW und CATCH um Makros. In der C++ Sprachdefinition sind throw und catch jedoch *Anweisungen*. Wir sprechen deshalb im folgenden grundsätzlich von Anweisungen.

das, daß die delete Anweisungen in f auch im Falle einer Ausnahme in g ausgeführt werden müssen.

Dies läßt sich nur erreichen, wenn auch f mit einem exception handler ausgestattet wird:

```
//---------------------------------------------------------
//        f
//
void f() {
  char *p1 = NULL;
  char *p2 = NULL;
  TRY {
    p1 = g();
    p2 = g();

    /* ... Arbeit mit Speicherblöcken p1 und p2 ... */

    delete p1;
    delete p2;
  }
  CATCH( CMemoryException, me ) {
    cerr << "Memory Exception Handler in f aufgerufen" << endl;
    delete p1;
    delete p2;
  }
  END_CATCH
}
```

Das Programm zeigt nun die Ausgabe

```
f korrekt ausgeführt
```

Die Ausnahme in g wird bereits in f behandelt und ist damit erledigt. Der Handler in main wird nicht mehr angesprungen. In dieser Version von f werden auftretende Fehler also *lokal* behandelt und nicht an den Aufrufer gemeldet. In main sieht es so aus, als ob f korrekt ausgeführt worden wäre.

Für viele Probleme ist das auch das gewünschte Verhalten: Wird eine Ausnahme behandelt, gilt die Situation als korrigiert. Es gibt jedoch auch Fälle, in denen der Fehler nicht korrigiert werden kann, wie z.B. in unserem Fall. Durch den Handler in f haben wir zwar sichergestellt, daß keine Speicherlecks entstehen können, es bleibt jedoch die Tatsache, daß f nicht korrekt ausgeführt wurde, wenn in g der Speicher ausgeht. Die Ausnahme darf also nicht als "behandelt" gelten, sondern muß auch an den Aufrufer von f weitergemeldet werden.

27.3.4 Propagieren von Ausnahmen

Zu diesem Zweck gibt es das Makro THROW_LAST, das die aktuelle Ausnahme an den nächst höheren Handler weiterleitet. Dies ist genau das, was wir wollen: Der eigentliche Handler ist der in main, und der sollte aufgerufen werden, wenn in f bzw. g ein Problem auftritt. Wir haben lediglich aus technischen Gründen einen weiteren Handler in f dazwischengeschaltet. Ein solcher *Zwischenhand-*

ler muß explizit den nächsthöheren Handler rufen, sonst gilt die Ausnahme als behandelt und abgeschlossen. Leitet man die Kontrolle von einem Handler zum nächsten weiter, spricht man auch vom *propagieren* von Ausnahmen (*propagation of exceptions*).

Der Zwischenhandler in f nimmt folgende Form an:

```
//-----------------------------------------------------------------
//      f
//
void f() {
  char *p1 = NULL;
  char *p2 = NULL;

  TRY {
    p1 = g();
    p2 = g();

    /* ... Arbeit mit Speicherblöcken p1 und p2 ... */

    delete p1;
    delete p2;
  }
  CATCH( CMemoryException, me ) {
    cerr << "Memory Exception Handler in f aufgerufen" << endl;
    delete p1;
    delete p2;

    //-- Propagieren der Ausnahme zum nächst höheren Handler
    THROW_LAST()
  }

  END_CATCH

}
```

Bei einer Ausnahme in g wird nun zuerst der Handler in f und dann der Handler in main aufgerufen.

Die gleichen Überlegungen gelten, wenn die Resourcen direkt in f allokiert werden. Folgendes Listing zeigt einen typischen Fall aus der Praxis:

```
//-----------------------------------------------------------------
//      f
//
void f( char *str ) {
  char *p = strdup( str );

  TRY {
    doIt( p );
    delete p;
  }
  //-- Zwischenhandler zum Aufräumen der Resourcen von f
  CATCH( CMemoryException, me ) {
    delete p;
    THROW_LAST()
  }

  END_CATCH

}
```

27.3.5 Objekte auf dem Stack

Beim Auslösen einer Ausnahme wird von einem inneren Block in einen umgebenden Block gesprungen. Dabei wird vom exception-handling-Mechanismus der Stack automatisch korrigiert, d.h. der (Stack) Speicherplatz aller lokalen Variablen der inneren Blöcke wird korrekt freigegeben. Die folgende Version der Funktion f führt deshalb nicht zu Problemen:

```
//-----------------------------------------------------------------
//      f
//
void f() {

  int v1 = 0;
  float v2 = 3.1415;

  doIt();

  //-- Zwischenhandler zum Aufräumen der Resourcen von f
  //   ist nicht erforderlich, da Stackspeicher automatisch freigegeben wird
  }
```

Wird in doIt eine Ausnahme ausgelöst, die erst in main behandelt wird, wird der von v1 und v2 benötigte Stackspeicher korrekt zurückgegeben.

Handelt es sich bei den lokalen Variablen um Objekte, wird allerdings der Destruktor *nicht* aufgerufen.

Folgendes Beispiel zeigt die Problematik:

```
//-----------------------------------------------------------------
//      f
//
void f( char *str ) {

  String s( str );  // lokales Objekt in f

  TRY {
    doIt( s );
    }

  //-- Zwischenhandler zum Aufräumen der Resourcen von f ist erforderlich,
  //    da Destruktor von s nicht gerufen wird.

  CATCH( CMemoryException, me ) {
    s.clear();
    THROW_LAST()
    }

  END_CATCH

  }
```

---

[61] In unserem Beispiel behandelt der Zwischenhandler nur eine CMemoryException. Wir werden später Möglichkeiten vorstellen, wie der Handler auf alle Ausnahmen aus doIt reagieren kann.

Im Normalfall (also dolt löst keine Ausnahme aus) wird der TRY-Block normal durchlaufen und die Funktion f regulär beendet. Dort wird auch ganz normal der Destruktor von s aufgerufen. Im Falle einer Ausnahme in dolt wird zwar der von s auf dem Stack belegte Speicher wieder freigegeben, der String-Destruktor wird jedoch nicht aufgerufen. Hat s (wie im Falle unserer Stringklasse) selber Speicherbereiche vom Heap allokiert, werden diese auch nicht zurückgegeben.

Man benötigt also auf jeden Fall wieder einen Zwischenhandler, der auch die Objekte auf dem Stack berücksichtigt. Konkret müssen die Objekte ihren privat allokierten Heapspeicher freigeben, was im Falle unserer Stringklasse durch Aufruf der Funktion clear erfolgt. Grundsätzlich sollte man deshalb alle Klassen, die selber Heapspeicher verwalten, mit einer solchen Freigabefunktion ausrüsten.

Glücklicherweise tritt das Problem nur mit der Simulation des exception handling in der MFC auf. So, wie exception handling als Teil der Sprache C++ definiert ist, ist es Aufgabe des Compilers, auch im Falle von Ausnahmen alle lokalen Objekte in den verschiedenen Blöcken durch Destruktoraufruf korrekt zu zerstören. Nicht zuletzt die Forderung nach diesem sogenannten *stack unwinding* macht die korrekte Implementierung des exeption handling für einen Compilerbauer relativ schwer.

27.3.6 Exceptions in Konstruktoren und Destruktoren

Besonderer Aufmerksamkeit bedürfen Konstruktoren und Destruktoren. Von der Syntax her ist es durchaus erlaubt, Ausnahmen in diesen Funktionen auszulösen, man kommt jedoch in Probleme, wenn man den Speicher des Objekts wieder korrekt freigeben möchte. Folgendes Listing zeigt einen Konstruktor einer einfachen Stringklasse:

```
String::String( const char *p ) {
   l = strlen( p );
   str = new[ l ];
   if ( !str ) {
      l = 0;
      THROW( new CMemoryException );
   }
}
```

wobei str und l die üblichen Mitgliedsvariablen einer Stringklasse sind. Möchte man wie gewohnt in einer Funktion f einen Zwischenhandler installieren, stößt man auf Probleme:

```
//------------------------------------------------------------
//         f
//
void f () {
   TRY {
      String s1( "asdf" );
      String s2( "xyz" );
      /* ... Arbeit mit s1, s2 ...*/
   }
```

27.3 Exception Handling

```
//-- Zwischenhandler, um die von f allokierten Resourcen wieder
//   freizugeben
CATCH( CMemoryException, me ) {

  s1.clear(); // FEHLER! s1 ist nicht in scope.
  s2.clear(); // dito!

  THROW_LAST();
  }

END_CATCH

} // f
```

Die Vorstellung des Programmierers war hier, in einem Zwischenhandler vor allem die von s1 bereits allokierten Resourcen zurückzugeben, wenn bei der Definition von s2 (d.h. im Konstruktor der Stringklasse) eine Ausnahme ausgelöst wird. Dies funktioniert nicht, da s1 und s2 lokal zum TRY-Block sind, im CATCH-Block sind beide Variablen undefiniert.

Zur Korrektur sind mehrere Lösungen denkbar. Nach längerer Erfahrung mit exception handling hat sich bei den meisten Programmierern die Erkenntnis durchgesetzt, in Konstruktoren überhaupt keine Ausnahmen auszulösen. Ein Konstruktor muß immer in der Lage sein, ein Objekt korrekt zu konstruieren. Anweisungen, die fehlschlagen können, gehören demzufolge nicht in einen Konstruktor.

Für eine Stringklasse bedeutet dies unter anderem, daß Konstruktoren, in denen Speicherplatz angefordert wird, nicht deklariert werden sollen. Gerade so bequeme Notationen wie

```
String s = "Ein String";
```

oder die automatische Typwandlungen bei Funktionsaufrufen wie in

```
void doIt( const Str& );

doIt( "Ein String" );
```

wären dann nicht mehr möglich. Stattdessen soll man einen Standardkonstruktor und eine Initialisierungsfunktion schreiben. Die Konstruktion des Objekts kann dann nicht mehr schiefgehen und kann somit außerhalb des TRY-Blocks angeordnet werden:

```
//---------------------------------------------------------------
//       f
//
void f() {
  String s1, s2; // Standard-Konstruktor, funktioniert immer

  TRY {
    s1.set( "asdf" );
    s2.set( "xyz" );

    /* ... Arbeit mit s1, s2 ...*/
    }
```

```
//-- Zwischenhandler, um die von f allokierten Resourcen wieder
//   freizugeben

CATCH( CMemoryException, me ) {

  s1.clear(); // jetzt ok.
  s2.clear(); // dito!

  THROW_LAST();
}

END_CATCH

} // f
```

Und alles nur, weil einmal der Speicherplatz ausgehen *kann*!

Eine Alternative kann die Führung eines Gültigkeitsstatus für jedes Objekt, für das Operationen schiefgehen können, sein. Das Objekt bleibt in einem definierten Zustand, nur sind weitere Operationen mit dem Objekt nicht mehr sinnvoll[62]. Folgendes Listing zeigt einen String-Konstruktor, der nach diesem Prinzip aufgebaut ist:

```
String::String( const char *p ) {

  l = strlen( p );
  str = new char[ l ];
  if ( !str )
    invalidate();
}
```

Das Gültigkeitsprinzip kann zusammen mit exception handling verwendet werden, wie folgende Version der Funktion f zeigt:

```
//----------------------------------------------------------------
//          f
//
void f() {

  String s1( "asdf" );
  String s2( "xyz" );

  /* ... Arbeit mit s1, s2, allerdings können s1, s2 ungültig sein ...*/

  TRY {

    //-- falls sinnvoll, kann man trotzdem noch eine Ausnahme auslösen
    if ( !s1.isValid() || !s2.isValid() )
      THROW( new CMemoryException );

    //-- s1 und s2 sind nun vorhanden und gültig.
    doIt( s1, s2 );
  }

  //-- Zwischenhandler, um die von f allokierten Resourcen wieder
  //   freizugeben

  CATCH( CMemoryException, me ) {

    s1.clear(); // ok.
    s2.clear(); // dito

    THROW_LAST();
  }

  END_CATCH

} // f
```

---

62   Vgl. Kapitel 15, Abschnitt 2: Das Konzept der Gültigkeit.

Die Lösung ist allerdings nur beschränkt verwendbar. Können z.B. in einem Konstruktor unterschiedliche Typen von Ausnahmen entstehen, kann man durch eine Abfrage auf den Gültigkeitsstatus allein nicht mehr entscheiden, welche Ausnahme aufgetreten ist. Dadurch geht ein wesentlicher Vorteil der Konzepts des exeption-handling verloren.

Das in diesem Abschnitt über Konstruktoren Gesagte gilt sinngemäß auch für Destruktoren. Allerdings sind Destruktoren, die Ausnahmen auslösen können, in der Praxis eher selten.

27.3.7 Ausnahmen sind Objekte

Das Makro THROW erwartet als Parameter einen Zeiger auf ein sogenanntes *Ausnahmeobjekt*. Es ist Aufgabe der Anwendung, das Ausnahmeobjekt zu erzeugen. Dies muß jedoch nicht unbedingt in der THROW-Anweisung geschehen, sondern das Objekt kann auch bereits früher definiert worden sein. Der exception-handling-Mechanismus wird Eigentümer des Objekts, d.h. das Ausnahmeobjekt wird nach Behandlung der Ausnahme auch automatisch zerstört. Es ist deshalb sinnvoll, Ausnahmeobjekte dynamisch auf dem Heap zu erzeugen. Für Sonderfälle gibt es zusätzlich die Möglichkeit, die Zerstörung des Ausnahmeobjekts zu verhindern (s.u.).

Im CATCH-Block hat der Programmierer Zugriff auf das an THROW übergebene Ausnahmeobjekt. Ausnahmeobjekte sind Objekte regulärer Klassen und können deshalb Datenmitglieder und Mitgliedsfunktionen besitzen. Ausnahmeobjekte werden daher oft verwendet, um Daten über Art und Umstände der Ausnahme zu transportieren. In der MFC-Simulation des exception handling müssen Klassen für Ausnahmeobjekte von der Basisklasse CException abgeleitet werden.

Folgendes Listing zeigt einen Ausschnitt aus der Ausnahmeklasse CArchiveException der MFC, die eine Variable m_cause zur Darstellung eines Fehlercodes sowie einen passenden Konstruktor enthält:

```
class CArchiveException : public CException {
public:
  enum {
    none,
    generic,
    readOnly,
    endOfFile,
    writeOnly,
    badIndex,
    badClass,
    badSchema
    };

  CArchiveException( int cause = CArchiveException::none );

  int m_cause;

  /* weitere Mitglieder von CArchiveException */
};
```

Mit dieser Klasse kann man z.B.

```
THROW( new CArchiveException( CArchiveException::generic ) );
```

und im Handler

```
CATCH( CArchiveException, ae ) {
   switch ( ae-> m_cause ) {
     case CArchiveException::generic : /* Behandlung des Fehlers */
     /* ... weitere cases ... */

   }
} // CATCH
```

schreiben. Mit eigenen Ausnahmeklassen (s.u.) kann man prinzipiell beliebige Daten von einer THROW-Anweisung zu einem passenden Handler übertragen. Exception handling kann deshalb auch als besondere Form der Datenübertragung zwischen Modulen interpretiert werden.

27.3.8 Die Ausnahmebehandlung ist typisiert

Der Typ des an THROW übergebenen Ausnahmeobjekts bestimmt den für die Ausnahme in Frage kommenden Handler. In der CATCH-Anweisung wird der Typ angegeben, für den dieser Handler zuständig ist. Mehrere CATCH-Blöcke können hintereinander geschaltet werden, um eine differenzierte Behandlung verschiedener Ausnahmen zu ermöglichen.

```
CATCH( X, ax ) {
   /* ... Code zur spezifischen Behandlung einer X-Ausnahme ... */
}
AND_CATCH( Y, ay ) {
   /* ... Code zur spezifischen Behandlung einer Y-Ausnahme ... */
}
END_CATCH
```

In diesem Codesegment sind Handler für Ausnahmen vom Typ X und Y hintereinandergeschaltet. Beachten Sie bitte, daß der Block mit Handlern durch das Makro END_CATCH abgeschlossen werden muß.

27.3.9 Standard-Ausnahmeklassen und die Funktionen AfxThrow*

In der MFC sind folgende für uns wichtige Ausnahmeklassen bereits definiert:

CException	Basisklasse für alle anderen Ausnahmeklassen
CArchiveException	Ausnahmen im Zusammenhang mit Serialisierung und Persistenz

27.3 Exception Handling

CFileException	Ausnahmen bei der Behandlung von Dateien
CMemoryException	Kein Heapspeicher mehr
CNotSupportedException	Wird ausgelöst, wenn ein bestimmtes Feature (meist eine Mitgliedsfunktion) nicht vorhanden oder nicht implementiert ist.

Darüber hinaus gibt es weitere, für die Windows-Programmierung sinnvolle Ausnahmeklassen.

Alle Ausnahmeklassen sind von der Basisklasse CException abgeleitet und sind dynamisch typisierbar (s.u.). Dies ist eine Anforderung, die aus der Simulation des exeption handling in der MFC herrührt. Im C++ Sprachstandard für exception handling ist dagegen eine gemeinsame Basisklasse nicht notwendig. Die Notwendigkeit zur Ableitung von CException ist allerdings kein Nachteil, da es auch vom Programmentwurf her günstig ist, eine gemeinsame Basisklasse für alle Ausnahmen zu haben (s.u.).

Prinzipiell kann man direkt Objekte der Ausnahmeklassen erzeugen und die THROW-Anweisungen selber ausführen, also etwa

```
THROW( new CArchiveException( ... ) );
```

Normalerweise wird man jedoch eine der für diesen Zweck in der MFC vordefinierten Funktionen verwenden. Funktional identisch ist die Anweisung

```
AfxThrowArchiveException( ... )
```

die jedoch in der Debug-Variante der Bibliothek zusätzlich die Daten der Ausnahme im Klartext ausgibt, bevor mit THROW die eigentliche Ausnahme ausgelöst wird. Für jede der Standard-Ausnahmeklassen gibt es eine solche Funktion, also:

AfxThrowArchiveException	löst CArchiveException aus
AfxThrowFileException	löst CFileException aus
AfxThrowMemoryException	löst CMemoryException aus
AfxThrowNotSupportedException	löst CNotSupportedException aus

27.3.10 Statische Ausnahmeobjekte

Die Routinen der AfxThrow-Gruppe lösen noch ein anderes Problem. Normalerweise wird ja ein Ausnahmeobjekt dynamisch direkt in der THROW-Anweisung erzeugt. Gerade bei einem Heapspeicherüberlauf kann aber auch bereits für das Ausnahmeobjekt kein Speicher mehr vorhanden sein. Dann würde auch

```
THROW( new CMemoryException );
```

nicht mehr funktionieren, weil kein CMemoryException-Objekt mehr allokiert werden kann[63]. Man tut also gut daran, ein CMemoryException-Objekt nicht erst bei knappem Speicher zu erzeugen. Optimal ist es, von solchen kritischen Ausnahmeobjekten bereits beim Programmstart jeweils eines zu erzeugen und dies dann zu verwenden. Genau dies führt die MFC für die Ausnahmetypen CMemoryException und CNotSupportedException durch: Von diesen Klassen wird jeweils ein statisches Objekt (simpleMemoryException bzw. simpleNotSupportedException) definiert, das dann von AfxThrowMemoryException bzw. AfxThrowNotSupportedException als Argument für THROW verwendet wird. Die Routinen sorgen außerdem dafür, daß das statische Ausnahmeobjekt nach Behandlung der Ausnahme nicht zerstört wird.

27.3.11 Der Operator new

In der Debug-Variante der MFC ist der Operator new so überladen, daß er bei Speicherüberlauf selbständig eine CMemoryException auslöst. Dies ist an sich sinnvoll, denn dadurch muß der von new gelieferte Zeiger nicht vom Programmierer auf NULL getestet werden. Code wie

```
p = new char[ ... ];
if ( !p )
    AfxThrowMemoryException();
```

ist also nicht mehr nötig. Auf der anderen Seite ergibt sich die Frage, wie man denn einen Speicherüberlauf in der Release-Variante eines Programms behandeln soll. Schließlich soll ein gutes Programm ja auch dann sinnvoll reagieren, wenn der Benutzer böswillig so lange neue Fenster öffnet, bis aller Speicherplatz verbraucht ist.

Die Entscheidung, daß new nur in der Debug-Variante der MFC eine CMemoryException auslösen kann, bleibt also etwas unverständlich. *Gerade* in der Release-Variante wäre eine Behandlung des Speicherüberlaufes erforderlich!

27.3.12 Die Hierarchie der Ausnahmeklassen

Eine der wichtigsten und nützlichsten Eigenschaften des exception handling Mechanismus ist die Möglichkeit, eine Ausnahme von Typ x auch durch einen Handler für eine Basisklasse von x behandeln zu können. Dadurch erhält man die Möglichkeit, unterschiedliche Fehler zu Gruppen zusammenzufassen bzw. mit einem Handler unterschiedliche Ausnahmen gemeinsam zu behandeln. So kann z.B. eine CMemoryException auch von einem Handler für CException behandelt werden, da CException eine Basisklasse von CMemoryException ist.

Diese Tatsache wird hauptsächlich für die beiden folgenden Programmiertechniken eingesetzt.

---

[63] In der MFC-Implementierung würde diese Situation sogar zum Programmabsturz führen, da der Operator new selber wieder eine CMemoryException auslösen würde, was zu einer endlosen Rekursion führt.

Generischer Handler

In vielen Situationen ist es gar nicht wichtig, welche konkrete Ausnahme ausgelöst wurde. Wichtig ist lediglich, *daß* eine Ausnahme aufgetreten ist. Der Standard-Anwendungsfall hierfür ist ein Zwischenhandler, der ja bei *jeder* Ausnahme die lokalen Resourcen freigeben muß, bevor er die Ausnahme zum nächsten Handler weitergibt.

Folgendes Listing zeigt einen typischen Programmausschnitt, der einen solchen *generischen Handler* verwendet:

```
//-------------------------------------------------------------------
//      f
//
void f() {

  char *p1 = new char[ 100 ];
  char *p2 = new char[ 16 ];

  TRY {
    //-- Code, der exceptions auslösen kann
    doIt();

    delete p1;
    delete p2;
    }

  CATCH( CException, e ) {
    cerr << "Eine Ausnahme ist aufgetreten!" << endl;
    delete p1;
    delete p2;
    THROW_LAST();
    }

  END_CATCH

  } // f
```

Hier spielt es für f keine Rolle,, welche exception in doIt ausgelöst wurde: Der Speicherplatz für p1 und p2 muß auf jeden Fall freigegeben werden.

Beachten Sie bitte, daß THROW_LAST das Original-Ausnahmeobjekt inclusive Originaltyp an den nächsten Handler weitergibt. Dadurch kann später durchaus noch eine Differenzierung nach dem Typ der Ausnahme erfolgen.

Besonderer Handler für einzelne Ausnahmen

Nicht minder häufig ist der Fall, daß nahezu alle Ausnahmetypen durch einen gemeinsamen Handler behandelt werden können, für eine einzige (bzw. einige wenige) Ausnahme(n) jedoch ein spezieller Handler notwendig ist.

In diesem Fall notiert man den (die) speziellen Handler *vor* dem allgemeinen Handler:

```
CATCH( CMemoryException, me ) {

  /* ... Behandlung des Heapüberlaufes ... */

  }
AND_CATCH( CException, e ) {
  /* ... Behandlung aller anderen Exceptions ... */
  }
END_CATCH
```

Hier wird für eine CMemoryException ein gesonderter Handler verwendet, während für alle anderen Ausnahmen ein generischer Handler zuständig ist. Dies funktioniert, weil die Liste der Handler eines Blocks nacheinander abgearbeitet werden, bis entweder ein passender Handler gefunden oder die Liste erschöpft ist. Es kommt hier also auf die Reihenfolge der Handler an.

Beachten Sie bitte, daß THROW_LAST die aktuelle Ausnahme an einen Handler außerhalb des aktuellen Blocks weiterreicht. Im letzten Beispiel würde THROW_LAST im Handler für CMemoryException deshalb nicht bewirken, daß der nächste Handler in der Liste (hier für CMemoryException) verwendet wird, sondern es wird der "nächste" Handler außerhalb von f verwendet.

27.3.13 Fortgeschrittene Ausnahmebehandlung

Untypisierte Handler

Die Anordnung von Ausnahmeklassen in einer Hierarchie ermöglicht ein elegantes Design der gesamten Ausnahmebehandlung eines Programms. Schlüssel dazu ist die Tatsache, daß eine Ausnahme auch durch einen Handler einer Basisklasse der betreffenden Ausnahmeklasse behandelt werden kann. Dies ist ungefähr vergleichbar mit der erweiterten Zuweisungskompatibilität in Klassenhierarchien (Kapitel 20), wodurch in C++ ein Zeiger vom Typ einer Basisklasse auch auf Ableitungen der Klasse zeigen kann.

Die erweiterte Zuweisungskompatibilität in Klassenhierarchien kann vollständig zur Übersetzungszeit vom Compiler behandelt werden; bis auf Adresskorrekturen sind keine Laufzeitnachteile damit verbunden. Dies ist bei der Simulaton der Ausnahmebehandlung in der MFC jedoch anders. Hier muß *zur Laufzeit* berechnet werden, ob eine Klasse eine Basisklasse einer anderen Klasse ist. Der dazu notwendige Code ist im Laufzeit-Typsystem der MFC enthalten (s.u.).

Der Overhead zur Bestimmung des dynamischen Typs zur Laufzeit kann eingespart werden, wenn man auf die Typisierung der Ausnahmen verzichtet. Ein solcher *untypisierter Handler* wird automatisch bei allen Ausnahmen unabhängig von ihrem Typ angesprochen. Untypisierter Handler werden mit Hilfe der Makros CATCH_ALL, AND_CATCH_ALL und END_CATCH_ALL notiert. Einem untypisierten Handler kann kein Klassenname mitgegeben werden. Man schreibt also z.B.

```
CATCH_ALL( e ) {
   /* ... Code zur Behandlung aller Ausnahmen ... */
}
END_CATCH_ALL
```

wobei e ein Zeiger vom Typ CException ist, der allerdings meist nicht gebraucht wird.

27.3 Exception Handling

Generische Handler (s.o.) lassen sich in der Regel günstiger mit Hilfe eines untypisierten Handlers schreiben. Statt

```
CATCH( CException, e ) {
  cerr << "Eine Ausnahme ist aufgetreten!" << endl;
  delete p1;
  delete p2;
  THROW_LAST();
}
```

schreibt man also günstiger

```
CATCH_ALL( e ) {
  cerr << "Eine Ausnahme ist aufgetreten!" << endl;
  delete p1;
  delete p2;
  THROW_LAST();
}
```

Beachten Sie bitte, daß nach AND_CATCH_ALL das Makro END_CATCH_ALL und nicht END_CATCH wie in der normalen Handlerliste verwendet werden muß. Außerdem ist klar, daß es nicht sinnvoll ist, nach einem CATCH_ALL bzw. AND_CATCH_ALL einen weiteren Handler anzuordnen, denn der generische Handler behandelt *alle* Ausnahmen. Ein nachfolgender Handler würde nie ausgeführt.

Ist es möglich, einen bestimmten Ausnahmetyp ausschließlich durch untypisierte Handler zu bearbeiten, ist es nicht erforderlich, daß die zugehörige Ausnahmeklasse dynamisch typisierbar ist (s.u.), was weitere (jedoch meist nicht erhebliche) Einsparungen ermöglicht. Allerdings muß die Klasse weiterhin von CException abgeleitet sein. Folgendes Listing zeigt eine Ausnahmeklasse MyException, die nicht dynamisch typisierbar ist:

```
struct MyException : public CException { };
```

Ausnahmen vom Typ MyException können nun ausschließlich von generischen Handlern bearbeitet werden. Ein Handler wie z.B.

```
CATCH( MyException, me ) {
  cerr << "MyException" << endl;;
}
```

führt bei der Übersetzung zu einem Syntaxfehler.

Um einen solchen, typisierten Handler verwenden zu können, muß die Ausnahmeklasse dynamisch typisierbar sein, was durch die Makros DECLARE_DYNAMIC und IMPLEMENT_DYNAMIC erreicht wird:

```
struct MyException : public CException {

  DECLARE_DYNAMIC( MyException )
};

/* in der Implementierungsdatei ... */
IMPLEMENT_DYNAMIC( MyException, CException );
```

Dynamisch typisierbare Klassen sind Thema eines späteren Abschnitts.

Die Frage, ob man mit generischen Handlern auskommt, muß in der Designphase eines Programms beantwortet werden. Im allgemeinen sind die Vorteile einer typisierten Ausnahmebehandlung jedoch wesentlich wichtiger als einige gesparte Bytes, so daß sich - zumindest für größere Programme - eine rein untypisierte Ausnahmebehandlung nicht lohnen wird.

Untypisierte Handler sind erst ab der Version 2 der MFC möglich. C7-Benutzer müssen deshalb darauf verzichten.

Dummy-Handler

Manchmal möchte man Ausnahmen komplett ignorieren. Dies kann man z.B. durch einen Handler ohne Anweisungen, wie z.B.

```
CATCH_ALL( e ) {
}
```

erreichen. Ab der Version 2.5 der MFC steht für diesen Zweck das Makro END_TRY zur Verfügung, das das gleiche leistet. Das Makro wird direkt nach einem TRY-Block notiert und ersetzt die Notwendigkeit für einen Handler:

```
TRY {
    //-- Code, der exceptions auslösen kann
}
END_TRY
```

Die Eigentümerfrage

Die meisten Ausnahmeobjekte werden dirket im TRHOW-Makro dynamisch erzeugt. Was passiert jedoch, wenn kein Speicherplatz mehr vorhanden ist, um das Ausnahmeobjekt dynamisch zu erzeugen? Dieser Fall kann insbesondere (aber nicht nur) bei einer CMemoryException auftreten.

Es ist daher günstig, kritische Ausnahmeobjekte bereits im voraus (am besten beim Programmstart) zu erzeugen, und diese als Argument für THROW zu verwenden. Gleichzeitig muß man verhindern, daß die exception-handling-Mechanik die Ausnahmeobjekte nach Bearbeitung der Ausnahme zerstört.

Dies kann erreicht werden, indem man nicht das THROW-Makro, sondern die zugrunde liegende Funktion (mit einem bestimmten Parameter) direkt verwendet.

THROW ist in der MFC als

```
#define THROW(e) \
    afxExceptionContext.Throw(e);
```

definiert.

27.3 Exception Handling

Ruft man die Mitgliedsfunktion Throw mit einem zweiten Parameter mit dem Wert TRUE auf, bleibt das Programm Eigentümer des Ausnahmenobjekts e. Statt

```
THROW( x );
```

schreibt man nun

```
afxExceptionContext.Throw( x, TRUE );
```

Normalerweise verwendet man diese Form des Auslösens einer Ausnahme ausschließlich mit statischen Objekten. Man definiert also z.B.

```
static MyException simpleMyException;
```

sowie eine Hilfsfunktion zum Auslösen:

```
void ThrowMyException() {
  /* ... */
  afxExceptionContext.Throw( &simpleMyException, TRUE );
}
```

Nun wird das statische Objekt simpleMyException nicht mehr gelöscht. Durch diese Technik kann sichergestellt werden, daß auch bei Speicherknappheit immer noch exceptions möglich sind.

Verändern von Ausnahmedaten in Zwischenhandlern

Eine beliebte Technik in der Praxis ist, in einem Zwischenhandler die internen Daten des aktuellen Ausnahmeobjekts zu verändern, z.B. um einen Bearbeitungszustand der Ausnahme zu notieren.

Besitzt das Ausnahmeobjekt z.B. eine Variable specialState vom Typ int, könnte man in einem Handler etwas wie

```
CATCH( MyException, me ) {
  if ( /* ... irgendeine Bedingung ... */ ) {
    /* ... */
    me-> specialState = 1; // Info für den nächsten Handler
    THROW_LAST()
    }
  me-> specialState = 2;
  THROW_LAST()
  } // CATCH
END_CATCH
```

notieren. Dadurch könnte z.B. der nächste Handler darüber informiert werden, ob eine bestimmte Bedingung vorliegt (specialState hat den Wert 1) oder nicht (specialState hat den Wert 2).

27.3.14 Eigene Ausnahmeklassen

Der Programmierer kann beliebige eigene Ausnahmeklassen definieren. Dazu ist es (zumindest in der MFC) lediglich erforderlich, daß die neue Ausnahmeklasse von CException abgeleitet wird. Möchte man typisierte Handler verwenden, muß eine Ausnahmeklasse darüber hinaus dynamisch typisierbar sein.

Der grundsätzliche Aufbau ist also wie folgt:

```
struct MyException : public CException {

    //--- Daten, die die Ausnahme näher beschreiben (hier z.B. ein int)
    int reason;

    //-- geeigneter Konstruktor zum Besetzen der Datenelemente
    MyException( int );

    //-- Unterstützung der dynamischen Typisierbarkeit
    DECLARE_DYNAMIC( MyException );

    /* ... evtl. weitere Funktionen ... */
}; // MyException
```

Da man im Handler oft die beschreibenden Daten der Ausnahme benötigt, machen wir alle Mitglieder der Ausnahmeklasse public. Die Klasse ist deshalb als struct formuliert. Als beschreibende Daten haben wir ein int vorgesehen, natürlich sind beliebige andere Daten möglich. Korrespondierend dazu sollte man einen passenden Konstruktor vorsehen, um die Mitgliedsdaten bequem versorgen zu können. Schließlich muß dafür gesorgt werden, daß die neue Ausnahmeklasse dynamisch typisierbar ist, was ganz einfach durch die von der MFC bereitgestellten Makros DECLARE_DYNAMIC und IMPLEMENT_DYNAMIC erreicht wird. Darüber hinaus sind natürlich weitere Mitgliedsfunktionen möglich, oft erweist sich z.B. eine Funktion zum Ausdruck der Daten einer Exception als nützlich.

27.3.15 Ein Beispiel

Als abschließendes Beispiel für die Ausnahmebehandlung in der MFC betrachten wir noch einmal unsere Klasse FractInt aus Kapitel 15 (mehrfach genaues Rechnen). Dort gab es unterschiedliche Situationen, die eine Weiterführung der aktuellen Rechenoperation nicht mehr erlaubt haben. Eine Rekapitulation des Designs ergibt folgende Gründe:

❑ Division durch Null.

❑ Das Ergebnis einer Addition bzw. Multiplikation ist zu groß geworden, um es in einem int speichern zu können (Überlauf).

❑ Eine Operation soll mit einem ungültigen Objekt durchgeführt werden.

Die Klasse FractIntException

Aus diesen Punkten kann sofort eine Ausnahmeklasse für FractInt definiert werden:

```
//------------------------------------------------------------
//      class FractIntException
//
struct FractIntException : public CException {

  enum Reason {
    divideByZero,     // Nenner wurde 0
    numericOverflow,  // Das Ergebnis einer Operation wurde zu groß
    invalidObject,    // Als Argument wurde ein ungültiges Objekt übergeben
                      // oder das eigene Objekt ist ungültig
    invalidParameter,// Als Argument wurde ein ungültiger Wert übergeben
    invalidSelf       // das eigene Objekt ist ungültig
  } r;

  FractIntException( FractIntException::Reason );

  //-- Unterstützung dynamische Typisierbarkeit
  DECLARE_DYNAMIC( FractIntException );

}; // FractIntException
```

Die Klasse enthält im wesentlichen eine Variable des Aufzählungstyps Reason für die möglichen Ausnahmegründe sowie einen entsprechenden Konstruktor.

Die Funktion throwFractIntException

Analog zum Design der MFC definieren wir zusätzlich eine zugeordnete Throw-Funktion, die in der Debug-Variante vor dem eigentlichen Auslösen der Ausnahme eine Meldung im Klartext ausgibt:

```
//------------------------------------------------------------
//      throwFractIntException
//
//-- löst eine FractIntException aus.
//   Gibt in der Debug-Variante vorher die Ausnahme im Klartext aus

void throwFractIntException( FractIntException::Reason );
```

27.3.16 Implementierung der Klasse FractIntException

Die Implementierung der Klasse liegt auf der Hand. Der Konstruktor wird inline definiert:

```
//------------------------------------------------------------
//      FractIntException:: Konstruktor
//
inline FractIntException::FractIntException
  ( FractIntException::Reason newR )  : r( newR ) {}
```

Zur Unterstützung der dynamischen Typisierbarkeit wird in der Implementierungsdatein das Makro IMPLEMENT_DYNAMIC benötigt:

```
//-----------------------------------------------------------------
//      Implementierung dynamische Typisierbarkeit
//

IMPLEMENT_DYNAMIC( FractIntException, CException )
```

In der Release-Variante löst throwFractIntException direkt eine Ausnahme aus:

```
//-----------------------------------------------------------------
//      throwFractIntException
//

#ifndef _DEBUG

inline void throwFractIntException( FractIntException::Reason newR ) {
  THROW( new FractIntException( newR ) );
  }
#endif
```

In der Debug-Variante werden vorher die Daten der Ausnahme im Klartext ausgegegben:

```
//-----------------------------------------------------------------
//      throwFractIntException
//

#ifdef _DEBUG

//-- In der debug Variante wird die Ausnahme im Klartext ausgegeben,
//    bevor ausgelöst wird
void throwFractIntException( FractIntException::Reason newR ) {

  //-- Ein Feld mit Strings zur Ausgabe im Klartext
  static const char* texte[] = {
    "divideByZero",
    "numericOverflow",
    "invalidObject",
    "invalidParameter",
    "invalidSelf"
    };

  afxDump << "FractIntException ausgelöst! Grund: " << texte[ newR ]
          << "\n";

  THROW( new FractIntException( newR ) );
  }
#endif
```

Die Variable afxDump ist in erster Näherung vergleichbar mit dem Standardstream cerr. Wir kommen in einem späteren Abschnitt auf afxDump zurück.

Deklaration bzw. Definition befinden sich im Verzeichnis KAP27 in den Dateien fractinx.h bzw. fractinx.cpp.

Anwendung in der Klasse FractInt

Die wichtigste Änderung der Klasse FractInt gegenüber der Version aus Kapitel 15 ist, daß an allen Stellen, an denen eine der genannten Fehlersituationen auftritt, nun eine Ausnahme ausgelöst wird.

27.3 Exception Handling

Folgendes Programmsegment zeigt die Funktion normalize, die zwei long als Parameter erhält und diese möglichst weit kürzen soll. Überschreitet das Ergebnis den Wertebereich eines integers, kann es nicht mehr in einem FractInt-Objekt gespeichert werden, und die weitere Verarbeitung mit diesem Objekt muß abgebrochen werden.

Dies ist der typische Fall für die Auslösung einer Ausnahme:

```
//-----------------------------------------------------------------
//       FractInt:: normalize
//
void FractInt::normalize( long z_in, long n_in ) {

  if ( n_in == 0 ) {
    invalidate();
    throwFractIntException( FractIntException::divideByZero );
  }

  long g = ggT( z_in, n_in );
  long lz = z_in / g;
  long ln = n_in / g;

  if ( lz > INT_MAX || lz < INT_MIN ||
       ln > INT_MAX || ln < INT_MIN      ) {

    //-- Ein Wert überschreitet den in einem Integer darstellbaren
    //   Wertebereich. Eine Weiterarbeit ist nicht mehr möglich.
    invalidate();
    throwFractIntException( FractIntException::numericOverflow );
  }

  z = (int)lz;
  n = (int)ln;
  return;
}
```

Beachten Sie bitte, daß das Objekt vor Auslösen der Ausnahme noch auf ungültig gesetzt wird. Dies ist erforderlich, da ja allein durch die Auslösung einer Ausnahme noch nicht verhindert wird, daß später im Programm evtl. trotzdem mit dem Objekt wieder gearbeitet wird. Um einen solchen Fall zu erkennen, wird weiterhin vor Ausführung einer Funktion geprüft, ob das eigene Objekt überhaupt gültig ist. Funktionen, die Objekte als Parameter erhalten, prüfen auch deren Gültigkeitsstatus. Im Falle eines ungültigen Objekts wird wiederum eine Ausnahme ausgelöst:

```
//-----------------------------------------------------------------
//       FractInt:: operator +=
//
FractInt &FractInt::operator += ( const FractInt &arg ) {
  //-- Zwei Brüche können nur addiert werden, wenn sie den gleichen
  //   Nenner haben. Daher "kreuzweise multiplizieren".
  //   Da Bereichsüberlauf auftreten kann werden für die
  //   Zwischenergebnisse longs verwendet
#ifdef _DEBUG

  if ( !*this )
    throwFractIntException( FractIntException::invalidSelf );

  if ( !arg ) {
    invalidate();
    throwFractIntException( FractIntException::invalidObject );
  }

#endif

  /* ... hier beginnt die eigentliche Funktion ... */

}
```

Die Prüfung auf Gültigkeit mit eventueller Auslösung einer Ausnahme wird jedoch nur in der Debug-Variante durchgeführt. Der Grund ist, daß es sich bei dieser Situation um einen Programmierfehler handelt, der bei Auslieferung des Programms korrigiert sein sollte: Wird für ein Objekt die erste Ausnahme ausgelöst, sollte in der Folge nicht mehr darauf zugegriffen werden[64].

Anders verhält es sich z.B. mit der Prüfung auf numerischen Überlauf, wie im vorigen Beispiel. Diese Prüfung muß auch in der Release-Variante vorhanden sein, da das Auftreten eines numerischen Überlaufes von den Eingabedaten abhängt, auf die man zum Programmierzeitpunnkt in der Regel keinen Einfluß hat.

Die Makros CHECK_VALID und CHECK_VALID_SELF

Die Prüfung des eigenen Objekts bzw. der als Parameter übergebenen Objekte ist umständlich zu notieren und muß außerdem in #ifdef _DEBUG ... #endif-Präprozessoranweisungen eingeschlossen werden. Zur Schreibvereinfachung definieren wir zwei Versionen einer Funktion checkValid, die in der Debug-Variante über Makros aufgerufen werden. In der Release-Variante werden die Makros zu Leeranweisungen expandiert.

Folgendes Listing zeigt die Deklaration der beiden checkValid-Funktionen für die Klasse FractInt:

```
//-----------------------------------------------------------
//       class FractInt
//
class FractInt : ... {

private:
#ifdef _DEBUG
    //-- macht eigene Instanz ungültig und löst Ausnahme aus,
    //   wenn das Argument ungültig ist

    void checkValid( const FractInt & );

    //-- löst Ausnahme aus, wenn eigenes Objekt ungültig ist

    void checkValid() const;

#endif
    /* ... weitere Mitglieder von FractInt ... */
}; // FractInt
```

---

64 Man könnte deshalb das Programm auch "hart" (z.B. durch assert) beenden.

27.3 Exception Handling

Die Implementierung liegt auf der Hand:

```
#ifdef _DEBUG

inline void FractInt::checkValid( const FractInt &arg ) {
  if (arg)
    return;
  invalidate();
  throwFractIntException( FractIntException::invalidObject );
}

inline void FractInt::checkValid() const {
  if (!isValid())
    throwFractIntException( FractIntException::invalidSelf );
}

#endif
```

Nun fehlen noch die Makros:

```
//-- CHECK-Makros prüfen ihr Argument bzw. die eigene Instanz, jedoch
//     nur in der Debug-Variante

#ifdef _DEBUG
#define CHECK_VALID( x )       checkValid( x );
#define CHECK_VALID_SELF       checkValid();
#else
#define CHECK_VALID( x )       ((void)0);
#define CHECK_VALID_SELF       ((void)0);;
#endif
```

Jetzt kann man die Gültigkeitsprüfungen (z.B. im Operator +=) einfacher wie folgt schreiben:

```
FractInt &FractInt::operator += ( const FractInt &arg ) {

  //-- Zwei Brüche können nur addiert werden, wenn sie den gleichen
  //     Nenner haben. Daher "kreuzweise multiplizieren".
  //     Da Bereichsüberlauf auftreten kann werden für die
  //     Zwischenergebnisse longs verwendet

  CHECK_VALID_SELF
  CHECK_VALID( arg )

  /* ... hier beginnt die eigentliche Funktion ... */

}
```

In der Version der Klasse FractInt im Verzeichnis KAP27 ist jede Mitgliedsfunktion mit diesen Makros ausgerüstet.

Ein Testprogramm

Folgendes Listing zeigt eine typische Anwendung der Klasse FractInt mit einem Handler für die möglichen Ausnahmen (Programm test1 im Verzeichnis KAP27 auf der Begleitdiskette):

```
//========================= Kopf ====================================
//
// Testprogramm für FractInt.
// Das Programm liest zwei Brüche ein und druckt Summe, Differenz,
// Produkt und Quotient der beiden Argumente.
// Das Programm läuft in einer Endlosschleife. Beenden durch Eingabe
// von ^C
//
// 92.08.01 : Version 1 (Au)
// 92.12.13 : Version 1.3 : Mit exception handling aus der MFC (Au)
//
//========================= Abhängigkeiten ==========================
//

#include <fractint.h>
#include <iostream.h>

//========================= Implementierung =========================
//

//-------------------------------------------------------------------
//      main
//

void main() {

  //-- wegen den bekannten Problemen mit Ausnahmen in Konstruktoren
  //   Standardkonstruktor & set verwenden
  FractInt f1, f2;

  while ( 1 ) {

    TRY {

      int z, n;

      printf( "Bitte Zähler, Nenner des ersten Bruches eingeben : " );
      cin >> z >> n;
      f1.set( z, n );

      printf( "Bitte Zähler, Nenner des zweiten Bruches eingeben : " );
      cin >> z >> n;
      f2.set( z, n );

      cout << "Bruch 1 :       " << f1 << endl;
      cout << "Bruch 2 :       " << f2 << endl;

      cout << "Summe       " << f1 + f2 << endl;
      cout << "Differenz   " << f1 - f2 << endl;
      cout << "Produkt     " << f1 * f2 << endl;
      cout << "Quotient    " << f1 / f2 << endl;
    }
    CATCH( FractIntException, fe ) {
      cout << "Es ist eine Ausnahme aufgetreten! Bitte neue Eingabe\n";
    }
    END_CATCH
  } // while
} // main
```

Hier werden das Einlesen von Werten für die Brüche sowie die Rechenfunktionen innerhalb eines TRY-Blocks durchgeführt. Der zugehörige Handler folgt sofort, er gibt hier nur eine Meldung aus. Die endlose Schleife wird durch ^C beendet.

Beachten Sie bitte, daß die beiden FractInt-Objekte außerhalb des TRY- bzw. CATCH-Blockes mit Hilfe des Standard-Konstruktors definiert werden. Beide Blöcke können deshalb auf die Variablen zugreifen. Eine Wertzuweisung, die ja eine Ausnahme auslösen könnte, wird innerhalb des TRY-Blockes mit Hilfe von set durchgeführt.

27.3.17 Vorteile des Exception Handling

Insgesamt läßt sich sagen, daß exception handling die professionelle Behandlung von Ausnahmesituationen einfacher macht. Um die Technik jedoch sinnvoll einsetzen zu können, bedarf es einer genauen Analyse der möglichen Fehlersituationen in einem Programm. Die Hierarchie der Ausnahmeklassen muß genauso sorgfältig geplant werden wie eine "normale" Klassenhierarchie.

Außerdem ist nicht zu leugnen, daß der exception handling Einsatz, soll er Gewinn bringen, großer Erfahrung bedarf. Während die Stellen, an denen eine Ausnahme ausgelöst werden soll, noch relativ einfach zu bestimmen sind, ist die Festlegung der Orte für die Handler bereits schwieriger. Gerade die Freiheit, einen Handler relativ weit "außen" in der Aufrufhierarchie der Funktionen plazieren zu können, ermöglicht die Zusammenfassung von Fehlerbehandlungscode an wenigen zentralen Stellen eines Programms. Hier die richtige Stelle zu finden, ist genauso eine Designaufgabe, wie die Planung der Ablauflogik insgesamt. Ein Programm wirklich sicher gegen alle im harten Einsatz möglichen Eventualitäten zu machen, ist oftmals genauso schwierig, wie die Implementierung der eigentlichen, problemrelevanten Logik.

27.4 Ablaufverfolgung

Die einfachste Form von Debuggingilfe ist wohl die Ausgabe von Daten, Parametern, Texten etc. während des Programmlaufes. Plaziert man solche Ausgabeanweisungen an geeigneten Stellen (z.B. am Anfang von Funktionsaufrufen), erhält man auch ohne Debugger ein Bild des Programmablaufes. Die MFC bietet zur Unterstützung dieser Aufgabenstellung die Klasse CDumpContext sowie einige Makros. Wichtig ist, daß der Code zur Ablaufverfolgung durch Compilerschalter von der Übersetzung ausgeschlossen werden kann, da er ein Programm ganz wesentlich vergrößern kann.

27.4.1 Die Klasse CDumpContext

Die Klasse CDumpContext dient zur Ausgabe von lesbaren Daten aus einem Programm. Sie ist konzeptionell vergleichbar mit der Klasse ostream aus der Streambibliothek (Kapitel 25). Insbesondere ist auch wieder der Übergabeoperator << zur Ausgabe der wichtigsten Basisdatentypen vorhanden.

```
class CDumpContext  {

public:

   CDumpContext& operator << ( BYTE by );
   CDumpContext& operator << ( WORD w );
   CDumpContext& operator << ( UINT u );
   CDumpContext& operator << ( LONG l );
   CDumpContext& operator << ( DWORD dw );
```

```
CDumpContext& operator << ( float f );
CDumpContext& operator << ( double d );
CDumpContext& operator << ( int n );

CDumpContext& operator << ( LPCSTR lpsz );
CDumpContext& operator << ( const void* lp );   // Ausgabe des Zeigers in Hex

/* ... weitere Mitglieder CDumpContext ... */
};
```

Darüber hinaus gibt es noch Übergabeoperatoren für Objekte, deren Klassen von CObject abgeleitet sind:

```
CDumpContext& operator << ( const CObject* pOb );
CDumpContext& operator << ( const CObject& ob );
```

Die Aufgaben von CObject besprechen wir in einem späteren Abschnitt weiter unten[65].

Objekte von CDumpContext geben ihre Daten grundsätzlich auf ein Objekt aus der Hierarchie der CFile-Klassen aus, über das die Verbindung zu einem Filehandle des Betriebssystems hergestellt wird. Ein solches CFile-Objekt muß im Konstruktor des Dump-Kontextes angegeben werden.

Möchte man die Daten auf der Standardausgabe (normalerweise Bildschirm) erhalten, kann man z.B.

```
CStdioFile f( stdout );
CDumpContext cd( &f );

cd << "Hello, world!\n";     // Ausgabe auf stdout
```

schreiben.

Um die Ausgabe in eine Datei zu lenken, definiert man f dagegen folgendermaßen:

```
CStdioFile f( "dump.dat",
    CFile::modeCreate | CFile::modeWrite | CFile::typeText );
```

Die Deklaration von cd bleibt unverändert:

```
CDumpContext cd( &f );

cd << "Hello, world!\n";     // Ausgabe in Datei dump.dat
```

Typisch für eine Anforderung aus der Praxis ist, die Ausgabe in eine beim Programmaufruf angegebene Datei zu leiten. Ist keine Datei angegeben, soll die Ausgabe auf dem Bildschirm erfolgen:

---

65 Hier ist eine der Stellen, an denen Vorwärtsverweise nicht zu vermeiden sind. Die einzelnen Bereiche der MFC lassen sich eben nicht ganz unabhängig voneinander darstellen, da alles mit allem verwoben ist.

27.4 Ablaufverfolgung

```
void main( int argc, char* argv[] ) {
  CStdioFile *f = NULL;
  if ( argc > 1 )
    f = new CStdioFile( argv[1],
      CFile::modeCreate | CFile::modeWrite | CFile::typeText );
  else
    f = new CStdioFile( stdout );

  CDumpContext cd( f );

  /* ... hier beginnt das eigentliche Programm ... */

}
```

In der Praxis würde man allerdings noch Vorkehrungen treffen, falls eine angegebene Datei nicht geöffnet werden kann. Gründe hierfür können z.B. ein ungültiger Dateiname oder mangelnder Platz auf der Festplatte sein. Solche Fehler werden bereits beim Öffnen der Datei festgestellt und führen zu einer Ausnahme.

Folgendes Listing zeigt die verbesserte Lösung unter Verwendung von exception handling:

```
void main( int argc, char* argv[] ) {
  CStdioFile *f = NULL;
  if ( argc > 1 )
    TRY {
      f = new CStdioFile( argv[1],
        CFile::modeCreate | CFile::modeWrite | CFile::typeText );
    }
    CATCH( CException, e ) {
      cerr << "Ausgabedatei " << argv[ 0 ] << " kann nicht geöffnet werden"
           << endl;
      //-- dann eben zum Bildschirm
      f = new CStdioFile( stdout );
    }
    END_CATCH
  else
    f = new CStdioFile( stdout );
```

Die Hierarchie von CFile-Klassen behandeln wir in einem späteren Abschnitt weiter unten.

27.4.2 CDumpKontext und die Streamklassen

CDumpKontext ist vom Prinzip her ähnlich wie die Streamklasse ostream aufgebaut. In beiden Klassen gibt es den mehrfach überladenen Übergabeoperator zur Ausgabe von ASCII-Daten.

Die beiden Klassen unterscheiden sich jedoch im Anwendungsgebiet. ostream ist die allgemeinere Klasse, sie stellt neben den Übergabeoperatoren zusätzlich Möglichkeiten zur Formatierung der Ausgabe bereit. Dinge wie Feldbreite, Füllzeichen, Formate für Fließkommaausgabe, Zahlensystem für die Ausgabe (dec oder hex) etc. machen die Streamklassen für allgemeine Ausgabeaufgaben geeignet. Streams sind völlig betriebssystemunabhängig und haben deshalb z.B. auch keine direkte Möglichkeit, den Benutzer über hardwarenahe Probleme z.B. bei der E/A mit Dateien zu informieren. Ebenso ist es nicht möglich, mit Streams Bildschirmausgaben in Windows-Programmen durchzuführen[66]. Die meisten Streamimplementierungen (auch die von C7 und VC) verwenden kein exception handling, sondern arbeiten lediglich mit einem Gültigkeitskonzept, das über eine Streamstatus-Variable implementiert wird.

CDumpContext dagegen dient zum "Dumpen" von Daten, d.h. zur unformatierten Ausgabe meist zu Debug-Zwecken. In CDumpContext fehlen sämtliche Formatierungsmöglichkeiten der Streams, ebenso gibt es keine Manipulatoren. Noch nicht einmal endl ist vorhanden, so daß man wie früher ein \n zur Zeilenschaltung verwenden muß. CDumpContext ist im Zusammenhang mit anderen Klassen der MFC zu sehen, und erhebt keinen Anspruch auf allgemeine Verwendbarkeit für Datenausgaben. Dies macht sich z.B. in den Übergabeoperatoren bemerkbar: Sie sind für die Ausgabe der MFC- (und Windows-) Datentypen (also WORD, UINT etc) gedacht. So fehlen z.B. Übergabeoperatoren für Fließkommatypen. Dafür kann CDumpContext sowohl in DOS- als auch in Windows-Programmen eingesetzt werden. Wie alle MFC-Klassen kann auch CDumpContext (bzw. genaugenommen die verbundenen CFile-Klassen) Ausnahmen auslösen. Fehlerbehandlung funktioniert - wie fast immer in der MFC - mit Hilfe von TRY und CATCH Blöcken.

Genau wie ostream gibt auch CDumpContext die Daten nicht selber auf die endgültige Senke aus, sondern verwendet dazu ein Zwischenobjekt. In beiden Systemen sind die Zwischenklassen in einer Hierarchie organisiert: Für Streams sind es die Pufferklassen, für CDumpContext ist es die Hierarchie der CFile-Klassen.

Die zugrunde liegende Idee ist in beiden Fällen die gleiche: Man kann mit Zeigern (bzw. Referenzen) auf die Basisklasse der Hierarchie arbeiten, und trotzdem unterschiedliche Klassen der Hierarchie verwenden. Man hat also wieder einen (rudimentären) Fall von Polymorphismus. In beiden Fällen wird die endgültige Senke (also Bildschirm, Datei oder Speicherbereich) durch das Zwischenobjekt bestimmt.

Die Frage, ob man zur Ausgabe von Daten die Streamklassen oder besser CDumpContext verwendet, hängt von der Art der Ausgabe ab. Benötigt man formatierte Ausgaben, z.B. auf Listen, in Berichten oder auch bei DOS-Programmen auf dem Bildschirm, sollte man die Streamklassen verwenden. Die Aufgabe von CDumpContext ist eher die Ausgabe von Hilfsdaten zur Unterstützung des Debugging. Hierbei handelt es sich meist um die internen Daten der Objekte, die zudem nicht formatiert werden müssen.

Die unterschiedlichen Aufgaben der Streamklassen und CDumpContext führt in der Praxis oft dazu, daß für eine Klasse beide Ausgabearten notwendig sind. Wir werden einen solchen Fall in unserem Beispiel der Klasse FractInt im nächsten Abschnitt sehen.

---

66 Es gibt allerdings Bibliotheken für die Windows-Programmierung, die eine Implementierung der Streamklassen enthalten, die dies können.

27.4 Ablaufverfolgung

27.4.3 Ausgabe von eigenen Objekten

Zum Debugging ist es oft erforderlich, die internen Daten von Objekten auszugeben. Die Ausgabe sollte in lesbarer und kommentierter Form erfolgen, um auch später mit den Ausgaben noch etwas anfangen zu können. Insbesondere bei Klassen, die später wiederverwendet werden sollen, ist eine kommentierte und verständliche Ausgabe notwendig.

Um ein Objekt auf einem CDumpContext auszugeben, kann man die bereits im Kapitel 26 (Stream-E/A eigener Datentypen) vorgestellten Techniken verwenden. Man braucht nur anstelle von ostream CDumpContext zu verwenden. Insbesondere können die Regeln zur Ausgabe von Ableitungen bzw. nicht-trivialen, zusammengesetzten Objekten auch hier angewendet werden.

Implementierung über eigenen Übergabeoperator

Die allgemeinste Lösung ist die Implementierung eines eigenen Übergabeoperators für jede Klasse. Für eine Klasse T deklariert man also

```
CDumpContext &operator << ( CDumpContext &, const T& );
```

Da man in der Praxis meist mit dynamisch allokierten Objekten arbeitet, kann man zur Schreibvereinfachung noch zusätzlich den Operator

```
CDumpContext &operator << ( CDumpContext &, const T* );
```

implementieren. Nun sind Anweisungen wie z.B.

```
extern CDumpContext cd;

T t( ... );
cd << t;
```

aber auch

```
T *t = new T( ... );
cd << t;
```

möglich. Beachten Sie bitte, daß die Operatoren als Freunde zu T deklariert werden müssen, da sie auf die objektinternen Daten zugreifen.

Folgendes Listing zeigt eine Implementierung für die Klasse FractInt, die die Forderung nach Lesbarkeit in ausreichendem Maße erfüllt:

```
//------------------------------------------------------------
//       operator << für FractInts auf CDumpContext
//
CDumpContext &operator << ( CDumpContext &cd, const FractInt &fr ) {
  if ( !fr.isValid() ) {
    cd << " *** ungültig";
    return cd;
  }
  cd << "z: " << fr.z << " n: " << fr.n;
  return cd;
}
```

Beachten Sie bitte, daß die Anwendung des Operators auf ein ungültiges Objekt nicht zum Auslösen einer Ausnahme führt.

Die Implementierung eines eigenen Übergabeoperators für eine Klasse wird innerhalb der MFC für diejenigen Klassen verwendet, die nicht von der allgemeinen Basisklasse CObject abgeleitet sind.

Implementierung über gemeinsame Basisklasse

Die einfachere und elegantere Methode der Ausgabe ist der Ansatz über Poymorphismus. Dazu benötigt man wieder eine Basisklasse und eine Ausgabefunktion, die von allen Ableitungen redefiniert werden muß. In der MFC gibt es bereits eine allgemeine Basisklasse CObject, die unter anderem die Funktion Dump zu genau diesem Zweck bereitstellt.

```
class CObject {

public:
   virtual void Dump( CDumpContext& dc ) const;

   /* ... weitere Mitglieder von CObject ... */
   };
```

Darüber hinaus gibt es zwei Übergabeoperatoren für CObject, hier allerdings als Mitglieder von CDumpContext formuliert:

```
class CDumpContext {

public:
   CDumpContext& operator << ( const CObject* pOb );
   CDumpContext& operator << ( const CObject& ob );

   /* ... weitere Mitglieder von CDumpContext ... */
   };
```

Möchte eine Ableitung von CObject Ausgaben auf CDumpContext vornehmen, ist es also ausreichend, die Funktion Dump geeignet zu implementieren. Folgendes Listing zeigt Deklaration und Implementierung am Beispiel der Klasse FractInt:

```
//-----------------------------------------------------------------
//         class FractInt
//
class FractInt : public CObject {

public:

   //-------------------- Debug ----------------------------------
   //
   void Dump( CDumpContext &cd ) const;

   /* ... weitere Mitglieder von FractInt ... */

   }; // FractInt
```

Schreibt man nun z.B.

```
extern CDumpContext cd;
FractInt f( 2, 3 );

cd << f << "\n";
```

wird der für CObject definierte Übergabeoperator gerufen, da jedoch für Dump late binding verwendet wird, wird im Endeffekt FractInt::Dump aufgerufen.

Die besondere Bedeutung von CObject::Dump

Beachten Sie bitte, daß Dump in der Basisklasse CObject nicht abstrakt ist, sondern durchaus aufgerufen werden kann. Ist die eigene Klasse nicht dynamisch typisierbar (s.u.), gibt CObject::Dump nur die Adresse des Objekts sowie als Klassenbezeichnung "CObject" aus. Ist die Klasse jedoch dynamisch typisierbar, gibt CObject::Dump den korrekten Klassennamen aus. Folgendes Listing zeigt ein vollständiges Beispiel einer dynamisch typisierbaren Klasse inclusive Dump-Funktion.

```
//-------------------------------------------------------------------
//      rudimentäre FractInt Klasse
//
class FractInt : public CObject {

public:

  FractInt( int nZ, int nN = 0 );

  virtual void Dump( CDumpContext & ) const;

  //-- Deklaration für dynamische Typisierung
  DECLARE_DYNAMIC( FractInt )

private:

  int z, n;
  friend ostream &operator << ( ostream &, const FractInt & );

  };
//-------------------------------------------------------------------
//      FractInt Konstruktor
//
FractInt::FractInt( int nZ, int nN ) : z( nZ ), n( nN ) {}
//-------------------------------------------------------------------
//      FractInt::Dump
//
void FractInt::Dump( CDumpContext &cd ) const {

  CObject::Dump( cd );

  cd << "z: " << z << " n: " << n;
  }
//-------------------------------------------------------------------
//      Übergabeoperator für Streamausgabe
//
ostream &operator << ( ostream &ostr, const FractInt &f ) {

  ostr << "( " << f.z << ", " << f.n << " )";
  return ostr;
```

```
    }
//-----------------------------------------------------------------
//      Implementierung dynamische Typisierung
//
IMPLEMENT_DYNAMIC( FractInt, CObject )


//-----------------------------------------------------------------
//      main
//
void main() {

  FractInt f( 1, 2 );

  //-- Formatierte Ausgabe mit Streamklassen (hier auf Bildschirm)

  cout << f << endl;

  //-- Dumpausgabe mit CDumpContext (hier ebenfalls auf Bildschirm)

  CStdioFile out( stdout );
  CDumpContext cd( &out );

  cd << f << "\n";
}
```

Das Programm gibt als Ergebnis die Zeilen

```
( 1, 2 )
a FractInt at $176C z: 1, n: 2
```

aus.

An diesem Beispiel kann man gut den unterschiedlichen Einsatzzweck der beiden Übergabeoperatoren enkennen. Während die Übergabe an einen Stream eine für einen Benutzer gut lesbare Ausgabe erzeugt, kommt es in einer Debugsituation eher auf Adressen, Namen von Mitgliedsvariablen etc. an. Gerade die Ausgabe des Klassennamens ist besonders für Objekte eines heterogene Containers sinnvoll, denn ein solcher Container kann ja Objekte unterschiedlicher Klassen verwalten.

Tiefe und flache Ausgabe

Die Klasse CDumpContext definiert eine (private) Variable m_nDepth, die von außen mit der Funktion SetDepth gesetzt und deren Wert mit GetDepth erhalten werden kann. Sie bestimmt, ob eine "flache" Ausgabe (*shallow dump*, Wert = 0) oder eine "tiefe" Ausgabe (*deep dump*, Wert > 0) durchgeführt werden soll.

In der MFC ist der Unterschied nur für Klassen, die Objekte anderer Klassen verwalten (wie z.B. Containerklassen) interessant. Bei einer flachen Ausgabe wird nur das Objekt selber, bei einer tiefen Ausgabe werden auch die verwalteten Objekte ausgegeben. Verwalten auch diese wiederum eigene Objekte, werden auch sie ausgegeben. In der MFC wird nur zwischen den Werten 0 und ungleich 0 unterschieden. Eigene Klassen können jedoch eine differenziertere Ausgabe durchführen, indem sie den aktuellen Wert von m_nDepth feststellen und entsprechend reagieren.

27.4 Ablaufverfolgung

Folgendes Beispiel zeigt eine Implementierung der Funktion Dump für FractInt, die die Variable zur Steuerung des Detaillierungsgrades einer Ausgabe verwendet:

```
//-----------------------------------------------------------
//         FractInt::Dump
//
void FractInt::Dump( CDumpContext &cd ) const {

  const int depth = cd.GetDepth();

  if ( depth > 1 )

    //-- volle Ausgabe mit Klassenname und Adresse
    CObject::Dump( cd );

  else if ( depth > 0 )

    //-- kein Klassenname, aber Adresse
    cd << "Object at " << (void*)this << " ";

  //-- Problemorientierte Daten
  cd << "z: " << z << " n: " << n;
}
```

Mit dieser Dumpfunktion produziert das Programmsegment

```
FractInt f( 1, 2 );

CStdioFile out( stdout );
CDumpContext cd( &out );

for ( int i=0; i<3; i++ ) {
  cd.SetDepth( i );
  cd << "depth " << i << " : " << f << "\n";
  }

}
```

die Ausgabe

```
depth 0 : z: 1 n: 2
depth 1 : Object at $16FA z: 1 n: 2
depth 2 : a FractInt at $16FA z: 1 n: 2
```

27.4.4 Das Objekt afxDump

In der Debug-Variante der MFC ist bereits ein CDumpContext-Objekt vordefiniert. Das Objekt afxDump ist dabei unter DOS mit stderr verbunden, unter Windows dagegen wird die Ausgabe an den Debugger geschickt.

Da afxDump nur in der Debug-Variante vorhanden ist, müssen entsprechende Ausgabeanweisungen durch #ifdef geschützt werden:

```
f();

#ifdef _DEBUG
afxDump << "f war ok\n";
#endif
```

afxDump sollte daher für Ausgaben verwendet werden, die nur in der Debug-Variante von Interesse sind, also z.B. Daten zur Ablaufverfolgung, Funktionsparameter etc.

27.4.5 Anwendungen von afxDump und anderen DumpKontexten

Die Einteilung von Programmen in Debug- und Release-Variante ist relativ grob. Oft möchte man auch in der Release-Variante bestimmte Datenausgaben durchführen, um z.B. nachzuvollziehen zu können, welche Funktionen ein Anwender aufgerufen hat, oder welche Daten eingegeben wurden. Solche Ausgaben über den Ablauf eines Programms werden auch als *Loggingdaten* bezeichnet.

Das Logging sollte getrennt von den Debugausgaben über afxDump implementiert werden. Folgendes Listing zeigt, wie ein weiteres CDumpContext-Objekt log erzeugt wird. Der Dateiname für die Ausgabedatei wird von der Kommandozeile eingelesen, falls kein Dateiname angegeben ist, erfolgt die Ausgabe auf dem Bildschirm.

```
#ifdef _LOG
//-- globale Variable (hier pointer, wird in initLog besetzt)
CDumpContext *log = NULL;
#endif

//-------------------------------------------------------------------
//      initLog
//

#ifdef _LOG
void initLog( int argc, char* argv[] ) {

  CStdioFile *f = NULL;
  if ( argc > 1 )
    TRY {
      f = new CStdioFile( argv[1],
        CFile::modeCreate | CFile::modeWrite | CFile::typeText );
    }
    CATCH( CException, e ) {
      cerr << "Logdatei " << argv[ 0 ] << " kann nicht geöffnet werden"
           << endl;
      //-- dann eben zum Bildschirm
      f = new CStdioFile( stdout );
    }
    END_CATCH

  else
    f = new CStdioFile( stdout );

  assert( f );
  log = new CDumpContext( f );
  assert( log );
} // initLog
#endif

//-------------------------------------------------------------------
//      main
//

void main( int argc, char* argv[] ) {

  #ifdef _LOG
  initLog( argc, argv );
  #endif

  /* ... das eigentliche Programm ... */
}
```

Im Programm kann man nun z.B. die Funktionsaufrufe auf der Logdatei und zusätzlich die übergebenen Parameter über afxDump ausgeben. Für eine Funktion doIt, die zwei FractInt-Objekte übernimmt, könnte der entsprechende Code etwa folgendermaßen aussehen:

```
//-------------------------------------------------------------
//      doIt
//
void doIt( const FractInt &f1, const FractInt &f2 ) {

  #ifdef _LOG
  assert( log );
  *log << "doIt aufgerufen\n";
  #endif

  #ifdef _DEBUG
  afxDump << "doIt. Parameter : \n  f1: " << f1 << "\n  f2: " << f2 << "\n";
  #endif

  /* ... Implementierung doIt ... */
} // doIt
```

In der Logdatei wird nur der Funktionsaufruf protokolliert, während die Ausgabe auf afxDump

```
doIt. Parameter :
  f1: a FractInt at $182C z: 1 n: 2
  f2: a FractInt at $1824 z: 3 n: 4
```

lautet, wenn man z.B. doIt mit

```
FractInt f1( 1, 2 ), f2( 3, 4 );
doIt( f1, f2 );
```

aufruft.

Beachten Sie bitte, daß sowohl die Ausgabe auf afxDump als auch die Ausgabe auf log Ausnahmen auslösen können. Dies kommt meist dann vor, wenn bei sehr langen Programmläufen die Log- bzw- Dumpdatei zu groß wird und die Festplatte voll ist. In einem solchen Fall muß das Programm sowieso abgebrochen werden, so daß es nicht erforderlich ist, für diesen Fall einen eigenen Handler vorzusehen. Eine Alternative wäre z.B. die Weiterführung des Programms, jedoch ohne Logging/Dump. Der Handler würde dann die betreffende Datei schließen und ein (globales) Flag setzen, daß weitere Ausgaben ignoriert werden sollen.

27.4.6 Einige Verbesserungen

Da das Objekt afxDump nur in der Debug-Variante der MFC vorhanden ist, müssen entsprechende Ausgabeanweisungen durch #ifdef...#endif geklammert werden. Der notationelle Aufwand dazu kann durch ein geeignetes Makro reduziert werden.

Definiert man DUMP als

```
//-- DUMP spart das lästige Klammern von Ausgaben auf afxDump mit
//      #ifdef _DEBUG .... #endif. Alle Ausgaben werden durch \n abgeschlossen
#ifdef _DEBUG
#define DUMP( x ) afxDump << x << "\n";
#else
#define DUMP( x ) ((void)0);
#endif
```

kann man die Anweisungen

```
#ifdef _DEBUG
afxDump << "doIt. Parameter : \n   f1: " << f1 << "\n  f2: " << f2 << "\n";
#endif
```

durch

```
DUMP( "doIt. Parameter : \n   f1: " << f1 << "\n  f2: " << f2 )
```

ersetzen. Dies spart nicht nur Schreibarbeit, sondern macht ein Programm vor allem leichter lesbar. Beachten Sie bitte, daß DUMP grundsätzlich nach der Ausgabe einen Zeilenvorschub durchführt.

Analog kann man ein Makro für die Logausgabe definieren:

```
//-- LOG spart das lästige Klammern von Ausgaben auf log mit
//      #ifdef _LOG .... #endif. Alle Ausgaben werden durch \n abgeschlossen
#ifdef _LOG
#define LOG( x ) \
   assert( log ); \
   (*log) << x << "\n";
#else
#define LOG( x ) ((void)0);
#endif
```

Hier ist noch einmal die Funktion doIt aus dem letzten Abschnitt, die sich unter Verwendung der neuen Makros einfacher wie folgt schreiben läßt:

```
//--------------------------------------------------------------------
//      doIt
//
void doIt( const FractInt &f1, const FractInt &f2 ) {

   LOG( "doIt aufgerufen" )
   DUMP( "doIt. Parameter : \n   f1: " << f1 << "\n  f2: " << f2 )

   /* ... Implementierung doIt ... */
} // doIt
```

Der Kontext für die Logging-Ausgabe log sowie die beiden Makros DUMP und LOG gehören zu den MFC-Erweiterungen, die in diesem Kapitel vorgestellt werden. Der Sourcecode befindet sich in den Dateien axfadd.h und afxadd.cpp im Verzeichnis AFXADD auf der Begleitdiskette.

27.4.7 Weitere Dump-Unterstützung

In der MFC gibt es noch einige Makros zur Unterstützung der Ausgabe auf afxDump, die der Vollständigkeit halber nicht unerwähnt bleiben sollen.

TRACE-Makros

Die Makros der TRACE-Familie ermöglichen eine Ausgabe im Stil von printf. Statt

```
#ifdef _DEBUG
afxDump << "Der Wert von i ist " << i;
#endif
```

bzw.

```
DUMP( "Der Wert von i ist " << i )
```

kann man auch

```
TRACE( "Der Wert von i ist %d", i )
```

schreiben. Welcher Notation man den Vorteil gibt, ist nicht nur Geschmacksache, denn mit Hilfe von TRACE können natürlich keine Objekte ausgegeben werden. Man kann sich zwar wie in diesem Buch beschrieben, mit einem Operator char* helfen, die Lösung ist jedoch sicher nicht so gut wie die Ausgabe mit Hilfe von Übergabeoperatoren.

Spezielle Optimierungen

Gut kommentierte Ausgaben benötigen wegen der Kommentarstrings erheblichen Speicherplatz. Um das Datensegment nicht zu belasten, können diese Strings ab der Version 2 der MFC (also nicht mit C7) auch in einem speziellen Codesegment angeordnet werden. Schreibt man etwa

```
TRACE( "Der Wert von i ist %d", i )
```

wird der Formatstring im Datensegment plaziert. Schreibt man dagegen

```
TRACE1( "Der Wert von i ist %d", i )
```

landet der String in einem speziellen Codesegment. Während TRACE mit einer beliebigen Anzahl Parameter aufgerufen werden kann, ist bei TRACEn die Anzahl der Parameter (den Formatstring nicht mitgerechnet) auf genau n festgelegt.

In der MFC sind Makros für n=0 bis 3 vorhanden, weitere kann man sich ganz einfach selber definieren, wenn man den Code in afx.h als Vorlage nimmt:

```
#define TRACE1( sz, p1 ) \
  do { \
    static char BASED_DEBUG _sz[] = sz; \
    ::AfxTrace(_sz, p1); \
  } while (0)
```

BASED_DEBUG ist dabei in der Debug-Variante als

```
#define BASED_DEBUG __based(__segname("AFX_DEBUG1_TEXT"))
```

definiert, d.h. alle mit den TRACEn-Makros verwendeten Zeichenketten werden vom Compiler in einem Segment mit dem Namen AFX_DEBUG1_TEXT untergebracht.

Die Klammerung mit do {...} while (0) ist eine gängige Methode, in einem Makro einen eigenen Anweisungsblock unterzubringen, was bei mehreren Anweisungen grundsätzlich sinnvoll ist. Außerdem sind evtl. definierte Variable lokal zu diesem Block, so daß Namenskonflikte mit bereits vorhandenen Namen (hier also _sz) vermieden werden.

Beachten Sie bitte den Aufruf von AfxTrace: Der Funktionsname wird mit dem Scope-Operator qualifiziert. Der Unterschied zum "normalen" Aufruf einer Funktion wird ersichtlich, wenn das Makro in einer Mitgliedsfunktion einer Klasse aufgerufen wird, die selber eine Funktion AfxTrace definiert[67]. Dann nämlich würde ohne die Qualifizierung mit :: die Mitgliedsfunktion der Klasse verwendet, was sicher nicht erwünscht ist. Der Scope-Operator stellt sicher, daß immer der globale Bezeichner verwendet wird.

Die gleiche Funktionalität wird auch für die Ausgabe mit Übergabeoperatoren bereitgestellt. Statt

```
#ifdef _DEBUG
afxDump << "Der Wert von i ist : " << i;
#endif
```

kann man auch

```
#ifdef _DEBUG
AFX_DUMP1( afxDump, "Der Wert von i ist", i );
#endif
```

schreiben, nur daß eben nun das Stringliteral in einem besonderen Segment liegt. Es sind die Makros AFX_DUMP0 und AFX_DUMP1 mit jeweils insgesamt 2 bzw. 3 Parametern vorhanden. Im Gegensatz zu den TRACE-Makros sind die AFX_DUMP-Makros nur in der Debug-Variante der Bibliothek vorhanden, so daß hier die Klammerung mit #ifdef...#endif erforderlich ist.

---

[67] Zugegeben, dieser Fall ist hier äußerst unwahrscheinlich. Es entsteht durch die Qualifizierung mit :: jedoch kein Laufzeit- oder Speicherplatznachteil, so daß man die Technik *immer* anwenden sollte.

27.4 Ablaufverfolgung

Die Funktion AfxTrace

Die eigentliche Arbeit der Ausgabe erledigt die Funktion AfxTrace, die wie printf mit einer variablen Parameterliste ausgestattet ist. Sie verwendet die Funktion vsprintf, die den Ausgabestring in einem lokalen Buffer der Größe 512 Bytes bereitstellt. Benötigt eine Ausgabe mehr als 512 Bytes, wird das Programm durch einen Aufruf von ASSERT beendet.

Die Implementierung der Funktion AfxTrace ist typisch für die meisten Klassen und Funktionen der MFC. Mit "vernünftigen" Parametern funktioniert alles recht gut, kommt man allerdings an Grenzwerte, ergeben sich manchmal sehr seltsame Effekte. Dabei ist das Verhalten von AfxTrace noch gut nachvollziehbar, denn das Programm wird bei Erreichen von Grenzwerten definiert beendet. Allerdings wünscht man sich in der Dokumentation einen Hinweis auf solche Grenzwerte.

Als Tip für die Praxis ist festzuhalten, daß man beim Einsatz externer Bibliotheken grundsätzlich auf dem Sourcecode bestehen sollte. Keine Dokumentation ist so gut, daß alle Eventualitäten behandelt werden.

AfxTrace ist als C-Funktion deklariert und kann deswegen z.B auch aus dem Debugger aufgerufen werden:

```
#ifdef _DEBUG
extern "C" {
  void AfxTrace( const char* pszFormat, ...);

}
#endif
```

Die Variablen afxTraceEnabled und afxTraceFlags

Die globale Variable afxTraceEnabled bestimmt, ob mit CDumpContext-Objekten überhaupt Ausgaben stattfinden sollen, oder nicht. Nur wenn die Variable einen Wert ungleich 0 hat, ist die Ausgabe eingeschaltet[68]. Da sowohl die Funktion AfxTrace als auch die Makros der TRACE- und AFX_DUMP-Gruppen ihre Daten letztendlich über ein CDumpContext-Objekt (nämlich afxDump) ausgeben, sind auch sie davon betroffen. Die Variable kann auch während des Programmlaufes geändert werden, z.B. um Ausgaben für bereits getestete Module temporär auszuschalten. Selbstverständlich ist die Änderung der Variablen auch aus dem Debugger heraus möglich.

Die Variable afxTraceEnabled ist nur in der Debug-Variante der Bibliothek definiert. In der Release-Variante ist die Ausgabe grundsätzlich eingeschaltet.

---

[68] Die Version 1 der MFC hat hier einen kleinen Fehler: Die Ausgabe von Strings wird unabhängig von der Stellung der Variablen afxTraceEnabled *immer* durchgeführt. Schreibt man also z.B. cd << "Bye, world!";, wird der Text immer auf cd ausgegeben. Alle anderen Datentypen werden dagegen korrekt unterdrückt.

Folgendes Listing zeigt ein Beispiel:

```
void main() {
    //-- Ausgabe über CDumpContext-Objekte ausschalten
    afxTraceEnabled = FALSE;

    CStdioFile out( stdout );
    CDumpContext cd( &out );

    int i = 3;
    cd << i; // produziert nun keine Ausgabe
}
```

Die globale Variable afxTraceFlags legt den Umfang der internen Trace-Ausgaben der Windows-Nachrichten in den Windows-Varianten der MFC fest. Die einzelnen Bits bestimmen im wesentlichen, welche Nachrichten protokolliert werden und welche nicht. Für die DOS-Varianten hat die Variable keine Bedeutung. Die Werte für afxTraceEnabled als auch für afxTraceFlags können (leider nur) in den Windows-Varianten der Bibliothek auch aus der Datei afx.ini eingelesen werden.

27.5 Zusicherungen

Eine *Zusicherung* (engl. *assertion*) ist eine (programmierte) Prüfung, die an einer bestimmten Stelle eine zur Fortsetzung des Programms notwendige Bedingung überprüft. Ergibt die Prüfung den Wert falsch, wird ein Fehlertext ausgegeben und das Programm angehalten.

27.5.1 Das assert-Makro

Die bekannteste Zusicherungsanweisung ist das aus C bekannte assert-Makro. Ist der Wert des Arguments ungleich 0, wird das Programm fortgesetzt, ansonsten mit einer Fehlermeldung beendet. So liefert etwa die Anweisungsfolge

```
void main() {
  void *p = NULL;
  assert( p != NULL );
}
```

den Text

```
Assertion failed: p != NULL, file test.cpp, line 10
```

Assertions sind vor allem Debug-Hilfen, deshalb ist die Angabe des Dateinamens sowie der Zeilennummer der Anweisung besonders wichtig. Das Makro erfüllt auch die zweite wichtige Forderung an eine Debug-Hilfe: Es muß auf Wunsch ausgeschaltet werden können und darf dann keinen Code erzeugen. Insbesondere wird dann auch das Argument nicht ausgewertet, weswegen Konstruktionen wie z.B.

```
assert( *p++ );
```

grundsätzlich zu vermeiden sind.

27.5 Zusicherungen

Um die Zusicherung mit assert auszuschalten, wird die Compilervariable NDEBUG (entweder im Programm oder in der integrierten Entwicklungsumgebung) definiert. Sinnvoll ist die Kopplung mit der Compilervariablen _DEBUG:

```
#ifndef _DEBUG
#define NDEBUG
#endif
```

Dadurch wird in der Release-Variante eines Programms automatisch NDEBUG definiert und somit die Funktion von assert ausgeschaltet.

27.5.2 Die Makros ASSERT und VERIFY

Die MFC bietet mit den Makros ASSERT und VERIFY einen speziell auf die Belange der MFC zugeschnittenen Ersatz für assert. ASSERT wertet sein Argument nur aus, wenn _DEBUG definiert ist. Liefert die Auswertung 0, wird eine Fehlermeldung der Form

```
assertion failed in file ... in line ...
```

ausgegeben und das Programm beendet. Die Funktionalität von assert und ASSERT sind insoweit vergleichbar.

Im Gegensatz zu ASSERT wertet das Makro VERIFY sein Argument *immer* (unabhängig davon, ob _DEBUG definiert ist, oder nicht) aus, jedoch wird das Ergebnis der Auswertung einfach ignoriert. In der Debug-Variante ist die Funktionalität von ASSERT und VERIFY identisch.

Beide Makros verwenden zur Implementierung ihrer Funktionalität die (interne, nicht dokumentierte) Funktion AfxAssertFailedLine, die den Dateinamen des aktuellen Moduls sowie die aktuelle Zeilennummer als Argumente erhält. In den DOS-Varianten wird das Programm mit Hilfe der Funktion abort aus der Standardbibliothek beendet, während in den Windows-Varianten über den Interrupt 3 ein Sprung in den Debugger erfolgt, von wo aus man z.B. den Aufrufstack oder die Werte lokaler Variablen einsehen kann.

27.5.3 Zusicherungen mit Objekten

Die Mitgliedsfunktion AssertValid

Auch die Mitgliedsvariablen eines Objekts können falsche Werte haben. Es ist Aufgabe der Mitgliedsfunktion AssertValid, dies festzustellen und im Fehlerfall das Programm zu beenden. AssertValid ist in der Basisklasse CObject virtuell deklariert und kann in der bekannten Art von allen Ableitungen geeignet implementiert werden.

Im ausgearbeiteten Beispiel dieses Kapitels (Verzeichnis KAP27 auf der Begleitdiskette) ist die Klasse FractInt als Ableitung von CObject formuliert und mit einer eigenen AssertValid-Routine ausgerüstet worden.

```
inline void FractInt::AssertValid() const {
  ASSERT( isValid() );
}
```

Man sieht, daß AssertValid eng mit dem Prinzip der Gültigkeit zusammenhängt, das wir ja für die wesentlichen Klassen dieses Buches auch ohne die MFC implementiert haben. In der Regel braucht AssertValid nur zu prüfen, ob das Objekt ungültig ist, oder nicht.

Beachten Sie bitte, daß AssertValid inline implementiert ist und das ASSERT-Makro aufruft. Dadurch wird in der Release-Variante des Programms für die Routine kein Speicherplatz benötigt.

In polymorphen Programmen arbeitet man meist mit Zeigern auf die Basisklasse. Folgendes Programmlisting zeigt ein Beispiel:

```
void doIt( CObject *obj ) {

  //-- assertions
  ASSERT( obj );
  obj-> AssertValid();

  //-- Parameter ist ok. Hier beginnt die eigentliche Routine

  /* ... */
}
```

Die Funktion doIt kann mit einem Zeiger auf ein FractInt-Objekt aufgerufen werden, da FractInt als Ableitung von CObject formuliert ist. Late binding für AssertValid stellt sicher, daß die korrekte Funktion (nämlich die von FractInt) verwendet wird.

Das Makro ASSERT_VALID

Obiges Beispiel für die Überprüfung von Parametern ist typisch für profesionelle Programme: Es wird nicht nur der Zeiger, sondern auch das Objekt, auf das er zeigt, geprüft. In der MFC gibt es zu diesem Zweck das Makro ASSERT_VALID, das beide Prüfungen zusammenfaßt. Obiges Beispiel schreibt man deshalb kürzer so:

```
void doIt( CObject *obj ) {

  //-- assertions
  ASSERT_VALID( obj );

  //-- Parameter ist ok. Hier beginnt die eigentliche Routine

  /* ... */
}
```

27.5 Zusicherungen

ASSERT_VALID ist mit Hilfe der internen Funktion AssertValidObject implementiert, die die eigentliche Arbeit durchführt. AssertValidObject ist als C-Funktion deklariert, so daß sie auch aus einem Debugger heraus aufgerufen werden kann:

```
extern "C" void PASCAL AfxAssertValidObject( const CObject* pOb );
```

Die Routine führt zuerst einige Prüfungen mit pOb aus, um sicherzustellen, daß der Zeiger überhaupt auf ein Objekt einer von CObject abgeleiteten Klasse zeigt. Als nächstes wird die Gültigkeit des internen Zeigers auf die vtbl geprüft. Erst dann ist (einigermaßen) sichergestellt, daß über pObj ohne Gefahr eine virtuelle Funktion aufgerufen werden kann. Zuletzt ruft AfxIsValidObject die AssertValid-Funktion des Objektes, auf das pObj zeigt, auf.

Wie alle Makros der ASSERT-Familie ist auch ASSERT_VALID sowohl in der Debug- als auch in der Release-Variante der MFC vorhanden, hat aber nur in der Debug-Variante eine Funktion.

27.5.4 Zusicherungen mit Speicherbereichen

Falsche Zeiger verursachen einige der am schwersten zu findenden Fehler bei der Programmierung. Relativ einfach zu finden sind noch Nullzeiger, die man leicht mit einem ASSERT-Aufruf identifiziert. Ob aber ein Zeiger, der diesen Test passiert, auch auf das gewünschte Objekt zeigt, läßt sich meist nicht so leicht feststellen.

Die MFC bietet zur Unterstützung dieser Art von Zusicherungen drei Hilfsfunktionen. Die Funktionen sind keine echten assertions, denn sie brechen das Programm nicht ab, sondern liefern TRUE oder FALSE zurück. Dies ist auch sinnvoll, denn so kann ein FALSE-Ergebnis noch zu einer detaillierten Ausgabe verwendet werden, bevor das Programm beendet wird. Ein als ungültig erkannter Zeiger sollte auf keinen Fall weiterverwendet werden!

27.5.5 Die Funktion AfxIsValidAddress

Die Funktion AfxIsValidAddress prüft, ob ein bestimmter Speicherblock zu dem vom Programm verwalteten Speicher gehört, und ob er "syntaktisch" in Ordnung ist. Der bezeichnete Speicherbereich darf z.B. nicht über das Segmentende hinauszeigen oder in der Segmentdeskriptortabelle fehlen.

```
extern "C" BOOL AfxIsValidAddress(
  const void FAR* lp, UINT nBytes, BOOL bReadWrite = TRUE );
```

Der letzte Parameter gibt an, ob der Speicherbereich nur zum Lesen oder auch zum Schreiben verwendet werden soll. Die Funktion ist als C-Funktion deklariert und somit z.B. auch aus einem Debugger heraus aufrufbar.

27.5.6 Die Funktion AfxIsValidString

AfxIsValidString arbeitet analog zu AfxIsValidAdress, nur wird der Zeiger als Zeiger auf einen String interpretiert. Ist der String nicht nullterminiert, muß die Länge als zweiter Parameter angegeben werden.

```
extern "C" BOOL AFXAPI AfxIsValidString(
  LPCSTR lpsz, int nLength = -1 );
```

AfxIsValidString ist erst ab Version 2 der MFC vorhanden, und auch dort nur unvollständig implementiert. So wird z.B. in der DOS-Variante der MFC nur geprüft, ob das erste Zeichen des Strings innerhalb des erlaubten Speicherbereiches liegt. Die Routine ist deshalb zumindest für DOS-Programme nur von geringer Bedeutung.

27.5.7 Die Funktion AfxIsMemoryBlock

In der MFC gibt es eine sogenannte *Debug-Speicherverwaltung*(s.u.), die die häufigsten Programmierfehler bei der Arbeit mit dynamischem Speicher entdecken kann. Ist die Debug-Speicherverwaltung aktiv, kann die Funktion AfxIsMemoryBlock feststellen, ob ein Zeiger auf den Anfang eines regulär allokierten Blocks zeigt. Ist die normale Speicherverwaltung aktiv, ist eine solche Prüfung nicht möglich, AfxIsMemoryBlock ruft dann nur AfxIsValidAddress auf.

27.5.8 Assertions und das Gültigkeitskonzept

In unserer Implementierung der AssertValid-Funktion für die Klasse FractInt sind wir davon ausgegangen, daß die Zusicherung immer dann in Ordnung ist, wenn das Objekt gültig ist. Für größere Klassen kann es allerdings einen Unterschied zwischen dem Gültigkeitskonzept und der Prüfung mit AssertValid geben.

Nach dem Gültigkeitskonzept für Klassen (Kapitel 15) müssen die Variablen eines Objekts immer in einem sicheren Zustand sein. Es darf keine Situation auftreten, die vom Programmierer nicht vorgesehen wurde und die zu einer inkonsistenten Kombination von Werten führen kann. Bei Auftreten einer unvorhergesehenen Situation (z.B. Heapüberlauf) wurde das Objekt auf ungültig gesetzt. "Ungültig" ist ein sicherer Zustand, denn beim Design wurde berücksichtigt, daß alle Funktionen ohne Gefahr auch auf ungültige Objekte angewendet werden können.

Assertions dagegen sollen genau den Fall abfangen, daß Objekte in einen inkonsistenten Zustand geraten sind. Typischerweise führt die weitere Arbeit mit einem solchen Objekt zu Problemen bis hin zu Rechnerabsturz. Ein inkonsistenter Zustand kann nur dann auftreten, wenn der Programmierer nicht alle Eventualitäten berücksichtigt hat. Ein triviales Beispiel (was hoffentlich keinem Programmierer mehr passiert) ist das Prüfen der Ergebnisse von malloc bzw. new, oder das Dereferenzieren von Nullzeigern.

Auf den ersten Blick schließen sich Gültigkeitskonzept und die Notwendigkeit von assertions also aus: Hat der Programmierer alle Eventualitäten bedacht, können inkonsistente Zustände nicht auftreten und assertions sind überflüssig. Gerade aber während der Entwicklungsphase eines Programms treten meist eben doch Situationen auf, die nicht bedacht worden sind. Assertions sind deshalb eindeutig der Debug-Phase zuzuordnen, während sie im fertigen Produkt überflüssig sein sollten. Dies wird auch aus der Tatsache deutlich, daß alle Programmhilfsmittel (Makros etc.), die die MFC für assertions bereitstellt, nur in der Debug-Variante eine Funktion haben, während sie in der Release-Variante auf eine leere Anweisung expandiert werden. Das Gültigkeitskonzept dagegen ist sehr wohl auch in der Release-Variante von Bedeutung, denn auch im fertigen Programm kann beim späteren Anwender ein Heapüberlauf auftreten, der behandelt werden muß.

27.5.9 Assertions und exceptions

Auf den ersten Blick scheinen Zusicherungen und Ausnahmebehandlung zwei Lösungen für das gleiche Problem zu sein: Beide befassen sich mit Situationen, die im normalen Programmablauf nicht vorkommen sollten.

Der Unterschied ist jedoch, daß eine assertion einen Fall abdeckt, der nach dem Design gar nicht auftreten dürfte. Es handelt sich dabei um Situationen, an die der Programmierer einfach nicht gedacht hat. Assertions sind ein Mittel, um solche Situationen möglichst frühzeitig aufzudecken, damit das Programm korrigiert werden kann. Assertions gehören deshalb in die Debug-Variante eines Programms und werden normalerweise in der Release-Variante nicht mitübersetzt.

Exceptions dagegen sind Situationen, die zwar im Design berücksichtigt wurden, die jedoch sehr selten auftreten, dann aber eine geordnete Weiterführung einer Funktion (oder des ganzen Programms) unmöglich machen. Der exception handling Mechanismus der Sprache bietet eine Notation, wie man die Reaktion auf solche Situationen an strategischen Stellen zusammenfassen kann, damit eine Überpprüfung des Ergebnisses jeder einzelnen Funktion nicht notwendig ist.

27.6 Die Debug-Speicherverwaltung

Zu den beliebtesten Fehlerquellen bei der Programmierung zählt der Umgang mit Zeigern und dynamischen Speicherbereichen. Die Hitliste wird durch die folgenden Fehlertypen angeführt:

- Speicherzugriffe kurz vor- oder nach dem allokierten Speicherblock.
- Zeiger mit völlig falschen Werten.
- Nicht oder mehrfach zurückgegebener Speicher.

In der MFC gibt es eine spezielle Speicherverwaltung, die die normale Heap-Speicherverwaltung ersetzt und die solche (und eine Menge weiterer) Fehler aufdecken kann. Darüber hinaus bietet diese sogenannte *Debug-Speicherverwaltung* gute Möglichkeiten für statistische Aussagen über Speicherverbrauch, Blockgrößen etc. von bestimmten Programmteilen oder dem ganzen Programm.

27.6.1 Grundsätzliche Wirkungsweise

Kernidee der Debug-Speicherverwaltung ist das Umrahmen (engl. *framing*) der vom Programm angeforderten (Netto-)Speicherblöcke mit zusätzlichen Daten. Diese sogenannten *frames*[69] haben drei Aufgaben:

❑ Sie enthalten bestimmte Muster, damit ein Überschreiben eines frames durch ein Anwendungsprogramm erkannt werden kann. Insbesondere schreibende Speicherzugriffe kurz vor oder nach dem Netto-Datenblock (meist durch fehlerhafte Abbruchkriterien in Schleifen bedingt) können so sicher erkannt werden.

❑ Sie enthalten zusätzliche statistische Daten über Aufruf und Verwendung des Speicherblocks.

❑ Ein Zeiger kann grundsätzlich darauf geprüft werden, ob er auf den Anfang eines Netto-Datenblocks zeigt, denn an einem bestimmten Offset müssen sich dann die Prüfblöcke befinden. Zeiger mit völlig falschen Werten können so sicher identifiziert werden.

Ein durch frames erweiterter Netto-Speicherblock wird im folgenden als *Debug-Speicherblock* bezeichnet.

Alle Debug-Speicherblöcke werden in der Debug-Speicherverwaltung der MFC in einer doppelt verketteten linearen Liste gehalten. Dadurch ist es möglich, jederzeit alle Speicherblöcke auf Integrität zu prüfen. Dies kann durch expliziten Aufruf einer Prüfungsfunktion oder wahlweise bei jeder Speicheranforderung bzw. -rückgabe erfolgen.

Normalerweise werden Debug-Speicherblöcke nach Benutzung wieder freigegeben. Die Debug-Speicherverwaltung bietet jedoch die Möglichkeit, sie (zumindest zeitweise) zu behalten und mit einem bestimmten Muster zu füllen. Zugriffe auf bereits zurückgegebenen Speicher sowie das mehrfache Zurückgeben eines Speicherblocks können so sicher erkannt werden.

Darüber hinaus können über eine Traversierung aller Datenblöcke statistische Aussagen über das Allokationsverhalten eines Programms gemacht werden. Nicht zuletzt ist es möglich, den Zustand der Liste zu einem bestimmten Zeitpunkt in einem Objekt festzuhalten. Zwei solche "Schnappschüsse" der Liste können miteinander verglichen werden, um Differenzen festzustellen. Vergleicht man z.B. den Zustand der Liste am Anfang mit dem am Ende eines abgeschlossenen Moduls, sollten sich keine Differenzen ergeben. Falls doch, hat

---

69 deutsch etwa "Rahmen"

man einen wertvollen Hinweis auf ein Speicherleck. Da die Debug-Speicherverwaltung alle Speicheranforderungen durchnumeriert, kann man über die "Seriennummer" des Speicherblocks schnell den Zeitpunkt der Allokation und über die statistischen Daten Modulname und Zeilennummer der Allokation herausfinden.

In der Praxis wird der Heap zum größten Teil zur Anlage dynamischer Objekte verwendet. Bei Speicherlecks (aber auch sonst) ist eine Information über Typ und Inhalt der aktuell allokierten Objekte hilfreich. Die MFC bietet eine Möglichkeit, automatisch die Dump-Routinen aller dynamisch allokierten Objekte aufzurufen, sofern deren Klassen von CObject abgeleitet sind.

Die Leistungen der Debug-Speicherverwaltung werden im wesentlichen durch spezielle Versionen der Operatoren new und delete bereitgestellt, die durch einige Klassen, Funktionen sowie Makros ergänzt werden. Die Debug-Speicherverwaltung ist nur in der Debug-Variante der MFC vorhanden. In der Release-Variante haben new und delete ihre übliche Funktion. Darüber hinaus ist in der Debug-Variante eine Steuerung der Speicherverwaltung über globale Variablen und Funktionen möglich, um ein differenziertes Verhalten zu erreichen.

27.6.2 Der Debug-Speicherblock

Fordert ein Anwendungsprogramm einen Speicherblock an, stellt die Debug-Speicherverwaltung einen Block der entsprechenden Größe zur Verfügung, allokiert aber selber einen größeren Block vom eigentlichen Heap. Den Aufbau eines solchen Debug-Blocks zeigt Bild 27.1:

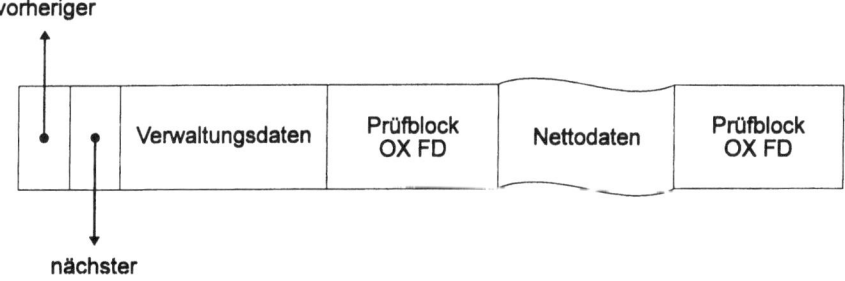

Bild 27.1: Aufbau eines Debug-Speicherblocks

Ein Debug-Speicherblock ist folgendermaßen aufgebaut:

❏ Die Zeiger pBlockHeaderNext bzw. pBlockHeaderPrev zeigen auf den nächsten/vorigen Debug-Speicherblock in der Liste.

❏ Die Variablen pFileName/nLine enthalten Namen und Zeilennummer des Moduls, aus dem der Speicherblock angefordert wurde.

❏ Die Variable nDataSize enthält die Größe des Netto-Datenblocks.

- Die Variable use gibt an, um was für einen Speicherblock es sich handelt. Mögliche Werte sind objectBlock (der Speicherblock enthält ein Objekt einer von CObject abgeleiteten Klasse), bitBlock (der Speicherblock ist allokiert, enthält aber kein Objekt einer von CObject abgeleiteten Klasse[70]) oder freeBlock (der Speicherbereich wurde bereits zurückgegeben).
- Die Variable lRequest enthält die laufende Nummer der Speicheranforderung.
- Ein Prüfblock der Länge 4 Bytes mit dem Wert 0xFD.
- Der Netto-Datenblock selber (variable Länge).
- Ein Prüfblock der Länge 4 Bytes mit dem Wert 0xFD.

27.6.3 Die überladenen Operatoren new und delete

Die zum Aufbau eines Debug-Speicherblocks notwendigen Verwaltungsinformationen werden von speziellen Versionen des new-Operators bereitgestellt. Dabei muß zwischen der Allokation von "normalen" Speicherblöcken mit Hilfe des globalen new-Operators und der Allokation von Objekten unterschieden werden, für die der Mitgliedsoperator new der entsprechenden Klasse verwendet wird. Dieser Operator wird normalerweise von der Basisklasse CObject geerbt, so daß für den Programmierer kein zusätzlicher Aufwand entsteht.

Da new und delete nun mit Debug-Speicherblöcken arbeiten, darf ein mit new allokierter Speicherblock auf keinen Fall mit free freigegeben werden. Umgekehrt darf ein von malloc erhaltener Block nicht von delete freigegeben werden. In der Debug-Variante der MFC führt dies zu einem inkonsistenten Heap, meist gefolgt von einem Programmabsturz.

Die globalen Operatoren new und delete

Zur Allokation von Objekten ohne eigenen new-Operator sowie für "normale" Variable wird der globale new-Operator verwendet. In der Debug-Variante der MFC ist dieser Operator zweifach überladen:

```
void* operator new( size_t nSize );
void* operator new( size_t nSize, const char FAR* pFileName, int nLine );
```

Die beiden zusätzlichen Parameter in der zweiten Version liefern die Daten für Modulname und Zeilennummer im Debug-Speicherblock. In der ersten Version werden diese einfach auf "nicht vorhanden" gesetzt. Folgendes Beispiel zeigt die Verwendung der neuen Operatoren:

```
char *p = new char[ 10 ];                    // ohne Modul/Zeilenangabe
char *q = new( "test.cpp", 12 ) char[ 20 ];  // mit Modul und Zeile
```

---

[70] d.h. er dient zur Aufnahme allgemeiner Daten.

27.6 Die Debug-Speicherverwaltung

Beachten Sie bitte, wie die zusätzlichen Parameter an den new-Operator übergeben werden:

```
char *q = new( "test.cpp", 12 ) ...
```

Der Operator new ist der einzige Operator, der zusätzliche Parameter in dieser Notation mit runden Klammern zuläßt (Kapitel 10, Operatorfunktionen).

Folgendes Listing zeigt eine Statistik über den belegten Speicherplatz, wie sie von der Funktion DumpAllObjectsSince (s.u.) erzeugt wird:

```
Dumping objects ->
(2) test.cpp (12) : non-object block at $19421832, 20 bytes long
(1) non-object block at $1942180C, 10 bytes long
Object dump complete.
```

new und delete als Mitgliedsfunktionen von CObject

Natürlich kann man mit den globalen Versionen von new auch Objekte auf dem Heap erzeugen. Man hat jedoch dann keine Möglichkeit, durch DumpAllObjectsSince die Objekte auch als Objekte ausgeben zu lassen. Die Funktion würde das Objekt als unstrukturierten Speicherblock wie im letzten Beispiel ausgeben.

Besser ist es, den Speicherplatz für ein Objekt von der Mitgliedsfunktion new der zugehörigen Klasse allokieren zu lassen. Die Debug-Speicherverwaltung weiß dann, daß es sich bei dem Speicherblock um ein Objekt handelt, und kann den Speicherblock anders behandeln. So ruft z.B. die Funktion DumpAllObjectsSince die Mitgliedsfunktion Dump des Objekts auf, was sicherlich informativer ist als die einfache Ausgabe der Anfangsadresse des Speicherblocks wie im letzten Beispiel.

Damit dies funktionieren kann, muß DumpAllObjectsSince prinzipiell wissen, zu welcher Klasse das in Frage kommende Objekt gehört. Da für Dump late binding verwendet wird, reicht es aus, wenn man eine Basisklasse kennt. Hierzu bietet sich die MFC-Basisklasse CObject an, die ja bereits eine virtuelle Dump-Funktion deklariert. In CObject ist auch bereits der new-Operator überladen, so daß man eigentlich seine Klassen nur von CObject ableiten muß, um automatisch die Debug-Speicherverwaltung mit Objekten nutzen zu können.

Folgendes Listing zeigt die Deklaration des mehrfach überladenen new-Operators in CObject:

```
class CObject {

public:

  void* operator new( size_t, void* p );
  void* operator new( size_t nSize );

#ifdef _DEBUG
  void* operator new( size_t nSize, const char FAR* lpszFileName, int nLine );
#endif

  /* ... weitere Mitglieder von CObject ... */
};
```

Die ersten beiden Versionen des Operators sind sowohl in der Debug- als auch in der Release-Variante vorhanden, obwohl sie in der Release-Variante keine andere Funktion als der standard-new-Operator haben. In der Debug-Variante dagegen legen alle drei Operatoren einen Debug-Speicherblock an, die dritte Version trägt zusätzlich wieder Daten für Modulname und Zeilennummer ein.

Wichtig ist, daß Ableitungen von CObject den new-Operator nicht erneut deklarieren und implementieren müssen, da der Operator vererbt wird. Im Verzeichnis KAP27 befindet sich die Klasse FractInt, und zwar als Ableitung von CObject. FractInt besitzt außerdem eine Dump-Funktion, nicht jedoch einen eigenen new-Operator:

```
//-------------------------------------------------------------------
//      class FractInt
//
class FractInt : public CObject {

public:
    //--------------------- Debug -----------------------------------
    //
    DUMP( void Dump( CDumpContext &cd ) const );

    /* ... weitere Mitglieder von FractInt ... */
}; // FractInt
```

Die folgenden Zeilen allokieren zwei FractInt-Objekte auf dem Heap und verwenden dazu den new-Operator der Debug-Speicherverwaltung:

```
//-- 12742
//-- Debug/Speicherverwaltung mit Ableitungen von CObject

  FractInt *f1 = new FractInt( 2, 3 );
  FractInt *f2 = new( "test.cpp", 12 ) FractInt( 3, 4 );
```

Folgendes Listing zeigt einen Speicherabzug, wie er von DumpAllObjectsSince erzeugt wird:

```
Dumping objects ->
{2} test.cpp(12) : a FractInt at $1980 z: 3 n: 4
{1} a FractInt at $195C z: 2 n: 3
Object dump complete
```

Man sieht, daß der Speicherblock nun korrekt der richtigen Klasse (FractInt) zugeordnet werden kann, darüber hinaus wird für die beiden FractInt-Objekte die Dump-Funktion aufgerufen, die die Werte der Mitgliedsvariablen ausgibt.

Voraussetzung zur Ausgabe des korrekten Klassennamens ist allerdings, daß die Klasse dynamisch typisierbar ist (s.u.). Ist dies nicht der Fall, wird als Klassenname immer CObject ausgegeben.

Das Makro DEBUG_NEW

Normalerweise wird man bei Verwendung des new-Operators mit drei Parametern Modulname und Zeilennummer durch die Makros _FILE_ und _LINE_ automatisch eintragen lassen. Zusätzlich muß man beachten, daß diese Version des new-Operators nur in der Debug-Variante der Bibliothek vorhanden ist. In der Release-Variante muß man den "normalen" Operator verwenden. Folgen-

27.6 Die Debug-Speicherverwaltung

des Listing zeigt die Allokation eines Speicherblocks, die sowohl in der Debug- als auch in der Release-Variante funktioniert:

```
#ifdef _DEBUG
  char *q = new( __FILE__, __LINE__ ) char[ 20 ];
#else
  char *q = new char[ 20 ];
#endif
```

Um diesen Schreibaufwand einzusparen, ist in der MFC das Makro DEBUG_NEW vorhanden. Mit Hilfe dieses Makros schreibt man günstiger

```
char *q = DEBUG_NEW char[ 20 ];
```

Die Definition des Makros innerhalb der MFC liegt auf der Hand:

```
#ifdef _DEBUG
#define DEBUG_NEW new( __FILE__, __LINE__ )
#else
#define DEBUG_NEW new
```

Möchte man bestehenden Quellcode auf die Debug-Speicherverwaltung umstellen, muß man alle Vorkommen von new durch DEBUG_NEW ersetzen. Alternativ kann man auch am Anfang eines solchen Codeabschnitts

```
#define new DEBUG_NEW
```

schreiben. Die "gewöhnliche" Allokation

```
char *q = new char[ 20 ];
```

wird damit in der Debug-Variante zu

```
char *q = new( __FILE__, __LINE__ ) char[ 20 ];
```

Bei dieser Ersetzung von new durch DEBUG_NEW ist allerdings Vorsicht geboten. Einige MFC-Makros verwenden intern new und gehen davon aus, daß die nicht-Debug-Variante vorhanden ist. Es ist deshalb günstig, nur in eigenem Code new durch DEBUG_NEW zu ersetzen.

Optimierung mit THIS_FILE

Die tatsächliche Implementierung von DEBUG_NEW verwendet nicht __FILE__ direkt, sondern das "Zwischenmakro" THIS_FILE, das allerdings standardmäßig als

```
#define THIS_FILE __FILE__
```

definiert ist. Verwendet man in einem Modul mehrere DEBUG_NEW Aufrufe, steht der Modulname somit in entsprechend vielen Kopien im Datensegment. Man kann dies vermeiden, indem man THIS_FILE am Anfang eines Moduls als (statische) Variable definiert und mit dem Modulnamen initialisiert:

```
static char THIS_FILE[] = __FILE__;
```

Man kann noch ein übriges tun und den String in einem besonderen Segment (am besten im Codesegment) plazieren. Folgendes Listing zeigt die entsprechende Codesequenz:

```
#ifdef THIS_FILE
#undef THIS_FILE
#endif

static char BASED_CODE THIS_FILE[] = __FILE__;
```

wobei BASED_CODE als

```
#define BASED_CODE __based(__segname("_CODE"))
```

definiert ist.

Nun ist der Modulname in jedem Modul nur noch einmal vorhanden.

Die delete-Operatoren

Bei der Rückgabe von Speicherblöcken muß die Debug-Speicherverwaltung dafür sorgen, daß der gesamte Debug-Speicherblock korrekt aus der Liste der Speicherblöcke ausgehängt und an die "darüberliegende" Heapverwaltung des Laufzeitsystems zurückgegeben wird. Optional kann die Debug-Speicherverwaltung angewiesen werden, den Block zu behalten, um später eventuelle Schreibzugriffe auf bereits zurückgegebene Speicherbereiche aufdecken zu können. Die Debug-Speicherverwaltung markiert zurückgegebene, aber nicht freigegebene Blöcke mit dem Bitmuster 0xDD.

Um diese Aufgaben durchführen zu können, ist sowohl ein globaler Operator delete als auch eine entsprechende CObject-Mitgliedsfunktion deklariert.

```
class CObject {
public:

  // Diagnostic allocations
  void operator delete( void* p );

};
```

27.6.4 Die Klasse CMemoryState

Objekte der Klasse CMemoryState können den augenblicklichen Zustand der Liste der Debug-Speicherblöcke speichern. Die Klasse enthält weiterhin Funktionen, um solche "Schnappschüsse" zu vergleichen und die Unterschiede auszugeben. Mit Hilfe der Funktionalität von CMemoryState können vor allem Speicherlecks leichter gefunden werden. In zweiter Linie ist die Klasse hilfreich, um den Speicherplatzverbrauch einzelner Module oder auch des ganzen Programms zu bestimmen.

27.6 Die Debug-Speicherverwaltung

Die Klasse ist nur in der Debug-Variante der MFC definiert. Alle Aufrufe von Mitgliedsfunktionen müssen deshalb mit #ifdef _DEBUG ... #endif (bzw. unserem neuen DEBUG-Makro) geschützt werden. In den folgenden Listings ist dies der Übersichtlichkeit halber weggelassen.

Ausgabe der allokierten Objekte

Die Funktionen Checkpoint und DumpAllObjectsSince wirken zusammen, um die ab einem bestimmten Referenzzeitpunkt allokierten, aber noch nicht wieder freigegebenen Speicherbereiche zu protokollieren. Folgendes Listing zeigt die Vorgehensweise:

```
CMemoryState ms;

char *p = DEBUG_NEW char[ 20 ];

//-- augenblicklichen Zustand in ms speichern
ms.Checkpoint();

char *q = DEBUG_NEW char[ 25 ];

//-- gibt ein Protokoll aller seit dem letzten Checkpoint allokierten
//   und noch nicht wieder freigegebenen Speicherblöcke aus
ms.DumpAllObjectsSince();
```

Als Ergebnis erhält man

```
Dumping objects ->
{2} 12743.cpp(16) : non-object block at $1943183C, 25 bytes long
Object dump complete.
```

Man sieht, daß der erste Speicherblock vor dem Aufruf von Checkpoint zwar eine Seriennummer erhalten hat, hier jedoch nicht protokolliert wird.

Ausgabe einer Statistik

Oft ist man nicht an den konkreten Objekten selber, sondern nur an einer Zusammenfassung interessiert. Dazu kann die Funktion DumpStatistics verwendet werden, die eine Zusammenfassung über die Speicheranforderungen vom Programmanfang bis zum Aufruf von Checkpoint ausgibt.

```
CMemoryState ms;

char *p = DEBUG_NEW char[ 20 ];

//-- augenblicklichen Zustand in ms speichern
ms.Checkpoint();

char *q = DEBUG_NEW char[ 25 ];

//-- gibt eine Zusammenfassung über die bis zum letzten Checkpoint
//   allokierten, freigegebenen oder behaltenen Speicherblöcke aus
ms.DumpStatistics();
```

Ausgabe:

```
0 bytes in 0 Free Blocks
0 bytes in 0 Object Blocks
20 bytes in 1 Non-Object Blocks
Largest number used: 20 bytes
Total allocations: 20 bytes
```

Beachten Sie bitte den Unterschied zwischen DumpAllObjectsSince und DumpStatistics: DumpAllObjectsSince betrachtet Speicherveränderungen zwischen dem Aufruf von Checkpoint und der Funktion, während DumpStatistics den Zeitraum zwischen Programmstart und dem (letzten) Checkpoint zusammenfaßt.

Veränderungen zwischen zwei beliebigen Punkten feststellen

Möchte man die Vorgänge auf dem Heap zwischen zwei beliebigen Punkten feststellen, protokolliert man den Speicherzustand an den beiden Punkten mit Hilfe zweier CMemoryState-Objekte, die man dann voneinander "abzieht".

```
CMemoryState ms1, ms2;

//-- Allokationen vor dem ersten checkpoint werden hier nicht
//   berücksichtigt
char *pVorher = DEBUG_NEW char[ 11 ];

//-- augenblicklichen Zustand in ms1 speichern, weiteren
//   Speicher allokieren und Zustand danach in ms2 speichern

ms1.Checkpoint();
char *q = DEBUG_NEW char[ 25 ];
ms2.Checkpoint();

//-- Allokationen nach dem zweiten checkpoint werden hier nicht
//   berücksichtigt
char *pNacher = DEBUG_NEW char[ 12 ];

//-- bildet die "Differenz" zwischen zwei Checkpoints
CMemoryState ms3;
ms3.Difference( ms1, ms2 );

//-- Ausgabe einer Statistik
ms3.DumpStatistics();
```

Am Ergebnis sieht man, daß Allokationen vor- und nach den Checkpunkten, die die Differenz bilden, nicht berücksichtigt werden.

```
0 bytes in 0 Free Blocks
0 bytes in 0 Object Blocks
25 bytes in 1 Non-Object Blocks
Largest number used: 25 bytes
Total allocations: 25 bytes
```

Die Anwendung der Funktion DumpAllObjectsSince auf eine solche Differenz ist nicht möglich, da die CMemoryState-Objekte nur Größe und augenblicklichen Verwendungszweck der Speicherblöcke protokollieren. Um einen Dump zu erzeugen, müßten die Speicherbereiche *selber* in den CMemoryState-Objekten ebenfalls noch einmal vorhanden sein.

27.6 Die Debug-Speicherverwaltung

Aufspüren von memory leaks

Die Funktion Difference liefert TRUE, wenn die Speicherbelegung an beiden Checkpoints identisch war. Dies kann man gut verwenden, um festzustellen, ob alle allokierten Speicherbereiche auch wieder freigegeben wurden.

Betrachten wir dazu eine sehr große Funktion doIt, die eine abgeschlossene Aufgabe durchführt und dazu dynamischen Speicher benötigt. Um sicherzustellen, daß aller von doIt allokierter Speicher auch wieder freigegeben wird, protokolliert man den Speicherzustand bei Eintritt und Verlassen der Funktion:

```
void doIt( int i, const char *s ) {

  CMemoryState msVorher;
  msVorher.Checkpoint();

  /* ... hier die Implementierung der Funktion doIt   */

  CMemoryState msNacher, msDiff;
  msNacher.Checkpoint();
  if ( msDiff.Difference( msVorher, msNacher ) ) {

    //-- Die Zustände msVorher und msNacher sind unterschiedlich!
    afxDump << "memory leak in doIt!\n";
    msDiff.DumpStatistics();
    AfxAbort();
  }

} // doIt
```

In diesem Beispiel wird ein Protokoll ausgegeben und das Programm beendet, wenn der Speicherzustand bei Aufruf und Verlassen der Funktion doIt nicht identisch ist.

Ein Problem dieses Ansatzes sind lokale Objekte, die selber Speicher vom Heap anfordern. Definiert doIt z.B. ein lokales Stringobjekt, erhält man einen (vermeintlichen) Fehler:

```
void doIt( int i, const char *s ) {

  CMemoryState msVorher;
  msVorher.Checkpoint();

  //-- lokales Objekt, das selber Speicher verwaltet
  CString str( s );

  /* ... hier Rest der Funktion doIt wie oben   */

} // doIt
```

Ausgabe:

```
memory leak in doIt!
0 bytes in 0 Free Blocks
0 bytes in 0 Object Blocks
6 bytes in 1 Non-Object Blocks
Largest number used: 26 bytes
Total allocations: 26 bytes
AfxAbort called
```

Der Grund ist, daß der zweite Checkpunkt vor dem Destruktoraufruf von str liegt. Zur Lösung kann man z.B. innerhalb von doIt einen zusätzlichen Block einführen:

```
void doIt( int i, const char *s ) {

  CMemoryState msVorher;
  msVorher.Checkpoint();

    { // ein zusätzlicher Block
    //-- lokales Objekt, das selber Speicher verwaltet
    CString str( s );

    /* ... hier die Implementierung der Funktion doIt    */

    } // Ende des zusätzlichen Blocks

  CMemoryState msNacher, msDiff;
  msNacher.Checkpoint();
  if ( msDiff.Difference( msVorher, msNacher ) ) {

    //-- Die Zustände msVorher und msNacher sind unterschiedlich!
    afxDump << "memory leak in doIt!\n";
    msDiff.DumpStatistics();
    AfxAbort();
    }

  } // doIt
```

Ein weiteres Problem tritt jedoch auf, wenn doIt mehrere return-Anweisungen hat. In jedem return-Zweig muß der zweite Checkpoint gesetzt, die Differenz berechnet sowie evtl. eine Meldung ausgegeben werden.

Um dies zu vermeiden, kann man doIt in doItIntern umbenennen und eine neue Rahmenfunktion doIt schreiben:

```
void doItIntern( int i, const char *s ) {
  /* ... hier die Implementierung der Funktion    */
  }

void doIt( int i, const char *s ) {

  CMemoryState msVorher;
  msVorher.Checkpoint();

  //-- die eigentliche Funktionalität von doIt wurde nach doItIntern verlegt
  doItIntern( i, s );

  CMemoryState msNacher, msDiff;
  msNacher.Checkpoint();
  if ( msDiff.Difference( msVorher, msNacher ) ) {

    //-- Die Zustände msVorher und msNacher sind unterschiedlich!
    afxDump << "memory leak in doIt!\n";
    msDiff.DumpStatistics();
    AfxAbort();
    }

  } // doIt
```

27.6.5 Intgritätsprüfung der Speicherverwaltung

Die MFC stellt Funktionen bereit, mit denen man einzelne Speicherblöcke oder den gesamten Speicher auf Integrität prüfen kann. Diese Funktionen können

27.6 Die Debug-Speicherverwaltung

wahlweise von Programmierer oder von der MFC selber bei jeder Speicherzuweisung bzw. -rückgabe aufgerufen werden. Die vollständige Prüfung des gesamten Heaps bei jeder Speicheroperation benötigt zwar etwas mehr Laufzeit, man hat jedoch die Gewißheit, eventuelle Probleme mit dem Heap schnellstmöglich zu finden.

Toter Speicher

Ein vom Anwendungsprogramm freigegebener Speicherbereich wird auch als *toter* Speicher bezeichnet. Normalerweise wird toter Speicher wieder zum Leben erweckt, indem die Heap-Speicherverwaltung ihn irgendwann aufgrund einer Speicheranforderung wieder dem Programm zuteilt.

Ein Problem tritt auf, wenn toter Speicher weiter verwendet wird, etwa wie im folgenden, stark vereinfachten Beispiel:

```
FractInt *fp = new FractInt( 2, 3 );
/* ... Arbeit mit fp ... */
delete fp;

//-- schreibender Zugriff auf toten Speicher
fp-> setZ( 4 );
```

Die Debug-Speicherverwaltung kann so gesteuert werden (s.u.), daß tote Speicherbereiche behalten und mit einem bestimmten Muster gefüllt werden. Das Beschreiben toter Speicherbereiche kann so bei der nächsten Integritätsprüfung (durch AfxCheckMemory, s.u.) erkannt werden. Im obigen Fall würde AfxCheckMemory folgenden Bericht ausgeben:

```
memory check error at $1A9A1970 = $04, should be $DD
memory check error at $1A9A1971 = $00, should be $DD
DAMAGE: on top of Free block at $1A9A196C
Free allocated at file test.cpp(13)
Free located at $1A9A196C is 8 bytes long
```

Man sieht hier nicht nur, daß zwei Bytes eines toten Speicherblocks überschrieben wurden, sondern auch, daß der betreffende Speicherblock in Zeile 13 der Datei test.cpp allokiert wurde. Dies ist bereits eine große Hilfe, leider wird jedoch die Seriennummer des Blocks unverständlicherweise nicht mit ausgegeben. Dies wäre deshalb wichtig, weil es in der Praxis oft sehr viele Objekte gibt, die an der gleichen Stelle im Programm erzeugt werden. Ein Beispiel hierfür ist ein Texteditor, der Textzeilen dynamisch verwaltet. Wahrscheinlich werden alle Textzeilenobjekte im Programm vom gleichen new-Statement erzeugt.

Die Funktion AfxCheckMemory

AfxCheckMemory prüft den gesamten von der Debug-Speicherverwaltung verwalteten Heap auf Integrität, einschließlich eventuell bestehender toter Blöcke.

Folgendes Beispiel zeigt den bekannten Schleifenfehler:

```
const int max = 10;

char *p = new char[ max ];
for ( int i = 1; i <= max; i++ )
  p[ i ] = 0x00;

AfxCheckMemory();
```

Der Fehler wird von AfxCheckMemory sofort erkannt und produziert die Ausgabe

```
memory check error at $19401816 = $00, should be $FD
DAMAGE: after Non-Object block at $1940180C
Non-Object allocated at file 12751.cpp(11)
Non-Object located at $1940180C is 10 bytes long
```

Man erkennt (am Wert $FD), daß eines der Frame-Bytes überschrieben wurde, und zwar nach dem eigentlichen Netto-Datenblock.

Die Funktion liefert im Fehlerfalle FALSE zurück, meist wird man das Programm bei Erkennen eines inkonsistenten Heap jedoch beenden:

```
ASSERT( AfxCheckMemory() );
```

AfxCheckMemory prüft den gesamten von der Debug-Speicherverwaltung kontrollierten Heapspeicher und ist deshalb eines der mächtigsten Prüfungswerkzeuge überhaupt. Läßt man zusätzlich AfxCheckMemory noch bei jedem Aufruf von new bzw. delete von der MFC automatisch aufrufen (s.u.), erhält man ohne viel Aufwand ein Hilfsmittel, mit dem man schnell nahezu jeden Fehler mit Zeigern lokalisieren kann.

Die Funktion AfxIsMemoryBlock

Die Funktion AfxIsMemoryBlock prüft, ob ein Zeiger auf den Anfang eines Netto-Datenblocks zeigt. Sie wird meist zur Parameterprüfung bei der Übergabe von Zeigern eingesetzt:

```
void doIt( const MyStruct *msp ) {
  ASSERT( AfxIsMemoryBlock( msp, sizeof( MyStruct ) ) );

  /* ... hier beginnt die eigentliche Funktion doIt ... */
}
```

Die Funktion AfxIsMemoryBlock kann optional mit einem Zeiger auf ein long als dritten Parameter aufgerufen werden. Ist der zu prüfende Zeiger in Ordnung, wird über diesen Parameter die Seriennummer des Speicherblocks zurückgeliefert:

```
void doIt( const MyStruct *msp ) {

  long serialNbr;
  ASSERT( AfxIsMemoryBlock( msp, sizeof( MyStruct ), &serialNbr ) );

  TRACE( "Der Speicherblock hat die Nummer %ld\n", serialNbr );

  /* ... hier beginnt die eigentliche Funktion doIt ... */
}
```

27.6.6 Steuerung der Debug-Speicherverwaltung

Die Funktion der Debug-Speicherverwaltung wird durch zwei globale Variablen gesteuert. Beide können während der Laufzeit des Programms entweder vom Programm selber oder aus dem Debugger verändert werden.

Die Variable afxMemDF

afxMemDF ist ein int, dessen einzelne Bits über die folgenden Konstanten gesetzt werden:

- allocMemDF. Die Debugging-Speicherverwaltung ist eingeschaltet.
- delayFreeMemDF. Die Debug-Speicherverwaltung behält tote Blöcke.
- checkAlwaysMemDF. Bei jeder Speicheranforderung bzw. Freigabe wird eine komplette Integritätsprüfung mit Hilfe von AfxCheckMemory durchgeführt.

In der Debug-Variante der MFC ist afxMemDF standardmäßig auf den Wert allocMemDF gesetzt. Um also die Speicherverwaltung anzuweisen, zusätzlich noch tote Speicherblöcke zu behalten, schreibt man

```
afxMemDF = allocMemDF | delayFreeMemDF;
```

Ist das Bit allocMemDF nicht gesetzt, ist die Debug-Speicherverwaltung deaktiviert. Aufrufe von new bzw. delete werden dann direkt auf die C-Routinen malloc bzw. free abgebildet, so daß kein Overhead entsteht. Es ist möglich, während des Programmlaufs oder aus dem Debugger heraus die Debug-Speicherverwaltung beliebig zu aktivieren bzw. deaktivieren. Dadurch hat man z.B. eine Möglichkeit, bereits getestete Programmteile mit der "normalen" Speicherverwaltung laufen zu lassen. Man muß allerdings darauf achten, daß ein mit der Debug-Speicherverwaltung allokierter Block nicht an die "normale" Speicherverwaltung zurückgegeben wird, und umgekehrt.

Die Funktion AfxEnableMemoryTracking

Mit der Funktion AfxEnableMemoryTracking wird bestimmt, ob die Debug-Speicherverwaltung Debug-Speicherblöcke anlegen soll, oder nicht. Schreibt man

```
AfxEnableMemoryTracking( FALSE );
```

bleibt die Debug-Speicherverwaltung zwar aktiviert, allokierte Speicherblöcke werden jedoch nicht mehr berücksichtigt, bis die Speicherbuchführung (memorytracking) mit

```
AfxEnableMemoryTracking( TRUE );
```

wieder eingeschaltet wird. Die Funktion eignet sich daher besonders zum temporären Ausschalten der Speicherbuchführung bei Modulen, deren korrekte Funktion bereits nachgewiesen wurde. So schalten z.B. die meisten Module der MFC selber die Buchführung temporär aus, um den Benutzer nicht mit bibliotheksinternen Speicherblöcken zu konfrontieren.

AfxEnableMemoryTracking ist als extern "C" deklariert und kann deswegen sowohl vom Programm als auch aus dem Debugger heraus aufgerufen werden. So kann man z.B. aus dem Debugger heraus ganz gezielt das Allokationsverhalten einzelner Funktionen überprüfen.

27.6.7 Die Callback-Funktion pfnAllocHook

Die Debug-Speicherverwaltung ruft vor jeder Speicherzuweisung über den Zeiger pfnAllocHook eine Rückruffunktion (auch *Hakenfunktion* oder Callback-Funktion genannt) auf. Darüber kann sich der Benutzer über jede Speicherzuweisung informieren lassen, z.B. um ein Protokoll zur späteren Auswertung oder Optimierung auf Platte schreiben zu lassen.

Eine Callback-Funktion f für diesen Zweck muß vom Typ

```
BOOL f( size_t nSize, BOOL bObject, LONG lRequestNumber );
```

sein. Die Funktion erhält die Größe des angeforderten Blocks, ob es sich um ein Objekt oder einen einfachen Speicherblock handelt, sowie die Seriennummer der Anforderung. Liefert die Funktion FALSE zurück, wird die Speicheranforderung abgebrochen. Dies kann z.B. auch dazu verwendet werden, das Programm auf die korrekte Behandlung von Heapüberläufen zu testen.

Zum Installieren einer Callback-Funktion wird die Funktion AfxSetAllocHook verwendet. Sie liefert gleichzeitig die Adresse der vorher installierten Callback-Funktion zurück, so daß man nach Beendigung der Arbeit den ursprünglichen Zustand wiederherstellen kann.

In folgenden Beispiel wird eine Callback-Funktion installiert, die alle Speicheranforderungen in eine Datei speichert.

```
ofstream memLog( "memlog.dat" );

//------------------------------------------------------------
//       Callback-Funktion logCallback
//
BOOL PASCAL logCallback( size_t nSize, BOOL bObject, LONG lRequestNumber) {
    memLog << "Nr : " << setw( 5 ) << lRequestNumber
           << " Größe : " << setw( 5 ) << nSize << endl;

    return TRUE;
}
//------------------------------------------------------------
//       main
//
void main() {
    //-- installieren Memory logging Funktion
    AFX_ALLOC_HOOK oldCallback = AfxSetAllocHook( logCallback );

    char *p = new char[ 100 ];

    //-- Deinstalieren Memory logging Funktion
    //   (am Programmende nicht unbedingt erforderlich
    AfxSetAllocHook( oldCallback );
}
```

Nach dem Programmlauf enthält die Datei memlog.dat die Zeile

```
Nr :     3 Größe :   100
```

Beachten Sie bitte, daß memLog ein globales Objekt ist, dessen Konstruktor vor dem Eintritt in die Funktion main aufgerufen wird. Ebenso wird die Datei nach Beendigung von main automatisch durch den Destruktor von ofstream geschlossen.

27.7 Das Laufzeit-Typsystem

Bereits in Kapitel 23 (Projekt Heterogener Container) wurde die Notwendigkeit deutlich, zur Laufzeit den dynamischen Typ eines Objekts abfragen zu können. In Kapitel 23 haben wir dazu eine virtuelle Funktion getObjectId implementiert, die für jede Klasse eine eindeutige Nummer zurückliefert. Damit sind Abfragen wie z.B.

```
if ( p-> getObjectId() == FractIntId )
  //-- Das Objekt, auf das p zeigt, ist vom Typ FractInt
```

möglich (vorausgesetzt, die Konstante FractIntId ist entsprechend definiert). In Kapitel 23 war die Hauptaufgabe dieses einfachen Laufzeit-Typsystems die Sicherung der Typwandlung von der Basisklasse in Richtung Ableitung (sogenannter *downcast*) im Zusammenhang mit heterogenen Containern.

Die MFC implementiert ein Laufzeit-Typsystem mit weitergehenden Möglichkeiten. So ist es nicht nur möglich, den dynamischen Typ eines Objekts zu erhalten, sondern auch den Klassennamen als String oder die Aussage, ob eine Klasse eine Basisklasse einer anderen Klasse ist.

Dabei ist das Laufzeit-Typsystem völlig problemlos zu handhaben. Klassen, die damit ausgerüstet werden sollen, müssen nur von der Basisklasse CObject abgeleitet werden sowie zwei Makros in ihren Code aufnehmen.

Kann ein Objekt seinen dynamischen Typ liefern, spricht man auch von *dynamisch typisierbaren Objekten* (bzw. *dynamisch typisierbaren Klassen*).

27.7.1 Die Klasse CRuntimeClass

Grundlage des Laufzeit-Typsystems ist die Klasse CRuntimeClass. Jede dynamisch typisierbare Klasse enthält ein statisches CRuntimeClass-Objekt, das alle wichtigen Informationen über die Klasse (wie z.B. den Namen) speichert. Wichtig ist weiterhin, daß das Objekt einen Zeiger auf das CRuntimeClass-Objekt der Basisklasse verwaltet. Über diese Kette von CRuntimeClass-Objekten kann geprüft werden, ob zwei Klassen in einem Ableitungsverhältnis zueinander stehen.

CRuntimeClass-Objekte verwalten noch weitere Daten, die für weitergehende Funktionalität im Zusammenhang mit virtuellen Konstruktoren bzw. Objektpersistenz (s.u.) benötigt wird.

27.7.2 Die Makros DECLARE_DYNAMIC und IMPLEMENT_DYNAMIC

Um eine Klasse dynamisch typisierbar zu machen, sind die folgenden drei Schritte erforderlich:

- ❑ Die Klasse muß (direkt oder indirekt) von CObject abgeleitet werden.
- ❑ Das Makro DECLARE_DYNAMIC muß in die Klassendefinition aufgenommen werden. Traditionell erfolgt dies am Ende der Definition. Das Makro muß nicht im public-Teil stehen.
- ❑ Das Makro IMPLEMENT_DYNAMIC muß als Quellcode einmal pro Klasse übersetzt werden. Traditionell positioniert man das Makro an das Ende der Implementierungsdatei für die Mitgliedsfunktionen.

Folgendes Listing zeigt eine Klasse Test, die mit dynamischer Typisierbarkeit ausgerüstet ist:

```
class Test : public CObject {

public:

  Test( char * );
  int count() const;

  /* ... weitere Mitglieder von Text ... */

  DECLARE_DYNAMIC( Test );
}; // Test
```

In einer Implementierungsdatei muß die Zeile

```
    IMPLEMENT_DYNAMIC( Test, CObject );
```

stehen.

Beachten Sie bitte die Argumente der Makros: DECLARE_DYNAMIC erhält den Klassennamen und IMPLEMENT_DYNAMIC den eigenen Klassennamen sowie den der Basisklasse, und zwar jeweils ohne Anführungszeichen.

Im folgenden Programmsegment wird ein Test-Objekt auf dem Heap erzeugt. Wie in polymorphen Programmen üblich, wird zur Verwaltung ein Zeiger der Basisklasse (hier CObject) verwendet. Mit Hilfe des Laufzeit-Typsystems werden dann einige Informationen über den dynamischen Typ des Zeigers ausgegeben:

27.7 Das Laufzeit-Typsystem

```
CObject *cp = new Test( "asdf" );

afxDump << "Klassenname : " << cp-> GetRuntimeClass()-> m_pszClassName
    << "\n";

afxDump << "Größe       : " << cp-> GetRuntimeClass()-> m_nObjectSize
    << "\n";

afxDump << "Basisklasse : " << cp-> GetRuntimeClass()-> m_pBaseClass->
    m_pszClassName << "\n";
```

Als Ergebnis erhält man:

```
Klassenname : Test
Größe       : 8
Basisklasse : CObject
```

27.7.3 Sicherung von downcasts mit IsKindOf und RUNTIME_CLASS

In der Praxis wird die Information über den dynamischen Typ meist zur Sicherung von Zeiger-Typwandlungen verwendet. So arbeitet man z.B. bei heterogenen Containern von der Syntax her grundsätzlich mit Zeigern auf die Basisklasse, während die Zeiger tatsächlich auf Objekte von Ableitungen der Basisklasse zeigen (Kapitel 23). Folgendes Listing zeigt, wie man den notwendigen *downcast* durch eine Abfrage des dynamischen Typs sichern kann:

```
//-- Die wichtigste Funktion für dynamisches Typing
//   wird meist für downcasts benötigt

if ( cp-> IsKindOf( RUNTIME_CLASS( Test ) ) ) {

  //-- ok. cp hat den dynamischen Typ Test
  int l = ((Test*)cp)-> count();
}
```

Die Funktion IsKindOf liefert TRUE, wenn das Argument das eigene CRuntimeClass-Objekt oder das einer Basisklasse ist. Glücklicherweise werden die Namen der CRuntimeClass-Objekte nach bestimmten Konventionen aus den Klassennamen gebildet, so daß das Makro RUNTIME_CLASS aus dem Klassennamen leicht den Namen des zugehörigen CRuntimeClass-Objekts erzeugen kann[71].

In vielen Situationen weiß man, daß der Zeiger vom dynamischen Typ Test ist. Die Abfrage nimmt dann die Form einer Zusicherung an:

```
//-- weiß man, daß der Zeiger vom Typ Test sein muß, kann man
//   auch folgendes schreiben

ASSERT( cp-> IsKindOf( RUNTIME_CLASS( Test ) ) );

int l = ((Test*)cp)-> count();
```

---

71 Dies ist möglich, da alle CRuntime-Objekte public und damit global verfügbar sind.

oder mit Debug-Ausgaben für die Fehlersuche:

```
//-- oder mit komfortablerer Ausgabe für die Fehlersuche
if ( !cp-> IsKindOf( RUNTIME_CLASS( CFile ) ) ) {
   afxDump << "cp ist nicht vom Typ Test, sondern vom Typ "
           << cp-> GetRuntimeClass()-> m_pszClassName << "\n";
   AfxAbort();
}
```

27.7.4 Das Makro ASSERT_TYPE

Da downcasts in heterogenen Programmen häufig vorkommen, definieren wir uns zur Schreibvereinfachung der Zusicherung folgendes Makro:

```
//-- stellt sicher, daß p auf ein Objekt vom Typ T zeigt
#define ASSERT_TYPE( p, T ) \
   if ( !p-> IsKindOf( RUNTIME_CLASS( T ) ) ) { \
      afxDump << #p " ist nicht vom Typ " #T ", sondern vom Typ " \
              << p-> GetRuntimeClass()-> m_pszClassName << "\n";\
      AfxAbort(); \
   }
```

Die Zusicherung eines dynamischen Typs erfolgt nun ganz einfach als

```
ASSERT_TYPE( cp, Test )
```

Beachten Sie bitte, daß das Makro in dieser Form noch nicht optimal ist, da bei jeder Benutzung alle Stringliterale in der Ausgabeanweisung für afxDump erneut ins Programm eingesetzt werden. Außerdem wurde noch nicht beachtet, daß die Zusicherung wie üblich nur in der Debug-Variante durchgeführt werden soll. Man kann mehrfache Kopien des gleichen Strings zwar wegoptimieren, besser ist jedoch die Technik, die auch in der MFC für solche Fälle angewendet wird, nämlich die Auslagerung in eine spezielle Funktion. Man kann z.B. das Makro folgendermaßen schreiben:

```
#ifdef _DEBUG
#define ASSERT_TYPE( p, T ) \
   do { \
      ::AssertDynamicType( p, RUNTIME_CLASS( T ), THIS_FILE, __LINE__ ); \
   } while(0);
#else
#define ASSERT_TYPE( p, T ) ((void)0);
#endif
```

und die zugehörige Funktion AfxAssertDynamicType als

```
//-----------------------------------------------------------------
//      AssertDynamicType
//
#ifdef _DEBUG

void AssertDynamicType( CObject *obj, CRuntimeClass *prt ,
   const char* fName, int line ) {

   if ( obj-> IsKindOf( prt ) )
      return;

   afxDump << fName << "(" << line << "): Zeiger ist nicht vom Typ "
           << prt-> m_pszClassName << " sondern vom Typ "
           << obj-> GetRuntimeClass()-> m_pszClassName << "\n";

   AfxAbort();
}

#endif
```

implementieren. Schreibt man nun z.B.

```
CObject *cp = new Test( "asdf" );
ASSERT_TYPE( cp, Test )
```

wir das Programm (in der Debug-Variante) mit der Ausgabe

```
test.cpp(84): Zeiger ist nicht vom Typ CFile sondern vom Typ Test
AfxAbort called

abnormal program termination
```

beendet. In dieser Form befinden sich Makro und Funktion als Zusatz zur MFC in den Dateien afxadd.h bzw. afxadd.cpp im Verzeichnis AFXADD auf der Begleitdiskette.

27.7.5 Fortgeschrittene Anwendungen

Der dynamische Typ in Klassenhierarchien

Gegenüber unserer einfachen Implementierung eines Laufzeit-Typsystems aus Kapitel 23 bietet die MFC die Möglichkeit, zu testen, ob eine Klasse eine Basisklasse einer anderen Klasse ist. Die Notwendigkeit dieser auf den ersten Blick nicht besonders sinnvollen Funktionalität wird deutlich, wenn man bedenkt, daß auch Ableitungen unserer Klasse Test aus dem letzten Abschnitt eine count-Funktion besitzen. Schreibt man also z.B.

```
class MyTest : public Test {
  public:
    MyTest( const char * );

    //-- eine weitere Funktion
    void doIt();

    DECLARE_DYNAMIC( MyTest )

    /* ... weitere Mitglieder von MyTest ... */
};
```

ist die Anweisungsfolge

```
CObject *cp = new MyTest( "asdf" );

//-- möglich, da Test Basisklasse von MyTest ist
((Test*)cp)-> count();
```

gültig. Das dynamische Typsystem muß also auch solche Fälle berücksichtigen. Schreibt man also

```
ASSERT_TYPE( cp, Test );
```

soll die Zusicherung gültig sein, wenn cp entweder auf ein Objekt der Klasse Test oder einer Ableitung von Test zeigt. Das Laufzeit-Typsystem der MFC erfüllt diese Forderung. Beachten Sie jedoch bitte, daß die Berechnung der Aussage "A ist Basisklasse von B" aufgrund der Angaben im IMPLEMENT_DYNAMIC-Makro vorgenommen wird, und nichts mit der "eigentlichen" C++ Klassenhierarchie zu tun hat.

Leitet man z.B. MyTest weiterhin von Test ab, schreibt jedoch

```
IMPLEMENT_DYNAMIC( MyTest, CFile );
```

wird gegenüber dem Laufzeit-Typsystem der MFC die Klasse MyTest als Ableitung von CFile angegeben. Der Compiler kann solche Fehler nicht finden!

Mehrfachvererbung

Das Laufzeit-Typsystem der MFC unterstützt grundsätzlich nur einfache Vererbung, d.h. für jede dynamisch typisierbare Klasse kann (und muß) genau eine Basisklasse spezifiziert werden. Trotzdem ist es möglich, Mehrfachvererbung zusammen mit dem Typsystem zu verwenden, wenn man Einschränkungen hinnimt. Hat man z.B.

```
class C : public A, public B { ... };
```

definiert, muß man sich entscheiden, ob man C gegenüber der MFC als Ableitung von A oder B angibt. Dementsprechend schreibt man

```
IMPLEMENT_DYNAMIC( C, A )
```

oder

```
IMPLEMENT_DYNAMIC( C, B )
```

mit der Folge, daß die jeweils andere Basisklasse nicht erkannt wird. In der Praxis führt dies dazu, daß das Typsystem der MFC in Programmen mit Mehrfachvererbung nicht zu verwenden ist. Anders herum formuliert bedeutet das, daß Programme, die die MFC nutzen wollen, in der Praxis auf Mehrfachvererbung verzichten müssen[72].

---

[72] In der Praxis ist dies leider ein großer Verlust, denn Mehrfachvererbung (MI) wird häufig benötigt. Beachten Sie bitte, daß daß es hier nicht darum geht, ob man ein Programm auch ohne MI schreiben kann. *Jedes* Programm kann so umgeschrieben werden, daß es ohne MI auskommt. Allerdings kann auch jedes Programm so umgeschrieben werden, daß es ohne Vererbung, ja sogar ohne C++ oder eine höhere Programmiersprache überhaupt auskommt (jeder Compiler, der Maschinenanweisungen produziert, beweist dies). Allerdings geht vieles mit einer höheren Programmiersprache, mit Vererbung, bzw. mit MI eben eleganter und einfacher.

27.8 Virtuelle Konstruktoren

27.8.1 Das Problem

In manchen Situationen möchte man Objekte von Klassen erzeugen, deren Typ man zur Übersetzungszeit noch nicht kennt. Die bekannteste Anwendung, die eine solche Funktionalität benötigt, ist eine Bibliothek zur Objektpersistenz. Speichert man etwa einen heterogenen Container samt allen Objekten auf Platte, hat man beim späteren Wiederherstellen im Speicher das Problem, daß man es mit Objekten von Klassen zu tun hat, die man evtl. zum Entwicklungszeitpunkt der Bibliothek noch gar nicht kennt, weil sie ein Benutzer der Bibliothek als Ableitung selber definiert hat.

Mit normalen Mitteln ist es nicht möglich, den Konstruktor einer Klasse aufzurufen, die man erst zur Laufzeit kennt. Normalerweise verwendet man für genau solche Aufgabenstellungen virtuelle Funktionen, jedoch können Konstruktoren nicht virtuell sein. Lösungen des Problems bezeichnet man deshalb auch oft als *virtuelle Konstruktoren*.

Es gibt eine Reihe von Ansätzen, um virtuelle Konstruktoren zu implementieren. Bereits in Kapitel 23 haben wir die Funktion clone eingeführt, die zu einem Objekt eine genaue Kopie lieferte. clone kann jedoch nur angewendet werden, wenn bereits ein Objekt des gewünschten Typs existiert. Davon kann man jedoch in der Regel nicht ausgehen. Was man braucht, ist eine Möglichkeit, aus dem Namen einer Klasse zur Laufzeit ein Objekt dieser Klasse erzeugen zu können.

27.8.2 Die Lösung

Der Schlüssel zur Lösung liegt wieder in den CRuntimeClass-Objekten, von denen es ja für jede Klasse genau eines gibt. Darüber hinaus läßt sich der Name des zu einer Klasse gehörenden CRuntimeClass-Objekts leicht aus dem Klassennamen berechnen, dies ist Aufgabe des Makros RUNTIME_CLASS. Im CRuntimeClass-Objekt sind unter anderem Klassenname und Platzbedarf gespeichert, was man für einen virtuellen Konstruktor zusätzlich noch benötigt, ist vor allem ein Standardkonstruktor sowie im CRuntimeClass-Objekt ein Zeiger auf diesen Standardkonstruktor.

Den Standardkonstruktor muß der Programmierer selber deklarieren und implementieren, den Rest erledigen ab der Version 2 der MFC die Makros DECLARE_DYNCREATE und IMPLEMENT_DYNCREATE. In der Version 1 gibt es diese Makros nicht explizit, die Funktionalität der virtuellen Konstruktoren ist dort in der Implementierung der Persistenz untergebracht. Die Beispiele dieses Abschnitts können jedoch auch mit der Version 1 der MFC übersetzt werden, wenn man anstelle der Makros DECLARE_DYNCREATE und IMPLEMENT_DYNCREATE die Makros DECLARE_SERIAL und IMPLEMENT_SERIAL verwendet, wobei IMPLEMENT_SERIAL noch einen dritten Parameter erwartet, der für die Zwecke dieses Abschnitts auf 1 gesetzt werden kann. In C7 kann man z.B. etwas wie

```
#define DECLARE_DYNCREATE  ( x )      DECLARE_SERIAL  ( x )
#define IMPLEMENT_DYNCREATE( x, y )   IMPLEMENT_SERIAL( x, y, 1 )
```

schreiben.

Folgendes Listing zeigt ein Beispiel einer Klasse Test:

```
class Test : public CObject {
public:
  //-- Standardkonstruktor ist unbedingt erforderlich
  Test();

  Test( const char * );
  int count() const;

  /* ... weitere Mitglieder von Text ... */

  DECLARE_DYNCREATE( Test )
}; // Test
```

In einer Implementierungsdatei muß noch das Makro

```
IMPLEMENT_DYNCREATE( Test, CObject );
```

plaziert werden. Nun kann man ein Test-Objekt mit der Anweisung

```
CObject *p = RUNTIME_CLASS( Test )-> CreateObject();
```

erzeugen.

Normalerweise werden virtuelle Konstruktoren in Anwendungsprogrammen eher selten direkt aufgerufen. Ihr Hauptanwendungsgebiet liegt eindeutig bei der Realisierung von persistenten Objekten, die Thema des nächsten Abschnitts sind.

Beachten Sie bitte, daß innerhalb des IMPLEMENT_DYNCREATE-Makros ein überladener new-Operator verwendet wird. Möchte man deshalb new als DEBUG_NEW definieren, darf man das entsprechende #define im Sourcecode erst *nach* IMPLEMENT_DYNCREATE anordnen.

```
IMPLEMENT_DYNCREATE( Test, CObject );

//-- muss HINTER IMPLEMENT_DYNCREATE stehen!
#define new DEBUG_NEW

/* ... hier eigener Code ... */
```

27.9 Persistente Objekte

In jedem nicht-trivialen Programm ist es erforderlich, Daten auf Festplatte oder Diskette zu speichern und sie später wieder einzulesen. Bereits in Kapitel 21 (Virtuelle Funktionen) haben wir gesehen, daß man in C++ nicht einfach ein Objekt als Ganzes mit der Bibliotheksfunktion write auf die Platte schreiben und mit read wieder einlesen kann. Dafür gibt es im wesentlichen zwei Gründe:

- In der Praxis haben Klassen oft virtuelle Funktionen und damit eine vtbl. Objekte solcher Klassen besitzen als zusätzliches, verstecktes Datenmitglied einen Zeiger auf die vtbl, der auf keinen Fall gesichert und wieder eingelesen werden darf.
- Sehr oft verwaltet ein Objekt Referenzen oder Zeiger auf andere Objekte. Diese dürfen ebenfalls nicht gesichert bzw. wieder eingelesen werden, sondern stattdessen sind die referenzierten Objekte selber zu speichern.

27.9.1 Was bedeutet Persistenz?

Es muß also etwas mehr getan werden. Ganz allgemein ist zu fordern, daß bei der Speicherung eines Objekts alle von ihm referenzierten Objekte ebenfalls mitgespeichert werden müssen. Nur so kann garantiert werden, daß nach dem Einlesen der gleiche Zustand im Speicher wie vor dem Abspeichern wiederhergestellt werden kann. Ein Objekt, für das dies möglich ist, kann das Beenden seines Programms überleben und in einem anderen Programm identisch wiederhergestellt werden. Man spricht deshalb auch von einem *persistenten* Objekt. Grundsätzlich haben persistente Objekte zwei unabhängige Erscheinungsformen, die beide ihre Vor- und Nachteile haben:

- Sie existieren einmal als C++-Objekte im Hauptspeicher des Rechners. Diese Form wird benötigt, um auf Datenelemente zuzugreifen und Mitgliedsfunktionen aufzurufen.
- Zum andern haben sie eine lineare Form, in der sie z.B. in einer Datei gespeichert werden können. Die lineare Form kann aber auch hervorragend dazu verwendet werden, Objekte zwischen Prozessen auszutauschen, über Modems zu übertragen, etc.

Die Überführung von einer Form in eine andere wird auch als *Serialisierung* bzw. *Deserialisierung* bezeichnet (vgl. Kapitel 26, Stream E/A eigener Datentypen). Fast jede kommerzielle Bibliothek bietet Möglichkeiten, Objekte zwischen den beiden Formen umzuwandeln. Die MFC ist hier keine Ausnahme. Im Gegensatz zu vielen anderen Bibliotheken bietet sie über die reine Serialisierung/Deserialisierung jedoch einige nützliche weitere Leistungsmerkmale.

27.9.2 Implementierung in der MFC

In der MFC wird die bereits in Kapitel 26 (Stream E/A eigener Datentypen) vorgestellte Technik zur Datenübergabe mit Hilfe von Transferfunktionen und Transferoperatoren verwendet. Jede Klasse, deren Objekte persistent sein sollen, wird mit einer *Serialisierungsfunktion* (vergleichbar mit der Transferfunktionen bei Streams) ausgerüstet. Sie hat die Aufgabe, die Daten des Objekts in eine serielle Form zu bringen bzw. das Objekt aus dieser Form wiederherzustellen. Dazu gehört auch der Aufruf der Serialisierungsfunktion evtl. bestehender Unterobjekte[73].

Im Gegensatz zur E/A mit Streams oder der Ausgabe auf CDumpContext-Objekten kommt es bei der Serialisierung nicht auf Lesbarkeit, sondern auf effiziente Speicherung an. Die MFC stellt dazu eine sogenannte *Archivklasse* bereit, die genau wie die Stream- und Dumpkontextklassen Übergabe- und Übernahmeoperatoren für die grundlegenden Datentypen bereitstellt, die Speicherung jedoch in einem binären Format durchführt.

Beliebige Quellen und Senken

Genau wie bei der E/A mit Streams können auch bei Verwendung der Archivklasse unterschiedliche Quellen bzw. Senken angegeben werden. In der MFC sind Klassen für die zwei häufigsten Quellen/Senken, nämlich Dateien und Speicherbereiche, bereits implementiert. Der Programmierer kann bei Bedarf Klassen für eigene Quellen und Senken hinzufügen, obwohl dies in der Praxis meist nicht erforderlich ist. In der Regel serialisiert man lieber ein Objekt in einen Speicherbereich und verwendet diesen dann weiter.

Virtuelle Konstruktoren

Eine besonders wichtige Eigenschaft der MFC-Implementierung der Objektpersistenz ist die Möglichkeit, ein Objekt zu deserialisieren, dessen Typ man nicht genau kennt. Ein solches Problem tritt z.B. auf, wenn man einen heterogenen Container samt allen verwalteten Objekten serialisiert hat, und den Container nun wieder einlesen möchte. Die Einleseroutine muß in der Lage sein, die unterschiedlichen Typen zu erkennen und zur Laufzeit die korrekten C++-Objekte zu erzeugen. Erschwerend kommt hinzu, daß ein Programmierer jederzeit beliebige neue Klassen definieren und im Container speichern kann. Ganz allgemein tritt das Problem in Programmen, die Polymorphismus verwenden, auf. Zur Lösung werden in der MFC die im letzten Abschnitt vorgestellten virtuellen Konstruktoren verwendet.

Objektgeflechte

Enthält ein Objekt Zeiger oder Referenzen auf ein anderes Objekt, spricht man von einem *Objektgeflecht*. Das bekannteste Beispiel eines Geflechts ist die lineare Liste, deren Elemente ja durch Zeiger miteinander verbunden sind.

Die Serialisierungsfunktion einer Klasse ist für die korrekte Serialisierung/Deserialisierung aller Datenmitglieder der Klasse zuständig. Befindet sich darunter ein Zeiger oder eine Referenz, muß das referenzierte Objekt ebenfalls serialisiert werden, denn sonst wäre ja eine spätere Wiederherstellung des Geflechts nicht möglich. Ganz allgemein wird eine Serialisierungsfunktion zuerst

---

[73] Also z.B. die Serialisierungsfunktion der Basisklasse oder die der Mitgliedsobjekte.

die eigenen Datenmitglieder serialisieren und dann die Serialisierungsfunktion der referenzierten Objekte aufrufen. Dabei ist folgendes zu beachten:

- Beim Deserialisieren eines Zeigers oder einer Referenz muß das Objekt dynamisch erzeugt werden.
- In einem Geflecht kann ein Objekt mehrfach referenziert werden. Beim Serialisieren sollte man dies erkennen und das Objekt aus Effizienzgründen nur einmal serialisieren.
- Objekte können sich gegenseitig referenzieren. Dies sollte ebenfalls erkannt werden und nicht zu einer endlosen Rekursion führen.

Diese Probleme werden in der MFC durch einen ausgeklügelten Buchführungsmechanismus vermieden. Beim Serialisieren wird eine Liste mit Adressen bereits serialisierter Objekte geführt. Soll ein Objekt mehrfach serialisiert werden, kann dies nun an Hand der Adresse erkannt werden. Statt des Objekts wird dann nur ein Kennzeichen eingesetzt. Trifft man umgekehrt beim Deserialisieren auf ein solches Kennzeichen, weiß man, daß ein bereits deserialisiertes Objekt gemeint ist und kann einen weiteren Zeiger darauf bilden. In der MFC-Implementierung der Objektpersistenz laufen diese Vorgänge für den Benutzer völlig transparent ab.

Versionen

Während der Lebenszeit eines Programms kommt es oft vor, daß sich Klassendefinitionen ändern. Es ist in der Regel nicht möglich, ein mit einer alten Version einer Klasse serialisiertes Objekt mit der neuen Version der Klasse wieder einzulesen, ohne daß dafür besondere Vorkehrungen getroffen wurden.

In der MFC kann der Programmierer jeder Klasse eine Versionsnummer zuordnen, die beim Serialisieren mit in die Ausgabe geschrieben wird. Wird die Klasse (im Zuge der Programmwartung) verändert, kann auch die Versionsnummer angepaßt werden. Beim Deserialisieren werden die Versionsnummern verglichen und führen bei Nichtübereinstimmung zur Auslösung einer Ausnahme.

27.9.3 Die Klasse CArchive

CArchive ist die zentrale MFC-Klasse für die Implementierung der Objektpersistenz mit folgenden Aufgaben:

- CArchive definiert Übergabefunktionen und -operatoren auf der einen Seite sowie eine Verbindung zur endgültigen Datenquelle/senke auf der anderen Seite. Die Klasse ist in dieser Hinsicht mit den Streamklassen vergleichbar.
- CArchive-Objekte werden sowohl zum Serialisieren als auch zum Deserialisieren verwendet. Die Unterscheidung erfolgt durch ein Flag im Konstruktor.

- ❏ Es sind Transferoperatoren für die einfachen Datentypen vorhanden. Bei der Serialisierung werden die einfachen Datentypen in einem effizienten binären Format serialisiert.

- ❏ Es sind ein Übergabe- und ein Übernahmeoperator für Klassen, die von CObject abgeleitet sind, vorhanden. Hier ist z.B. die gesamte Buchführung zur effizienten Behandlung von Objektgeflechten implementiert.

- ❏ Es sind Möglichkeiten vorhanden, Objekte mit- oder ohne Typinformation zu speichern. Welcher Form man den Vorzug gibt, hängt davon ab, wie man die Objekte wieder deserialisiert(s.u.).

27.9.4 Die Serialisierung einfacher Datentypen

Folgendes Listing zeigt ein einfaches Beispiel für die Anwendung der Klasse CArchive:

```
CFile f1( "test.dat", CFile::modeCreate | CFile::modeWrite );
CArchive ar1( &f1, CArchive::store );

LONG l1 = 3;
double d1 = 3.1415;

ar1 << l1 << d1;

ar1.Close();
f1.Close();

//-- wieder einlesen
CFile f2( "test.dat", CFile::modeRead );
CArchive ar2( &f2, CArchive::load );

LONG l2;
double d2;

ar2 >> l2 >> d2;

ar2.Close();
f2.Close();

cout << " l : " << l2 << " d : " << d2 << "\n";
```

Die Archive ar1 bzw. ar2 dienen hier zur Umwandlung der Variablen l und d[74] in eine effiziente binäre Form bzw. zur Wiederherstellung der Variablen aus dieser Form. Als Datensenke/quelle wird hier eine Datei verwendet, zu deren Verwaltung die Objekte f1 und f2 dienen.

In der MFC sind Transferoperatoren für die einfachen Datentypen BYTE, LONG, WORD und DWORD (und ab Version 2 auch für float und double) vorhanden, nicht jedoch z.B. für int oder unsigned int und demzufolge auch nicht für BOOL. Microsoft scheint wohl davon auszugehen, daß Klassen, die z.B. boolsche Variable deklarieren, nicht serialisierbar sein müssen. Als Grund wird angegeben, daß Integertypen nicht portabel sind, da ihre Größe maschinenabhängig ist. Das stimmt, hat jedoch zur Folge, daß man eine Klasse wie FractInt, die ja zwei inte-

---

74 Die Transferoperatoren für Fließkommazahlen stehen erst ab V2 der MFC zur Verfügung.

27.9 Persistente Objekte

ger verwendet, nicht ohne weiteres serialisieren kann. Es gibt mehrere Lösungen dieses Problems, die wir weiter unten vorstellen werden.

Die gleiche Technik wie bei der Serialisierung einfacher Datentypen kann prinzipiell auch für Objekte angewendet werden. Folgendes Listing zeigt eine einfache Implementierung der Klasse FractInt mit einer Serialisierungs- und Deserialisierungsfunktion:

```
class FractInt {

public:

  //-- Serialisierung, Deserialisierung
  void serialize( CArchive & ) const;
  void deSerialize( CArchive & );

private:

  long z, n; // Zähler, Nenner - hier als long

  /* ... weitere Mitglieder von FractInt ... */
}; // FractInt
```

Die Implementierung der Funktionen liegt auf der Hand:

```
inline void FractInt::serialize( CArchive &ar ) const {
  ar << z << n;
}
inline void FractInt::deSerialize( CArchive &ar ) {
  ar >> z >> n;
}
```

Der Bequemlichkeit halber kann man in der von Streams bekannten Weise noch Transferoperatoren hinzudefinieren:

```
inline CArchive &operator << ( CArchive &ar, const FractInt &fr ) {
  fr.serialize( ar );
  return ar;
}
inline CArchive &operator >> ( CArchive &ar, FractInt &fr ) {
  fr.deSerialize( ar );
  return ar;
}
```

Folgendes Listing zeigt, wie man ein FractInt-Objekt in eine Datei schreibt und wieder einliest:

```
CFile f1( "test.dat", CFile::modeCreate | CFile::modeWrite );
CArchive ar1( &f1, CArchive::store );

FractInt fr1( 3, 4 );
ar1 << fr1;

ar1.Close();
f1.Close();

//-- wieder einlesen

CFile f2( "test.dat", CFile::modeRead );
CArchive ar2( &f2, CArchive::load );

FractInt fr2;
ar2 >> fr2;
```

Beachten Sie bitte, daß für den Datentyp int keine CArchive-Transferoperatoren vorhanden sind. Wir haben daher in diesem Beispiel für die Datenmitglieder von FractInt ausnahmsweise den Typ long verwendet.

27.9.5 Die Serialisierung maschinenabhängiger Datentypen

Der letzte Abschnitt hat gezeigt, daß man auch Datentypen wie int serialiseren können sollte. In einem Programm alle ints durch longs zu ersetzen ist keine Lösung. Die MFC definiert keine Transferoperatoren für Typen, deren Größe maschinenabhängig ist, auf der anderen Seite benötigen die wenigsten Anwendungen die Maschinenunabhängigkeit. Nimmt man also in Kauf, daß man ein Archiv nicht mit einem DOS-Rechner beschreiben und z.B. unter UNIX wieder einlesen kann, steht der Serialisierung von Integertypen nichts mehr im Wege.

Es gibt prinzipiell zwei Lösungen des Problems.

Zurückführung auf vorhandene Datentypen

Diese Lösung führt die Serialisierung eines int auf die Serialisierung eines long zurück. Dies ist möglich, weil ein long mindestens genauso groß wie ein int ist. Auf Maschinen, auf denen ein long größer als ein int ist, lassen sich sogar signed und unsigned ints auf longs abbilden. Dies ist z.B. unter 16-bit-Intel-Architekturen der Fall. Wählt man diesen Weg, kann man die gewünschten Transferoperatoren wie folgt implementieren:

```
//-- Die MFC definiert keine Transferoperatoren für Typen, deren Größe
//   maschinenabhängig ist, also im wesentlichen Integertypen.
//   Wir führen diese auf longs zurück.

inline CArchive& operator << ( CArchive &ar, int value ) {
    return ar << (LONG)value;
}

inline CArchive& operator >> ( CArchive &ar, int &value ) {
    long l;
    ar >> l;
    value = l;
    return ar;
}

inline CArchive& operator << ( CArchive &ar, unsigned int value ) {
    return ar << (LONG)value;
}

inline CArchive& operator >> ( CArchive &ar, unsigned int &value ) {
    long l;
    ar >> l;
    value = l;
    return ar;
}
```

27.9 Persistente Objekte

Nun sind Anweisungen wie

```
CFile f1( "test.dat", CFile::modeCreate | CFile::modeWrite );
CArchive ar1( &f1, CArchive::store );

int i;

ar1 << i;
```

bzw.

```
ar1 >> i;
```

möglich.

Darüber hinaus ist diese Lösung sogar noch portabel, da ja der maschinenunabhängige Typ long in das Archiv geschrieben wird. Der Preis ist die Verschwendung von zwei Bytes pro int im Archiv, was sicherlich für viele Anwendungen keine Rolle spielt.

Die zusätzlichen Transferoperatoren sind eine Erweiterung der MFC und befinden sich in der Datei afxadd.h im Verzeichnis AFXADD auf der Begleitdiskette.

Für den Datentyp BOOL sind keine eigenen Transferoperatoren notwendig, den in der MFC ist ein BOOL ein int:

```
typedef int BOOL;
```

Implementierung durch Bildung einer Ableitung

Die Lösung aus dem letzten Abschnitt hat den Nachteil, daß für jedes int vier statt der eigentlich nur erforderlichen zwei Bytes in das Archiv geschrieben werden. Für die meisten Anwendungen ist dies völlig unerheblich, der Vollständigkeit halber sei hier jedoch noch ein anderer Weg zur Implementierung der gewünschten Funktionalität genannt.

Die Lösung in diesem Abschnitt nimmt sich einen der bestehenden Transferoperatoren als Vorgabe und implementiert daraus einen neuen Transferoperator. Das Problem dabei ist, daß die bestehenden Transferoperatoren als Mitgliedsfunktionen zu CArchive formuliert sind und natürlich auf Daten der Klasse zugreifen, die nicht öffentlich sind. Um einen neuen Transferoperator hinzuzufügen, müßte man die Klassendefinition von CArchive um diesen Operator erweitern. Dies ist prinzipiell möglich, hat jedoch zwei Nachteile:

❑ Andere Programme, die mit der Originalfunktionalität von CArchive auskommen, werden mit der neuen Funktion nur belastet. Man darf nicht vergessen, daß CArchive eine allgemeine Klasse ist, die in vielen Programmen verwendet wird. Spezialfunktionalität, die nur für eine Anwendung benötigt wird, sollte nicht in einer so allgemeinen Klasse untergebracht werden[75].

❑ Beim Umstieg auf eine neue Version der Bibliothek sind die durchgeführten Modifikationen verloren. Oft ist es sehr zeitaufwendig, die Änderungen in der neuen Version nachzuimplementieren. Auf jeden Fall ist neuer Einarbeitungsaufwand erforderlich.

❑ Die Originalklassen stehen nicht mehr zu Verfügung. Fehler oder Probleme können nicht mehr eindeutig der Bibliothek oder den Erweiterungen zugeordnet werden.

Die Standardlösung für solche Erweiterungsaufgaben in der objektorientierten Programmierung ist die Bildung einer Ableitung und die Implementierung der zusätzlich erforderlichen Funktionalität in dieser neuen Klasse. Dazu ist es allerdings notwendig, daß die in Frage kommenden Daten in der Basisklasse als protected (oder sogar public) deklariert sind, denn nur dann darf die Ableitung darauf zugreifen. Dies ist ist für CArchive der Fall, so daß die Bildung einer Ableitung ein gangbarer Weg ist, um die zusätzlichen Transferoperatoren zu implementieren.

Wir definieren uns eine Ableitung CArchiveNP (NP soll für "nicht portabel" stehen) wie folgt:

```
//-----------------------------------------------------------------
//         class CArchiveNP
//

class CArchiveNP : public CArchive {

public:

    CArchiveNP(CFile* pFile, UINT nMode, int nBufSize = 512,
        void FAR* lpBuf = NULL);

    //-- die neu hinzugekommenen Transferoperatoren

    CArchiveNP &operator << ( int );
    CArchiveNP &operator << ( unsigned int );
    CArchiveNP &operator >> ( int & );
    CArchiveNP &operator >> ( unsigned int & );
};
```

und implementieren die neuen Transferoperatoren nach dem Vorbild der existierenden Operatoren in der MFC.

Folgendes Listing zeigt die Implementierung für den Datentyp int:

---

75   In unserem Beispiel handelt es sich allerdings um eine Funktion, die der Linker sowieso nicht mit ins Programm nimmt, wenn sie nicht aufgerufen wird (zumindest unter MSDOS, nicht jedoch z.B. unter UNIX. Dort ist *function level linking* unbekannt). Das Argument bezieht sich eher auf zusätzliche Funktionalität, bei der auch zusätzliche Datenelemente in die Klasse aufgenommen werden

27.9 Persistente Objekte

```
//-----------------------------------------------------------------
//      CArchiveNP:: operator << für int
//
inline CArchiveNP &CArchiveNP::operator << ( int value ) {
  if ( m_lpBufCur + sizeof(int) > m_lpBufMax )
    Flush();
  *(int FAR*)m_lpBufCur = value;
  m_lpBufCur += sizeof(int);
  return *this;
} // op <<

//-----------------------------------------------------------------
//      CArchiveNP:: operator >> für int
//
inline CArchiveNP &CArchiveNP::operator >> ( int &value ) {
  if ( m_lpBufCur + sizeof(int) > m_lpBufMax )
    FillBuffer( sizeof(int) - (m_lpBufMax - m_lpBufCur));
  value= *(int FAR*)m_lpBufCur;
  m_lpBufCur += sizeof(int);
  return *this;
} // op >>
```

Die Implementierung für unsigned int ist analog.

Beachten Sie bitte, daß die Transferoperatoren wie ihre Vorbilder in der MFC inline implementiert sind. Dies bedeutet, daß bei jeder Übertragung eines BYTE, WORD, DWORD (und nun auch eines int) der Code des betreffenden Operators ins Programm eingesetzt wird. Dies kann sich bei vielen Übergabeanweisungen schon summieren. Warum Microsoft diese Transferoperatoren inline implementiert hat, bleibt etwas unverständlich.

Um Integerdaten zu transferieren, ist nun anstelle von CArchive einfach CArchiveNP zu verwenden:

```
//-- Erzeugen Archiv und zugehörige Datei für die Ausgabe

CFile f1( "test.dat", CFile::modeCreate | CFile::modeWrite );
CArchiveNP ar1( &f1, CArchive::store );

/* ... */
```

Als nächsten Schritt verwenden wir CArchiveNP, um FractInt-Objekte mit ihren zwei ints zu serialisieren. Dazu ist es lediglich erforderlich, in den Parametern der Transferfunktionen statt CArchive nun CArchiveNP zu verwenden:

```
class FractInt {

public:

  //-- Serialisierung, Deserialisierung
  void serialize( CArchiveNP & ) const;
  void deSerialize( CArchiveNP & );

private:

  int z, n; // Zähler, Nenner - hier wieder als int

  /* ... weitere Mitglieder von FractInt ... */
}; // FractInt
```

Die Implementierung der Transferfunktionen bleibt unverändert.

Die Bildung einer Ableitung von CArchive und Plazierung der neuen Funktionalität in dieser Ableitung vermeidet die eingangs genannten drei Probleme. In der Praxis hat sich die Tatsache, daß der Originalsourcecode der Bibliothek nicht verändert zu werden braucht, als nicht zu unterschätzender Vorteil herausgestellt. Neue Versionen der MFC können installiert werden, ohne Änderung in der Bibliothek nachimplementieren zu müssen, ja sogar ohne die Klasse CArchiveNP selber verändern zu müssen. Beim Umstieg auf neue Bibliotheksversionen sind keinerlei Änderungen erforderlich!

Eine Voraussetzung, damit die Ableitungstechnik funktionieren kann, ist ein entsprechendes Design der Basisklasse. Hätten die Entwickler von CArchive die Mitgliedsdaten nicht protected deklariert, wäre die Implementierung der Mitgliedsfunktionen von CArchiveNP nicht möglich gewesen. Bei der Entwicklung von CArchive hat man also bereits bedacht, daß Anwender der MFC speziellere CArchive-Klassen benötigen. Berücksichtigt man solche Überlegungen beim Design einer (Basis-)Klasse, spricht man auch von *Design for Reusability* (deutsch etwa "Design mit dem Ziel der Wiederverwendung").

So vielversprechend der Ansatz über eine spezielle Ableitung auch ist, er funktioniert leider nur in der Theorie - zumindest mit der MFC. Den Grund dafür werden wir im nächsten Abschnitt kennenlernen.

27.9.6 Die Serialisierung von Objekten

Die im letzten Abschnitt vorgestellte Technik zum Serialisieren von Objekten verwendet keinerlei Typinformationen. Im Endeffekt werden Aufrufe von serialize bzw. deSerialize in eine (evtl. je nach Klasse größere) Anzahl Aufrufe der Übergabeoperatoren für die grundlegenden Datentypen WORD, LONG (und mit CArchiveNP auch int) etc. umgesetzt. Durch den Verzicht auf Typinformationen ist eine sehr effiziente Speicherung möglich.

Man muß jedoch bedenken, daß man beim Einlesen genau wissen muß, welche Daten als nächstes vom Archiv geliefert werden. Steht im Archiv ein long, muß man auch ein long lesen, sonst treten inkonsistente Zustände auf. Bei Klassen wie FractInt ist dies trivial: Weiß man, daß es sich als nächstes um ein FractInt-Objekt handelt, ist klar, daß man zwei ints lesen muß. Der Verzicht auf Typinformationen ist hier nicht unbedingt ein Nachteil.

Es gibt jedoch Situationen, in denen man *nicht* weiß, welche Daten als nächstes vom Archiv geliefert werden. Das Einlesen eines (vorher gespeicherten) heterogenen Containers ist ein Beispiel für eine solche Situation. In einem solchen Fall muß also zunächst der Objekttyp des zu lesenden Objekts bestimmt werden, dann muß ein solches Objekt erzeugt werden, und schließlich muß die Deserialisierungsfunktion des Objekts aufgerufen werden, um die Mitgliedsdaten vom Archiv zu lesen. Dieser Vorgang muß wiederholt werden, bis alle Objekte eingelesen sind.

27.9 Persistente Objekte

In der MFC-Implementierung der Objektpersistenz ist der Programmierer mit diesen Aufgaben nicht belastet. Er übergibt nur einen Zeiger, und das Archiv erledigt den Rest. Damit dies so einfach funktioniert, sind vier Voraussetzungen zu erfüllen:

- Die zu serialisierende Klasse muß von CObject abgeleitet werden.
- Die Klasse muß einen Standardkonstruktor deklarieren.
- Die Makros DECLARE_SERIALIZE und IMPLEMENT_SERIALIZE müssen verwendet werden.
- Die Serialisierungsfunktion Serialize muß deklariert und implementiert werden.

Liegen diese Voraussetzungen vor, spricht man auch von einer *MFC-serialisierbaren Klasse*.

Die Makros DECLARE_SERIAL und IMPLEMENT_SERIAL

Diese beiden Makros werden in der bekannten Weise verwendet: DECLARE_SERIAL muß in der Klassendefinition und IMPLEMENT_SERIAL in einer (beliebigen) Implementierungsdatei notiert werden. Die beiden Makros verwenden intern DECLARE_DYNCREATE und IMPLEMENT_DYNCREATE (s.o.), d.h.:

- Die Klasse muß einen Standardkonstruktor besitzen.
- Falls new als DEBUG_NEW definiert werden soll, darf dies erst nach IMPLEMENT_SERIAL geschehen.

Folgendes Listing zeigt das Gerüst einer Klasse Test:

```
class Test : public CObject {
public:
  //-- Standardkonstruktor ist erforderlich
  Test();

  //-- kombinierte Serialisierungs- und Deserialisierungsfunktion
  virtual void Serialize( CArchive &ar );

  /* ... weitere Mitglieder von Test ... */
private:
  /* ... Datenmitglieder von Test ... */
  DECLARE_SERIAL( Test )
  };

/* --------------------- Implementierung ... ----------------*/
IMPLEMENT_SERIAL( Test, CObject, 1 )

//-- darf erst nach IMPLEMENT-Makro stehen
#define new DEBUG_NEW

Test::Test() { ... }

/* ... Implementierung weiterer Mitgliedsfunktionen von Test ... */
```

Der letzte Parameter für IMPLEMENT_SERIAL gibt die Version der Klasse an. Ändern sich die Mitgliedsdaten einer Klasse, sollte man auch eine neue Versionsnummer verwenden, um das Einlesen eines "alten" Objekts erkennen zu können. Tritt dieser Fall auf, erzeugt das Archiv eine Ausnahme, die man entsprechend (z.B. durch eine Meldung) behandeln kann. Eine professionelle Reaktion auf eine solche Ausnahme wäre ein erneuter Deserialisierungsversuch mit der *alten* Version der Einleseroutine, was jedoch mit der vorliegenden Implementierung der Objektpersistenz nicht möglich ist.

Die Funktion Serialize

Die Funktion Serialize ist die kombinierte Serialisierungs-Deserialisierungsfunktion der MFC. Die Funktion erhält eine Referenz auf ein Archiv als Parameter, über den unter anderem die Richtung der Operation abgefragt werden kann.

Serialize wird analog zu Transferfunktionen bei Streams bzw. der Funktion Dump zur Ausgabe des Objektstatus aufgebaut. Handelt es sich um eine Ableitung, wird wie üblich auch die Serialisierungsfunktion der Basisklasse aufgerufen. Gleiches gilt für Mitgliedsvariablen, die selber MFC-serialisierbare Objekte sind.

Folgendes Listing zeigt eine Implementierung der Funktion für die Klasse FractInt:

```
inline void FractInt::Serialize( CArchive &ar ) {

  if ( ar.IsStoring() )
    ar << z << n;
  else
    ar >> z >> n;
}
```

Zwei Möglichkeiten

Um ein FractInt-Objekt zu serialisieren, hat man nun prinzipiell zwei Möglichkeiten.

Die erste Möglichkeit verwendet die Transferoperatoren:

```
CFile f1( "test.dat", CFile::modeCreate | CFile::modeWrite );
CArchive ar1( &f1, CArchive::store );

FractInt fr1( 3, 4 );

ar1 << &fr1;    // Übergabeoperator benötigt Zeiger
```

bzw. zum Einlesen

```
CFile f2( "test.dat", CFile::modeRead );
CArchive ar2( &f2, CArchive::load );

FractInt *fr2p = NULL;
ar2 >> fr2p;
```

Beachten sie bitte, daß diese Operatoren mit Zeigern arbeiten. Man geht hierbei davon aus, daß die Objekte dynamisch verwaltet werden. Besonders wichtig sind die Vorgänge bei der Deserialisierung: Das Archiv erzeugt selbständig ein FractInt-Objekt, ruft Serialize für dieses neue Objekt auf, und übergibt schließ-

27.9 Persistente Objekte

lich einen Zeiger auf das neue Objekt an den Benutzer. Bei dieser Form der Serialisierung wird Typinformation mit in die Datensenke geschrieben. Beim Deserialisieren wird diese Typinformation verwendet, um ein Objekt des Typs zu erzeugen.

Beim Deserialisieren ist deshalb eigentlich nicht unbedingt ein FractInt-Zeiger erforderlich. Genausogut kann ein Zeiger der Basisklasse verwendet werden[76]:

```
CObject *fr2p = NULL;
ar2 >> fr2p;
```

Die zweite Möglichkeit verwendet die Funktion Serialize direkt ohne Umweg über die Transferoperatoren:

```
FractInt fr1( 3, 4 );
fr1.Serialize( ar1 );
```

Nun werden keine Typinformationen geschrieben. Beim Deserialisieren kann deshalb vom Archiv auch kein Objekt erzeugt werden, sondern der Programmierer muß schon über ein Objekt des korrekten Typs verfügen, für das er die Serialize-Funktion aufrufen kann:

```
FractInt fr2;
fr2.Serialize( ar2 );
```

Aus diesen Unterschieden ergibt sich das Einsatzspektrum für die beiden Möglichkeiten.

Möglichkeit eins wird verwendet, wenn man Typinformationen benötigt, um beim Deserialisieren Objekte dynamisch erzeugen zu lassen. Schreibt man etwa

```
CObject *p;
ar >> p;
```

kann im Archiv ein beliebiges Objekt einer serialisierbaren Klasse folgen. Es ist zum Übersetzungszeitpunkt dieser beiden Anweisung nicht erforderlich, den Typ genau zu kennen.

Der typische Anwendungsfall ist ein heterogener Container. Beim Serialisieren der verwalteten Objekte muß Typinformation mitgespeichert werden, damit man beim Deserialisieren Objekte der korrekten Typen wiederherstellen kann. In polymorphen Programmen arbeitet man inder Regel mit Zeigern vom Typ der Basisklasse.

Möglichkeit zwei wird verwendet, wenn der Typ der zu serialisierenden Objekte genau festliegt. Da der Typ festliegt, kann man beim Deserialisieren ein (Leer-)objekt dieses Typs erzeugen und die Funktion Serialize direkt für dieses Objekt aufrufen. Der typische Anwendungsfall sind Datenmitglieder, die selber MFC-serialisierbare Objekte sind, oder bei Ableitungen die Basisklasse.

Die beiden Möglichkeiten können beliebig gemischt werden. Man muß jedoch beachten, daß Objekte, die mit Möglichkeit eins serialisiert wurden, nicht mit Möglichkeit zwei deserialisiert werden können, und umgekehrt.

---

76   In polymorphen Programmen ist dies sogar die Regel.

Vergleich von Serialize mit anderen Transferfunktionen

Folgendes Listing zeigt zur Erinnerung noch einmal die Implementierung der Funktion Dump für FractInt:

```
void FractInt::Dump( CDumpContext &cd ) const {

  CObject::Dump( cd );

  if ( !*this ) {
    cd << " ***ungültig*** ";
    return;
  }

  cd << "z: " << z << " n: " << n;
}
```

Obwohl sowohl Serialize als auch Dump zur Gruppe der Transferfunktionen gehören, haben sie unterschiedliche Aufgaben.

Dump muß eine lesbare Ausgabe auf einem Dumpkontext (CArchive-Objekt) erzeugen. Der Transferoperator << ist für CDumpContext so überladen, daß er eine ASCII-Repräsentation seiner Argumente erzeugt. Darüber hinaus ist die Ausgabe durch zusätzliche Texte, die nichts mit dem Objekt an sich zu tun haben, kommentiert (In unserem Fall sind dies die Namen der Mitgliedsvariablen). Der Zustand "ungültig" wird erkannt und bei der Ausgabe besonders markiert. Für CDumpContext ist der Transferoperator auch für maschinenabhängige Datentypen wie int standardmäßig in der MFC vorhanden.

Serialize dagegen muß eine möglichst effiziente Ausgabe in ein Archiv (CArchive-Objekt) durchführen. Der Transferoperator << ist für CArchive so überladen, daß er eine binäre Repräsentation seiner Argumente erzeugt. Die Ausgabe ist natürlich nicht kommentiert und (wegen der binären Repräsentation) auch nicht lesbar. Eine besondere Behandlung für ungültige Objekte ist nicht erforderlich. Da alle Mitgliedsdaten serialisiert werden, ist ein ungültiges Objekt auch nach dem Einlesen wieder ungültig. Neben der Serialisierung muß Serialize auch die Deserialisierung durchführen. Für den Transferoperator >> gilt analog das gleiche wie für den Operator <<. Für CArchive sind die Transferoperatoren nur für Datentypen, deren Größe maschinenunabhängig ist, standardmäßig vorhanden.

Serialisierung maschinenabhängiger Datentypen, Teil II

Die Parameter der Funktion Serialize sind in der Klasse CObject vorgegeben. Da für Serialize late binding verwendet werden muß, ist eine Änderung auch nicht möglich: Die Transferfunktion muß mit einer Referenz auf ein CArchive-Objekt deklariert werden. Es ist nicht möglich, Serialize z.B. mit einem Parameter vom Typ CArchiveNP& zu deklarieren, ohne auf late binding zu verzichten.

27.9 Persistente Objekte

Dies ist der Grund, warum Ableitungen von CArchive mit spezieller Funktionalität in der MFC wenig Sinn haben[77]. So elegant die Standardlösung der objektorientierten Programmierung auch sein mag, sie funktioniert mit der MFC nicht. Für die Praxis ist es am besten, CArchive und die in afxadd.h auf der Begleitdiskette definierten zusätzlichen Übergabeoperatoren für Integerdaten zu verwenden.

Es gibt jedoch noch eine andere Lösung, die hier der Vollständigkeit halber nicht unerwähnt bleiben soll. Verwendet man in einem Programm ausschließlich CArchiveNP, kann man in Serialize eine Typwandlung zu diesem Typ hin vornehmen, denn Serialize erhält dann ja tatsächlich eine Referenz auf ein CArchiveNP-Objekt. Die Funktion FractInt::Serialize kann also wie folgt implementiert werden:

```
//-------------------------------------------------------------
//      FractInt:: Serialize
//
void FractInt::Serialize( CArchive &ar ) {
  //-- wir wissen, daß ar ein CArchiveNP-Objekt ist
  CArchiveNP &arNP = (CArchiveNP&)ar;

  CObject::Serialize( arNP );
  if ( arNP.IsStoring() ) {
    arNP << z << n;
  }
  else {
    arNP >> z >> n;
  }

} // Serialize
```

Man muß nun jedoch unbedingt sicherstellen, daß FractInt-Objekte ausschließlich mit CArchiveNP serialisiert werden, sonst ist die Typwandlung unzulässig und kann zu unvorhergesehenen Ergebnissen führen.

Normalerweise wird eine Typwandlung von der Basisklasse zu einer Ableitung mit Hilfe des Laufzeit-Typsystems gesichert, d.h. man prüft (z.B. mit unserem neuen Makro ASSERT_TYPE), ob ar wirklich vom Typ CArchiveNP ist. Leider funktioniert dies gerade mit CArchive nicht, da die Klasse nicht von CObject abgeleitet und damit nicht dynamisch typisierbar ist. Bei der Verwendung solcher Konstruktionen ist daher allergrößte Vorsicht geboten. Wenn es - wie in unserem Fall - Alternativen gibt, sollte man grundsätzlich auf ungesicherte downcasts verzichten. Für eigene Experimente befindet sich die Klasse CArchiveNP im Verzeichnis AFXADD auf der Begleitdiskette.

---

[77] Unbeantwortet bleibt die Frage, warum die MFC-Designer dann die Mitgliedsdaten von CArchive protected und nicht private deklariert haben. Normalerweise verwendet man protected, wenn man Mitglieder explizit für Ableitungen zugänglich machen will.

27.9.7 Die Hierarchie der Dateiklassen

Ein Archiv benötigt immer ein Dateiobjekt, an das die serialisierten Daten übergeben bzw. von wo die Daten gelesen werden. Es ist Aufgabe des Dateiobjekts, diese Daten evtl. zu puffern und an die endgültige Senke zu übergeben bzw. von dort zu holen.

Die Dateiobjekte übernehmen hier also ähnliche Aufgaben wie die Pufferobjekte für Streams. Genauso wie bei Streams gibt es auch bei den Dateiklassen eine Hierarchie, um verschiedene "Typen" von Dateien "anschließen" zu können.

Die Klasse CFile

Die Basisklasse dieser Hierarchie bildet die Klasse CFile. Sie stellt einfach eine Schnittstelle zur Dateibehandlung des Betriebssystems her. CFile ist in diesem Sinne eine *Wrapperklasse*, weil sie kaum eigene Leistungen implementiert, sondern bereits vorhandene Funktionalität in Form einer Klasse bereitstellt. CFile hat folgende Aufgaben:

❑ Die Klasse stellt eine objektorientierte Schnittstelle zur Dateibehandlung von binären Dateien des Betriebssystems bereit.

❑ Sie implementiert eine Fehlerbehandlung durch exception handling.

❑ Sie dient als Basisklasse für weitere Dateiklassen.

Neben den üblichen Mitgliedsfunktionen zum Öffnen, Schließen, Positionieren, Sperren/Entsperren von Dateien etc. gibt es noch statische Mitgliedsfunktionen, die zum Umbenennen, Löschen sowie zum Lesen bzw. Ändern des Dateistatus dienen.

Folgendes Beispiel zeigt die Anwendung der wichtigsten Funktionen der Klasse:

```
#include <afx.h>
#include <afxadd.h>
#include <iostream.h>

void main( int argc, char *argv[] ) {

  if ( argc != 3 ) {
    cerr << "Aufruf mit Parametern <Quelldatei> <Zieldatei>" << endl;
    AfxAbort();
    }
//-- Öffnen der Quelldatei

  CFileException e;
  CFile src;
  if ( !src.Open( argv[1], CFile::modeRead, &e ) ) {

  cerr << "Datei " << argv[1]
       << " kann nicht zum Lesen geöffnet werden" << endl;

  DUMP( e );
  AfxAbort();
  }
```

27.9 Persistente Objekte

```
//-- Ausgabe des Dateistatus der Quelldatei (nur im Debug-Modus)

#ifdef _DEBUG

  CFileStatus srcStatus;
  src.GetStatus( srcStatus );

  afxDump << "erzeugt           : " << srcStatus.m_ctime << "\n"
          << "zuletzt geändert  : " << srcStatus.m_mtime << "\n"
          << "zuletzt gelesen   : " << srcStatus.m_atime << "\n"
          << "Größe             : " << srcStatus.m_size  << "\n";
#endif

//-- Öffnen der Zieldatei
  CFile tgt;
  if ( !tgt.Open( argv[2], CFile::modeWrite | CFile::modeCreate, &e ) ) {

  cerr << "Datei " << argv[2]
       << " kann nicht zum Schreiben geöffnet werden" << endl;

  DUMP( e )
  AfxAbort();
  }


//-- Kopieren
  const int bufSize = 16;
  char buf[ bufSize ];
  int nbrRead;

  //-- Blockweises kopieren der Daten
  do {
    nbrRead = src.Read( buf, bufSize );
    tgt.Write( buf, nbrRead );
  } while( nbrRead == bufSize );

  //-- Schließen nicht explizit erforderlich, da im Destruktor
  //   automatisch durchgeführt wird

}
```

In diesem Kopierprogramm wird (nach der Parameterprüfung) eine Datei zur Dateneingabe geöffnet. Der zweite Parameter für Open ist ein enum, das die Verwendung der Datei steuert. Die Konstanten entsprechen denen des Betriebssystems:

```
enum OpenFlags {
  modeRead        =       0x0000,
  modeWrite       =       0x0001,
  modeReadWrite   =       0x0002,
  shareCompat     =       0x0000,
  shareExclusive  =       0x0010,
  shareDenyWrite  =       0x0020,
  shareDenyRead   =       0x0030,
  shareDenyNone   =       0x0040,
  modeNoInherit   =       0x0080,
  modeCreate      =       0x1000,
  typeText        =       0x4000,
  typeBinary      =  (int)0x8000
};
```

wobei allerdings typeText und typeBinary nur für Ableitungen von CFile eine Bedeutung haben.

Interessant ist hier die Fehlerbehandlung: Open löst keine Ausnahme aus, sondern liefert FALSE zurück. Ist der Programmierer an näheren Informationen interssiert, kann er ein CFileException-Objekt als letzten Parameter mitgeben. Ein CFileException-Objekt enthält vor allem den vom Betriebssystem gelieferten Fehlercode, der bei der Ausgabe über einen Dump-Kontext über eine Tabelle in lesbarer Form ausgegeben wird.

Kann z.B. die Eingabedatei test.dat nicht gefunden werden, erhält man (in der Debug-Variante) als Meldung

```
Datei test.dat kann nicht zum Lesen geöffnet werden
a CFileException at $1832   m_cause = fileNotFound, lOsError = 2
AfxAbort called
```

Konnte die Datei geöffnet werden, wird in der Debug-Variante der Dateistatus festgestellt, einige Daten werden ausgegeben:

```
erzeugt            : CTime("Thu Dec 09 11:29:50 1993")
zuletzt geändert   : CTime("Thu Dec 09 11:29:50 1993")
zuletzt gelesen    : CTime("Thu Dec 09 11:29:50 1993")
Größe              : 24
```

Leider ist für CFileStatus keine Dump-Funktion deklariert, so daß man die einzelnen Datenelemente "von Hand" ausgeben muß. Die Datenelemente m_ctime, m_mtime und m_atime sind Objekte der Klasse CDate, die jeweils ein Datum mit Uhrzeit repräsentieren.

Die Zieldatei wird ebenso wie die Quelldatei mit Open und manueller Übergabe eines Exception-Objekts durchgeführt. Der letzte Schritt ist das eigentliche Kopieren, für das die übliche Schleife verwendet wird.

Beachten Sie bitte, daß das Lesen über das Dateiende hinaus nicht als Ausnahme betrachtet wird, sondern über das Ergebnis der Read-Funktion gemeldet wird.

Die Klasse CStdioFile

CStdioFile ist eine Wrapperklasse um die C-Stream Funktionen fopen, fread, fwrite etc. Die E/A mit C-Streams ist gepuffert, dafür sind keine Dateisperren möglich. C-Streams (und damit CStdioFile-Objekte) können im Textmodus oder Binärmodus betrieben werden. Im Textmodus findet bei der E/A eine Übersetzung von newline-Zeichen (0x0A) in newline/carriage return Paare (0x0A 0x0D) bzw. umgekehrt statt.

Als Ableitung von CFile besitzt CStdioFile alle Mitgliedsfunktionen von CFile, also auch z.B. LockRange und UnlockRange zum Sperren/Entsperren von Bereichen einer Datei. Diese Funktionen sind für CStdioFile nicht definiert, ihr Aufruf führt lediglich zu einer Ausnahme (CNotSupportedException). Funktionen der Basisklasse, die in einer Ableitung nicht mehr sinnvoll sind, zeugen in der Regel von einer falschen Klassenhierarchie. Dieser Fall liegt auch hier vor: Zwischen einem C-Stream und einer normalen Datei liegt keine is-a Beziehung vor (Kapitel 20). CStdioFile sollte deshalb nicht als Ableitung von CFile formuliert werden, sondern beide Klassen sollten als Ableitung einer gemeinsamen Basisklasse geschrieben werden.

27.9 Persistente Objekte

Das Kopierprogramm aus dem letzten Abschnitt kann identisch auch mit CStdio-Files formuliert werden, man braucht nur CFile durch CStdioFile zu ersetzen. Die Besonderheit von CStdioFile liegt jedoch in der Behandlung von Textdateien. Wird ein CStdioFile-Objekt im Textmodus geöffnet, werden bei der Eingabe CR/LF-Paare (0xD/0xA) erkannt und durch CR ersetzt. Ein CR/LF-Paar zählt dabei als ein Zeichen. Umgekehrt wird bei der Ausgabe eines CR-Zeichens ein CR/LF-Paar in die Datei geschrieben.

Folgendes Beispiel zeigt ein kleines Programm zur Ausgabe von Textdateien auf dem Bildschirm:

```
#include <afx.h>
#include <afxadd.h>
#include <iostream.h>

void main( int argc, char *argv[] ) {

  if ( argc != 2 ) {
    cerr << "Aufruf mit Parameter <Quelldatei>" << endl;
    AfxAbort();
  }

//-- Öffnen der Quelldatei

  CFileException e;
  CStdioFile src;
  if ( !src.Open( argv[1], CFile::modeRead | CFile::typeText, &e ) ) {

    cerr << "Datei " << argv[1]
         << " kann nicht zum Lesen geöffnet werden" << endl;

    DUMP( e )
    AfxAbort();
  }


//-- Kopieren

  const int bufSize = 128;
  char buf[ bufSize ];

  while ( src.ReadString( buf, bufSize-1 ) )
    cout << buf;

  //-- Schließen nicht explizit erforderlich, da im Destruktor
  //    automatisch durchgeführt wird

}
```

Interessant ist hier die Verwendung des Ausnahmeobjekts e. Ein solches Objekt kann optional der Open-Funktion mitgegeben werden. Tritt in Open ein Fehler auf, wird der DOS-Fehlercode zwar in das Ausnahmeobjekt eingetragen, es wird jedoch keine Ausnahme ausgelöst. Der Aufrufer kann die Ausnahmedaten auswerten, wir geben in der Debug-Variante einfach das Ausnahmeobjekt auf afxDump aus, was z.B. bei einer nicht vorhandenen Datei zur Meldung

```
a CFileException at $1720  m_cause = accessDenied, lOsError = 2
```

führt. Beachten Sie bitte, daß als zweiter Parameter für ReadString die Anzahl der maximal zu lesenden Zeichen angegeben werden muß. ReadString hängt auf jeden Fall noch ein Nullbyte an, so daß maximal bufSize-1 Nettozeichen gelesen werden dürfen. Wird das Ende der Datei erreicht, liefert ReadString NULL.

Als Parameter im Konstruktor eines CStdioFile-Objekts sind die Standard-C-Streams stdin, stdout und stderr möglich. Anstelle der Ausgabe der Textzeilen über cout wie im letzten Beispiel könnte man die Kopierschleife z.B. auch als

```
//-- CStdioFile-Objekt für die Ausgabe öffnen
  CStdioFile tgt( stdout );
//-- Kopieren
  const int bufSize = 128;
  char buf[ bufSize ];

  while ( src.ReadString( buf, bufSize-1 ) )
    tgt.WriteString( buf );
```

schreiben. Beachten Sie bitte, daß ein CFile- bzw. CStdioFile-Objekt die Datei nur dann schließt, wenn es sie auch geöffnet hat. Im letzten Beispiel wird stdout deshalb im Destruktor von tgt nicht geschlossen.

Die Klasse CMemFile

Die Klasse CMemFile bietet eine Simulation von Dateien im Hauptspeicher des Rechners. Es sind die üblichen Funktionen wie Öffnen, Schließen, Lesen und Schreiben möglich, die *in-memory-files*[78] haben jedoch keinen Namen. Der benötigte Speicher zur Simulation einer Datei wird von CMemFile selbständig verwaltet.

Auch hier ist es wieder so, daß CMemFile zwar als Ableitung von CFile formuliert ist, jedoch nicht alle Funktionen aus CFile sind auch in CMemFile vorhanden. In der MFC wird das Problem wie auch schon bei CStdioFile durch das Konzept einer Ausnahme, die bei Aufruf einer nicht vorhandenen Funktion ausgelöst wird, behandelt. Besser wäre es, CFile und CMemFile als Ableitung einer gemeinsamen Basisklasse zu formulieren.

CMemFile führt in der MFC ein Schattendasein. Die Klasse wird nirgendwo direkt verwendet, es gibt auch keine Beispiele für ihre Anwendung. Die Klasse kann jedoch hervorragend dazu verwendet werden, Daten zwischen Prozessen auszutauschen. So könnte man z.B. einige Objekte über ein Archiv in eine in-memory-Datei serialisieren, den Speicherblock in einen anderen Prozeß übertragen und dort wieder deserialisieren. Auf diese Weise kann man eine einfache, aber schnelle Objektkommunikation zwischen Prozessen realisieren. Die Klassen für die OLE-Implementierung verwenden eine Ableitung von CMemFile für genau diese Aufgabe.

---

78 deutsch etwa "Speicherdateien".

27.10 Die Basisklasse CObject

Wie die meisten C++ Bibliotheken definiert auch die MFC eine Basisklasse, von der die meisten anderen Klassen abgeleitet sind. Die Basisklasse CObject hat in der MFC die folgenden Aufgaben:

- ❑ Sie deklariert virtuelle Funktionen, die für late binding verwendet werden. Hierunter fallen AssertValid, Dump und Serialize.
- ❑ Sie deklariert und implementiert die Operatoren new und delete, die in der Debug-Variante mit der Debug-Speicherverwaltung zusammenarbeiten.
- ❑ Sie implementiert die Funktionalität des Laufzeit-Typsystems. Dazu gehören ein statisches CRuntimeClass-Objekt sowie die Funktionen IsKindOf, IsSerializable und Construct.

27.10.1 Standardkonstruktor und Zuweisungsoperator

CObject deklariert darüber hinaus einen Kopierkonstruktor und einen Zuweisungsoperator, diese Funktionen sind jedoch nicht implementiert. Dadurch wird erreicht, daß für eine Ableitung z.B. ein Zuweisungsoperator explizit deklariert (und implementiert) werden muß, wenn man Objekte der Ableitung kopieren möchte. Vergißt man dies, erzeugt der Compiler zwar einen Standard-Zuweisungsoperator für die Ableitung, der ruft jedoch den Zuweisungsoperator der Basisklasse auf, der eben deklariert, aber nicht implementiert ist. Im Endeffekt erhält man einen Fehler beim Binden.

Die Idee dahinter ist, daß man die automatische Erzeugung des Standard-Zuweisungsoperators für Klassen grundsätzlich vermeiden möchte. Die MFC-Designer sind wohl davon ausgegangen, daß dies eine schlechte Eigenschaft der Sprache ist. Gleiches gilt für den Standard-Kopierkonstruktor.

Für den Programmierer bedeutet dies, daß er in der Regel für jede Klasse Kopierkonstruktor und Zuweisungsoperator implementieren muß, auch wenn die Funktionalität der automatisch generierten Standardversionen dieser Funktionen ausreichend wäre. Als Beispiel kann wiederum die Klasse FractInt dienen: Sie enthält keine Zeiger oder Referenzen als Datenmitglieder, daher wäre der automatisch generierte Standard-Zuweisungsoperator völlig ausreichend. Formuliert man FractInt als Ableitung von CObject, muß man den Zuweisungsoperator explizit implementieren:

```
inline FractInt& FractInt::operator = ( const FractInt &f ) {
  //-- note: eigenes Objekt darf ungültig sein.
  CHECK_VALID( f );
  z = f.z;
  n = f.n;
  return *this;
}
```

Gleiches gilt für den Kopierkonstruktor, der jedoch grundsätzlich ganz einfach als

```
inline FractInt::FractInt( const FractInt &f ) {
  (*this) = f;
}
```

implementiert werden kann.

27.10.2 Ableitungen von CObject

Auch die Funktionen, für die late binding verwendet werden soll, sind in CObject nicht abstrakt deklariert, sondern implementieren zumindest eine Minimalfunktionalität. So ist z.B. die Funktion Dump für CObject implementiert, obwohl CObject keine Datenelemente deklariert. Ist die Ableitung dynamisch typisierbar (s.u.), gibt die Funktion den Klassennamen aus, ansonsten einfach CObject. Dadurch ist es nicht unbedingt erforderlich, daß eine Ableitung eine eigene Dump-Funktion implementiert.

Ableitungen von CObject brauchen also keine Funktionen zu redefinieren, wenn sie mit der Minimalfunktionalität zufrieden sind. Während dies für Dump z.B. noch sinnvoll erscheint, ist es für Serialize sicher nicht angebracht. Jede Klasse, die Datenelemente deklariert, wird sicher eine eigene Serialize-Funktion implementieren.

27.11 Einfache Klassen

Es gibt in der MFC einige grundlegende (d.h. nicht-Windows-) Klassen, die trotzdem nicht von CObject abgeleitet sind. Bei diesen *einfachen* Klassen handelt es sich um CString, CTime und CTimeSpan, auf die wir im folgenden kurz eingehen werden.

27.11.1 Die Klasse CString

Wie jede größere Bibliothek mit allgemeinen Klassen enthält auch die MFC eine Stringklasse. Ihre Hauptaufgabe ist die Entlastung des Programmierers von der dynamischen Speicherverwaltung bei der Arbeit mit Zeichenketten. Wie auch mit der Stringklassen aus diesem Buch stehen Funktionen zur bequemen Manipulation von Strings (also hauptsächlich Anhängen, Einsetzen, Löschen und Substring) zur Verfügung. Für die Operationen "Verbinden von Strings" und "Vergleichen" stehen außerdem Operatoren bereit. Darüber hinaus sind einige spezielle Funktionen vorhanden, die nur in den Windows-Varianten der MFC sinnvoll sind.

27.11 Einfache Klassen

Die Stringklassen CString aus der MFC und String aus diesem Buch unterscheiden sich in den folgenden Punkten:

- CString unterstützt keine nationalen Zeichensätze[79]. Die Umwandlungsfunktionen für Klein- in Großschreibung und umgekehrt lassen z.B. die deutschen Sonderzeichen unverändert.

- Der Operator [] von CString kann nur als rvalue stehen. Um einzelne Zeichen im String zu verändern, muß die Funktion SetAt verwendet werden.

- Es gibt kein Gültigkeitskonzept. CString-Objekte können in einen inkonsistenten Zustand geraten, der bis hin zum Programmabsturz führt. Der Programmierer muß daher bei der Arbeit mit CString selber auf Konsistenz achten.

- CString verwendet in der Debug-Variante ausgiebig assertions, um die Gültigkeit als Parameter übergebener Daten sicherzustellen.

- CString bietet eine Möglichkeit, den verwalteten Speicherbereich temporär zu "exportieren", d.h. dem Benutzer zugänglich zu machen. Der Programmierer wird Eigentümer und kann den Speicherbereich dann direkt manipulieren. Am Ende wird der Speicherbereich wieder "importiert", d.h. das CString-Objekt wird wieder Eigentümer.

- CString unterscheidet zwischen Stringlänge und tatsächlich allokierter Größe des Speicherbereiches. Dadurch kann die Speicherverwaltung effektiver gestaltet werden, vor allem wenn Strings Zeichen für Zeichen wachsen. Speicheranforderungen werden immer in Blöcken bestimmter Größe durchgeführt.

Allgemein ist unsere Stringklasse aus diesem Buch mächtiger, d.h. sie bietet mehr Funktionalität und vor allem mehr Sicherheit und Komfort. Allerdings ist sie auch größer (d.h. der Code braucht mehr Speicher) und langsamer (es werden mehr Prüfungen etc. durchgeführt).

Stringmanipulation über Mitgliedsfunktionen

CString definiert eine Reihe Mitgliedsfunktionen, mit denen Strings manipuliert werden können. Name und Syntax der Funktionen orientieren sich dabei an den Stringmanipulationsroutinen aus BASIC. Folgendes Listing zeigt eine Anwendung der Substring-Funktionen Left, Mid und Right:

```
for ( int i=0; i<10; i++ ) {
  CString str( "asdfghijklm" );
  cout << "i : " << i
    << setw(10) << str.Left( i )
    << setw(10) << str.Mid( 3, i )
    << setw(10) << str.Right( i )    << endl;
}
```

---

[79] Zumindest nicht in den DOS-Varianten.

Die Schleife gibt folgendes Ergebnis aus:

```
i : 0
i : 1          a           f           k
i : 2         as          fg          jk
i : 3        asd         fgi         ijk
i : 4       asdf        fgij        gijk
i : 5      asdfg       fgijk       fgijk
i : 6     asdfgi       fgijk      dfgijk
i : 7    asdfgij       fgijk      sdfgijk
i : 8   asdfgijk       fgijk     asdfgijk
i : 9   asdfgijk       fgijk     asdfgijk
```

Das Ergebnis zeigt, daß die Werte für Offset bzw. Länge des gewünschten Teilstrings durchaus größer als die Stringlänge insgesamt sein dürfen. Allerdings muß der Offset größer 0 sein, sonst brechen die Stringroutinen mit einer Fehlermeldung ab.

Verbinden von Strings

Strings können in der gewohnten Weise mit den Operatoren + bzw. += verkettet werden. Dabei ist nicht nur die Verbindung von CString-Objekten untereinander, sondern auch von C-Zeichenketten sowie einzelnen Zeichen mit CString-Objekten möglich. Folgendes Listing zeigt einige Möglichkeiten:

```
//-- verschiedene Möglichkeiten des + Operators

CString str1( "String 1 " );
CString str2( "String 2 " );

CString str3 = str1 + str2;           //-- zwei CString-Objekte

CString str4a = str1 + "String 3";    //-- CString und Zeichenkette
CString str4b = "String 3" + str1;

CString str5a = str1 + 'x';           //-- CString und Zeichen
CString str5b = 'x' + str1;

//-- verschiedene Möglichkeiten des += Operators

str1 += str2;
str1 += "Ein String";
str1 += 'x';
```

Im Prinzip würde es ausreichen, je einen der Operatoren + und += zu deklarieren, und zwar als

```
class CString {

  public:

  //-- operator += als Mitgliedsfunktion
  CString &operator += ( const CString & );

  /* ... weitere Mitgliedsfunktionen von CString ... */

};

//-- operator + als globale Funktion
CString operator + ( const CString &, const CString & );
```

27.11 Einfache Klassen

Damit könnten bereits alle im obigen Beispiel gezeigten Verkettungen durchgeführt werden, denn CString enthält Konstruktoren für die Datentypen char und char*, die für Typwandlungen zur Verfügung stehen (vgl. Kapitel 11, Konvertierungen). Aus Effizienzgründen werden jedoch die Operatoren für alle in Frage kommenden Datentypen überladen und speziell implementiert, wie hier am Beispiel des Operators += gezeigt:

```
class CString {
  public:
    const CString& operator += ( const CString& );
    const CString& operator += ( char );
    const CString& operator += (const char* );

    /* ... weitere Mitgliedsfunktionen von CString ... */
};
```

Der globale Operator + ist gleich fünffach überladen, und zwar für jede Kombination aus den drei Datentypen und zwei Parametern:

```
CString operator + ( const CString&, const CString& );

CString operator + ( const CString&, char );
CString operator + ( char, const CString& );

CString operator + ( const CString&, const char* );
CString operator + ( const char*, const CString& );
```

Das Effizienzargument gilt auch für den Zuweisungsoperator: Er ist ebenfalls für die Datentypen char, char* und CString getrennt vorhanden.

Vergleich von Strings

Zum Vergleich von Strings stehen die drei Funktionen Compare, CompareNoCase und Collate zur Verfügung. Die drei Funktionen sind Verpackungsfunktionen (sogenannte *Wrapperfunktionen*) für die Funktionen strcmp, stricmp und strcoll aus der C-Bibliothek. Es ist zu beachten, daß alle drei Funktionen nur den ASCII-Zeichensatz beherrschen. Nationale Sonderzeichen werden nicht richtig behandelt, so liefern z.B. die drei Vergleiche

```
CString str1( "ä" );
CString str2( "Ä" );

cout << "strcmp       : " << str1.Compare( str2 ) << endl
     << "strcmpNoCase : " << str1.CompareNoCase( str2 ) << endl
     << "strCollate   : " << str1.Collate( str2 ) << endl;
```

allesamt den Wert -1, d.h. auch für CompareNoCase sind die Buchstaben "ä" und "Ä" unterschiedlich. Von der Definition her dient strcoll (und damit CString::Collate) zum Vergleich nach länderspezifischen Regeln. So müßte z.B. im deutschen der String "b" größer als der String "ä" sein. Leider ist die einzige in der Microsoft-C-Bibliothek implementierte sogenannte *Locale-Kategorie* die Kategorie "C", was im Endeffekt einen Vergleich nach den ASCII-Werten bedeutet, und damit ist "b" eben kleiner als "ä". Wenn schon keine deutsche Locale-Kategorie vorhanden ist, sollte der Anwender wenigstens eigene Locale-Kategorien einrichten können, wie es z.B. bei den meisten C- und C++ Compilern für UNIX-zum Standard gehört.

Die Klasse CString deklariert zur einfacheren Schreibweise von Vergleichen die relationalen Operatoren ==, !=, <, <=, > und >=. Sie werden alle auf den Standard-Vergleich mit Compare zurückgeführt. Aus Effizienzgesichtspunkten sind auch hier die Operatoren für die Datentypen CString und char* überladen, wie im folgenden Listing am Beispiel des Operators == gezeigt:

```
BOOL operator == ( const CString&, const CString& );

BOOL operator == ( const CString&, const char* );
BOOL operator == ( const char*, const CString& );
```

Direkte Manipulation des Speicherbereiches

Ein wesentlicher Unterschied zwischen CString und unserer Stringklasse ist die Möglichkeit von CString, den von der Klasse verwalteten Speicherbereich temporär dem Nutzer zugänglich zu machen, und zwar auch schreibend. Nach einem solchen "Export" kann der Programmierer den Speicherbereich beliebig ändern, also z.B. auch verlängern oder verkürzen. Durch einen solchen Export geht das Eigentum an dem verwalteten Speicher effektiv an den Benutzer über. Während dieser Zeit dürfen keine regulären Mitgliedsfunktionen von CString aufgerufen werden. Nach Beendigung der Arbeit wird der Speicherbereich wieder in das CString-Objekt importiert.

Das temporäre Exportieren ist vor allem dann sinnvoll, wenn mit der Zeichenkette viele aufeinanderfolgende Operationen durchgeführt werden sollen, für die keine CString-Mitgliedsfunktionen vorhanden sind, oder die effizienter direkt mit Routinen aus der C-Bibliothek erledigt werden können.

Eine weitere Anwendung ist die Optimierung des Speichermanagements. Man kann einem CString-Objekt mitteilen, wie groß der zu verwaltende String voraussichtlich werden wird. Es wird dann von vornherein ein Puffer dieser Größe bereitgestellt, der aber natürlich trotzdem noch dynamisch vergrößert werden kann.

Folgendes Beispiel zeigt eine Anwendung:

```
void multiplyString( CString &str, int nbr ) {

  //-- Verdoppelt den String nbr mal, d.h. wir haben nbr+1
  //   identische Kopien

  //-- Wir allokieren den notwendigen Puffer auf einen Schlag
  int l = str.GetLength();
  char *p = str.GetBuffer( (nbr+1) * l );
```

27.11 Einfache Klassen

```
//-- p zeigt nun auf den internen Speicherbereich ausreichender Länge,
//   der direkt manipuliert werden kann. Der String selber
//   ist hier noch unverändert

char *q = p + 1;
for ( int i=0; i<nbr; i++, q+= l )
  memcpy( p, q, l );

//-- wir kennen die Länge des resultierenden Strings,
//   daher direkte Angabe

str.ReleaseBuffer( l*nbr );
}
```

Die Funktion multiplyString hat die Aufgabe, einen existierenden String zu duplizieren. Dazu wird zunächst mit GetBuffer ein Puffer ausreichender Größe bereitgestellt. Dieser Puffer kann nun direkt im Programm manipuliert werden. Als Ergebnis ist der String (nicht jedoch der Puffer) länger geworden, außerdem wurde das ursprüngliche Nullbyte überschrieben. Die Funktion ReleaseBuffer importiert den Speicherbereich wieder in das Objekt str. Da wir die neue Stringlänge einfach berechnen können, geben wir sie an ReleaseBuffer mit. Alternativ könnte man die neue Stringlänge durch ReleaseBuffer selber berechnen lassen, dazu wäre jedoch erforderlich, den Puffer manuell mit einem Nullbyte abzuschließen.

Folgendes Listing zeigt diesen Ansatz:

```
void multiplyString( CString &str, int nbr ) {

  //-- Verdoppelt den String nbr mal, d.h. wir haben nbr+1
  //   identische Kopien

  //-- Wir allokieren den notwendigen Puffer auf einen Schlag

  int l = str.GetLength();
  char *p = str.GetBuffer( (nbr+1) * l );

  //-- p zeigt nun auf den internen Speicherbereich ausreichender Länge,
  //   der direkt manipuliert werden kann. Der String selber
  //   ist hier noch unverändert

  char *q = p + l;
  for ( int i=0; i<nbr; i++, q+= l )
    memcpy( q, p, l );

  //-- Wir lassen die Länge des resultierenden Strings berechnen,
  //   dazu muß dieser jedoch nullterminiert sein

  *q = 0x00;
  str.ReleaseBuffer( -1 );
}
```

CString als stand-alone-Klasse

CString ist nicht als Ableitung von CObject formuliert und damit eine sogenannte *stand-alone-Klasse*. Für CString-Objekte steht deshalb zunächst kein Laufzeit-Typsystem, keine Objektpersistenz und keine Ausgabe auf CDumpContext-Objekte zur Verfügung. Dafür besitzt CString keine virtuellen Funktionen, der entsprechende Overhead fällt weg. Allerdings handelt es sich dabei nur um einen Zeiger (den Zeiger auf die vtbl) für jedes Objekt sowie insgesamt für die Klasse eine vtbl sowie ein statisches CRuntimeClass-Objekt. Angesichts dieses minimalen

Mehrverbrauchs an Resourcen ist nicht verständlich, warum man auf die Vorteile der Ableitung von CObject verzichten sollte.

Allerdings kann man einige der Nachteile durch zusätzliche Funktionen bzw. Operatoren beheben. Nicht möglich ist leider die Protokollierung von CString-Objekten mit Hilfe der Debug-Speicherverwaltung, da hierzu eigene new- bzw. delete-Operatoren notwendig wären, die für CString nicht vorhanden sind. CString-Objekte auf dem Heap werden grundsätzlich als "non-object blocks" geführt. Ebenfalls nicht möglich ist die Abfrage des dynamischen Typs, da die dynamische Typisierung nur in Klassenhierarchien funktioniert, CString jedoch nicht von CObject abgeleitet ist. Daraus folgt z.B., daß CString-Objekte nicht in heterogenen Containern verwaltet werden können. In der MFC sind Containerklassen vorhanden, mit denen Objekte unterschiedlicher Typen gespeichert werden können, Voraussetzung ist jedoch wie immer, daß die zugehörigen Klassen Mitglieder einer Hierarchie sind. Da dies bei CString nicht der Fall ist, können CString-Objekte nicht mit diesen "allgemeinen" Containern gespeichert werden. Die MFC löst dieses Problem, indem alle Containertypen (Liste, Feld und Map, s.u.) parallel in einer speziellen Version für CString vorhanden sind (!). Durch den zusätzlichen Code wird in der Regel mehr Speicher verbraucht, als durch die Formulierung von CString als stand-alone-Klasse eingespart wird.

CString-Objekte können serialisiert werden, jedoch kann keine Typinformation in das Archiv geschrieben werden. Für CString sind Transferoperatoren explizit deklariert:

```
CArchive& operator << ( CArchive&, const CString& );
CArchive& operator >> ( CArchive&, CString& );
```

Damit kann man zwar z.B.

```
CFile fOut( "test.dat", CFile::modeCreate | CFile::modeWrite );
CArchive arOut( &fOut, CArchive::store );

CString sOut( "Yeah ! " );

//-- dies funktioniert, aber es wird keine Typinformation in die
//   Datei geschrieben
arOut << sOut;
```

schreiben, jedoch wird eben keine Typinformation in das Archiv eingefügt. Beim Deserialisieren kann man deshalb eben nicht

```
CObject *p = NULL;
arIn >> p;
```

schreiben, sondern man muß wissen, daß im Archiv ein CString-Objekt folgt und dieses explizit deserialisieren:

```
CFile fIn( "test.dat", CFile::modeRead );
CArchive arIn( &fIn, CArchive::load );

CString sIn;

arIn >> sIn;
```

27.11 Einfache Klassen

Ähnlich verhält es sich mit der Ausgabe auf Dumpkontexte. CString deklariert explizit einen entsprechenden Übergabeoperator:

```
CDumpContext& operator << ( CDumpContext&, const CString& );
```

Die Ausgabe erfolgt jedoch ohne Typinformation, also "rein netto".

Beachten Sie bitte, daß Anweisungen wie

```
CString str( "Yeah ! " );
cout << str << endl;
```

bzw.

```
puts( str );
```

ebenfalls möglich sind, da über den Operator const char* eine Wandlung in einen C-String erfolgen kann.

27.11.2 Die Klassen CTime und CTimeSpan

CTime und CTimeSpan sind Klassen zur Verwaltung von Zeitpunkten und Zeiträumen. Beide sind stand-alone-Klassen, d.h. es gibt kein Laufzeit-Typsystem und alle davon abhängigen Leistungen, wie z.B. virtuelle Konstruktoren. Persistenz und Ausgabe auf CDumpContext-Objekten ist jedoch über explizite Operatoren möglich.

Die Klasse CTime

Ein CTime-Objekt repräsentiert ein Datum und eine Uhrzeit. Der Wert wird in Sekunden seit dem 1. Januar 1900 gespeichert, zulässige Werte für CTime-Objekte beginnen jedoch mit dem 1. Januar 1970. Werte vor diesem Datum können mit CTime-Objekten nicht verwaltet werden.

CTime stellt im wesentlichen Funktionen bereit, um auf die einzelnen Teile des Datums zugreifen zu können. Darüber hinaus gibt es die Möglichkeit, das Datum in Stringform zu wandeln, dabei können Formate wie bei der C-Funktion strftime angegeben werden. Leider unterstützt strftime (und damit auch CTime) keine länderspezifischen Texte, die Bezeichnungen für Wochentage und Monate sind daher immer in englisch.

Lokale und UTC-Zeit

Datum und Uhrzeit werden grundsätzlich im *universal coordinated time* (UTC)-Format (früher auch *Greenwich mean time*, GMT genannt) gespeichert. Daraus kann mit Hilfe der Umgebungsvariablen TZ (für *time zone*) eine lokale Zeit berechnet werden.

Folgendes Beispiel zeigt die Ausgabe des Tagesdatums in den beiden unterschiedlichen Zeitsystemen:

```
//-- Ein CTime-Objekt mit dem augenblicklichen Tagesdatum
CTime t = CTime::GetCurrentTime();

//-- Format erzeugt ein CString-Objekt mit der lokalen Zeit
//   das über Operator const char* gewandelt wird
cout << "lokale Zeit   : " << t.Format( "%A, %d. %B, %Y   %I:%M:%S" )
     << endl;

//-- FormatGMT erzeugt ein CString-Objekt mit der UTC-Zeit
cout << "UTC bzw. GMT : " << t.FormatGmt( "%A, %d. %B, %Y   %I:%M:%S" )
     << endl;

cout << "lokale Zeit: " << t.FormatGmt( "%c" ) << endl;
}
```

Als Ergebnis wird etwas wie

```
lokale Zeit   : Sunday, 02. January 02, 1994  10:52:12
UTC bzw. GMT : Monday, 03. January 03, 1994  06:52:12
```

ausgegeben.

Die für Format bzw. FormatGmt möglichen Formate sind die gleichen wie bei der Bibliotheksfunktion strftime. Folgende Tabelle zeigt die wichtigsten Format-Spezifizierer:

```
%a      abgekürzter Name des Wochentags
%A      voller Name des Wochentags
%b      abgekürzter Name des Monats
%B      voller Name des Monats
%d      Tag des Monats (01-31)
%H      Stunde im 24-Stunden-Format (0-23)
%I      Stunde im 12-Stunden-Format (1-12)
%j      Tag des Jahres (1-366)
%m      Monat als Dezimalzahl (0-12)
%M      Minute als Dezimalzahl (0-59)
%S      Sekunde als Dezimalzahl (0-59)
%U      Woche des Jahres als Dezimalzahl (0-51, Wochenbeginn Sonntag)
%w      Tag der Woche als Dezimalzahl (0-6, Sonntag = 0)
%W      Woche des Jahres als Dezimalzahl (0-51, Wochenbeginn Montag)
%y      Jahr ohne Jahrhundert als Dezimalzahl (70-38)
%Y      Jahr mit Jahrhundert als Dezimalzahl (1970-2038)
```

Darüber hinaus gibt es noch die Möglichkeit, das Datum länderspezifisch zu formatieren:

```
%c      Datum und Uhzeit im länderspezifischen Format
```

Länderspezifische Informationen sind zwar in ANSI-Standard vorgesehen, werden jedoch von C7 und VC nicht unterstützt. Eine Ausgabe mit dem Format-Spezifizierer %c liefert das Ergebnis immer in folgendem Format:

```
01/02/94 10:52:12
```

Beachten Sie bitte, daß die Format-Funktionen ein CString-Objekt zurückliefern, das außer zur Ausgabe natürlich auch zu anderen Zwecken verwendet werden kann.

Die Umgebungsvariable TZ

Die Umgebungsvariable TZ gibt an, in welcher Zeitzone sich der Rechner befindet. Ist TZ nicht gesetzt, wird die Pazifische Zeitzone angenommen, die einen Zeitunterschied von acht Stunden zur UTC aufweist. Arbeitet man nur mit lokaler Zeit, braucht man sich um den Unterschied nicht zu kümmern. Man muß sich jedoch bewußt sein, daß die Funktionen für die UTC-Zeit (wie z.B. FormatGmt) evtl. falsche Werte liefern.

Benötigt man eine korrekte Umrechnung der lokalen Systemzeit nach UTC (bzw. umgekehrt), muß man in der Umgebungsvariablen TZ den Unterschied in Stunden zwischen lokaler Zeit und UTC angeben. Hat man also z.B. eine Stunde Unterschied, schreibt man im Betriebssystem

```
set TZ=AAA+1
```

wobei die ersten drei Buchstaben beliebig gewählt werden können (sie geben die Bezeichnung der so eingestellten Zeitzone an) und daher für die Umrechnung bedeutungslos sind.

CTime stellt über die Funktion GetLocalTm (bzw. GetGmtTm für die Zeit im UTC-System) einen Zugriff auf die aus der C-Programmierung bekannte Datenstruktur tm bereit. Neben den üblichen Werten für die Komponenten eines Datums (Jahr, Monat, Tag, Stunde, Minute und Sekunde) enthält die tm-Struktur noch zwei Werte, die z.B. für Kalenderfunktionen wichtig sind. Dabei handelt es sich um den "Tag der Woche" (Variable tm_wday) und den "Tag des Jahres" (Variable tm_yday).

Beispiel: Ausgabe eines Kalenderblatts

Folgendes Beispiel zeigt, wie die Information über den Tag der Woche zur Erzeugung eines Kalenderblatts verwendet werden kann.

```
void printCalendar( ostream &ostr, int year, int month ) {

  static char* names[] = {
    "So", "Mo", "Di", "Mi", "Do", "Fr", "Sa" };

  //-- Überschriftszeile

  int i;
  for ( i=0; i<7; i++ )
    ostr << setw( 5 ) << names[ i ];
  ostr << endl;

  //-- Tag der Woche für den ersten Tag des Monats bestimmen
  CTime t( year, month, 1, 0, 0, 0 );
  int ofs = t.GetLocalTm()-> tm_wday;

  for ( i=0; i<ofs; i++ )
    ostr << setw( 5 ) << " ";

  for ( i=1; i<=31; i++ ) {
    t = CTime( year, month, i, 0, 0, 0 );
```

```
//-- Bei einem "Überlauf" des Monats hat der Monat weniger als
//     31 Tage
if ( t.GetMonth() != month )
   break;

if ( ofs == 7 ) {
  ostr << endl;
  ofs = 0;
}
ofs++;

ostr << setw( 5 ) << i;
}
} // printCalendar
```

Beachten Sie bitte, wie die Anzahl der Tage im aktuellen Monat festgestellt wird: Es ist durchaus möglich, ein CTime-Objekt z.B. mit dem 29. Februar zu initialisieren. Ein solches ungültiges Datum wird intern als 1. März interpretiert. Am Unterschied im Wert für den Monat kann der "Überlauf" erkannt werden. Allerdings funktioniert dies nicht unbegrenzt: In der Debug-Variante der Bibliothek wird (mittels assert) sichergestellt, daß sich der Wert für den Tag im Bereich 1 bis 31 befindet.

Folgendes Listing zeigt den Aufruf der Funktion für den Februar 1994 sowie die Ausgabe:

```
   So   Mo   Di   Mi   Do   Fr   Sa
                  1    2    3    4    5
    6    7    8    9   10   11   12
   13   14   15   16   17   18   19
   20   21   22   23   24   25   26
   27   28
```

Der Tag der Woche läßt sich bequemer direkt über die Mitgliedsfunktion Get-DayOfWeek erhalten. Der Umweg über ein tm-Objekt[80] ist deshalb nicht unbedingt erforderlich:

```
//-- Tag der Woche für den ersten Tag des Monats bestimmen
CTime t( year, month, 1, 0, 0, 0 );
int ofs = t.GetDayOfWeek();
```

Die Klasse CTimeSpan

Die Klasse CTimeSpan dient zur Repräsentation eines Zeitraumes. Intern wird dieser als Anzahl Sekunden gespeichert[81], die Ausgabe kann jedoch z.B. auch aufgeschlüsselt nach Tagen, Stunden, Minuten und Sekunden erfolgen. Die einzelnen Datenelemente (Jahr, Monat, Tag etc.) können über Mitgliedsfunktionen abgefragt werden, außerdem ist Arithmetik mit CTime- und CTimeSpan-Objekten möglich.

---

80   In C++ sind auch C-structs Klassen, Strukturvariablen werden deshalb ebenfalls als Objekte bezeichnet.

81   Dies bedeutet z.B. auch, daß die maximale Auflösung für Zeitdifferenzen eine Sekunde beträgt.

27.11 Einfache Klassen

Messung von Zeitdifferenzen

Ein CTimeSpan-Objekt eignet sich hervorragend dazu, die Differenz zweier CTime-Objekte aufzunehmen. Folgendes Listing zeigt den prinzipiellen Aufbau eines Programms zur Messung von Zeitdifferenzen:

```
//-- Ein CTime-Objekt mit dem augenblicklichen Tagesdatum
CTime tStart = CTime::GetCurrentTime();

/* ... hier ein Prozess, dessen Laufzeit gemessen werden soll ... */
for ( int i=0; i<10000; i++ )
  double d = exp( i );

CTime tEnd = CTime::GetCurrentTime();

//-- Bildung der "Differenz" und formatierte Ausgabe, jedoch
//   leider in englisch
CTimeSpan diff = tEnd - tStart;

afxDump << diff << "\n";
```

Auf einem Standardrechner liefert dieses Programm z.B. die Ausgabe

```
CTimeSpan(0 days, 0 hours, 0 minutes and 12 seconds)
```

Die Ausgabe erfolgt wie immer englisch. Für eine Dump-Funktion ist dies evtl. noch tragbar, eine professionelle Ausgabefunktion sollte jedoch auf jeden Fall länderspezifische Texte verwenden. Außerdem sind die Werte für Tage, Stunden und Minuten hier nicht relevant und sollten deshalb unterdrückt werden.

Formatierung der Ausgabe

Ähnlich wie bei CTime gibt es auch bei CTimeSpan eine Formatfunktion, die ein (lesbares) Ergebnis in einem CString-Objekt erzeugt. Folgende Tabelle zeigt die Möglichkeiten:

```
%D    Tage insgesamt
%H    Stunden des Tages
%M    Minuten der Stunde
%S    Sekunden der Minute
```

Damit läßt sich eine Ausgabe in deutscher Sprache einfach wie folgt formulieren:

```
//-- Formatierte Ausgabe in deutscher Sprache
cout << diff.Format( "%D Tage, %H Stunden, %M Minuten und %S Sekunden" )
     << endl;
```

Das Ergebnis ist nun zwar deutsch, allerdings stören weiterhin die nicht relevanten Werte für Tage, Stunden und Minuten.

```
0 Tage, 00 Stunden, 00 Minuten und 11 Sekunden
```

Eine eigene Ausgabefunktion

Die Unterdrückung der nicht relevanten Teile einer Zeitdifferenz läßt sich nur mit einer eigenen Funktion erreichen. Folgendes Listing zeigt eine Möglichkeit, sowie den dazugehörenden Übergabeoperator für Streams:

```
//-- Eigene Ausgabefunktion sowie Übergabeoperator für Streams

void CTimeSpanPrint( ostream &ostr, const CTimeSpan &ts ) {

  BOOL flag = FALSE;
  int value;

  if ( value = ts.GetDays() != 0 ) {
    ostr << value << " Tage, ";
    flag = TRUE;
    }

  if ( flag || (value = ts.GetHours()) != 0 ) {
    ostr << value << " Stunden, ";
    flag = TRUE;
    }

  if ( flag || (value = ts.GetMinutes()) != 0 ) {
    ostr << value << " Minuten, ";
    flag = TRUE;
    }

  if ( (value = ts.GetSeconds()) != 0 )
    ostr << value << " Sekunden " << endl;

  }

inline ostream &operator << ( ostream &ostr, const CTimeSpan &ts ) {
  CTimeSpanPrint( ostr, ts );
  return ostr;
  }

//-- Formatierte Ausgabe mit Hilfe unserer eigenen Ausgabefunktion
cout << diff << endl;
}
```

Schreibt man nun

```
//-- Formatierte Ausgabe in deutscher Sprache mit eigener
//   Ausgabefunktion
cout << diff << endl;
```

erhält man die (besser lesbare) Ausgabe

```
11 Sekunden
```

Eine Ableitung von CTimeSpan

CTimeSpanPrint hat den Nachteil, daß die Funktion (ohne den Quellcode der MFC zu verändern) nicht als Mitgliedsfunktion von CTimeSpan formuliert werden kann, obwohl es eigentlich eine Mitgliedsfunktion sein müßte. Zur Lösung des Problems hat man jedoch in C++ grundsätzlich die Möglichkeit der Ableitung. Um also CTimeSpan um die Funktion CTimeSpanPrint zu erweitern, bildet man eine Ableitung und implementiert dort die gewünschte Funktion.

27.11 Einfache Klassen

Folgendes Listing zeigt die Ableitung CTimeSpanD[82], die diesen Ansatz realisiert:

```
//---------------------------------------------------------------
//       class CTimeSpanD
//
struct CTimeSpanD : public CTimeSpan {

   //-- Die Konstruktoren sowie der Zuweisungsoperator müssen in der
   //   Ableitung erneut angegeben werden, da sie nicht vererbt werden

   CTimeSpanD();
   CTimeSpanD( time_t );
   CTimeSpanD( LONG lDays, int nHours, int nMins, int nSecs) ;

   CTimeSpanD( const CTimeSpanD& );
   CTimeSpanD( const CTimeSpan& );

   const CTimeSpanD& operator = ( const CTimeSpanD& );

   //-- Die neu hinzugekommene Funktion

   void print( ostream & ) const;
};

//---------------------------------------------------------------
//       class CTimeSpanD Implementierung neue Funktionalität
//

//-- Eigene Ausgabefunktion sowie Übergabeoperator für Streams

void CTimeSpanD::print( ostream &ostr ) const {

   BOOL flag = FALSE;
   int value;

   if ( value = GetDays() != 0 ) {
     ostr << value << " Tage, ";
     flag = TRUE;
   }

   if ( flag || (value = GetHours()) != 0 ) {
     ostr << value << " Stunden, ";
     flag = TRUE;
   }

   if ( flag || (value = GetMinutes()) != 0 ) {
     ostr << value << " Minuten, ";
     flag = TRUE;
   }

   if ( (value = GetSeconds()) != 0 )
     ostr << value << " Sekunden " << endl;

}

inline ostream &operator << ( ostream &ostr, const CTimeSpanD &ts ) {
   ts.print( ostr );
   return ostr;
}
```

Das Beispiel zeigt, wie man Ableitungen verwenden kann, um Funktionalität zu einer Klasse hinzuzufügen. Typisch für diese Art Ableitungen ist es, daß die Ableitung keine neuen Mitgliedsdaten, sondern nur zusätzliche Mitgliedsfunktionen deklariert. Eigentlich besteht deshalb auch kein Grund, daß die Ableitung Konstruktoren benötigt: Alle Datenelemente werden ja bereits durch die Basisklasse initialisiert. Konstruktoren werden jedoch nicht vererbt, so daß die

---

82 Das D soll für *Deutsch* stehen.

Ableitung alle Konstruktoren noch einmal deklarieren (und implementieren) muß. Da es in der Ableitung nichts zu initialisieren gibt, rufen die Konstruktoren nur die zugehörigen Konstruktoren der Basisklasse auf:

```
//-----------------------------------------------------------------
//      class CTimeSpanD Implementierung geerbte Funktionalität
//
inline CTimeSpanD::CTimeSpanD() {}

inline CTimeSpanD::CTimeSpanD( time_t time ) : CTimeSpan( time ) {}

inline CTimeSpanD::CTimeSpanD( LONG lDays, int nHours, int nMins, int nSecs )
  : CTimeSpan( lDays, nHours, nMins, nSecs ) {}

inline CTimeSpanD::CTimeSpanD( const CTimeSpanD& timeSpanSrc )
  : CTimeSpan( timeSpanSrc ) {}
```

Gleiches gilt für den Zuweisungsoperator:

```
const CTimeSpanD& CTimeSpanD::operator = ( const CTimeSpanD& timeSpanSrc ) {
  CTimeSpan::operator = ( timeSpanSrc );
  return *this;
}
```

Ein Sonderfall bildet der Konstruktor

```
inline CTimeSpanD::CTimeSpanD( const CTimeSpan& timeSpanSrc )
  : CTimeSpan( timeSpanSrc ) {}
```

Er sieht auf den ersten Blick wie ein Kopierkonstruktor aus, übernimmt jedoch kein Objekt der eigenen Klasse, sondern ein Objekt der Basisklasse (hier also CTimeSpan). Der Grund ist, daß der Ausdruck

```
tEnd - tStart
```

ein Objekt vom Typ CTimeSpan liefert, das in der Anweisung

```
CTimeSpanD diff = tEnd - tStart;
```

zur Initialisierung des CTimeSpanD-Objektes verwendet werden soll.

Beachten Sie bitte, daß alle in CTimeSpanD deklarierten Mitglieder öffentlich sind. Die Klasse wird deshalb als struct formuliert, für die ja die Voreinstellung public ist.

Das Hauptprogramm bleibt unverändert, nur wird jetzt anstelle eines CTimeSpan-Objektes ein CTimeSpanD-Objekt zum Speichern der Laufzeit verwendet.

```
  //-- Ein CTime-Objekt mit dem augenblicklichen Tagesdatum
  CTime tStart = CTime::GetCurrentTime();

  /* ... hier ein Prozess, dessen Laufzeit gemessen werden soll ... */
  for ( int i=0; i<10000; i++ )
     double d = exp( i );

  CTime tEnd = CTime::GetCurrentTime();

  CTimeSpanD diff = tEnd - tStart;

  //-- Formatierte Ausgabe mit Hilfe unserer eigenen Ausgabefunktion
  cout << diff << endl;
}
```

Serialisierung und Dump-Ausgabe

Obwohl weder CTime noch CTimeSpan von CObject abgeleitet sind, sind Objekte beider Klassen trotzdem serialisierbar sowie auf Dump-Kontexten ausgebbar. Dazu sind in der MFC die Übergabeoperatoren für CArchive und CDumpContext analog zu CString überladen, wie hier am Beispiel der Klasse CTime gezeigt:

```
#ifdef _DEBUG
  CDumpContext& operator << ( CDumpContext&, CTimeSpan );
#endif

  CArchive& operator << ( CArchive&, CTimeSpan );
  CArchive& operator >> ( CArchive&, CTimeSpan& );
```

Die bereits bei CString (s.o.) festgestellten Beschränkungen (also vor allem kein Laufzeit-Typsystem sowie keine dynamische Typisierung) gelten auch für CTime und CTimeSpan.

27.12 Zusammenfassendes Beispiel

Auf der Begleitdiskette befindet sich im Verzeichnis KAP27 eine Version der Klasse FractInt, die alle in diesem Kapitel vorgestellten Leistungsmerkmale, die die MFC für eigene Klassen anbietet, verwendet. Dies sind insbesondere:

❑ Behandlung von Ausnahmen durch exception handling. Dazu wird eine eigene Ausnahmeklasse FractIntException definiert. Das Ungültigkeitskonzept bleibt weiterhin erhalten, d.h. bevor eine Ausnahme ausgelöst wird, wird das eigene Objekt auf ungültig gesetzt.

❑ Dynamische Typisierbarkeit und Objektpersistenz. FractInt ist von CObject abgeleitet und verwendet die entsprechenden Makros für dynamische Typisierung bzw. Persistenz. Die Mitgliedsdaten der Klasse sind ints und benötigen zur Serialisierung die neuen Operatoren für ints, die unserer Erweiterung der MFC definiert sind.

❑ Die Klasse unterstützt die Philosophie der Debug- und Release-Varianten. Prüfungen auf Gültigkeit etc. sowie die Ausgabe auf Dump-Kontexten sind nur in der Debug-Variante vorhanden.

❑ Für die Ausgabe auf Streams sind Stream-Übergabeoperatoren definiert.

Die neuen Eigenschaften der Klasse FractInt werden durch ein kleines Beispielprogramm (Datei test.cpp) veranschaulicht:

```
//====================== Kopf ======================
//
// Testprogramm für FractInt.
// Das Programm liest zwei Brüche ein und druckt Summe, Differenz,
// Produkt und Quotient der beiden Argumente.
// Das Programm läuft in einer Endlosschleife. Beenden durch Eingabe
// von ^C
//
// 92.08.01 : Version 1 (Au)
// 92.12.13 : Version 1.3 : Mit exception handling aus der MFC (Au)
//
//====================== Abhängigkeiten ======================
//

#include <iostream.h>

#include <fractint.h>

//====================== Implementierung ======================
//

//-------------------------------------------------------------
//         main
//
void main() {

    //-- wegen den bekannten Problemen mit Ausnahmen in Konstruktoren
    //   Standardkonstruktor & set verwenden
    FractInt f1, f2;

    while ( 1 ) {

      TRY {

        int z, n;

        printf( "Bitte Zähler, Nenner des ersten Bruches eingeben : " );
        cin >> z >> n;
        f1.set( z, n );

        printf( "Bitte Zähler, Nenner des zweiten Bruches eingeben : " );
        cin >> z >> n;
        f2.set( z, n );

        cout << "Bruch 1 :      " << f1 << endl;
        cout << "Bruch 2 :      " << f2 << endl;

        cout << "Summe          " << f1 + f2 << endl;
        cout << "Differenz      " << f1 - f2 << endl;
        cout << "Produkt        " << f1 * f2 << endl;
        cout << "Quotient       " << f1 / f2 << endl;
      }

      CATCH( FractIntException, fe ) {
        cout << "Es ist eine Ausnahme aufgetreten! Bitte neue Eingabe\n";
      }

      END_CATCH
    } // while
} // main
```

Zur Erstellung des lauffähigen Programms sind die Projektdateien test_c7.mak bzw. test_vc.mak vorhanden. Beachten Sie bitte, daß das Projekt die Includedatei afx.h der MFC sowie unsere Erweiterungen zur MFC in der Datei afxadd.h benötigt. Dazu sind im Projekt für C7 die Includepfade \msc700\mfc\include sowie ..\afxadd gesetzt, im Projekt für VC die Pfade \msvc\mfc\include und ebenfalls ..\afxadd. Diese Einstellungen müssen angepaßt werden, wenn sich der Compiler oder unsere Erweiterugen der MFC in anderen Verzeichnissen befinden.

28 Die Containerklassen der MFC

Wie nahezu in jeder C++ Bibliothek gibt es auch in der MFC Containerklassen. Die verfügbaren Klassen unterscheiden sich in der Art der Speicherung (also z.B. lineare Liste oder dynamisches Feld) sowie im Datentyp, den sie verwalten (numerische Werte, Zeiger etc). Für jede Kombination aus Speicherart und Datentyp ist eine vollständig ausprogrammierte eigene Klasse vorgesehen, für einige Kombinationen sind fertige Klassen vorhanden. So gibt es z.B. Klassen für Felder von BYTE, WORD sowie DWORD. Zusätzlich gibt es Felder für Zeiger, und zwar für die Datentypen void* und CObject*, sowie ein Spezialfeld für CString-Objekte. Ähnliche Vielfalt gibt es auch für die anderen Typen von Containerklassen. Benötigt der Programmierer einen Container für weitere Datentypen, kann er sich diesen aus einer generischen Vorlage mit Hilfe des Template-Expanders (Kapitel 18) erzeugen. Wir gehen auf diesen Vorgang weiter unten noch genauer ein.

28.1 Typen von Containern I

In der MFC gibt es drei Containertypen: Felder, lineare Listen und Maps (auch *Dictionaries* genannt, zu deutsch etwa "Verzeichnisse". Wir bleiben, um Verwechslungen mit dem Dateisystem zu vermeiden, bei der treffenderen Bezeichnung *Maps*). Allen Containern gemeinsam ist die Möglichkeit, eine beliebige Anzahl von Mitgliedern speichern zu können. Die Container verwalten dazu ihren Speicherplatz dynamisch. Alle Containerklassen bieten im wesentlichen die gleiche Funktionalität an (Hinzufügen, Löschen, Suchen, Durchlaufen etc), wenn auch die Funktionen jeweils anders heißen und unterschiedlich performant sind.

Der Grund für unterschiedliche Containertypen liegt in der Tatsache, daß nicht alle Operationen mit allen Containertypen gleich schnell sind. Je nach Anforderungsprofil kann man z.B. für einen Container die Suchzeit zum Auffinden eines Elementes optimieren. In der Regel benötigen Containertypen, die Objekte besonders schnell finden können, auf der anderen Seite einen erhöhten Aufwand beim Zufügen neuer oder Entfernen gespeicherter Objekte. Die Wahl eines Containertyps hängt also in großem Maße vom Einsatzzweck ab.

Professionelle Bibliotheken implementieren deshalb nicht nur unterschiedliche Containertypen, sondern vergeben Funktionen mit gleichen Aufgaben auch gleiche Namen. So heißt z.B. die Funktion zum Anhängen eines Elements an einen existierenden Container immer add, unabhängig vom Typ des Containers. Dadurch ist es z.B. möglich, im Zuge von Optimierungsmaßnahmen in einem

Programm einen Containertyp durch einen anderen zu ersetzen, ohne das Programm wesentlich ändern zu müssen.

Leider ist dies in der MFC-Implementierung der Containerklassen nicht der Fall. So stellt man z.B. die Anzahl der Elemente in einem Feld mit Hilfe der Funktion GetSize fest, während die gleiche Funktionalität bei Listen und Maps GetCount heißt. Hier kommt man bei einer nachträglichen Änderung des Containertyps um größere Änderungen nicht herum.

28.1.1 Felder

Ein dynamisches Feld verwaltet seine Objekte in einem zusammenhängenden Speicherbereich. Dieser Speicherbereich wird automatisch vergrößert, wenn neue Objekte hinzugefügt werden. Umgekehrt dagegen wird der Speicherbereich nicht automatisch verkleinert, wenn Objekte entfernt werden, dies kann der Programmierer jedoch durch expliziten Aufruf einer Funktion erreichen.

Eine Vergrößerung bzw. Verkleinerung des Speicherbereiches bedeutet ein Umspeichern sämtlicher bereits vorhandener Objekte. Um den damit verbundenen Aufwand gering zu halten, kann man bei der Anforderung eines neuen Speicherblocks mehr Speicher als aktuell notwendig anfordern, und den zusätzlichen Speicher stückweise auffüllen. Meist wählt man als Blockgröße ein Vielfaches von 16 Byte.

Der Zugriff auf ein Objekt erfolgt über eine (sehr schnelle) Index-Operation, deren Zeitbedarf zudem unabhängig von der Containergröße ist. Der Programmierer hat volle Kontrolle über die Anordnung der Objekte im Container: Jedes Objekt wird eindeutig durch seinen Index im Container repräsentiert. Zufügen bzw. Entfernen von Objekten ist schnell, wenn nicht umgespeichert werden muß bzw. der Speicherblock klein ist. Beide Operationen hängen daher (wenn auch nur schwach) von der Containergröße ab. Suchen ist langsam, da jedes Objekt betrachtet und einzeln geprüft werden muß, bis ein Treffer gefunden wird. Der Suchaufwand hängt daher stark von der Containergröße ab.

Ein dynamisches Feld ist der Allroundcontainer schlechthin. Wird der Container nicht zu groß, wiegen die Vorteile den Nachteil, der aus dem zusammenhängenden Speicherblock entsteht, bei weitem auf. In der MFC sind folgende Feldklassen vorhanden:

```
Klassennamen            Datentyp
class CByteArray;       // BYTE
class CWordArray;       // WORD
class CDWordArray;      // DWORD
class CUIntArray;       // UINT
class CPtrArray;        // void*
class CObArray;         // CObject*
class CStringArray;     // CStrings
```

In der Version 1 der MFC ist die Klasse CUIntArray nicht vorhanden. Dies ist unerheblich, da sich der Programmierer mit Hilfe des Template-Expanders Feldklassen für beliebige Datentypen erzeugen kann(s.u.)[83].

Das typische Merkmal einer Feldklasse ist der Zugriff auf gespeicherte Daten über einen numerischen Index. Die MFC-Feldklassen stellen dazu im wesentlichen den []-Operator bereit:

```
T& operator[]( int nIndex );
T  operator[]( int nIndex ) const;
```

Beachten Sie bitte, daß die zweite Form des Operators für konstante Containerobjekte verwendet wird (Kapitel 10). Die erste Form liefert eine Referenz auf ein Feldelement und kann deshalb sowohl zum Schreiben als auch zum Lesen von Feldelementen verwendet werden. In der Debug-Variante wird sichergestellt, daß sich der Wert für den Index im erlaubten Bereich befindet. Beim Feldzugriff über den []-Operator wird das Feld nicht dynamisch vergrößert. Möchte man Objekte in ein Feld *einfügen*, muß man spezielle Funktionen verwenden.

28.1.2 Lineare Listen

Lineare Listen verwalten ihre Daten nicht in einem zusammenhängenden Speicherblock, sondern in einzelnen, entsprechend kleineren Speicherbereichen, die durch Zeiger miteinander verbunden sind. Die MFC-Implementierung dieses Containertyps verwendet eine doppelt verkettete Liste, die ein Durchwandern der Speicherbereiche in beiden Richtungen ermöglicht.

Lineare Listen ermöglichen keinen Indexzugriff. Zufügen und Löschen von Daten ist schnell und unabhängig von der Containergröße, da im wesentlichen nur ein Speicherblock angefordert bzw. zurückgegeben sowie einige Zeiger umgesetzt werden müssen. Der Suchaufwand ist in der gleichen Größenordnung wie bei Feldern, da auch hier sequentiell vorgegangen werden muß.

Implementierungen Linearer Listen unterstützen in der Regel die Konzeption eines *aktuellen Elementes*, auf das sich Operationen beziehen. Typische Operationen sind "Löschen", "Einfügen vor", "Einfügen nach", "nächstes Element" oder "voriges Element". Die MFC ist hier keine Ausnahme. Sie definiert den Datentyp POSITION, mit dem das aktuelle Element in der Liste bezeichnet wird.

Lineare Listen sind nur dann eine Alternative zu Feldern, wenn man sehr viele Objekte speichern möchte und dabei die Nachteile des zusammenhängenden Speicherblocks nicht in Kauf nehmen kann.

---

[83] Dies gilt auch für lineare Listen und Maps, d.h. auch für diese beiden Containertypen können Versionen für beliebige Datentypen erzeugt werden.

In der MFC sind folgende Listenklassen vorhanden:

```
Klassennamen            Datentyp
class CPtrList;         // void*
class CObList;          // CObject*
class CStringList;      // CStrings
```

Das typische Merkmal einer Liste ist die Konzeption eines aktuellen Elements. Im Gegensatz zum Feld kann nicht auf alle Elemente gleich gut zugegriffen werden, sondern ein Zugriff ist normalerweise nur auf das aktuelle Element möglich. Möchte man auf ein anderes Objekt aus der Liste zugreifen, muß man sich (mit Hilfe von Funktionen) zu diesem erst "hinbewegen" und es zum aktuellen Element machen. Aus diesem Konzept folgen die typischen Mitgliedsfunktionen, die für eine Listenklasse normalerweise vorhanden sind.

Folgendes Listing zeigt einen Ausschnitt aus der MFC-Implementierung:

```
T& GetAt( POSITION position );
T  GetAt( POSITION position) const;
void SetAt( POSITION pos, T newElement);
void RemoveAt( POSITION position);

POSITION InsertBefore( POSITION position, T newElement);
POSITION InsertAfter ( POSITION position, T newElement);
```

Man sieht, daß die Routinen zum Lesen, Schreiben und Löschen von Elementen ausschließlich auf das aktuelle Element, das durch den Wert des Parameters position gegeben ist, wirken. Während SetAt das aktuelle Element überschreibt, muß man beim Einfügen unterscheiden, ob man *vor* oder *nach* dem aktuellen Element einfügen möchte. Neben den Funktionen, die auf das aktuelle Element wirken, gibt es noch zusätzliche Funktionen, die speziell auf dem Listenanfang bzw. dem Listenende operieren.

Beachten Sie bitte, daß die Funktion, die eine Referenz auf ein Containerelement liefert, bei der Listenklasse GetAt heißt, während sie bei der Feldklasse ElementAt genannt wurde.

28.1.3 Maps

Maps gehören zu den eher unbekannten Containertypen. Ihre Stärke liegt eindeutig im besonders schnellen Auffinden gespeicherter Elemente anhand von Schlüsseln. Während der Suchaufwand bei Feldern und Listen linear zur Größe des Containers steigt, ist er bei Maps (nahezu) unabhängig von der Anzahl gespeicherter Elemente. Einfügen bzw. Löschen sind langsamer als bei Feldern und Listen, da der Container das Element intern so speichert, daß es möglichst schnell wiedergefunden werden kann. Eine weitere Konsequenz dieser optimierten Speicherform ist die Tatsache, daß Objekte nicht in einer vom Programmierer bestimmten Reihenfolge gespeichert werden. Die Operationen "nächstes Element" bzw. "voriges Element" haben deshalb eigentlich keine Bedeutung und sind bei manchen Map-Implementierungen auch nicht vorhanden, weswegen man auch von einem *ungeordneten Container* spricht. Das Durchlaufen aller Elemente einer Map ist normalerweise nicht ohne Zusatzaufwand möglich, da es eben kein "nächstes" Element gibt. Andererseits benötigt

28.1 Typen von Containern I

man oft Zugriff auf alle Elemente eines Containers, weswegen Map-Implementierungen (inclusive die der MFC) meist Sonderfunktionen zum Durchlaufen der Map anbieten.

Elemente, die in Maps gespeichert werden können, bestehen aus zwei Teilen: Einem Schlüsselteil und einem Datenteil. Für beide Teile sind prinzipiell beliebige Datentypen möglich. Maps eignen sich für alle Aufgaben, bei denen es darauf ankommt, Zuordnungen besonders schnell durchführen zu können. Ein Beispiel für den Einsatz einer Map ist ein Programm zum Bestimmung von Worthäufigkeiten in einem Text: Die Programmlaufzeit bei größeren Texten wird wesentlich von der Zeit bestimmt, um ein neu eingelesenes Wort im Container zu finden (bzw. festzustellen, daß es sich noch nicht im Container befindet). Hier ist die direkte Suche einer Map der sequentiellen Suche von Feldern bzw. linearen Listen deutlich überlegen.

In der MFC sind folgende Mapklassen vorhanden:

Klassennamen	Index-Datentyp Wert-Datentyp
class CMapWordToOb;	// WORD -> CObject*
class CMapWordToPtr;	// WORD -> void*
class CMapPtrToWord;	// void* -> WORD
class CMapPtrToPtr;	// void* -> void*
class CMapStringToPtr;	// CString -> void*
class CMapStringToOb;	// CString -> CObject*
class CMapStringToString;	// CString -> CString

Das typische Merkmal einer Map ist der Zugriff auf gespeicherte Daten über einen Schlüssel. Auch hier gibt es dazu im wesentlichen einen []-Operator, der jedoch im Gegensatz zum Feld nicht unbedingt numerisch sein muß. Betrachten wir als Beispiel eine Map, die Strings auf integer zuordnet. Ein Element eines solchen Containers besteht aus einem Schlüsselteil vom Typ CString und einem Datenteil vom Typ int[84]. Ist m eine solche Map, bedeutet die Anweisung

```
m[ "String 2" ] = 3;
```

daß der Container ein Element mit dem Schlüssel "String 2" sucht. Existiert ein solches Element, wird eine Referenz auf den Datenteil des Elements zurückgeliefert, ansonsten wird ein neues Element erzeugt und ebenfalls eine Referenz auf den Datenteil zurückgeliefert. Das Ergebnis obiger Anweisung ist also in beiden Fällen, daß sich im Container ein Element mit dem Schlüsselteil "String 2" und dem Datenteil 3 befindet.

Da der Operator eine Referenz auf den Datenteil liefert, kann der Datenteil beliebig gelesen, gesetzt oder verändert werden. Anweisungen wie

```
// value erhält Datenteil zu Schlüssel "String 2"
int value = m[ "String 2" ];
```

---

[84] Eine solche Map ist nicht standardmäßig vorhanden. Wir werden sie in einem späteren Abschnitt aus einem Map-Template automatisch erzeugen.

oder

```
// Datenteil zu Schlüssel "String 2" wird um 1 erhöht
m[ "String 2" ] ++;
```

Beachten Sie bitte, daß es sich beim Argument für den Operator [] nicht um einen *Index*, sondern um einen *Schlüssel* handelt. Der Unterschied ist, daß ein Index zum Zugriff auf Feldelemente verwendet wird, sein Wert bestimmt den Offset des Feldelementes vom Anfang des Feldes an. Schreibt man z.B. für ein Feld f

```
f[ 1000 ] = 3;
```

muß das Feld mindesten 1000 Elemente haben. Für ein Feld hängt der Wertebereich für den Index von der Größe des Feldes ab. Für eine Map gilt dies nicht. Schreibt man z.B bei einer Map m mit numerischem Schlüssel

```
m[ 1000 ] = 3;
```

bedeutet das, daß die Map einen Eintrag mit dem Schlüssel 1000 und dem Datenteil 3 erhält. Über die Größe der Map ist noch nichts ausgesagt.

Wir werden diesen interessanten Containertyp im Rahmen eines Beispielprogramms noch genauer untersuchen.

28.2 Typen von Containern II

Containerklassen lassen sich außer nach der Datenorganisation auch noch nach anderen Gesichtspunkten klassifizieren. Eine für uns wichtiges Unterscheidungsmerkmal ist die Behandlung der gespeicherten Daten. Nach diesem Merkmal lassen sich folgende Typen unterscheiden:

28.2.1 Container für einfache Datentypen

Hierunter fallen Container für die elementaren Datentypen des Compilers, wie z.B. char, int, WORD etc. Gemeinsames Merkmal ist, daß diese elementaren Datentypen keine Klassen sind und daher weder Konstruktoren und Destruktoren besitzen. Containerklassen für einfache Datentypen brauchen keinerlei Rücksicht auf die Struktur ihrer Daten zu nehmen.

In der MFC gehören zu diesem Typ vor allem die Felder für BYTE, UINT, WORD, DWORD und LONG.

28.2.2 Container für Objekte

Container, die Objekte speichern, verwalten grundsätzlich ihre eigene Kopie der Objekte. Dies bedeutet, daß beim Einfügen eines Objekts in einen solchen Container immer eine Kopie erzeugt werden muß. Die zugehörige Klasse benötigt daher auf jeden Fall einen Kopierkonstruktor.

Beim Zerstören eines Containers müssen die gespeicherten Objekte ebenfalls zerstört werden. Da der Container eigene Kopien der Objekte verwaltet, ist das korrekte Zerstören dieser Kopien die Aufgabe der Containerklasse. In der MFC-Implementierung wird dazu jedoch nicht der Destruktor aufgerufen, sondern eine spezielle Deinitialisierungsfunktion DestructElement, die der Programmierer für den zu speichernden Datentyp implementieren muß. Ein ähnliches Problem tritt bei der Initialisierung auf: Bereits vom Container allokierter Speicher muß korrekt mit einem "leeren" Objekt initialisiert werden. Dabei geht es einerseits um Mitgliedsvariablen, die vernünftige Werte erhalten müssen, andererseits aber auch um den vtbl-Zeiger, wenn Objekte mit virtuellen Funktionen gespeichert werden sollen. Während eine Initialisierung mit 0 für Mitgliedsdaten in der Regel meist ausreichend ist, muß der vtbl-Zeiger immer korrekt besetzt werden. Aus diesem Grunde gibt es die Funktion ConstructElement, die einen (vorgegebenen Speicherbereich) als Objekt initialisieren muß[85].

Eine besondere Situation liegt vor, wenn Objekte an andere Adressen verlagert werden müssen. Dies ist z.B. dann erforderlich, wenn ein Objekt in die Mitte eines dynamischen Feldes eingefügt werden soll. Im Feld nachfolgende Objekte müssen dann nach hinten verschoben werden, um Platz für das neu einzufügende Objekt freizumachen. Diese Verschiebung erfolgt in der MFC-Implementierung grundsätzlich mit memmove, da man davon ausgeht, daß es für Objekte unerheblich ist, an welchen Adressen sie stehen. Dieser Effekt spielt jedoch eine Rolle, wenn das Programm Zeiger oder Referenzen auf Objekte in einem Container hält. Man muß dabei beachten, daß der Container Objekte umkopieren kann, so daß die Zeiger bzw. Referenzen ungültig werden.

Von diesem Containertyp sind in der MFC nur Felder und Listen für CString-Objekte vorhanden.

28.2.3 Container für Zeiger auf Objekte

Anstelle der Objekte selber kann ein Container auch nur Zeiger auf Objekte speichern. Dies ist die einzige Möglichkeit, in C++ einen heterogenen Container zu realisieren. Weitere Unterschiede zur direkten Speicherung sind:

- Beim Einfügen eines neuen Objekts muß die Containerklasse keine eigene Kopie des Objekts erzeugen. Die Anwendung übergibt nur noch einen Zeiger.

- Der Container kann die Objekte selber nicht verschieben, wohl aber seine eigenen Zeiger darauf. Die Anwendung kann problemlos weitere Zeiger oder Referenzen auf die Objekte halten, ohne befürchten zu müssen, daß diese vom Container an andere Adressen verschoben werden.

---

85 Warum die MFC-Entwickler diese Konstruktion gewählt haben, bleibt eines der Geheimnisse der MFC. Normalerweise ist für die Initialisierung von Objekten der Konstruktor und für die Zerstörung der Destruktor zuständig. Dies wäre auch hier möglich gewesen.

Ein Container, der Zeiger auf Objekte speichert, ist technisch gesehen genaugenommen ein Container für einen einfachen Datentyp. Der Unterschied zu einem Container z.B. für WORD liegt jedoch darin, daß man erreichen will, daß es so aussieht, als ob der Container trotzdem die Objekte selber speichert. Aus diesem Grunde haben wir in Kapitel 23 z.B. die Eigentümerregelung eingeführt: Wurde ein Objekt an unseren PtrArry-Container übergeben, "gehört" das Objekt dem Container, genau so als ob es direkt gespeichert worden wäre. Eine Folge dieser Philosophie ist unter anderem, daß der PtrArry-Destruktor seine Objekte zerstören muß, wenn er selber zerstört wird.

Genau hier liegt ein wesentlicher Unterschied zwischen unserer Containerklasse PtrArry und denjenigen Klassen der MFC, die ebenfalls Objektzeiger speichern. Während PtrArry die Eigentümerregelung beherzigt, ist dies in der MFC nicht der Fall: Zeiger auf Objekte werden dort als ganz normale, einfache Datentypen gespeichert, analog zu Containern für z.B. LONG oder WORD. Dies bedeutet, daß der Programmierer selber dafür Sorge tragen muß, daß die in einem Container über Zeiger gespeicherten Objekte korrekt zerstört werden. Die Verantwortung für die Verwaltung von Objekten bleibt bei Verwendung der MFC-Containerklassen komplett beim Programmierer. Dies bedeutet, daß der Programmierer selber überlegen muß, wann ein Containerobjekt ungültig wird, da er vorher manuell alle gespeicherten Objekte löschen muß, um Speicherlecks zu vermeiden. Es ist unverständlich, warum Microsoft diese Aufgabe dem Programmierer überlassen hat, zumal die Implementierung im Destruktor mehr als einfach wäre. Wir werden später im Rahmen eines Beispiels dieses Manko beseitigen.

Trotzdem haben Container für Zeiger Beziehungen zu den Objekten, auf die die Zeiger verweisen. In der MFC sind Container, die CObject-Zeiger verwalten, serialisierbar und können außerdem ihre Objekte auf Dumpkontexten ausgeben. Dies ist möglich, da der Container dazu nur jeweils eine virtuelle Funktion für alle verwalteten Objekte aufrufen muß. Container, die Zeiger vom Typ void* verwalten, haben diese Funktionalität natürlich nicht.

Allgemein bezeichnet man einen Container, der Zeiger auf Objeke speichert, aber die Objekte selber meint, als *zeigerbasiert (pointer based)*, während man bei Containern, die Objekte (bzw. einfache Datentypen) direkt speichern, von *wertbasierten (value based)* Containern spricht. Von zeigerbasierten Containern sind in der MFC Felder und Listen für die Datentypen CObject* und void* vorhanden. Zweifelsohne am wichtigsten sind die beiden Container für CObject*, da sie heterogene Container sein können.

28.3 Ausgabe auf Dump-Kontexten

Alle Container können auf CDumpContext-Objekten ausgegeben werden, und zwar sowohl ohne als auch mit den verwalteten Elementen. Zur Unterscheidung kann mit einer CDumpContext-Mitgliedsfunktion die Ausgabetiefe gesetzt werden. Ist die Ausgabetiefe 0, werden nur Daten des Containerobjekts ausgegeben, ist sie größer 0, werden auch die verwalteten Elemente ausgegeben.

28.3 Ausgabe auf Dump-Kontexten

Folgendes Beispiel zeigt die Ausgabe eines Feldes für WORD mit unterschiedlichen Ausgabetiefen:

```
CWordArray wa;

for ( int i=0; i<5; i++ )
  wa.Add( i );

DEBUG( afxDump.SetDepth( 0 ); )
DUMP( "Ausgabe ohne Elemente: " << wa )

DEBUG( afxDump.SetDepth( 1 ); )
DUMP( "Ausgabe mit Elementen: " << wa )
```

Ausgabe:

```
Ausgabe ohne Elemente: a CWordArray with 5 elements

Ausgabe mit Elementen: a CWordArray with 5 elements

      [0] = 0
      [1] = 1
      [2] = 2
      [3] = 3
      [4] = 4
```

Analog funktioniert die Ausgabe eines Feldes für Strings:

```
//-- Ein Feld für CString-Objekte
CStringArray sa;

for ( int i=0; i<5; i++ )
  sa.Add( CString("Ein String") );

DEBUG( afxDump.SetDepth( 1 ); )
DUMP( sa )
```

Ausgabe:

```
a CStringArray with 5 elements

      [0] = Ein String
      [1] = Ein String
      [2] = Ein String
      [3] = Ein String
      [4] = Ein String
```

Container für untypisierte Zeiger (void*) geben ebenfalls die Werte ihrer Elemente (das sind hier also Adressen) aus:

```
//-- Ein Feld für untypisierte Zeiger
CPtrArray pa;

pa.Add( &pa );

DEBUG( afxDump.SetDepth( 1 ); )
DUMP( pa )
```

Ausgabe:

```
a CPtrArray with 1 elements

      [0] = $174C
```

Einen Sonderfall bilden Container für CObject* Daten. Sie geben nicht den Wert der Zeiger aus, sondern rufen die Dump-Funktionen ihrer Objekte auf:

```
CObArray oa;

//-- Ein Feld aus FractInt-Objekten, jedoch als Zeiger gespeichert
oa.Add( new FractInt( 2, 3 ) );
oa.Add( new FractInt( 4 ) );

DEBUG( afxDump.SetDepth( 1 ); )
DUMP( oa )
```

Ausgabe:

```
a CObArray with 2 elements
     [0] = a FractInt at $1C2C z: 2 n: 3
     [1] = a FractInt at $1C6E z: 4 n: 1
```

28.3.1 Serialisierung

Ein serialisierbarer Container kann seine Objekte auf ein Archiv ausgeben bzw. die Objekte aus einem Archiv wiederherstellen. Mit Ausnahme der Container für untypisierte Zeiger sind alle Containertypen in der MFC serialisierbar.

Folgendes Beispiel zeigt, wie eine lineare Liste mit Strings in eine Datei serialisiert und in einem zweiten Schritt aus dieser wiederhergestellt wird:

```
//-- Erzeugen einer linearen Liste mit zwei Strings

CStringList sl1;
sl1.AddTail( "String 1" );
sl1.AddTail( "String 2" );

//-- Erzeugen Archiv und zugehörige Datei für die Ausgabe

CFile f1( "test.dat", CFile::modeCreate | CFile::modeWrite );
CArchive ar1( &f1, CArchive::store );

//-- Ausgabe der gesamten Liste mit allen Objekten mit einem Befehl

ar1 << &sl1;

ar1.Close();
f1.Close();

//-- Erzeugen Archiv für die Eingabe und verbinden mit Datei

CFile f2( "test.dat", CFile::modeRead );
CArchive ar2( &f2, CArchive::load );

//-- Einlesen der gesamten Liste mit einem Befehl
CStringList *sl2p;
ar2 >> sl2p;

ar2.Close();
f2.Close();

//-- Ausgabe der eingelesenen Liste
DEBUG( afxDump.SetDepth(1); )
DUMP( sl2p )
```

28.3 Ausgabe auf Dump-Kontexten

Die Ausgabe dient zur Kontrolle der eingelesenen Daten. Sie lautet wie erwartet:

```
a CStringList with 2 elements
    String 1
    String 2
```

Beachten Sie bitte, daß in der Serialisierung und Deserialisierung Zeiger verwendet werden:

```
CStringList sl1;
/* ... */
ar1 << &sl1;

/* ... */

CStringList *sl2p;
ar2 >> sl2p;
```

Die Verwendung von Zeigern ist notwendig, um mit den Transferoperatoren serialisieren bzw. deserialisieren zu können. Dabei wird die volle Typinformation (also daß es sich um eine lineare Liste für Strings handelt) in das Archiv geschrieben. Beim Einlesen wird diese Typinformation verwendet, um ein Objekt der korrekten Klasse (also CStringList) zu erzeugen. Der Zeiger, der beim Einlesen verwendet wird, kann deshalb auch ganz allgemein vom Typ CObject* sein:

```
CObject *sl2p;
ar2 >> sl2p;
```

sl2p kann auf jedes Objekt einer von CObject abgeleiteten Klasse zeigen. In unserem Fall handelt es sich um ein Objekt der Klasse CStringList. Um mit der Liste arbeiten zu können, benötigen wir einen Zeiger vom Typ CStringList*, den man wie üblich aus sl2p durch Typwandlung erhält - allerdings nicht, ohne vorher mit unserem neuen Makro ASSERT_TYPE (Kapitel 27) den korrekten dynamischen Typ zu verifizieren:

```
//-- Um mit der Liste zu arbeiten, ist Typwandlung erforderlich.
//   Diese wird durch Abfrage des dynamischen Typs gesichert

ASSERT_TYPE( sl2p, CStringList )
CStringList *sl3p = (CStringList*)sl2p;

//-- jetzt können Mitgliedsfunktionen aufgerufen werden...
sl3p-> RemoveHead();
```

Meist weiß man beim Einlesen jedoch, um welchen Containertyp es sich handelt. Benötigt man die dynamische Typisierung nicht, kann man die Serialize-Funktion eines Containerobjektes direkt aufrufen:

```
//-- Ausgabe der gesamten Liste mit allen Objekten mit einem Befehl
sl1.Serialize( ar1 );

/* ... */

//-- Einlesen der gesamten Liste mit einem Befehl
CStringList sl2;
sl2.Serialize( ar2 );
```

In diesem Beispiel wird keine Typinformation für die Liste in das Archiv geschrieben. Beim Einlesen muß man deshalb bereits ein Objekt des korrekten Typs bereitstellen, das dann (durch Aufruf von Serialize) nur noch gefüllt werden muß.

Beachten Sie bitte, daß für die von der Liste verwalteten Objekte keine Typinformation in das Archiv geschrieben werden muß, da die Liste ausschließlich CString-Objekte verwalten kann. CStringList ist kein heterogener, sondern ein homogener Container.

Serialisierung und Deserialisierung funktioniert genauso problemlos, wenn in einem Container anstelle der Objekte selber nur Zeiger gespeichert werden (d.h. wenn es sich also um einen zeigerbasierten Container handelt). Als Voraussetzung gilt wieder, daß die Klassen der zu speichernden Objekte von CObject abgeleitet sein müssen. Darüber hinaus müssen die Klassen selber serialisierbar sein.

Für die Version der Klasse FractInt aus dem letzten Kapitel sind diese Voraussetzungen gegeben. Folgendes Listing zeigt noch einmal Deklaration und Implementierung der Serialize-Funktion für FractInt:

```
//-------------------------------------------------------------
//        class FractInt
//

class FractInt : public CObject {

public:

    /* ... weitere Mitglieder von FractInt ... */

    //-------------------- Hilfsfunktionen -------------------------
    //

    DECLARE_SERIAL( FractInt )
    void Serialize( CArchive & );
}; // FractInt



//-------------------------------------------------------------
//        FractInt::Serialize
//

void FractInt::Serialize( CArchive &ar ) {

    CObject::Serialize( ar );
    if ( ar.IsStoring() )
        ar << z << n;
    else
        ar >> z >> n;

} // Serialize
```

Das Speichern und Wiedereinlesen einer linearen Liste mit Zeigern auf FractInt-Objekte zeigt folgendes Listing:

```
//-- Erzeugen einer linearen Liste mit zwei FractInts

CObList oll;
oll.AddTail( new FractInt( 5, 6 ) );
oll.AddTail( new FractInt( 2 ) );
```

```
//-- Erzeugen Archiv und zugehörige Datei für die Ausgabe
CFile f1( "test.dat", CFile::modeCreate | CFile::modeWrite );
CArchive ar1( &f1, CArchive::store );

//-- Ausgabe der gesamten Liste mit allen Objekten mit einem Befehl
ar1 << &ol1;

ar1.Close();
f1.Close();

//-- Erzeugen Archiv für die Eingabe und verbinden mit Datei
CFile f2( "test.dat", CFile::modeRead );
CArchive ar2( &f2, CArchive::load );

//-- Einlesen der gesamten Liste mit einem Befehl
CObList *ol2p;
ar2 >> ol2p;

ar2.Close();
f2.Close();

//-- Ausgabe der eingelesenen Liste
DEBUG( afxDump.SetDepth(1) );
DUMP( ol2p )
```

Auch hier kann man natürlich wieder auf die Typinformation für den Container verzichten und etwas wie

```
//-- Ausgabe der gesamten Liste mit allen Objekten mit einem Befehl
ol1.Serialize( ar1 );

/* ... */

//-- Einlesen der gesamten Liste mit einem Befehl
CObList ol2;
ol2.Serialize( ar2 );
```

schreiben.

Beachten Sie bitte, daß Container für CObject*-Daten heterogene Container sind. d.h. sie können Objekte beliebiger Ableitungen von CObject speichern. Beim Serialisieren muß deshalb Typinformation für jedes Objekt ins Archiv geschrieben werden. Die Speicherung heterogener Container benötigt deshalb geringfügig mehr Resourcen (Speicherplatz und Rechenzeit) als die Speicherung homogener Container.

28.4 Eigene Containerklassen

Die MFC bieten Felder für die wesentlichen einfachen Datentypen wie WORD, DWORD, LONG etc, sowie Felder und Listen für CObject*-Daten, mit denen sich unter anderem heterogene Container aufbauen lassen. Darüber hinaus gibt es Maps für unterschiedliche Schlüssel- und Datentypen.

Dieses Angebot reicht prinzipiell für alle Anwendungsfälle aus. Es gibt jedoch zwei Gründe, warum sich die Definition eigener Containerklassen lohnen kann.

- Aus Optimierungsgesichtspunkten kann es günstig sein, Containerklassen für spezielle Datentypen zu definieren. Die Spezialcontainer für CString-Objekte der MFC sind ein Beispiel. Man könnte auf sie verzichten, wenn man CString als Ableitung von CObject formuliert hätte, denn dann könnte man CString-Objekte direkt mit den Containern für CObject* verwalten.

- Die heterogenen Container sind auch als homogene Container gut verwendbar. Um den unabdingbar notwendigen downcast (Kapitel 27) im Programm zu vermeiden, kapselt man die downcasts in einer speziellen Klasse.

28.4.1 Definition über Templates

Templates sind das Mittel der Wahl, um aus einer Schablone einen Container für einen bestimmten Datentyp zu erzeugen. Hat man z.B. eine Schablone für eine Feldklasse, kann man mit Hilfe von Templates ohne Aufwand Feldklassen für WORD, UINT, LONG etc. *vom Compiler* erzeugen lassen. Der Code dieser Klassen ist absolut identisch, der Unterschied liegt ausschließlich in den Daten. Mit dem gleichen Verfahren kann man auch Feldklassen für Objekte wie z.B. CString oder FractInt erzeugen lassen.

Der Template-Präprozessor

Leider sind Templates weder in C7 noch in VC verfügbar. Es gibt jedoch in der MFC einen Präprozessor, der aus einer Schablone und einem Datentyp Dateien mit spezialisierten Feldklassen erzeugt, die dann übersetzt werden können. Das dazu notwendige Verfahren haben wir bereits in Kapitel 18 (Generische Datentypen und Templates) besprochen. Dabei wird der Präprozessor mit der Schablonendatei und dem gewünschten Datentyp sowie den Namen der Zieldateien aufgerufen, also z.B. in der Version 1 der MFC:

```
templdef "CArray<BYTE,BYTE,1,0> CByteArray" array.ctt
   array_b.h array_b.cpp
```

Diese Anweisung erzeugt aus der Schablonendatei für Felder (array.ctt) eine Feldklasse für den Datentyp BYTE in den Dateien array_b.h und array_b.cpp.

Ab Version 2 der MFC sind die inline-Teile nicht mehr in der .h-Datei, sondern in eine eigene Datei mit der Erweiterung .inl ausgelagert worden. Ab V2 der Bibliothek heißt der entsprechende Aufruf deshalb

```
templdef "CArray<BYTE,BYTE,1,0> CByteArray" array.ctt array_b.h
   array_b.inl array_b.cpp
```

Der Template-Präprozessor wird für die Version 2.5 der MFC bereits einsatzbereit im Verzeichnis <Base>\BIN installiert. Für die Versionen 1 und 2.0 der MFC wird Quellcode ausgeliefert, der zuerst übersetzt werden muß. Dazu reicht es aus, im Verzeichnis <Base>\MFC\SAMPLES\TEMPLDEF den Befehl nmake zu geben. Das

28.4 Eigene Containerklassen

nmake-Programm (in <Base>\BIN) verwendet standardmäßig die Datei makefile, die die Anweisungen zur Erzeugung des templdef-Programms enthält. Alternativ kann das Programm auch mit der integrierten Entwicklungsumgebung erzeugt werden, indem das Projekt templdef (im gleichen Verzeichnis) geöffnet wird. Nach erfolgreicher Erzeugung des Programms sollte man templdef.exe in ein Verzeichnis kopieren, das sich im Suchpfad für ausführbare Programme (also z.B. <Base>\BIN) befindet.

Verfügbare Schablonen

In der MFC sind Schablonen für die Containertypen Feld, Liste und Map vorhanden. Die Dateien haben alle die Erweiterung .ctt und befinden sich im Verzeichnis <Base>\MFC\SAMPLES\TEMPLDEF:

Dateiname	Klassenname	Verwendung
array.cpp	CArray	Template für Felder
list.ctt	CList	Template für Listen
map.ctt	CMap	Template für Maps

Darüber hinaus gibt es noch eine weitere Schablone, die für Maps, die als Schlüssel den Typ CString (sogenannte *Stringmaps*) verwenden wollen, optimiert ist:

map_s.ctt	CMapStringTo	Template für CString-Maps

Die Parameter der Templates

Die Templates für die Containerklassen sind mit mehreren Parametern ausgestattet. Über sie werden nicht nur der Typ, sondern auch noch weitere Eigenschaften der generierten Klassen gesteuert. Die Parameter haben folgende Bedeutung:

❑ Parameter TYPE bestimmt den Datentyp des Containers. Für Maps gibt es Datentypen für Schlüssel und Wert, die ARG_KEY und ARG_VALUE heißen. Für Stringmaps ist ARG_KEY immer CString.

❑ Parameter ARG_TYPE bestimmt den Datentyp, der für die Datenübergabe an den Container verwendet wird. Wie dieser Parameter gewählt wird, hängt vom Typ der zu verwaltenden Daten ab: Für einfache Datentypen ohne Konstruktor/Destruktor kann man den Parameter identisch zu TYPE setzen. Für Klassen mit vielen eigenen Daten ist dagegen die Parameterübergabe mit Hilfe einer Referenz geeigneter, da hierbei das Objekt bei der Parameterübergabe nicht dupliziert zu werden braucht. Für Klassen setzt man den Parameter daher auf const TYPE&.

Ein Sonderfall bilden Container für Strings. Dort ist TYPE zwar CString, aber als Argument für Mitgliedsfunktionen wird char* verwendet.

Maps bilden auch hier wieder eine Ausnahme: Für sie sind (zumindest in der MFC-Implementierung) TYPE und ARG_TYPE identisch, da es für den einzigen Datentyp, für den der Unterschied überhaupt interessant ist, eine eigene Schablonendatei gibt.

❑ Parameter IS_SERIAL bestimmt, ob der Container serialisierbar ist. Für IS_SERIAL wird kein Datentyp eingesetzt, sondern der Parameter soll die Werte 0 oder 1 erhalten. Nur wenn dieser Parameter auf 1 steht, erhält die instanziierte Containerklasse die Makros DECLARE_SERIAL und IMPLEMENT_SERIAL sowie die Funktion Serialize.

Die Serialisierungsfunktion Serialize serialisiert die Elemente des Containers mit Hilfe der Transferoperatoren. Dies bedeutet, daß Transferoperatoren für den Datentyp TYPE (bzw. für Maps ARG_KEY und ARG_VALUE) vorhanden sein müssen.

❑ Parameter HAS_CREATE bestimmt, ob der Container zur Initialisierung und Deinitialisierung von Objekten spezielle Funktionen verwenden soll. Hat dieser Parameter den Wert 0, wird der Speicherbereich neu angelegter Objekte mit 0 initialisiert. Hat er den Wert 1, wird die Initialisierungsfunktion ConstructElements sowie vor dem Freigeben von Speicherplatz die Funktion DestructElements aufgerufen(s.u.).

28.4.2 Beispiele mit Feldern und Listen

Die Parameter der Feldklassenschablone

Die Schablone für Feldklassen enthält insgesamt die vier Parameter TYPE, ARG_TYPE, IS_SERIAL und HAS_CREATE. Um eine wertbasierte Feldklasse für einen eigenen Datentyp (wir verwenden hier wieder FractInt) zu erzeugen, sind also folgende Überlegungen erforderlich:

❑ Der Parameter TYPE ist klar: Er erhält den Wert FractInt.

❑ Wie soll die Klasse heißen? Wir bleiben bei den Konventionen der MFC und nennen die Klasse FractIntArray.

❑ Für die Parameterübergabe an Mitgliedsfunktionen wählen wir Referenzen, um den Overhead lokaler Kopien des Arguments zu vermeiden. Parameter ARG_TYPE erhält also den Wert const FractInt&.

❑ Der Container soll serialisierbar sein, für IS_SERIAL verwenden wir demzufolge den Wert 1. Da Container die Transferoperatoren verwenden, um ihre Objekte zu serialisieren, müssen diese für FractInt noch definiert werden.

❑ FractInt ist eine Ableitung von CObject und besitzt deshalb virtuelle Funktionen. Die Funktion ConstructElement muß daher für FractInt definiert werden, damit der vtbl-Zeiger korrekt gesetzt werden kann. Der Parameter HAS_CREATE erhält daher den Wert 1.

Generierung der Klasse

Nun sind noch die Ausgabedateien für den Expander festzulegen. Sie sind prinzipiell beliebig, man sollte sich jedoch einmal eine Konvention aussuchen und sich dann daran halten, da man sonst schnell den Überblick verliert. Wir wählen als Basis-Ausgabedateinamen array_fr. Zur Produktion der Dateien wird mit der MFC-Version 1 der Programmaufruf

```
templdef "CArray<FractInt,const FractInt&,1,1> FractIntArray" array.ctt
   array_fr.h array_fr.cpp
```

bzw. ab Version 2

```
templdef "CArray<FractInt,const FractInt&,1,1> FractIntArray" array.ctt
   array_fr.h array_fr.inl array_fr.cpp
```

verwendet.

Eine Inspektion der generierten Dateien (array_fr.h und array_fr.cpp bzw. array_fr.inl) zeigt, daß es nun eine Klasse FractIntArray mit den für Felder notwendigen Mitgliedsfunktionen (z.B. Add) gibt.

```
class FractIntArray : public CObject {

  DECLARE_SERIAL( FractIntArray )

  int Add( const FractInt &newElement );

  /* ... weitere Mitgliedsfunktionen von FractIntArray ... */

};
```

Der Container ist serialisierbar, die Funktion Serialize sowie die beiden Makros DECLARE_SERIAL und IMPLEMENT_SERIAL sind vorhanden. Allerdings zeigen sich auch einige Probleme, die davon zeugen, daß die Schablonen vom Microsoft nicht ganz sorgfältig implementiert wurden. So wird z.B. die Funktion DestructElements als

```
static void NEAR DestructElements(register FractInt* pOldData, int nCount) {
  ASSERT(nCount >= 0);

  while (nCount--) {
    pOldData->Empty();
    pOldData++;
    }
}
```

generiert, d.h. zum Deinitialisieren von FractInt-Objekten wird die Funktion Empty verwendet, die natürlich für FractInt nicht definiert ist.

Korrekt muß die while-Schleife als

```
while (nCount--) {
  DestructElement( pOldData );
  pOldData++;
}
```

notiert werden.

Darüber hinaus wird (in array_fr.cpp) die Anweisung

```
#include "elements.h"
```

generiert, die ersatzlos gestrichen werden kann. Die Datei elements.h ist eine MFC-Datei und enthält die Implementierung der Funktionen ConstructElement und DestructElement für CStrings, die für FractInts natürlich nicht benötigt wird.

Nach diesen beiden Änderungen im generierten Code ist die Klasse FractIntArray korrekt übersetzbar. Bevor sie eingesetzt werden kann, sind noch die Transferoperatoren und die Initialisierungs- und Deinitialisierungsroutinen zu schreiben.

Die Transferoperatoren

Die Transferoperatoren müssen die Form

```
CArchive &operator << ( CArchive &, const FractInt & );
```

bzw.

```
CArchive &operator >> ( CArchive &, FractInt & );
```

besitzen. Die Implementierung liegt auf der Hand:

```
inline CArchive &operator << ( CArchive &ar, const FractInt &fr ) {
  return ar << fr.z << fr.n;
}
inline CArchive &operator >> ( CArchive &ar, FractInt &fr ) {
  return ar >> fr.z >> fr.n;
}
```

Beachten Sie bitte, daß die beiden Operatoren als Freunde zu FractInt deklariert werden müssen, da sie auf private Daten der Klasse zugreifen:

```
class FractInt .... {

  /* ... Mitglieder von FractInt ... */

  friend CArchive &operator << ( CArchive &, const FractInt & );
  friend CArchive &operator >> ( CArchive &, FractInt & );

};
```

28.4 Eigene Containerklassen

FractInt ist selber eine serialisierbare Klasse und besitzt deshalb die Funktion Serialize. Alternativ können die beiden Operatoren mit Hilfe dieser Funktion implementiert werden:

```
inline CArchive &operator << ( CArchive &ar, FractInt &fr ) {
  fr.Serialize( ar );
  return ar;
}
inline CArchive &operator >> ( CArchive &ar, FractInt &fr ) {
  fr.Serialize( ar );
  return ar;
}
```

Beachten Sie bitte, daß Serialize keine konstante Mitgliedsfunktion von FractInt ist, da sie beim Deserialisieren die Mitgliedsvariablen des Objekts besetzt. Als Folge kann auch der Serialisierungsoperator nicht mehr mit einem konstanten Parameter deklariert werden.

Die Funktionen ConstructElement und DestructElement

Als zweite Funktionsgruppe sind die Routinen zum Initialisieren und Deinitialisieren von Speicherbereichen zu schreiben. Da FractInt virtuelle Funktionen enthält, ist das korrekte Besetzen des vtbl-Zeigers erforderlich. Dies erreicht man am einfachsten durch Definition eines leeren FractInt-Objekts und kopieren dieses Objekts mit memmove in den zu initialisierenden Speicherbereich.

Beim Deinitialisieren sind keine Schritte erforderlich. Bei Objekten, die eigenen dynamischen Speicher verwalten, müßte dieser hier freigegeben werden.

Folgendes Listing zeigt die Implementierung der Initialisierungs- und Deinitialisierungsfunktionen:

```
const FractInt EmptyFractInt;

inline void ConstructElement( FractInt* pNewData ) {
  memcpy( pNewData, &EmptyFractInt, sizeof( EmptyFractInt ) );
}

inline void DestructElement(FractInt* pOldData) {}
```

Test des Containers

Folgendes Listing zeigt ein Programm zum Test der Containerklasse. Zuerst werden zwei FractInt-Objekte in den Container eingefügt, der daraufhin serialisiert wird. Nach dem Einlesen in eine andere Variable wird der Inhalt ausgedruckt.

```
//========================= Kopf ====================================
//
// Testprogramm für die generierte Containerklasse FractIntArray
//
// 92.08.01 : Version 1 (Au)
//
//========================= Abhängigkeiten ==========================
//

#include <afx.h>
#include <afxadd.h>

#include <fractint.h>  // muß vor array_fr.h includiert werden
#include <array_fr.h>

//========================= Implementierung =========================
//

//-------------------------------------------------------------------
//      Transferoperatoren
//

inline CArchive &operator << ( CArchive &ar, FractInt &fr ) {
  fr.Serialize( ar );
  return ar;
}

inline CArchive &operator >> ( CArchive &ar, FractInt &fr ) {
  fr.Serialize( ar );
  return ar;
}


//-------------------------------------------------------------------
//      Initialisierung / Deinitialisierung
//

const FractInt EmptyFractInt;

inline void ConstructElement(FractInt* pNewData) {
  memcpy( pNewData, &EmptyFractInt, sizeof( EmptyFractInt ) );
}

inline void DestructElement( FractInt* pOldData ) {}

//-------------------------------------------------------------------
//      Hauptprogramm
//

void main() {

  //-- Erzeugen eines Feldes mit zwei FractInts

  FractIntArray fa1;
  fa1.Add( FractInt( 5, 7 ) );
  fa1.Add( FractInt( 3 ) );

  //-- Erzeugen Archiv und zugehörige Datei für die Ausgabe

  CFile f1( "test.dat", CFile::modeCreate | CFile::modeWrite );
  CArchive ar1( &f1, CArchive::store );

  //-- Ausgabe des gesamten Feldes mit allen Objekten mit einem Befehl
  ar1 << &fa1;

  ar1.Close();
  f1.Close();

  //-- Erzeugen Archiv für die Eingabe und verbinden mit Datei

  CFile f2( "test.dat", CFile::modeRead );
  CArchive ar2( &f2, CArchive::load );
```

28.4 Eigene Containerklassen

```
    //-- Einlesen des gesamten Feldes mit einem Befehl
    FractIntArray *fa2p;
    ar2 >> fa2p;

    ar2.Close();
    f2.Close();

    //-- Ausgabe der eingelesenen Liste
    DEBUG( afxDump.SetDepth(1) );
    DUMP( fa2p )
    }
//-- Alles in einem Programm (d.h. alle Sourcen includieren)
#include <fractint.cpp>
#include <fractinx.cpp>
#include <afxadd.cpp>
#include <array_fr.cpp>
```

Das Ergebnis

```
a FractIntArray with 2 elements
    [0] = a FractInt at $2024 z: 5 n: 7
    [1] = a FractInt at $202C z: 3 n: 1
```

zeigt, daß der Container wie erwartet arbeitet.

Das Beispielprogramm, die notwendigen Projektdateien sowie eine Batchdatei zum Erzeugen der Feldklasse aus der Schablone in array.ctt befinden sich im Verzeichnis KAP28A.C7 bzw. KAP28A.VC auf der Begleitdiskette. Die Schablone für Felder in der MFC-Originaldatei in <Base>\MFC\SAMPLES\TEMPLDEF ist fehlerhaft. Auf der Begleitdiskette befindet sich daher eine korrigierte Version dieser Datei.

Beachten Sie bitte, daß das Projekt die Includedatei afx.h aus der MFC sowie unsere Erweiterungen zur MFC in der Datei afxadd.h benötigt. Dazu sind im Projekt für VC die Pfade \MSVC\MFC\INCLUDE sowie ..\AFXADD gesetzt, im Projekt für C7 die Includepfade \MSC700\MFC\INCLUDE und ebenfalls ..\AFXADD. Die Klasse FractInt wird in ..\KAP27 erwartet. Diese Einstellungen müssen angepaßt werden, wenn sich der Compiler bzw. unsere Erweiterugen der MFC in anderen Verzeichnissen befinden.

Generierung eines Listencontainers

Die Generierung einer linearen Liste für FractInt-Objekte läuft analog. Die Listenklassenschablone definiert die gleichen Parameter wie die Feldklassenschablone. Es ist lediglich beim Aufruf von templdef eine andere Schablonendatei zu verwenden. Sinnvollerweise verwendet man auch andere Dateinamen für die Ausgabedateien:

```
templdef "CList<FractInt,const FractInt&,1,1> FractIntList" list.ctt
    list_fr.h list_fr.cpp
```

bzw. ab Version 2 der MFC:

```
templdef "CList<FractInt,const FractInt&,1,1> FractIntList" list.ctt
    list_fr.h list_fr.inllist_fr.cpp
```

Im Hauptprogramm verwendet man eine Liste anstelle des Feldes:

```
//-- Erzeugen einer Liste mit zwei FractInts
FractIntList fll;
fll.AddTail( FractInt( 5, 7 ) );
fll.AddTail( FractInt( 3 ) );
/* ... */
```

Der Rest bleibt (bis auf die anderen Includedateien) identisch. Beachten Sie bitte, daß in der generierten Listenklasse die Datei plex.h includiert wird, die sich im Quellcodeverzeichnis der MFC befindet. Das Verzeichnis <Base>\MFC\SRC sollte sich deshalb zusätzlich im Suchpfad für Includedateien befinden. Weiterhin wird auch hier wieder wie in der generierten Feldklasse aus dem letzten Abschnitt die Datei elements.h includiert, die entsprechende Anweisung kann entfernt werden.

28.4.3 Fallbeispiel mit einer Map

Der interessanteste Containertyp der MFC ist sicherlich die Map. Maps werden in der Literatur als auch in der Microsoft-Dokumentation recht stiefmütterlich behandelt, so daß wir ihnen hier im Rahmen eines etwas ausführlicheren Fallbeispiels etwas mehr Platz widmen wollen.

Die Aufgabe: Häufigkeit von Wörtern feststellen

Als Aufgabe stellen wir uns erneut, die Häufigkeit von Worten in einem Text zu berechnen[86]. Diese Aufgabe läßt sich hervorragend in zwei voneinander unabhängige Teile gliedern:

- ❑ Der *Bereitstellungsmodul* hat die Aufgabe, die Eingabedatei zu lesen und die einzelnen Zeilen in Wörter aufzuteilen. Für jedes Wort ruft er eine Bearbeitungsfunktion auf.

- ❑ Der *Verarbeitungsmodul* übernimmt die einzelnen Wörter und führt die eigentliche Arbeit der Berechnung der Häufigkeiten durch.

Wir nehmen im folgenden an, daß die Module des Programms (wie in der Praxis häufig) von unabhängigen Teams entwickelt werden.

Die Schnittstelle zwischen den Modulen

Damit die unabhängige Entwicklung der Module funktionieren kann, müssen zunächst die Schnittstellen zwischen den Modulen festgelegt werden. Die Schnittstellen müssen sorgfältig überlegt und gut dokumentiert werden, denn sie können später nur noch schwer verändert werden.

---

86 Ein Programm mit der gleichen Aufgabe wurde bereits in Kapitel 5 entwickelt.

28.4 Eigene Containerklassen

In unserem Fall reichen zwei Funktionen aus. Folgendes Listing zeigt die Schnittstellenvereinbarung, wie sie in der Datei inter.h festgeschrieben wird:

```
#ifndef __INTER_H
#define __INTER_H
//======================= Kopf ===================================
//
// Projekt KAP28/hfl (Häufigkeit von Wörtern)
//
// inter.h enthält die Schnittstellendefinition für die Module hfl
// und stats
//
// 92.08.01 : Version 1 (Au)
//

//======================= Definitionsabhängigkeiten ==============
//
class ostream;

//======================= Export =================================
//-- processWord wird mehrfach aufgerufen und erhält jedesmal ein neues
//   Wort aus dem Eingabestrom.

void processWord( const char * );

//-- printStatistics gibt eine Statistik über die Häufigkeit der
//   einzelnen Wörter aus.

void printStatistics( ostream & );

#endif
```

Der Bereitstellungsmodul

Als Vorlage für den Bereitstellungsmodul kann das Programm zur Berechnung von Häufigkeiten aus Kapitel 5 verwendet werden. Folgende Änderungen bestehen:

- ❏ Die Leistungen der MFC (Debug/Release-Varianten, Ausnahmebehandlung etc) werden verwendet.
- ❏ Als Stringklasse wird CString verwendet.
- ❏ Die Dateibehandlung wird auf die moderneren Streams umgestellt.

Der Bereitstellungsmodul enthält auch gleichzeitig das Hauptprogramm und erhält deshalb den Namen hfl. Folgendes Listing zeigt die Implementierung.

```
//======================= Kopf ===================================
//
// Projekt KAP28/hfl (Häufigkeit von Wörtern)
//
// Modul hfl ist der Hauptmodul des Programms. Er liest eine in der
// Kommandozeile übergebene Datei und zerlegt die Zeilen in einzelne
// Worte. Für jedes Wort wird processWord aufgerufen.
//
//
// 92.08.01 : Version 1 (Au)
//
```

```
//========================= Implementierungsabhängigkeiten ==========

#include <inter.h>

#include <fstream.h>
#include <stdlib.h>
#include <string.h>

//========================= Implementierung =========================

//-- Die maximale Spaltenanzahl einer Zeile
#define MAXCOLUMNS 100

//-- diese Zeichen werden als Trennzeichen zwischen Wörtern interpretiert
char *separators = "- `'~!@#$%^&*()-_=+|[{]};:'\",.*/<>?\\";

//-------------------------------------------------------------------
//      main
//
void main( int argc, char* argv[] ) {

  if ( argc != 2 ) {
    cerr << "Kein Dateiname angegeben!" << endl;
    exit( 1 );
  }

  ifstream istr( argv[ 1 ] );

  if ( !istr.good() ) {
    cerr << "Eingabedatei " << argv[1] << " kann nicht geöffnet werden\n";
    exit( 1 );
  }

  //-- istr ist nun offen und kann gelesen werden.

  while ( !istr.eof() ) {
    char buf[ MAXCOLUMNS ];
    istr.getline( buf, MAXCOLUMNS );

    if ( istr.eof() )
      break;

    //-- buf enthält nun eine Zeile, die noch in die einzelnen Worte
    //   zu zerlegen ist, nachdem der anhängende Zeilenvorschub entfernt
    //   wurde
    int l = strlen( buf );
    if ( l )
      //-- Zeile ist nicht leer - letztes Zeichen löschen
      buf[ l-1 ] = 0x00;

    //-- Die Schleife über die einzelnen Worte

    char *word = strtok( buf, separators );

    while ( word ) {
      processWord( word );
      word = strtok( NULL, separators );
    }
  }

  printStatistics( cout );
}
```

Der Bearbeitungsmodul Version I

Im Bearbeitungsmodul müssen die beiden Funktionen processWord und printStatistics implementiert werden. In der Version I des Moduls verwenden wir den traditionellen Ansatz mit zwei Feldern: Ein Stringfeld für die Wörter und ein zuge-

28.4 Eigene Containerklassen

höriges Feld für die Häufigkeiten. Die Version I des Moduls befindet sich in der Datei stats1.cpp:

```
//======================= Kopf =====================================
//
// Projekt KAP28/hfl (Häufigkeit von Wörtern)
//
// Modul stats ist der Modul, in dem die Berechnung der Häufigkeiten
// durchgeführt wird.
// In der Version 1 (Datei stats1.cpp) wird der traditionelle Ansatz
// mit zwei Feldern implementiert.
//
// 92.08.01 : Version 1 (Au)
//


//======================= Implementierungsabhängigkeiten ==========
#include <inter.h>

#include <afx.h>
#include <afxcoll.h>
#include <afxadd.h>
#include <iomanip.h>


//======================= Implementierung =========================

static CStringArray  words;   // Feld mit Wörtern
static CWordArray    counts;  // zu einem Wort gehörende Häufigkeit
```

Das Bearbeiten eines (neuen) Wortes läuft in der offensichtlichen Weise ab: Zunächst wird das Wort im Stringfeld gesucht. Wird es dort gefunden, wird das Feldelement mit dem zugehörigen Index im Häufigkeitsfeld incrementiert. Wird das Wort nicht gefunden, wird es als neues Wort an das Ende des Stringfeldes angehängt, gleichzeitig wird auch das Häufigkeitsfeld entsprechend erweitert.

Daraus ergibt sich folgende Implementierung der Funktion processWord:

```
//-----------------------------------------------------------------
//       processWord
//
void processWord( const char *w ) {

  DUMP( "size : " << words.GetSize() << " word : " << w )
  ASSERT( words.GetUpperBound() == counts.GetUpperBound() );

  for ( int i=0; i<=words.GetUpperBound(); i++ )
    if ( words[i] == w ) {
      counts[i]++;
      return;
      }

  words.Add( w );
  counts.Add( 1 );
  } // processWord
```

Die Implementierung der Funktion printStatistics ist offensichtlich:

```
//-----------------------------------------------------------------
//       printStatistics
//
void printStatistics( ostream &ostr ) {

  ASSERT( words.GetUpperBound() == counts.GetUpperBound() );

  for ( int i=0; i<=words.GetUpperBound(); i++ )
    ostr << setw( 4 ) << counts[i] << " " << words[i] << endl;

  } // printStatistics
```

Bei dieser Implementierung des Bearbeitungsmoduls sind folgende Punkte interessant:

- ❏ Die beiden Felder words und counts sind static deklariert und deshalb lokal zum Modul stats1[87]. Andere Programmteile (d.h. andere Module) sollen nicht direkt auf diese Felder zugreifen können. Wäre dies erwünscht, hätte man die Felder in die Schnittstellenbeschreibung (Datei inter.h) aufnehmen müssen.

- ❏ Die beiden Felder müssen nicht initialisiert werden. Für sie wird automatisch der Standardkonstruktor aufgerufen, und zwar bevor die erste Anweisung aus main ausgeführt wird.

- ❏ Der von den Feldern allokierte Speicherplatz muß nicht explizit freigegeben werden. Für words und counts werden nach Beendigung von main automatisch die Destruktoren aufgerufen[88].

Beachten Sie bitte, daß die Reihenfolge der Initialisierung bzw. Deinitialisierung von statischen Objekten wie words und counts durch die Sprache C++ nicht festgelegt wird. Man sollte sich im Konstruktor einer solchen Klasse deshalb nicht darauf verlassen, daß andere statische Objekte bereits initialisiert sind. Dies ist insbesondere für Klassen, die später als Bibliothek ausgeliefert werden sollen, wichtig.

Anstelle der beiden Felder können selbstverständlich auch andere Container (wie z.B. lineare Listen) verwendet werden. Die Lösung mit zwei "traditionellen" Containern (Felder bzw. Listen) ist die Standardlösung des Problems, wie sie wohl die meisten Programmierer implementieren würden. Die Projektdateien hfl1_c7.mak bzw. hfl1_vc.mak im Verzeichnis KAP28B.C7 bzw. KAP28B.VC auf der Begleitdiskette dienen zur Erzeugung des Programms mit der Version I des Bearbeitungsmoduls. Folgendes Listing zeigt die ersten Zeilen der Ausgabe, wenn das Programm auf die Datei hfl.cpp selber angewendet wird:

```
1 Kopf
1 Projekt
1 KAP28
2 hfl
1 Häufigkeit
1 von
2 Wörtern
1 Modul
4 ist
3 der
 . . . . .
```

---

87 Beachten Sie bitte, daß globale Objekte im Speichermodell tiny nicht erlaubt sind.

88 Bei Beendigung des Programms ist eine Freigabe von dynamisch allokiertem Speicher sowieso nicht erforderlich. Es geht hier mehr um das grundlegende Prinzip: Die statischen Objekte könnten ja z.B. auch noch Dateien offen oder andere Betriebsmittel wie z.B. Sperren belegt haben.

28.4 Eigene Containerklassen

Beachten Sie bitte, daß auch bei diesem Projekt die Includepfade ..\AFXADD und \MSVC\MFC\INCLUDE (für VC) bzw \MSC700\MFC\INCLUDE (für C7) gesetzt sind, die evtl. angepaßt werden müssen.

Der Bearbeitungsmodul Version II

Die Hauptaufgabe des Bearbeitungsmoduls ist das Auffinden eines zu einem gegebenen Schlüssel (hier des als Parameter übergebenen Wortes) gehörenden Wert (hier der Häufigkeit) aus einer Menge von bereits vorhandenen Schlüssel-Wert Paaren. Es ist daher zweckmäßig, einen Containertyp zu verwenden, für den die Suchoperation besonders effizient ist.

Genau für diesen Zweck sind Maps ideal. Für unsere Aufgabenstellung benötigen wir eine Map mit einem Schlüsselteil vom Typ CString und einem Datenteil vom Typ WORD. Eine solche Mapklasse gibt es unter den Mapklassen der MFC nicht. Man kann sie sich aber problemlos mit Hilfe des Template-Expanders selber erzeugen. Der entsprechende Aufruf für die Version 1 der MFC (also für C7) lautet

```
templdef "CMapStringTo<WORD,WORD,0,0> MapStringToWord" map_s.ctt
    strwmap.h strwmap.cpp
```

wobei map_s.ctt die Schablonendatei für Maps mit CString-Schlüsseln ist. Sie befindet sich im Verzeichnis <Base>\MFC\SAMPLES\TEMPLDEF und wird für eigene Versuche von dort zweckmäßigerweise in das aktuelle Arbeitsverzeichnis kopiert, wenn man nicht immer den gesamten Pfadnamen schreiben möchte.

Für die Version 2 der MFC lautet der Aufruf

```
templdef "CMapStringTo<WORD,WORD,0,0> MapStringToWord" map_s.ctt
    strwmap.h strwmap.inl strwmap.cpp
```

Hier wird zusätzlich die Datei strwmap.inl erzeugt, die inline-Funktionen enthält.

Die generierte Mapklasse befindet sich in den Dateien strwmap.h und strwmap.cpp (ab V2 gehört auch strwmap.inl dazu). Man kann daraus einen eigenen Modul machen, wir entscheiden uns der Einfachheit halber jedoch dafür, Klassendefinition und -implementierung direkt im Bearbeitungsmodul zu includieren.

Folgendes Listing zeigt den Quellcode des Moduls:

```
//======================= Kopf ====================================
//
// Projekt KAP28/hf1 (Häufigkeit von Wörtern)
//
// Modul stats ist der Modul, in dem die Berechnung der Häufigkeiten
// durchgeführt wird.
// In der Version 2 (Datei stats2.cpp) wird der Ansatz mit einer Map
// implementiert. Die Klasse MapStringToWord ist eine Map mit
// CString-Schlüsseln und WORD-Daten. Die Klasse muß mit templdef
// generiert werden, da sie in der MFC standardmäßig nicht vorhanden ist.
// Definition und Implementierung wird in den Dateien strwmap.h und
// strwmap.cpp (bzw. ab MFC-V2 auch strwmap.inl) erwartet.
//
//
// 92.08.01 : Version 2 (Au)
//
```

```
//========================= Implementierungsabhängigkeiten ==========
#include <inter.h>

#include <afx.h>
#include <afxcoll.h>
#include <afxadd.h>
#include <iomanip.h>

//========================= Implementierung =========================

#include <strwmap.h>       // Definition Klasse MapStringToWord
#include <strwmap.inl>     // Implementierung inline-Funktionen  (erst ab V2)

static MapStringToWord map;
//------------------------------------------------------------------
//         processWord
//
void processWord( const char *w ) {

  DUMP( "size : " << map.GetCount() << " word : " << w )

  map[ w ]++;
  } // processWord
```

Hier ist die eigentliche Arbeit in einer einzigen Anweisung konzentriert. Der Operator [] in der Anweisung

```
map[ w ]++;
```

versucht, ein Element mit dem Schlüssel w im Container zu finden. Existiert ein solches Element, wird eine Referenz auf den zugehörigen Datenteil zurückgeliefert. Existiert es nicht, wird es erzeugt, der Datenteil mit 0 initialisiert und ebenfalls eine Referenz auf den Datenteil geliefert. In beiden Fällen ist der Effekt, daß der zugehörige Wert für die w zugeordnete Häufigkeit um eins erhöht wird.

Im Gegensatz zu Feldern ist das Durchlaufen von Maps aufwendiger. Da der Zugriff über Index nicht möglich ist, definiert die MFC den abstrakten Datentyp POSITION, mit dem ein Weiterschalten von einem Element zum nächsten möglich ist. POSITION ist ein Zeigertyp, denn das "Ende" des Containers wird durch den Wert NULL für pos angezeigt:

```
//------------------------------------------------------------------
//         printStatistics
//
void printStatistics( ostream &ostr ) {

    POSITION pos = map.GetStartPosition();
    while( pos ) {
      CString w;     // Das Wort
      WORD c;        // Die zugehörige Häufigkeit
      map.GetNextAssoc( pos, w, c );
      ostr << setw( 4 ) << c << " " << w << endl;
      }

    } // printStatistics
```

Die Projektdateien hfl2_c7.mak bzw. hfl2_vc.mak im Verzeichnis KAP28B.C7 bzw. KAP28B.VC auf der Begleitdiskette dienen zur Erzeugung des Programms mit der

28.4 Eigene Containerklassen

Version II des Bearbeitungsmoduls. Da die Mapklassen die Datei plex.h benötigen, ist das Quellcodeverzeichnis der MFC als zusätzliches Includeverzeichnis anzugeben. In den Projektdateien auf der Begleitdiskette ist dies \msc700\mfc\src bzw. \msvc\mfc\src.

Folgendes Listing zeigt die ersten Zeilen der Ausgabe, wenn das Programm auf die Datei hfl.cpp selber angewendet wird:

```
1 über
2 einzelnen
2 Zeile
2 nun
6 istr
1 main
3 separators
4 char
1 einer
1 Kopf
```

Beachten Sie bitte, daß die Daten in anderer Reihenfolge als mit Version I des Bearbeitungsmoduls ausgegeben werden. Der Grund ist, daß ein Feld ein geordneter Container ist, d.h. die Elemente werden beim Durchlaufen in einer definierten Reihenfolge geliefert. Hängt man -wie in unserem Anwendungsfall- neue Daten immer hinten an, erhält man das Ergebnis auch in der Reihenfolge des Eintrags in den Container. Bei Maps ist dies nicht der Fall: Hier ist dei Reihenfolge beim Durchlaufen undefiniert[89] und völlig unabhängig von der Reihenfolge des Einfügens.

Vergleich der beiden Ansätze

Die beiden Implementierungen des Bearbeitungsmoduls sind funktional identisch, d.h. sie können gegeneinander ausgetauscht werden, ohne daß das Programm (bis auf die Reihenfolge der Ausgabe) andere Ergebnisse liefert. Der Unterschied liegt hauptsächlich in der Laufzeit der beiden Versionen, insbesondere wenn die Anzahl der Wörter größer wird. Dann macht sich der Rechenaufwand, der zum Suchen eines Wortes in einem Container benötigt wird, erheblich bemerkbar.

Bei Feldern und Listen ist zum Auffinden eines Elementes das sequentielle Absuchen u.U. des gesamten Containers erforderlich. Die Suchzeit ist deshalb proportional zur Containergröße. Dagegen ist die Suchzeit in Maps (bis auf einen Restfaktor) unabhängig von der Anzahl gespeicherter Elemente. Dafür ist die Zeit zum Einfügen eines neuen Elementes in der Regel etwas größer als bei Feldern und Listen. Je mehr Wörter bereits gespeichert sind, um so mehr überwiegt die Zahl der Vergleiche die der Einfügevorgänge - und deshalb ist eine Map hier deutlich überlegen.

---

89 Die Reihenfolge ist nicht undefiniert im engeren Sinne: Führt man das Programm mehrfach mit gleichen Daten aus, erhält man jedesmal die gleiche Reihenfolge. "Undefiniert" meint hier "für den Programmierer unvorhersehbar". Konkret hängt die Reihenfolge von den *Werten* der Strings ab.

28.4.4 Ableitung

Ohne die "richtigen" Templates der Sprachversion 3 ist die Definition eigener Containerklassen mit dem Template-Expander recht mühsam. Ein weiterer Nachteil ist, daß für jeden Datentyp eine vollständige, neue Klasse definiert und implementiert wird. Dies erfolgt zwar durch die automatische Generierung weitgehend ohne Zutun des Programmierers, trotzdem ist der Code der Mitgliedsfunktionen aller Containerklassen parallel im Programm vorhanden, obwohl die Mitgliedsfunktionen bis auf den Datentyp identisch sind.

Aus Speicherplatzgründen wäre es günstig, nur eine einzige Containerklasse jedes Typs (also *ein* Feld, *eine* Liste und *eine* Map) im Programm zu haben und diese für alle Datentypen zu verwenden. Dieses Ziel kann nicht zu hundert Prozent erreicht werden, jedoch ist es möglich, eine Containerklasse für alle selbstdefinierten Datentypen zu verwenden. Als einfachste Lösung kann man einen Container für void* (z.B. CPtrArray oder CPtrList) verwenden, und die Zeiger auf die jeweiligen Objekte speichern. Es ist jedoch nicht möglich, einen solchen Container zu serialisieren oder zu dumpen.

Container für CObject*

Die bessere Lösung ist, einen Container für CObject* (also z.B. CObArray oder CObList) zu verwenden. Voraussetzung dazu ist, daß die Klassen der zu speichernden Objekte von CObject abgeleitet sind. Der Unterschied zu einem Container für Objekte selber ist, daß nun nur noch Zeiger auf Objekte gespeichert werden. Daraus ergeben sich folgende Unterschiede zur "direkten" Speicherung in einem wertbasierten Container:

- ❑ Da Zeiger gespeichert werden, kommt man mit einem Container für Objekte aller von CObject abgeleiteten Klassen aus.
- ❑ Da der Container syntaktisch Zeiger auf eine Basisklasse speichert, ist zum Zugriff auf die Objekte in der Regel ein downcast erforderlich.
- ❑ Um ein Objekt zu speichern, wird der Programmierer manuell eine Kopie auf dem Heap erzeugen und einen Zeiger darauf in den Container einsetzen.
- ❑ Da die MFC-Container die Eigentümerregelung (Kapitel 23) nicht beherzigen, bleibt der Programmierer für die gespeicherten Objekte selber verantwortlich. Er muß sie auch selber wieder zerstören, dies erfolgt z.B. nicht automatisch im Destruktor des Containers.

Während der erste Punkt ein Vorteil ist, sind die anderen drei Punkte eher nachteilig. Man kann jedoch einige der Nachteile durch Erweiterung der Klassen durch Ableitungen beheben.

Typisierte zeigerbasierte Container

Das erste Problem ist der notwendige downcast beim Zugriff auf gespeicherte Elemente. Hat man z.B. einen Typ T als Ableitung von CObject formuliert, kann man zwar T-Zeiger speichern, erhält jedoch CObject-Zeiger zurück:

```
struct T : public CObject {
  int xPos, yPos;
  };
void main () {
  CObArray a;
  a.Add( new T );   // neues T-Objekt erzeugen und speichern
  CObject *p = a[0];
  p-> xPos = 1;   // FEHLER!
```

Mit p ist ein Zugriff auf Mitglieder von T natürlich nicht möglich. Da man in unserem Beispiel weiß, daß der Container Zeiger auf T-Objekte speichert, kann man problemlos einen expliziten downcast durchführen:

```
CObject *p = a[0];
T *tp = (T*)p;   // expliziter downcast
tp -> xPos = 1;   // erlaubt
```

Zur Sicherheit kann man mit unserem neuen ASSERT_TYPE-Makro (Datei afxadd.h im Verzeichnis AFXADD auf der Begleitdiskette) sicherstellen, daß der dynamische Typ von p tatsächlich T ist:

```
CObject *p = a[0];
ASSERT_TYPE( p, T )
```

Dazu muß allerdings T dynamisch typisierbar sein:

```
struct T : public CObject {
  int xPos, yPos;
  //-- dynamische Typisierung ist notwendig, wenn ASSERT_TYPE-Makro
  //   verwendet werden soll
  DECLARE_DYNAMIC( T )
  };
IMPLEMENT_DYNAMIC( T, CObject )
```

Man kann den gesamten Aufwand zur dynamischen Typprüfung vermeiden, wenn man sicherstellt, daß der Container nur Zeiger auf T übernimmt - und deshalb auch nur Zeiger auf T liefern kann. Dazu bildet man eine Ableitung von CObjArray und deklariert die Mitgliedsfunktionen, die Objektzeiger übernehmen bzw. liefern mit Parametern vom Typ T*.

In unserem Beispiel benötigen wir nur die Funktion Add sowie den Operator []. Folgendes Listing zeigt die Ableitung TArray, die diese Funktionen redefiniert:

```
class TArray : public CObArray {
public:
    //-- Konstruktoren müssen immer definiert werden
    TArray();

    //-- wir benötigen nur diese beiden Funktionen
    int Add( T* );
    T*& operator[]( int );
};
```

In der Implementierung der beiden Funktionen wird die notwendige Typwandlung durchgeführt. Beide Funktionen enthalten außer der Wandlung keine weiteren Anweisungen und werden deshalb inline implementiert:

```
inline int TArray::Add( T* newElement ) {
  return CObArray::Add( newElement );
}

inline T*& TArray::operator[]( int nIndex ) {
  return (T*&) CObArray::operator[] ( nIndex );
}
```

Beachten Sie bitte, daß Add nur die gleichnamige Funktion der Basisklasse aufruft. Die notwendige Typwandlung des Arguments in Richtung der Basisklasse erfolgt implizit und braucht nicht extra notiert zu werden. Warum haben wir in TArray dann überhaupt eine eigene Add-Funktion deklariert? Könnte sie nicht genausogut von CObArray geerbt werden?

Syntaktisch funktioniert das Programm auch ohne eigene Add-Funktion in TArray. Das Problem dabei ist jedoch, daß Add dann effektiv mit einem Parameter vom Typ CObject* deklariert ist und deshalb mit Objekten aller Ableitungen von CObject aufgerufen werden kann. Genau dies ist aber nicht erwünscht: Wir wollten ja erreichen, daß nur T*-Zeiger in den Container eingesetzt werden können. Genau dies wird durch eine Add-Funktion mit einem Parameter vom Typ T* erreicht.

Bei der Rückgabe von Zeigern ist eine Wandlung von der Basisklasse CObject* nach T* erforderlich. Dieser downcast muß (wie hier im Operator []) explizit notiert werden. Bei diesem downcast ist eine Prüfung des dynamischen Typs nicht erforderlich, da wir ja durch eine entsprechende Deklaration von Add sichergestellt haben, daß nur T*-Zeiger vorhanden sein können.

Eine Eigenschaft der Ableitung in C++ ist, daß Konstruktoren nicht vererbt werden. Ableitungen müssen deshalb immer eigene Konstruktoren deklarieren und implementieren. Dies gilt auch dann, wenn der Konstruktor der Ableitung keine zusätzlichen Initialiaierungen durchführen muß. Aus diesem Grunde muß TArray mit einem eigenen Konstruktor ausgerüstet werden, der jedoch (implizit) nur den Konstruktor der Basisklasse CObjArray aufruft:

```
inline TArray::TArray() {}
```

28.4 Eigene Containerklassen

Allerdings gibt es auch hier wieder eine Besonderheit: Deklariert eine Klasse überhaupt keinen eigenen Konstruktor, fügt der Compiler automatisch einen (leeren) Standardkonstruktor hinzu (Kapitel 4). In unserem Fall hätte man den TArray-Konstruktor nicht explizit notieren müssen, da der Compiler den gleichen Konstruktor dann implizit erzeugt hätte. Es ist jedoch guter Stil, die Deklaration und Definition explizit zu notieren.

Im Hauptprogramm kann man nun den Container in der offensichtlichen Weise zum Speichern von T-Objekten verwenden:

```
TArray a;
a.Add( new T );

T *tp = a[0];
tp -> xPos = 1;   // erlaubt
```

Typwandlungen sind im Hauptprogramm nun nicht mehr erforderlich. Die Definition eines typisierten Zeigercontainers auf diese Weise ist aus folgenden Gründen interessant:

- ❑ Die Ableitung benötigt keinen Code[90]. Die Implementierung der Mitgliedsfunktionen beschränkt sich auf die Typwandlungen. In der Regel werden alle Mitgliedsfunktionen inline implementiert.

- ❑ Die Ableitung muß nicht alle Funktionen redefinieren, sondern nur diejenigen, die Objektzeiger übernehmen oder übergeben. So kann z.B. die Funktion GetUpperBound geerbt werden. Allerdings sollten *alle* Funktionen, die Objektzeiger in den Container einsetzen können, auch redefiniert werden, da sonst über die geerbten Funktionen doch wieder Objekte anderer Typen eingesetzt werden können (in unserem Beispiel haben wir uns auf die Funktionen Add und operator [] beschränkt).

- ❑ Die Abfrage des dynamischen Typs zur Laufzeit kann entfallen. Es wird *durch die Syntax* sichergestellt, daß nur der korrekte Typ gespeichert wird.

Aus diesen Gründen werden in der Praxis in der Regel Ableitungen von CObject*-Containern verwendet, um zeigerbasierte Container für bestimmte Typen zu erhalten.

Beachten Sie bitte, daß der Operator [] eine Referenz auf den gespeicherten Zeiger liefert. Der Operator kann deshalb ohne Typwandlung sowohl als lvalue als auch als rvalue stehen:

```
//-- Operator [] als lvalue
a[0]-> xPos = 7;
a[0]-> yPos = 3;

//-- Operator [] als rvalue
cout << "Der Wert an Index 0 ist : " <<
    a[0]-> xPos << " " << a[0]-> yPos << endl;
```

---

90 Genaugenommen ist meist doch etwas Code erforderlich, da je nach Aufbau von T für die Typwandlung von CObject* nach T* Rechnungen notwendig sind.

Neue Funktionalität für Container

Neben der Bildung typisierter Container ist die funktionelle Erweiterung der vorhandenen Containerklassen ein weiterer Grund zur Bildung von Ableitungen. So ist z.B. die Erweiterung der MFC-Container um eine Sortierfunktion denkbar.

In diesem Abschnitt verwenden wir eine Ableitung, um die Eigentümerregelung auch für die MFC-Container zu implementieren. Wir konzentrieren uns in diesem Abschnitt auf CObArray, die Implementierung für die anderen Klassen ist analog.

Die Eigentümerregelung bedeutet vereinfacht[91], daß ein Objekt, das an einen Container zur Verwaltung übergeben wird, in die Verantwortung des Containers übergeht. Das bedeutet, daß:

- ❑ Der Container alle Objekte zerstören muß, wenn er selber zerstört wird, um Speicherlecks zu vermeiden.

- ❑ Funktionen, die Referenzen auf Feldelemente liefern, nach dem Aufrufkontext (lvalue oder rvalue) unterscheiden können müssen. In einem lvalue-Kontext wird das Feldelement überschrieben, ein vorher evtl. dort gespeichertes Objekt muß vorher gelöscht werden. Dies ist in einem rvalue-Kontext natürlich nicht erwünscht[92].

Punkt 1 läßt sich durch einen entsprechenden Destruktor leicht erreichen. Punkt 2 kann zwar durch den Einsatz der der Mittlertechnik[93] bewerkstelligt werden, wir wenden diese Technik jedoch wegen der Nachteile, die die Vorteile überwiegen, hier nicht an. Der Grund liegt in der Philosophie der MFC-Containerklassen: Sie sind nicht besonders komfortabel oder besonders sicher in der Anwendung, dafür aber sehr schnell. Für einen etwas höheren Komfort müssen Laufzeiteinbußen in Kauf genommen werden, was nicht zu den anderen Klassen der MFC paßt. Darüber hinaus werden die meisten Container gefüllt, indem Objekte hinten angefügt werden. Das Überschreiben von Elementen kommt dagegen eher selten vor.

---

91 Die Eigentümerregelung ist detailliert in Kapitel 23 behandelt.

92 Wir haben in Kapitel 23 die Containerklasse PtrArry vorgestellt, die eine solche Kontextunterscheidung ermöglicht.

93 Die Mittlertechnik ist detailliert in Kapitel 23 beschrieben. Wie gehen auf die Wirkungsweise sowie auf die Vor- und Nachteile hier nicht mehr so ausführlich ein.

28.4 Eigene Containerklassen

Die Erweiterungen beschränken sich daher auf einen neuen Destruktor. Folgendes Listing zeigt die Ableitung ObArrayN (N steht für "Neu") von CObArray, die mit einem solchen Destruktor ausgerüstet ist:

```
class ObArrayN : public CObArray {

public:

  //-- Konstruktoren müssen immer definiert werden
  ObArrayN();

  //-- wir benötigen nur einen neuen Destruktor
  ~ObArrayN();
  };
```

Beachten Sie bitte, daß der Destruktor automatisch auch den Destruktor der Basisklasse aufruft - nach dem zusätzlichen Freigeben der einzelnen Objekte wird der Container selber normal zerstört.

Die Wirkungsweise der neuen Klasse wird klar, wenn man einen Container lokal zu einer Funktion definiert. Um den automatischen Destruktoraufruf zu kontrollieren, wird der T-Destruktor mit einer Ausgabeanweisung versehen:

```
struct T : public CObject {

  int xPos, yPos;
  ~T();
  };

inline T::~T() {
  cout << "Destruktor T-Objekt" << endl;
  }
```

Das Programm

```
void f() {

  ObArrayN ar;
  for ( int i=0; i<3; i++ )
    ar.Add( new T );
  }

void main() {

  f();
  cout << "nach Aufruf von f" << ondl;
  }
```

zeigt die erwartete Ausgabe

```
    Destruktor T-Objekt
    Destruktor T-Objekt
    Destruktor T-Objekt
    nach Aufruf von f
```

Anhang

A1 Speichermodelle in C++

Wie auch in C gibt es in C++ für 16-bit Intel-Architekturen[1] kleine und große Zeiger (near bzw. far pointer), und zwar sowohl für Datenzeiger als auch für Funktionszeiger. In diesem Abschnitt gehen wir auf die Auswirkung dieses Konzepts auf die Sprache C++ in der Microsoft-Implementierung ein. Die verwendeten Schlüsselworte _near und _far (sowie analog _huge etc.) sind Microsoft-spezifisch und nicht in der Sprachdefinition vorgesehen. Auf 32-bit Architiekuren (wie z.B. UNIX) gibt es die Unterscheidung zwischen near und far nicht.

Der ANSI-Standard gibt Compilerbauern jedoch die Möglichkeit, eigene, zusätzliche Spezifizierer einzuführen, die nach ANSI mit zwei Unterstrichen beginnen sollen. C7 und VC halten sich an diese Regel, aus Kompatibilitätsgründen werden jedoch auch noch die Schlüsselwörter mit einem Unterstrich bzw. ohne Unterstrich (also z.B. _near bzw. near) akzeptiert.

A1.1 Speichermodelle und Klassen

A1.1.1 Das ambiente Speichermodell

In C7 und VC kann einer Klasse ein Speichermodell zugewiesen werden. Dieses sogenannte *ambiente Speichermodell* (*ambient memory model*) bestimmt folgende Eigenschaften der Klasse bzw. der von ihr gebildeten Objekte:

❑ Der Adressraum, in dem Objekte gebildet werden können. Für near-Klassen bedeutet dies z.B., daß Objekte nur im Standard-Datensegment erzeugt werden können. Objekte von far-Klassen können dagegen an beliebigen Adressen erzeugt werden.

❑ Der Adressmodus für Zeiger und Referenzen. Ein Zeiger auf ein Objekt einer far-Klasse ist z.B. standardmäßig far.

---

[1] also für den normalen PC.

❏ Der Adressmodus für den this-Zeiger. Der this-Zeiger hat standardmäßig den Adressmodus, den das ambiente Speichermodell vorgibt (für near-Klassen also near, für far-Klassen far).

Beachten Sie bitte, daß das ambiente Speichermodell ausschließlich etwas mit Daten zu tun hat. Der Adressierungsmodus von Funktionen (s.u.) ist davon unabhängig.

A1.1.2 Bestimmung des ambienten Speichermodells

Das ambiente Speichermodell einer Klasse ist standardmäßig durch das Speichermodell des Programms festgelegt. In Modellen mit kleinen Datenzeigern (also tiny, small und medium) ist das ambiente Speichermodell near, in Modellen mit großen Datenzeigern (also compact, large und huge) ist es far.

Möchte man für bestimmte Klassen ein abweichendes Modell verwenden, kann man in der Klassendefinition __near oder __far vor dem Klassennamen notieren.

Schreibt man also z.B:

```
class __far X {
public:
  void f();
  /* ... */
};
```

hat X das Speichermodell far. Zeiger und Referenzen auf X sind nun auch in tiny, small und medium-Programmen standardmäßig far:

```
X *xp1; // identisch zu X __far *xp;
```

Dies ist notwendig, denn x-Objekte können nun überall im Speicher erzeugt werden. Beachten Sie bitte, daß aus diesem Grunde auch der this-Zeiger nun far sein muß:

```
//-- this-Zeiger ist nun ebenfalls far, da Objekt überall liegen kann
xp1-> f();
```

Der this-Zeiger wird vom Compiler selbständig deklariert und als erster Parameter an alle Mitgliedsfunktionen übergeben. Beim Aufruf einer Mitgliedsfunktion erhält er die Adresse des Objekts, für das die Funktion aufgerufen wurde. Ist der Speicherbereich für Objekte nicht auf das Datensegment beschränkt, muß notwendigerweise auch der this-Pointer far sein.

Die Verbindung von Objektadresse und this-Pointer hat außerdem zur Folge, daß in C++ auch Objekte near oder far sein können, was für die Standard-Datentypen (char, int, float...) nicht möglich ist:

```
//-- dies ist unsinnig, aber nicht verboten
int __far i;
```

Diese Definition von i ist zwar erlaubt, das Schlüsselwort __far wird jedoch ignoriert.

A1.1.3 Überschreiben des Modells bei der Vererbung

Ableitungen erben grundsätzlich auch das ambiente Speichermodell ihrer Basisklasse. Eine Änderung des Speichermodells für Ableitungen ist syntaktisch zwar erlaubt[2], jedoch normalerweise nicht ratsam. Folgende Klassendefinitionen werden korrekt übersetzt:

```
struct __near A {
  void f1();
  };
struct __far B : public A {
  void f2();
  };
```

Der Adressierungsmodus des this-Zeigers für Mitgliedsfunktionen von A ist near, während er für Mitgliedsfunktionen von B far ist. B erbt zwar die Mitgliedsfunktion f1 von A, diese kann jedoch für Standard-B-Objekte nicht aufgerufen werden:

```
B b;
b.f1(); //-- Fehler!
b.f2(); //   ok.
```

Möchte man f1 für B-Objekte aufrufen, muß man explizit ein near-Objekt (s.u.) erzeugen:

```
B __near b2;
b2.f1(); //-- dies ist ok.
```

Eine weitere Konsequenz der unterschiedlichen ambienten Speichermodelle von A und B ist der Verlust der erweiterten Zuweisungskompatibilität in Klassenhierarchien (Kapitel 20). Grundlage jedes polymorphen Programms ist die Tatsache, daß Zeiger vom Typ der Basisklasse syntaktisch auch auf Objekte von Ableitungen zeigen können. Dies funktioniert mit unserer Klassenhierarchie nicht mehr: Die Anweisung

```
A *ap = new B; //-- Fehler!
```

produziert einen Syntaxfehler bei der Übersetzung.

Daraus folgt weiterhin, daß late binding nicht verwendet werden kann, denn dazu benötigt man ja gerade Zeiger vom Typ der Basisklasse.

In der Praxis haben in der Regel alle Klassen einer Hierarchie das gleiche ambiente Speichermodell. Ausnahmen sind für Spezialeffekte (s.u.) allerdings manchmal sinnvoll.

---

[2] Im Gegensatz zu den Angaben in der Microsoft-Originaldokumentation. Dort steht, daß Ableitungen das gleiche ambiente Speichermodell wie die Basisklasse haben *müssen*. Das Beispielprogramm dürfte dann jedoch nicht übersetzt werden können.

A1.1.4 Überschreiben des Modells für einzelne Objekte

Bei der Deklaration von Objekten sowie Zeigern bzw. Referenzen auf Objekte ist eine Modifikation des Speichermodells möglich. Schreibt man z.B.

```
X __near x;
X __near *xp;
```

ist x ein near-Objekt, d.h. es wird im Datensegment erzeugt. xp ist ein near-Zeiger und kann somit ausschließlich auf near-Objekte vom Typ x zeigen. Die Anweisung

```
xp = &x;   // ok, da x near-Objekt ist
```

ist daher legal, während

```
X x2;
xp = &x2;  // Fehler, da x2 far-Objekt ist
```

nicht erlaubt ist, denn x2 ist ein far-Objekt.

Beachten Sie bitte, daß der this-Pointer von x far ist. Schreibt man also

```
xp-> f();
```

muß eine Konvertierung von einem near-Zeiger zu einem far-Zeiger durchgeführt werden, was natürlich problemlos möglich ist.

Die umgekehrte Konvertierung funktioniert nicht. Im folgenden Listing is Y eine near-Klasse, der this-Pointer ist deshalb ebenfalls near:

```
class __near Y {
public:
  void f();
  /* ... */
};
```

```
Y __far y;
```

y ist ein far-Objekt, Zeiger auf y müssen deshalb ebenfalls far sein:

```
Y __far *yp;
```

Der Aufruf von f über y bzw. yp ist nicht möglich:

```
y.f();     // Fehler! Wandlung far-this zu near-this nicht möglich

yp = &y;
yp-> f();  // Fehler! Wandlung far-this zu near-this nicht möglich
```

Beachten Sie bitte, daß

```
new Y;
```

ein near-Objekt erzeugt (das ambiente Modell von Y ist near), während

```
new __far Y;
```

ein far-Objekt allokiert. Die Anweisung

```
Y *yp = new __far Y;  // Fehler!
```

deklariert einen near-Zeiger, der auf ein far-Objekt zeigen soll, was natürlich nicht möglich ist. Dies ist in allen Speichermodellen (auch in compact, large und huge) so, denn das ambiente Modell von Y ist near, daher sind auch Zeiger auf Y standardmäßig near, wenn nichts anderes deklariert wurde. Richtig muß es deshalb

```
Y __far *yp = new __far Y;
```
heißen.

A1.1.5 Überschreiben des Modells für einzelne Funktionen

Für einzelne Funktionen einer Klasse ist ein vom ambienten Modell abweichender Adressierungsmodus für this möglich. Dies ist z.B. dann erforderlich, wenn (wie im letzten Beispiel) das ambiente Modell zwar near ist, jedoch auch far-Objekte erzeugt werden sollen, für die ebenfalls der Aufruf von Mitgliedsfunktionen möglich sein soll.

In der folgenden Klassendefinition ist der this-Pointer für f1 near, für f2 dagegen far:

```
class __near Y {

public:

    void f1();          //-- near-this (ambientes Modell)
    void f2() __far;    //-- far-this  (explizite Deklaration)
    /* ... */
};
```

Dies bedeutet, daß für near-Objekte sowohl f1 als auch f2 aufgerufen werden können, für far-Objekte dagegen nur f2.

```
Y __far y;

y.f1(); // Fehler! Wandlung far-this zu near-this nicht möglich
y.f2(); // möglich, da f2 far-this hat
```

In C++ können Funktionen aufgrund des Adressierungsmodus ihrer Parameter überladen werden (s.u.). Die folgende Klassendefinition ist deshalb gültig:

```
class __near Y {

public:

    void f1();
    void f1() __far;    //-- Überladen aufgrund des Adressierungsmodus
    /* ... */
};
```

Für near-Objekte wird die erste Variante, für far-Objekte die zweite Variante verwendet.

A1.1.6 Konstruktoren und Destruktoren

Das im letzten Abschnitt Gesagte gilt auch für Konstruktoren und Destruktoren. Ist das ambiente Modell einer Klasse near, kann man nur dann far-Objekte erzeugen, wenn ein entsprechender Konstruktor vorhanden ist.

Hat man z.B.

```
class __near Y {
public:
    Y();           //-- standardkonstruktor (near-this)
    /* ... */
};
```

definiert, sind die Anweisung

```
Y __far y;                    // Fehler! (Kein passender Konstruktor)
Y __far *yp = new __far Y;    // dito!
```

nicht erlaubt. Möchte man von einer Klasse near- und far-Objekte erzeugen, müssen auch Konstruktoren mit entsprechenden Adressierungsmodi für den this-Pointer vorhanden sein. In der Regel wird man dann far als ambientes Speichermodell für die Klasse wählen, denn near-Zeiger können problemlos in far-Zeiger gewandelt werden.

```
class __far X {
public:
    X();           //-- Standardkonstruktor (far-this)
    /* ... */
};
```

Entscheidet man sich trotzdem für near als ambientes Speichermodell, muß man zumindest einen Konstruktor mit einem far-this-Pointer deklarieren, also z.B.

```
class __near Y {
public:
    Y() __far;     //-- Standardkonstruktor (far-this)
    /* ... */
};
```

Für besondere Optimierungen ist natürlich auch ein Überladen der near- und far-Versionen möglich:

```
class __near Y {
public:
    Y();           //-- Standardkonstruktor (near-this)
    Y() __far;     //-- Standardkonstruktor (far-this)
    /* ... */
};
```

Gleiches gilt für den Destruktor.

A1.1.7 Parameterübergabe und -rückgabe von Objekten

Aus den letzten Abschnitten wird deutlich, daß es bei Objekten (im Gegensatz zu den Standard-Datentypen des Compilers wie char, int etc.) durchaus sinnvoll ist, zwischen near- und far-Objekten zu unterscheiden. Diese Unterscheidung ist nicht nur bei der Definition von Objekten, Zeigern und Referenzen zu beachten, sondern auch bei der Parameterübergabe von Objekten (bzw. Referenzen auf Objekte) an Funktionen.

Hat man z.B. in einem Speichermodell mit kleinen Zeigern (also tiny, small oder medium) eine Klasse x als

```
struct X {
 void print() const;

 /* ... */
};
```

und eine Funktion f als

```
void f( const X& arg );
```

deklariert, kann man far-Objekte nicht an f übergeben.

```
X __far x;
f( x );    //-- Fehler!
```

Der Grund ist der gleiche wie im letzten Abschnitt: f erwartet eine Referenz auf ein x-Objekt, und das ambiente Speichermodell für x ist near[3]. Das aktuelle Argument ist jedoch ein far-Objekt.

Die Initialisierung von arg beim Funktionsaufruf ist vergleichbar mit der Anweisung

```
const X& arg = x; //-- Fehler
```

die ebenfalls unzulässig ist.

Beachten Sie bitte, daß der Aufruf von f sehr wohl zulässig ist, wenn f als

```
void f( X arg );
```

deklariert ist. Die Initialisierung von arg entspricht der Anweisung

```
X arg = x; //-- erlaubt
```

Hier wird das near-Objekt arg mit einem far-Objekt initialisiert, d.h. der *Inhalt* von x wird nach arg kopiert. Die beiden Objekte sind ansonsten voneinander unabhängig.

Gleiches gilt für die Rückgabe von Objekten, Zeigern bzw. Referenzen von Funktionen. Deklariert man z.B.

```
X *g();
```

liefert die Funktion einen near-Zeiger, da das ambiente Speichermodell von x near ist. g kann deshalb z.B. kein far-Objekt zurückliefern:

---

[3] Hier haben wir x absichtlich nicht als near-Klasse deklariert. x erbt daher das Speichermodell des Moduls. Wir gehen für das Beispiel von einem Modell mit kleinen Datenzeigern (also tiny, small oder medium) aus.

```
X *g() {
  return new __far X; //-- Fehler!
}
```

Um dies zu erreichen, muß g als

```
X __far *g();
```

deklariert werden. Nun ist der gelieferte Zeiger far.

Beachten Sie bitte, daß mit diesem Zeiger standardmäßig keine Funktionen in der vorliegenden Klasse x aufgerufen werden können, denn der this-Pointer der Mitgliedsfunktion(en) von x ist near. Auch hier folgt wieder: Möchte man explizit zwischen near- und far-Objekten unterscheiden, benötigt man Funktionen mit far-this-Zeiger, da nur sie für far-Objekte aufgerufen werden können:

```
struct X {
  void print() __ far const;    // kann für near- und far Objekte gerufen werden
  /* ... */
};
```

A1.1.8 Die vtbl

Jedes Objekt einer Klasse, die virtuelle Funktionen enthält[4] besitzt einen Zeiger auf die *virtual function table (vtbl)* der Klasse in Form eines verstecktes Datenelements (Kapitel 21). Der Programmierer kann auf dieses Datenelement nicht explizit zugreifen, trotzdem kann der Zeiger natürlich prinzipiell near oder far sein.

In Microsoft C++ wird der Adressierungsmodus des vtbl-Zeigers durch das ambiente Speichermodell derjenigen Klasse bestimmt, in der die erste virtuelle Funktion deklariert wird. Ist diese Klasse near, befindet sich die vtbl im Datensegment, und der vtbl-Zeiger ist near. Ist die Klasse far, befindet sich die vtbl standardmäßig[5] im Textsegment, und der vtbl-Zeiger ist far. Diese Festlegung kann auch durch Ableitungen mit anderen ambienten Speichermodellen nicht mehr geändert werden.

Diese Tatsache kann man sich zunutze machen, wenn man zwar mit kleinen Datenzeigern arbeiten will, die vtbls jedoch das Datensegment zu stark belasten würden. Dieser Fall kann z.B. in größeren Klassenhierarchien mit vielen virtuellen Funktionen auftreten.

Um auch für near-Klassen far-vtbls zu verwenden zu können, führt man eine zusätzliche Basisklasse ein, von der die eigentliche Nutzklasse (meist selber eine Basisklasse einer Hierarchie) abgeleitet wird.

---

[4] Dabei kann es sich auch um eine Ableitung handeln, die keine eigenen virtuellen Funktionen deklariert, sondern diese von der Basiskalsse erbt.

[5] Für far-Klassen kann der Programmierer die Lage der vtbls über den Compilerschalter /NV steuern.

A1.1 Speichermodelle und Klassen

Anstelle von

```
class __near A {
public:

  void f();
  virtual ~A();
  };
```

schreibt man nun

```
class __far Base {
protected:
  virtual ~Base() __near = 0;
  };
```

und leitet A von dieser Klase ab:

```
class __near A : public Base {
public:

  void f();
  };
```

Beachten Sie bitte folgende Punkte:

❑ Base ist die erste Klasse, die eine virtuelle Funktion deklariert. Da das ambiente Speichermodell von Base far ist, kommt die (zukünftige) vtbl in ein Textsegment, und die vtbl-Zeiger sind far. Die Tatsache, daß die virtuelle Funktion in Base abstrakt (also eigentlich gar nicht vorhanden) ist, spielt in diesem Zusammenhang keine Rolle.

❑ Base ist eine abstrakte Klasse. Ein Benutzer kann deshalb von Base keine Objekte erzeugen.

❑ Das ambiente Speichermodell der Nutzdatenklasse A ist near. Der Destruktor von A erwartet einen near-this-Pointer. Der Destruktor von Base muß den gleichen Adressierungsmodus für this deklarieren, sonst wird die abstrakte Funktion vererbt. Die Folge wäre, daß auch A eine abstrakte Klasse würde, von der keine Objekte erzeugt werden könnten.

Ist die Klasse A die Basisklasse einer größeren Hierarchie, werden alle Ableitungen als ambientes Speichermodell near verwenden, während die vtbls in einem (amonymen) Textsegment angeordnet werden.

Im Beispiel wurde A explizit als near deklariert. In der Praxis hat man jedoch meist den Fall, daß das ambiente Modell von A dem Speichermodell des Moduls entsprechen soll. Man benötigt dann die gezeigte Technik nur in den Speichermodellen für kleine Datenzeiger (also tiny, small und medium) - in den anderen Speichermodellen werden sowieso automatisch far-vtbls erzeugt. Das Speichermodell kann über die Compilervariablen _M_I86xM festgestellt werden, wobei x die Werte T,S,M,C, L oder H für die Speichermodelle tiny, small, medium, compact, large oder huge sein kann. Über eine Compilerdirektive wird zusätzlich die Warnung des Compilers über den Wechsel des Speichermodells bei der Ableitung ausgeschaltet.

Folgendes Listing zeigt die verbesserte Form:

```
//-- true, wenn Speichermodell tiny, small oder medium ist
#if defined(_M_I86TM) || defined(_M_I86SM) || defined(_M_I86MM)

class __far Base {
protected:
  virtual ~Base() __near = 0;
  };

//-- Ausschalten der Warnung bei Wechsel des Speichermodells bei Ableitung
#pragma warning(disable: 4149)

class __near A : public Base {
#else
class A {
#endif

public:

  void f();
  };
```

A1.1.9 Überladen auf Grund des Adressierungsmodus

Der Adressierungsmodus von Parametern geht in die Signatur (Kapitel 12) einer Funktion ein. Funktionen können deshalb aufgrund des Adressierungsmodus ihrer Parameter überladen werden.

Folgendes Listing zeigt die Deklaration einer Funktion f, die für far-Strings anders als für near-Strings implementiert werden soll:

```
void f( char __near * );
void f( char __far  * );
```

Gleiches gilt für Objekte. Hier soll f eine Referenz auf x-Objekte übernehmen, allerdings soll die Funktion für far-Objekte anders als für near-Objekte implementiert werden:

```
class X;

void f( const X __near & );
void f( const X __far  & );
```

Für Mitgliedsfunktionen von Klassen ist dies selbstverständlich ebenfalls möglich. Für Mitgliedsfunktionen kommt jedoch noch die Möglichkeit hinzu, aufgrund des Adressierungsmodus des this-Zeigers zu überladen. Da der this-Zeiger nicht als expliziter Parameter übergeben wird, kann man ihn auch nicht in der Parameterliste als near oder far deklarieren. Das Schlüsselwort muß vielmehr nach der Parameterliste angegeben werden:

```
//-- Ueberladen aufgrund Adressierungsmodus this-Pointer
struct X {
  void f() __near;  // this-Zeiger explizit als near deklariert
  void f() __far;   // this-Zeiger explizit als far  deklariert
  };
```

A1.2 Speichermodelle und Funktionen

Genauso wie Datenzeiger können auch Funktionszeiger near bzw. far sein. In Modellen mit kleinen Funktionszeigern (tiny, small und compact) sind Funktionen auf ein Codesegment beschränkt, es kann daher nur maximal 64k an Code geben. In Modellen mit großen Funktionszeigern (medium, large und huge) wird für jedes Modul ein eigenes Codesegment verwendet. Die Codegröße insgesamt ist prinzipiell unbeschränkt, jedoch kann kein Modul mehr als 64k Code enthalten.

Dies gilt sowohl für C-Funktionen als auch für Mitgliedsfunktionen von Klassen. Grundsätzlich wird der Adressierungsmodus einer Funktion durch einen vorangestellten Spezifizierer bestimmt:

```
struct X {
  void __near f1();    // near-Funktion
  void __far  f2();    // far-Funktion
};
```

Dies darf nicht mit der Deklaration des Adressierungsmodus für den this-Zeiger (s.o.) verwechselt werden. Eine solche Deklaration steht *nach* der Funktion:

```
struct X {
  void f() __near;    // this-Zeiger explizit als near deklariert
  void f() __far;     // this-Zeiger explizit als far  deklariert
};
```

Überladen aufgrund des Adressierungsmodus der Funktion ist nicht möglich. Was soll z.B. die Deklaration

```
void __near f();
void __far  f();
```

bedeuten? Wann soll (im gleichen Programm) die far-Version und wann die near-Version aufgerufen werden?

Sachwortverzeichnis

A

Ableitung, 29; 34; 365; 416ff; 768
    öffentliche A, 426
    private A, 427ff.
    virtuelle, 436
    Zugriffsschutz, 422
ADA, 32
afxDump, 657f
Alias-Problematik, 63ff; 162; 279; 446
Aufwärtskompatibilität
    zu C, 31
Ausnahme, 82
    propagieren, 635f
Ausnahmesituation, 95; 273f

B

Basisdatentyp, 369
Basisklasse, 29; 416ff;
    virtuelle, 436
Bibliothek, 31
    Verwenden von C-, 112
Bindung
    zur Laufzeit (late binding), 463
    zur Übersetzungszeit (early binding), 463
    zwischen Daten und Funktionen, 17
bool, 267ff

C

C, 1; 32
call by reference, 117; 134
call by value, 131
CDumpContext, 657f
cin, 556; 603
class data, 148
const
    cast-away, 113
    vs. #define, 116f
const (Schlüsselwort), 105ff
Container
    Dumpen, 746
    eigene C. definieren, 751
    für einfache Datentypen, 744
    für Objekte, 744
    für Zeiger, 745
    heterogener, 490; 503; 751
    serialisieren, 748
    wertbasierter, 746
    zeigerbasierter, 746
Containerklasse, 104
Containerklassen, 739ff
cout, 555; 603
CRuntimeClass, 693

D

Daten
    einer Klasse, 42f
Datenmitglied
    konstantes, 108
    Referenz als, 123
    statisches, 148f
Datentyp
    maschinenorientierter, 14
    problemorientierter, 14
decomposition, 8
Decrementoperator, 170f
delete, 35; 53; 181f
Design
    for change, 544
    for reusability, 710
    objektorientiertes, 21; 112
    Top-Down, 21
design
    for reusability, 424
Destruktor, 34; 50ff; 59ff; 82f
    virtueller, 474
Dictionary, 739

Doppelpunkt-Notation, 66; 123
downcast, 514; 695

E

Eigentümerverhältnis, 506
Entwurf
    top down, 8
Euklid'scher Algorithmus, 240f
Exception Handling, 629ff

F

Faktorisieren
    von Eigenschaften, 454f
Feld
    dynamisches, 327
    von Objekten, 68
Freund-Deklaration, 46
fstream, 570
Funktion
    abstrakte, 470f
    inline, 225f
    virtuelle, 26; 342; 461ff
Funktionen
    einer Klasse, 43f
Funktionsaufruf-Operator, 175f

G

ggT, 240f
Gültigkeitsbereich, 210
Gültigkeitskonzept, 102; 170; 199;
    236f; 271f

H

Headerdatei
    Abschnitt Export, 230
    Definitionsabhängigkeiten, 230
    Kopfabschnitt, 229
Headerdatei, 223f
Heapüberlauf, 273f

I

ifstream, 570; 576
Implementierung
    vs. Interface, 10
Implementierungsdatei
    Abschnitt Implementierung, 231
    Kopfabschnitt, 231

Incrementoperator, 170f
information hinding, 28
Initialisierung, 109
    garantierte, 52
    vs. Zuweisung, 131
    vs. Zuweisung, 115f
Initialisierung, 68f
Initialisierungsproblematik, 50ff
inline, 43; 429
inline-Funktion/Operator, 37
    Vergleich zum Makro, 37
instance data, 148
Instantiierung, 369
Instanz, 44ff; 369
Interface
    vs. Implementierung, 10
ios, 563
iostream, 557; 570
istream, 556; 561; 578
istrstream, 578

K

Kapselung, 18; 28; 34; 41; 83; 94
Kapselung, 28f
Kettenrechnung, 159
Klasse, 15; 18; 28; 33ff; 41ff
    abstrakte, 599
    abstrakte, 470f
    Datenmitglieder, 42f
    Definition, 41
    dynamisch typisierbare, 693
    Mitglieder, 41
    Mitgliedsfunktionen, 43f
    statisches Mitglied, 148ff
    und C-struct, 33
    Zugriffssteuerung, 46
Klassendaten
    vs Objektdaten, 148
Klassenhierarchie, 29; 419
    Zuweisungskompatibilität,
    erweiterte, 420f
Komma-Operator, 179f
Kommentar, 33
Kompatibilität
    zu C, 220f
Konstruktor, 34
    K und Felder, 68

Kopier, 58
Standard, 55
Standard-K, 440
virtueller, 699f
Konstruktor, 50ff; 81f
Konvertierung, 187ff
   benutzerdefinierte, 188f
   Eindeutigkeitsforderung, 200
   mit Konstruktoren, 190f
   mit Operatorfunktionen, 193f
   Standard-Konvertierung, 188f
Kopie
   elementweise, 128
   flache, 520f
   tiefe, 520f
Kopier-Konstruktor, 58; 127ff; 279
   vs. Zuweisungsoperator, 165
   Standard-Konstruktor, 128
Kosten
   lokale, 543; 608

L

late binding, 463ff
Laufzeit-Typsystem, 526ff; 529
Leerzeichen
   weißes, 560f; 569ff; 573; 594
Linken
   typsicheres, 38

M

Makro, 37
Manipulator, 573; 563ff; 580; 602
Map
   Stringmap, 753
Map, 742f
Mehrfachvererbung, 432ff; 557
   Namenskonflikt, 433
Mitglied
   einer Klasse, 41
Mitgliedsfunktion
   Klassifikation von, 226f
   konstante, 106f
   statische, 150f

N

Nachricht, 9; 18
name mangling, 205f

Namen
   dekorierte, 39
   vollständig qualifizierter, 44
Negationsoperator, 169f
new, 35; 53
new, 181f
NULL, 73f
Nullzeiger, 73
   als Argument, 98; 274f

O

Objekt, 9; 18
   als Datenmitglied, 66f
   als Funktionsrückgabe, 135f; 160
   dynamisch typisierbares, 693
   dynamisches, 71ff
   globales, 62ff
   konstantes, 106f
   lokales, 59ff
   persistentes, 609
   statisches, 61ff
   temporäres, 136; 201f; 212; 287; 301
Objekt, 44ff
Objektdaten
   vs. Klassendaten, 148
ofstream, 570; 576
Operator
   !, 568
   *, 216ff
   ->*, 216; 218f
   .*, 218f
   als Mitgliedsfunktion einer Klasse, 159f
   char*, 195f
   delete, 53; 72
   Komma, 55
   new, 53; 72
   symmetrischer, 203f
   void*, 567
   Zuweisungs, 65; 162f
Operator void*, 198f
Operatoren
   selbstdefinierbare, 161
Operatorfunktion, 157; 281
ostream, 556; 561; 578
ostrstream, 578

P

Parameter
  konstante, 110
  Objekt als , 131f
  Übergabe als Referenz, 134
  Übergabe als Wert, 131
Polymorphismus, 28; 29; 34; 342; 461; 487ff
Portierung, 138
private (Schlüsselwort), 46; 427
proteccted (Schlüsselwort),46; 423f
Prototyping, 38
public, 428
  Schlüsselwort, 46

R

Referenz, 39; 560; 587
  als Datenmitglied einer Klasse, 123f
  als Funktionsparameter, 120f
  als Funktionsrückgabe, 139
  auf ein Objekt, 121f
  Rückgabe von einer Funktion, 121f
  vs. Zeiger, 125f
Referenz, 117ff

S

Schiebeoperatoren, 180f
Scope-Operator, 418
Sichtbarkeit
  in Klassen, 34
Signatur, 57; 207
Signatur, 205f
Smalltalk, 1
Speicherleck, 65
Speicherverwaltung
  dynamische, 80
  Fehlerbehandlung, 95
Standard-Konstruktor, 55
Standard-Stream, 558
Standard-Konstruktor, 440
static (Schlüsselwort), 145ff
Stellvertretertechnik, 509f
Stream
  anonymer, 581f

Bibliothek, 557
E/A im Binärmodus, 587
E/A mit Dateien, 570ff
E/A mit Strings, 578ff
Fehlerbehandlung, 566ff; 603
flushen, 601f
Formatierung
  über Mitgliedsfunktionen, 561ff
Formatierung, 560ff
Positionieren, 576
Prefix/Suffix-Funktionen, 603
Pufferung, 566
Pufferung, 596ff
Status eines S, 566ff
unformatierte E/A, 585ff
verbundene S, 602f
Stream, 555ff
streambuf, 596
Streams, 253; 373
Strings, 77
Stringverarbeitung, 77ff; 267ff
strstream, 578
struct, 213
Subscript-Operator, 172f

T

Template, 342
Templates, 252; 364; 752
Templates, 367ff
templdef, 752
templdef, 380ff
this, 161; 166
this, 75ff
Transferoperator, 558f
Typ
  dynamischer vs. statischer, 528
typedef (Schlüsselwort), 208
Typwandlung
  in StringT, 280ff
  mit Konstruktor, 280f
  über Operator, 281f
Typwandlung, 187ff

U

Übergabeoperator, 555; 556; 559ff
Überladen
  Eindeutigkeitsforderung, 207
  mit selbstdefinierten Typen, 210f
  von Funktionen, 36; 205f
  von Operatoren, 36; 211f; 559
  vs. Verdecken, 434f
Übernahmeoperator, 559ff
union, 213
Union, 215f

V

Variablenliste
  leere, 39
Variablenliste
  variable, 39
Verdecken
  vs Überladen, 434f
Vereerbung, 21
Vererbung, 28; 29; 42
Vererbung, 416ff
Verfeinerung, 29
Verpackungsfunktion, 83
Virtual function pointer table (vtbl), 467f
Vorgabewert, 37; 54
Vorwärtsdeklaration, 49
vtbl, 467f

W

Wiederverwendbarkeit, 18; 424
Wiederverwendung
  durch kopieren, 20

Z

Zeiger
  klassenunabhängiger, 217f
  vs. Referenz, 125
Zeigerzugriff-Operator, 178f
Zeilenkommentar, 224f
Zerstörungsproblematik, 52ff
Zugriffsfunktion, 37
Zugriffsschutz
  bei Ableitungen, 422f
  Redefinition von Rechten, 429ff
Zugriffssteuerung, 41; 213

Zugriffssteuerung, 46ff
Zusicherung, 672f
Zuweisung, 109
  vs. Initialisierung, 115f; 131
Zuweisung, 68f
Zuweisungskompatibilität
  erweiterte, 421f
  in Klassenhierarchien, 464
Zuweisungsoperator, 65; 279
  erweiterte, 167
  in Ableitung, 445
  vs. Kopierkonstruktor, 165
Zuweisungsoperator, 162f
Zwischenhandler, 635f

MIX
Papier aus verantwortungsvollen Quellen
Paper from responsible sources
FSC® C105338

If you have any concerns about our products,
you can contact us on
ProductSafety@springernature.com

In case Publisher is established outside the EU,
the EU authorized representative is:
**Springer Nature Customer Service Center GmbH
Europaplatz 3, 69115 Heidelberg, Germany**

Printed by Libri Plureos GmbH
in Hamburg, Germany